U0225181

中國植物保護百科全書

中国植物保护百科全书

生物安全卷

中国林業出版社

图书在版编目（CIP）数据

中国植物保护百科全书. 生物安全卷 / 中国植物保护百科全书总编纂委员会生物安全卷编纂委员会编. — 北京:中国林业出版社, 2022.6

ISBN 978-7-5219-1698-0

Ⅰ. ①中… Ⅱ. ①中… Ⅲ. ①植物保护—中国—百科全书②生物工程—安全管理—中国 Ⅳ. ①S4-61②Q81

中国版本图书馆CIP数据核字（2022）第085850号

zhōngguó zhíwùbǎohù bǎikēquánshū

中国植物保护百科全书

生物安全卷

shēngwùānquánjuàn

责任编辑： 张华　何增明　盛春玲　王全

出版发行： 中国林业出版社
电　　话： 010-83143629
地　　址： 北京市西城区刘海胡同7号　　**邮　编：** 100009
印　　刷： 北京雅昌艺术印刷有限公司
版　　次： 2022年6月第1版
印　　次： 2022年6月第1次
开　　本： 889mm × 1194mm　1/16
印　　张： 30.75
字　　数： 1320千字
定　　价： 440.00元

《中国植物保护百科全书》

总编纂委员会

《中国植物保护百科全书·生物安全卷》

编纂委员会

目　录

前　言

中国林业出版社筹划出版《中国植物保护百科全书》，我们有幸参与了这项重要工作，并共同主编《生物安全卷》。一般而言，广义的植物生物安全包括外来入侵生物管理、生物技术产品风险评价、植物有害生物防控和生物资源保护利用等方面。作为《中国植物保护百科全书》的分卷，本卷重点聚焦于农林外来入侵生物和转基因植物风险评价与控制两个方面。

植物生物安全作为国家安全的重要组成部分，受到党中央的高度重视。2021年9月29日，中共中央政治局就加强我国生物安全建设进行第三十三次集体学习，习近平总书记发表了“加强国家生物安全风险防控和治理体系建设，提高国家生物安全治理能力”的重要讲话。其中，针对生物安全，总书记强调要强化系统治理和全链条防控，坚持系统思维，科学施策，统筹谋划，抓好全链条管理；要织牢织密生物安全风险监测预警网络，健全监测预警体系，重点加强基层监测站点建设，提升末端发现能力，要快速感知识别新发突发传染病、重大动植物疫情、微生物耐药性、生物技术环境安全等风险因素，做到早发现、早预警、早应对；强调要把优秀传统理念同现代生物技术结合起来，中西医结合、中西药并用，集成推广生物防治、绿色防控技术和模式，协同规范抗菌药物使用，促进人与自然和谐共生；加强农林外来入侵生物和转基因植物风险评价与控制，对保障国家粮食安全、农产品质量安全和农林生态安全具有重大的战略意义。

植物生物安全的概念可以追溯到19世纪，达尔文在《物种起源》一书中提出了生物的转移和传入问题。1958年，生态学家查尔斯·埃尔顿在《动植物入侵生态学》一书中明确指出生物入侵是全球性的重要问题。很多学者视此为入侵生物学研究的开端。在将近70年的历程中，入侵生物学的发展大致可划分为3个阶段：一是20世纪80年代之前的萌芽期，提出了多个理论和假说来解释生物入侵现象，但没有形成系统的理论体系，也没有获得人们的普遍关注；二是20世纪80年代的成长期，越来越多的生态学家开始思考和研究生物入侵问题，这个时期确定了入侵生物学的核心理念和研究框架；三是20世纪90年代至今的快速发展期，生物入侵逐步成为热门的研究领域，并得到了国际社会和公众的极大关注，许多国家先后立法管理生物入侵。中国生物入侵的研究始于20世纪80年代中期，经过30多年的发展历程，在理论基础和关键技术研究上取得了重大突破和长足发展，提出了入侵生物学的学科框架与体系，规定了研究的范畴与重点，编著了从生物入侵理论到技术、方法与管理的系列专著与教材，形成了中国植物保护领域的新兴学科——入侵生物学。

转基因生物安全问题始于20世纪70年代初，是伴随着现代生物技术特别是DNA重组技术的发展与应用而出现的。利用DNA重组技术培育生物新品种打破了不同物种之间天然杂交的屏障，实现了物种间的基因交流，极大地丰富了生物遗传资源，加快了生物育种效率。但这种新的育种技术同时也存在一些未知和不确定的因素，可能对人类、动植物和微生物及生态环境带来不利影响或潜在风险，各国政府、专家学者及公众普遍关注这一问题。20世纪80年代以来，随着转基因技术的发展与应用，许多国家和国际组织陆续建立了转基因生物安全评价制度和监管体系。中国转基因生物安全学科的发展始于20世纪80年代后期，其发展历程大致可分为认识阶段（1980—1993）、探索阶段（1994—2000）、规范阶段（2001—2005）和发展完善阶段（2006—）4个时期。目前，我国已建立了完整的安全管理法规和机构，发展了比较完善的安全评价、检测与监测技术体系，并逐渐形成了转基因生物安全学科体系。

入侵生物学是研究外来种的入侵性、生态系统的可入侵性以及外来入侵种的预防与控制的科学，是一门涉及生物学、生态学、植物学、动物学、分子生物学、生物化学、生物经济学、组学与植物保护学等多领域交叉融合的学科。本部分内容涉及生物入侵领域的各个方面，包括入侵生物学学科形成与发展、基本概念、入侵过程、入侵种的入侵性、生态系统的可入侵性、入侵生物的管控与控制等，同时，还对农林重要入侵物种生物学及其防控技术、造成重大影响的生物入侵事件、重要入侵生物数据库和相关的法律法规等进行了介绍。

转基因生物安全学是研究转基因生物及其产品对生物多样性、生态环境、人类健康和社会经济等可能造成的安全性风险及其管理的学科。本部分内容包括转基因生物安全学的基本概念、发展史，转基因生物食用、饲用和环境安全评价，转基因生物分子特征分析、抽样检测和风险监测与控制，以及转基因生物安全管理法规体系等；同时从科普的角度，回应和澄清了公众关注的转基因生物争论问题。

按照中国林业出版社出版《中国植物保护百科全书》的总体安排，《生物安全卷》于2016年2月底召开了第一次编委会会议，讨论形成了本卷的基本框架和条目。随后，2016年5月中旬再次召开编委会会议确定最终的条目，对撰写工作进行详细分工，邀请领域内众多一线专家学者参与编写工作。《生物安全卷》编纂工作整整历时6年，经过撰纂、审稿和反复修改，最终于2022年1月定稿。

《生物安全卷》是一部荟萃生物入侵与转基因生物安全科学知识的工具书，我们编纂过程中注重科学性、系统性、时代性和科普性的融合统一，希望能够满足相关科研教育工作者、大中专院校学生、政府管理部门及普通公众的需求。本卷的编纂工作是在众多专家学者的大力支持、无私奉献和辛勤努力下共同完成的，在此对各位编委、参编人员表示衷心的感谢！也对在出版过程中付出大量心血的中国林业出版社的编辑和相关工作人员深表敬意！

我们深知编纂这样一卷反映新兴学科的专业百科全书的难度，尽管各位撰稿人员都秉持认真负责的态度，字斟句酌、反复修正，但由于对新学科的认知水平所限，书中疏漏之处仍然在所难免，恳请广大读者批评指正！

吴孔明　万方浩

2022年6月

凡 例

一、 本卷以入侵生物学和转基因生物安全学学科知识体系分类出版。卷由条目组成。

二、 条目是全书的主体，一般由条目标题、释文和相应的插图、表格、参考文献等组成。

三、 条目按条目标题的汉语拼音字母顺序并辅以汉字笔画、起笔笔形顺序排列。第一字同音时按声调顺序排列；同音同调时按汉字笔画由少到多的顺序排列；笔画数相同时按起笔笔形横（一）、竖（丨）、撇（丿）、点（丶）、折（乛，包括亅、乚、く等）的顺序排列。第一字相同时，按第二字，余类推。条目标题中夹有外文字母或阿拉伯数字的，依次排在相应的汉字条目标题之后。以阿拉伯数字、拉丁字母和希腊字母开头的条目标题，依次排在全部汉字条目标题之后。

四、 正文前设本卷条目的分类目录，以便读者了解本学科的全貌。分类目录还反映出条目的层次关系。

五、 一个条目的内容涉及其他条目，需由其他条目释文补充的，采用“参见”的方式。所参见的条目标题在本释文中出现的，用楷体字表示。

六、 条目标题一般由汉语标题和与汉语标题相对应的外文两部分组成。外文主要为英文，少数为拉丁文。

七、 释文力求使用规范化的现代汉语。条目释文开始一般不重复条目标题。

八、 条目的释文和标题设置，具体视条目性质和知识内容的实际状况有所不同。

九、 条目释文中的插图、表格都配有图题、表题等说明文字，并且注明来源和出处。条目只配一幅图且图题与条目标题一致时，不附图题。

十、 正文书眉标明双码页第一个条目及单码页最后一个条目的第一个字的汉语拼音和汉字。

十一、本卷附有条目标题汉字笔画索引、条目标题外文索引、内容索引。

条目分类目录

说 明

1. 本目录供分类查检条目之用。
2. 目录中凡加【××】（××）的名称，仅为分类集合的提示词，并非条目名称。
   例如，【转基因生物安全学概念、范畴与发展史】（基本定义和概念）。

【植物转基因技术】

（转基因技术）

（外源基因）

【已经获批转化事件】

【转基因生物分子特征识别】

【风险监测与控制】

【转基因事件】

入侵生物学……208

（基本概念）

（入侵过程）

（入侵种的入侵性）

（生态系统可入侵性）

（入侵生物的管理与控制）

（生物入侵重大事件）

（重大数据库）

【重要入侵物种】

（入侵杂草）

（农林入侵昆虫）

（入侵植物病害）

（其他入侵生物）

阿根廷及其他南美洲国家基因编辑管理制度 gene editing management system in Argentina and other South American countries

2015 年阿根廷成为首个公开发布基因编辑植物政策（第 173/2015 号决议）的国家，其主要是通过个案分析来评价新品种，如果没有遗传物质的新组合，则该产品为非转基因产品。如果在产品开发中使用了转基因技术，而最终产品不含转基因，则该产品也被归类为非转基因产品。

对于 SDN-1 和 SDN-2 类型的产品，植物基因组中的修饰通常是少量核苷酸的删除，阿根廷一般不会将其视为转基因作物进行监管。然而，通常在新作物的中间世代含有 SDN 基因，在这种情况下，申请人必须出示证据，证明通过异源杂交从最终产品中去除 SDN 基因，否则仍可能是转基因生物。SDN-3 类型的基因编辑作物通常引入外源基因，在大多数情况下，该构建体可以编码新蛋白质或功能元件，含有遗传物质的新组合，因此将被视为转基因作物。SDN-3 中存在特殊情况——“等位基因替换”，该作物与传统育种方法的结果完全没有差异，已有观点表明它可能不被视为转基因生物，但是开发人员必须提供分子特征来证明该作物完全按预期获得遗传变化。

随后，南美洲的几个国家纷纷效仿，智利、巴西和哥伦比亚均使用个案分析的方法建立了与阿根廷非常相似的流程。

（撰稿：黄耀辉；审稿：叶纪明）

阿根廷转基因生物安全管理法规 regulations on safety of management of genetically modified organisms in Argentina

阿根廷从 1991 年开始对转基因生物活动进行监管。阿根廷通过第 124/91 号决议，成立了国家农业生物技术委员会，确定国家农业生物技术委员会的管辖范围和程序。第 328/97 号决议规定国家农业生物技术委员会的成员资格。18284 法案是阿根廷食品法典。第 289/97 号决议确定国家食品安全与质量服务局对转基因食品的管辖权限。

阿根廷农业产业部第 763/11 号决议确定了一系列针对转基因植物、动物和微生物管理活动的指导方针，第 701/11 号决议是第 763/11 号决议的补充，一般适用于未获得商业批准的转基因生物品种，包括监管下的试验许可和商业释放的环境风险分析。第 437/2012 号决议，对申请者适应性、农业生态体系环境风险分析、生物安全活动等提出了管理要求。第 241/2012 号决议，规定了转基因植物在生物安全大棚内种植的批准要求。第 17/2013 号决议，规定阿根廷种子和转基因生物生产的管理要求。第 173/2015 号决议关于生物改良新技术的管理，规定了新技术产品是否可以认作转基因产品的评估程序。第 226/197 决议，规定了监管措施要求。第 498/2013 号决议，规定转基因种子标准、分类。第 60/2007 号决议，规定了针对已获得商业批准的品种通过杂交育种获得的复合性状转基因植物的管理要求。第 318/2013 号决议，规定了与已通过风险分析评估的品种在生物结构上相似的品种的管理要求。

对于转基因动物，第 57/2003 号决议规定了试点环境释放的有关许可要求，第 177/2013 号决议规定了农用转基因动物的进口管理要求。

对于转基因微生物，第 656/1992 号决议规定了实验和环境释放批准要求，以及转基因微生物产品在动物上应用的有关要求。

试验环节审批涉及阿根廷农业产业部生物技术司、国家农业生物技术委员会、国家食品安全与质量服务局、国家种子研究所等部门。商业化生产前，则需要获得阿根廷农业产业部农业食品市场司、转基因应用农业技术委员会、国家食品安全与质量服务局和国家农业生物技术委员会等的批准。

（Argentina Agricultural Biotechnology Annual-2019.）

（撰稿：黄耀辉；审稿：叶纪明）

阿根廷转基因生物安全管理机构 administrative agencies for genetically modified organisms in Argentina

阿根廷转基因生物安全主要由农畜渔食秘书处（SAGPYA）、国家农产品市场管理局（DNMA）、国家生物技术与健康咨询委员会（CONBYSA）负责管理。农畜渔食秘书处下设国家农业生物技术咨询委员会（CONABIA）、全国农产品健康和质量行政部（SENASA）和国家种子研究所（INASE）三个机构。国家农业生物技术咨询委员会主要职责包括转基因生物实验室试验、温室试验、田间试验以及环境释放的审查。全国农产品健康和质量行政部负责食品安全和质量、动物健康产品和农药的监管。国家种子研究所在转基因作物产业化后期发挥作用，主要负责种子的登记工作。国家农产品市场管理局主要负责评估转基因作物的产业化对阿根廷国际贸易可能产生的影响。国家生物技术与健康咨询委员会负责为管理生物技术方法生产的药品和其他人体健康相关的产品的国家药品、食品和医疗技术管理局提供支撑。

（Argentina Agricultural Biotechnology Annual-2019.）

（撰稿：叶纪明；审稿：黄耀辉）

阿拉伯婆婆纳　*Veronica persica* Poir.

阿拉伯婆婆纳的形态特征（付卫东提供）
①花序；②花

车前科婆婆纳属铺散多分枝草本植物。又名波斯婆婆纳。英文名 Arab speedwell。

入侵历史　阿拉伯婆婆纳原产欧洲、西亚至伊朗一带，现广泛分布于温带及亚热带地区。为归化的路边及荒野杂草。阿拉伯婆婆纳始载于《江苏植物名录》（1919—1921），1933 年采自湖北武昌。

分布与危害　在中国华东、华中各地及贵州、云南、西藏东部及新疆（伊宁）均有分布，主要分布于路边及荒野中。

阿拉伯婆婆纳是麦类、油菜等夏熟作物田的恶性杂草，同时也严重危害棉花、玉米、大豆等幼苗生长。在麦田中，当阿拉伯婆婆纳种群密度超过 29.2 株 /m^2 时，即会危害作物生长。阿拉伯婆婆纳为江苏沿海旱茬麦田优势杂草。在内陆徐淮农区的旱茬麦田，阿拉伯婆婆纳也为优势杂草。据 2001 年普查，沿海麦套棉作田中出现以阿拉伯婆婆纳、猪殃殃为优势种的顶级杂草群落。阿拉伯婆婆纳也是江苏棉田的区域性恶性杂草，在局部区域和某些轮作类型棉田对棉花的产量影响较严重，对其防除也较困难。阿拉伯婆婆纳喜生于冲积土壤上，沿江、沿海棉区是冲积土形成的，故阿拉伯婆婆纳在这两个棉区发生较普遍。在旱茬大蒜田中，因茬口安排有异，组成不同的杂草群落：玉（米）蒜轮作田以猪殃殃、阿拉伯婆婆纳、一年蓬、荠菜、簇生卷耳为优势种杂草；棉（花）蒜轮作田以繁缕、簇生卷耳、阿拉伯婆婆纳、猪殃殃、一年蓬为优势种草；豆蒜轮作田以繁缕、簇生卷耳、荠菜、阿拉伯婆婆纳、一年蓬为优势种杂草。耕作方式为旱—旱连作的油菜田，大部分分布于山坡、岗地，土壤类型为经旱耕后熟化的黄岗土，群落以旱生杂草占主导地位，主要优势种为猪殃殃，亚优势种为阿拉伯婆婆纳，该组群落组成可列为猪殃殃—阿拉伯婆婆纳—野老鹳草—大巢菜。

阿拉伯婆婆纳还是黄瓜花叶病毒、李痘病毒、蚜虫等多种微生物和害虫的寄主，分布在菠菜、甜菜、大麦等作物根部的病原菌同时也寄生在该种植株上。

形态特征　高 10～50cm。茎密生两列多细胞柔毛。叶圆形，长 6～20mm，宽 5～18mm，基部浅心形，平截或浑圆，边缘具钝齿，两面疏生柔毛。总状花序很长；苞片互生，与叶同形且几乎等大；花梗比苞片长，有的超过 1 倍；花萼花期长仅 3～5mm，果期增大达 8mm，裂片卵状披针形，有睫毛，三出脉；花冠蓝色、紫色或蓝紫色，长 4～6mm，裂片卵形至圆形，喉部疏被毛；雄蕊短于花冠（见图）。蒴果肾形，长约 5mm，宽约 7mm，被腺毛，成熟后几乎无毛，网脉明显，凹口角度超过 90°，裂片钝，宿存的花柱长约 2.5mm，超出凹口。种子背面具深的横纹，长约 1.6mm。花期 3～5 月。与婆婆纳的区别在于本种花梗明显长于苞片（或称苞叶）；蒴果表面明显具网脉，凹口大于 90° 角，裂片顶端钝而不浑圆，染色体倍数也不同。

入侵特性　阿拉伯婆婆纳容易进行种子繁殖，种子结果量大，生活史很短，生长速度快，生长期长，具有极强的无性繁殖能力，匍匐茎着土易生不定根。耐药性强，人工、机械和化学防除比较困难。Wilson 报道，低密度的阿拉伯婆婆纳种群，对作物的竞争力较弱，但随着种群密度增加，危害迅速上升；生长早期的阿拉伯婆婆纳种群，对农作物产量的影响要比后期的严重。

阿拉伯婆婆纳具有化感作用，能抑制多种植物的种子萌发和生长，这一能力也提高了其竞争优势。

监测检测技术　在阿拉伯婆婆纳植株发生点，将所在地外围 1km 范围划定为监测区；在划定边界时若遇到田埂等障碍物，则以障碍物为界。根据阿拉伯婆婆纳的传播扩散特性，在每个监测区设置不少于 10 个固定监测点，每个监测点选 10m^2，悬挂明显监测位点牌，一般每月观察一次。

在调查中如发现可疑阿拉伯婆婆纳，可根据前文描述的阿拉伯婆婆纳形态特征，鉴定是否为该物种。

预防与控制技术

化学防治　阿拉伯婆婆纳不同生长时期对除草剂的敏感性差异明显，子叶期、真叶期对除草剂比较敏感，而成株期对药剂的敏感性明显下降。异丙隆、伏草隆、2 甲 4 氯、甲磺隆、绿麦隆、双磺隆、麦草宁等除草剂对幼苗期的阿拉伯婆婆纳均有良好的防效；乙草胺、伏草隆、绿麦隆、异丙隆对阿拉伯婆婆纳种子萌发具有强烈的抑制作用。噻磺隆在 45g/ 亩剂量下，能杀灭包括阿拉伯婆婆纳等在内的一些阔叶杂草，当配方与 2 甲 4 氯混用，能提高对阿拉伯婆婆纳的防效。据陈泽报道，单用 20% 使它隆 60ml/ 亩，对阿拉伯婆婆纳防效为 100%，20% 使它隆 30ml/ 亩 + 20% 2 甲 4 氯，这样既可降低成本，也可扩大杀草谱。磺酰脲类除草剂的药效也较高，但它们在旱地中不易降解，极易对下茬作物构成危害。氯嘧磺隆、唑灭磺草胺和草甘膦能有效防除紫花苜蓿田中的阿拉伯婆婆纳，但对紫花苜蓿有害。

除草剂作用下植物体内游离脯氨酸积累程度反映出植物对该药剂的敏感性程度。除草剂作用后阿拉伯婆婆纳的叶片中脯氨酸变化因除草剂的种类而异。甲磺隆和使它隆处理后，阿拉伯婆婆纳叶片内游离脯氨酸均有明显的增加，其中以甲磺隆的效应更为显著，表明这两种药剂对阿拉伯婆婆纳的防效很好。

生物防治 真菌除草剂的筛选和研制的主要标准是致病强度强，对环境适应性好，安全性高，易于工业化生产。有研究表明，胶孢炭疽菌婆婆纳专化型菌株 QZ-97a 可侵染阿拉伯婆婆纳，对其具有明显的致病力，对于大豆、棉花、小麦、大麦、玉米和油菜安全；而且，该菌是从当地罹病阿拉伯婆婆纳上采得，使用时不仅适应当地环境条件，也可减少环境压力。显然，炭疽菌 QZ-97a 符合真菌除草剂候选要求。子叶期和衰老期的阿拉伯婆婆纳感病性最强；培养 7～14 天后的孢子侵染力最强；病害发生的最佳温度范围是 15～25℃；在保湿 2～3 天的条件下，露期中间的光照时间越短，病害发生越严重；保湿也可通过添加玉米粉和黄豆粉等介质来解决；达到理想致病效果的该菌株孢子悬浮液浓度必须在 10^7 个 /ml 以上。由此可见，菌株 QZ-97a 在阿拉伯婆婆纳发生时期的环境条件下可有效控制该杂草。喷施菌株 QZ-97a 的时间最好选择在傍晚，以保证露期中暗期的长度。

11 月上旬的出草高峰，这时的温度、湿度较适宜，可作为一个防治的好时机。这时将阿拉伯婆婆纳杀伤并抑制生长，降低它与作物的竞争，可使作物迅速占据农田中的主导地位。另一时间是 3～4 月，这是阿拉伯婆婆纳大量发生的又一时期，这时的环境温、湿度也较适宜，如果施用菌株 QZ-97a，可使阿拉伯婆婆纳染病，罹病阿拉伯婆婆纳上的菌株 QZ-97a 的分生孢子在适宜条件下，通过气流、雨水和昆虫传播，可以逐渐蔓延和发展，将阿拉伯婆婆纳种群控制在一定的范围内。刺盘孢属的某些真菌也可使阿拉伯婆婆纳感染炭疽病。

农业防治 制定合理的种植轮作制度，形成不利于杂草生长和种子保存的生态环境，缩短土壤种子库内杂草籽实的寿命，降低翌年的杂草基数，达到杂草管理的科学性和长效性。可以从减少杂草种子库的籽实数量入手，采取截流竭库的策略，将旱—旱轮作改为旱水轮作，控制阿拉伯婆婆纳等喜旱性杂草的发生。由于阿拉伯婆婆纳处于作物的下层，通过作物的适度密植，可在一定程度上控制这种草害。不同时间的耕作，会影响到阿拉伯婆婆纳的田间发生情况，有研究结果表明，在落日后 1 小时到午夜这段时间进行耕作，能显著地降低阿拉伯婆婆纳等杂草的发生量。

参考文献

郭水良, 耿贺利, 1998. 麦田波斯婆婆纳化除及其方案评价[J]. 农药, 37(6): 27-30.

李振宇, 解焱, 2002. 中国外来入侵种[M]. 北京: 中国林业出版社: 149.

强胜, 曾青, 2002. 胶孢炭疽菌婆婆纳专化型侵染波斯婆婆纳的影响因子的研究[J]. 应用生态学报, 13(7): 833-836.

曾青, 强胜, 2000. 波斯婆婆纳生防菌株 QZ-97a 的分离鉴定与致病性研究[J]. 南京农业大学学报, 23(3): 21-24.

中国科学院中国植物志编辑委员会, 1979. 中国植物志: 第67卷[M]. 北京: 科学出版社: 285.

（撰稿：付卫东；审稿：周忠实）

阿利效应 Allee effect

当种群大小或密度低于一定数值时，个体的适合度与种群大小或密度之间存在正相关关系的现象。在该密度范围内，种群增长速率随密度降低而下降。它是种群和群落生态学的核心概念之一。

阿利效应以美国生态学家 Warder Clyde Allee 的姓氏命名。在 20 世纪 30～40 年代，Allee 和他的同事观察发现，一些动物尽管在低密度情况下不发生种内竞争，但种群不一定能正增长，由此认为其觅食、防御天敌、照料后代、选择配偶的能力较大程度上依赖于个体间的协作或群集行为，种群密度过低对其发展不利。但是，该观点在当时并未受到重视，直到保护生物学家观察到类似现象，即许多稀有和濒危物种当其密度低于某一阈值时，种群增长速率便随密度降低而下降，由此走向灭绝。

阿利效应是生物入侵领域的一个重要理论，它描述生物入侵的内在制约因素。其基本内容是，在入侵种种群密度较低的情况下，某些生活史性状会出现对种群不利的方面，如近交衰退，觅食效率下降，无法有效找到、吸引或定位配偶，天敌防御水平下降，无法克服寄主防御等，由此导致种群增长速度下降。阿利效应的诱因和强度因物种而异，例如：对营有性繁殖的物种而言，低密度种群难以找到配偶是阿利效应的主要诱因；对具有聚集习性的物种而言，低密度种群（个体稀疏分布）不能进行正常的群集性觅食、防御和繁育是阿利效应的主要诱因。阿利效应主要在入侵种定殖和扩张两个阶段起作用。尤其在定殖阶段，由于个体数量通常很少，十分容易受到阿利效应的不利影响，致使成功定殖的概率下降。

阿利效应已发现于许多入侵性动物和植物中。例如，在北美洲，当舞毒蛾（*Lymantria dispar*）种群密度较低时，找到配偶的难度加大，同时易被白足鼠（*Peromyscus* spp.）捕食，表现出典型的阿利效应。普通鸬鹚（*Phalacrocorax carbo sinensis*）在低密度情况下，合作繁育的行为大受影响。互花米草（*Spartina alterniflora*）在植株密度较低时无法正常授粉。阿利效应对传入不久、种群密度还较低的入侵种影响最为明显。

阿利效应可应用于入侵种的管理中，它是评估定殖和扩张可能性大小的重要依据，并据此可制订出一些有望根除或延缓其扩张速度的措施。由于存在阿利效应，有的入侵种需要较多的奠基者个体才能成功定殖，而有的入侵种则不受此限制，例如：据推测，在欧洲，麝鼠（*Ondatra zibethicus*）的成功定殖只需 5 个个体，在北美洲，紫翅椋鸟

（*Sturnus vulgaris*）的定殖也只需要区区几对雌雄个体。从控制入侵种管理角度，当入侵种到达新区域后，需想方设法采用相关技术减少其个体数量，使种群密度降至足以让阿利效应发挥作用的水平（即阿利阈值 allee threshold）；具体技术因种而异，包括使用农药、干扰交配过程、增加天敌数量、增强寄主植物防御能力、创造不利于入侵种的生境条件、使入侵种分布处于碎片化状态等。针对某具体物种而言，需先分析其阿利效应是否存在，若存在，进一步剖析引起该效应的主要机制，再在此基础上制订能引起和促进该效应的具体措施。

今后，有待研究两个甚至多个因子互作引起或增强阿利效应的机制，并将其叠加效应充分运用于入侵种的管理中。

参考文献

KRAMER A M, DENNIS B, LIEBHOLD A M, et al, 2009. The evidence for allee effects[J]. Population ecology, 51(3): 341-354.

TOBIN P C, BEREC L, LIEBHOLD A M, 2011. Exploiting allee effects for managing biological invasions[J]. Ecology letters, 14(6): 615-624.

（撰稿：蒋明星；审稿：周忠实）

爱尔兰大饥荒 the great Irish famine

人类历史上具标志性的灾难性事件之一。在1845—1850年期间由于当时爱尔兰地区种植的主粮马铃薯受到了晚疫病（potato late blight）的大规模侵染，引发的致爱尔兰地区马铃薯严重减产，进而导致100万以上的当地人饿死，还有超过100万的人口逃亡，毁灭性地破坏了当地的社会经济，给西方的政治、经济、文化造成了深远的影响。

历史背景 英国在1801年通过了“英爱合并法案”，正式将爱尔兰纳入了大英帝国的版图，从此爱尔兰彻底丧失了政治和经济上的独立地位。爱尔兰地区的天主教徒被剥夺了基本的政治和公民权利，不再合法享有土地所有权。于是爱尔兰地区大量的小有产者沦为佃农，而爱尔兰地区的底层贫穷人民更是常年挣扎在贫困和饥饿的边缘，再加上快速的人口增长，迫使爱尔兰地区引进新的粮食来源。

马铃薯能够适应爱尔兰地区的气候和土壤条件，在爱尔兰地区每亩土地可以产出6t左右。即使在其他农作物歉收的年份，马铃薯仍有收成，这对于长期遭受英国压迫的爱尔兰农民来说无疑是绝佳的粮食来源。随着爱尔兰人口的增加，马铃薯逐渐成为爱尔兰地区人民的主要粮食。在当时，爱尔兰地区有300万的小耕种者主要靠种植马铃薯维持生计，然而这种单一作物的依赖性也为爱尔兰大饥荒的暴发埋下了祸根。

事件过程 马铃薯晚疫病于1845年秋天首次出现在爱尔兰的东部地区，随后迅速向西部蔓延，导致当年损失超过30%。1846年夏天，超过300万爱尔兰人民因马铃薯极度匮乏而受到死亡威胁。1847年夏天，马铃薯收成的受损程度有所减轻，许多观察家称饥荒已经结束。但实际上由于马铃薯种植面积急剧减小，当年的收成依旧很少，饥荒依然在爱尔兰地区肆虐，1847年也被称为黑暗之年（the black forty-seven）。1848—1850年，马铃薯晚疫病再次接连暴发，特别集中在那些已经遭受饥荒的地区。1845年8月16日，英国《园丁纪事报》首次报道部分地区马铃薯“染病”。1845年9月11日，爱尔兰《弗里曼报》报道称马铃薯“霍乱”在爱尔兰北部地区大面积出现。9月13日《园丁纪事报》再次证实爱尔兰出现马铃薯“瘟疫”。然而当时的英国政府正在拓展海外殖民地，无暇顾及爱尔兰地区的疫情。

饥荒发生后，英国首相皮尔爵士下令从美国订购玉米运往爱尔兰。但是由于海上恶劣天气，航船抵达港口时，玉米大多已腐烂变质。其次，1846年皮尔首相决定废除《谷物法》，使爱尔兰小麦失去其在英国市场的垄断地位。而坐拥爱尔兰土地的英国地主因为利益无视爱尔兰大饥荒，强令大半田地由种植小麦改为种植马铃薯和经营畜牧业，加剧了饥荒的程度。1846年皮尔内阁垮台后，继任首相罗素勋爵信奉自由放任主义，认为政府买粮赈灾会造成与自由市场争夺粮食引起粮价上涨，而地主和粮商进一步囤积居奇又会加剧粮荒，进而引发英国本土的经济危机，故主张采取“不干预”政策。

饥荒原因

主要原因 马铃薯晚疫病的暴发和大流行是造成爱尔兰大饥荒的主要原因。马铃薯晚疫病的病原物致病疫霉（*Phytophthora infestans*）属霜霉目（Peronosporale）腐霉科（Pythiaceae）疫霉属（*Phytophthora*），为半活体半死体营养型，能够侵染马铃薯的叶片、茎秆和块茎。马铃薯晚疫病在适宜的条件下能够迅速扩散蔓延，7～14天即可造成整株植物的枯死，造成马铃薯的减产甚至绝收。

深层原因 由于《谷物法》的废除，使爱尔兰小麦失去英国市场的垄断地位。然而英国地主为了自身利益强行将爱尔兰农民传统种植的小麦改为马铃薯，导致爱尔兰地区大规模种植的农作物仅有马铃薯。当马铃薯晚疫病暴发时，单一农作物的依赖性导致马铃薯的种植根本无法恢复。其次，英国政府当时正处于向外大规模殖民时期，面对爱尔兰暴发的大饥荒，英国政府不仅没有及时救助，甚至要求爱尔兰向英国本土出口粮食。所以，英国对爱尔兰地区的压迫和剥削大大加剧了爱尔兰大饥荒的程度。

历史影响

政治影响 爱尔兰大饥荒坚定了爱尔兰人民推翻英国殖民统治的决心，强烈激发了爱尔兰民族主义意识的觉醒，推动爱尔兰民族解放运动的前进。“天主教徒解放运动”“取消合并运动”“芬尼亚党人武装起义”“青年爱尔兰运动”等冲击着英国的殖民统治。1921年7月，英国军队在付出惨重代价后被迫签订《英爱条约》，爱尔兰正式退出英联邦。1937年，爱尔兰共和国宣告成立。

经济影响 饥荒使爱尔兰人口锐减，从1845年的830万人，下降到1851年的650万人，其中饿死100万人，移民100万人。爱尔兰人口的死亡和移民，造成爱尔兰经济发展所需劳动力的严重缺乏，阻碍了爱尔兰经济的恢复和发展。饥荒也重塑了爱尔兰的农业形式。1847年颁布的《济贫法扩大案》导致饥荒后爱尔兰地区的小农消失，自耕农出现，成为农业资本主义发展的重要力量，农业开始商业化。此外，由于饥荒的影响，爱尔兰的经济结构开始从以传统的种植业为主转变到以畜牧业为主。

文化影响　饥荒使爱尔兰文化发生了深刻的变化。饥荒给爱尔兰民族造成了巨大的心理和精神冲击，需要一场宗教复兴以满足爱尔兰人民宗教和情感的需要。1850—1875年，天主教会发起的“虔诚革命”，以教会为中心，通过教会支配的协会文化来调节人们的生活，逐渐成为一种占支配地位的宗教文化模式，“天主教”一度成为“爱尔兰”的同义词。爱尔兰向英美等国的大规模移民也促进了不同国家的文化融合。原本只属于爱尔兰的传统节日的圣帕特里克节（St. Pat- rick Day），在今天已经成为美国举国上下欢庆的节日。

参考文献

GRAY P, 2005. 爱尔兰大饥荒[M]. 上海: 上海人民出版社.

代晓敏, 2011. 谈爱尔兰大饥荒及其启示[J]. 科教导刊(35): 255-256.

文伟, 袁茜, 2013. 论1845—1849年爱尔兰大饥荒对爱尔兰经济与人口结构蜕变的影响[J]. 齐齐哈尔大学学报(5): 75-77.

GUINNANE T, 1994. The great Irish famine and population: the long view[J]. American economic review, 84(2): 303-308.

GRUBER R, 2001. Black '47 and beyond: the great Irish famine in history, economy, and memory[J]. Eur Leg Towar New Paradig, 6(6):817-818.

LYNOS F S L, 1971. Ireland since the famine[M]. Redwood City: Redwood Press: 103.

MILLER K A, 1985. Emigrants and exiles: Ireland and the Irish exodus to North America[M]. Oxford: Oxford University Press: 291.

ROURKE K, 1991. Did the great Irish famine matter?[J]. The Journal of economic history, 51(1): 1-22.

（撰稿：董莎萌；审稿：高利）

桉树枝瘿姬小蜂　*Leptocybe invasa* Fisher & LaSalle

桉属（*Eucalyptus*）植物的重要害虫。膜翅目（Hymenoptera）姬小蜂科（eulophidae）。英文名 blue gum chalcid、eucalyptus chalcid。

入侵历史　原产澳大利亚，2000 年被首次记述于中东地区，之后相继在非洲地区的乌干达和肯尼亚，亚洲的泰米尔地区以及欧洲的葡萄牙被发现，并迅速扩散蔓延。2007年，在中国广西与越南交界处首次发现该种小蜂；2008 年相继在海南和广东发现。

分布与危害　主要分布在亚洲、欧洲、非洲、美洲和大洋洲。危害严重时能引起桉树长势阻滞或生长停止，顶梢枯死、落叶甚至全株死亡，保守估计每年的损失要达到上千万元。在中国已扩散至海南、广东、福建、台湾、四川、云南和江西等地。桉树的嫩枝、叶柄及叶片主脉上形成虫瘿。初期均为绿色，随着虫瘿膨大，逐渐变为紫红色。有时虫瘿表面可见出蜂孔。虫瘿使得叶片卷曲，出现整株叶片枯萎凋落现象。

寄主有赤桉（*Eucalyptus camaldulensis* Dehnh）、柳桉（*Eucalyptus saligna* Sm.）、巨桉（*Eucalyptus grandis* Hill）、溪谷桉（*Eucalyptus badjensis* Beuzev & Welch）、粗皮桉（*Eucalyptus pellita* F.V.Muell）、毛皮桉（*Eucalyptus macarthurii* H. Deane & Maiden）、本沁桉（*Eucalyptus benthamii* Maiden & Cambage）、头果桉（*Eucalyptus cephalocarpa* Blakely）、山灰桉（*Eucalyptus cypellocarpa* L.A.S.Johnson）、冈尼桉（*Eucalyptus gunii* Hook）、樟脑桉（*Eucalyptus comphora* R. T. Baker）、巨细桉（*Eucalyptus grandis* × *Eucalyptus tereticornis*）等。

形态特征

雌成虫　体长 1.1～1.5mm，体黑色或黑褐色，有蓝色到绿色金属光泽。头扁平，单眼 3 个，呈三角形排列，周围有一深沟；触角窝位于唇基和中单眼之间，处于复眼连线的上方。前胸背板短，中胸盾片无中线，侧缘有 2～3 根短刚毛，小盾片近方形，无中脊和侧褶。前足基节黄色，中后足基节黑色，腿节和跗节黄色，第四跗节顶端棕色。翅透明，翅脉浅棕色，亚前缘脉具 3～4 根背刚毛；后缘脉短，翅脉棕色；在翅痣和后缘脉之间有一透明区域，透明区域小；基室无刚毛，基脉通常具 1 根刚毛，肘脉的刚毛行不延伸到基脉。腹部短，卵形，肛下板只延伸至腹部的一半。产卵器鞘短，长度不到腹部末端顶点（见图）。

橙红色雌成虫　体长与黑色雌虫相当，身形略小，全身基本为橙红色，有金属光泽。单眼和复眼均呈鲜红色，形状与黑色体相同；触角形状同黑色雌虫，鞭节棕褐色。前胸背板成倒“一”字形贴住胸部，后背上被 4 根明显的刚毛。各足跗节褐色；腹部长锥形，中间三腹节有褐色带，尾尖黑色。

雄成虫　体长 0.9～1.2mm，外形与雌蜂相似。头、胸部暗褐色，具蓝绿色金属光泽；腹部褐色，背面略带金属色泽；触角柄节和梗节黄褐色，仅背面稍暗，索节和棒节褐色；足基节褐色至暗褐色，具金属光泽，腿节、胫节和第 1～3 跗节浅褐色，第 4 跗节褐色，不具金属光泽或仅后足股节略带金属色泽；翅透明，翅脉黄褐色。中胸盾片侧缘各具细短刚毛 3～4 根，中胸小盾片有 2 条亚中沟和 2 条亚侧沟，背小盾片长是胸腹节长的一半；前翅无后缘脉；痣脉与前缘之间的区域几乎裸露无毛，亚前缘脉常具鬃 4 根。

卵　乳白色，棒状，体略透明。长 33.81～39.60μm，

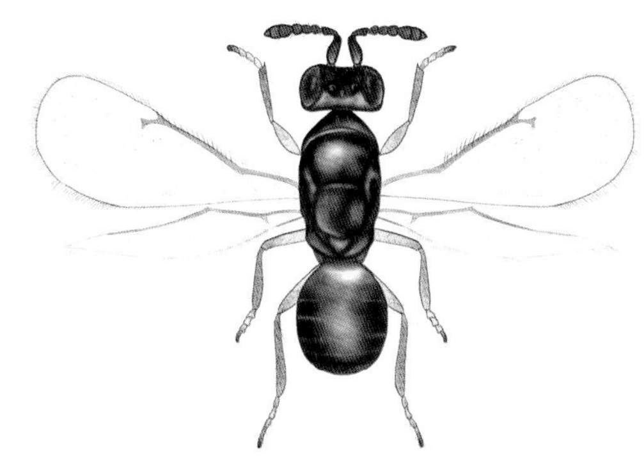

桉树枝瘿姬小蜂雌成虫（石娟提供）

A

最大宽为4.08～5.72μm，由卵体和卵柄两部分组成。

幼虫 低龄幼虫为球形，中龄和高龄幼虫为蛆形。体乳白色，略透明。高龄幼虫的蛆体背面有1条浅褐色长条斑。幼虫充满虫窝，化蛹前在瘿室内形成一薄茧，包裹着虫体。

蛹 离蛹，初始时乳白色，之后颜色逐渐加深，最后与成虫接近，卷曲近球形。

入侵生物学特性 在中国，桉树枝瘿姬小蜂1年发生3～6代，世代重叠严重。在广西以第4代和第5代不同虫龄幼虫和蛹越冬，但冬季天暖时还能见到极少数成虫在嫩叶上活动。越冬代成虫从2月下旬起陆续羽化，3～4月达羽化高峰期，4～5月形成大量新虫瘿，6～12月均可见老熟虫瘿和新形成虫瘿。

桉树枝瘿姬小蜂既能孤雌生殖，也可进行两性生殖，雄虫少见，雌虫繁殖能力强，具有较强的飞行能力，也可随风进行远距离传播，该害虫发生几乎不受地理环境影响，因此种群得以快速扩散。桉树枝瘿姬小蜂多寄生于生长旺盛且未成熟的寄主植物部位上，寄主桉树挥发性物质可能起到了重要的作用。雌成虫找到合适的嫩枝、叶脉、叶柄等产卵场所，用产卵器穿刺表皮，经多次穿刺试探后，将卵产于皮下薄壁组织中。产卵处可见有一小段卵柄留在表皮外。寄主树表皮被穿刺后分泌树脂，初期症状明显。桉树枝瘿姬小蜂的卵、幼虫和蛹均在虫瘿内生活。幼虫孵化后分泌毒素刺激树木组织形成虫瘿，而幼虫隐藏其中取食。虫瘿随着幼虫的发育而逐渐长大，在桉树不同部位形成的虫瘿大小不等，但其初期均为绿色，随着虫瘿膨大，逐渐变为紫红色。幼虫老熟后化蛹在虫瘿内，成虫羽化时在虫瘿上咬一羽化孔飞出，由于一个虫瘿内可有多头幼虫危害，因此在老虫瘿的表面可见数个成虫羽化孔。在虫口密度较低时，多在叶柄基部形成较小的虫瘿，不易被察觉。随着虫口数量增加，虫瘿密布嫩枝、嫩叶，造成枝叶变形，严重阻碍和影响光合作用以及养分输导，导致新生枝叶细小，林木生长停滞。该害虫繁殖扩散能力强，受害林分中的林木被害率近100%。

预防与控制技术

检疫措施 在进出口桉树苗木时，应对其进行严格检测，禁止调运虫害苗木或木材。受害轻的苗木要严格处理后才能出口；受害严重的苗圃，其苗木应全部销毁，禁止出口。对桉树枝瘿姬小蜂危害较重的苗圃基地应及时进行处理，避免其进一步繁殖和扩散。

林业措施 利用桉树的无性繁殖保持其原有抗性优良基因，可减少桉树枝瘿姬小蜂的危害。种植高抗品系列的桉树，并加大力度研究新高抗产品，不断更新桉树枝瘿姬小蜂的生存环境，减少其危害面积。不准再继续生产和种植易感虫桉树品种或无性系，如dH201-2。受害轻的苗木要严格处理后才能种植；受害重的苗圃，苗木要全部销毁，不能用于造林。在中国南方桉树适生区开展桉树枝瘿姬小蜂疫情普查，及时通报疫情，进行风险交流分析。在疫区和非疫区提倡种植抗虫、耐虫树种，提倡造林树种及品系多样化，以抑制该害虫的扩散蔓延。虫灾主伐迹地炼山宜早，受桉树枝瘿姬小蜂危害的枝叶不管是否干枯都不准运出林区。营林时应将复合肥基肥一起拌放10～15g丙硫克百威或丁硫克百威，以增强苗木和幼树的抗虫性，可兼治其他地下害虫。

化学防治 辛硫磷与阿维菌素以有效成分7∶1复配化学剂、16%虫线清乳油、虫瘿灵均能大面积杀死桉树枝瘿姬小蜂。在苗圃和幼林地，春季成虫产卵期，使用40%氧化乐果溶液或10%吡虫啉溶液喷雾3次，每次间隔半个月。

生物防治 在澳大利亚发现有3种寄生蜂：*Quadrastichus mendeli* Salle、*Selitrichodes kryceri* Kim & La和*Aprostocetus* sp.，其中*Aprostocetus* sp.已经被引进以色列进行野外释放。中国对桉树枝瘿姬小蜂的生物防治取得了一定的进展，已发现的天敌有冠猫跳蛛(*Carrhotus coronatus* Simon)、斜纹猫蛛(*Oxyopes sertatus* L. Koch)、园蛛(*Cyrtarachne* sp.)，这3种天敌均可对桉树枝瘿姬小蜂起到一定的防控作用，其中冠猫跳蛛为优势种。

参考文献

陈华燕, 姚婕敏, 许再福, 2009. 桉树枝瘿姬小蜂雄虫在中国的首次发现[J]. 环境昆虫学报, 31(3): 285-287.

彭欣, 王瀚棠, 郭春晖, 等, 2021. 入侵性致瘿害虫桉树枝瘿姬小蜂（膜翅目：姬小蜂科）EST-SSR开发及隐种鉴定[J]. 林业科学, 57(9): 140-151.

吴耀军, 蒋学建, 李德伟, 等, 2009. 我国发现1种重要的林业外来入侵害虫——桉树枝瘿姬小蜂(膜翅目: 姬小蜂科)[J]. 林业科学, 45(7): 161-163, 182-183.

朱方丽, 邱宝利, 任顺祥, 2013. 桉树枝瘿姬小蜂连续世代种群生命表[J]. 生态学报 (1): 97-102.

KUMAR S S, KANT S K, EMMANUEL T, 2007. Emergence of gall inducing insect *Leptocybe invasa* (Hymenoptera: eulophidae) in eucalyptus plantations in Gujarat, India[J]. Indian forester, 133(11): 1566-1568.

MENDEL Z, PROTASOV A, FISHER N, et al, 2004. The taxonomy and natural history of *Leptocybe invasa* (Hymenoptera: eulophidae) gen. &sp. nov. an invasive gall inducer on eucalyptus[J]. Australian journal of entomology, 43: 101-113.

SARMENTO M I, PINTO G, ARAUJO W L, et al, 2021. Differential development times of galls induced by *Leptocybe invasa* (Hymenoptera: Eulophidae) reveal differences in susceptibility between two *Eucalyptus clones*[J]. Pest management science, 77(2): 1042-1051.

ZHENG X L, LI J, YANG Z D, et al, 2014. A review of invasive biology, prevalence and management of *Leptocybe invasa* Fisher & La Salle (Hymenoptera: Eulophidae: Tetrastichinae)[J]. African entomology, 22(1): 68-79.

（撰稿：石娟；审稿：周忠实）

氨基酸序列比对 amino acid sequence homology

生物信息学是利用计算机技术来处理生物学的一门交叉学科。其中，序列比对是生物信息学最基本的一个研究手段。获得比对质量更好、效率更高的序列比对算法是生物信息学研究的一个重要的课题。氨基酸序列比对就是以一定的算法，量化序列之间的相似程度，推断序列进化关系和结构功能信息。氨基酸序列比对已经成为生物学研究的基本组成和重要部分。序列比对的理论基础是：序列决定结构，结构决定功能的生物学规律。如果两个序列之间具有足够的相似性，就认为可能有相同的功能。

过敏原氨基酸序列比对有两类基本方法，基于特征提取的比对方法和基于相似性模型的比对方法，它们所使用的策略不同。基于特征提取的比对方法是根据序列在相关家族中的保守性和特殊性提取出能够代表过敏原氨基酸序列的特征参数，将蛋白质序列转换成以特征参数的智能化描述，以此进行序列 motif 比对。例如，过敏原序列判别软件 SORTALLER 即是属于特征提取的比对方法。该软件的内核过敏原特征肽（allergen family featured peptides）来自非冗余过敏原肽，是剥离了与非过敏原相似的噪音成分而抽提出来的过敏原特征序列，因此，能准确反映过敏原的特点，可以找出序列间高维或隐蔽的相似关系。借此建立的软件 SORTALLER 的特异性与灵敏度都得到完美统一，总准确性非常高，已广泛使用。

由于具体的相似性算法的不同，基于相似性模型的比对方法又可分成不同亚类，如动态规划比对算法、FASTA 序列比对算法、BLAST 序列比对算法、PSI-BLAST 比对算法等。它们都有各自的特点。

动态规划比对算法 Needleman 和 Wunsch 最早提出利用动态规划方法进行全局序列比对，这是使用最为广泛的一种比对算法。其将序列信息转化为矩阵，将序列中匹配的氨基酸残基设为 1，不匹配设为 0。然后通过求和计算每个单元的值，即将该单元范围内最大值与该单元的值相加。最后从最高分值单元开始查找最大分值路径和最佳匹配。另外 Smith-Waterman 的算法在此基础上，对序列局部比对进行了优化，在识别局部的相似性时，灵敏度较高，但实际使用中，动态规划比对算法针对长序列，特别是 DNA 序列，非常耗时。

FASTA 序列比对算法 Lipman 和 Pearson 首次提出 FASTA 算法。FASTA 程序是第一个广泛使用的数据库相似性搜索程序。程序在序列中查找长度为 k，相匹配的片段作为增强点，邻近的增强点成为一个增强的区段。一个增强段的分值就是范围内所有增强点和空位的分值之和，按照分值对序列进行排序，选取分值最高的序列进行相似性比对。FASTA 由于是有选择进行最优序列进行比对，因此算法速度比传统动态规划算法的速度快。Allergenonline 等软件中使用的序列比对算法即是 FASTA 算法。

BLAST 序列比对算法 Altschul 等（1990）提出 BLAST 算法，是应用最为广泛的基于局部相似性序列比对算法。它查找序列间完全匹配的短小序列片段，并延伸到更长的匹配，以获取更少但质量更高的匹配，在保证敏感性的前提下提高了算法的速度。BLAST 序列比对结果中，经常使用 E 值（E-values）来评判匹配的优劣。E 值越小，说明目标序列与候选序列的匹配就越好。当然，E 值与匹配序列片段长短（用 Score 值表示）和序列相似程度（用同一性 Identities 和相似性 Positives 表示）有关。一般来说，E 值为 0.001 或者更大时，则配对差，当 E 值为 1e-4 或者更小时，则配对非常好。

PSI-BLAST 比对算法 Altschul 等在 1997 年提出 PSI-BLAST 算法，是对 BLAST 方法进行的改进。在 BLAST 的基础上通过多次迭代搜索特异性分数矩阵，提高了敏感度，更容易发现序列之间的相似关系，但是由于多次循环计算，搜索时间有所增加。

不论具体的算法如何，相关数据库是相似性模型得以进行的前提，因此，基于相似性模型的比对方法对数据库的依赖性都非常强。该类比对方法首先要收集足够全而准确的过敏原序列，构建过敏原序列数据库，而数据库中序列的准确性和完整性是相似性模型准确性的基础。ALLERGENIA v1.0、ALLERGENONLINE 和 COMPARE 等数据库都具有基于相似性模型的比对方法的分析功能。但由于数据库的过敏原覆盖度和非冗余度不同，数据库的检索效能存在一些差异。根据统计，ALLERGENIA v1.0 过敏原数据库总共有 2042 条非冗余序列。ALLERGENONLINE 过敏原数据库第 18 版，总数有 2089 条序列，其中无效与重复序列共有 12 条。COMPARE 过敏原数据库已经更新至 20180216 版本，总数有 2038 条序列，重复序列仍有 8 条。数据库序列的纰缪严重影响着序列比对的准确性。譬如上述三个数据库之间共有序列 1233 条。与 2017 年相比，2018 年 ALLERGENIA 中的独有序列出现减少，其中大部分变成了三个数据库的共有序列。这从另一个侧面印证了 ALLERGENIA 的独有序列的准确性。

根据序列相似性程度，FAO/WHO 指南提出了判定与过敏原存在交叉反应的经验标准被业界广泛采用。其一，与已知过敏原存在连续 8 个氨基酸相同；或者其二，与已知过敏原在 80 个氨基酸滑动窗口上同一性（identities）达到 35% 及以上。ALLERGENIA 和 ALLERGENOLINE 过敏原数据库都带有根据 FAO/WHO 指南创建的过敏原序列比对工具。除此之外，ALLERGENIA 过敏原数据库还带有基于全局比对的 BLAST 工具，给用户提供多种序列比对方法选择。相比之下，COMPARE 过敏原数据库本身没有任何序列比对工具，不利于用户检索应用。但是，FAO/WHO 指南忽略了序列相似高而产生交叉反应的可能，业界专家正在对相关问题展开研究。

参考文献

ALTSCHUL S F, GISH W, MILLER W, et al, 1990. Basic local alignment search tool[J]. Journal of molecular biology, 215 (3): 403-410.

ALTSCHUL S F, MADDEN T L, SCHAFFER A A, et al, 1997. Gapped BLAST and PSI-BLAST: a new generation of protein database search programs[J]. Nucleic acids research, 25 (17): 3389-3402.

DANG H X, LAWRENCE C B, 2014. Allerdictor: fast allergen prediction using text classification techniques[J]. Bioinformatics, 30 (8): 1120-1128.

FIERS M W, KLETER G A, NIJLAND H, 2004. Allermatch, a webtool for the prediction of potential allergenicity according to current FAO/WHO Codex alimentarius guidelines[J]. BMC bioinformatics (5): 133.

GOODMAN R E, EBISAWA M, FERREIRA F, et al, 2016.

Allergen Online: A peer-reviewed, curated allergen database to assess novel food proteins for potential cross-reactivity[J]. Molecular nutrition and food research, 60 (5): 1183-1198.

LIPMAN D J, PEARSON W R, 1985. Rapid and sensitive protein similarity searches[J]. Science, 227 (4693): 1435-1441.

NEEDLEMAN S B, WUNSCH C D, 1970. A general method applicable to the search for similarities in the amino acid sequence of two proteins[J]. Journal of molecular biology, 48 (3): 443-453.

SMITH T F, WATERMAN M S, 1981. Identification of common molecular subsequences[J]. Journal of molecular biology, 147 (1): 195-197.

ZHANG L, HUANG Y, ZOU Z, et al, 2012. SORTALLER: predicting allergens using substantially optimized algorithm on allergen family featured peptides[J]. Bioinformatics, 28 (16): 2178-2179.

（撰稿：陶爱林；审稿：杨晓光）

澳大利亚兔灾 rabbit disaster in Australia

一场由于兔子种群泛滥而引发的生态灾难。在辽阔的澳大利亚大陆上，原本并没有兔子。1788 年 1 月 27 日，由阿瑟·菲利普船长率领的英国皇家海军第一舰队在悉尼港登陆，揭开了澳大利亚历史的新篇章。作为澳大利亚兔子祖先的欧洲兔子，就是搭乘第一舰队的舰船，从英格兰来到这片肥沃土地上的。由于这些兔子主要是供刚到澳大利亚的欧洲定居者食用，因此多为圈养，流落到外面的野生种群极为罕见。

1859 年，一位名叫托马斯·奥斯汀的英格兰农场主来到了澳大利亚。在他携带的大批行李物品中，包括了 24 只欧洲兔子、5 只野兔和 72 只鹌鹑。由于他酷爱打猎，就把这些兔子放养到他在吉朗附近的领地上。兔子是出了名的快速繁殖者，在澳大利亚它没有天敌，于是，一场几乎不受任何限制的可怕扩张开始了。到 1866 年，据测算，这些兔子的后代以平均 130km/ 年的速度，向四面八方扩散。到 1907 年，兔子已扩散到澳大利亚的东西两岸，兔子种群的数量也呈几何级数递增。到 1926 年，澳大利亚的兔子数量已经增长到了创纪录的 100 亿只。

由于兔子泛滥成灾，澳大利亚的农业和畜牧业遭受了巨大损失。仅从牧草的消耗量来看，100 亿只兔子所吃的牧草就相当于 10 亿只羊的放养量。这对于被称为“骑在羊背上的国家”的澳大利亚来说，所蒙受的经济损失实在难以估量。澳大利亚大陆大部地区的水土保持能力急剧下降，水土流失和土壤退化现象日益严重，生态环境被严重破坏。

据统计，由于兔子在澳大利亚的迅速增长，导致澳大利亚灭绝或近乎灭绝的原生动物就有几十种之多。其中就包括澳大利亚一种最古老、最小巧的袋鼠——鼠袋鼠。

人们组织了大规模的灭兔行动，从传统的猎杀、布网、堵洞，到较为“先进”的释放毒气和在胡萝卜里下毒等，甚至引入兔子的天敌——狐狸，修建了 3 条贯穿澳大利亚大陆的篱笆，但收效甚微。到 20 世纪 50 年代，澳大利亚政府最终决定采用生物控制的办法来消灭兔灾，生物学家从美洲引进了一种依靠蚊子传播的病毒——黏液瘤病毒。由于这种病毒具有选择性，对人、畜以及澳大利亚的其他野生动物完全无害，无疑是消灭澳大利亚兔子的最理想的武器。

1950 年春，澳大利亚科学家在墨累达令河盆地将这种病毒释放到了蚊子身上，然后经蚊子再传染给兔子。黏液瘤病毒一经引进，很快便在兔群中传播开来，兔子的死亡率达到了 99.9%。到 1952 年，整个澳大利亚有 80%～95% 的兔子种群被消灭。困扰澳大利亚人近百年的兔灾终于被控制住了。

然而，随着免疫能力的逐渐增强，澳大利亚兔子在感染上黏液瘤病毒以后，死亡率越来越低，下降到 40%。与此同时，兔子的数目也逐年回升，到 1990 年时已恢复到 6 亿只左右。为了防止灾难重演，澳大利亚的科学家们一直在不停试验各种不同的生物控制方法，引入多种病毒，以达到抑制兔子大量繁殖的目的。

澳大利亚这场持续了百余年的“人兔之战”，已被公认为人类历史上最严重的生物入侵事件。实际上，这样的问题绝非澳大利亚所独有，随着全球一体化进程的加快，生物入侵已成为世界性难题。

参考文献

本刊编辑部, 2016. 日历 野兔入侵澳大利亚[J]. 世界环境 (S1): 91.

JERNELÖV A, 2017. The long-term fate of invasive species[M]. Switzerland: Springer, Cham.: 73-99.

（撰稿：周忠实；审稿：万方浩）

澳大利亚转基因生物安全管理法规 regulations on safety of management of genetically modified organisms in Australia

在澳大利亚，基因技术管理办公室负责监管转基因生物的相关工作，包括实验室研究、田间试验、商业化种植以及饲用批准。食品标准局负责对利用转基因产品加工的食品进行上市前必要的安全评价工作，并设定食品安全标准和标识要求。

基因技术管理办公室管理依据为 2001 年 6 月 21 日实施的《基因技术法案》(2000)，其目的是“通过鉴定基因技术产品是否带来或引起风险，以及对特定的转基因生物操作进行监管来管理这些风险，进而保护人民的健康和安全，保护环境”。《基因技术法规》(2001)、澳大利亚联邦政府和各州各地区间的《基因技术政府间协议》(2001)，以及各州各地区的相应立法，进一步支持《基因技术法案》的实施。

根据《基因技术法案》的规定，转基因生物试验、研制、生产、制造、加工，转基因生物育种、繁殖，在非转基因产品生产过程中使用转基因生物，种植、养殖或组织培养转基因生物；进口、运输、处置转基因生物等活动均适用于该法。分为以下几种类型管理，第一种类型是免于管制活动；第二种类型是显著低风险的活动；第三种类型是无意释放到环境中去的活动；第四种类型是有意释放到环境中去的活动；第五种类型是转基因生物注册；第六种类型是无意活动；第七种类型是应急活动。

对于需要获得许可证的转基因生物相关管理工作，是根据《基因技术法案》《基因技术管理条例》以及州、特区政府相关立法中规定的关于许可证申请的监管评估要求进行的。每个许可证申请中的风险评估和风险管理计划是决定是否签发许可证的基础。

《澳大利亚 / 新西兰食品标准法典》条款 1.5.2 规定，对来源于转基因植物、动物和微生物的食品要进行监管。食品标准局代表澳大利亚联邦政府、州、特区政府和新西兰政府开展转基因食品的安全评价。该条款对转基因食品的标识进行了规定，规定于 2001 年 12 月开始实施。

（Australia Agricultural Biotechnology Annual-2019.）

（撰稿：黄耀辉；审稿：叶纪明）

澳大利亚转基因生物安全管理机构 administrative agencies for genetically modified organisms in Australia

澳大利亚的转基因生物安全主要由基因技术部长理事会、基因技术执行长官、基因技术管理办公室进行管理。基因技术部长理事会是在《基因技术政府间协议 2001》中确立的，明确了基因技术执行长官的职责。基因技术执行长官由总督任命，享有充分的独立性。基因技术管理办公室下设在澳大利亚政府健康和老年部，专门组织对转基因释放，特别是对转基因产品的风险评定和风险管理等工作，其另一个职能是向社会公众发布有关受理转基因产品的申请释放、批准等相关信息。

（Australia Agricultural Biotechnology Annual-2019.）

（撰稿：叶纪明；审稿：黄耀辉）

B

巴西坚果事件 affair on the Brazil-nut allergen in transgenic soybeans

巴西坚果中含有的2S白蛋白富含甲硫氨酸和半胱氨酸。为了提高大豆的营养品质，1994年1月，美国先锋种子公司的科研人员尝试将巴西坚果中编码2S白蛋白的基因转入大豆中。但是，在研究过程中，他们意识到一些人对巴西坚果有过敏反应，因而有可能对转入了2S白蛋白基因的大豆也会产生过敏反应。随即，美国先锋种子公司的科研人员对转2S白蛋白基因大豆进行了测试，发现对巴西坚果过敏的人确实同样会对转2S白蛋白基因大豆过敏，2S白蛋白可能正是巴西坚果中的主要过敏原。鉴于这一情况，先锋种子公司在投入了巨大的开发成本并已经获得实质性成果的情况下，中止了这项研究计划。这个事件的本质并非因为转基因过程中的非预期效应改变了作物的遗传结构而凭空创造了过敏原，而是因为恰巧外源基因本身为过敏原。这个事件一方面说明转基因技术有可能将一些造成食物过敏的基因转移到农作物中来，因此需要进行风险评估；另一方面也说明对转基因植物所采取的安全管理措施有效地阻止了潜在风险。

参考文献

JULIE A N, STEVE L T, JEFFREY A T, et al, 1996. Identification of a Brazil-nut allergen in transgenic soybeans[J]. The new England journal of medicine, 334: 688-692.

（撰稿：刘标、郭汝清；审稿：薛堃）

巴西转基因生物安全管理法规 regulations on safety of management of genetically modified organisms in Brazil

巴西法规体系由法律、法令和部门制定法构成。1995年1月5日，巴西颁布第一个关于转基因的法律第8974号法，规定了基因工程技术的使用，基因工程生物释放到环境的要求，同时授予了国家生物技术安全委员会的执行权力。

巴西参议院2004年12月21日批准了允许2004—2005年度种植转基因大豆的第223号临时法令。2005年3月24日，巴西颁布了新的生物安全法第11105号法，它包括42个条款，在制度上建立了国家生物安全理事会，重组了国家生物技术安全委员会，建立国家生物安全政策，规定了管理和检验机构、内部生物安全委员会制度、内部生物安全委员会和公民及行政管理职责。按照新生物安全法，在巴西境内从事转基因生物及其产品的研究、试验、生产、加工、运输、储藏、经营、进出口活动都应当遵守法规的规定。新生物安全法中，对违法行为的处罚十分严厉，分为行政处罚和刑事处罚两种。

2005年11月22颁布了新的法令，即第5591号法令，它是新生物安全法第11105号法的实施条例。国家生物技术安全委员会根据新法律、新法令，2006—2008年共制定和颁布了6件标准决议。2006年6月20日公布第1号规范决议，2006年11月27日公布第2号规范决议，2007年8月16日公布第3号规范决议和第4号规范决议，2008年3月12日公布第5号规范决议，2008年11月6号公布第6号规范决议。国家生物安全理事会颁布了4个政策性文件，2008年1月29号颁布理事会第1号决议，2008年3月5日公布理事会第2号决议和理事会第3号决议，2008年7月31日公布理事会第4号决议。

在2003年，巴西司法部颁布了第2658号行政条例，建立了食品标识体系，规定食用或饲料用食品或食品成分若含有超过1%的转基因生物或其副产品，必须在商标上注明相关信息。

（Brazil Agricultural Biotechnology Annual-2019.）

（撰稿：黄耀辉；审稿：叶纪明）

巴西转基因生物安全管理机构 administrative agencies for genetically modified organisms in Brazil

巴西转基因生物安全主要由国家生物安全理事会（CNBS）、国家生物安全技术委员会（CTNBio）等部门进行管理。国家生物安全理事会隶属于共和国总统办公室，作为共和国总统的高级辅助机构，制定和实施国家生物安全政策。国家生物安全技术委员会隶属于科技部，主要为联邦政府制定和实施国家转基因生物安全政策提供技术支持，在评价转基因生物及其产品对动植物健康、人类健康环境风险的基础上，建立关于批准转基因生物和产品研究及商业化应用的安全技术准则。

(Brazil Agricultural Biotechnology Annual-2019.)

(撰稿：叶纪明；审稿：黄耀辉)

拜耳作物科学 Bayer AG

拜耳股份公司是一家拥有150多年历史的德国化工和制药跨国公司。总部位于德国莱茵河畔勒沃库森(Leverkusen)。拥有处方药、健康消费品、作物科学和动物保健等业务部，由公司职能部门、业务服务部门和服务公司Currenta支持各项运营业务。2018年，在世界各地90个国家拥有420家附属公司。主要业务领域包括人用和兽用药品、消费保健产品、农药和生物技术产品和高价值聚合物等；核心竞争力集中于医疗保健、营养品和高科技材料。

最早为商人富黎德里希·拜耳(Friedrich Bayer)与颜料师约翰·富黎德里希·威斯考特(Johann Friedrich Weskott)于1863年在德国巴门(Barmen，即现在部分的乌帕塔Wuppertal)创建的颜料公司——富黎德里希·拜耳公司(Friedr. Bayer et Comp.)。此后，公司在埃尔伯费尔德(Elberfeld)建立科学实验室，制定行业研究新标准，研发出众多的中间产品、染料和药品，其中阿司匹林于1899年投放市场。1925年，与巴斯夫(BASF)、爱克发(Agfa)和赫斯特(Hoechst)等公司合并成立法本公司(I.G. Farben AG，全称染料工业利益集团Interessen-Gemeinschaft Farbenindustrie AG)，成为当时欧洲最大的化学公司。第二次世界大战后被拆分，于1951年重新组建成独立的拜耳染料股份公司(Farbenfabriken Bayer AG)；1972年被命名为拜耳公司。1990年代向全球化发展，并于2001收购安万特作物科学公司(Aventis CropScience)。随后，拜耳作物科学(Bayer CropScience AG)、拜耳医药保健(Bayer HealthCare AG)及拜耳材料科技(Bayer MaterialScience AG)等新子集团公司相继创立，并通过拆分朗盛集团(Lanxess AG)和收购先灵集团(Schering AG)等系列拆并购操作而重组公司组织架构，形成高分子、医药保健、化工和农业等支柱产业。2016年，宣布要收购美国孟山都公司，引发世界各国监管者的重点关注，也引起农民和农场组织的担忧。作为批准条件，剥离旗下部分农药和种子业务，被巴斯夫收购。2018年，最终完成对美国孟山都公司的收购，成为占据全球种子和农药市场逾1/4份额的最大农药和转基因种子供应商。

至今，共有51个转基因事件被各国批准商业化种植，主要包括阿根廷油菜(*Brassica napus*)(22)、棉花(*Gossypium hirsutum*)(12)、大豆(*Glycine max*)(7)、玉米(*Zea mays*)(5)、水稻(*Oryza sativa*)(3)、甜菜(*Beta vulgaris*)(1)和波兰油菜(*Brassica rapa*)(1)。

参考文献

Bayer Global. This is Bayer[DB].[2019-10-20] https: //www. bayer. com/en/bayer-group. aspx.

ISAAA. GM approval Database[DB].[2019-10-20] http: //www. isaaa. org/gmapprovaldatabase/default. asp.

(撰稿：姚洪渭、叶恭银；审稿：方琦)

板栗疫病 chestnut blight

由子囊菌门寄生隐丛赤壳引起的一种真菌病害。又名板栗干枯病、板栗胴枯病。在中国，是一种重要的林业入侵病害。

入侵历史 1904年，在美国纽约首次发现此病，在随后不到半个世纪的时间内，它几乎摧毁了美洲全境栗树。中国于1913年也发现了栗疫病，随后各地陆续有发现，部分地区发病严重，中国板栗疫病的发病率由北向南逐渐减轻。

分布与危害 亚洲韩国和日本有分布。在中国，分布于北京、河北、辽宁、陕西、安徽、江苏、浙江、江西、山东、山西、河南、湖南、重庆、云南、广西和广东等地。造成板栗树势衰弱，栗实产量大幅度下降，严重时引起树木死亡。此病在美洲和欧洲分别危害美洲栗(*Castanea dentata*)和欧洲栗(*Castanea sativa*)，对美洲栗天然林造成毁灭性危害，欧洲栗也几遭覆灭之灾。

除了危害板栗(*Castanea mollissina*)之外，中国还发生于日本栗(*Castanea crenata*)、锥栗(*Castanea henryi*)等树种。在国外也能危害毛枝栗(*Castanea pumila*)、红花槭(*Acer rubrum*)、美国山核桃(*Carya illinoensis*)及栎属(*Quercus*)等树种。

主要危害主干及较大的侧枝，引起树皮腐烂、枝梢枯萎。感病初期形成圆形或不规则形的水渍状病斑，黄褐色或紫褐色，略隆起，较松软；之后，病部失水，干缩下陷，皮层开裂；撕开树皮，在树皮与木质部之间可见有羽毛状扇形的菌丝层，初为乳白色，后为浅黄褐色。雨后或潮湿条件下，树皮裂缝处可见黄褐色的疣状子座及卷须状的分生孢子角。入秋后，子座颜色变为紫褐色，并可见黑色刺毛状的子囊壳颈部伸出子座外。病斑常发生于嫁接口附近，受昆虫危害的树皮处常出现溃疡斑(图1)。

病原及特征 病原为寄生隐丛赤壳(*Cryphonectria parasitica*)，属子囊菌门间座壳目隐丛赤壳属。子囊壳具长喙，黑褐色，球形或扁球形。子囊棍棒状，无侧丝，无色。子囊孢子8个，成单行或不规则排列于子囊内，椭圆形，无色，双胞，分隔处稍显缢缩。分生孢子器生于鲜色肉质的子座中，不规则，多室。分生孢子单胞，无色，长椭圆形或圆柱形，直或略弯曲(图2)。

在PDA培养基上菌落呈黄白色至橙黄色，棉絮状，生长迅速。少数菌株的菌落深黄色或深褐色，这类菌株的扩展速率较慢。还有一部分菌株在1周内菌落基本保持白色，很少形成孢子器，此为弱毒菌株。

入侵生物学特性 4月中下旬产生分生孢子，借雨水、气流、昆虫和鸟类传播。10月下旬子囊孢子成熟后从子囊壳中强力弹出，借风雨传播。分生孢子和子囊孢子均可进行初侵染，有重复侵染发生。病菌以菌丝体和子座在病树上越冬。

病菌的生长适温为25～28℃。在中国江南，早春气温回升到6℃时，病菌开始活动。5～9月，气温20～29℃时，病害发展迅速。气温超过30℃，病害发展缓慢。11月以后，

图 1 板栗疫病症状（病部形成橘黄色子座）（梁英梅提供）

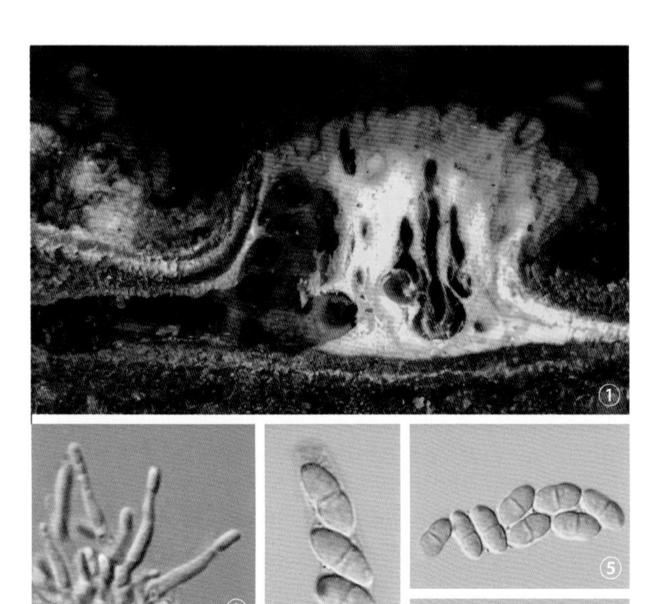

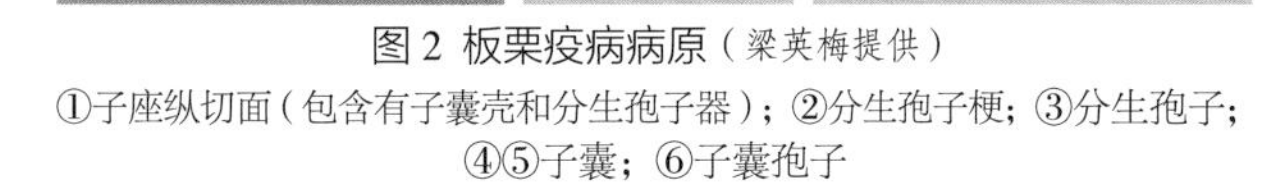

图 2 板栗疫病病原（梁英梅提供）
①子座纵切面（包含有子囊壳和分生孢子器）；②分生孢子梗；③分生孢子；④⑤子囊；⑥子囊孢子

气温下降到 10℃左右，病害基本停止发展。

板栗喜生于土壤深厚、有机质丰富、湿润而排水良好的砂岩、花岗岩风化的砂质土壤中。在山谷地积水、石灰岩山地土层较薄，pH 过大或过于瘠薄、黏重的红壤中，板栗树生长不良，疫病较重。栽植密度过大，管理粗放，受干旱和水涝胁迫，虫害严重的林分发病较重。病情往往随着树龄增长而加重。

预防与控制技术

农业防治　选择地势平缓、排水良好、土层深厚肥沃、微酸的砾质壤土栽培板栗；加强抚育管理，适当施肥，增加树势，提高抗病力；尽可能减少灼伤、冻伤、虫伤和人为的刀伤等损害；嫁接口要及时涂药保护；彻底清除重病株和重病枝，及时烧毁，减少侵染点和侵染源；发病后，刮除主干及大枝上的病斑，将病组织连同周缘 0.5cm 的健皮组织刮除至木质部，伤口处用 200 倍甲基托布津等涂抹。

生物防治　在欧洲，1965 年发现板栗疫病菌的弱毒菌系（hypovirulent strain）。这个弱毒菌系对板栗几乎没有致病力，但能够将强毒菌系（virulent strain）转化为弱毒菌系，一般接种 3 年后，可以治愈。其机理在于，栗疫菌感染含双链核糖核酸（dsDNA）的类病毒后，其致病性减弱，成为弱毒菌系，弱毒菌系的 dsDNA 可以通过亲和性菌系菌丝细胞的融合而转移到毒性菌株中，使正常毒性菌株转化为弱毒菌株。法国、意大利等国利用弱毒菌系成功地控制了欧洲栗疫病的发生。

检疫措施　加强检疫，防止疫区向外扩散。严禁从疫区引进板栗苗、接穗，防止病苗上山造林。对未发病的林分要定期普查，及早发现、及早处理。

检疫检验　①根据症状仔细观察调运木、枝、苗木等及寄主。②将带子实体的树皮制成切片，镜检有无子实体，也可将其在 25～30℃条件下保湿培养，至出现子实体后再切片、镜检。③取病健交界处组织，进行分离培养，用 PDA 培养基在 25～30℃下培养观察。④将分离培养所得的菌丝体或孢子，接种幼树主干或枝条伤口处，保湿培养 20 天后，根据病斑、症状进行鉴别。

在调运检疫中，若发现疫苗、疫材应销毁；在产地检疫中，立即烧毁病苗；从疫区调往非疫区的苗木、接穗等，应喷施 3～5 波美度石硫合剂或 1∶1∶160 波尔多液。

参考文献

刘德兵, 魏军亚, 秦岭, 等, 2020. 板栗自然居群疫病发生研究[J]. 西北林学院学报, 17(4): 52-53.

杨旺, 韩光明, 罗晓芳, 1979. 我国板栗疫病研究初报[J]. 北京林学院学报(0): 74-77.

AGNOSTAKIS S L, 1987. Chestnut blight: the classical problem of an introduced pathogen[J]. Mycologia, 79: 23-37.

ANDERSON P J, ANDERSON H W, 1912. Endothia virginiana[J]. Phytopathology, 2: 261–262.

BAILEY W W, HOLLICK A, ROBBINS W W, et al, 1906. Shorter notes[J]. Torreya, 6: 189–195.

FAIRCHILD D, 1913. The discovery of the chestnut bark disease in China[J]. Science, 38: 297-299.

JIANG N, FAN X L, TIAN C M, et al, 2020. Reevaluating

Cryphonectriaceae and allied families in Diaporthales[J]. Mycologia, 112(2): 267–292.

RIGLINGD, PROSPERO S, 2018. Cryphonectria parasitica, the causal agent of chestnut blight: invasion history, population biology and disease control[J]. Molecular plant pathology, 19(1): 7–20.

ROANE M K, GRIFFIN G J, ELKINS J R, 1986. Chestnut blight, other Endothia diseases and the genus Endothia[M]. St. Paul: American Phytopathological Society Press: 53.

（撰稿：梁英梅；审稿：高利）

半巢式 PCR semi-nested PCR

巢式 PCR 的一种特殊类型。巢式 PCR 是在完成普通 PCR 前提下，继续扩增比普通 PCR 小的片段，可以增加特异性，而半巢式 PCR 是只更换其中的一个引物，扩增比普通 PCR 小的片段。

先用一对靶序列的外引物扩增以提高模板量，然后再用一对内引物扩增以得到特异的 PCR 带，此为巢式 PCR。若用一条外引物作内引物则称之为半巢式 PCR，主要用于极少量 DNA 模板的扩增。

半巢式 PCR 的原理与巢式 PCR 基本相同，只是半巢式只有一对半引物，有一个引物被用于二次 PCR 反应中。不但可以减少假阳性的出现，而且可以使检测的下限下降几个数量级。

（撰稿：黄大亮；审稿：曹际娟）

报告基因 reporter gene

一种编码可易于鉴定的蛋白质或酶的基因，其编码产物能够被快速地测定，常用来判断外源基因是否已经成功地导入受体细胞、组织或器官，并检测其表达活性的一类特殊用途的基因。报告基因的实质作用是判断目标基因是否已经成功导入受体细胞并表达。因此，当报告基因被用来区分转化和非转化细胞、组织和器官时，也可将其称为标记基因。此外，报告基因还可用于分析真核基因表达调控、检测启动子的活性、发现新的启动子、观察报告基因和目的基因的融合蛋白在细胞内的位置等。

理想的报告基因应具有以下特点：①受体细胞不存在相应的内源等位基因，在未转化的细胞内不存在表达产物及产物的类似功能，即无背景。②编码的表达产物必须是唯一的，并且不会损害受体细胞。③表达产物稳定，有快速简便、经济灵敏的检测方法，且重现性好、结果可靠，测量数据有较宽的线性范围，以便于分析启动子活性的变化幅度。④细胞内的其他基因产物不会干扰报告基因产物的检测。⑤报告基因的表达也不改变宿主细胞的生理功能。目前常用的报告基因主要有 *β*- 葡萄糖醛酸糖苷酶（*β*-glucuronidase）基因（*gus*）、萤火虫荧光素酶（luciferase）基因（*luc*）、分泌性胎盘磷酸酯酶基因（*seap*）、*β*- 半乳糖苷酶基因（*lacZ*）、胭脂碱合成酶（nopaline synthase）基因（*nos*）、氯霉素乙酰转移酶（chloramphenicalacetyl）基因（*cat*）和绿色荧光蛋白（green fluorescent protein）基因（*gfp*）等。

GFP 是水母等腔肠动物所特有的生物荧光素蛋白，吸收蓝光，在 395nm 处有最大吸收峰，发射 509nm 绿色荧光。GFP 能在细菌、黏菌、酵母、植物和哺乳动物等多种生物中表达并产生荧光，这种不依赖生物种类的特性使其成为能广泛运用的荧光标记分子。此外，GFP 不需要反应底物和辅助因子，尤其适合于体内即时检测。为了更好地满足需要，现已研究出许多新的突变体，包括 EGFP、BFP、S65T-GFP 和 GFPh 等。

GUS 存在于某些细菌体内，是一种水解酶。*gus* 基因的表达受到葡萄糖苷类底物的诱导。绝大多数的植物细胞、细菌和真菌中不存在内源 GUS 活性，因此 *gus* 基因被广泛用作转基因植物、细菌和真菌的报告基因，尤其是在研究外源基因瞬时表达的转化实验中应用较多。此外，*gus* 基因的 3′ 端与其他结构形成的融合基因也能够正常表达，所产生的融合蛋白仍具有 GUS 活性。这为研究外源基因表达的具体细胞部位及组织部位提供便利。目前，用于 *gus* 基因检测的常用底物有三种：5- 溴 -4- 氯 -3- 吲哚 -*β*-D 葡萄糖苷脂（X-Gluc）、4- 甲基伞形酮酰 -*β*-D 葡萄糖醛酸苷脂（4-MUG）和对硝基苯 -*β*-D 葡萄糖醛酸苷（PNPG）等。其中，最常用的是以 X-Gluc 为底物的组织化学染色定位法，通过显色反应可直接观察到组织器官中具有 GUS 活性的部位呈现蓝色。

参考文献

马三梅, 王永飞, 2005. 标记基因和报告基因的辨析[J]. 农业与技术, 25 (3): 79-80.

ROSELLINI D, 2012. Selectable markers and reporter genes: a well furnished toolbox for plant science and genetic engineering[J]. Critical reviews in plant sciences, 31: 401-453.

（撰稿：汪芳；审稿：叶恭银）

北京奥瑞金种业股份有限公司 Beijing Origin Seed Technology Ltd.

前身为 1997 年在北京成立的北京奥瑞金种子科技开发有限公司，是一家融合现代生物技术及遗传育种等高科技手段，进行农作物优良新品种选育、生产、加工、销售及技术服务的农业生物高新技术企业。企业经营理念“高质量、高价值、重服务、重创新”。为国家级高新技术企业、农业产业化国家级重点龙头企业、“育繁推一体化”种子企业和中国种业五十强企业等。在全国设有 13 个营销中心、8 个生产中心、9 个育种站、1 个南繁基地、1 个研发中心和 3000 多个营销服务网络。主营水稻、玉米、棉花和油菜等新品种研发、生产和销售。2018 年营业总收入 81.8 亿元，净利润 10.3 亿元。

2002 年，建成北京研发中心，开始实施分子及转基因育种项目。2003 年，完成企业改制，更名为北京奥瑞金种业股份有限公司。2009年，研发的转植酸酶基因玉米获得生产安全证书，并完成产业化前期准备，如植酸酶玉米亲本种子生产、杂交种子生产、种子加工、质量监控技术规程及标准体系建设以及转植酸酶基因玉米种子安全风险控制体系建设等。

2013年，获得转基因棉花种子经营许可证。2016年，与杜邦先锋合作并达成商业授权许可协议，为中国农民发展种子新技术。

（撰稿：姚洪渭、叶恭银；审稿：方琦）

北美独行菜 *Lepidium virginicum* L.

十字花科独行菜属一年或二年生草本植物。又名独行菜、星星菜、辣椒菜、辣椒根、小白浆。是一种常见的、较耐旱的入侵杂草。

入侵历史　原产于美洲，现于欧洲和亚洲广泛归化。中国最早于1910年在福建采集到该物种标本。此后，在江苏、浙江、山东、湖北、湖南、辽宁、上海等地有记录。

分布与危害　分布于黑龙江、吉林、辽宁、陕西、河南、山东、安徽、江苏、浙江、江西、湖南、湖北、福建、广东、甘肃、宁夏、四川、重庆、青海、新疆、贵州、云南、西藏。在小麦、玉米、大豆、花生、荞麦等农田中都有发生，特别在旱地里发生较为严重。其通过养分竞争、空间竞争和化感作用，影响作物的正常生长，造成作物减产。另外，该植物也是棉蚜、麦蚜及甘蓝霜霉病和白菜病毒病的中间寄主，有利于这些病虫害的越冬。

形态特征　一年或二年生草本，高20～50cm；茎单一，直立，上部分枝，具柱状腺毛。基生叶倒披针形，长1～5cm，羽状分裂或大头羽裂，裂片大小不等，卵形或长圆形，边缘有锯齿，两面有短伏毛；叶柄长1～1.5cm；茎生叶有短柄，倒披针形或线形，长1.5～5cm，宽2～10mm，顶端急尖，基部渐狭，边缘有尖锯齿或全缘。总状花序顶生；萼片椭圆形，长约1mm；花瓣白色，倒卵形，和萼片等长或稍长；雄蕊2或4。短角果近圆形，长2～3mm，宽1～2mm，扁平，有窄翅，顶端微缺，花柱极短；果梗长2～3mm。种子卵形，长约1mm，光滑，红棕色，边缘有窄翅；子叶缘倚胚根（见图）。花期4～5月，果期6～7月。

入侵特性　北美独行菜具有化感作用，能抑制多种植物的种子萌发和生长，这一能力提高了其竞争优势。除此之外，该种还通过养分竞争、空间竞争来进一步扩大竞争优势。

监测检测技术　在北美独行菜植株发生点，将所在地外围1km范围划定为监测区；在划定边界时若遇到田埂等障碍物，则以障碍物为界。根据北美独行菜的传播扩散特性，在每个监测区设置不少于10个固定监测点，每个监测点选$10m^2$，悬挂明显监测位点牌，一般每月观察一次。

在调查中如发现可疑北美独行菜，可根据前文描述的北美独行菜形态特征，鉴定是否为该物种。

预防与控制技术　应因地制宜地采取不同的措施。对那些尚未受到北美独行菜蔓延危害的地区，要高度警惕，

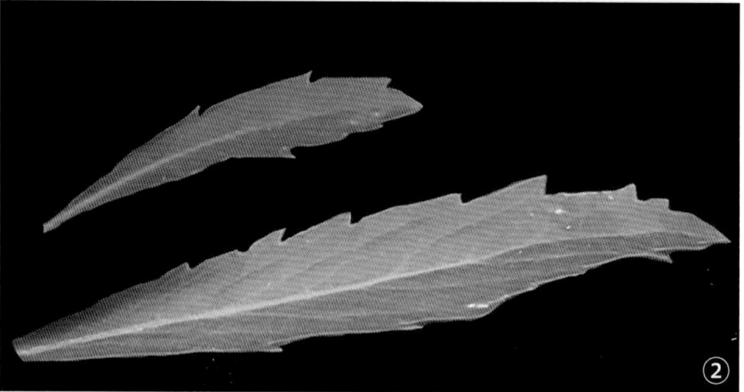

北美独行菜的形态特征（①②张国良提供；③吴楚提供）
①植株；②叶片；③种子

密切监测，一旦发现其危害应该立即采取措施予以灭除。尤其是农田、经济作物园等要精耕细作，使之难以入侵。对北美独行菜已经入侵的地方，要以除治为主，在此过程中，要防止其二次蔓延危害。深翻耕地是减少农田中该植物数量的有效方法之一，也可通过短时积水，降低它的生活力和竞争力。用化学方法防治时，常用乳氟禾草灵、莠去津、嗪草酮、溴苯氰等除草剂，在幼苗时进行化学防治效果较好。

参考文献

江苏植物研究所, 1982. 江苏植物志: 下卷[M]. 南京: 江苏科学技术出版社: 246.

刘建才, 成巨龙, 刘艺森, 等, 2014. 北美独行菜: 陕西烟田中的一种新杂草[J]. 西北大学学报(自然科学版), 44(1): 81-82.

李扬汉, 1998. 中国杂草志[M]. 北京: 中国农业出版社: 459-460.

李振宇, 解焱, 2002. 中国外来入侵种[M]. 北京: 中国林业出版

社: 115.

徐海根, 强胜, 2018. 中国外来入侵生物[M]. 修订版. 北京: 科学出版社: 239.

VÉLEZ-GAVILÁN J, 2016. *Lepidium virginicum* (Virginian peppercress). Invasive species compendium[M]. Wallingford, UK: CABI. DOI:10.1079/ISC. 30303.20203483179.

（撰稿：付卫东；审稿：周忠实）

庇护所策略 refuge strategy

通过为敏感性靶标害虫设立适当的庇护所进行抗性治理的策略。在转基因抗虫作物种植区种植一定比例的非抗虫寄主作物作为敏感性靶标害虫的庇护所，在庇护所中产生的大量敏感个体与转基因作物上存活的少量抗性个体随机交配产生抗性杂合子；在抗性基因处于有效隐性的情况下，转基因抗虫作物将杀死这些杂合个体，从而延缓靶标害虫的抗性进化速度。

庇护所的类型有3种：①结构型庇护所（structural refuge）。在转基因抗虫作物附近种植一定比例的同种非转基因作物（如20%）。②袋中庇护所（refuge in a bag，RIB）。将转基因抗虫作物的种子和非转基因同种作物的种子（如9∶1）预混在一起播种，随机分布在转基因抗虫植株间的非抗虫植株为敏感性靶标害虫提供庇护所。③天然庇护所（natural refuge）。即不用专门种植与目标转基因作物同种的非转基因作物作为庇护所，而是利用靶标害虫的其他非转基因寄主作物充当庇护所（见图）。

实际应用中具体选择哪种庇护所，需要根据转基因作物的种植模式、抗虫性状特征、靶标害虫的寄主范围和行为习性等因素综合确定。为了延缓害虫对转基因Bt抗虫作物抗性的产生，美国、澳大利亚等国家通常采用结构型庇护所进行抗性治理，即在Bt作物附近种植一定比例（如20%）非Bt作物作为害虫的庇护所，以提供足够敏感性害虫对抗性基因进行有效稀释，从而延缓抗性产生和发展。中国自1997年开始种植Bt抗虫棉，中国特有的小规模、多样化种植结构使与棉花同时期种植的玉米、大豆、花生、芝麻等其他寄主作物成为棉铃虫的天然庇护所，并有效延缓了棉铃虫Bt抗性的发展。值得注意的是，由于棉铃虫Bt抗性存在遗传多样性，在仅有的庇护所抗性治理策略下，棉铃虫田间种群Bt显性抗性的比例在逐年增加。在中国现有的天然庇护所基础上，有必要采用其他抗性治理策略（如基因聚合策略），以遏制Bt显性抗性的进化。

结构型庇护所　袋中庇护所　自然庇护所

■Bt作物　■同种非Bt作物　■■■其他非Bt作物

3种类型庇护所示意图

参考文献

CARRIÈRE Y, FABRICK J A, TABASHNIK J A, 2016. Can pyramids and seed mixtures delay resistance to Bt crops?[J]. Trends in biotechnology, 34: 291-302.

HUANG F, ANDOW D A, BUSCHMAN L L, 2011. Success of the high-dose/refuge resistance management strategy after 15 years of Bt crop use in North America[J]. Entomologia experimentalis et applicata, 140: 1-16.

JIN L, ZHANG H, LU Y, et al, 2015. Large-scale test of the natural refuge strategy for delaying insect resistance to transgenic Bt crops[J]. Nature biotechnology, 33: 169-174.

TABASHNIK B E, 1994. Evolution of resistance to *Bacillus thuringiensis*[M]. Annual review of entomology, 39: 47-79.

WU K M, GUO Y Y, 2005. The evolution of cotton pest management practices in China[J]. Annual review of entomology, 50: 31-52.

（撰稿：吴益东；审稿：杨亦桦）

变性高效液相色谱 denaturing high performance liquid chromatography, DHPLC

一项通过独特的DNA色谱柱——DNASepCartridge分离柱进行核酸片段的分离、分析以及检测基因突变和SNP的技术。

其原理是通过提高工作温度促使DNA片段变性，利用低浓度的乙腈将部分变性的DNA洗脱下来。由于异源双链DNA与同源双链DNA的解链特征差异，在相同的部分变性条件下，异源双链因有错配区的存在而更易变性，被色谱柱保留时间短于同源双链，故先被洗脱下来，从而在色谱图中表现为洗脱曲线。根据洗脱曲线，在设计标准的情况，可以测定被洗脱DNA片段大小。

变性高效液相色谱特点：①分辨率高。它有3种工作模式，一是在非变性条件下（50℃运行），核苷酸片段碱基对的数量决定洗脱顺序，其分辨率可达1%。另两种工作模式是在部分变性和完全变性条件下，分析系统不仅能区分核苷酸片段的大小，还能区分大小相同但序列不同的两个核苷酸片段，如同源双链和异源双链等。②灵敏度高。该分析系统有紫外和荧光两种检测系统，其中荧光检测系统的灵敏度比紫外系统高百倍以上。③通量高。它适用于多样品分析。④自动化程度高。它性能稳定，无须人员值守。⑤耗材便宜。除使用分离柱外，其他耗材非常便宜。

（撰稿：潘广；审稿：章桂明）

B

标记基因 marker gene

选择性标记基因的简称。指其编码产物能够使转化体具有抗生素或除草剂的抗性，或者使转化体具有代谢的优越性，在培养基或土壤中加入抗生素或除草剂等选择试剂的情况下，筛选存活的转化体的一类基因。

植物转化所应用的标记基因具有的特征有：①编码一种植物细胞不存在的酶或蛋白质。②基因较小，易构成嵌合基因。③能在转化体中得到充分表达。④易检测，并能定量分析。

在构建植物表达载体时，一般将标记基因与适当的组成型启动子构成嵌合基因，并克隆在质粒载体上，导入受体细胞。

常用的标记基因主要有三大类：①编码抗生素抗性的基因，如，新霉素磷酸转移酶（neomycin phosphotransferase）基因Ⅱ（*npt* Ⅱ），潮霉素磷酸转移酶（hygromycin phosphotransferase）基因（*hpt*），二氢叶酸还原酶（dihydrofolate reductase）基因（*dhfa*），内酰胺酶（B-lactamase）基因（*bla*），氨基葡萄糖苷腺苷转移酶（aminoglycoside-3′ adenyltransferase）基因（*aada*），氯霉素乙酰基转移酶（chloramphenicolacetyl transferase）基因（*cat*），色氨酸脱羧酶（trytophan decarboxylase）基因（*tdc*），庆大霉素乙酰基转移酶（amnioglyciside acetyltransferase）基因（*gent*）和链霉素磷酸转移酶（streptomycin phosphotransferase）基因（*strl/spc/spt*）。②编码除草剂抗性的基因，如草丁膦乙酰转移酶基因 *bar*，5 烯醇丙酮酰草酸 3- 磷酸合成酶基因 *epsps*，草甘膦氧化还原酶基因 *gox*，溴苯氰水解酶基因 *bxn*，乙酰乳酸合成酶基因 *als* 等。③是与糖代谢和激素代谢途径相关的基因，如糖代谢相关的 6- 磷酸甘露糖异构酶（6-phosphomannose isomerase）基因（*pmi*），木糖异构酶（xylose isomerase）基因（*xyla*）和核糖醇操纵子（ribitoloperon）基因等；与激素相关的异戊烯基转移酶（isopentenyl transferase）基因（*opt*）和吲哚 -3 乙酰胺水解酶（indole 3 acetamide hydrolyse）基因（*laah*）等。

参考文献

马三梅, 王永飞, 2005. 标记基因和报告基因的辨析[J]. 农业与技术, 25 (3): 79-80.

KUIPER H A, KLETER G A, NOTEBORN H P, et al, 2001. Assessment of the food safety issues related to genetically modified foods[J]. Plant journal, 27 (6): 503-528.

（撰稿：石建新、谢家建；审稿：张大兵）

表型可塑性进化假说 evolution of plasticity hypothesis, EPH

表型可塑性进化假说认为，外来入侵物种在进入到新的生境后通常会经历生境压力的剧烈变化，使其生长、功能和繁殖性状发生可塑性反应。该假说预测：入侵物种可能比非入侵物种或本地物种具有更多的特征可塑性；入侵物种在入侵地内的种群可能比原产地内的种群进化出更大的可塑性。表型可塑性有利于外来入侵物种适应不同的生境条件，使其具有更强的适应性和竞争优势，从而促进外来物种的成功入侵。

已有大量的研究为表型可塑性进化假说提供了证据。例如，在分析比较了入侵植物的入侵地基因型和原产地基因型对非生物环境可塑性差异的 10 个案例研究中，有 5 个研究结果表明入侵地基因型的可塑性显著高于原产地基因型。大狼把草（*Bidens frondosa*）的入侵地基因型比原产地基因型对水分和养分的可塑性显著提高。此外，整合分析结果也发现，入侵植物比本地植物的可塑性更强。以上研究均支持了入侵植物进化出了更强的表型可塑性这一结论。

以往对入侵植物表型可塑性进化的研究多关注对非生物环境因素（如光照、水分和养分等）的可塑性进化，邻体植物作为重要的生物环境也具有驱动入侵植物表型可塑性发生进化的能力。与原产地稀疏的种群相比，入侵植物在入侵地成功入侵后往往会形成单一的高密度种群，这表明外来植物的入侵地种群与原产地种群对同种邻体的反应范式可能存在差异。此外，邻体密度通常决定了植物对空间、光照、水分和养分等非生物环境因素的竞争水平。植物及时响应邻体并表达更具有竞争性的表型将增加其适应性，对其生存和繁殖至关重要。考虑到入侵植物在入侵地易形成高密度种群，这暗示了入侵植物的密集种群可能与密度依赖性有关。但是入侵植物对邻体植物表型可塑性是否发生了进化，以及这种进化是否具有密度依赖性还鲜有研究。

参考文献

BOSSDORF O, AUGE H, LAFUMA L, et al, 2005. Phenotypic and genetic differentiation between native and introduced plant populations[J]. Oecologia, 144: 1-11.

DAVIDSON A M, JENNIONS M, NICOTRA A B, 2011. Do invasive species show higher phenotypic plasticity than native species and, if so, is it adaptive? A meta-analysis[J]. Ecology letters, 14: 419-431.

KEANE R M, CRAWLEY M J, 2002. Exotic plant invasions and the enemy release hypothesis[J]. Trends in ecology and evolution, 17: 164-170.

WEI C Q, TANG S C, PAN Y M, et al, 2017. Plastic responses of invasive Bidens frondosa to water and nitrogen addition[J]. Nordic journal of botany, 35: 232-239.

（撰稿：潘晓云；审稿：周忠实）

不可逆结合 irreversible binding

生物体中配体与受体相互作用存在着可逆或不可逆的结合过程。当配体与受体以共价键结合，此时配体与受体结合紧密，难以发生解离，称为不可逆性结合。

Bt 毒素与膜蛋白的结合一般为可逆结合，但也有文献报道，Bt 毒素与受体发生紧密结合或直接插入细胞膜中，成为不可逆性结合。Bt 毒素的不可逆结合认作是一个重要的病理因素，与结合后 Bt 毒素的膜插入、低聚化和离子通道形成相关，Ihara 和 Himeno 等研究了 Cry1Aa 与家蚕中肠刷状缘膜囊泡（BBMVs）的不可逆结合，^{125}I标记的Cry1Aa可以通过快速解离与溶解的家蚕中肠刷状缘膜（BBM）结合，表明Cry1Aa与BBM的结合是可逆的，SDS-PAGE电泳分析表明，Cry1Aa不可逆地结合到BBMVs中，形成220kDa的低聚物，当^{125}I标记的Cry1Aa与BBMVs的不可逆结合被蛋白酶K消化时，约有40%的毒素对蛋白酶K具有抗性，表明毒素与BBMVs的不可逆结合是由于毒素插入脂质双层膜并寡聚形成通道造成的。还有研究表明，通过改变Cry1Ab的结构域可引起毒素与烟草天蛾BBMVs的不可逆结合。

参考文献

HUSSAIN S R A, ARONSON A I, DEAN D H, 1996. Substitution of residues on the proximal side of Cry1A *Bacillus thuringiensis* delta-endotoxins affects irreversible binding to *Manduca sexta* midgut membrane[J]. Biochemical and biophysical research communications, 226: 8-14.

IHARA H, HIMENO M, 2008. Study of the irreversible binding of *Bacillus thuringiensis* Cry1Aa to brush border membrane vesicles from *Bombyx mori* midgut[J]. Journal of invertebrate pathology, 98: 177-183.

RAJAMOHAN F, ALCANTARA E, LEE M K, et al, 1995. Single amino acid changes in domain II of *Bacillus thuringiensis* Cry1Ab delta-endotoxin affect irreversible binding to *Manduca sexta* midgut membrane vesicles[J]. Journal of bacteriology, 199: 2276-2282.

RAJAMOHAN F, COTRILL J A, GOULD F, et al, 1996. Role of domain II, loop 2 residues of *Bacillus thuringiensis* Cry1Ab delta-endotoxin in reversible and irreversible binding to *Manduca sexta* and *Heliothis virescens*[J]. Journal of biological chemistry, 271: 2390-2396.

（撰稿：陈利珍；审稿：梁革梅）

不完全抗性　incomplete resistance

种群中携带纯合抗性基因的个体，抗性昆虫个体在接触杀虫剂或取食转基因作物后，与不接触杀虫剂或取食普通作物的个体相比适合度显著下降，称为不完全抗性。又名部分抗性。相对于非转基因作物而言，转基因作物对具有不完全抗性特点的抗性昆虫有不利影响，表现为抗性昆虫能在转基因抗虫作物上完成发育，但会出现生长历期延长、体重减轻、成虫羽化时间延长等现象。

不完全抗性与适合度代价不同，不能导致昆虫抗性进化的逆转。但与庇护所的昆虫相比，在转基因抗虫作物田产生的不完全抗性昆虫的低适合度降低了田间种群抗性的筛选压力，因此可以起到协助延缓抗性的作用。而且，不完全抗性和隐性的适合度同时发生能够减缓抗性的进化，因为不完全抗性降低了Bt作物对抗性个体的筛选优势，从而使庇护所里的隐性适合度代价更加显著地影响抗性的进化。

参考文献

CARRIÈRE Y, CROWDER D W, TABASHNIK B E, 2010. Evolutionary ecology of insect adaptation to Bt crops[J]. Evolutionary applications, 3: 561-573.

CARRIÈRE Y, TABASHNIK B E, 2001. Reversing insect adaptation to transgenic insecticidal plants[J]. Proceedings of the royal society B: Biological sciences, 268: 1475-1480.

TABASHNIK B E, BREVAULT T, CARRIÈRE Y, 2013. Insect resistance to Bt crops: lessons from the first billion acres[J]. Nature biotechnology, 31: 510-521.

TABASHNIK B E, MOTA-SANCHEZ D, WHALON M E, et al, 2014. Defining terms for proactive management of resistance to Bt crops and pesticides[J]. Journal of economic entomology, 107 (2): 496-507.

（撰稿：梁革梅；审稿：陈利珍）

不完整插入　partial insertion

不完整插入在农杆菌介导的转化中指的是整个外源T-DNA序列没有完整地被插入到受体基因组，即插入到受体基因组的只是外源T-DNA序列的一部分。有些不完整插入的片段很小，可以躲过常规分子检测方法的检测。

不完整插入会影响外源基因在受体基因组中的结构和表达，更重要的是，不完整插入可能影响受体基因组的完整性和功能，可能产生非预期效应。如果不完整插入的是LB或RB边界序列，那么真正的T-DNA可能就会被错误地引导插入到不完整的LB或RB边界序列位点。

不完整插入产生的原因可能有：①转化方法导致的外源序列的变异。农杆菌介导的转基因常导致T-DNA的插入位点突变，导致外源T-DNA序列被截、被分散或发生其他复杂的重组。因此，农杆菌转化体中即使是单拷贝转化体中也存在较多的不完整插入。基因枪转化产生的转化体中，存在更多的比较小的不完整插入。②DNA重组常导致外源T-DNA序列的改变。

转基因生物安全评价过程中，不完整插入往往不太容易被传统的基于PCR或Southern印迹杂交的检测方法所检测到。以商业化抗除草剂转基因大豆事件GTS40-3-2为例，该转化事件中除了有一个完整的EPSPS表达框外，后来又发现其寄主基因组中还有两个分别为72和250碱基的*CP4-EPSPS*的不完整插入以及发生在3′的非预期DNA重组。

深度测序可能是目前检测不完整插入的最佳方法。但成本高，受体基因组序列须已知。

参考文献

BHATTACHARYYA M K, STERMER B A, DIXON R A, 1994. Reduced variation in transgene expression from a binary vector with selectable markers at the right and left T-DNA borders[J]. Plant journal, 6 (6): 957-968.

DEAN C, FAVREAU M, TAMAKI S, et al, 1988. Expression of tandem gene fusions in transgenic tobacco plants[J]. Nucleic acids research, 16(15): 7601-7618.

LI R, QUAN S, YAN X, et al, 2017. Molecular characterization of genetically-modified crops: challenges and strategies[J]. Biotechnology advances, 35 (2): 302-309.

（撰稿：石建新、谢家建；审稿：张大兵）

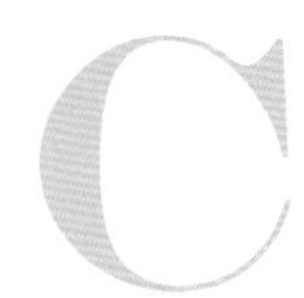

草甘膦 *N*- 乙酰转移酶基因 glyphosate N-acetyltransferase gene, GAT gene

编码草甘膦 *N*- 乙酰转移酶的基因。在自然环境中特别是在长期使用草甘膦等除草剂地区的土壤中，存在种类繁多的耐受或降解草甘膦的细菌。Castle 等人从地衣芽孢杆菌中克隆了草甘膦*N*- 乙酰转移酶（glyphosate *N*-acetyltransferase，GAT）基因，*gat* 基因的开放阅读框为 441bp，编码 146 个氨基酸的 GAT 蛋白，其相对分子质量约为 17kDa，最适 pH7，能够催化一个转乙酰基的反应，将草甘膦代谢成不具有除草性的 *N*- 乙酰草甘膦（见图）。

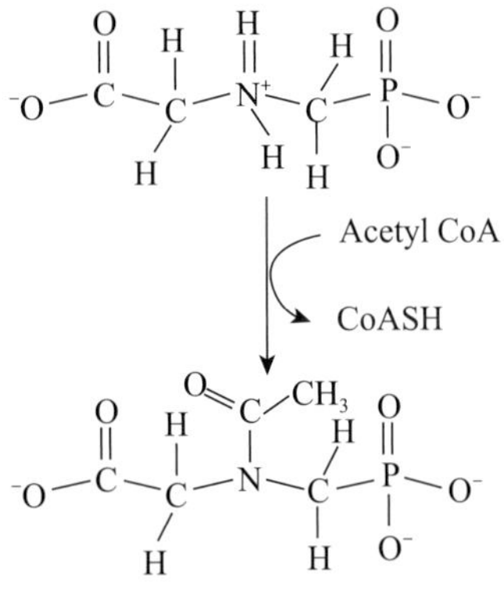

Acetyl CoA

CoASH

草甘膦乙酰转移反应

GAT 是 GNAT（Gcn5-related N-acetyltransferases）超家族的成员之一，该家族成员能够催化一系列重要的生物学上的乙酰转移反应，例如产生抗生素抗性、染色质改型。它们的一级结构同源性很低，说明了它们在乙酰化反应中作用于不同的底物，因此 GAT 对草甘膦具有较高的特异性。天然的 GAT 转乙酰的催化活性非常低，Castle 等人通过 11 轮的 DNA shuffling 大幅度增加了 GAT 的活性，改造后的 *gat* 基因转入大肠杆菌和植物中，都极大提高了其对草甘膦的耐受性。

GAT 转乙酰机理 Siehl 等人通过研究 GAT 的结构和功能，发现 *Arg-21*、*Arg-73*、*Arg-111* 和 *His-138* 是 GAT 的 4 个活性氨基酸残基位点，这几个位点相对保守，它们贡献出正电荷，供底物草甘膦分子结合，其中 *His-138* 行使着转乙酰的催化功能。酶结构和动力学分析表明，GAT 直接将乙酰 -CoA 上的乙酰基转移到草甘膦的亚胺上，而不是通过乒乓反应形成一个酶 - 乙酰基的复合中间体来完成反应。这种直接的转乙酰模式与已知的 GNAT 酶的反应机理是一致的。

实际应用 美国杜邦公司从地衣芽孢杆菌中克隆 *gat4601* 和 *gat4621* 基因，通过基因枪法或农杆菌介导法，培育出商业化的抗草甘膦油菜、大豆和玉米。中国农业科学院生物技术研究所林敏课题组从土壤微生物宏基因组中筛选出一个高抗草甘膦的 *gat* 基因，郭三堆课题组通过农杆菌介导法将 *gat* 联合 *gr79* 基因转化棉花培育出新型低残留高抗草甘膦棉花。

参考文献

卢维维, 2007. 草甘膦*N*-乙酰转移酶的定点诱变及动力学分析[D]. 武汉: 华中农业大学.

梁成真, 孙豹, 孟志刚, 等, 2017. GR79 epsps和gat协同增效培育新型低残留高抗草甘膦棉花[C]// 中国农学会棉花分会. 中国农学会棉花分会2017年年会暨第九次会员代表大会论文汇编.

（撰稿：李圣彦；审稿：郎志宏）

草甘膦氧化还原酶基因 glyphosate oxidoreductase gene, GOX gene

编码草甘膦氧化还原酶的基因。还未见植物体内存在能快速降解草甘膦的蛋白酶或基因的相关报道，但是很多研究已经证实草甘膦易被微生物吸收并降解。微生物主要通过两种途径完成对草甘膦的代谢，即 C-P 途径和 C-N 途径（见图）。C-N 键氧化裂解生成氨甲基膦酸（AMPA）和乙醛酸，C-P 键被 C-P 裂解酶（膦酰基乙酸水解酶）分解生成肌氨酸（*N*- 甲基甘氨酸）。这两种中间代谢物进一步代谢为磷酸、甘氨酸和二氧化碳等为细菌提供磷源、碳源或氮源。AMPA 途径受到大多数革兰氏阳性和阴性菌的偏爱。

GOX 的发现及应用 美国孟山都公司科研人员 Barry 等人最先从草甘膦降解菌 *Ochrobactrum anthropi* LBAA 菌株中克隆到一个 *gox* 编码基因。该基因所编码的蛋白酶能裂解草甘膦的 C-N 键，生成 AMPA 和乙醛酸。该基因经过修饰后转入烟草植株中，*gox* 的过表达赋予了烟草植株草甘膦抗性。将 *gox* 基因转入植物中并不足以赋予植物能够达到商业化要求的草甘膦抗性特征，因此 *gox* 基因都是同 *cp4-epsps* 基因联合转入植物，获得一系列具有草甘膦抗性的商业化转基因作物，如抗草甘膦油菜、玉米和甜菜等。此外，虽然

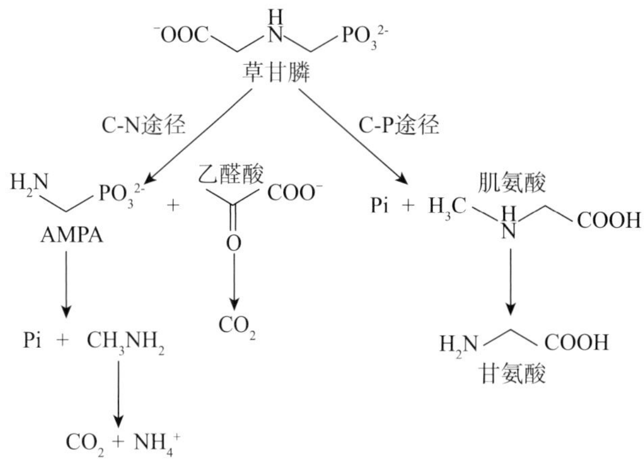

$^{-}OOC\text{-}NH\text{-}PO_3^{2-}$

草甘膦

C-N途径　　C-P途径

$H_2N\text{-}PO_3^{2-}$ (AMPA) + 乙醛酸 ($OHC\text{-}COO^-$)　　　Pi + 肌氨酸 ($H_3C\text{-}NH\text{-}COOH$)

$Pi + CH_3NH_2$　　CO_2　　$H_2N\text{-}COOH$ 甘氨酸

$CO_2 + NH_4^+$

微生物代谢草甘膦的途径

gox 基因能使植物获得一定的草甘膦抗性，但其代谢草甘膦产生的代谢产物（AMPA）会对植物产生一定的毒性，这可能是造成 *gox* 基因没有广泛应用于植物的另一个原因。

参考文献

李海红, 2009. 抗草甘膦菌株筛选及其EPSP合酶基因的克隆与功能验证[D]. 北京: 北京师范大学.

孙豹, 2014. GhEF1A8启动子克隆与功能分析及抗草甘膦转基因棉花研究[D]. 北京: 中国农业科学院.

（撰稿：李圣彦；审稿：郎志宏）

长芒苋　*Amaranthus palmeri* S.Watson

苋科苋属一年生草本植物，是一种被称为“超级杂草”的检疫性有害杂草。

入侵历史　长芒苋原产于美国西南部至墨西哥北部。1921 年在瑞士被发现，此后相继在瑞典、日本、奥地利、德国、法国、丹麦、挪威、芬兰、英国、澳大利亚被报道，现已广泛分布于北美洲、南美洲、亚洲和欧洲。中国最早于 1985 年在北京丰台发现长芒苋，现已在北京、天津、山东、江苏等的多个地点有入侵记录且呈扩散蔓延趋势。

分布与危害　长芒苋在中国的潜在分布区主要集中在华北地区，包括北京、天津、河北、河南、山东（中西部）、山西（南部）、安徽（北部）和陕西（中部）等地，在农田、河滩、荒地、港口、加工厂和仓库、垃圾场和家禽饲养场附近均可生长。

长芒苋与农作物争夺生长空间和养分，会严重影响各种农作物的生长和产量，导致农作物严重减产，其中棉花、玉米、大豆和甘薯受到的影响最大，每平方米 0.9 株就能使棉花减产 92% 以上。长芒苋植株还可以富集硝酸盐，家畜过量采食后会引起中毒。

形态特征　株高 0.8～1.5m，在原产地可达 3m，雌雄异株。茎直立，粗壮，具棱，黄绿色或淡红褐色，无毛或上部散生短柔毛；分枝斜展至近平展（见图）。叶片无毛，卵形至菱状卵形，茎上部者可呈披针形，先端钝、急尖或微凹，常具小突尖，基部楔形，叶边缘全缘，侧脉每边 3～8 条。叶柄长，纤细。穗状花序顶生，直伸或略弯曲，花序生于叶腋者较短，呈短圆柱状至头状。苞片钻状披针形，长 4～6mm，先端芒刺状，雄花苞片下部约 1/3 具宽膜质边缘，雌花苞片下半部具狭膜质边缘。雄花花被片 5，长圆形，先端急尖，延伸成芒尖，花被片不等长，最外面的花被片长约 5mm，其余花被片长 3.5～4mm；雄蕊 5，短于内轮花被片。雌花花柱 2（3），花被片 5，稍反曲，最外面一片倒披针形，长 3～4mm，先端急尖，具芒尖，其余花被片匙形，长 2～2.5mm，先端截形至微凹，上部边缘啮蚀状，芒尖较短。果包藏于宿存花被片内，长 1.5～2mm，与宿存花被片近等长，近球形，果皮膜质，成熟时果皮薄，周裂。种子长 1～1.2mm，近圆形或宽椭圆形，深红褐色，有光泽。花果期 7～10 月。

入侵特性　长芒苋植株高大，覆盖度高，种子量多，其争夺养分、阳光和生长空间的能力很强，极易在入侵区域形成优势群落，抑制本地植物的生长，降低当地的物种多样性，对当地的生态环境造成严重威胁。该物种雌雄异株，能产生大量随风传播的花粉。每株长芒苋能产生超过 60 万粒的细小种子，极易通过风力或人类活动、粮谷调运等途径扩散传播。长芒苋种子的存活率也非常高，恒温条件下，种子的萌发率能达到 90%。尽管长芒苋主要是通过种子繁殖，但扦插也容易生根。此外，长芒苋对草甘膦具有抗性，对多种除草剂具有抗药性。因此，长芒苋能够快速入侵。由于长芒苋主要通过农产品携带进行远距离传播，其种子易混在农产品种子中，因此对农作物的危害极大。

长芒苋对环境的适应能力强，几乎可以在任何土壤中生长，且耐旱。其叶片表现出向日运动，具有较高的光合能力。尽管长芒苋不耐阴，但该物种已经在形态学上表现出了对阴生环境的适应。

监测检测技术　在长芒苋的发生区域设置监测点。每年对设立的监测点开展调查，监测开展时间一般为长芒苋的苗期至种子成熟期。在监测点设置样方或样线，采用踏查结合走访的方式，监测长芒苋的发生面积、发生动态、扩散趋势、生态影响、经济危害等。

在长芒苋的潜在发生区，根据潜在发生区的气候，结合长芒苋的特性确定监测时间，一般是苗期或开花期。对潜在发生区，如交通运输线路周边、港口等高风险地区，进行定点调查，监测长芒苋是否发生。

预防与控制技术　长芒苋入侵之后的危害极大，因此需要预防和控制长芒苋的蔓延。对于尚未被入侵的潜在分布区，需要进行监控，一旦发现长芒苋，需果断采取措施，拔除并作焚烧处理，防止其扩散和蔓延。农田可以采用覆盖作物、耕作和轮作等多种方法相结合的方法，防止长芒苋的入侵。对于已经被长芒苋入侵的区域，以除治为主。控制长芒苋蔓延的方法主要有物理防治和化学防治。

物理防治　在长芒苋幼苗期至植株结子期前进行人工或机械铲除，防止长芒苋种子成熟后扩散蔓延。农田采用旋耕、深松土、耙地等耕作措施都能不同程度消灭长芒苋幼芽与植株；还可以在秋季进行深耕，然后再种植覆盖作物，因为当长芒苋种子深埋土里超过 5cm 时，种子的萌发显著

长芒苋的形态特征（张国良提供）
①植株；②茎秆；③花序

减少。

化学防治　由于长芒苋对草甘膦具有抗性，一般采用多种除草剂进行处理，也可进行不同模式的除草剂轮用。

参考文献

车晋滇, 2008. 外来入侵杂草长芒苋[J]. 杂草科学 (1): 58-60.

李慧琪, 赵力, 祝培文, 等, 2015. 入侵植物长芒苋在中国的潜在分布[J]. 天津师范大学学报(自然科学版), 35(4): 57-61.

李振宇, 2003. 长芒苋——中国苋属一新归化种[J]. 植物学通报, 20(6): 734-735.

林玲, 虞赟, 叶剑雄, 等, 2015. 检疫性杂草——长芒苋传入我国的风险研究[J]. 福建农业科技(1): 58-61.

叶萱, 2008. 防除抗草甘膦杂草长芒苋的药剂[J]. 世界农药, 30(4): 47-48.

GAINES T A, ZHANG W L, WANG D F, et al, 2010. Gene amplification confers glyphosate resistance in *Amaranthus palmeri*[J]. Proceedings of the National Academy of Sciences of the United States of America, 107: 1029-1034.

WARD S M, WEBSTER T M, STECKEl L E, 2013. Palmer amaranth (*Amaranthus palmeri*): a review[J]. Weed technology, 27: 12-27.

（撰稿：易佳慧；审稿：黄伟）

巢式 PCR　nested PCR

一种变异的聚合酶链反应（PCR），通过两轮 PCR 反应，使用两套引物扩增特异性的 DNA 片段。同两套引物都互补的靶序列很少，使用两套引物降低了扩增多个靶位点的可能。第一对 PCR 引物扩增片段和普通 PCR 相似，第二对引物称为巢式引物（在第一次 PCR 扩增片段的内部）结合在第一次 PCR 产物内部，使得第二次 PCR 扩增片段短于第一次扩增，第二对引物特异性的扩增位于首轮 PCR 产物内的一段 DNA 片段。第二次 PCR 引物与第一次反应产物的序列互补，第二次 PCR 扩增的产物即为目的产物。巢式 PCR 优势在于，如果第一次扩增产生了错误片段，则第二次能在错误片段上进行引物配对并扩增的概率极低。巢式 PCR 的扩增特异性很强。

巢式 PCR 的步骤如下。第一步：对靶 DNA 用第一对引物进行第一步扩增。第一对引物也可能结合到其他具有相似结合位点的片段上并扩增多种产物，但只有一种产物是目的片段。第二步：从第一步 PCR 反应产物中取出少量作为反应模板，使用第二套引物进行第二轮 PCR 扩增。由于第二套引物位于第一轮 PCR 产物内部，而非目的片段包含两套引物结合位点的可能性极小，因此第二套引物不可能扩增非目的片段。巢式 PCR 扩增确保第二轮 PCR 产物几乎或者完全没有引物配对特异性不强造成的非特异性扩增的污染。

使用巢式 PCR 进行连续扩增可以提高特异性和灵敏度。巢式 PCR 可以克服 PCR 单次扩增平台期效应的限制，提高扩增倍数，提高 PCR 敏感性；由于模板和引物的改变，降低了非特异性反应连续放大进行的可能性，保证反应特异性；内侧引物扩增的模板是外侧引物扩增的产物，第二阶段反应能否进行，也是对第一阶段反应正确性的鉴定，可以保证整个反应的准确性及可行性。

（撰稿：黄大亮；审稿：曹际娟）

成孔毒素　pore-forming toxins, PFTs

多种致病性细菌分泌的一种重要毒力因子，通过在真核细胞膜上形成孔道结构，引起细胞裂解。一般由细菌产生，作用于真核细胞的原生质膜，其可溶性的单体首先发生寡聚化，然后经由构象改变在细胞膜上形成跨膜孔道结构，导致平时无法进入细胞的离子以及毒素大分子等物质进入细胞，从而引起靶细胞膨胀和溶解。PFTs 所成孔道的直径为 1～50nm。苏云金芽孢杆菌（*Bacillus thuringiensis*，Bt）在孢子形成阶段形成杀虫蛋白 Bt-Cry 毒素。Cry 毒素作为农业害虫防治的最重要成孔毒素，能够有效控制主要农作物害虫。

成孔毒素类型　根据孔道形成方式的差异，成孔毒素分为 α-PFTs 和 β-PFTs 两种类型。α-PFTs 主要采用 α 螺旋结构形成孔道，一般由不超过 10 个 α 螺旋形成一种三层结构——疏水性螺旋发夹结构。α-PFT 形成需要 3 个步骤：结合、变构和插入细胞膜，首先，α-PFT 单体与细胞膜表面的特殊受体蛋白结合；其次，多个 α-PFT 单体结合在一起形成中间体（前毒素）；最后，经历构象调整并插入细胞膜，在细胞膜上形成孔道。β-PFTs 主要采用 β 折叠形成孔道，与 α-PFT 不同，β-PFT 以可溶性单体的形式释放到溶液中，β-PFT 单体插入细胞膜中，然后在细胞膜中聚合，最后装配成具有完整功能的孔结构。钙离子、钾离子、ATP、蛋白质以及大分子可通过孔道进出细胞（见图）。

Cry 毒素是广泛应用于农业领域的成孔毒素，已经破解 Cry1Aa、Cry2Aa、Cry3Aa 在内的多个 Cry 毒素的三维结构。结构域 I 是由 6 个两亲的螺旋围绕在疏水性螺旋 α-5 周围构成 7 螺旋束。该结构域参与 Cry 毒素的寡聚化、细胞膜的插入和孔洞的形成；结构域 II 由暴露的环形区域与 β- 折叠结构组成，该结构域参与结合特定的幼虫中肠蛋白；结构域 III 是一个 β 夹层结构，参与昆虫中肠细胞上受体的识别。因此，结构域 II 和结构域 III 是 Cry 毒素的特异性判定域。

Cry 蛋白包含 4 个家族，对农业害虫发挥作用的主要是 3D-Cry 毒素家族。在昆虫中肠细胞膜上，3D-Cry 毒素通过孔洞的形成改变中肠细胞的渗透压致使昆虫幼虫上皮中肠细胞因发生溶菌作用而死亡。3D-Cry 毒素介导的孔洞形成过程如下：毒素晶体由易感幼虫摄入，在昆虫中肠的特殊 pH 条件下溶解，即在鳞翅目、双翅目昆虫中肠的碱性环境，鞘翅目昆虫中肠的酸性环境下溶解，三维抗毒素活性中心在中肠蛋白酶的作用下产生。其中，Cry1A 毒素分子通过中肠的磷脂固定蛋白与 ALP、APN 或 Cadherin 结合在中肠细胞，导致前孔洞低聚物结构的形成，经过随后的聚合等过程，插入中肠细胞膜并形成孔洞。Cry 毒素对膜表面受体的识别是其发挥作用的关键步骤，同时，也是昆虫抗 Bt 特异性的基础。

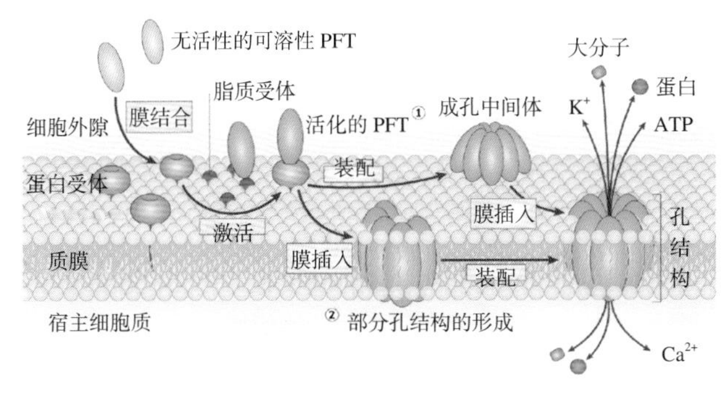

成孔毒素作用机制示意图（引自 Peraro and Goot，2016）

不同类型 Cry 毒素的成孔机制　幼虫中肠上皮细胞膜表面存在 Cadherin、APN、ALP 结合毒素时，Cry1Ab 活化毒素将形成寡聚体。完整的中肠细胞刷状缘膜囊（brush border membrane vesicles，BBMV）也会刺激寡聚体的形成。此外，Cadherin 的单链抗体（scFv's）与 Cry1Ab 毒素的结合，也能够促进 Cry1Ab 形成寡聚体。APN 和 ALP 等糖基磷脂酰肌醇锚定蛋白是 Cry 活化毒素的次级受体。鳞翅目昆虫至少有 3 个 APN 家族能够与 Cry 毒素结合。APN 在烟芽夜蛾、斜纹夜蛾、烟草天蛾、棉铃虫、舞毒蛾、家蚕、小菜蛾等多种鳞翅目昆虫，四斑按蚊等双翅目昆虫中均被证实能够与 Cry 毒素相结合。烟草天蛾、烟芽夜蛾和埃及伊蚊糖基磷脂酰肌醇锚定受体 ALP 也可与 Cry 毒素结合。其中，烟草天蛾 *ALP* 基因在初孵幼虫体内已经表达，Cry1Ab 毒素寡聚体与 ALP 的结合对毒杀烟草天蛾幼虫至关重要。

对烟草天蛾幼虫 Bt 抗性研究表明 Cry1Ab 低亲和力（Kd 值：100～200nmol /L）结合糖肌磷脂酰肌醇可以固定 ALP 或 APN 受体。由 Cry1Ab 结合 Cadherin 的高亲和力（Kd 值：1nmol/L）推断该结合促进了蛋白水解去除结构域 I 中的 α-1 螺旋，也促进了 Cry1Ab 的寡聚。Cry1Ab 寡聚物与 ALP 以及 APN 都具有较强的结合力（Kd 值：0.6 nmol /L），并且该结合促进了寡聚物插入细胞膜以及孔洞的最终形成。

Cry7Aa 毒素只有在体外溶解以及蛋白质被胰蛋白酶活化之后才能对鞘翅目的马铃薯甲虫发挥作用，说明 Cry7Aa 毒素的增溶和激活是其发挥杀虫作用的关键步骤。马铃薯甲虫幼虫体内的 ADAM 金属蛋白酶也是 Cry3Aa 毒素受体，ADAM 金属蛋白酶存在识别 Cry3Aa 毒素的结构域 II 的基序，携带该基序的多肽片段具有阻止 Cry3Aa 毒素结合马铃薯甲虫中肠细胞的功能。用磷酸酯酶 C 清除细胞表面的 APN，可显著减少 Cry1Ab 在细胞膜上的结合量，从而降低 Cry1Ab 对粉纹夜蛾中肠细胞的穿孔能力，将 APN 整合进磷脂双分子层中，可显著提高 Cry1Aa 毒素的穿孔活性。

成孔毒素在农业上的研究和应用趋势　应用于农作物害虫防治的成孔毒素主要为 Bt 毒素，随着转 Bt 抗虫农作物的不断发展，Bt-Cry 毒素作为一种具有巨大潜力的害虫防治工具，受到了更广泛认可。随着部分害虫对 Cry 毒素逐渐显示出抗性，将新 Cry 蛋白引入农作物以降低 Bt 抗性昆虫的发展，已经引起植保和育种工作者的重视。同时，更多延缓 Bt 抗性，增强害虫防效的思路被提出。将 Cry 毒素突变体加以利用，提高昆虫中肠细胞与 Cry 毒素的结合能力，从而提高 Cry 毒素杀虫活性，噬菌体展示技术的利用可高效筛选杀虫活性好的 Cry 毒素突变体。在转基因作物中引入经过体外分子改造的 Cry 毒素基因，亦可提高 Cry 毒素对重要农作物害虫的杀虫活力。对 Cry 毒素在昆虫中肠细胞的作用机制的深入探索，将会大力推进 Bt 药剂以及转 Bt 抗虫育种的发展。总之，积极研究 Bt 毒素杀虫新方法，利用 Bt 毒素控制农作物主要害虫，降低化学杀虫剂的用量，将对生态环境保护以及农产品安全具有重要价值。

参考文献

ARENAS I, BRAVO A, SOBERÓN M, et al, 2010. Role of alkaline phosphatase from *Manduca sexta* in the mechanism of action of *Bacillus thuringiensis* Cry1Ab toxin[J]. Journal of biological chemistry,

285 (17): 12497-12503.

BRAVO A, GÓMEZ I, CONDE J, et al, 2004. Oligomerization triggers binding of *Bacillus thuringiensis* Cry1Ab pore-forming toxin to aminopeptidase N receptor leading to insertion into membrane microdomains[J]. Biochimica et biophysica acta, 1667: 38-46.

BRAVO A, LIKITVIVATANAVONG S, GILL S S, et al, 2011. *Bacillus thuringiensis*: A story of a successful bioinsecticide[J]. Insect biochemistry & molecular biology, 41 (7): 423-431.

GÓMEZ I, DEAN D H, BRAVO A, et al, 2003. Molecular basis for *Bacillus thuringiensis* Cry1Ab toxin specificity: two structural determinants in the *Manduca sexta* Bt-R1 receptor interact with loops α-8 and 2 in Domain II of Cy1Ab toxin[J]. Biochemistry, 42 (35): 10482-10489.

GOMEZ I, SANCHEZ J, MIRANDA R, et al, 2002. Cadherin-like receptor binding facilitates proteolytic cleavage of helix α-1 in domain I and oligomer pre-pore formation of *Bacillus thuringiensis* Cry1Ab toxin[J]. FEBS letters, 513 (2): 242-246.

HERRERO S, GECHEV T, BAKKER P L, et al, 2005. *Bacillus thuringiensis* Cry1Ca-resistant *Spodoptera exigua* lacks expression of one of four Aminopeptidase *N* genes[J]. BMC genomics, 6 (1): 1-10.

LAMBERT B, HÖFTE H, ANNYS K, et al, 1992. Novel *Bacillus thuringiensis* insecticidal crystal protein with a silent activity against coleopteran larvae[J]. Applied & environmental microbiology, 58 (8): 2536-2542.

OCHOA-CAMPUZANO C, REAL M D, MARTÍNEZ-RAMÍREZ A C, et al, 2007. An ADAM metalloprotease is a Cry3Aa *Bacillus thuringiensis* toxin receptor[J]. Biochemical & biophysical research communications, 362 (2): 437-442.

PARKER M W, FEIL S C, 2005. Pore-forming protein toxins: from structure to function[J]. Progress in biophysics & molecular biology, 88 (1): 91-142.

PERARO M D, GOOT F G V D, 2016. Pore-forming toxins: ancient, but never really out of fashion[J]. Nature reviews microbiology, 14 (2): 77-92.

PIGOTT C R, ELLAR D J, 2007. Role of receptors in *Bacillus thuringiensis* crystal toxin activity[J]. Microbiology & molecular biology reviews, 71 (2): 255-281.

SCHNEPF E, CRICKMORE N, RIE J V, et al, 1998. *Bacillus thuringiensis* and its pesticidal crystal proteins[J]. Microbiology & molecular biology reviews, 62 (3): 775-806.

SOBERÓN M, GILL S, BRAVO A, 2009. Signaling versus punching hole: how do *Bacillus thuringiensis* toxins kill insect midgut cells?[J]. Cellular & molecular life sciences, 66: 1337-1349.

SOBERÓN M, PARDOLÓPEZ L, LÓPEZ I, et al, 2007. Engineering modified Bt toxins to counter insect resistance[J]. Science, 318: 1640-1642.

VAN DER GOOT G, 2001. Pore-forming toxins[M]. Berlin: Springer.

ZHUANG M, OLTEAN D I, GOMEZ I, et al, 2002. *Heliothis virescens* and *Manduca sexta* lipid rafts are involved in Cry1A toxin binding to the midgut epithelium and subsequent pore formation[J]. The Journal of biological chemistry, 277: 13863-13872.

（撰稿：萧玉涛；审稿：刘凯于）

成孔模型假说 pore-formation model hypothesis

苏云金芽孢杆菌（*Bacillus thuringiensis*，Bt）杀虫剂具有广泛的杀虫谱，能特异性毒杀鳞翅目、双翅目、鞘翅目昆虫和线虫，使其在农业害虫防治领域具有重要的应用。关于Bt杀虫的机理主要有"成孔模型"和"信号转导模型"两种，目前的研究结果更支持前者。

苏云金芽孢杆菌在其芽孢形成过程中产生的伴胞晶体，即杀虫晶体蛋白（insecticidal crystal proteins，ICPs）通过插入到细胞膜上形成孔洞，进而导致中肠上皮细胞裂解。其中以具有3个结构域的Cry毒素（3D-Cry）家族成员最多，且研究最为深入。结构域Ⅰ～Ⅲ分别在毒素的寡聚化、受体识别、成孔等过程中发挥着重要作用。3D-Cry毒素在氨基酸序列上有明显的差异性，但是三维结构方面都很相似，推测它们可能通过类似的机制来杀死害虫。

Cry毒素通过多步骤的级联反应来发挥杀虫功能，在"成孔模型"中，主要包括以下6个步骤：①敏感昆虫摄取Cry毒素晶体蛋白后，在其肠道内溶解为原毒素，典型的最大的有130kD，最小的有70kD。②经中肠蛋白酶的作用，原毒素被切割水解为60kD大小的活化毒素。③活化毒素穿过围食膜，与中肠细胞膜上的GPI-锚定蛋白（即碱性磷酸酶ALP，氨肽酶APN）结合，富集在中肠微绒毛膜上。④然后活化的毒素与中肠上皮细胞上的钙黏蛋白cadherin结合，促进了Cry1A毒素氨基末端α-1螺旋的水解，疏水区暴露，使毒素发生寡聚化。⑤寡聚化的毒素再次和上皮细胞上的ALP、APN作用。⑥寡聚毒素插入到细胞膜脂筏中产生孔洞，导致细胞膜的完整性被破坏，渗透压、膜电压等方面发生变化，进而细胞裂解，虫体死亡。另外，对于近些年来新发现的ABC（ATP-binding cassette transporter）转运蛋白超家族的ABCC2等，可能与毒素单体或寡聚体作用，并促使其插入到细胞膜上。Bt毒素杀虫是一个渐进的过程，将持续几分钟到数小时，并且通常伴随着害虫停止取食等行为。由于饥饿以及受损的肠道内苏云金芽孢杆菌和肠道内其他微生物的繁殖等因素的综合作用，害虫最终被杀死。

"成孔模型"是阐明Bt毒素杀虫机理的经典假说，但关于毒素与受体蛋白的相互作用，仍然有诸多的细节不清楚。烟芽夜蛾（*Heliothis virescens*）、甜菜夜蛾（*Spodoptera exigua*）、棉铃虫（*Helicoverpa armigera*）等昆虫ABCC2是Bt毒素的受体，如棉铃虫ABCA2蛋白与Cry2Ab抗性相关。而在"成孔模型"假说中ABC转运蛋白介导毒素毒力具体机制仍有待进一步研究。有报道烟芽夜蛾HevABCC2在Cry1A毒素的行为模式中起主导作用，而钙黏蛋白HevCAD在增加Cry1A毒力方面起着重要的作用。糖脂是Bt毒素受体的一种。此外，传统观点认为Bt原毒素需水解为活化毒素后才能发挥毒力作用，然而，也有报道Cry1Ac和Cry1Ab原毒素的毒力比相应的活化毒素的毒力更强，原毒素与活化毒素可能通过不同的途径来发挥杀虫作用。作为揭示 Bt 毒素杀虫机理的一种假说，"成孔模型" 还不是很完善，没有很好地解释毒素与不同受体之间以及不同的受体蛋白之间是如何作用的，有待进一步完善或者提出新的假说。

参考文献

ADANG M J, CRICKMORE N, JURAT-FUENTES J L, 2014. Diversity of *Bacillus thuringiensis* crystal toxins and mechanism of action[J]. Insect midgut and insecticidal proteins, 47: 39-87.

BRAVO A, GILL S S, SOBERON M, 2007. Mode of action of *Bacillus thuringiensis* Cry and Cyt toxins and their potential for insect control[J]. Toxicon: official journal of the international society on toxinology, 49: 423-435.

BRAVO A, SOBERON M, 2008. How to cope with insect resistance to Bt toxins?[J] Trends in biotechnology, 26: 573-579.

BRETSCHNEIDER A, HECKEL D G, PAUCHET Y, 2016. Three toxins, two receptors, one mechanism: Mode of action of Cry1A toxins from *Bacillus thuringiensis* in *Heliothis virescens*[J]. Insect biochemistry and molecular biology, 76: 109-117.

BRODERICK N A, RAFFA K F, HANDELSMAN J, 2006. Midgut bacteria required for *Bacillus thuringiensis* insecticidal activity[J]. Proceedings of the National Academy of Sciences of the United States of America, 103: 15196-15199.

DE MAAGD R A, BRAVO A, BERRY C, et al, 2003. Structure, diversity, and evolution of protein toxins from spore-forming entomopathogenic bacteria[M]. Annual review of genetics, 37: 409-433.

DEIST B R, RAUSCH M A, FERNANDEZ-LUNA M T, et al, 2014. Bt toxin modification for enhanced efficacy[J]. Toxins, 6: 3005-3027.

DENNIS R D, WIEGANDT H, HAUSTEIN D, et al, 1986. Thin layer chromatography overlay technique in the analysis of the binding of the solubilized protoxin of *Bacillus thuringiensis* var. *kurstaki* to an insect glycosphingolipid of known structure[J]. Biomedical chromatography (1): 31-37.

GAHAN L J, PAUCHET Y, VOGEL H, et al, 2010. An ABC transporter mutation is correlated with insect resistance to *Bacillus thuringiensis* Cry1Ac toxin[J]. PLoS genetics (6): e1001248.

GRIFFITTS JS, HASLAM SM, YANG T, et al, 2005. Glycolipids as receptors for *Bacillus thuringiensis* crystal toxin[J]. Science, 307: 922-925.

JOUZANI G S, VALIJANIAN E, SHARAFI R, 2017. *Bacillus thuringiensis*: a successful insecticide with new environmental features and tidings[J]. Applied microbiology and biotechnology, 101(7): 2691-2711.

LILIANA PARDO-LÓPEZ, ISABEL GÓMEZ, CAROLINA RAUSELL, et al, 2006. Structural changes of the Cry1Ac oligomeric pre-pore from *Bacillus thuringiensis* induced by *N*-acetylgalactosamine facilitates toxin membrane insertion[J]. Biochemistry, 45 (34): 10329-10336.

REN X, JIANG W, MA Y, et al, 2016. The *Spodoptera exigua* (Lepidoptera: Noctuidae) ABCC2 Mediates Cry1Ac Cytotoxicity and, in Conjunction with cadherin, contributes to enhance Cry1Ca Toxicity in Sf9 Cells[J]. Journal of economic entomology, 109(6): 2281-2289.

TABASHNIK B E, ZHANG M, FABRICK J A, et al, 2015. Dual mode of action of Bt proteins: protoxin efficacy against resistant insects[J]. Scientific reports (5): 15107.

TAY W T, MAHON R J, HECKEL D G, et al, 2015. Insect Resistance to *Bacillus thuringiensis* Toxin Cry2Ab is conferred by mutations in an ABC Transporter Subfamily A Protein[J]. PLoS genetics (11): e1005534.

VADLAMUDI R K, WEBER E, JI I, et al, 1995. Cloning and expression of a receptor for an insecticidal toxin of *Bacillus thuringiensis*[J]. Journal of biological chemistry, 270 (10): 5490-5494.

XIAO Y, ZHANG T, LIU C, et al, 2014. Mis-splicing of the ABCC2 gene linked with Bt toxin resistance in *Helicoverpa armigera*[J]. Scientific reports (4): 6184.

ZHUANG M, OLTEAN D I, GOMEZ I, et al, 2002. *Heliothis virescens* and *Manduca sexta* lipid rafts are involved in Cry1A toxin binding to the midgut epithelium and subsequent pore formation[J]. The Journal of biological chemistry, 277: 13863-13872.

（撰稿：萧玉涛；审稿：刘凯于）

重组酶聚合酶扩增 recombinase polymerase amplification, RPA

一种等温核酸扩增技术，它是一项由多种酶和蛋白参与，在恒定温度条件下实现核酸指数扩增的新技术。已经在医疗诊断、病原物鉴定以及转基因产品检测中得到了广泛应用。

通过模拟 DNA 体内扩增，在 37～42℃等温条件下，10 分钟内产生目的片段。该项技术主要依赖重组酶、单链结合蛋白和链置换 DNA 聚合酶。此外，该体系中还有一种辅助蛋白。其中，重组酶和辅助蛋白由 T4 噬菌体编码。重组酶能够不通过加热就解开双链 DNA。重组酶聚合酶扩增反应开始的时候，重组酶结合单链 DNA，形成核酸蛋白复合体。这些复合体能够扫描与引物序列互补的目标双链 DNA。接着，核酸蛋白复合体侵入 5′ 端位点形成 D 状环。单链结合蛋白与被置换单链结合使其稳定。同时，重组酶离开寡核苷酸的 3′ 端，降解后被 DNA 聚合酶利用。之后，链置换 DNA 聚合酶结合在核酸蛋白复合体的游离 3′ 端，进行链延伸，形成新的互补链。在链延伸的过程中，新合成的单链与原始互补链配对。

（撰稿：魏霜；审稿：付伟）

串联重复 tandem repeat

农杆菌介导的转化过程中，多个 T-DNA 插入同一位点或多个位点的现象。T-DNA 串联重复结构会导致目标基因的共抑制，导致目的基因沉默。该现象可能源于受体植物细胞的影响。T-DNA 串联重复在转基因植株中存在两种形式：直接串联（头对尾）和反向串联（头对头、尾对尾）。

串联重复形成的原因主要有两个：① T-DNA 复制。单链的 T-DNA 被整合到受体基因组之前发生了复制和修复。② T-DNA 连接。在 T-DNA 转化过程中，不同的 T-DNA 拷贝间发生了连接。T-DNA 连接过程伴随有 DNA 修复，因此，在 T-DNA 串联的结合部位都会出现一些序列的缺失和插入（填充 DNA）。

因为串联重复对目的基因表达及其遗传的负面影响，转基因生物研发过程中要尽量采取措施减少串联重复的发生。共转化极易导致 T-DNA 的串联重复，因此，在转化过程中，尽量少用由不同 T-DNA 构建组成的复杂的共转化。

参考文献

NEVE M D, BUCK S D, JACOBS A, et al, 2010. T-DNA integration patterns in co-transformed plant cells suggest that T-DNA repeats originate from co-integration of separate T-DNAs[J]. Plant journal, 11 (1): 15-29.

ZIEMIENOWICZ A, TZFIRA T, HOHN B, 2008. Mechanisms of T-DNA integration[M]// Tzfira T, Citovsky V. Agrobacterium: from biology to biotechnology. New York: Springer: 395-440.

（撰稿：石建新、谢家建；审稿：张大兵）

刺苍耳　*Xanthium spinosum* L.

菊科苍耳属一年生草本植物。又名洋苍耳。

入侵历史　刺苍耳原产于阿根廷、玻利维亚以及美国的东南部，现已经入侵到了欧洲的中、南部，亚洲和北美洲。中国于 1974 年在北京丰台发现。

分布与危害　分布于北京的多个区县，同时安徽、河北、河南、辽宁、内蒙古、宁夏、新疆等地都有刺苍耳的分布，并呈现扩散扩张趋势。刺苍耳具有极强的环境适应性，入侵后极易形成单优群落。入侵农田后常能造成粮食作物与饲料作物的减产；侵入森林、草地等生态系统，引起生态系统的失衡。刺苍耳全株有毒，以果实最毒，鲜叶比干叶毒，嫩枝比老叶毒，其中毒症状出现较晚，常于食后 2 日发病，上腹胀闷、恶心呕吐、腹痛，有时腹泻、乏力、烦躁。

形态特征　高 40～120cm。茎直立，上部多分枝，节上具三叉状棘刺。叶狭卵状披针形或阔披针形，边缘 3～5 浅裂或不裂，全缘，中间裂片较长，长渐尖，基部楔形，下延至柄，背面密被灰白色毛；叶柄细，被茸毛。花单性，雌雄同株。雄花序球状，生于上部，总苞片一层，雄花管状，顶端 5 裂，雄蕊 5。雌花序卵形，生于雄花序下部，总苞囊状，具钩刺，先端具 2 喙，内有 2 朵无花冠的花。花柱线形，柱头 2 深裂（图①）。总苞内有 2 个长椭圆形瘦果。果实具钩刺，常随人和动物传播（图②）。花期 8～9 月，果期 9～10 月。

该种为草本，叶互生，头状花序全为管状花，雌头状花序总苞片合生为囊状，外具多数钩刺等与苍耳（*Xanthium sibiricum* Patrinex Widder）和蒙古苍耳（*Xanthium mongolicum* Kitag.）等近似，但后二者叶柄基部无刺，叶心形，具有瘦果的总苞被短柔毛等易于区别。

入侵特性　环境适应性极强，耐干旱、耐贫瘠，生长十分旺盛，株高可达 40～120cm。既可生长在榨油厂附近的垃圾堆上，亦可生于路边、荒地和旱作物地。种子可存活数年。刺苍耳以种子繁殖为主，果实具钩刺，极易随人、动物和国际贸易等途径扩散蔓延。

监测检测技术　在刺苍耳的分布前沿或潜在的传入地，根据传入或扩散媒介的分布划定监测区，每个监测区的范围至少为 $1km^2$。每年至少要监测 3 次，每次至少要监测 10 个点，每个监测点至少 $10m^2$。在调查中如发现可疑刺苍耳，可根据前文描述的刺苍耳形态特征，鉴定是否为该物种。如不能鉴定，需要采集影像或实体标本，然后由专业机构或人员进行鉴定。

预防与控制技术　加强植物检疫和潜在高风险入侵区的监测预警，在分布前沿建立阻截带抑制其扩散蔓延。对集中分布区在苗期采用物理、化学和竞争替代等防治措施，开展集中治理。

物理防治　刺苍耳在植株生长初期，生长速度较为缓慢，还未形成刺，在此时将其铲除最为安全和有效，防除过的地方一定要进行多年追踪调查和铲除。

化学防治　尚未见刺苍耳的专用除草剂的报道，参考同属植物意大利苍耳的化学防除剂或用量，即采用 72% 2,4-D 丁酯乳油 50ml/ 亩、20% 使它隆乳油 60ml/ 亩和 25% 灭草松水剂 400ml/ 亩。

刺苍耳的形态特征（王瑞提供）

①植株；②籽实

竞争替代 在刺苍耳的大面积分布区，可采用竞争替代的方法抑制种群的增长，减轻其危害。

参考文献

顾威, 马淼, 2019. 外来入侵植物刺苍耳的繁殖生物学特性研究[J]. 石河子大学学报(自然科学版), 37(3): 332-338.

李杰, 马淼, 2017. 新疆外来入侵植物意大利苍耳和刺苍耳种子的越冬性能[J]. 生态学报, 37(21): 7181-7186.

宋珍珍, 谭敦炎, 周桂玲, 2012. 入侵植物刺苍耳在新疆的分布及其群落特征[J]. 西北植物学报, 32(7): 1448-1453.

（撰稿：王瑞；审稿：周忠实）

刺桐姬小蜂 *Quadrastichus erythrinae* Kim

专一危害蝶形花科刺桐属（*Erythtina*）植物的重要害虫。膜翅目（Hymenoptera）姬小蜂科（Eulophidae）胯姬小蜂属（*Quadrastichus*）。英文名 erythrina gall wasp。

入侵历史 2005 年美国夏威夷首次发现，随后在其他许多地区发现该虫严重危害刺桐属植物。2005 年，在印度南部喀拉拉邦的刺桐种植区发现刺桐姬小蜂严重危害。2005 年 7 月中国首次在深圳发现，随后在福建厦门和海南三亚、万宁也相继发现。

分布与危害 在世界多地蔓延传播，已报道的国外分布地就有毛里求斯、留尼汪、新加坡、美国夏威夷、泰国、菲律宾、日本、印度。在中国，主要集中分布在南部的热带和亚热带地区，包括中国台湾和广东的深圳、广州，福建的厦门以及海南的三亚、万宁等地。仅危害刺桐属的植物，造成植株叶片、嫩枝等出现畸形、肿大、形成虫瘿，生长点坏死，影响光合作用；嫩枝上的虫瘿形如四季豆，远观似鸟巢，严重发生时引起叶片大量脱落，小枝枯死，甚至整株死亡。

寄主为刺桐（*Erythrina variegate* L.）、金脉刺桐（*Erythrina variegata* var. *parcellii*）、珊瑚刺桐（*Erythrina corallodendron* L.）、鸡冠刺桐（*Erythrina crista-galli* L.）、印度刺桐（*Erythrina indica* Lam.）。

形态特征

雌成虫 体长 1.45～1.60mm，体黑褐色，间有黄色斑，略具光泽。头浅黄色，具 3 个红色单眼，略呈三角形排列。复眼棕红色，近圆形。触角 9 节，浅棕色，柄节柱状，高超过头顶；梗节长为宽的 1. 3～1.6 倍，环状节 1 节；索节 3 节，各节大小几乎相等，侧面观每节具 1～2 根长与索节相近的感觉器，每根感觉毛与下一索节相接；棒节 3 节，较索节粗，长度等于 2、3 索节之和，第一节长宽相当，第二节横宽，第三节收缩成圆锥状，末端具一乳突。前胸背板黑褐色，中间具 1 凹形浅黄色横斑，上生 3～5 根短刚毛。小盾片棕黄色，具 2 对刚毛，少数 3 对，中间有 2 条浅黄色纵线。翅透明无色，翅面纤毛黑褐色，翅脉褐色，亚前缘带基部到中部具刚毛 1 根，翅室无刚毛，后翅脉几乎退化，前缘脉：痣脉：后缘脉 = 3.9～4.1∶2.8～3.1∶0.1～0.3。腹部褐色，背面颜色较腹面深。前、后足基节黄色，中足基节浅白色，腿节棕色。产卵器鞘不突出，藏于腹内（见图）。

雄成虫 体色较雌虫浅，长 1.0～1.15mm，头和触角淡黄白色，头具红色单眼 3 个，略呈三角形排列。复眼棕红色，近圆形。触角 10 节，柄节柱状，高超过头顶，梗节长为宽的 1.5 倍；索节 4 节，第 1 节小于其他各节，其余各节与雌虫相同，无轮生刚毛；前胸背板中部有浅黄白色斑，小盾片浅黄色，中间有 2 条浅黄白色纵线；腹部上半部浅黄色，背面第 1、2 节浅黄白色，足全部黄白色。外生殖器延长，阳茎长而突出，并具 1 对腹侧突。

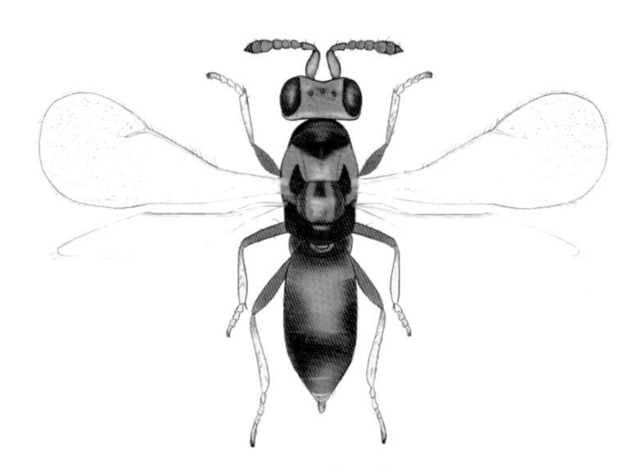

刺桐姬小蜂成虫（雌）（石娟提供）

卵 乳白色，由卵体、卵柄和卵柄后端膨大部组成。卵体长卵圆形，长 8.17～8.99μm, 宽 4.09～4.33μm。卵柄略呈弓形弯曲，卵柄末端略膨大。

幼虫 蛆型，老熟幼虫乳白色，体略透明，大龄幼虫因肠道内食物的颜色常呈绿色。幼虫共 5 龄，老熟幼虫 89.5～105.2μm × 38.5～43.2μm。

蛹 离蛹，刚化蛹时乳白色，之后颜色逐渐加深，近羽化时体色与成虫相近。蛹离蛹，刚化蛹时乳白色，之后颜色逐渐加深，近羽化时体色与成虫相近。

入侵生物学特性 1 年发生多个世代，完成 1 个世代约需 1 个月，且世代重叠严重，无明显的越冬现象。在深圳该虫全年都可见到各个时期的虫态。成虫羽化不久即能交配，雌成虫产卵前先用产卵器刺破寄主表皮，将卵产于寄主新叶、叶柄、嫩叶或幼芽表皮组织内。幼虫孵化后取食叶肉组织，引起叶肉组织畸变成瘤状虫瘿，受害部位逐渐膨大，不断向叶背面突起，形成虫瘿。叶片上大多数的虫瘿内只有 1 头幼虫，少数虫瘿内有 2 头幼虫；而膨人的茎、叶柄和新枝组织内幼虫数量可达 5 头以上。幼虫在虫瘿内完成发育，并在其内化蛹，成虫从羽化孔爬出。广东、福建、海南等南方地区冬季温度较高，在这些地区该虫无明显的越冬习性，冬季仍能正常发育，全年野外均能见到羽化出来的成虫。且在 25～30℃的温度区间是刺桐姬小蜂产卵量的最佳温度。4～6 月刺桐姬小蜂虫瘿密度开始增加，7～9 月为危害盛期，8 月达到危害最高峰，12 月后虫瘿密度逐渐稳定。

预防与控制技术

检疫措施 通过中国各口岸及林业检疫机构发出预警，暂停引种单位从国内外疫区进口和调运刺桐属植物；一旦发现疫情，立即作销毁处理，并停止从此批货物的原产地进口刺桐属植物。详细调查国内刺桐姬小蜂的疫区范围及危害程度，发现受害植株，即集中销毁。

林业措施 将受害植株的叶片、枝条剪除集中焚烧和喷药后深埋，同时对新芽和嫩叶进行喷药保护。对发生比较严重的林木，可采取截枝截干和喷药保护新枝叶的办法进行防除。

化学防治 药剂注射主要以内吸性药剂虫线清和阿维素进行注射，此方法可用于长时间有效防虫工作中。对已受害的刺桐属植物，采用“虫线清”乳油 10g/L 药液喷洒，剪除 1～2 年生枝条并全部销毁，对危害严重的树木，立即伐除并就地销毁。

物理防治 利用溴甲烷对受害植物进行熏蒸。

生物防治 利用寄生蜂防治。国外已知是刺桐姬小蜂的寄生蜂有 *Eurytoma erythrinae* Gates & Delvare、*Aprostocetus exertus* La Salle、*Aprostocetus nitens* Prinsoo 和 *Aprostocetus tritus* Prinsoo 。*Eurytoma* sp. 只寄生于刺桐姬小蜂，寿命长，产卵多，同时与寄主同步发育，是毛刺桐上虫瘿内占优势的寄生蜂。*Aprostocetus exertus* La Salle 能把卵产至茎部深处的虫瘿内，且能同时寄生幼虫与蛹。

参考文献

黄篷英, 方言炜, 黄健, 等, 2005. 中国大陆一新外来入侵种——刺桐姬小蜂[J]. 昆虫知识, 42(6): 731-734.

焦懿, 陈志麟, 余道坚, 等, 2006. 姬小蜂科中国大陆一新记录属一新记录种[J]. 昆虫分类学报, 28(1): 69-74.

汪少妃, 唐真正, 袁毅, 等, 2015. 桐姬小蜂虫瘿发育及其结构[J]. 林业科学, 51(1): 165-170.

徐海根, 强胜, 2011. 中国外来入侵生物[M]. 北京: 科学出版社: 621-623.

杨伟东, 余道坚, 焦懿, 等, 2005. 刺桐姬小蜂的发生、危害与检疫[J]. 植物保护, 31(6): 36-38.

KIM I K, DELVARE G, LASALLE J, 2004. A new species of *Quadrastichus*(Hymenoptera: Eulophidae): a gall inducing pest on *Erythrina* spp. (Fabaceae)[J]. Journal of hymenoptera research, 13(2): 243-249.

LIN S F, TUNG G S, YANG M M, 2021. The erythrina gall wasp *Quadrastichus erythrinae* (Insecta: Hymenoptera: Eulophidae): invasion history, ecology, infestation and management [J]. Forests, 12: 948.

WANG Y P, WEN J B, 2006. Potential risk assessment of a new invasive pest, *Quadrastichus erythrinae*, to the mainland of China[J]. Chinese bulletin of entomology, 3: 20.

（撰稿：石娟；审稿：周忠实）

刺苋 *Amaranthus spinosus* L.

苋科苋属一年生直立草本。英文名 spiny amaranth。热带和亚热带地区常见的一种恶性杂草。

入侵历史 原产于南美洲和中美洲的热带低地，1700 年左右被引入到其他温带区域，成为遍布美洲、亚洲东南部、非洲西南部的一种常见杂草。中国最早于 19 世纪 30 年代在澳门发现刺苋，1857 年在香港采到，现已成为中国热带、亚热带和暖温带地区的常见入侵野草。

分布与危害 广泛分布于陕西、河南、安徽、江苏、浙江、江西、湖南、湖北、四川、云南、贵州、广西、广东、福建、台湾等地。在旷地或园圃中很常见。日本、印度、中南半岛、马来西亚、菲律宾、美洲等地也有分布。

刺苋植株高大，分枝较多，覆盖度大，严重影响同一区域其他植物的光合作用，危害极大。刺苋抑制其他植物的生长之后，会在入侵区域形成单一群落，对当地的生物多样性造成巨大的威胁。刺苋种子易混入农产品的种子中，大量繁殖蔓延之后，在地表影响作物生长，同时与农作物争夺水肥，严重消耗土壤肥力，危害旱作农田、蔬菜地及果园，造成农产品质量下降。刺苋的成熟植物有刺，容易对人畜造成伤害。此外，刺苋花粉会引起过敏。刺苋花粉已成为中国华南地区的重要过敏源之一。

形态特征 株高 60～100cm，雌雄同株。茎直立，粗壮，分枝较多，有纵条纹，绿色或带紫色，上部幼嫩部分无毛或疏生短柔毛。叶片菱状卵形或卵状披针形，长 3～12cm，宽 1～5.5cm，顶端圆钝，具小凸尖，基部楔形，全缘或稍具波状；叶柄长 1～8cm，叶柄基部两侧有 2 刺。圆锥花序顶生及腋生，花序直立或先端下垂，圆锥花序长 3～25cm，由多数穗状花序形成，下部顶生花穗常全部为雄花；苞片在顶生花穗的上部者狭披针形，顶端急尖，具凸尖，中脉绿色，在腋生花簇及顶生花穗的基部者变成尖锐直刺，小苞片狭披针形；花被片 5，绿色，有淡绿色细中脉，膜质，先端急尖，具小凸尖，雄花花被片矩圆形，雌花花被片矩圆状匙形；雄蕊 5，花丝与花被片对生，与花被片等长或较短，雌花柱头 2 或 3，开展（见图）。胞果卵圆形至近球形，长 1～1.2mm，包裹在宿存花被片内，不规则开裂或不开裂。种子近球形，直径约 1mm，表面光滑，有光泽，黑色或带棕黑色。花果期 7～11 月。

入侵特性 刺苋叶量大，分枝多，地上部分发达，生物量高，竞争能力很强。刺苋以种子繁殖，单个花序就能产生大量种子，通常一株刺苋就能产生几十万颗种子。刺苋的种子小而轻，传播方式多样，可伴随自然界的风力、水力，以及人类或动物传播。刺苋属于一年生速生草本，种子在播种后很快就可以发芽，一些种子在土壤中可以存活许多年。此外，刺苋具有很强的适应能力，对土壤的湿度、肥力、酸碱度要求均不高，在各种土壤中均可以生长。

监测检测技术 在刺苋植株的发生区域，根据设置要求，设立监测点。每年在监测点展开调查，通过样方或样线调查刺苋的发生面积、扩散趋势等信息，并通过走访等方式监测其生态影响、经济危害等。

对于可能存在刺苋入侵的高风险地区，如港口、码头、进口粮食储运、公路或者铁路周边等，根据气候预估刺苋可能的苗期和开花期，通过样方或样线进行定点调查，监测刺苋是否发生。

预防与控制技术 刺苋作为一种恶性杂草，会对农田、果园等农业区造成危害，对刺苋进行防治的方法主要有3种。

物理防治 苗期及时进行人工或机械锄草。

化学防治 刺苋对大多数用于杂草的除草剂敏感，因此，可在其幼苗期或花期喷施除草剂。但重复使用一种除

刺苋的形态特征（①吴楚提供；②③张国良提供）
①植株；②叶基部直刺；③花序

草剂容易使其产生抗药性，可采用不同的除草剂组合进行防治。

生物防治　泰国利用昆虫 *Hypolixus truncatulus* 对刺苋进行生物防治。

参考文献

欧翔, 路涛, 陈展册, 等, 2019. 广西灵川等4地刺苋和反枝苋对草甘膦的敏感性[J]. 杂草学报, 37(1): 41-45.

王秋实, 2015. 中国苋属植物的经典分类学研究及其入侵风险评估[D]. 上海: 华东师范大学.

向国红, 王云, 彭友林, 2010. 洞庭湖区外来物种苋属植物的种类、分布及危害调查[J]. 贵州农业科学, 38(7): 103-106.

CHAUHAN B S, JOHNSON D E, 2009. Germination ecology of spiny (*Amaranthus spinosus*) and slender amaranth (*A. viridis*): troublesome weeds of direct-seeded rice[J]. Weed science, 57: 379-385.

GRICHAR W J, 1994. Spiny amaranth (*Amaranthus spinosus* L.) control in peanut (*Arachis hypogaea* L.)[J]. Weed technology, 8: 199-202.

YE J, WEN B, 2017. Seed germination in relation to the invasiveness in spiny amaranth and edible amaranth in Xishuangbanna, SW China[J]. PLoS ONE, 12(4): e0175948.

（撰稿：易佳慧；审稿：黄伟）

大北农集团 Dabeinong Group

1993年在北京创办的综合性农业高科技企业，秉承“报国兴农、争创第一、共同发展”企业理念，致力于以高科技发展中国现代农业事业。现为国家级高新技术企业、农业产业化国家重点龙头企业、全国30强饲料企业和中国种业50强企业。产业涵盖养殖科技与服务、作物科技与服务、农业互联网等领域，拥有160多家生产基地和近300家分子公司，在全国建有10 000多个基层科技推广服务网点。主营饲料产品生产和销售以及农作物种子培育和推广，还从事动物保健、植物保护、疫苗、种猪和生物饲料等产品的生产与销售。2018年营业总收入193.21亿元，净利润5.24亿元。

2007年，股份改制后更名为北京大北农科技集团股份有限公司，致力于玉米、大豆等主要农作物生物技术产品研发，主要涉及转基因抗虫抗除草剂性状。2019年，所研发的转基因大豆转化事件DBN-09004-6获得阿根廷政府的正式种植许可。该事件具有草甘膦和草铵膦双抗性状，能有效解决南美大豆生产的控草难题，为应对草甘膦抗性杂草和玉米自生苗提供更加灵活和便利的技术手段。

（撰稿：姚洪渭、叶恭银；审稿：方琦）

大豆疫病 soybean *phytophthora* root rot

由大豆疫霉引起的主要危害大豆根部及茎基部的一种毁灭性卵菌病害。在中国，是一种重要的农业入侵病害。

入侵历史 中国是大豆的起源地，历史上均未记载过大豆疫病的发病时间。国际上有记录的是大豆疫病最早于1948年在美国东北部被发现，之后美国俄亥俄州1951年也报道了该病的发生。大豆疫霉起源于侵染北美羽扇豆的某种疫霉菌，随着大豆在美国东北地区的大量种植进而危害大豆。之后随着大豆国际贸易的日益频繁，该病随后在澳大利亚、加拿大、匈牙利、日本、阿根廷、苏联、意大利和新西兰等国有发现。鉴于大豆疫病的严重危害性，自1986年起大豆疫霉被中国列为对外检疫的重要植物病菌。然而，1991年沈崇尧等人首次在中国东北地区分离到大豆疫霉菌株，随后从山东、吉林和内蒙古等地也陆续分离到了该种菌株。自1992年起大豆疫病被中国列于“进境植物危害性病虫草名录”中一类病害。2000年以后，中国南部地区例如福建、浙江等地也陆续发现大豆疫病，推断有可能是国际贸易途径侵入，大豆疫病的发生仍处于严密监控之中。

分布与危害 主要分布于美国、巴西、阿根廷等大规模种植大豆的美洲国家，在欧洲的俄罗斯、德国、英国、法国，非洲的埃及，大洋洲的澳大利亚、新西兰，以及亚洲的中国、印度和日本等20多个国家均有分布。在中国主要分布于黑龙江和吉林等大豆主产区，安徽、江苏、河南、福建、浙江、北京和山东的局部地区也有分布。

大豆疫霉是引致大豆疫病的病原物，能够侵染大豆的根、茎、叶和部分豆荚，引起根腐、茎腐以及植株矮化、枯萎和死亡。大豆疫霉侵染未成熟的青豆后，导致蛋白质含量显著降低，严重威胁大豆的品质和质量。一般发病田块减产30%～50%，高感病品种减产50%～70%，发病严重的地块甚至会造成绝产，每年导致全球大豆业损失约10亿美元。

大豆疫病可引起大豆的种子和幼苗腐烂、幼苗枯萎、根腐、茎腐、植株矮化、枯萎和死亡。大豆在整个生育期均可遭受大豆疫霉的侵染，尤其在大豆苗期最易感病。感病品种的种子在萌发期被侵染后，下胚轴和根部出现水渍状病斑，病斑颜色从红色逐渐转为褐色，最后变为黑褐色，大豆子叶不张开，严重时枯萎腐烂。大豆幼苗期茎部受侵染后，在茎节处出现水渍状褐色病斑，向上向下扩散，最后变为黑褐色，病健交界处明显，病斑扩散引起叶片萎蔫、下垂，顶梢低头下弯，最终导致整株枯死，但叶片不脱落。成株期植物被侵染后生长缓慢，矮化明显，严重时整株叶片从下部开始向上部萎蔫，叶柄缓慢下垂，与茎秆成“八”字形，顶端生长点低垂下弯，最终导致整株枯死，叶片不脱落。种子被侵染后，干瘪失水；幼嫩豆荚被侵染后枯萎发黄，最后脱落，荚皮出现水渍状向下凹陷的褐斑，并且逐步扩展成不规则的病斑，病健交界处明显，籽粒发育不良，最后形成瘪荚和瘪粒（图1）。

病原及特征 大豆疫霉（*Phytophthora sojae*）属霜霉目（Peronosporale）腐霉科（Pythiaceae）疫霉属（*Phytophthora*）。大豆疫霉的幼龄菌丝无隔多核，近直角分枝，在分枝基部稍微缢缩，老化时产生隔膜，并形成结节状或不规则的球形或椭圆形膨大。孢囊梗单生，无限生长，多数不分枝。孢子囊顶生，无色，呈倒梨形，顶部稍厚，乳突不明显，新孢子囊在旧孢子囊内以层出方式产生。孢子囊萌发形成泡囊。泡囊内能够产生并释放大量游动孢子。游动孢子多为肾形，一端或两端钝圆，侧面平滑，茸鞭朝前，尾鞭比茸鞭长4～5倍。当外界环境条件不适宜时，大豆疫霉能够产生厚垣孢子，或者进行有性生殖。大豆疫霉的菌丝体为同宗配合，分别形成雄器和藏卵器，雄器侧生，藏卵器呈球形或扁球形。雄器和藏卵器进行有性生殖产生球形的卵孢子（图 2）。大豆疫霉菌株的最适生长温度为 25～28℃，最高为 32～35℃，最低为 5℃。产生游动孢子的最适温度为 20℃，最低温度为 5℃，最高温度为 35℃。孢子囊萌发的最适温度为 25℃。卵孢子形成和萌发的最适温度为 24℃。

入侵生物学特性　大豆疫病是典型的土传病害，初侵染源主要为土壤和大豆病残体中的卵孢子。卵孢子能够在土壤中存活多年，在适宜的条件下萌发形成孢子囊，在土壤积水时释放大量的游动孢子，游动孢子能够附着到大豆的种子、幼苗和幼根上，萌发后能够形成球状或指状吸器侵染大豆。大豆根系受到侵染后，病斑向上扩展蔓延至茎基部和植株下部侧枝。游动孢子也能够随风雨扩散至叶部，进行再侵染。若出现连续阴雨天气，叶片感染更加严重，并向叶柄和茎部蔓延（图 3）。

图 1　大豆疫病田间危害状（叶文武提供）

①大豆疫霉田间侵染幼苗期大豆症状，幼苗下胚轴和根部出现水渍状病斑，病斑颜色从红色逐渐转为褐色，最后变为黑褐色，大豆子叶不张开，严重时枯萎腐烂，病健交界处明显；②大豆疫霉田间危害症状，叶片从下部开始向上部开始萎蔫，叶柄下垂，与茎秆成“八”字形

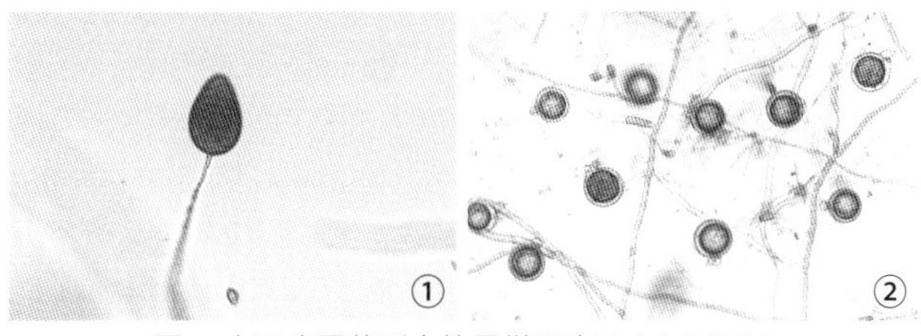

图 2　大豆疫霉菌形态的显微观察（叶文武提供）

①大豆疫霉游动孢子囊，孢囊梗分化不明显，顶生单个卵形、无色、单胞孢子囊，乳突不明显，孢子囊可释放游动孢子；②大豆疫霉菌丝与藏卵器，卵孢子球形，壁厚而光滑，雄器多侧生

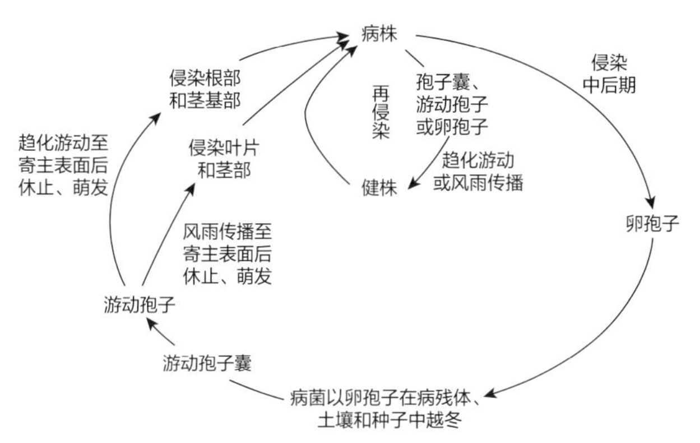

图 3　大豆疫霉根腐病病害循环（叶文武提供）

土壤湿度是影响大豆疫病发生和流行的关键因素。饱和的土壤湿度有利于大豆疫霉游动孢子的形成和传播。如果土壤积水，大量的游动孢子会释放并扩散，有利于大豆疫病的大暴发。土壤类型与大豆疫病的发生关系密切，难以耕作的黏重大豆田块更易发病。土壤温度也是影响大豆疫病流行的重要因素，在土壤温度 15℃左右的条件下，大豆根系受害最为严重，冷凉潮湿有利于大豆疫病的发生和流行。在土温超过 35℃时，大豆很少受到侵染。

预防与控制技术

执行检疫制度　加大检疫力度，严禁从疫区引种，禁止从重病区繁种。在大豆生长发育阶段，严格按产地检疫规程进行田间检查，对可能携带大豆疫霉菌的包装材料、运载工具等实施检疫，避免远距离传播。

选育抗病品种　抗病育种是防治大豆疫病最经济有效的措施。根据大豆不同品种对大豆疫病的抗性差异，在发病区推广种植抗病品种，避免使用感病品种。美国在 20 世纪 60 年代初推广含有抗病基因 *Rps1a* 的抗病品种，使大豆疫病在随后的 10 年内得到有效控制。中国马淑梅等人在 2001 年筛选出了一批能够抗大豆疫病的品种和资源材料，为大豆重病区提供了种植品种，也为抗病育种提供了杂交亲本。抗 1 号生理小种的‘绥农 10 号’在黑龙江被广泛推广种植，在三江平原大豆疫病重病区起到了重要的防控作用。

化学防治　可用高效、低毒和低残留的卵菌杀菌剂控制大豆疫病。播种前进行药剂拌种是较为简单有效的方法，每 100kg 种子可用 400ml 的 6.25% 精甲霜灵 · 咯菌腈悬浮种衣剂进行拌种。生长期大田施药可在病害始见期或发病初期用 50% 烯酰吗啉可湿性粉剂 1000 倍液，或 25% 甲霜灵可湿性粉剂 800 倍液，或 72% 克露可湿性粉剂 700 倍液，或 69% 安克锰锌可湿性粉剂 900 倍液，或 58% 瑞毒锰锌可湿性粉剂 800 倍液进行喷雾或浇灌，每 7～10 天施药一次，连续防治 2～3 次。

农业防治　大豆应避免种植在低洼、排水不良或重黏土壤田块。加强耕作，合理密植，防止土壤板结，降低土壤湿度。合理轮作，与非寄主作物瓜类、玉米和谷子等进行 2～3 年轮作，避免连作。选择适宜的播种深度，高垄栽培，在保证土壤墒情的条件下，播撒种子的深度通常为 3～4cm。冷凉地区适当推迟播种时间，在土壤温度持续稳定并保持在 8℃以上时进行播种；适当增施磷肥和钾肥，提高大豆植株免疫力，防止早衰。大豆收获后，应立即铲除田间植株和杂草，避免可能的初侵染源。

参考文献

董玉霞, 梁明文, 尹淑莲, 2008. 大豆疫病的发生及防治[J]. 现代农业科技 (6): 97.

苏彦纯, 沈崇尧, 1993. 大豆疫霉病菌在中国的发现及其生物学特性的研究[J]. 植物病理学报, 23(4): 341-347.

杨晓贺, 张瑜, 顾鑫, 等, 2014. 大豆疫霉根腐病的综合防治[J]. 大豆科学, 33(4): 554-558.

DAI T T, et al, 2012. Development of a loop-mediated isothermal amplification assay for detection of *Phytophthora sojae*[J]. FEMS microbiol letter, 334: 27-34.

HARPER J T, WAANDERS E, KEELING P J, 2005. On the

monophyly of chromalveolates using a six-protein phylogeny of eukaryotes[J]. International journal of systematic and evolutionary microbiology, 55(Pt 1): 487-496.

KAUFMANN M J, GERDEMANN J W, 1958. Root and stem rot of soybean caused by *Phytophthora sojae* n. sp[J]. Phytopathology, 48(4): 201-208.

TYLER B M, 2007. *Phytophthora sojae*: root rot pathogen of soybean and model oomycete[J]. Molecular plant pathology, 8(1): 1-8.

（撰稿：董莎萌；审稿：高利）

大薸 *Pistia stratiotes* L.

天南星科大薸属多年生浮水草本植物。又名水白菜。英文名 waterlettuce。

入侵历史 原产于巴西，明代引入中国，在《本草纲目》(1590)有记载。20 世纪 50 年代作为猪饲料推广栽培。最早于 1913 年在广东采集到该物种样本。此后，在福建、云南、广西、台湾、香港、海南、广东、江西、河南、浙江、湖北、贵州等地有记录。

分布危害 福建、台湾、广东、广西、云南各热带地区有野生分布，湖南、湖北、江苏、浙江、安徽、山东、四川等地都有栽培。全球热带及亚热带地区广布。

大薸在平静的淡水湖泊、水库、沟渠中极易繁殖，大面积聚集水面时，会堵塞航道，影响水产养殖，导致沉水植物死亡，危害水生生态系统（图 1）。

形态特征 水生漂浮草本。有长而悬垂的根多数，须根羽状，密集。叶簇生呈莲座状，叶片常因发育阶段不同而形异：倒三角形、倒卵形、扇形，以至倒卵状长楔形，长 1.3～10cm，宽 1.5～6cm，先端截头状或浑圆，基部厚，两面被毛，基部尤为浓密；叶脉扇状伸展，背面明显隆起成褶皱状。佛焰苞白色，长 0.5～1.2cm，外被茸毛。花期 5～11 月（图 2）。

图 1 大薸危害水生生态系统（张国良提供）

图 2 大薸的形态特征（张国良摄）
①根系；②叶片

入侵特性 大薸的暴发具有多方面的原因。首先是大薸自身生态学特点，其生长繁衍速度极快，繁衍方式多为无性繁殖且单株一般一次可以分枝出 3～5 个匍匐茎，在中国南方适宜环境中，可以呈指数形式增长，若无霜凝天气将持续覆盖水域多年。其次是外部环境适宜，大薸在中国还没能找到合适的天敌对其进行克制。最后是人为因素，也是最主要的因素。贵州锦屏出现大薸是水产养殖户将其引入，放置在库区网箱中为鱼类躲避阳光照射之用的。因其没有意识到大薸的危害性，没有注意管理防控，变成入侵物种。加之水利工程的修建，流域水流的变缓及常年工矿企业、水产养殖、生活污水的随意排放，最终导致了当地的生态灾害。要将其根治极为困难，只能采取合适的技术手段对其进行防控。

监测检测技术 在开展监测的行政区域内，依次选取 20% 的下一级行政区域直至乡镇（有大薸发生），每个乡镇随机选取 3 个行政村，设立监测点。大薸发生区实际数量低于设置标准的，只选实际发生的区域。每年在苗期（4～5 月）和花期（7～8 月）对大薸进行 2 次监测调查。

发生面积较大的区域，在监测点选取 1～3 个发生的典型生境（河流、池塘、湖泊）设置样地，在每个样地内选取 20 个以上的样方，采用随机或对角线或“Z”字形取样法；发生在一些较难监测的水域生境，可适当减少样方数，但不低于 10 个；样方间距≥ 5m。

发生面积较小的区域，在监测点选取 1～3 个发生的典型生境设置样地，根据生境类型的实际情况设置样线，每条样线选 50 个等距样点。

在调查中如发现可疑大薸，可根据前文描述的大薸形态特征，鉴定是否为该物种。

预防与控制技术 清除大薸的办法主要是人工打捞、碾碎或晒干埋掉，或是趁汛期、大暴雨来临之时，开闸把大薸冲入大海，让其遇咸自灭。

人工打捞 清水江流域的剑河、锦屏、天柱、黎平 4 县在近年的大薸治理中主要是通过人工和机械打捞。对大薸进行人工打捞治标没有得到治本，且若在大薸的生长季节对其进行打捞必将投入大量的人力、物力、财力，但有时也迫于无奈选择人工打捞的方式进行处理，短时间内成效较为显著。贵州剑河曾经采用将其用机械粉碎的方式，试图通过破坏组织结构使其消灭，但大部分依然漂浮于水面，腐烂后造成二次污染。

化学防治 研究人员通过实际测试发现，草甘膦和克无踪杀死大薸的最低浓度分别为 1∶30 和 1∶70 左右，最佳浓度则分别为 1∶20～1∶30 和 1∶60～1∶70，在此最佳浓度或高于此浓度下，它们都能杀死大薸。除草剂喷洒时间最好选在晴天、有阳光直接照射、气温较高、风速较小时，用手动喷雾器，对大薸进行近距离喷洒，这样药效最好。但除草剂又会对水体造成污染，大规模使用的可能性不大。

生物防治 研究人员对福寿螺和克氏原螯虾摄食大薸的

情况进行过研究，但国内还没找到合适的生物防治方法，若引入外来昆虫、致病菌、水生生物或者植物对其进行克制，又担心新引进的物种对本地区生态环境造成更大的混乱。

参考文献

蔡雷鸣, 2006. 福建闽江水口库区飘浮植物覆盖对水体环境的影响[J]. 湖泊科学(3): 250-254.

付卫东, 张国良, 张害斌, 等, 2017. 外来入侵植物监测技术规程——大薸[S]. 农业行行标准, 标准号: NY/T 3076-2017.

龙镔, 2017. 大薸控制环境条件研究[D]. 贵阳: 贵州师范大学.

徐海根, 强胜, 2018. 中国外来入侵生物[M]. 修订版. 北京: 科学出版社: 680-681.

中国科学院中国植物志编辑委员会, 1979. 中国植物志: 第13卷[M]. 北京: 科学出版社.

邹竹波, 2007. 除草剂草甘膦和克无踪对水白菜最佳杀灭药效浓度的试验初探[J]. 黔西南民族师范高等专科学校学报 (1): 114-120.

周文宗, 钦佩, 张硌, 等, 2006. 福寿螺和克氏原螯虾摄食水花生和水浮莲初探[J]. 湖北农业科学(5): 659-661.

OLKHOVYCH O, TARAN N, HRECHYSHKINA S, et al, 2020. Influence of alien species *Pistia stratiotes* L., 1753 on representative species of genus salvinia in Ukraine[J]. Transylvanian review of systematical and ecological research, 22(1): 43-56.

（撰稿：张国良；审稿：周忠实）

代谢物检测方法　metabolite detection

利用样品前处理技术、色谱及质谱技术和数据分析手段对待测样品的部分或全部代谢产物进行定性和定量的分析，从而明确外源序列转化对植物体代谢过程的影响。

代谢物检测可以根据研究对象和目的的不同分为 4 类。

①靶标化合物分析。对生物体内受修饰或者实验直接影响的某个或者某几个化合物进行的分析。

②代谢物分析。对与已知代谢相连的一组或者几组化合物进行的检测分析。

③图谱分析。广泛的代谢产物进行数据分析，从而形成对样品的快速分类。

④代谢组学。代谢组学是对一个生物系统的细胞在给定时间和条件下所有的小分子代谢物质的定性定量分析，从而描述生物内源性代谢物质的整体以及对内外因变化应答规律的组学技术。其研究对象辐射生物体内全部的化合物类别，力求分析生物体系中所有的代谢产物，为尽可能多的化合物做定性或者定量分析，整个分析过程尽可能保留和反映总的反应产物信息。

由于代谢组学分析非定向、无偏倚的特点，使得其在评估转基因生物的非期望效应中具有重要应用，是转基因食品安全评价进一步完善的重要发展方向。为了使代谢组学研究在安全评价方面真正发挥效力，最关键的就是破解出所观察到的潜在差异与生物学和毒理学效应之间的关系。将为建立代谢组产物轮廓谱数据的交互式数据库奠定必要的基础。

（撰稿：付伟；审稿：朱水芳）

代谢组　metabolome

在某一时刻、某个生物体（或组织、细胞）新陈代谢形成的所有代谢产物的完整集合。代谢物是生物体代谢活动的中间或最终产物，它们是基因表达的最下游产物。包括生命活动必需的初级代谢产物和由初级代谢产物产生的不属于生命活动必需的时期或组织特异性功能多样复杂的次生代谢产物。

代谢组的概念最早由英国科学家提出。代谢组是动态变化的，同时受到内外在不同因素的影响，因此，必须参照细胞、组织、发育时间、相关环境等来定义。需要指出的是，这里的代谢产物通常专指低分子量的代谢产物。

代谢组反映的是来自其他功能基因组（如转录组和蛋白质组）信号的放大和整合的生命活动最终结果。因此，代谢组也受到生物体其他功能网络累积的生命活动的影响。但生物体代谢组却不能直接从基因组、转录组或蛋白组的活动来推测或预测，必须通过代谢组学（研究代谢组的科学）的测试获得。不同生物体的代谢组差异较大。酵母的代谢组较小，有 600 左右的代谢物，植物代谢组相对较大，预测至少有 20 万种代谢物。

代谢组学测定方法主要有质谱法（LC-MS，GC-MS，EC-MS）、核磁共振法（nuclear magnetic resonance，NMR）和振动广谱法（vibrational spectroscopies）。由于技术的限制，任何单一的或综合代谢组学技术实际上都无法检测到所有代谢组的代谢产物。因此，植物代谢组学检测到的代谢物数量远低于植物代谢组的 1%，反映的只是植物代谢组的冰山一角。代谢组学检测设备、技术和方法的不断更新和发展是尽可能全面了解植物代谢组的有效途径之一，也是推动植物代谢组学不断发展的主要动力。

代谢组学的方法（气相色谱质谱联用、液相色谱质谱联用、核磁共振等）越来越多地应用于转基因生物的安全评价，因为和传统分析方法相比，代谢组学技术结合了先进的化学分析技术和生物信息学工具，可以获得更多更全面的化学组成信息，这些化学组分数据可以有助于确定由转基因导致的实质性等同性或非预期效应。但采用代谢组学方法评价转基因生物食用或营养安全时，应当遵循个案原则。

值得注意的是，以下因素明显影响转基因生物组分的安全评价：①对照的选择。理论对照应该至少有 2 个：转入空载体的稳定遗传转化体；未经任何转化的与 T-DNA 受体具相同遗传背景的品种，后者在实际上应用较多。因为很多外在因素，如生长条件（时间、地点）、采收条件等都可能比 T-DNA 转化更能改变代谢组的成分，比较理想的分析都要包括不同年代、不同产地和不同自然品种的比较数据。②样品的快速灭活处理。无论是生物的什么组织和部分都可以用来进行代谢组学分析（取样部位、时间等因实验目的和设计而异）。样品采集要迅速，采后的样品需要立即进行灭活（液氮速冻后 -80℃或冷冻抽干）。③样品重复数量。要正确区分生物学变异和其他因素造成的变异，每个样品至少应该有 4 个或 4 个以上的重复，每个重复至少是 3 个或 3 个以上不同植株的混合样。④数据分析。不但要分析比较转化体和受体对照间的变化，而且要分析比较不同个体间的自然差异。只有设计合理、执行顺利、分析准确的代谢组学数据，才可能真正服务于转基因生物组成成分的安全性评价。

遗传和环境因素都能显著影响转基因生物的代谢组。转基因引起的代谢组的差异通过几代回交将变得越来越小。

参考文献

DUNN W B, BAILEY N J, JOHNSON H E, 2005. Measuring the metabolome: current analytical technologies[J]. Analyst, 130 (5): 606-625.

FIEHN O, 2002. Metabolomics-the link between genotypes and phenotypes[J]. Plant molecular biology, 48 (1/2): 155-171.

Oliver S G, Winson M K, Kell D B, et al, 1998. Systematic functional analysis of the yeast genome[J]. Trends in biotechnology, 16 (9): 373-378.

RAO J, YANG L, GUO J, et al, 2016. Metabolic changes in transgenic maize mature seeds over-expressing the *Aspergillus niger* phyA2[J]. Plant cell reports, 35 (2): 429-437.

SIMÓ C, IBÁEZ C, VALDÉS A, et al, 2014. Metabolomics of genetically modified crops[J]. International journal of molecular sciences, 15 (10): 18941-18966.

ZAMBONI N, SAGHATELIAN A, PATTI G J, 2015. Defining the metabolome: size, flux, and regulation[J]. Molecular cell, 58 (4): 699-706.

ZHOU J, MA C, XU H, et al, 2009. Metabolic profiling of transgenic rice with Cry1Ac and sck genes: an evaluation of unintended effects at metabolic level by using GC-FiD and GC–MS[J]. Journal of chromatography B, 877 (8): 725-732.

ZHOU J, ZHANG L, LI X, et al, 2012. Metabolic profiling of transgenic rice progeny using gas chromatography–mass spectrometry: the effects of gene insertion, tissue culture and breeding[J]. Metabolomics, 8 (4): 529-539.

（撰稿：石建新、谢家建；审稿：张大兵）

蛋白质检测方法　protein detection

以检测转基因生物中导入的外源目的基因编码的蛋白质的检测技术。常见的蛋白质检测方法有酶联免疫吸附测定法、蛋白质免疫印迹法、蛋白质芯片法和侧向免疫流动试纸条等。

酶联免疫吸附测定法（ELISA）是以抗原抗体间的特异性结合及酶的高效反应催化为基础原理开发的蛋白质检测方法。它的基本步骤包括。

①将与外源蛋白质产生特异性免疫反应的抗体预先包被于ELISA反应板的孔中。

②将待测样品的蛋白质提取液加入反应孔中，保持恒温孵育一段时间，若样品含有目标外源蛋白成分，其将结合于包被的抗体上。再将多余的样品去除。

③加入酶标记过的第二抗体，其将与被固定的蛋白质特异性结合，经过孵育后，将多余的第二抗体去除并洗涤干净。

④加入底物，若孔中含有被固定结合的外源蛋白和酶标抗体，酶将催化底物反应，一段时间后底物将呈现出颜色变化。通过特定波长的检测，可以区判读出发生反应的底物量，从而判定出所含外源蛋白质量。通过标准曲线的绘制，还可对外源蛋白质含量进行定量测定。

蛋白免疫印迹技术是通过将待测样品蛋白质进行电泳分离后，再进行特异性的抗原抗体杂交，从而分析样品中是否含有外源蛋白质成分。该技术均一性好、结果保存时间长，广泛应用于转基因生物外源目的蛋白的检测。

蛋白质芯片法是一种高通量的蛋白功能分析技术，可用于蛋白质表达谱分析，研究蛋白质与蛋白质的相互作用，甚至DNA-蛋白质、RNA-蛋白质的相互作用，筛选药物作用的蛋白靶点等。常见蛋白质芯片的制备流程主要包括固体芯片的构建、探针的制备、生物分子反应和信号检测分析4个步骤。按照蛋白芯片的基体物质，蛋白质芯片可以分为蛋白质微阵列、微孔板蛋白芯片、三维凝胶块芯片3种。

侧向免疫流动试纸条是一种快速转基因成分检测，其原理与ELISA法基本相同。在预制的试纸条上固定已偶联发光基团的外源目的蛋白质抗体。当样品中含有外源目的蛋白质时，蛋白质溶液由于毛细管作用不断向另一端流动，当外源目的蛋白的抗体结合并在检测线位置产生特异颜色，未结合的抗体则在对照线位置与二抗结合并显色，其检测结果可以通过肉眼观察直接判读。该方法开发的商业化试纸条广泛应用于现场检测。

（撰稿：杜智欣；审稿：付伟）

蛋白质印迹　Western blot

一种广泛应用于分子生物学、免疫遗传学和其他生命科学领域的分析技术，用于检测组织匀质或提取物样本中的特定蛋白质的存在、相对富度、相对分子质量以及转录后修饰等重要特征。又名蛋白质免疫印迹。其他相关技术包括斑点印迹分析、免疫组织化学、免疫染色和酶联免疫吸附法（ELISA）等。

蛋白质印迹的发明者一般认为是美国斯坦福大学的乔治·斯塔克（George Stark）和瑞士弗里德里希米舍研究所的哈利·托宾，却由当时在西雅图哈钦森癌症研究中心工作的美国人尼尔·伯奈特（Neal Burnette）于1981年命名为“Western blot”。

与Southern或Northern杂交方法类似，但Western blot采用的是聚丙烯酰胺凝胶（polyacrylamide gel，PAGE）电泳，被检测物是蛋白质，用的“探针”是抗体，“显色”用标记的二抗。蛋白质样品经过PAGE分离后被转移到固相载体（如硝酸纤维素薄膜）上，被固相载体以非共价键形式吸附，并保持电泳分离的多肽类型及其生物学活性不变。以固相载体上的蛋白质或多肽作为抗原，与对应的抗体起免疫反应，再与酶或同位素标记的第二抗体起反应，经过底物显色或放射自显影以检测电泳分离的特异性目的基因表达的蛋白成分。该技术广泛应用于检测蛋白水平的表达，与免疫沉淀技术结合，Western 印迹技术还可以用来研究特定蛋白的相互作用。

Western blot 在转基因生物安全评价过程中的应用主要是对目标蛋白的存在及其丰度进行筛选和确认，是一种定性检测方法。其灵敏度不仅依赖于抗体和抗原之间的亲和水平，还依赖于样品中蛋白质的表达水平。

参考文献

BURNETTE W N, 1981. Western blotting: electrophoretic transfer of proteins from sodium dodecyl sulfate-polyacrylamide gels to unmodified nitrocellulose and radiographic detection with antibody and radioiodinated protein A[J]. Analytical biochemistry, 112 (2): 195–203.

MACPHEE D J, 2010. Methodological considerations for improving Western blot analysis[J]. Journal of pharmacological and toxicological methods, 61 (2): 171-177.

MARKOULATOS P, SIAFAKAS N, PAPATHOMA A, et al, 2004. Qualitative and quantitative detection of protein and genetic traits in genetically modified food[J]. Food reviews international, 20 (3): 275-296.

（撰稿：石建新、谢家建；审稿：张大兵）

蛋白质组 proteome

一个细胞、组织或生物体等在一个特定时间位点的所有表达的蛋白质的总和。在活的细胞体内，大多数的生命活动都是由蛋白质来执行的。因此，蛋白质是细胞功能的调控者。细胞内蛋白表达的变化以及表达蛋白活性的改变均影响着细胞的正常生命活动。所以，蛋白质一直是生命科学研究领域的核心内容。

蛋白质组这个术语最早由澳大利亚生物学家马克·威尔金斯教授于 1994 年提出。蛋白质组的概念与基因组的概念有许多差别，它随着组织、甚至环境状态的不同而改变。一个生物体的基因组在该生物的任何组织和任何细胞类型内都是保持一致的，在同一组织和同一细胞类型的不同发育阶段也是一样的。蛋白质组则是动态变化的，它反映的是一个生物体的特定细胞或组织在特定的发育阶段或特定的条件下所表达的一类蛋白质。不同生物体、同一生物体不同的细胞或组织类型在不同的发育阶段或不同的条件下，其蛋白质组是不同的。一个典型的例子来自昆虫。昆虫的生命周期包含 4 个不同的发育阶段：卵期（胚胎时期），卵；幼虫期（生长时期），毛毛虫；蛹期（转变时期），蛹；成虫期（有性时期），蝴蝶。尽管幼虫（毛毛虫）和成虫（蝴蝶）的基因组是一样的，但它们的蛋白质组是截然不同的，这使它们有了完全不同的形态和功能，仿佛是两种截然不同的生物。

此外，一个基因（DNA 片段）在转录时可以有多种 mRNA 形式的剪接，获得不同的 mRNA 分子，而同一蛋白可能有不同形式的翻译后修饰。故一个蛋白质组不是一个基因组的直接产物，蛋白质组中蛋白质的数目有时可以超过基因组的数目。比如，人类基因组中大约有 23 000 个基因，但其蛋白质组中则有超过 50 万的蛋白质。值得一提的是，尽管蛋白质组来自基因组和转录组，除了蛋白质、DNA 和 mRNA 的数量不同外，它们各自的结果要说明的问题也有更明显的差别：基因组结果说明理论上能够发生什么，转录组结果说明可能发生什么，而蛋白质组则说明正在发生什么。

因为蛋白质是基因功能的重要调控者，直接参与细胞的代谢和发育，所以蛋白质组是直接连接转录组和代谢组的桥梁。此外，植物或食品中的某些有毒物质、抗营养因子或过敏原都是蛋白质，所以蛋白质组与人类健康密切相关。分析了解转基因生物的蛋白质组变化是转基因生物安全评价的重要内容，不但可以更深入了解转基因所引起的生物发生的生物学变化，而且可以对转基因生物蛋白水平的安全性进行系统全面的评价。

蛋白质组学技术（包括基于双向电泳的技术和基于质谱的技术）已经被用来检测转基因生物的预期和非预期效应。大多数基于比较蛋白质组的研究结果认为转基因本身引起的蛋白质组变化要小于自然品种间蛋白质组的变异。也有一些研究表明转基因显著影响了受体蛋白质组。和代谢组在转基因生物安全评价上的应用一样，蛋白质组学对转基因作物的评价应该遵循个案原则，具体情况具体分析。

参考文献

GONG C Y, WANG T, 2013. Proteomic evaluation of genetically modified crops: current status and challenges[J]. Frontiers in plant science, 4: 41.

HUANG K, 2017. Safety assessment of genetically modified foods[M]. Singapore: Springer Nature Singapore Pte Ltd: 63-116.

（撰稿：石建新、谢家建；审稿：张大兵）

稻水象甲 *Lissorhoptrus oryzophilus* Kuschel

危害水稻的入侵性半水生害虫。又名稻水象。英文名 rice water weevil。鞘翅目（Coleoptera）象甲科（Curculionidae）稻水象属（*Lissorhoptrus*）。

入侵历史 原产北美洲。1976 年进入日本，1988 年扩散到朝鲜半岛。中国于 1988 年首次发现于河北唐山，1990 年在北京清河发现，2003 年在陕西留坝发现。

分布与危害 国外分布于美国、加拿大、墨西哥、日本、韩国、朝鲜、印度、古巴、多米尼加、哥伦比亚、苏里南、委内瑞拉、意大利等。中国分布于北京、天津、内蒙古、宁夏、陕西、山西、辽宁、吉林、黑龙江、河北、河南、山东、安徽、浙江、福建、江西、湖南、湖北、贵州、四川、重庆、云南、广东、广西、新疆、台湾等地。

成虫取食叶片，沿叶脉啃食叶肉，被取食部位仅存透明下表皮，形成长短不等的白色条斑。低龄幼虫蛀食稻根，高龄幼虫在稻根外部咬食，造成断根。被害植株根系发育不良，分蘖减少，植株矮小，光合作用效率下降，从而影响产量。成虫一般不造成明显经济损失，幼虫取食根部是导致产量损失的主要原因。

寄主为水稻及禾本科、泽泻科、鸭跖草科、莎草科、灯芯草科杂草。以水稻及禾本科杂草为主。

形态特征

成虫 体长2.6～3.8mm（不含管状喙），体壁褐色，密被相互连接的灰色鳞片。前胸背板和鞘翅的中区无鳞片，呈黑褐色或暗褐色。喙端部和腹面、触角沟两侧、头和前胸背板基部、眼四周，前、中、后足基节基部，腹部第三节、第四节腹面及腹部末端被黄色圆形鳞片，其余各部鳞片均灰色。喙近扁圆筒形，略弯曲，与前胸背板约等长。触角膝状，柄节棒形，触角棒倒卵形或长椭圆形，长为宽的2.0～2.1倍，分为3节。前胸背板宽略大于长，前端略收缩，两侧边近直形，小盾片不明显。鞘翅明显具肩。足腿节棒形，无齿；胫节细长弯曲，中足胫节两侧各有一排长的游泳毛。

卵 圆柱形，有时略弯，两端圆，长约0.8mm，初产时呈珍珠白色。

幼虫 共4龄，老熟幼虫体长10mm左右，白色，头部褐色，无足。腹部2～7节背面各有1对向前伸的钩状呼吸管，气门位于管中。老熟幼虫在寄主根系上结茧，后在茧中化蛹。

蛹 蛹茧黏附于根上，卵形，土灰色，长径4～5mm，短径3～4mm。蛹白色，复眼红褐色。

入侵生物学特性 具有孤雌生殖、可取食多种植物、耐高温和低温等重要特性。中国各地发生的稻水象甲均为雌虫，无雄虫。成虫可取食13科100多种植物，尤其嗜食禾本科、莎草科植物，如水稻、稗、千金子、双穗雀稗、李氏禾、早熟禾、牛筋草、白茅等；幼虫能在6科30余种植物上完成发育。以成虫滞育越夏越冬。春季气温上升后，成虫先在越冬场所取食幼嫩杂草，然后陆续迁至水稻秧苗上取食和产卵。产卵环境需有水，只在浸没于水中的叶鞘上产卵。卵沿叶鞘纤维纵向产于其中，单产，有时少数几粒产在一起。初孵幼虫先在孵化处取食少量叶鞘组织，不久即掉落水中，通过蠕动到达水稻根部进行取食。在根部化蛹。在中国1年发生1～2代，单季稻区仅发生1代，双季稻区可发生2代，但第二代种群密度通常较低，不造成危害。在单季稻区，第一代成虫羽化后先取食，待飞行肌发育后迁至稻田附近有禾本科植物生长的场所蛰伏，或直接在田埂上蛰伏，直到翌春才恢复活动；在双季稻区，第一代成虫大多数进入蛰伏场所越夏越冬，仅一小部分迁至晚稻田取食产卵，形成第二代。

随稻秧、稻谷、稻草及其制品、其他寄主植物、交通工具等传播。飞翔的成虫可借气流迁移万米以上。此外，还可随水流传播。

预防与控制技术

加强检疫和监测 稻水象甲一旦传入极难根治，加强检疫是预防其传入的首要措施。通过行政手段划定疫区，设立检疫检查站，禁止从疫区调运秧苗、稻草及用疫区的稻草做填充材料。从疫区调运稻谷前需先进行严格检疫。

主要通过观察成虫取食斑监测发生动态。在疫区以及邻近传入风险高的地区，在水稻栽种之前调查寄主植物上有无疑似成虫取食斑，调查场所包括水稻秧田、田埂及邻近有禾本科植物生长的区域。水稻栽种后，重点调查靠近田埂的数行稻株及田边杂草。若发现疑似取食斑，先观察植株上有无成虫，再采用盘拍法检查。对生长于水中的植株，还需检查植株被水浸没的茎秆、叶片上有无成虫。

化学防治 使用化学农药是当前防治稻水象甲的首要方法，采用“防成虫控幼虫”的策略，即在冬后成虫盛发、产卵前施药，以降低后代幼虫数量。防治成虫：10%吡虫啉可湿性粉剂每公顷300g，20%三唑磷乳油或40%水胺硫磷乳油1.5L，48%乐斯本乳油或5%来福灵乳油1.125L，兑水750L喷雾。防治幼虫：5%甲基异柳磷颗粒剂或3%克百威颗粒剂每公顷15～22.5kg，在移栽前撒入大田，或排水后撒入受害重的本田。

农业防治 主要有调整水稻播种期、降低田间水位、搁田等方法。适当迟栽可使苗期避开冬后成虫迁入高峰期、产卵高峰期；也可适当早栽，使稻株在幼虫危害高峰到来之前即具备发达根系，提高耐害能力。由于稻水象甲成虫需将卵产于水面以下的叶鞘，在产卵期降低田间水位可减轻危害。土中幼虫通过蠕动进行根须间转移，故在幼虫发生期排水搁田2周，可减少幼虫活动和取食，有效减轻危害。

参考文献

翟保平，程家安，黄恩友，等. 1997. 浙江省双季稻区稻水象甲的发生动态[J]. 中国农业科学(6): 24-30.

翟保平，商晗武，程家安，等. 1998. 双季稻区稻水象甲一代成虫的滞育[J]. 应用生态学报(4): 65-69.

中华人民共和国农业农村部, 2021. 全国农业植物检疫性有害生物分布行政区名录[EB/OL]. [2022-6-10]. http://www.moa.gov.cn/govpublic/ZZYGLS/202104/t20210422_6366376.htm.

CHEN H, CHEN Z M, ZHOU Y S,2005. Rice water weevil (Coleoptera: Curculionidae) in mainland China: Invasion, spread and control[J]. Crop protection, 24(8): 695-702.

HUANG Y S, WAY M O, JIANG M X,2017. Rice water weevil *Lissorhoptrus oryzophilus* Kuschel[M] // Wan F H, Jiang M X, Zhan A B. Biological invasions and its management in China (Volume 1). Dordrecht, the Netherlands: Springer: 183-193.

RICE W C, CROUGHAN T P, RING D R, et al, 1999. Delayed flood for management of rice water weevil (Coleoptera: Curculionidae) [J]. Environmental entomology, 28(6): 1130-1135.

STOUT M J, RIGGIO M R, ZOU L, et al, 2002. Flooding influences ovipositional and feeding behavior of the rice water weevil (Coleoptera: Curculionidae)[J]. Journal of economic entomology, 95(4): 715-721.

ZOU L, STOUT M J, DUNAND R T, 2004. The effects of feeding by the rice water weevil, *Lissorhoptrus oryzophilus* Kuschel, on the growth and yield components of rice, *Oryza sativa*[J]. Agricultural and forest entomology, 6(1): 47-53.

（撰稿：蒋明星；审稿：周忠实）

德国小蠊 *Blattella germanica* (L.)

一种世界性的城市卫生害虫。又名德国蟑螂。英文名German cockroach。蜚蠊目（Blattaria）蜚蠊科（Blattidae）

小蠊属（*Blattella*）。

分布与危害 原产于东北非，现在全世界从热带、亚热带、温带、寒带以至极寒带均有分布。中国主要分布于云南、贵州、四川、西藏、广西、广东、福建、上海、北京、辽宁、黑龙江、内蒙古、陕西、新疆等地。喜栖息于厨房、近水处或烟囱附近。不仅严重影响人类居住环境和生活质量，而且因机械性携带痢疾杆菌、乙肝病毒等40多种致病菌而威胁人类健康。

形态特征

成虫 德国小蠊成虫为背腹扁平的椭圆形，体小型，雄虫体长10～13mm，雌虫体长11～14mm。体淡赤褐色，雄虫狭长，雌虫较宽短。头顶外露，头顶与复眼间赤褐色，脸面褐色，中央色稍深；复眼棕黑色，单眼黄色，单、复眼间距相等，约为触角窝间距的1/2；触角柄节圆筒形，褐色，鞭节念珠状，赤褐色；下颚须粗短，端节淡赤褐色，末端深褐色，第四节圆锥形，端如马蹄形，第三节圆柱状，褐色，第三节与端节约等长，比第四节长，第一节极短，第二节稍长，褐色；下唇须纤细，褐色，表面具毛。前胸背板褐色，侧缘半透明，最宽处接近后缘，略为梯形，前缘弧形，后缘略向后突出呈角状，中央有两条深赤褐—黑褐色纵条纹，黑纹宽度比其间距为狭，有的个体黑纹夹杂褐色，不很明显；中、后胸背板污褐色至黑褐色，腹板赤褐色；前翅狭长，超过腹端，质稍厚实；后翅无色透明，臀域纵脉褐色，横脉无色，其余区纵脉和横脉黄色。

若虫 德国小蠊若虫外形与成虫相似，若虫体型明显小于成虫，低龄若虫呈深褐色，无翅，形成翅芽后的若虫在背中央有一条明显的淡色条纹。

卵及卵鞘 卵呈长卵圆形或肾形，卵孔位于顶端，被包围在卵鞘内。卵鞘近似长方形，形如菜豆，长7～8mm，每个卵鞘内有卵粒35～45个。初产时呈白色，渐变淡褐色，以至栗褐色，卵孵化前卵鞘两侧有缘带，卵鞘出现约1天即向左或右旋转横置；卵鞘产出后常挂在雌虫尾端，直至卵孵化。

入侵生物学特性 德国小蠊的发育属不完全变态，整个生长发育过程要经过卵、若虫和成虫3个阶段。在中国南方德国小蠊1年发生1代，以滞育若虫越冬，环境条件适宜时，若虫一生仅蜕皮7次，当环境条件不适时，若虫可蜕皮9次。同时若虫的发育速率明显受环境条件的影响，长光照条件与高温促进若虫发育，而短日照和低温则抑制若虫发育，但高温和低温均不利于德国小蠊繁殖。

德国小蠊是很活跃的昆虫，喜欢在密缝和夹杂物中生存，也经常会夹杂在蔬菜、服装、木材、布匹和其他食品以及物品中而被带入家中或运到其他的城市和国家，经常以“搭便车”的方式进行传播和入侵。

监测检测技术 德国小蠊因国际贸易往来，在商品流通的过程中传入中国。若虫和成虫可经由家具、作物、货物、食品运输和交通工具携带传播扩散。同时也可以经由成虫在栖息环境周围主动扩散。因此，通过对疫区上述调运的物资进行严格检疫可防止德国小蠊扩散传播。

预防与控制技术 加强对调运的作物、货物及交通工具的检疫，防止德国小蠊随货物及交通工具的传播扩散。对已发生德国小蠊危害的地区先进行监测，防治方法可采用人工防治、生物诱集和化学防治等。生物诱集主要有性信息素诱集、聚集信息素诱集和饵剂诱集等，饵剂诱集使用较多，其中一些植物源物质如烟碱、鱼藤酮等对德国小蠊的诱杀效果较好。另外，对德国小蠊防治效果较好的农药有氯氰菊酯、溴氰菊酯、毒死蜱等，由于德国小蠊对化学药剂很容易产生抗性，在使用化学防治时，注意不同化学药剂（或剂型）进行交替使用。

参考文献

田厚军, 赵建伟, 陈勇敢, 等, 2019. 德国小蠊与美洲大蠊饵剂的研制及其诱杀效果[J]. 寄生虫与医学昆虫学报, 26(3): 182-187.

杨惠, 2004. 德国小蠊聚焦信息素及其生物合成影响因子有研究[D]. 北京: 中国人民解放军军事医学科学院微生物流行病研究所.

张青文, 刘小侠, 2013. 农业入侵害虫的可持续治理[M]. 北京: 中国农业大学出版社.

赵志刚, 2009. 德国小蠊的抗药性及其几种相关酶活性关系的研究[D]. 济南: 山东师范大学.

NOJIMA S, SCHAL C, WEBSTER FX, et al, 2005. Identification of the sex pheromone of the German cockroach, *Blattella germanica*[J]. Science, 307(5712): 1104-1106.

SAKUMA M, FUKAMI H, 1990. The aggregation pheromone of the German cockroach, *Blattella germanica* (L.) (Dictyoptera: Blattellide): isolation and identification of the attractant components of the pheromone[J]. Applied entomology and zoology, 25 (2): 355-368.

（撰稿：赵吕权；审稿：郭文超）

淀粉磷酸化酶基因 starch phosphorylase gene, PhL gene

编码淀粉磷酸化酶（starch phosphorylase, PhL）的基因。淀粉磷酸化酶广泛存在于植物中，它在植物体内既可以催化淀粉的磷酸化，也可以参与淀粉的合成，但其主要作用是催化淀粉的磷酸化。在马铃薯淀粉合成的整个过程中都与淀粉的磷酸化相关，即有磷酸体以单酯化形式结合到淀粉上，淀粉磷酸化酶在形成磷酸酯的过程中起着决定作用。淀粉理化品质受淀粉中磷酸酯含量多少的影响，比如经过磷酸化的淀粉能增加淀粉的水解，增强、提高淀粉的糊化黏度，从而影响淀粉在工业或食品上的用途。

马铃薯块茎还原糖含量和淀粉含量直接影响马铃薯的食用与加工品质。马铃薯块茎中含有大量的磷酸化淀粉，在存储期间一些磷酸化淀粉降解而产生葡萄糖和果糖。在低温的储藏环境下，马铃薯块茎的还原糖含量会有所增高，即产生“低温糖化”的现象，这些还原糖将会对马铃薯的食用和加工品质造成很大的影响。在高于120℃的温度下加热时，这些还原糖与氨基酸反应而形成美拉德产物，包括丙烯酰胺。美国杰·尔·辛普洛公司（J. R. Simplot Co.）通过RNAi技术降低马铃薯*PhL*基因的转录水平，减少了储存过程中还原糖的形成，培育出商业化的低还原糖积聚的马铃薯品种。

参考文献

杨素, 2018. 马铃薯贮藏期间加工品质变化研究[D]. 兰州: 甘肃农业大学.

（撰稿：李圣彦；审稿：郎志宏）

D

定量检测方法 quantitative detection

对待测样品中的特定转基因成分的含量进行定量测定的方法。其在转基因植物育种方面主要应用于外源基因转录水平和表达水平的测定，从而为其安全评价提供基础数据。在转基因生物安全管理方面，其主要应用于需要定量标识管理时待测样品转基因成分含量的测定。

定量检测方法主要包括实时荧光定量PCR、数字定量PCR、ELISA检测。

实时荧光定量PCR是应用最广泛的定量检测方法，根据荧光产生的原理分为荧光染料法和荧光探针法两类，最终均是对荧光信号实时监测结果与标准样品绘制的标准曲线进行定量分析。

实时荧光定量检测大体分为4个关键步骤。

① DNA提取。与常规PCR相同，需要与待测样品的成分性质等相符合，对于提取效果要经过相应的验证，确保提取DNA的浓度、纯度、完整性符合后续检测的要求。

②定量PCR扩增。除常规PCR体系还需加入荧光染料或特异性的荧光探针，再利用定量PCR仪在完成PCR扩增过程中，收集相应的荧光信号。同时还需设置阳性、阴性、空白等对照组一同进行反应，以确保检测结果的可靠性。

③标准曲线的制备。利用已知拷贝数的标准DNA样品进行适当浓度的稀释，以检测获得*Ct*值与初始模板拷贝的线性关系为依据，以拷贝数为*X*轴，*Ct*值为*Y*轴绘制标准曲线。标准曲线需满足决定系数$R_2 > 0.98$且斜率介于$-3.6 \sim -3.1$之间这两个要求。在检测过程中需要对被测样品的内源和需要定量的全部外源基因绘制相应的标准曲线。

④转基因成分的定量。将位置样品内外源基因的检测得到的*Ct*值分别带入标准曲线中，即可通过计算获得内外源基因初始拷贝数，从而计算得到转基因成分所占比例。

数字定量PCR：是一种基于荧光PCR技术、固相芯片技术、流式细胞术及统计分析等多方面学科技术而形成的一个新兴单分子检测的绝对定量技术。它的检测原理是将PCR体系分割成数万到数十万个微小反应空间独立进行，并将待测样品的DNA模板进行稀释使每个反应空间内的模板数量尽可能达到单分子水平。通过统计PCR终点后产生特异性荧光信号的反应室数量，并通过统计分析与泊松分布确定模板中还有目的基因的拷贝数。其最大的特点是不需要通过标准品和标准曲线就可对检测样品进行定量分析，在转基因生物材料的定量检测领域具有非常广泛的应用前景。

内标准基因，是指在转基因成分检测时用于评估待测样品总量的内源参照基因，它一般具有种间特异性、种内非特异性、基因组内拷贝数低的特征。对于同种植物不同品系间内标准基因的拷贝数应当恒定，且少于3个拷贝，单拷贝是最好的情况。

ELISA技术：酶联免疫吸附测定（enzyme linked immunosorbent assay，ELISA）指将可溶性的抗原或抗体结合到聚苯乙烯等固相载体上，利用抗原抗体特异性结合进行免疫反应的定性和定量检测方法。ELISA技术在转基因产品外源蛋白的定量检测中具有较为广泛的应用。首先，ELISA技术通过对转基因外源蛋白标准品进行梯度稀释的方法绘制标准曲线，后续通过对未知样品的ELISA检测技术与前期绘制的标准曲线进行拟合，从而实现对转基因产品定量检测的目的。另一方面，免疫层析试纸条技术将ELISA转移到了纸基上，通过对试纸条中阳性条带的亮度分析，也可以实现对转基因产品的半定量检测。

（撰稿：李飞武；审稿：付伟）

定性检测方法 qualitative detection

对检测对象中转基因成分进行有或无的定性判定。其在转基因植物育种与转基因生物管理方面都有较为广泛的应用。育种方面主要应用于判断外源基因转化体的筛选及表达状况的验证，管理方面主要应用于非定量标识管理地区的转基因成分检测和未批准成分的初筛。

常用的定性检测方法包括PCR技术和试纸条等。定性PCR检测主要用于外源DNA成分的检测，其检测灵敏度高、特异性强，是应用最为广泛的转基因成分定性检测技术。试纸条法主要用于外源蛋白质成分的靶标检测，其检测流程短、无特殊设备需求，特别适合现场快速筛查。

定性PCR的检测流程大体分为3个主要步骤。

① DNA的提取。提取方法要与待测样品的成分性质等相符合，对于提取效果要经过相应的验证，确保提取DNA的浓度、纯度、完整性符合后续检测的要求。

② PCR扩增。其中引物是决定检测方法特异性的关键，扩增过程中要注意设立阳性对照、阴性对照、空白对照，确保结果可靠性。

③ PCR产物的检测与判定。一般可采用琼脂糖凝胶电泳的方法，也可采用聚丙烯酰胺凝胶电泳及色谱分离的方法，确定PCR产物浓度是否符合阳性结果判定要求。也可采用染料法或探针法对荧光信号进行采集或对产物进行测序判定。

（撰稿：李飞武；审稿：付伟）

毒蛋白数据库 toxin database

转基因操作一般是在受体生物中插入一个或多个外源基因，外源基因通过表达目的蛋白，实现转基因要达到的目标，如抗虫、耐除草剂、品质改良等。目的蛋白，又称外源蛋白，对于转基因生物来说，是新蛋白，有关其安全性的资料比较少，特别是来源于无人类食用史生物的基因表达新蛋白，因此，外源蛋白是否具有毒性和致敏性是转基因安全评价关注的重点。关于外源蛋白的毒性安全评价，在进行动物的毒理学评价之前，要将新蛋白质的氨基酸序列与专业的数据库进行比对，判断其是否与已知的有毒蛋白具有序列上的相似性，理论上与毒蛋白相似性较低的蛋白比与毒蛋白相似性较高的蛋白，其可能具有毒性的可能性更低。

目前尚无公开的全门类专门毒蛋白质的数据库，只有一些动物如蜘蛛、蛇等毒蛋白的小的数据库，因此，进行新蛋白与毒蛋白相似性比较时，多采用国际上比较著名的开放的蛋白质数据库。蛋白数据库分为序列数据库、结构数据库、功能数据库等，进行序列比对，都采用序列数据库。国际上比较著名的蛋白序列数据有以下几个：① SWISS-PROT 数据库。该数据库包含了从欧洲分子生物学实验室（The European Molecular Biology Laboratory, EMBL）翻译而来的蛋白质数据库，并经过人工检验和注释，该数据库主要由日内瓦大学医学生物化学系和欧洲生物信息学研究所共同维护。② TrEMBL 数据库。是将 EMBL 翻译而来的蛋白质全部收录，未经人工审核和注释，由于数据信息增长迅速，而对蛋白信息的注释需要时间，因此，SWISS-PROT 的数据量的增速会相对滞后，而 TrEMBL 数据库因此建立起来，一旦该数据库中的蛋白信息被注释，将被收入 SWISS-PROT 数据库。③ PIR 数据库。最初是由美国国家生物医学研究基金会（National Biomedical Research Foundation, NBRF）收集的蛋白质序列，主要翻译自 GenBank 的 DNA 序列。其目的是帮助研究者鉴别和解释蛋白质序列信息，研究分子进化、功能基因组及计算生物学。PIR 提供一个蛋白质序列数据库、相关数据库和辅助工具的集成系统，用户可以迅速查找、比较蛋白质序列，得到与蛋白质相关的众多信息。1988 年后，NBRF、日本国家蛋白质信息数据库（the Japanese Inernational Protein Sequence Database, JIPID）及德国慕尼黑蛋白质信息序列中心（Munich Information Centre for Protein Sequences, MIPS）开展合作，共同收集和维护该数据库。

由于各蛋白数据库的侧重不同，在进行查询的时候，让研究人员获得更全面的信息，实现信息共享非常重要。因此，进行蛋白质相似性序列比对时，通常使用 NCBI（网址：http://www.ncbinlm.nih.gov/pubmed）和 UinPort（网址：http://www.uniprot.org）查询数据库。这两个数据库均设有蛋白质查询和比对模块，并整合了 SWISS-PROT、TrEMBL 及 PIR 等蛋白数据库的信息，可实现同时与多个蛋白数据进行比对的作用。在比对时输入“toxic”“toxin”等筛选词，对查询序列与数据库中的毒蛋白（或有毒蛋白）序列进行比对，并设定一定的阈值（E value），如果比对结果小于等于 E 值，说明该蛋白与已知毒蛋白有较高的相似性；如果大于 E 值，则该蛋白与已知毒蛋白无较高的相似性。

参考文献

农业部2630号公告-16-2017：转基因生物及其产品食用安全检测 外源蛋白质毒性和抗营养作用生物信息学分析方法.

HERZIG V, WOOD DLA, NEWELL F, et al, 2010. ArachnoServer 2.0, an updated online resource for spider toxin sequences and structures[J]. Nucleic acids research, 39(Database issue): D653–D657.

KAAS Q, YU R, JIN A H, et al, 2012. ConoServer: updated content, knowledge, and discovery tools in the conopeptide database[J]. Nucleic acids research, 40(Database issue): D325–D330.

THE UNIPROT CONSORTIUM, 2012. Reorganizing the protein space at the Universal Protein Resource (UniProt)[J]. Nucleic acids research, 40(Database issue): D71–D75.

（撰稿：卓勤；审稿：杨晓光）

毒麦 *Lolium temulentum* L.

禾本科黑麦草属一年生草本植物。英文名 poison ryegrass、bearded ryegrass、darnel。属中国农业植物检疫性有害生物。

入侵历史 毒麦原产欧洲，于 20 世纪 50 年代随国外麦种、粮食与马料等传入中国。传入后，在中国小麦产区快速扩散，对小麦生产安全造成极大威胁。

分布与危害 分布于地中海地区、中亚、俄罗斯西伯利亚、高加索、小亚细亚。在中国除华南地区外，其他各地均有分布，在甘肃、陕西、安徽、浙江、四川、河北、辽宁、黑龙江等多个地区麦田中有过发现。

毒麦常混生于麦类作物田中，为有毒杂草，颖果内种皮与淀粉层之间寄生有毒麦菌的菌丝，产生毒麦碱，麻痹中枢神经，人畜误食后都能中毒。此外，毒麦混生在小麦、大麦和燕麦田中，由于其出土稍晚，但出土后生长迅速，成熟早，防控较难，影响麦类作物的产量和质量。并且，毒麦也是小麦赤霉病的寄主，会加重小麦赤霉病的危害，因此，毒麦不仅直接造成麦类作物减产，且威胁人畜安全。

形态特征 秆呈疏丛，高 20～120cm，具 3～5 节，无毛。叶鞘长于其节间，疏松；叶舌长 1～2mm；叶片扁平，质地较薄，长 10～25cm，宽 4～10mm，无毛，顶端渐尖，边缘微粗糙。穗形总状花序长 10～15cm，宽 1～1.5cm；穗轴增厚，质硬，节间长 5～10mm，无毛；小穗含 4～10 小花，长 8～10mm，宽 3～8mm；小穗轴节间长 1～1.5mm，平滑无毛（见图）；颖较宽大，与其小穗近等长，质地硬，长 8～10mm，宽约 2mm，有 5～9 脉，具狭膜质边缘；外稃长 5～8mm，椭圆形至卵形，成熟时肿胀，质地较薄，具 5 脉，顶端膜质透明，基盘微小，芒近外稃顶端伸出，长 1～2cm，粗糙；内稃约等长于外稃，脊上具微小纤毛。颖果长 4～7mm，为其宽的 2～3 倍，厚 1.5～2mm。花果期 6～7 月。染色体 $2n = 14$。

入侵特性 毒麦具有较强的适应性和繁殖力强，单株毒麦平均可产生 300～500 粒种子，一旦混入麦类作物田后，几年之后混杂率可高达 60%～70%。

监测检测技术 在小麦收获前进行抽样调查监测，根据毒麦发生危害情况确定监测地点和范围，进行持续监测，对小麦种源需经过检疫部门检测。

预防与控制技术 禁止使用有毒麦发生田块收获的小麦种子播种，对发生严重的地区实行统一供种，种源必须经植物检疫部门检疫。对于发生严重的地块进行持续监测，一

D

毒麦的形态特征（吴楚提供）

旦发生务必尽快防治，防止进一步扩散。

生态控制 小麦收获后进行深翻，或与其他作物轮作，如玉米、水稻等，特别是稻麦轮作倒茬，可以有效防控毒麦的发生。

物理防治 毒麦种子尚未成熟之前进行人工拔除，并将拔除的植株带出农田，妥善处理，防止种子后熟，造成扩散。

化学防治 小麦播后苗前可使用异丙隆进行防控，苗后可用绿麦隆、禾草灵等在小麦3叶期进行防治。

参考文献

何剑，渊建民，2003. 城固县毒麦的综合治理措施[J]. 植物检疫，17(2): 124.

李扬汉，1965. 毒麦及其变种籽实分类的研究[J]. 植物保护学报，4(1): 43-48.

刘培廷，1995. 对毒麦疫情的监测[J]. 植物检疫，9(6): 339-340.

张吉昌，杨玉梅，张勇，等，2015. 毒麦生长习性观察及防除技术探讨[J]. 陕西农业科学，61(6): 43-44.

周靖华，张皓，张吉昌，等，2007. 陕西省毒麦的发生危害与治理[J]. 陕西师范大学学报，35(6): 175-177.

（撰稿：黄红娟；审稿：周忠实）

毒素 toxin

生物体所生产出来的毒物，极少量即可引起人或动物中毒的物质。这些物质包括蛋白类物质和非蛋白类物质。按来源可分为动物毒素、植物毒素和微生物毒素（细菌、真菌、病毒）。动物毒素：绝大多数是蛋白质。大多是在有毒动物的毒腺中制造并以毒液的形式经毒牙或毒刺注入其他动物体内。植物毒素：最常见是食用含毒植物（主要是有花植物）中的毒素。也有的毒素在植物的刺毛或汁液中。一类是小分子有机物质植物毒素，包括生物碱、糖苷（毛地黄苷）等；另一类是毒蛋白，如蓖麻毒素和相思豆毒素。微生物毒素是由微生物产生或代谢的毒素，如黄曲霉毒素、霍乱毒素等。此外，引起人体过敏或影响营养素吸收的物质（如蛋白酶抑制剂）等，从广义上也可归属毒素范畴。

为避免转基因操作时，在转基因生物体中引入新的毒素或使受体生物本身的毒素水平发生显著变化，可通过序列比对及关键成分分析评价毒素的情况。

（撰稿：卓勤；审稿：杨晓光）

毒素作用模式 mode of action of Bt toxins

杀虫晶体蛋白（Insecticidal crystal proteins，ICPs）是苏云金芽孢杆菌（Bt）在其形成芽孢时产生的重要杀虫蛋白，根据其氨基酸序列同源性，可以分为Cry蛋白和Cyt蛋白。Cry蛋白的作用模式是：昆虫取食Cry蛋白后，Cry蛋白晶体在昆虫中肠内碱性环境下溶解，在中肠蛋白酶的作用下前毒素水解为有活性的活化片段。活化的Cry蛋白穿过围食膜，扩散到中肠，到达中肠刷状缘膜囊泡上的特异性受体，通过结构域II或结构域III与中肠特异性受体特异性结合，然后在结构域I的参与下，复合体插入膜内形成离子通道或孔洞，膜内外的离子平衡和物质交换被打破，从而影响昆虫的正常生理生化过程最后导致昆虫死亡。除了穿孔模型外，还有一种Cry蛋白的作用模式：信号转导模型。在信号转导模型中，Cry蛋白单体与Cad结合后激发了Mg^{2+}依赖的信号转导通路，该过程激活了G蛋白、引发了腺苷酸环化酶（cAMP）水平升高，进而激发了蛋白激酶A（PKA）的活性，干扰细胞骨架和离子通道的稳定性，最终导致细胞死亡。

尽管Cry和Cyt蛋白都可通过穿孔的模式来发挥毒理作用，但Cyt蛋白不同于Cry蛋白，它在细胞膜上没有专一的作用受体，其与膜的作用模式也因其结构差异而有别于Cry蛋白。Cyt蛋白是完全亲水的可溶性蛋白，主要由3个β-折叠片层组成，与细胞膜中的不饱和脂肪酸亲和而与膜结合，一般4～6个毒蛋白分子寡聚化在膜上形成跨膜的β-桶状结构，最后在膜上形成穿孔。

参考文献

LI J, KONI P A, ELLAR D J, 1996. Structure of the mosquitocidal delta-endotoxin cytb from *Bacillus thuringiensis* sp. *kyushuensis* and implications for membrane pore formation[J]. Journal of molecular biology, 257 (1): 129-152.

PARDO-LÓPEZ L, SOBERÓN M, BRAVO A, 2013. *Bacillus thuringiensis* insecticidal three-domain Cry toxins: mode of action, insect resistance and consequences for crop protection[J]. Fems microbiology reviews, 37 (1): 3-22.

ZHANG X, CANDAS M, GRIKO N B, et al, 2006. A mechanism of cell death involving an adenylyl cyclase/PKA signaling pathway is induced by the Cry1Ab toxin of *Bacillus thuringiensis*[J]. Proceedings of the National Academy of Sciences of the United States of America, 103 (26): 9897-9902.

（撰稿：魏纪珍；审稿：梁革梅）

毒性评价　toxicity assessment

毒性是指物质对生物体造成损害的固有能力。毒性是物质一种内在的、不变的生物学性质，取决于物质的化学结构。任何一种物质只要达到一定的剂量，在一定条件下都可能对机体产生有害作用。毒性较高的物质，只要相对较小的数量，即可对机体造成一定的损害，而毒性较低的物质，需要较多的数量才呈现毒性。毒性评价主要通过体内、外试验，结合人群暴露资料，阐明受试物的毒性和潜在危害，决定其能否进入市场，达到确保人群健康的目的。

根据化学物的用途及分布范围，可将评价的物质分为：①工业品。包括生产中的原料、中间体、辅助剂、杂质、成品、副产品、废弃物等。②环境污染物。包括生产中排放的废气、废水和废渣。③食品。包括天然保健食品、新资源食品、食品中天然毒素、食物变质后产生的毒素及食品中不合格的添加剂。④农用化学物。包括农药、化肥、生长激素等。⑤生物性毒素。生物体如微生物、动物或植物产生的毒性物质。⑥医用药物。包括兽医用药。⑦放射性核素。

根据受试物的来源、用途、使用方式、暴露途径等的不同，安全评价的程序与内容也各有侧重。转基因产品的毒性评价试验主要包括转入目的基因表达外源蛋白的急性毒性试验、28天喂养试验及和转基因产品全食品的亚慢性毒性试验，必要时，可以开展全食品的繁殖试验及慢性毒性试验。

通过毒性试验可获得受试物的作用剂量，对于食品，主要是获得受试物未观察到有害作用的水平（no observed adverse effect level, NOAEL），即通过试验和观察，一种物质不引起机体（人或实验动物）发生可检测到的有害作用的最高剂量或浓度。这些可检测到的有害作用包括动物的形态、功能、生长、发育或寿命的改变。

根据NOAEL和人群的暴露量获得可计算暴露边界（margin of exposure, MOE），来衡量发生有害作用的危险性的大小。MOE是人群"暴露量"估计值与动物试验获得的NOAEL的比值，MOE=NOAEL/人群暴露量。MOE大，则发生有害作用的危险性小；反之，MOE小，发生有害作用的危险性大。

根据毒性试验的作用剂量，结合人群的暴露资料，还可以设定安全限值，即指对某受试物总摄入量的限制值或暴露时间的限制量，在低于该摄入量和暴露时间内，根据现有的知识，不会观察到任何直接和（或）间接的有害作用。也即低于该摄入量和暴露时间内，对个体或群体健康的危险是可忽略的。安全限值可用每日允许摄入量（acceptable daily intake, ADI）和可耐受每日摄入量（tolerable daily intake, TDI）等表示。通过动物试验获得的作用量外推到人的ADI，需要利用不确定系数（安全系数）来计算，旨在调整动物与人之间存在的种属差异以及种属内的差异，安全系数国际上通常采用100这个数值，即种属间差异（10）与种属内差异（10）两个安全系数的乘积。因此ADI＝NOAEL/100。

参考文献

刘毓谷, 1999. 卫生毒理学基础[M]. 北京: 人民卫生出版社.

王心如, 2015. 毒理学基础[M]. 北京: 人民卫生出版社.

（撰稿：卓勤；审稿：杨晓光）

毒性物质　toxicant

植物毒性物质没有一个严格的概念，通常是指植物体产生的非营养物质，通常是次生代谢产物，人类消化或食用它们后可能产生不良反应及中毒。植物产生的这类次生代谢产物很多，结构多样。它们的真正功能尚未知，通常认为它们在植物抗病（细菌、真菌、病毒）和抗虫（昆虫）等方面发挥重要作用。因此，它们又被称为"天然杀菌剂"。有些毒性物质是苦的，可能与防止被哺乳动物食用有关。有些毒性物质还是重要的生理调节物质，影响植物的生长发育。

最常见的植物有害物质有马铃薯中的α茄碱（α-solanine）、甘草中的甘草酸（glycyrrhizic acid）、木薯中的亚麻苦苷（linamarin）、大豆中的金雀异黄酮（genistein）、芹菜中的8-甲氧基补骨脂素（8-methoxypsoralen）、艾草中的侧柏酮（α-thujone）。

食用高茄碱马铃薯引起的低剂量急性症状包括急性肠胃不适、腹泻、呕吐、腹痛，而高剂量症状包括嗜睡和冷漠、困惑、虚弱、视觉干扰、意识模糊，甚至死亡。但WHO/FAO JECFA认为动物和人类试验的数据还不足以制定马铃薯茄碱的安全暴露水平。研究认为，正常马铃薯的生物碱含量（20～100mg/kg土豆）不会引起安全问题。

木薯是亚洲、非洲某些国家的主粮，木薯根产生2种氰苷，即亚麻苦甙和百脉根苷（lotaustralin）。在哺乳动物体内，它们会被解毒成为硫氰酸盐。但食品加工过程中，组织的破碎可能会导致氰苷的水解产生氢氰酸。JECFA建立的有关氰苷的安全指导值为（以氰化物表示）：急性参考剂量（ARfD）0.09mg/kg体重・天（短期偶然消费）；暂定每日最大可容许摄入量（PMTDI）为0.02mg/kg体重・天（普通慢性消费）。

吡咯里西啶生物碱（pyrrolizidine alkaloids，PAs）普遍存在于6000余种开花植物中。食用后会被胃肠道迅速吸收并在肝内被激活转化为有毒物质，导致肝小静脉闭塞症。人体暴露的主要来源是粮食种子中混有产生PA的种子或杂物。目前，普遍认为，PA应该被列为致癌物。

欧洲蕨菜含有一种原蕨苷（ptaquiloside，PT），食用的牲畜奶中含有一定量的PT，因此，食用欧洲蕨菜和饮用污染的动物奶及奶制品，是人类得以暴露于PT的主要原因。国际癌症研究机构（IARC）将欧洲蕨菜列为人类可能的致癌物（Group 2B）。

植物中的一些蛋白可能也属于有毒物质，比如许多植物食品原料中含有的大量的凝集素。红芸豆中含有大量的植物血凝素（phytohemaglutinin，PHA），可以使红细胞凝聚。从消费到出现症状的时间很短（1～3小时）。症状为极度恶心，接着呕吐，然后腹泻。通常自发恢复过程也很短（症状出现后3～4小时）。

转基因生物安全评价的一个重要方面就是要评价转基因本身是否引起这些已知有毒物质量的显著变化，其次，还要评价转基因是否诱导产生新的有毒物质。因为某种程度上讲，这些已知或未知的有毒物质都对人类健康可能存在负面影响。

参考文献

CREWS C, CLARKE D, 2014. Natural toxicants: naturally occurring toxins of plant origin[J]. Encyclopedia of food safety, 2: 261-268.

SCHILTER B, CONSTABLE A, PERRIN J, 2014. Naturally occurring toxicants of plant origin[M]// Motarjemi Y, Lelieveld H. Food safety management: a practical guide for the food industry. Amsterdam: Academic Press: 45-57.

（撰稿：石建新、谢家建；审稿：张大兵）

杜邦先锋　DuPont Pioneer

杜邦先锋公司是全球农业化学巨头——美国杜邦公司于1999年全资收购先锋国际良种公司（Pioneer Hi-Bred International）后的下属全资子公司，为大型农业杂交种子生产商，是世界上第二大种子公司和第一大玉米种子生产商。公司总部设在美国艾奥瓦州，客户遍及全球90个国家和地区。先锋公司拥有世界上最大规模的玉米种质资源库，覆盖了60%以上的玉米种质资源，并在全球建立126个育种站。

先锋国际良种公司的前身是由玉米杂交种子之父亨利·阿加德·华莱士（Henry A. Wallace）于1926年在美国艾奥瓦州创立的杂交玉米良种公司（Hi-Bred Corn Company），是世界上第一家杂交玉米种子企业，依靠抗旱、高产的杂交玉米种子，在美国快速发展和壮大。1935年正式命名为先锋国际良种公司，此后不断收购大豆、棉花、玉米、高粱、油菜和蔬菜等种子公司股份，抢占市场的同时增强竞争力，业务范围实现多元化。

随着现代生物技术的兴起，1989年创建生物科技团队，成为第一个开展玉米基因研究的公司。主要生产和销售杂交种子和转基因种子。转基因包括对拜耳公司Ignite/Liberty除草剂具有抗性的*LibertyLink*基因、抗虫基因*Herculex I*和*Herculex RW*等。此外，公司还向孟山都购买抗除草剂草甘膦转基因大豆专利和抗虫转基因玉米专利，用于转基因种子生产。2010年，公司获批销售高油酸含量转基因大豆Plenish。

随着转基因技术的快速发展，种业竞争向高科技领域集中，研发资金投入和风险不断增加。为获得科研和销售等方面的规模效益，1997—1999年被杜邦公司2次收购，2012年正式命名为杜邦先锋。此后，借力杜邦，专注于育种研发，并将育繁推、价值服务体系等环节组成有机产业链。实现公司业务遍及90多个国家和地区，在全球建立100多个研发基地和75个种子生产工厂，成为实力雄厚的种业平台型公司。其中，2014年杜邦先锋的种子收入高达76亿美元，占杜邦总收入的22%。

2015年陶氏化学和杜邦化工并成陶氏杜邦（DowDuPont），成为全球仅次于巴斯夫（BASF）的第二大化工企业，同时超越孟山都（Monsanto）成为全球最大的种子和农药公司。2018年陶氏杜邦分拆为经营农业业务的Corteva Agriscience（科迪华）、经营材料科学业务的陶氏（Dow）和经营特种产品业务的杜邦（DuPont）等三家公司，其中Corteva Agriscience整合杜邦植物保护、杜邦先锋和美国陶氏益农等三大业务板块，成为在种子技术、植物保护和数字农业领域的独立农业公司。

至今，已有Herculex系列等9个转基因玉米*Zea mays*事件被各国批准商业化种植。下图展示了杜邦先锋公司的部分产品和品牌代表。

杜邦先锋公司部分产品、品牌代表（包括从其他公司获得许可转基因性状）

参考文献

杨光, 朱增勇, 沈辰, 2016. 杜邦先锋公司种业发展战略[J]. 世界农业(11): 188-191.

Corteva Agriscienc. We Are Pioneer[DB].[2019-10-20] https: // www. pioneer. com/us/about-us. html.

ISAAA. GM approval Database[DB]. [2019-10-20] http: //www. isaaa. org/gmapprovaldatabase/default. asp.

（撰稿：姚洪渭、叶恭银；审稿：方琦）

对传粉和经济昆虫影响评价　assessment of the effect on pollinating and economic insects

评估转基因抗虫作物对传粉和经济昆虫的潜在影响是转基因抗虫作物非靶标效应评价工作的重要内容，旨在明确转基因抗虫作物的种植是否会对在生态系统中具有重要传粉功能和经济价值的昆虫产生负面影响。蜜蜂作为重要的传粉和经济昆虫，其可能在通过取食花粉而摄取到转基因抗虫作物表达的外源杀虫蛋白如 Bt 蛋白，因此，国际上常将蜜蜂特别是意大利蜜蜂（*Apis mellifera*）作为代表性物种（或指示物种）用于转基因抗虫作物非靶标效应评价工作。在此仅以蜜蜂为例介绍转基因抗虫作物对传粉和经济昆虫的安全评价。

评价转基因抗虫作物对蜜蜂的影响，一般开展两类试验：① Tier-1 试验。在实验室条件下，直接将转基因杀虫蛋白混入到人工饲料或其他载体中饲喂蜜蜂，以不含杀虫蛋白的饲料为空白对照，以对受试昆虫已知有毒的化合物或蛋白作为阳性对照，通过对比分析不同处理受试昆虫的生命表参数，明确杀虫蛋白对受试昆虫的安全性。此类试验操作简单、结果可靠，试验中所采用的杀虫蛋白的浓度一般为受试昆虫在自然条件下接触杀虫蛋白最高浓度的 10 倍以上。由于花粉是蜜蜂摄取转基因杀虫蛋白最重要的途径，开展此类试验时人工饲料中杀虫蛋白的浓度通常以转基因作物花粉中杀虫蛋白的表达量为基准。②二级营养试验。将转基因作物花粉作为食物直接饲喂受试蜜蜂，同时以非转基因作物亲本花粉为对照处理，分析比较受试昆虫取食转基因作物花粉和非转基因作物花粉的生长发育是否会有差异，以明确取食转基因作物花粉是否会对受试昆虫产生负面影响。在进行二级营养试验时，单一的花粉作为食物可能难以满足蜜蜂的营养需求，需要添加蜂蜜或糖水，保证蜜蜂的正常发育。

大量研究表明，当前应用的 Bt 杀虫蛋白（如 Cry1A, Cry1Ba, Cry1C, Cry1F, Cry2A, Cry3A, Cry3B, Cry9C）对蜜蜂成虫或幼虫的生长发育不会产生显著的负面影响。但是，一些曾用于转基因植物的蛋白酶抑制剂和植物凝集素的杀虫特性不专一，对蜜蜂成虫和幼虫都会产生不利影响，表达这类杀虫蛋白的转基因作物不可能进入商业化应用。

参考文献

王园园, 李云河, 彭于发, 2016. 转Bt基因植物对蜜蜂的安全性研究进展[J]. 中国科学: 生命科学, 46 (5): 584-595.

BABENDREIER D, KALBERER N M, ROMEIS J, 2005. Influence of Bt-transgenic pollen, Bt-toxin and protease inhibitor (SBTI) ingestion on development of the hypopharyngeal glands in honeybees[J]. Apidologie, 36 (4): 585.

DUAN J J, MARVIER M, HUESING J, 2008. A meta-analysis of effects of Bt crops on honey bees (Hymenoptera: Apidae)[J]. PLoS ONE, 3 (1): e1415.

MALONE L A, PHAM-DELEGUEP M H, 2001. Effects of transgene products on honey bees (*Apis mellifera*) and bumblebees (*Bombus* sp.)[J]. Apidologie, 32: 1-18.

WANG Y Y, LI Y H, HUANG Z Y, 2015. Toxicological, biochemical, and histopathological analyses demonstrating that Cry1C and Cry2A are not toxic to larvae of the honeybee, *Apis mellifera*[J]. Journal of agricultural and food chemistry, 63: 6126-6132.

WANG Y Y, DAI P L, CHEN X P, 2017. Ingestion of Bt rice pollen does not reduce the survival or hypohparyngeal gland development of *Apis mellifera* adults[J]. Environmental toxicology and chemistry, 36 (5): 1243-1248.

（撰稿：王园园、李云河；审稿：田俊策）

对腐生生物影响评价 assessment of the effect on saprophagous organisms

评估转基因作物种植后对生活在土壤中的腐生生物的影响。商业化应用的转基因抗虫作物均表达 *Bacillus thuringiensis*（Bt）蛋白，因此相应非靶标效应评价工作主要集中在转 Bt 基因作物（Bt 作物）。在 Bt 作物表达的 Cry 蛋白进入土壤的途径主要有 3 种：①通过根及根系分泌物进入土壤生态系统。②通过植物残体进入土壤生态系统。③通过花粉飘落进入土壤生态系统，进而影响土壤生物。通过以上途径进入土壤的 Bt 蛋白易于吸附在土壤微粒上，这显著延长了 Bt 蛋白在土壤中的残留时间，且 Bt 蛋白在土壤里保持了它们的杀虫活性。而腐生生物大部分生活在土壤中，它们是土壤生态系统中重要的分解者。因此，有必要评估 Bt 作物种植后，其对生活在土壤中的腐生生物的潜在影响。

目前，转基因作物对腐生生物的评价主要集中在对腐生动物、腐生真菌、腐生细菌的评价上。常用于评价的代表性腐生动物有蚯蚓（*Eisenla fetida*、*Enchytraeus albidus*、*Lumbricus terrestris*、*Aporrectodea caliginosa*）、跳虫（*Folsima candida*、*Xenylla grisea*）、腐生线虫。其评价常采用的方法主要有 5 种：①将转基因作物或非转基因作物残体如叶片等混入人工饲料，分别饲喂腐生生物，比较其生命参数、体内酶活性及种群变化情况，如白符跳（*F. candida*）。②将转基因作物或非转基因作物残体如叶片、茎直接饲喂腐生生物，比较其生命参数、体内酶活性及种群变化情况，如赤子爱胜蚓（*E. fetida*）。③将转基因作物或非转基因作物叶片、茎等粉碎后混入土壤中，然后将腐生动物饲养于上述土壤环境中，比较其生命参数及体重变化，如陆正蚓（*L. terrestris*）。④直接将转基因作物表达的外源杀虫蛋白均匀混入人工饲料中，然后对比用该人工饲料来饲养的腐生动物和未添加杀虫蛋白的人工饲料饲养的腐生动物在生命参数、体内酶活性的差异，如白符跳。⑤对比转基因作物和亲本对照种植后，物种种群数量的差异，如蚯蚓、腐生真菌、腐生细菌、腐生线虫。

目前，有关 Bt 作物对腐生生物的影响研究结果不一致，主要的原因在于研究过程中研究对象、研究方法等方面存在差异。总体来讲，条件可控、试验设计科学合理的实验室试验，表明当前应用的 Bt 杀虫蛋白对靶标害虫专一性强，对非靶标腐生生物没有毒性。然而，在田间试验中，由于试验条件难以控制，影响试验结果的因素众多，出现不同试验结果不一致的现象，出现的负面影响往往难以确定是转基因作物表达的 Bt 蛋白对腐生生物的毒性还是其他生物或生物因素导致的影响。因此，对于在田间试验中发现的负面影响，建议开展进一步的实验室纯蛋白生测试验，明确负面影响的来源。

参考文献

舒迎花, 马洪辉, 杜艳, 等, 2011. Bt玉米秸秆杀虫蛋白对赤子爱胜蚓酶活性的影响[J]. 应用生态学报 (8): 2133-2139.

王昊, 黄启星, 孔祥义, 等, 2011. 南繁条件下转基因棉花对根际土壤微生物及棉田虫害影响的初步研究[J]. 热带作物学报, 32 (5): 874-880.

HÖNEMANN L, NENTWIG W, 2009. Are survival and reproduction of *Enchytraeus albidus* (Annelida: Enchytraeidae) at risk by feeding on Bt-maize litter?[J]. European journal of soil biology, 45: 351-355.

SAXENA D, FLOREST S, STOTZKY G, 1999. Insecticidal toxin in root exudates from *Bt* corn[J]. Nature, 402: 480-481.

TAPP H, STOTZKY G, 1995. Insecticidal activity of the toxins from *Bacillus thuringiensis* subspecies *kurstaki* and *tenebrionis* adsorbed and bound on pure and soil clays[J]. Applied and environmental microbiology, 61(5): 1786-1790.

YANG Y, ZHANG B, ZHOU X, et al, 2018. Toxicological and biochemical analyses demonstrate the absence of lethal or sublethal effects of Cry1C or Cry2A-expressing *Bt* rice on the collembolan *Folsomia candida*[J]. Frontiers in plant science, 9: 1-10.

YANG Y, CHEN X, CHENG L, et al, 2015. Toxicological and biochemical analyses demonstrate no toxic effect of Cry1C and Cry2A to *Folsomia candida*[J]. Scientific reports, 5: 15619.

ZWAHLEN C, HILBECK A, GUGERLI P, et al, 2003. Degradation of the CrylAb protein within transgenic *Bacillus thuringiensis* corn tissue in the field[J]. Molecular ecology, 12(3): 765-775.

ZWAHLEN C, HILBECK A, HOWALD R, et al, 2003. Effects of transgenic *Bt* corn litter on the earthworm *Lumbricus terrestris*[J]. Molecular ecology, 12(4): 1077-1086.

（撰稿：杨艳；审稿：李云河）

对寄生性节肢动物影响评价　assessment of the effect on parasitic arthropods

通过试验的方法明确转基因植物对寄生性节肢动物可能产生的潜在影响及这种影响发生的可能性或概率。1999年 Chilcutt 将寄生性天敌菜蛾绒茧蜂（*Cotesia plutellae*）直接暴露于 Bt 蛋白，发现对寄生蜂产卵行为和产卵能力不存在影响。1999 年 Schuler 等发现寄生性天敌菜蛾绒茧蜂对 Bt 油菜和非转基因油菜上的小菜蛾（*Plutella xylostella*）寄生存在偏好性，该研究首次描述了转基因植物对寄生性节肢动物存在间接影响。2000 年以后，通过三级营养途径，进行了 Bt 蛋白对多种寄生性节肢动物影响的评价，特别是引入了对 Bt 蛋白存在抗性的植食性昆虫作为中间寄主，提高评价的科学性。

如今，寄生性节肢动物评价已成为转基因植物环境安全评价中的一个重要方面，评价目的是明确转基因植物表达的外源蛋白对寄生性节肢动物是否具有非预期毒性。国际上普遍采用分层次的评估体系。简单地说，就是首先选择合适的受试寄生性节肢动物，然后依次开展从实验室试验（lower-tier test）到半田间试验（middle-tier test），再到田间试验（higher-tier test）的分阶段的评估体系。在评估的每一阶段，根据所获得的研究数据决定评估是否终止或进行重复试验或需要进入下一阶段开展更接近田间实际情况的评估试验。评价的过程是首先需要遴选代表性寄生性节肢动物种，即指示种，然后根据不同指示种的生物学和生态学特性，在实验室条件下开展生物测定试验，通过将纯化的转基因外源杀虫蛋白或转基因植物组织直接或间接饲喂给受试寄生性节肢动物，观察分析受试寄生性节肢动物的生命参数、繁殖能力、行为反应以及生理生化指标，评估转基因植物对受试寄生性指示生物的潜在毒性。

参考文献

CHILCUTT C F, TABASHNIK B E, 1999. Effects of *Bacillus thuringiensis* on adults of *Cotesia plutellae* (Hymenoptera: braconidae), a parasitoid of the diamondback moth, *Plutella xylostella* (Lepidoptera: plutellidae)[J]. Biocontrol science and technology, 9: 435-440.

SCHULER T H, POTTING RPJ, DENHOLM I, et al, 1999. Parasitoid behaviour and *Bt* plants[J]. Nature, 400: 825-826.

（撰稿：崔金杰；审稿：田俊策）

对水生生物影响评价　assessment of the effect on aquatic organisms

评价转基因作物及其副产品对水生生态系统中的非靶标水生生物的潜在影响。许多研究证实转基因作物及其副产品（如花粉、作物粉尘、根系分泌物和残体碎屑等）能够沉积在相邻的水体中或沿着水势转运到下游水体中（见图），从而使邻近水体中的非靶标水生生物暴露于 Bt 蛋白下。田间 Bt 玉米可释放 Bt 蛋白到自然水域环境中，在扬花期最高浓度可达 130ng/L。

转基因作物对水生生物影响的评价主要集中在昆虫纲的毛翅目如石蛾、双翅目如摇蚊，甲壳纲的枝角目如大型蚤，两栖类如爪蟾，鱼类如鲶鱼、斑马鱼，藻类如核蛋白小球藻等。评价转基因作物对水生生物的影响，一般有 3 种方式：①将转基因作物果实如玉米籽粒、水稻稻谷等制作成人工饲料，饲喂水生生物如斑马鱼、爪蟾。②将转基因作物残体，如玉米花粉、水稻秸秆添加到水体中，然后将水生生物如大型蚤、小球藻饲养于上述水环境中。③直接将转基因作物表达的外源杀虫蛋白均匀混入水生生物的培养液中，然后用该培养液来饲养水生生物如大型蚤、小球藻。评价时一般同时设置阴性对照，以比较暴露和非暴露转基因作物或蛋白对受试水生生物一系列检测指标是否发生显著性变化，从而评定转基因作物是否会对水生生物产生负面影响。第③种暴露方式，与对非靶标节肢动物评价一样，也遵循 Tier-1 原则，即将水生生物暴露于其在自然条件下可摄取到的受试杀虫蛋白最高浓度的 10 倍以上，可将水生生物在自然水体中所能测定到的受试杀虫蛋白的最高浓度作为受试水生生物可摄取到的受试杀虫蛋白最高浓度。

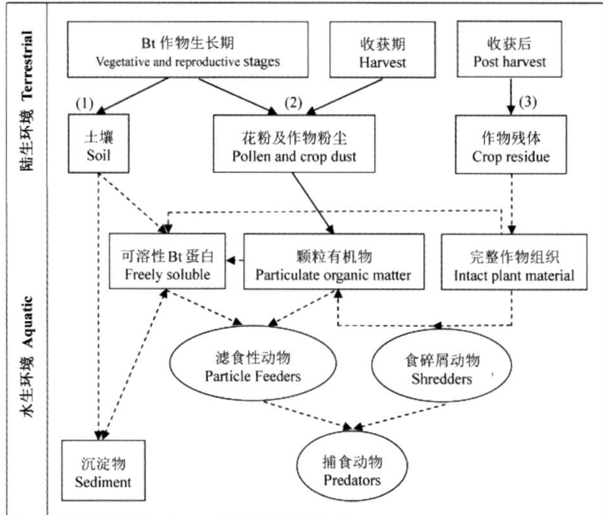

Bt 蛋白进入水生生态系统及其途径

（引自 Venter and Bøhn，2016；Carstens et al，2012）

参考文献

CARSTENS K, ANDERSON J, BACHMAN P, et al, 2012. Genetically modified crops and aquatic ecosystems: considerations for environmental risk assessment and non-target organism testing[J]. Transgenic research, 21 (4): 813-842.

POTT A, OTTO M, SCHULZ R, 2018, Impact of genetically modified organisms on aquatic environments: Review of available data for the risk assessment[J]. Science of the total environment, 635 (1): 687-698.

ROSI-MARSHALL E J, TANK J L, ROYER T V, et al, 2007. Toxins in transgenic crop byproducts may affect headwater stream ecosystems[J]. Proceedings of the National Academy of Sciences of the United States of America, 104 (41): 16204-16208.

STRAIN K E, LYDY M J, 2015. The fate and transport of the Cryl Ab protein in all agricultural field and laboratory aquatic microcosms[J]. Chemosphere, 132: 94-100.

TANK J L, ROSI-MARSHALL E J, ROYER T V, et al, 2010. Occurrence of maize detritus and a transgenic insecticidal protein (Cry1Ab) within the stream network of an agricultural landscape[J]. Proceedings of the National Academy of Sciences of the United States of America, 107 (41): 17645-17650.

VENTER H J, BØHN T, 2016. Interactions between Bt crops and aquatic ecosystems: a review[J]. Environmental toxicology and chemistry, 35 (12): 2891–2902.

VIKTOROV A G, 2011. Transfer of Bt corn byproducts from terrestrial to stream ecosystems[J]. Russian journal of plant physiology, 58 (4): 543-548.

（撰稿：陈秀萍；审稿：田俊策）

对土壤微生物影响评价 assessment of the effect on soil organisms

土壤微生物是土壤生态系统的一个重要组成部分，对土壤中的生物化学循环起着不可替代的驱动作用，其组成是植物根系、土壤和环境相互作用的结果。转基因作物在生长过程中会不可避免地与土壤微生物发生交流。开展转基因作物对土壤微生物的评价对于科学评估转基因作物的潜在风险具有重要意义。

转基因作物主要通过以下 2 条途径影响土壤微生物群落：①转基因作物根系分泌物、植物残体和花粉可以直接进入土壤生态系统，直接影响土壤微生物群落的结构、功能与稳定。②外源基因的导入可能会引起植物生理生化特性的变化，进而影响植株的营养供给和分解速率，使微生物的活动过程受到影响，最终改变土壤微生物的种类、数量和组成等。

随着现代生物技术的不断发展，土壤微生物多样性及其分析方法已经从传统的分离培养发展到从种群角度去研究整个土壤微生态系统内的微生物。但是由于土壤微生物的各种特性（如大部分不可培养、体积微小及群体效应等）和仪器设备检测性能的局限性，单一的研究方法会存在一些弊端，还需要结合其他的手段共同研究土壤生态系统中的微生物多样性。目前，对土壤微生物多样性的研究主要包括物种多样性、功能多样性、结构多样性及遗传多样性 4 个方面。

参考文献

梁晋刚, 张正光, 2017. 转基因作物种植对土壤生态系统影响的研究进展[J]. 作物杂志 (4): 1-6.

梁晋刚, 张秀杰, 2017. 转基因作物对土壤微生物多样性影响的研究方法[J]. 生物技术通报, 33 (9): 1-6.

（撰稿：梁晋刚、张正光；审稿：李云河）

多倍体假说 polyploidy hypothesis, PH

多倍体假说认为，多倍体生物特别是植物，预计有更高的入侵成功率，因为多倍体在植物建立阶段可以导致更高的适合度和（或）增加后续适应的潜力。该假说预测：多倍体的直接作用可能使外来物种更容易适应新环境中更严酷的条件，在外来物种早期建立阶段具有更高的存活率和适合度；具有高倍异质性的多功能基因组可能增加外来物种进化新颖性和（或）生殖模式转变的潜力，即多倍体外来物种可能通过在杂交后恢复有性繁殖或在没有合适配偶的情况下无性繁殖发挥重要作用。

探究多倍体在入侵中的作用最早可追溯到在20世纪早期，这些研究工作依赖于对入侵物种中多倍体频率的评估，并且通常是具有种特异性，因此存在较大的争议。但随着流式细胞术等技术的发展，越来越多的报道指出，多倍体在区域植物区系入侵物种中占有很大的比例。在广泛的分类调查中，研究者发现多倍性与物种的入侵性有关。例如，对81种入侵物种及其2356种同源物种的数据，结果表明，多倍体物种的入侵可能性比紧密相关的二倍体物种高20%。关于多倍体与入侵的案例研究发现，斑纹矢车菊（*Centaurea maculosa*）原产地种群包括二倍体和四倍体，而归化种群几乎完全是四倍体。由于四倍体植物通常是多胞的，因此比二倍体植物更容易在干燥的环境中生长，这表明四倍体矢车菊的表型特征可能使它们预先成为成功的入侵者。

然而，驱动多倍体成功入侵的影响因素仍不清楚。虽然在原产地和入侵地范围内比较密切相关的二倍体和多倍体物种的研究可以产生强有力的假设，但需要实验工作将多倍体的影响与入侵联系起来。这些影响包括遗传和表观遗传变化，例如有害等位基因的掩蔽、固定杂合性和表观遗传重塑，以及形态、生理变化，例如体型增加、耐旱性改变和物候改变等。对于异源多倍体入侵物种，其中一些影响可能是由于杂交。因此，未来研究需要通过比较二倍体亲本种与二倍体和多倍体杂种的入侵性，从实验上解耦杂交和多倍体的影响。

参考文献

BOCK D G, CASEYS C, COUSENS R D, et al, 2015. What we still don't know about invasion genetics[J]. Molecular ecology, 24: 2277-2297.

HAHN M A, BUCKLEY Y M, MÜLLER-SCHÄRER H, 2012. Increased population growth rate in invasive polyploid *Centaurea stoebe* in a common garden[J]. Ecology letters, 15: 947–954.

PANDIT M K, POCOCK M J O, KUNIN W E, 2011. Ploidy influences rarity and invasiveness in plants[J]. Journal of ecology, 99: 1108–1115.

TE BEEST M, LE ROUX J J, RICHARDSON D M, et al, 2012. The more the better? The role of polyploidy in facilitating plant invasions[J]. Annals of botany, 109: 19-45.

THÉBAULT A, GILLET F, MÜLLER-SCHÄRER H, et al, 2011. Polyploidy and invasion success: trait tradeoffs in native and introduced cytotypes of two *Asteraceae* species[J]. Plant ecology, 212: 315-325.

（撰稿：潘晓云；审稿：周忠实）

多重PCR multiplex PCR, MPCR

在同一个PCR反应体系中使用一个模板和2对以上引物，同时扩增出多个目的片段的PCR反应。其反应原理、反应试剂和操作过程与一般PCR相同。一般PCR仅应用一对引物，通过PCR扩增产生一个核酸片段，主要用于单一目的片段等的鉴定。可以提高PCR的产率还能提高DNA样品的利用率。多重PCR主要用于多种目的片段的同时检测或鉴定某些目的片段的分型鉴定。

多重PCR特点：①高效性。在同一PCR反应管内同时检出多种目的片段，或对有多个型别的目的基因进行分型。②系统性。多重PCR很适宜于成组目的片段的同时检测。③经济简便性。多种目的片段在同一反应管内同时检出，节省时间，节省试剂。

多重PCR引物设计和优化规律：设计MPCR引物时，除了引物设计的一般规律外，其他一些因素也必须考虑。MPCR要求所有的引物对在同一条件下扩增其各自的特异序列，避免引物数量的增加导致引物二聚体和非特异扩增出现的概率增加。一个多重反应中使用的所有引物的Tm值应该接近，要避免3'-核苷酸互补，每一对引物应独立地优化其反应条件。每对引物需按顺序混合，然后再进行优化。引物长度应为18～24个碱基，较长的引物更容易形成引物二聚体。退火温度和循环数非常关键，尽可能提高退火温度，确认每一对引物单独扩增时的退火温度，在多重PCR反应时采用最低的退火温度。采用最少的扩增数。由于多个模板同时扩增，酶量和核苷酸浓度可能成为限制因子，需要优化每个反应的试剂浓度和延伸时间。

（撰稿：王智；审稿：付伟）

多酚氧化酶基因 polyphenol oxidase gene, PPO gene

编码多酚氧化酶（polyphenol oxidase，PPO）的基因。多酚氧化酶是一类广泛存在于植物、动物和微生物中，并且结构复杂的含铜氧化还原酶，在果蔬褐变过程中发挥重要作用。当果蔬受到机械损伤后，多酚氧化酶在氧气存在的情况下催化酚类化合物转化为醌，醌再与氨基酸、蛋白质和酚类物质进行聚合反应形成褐色的聚合物，从而导致果蔬因酶促褐变造成重大损失。PPO多存在于质体中，如：根质体、马铃薯块茎造粉体、下胚轴质体、表皮质体、胡萝卜愈伤组织质体等。PPO在pH 5～7具有活性，但没有明显的最适pH；在低于pH 3时，PPO不可逆的失活。

酶促褐变的机理假说 酶促褐变过程极其复杂。关于褐变机理主要有3种假说：酚—酶区域分布学说、自由基假说、保护酶系统假说。

目前广泛接受酚—酶区域分布学说。在高等植物组织细胞中，都有一层天然的保护屏障即质膜结构，该结构能让膜内外的物质进行交换，通常酚类物质分布于组织细胞的液泡中，PPO主要分布在叶绿体的类囊体以及各种质体和基质中，因而正常情况下存在空间隔离。只是当这层空间隔离遭到破坏后，就会发生酶促褐变。在加工、切分、高温等过程中因物理损伤导致膜系统被破坏，造成酶和底物相遇引起果蔬褐变。一般而言，褐变大多发生于较浅色的果蔬中，例如苹果、梨和马铃薯等。

多酚氧化酶活性的抑制及应用 酶促褐变的发生需要满足3个条件，催化的酶、多酚类底物、氧气。原则上控制这3个条件中的任意一个或者多个因素，便能控制果蔬酶促褐变的发生。但是在加工以及实际生产过程中，氧气和底物通常不易完全除去。对于这种情况，抑制PPO的活性就成为加工以及实际生产过程中控制酶促褐变的重要手段。对于PPO活性的抑制主要有3种方法：物理方法、化学方法和基因工程。物理方法可以通过微波、蒸汽、烫漂、超滤、超声等处理降低PPO活性以及减少氧气来实现控制酶促褐变。可是，物理方法处理除了会导致酶变性外也会引发材料质地软化、风味降低，并且某些物理方法的成本较高。在食品加工业中用化学方法来抑制酶促褐变最为广泛，其中最常用的就是抑制剂。抑制剂具有能高效抑制某种酶活性的特点，但并不是所有的抑制剂都容易获得，也存在需要量大以及安全问题。通过基因工程手段降低植物体内PPO活性，产生可遗传的稳定性状，在抑制酶促褐变方面展现了巨大的优势。目前，已经通过RNAi技术培育出防褐变的马铃薯和苹果。

参考文献

陈明俊, 2018. 应用基因编辑技术抑制马铃薯多酚氧化酶的研究[D]. 贵阳: 贵州大学.

（撰稿：李圣彦；审稿：郎志宏）

多样性—可入侵性 diversity–invasibility

生态系统物种多样性的高低与外来物种可入侵性的关系。

早在1859年，达尔文在《物种起源》中就提到“如果某一区域早已布满了生物，势必将减少其他物种进入的概率”。后来，英国著名生态学家Elton（1958）提出了本地生态系统对入侵抵御性的经典假说——多样性阻抗假说（discover resistance hypothesis）。物种多样性高的生态系统比多样性低者对外来种入侵的抵御性更高，即多样性和可入侵性呈负相关，这一理论从生态系统稳定性的角度出发，认为在外来种入侵的初期阶段，本地生态系统的高物种多样性所产生的抵御性往往能阻止外来种的进入，使其在有限的空间和资源条件下很难进入入侵的中后期阶段，如扩张和扩散。

一般而言，生态系统的物种多样性与可入侵性之间可能呈现负相关和正相关两种关系。

负相关关系 一般情况下，本地生态系统物种多样性越高，则可入侵性越低。很多研究，包括对自然生态系统的调查，或者通过向系统中添加或者排除土著种数量后所观察到的多样性与可入侵性的关系，以及采用数学模型的分析，均表明多样性增加会降低群落的可入侵性。从机制上看，主要有以下两方面的原因。

空余资源 一般情况下，物种多样性高的生物群落往往具有比较复杂的种间关系，种间资源竞争较为激烈，这对外来种的生存是非常不利的，因为它可能面临很多资源需求相近的竞争对手。相比之下，物种多样性低的生物群落内部种间联系脆弱，对本地多样性资源的利用不够充分，这会给外来种提供较多的空余资源，有利于它们的入侵与扩张，如岛屿的生态系统比陆地生态系统易受外来种的入侵。

种间关系 外来种和本地生态系统其他营养层的相互关系会影响其成功入侵的概率，如可捕食或寄生外来种的本地天敌的物种丰富度和个体数量。本地物种多样性高，则入侵种的潜在天敌数较多。此外，本地生态系统中不同物种之间经过长期协同进化，相互之间已形成非常紧密和稳定的食物链等关系，这些关系在物种多样性高的群落中尤为明显，使生态系统在空间、营养与功能等各个层面缺乏对外来种的亲和性。

正相关关系 有些研究发现，物种多样性与可入侵性呈现正相关。出现这种情况的原因是，随着多样性的增加和区域尺度的加大，本地种与入侵种功能特性、资源需求类似的物种数，或入侵种的天敌数并未增加，但资源供给在相对增加，从而可提高系统的可入侵性。

例如，有调查证实，美国西北部物种丰富的沿河地带比物种多样性低的高地森林更容易被入侵，其中加利福尼亚州物种丰富的杂草地区比物种多样性低的地区更容易被入侵。又如，在加利福尼亚州河岸边缘的植物群落中，本地薹草（*Carex nudata*）所形成的草可以为其他60多种植物提供很好的生存基质，其中包括3种入侵植物丝路蓟（*Cirsium arvense*）、大车前（*Plantago major*）和匍茎剪股颖（*Agrostis stolonifera*），表明本地某些物种的存在反而有利于外来种的入侵，提高系统的可入侵性。

在生物入侵生态学研究领域，本地生物多样性与外来生物入侵间的关系成为群落可入侵性探讨的焦点问题。Elton的假说虽然在提出之后得到很多模型或试验研究的支持，但还需要更多试验来具体探究其机制。

参考文献

万方浩, 侯有明, 蒋明星, 2015. 入侵生物学[M]. 北京: 科学出版社: 98-101.

（撰稿：朱耿平；审稿：周忠实）

E

俄罗斯转基因大豆事件 controversy on the transgenic soybean's health effects in Russia

2010年4月16日，俄罗斯广播电台的《俄罗斯之声》节目报道了一则题为《俄罗斯宣称转基因食品有害》的新闻。据新闻称，由俄罗斯国家基因安全协会和生态与环境问题研究所联合开展的研究证明，转基因生物对哺乳动物是有害的。负责该试验的Alexei Surov博士介绍说，试验设计包含4组仓鼠，第一组只食用了常规食物，第二组的饲料里添加了少量非转基因大豆，第三组的饲料里添加了少量转基因大豆，第四组的饲料里添加了较多的转基因大豆。结果发现，用转基因大豆喂养的仓鼠第二代成长和性成熟缓慢，第三代失去生育能力，而且喂食转基因大豆的仓鼠后代的口腔里长出了毛发。《俄罗斯之声》还声称"俄罗斯科学家的结果与法国和奥地利的科学家的研究结果一致。在科学家证明转基因玉米有害之后，法国立即禁止了转基因玉米的生产和销售"。

然而，Alexei Surov博士并未以《俄罗斯之声》报道的新闻事件所涉及的试验为基础撰写并发表科研论文。实际上，Surov博士的另一篇文章*A new ectopic organs: the mouth of some rodents in the hair*于2009年在一家俄罗斯国内期刊*Doklady Biological Sciences*发表，文中描述了实验室仓鼠不断发现口腔里长出毛发等异常现象。但他并没有找到具体原因，只是推测作为仓鼠的饲料的大豆和其他食物可能含有转基因成分。

此外，《俄罗斯之声》用的标题是《俄罗斯宣称转基因食品是有害的》，这个标题并不恰当。无论新闻涉及的试验结果如何，俄罗斯政府并没有作出官方表态，用"俄罗斯宣称"这样的标题违背了新闻的真实性原则。

（撰稿：刘标、郭汝清；审稿：薛堃）

俄罗斯转基因生物安全管理法规 regulations on safety of management of genetically modified organisms in Russia

俄罗斯联邦消费者权益和福利保护局、联邦农业部、联邦工业贸易部、联邦经济发展部以及哈萨克、俄罗斯和白俄罗斯关税同盟负责完善俄罗斯的生物技术政策，包括农业生物技术、批准食用、饲用的转基因作物和产品的控制和监管。俄罗斯农业生物技术相关的法律法规包括联邦法律、俄罗斯政府决议、政府机构的规范性文件和关税同盟的决议。

1996年，俄罗斯联邦法律86-FZ号公布了《在基因工程活动领域的国家调控》。由于没有管理机制来许可基因工程作物和动物释放到环境中，事实上俄罗斯没有商业化种植转基因作物和饲养转基因动物。2013年10月，俄罗斯联邦政府颁布839号决议，允许建立转基因作物种植的许可机制，2014年7月1日起启动实施。2014年6月16日，俄罗斯联邦政府颁布了548号决议，推迟了启动转基因作物种植许可机制的时间，延迟到2017年7月1日。2016年7月3日，通过了联邦法律358号《修订特定联邦法案以加强各州（自治共和国）对基因工程活动领域的管理》，禁止商业化种植转基因作物和饲养转基因动物。

联邦法律358号修改了4个主要的俄罗斯联邦法，分别是1996年俄罗斯联邦法律86-FZ号《在基因工程活动领域的国家调控》，1997年俄罗斯联邦法律149-FZ号《种子生产》，俄罗斯联邦行政违法行为守则，以及2002年俄罗斯联邦法律7-FZ号《环境保护》。对于已经获得在俄罗斯食用和饲用许可的转基因生物和产品，联邦法律358号不禁止该类转基因生物和产品（用于食品和饲料的使用）的进口。然而，联邦法律358号规定，如果发现转基因产品对环境、人或动物产生风险，或者没有获得许可，俄罗斯管理机构将会禁止其进口。联邦法律358号不禁止用于科学研究的转基因生物的进口。

俄罗斯加入关税同盟后，其贸易法律必须服从关税同盟的法律。2012年7月，关税同盟已通过多项有关农业生物技术和消费标识的技术法规，包括《食品安全技术法规》《食品标识技术法规》和《粮食安全技术法规》，这些法规自2013年7月1日生效。

（Russia Agricultural Biotechnology Annual-2019.）

（撰稿：黄耀辉；审稿：叶纪明）

俄罗斯转基因生物安全管理机构 administrative agencies for genetically modified organisms in Russia

俄罗斯转基因生物安全主要由联邦政府不同部门和机构进行管理，负责完善生物技术政策，包括农业生物技术、批准食用和/或饲用的转基因作物和产品的控制和监管。俄罗斯联邦消费者权益和福利保护局负责对转基因食品的流通进行调查和控制，对含转基因的新型食品进行登记，并监测转基因作物和产品对人类和环境的影响。俄罗斯联邦农业部负责同经济发展部和科学教育部一起参与制定农业生物技术政策。俄罗斯兽医和植物卫生监督联邦服务处负责审查源自转基因生物的饲料和饲料添加剂在生产和流通各个环节的安全性；对源自转基因生物的饲料进行登记；对俄罗斯联邦境内以种植和生产为目的的转基因植物和动物进行登记；与俄罗斯联邦消费者权益和福利保护局和人类健康监督联邦服务处共同监测转基因作物和产品对人类和环境的影响。俄罗斯联邦工业贸易部参与制定国家标准和技术法规，对受管制项目的生物安全性要求进行规定。

（Russia Agricultural Biotechnology Annual-2019.）

（撰稿：叶纪明；审稿：黄耀辉）

鳄雀鳝 *Atractosteus spatula* (Laéepède)

辐鳍鱼纲（Actinopterygii）雀鳝目（Lepisosteiformes）雀鳝科（Lepisosteidae）大雀鳝属（*Atractosteus*）全骨鱼，是一种大型捕食性鱼类，在地球上已有1.8亿年历史，又被称为原始鱼类或“活化石”。英文名alligator gar。2022年，农业农村部牵头启动了全国外来入侵物种普查工作，鳄雀鳝为普查对象之一。

入侵历史 鳄雀鳝原产于北美密西西比河流域的大中型河流和洪泛区水池、墨西哥湾沿岸的近海河流和江河入海口，由于水族贸易而被引入世界许多国家。水族馆管理员处理掉不需要的鱼、由于个体过大遭家庭弃养或人为善意放生，均造成鳄雀鳝入侵公园和人工水体。截至目前，鳄雀鳝已入侵中国、伊朗、马来西亚、印度尼西亚、伊拉克、印度、土库曼斯坦、新加坡等国。

分布与危害 2022年8月，河南省汝州市城市公园管理方为抓捕两条鳄雀鳝，耗时1个月抽干近30万m^3的湖水，使其在中国名声大噪。除河南外，北京、湖南、广西、广东、山东、四川、青海、江苏、福建、云南、香港等地均发现鳄雀鳝。其主要以鱼类、海龟、螃蟹、鸟类和小型哺乳动物为食，入侵后，几乎所有种类的水生动物均成为其捕食对象，破坏水域食物链，甚至导致入侵地水生动物的灭绝。鳄雀鳝牙齿尖利，可撕裂渔网，破坏水产养殖，有时也会袭击人类，其肉口感较差，且卵对哺乳动物、爬行动物和甲壳类动物有毒。因此，近半个世纪以来，鳄雀鳝一直被冠以“垃圾鱼”或“讨厌的物种”的恶名。

形态特征 鳄雀鳝是北美最大的淡水鱼之一，平均体重在50～60kg，大型鳄雀鳝体重可达150kg，体长3m。卵淡黄色到橄榄色，卵粒平均直径为4.3mm，刚孵化的小鱼体长6.6～8.8mm，体重11.4～12.8mg。鱼身呈长筒形，背部和侧面呈棕色或橄榄色，腹部逐渐变白，有鳄鱼一样的短吻，上下颚密布两排锋利的牙齿，细长但相对宽阔的鼻子，全身遍布坚硬珐琅质鱼鳞（见图）。体长短于139mm时，鱼背部有一条明显的浅色线，是该物种的显著特征。

鳄雀鳝的形态特征（①车希东提供；②～⑤马方舟提供）

①整体；②腹面；③牙齿；④侧面；⑤头部

入侵生物学特性 鳄雀鳝为大型淡水鱼类，但也可在微盐水和盐水中生存，具有寿命长、成熟期晚、繁殖力强、偶尔聚集等周期生活史特征。寿命可长达100岁，雌鱼在11岁左右性成熟，雄鱼在6岁左右性成熟，同龄雌鱼体型明显大于雄鱼。鳄雀鳝繁殖后代要求有适宜的生境，包括水温（20～30℃，与春夏季节相吻合）、水文（漫滩生境水深不低于1m，并保持至少5天）和产卵生境（离水面0.5m内有草本或小型木本植被开阔的冠层，此处水几乎不流动），因此往往洪泛区才能满足这些条件，是其理想的繁殖场所。鳄雀鳝极少表现出群居行为，除了产卵季节，此时雌鱼施行“一妻多夫制”，一条雌鱼常会迎来多条雄鱼的青睐。每年4～6月，气候温暖、洪水泛滥，性成熟鳄雀鳝会长距离迁徙，从主河道洄游至河道外的洪泛区，此时一条雌鱼通常与2～8条雄鱼在一起，雄鱼通过竞争与雌鱼交配使卵受精。雌鱼喜欢将卵产于洪泛区的草木丛中，产卵期与季节性洪水泛滥同期，一周内完成产卵，产卵不分昼夜，卵有黏性，很容易附着草木丛上，草木丛具有固定鱼卵和阻碍捕食者取食鱼卵的双重作用，此外，洪泛区也可为孵化后的小鱼仔提供栖息地。产卵和幼鱼成功发育需要至少7天洪水期，另外还需要14天洪水期为幼鱼发育提供合适的栖息地。雌鱼体长1100mm性成熟，产卵量与其体重呈线性关系，体重越大产卵量越高。体长1515mm，体重23.67kg，产卵量76 915粒，平均为3249粒/kg；体长2270mm，体重87.26kg，产卵量920 209粒，平均为10 546粒/kg；繁殖力增长率为9000粒/kg。卵孵化和后期生长发育的最适宜温度为27.7℃，低于15.5℃，卵停止孵化，高于32.2℃，尾鳍发育异常。27-31℃水温下，卵孵化需要48~72小时。刚孵化的仔鱼体长7～9mm，通过鼻尖的吸盘黏附在植被上，通常保持不动，内源性地吸收卵黄囊；5日龄幼鱼平均体长约18mm，可自由游动，卵黄囊和吸盘大部分被吸收。在食物充足情况下，幼鱼在10日龄时达到23mm，呈现幼鱼典型的细长体型，此时小鳄雀鳝完全脱离植物，开始寻找食物。10日龄之前，平均生长速率为1.5mm/d，之后增加到5mm/d，至15日龄时接近50mm。鳄雀鳝幼鱼期生长发育很快，一周岁小鱼，2个月内可长1.8kg；成年鱼生长相对缓慢，约需10年才能长至1m，需30年或更长时间才能长至2m。体长增长遵循典型的冯贝塔兰菲函数，5周岁时体长增加最快，然后随年龄增长，其体长增加速度显著放缓。而体重则相反，鱼龄越大，体重增加越快，体长超过1700mm，每单位体长的体重增加值最大。

按照其体长尺寸，体长小于20mm的幼鱼为卵黄营养型，体长20～30mm的幼鱼为卵黄兼外源营养型，体长超过30mm的幼鱼为外源营养型。体型最小的鳄雀鳝几乎只吃浮游动物，但随着体型的增大，对浮游动物的选择减少，而对鱼类猎物的选择增加。鳄雀鳝有取食同类的习性，大鱼捕食小鱼的现象时有发生。幼鱼栖息地较为固定，一般为食物丰富、草木掩蔽的场所，既可保证生长所需的食物资源又避免被捕食。鳄雀鳝的活动规律呈季节性，与水温有关。在寒冷季节（水温≤15℃），鳄雀鳝倾向于聚集在深水栖息地（水深1.8~9.1m），保持相对安静状态，平均直线活动范围和核心活动范围均比温暖季节（＞15℃）约小5倍。而在温暖季节，随河水升温，鳄雀鳝从越冬区分散开来，通常会迁徙数千米到主河道外产卵栖息地河段产卵，产卵后的成年鳄雀鳝随季节性洪水退去迁移回主河道栖息地，其单程直线活动距离从0.89km到101.58km不等，平均41.32km。鳄雀鳝的活动范围个体和种群间均有很大差异，有些种群平均活动范围仅有6.6km，而有些种群平均活动范围可达41.3km。鳄雀鳝的活动范围与水咸度相关，河流常居性鳄雀鳝仅在淡水中度过一生，在上游河段最为常见；而往返河流和海湾两栖息地的流动性鳄雀鳝更常出没于靠近海湾的区域；专门利用咸水湾栖息地的海湾鳄雀鳝比较少见。

预防与控制技术 鳄雀鳝在中国主要分布于公园和人工水体中，由人类放生所致，在野外尚未建立种群。因此，首先应加强鳄雀鳝的风险分析，评估其在我国的潜在分布范围和威胁，并将其纳入外来入侵物种管理名录，加强监管。其次，应加强外来物种相关知识的普及，提高公众对外来入侵物种危害性的认知，老百姓认识鳄雀鳝、了解其危害后，便不会随意丢弃放生鳄雀鳝，而且在湖泊和公园等水体中发现鳄雀鳝后，也会主动捕捞或上报相关管理部门。另一方面要严格执法，加强对水族馆行业和饲养人员的管理，记录鳄雀鳝去向，严禁随意弃养和放生，违反规定者，依法追究法律责任。最后是加强防控，发现鳄雀鳝后，要及时捕捉，以防其在野外水体建立种群扩散蔓延。

参考文献

AGUILERA C, MENDOZA R, RODRÍGUEZ G, et al, 2002. Morphological description of alligator gar and tropical gar larvae, with an emphasis on growth indicators[J]. Transactions of the American fisheries society, 131(5): 899-909.

BINION G R, DAUGHERTY D J, BODINE K A,2015. Population dynamics of alligator gar in Choke Canyon Reservoir, Texas: implications for management[J]. Journal of the Southeastern Association of fish and wildlife agencies, 2: 57-63.

BRINKMAN E L, FISHER W L, 2009. Life history characteristics of alligator gar (*Atractosteus spatula*) in the upper red river (Oklahoma–Texas) [J]. The Southwestern naturalist, 64(2): 98-108.

BUCKMEIER D L, SMITH N G, DAUGHERTY D J, et al, 2017. Reproductive ecology of Alligator Gar: identification of environmental drivers of recruitment success[J]. Journal of the Southeastern Association of fish and wildlife agencies, 4: 8-17.

HAN Y P, 2022. The invasion of the alien species alligator gar (*Atractosteus spatula*) all over China[J]. International journal of molecular ecology and conservation, 12(1): 1-6.

HARRIED B L, DAUGHERTY D J, HOEINGHAUS D J, et al, 2020. Population contributions of large females may be eroded by contaminant body burden and maternal transfer: a case study of alligator gar[J]. North American journal of fisheries management, 40(3): 566-579.

HASAN V, WIDODO M S, ISLAMY R A, et al, 2020. New records of alligator gar, *Atractosteus spatula* (Actinopterygii: Lepisosteiformes: Lepisosteidae) from Bali and Java, Indonesia[J]. Acta ichthyologica et piscatoria, 50(2): 233-236.

LONG J M, SNOW R A, PORTA M J, 2020. Effects of temperature on hatching rate and early development of alligator gar and spotted gar in a laboratory setting[J]. North American journal of fisheries management, 40(3): 661-668.

MENDOZA R, AGUILERA C, RODRÍGUEZ G, et al, 2002. Morphophysiological studies on alligator gar (*Atractosteus spatula*) larval development as a basis for their culture and repopulation of their natural habitats[J]. Reviews in fish biology and fisheries, 12(2): 133-142.

SAKARIS P C, BUCKMEIER D L, SMITH N G, 2014. Validation of daily ring deposition in the otoliths of age-0 alligator gar[J]. North American journal of fisheries management, 34(6): 1140-1144.

SCARNECCHIA D L, 1992. A reappraisal of gars and bowfins in fishery management[J]. Fisheries, 17(5): 6-12.

SMITH N G, DAUGHERTY D J, BRINKMAN E L, et al, 2020. Advances in conservation and management of the alligator gar: a synthesis of current knowledge and introduction to a special section[J]. North American journal of fisheries management, 40(3): 527-543.

WEGENER M G, HARRIGER K M, KNIGHT J R, et al, 2017. Movement and habitat use of alligator gars in the Escambia River, Florida[J]. North American journal of fisheries management, 37(5): 1028-1038.

（撰稿：陈红松；审稿：周忠实）

二级营养试验　double trophic bioassay

建立合适的试验体系，通过把转基因植物组织直接饲喂给受试生物，观察受试生物的生长发育或其他生命参数，明确取食转基因抗虫植物组织对受试生物的潜在影响。对于某些可以直接取食植物组织的受试节肢动物，可开展二级营养试验。该类试验检测的影响可能来源于转基因抗虫植物表达的外源蛋白对受试生物的直接毒性，或者来源于外源基因转入植物导致的非预期效应，如植物产生的次生代谢物、转基因植物相对受体植物营养成分的变化等。因此，如果在该类试验中检测到对受试生物的负面影响，需要通过 Tier-1 试验明确所检测的影响是否来源于转基因外源杀虫蛋白。在该类试验中，如果仅取食植物组织不能满足受试生物的正常生长发育，还需要在饲喂受试生物植物组织的同时提供其他食物，以满足受试生物的正常需求。如当研究取食 Bt 植物花粉对龟纹瓢虫的影响时，需要在饲喂龟纹瓢虫 Bt 植物花粉的同时提供其他食物，如蚜虫。在该类试验中，由于无法人为提高受试动物食物中杀虫化合物的含量，一般通过延长生测试验时间来提高受试生物暴露于杀虫化合物的水平，提高试验结论的可靠性。

参考文献

LI Y H, ZHANG X J, CHEN X P, 2015. Consumption of Bt rice pollen containing Cry1C or Cry2A does not pose a risk to *Propylea japonica* Thunberg (Coleoptera: Coccinellidae)[J]. Scientific reports, 5: 7679.

ZHANG X J, LI Y H, ROMEIS J, et al, 2014. Use of a pollen-based diet to expose the ladybird beetle *Propylea japonica* to insecticidal proteins[J]. PLoS ONE, 9: e885395.

（撰稿：李云河；审稿：田俊策）

F

法国转基因玉米致癌事件　controversy on adverse effects on the health of rats by transgenic maize in France

2012年9月19日，法国分子生物学家Gilles-Eric Séralini及其同事在杂志*Food and Chemical Toxicology*发表题为*Long-term toxicity of a Roundup herbicide and a Roundup-tolerant genetically modified maize*的论文。这项由法国卡昂大学完成的研究发现，相比于对照组，用孟山都公司的抗草甘膦NK603玉米喂食2年的大鼠，产生了更多的肿瘤，且死亡时间更早。研究还发现，当将草甘膦除草剂添加到大鼠的饮用水中时，大鼠也产生了肿瘤。

文章发表后，引发了广泛的讨论与争议。应欧盟委员会的要求，欧洲食品安全局（EFSA，European Food Safety Authority）对该研究进行了评估，最终的评估结果认为该研究的结论不仅缺乏有效的数据支持，而且相关试验的设计和方法都存在严重漏洞，不足以得出转基因玉米有毒甚至致癌的结论，因此没有理由对转基因玉米的安全性进行重新评估。法国国家农业科学研究院（INRA）院长François Houllier在*Nature*杂志发表文章指出，这一研究缺乏足够的统计学数据，其试验方法、数据分析和结论都存在缺陷。有鉴于此，不仅仅是Gilles-Eric Séralini遭到了批评，*Food and Chemical Toxicology*编辑部也遭到了广泛的抨击。基于大量的批评，*Food and Chemical Toxicology*于2013年11月28日发表声明，表示虽然并无证据证明Gilles-Eric Séralini的研究结果是错误的，但是论文数据不足以支持其结论，结果存在明显的不确定性，因此达不到*Food and Chemical Toxicology*的标准，决定撤除这篇论文。

该声明公开后，Gilles-Eric Séralini表示了强烈的抗议，寻求其他可以接受发表的杂志。2014年6月24日，Springer出版社旗下的开放性期刊*Environmental Sciences Europe*在线发表了在原稿基础上稍作修改之后的论文，包括Gilles-Eric Séralini在内的4名作者还撰写了一篇评论，声称自己是审查制度的受害者，那些针对他们的批评人士与他们有“严重但尚未遭到揭露的利益冲突”。

*Environmental Sciences Europe*杂志编辑Winfried Schröder在非营利委员会Criigen提供的一份声明中曾表示：“之所以发表这篇文章，并不是因为支持并肯定该文章的结论，而是希望促成对这篇文章的理性探讨。”这个态度与英国雪花凝集素转基因马铃薯事件中，文章重新发表后，接受发表的杂志社的态度相似，都是认为本着鼓励进一步探讨的态度，让更多的人了解相关研究。

参考文献

GILLES-ERIC S, ROBIN M, NICOLAS D, et al, 2014. Conflicts of interests, confidentiality and censorship in health risk assessment: the example of an herbicide and a GMO[J]. Environmental sciences Europe, 26 (1): 1-6.

HOULLIER F, 2012. Biotechnology: Bring more rigour to GM research[J]. Nature, 491 (7424): 327.

SÉRALINI G E, CLAIR E, MESNAGE R, et al, 2012. Long term toxicity of a *Roundup herbicide* and a *Roundup*-tolerant genetically modified maize[J]. Food and chemical toxicology, 50 (3): 4221–4231.

（撰稿：刘标、郭汝清；审稿：薛堃）

番茄环斑病毒　tomato ringspot virus, ToRSV

一种可引起多种植物产生严重病毒病的高风险检疫性病毒。

入侵历史　1936年，Price最早从烟草幼苗中分离获得该病毒，由于其在寄主范围和症状表现等生物学特征上与烟草环斑病毒类似，因而最初将其命名为烟草环斑病毒2号，后更名为番茄环斑病毒。随后，美国及多个国家的研究人员从浆果类作物和果树等不同的植物上均分离到此病毒，获得不同的株系。由于ToRSV寄主范围广泛，在不同的植物上造成损害的严重程度不同、产生的症状多样，因而关于其株系的划分尚无统一结论。加拿大温哥华农业实验站研究ToRSV的著名专家R. Stace Smith根据ToRSV在田间产生的主要病害，将ToRSV分为以下4个株系：烟草株系、桃黄芽花叶株系、葡萄黄脉株系和其他变种。烟草株系是ToRSV的典型株系，分离自自然发生在温室的烟草幼苗上，主要分布在美国东部。桃黄芽花叶株系分离自自然状态下侵染的桃和杏中，主要分布在美国西部，该株系与烟草株系使草本寄主发生类似的反应，且血清学反应也无区别，大多数ToRSV分离物在桃树上都能产生黄芽花叶的症状。葡萄黄脉株系分离自自然侵染的葡萄中，主要分布在美国西部，与上述两种株系不同的是其在鉴别寄主豇豆上产生顶枯的症状，且存在血清学反应的差异。其他变种，例如分离自李褐线病、李茎环孔、苹果愈合坏死病、樱桃斑驳等不同的分离物，据报道不同分离物间存在血清学差异，樱桃斑驳分离物不可通过剑线虫传播。

由于ToRSV在木本及浆果类作物生产中造成的严重威胁，并且其在北美地区之外尚未大面积暴发，因而很多国家将其列为检疫对象，禁止或限制其进口，例如中国、韩国、奥地利、比利时、保加利亚、丹麦、法国、芬兰、德国、希腊、英国、爱尔兰、以色列、意大利、尼日利亚、摩洛哥、挪威、瑞典、瑞士、土耳其、智利、新西兰等。

分布与危害

寄主范围　ToRSV寄主范围非常广泛，主要在果树和浆果作物上引起严重病害，也可以侵染多种观赏木本和草本植物，如桃（*Prunus persica*）、杏（*Prunus armeniaca*）、李（*Prunus padus*）、樱桃（*Prunus cerasus*）、苹果（*Mulus domestica*）、葡萄（*Vitis vinifera*）、悬钩子（*Rubus idaeus*）、黑莓（*Rubus fruticosus*）、番茄（*Solanum lycopersicum*）、唐菖蒲（*Gladious hybridus*）、黑醋栗（*Ribes nigrum*）、矮牵牛（*Petunia hybrida*）、天竺葵（*Pelargonium hortorum*）、水仙（*Narcissus pseudonarcissus*）、兰花（*Cymbidium* ssp.）、蒲公英（*Taraxacum officinale*）、西葫芦（*Cucurbita pepo*）、丝瓜（*Luffa aegyptiaca*）、苦瓜（*Momordica charantia*）、蚕豆（*Vicia faba*）、豌豆（*Vigna unguiculata*）、豇豆（*Vigna sinensis*）、黄瓜（*Cucumis sativus*）、胡萝卜（*Daucus carota*）、萝卜（*Raphanus sativus*）、莴苣（*Latuca sativa*）、茄子（*Solanum melongena*）、甘薯（*Dioscorea esculenta*）、向日葵（*Helianthus annuus*）、三叶草（*Trifolium pratense*）等，据统计可侵染105属157种以上的单子叶和双子叶植物。

分布范围　ToRSV的分布范围广泛，有三十几个国家和地区报道过该病毒，如克罗地亚、英国、白俄罗斯、法国、立陶宛、波兰、俄罗斯、斯洛伐克、土耳其、中国、印度、日本、约旦、韩国、巴基斯坦、伊朗、新西兰、斐济、埃及、多哥、巴西、加拿大、哥伦比亚、秘鲁、波多黎各、美国、委内瑞拉、智利。此病毒在北美地区尤为严重，在美国的大多数州均有发生，但主要集中在美国的东北部、大湖区和西海岸。

在纽约地区，ToRSV在葡萄树中的快速传播导致其产量急剧下滑，特别是在Cascade品种上尤其严重。加拿大安大略地区的葡萄遭受ToRSV的侵染，产量损失达76%～95%，甚至绝产。在俄勒冈州，受ToRSV感染的悬钩子植株较健康植株产生的果实单果重量轻21%，产量损失高达一半；并且果品质量下降，果实易松散，市场价值降低；由于植株的逐渐衰退，在病毒侵染的第三年，80%的结果灌木丧失经济价值会被砍伐。

病原及特征　ToRSV又称葡萄黄脉病毒（grape yellow vein virus）、烟草病毒13号（nicotiana virus 13）、桃黄芽花叶病毒（peach yellow bud mosaic virus）、烟草环斑病毒2号（tobacco ringspot virus No.2）等，是引起多种病害的病原，例如桃树黄芽花叶病、葡萄黄脉病、苹果愈合坏死病、桃树茎纹孔病等。

ToRSV属于伴生豇豆病毒科（Secoviridae）线虫传多面体病毒属（*Nepovirus*）。病毒粒体呈球状，直径为25～28nm。病毒的致死温度为58℃，体外存活期2天（20℃），在-20℃能存活数月。ToRSV为单链RNA病毒，双分体基因组，包含RNA-1和RNA-2。以ToRSV悬钩子株系为例，其基因组RNA-1为8214个核苷酸（nt），包含一个开放阅读框（ORF），可翻译产生一个大的多聚蛋白，后经加工可形成6个蛋白结构域，多聚蛋白的C端是与病毒复制相关的模块NTB-VPg-Pro-Pol，N端可剪切为两个蛋白结构域X1和X2，X2蛋白与内质网膜结构相连，参与病毒的复制；基因组RNA-2为7271nt，包含一个ORF，翻译产生的多聚蛋白C端是病毒的外壳蛋白，N端剪切生成的两个蛋白结构域功能未知；RNA-1和RNA-2的5′末端连接VPg，3′末端具有Poly（A）尾巴；序列分析表明ToRSV中RNA-1和RNA-2的5′非翻译区（NTR）和3′ NTR序列基本一致，高度的序列相似性甚至扩展到多聚蛋白的编码区域（见图）。

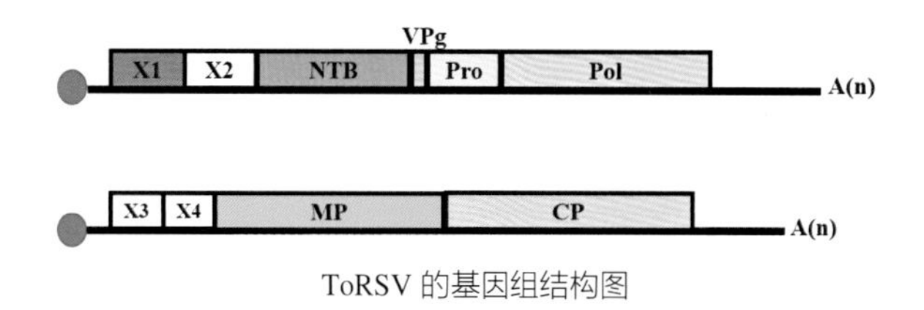

ToRSV的基因组结构图

ToRSV侵染寄主产生的症状因寄主的种类、品系、病毒株系、环境等因素的变化而产生不同的症状。以下将以ToRSV侵染悬钩子、桃树、苹果、葡萄等产生的严重病害为例，介绍其在不同寄主上引发的病害症状。

侵染悬钩子产生的症状　ToRSV在不同的悬钩子栽培品种上产生的症状差异较大。Meeker和Willamette品种被ToRSV感染后树势严重衰退、果实产量降低、果品质量下降，极大降低了作物的经济价值；长期遭受ToRSV侵染的植株矮小，新果枝的产生减少，通常在4～5年后死亡，而健康的悬钩子植株通常可以高产20年甚至更久。通常ToRSV侵染在某一地块发生之后，以平均每年2m的速度逐渐向相邻植株扩展。

桃树黄芽花叶病　此病害最早于1936年在美国加利福尼亚州的桃树上发现，且能够侵染油桃、杏等果树。受此病害侵染的植株最初叶片出现黄色的褪绿斑，主要发生在主脉附近，后期褪绿斑形成坏死斑，坏死斑脱落，叶片呈网孔状；随着病情的进展，翌年感病枝条的叶芽生长受到严重抑制，发育缓慢，仅长出浅黄色的小叶簇，即“黄芽”症状，这些叶簇随后变褐、枯死，使受侵染的枝条成为光杆。

桃树茎纹孔病　1960年最早在美国新泽西州的桃园中发现，可以侵染多种核果类作物，在桃、油桃、李、樱桃上引起严重病害。侵染早期，叶片斑驳、卷曲，顶端生长受损、顶梢枯死，秋季叶片提前脱落；病树靠近地面或地面以下的树干上树皮变厚，是健康树皮的2～4倍，且树皮发软呈海绵状，树皮剥掉后，树干布满纹孔，严重者呈茎沟状，木质部裂解、纤维组织坏死，树根腐烂；病树的果实畸形，果味变异，提前成熟或脱落。

李褐线病　最早在美国加利福尼亚的北部地区被发现，侵染李、杏、梅等引起严重病害。侵染早期果树的末梢生长不良，秋季叶片提早变色和脱落；侵染晚期的症状包括新生枝条减少、枯梢落叶、叶片黄化上卷且边缘坏死，最终果树衰退死亡。通过检查砧木和接穗处的症状可以快速鉴别李褐线病，患病果树的结合处接穗增生，剥掉一部分树皮后可见一层黑色组织或者褐线。发病初期，围绕着树的褐线并不是连续的，随着病情进展，褐线逐渐蔓延至嫁接处周围，最终整树被环绕倒折。

苹果愈合坏死病　1976 年最早在苹果品种 Top Red Delicious/MM106 上发现此病，主要分布在美国西部的加利福尼亚、俄勒冈、华盛顿以及东北部的纽约、密执安和宾夕法尼亚等苹果产区。受侵染的苹果树枝条稀少、叶片稀疏，芽坏死的比例增高；果实变小且颜色变深；通常在砧木和接穗形成的愈合部出现肿胀，出现坏死组织导致愈合部位部分或全部开裂；树皮呈现海绵状，比健康树皮厚几倍，在愈合部常形成一条明显的线，沿此线形成深沟或细缝；果树感病后，树势明显减弱，果实脱落，产量降低，几年后整株枯死。

葡萄黄脉病　被侵染的葡萄以黄脉为主，叶片黄化、褪绿、斑驳、卷曲，叶片变小，节间缩短，顶端丛生，植株严重矮化，坐果率降低，果实变小、风味改变，受害严重的植株常常绝产，并在几年内逐渐坏死。不同的葡萄品种对此病的表现不同，部分法国品种较感病，美国品种较抗病。

入侵生物学特性　ToRSV 可以通过嫁接传播，某些草本寄主可以通过汁液摩擦接种的方式传播。ToRSV 还可以通过种子、苗木带毒进行远距离传播，大豆、蒲公英、悬钩子、千日红、烟草、番茄、三叶草、桃、杏、李、樱桃、葡萄、草莓、唐菖蒲、天竺葵等均能携带该病毒。大豆的种传率为 76%，番茄为 3%，千日红为 76%，接骨木为 11%，蒲公英为 20%，红三叶草为 3%～7%，悬钩子为 30%。通过线虫介体传播是 ToRSV 最重要的传播途径。土壤中的剑线虫属线虫 *Xiphinema americanum*、*Xiphinema rivesi* 和 *Xiphinema californicum* 是其重要的传毒介体。前两种主要分布于美国的东海岸和东北部地区，*Xiphinema californicum* 主要分布于美国的西海岸加利福尼亚州。*Xiphinema americanum* 的三龄幼虫和成虫均可传毒，获毒和传毒均可在 1 小时内完成。线虫的传毒效率非常高，单头线虫便能成功接种，且线虫获毒后可保持传毒力几周甚至长达几个月，经历几次蜕皮后丧失传毒力。病毒的快速扩展与杂草寄主病情指数及土壤中介体线虫的数量关系密切。线虫的活动范围虽不大，但可以借助灌溉水加快其速度及活动范围。

流行规律　种苗带毒是生产中影响番茄环斑病毒发生的重要因素。如果在繁育种苗时，接穗、砧木或者插条带有病毒，则嫁接或扦插成活的苗木也全部带有病毒。利用携带病毒的种苗进行繁育是果园中病毒病造成初侵染的重要方式。果树病毒的危害与一年生植物病毒病的危害性不同，果树感染病毒后，终生带毒，危害不仅限于发病当年，会成为永久病树，且从病树中采集的接穗再次进行苗木繁育依然带毒，因而嫁接是果树病毒病传播的主要途径。

番茄环斑病毒的流行是寄主、病毒和介体线虫在特定环境条件下相互作用的结果。种子、携带病毒的苗木材料、果园附近的多年生草本寄主等都是 ToRSV 的初侵染来源，可以造成单株或者小范围的发病，形成发病中心，若土壤中剑线虫的种群密度较高，则易随线虫的活动侵染附近的植株，造成病害的再侵染并逐渐扩展流行。

预防与控制技术

加强检疫　ToRSV 是一种危险性极大的检疫性病毒，从疫情国家引种或进行国内种苗调运时，加强检疫是预防此病害的重要举措。常用的检疫方法主要包括生物学检测（见表）、血清学检测和核酸检测。

生物学检测表

昆诺藜和苋色藜	局部褪绿和坏死斑
黄瓜	局部褪绿斑和系统褪绿斑驳
烟草	局部坏死斑或坏死环斑，系统坏死，后生叶无症带毒
矮牵牛	局部坏死斑，受侵染幼叶表现系统坏死崩溃
菜豆	局部褪绿斑，系统皱缩和顶叶坏死
豇豆	局部褪绿或坏死斑，多数分离物可产生系统顶端坏死
番茄	局部坏死斑，系统斑驳和坏死

血清学检测：ELISA 双抗体夹心法是血清学检测中常用的一种方法，灵敏度可达 10ng/ml，无论检测粗提汁液还是提纯病毒其特异性和稳定性均较好。但是，在进行血清学检测时应注意 ToRSV 不同的分离物之间有明显的血清学差异，所以没有任何一种 ToRSV 抗血清能检测所有的分离物，有必要使用几种具有代表性的抗血清同时进行检测。

核酸检测：基于病毒的基因组序列，成功建立了不同的核酸检测方法，例如核酸杂交、反转录 PCR（RT-PCR）、实时荧光 RT-PCR、逆转录环介导等温扩增技术（RT-LAMP）等。实时荧光 RT-PCR 检测方法可靠性高、灵敏度高，比普通 RT-PCR 检测灵敏度高 100 倍；特异性强，在较高的退火温度下进行，排除了模板的非特异性扩增，与 Nepovirus 的其他病毒均无交叉反应；操作简单快速，可在较短时间内完成检测。RT-LAMP 是一种新的检测技术，灵敏度高、操作方便快捷、结果判断快速简单，整个检测过程只需 1 小时就能完成，对设备的要求低，适合 ToRSV 的现场筛查和实验室快速检测。

培育无病毒种苗，建立无病毒种苗繁育基地　在木本植物传播 ToRSV 的过程中，嫁接是重要的传播途径。利用无病毒的健康种苗进行嫁接是预防此病毒病害的重要途径。樱桃、葡萄等苗木均已通过高温脱毒等技术实现种苗的无病毒化，因而在进行嫁接或种苗引进时最好选择脱毒种苗，降低携带病毒的风险。

化学防治　通过线虫介体传播是 ToRSV 最重要的传播途径，因此在之前发生过 ToRSV 侵染的地块，建议农户在第二年播种季的前一年秋季进行土壤熏蒸处理，杀灭土壤中的剑线虫。然而，土壤熏蒸后较少数量的土壤剑线虫可能依然存活，在后续种植中可能会造成再次侵染。

农业防治　加强田间的栽培管理，及时清除田间及附近的杂草寄主，在 ToRSV 发生严重的地块实行 1～2 年的轮作。应当选择 ToRSV 的非寄主作物或者对线虫具有抑制作用的植物，某些具有浅根系的牧草作物或者绿肥作物是较好的选择。在经历过蜕皮之后，线虫必须以受侵染的寄主植物为食，才能重新获毒。然而，以非 ToRSV 寄主的作物根部为食，使线虫经历蜕皮后丢失了病毒，进而丧失传毒能力。

参考文献

李剑锋, 1995. 番茄环斑病毒及其病害[J]. 中国进出境动植检 (1): 36-37.

全国农业技术推广服务中心, 2001. 植物检疫性有害生物图鉴[M]. 北京: 中国农业出版社: 89-92.

夏更生, 张成良, 1990. 番茄环斑病毒研究进展[J]. 植物检疫, 4(3): 214-216.

LANA A F, PETERSON J F, ROUSELLE G L, et al, 1983. Association of tobacco ringspot virus with a union incompatibility of apple[J]. Journal of phytopathology, 106: 141-148.

MIRCETICH S M, HOY J W, 1980. Brownline of prune trees, a disease associated with tomato ringspot virus infection of myrobalan and peach rootstocks[J]. Phytopathology, 71: 30-35.

PINKERTON J N, MARTIN R R, 2005. Management of tomato ringspot virus in red raspberry with crop rotation[J]. International journal of fruit science, 5(3): 55-67.

ROSENBERGER DA, CUMMINS JN, GONSALVES D, 1989. Evidence that tomato ringspot virus causes apple union necrosis and decline: symptom development in inoculated apple trees[J]. Plant disease, 73(3): 262-265.

TÉLIZ D, GROGAN R G, LOWNS-BERY B F, 1966. Transmission of tomato ringspot, peach yellow bud mosaic, and grape yellow vein viruses by *Xiphinema americanum*[J]. Phytopathology, 56(6): 658-663.

（撰稿：战斌慧；审稿：杨秀玲）

番茄黄化曲叶病毒 tomato yellow leaf curl virus, TYLCV

严重制约番茄（*Solanum lycopersicum*）等作物生产的一类入侵性病毒。危害番茄可产生叶片黄化、卷曲并导致番茄减产。

入侵历史 番茄黄化曲叶病毒于 1939 年在以色列首次被报道，1959 年在约旦大面积暴发，1964 年被正式命名。1988 年科学家们分离出 TYLCV 的病毒粒子，发现其为孪生颗粒形态。1991 年发现 TYLCV 的基因组为单链环状 DNA。中国于 2006 年在上海首次发现 TYLCV，随后该病毒迅速扩展到中国各地，在江苏、河南、陕西、山东、福建、浙江、北京、辽宁、河北等番茄种植区流行成灾，对大部分田块造成毁灭性灾害。

分布与危害 随着全球气候变暖、国际间贸易的增加，TYLCV 分布于地中海地区、美洲各地、澳大利亚和中国等，是分布最广、危害最重的双生病毒。TYLCV 的寄主范围很广，可危害 16 个科的 49 种植物，如番茄、烟草、辣椒和菜豆。TYLCV 危害植物后所产生的典型症状是发育迟缓，植株顶部叶片卷曲，黄化，叶片变小，植株矮化，产量下降，严重时导致番茄绝产（图 1）。

病原及特征 TYLCV 是一类单链 DNA 病毒，病毒粒体为孪生颗粒形态，大小为 18nm × 30nm，外壳为二十面体，无包膜。TYLCV 是双生病毒科（Geminiviridae），菜豆金色花叶病属（*Begomovirus*）的成员。TYLCV 的基因组为单链环状 DNA，大小为 2.7kb 左右，含有 6 个开放阅读框（ORF），包括病毒链的 V1 和 V2 以及互补链上的 C1、C2、C3 和 C4（图 2）。V1 编码病毒的外壳蛋白，V2 编码 RNA 沉默抑制子，C1 编码复制相关蛋白，C2 编码转录激活蛋白，C3 编码复制增强蛋白，C4 编码的蛋白与诱导产生症状以及抑制系统沉默相关。病毒链和互补链之间包含基因间隔区（IR），含有茎环结构以及病毒复制所必需的 TAATATT ↓ AC。作为一类专性寄生物，TYLCV 需要通

图 1 番茄黄化曲叶病毒危害番茄的症状（杨秀玲提供）

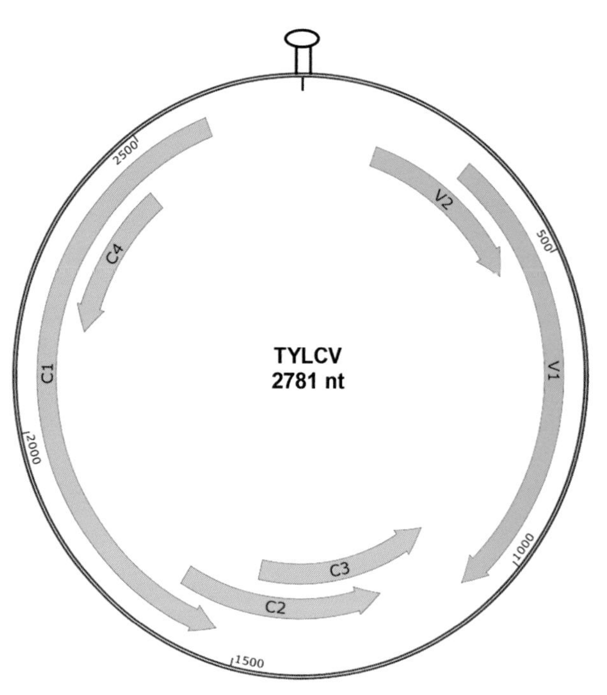

图 2 番茄黄化曲叶病毒的基因组结构（杨秀玲提供）

过与寄主因子复杂的相互作用才能完成复制、转录、翻译和移动等生活史。与很多RNA病毒相似，TYLCV也容易发生突变和重组以快速适应环境，在各地迅速蔓延。

入侵生物学特性 番茄黄化曲叶病毒病是由烟粉虱传播的，一般植株在幼苗期即感染病毒，定植后6～7片真叶以后开始发病。育苗的时期与发病程度有很大关系，育苗时气温越低，发病越轻；反之，发病越重。因此，在全年各个茬口中，秋大棚番茄发病最为严重，春大棚番茄发病最轻，日光温室越冬茬番茄根据育苗时间不同而发病程度不一，9月以前开始育苗的发病较重，9月以后开始育苗的发病较轻。在保护地栽培条件下，烟粉虱在北方能够安全越冬并周年发生，成为导致TYLCV迅速蔓延和流行的重要原因。

TYLCV由烟粉虱以持久方式传播，烟粉虱获毒后，可终生带毒。带毒的作物或者杂草均可作为初侵染源，由烟粉虱在作物与作物之间，也可以在杂草与作物之间进行传播。该病毒不能通过机械摩擦传播，但可经嫁接传播。

预防与控制技术 TYLCV一旦发生后，无法通过药剂治疗，因此防治要遵循"预防为主、综合防治"的植保方针，坚持以"农业防治、物理防治为主，化学防治为辅"的防治原则。

加强病害的检测 为防止病害的发生蔓延，应加强对TYLCV的早期诊断与鉴定。对调运的幼苗，特别是从发病区调运的幼苗，务必在调运前委托具有病毒检测能力的专业机构进行抽样快速检测，若幼苗中检测到该病毒，建议不要调运。

栽培抗性品种 由于苗期感病后，不仅造成发病植株绝收，且成为植株间快速传播的毒源，因此使用抗性品种是防治TYLCV的关键。已鉴定的抗TYLCV的抗性基因包括*Ty*-1/*Ty*-3、*Ty*-2、*Ty*-4、*Ty*-5和*Ty*-6，但是这些抗性基因都只是对TYLCV表现出耐病，而不是免疫。

加强田间或定植棚室管理 杂草可作为TYLCV的中间寄主，应保证田园卫生，及时清除田间杂草和残枝落叶以减少虫源和毒源；发现病株或疑似病株，应及时拔除。加强水肥管理，促进番茄植株健壮生长，提高植株耐病能力。因地制宜，适当调整种植时间，以避免苗期染毒，减轻病害发生。

防治烟粉虱 烟粉虱是TYLCV的传播介体。为避免烟粉虱传播扩散TYLCV，育苗床应与生产大田分开，苗床尽量选用近年内未种过茄科和葫芦科作物的土壤，对育苗基质及苗床土壤进行消毒处理，以减少虫源。采用40～60目防虫网隔离育苗以避免苗期感染病毒。利用烟粉虱的趋光性和趋黄性，挂黄色黏虫胶板诱杀烟粉虱以减少传毒媒介。在定植前4～6天为避免带虫幼苗移入田间，可进行杀虫处理。

参考文献

周涛, 师迎春, 陈笑瑜, 等, 2010. 北京地区番茄黄化曲叶病毒病的鉴定及防治对策[J]. 植物保护, 36(2): 116-118.

FIALLO-OLIVÉ E, PAN L L, LIU S S, et al, 2020. Transmission of begomoviruses and other whitefly-borne viruses: dependence on the vector species[J]. Phytopathology, 110(1): 10-17.

FONDONG V N, 2013. Geminivirus protein structure and function[J]. Molecular plant pathology, 14(6): 635-649.

GILBERTSON R L, BATUMAN O, WEBSTER C G, et al, 2015. Role of the insect supervectors *Bemisia tabaci* and *Frankliniella occidentalis* in the emergence and global spread of plant viruses[J]. Annual review of virology, 2: 67–93.

PRASAD A, SHARMA N, HARI-GOWTHEM G, et al, 2020. Tomato yellow leaf curl virus: impact, challenges, and management[J]. Trends in plant science, 25(9): 897-911.

ROJAS M, MACEDO M, MALIANO M, et al, 2018. World management of Geminiviruses[J]. Annual review of phytopathology, 56: 637-677.

ZHANG H, GONG H R, ZHOU X P, 2009. Molecular characterization and pathogenicity of tomato yellow leaf curl virus in China[J]. Virus genes, 39: 249-255.

（撰稿：杨秀玲；审稿：李方方）

繁殖体压力假说 propagule pressure hypothesis, PPH

繁殖体压力假说认为，外来种的繁殖体压力大小决定了入侵发生的程度。在此前提下，该假说预测：外来种每次传入的个体数量越多、传入的次数越多，繁殖体压力就越大，就越有利于定殖。繁殖体压力的定义最初包括两个组分：繁殖体大小（propagule size）和繁殖体数量（propagule number）。繁殖体大小是指单个物种被引入到特定非本地区域的个体数量；繁殖体数量是指单位时间内在特定区域内发生引入外来物种事件的总次数，其中每个引入事件都具有一个相关的繁殖体大小。随后，Wonham等人给出了繁殖体压力的第三个组分，即风险—释放关系（the risk-release relationships）。风险—释放关系是指繁殖体大小和种群建立概率之间的种特异性关系，它描述了每一个新个体释放到特定环境中种群建立的可能性。

在探究繁殖体压力与成功入侵关系时，发现繁殖体压力具有很强的预测能力，研究者建议繁殖体压力应作为生物入侵的零模型的基础。此外，增加引入外来种繁殖体的数量可能降低种群动态的随机性，而增加引入外来物种时间的数量则可以缓冲环境随机性。因此，部分解释了繁殖压力是入侵成功的基础。入侵物种通过繁殖体的数量成比例的指数增长，即使在个体繁殖体潜力较低的情况下也能成功地建立种群。换句话说，外来物种的成功入侵可能是由于少量引入了具有高建群潜力的繁殖体，也可能是大量引入了低建群潜力的繁殖体。在面对特定区域内具有强大生物抗性的群落时，繁殖体压力并不总是入侵物种成功建群的保证。与生物入侵的大多数方面一样，入侵物种的成功建群和传播是许多复杂因素相互作用的结果。尽管繁殖体压力在入侵中具有普遍的重要性，但它在很大程度上仍被认为是单个斑块内的，或作为入侵种群遗传变异的驱动因素。

参考文献

BARNEY J N, HO M W, ATWATER D Z, 2016. Propagule pressure cannot always overcome biotic resistance: the role of densitydependent establishment in four invasive species[J]. Weed research, 56: 208–218.

COLAUTTI R I, GRIGOROVICH I A, MACISAAC H J, 2006. Propagule pressure: a null model for biological invasions[J]. Biological invasions, 8: 1023–1037.

DAVIS M A, 2009. Invasion biology[M]. New York: Oxford University Press.

SIMBERLOFF D, 2009. The role of propagule pressure in biological invasions[J]. Annual review of ecology, evolution, and systematics, 40: 81-102.

WONHAM M J, BYERS J E, GROSHOLZ E D, et al, 2013. Modeling the relationship between propagule pressure and invasion risk to inform policy and management[J]. Ecological applications, 23: 1691–1706.

（撰稿：潘晓云；审稿：周忠实）

反枝苋 *Amaranthus retroflexus* L.

苋科苋属的一年生草本植物，是苋属中发生频率最高和分布最广的物种之一。又名野苋菜、西风谷。在世界许多地方被列为恶性杂草。

入侵历史 反枝苋原产于美洲热带，现广泛传播于世界各地，具体分布区域主要包括北美洲的美国中北部及东北部、阿拉斯加南部以及加拿大的部分地区，欧洲的大部分地区，亚洲的土耳其中部、中国、韩国东部，大洋洲的澳大利亚东南部。在中国，反枝苋最早于19世纪中叶发现于河北和山东，现已广泛分布于中国的东北、华北及沿长江流域的各地。

分布与危害 分布于黑龙江、吉林、辽宁、内蒙古、河北、山东、山西、河南、陕西、甘肃、宁夏、新疆等地。主要生长在田园内、农地旁、住宅附近的草地上，有时也会生长在瓦房上。反枝苋是伴人植物，只要有人的地方就有它。通常反枝苋能够表现出很高的表型可塑性和基因可变性，适宜生活在多种农田和杂草丛生的地方，适应性极强。同时，反枝苋传播方式多样，可随有机肥、种子、水流、风力，甚至鸟类等进行传播。由于环境、遗传的原因，使得种子具休眠特性和参差不齐的萌发方式，这可增强反枝苋适应能力和增加竞争优势。

苋属植物在不同的生长时期和环境条件下，都具有积累硝酸盐的能力。随着反枝苋的生长，硝酸盐的吸收率不断增加，在开花前达到最大值，叶片中硝酸盐含量可达30%。其茎和枝也可贮藏大量的硝酸盐。因此，若家畜过量食用会引起中毒，应在结果前拔除。在利用反枝苋作为牛等动物饲料时应该注意采收的季节及放牧地区反枝苋的发生情况，避免引发中毒。

在田间，反枝苋主要危害棉花、豆类、花生、瓜类、薯类等多种功能旱作物。反枝苋混生在大豆（*Glycine max*）、小麦（*Triticum aestivum*）、玉米（*Zea mays*）、甜菜（*Beta vulgaris*）、果园和菜园中，可严密遮光和阻碍通风，消耗大量地力，抑制作物生长。反枝苋还常常污染作物种子，如果不加以有效的防除，玉米、大豆、春小麦、油菜（*Brassica napus*）和蔬菜等产量将明显受损。由于反枝苋的侵害，甜菜可减产49%，大豆减产22%。同时，反枝苋也是许多昆虫、线虫、病毒、细菌和真菌的寄主，影响栽培作物的生长。

形态特征 株高20～80cm，茎直立，单一或少见分枝，粗壮，具有纵棱，密生短柔毛，淡绿色，有时带有淡红色条纹。叶片互生，通常呈菱状卵形或者椭圆状卵形，长4～12cm，宽3～6cm，顶端微尖或微凹，具有小微尖，基部楔形，全缘或者波状缘，两面及边缘带茸毛。圆锥花序顶生或者腋生，直径2～4cm，由多数穗状花序组成；苞片及小苞片干膜质，呈钻形，顶端具白色芒尖；花被片5，白色，矩圆形或者矩圆状倒卵形，具1条浅绿色中脉。雄蕊5枚；花柱3枚（见图）。胞果扁球形，包裹在宿存的花被内，薄膜质，周裂。种子与果实同形，呈圆形至倒卵形，种皮黑色，硬质，表面具光泽，边缘较薄，成为窄环带状周边。反枝苋在各地出苗日期不同，黑龙江地区5月上出苗，持续到7月下旬，7月末至8月初种子陆续成熟；华北地区早春萌发，4月初出苗，4月中旬至5月上旬为出苗高峰，花期7～8月，果期8～9月。

入侵特性 反枝苋以种子进行繁殖，尽管有研究发现反枝苋在极端恶劣的条件下以匍匐态进行生长，但是鲜有报道其可进行无性繁殖。反枝苋每株可结种子1万～3万粒，这些种子可随风传播，反枝苋受风作用后，种子可被风吹移动至少0.5m之外，而且在距离反枝苋发生区域10m以外的空白土壤中仍发现了反枝苋种子的踪迹。反枝苋的种子萌发温度很广泛，5～40℃都可以发芽，最适宜的发芽温度为35～40℃；在变温条件下，白天/黑夜温度为15℃/10℃时反枝苋种子不发芽，白天温度/黑夜温度为35℃/30℃时反枝苋的萌发率最高。同时一些学者对土壤中反枝苋的种子活力进行调研发现，当反枝苋种子埋藏深度为8～38cm土层时，在18个月之后约有10%的种子具有活力；当反枝苋种子埋藏深度为5～30cm土层时在1年之后种子的存活率为21%～59%。反枝苋具有较强的表型可塑性，可以适应环境因子频繁发生时空变化的生境。通过研究反枝苋在不同的光照、营养条件、密度的表型可塑性，

反枝苋的花序和植株（张国良提供）

发现在低营养条件下，反枝苋增加对根的资源分配比例，在低光照条件下，反枝苋增加对叶的资源分配比例；当对光的竞争增强时，反枝苋增加直立生长的能力，加大顶端优势，当对光的竞争减弱时，反枝苋则加强分枝结构以增大对光的截获；对于不同的密度处理，反枝苋繁殖分配随个体大小的增大而增加。

作为典型的C4植物，反枝苋在温度高、湿度低的条件下，竞争能力较强。与C3植物大豆（*Glycine max*）、藜（*Chenopodium album*）相比，反枝苋无论是在25℃以上，还是在较低温度（叶片温度15℃）和较低光照条件下，都可以保持很高的光合能力，反枝苋具有高的光合效率、低CO_2补偿点，且在高光照下仍具有很高的光合速率，这些光合特性进一步促进了反枝苋对于环境的适应能力。

反枝苋具有很强的化感作用，可以抑制大豆、小麦等多种作物的生长，且其抑制作用随浓度的增强而增加，这一能力使其能抑制周围的植物生长，从而迅速占领生态位。

监测检测技术 在调查中如若发现疑似反枝苋的物种，可以根据前描述的反枝苋的形态特征以及相关图片，鉴定是否为该物种，同时采集图像、地理信息等，其次，此区域还应作为外来杂草重点监测区域。

在反枝苋发生地点，应设立相应范围的监测区，并根据反枝苋物种的特性设置固定监测点进行检测。

预防与控制技术 由于反枝苋是一种对人类和牲畜既有较高的利用价值，又危害作物和威胁牲畜生命安全的外来入侵性杂草，且具有抗药性，难以防除。因此，应在充分利用它的同时防止危害，这就使得对于反枝苋的预防和控制应因地制宜地采取不同的措施。

加强检验检疫和人工拔除 由于反枝苋危害大，因此要加大检验检疫的力度，对从反枝苋发生严重地区进入的作物种子进行严格的检验检疫或禁止调入。且由于反枝苋成株较大，人工易发现和拔除，因此，发现时应尽早拔除，对反枝苋大量出现的农田要重点防除。加大人工拔除力度，可大大减少反枝苋种子的产生，降低翌年的发生数量。

化学防治 利用化学除草剂防除农田杂草仍是较为常用的方法。针对不同作物，防除反枝苋要采用不同的除草剂，如羟苯基丙酮酸双氧化酶（HPPD）抑制剂类新化合物ZJ10361［1,3-二甲基-4-(2-甲基-4-甲砜基-3-(2-对甲苯氧基)乙氧基)苯甲酰基-1H-吡唑-5-基碳酸乙酯］在剂量为225g/hm^{2}对玉米田反枝苋抑制率达90%～100%，对玉米安全性好。在大豆田反枝苋真叶期至1片互生叶期时，进行茎叶6种除草剂喷雾处理，施药后30天，21.4%三氟羧草醚水剂对反枝苋的防效基本达到100%，且该除草剂对人畜低毒。

生物防治 在农作物中间种覆盖作物对反枝苋等田间常见杂草具有一定的防治作用，如在马铃薯（*Solanum tuberosum*）、大豆和玉米田中套种冬黑麦（*Secale cereale*）、大麦（*Hordeum vulgare*）和毛叶苕子（*Vicia villosa*）能够达到控制反枝苋的目的。从卡多克（*Piper sarmentosum*）果实中分离出来的假蒟亭碱叶面喷施（5mg/ml）时，可导致反枝苋100%的致死率。同时，一些微生物可以侵染反枝苋，抑制其生长，但是防治效果受周围环境和反枝苋生长期的影响，例如链格孢菌的侵染可以有效防除处于4叶期的反枝苋，在温度为20～30℃下表现最好的防除效果。而当6片真叶期前的反枝苋受到一种真菌*Trematophoma lignicola*侵染时，其叶片坏死、植株枯萎，并且在温暖的条件下（18～21℃/12～15℃，白天/黑夜）要比凉爽条件下（10～12℃/7～8℃，白天/黑夜）控制效果好。此外，从反枝苋根际土壤中分离到大量的根际细菌，筛选出的具有较强除草活性的细菌——野油菜黄单胞菌是反枝苋致病变种，该黄单胞菌对反枝苋具有较强的抑制作用。这些物质作为反枝苋防除的生物药剂，具有良好的开发前景。

农业防治 田间条件下，反枝苋对作物的影响因地区的不同而有所区别，应当依据不同的作物及作物的生长状况来进行防除，才能够达到经济有效的结果。如在大豆田间，反枝苋出现的时间及大豆的密度差异都对产量有一定的影响。当反枝苋和大豆同时出苗，且反枝苋的密度在40株/m^{2}时，大豆的生物量及产量达到最小。当反枝苋在大豆3叶期出现时，大豆的高度、生物量及产量不受反枝苋的影响，可不必采用防控措施。在玉米田中，进行反枝苋控制的最佳时期是在玉米3叶期或7～10叶期，这样能够获得最大的谷粒产量。玉米的行间距和密度不会影响反枝苋种子产生量。但是，玉米植株形成的近似遮篷的结构可以增强对反枝苋植株的荫蔽，可以降低杂草单位面积的数量和结实量。因此，农业防除上，可采用高棵中耕作物与矮棵密播作物轮作，在作物生育期适时中耕除草3～4次，可较好地抑制反枝苋的发生与生长。

参考文献

李明智, 李永泉, 徐凌, 等, 2004. 细菌除草剂黄单胞菌反枝苋致病菌的筛选[J]. 微生物学报(2): 226-229.

刘伟, 朱丽, 桑卫国, 2007. 影响入侵种反枝苋分布的环境因子分析及可能分布区预测[J]. 植物生态学报, 31(5): 834-841.

鲁萍, 梁慧, 王宏燕, 等, 2010. 外来入侵杂草反枝苋的研究进展[J]. 生态学杂志, 29(8): 1662-1670.

徐小燕, 许天明, 彭伟立, 等, 2017. 新化合物ZJ10361的除草活性研究[J]. 农药学学报, 19(4): 428-433.

FRANCISCHINI A C, CONSTANTIN J, OLIVEIRA Jr R S, et al, 2014. Resistance of *Amaranthus retroflexus* to acetolactate synthase inhibitor herbicides in Brazil[J]. Planta daninha, 32(2): 437-446.

GFELLER A, HERRERA J M, TSCHUY F, et al, 2018. Explanations for *Amaranthus retroflexus* growth suppression by cover crops[J]. Crop protection, 104: 11-20.

HALDE C, ENTZ M H, 2014. Flax (*Linum usitatissimum* L.) production system performance under organic rotational no-till and two organic tilled systems in a cool subhumid continental climate[J]. Soil and tillage research, 143: 145-154.

HUANG Z, CUI H, WANG C, et al, 2020. Investigation of resistance mechanism to fomesafen in *Amaranthus retroflexus* L.[J]. Pesticide biochemistry and physiology, 165: 104560.

KNEZEVIC S Z, WEISE S F, SWANTON C J, 1994. Interference of redroot pigweed (*Amaranthus retroflexus*) in corn (*Zea mays*)[J]. Weed science, 42(4): 568-573.

（撰稿：任芝坤；审稿：黄伟）

飞机草 *Chromolaena odorata* (L.) R. M. King and H. Robinson

菊科泽兰属多年生草本或半灌木。又名香泽兰、暹罗草。是一种非常严重的恶性入侵杂草。

入侵历史 飞机草原产于拉丁美洲，19 世纪中后期被引种到印度东部的加尔各答植物园，之后逐渐逃逸野生，向东扩散到了缅甸。1934 年，在中国云南南部发现了飞机草的分布。第二次世界大战期间，随着人类的迁徙，飞机草迅速在东南亚扩散，并从斯里兰卡传入尼日利亚，在非洲立足。到了 20 世纪 60 年代，飞机草已经广泛分布于亚洲东南部，包括印度、尼泊尔、不丹、孟加拉国、缅甸、泰国、老挝、越南、柬埔寨、菲律宾、印度尼西亚诸岛和西太平洋地区，以及非洲西部的加纳、科特迪瓦和南非德班等地。时至今日，飞机草已经广泛分布于全球大部分热带和亚热带地区。

分布与危害 分布于亚洲、非洲、大洋洲和西太平洋群岛等大部分热带和亚热带地区。中国广西、广东、海南、香港、澳门和台湾等地有分布。

由于飞机草种子产量大、生长速率快、在野外经常形成大面积的、致密的单优群落，严重威胁着地本地植物的生长、生物多样性和生态安全。在中国云南，大批名贵药材（如重楼、黄精和三七）的自然生境被飞机草占据。此外，飞机草还经常入侵农田、草场以及人工林，给当地的农、林、牧等行业的发展造成了巨大的经济损失。

形态特征 飞机草株高 1～3m。通常茎直立（在林内弱光环境分布时，也可以攀缘生长），茎上有细纵纹，被灰白色柔毛，中上部的毛较密，节间长 6～14cm。单叶对生；叶柄长 1～2cm；叶片三角形或三角状卵形，长 4～10cm，宽 1.5～5.5cm，先端渐尖，基部楔形，边缘有粗大钝锯齿，两面粗涩，均被茸毛，下面的毛较密而呈灰白色，基出 3 脉。头状花序生于分枝顶端和茎顶端，排成伞房花序，花粉红色，全为管状花；总苞圆柱状，长不及 1cm，紧包小花；总苞片有褐色纵条纹；冠毛较花冠稍长。瘦果无毛，无腺点。花果期 4～12 月（见图）。

入侵特性 飞机草主要靠有性繁殖，种子产量很大，平均每株种子产量达上万粒。瘦果能借冠毛随风传播，而成熟季节恰值干燥多风的旱季，故扩散、蔓延迅速。此外，飞机草也有较强的无性繁殖能力，枝条扦插成活率很高（90% 以上）。飞机草的光合速率比大多数本地植物高，生长速率明显高于多数本地植物，因而在与本地植物的竞争过程中具有明显的优势。飞机草还具有一定的化感作用，体内分泌的一些化学物质不仅能够抑制本地植物种子萌发及幼苗的生长，对某些天敌也具有一定的抵抗作用。此外，飞机草也具有很强的可塑性，光线不足的林下到光照充足的开阔地、养分贫瘠的路边到肥沃的农田、降水较少的干热河谷到降水充沛的热带雨林地区，都能见到飞机草的分布。生长迅速、种子数量多、化感作用强，再加上飞机草通常植株较高（1～3m），这些特征使得飞机草短期内就能形成大面积、致密的单优群落，迅速排挤本地植物，入侵能力极强。

飞机草的花（廖志勇摄）

监测检测技术 可以采用传统的野外调查方法，也可以采用连续长时间序列遥感影像监测动态分析飞机草的扩散趋势。小尺度上还可以采用无人机图像识别技术进行飞机草动态监测。

预防与控制技术 飞机草的防治技术主要有物理防治、化学防治以及综合防治等 3 种方法。物理防治相对直接、效果也比较明显，但缺点是需要大量的人工，费时、费力，主要应用于飞机草入侵初期，或者暴发面积较小的地区。化学防治主要是利用除草剂喷洒，优点是操作简单、成本低，但缺点是任何一种除草剂都不能彻底杀死飞机草，只能让其落叶、茎秆枯萎，一段时间后又能从基部重新萌发长出新的枝叶。综合防治主要通过筛选合适的本地物种，在生物多样性高的热点地区或者其他关键核心区的边缘，构建对飞机草具有很强抵抗力的人工群落，形成防控阻截带，防止飞机草入侵到这些区域。

参考文献

李委涛, 郑玉龙, 冯玉龙, 2014. 飞机草入侵种群与原产地种群生长性状的差异[J]. 生态学报, 34 (23): 6890-6897.

余香琴, 冯玉龙, 李巧明, 2010. 外来入侵植物飞机草的研究进展与展望[J]. 植物生态学报, 34 (5): 591-600.

张黎华, 冯玉龙, 2007. 飞机草的生防作用物[J]. 中国生物防治, 23(1): 83-88.

郑玉龙, 廖志勇, 2019. 防控飞机草入侵, 我们有办法了[J]. 大自然 (3): 60-61.

SHI X, LI W T, ZHENG Y L, 2021. Soil legacy effect of extreme precipitation on a tropical invader in different land use types[J]. Environmental and experimental botany, 191: 104625.

ZHENG Y L, BUMS J H, LIAO Z Y, et al, 2018. Species composition, functional and phylogenetic distances correlate with success of invasive *Chromolaena odorata* in an experimental test[J]. Ecology letters, 21: 1211-1220.

ZHENG Y L, FENG Y L, ZHANG L K, et al, 2015. Integrating novel chemical weapons and evolutionarily increased competitive ability in success of a tropical invader[J]. New phytologist, 205: 1350-1359.

（撰稿：郑玉龙；审稿：鞠瑞亭）

非靶标影响的评价 assessment of the effects on non-target

转基因抗虫植物的利用是作物害虫防治技术的一次巨大绿色变革。然而，像其他任何害虫防治措施一样，转基因抗虫作物其为人类带来巨大利益的同时，也可能对生态环境带来负面影响。因此，在任何转基因作物商业化利用之前都必须通过系统严格的环境安全性评价，其中对非靶标生物的影响是转基因抗虫作物环境安全性评价工作中关注的核心问题之一。

非靶标影响的评价主要目的是明确转基因抗虫作物的种植是否会负面地影响农田非靶标节肢动物，导致农田生物多样性降低。转基因抗虫植物对非靶标生物的影响（风险）评价起始于风险问题的分析与确立，即明确风险存在的可能性，界定风险评估工作的范围和内容，提出相应的风险假设。在该过程中，一般首先要通过文献检索及查阅转基因作物品种培育者向管理部门提供的相关档案文件等资料，明确所要评价的转基因品种，除了所表达的外源基因外，与受体植物是否具有实质等同性（substantial-equivalent），主要考虑转基因植物和受体植物在生理生态、营养物质成分（除外源蛋白）等方面的异同。一般来说，这种实质等同性确立以后，才开展非靶标影响评价工作。当然，两方面的工作也可以同时进行。转基因作物与其受体植物的实质等同性一旦确立，非靶标评价工作将可局限于转基因抗虫植物所表达的杀虫化合物（如Bt蛋白）对非靶标生物的潜在毒性评估。

为了确立具体的风险评估内容，需要考虑杀虫蛋白的分子特征、作用方式、潜在杀虫谱及杀虫蛋白的时空表达等特性。另外，还要考虑转基因植物潜在释放的环境、种植规模及可能对环境造成影响的程度及相应的生态后果。然后，根据这些基础信息和风险管理目标提出相应试验假设，开展相关评估工作。

评价转基因植物对农田非靶标生物的影响，目前国际上普遍采用分层次的评估体系。首先选择合适的受试生物，然后依次开展从实验室试验（lower-tier test）到半田间试验（middle-tier test），再到田间试验（higher-tier test）的分阶段的评估体系。在评估的每一阶段，根据所获得的研究数据决定评估是否终止或进行重复试验或需要进入下一阶段，开展更接近田间实际情况的评估试验。如果在阶段性试验中能明确转基因作物对受试非靶标节肢动物没有负面影响，一般不必要进一步开展下阶段试验。但是如果发现负面影响或试验结论不确定，需要重复试验或者开展下一阶段试验进行验证。不管是实验室评价还是田间评价，目标都是为了保护“农田生物多样性”，但传统上，一般把“实验室评价”和“半田间评价”认定为“非靶标生物影响”评价，而把“田间调查试验”认定为“生物多样性影响”评价。

参考文献

EFSA, 2010. Guidance on the environmental risk assessment of genetically modified plants[J]. The EFSA journal, 8: 1879.

MARVIER M, C MCCREEDY, J REGETZ, et al, 2007. A meta-analysis of effects of Bt cotton and maize on nontarget invertebrates[J]. Science, 316: 1475-1477.

ROMEIS J, BARTSCH D, BIGLER F, et al, 2008. Assessment of risk of insect-resistant transgenic crops to nontarget arthropods[J]. Nature biotechnology, 26: 203-208.

WOLFENBARGER L L, NARANJO S E, LUNDGREN J G, et al, 2008. Bt crop effects on functional guilds of non-target arthropods: A meta-analysis[J]. PLoS ONE, 3: e2118.

（撰稿：李云河；审稿：田俊策）

非同源序列重组 non-homologous recombination

同源DNA模板（序列）的入侵，不会产生DNA修复过程中DNA合成模板的更换，因此，这样的重组即是同源序列重组；如果是非同源DNA模板的入侵，即使短到1～3bp的同源序列，也会从入侵的3′引起DNA合成，在修复位点附近形成填充DNA，这样的重组即是非同源序列重组。

T-DNA转化是非同源序列重组的一个典型例子。T-DNA转化不是序列特异性的，并且会造成外源片段序列的缺失。

参考文献

GORBUNOVA V, LEVY A A, 1999. How plants make ends meet: DNA double-strand break repair[J]. Trends in plant science, 4 (7): 263-269.

MAYERHOFER R, KONCZ-KALMAN Z, NAWRATH C, et al, 1991. T-DNA integration: a mode of illegitimate recombination in plants[J]. The EMBO journal, 10 (3): 697-704.

（撰稿：石建新、谢家建；审稿：张大兵）

非预期插入 unintended insertion

在转基因育种人眼里，比较理想的预期插入就是该插入是单拷贝、完整并稳定遗传，插入位点不在受体基因组内任何一个基因的功能区和调控区，并不影响邻近上下游基因的表达。换句话讲，任何一个不是这样的预期插入，就是非预期插入。

非预期插入发生的原因很多，但根本的原因是T-DNA插入事件本身缺乏精确性，随机性很高。T-DNA在染色体上的随机插入体现在两个方面：随机插入到受体基因组的任何一个染色体上；随机插入到受体基因组一个染色体的任何一个位置上。此外，T-DNA插入技术的效率低，也易造成非预期插入。不同转基因方法产生非预期插入的频率从小到大为：农杆菌介导的转化方法 < 原生质体转化 < 基因枪或电穿孔法。

非预期插入是产生非预期效应的根本原因，减少非预期插入，就能减少非预期效应。尽管非预期插入不可避免，但通过大量的对不同构建在不同物种中的插入情况的统计学分析，可以有助于对非预期插入进行一定程度的预测。一般来讲，T-DNA 可能被优先整合到基因组中可以被转录的基因区域。T-DNA 插入 5′ 非编码区（UTR）的概率很高，而插入内含子区域的概率很低。T-DNA 插入到重复片段区的概率较大，插入启动子和终止子的频繁最高。

通常的非预期插入检测方法多基于传统的 PCR，包括热不对称交错 PCR（thermal asymmetric interlaced PCR，TAIL-PCR），连接介导 PCR（ligation mediated PCR，LM-PCR）和反向 PCR（inverse PCR，IPCR）。近年来，新型核酸检测技术，如二代测序等，越来越多地用于非预期插入的检测。

参考文献

FILIPECKI M, MALEPSZY S, 2006. Unintended consequences of plant transformation: a molecular insight[J]. Journal of applied genetics, 47 (4): 277-286.

LATHAM J R, WILSON A K, STEINBRECHER R A, 2006. The mutational consequences of plant transformation[J]. Journal of biomedicine and biotechnology (2): 25376.

LI R, QUAN S, YAN X, et al, 2017. Molecular characterization of genetically-modified crops: challenges and strategies[J]. Biotechnology advances, 35 (2): 302-309.

（撰稿：石建新、谢家建；审稿：张大兵）

非预期效应 unintended effect

除了目的基因插入产生的预期效应外，转基因与非转基因亲本（在相同环境和条件下种植）所显示出的统计学显著的表型、反应或组成等方面的差异。外源基因整合到受体生物基因组时可能破坏插入位点原有基因的结构，影响插入位点附近基因的转录。这些变化可能导致受体能量和物质代谢的改变，改变其固有生理代谢过程或性状。因为无法控制并预期，故称为非预期效应。尽管转基因生物的非预期效应可能对人类健康或环境产生不利影响，并不意味着非预期效应真的对健康或环境产生危害。如果非预期效应使得营养组成发生了改变，使得某种蛋白成为过敏源，或者产生了新的有毒次生代谢物或使已有有毒次生代谢物含量上升，则这种非预期效应是有害的。如果非预期效应使得有毒次生代谢物含量显著减少，或提高重要营养物质的含量，这种非预期效应则是有益的。值得指出的是，常规育种也会产生非预期效应，没有任何证据证明转基因技术比常规育种技术更容易产生非预期效应。非预期效应对生物性状和安全可能产生积极的、消极的或零影响。

转基因生物的非预期效应主要来自以下几个方面：①转化方法。不同的转基因技术，比如农杆菌转化和基因枪转化由于原理和方法的不同，外源基因整合到基因组中的方式可能存在差异，或许会产生不同的插入位点、不同程度的插入或不同拷贝数的插入，产生非预期效应。②插入位点。由于外源基因的插入，插入位点附近的 DNA 序列发生了缺失或插入等突变，这些突变可能影响到受体基因组插入位点附近基因的转录和表达，产生非预期效应。比如，外源基因插入到受体生物内源基因的功能区或者调控区，都会改变内源基因结构和功能。有些外源插入甚至可以影响插入位点较远距离的基因的表达，产生非预期效应。③ DNA 重组和修复。对于受体生物而言，外源插入基因是异源的，容易被受体生物体内的重组和修复系统识别，并被重组和修复，产生部分插入，进而引起外源基因结构和表达的变化，产生非预期效应。④组织培养。转基因生物的体外筛选和组培过程，特别是愈伤组织形成过程中，极易诱导体细胞产生遗传变异和表观遗传变异，进而改变生物体性状，导致产生非预期效应。

其他影响非预期效应的因素还有：①外源插入靶标基因以外的其他基因或蛋白（比如报告基因、筛选基因），它们可能与受体内靶标基因之外的其他基因和蛋白产生相互作用，产生非预期效应。②外源靶标基因的产生的蛋白可能引起某些特定氨基酸的代谢或一些非特异代谢物发生改变，产生非预期效应。

转基因生物非预期效应的评价需基于实质等同原则。如果不能全面揭示并表征了其分子特征，对转基因生物非预期效应的预测、检测和解释从技术层面上讲是不可能的。现存的单一的非预期效应分析方法如农艺性状判定、环境适应性判定、PCR 和气相色谱 / 质谱连用等都不能有效地实施转基因生物的非预期效应检测。只有基于系统生物学原理和方法的非靶标的组学技术（omics）的综合使用才有望从不同水平（DNA、RNA、蛋白、代谢物等）系统、全面阐述转基因生物的非期望效应。即便如此，也只有超出自然变异范围之外的参数（RNA 的表达水平、蛋白质和代谢物的含量等）才被用于进一步的安全评估。

参考文献

CELLINI F, CHESSON A, COLQUHOUN I, et al, 2004. Unintended effects and their detection in genetically modified crops[J]. Food and chemical toxicology, 42 (7): 1089-1125.

COOPER W, SWEET J B, 2000. Risk assessment and legislative issues[M]// Morris P C, Bryce J H. Woodhead publishing series in food science, technology and nutrition, cereal biotechnology. Oxford: Woodhead Publishing: 137-160.

FILIPECKI M, MALEPSZY S, 2006. Unintended consequences of plant transformation: a molecular insight[J]. Journal of applied genetics, 47 (4): 277-286.

GARCÍA-CAÑAS V, CIFUENTES A, 2012. A particular case of novel food: genetically modified organisms[M]// Picó Y. Chemical analysis of food: techniques and applications. Boston: Academic Press: 575-597.

KUIPER H A, KOK E J, ENGEL K H, 2003. Exploitation of molecular profiling techniques for GM food safety assessment[J]. Current opinion in biotechnology, 14 (2): 238-243.

POLTRONIERI P, RECA I B, 2015. Transgenic, cisgenic and novel plant products: Challenges in regulation and safety assessment[M] // Poltronieri P, Hong Y. Applied plant genomics and biotechnology. Oxford: Woodhead Publishing: 1-16.

（撰稿：石建新、谢家建；审稿：张大兵）

非预期效应的检测　detection of the unintended effects

转基因作物的目标是使得受体植株表现出目的基因片段插入所导致的预期表型差异，在外源目的基因整合进入受体植物基因组时，由于外源基因插入位置对原有序列的结构重组，有可能导致其对插入位点附近的基因转录产生非预期的影响。同时其转录或表达产物也有可能对其他位置的同源性基因或产物产生互作，从而影响到其他基因的表达。最终可能引起受体植株能量代谢、物质代谢、遗传表达等在表观上呈现出基因操作设计过程中无法预料的非预期效应。

转基因过程中可能导致的非预期效应大体由 5 种原因导致。

①转化效应。是指不同转化途径中转化介质、转化方式等对受体基因组及外源插入基因的转录或表达产生的非预期影响。

②位置效应。是指由于插入位点上下游基因与插入外源基因之间的相互作用，从而对两者转录或表达产生的非预期影响。

③重组效应。是指插入片段可能被植物体自身重组修复系统的识别，由于同源重组导致内外源基因结构产生的预料外变化，进而产生非预期的影响。

④插入效应。外源基因插入位点位于某内源基因阅读框内部功能区域或相关调控序列区域时，对内源基因转录表达产生的非预期影响。

⑤诱导效应。指外源基因的转录、表达或代谢产物对其他内源基因产生的诱导或沉默效应，从而形成非预期的影响。

当以上 5 类效应通过对生物体代谢产生的变化影响，进而形成植株表现型上的特征变化，最终导致了转基因生物非预期效应的产生。

转基因非预期效应的评价通常是基于实质等同原则，当转基因生物在物质组成上与对应非转基因且被认为是安全的亲本无实质性差异时，即可认为该转基因生物可能发生非预期效应是安全可控的。在对非预期效应进行分析时，通常会使用农艺性状判定、环境适应性判定、分子生物学及色谱质谱联用等多种技术。由于转基因作物可能从多个生物水平对亲本产生影响，对于各类组学技术近年来也越来越多地应用在转基因生物非预期效应分析上。

（撰稿：付伟；审稿：朱水芳）

非预期效应评价　evalution of non-expected effect

目的基因插入到宿主生物中，得到的转基因生物获得了外源基因赋予的特性，如抗虫、抗除草剂、抗逆、营养物质富集等，这种特性是预期可产生的，是预期效应；但在一些情况下，转基因生物可能获得某些其他的特性或某些已有的特性失去或被修改，这些改变并非是转基因操作预计产生的，因此称为非预期效应。非预期效应并非是转基因操作所特有的，常规育种也经常产生非预期效应，而且在食用安全方面，非预期效应不一定是有害的，也可能是有益的或中性的。

非预期效应评价是转基因产品食用安全评价的一个重要方面，主要涉及以下内容。

①关键成分分析。如果转基因产品导致关键成分的改变，可能会对健康产生影响，因此需要检测转基因产品中的关键成分，并与在同等条件下种植的非转基因传统对照产品相比较，判断是否转基因产品与非转基因产品存在显著的差异，并对这种差异是否有生物学意义及是否会产生安全性的影响进行评估。关键成分包括主要的营养成分、抗营养成分、毒素等。主要营养成分有脂肪、碳水化合物、蛋白质、维生素、矿物质等，如果有重要的蛋白、脂肪的改变，建议检测蛋白的氨基酸组成及脂肪谱。抗营养成分如大豆中的凝集素、胰蛋白酶抑制剂，玉米中的植酸、香豆素，油菜籽中的单宁、硫代葡萄苷、芥酸，马铃薯中的龙葵碱等。毒素类的物质，对健康肯定有影响，如玉米、大豆中的黄曲霉毒素。抗除草剂的转基因植物，需检测其除草剂的残留量。此外，还需要根据对已知预期效应的知识，关注预期效应对相关联的代谢物是否有影响，如提高八氢番茄红素合成酶的转基因油菜，除了八氢番茄红素含量发生改变，其维生素 E、叶绿素和脂肪酸的代谢如果也发生了改变，这也是非预期效应。

判断关键成分的差异是否具有生物学意义，需要与不同产地、品种、季节的非转基因产品的相关成分的数据库进行比对，转基因产品与非转基因产品如果存在差异，但在合理的范围区间内，可认为是天然变异，不会引起对健康不利的影响。如果差异在合理区间外，再具体分析是否对健康有影响。

②全食品亚慢毒性研究。一般来说，转基因食品在上市之前，需要进行全食品的亚慢毒性试验评价。该试验在评价产品的亚慢毒性的同时，也是对其非预期效应的观察。因为亚慢试验是在不影响营养需求的基础上，连续 90 天给予动物以最大量的转基因产品，观察其在行为、生长、发育、进食、血液学、生化学、病理学等方面情况，大鼠 90 天的生命期相当于人的 8 年时间，因此，观察时间是比较长的，如果产品本身有什么对健康不利的影响，应该都会反映出来。理论上，如果转基因产品出现了对健康有害的任何表现，都是非预期的，因此，广义上，转基因全食品的 90 天喂养，不仅是毒性评价，也是非预期效应的重要评价内容。此外，在必要时可开展长期（1 年以上）、繁殖（多代）等研究，可以反映出转基因食品长期的和对后代影响的非预期效应。

③组学研究。定向比较转基因和非转基因成分的差异，可能不能全面检测到非预期效应情况，因为有些成分的改变是预想不到的，如果没有检测，可能会被遗漏。因此，有人提出开展“组学”的检测，从基因组、蛋白组和代谢组的三个水平检测转基因和非转基因产品的差异，尽可能更全面地发现转基因非预期效应的情况。目前来说，组学在转基因的

非预期效应的评价中应用并不多，因为功能基因组的数据库需不断完善，取样方法、样品的处理有待标准化，最重要的是对数据的处理和分析需要的专业水平很高，否则很难获得有用的结果。此外，一般来说，如果有对健康影响较大的问题，在品种筛选、关键成分分析、亚慢毒性研究过程中就会发现，因此，组学检测得出的差异性成分，要么是差异不显著，没有生物学意义的；要么是功能不明确或功能不重要的物质，且组学的检测费用很高，因此，除非有非常必要的理由，一般不建议进行组学检测。

参考文献

李欣, 黄昆仑, 朱本忠, 等, 2005. 利用组学技术检测转基因作物非预期效应的潜在性[J]. 农业生物技术学报, 13 (6): 802-807.

EFSA Panel on Genetically Modified Organisms (GMO), 2011. Scientific opinion on guidance for risk assessment of food and feed from genetically modified plants[J]. EFSA Journal 9 (5): 2150. [37 pp.] DOI:10.2903/j.efsa.2011.2150. Available online: www.efsa.europa.eu/efsajournal.htm.

（撰稿：卓勤；审稿：杨晓光）

非洲大蜗牛 *Achatina fulica* Bowdich

软体动物门腹足纲柄眼目玛瑙螺科（Achatinidae）的一种。又名褐云玛瑙螺、白玉蜗牛、东风螺、菜螺、花螺、法国螺。英文名 giant african snail、giant african landsnail。

入侵历史 20 世纪 20 年代末至 30 年代初在福建厦门发现，可能是由一新加坡华人所带的植物而进入。

分布与危害 原产非洲东部沿岸坦桑尼亚的桑给巴尔岛、奔巴岛，马达加斯加岛一带。在中国广东、香港、海南、广西、云南、福建、台湾等地分布。非洲大蜗牛既是农林生产的危险性有害生物，又是人畜寄生虫的中间宿主，尤其是传播结核病和嗜菌性脑膜炎，对人类健康危害极大，这一问题也必须引起卫生检疫部门的高度重视。也可对蔬菜、花卉、甘薯、花生等农作物造成严重危害，有时可将植物枝叶吃光。

形态特征 贝壳长卵圆形，深黄色或黄色，具褐色和白色相杂的条纹；脐孔被轴唇封闭；壳口长扇形；壳内浅蓝色螺层数位 6.5～8；软体部分深褐色或黄褐色；贝壳高 10cm 左右。足部肌肉发达，背面呈暗棕色，黏液无色。

入侵生物学特性 主要栖息于菜地、农田、果园、公园、橡胶园里杂草丛生、树木葱郁、农作物繁茂阴暗潮湿的环境及腐殖质的土壤里、枯草堆、洞穴中及树枝落叶和石块下。6～9 月最活跃，晨昏或夜间活动。食性杂而量大，幼螺多为腐食性。雌雄同体，异体交配；生长迅速，5 个月即可交配产卵。交配受精后 15～20 天即可产卵，把卵产在洞穴内。卵粒绿豆大小，外包一层白色发亮的膜，每次产卵 100～400 粒，8～15 天可孵出幼螺。寿命长，可达 5～7 年。抗逆性强，遇到不良环境很快进入休眠状态。在这种状态下可生存几年。适宜温度为 16～30℃，湿度 60%～85%，土壤湿度在 40% 左右，pH5～7。当温度低于 15℃，高于 35℃时休眠，停止生长和繁殖。

除人为主动引入外，其卵和幼体可随观赏植物、木材、车辆、包装箱等传播，卵期可混入土壤中传播。

预防与控制技术

加强检验检疫 防止引入，发现疫情或有必要时，可进行熏蒸处理。灭杀蜗牛的熏蒸剂种类很多，常用的有磷化铝、磷化锌、硫酸氟、溴甲烷等。

人工捕杀 可利用雨天、黎明、黄昏等蜗牛活动期人工捕杀。也可将瓜皮等堆放在田间四周，引诱蜗牛来栖息，天亮后捕螺集中销毁。

化学防治 可把药液稀释喷洒到寄主植物上或制成毒饵撒到土壤中诱杀。一般以 17：00 左右施药为好，阴天可在上午进行。休眠期施药无法正常发挥作用。主要办法有：用 800 倍硫酸铜喷洒寄主植物；每亩用茶籽饼 10～12kg，敲碎后加温水 25kg 浸泡 3 小时，过滤后在滤液中加 50kg 水喷雾或加 175kg 水泼浇；用 1%～5% 的贝螺杀或 1.0%～1.5% 的氨溶液毒杀陆生蜗牛效果很好；还可用砒酸钙等与土壤、棉籽饼、米糠、白薯干、青草等混合，拌成毒饵，于傍晚撒在田间诱杀。

农业防治 非洲大蜗牛喜湿但忌水，水旱轮作可杀灭之。铲除花圃、菜地周围的杂草，破坏其越冬越夏场所，也可减轻危害。

生物防治 放养鸡、鸭啄食。

参考文献

陈德牛, 张国庆, 张光, 等, 1996. 非洲大蜗牛在云南境内传播危害[J]. 植物检疫 (1): 12-13.

李振宇, 解焱, 2002. 中国外来入侵种[M]. 北京: 中国林业出版社.

周卫川, 2002. 非洲大蜗牛及其检疫[M]. 北京: 中国农业出版社: 212.

周卫川, 吴宇芬, 蔡金发, 等, 2001. 褐云玛瑙螺发育零点和有效积温的研究[J]. 福建农业学报, 16(3): 25-27.

MUNIAPPAN R, 1987. Biological control of gaint African snail, *Achatina fulica* Bowdich, in the Maldives[J]. FAO plant protection bulletin, 35(4): 127-133.

（撰稿：马方舟、孟玲、雷军成；审稿：周忠实）

风险管理 risk management

针对农业转基因生物风险评估中所确认的危害或安全隐患，在转基因生物的研究开发、生产、使用和释放、转移等过程中，采取相应的安全监管措施进行权衡，确定可接受的最低风险水平，以控制和减少由转基因生物及其产品的研究开发、生产、使用、转移等活动所造成的风险或危险。风险管理是农业转基因生物安全管理的关键。

风险管理不但需要完善的法律、法规体系作为支撑，还需要健全的行政监管体系、检测机构体系和标准体系等来确保监控措施的贯彻和实施。因此，风险管理是在考虑科学问题和风险评估结果的基础上，与不同利益团体磋商中，权

F

衡立法和政策方案的过程，进而通过安全监管、安全控制措施的实施，保障生物安全，维持社会稳定。

（撰稿：叶纪明；审稿：黄耀辉）

风险交流　risk communication

风险分析全过程中，风险评估者、风险管理者、消费者、产业界、学术界等其他相关部门和个人等利益相关方之间，就危害、风险、风险相关因素和风险认知等方面交换信息和意见的互动交流过程。风险交流是农业转基因生物安全管理的纽带。传递的内容不仅包括风险信息，还包括各方对风险的关注和反应，以及发布官方在风险管理方面的政策和措施。

风险交流贯彻于风险分析全过程，风险交流依赖于透明的安全评价和安全管理决策程序，在保护商业机密的前提下，安全评价和管理相关机构将风险分析和决策过程中的风险评估报告等提供给各利益方。通过增加各利益方之间的互动交流，为风险分析过程提供更为广泛的科学基础，并促进各方利益的平衡和监控方案的实施，使转基因生物安全管理工作更加科学合理、公正透明。

（撰稿：叶纪明；审稿：黄耀辉）

风险评估　risk assessment

以科学为依据，对特定时期内因危害暴露而产生潜在不良影响的特征描述。风险评估是构成农业转基因生物安全管理的核心部分。整个评估过程由危害识别、危害特征描述、暴露评估和风险特征描述等四部分组成。

转基因生物的风险评估是指通过科学分析各种科学资源，对人类、动植物、微生物和生态环境暴露于转基因生物及其产品而产生的已知的或潜在的有害作用进行评价。国家农业转基因生物安全委员会按照规定的程序和标准，利用现有与转基因生物安全性相关的科学性数据和信息，系统地评价已知的或潜在的与农业转基因生物有关的，对人类健康、动植物、微生物和生态环境产生负面影响的危害，通过风险评估预测在给定的风险暴露水平下农业转基因生物所引起的危害的大小，为风险管理决策提供科学依据。

（撰稿：叶纪明；审稿：黄耀辉）

凤眼莲　*Eichhornia crassipes* (Mart.) Solms

雨久花科凤眼莲属的多年生漂浮性宿根大型水生草本植物。又名凤眼蓝、水葫芦，俗名水荷花、水凤仙子、“猪耳朵”。一种危害极大的入侵植物。

入侵历史　凤眼莲原产于美洲热带地区。20世纪初引入中国台湾，并于50年代作为猪饲料在南方各地大量引种。最早于1908年在广西采集到该物种标本。此后，在广东、广西、天津、福建、浙江、江西、湖南、云南、香港、江苏、台湾等地有记录。

分布与危害　分布于安徽、江苏、上海、浙江、江西、湖南、湖北、福建、广东、广西、海南、台湾、重庆、四川、贵州、云南，辽宁（南部）以及山东也有，但不能野外越冬。作为饲料植物引进，已成为对中国危害最重的入侵植物之一。其生长繁殖迅速，能在较短的时间内覆盖水面，堵塞河道，影响航运、排灌和水产养殖；破坏水生生态系统，威胁本地生物多样性（图1）。

形态特征　浮水草本，高30～60cm。须根发达，棕黑色，长达30cm。茎极短，具长匍匐枝，匍匐枝淡绿色或带紫色，与母株分离后长成新植物。叶在基部丛生，莲座状排列，一般5～10片；叶片圆形、宽卵形或宽菱形，长4.5～14.5cm，宽5～14cm，顶端钝圆或微尖，基部宽楔形或在幼时为浅心形，全缘，具弧形脉，表面深绿色，光亮，质地厚实，两边微向上卷，顶部略向下翻卷；叶柄长短不等，中部膨大成囊状或纺锤形，内有许多多边形柱状细胞组成的气室，维管束散布其间，黄绿色至绿色，光滑；叶柄基部有鞘状苞片，长8～11cm，黄绿色，薄而半透明。花莛从叶柄基部的鞘状苞片腋内伸出，长34～46cm，多棱；穗状花序长17～20cm，通常具9～12朵花；花被裂片6枚，花瓣状，卵形、长圆形或倒卵形，紫蓝色，花冠略两侧对称，直径4～6cm，上方1枚裂片较大，长约3.5cm，宽约2.4cm，三色即四周淡紫红色，中间蓝色，在蓝色的中央有1黄色圆斑，其余各片长约3cm，宽1.5～1.8cm，下方1枚裂片较狭，宽1.2～1.5cm，花被片基部合生成筒，外面近基部有腺毛；雄蕊6枚，贴生于花被筒上，3长3短，长的从花被筒喉部伸出，长1.6～2cm，短的生于近喉部，长3～5mm；花丝上有腺毛，长约0.5mm，3（2～4）细胞，顶端膨大；花药箭形，基着，蓝灰色，2室，纵裂；花粉粒长卵圆形，黄色；子房上位，长梨形，长6mm，3室，中轴胎座，胚珠多数；花柱1，长约2cm，伸出花被筒的部分有腺毛；柱头上密生腺毛。蒴果卵形。花期7～10月，果期8～11月（图2）。

入侵特性　凤眼莲在很多淡水生境中都能生长繁殖，包括浅水的季节性池塘、沼泽、缓慢流动的水体以及大的湖泊、水库和河流。气候对凤眼莲的生长影响很大。一般在气温达13℃或水温10℃时开始生长，气温30～35℃或水温27～30℃时生长最为旺盛。7℃以上可安全越冬，5℃以

图1 凤眼莲危害状（付卫东提供）

图 2 凤眼莲的形态特征（付卫东提供）

下需保护越冬，若水温下降到冰点，几小时就死亡。不耐霜冻，遇霜即枯死。凤眼莲具有无性和有性繁殖 2 种方式。无性繁殖属合轴分枝，通过匍匐茎增殖，由腋芽长出的匍匐枝形成新株。母株与新株的匍匐枝很脆嫩，断离后又可成为新株。在适宜的条件下，每 5 天可萌发 1 新植株，90 天内 1 株凤眼莲就能繁衍出约 25 万棵幼株，种群在 200 天后可达 342 万株左右，覆盖水面约 1.5 万 m^2。凤眼莲也可通过开花结实产生种子进行有性繁殖。种子萌发需要湿润的环境（水面以上 0～10cm）、适宜的温度（23℃以上）和充足的氧气，自然条件下，种子漂浮到河岸边干湿交替处或处于冬枯植株中露出水面的环境时，温度适宜就可能萌发。萌发初期的凤眼莲植株很弱小，种子萌发至植株叶柄气囊出现需 30～45 天。现实中自然条件难以满足种子萌发和幼苗生长的条件，因此实生苗难以见到。凤眼莲有着极强的耐贫瘠能力，在氮、磷、钙营养缺乏下不会对植株的生存产生大的负面影响，钙营养的关键浓度为 5mg/L。在较低的营养浓度下，凤眼莲能够通过调节内部营养循环来满足其外界营养供给的不足，同时也会改变根系生理学特征来缓解低营养压力。

监测检测技术 传统的入侵物种凤眼莲监测主要基于野外调查，并综合历史资料建立扩散模型，进行动态模拟和预测预报。除此方法之外，还可以使用连续长时间序列遥感影像监测动态分析凤眼莲时空变化，基于时间序列的统计特性的变化检测方法可以发现异常变化的发生及其发生的时刻。

预防与控制技术 凤眼莲的防治方法有多种，总体上分为人工或机械防治、化学防治、生物防治和综合防治 4 种。人工或机械防治凤眼莲的优点是相对直接、效果明显，打捞后再把凤眼莲深埋或利用。在凤眼莲入侵的初期阶段，生物量和入侵面积较小时，采用人工或机械打捞是较好的解决方法。但在中国存在着三方面问题：第一，每年耗资数亿元来进行打捞；第二，凤眼莲的入侵蔓延有日益严重的趋势，仅采用人工或机械打捞的速度远赶不上凤眼莲繁殖生长的速度；第三，中国的河流、湖泊、池塘等湿地类型复杂，难以顾及所有区域。化学防治凤眼莲主要是利用除草剂喷洒，以达到根除目的，方法简便，效果迅速。但是无论哪一种除草剂，都存在安全性问题。首先是除草剂不仅会杀死本地的土著种，而且难以清除凤眼莲种子；同时除草剂对湿地生态系统破坏性大，造成环境污染。生物防治凤眼莲是指利用凤眼莲的天敌（如昆虫、真菌）取食或寄生凤眼莲，以达到抑制凤眼莲生长的目的，具有效果持久、对环境安全、防治成本低廉等优点。通常从释放天敌到获得明显的控制效果需要几年甚至更长的时间，因此引进天敌的手段不应成为唯一手段。同时，天敌的引进本身就存在很大的生态风险，引进天敌之前要做好战略环境影响评价与生物安全风险评价，科学设计防治方案，防止“引狼入室”。综合防治是将生物、化学、机械和人工方法相结合，根据实际情况发挥各自优势，达到综合控制的目的。它强调相互协调，组成一个系统工程，以使效果最大化。

参考文献

丁建清, 王韧, 陈志群, 等, 2001. 利用水葫芦象甲防治云南滇池水葫芦的可行性研究[M]//植物保护21世纪展望暨第三届全国青年植物保护科技工作者学术研讨会论文集. 北京. 中国科学技术出版社.

李扬汉, 1998. 中国杂草志[M]. 北京: 中国农业出版社: 1389.

李振宇, 解焱, 2002. 中国外来入侵种[M]. 北京: 中国林业出版社: 188.

陆剑飞, 宋会鸣, 章强华, 等, 2001. 41%的BIOFORCE水剂防除河道水葫芦的效果初报[J]. 杂草科学 (1): 36-37.

（撰稿：付卫东；审稿：周忠实）

扶桑绵粉蚧 *Phenacoccus solenopsis* Tinsley

危害棉花、马铃薯、番茄等的外来入侵害虫。又名棉花粉蚧。学名变更：*Phenacoccus cevalliae* Cockerell，1902、*Phenacoccus gossypiphilous* Abbas，Arif & Saeed，2005，2007，2008。英文名 solenopsis mealy bug。半翅目（Hemiptera）蚧总科（Coccoidea）粉蚧科（Pseudococcidae）绵粉蚧亚科（Phenacoccinae）绵粉蚧属（*Phenacoccus*）。

入侵历史 该虫最早被发现于美国新墨西哥州一个公园植物根部的火蚁巢中，在美国 1991 年开始危害棉花；1992 年开始在除美国以外的其他国家和地区发现其发生危害；2002 年智利在人参果上发现该虫发生危害；2003 年阿根廷、2005 年巴西、2008 年尼日利亚相继发现该虫；2005 年以来，巴基斯坦、印度等地棉花上该虫暴发成灾。中国 2008 年在广东首次发现。

分布与危害 国外分布于非洲的阿尔及利亚、贝宁、喀麦隆、埃及、斯威士兰、埃塞俄比亚、加纳、马里、毛里求斯、尼日利亚、留尼汪、塞内加尔、塞舌尔和塞拉利昂，亚洲的孟加拉国、柬埔寨、印度、印度尼西亚、伊朗、伊拉克、以色列、日本、老挝、马来西亚、巴基斯坦、斯里兰卡、泰国、土耳其、阿联酋和越南，欧洲的塞浦路斯、荷兰、西班牙和英国，北美洲的巴巴多斯、伯利兹、加拿大、开曼群岛、古巴、多米尼加、瓜德罗普岛、危地马拉、海地、牙买加、马提尼克、墨西哥、尼加拉瓜、巴拿马、圣巴托洛缪行政区、法属圣马丁和美国，南美洲的阿根廷、巴西、智利、哥伦比亚和厄瓜多尔，大洋洲的澳大利亚和新喀里多尼亚。中国分布于广东、江西、湖南、广西、福建、四川、云南、海南、浙江、安徽、江苏、新疆、湖北、河北、上海、天津、重庆、香港和台湾等地。幼虫和雌成虫刺吸细胞汁液抑制植物生长，导致植物过早死亡，该虫还会产生蜜露，在叶片上形成烟熏霉菌，从而干扰光合作用。其主要危害棉花和其他植物的幼嫩部位，包括嫩枝、叶片、花芽和叶柄，以雌成虫和若虫吸食汁液危害。扶桑绵粉蚧多滞留在叶背面或叶正面的叶脉处，二龄若虫和成虫多在茎秆上取食。受害植株生长势衰弱，生长缓慢或停止，失水干枯，亦可造成花蕾、花、幼铃脱落；分泌的蜜露诱发的煤污病可导致叶片脱落，严重时可造成植株死亡。

寄主为大田作物、蔬菜、观赏植物、杂草、灌木和树木等200余种。

形态特征

成虫　具有雌雄二型性。

雌成虫卵圆形，刚蜕皮时身体淡绿色，胸、腹背面的黑色条斑明显，体长2.77±0.28mm，宽1.30±0.14mm；随着取食时间延长，体色加深，身体变大，体表白色蜡粉较厚实，胸、腹背面的黑色条斑在蜡粉覆盖下呈成对黑色斑点状，其中胸部可见1对，腹部可见3对；体缘蜡突明显，其中腹部末端2～3对较长。除去蜡粉后，在前、中胸背面亚中区可见2条黑斑，腹部1～4节背面亚中区有2条黑斑。与雄成虫配对之后，临近产卵之前，其体长可达3.50±0.32mm，宽1.84±0.14mm，而到了生殖期，其身体尺寸甚至达4.00～5.00mm（体长）×2.00～3.00mm（体宽）（图①）。

雄成虫体细长，虫体较小，黑褐色，长1.24±0.09mm，宽0.30±0.03mm。头部略窄于胸部，于胸部交界处明显缢缩，眼睛突出，红褐色；口器退化；触角细长，长约为体长的2/3，丝状，10节，每节上均有数根短毛。胸部发达，具1对发达透明前翅，翅脉简单，其上附着一层薄薄的白色蜡粉，后翅退化为平衡棒；足细长，发达。腹部较细长，圆筒状，腹末端具有2对白色长蜡丝，交配器突出呈锥状（图②）。

卵　长椭圆形，橙黄色，略微透明，长0.33±0.01mm，宽0.17±0.01mm，集生于雌成虫生殖孔处产生的棉絮状的卵囊中。

一龄若虫　体长0.43±0.03mm，宽0.19±0.01mm。初孵时体表平滑，淡黄绿色，头、胸、腹区分明显；足发达，红棕色；单眼半球形，突出呈红褐色。此后体表逐渐覆盖一层薄蜡粉，呈乳白色，身体亦逐渐圆润。该龄期若虫行动活泼，从卵囊爬出后短时间内即可取食危害（图③）。

二龄若虫　体长0.80±0.09mm，宽0.38±0.04mm。初蜕皮时黄绿色，椭圆形，体缘出现明显齿状突起，尾瓣突出，在体背亚中区隐约可见条状斑纹。取食1～2天之后，身体明显增大，体表逐渐被蜡粉覆盖，体背的条状斑纹亦逐渐加深变黑。到了末期，雌虫和雄虫可明显区分：雄虫体表蜡粉层比雌虫厚，几乎看不到体背黑斑；同时雄虫会停止取食，移向一处可保护其化蛹的角落，然后分泌棉絮状蜡丝包裹自身，最终完成发育（图④）。

三龄若虫　体长1.32±0.08mm，宽0.63±0.05mm。此龄期仅限于雌虫。刚蜕皮的3龄若虫身体呈椭圆形，明黄色，体缘突起明显，在前、中胸背面亚中区和腹部1～4节背面亚中区均清晰可见2条黑斑。2～3天之后，体表逐渐被蜡粉覆盖，腹部背面的黑斑比胸部背面的黑斑颜色深，体缘现粗短蜡突。到了三龄末期，其体长可达2mm左右，外表形似雌成虫（图⑤）。

蛹　该龄期仅限于雄虫，相当于雌虫的三龄阶段，分为预蛹期和蛹期。预蛹初期亮黄棕色，体表光滑，身体椭圆形，两端稍尖，腹部体节明显；随着时间延长，体色逐渐变深，呈浅棕色或棕绿色（头、胸部颜色较深），此时体表开始分泌柔软的丝状物包裹身体，从而进入蛹期。蛹包裹于松软的白色丝茧中，剥去丝茧，可见蛹态为离蛹，浅棕褐色，单眼发达，头、胸、腹区分明显，在中胸背板近边缘区可见1对细长翅芽，此阶段体长1.41±0.02mm，宽0.58±0.06mm。

入侵生物学特性　扶桑绵粉蚧繁殖能力强，营兼性孤雌生殖，年发生世代多且重叠。常温下世代长25～30天。雌虫产卵于卵囊中，单头雌虫平均产卵400～500粒，每个卵囊包含150～600粒卵。卵期很短，孵化多在母体内进行，因而产下的是小若虫，属于卵胎生。绝大部分卵最终发育为雌虫。卵历期为3～9天；若虫历期22～25天，一龄若虫历期约6天，行动活泼，从卵囊爬出后短时间内即可取食危害；二龄若虫约8天，大多聚集在寄主植物的茎、花蕾和叶腋处取食；三龄若虫需要约10天，虫体明显被覆白色绵状物，该龄期的第七天开始蜕皮，并固定于所取食部位。成虫整个虫体被覆白色蜡粉，似白色棉籽状群居于植物茎部，有时发现群居于寄主叶背。在冷凉地区以卵或其他虫态在植物上或土壤中越冬，在植株上或者土壤里以卵在卵囊中或其他虫态越冬。气候条件适宜可终年活动和繁殖。

入侵特性　扶桑绵粉蚧可随风、雨、动物、覆盖物、人、器械、苗木、果实等传播。喜欢在叶片背面或枯枝落叶等隐蔽处化蛹，成虫在土壤或枯枝落叶中越冬。

预防与控制技术

检疫措施　加强扶桑绵粉蚧疫情发生国家或地区扶桑绵粉蚧寄主植物的检疫，发现携带扶桑绵粉蚧的寄主植物后，立即销毁并做无害化处理。

扶桑绵粉蚧的形态特征（景琳提供）

①雌成虫；②雄成虫；③一龄若虫；④二龄若虫；⑤三龄若虫

化学防治 田间喷洒 50% 丙溴乳油 2500ml/hm^2，40% 毒死蜱乳油 2500ml/hm^2，40% 灭多威可湿性粉剂 1250g/hm^2 72 小时后，扶桑绵粉蚧的死亡率均高于 90%。

农业防治 清洁田园，如作物生长期和非生长期杂草的清除和处理，在阻止扶桑绵粉蚧扩散蔓延方面也发挥着显著的作用。同时加强水肥管理，提高农作物抗逆能力，也有利于减轻扶桑绵粉蚧的危害。

物理防治 剪去扶桑绵粉蚧寄生的植物叶片及枝条，受害严重的植株可连根拔起，焚烧带虫的枯叶和落枝、干枯杂草等。

生物防治 班氏跳小蜂（*Aenasius bambawalei*）为扶桑绵粉蚧的优势寄生蜂，可通过野外助迁释放，或室内人工规模化繁殖室外释放的方法，发挥班氏跳小蜂的生防潜力。孟氏隐唇瓢虫（*Cryptolaemus montrouzieri*）被誉为粉蚧毁灭者，幼虫和成虫均取食扶桑绵粉蚧，幼虫一生可捕食 2243 头粉蚧，成虫一生可捕食 4590 头粉蚧，可室内人工规模化繁殖室外释放防治扶桑绵粉蚧。蜡蚧轮枝菌和球孢白僵菌对扶桑绵粉蚧也有一定的致死能力，可以与生物源农药或化学杀虫剂配合使用。

参考文献

王琳, 杨晓朱, 2010. 入侵害虫扶桑绵粉蚧生物学、危害及防治技术[J]. 环境昆虫学报, 32(4): 561-564.

武三安, 张润志, 2009. 威胁棉花生产的外来入侵新害虫——扶桑绵粉蚧[J]. 昆虫知识, 46(1): 159-162.

朱艺勇, 黄芳, 吕要斌, 2011. 扶桑绵粉蚧生物学特性研究[J]. 昆虫学报, 54(2): 246-252.

BANAZEER A, AFZAL M B S, IJAZ M, et al, 2019. Spinosad resistance selected in the laboratory strain of *Phenacoccus solenopsis* Tinsley (Hemiptera: Pseudococcidae): studies on risk assessment and cross-resistance patterns[J]. Phytoparasitica, 47(4): 531-542.

NAGRARE V S, NAIKWADI B, DESHMUKH V, et al, 2018. Biology and population growth parameters of the cotton mealybug, *Phenacoccus solenopsis* Tinsley (Hemiptera: Pseudococcidae), on five host plant species[J]. Animal biology, 68(4): 333-352.

SOLANGI G S, KARAMAOUNA F, KONTODIMAS D, et al, 2013. Effect of high temperatures on survival and longevity of the predator *Cryptolaemus montrouzieri* Mulsant[J]. Phytoparasitica, 41(2): 213-219.

（撰稿：陈红松；审稿：郭文超）

福寿螺 *Pomacea canaliculata* Lamark

软体动物门腹足纲中腹足目瓶螺科 (Ampullariidae) 一种。又名大瓶螺、黄螺蛳、苹果螺、金宝螺。英文名 apple snail、golden apple snail、Amazonian snail。

入侵历史 作为高蛋白食物最先被引入中国台湾；1981 年引入广东，1984 年前后，已在广东作为特种经济动物广为养殖，后又被引入到其他省份养殖。

分布与危害 原产南美亚马孙河流域。在中国台湾、广东、广西、云南、福建、四川、江苏、浙江、上海、海南、湖南、江西、湖北等地有分布。逸为野生后，危害水稻和其他水生农作物，并很快扩散至天然湿地环境，对当地水生贝类、水生植物产生威胁。福寿螺是卷棘口吸虫、广州管圆线虫的中间宿主。

形态特征 雌雄异体。个体较大，有完整的螺旋形贝壳，成螺壳高 40～80mm，壳径 70mm 以上，最大壳径可达 150mm，爬行体长 35～60mm。贝壳黄褐色，表面光滑。螺体右旋，贝壳近似圆盘形，螺层 5～6 层，体螺层膨大。脐孔大而深。雌螺壳口单薄，外唇直或略弯，厣周缘平展；雄螺壳口增厚，外唇向外反翘，厣外缘的中部略隆起，上下缘向软体部凹。

入侵生物学特性 福寿螺一生经卵、幼螺、成螺 3 个阶段。越冬螺于 3 月中旬开始交配产卵，卵期一般 10～38 天。初孵幼螺至性成熟产卵 50～70 天。其生长速度受温度、食物制约。田间世代重叠严重，3～11 月，卵、幼螺、成螺并存。福寿螺的越冬呈休眠状态，11 月下旬至 12 月，当气温降至 8℃左右，成螺和幼螺便钻入田泥中，停止活动。其间如遇气温短暂升高时，仍可爬出取食。翌年气温稳定在 8℃以上时，开始活动、取食。食性广杂，见青即食，可食水稻、水生杂草及水葫芦等，甚至取食小鱼、小虾、小螺等。栖息于水田及附近沟、渠中，亦常见于水流平缓的河流、溪水中。遇干旱或水田缺水时，常钻入湿泥中休眠，待旱情解除后复出。近年发现，福寿螺对抑制水葫芦有效。也可作为动物蛋白资源。养殖条件下逸为野生。

预防与控制技术 采用农业防治、生物防治和化学防治多种防治方法相结合，以冬季防治（挖泥、清坑清除螺源和越冬卵块）、养鸭食螺为主，药物防治为辅，控制发生量，减轻危害。

参考文献

蔡汉雄, 陈日中, 1990. 新的有害生物——大瓶螺[J]. 广东农业科学(5): 36-38.

李振宇, 解焱, 2002. 中国外来入侵种[M]. 北京: 中国林业出版社.

陆温球, 2007. 福寿螺成灾的初步探究与思考[J]. 广西植保, 20(4): 43-46.

宋鄂平, 于吉涛, 2006. 福寿螺入侵浙西南地区原因与防治方法[J]. 湖北农业科学, 45(6): 804-806.

（撰稿：马方舟、孙红英；审稿：周忠实）

G

甘蔗蟾蜍入侵澳大利亚事件 cane toad invasion in Australia

一场由澳大利亚昆虫学家引进甘蔗蟾蜍防治甘蔗害虫而引发的生态灾难。甘蔗蟾蜍（*Rhinella marina*）又名海蟾蜍，其平均身长10～15cm，最大可达到25cm，平均体重约100g，最大可以达到2.6kg，是世界上最大的蟾蜍。甘蔗蟾蜍原产于南美洲和中美洲，是世界100种最具破坏性的入侵物种之一。甘蔗蟾蜍被引进至世界各地，以作为对甘蔗或其他作物之害虫的生物防治之用，但其本身却也在被引入的地区成为有害的动物。长期以来，澳大利亚的甘蔗种植者都受到一种名为甘蔗金龟子成虫（*Dermolepida albohirtum*）的困扰，这种虫子及其幼虫对甘蔗的根系极具破坏力，影响当地作物的生长。1935年，昆虫学家雷金纳德·穆格莫瑞从夏威夷收集了102只甘蔗蟾蜍放生于澳大利亚昆士兰北部，用以控制这些甲虫。然而，这些引入的蟾蜍不仅没能控制住蛴螬，凭借有毒物质防御和强大的繁殖能力，自身数量却快速增长至20多亿只，迅速占领澳大利亚100多万平方千米的土地，并向西快速扩散。这些甘蔗蟾蜍会捕食任何它能取得的生物，也会捕食其他原生的两栖类物种，并与原生物种竞争食物与繁殖地。受到威胁时，这些蟾蜍会分泌一种乳白色的液体，称为蟾蜍毒素。它们的毒液会使接触到它们的家畜与野生动物，例如狗、猫、蛇与蜥蜴生病与死亡。甘蔗蟾蜍的毒液可以杀死一条大鳄鱼，捕食者通常在吃下甘蔗蟾蜍15分钟后就会死亡。在澳大利亚常常可以看到因为吃甘蔗蟾蜍而死亡的动物，比如袋鼠、蛇等。甘蔗蟾蜍已经成为导致澳大利亚野生动物种类减少的主要原因之一。与成年蟾蜍一样，它们的卵和蝌蚪也是有毒的，不过蝌蚪没有那么巨大的腺体，毒性比较小。甘蔗蟾蜍具有极强的繁殖能力，它们一年四季均可交配，雌性蟾蜍一次可产3万枚卵，这些卵1～3天可孵化。而且，甘蔗蟾蜍的运动能力快速进化，已经进化出了更长更粗壮的后腿，在20世纪40～60年代，澳大利亚甘蔗蟾蜍每年以10～15km的速度扩散，但如今却以每年50～60km的速度向西行进。除此之外，庞大体型能储存水分，防止穿越澳大利亚内陆时出现脱水现象。这些特征使得甘蔗蟾蜍成为危害澳大利亚的一种典型入侵物种。

参考文献

魏荣瑄, 2008. 消灭甘蔗蟾蜍[J]. 生物技术世界 (5): 78-82.

SHANMUGANATHAN T, PALLISTER J, DOODY S, et al, 2010. Biological control of the cane toad in Australia: a review[J]. Animal conservation, 13(1): 16-23.

（撰稿：牟希东、徐猛；审稿：周忠实）

高剂量/庇护所策略 high-dose/refuge strategy

高剂量策略通过转基因抗虫作物的高剂量效应确保杀死抗性杂合子以延缓抗性进化；庇护所策略通过为敏感个体设立庇护所对抗性基因进行稀释从而使抗性基因保持在杂合子状态来延缓抗性发展。在抗性治理实践中，这两种策略通常同时使用，即高剂量/庇护所策略。

在美国种植的Bt玉米（表达Cry1Ab）对欧洲玉米螟（*Ostrinia nubilalis*）具有高剂量效应，同时采用了结构型庇护所策略，在Bt玉米已连续种植20多年后，欧洲玉米螟*Bt*抗性基因频率未有显著上升，这是采用高剂量/庇护所策略成功实现抗性治理的典型案例。而Bt棉花（表达Cry1Ac）由于对美洲棉铃虫（*Helicoverpa zea*）不具有高剂量效应，美洲棉铃虫田间种群在Bt棉花种植6年后就产生了抗性，导致Bt棉花田间防效显著降低。

Bt棉花（表达Cry1Ac）对红铃虫（*Pectinophora gossypiella*）表现为高剂量效应，在美国种植了20多年，未发现红铃虫对Cry1Ac产生抗性；而在印度种植6年后，红铃虫对Cry1Ac产生了抗性，导致田间防效显著降低。庇护所策略在美国得到有效执行，成功实现了抗性治理的目标；而印度未能有效执行庇护所策略，导致抗性治理的失败。因此，设立有效庇护所与种植具有高剂量效应的转基因抗虫作物对于抗性治理同等重要。

参考文献

BATES S L, ZHAO J Z, ROUSH R T, et al, 2005. Insect resistance management in GM crops: past, present and future[J]. Nature biotechnology, 23: 57-62.

GOULD F, 1998. Sustainability of transgenic insecticidal cultivars: integrating pest genetics and ecology[J]. Annual review of entomology, 43: 701-726.

HUANG F, ANDOW D A, BUSCHMAN L L, 2011. Success of the high-dose/refuge resistance management strategy after 15 years of *Bt* crop use in North America[J]. Entomologia experimentalis et applicata, 140: 1-16.

TABASHNIK B E, CARRIERE Y, 2010. Field-evolved resistance

to *Bt* cotton: bollworm in the U.S. and pink bollworm in India[J]. Southwestern entomologist, 35: 417-424.

（撰稿：吴益东；审稿：杨亦桦）

高剂量策略 high-dose strategy

通过种植对靶标害虫具有高剂量效应的转基因作物以实现延缓抗性进化目标的一种抗性治理策略。在靶标害虫田间种群中，抗性等位基因的起始基因频率通常较低（$<10^{-3}$），抗性等位基因主要以杂合子形式存在。因此，抗性发展的快慢主要取决于靶标害虫抗性杂合子在转基因抗虫作物上的存活率。具有高剂量效应的转基因作物所表达的外源抗虫物质（如Bt蛋白）应当杀死95%以上携带一个主效抗性等位基因的靶标害虫个体（抗性杂合子）。

在转基因抗虫作物商业化种植之初，通常难以从田间获取具有主效抗性基因的靶标害虫抗性品系，因此很难直接界定高剂量的阈值。美国环境保护局Bt作物与抗性治理专家咨询委员会（US EPA-SAP）建议以杀死靶标害虫正常野生种群99%个体剂量的25倍作为高剂量阈值；也有专家建议将能够杀死靶标害虫正常野生种群50%个体剂量的50倍作为高剂量阈值。

在一种新型转基因抗虫作物大面积推广前，采用F_2筛查法（F_2 screen）对靶标害虫田间抗性基因遗传多样性及起始抗性基因频率进行检测，并可以获得抗性品系，这项工作对于评估抗性风险具有重要价值。

一种转基因作物通常针对多种靶标害虫，对不同的靶标害虫可能会表现出不同的剂量效应。美国种植的Bt玉米（表达Cry1F）对欧洲玉米螟（*Ostrinia nubilalis*）表现出高剂量效应，而对草地贪夜蛾（*Spodoptera frugiperda*）达不到高剂量效应。中国种植的单价Bt棉花（表达Cry1Ac）主要用于控制两种害虫，红铃虫和棉铃虫。对于红铃虫（*Pectinophora gossypiella*）Bt棉花表现为高剂量效应，而对于棉铃虫（*Helicoverpa armigera*）则达不到高剂量效应。高剂量阈值的确定还应考虑抗性基因的显性度，如果主效抗性基因表现为显性或不完全显性，要对靶标害虫实现高剂量效应非常困难。因此，在转基因作物研发中应当充分考虑上述因素，筛选出对靶标害虫高效、安全的外源抗性基因及具有高剂量效应的转化事件。

高剂量策略通常与庇护所策略组合使用，称为高剂量/庇护所策略。这两种策略的合理组合可以获取更好的抗性治理效果，如果转基因抗虫作物对靶标害虫的高剂量效应不足，可以通过增加庇护所面积来弥补。

参考文献

ANDOW D A, ALSTAD D N, 1998. F_2 screen for rare resistance alleles[J]. Journal of economic entomology, 91: 572-578.

GOULD F, 1998. Sustainability of transgenic insecticidal cultivars: integrating pest genetics and ecology[J]. Annual review of entomology, 43: 701-726.

HUANG F, ANDOW D A, BUSCHMAN L L, 2011. Success of the high-dose/refuge resistance management strategy after 15 years of *Bt* crop use in North America[J]. Entomologia experimentalis et applicata, 140: 1-16.

STORER N P, KUBISZAK M E, ED KING J, et al, 2012. Status of resistance to Bt maize in *Spodoptera frugiperda*: lessons from Puerto Rico[J]. Journal of invertebrate pathology, 110: 294-300.

ZHANG H, TIAN W, ZHAO J, et al, 2012. Diverse genetic basis of field-evolved resistance to *Bt* cotton in cotton bollworm from China[J]. Proceedings of the National Academy of Sciences of United States of America, 109: 10275-10280.

（撰稿：吴益东；审稿：杨亦桦）

高通量检测技术 high throughput detection

转基因成分的高通量检测，顾名思义就是在一次反应或者操作中可同时进行多种转基因成分的鉴定。由于转基因成分种类越来越多，转基因生物安全监管对于高通量检测技术的需求也越来越迫切，是未来转基因成分检测技术发展的重要方向。转基因成分的高通量检测按照操作种类来分，可以分为基于PCR反应的多重PCR技术，基于微流控动态芯片的数字PCR技术，以及基于固相载体的DNA芯片技术。

多重PCR技术：是最早发展的转基因成分高通量检测技术。通过将针对不同靶标DNA序列设计的引物放在同一个PCR反应体系中，并结合合适的PCR产物检测技术，实现一次PCR反应同时检测多种转基因成分的目的。多重PCR是一种高效、简便、灵敏度较高、特异性较好的高通量检测技术，可满足转基因成分的高通量检测需要。但由于不同引物的相互干扰及对模板DNA的竞争，多重PCR的检测通量十分有限，即便是结合高分辨率的PCR产物检测技术，也难以一次检测超过15种靶标转基因成分。

动态芯片数字PCR技术：该技术是一种基于动态微流控芯片的高通量检测技术。动态芯片技术由Fluidigm公司提出并将相应的技术和平台进行了商业化。动态芯片的原理是将PCR所需引物探针与DNA模板在微流控芯片上进行分区添加，借助精细的微流控管道，达到每一个模板都可以和所有引物组混合并扩增。通过该微流控芯片，可以实现同时对多达几十个样品进行几十个甚至更多靶标成分的高通量检测。

固相芯片技术：作为一种成熟的高通量检测技术，通过将目的序列的互补探针或者目标蛋白的特异性抗体固定在固相载体表面，依据碱基互补或抗原–抗体结合反应，进而将目标DNA序列或者蛋白质固定在固相载体上，然后通过相应的检测工具以及软件进行结果判读和分析，达到高通量检测目标DNA序列或者蛋白质的目的。

（撰稿：朱鹏宇；审稿：付伟）

个案评估原则 case-by-case principle

由于不同转基因生物及其产品中导入的基因来源、功能、克隆方法等各不相同，受体生物品种也有差异，同种基因和操作方法下插入位点也不相同。为了最大限度地发现安全隐患，保障转基因生物的安全，在对转基因生物进行安全评价的过程中，应对不同的转化体采取不同的评价方法，必须针对每一个转基因生物具体的外源基因、受体生物、转基因操作方式、转基因生物的特性及其释放的环境等进行具体的研究和评价，通过适宜的评估方法得到科学、准确、全面的评价结果。

（撰稿：叶纪明；审稿：黄耀辉）

共同结合位点 shared binding site

蛋白质活性部位主要结合区，能够容纳大多数小分子配基的几种构象，是低亲和性的非特异性结合位点。不同Bt毒蛋白在昆虫中肠具有共同结合位点，指的是它们结合相同的昆虫中肠特异性受体。

Bt毒蛋白（Cry蛋白）根据杀虫谱的不同，分为不同的类型，用数字1、2、3等来命名。一般来说，同一类型的Bt毒蛋白在昆虫中具有共同结合位点，不同类型Bt毒蛋白往往具有不同的结合位点。Hernández-Rodríguez等利用^{125}I标记Cry2A毒蛋白进行异源竞争结合试验，结果表明，Cry2Aa，Cry2Ab和Cry2Ae在棉铃虫中肠上具有相同的结合位点，但与Cry1Ac具有不同的结合位点。利用^{125}I标记Cry1A.105，Cry1Ab和Cry1Fa毒蛋白并进行竞争结合试验，结果表明，Cry1A.105，Cry1Ab和Cry1Fa在两种昆虫欧洲玉米螟（*Ostrinia nubilalis*）和草地贪夜蛾（*Spodoptera frugiperda*）中肠具有共同的结合位点，这几种毒素之间存在很大的交互抗性风险。但不同类型的Bt毒蛋白也可能具有相同的结合位点，异源竞争结合试验结果表明，Cry3Bb，Cry3Ca和Cry7Aa在非洲甘薯象鼻虫（*Cylaspunc ticollis*）中肠上具有相同的结合位点。

参考文献

HERNÁNDEZ-MARTÍNEZ P, VERA-VELASCO N M, MARTÍNEZ-SOLÍS M, et al, 2014. Shared binding sites for the *Bacillus thuringiensis* proteins Cry3bb, Cry3ca, and Cry7Aa in the african sweet potato pest *Cylas puncticollis* (Brentidae)[J]. Applied and environmental microbiology, 80 (24): 7545-7550.

HERNÁNDEZ-RODRÍGUEZ C S, HERNÁNDEZ-MARTÍNEZ P, VAN RIE J, et al, 2013. Shared midgut binding sites for Cry1A. 105, Cry1Aa, Cry1Ab, Cry1Ac and Cry1Fa proteins from *Bacillus thuringiensis* in two important corn pests, Ostrinianubilalis and Spodopterafrugiperda[J]. PloS ONE, 8 (7): e68164.

HERNÁNDEZ-RODRÍGUEZ C S, VAN VLIET A, BAUTSOENS N, et al, 2008. Specific binding of *Bacillus thuringiensis* Cry2 insecticidal proteins to a common site in the midgut of *Helicoverpa* species[J]. Applied and environmental microbiology, 74: 7654-7659.

（撰稿：陈利珍；审稿：梁革梅）

供体生物 donor organism

在应用基因工程技术培育转基因生物过程中，把提供遗传转化物质的细胞和个体统称为供体生物。

在植物基因工程中，供体生物可以是植物、动物或微生物。其中，芽孢杆菌核酸酶BARNASE可降解高等植物细胞中的RNA，而*bastar*基因的表达产物可遏制barnase的酶活性。因此，芽孢杆菌可作为雄性不育系和恢复系构建的供体生物。根癌农杆菌（*Agrobacterium tumefaciens*）*CP4*菌株的5-烯醇式丙酮酰莽草酸-3-磷酸合成酶（EPSPS）对草甘膦敏感性较低，故可作为构建抗草甘膦转基因植物的供体生物。吸水链霉菌（*Streptomyces hygroscopicus*）可作为抗膦丝菌素除草剂性状的供体生物。苏云金杆菌（*Bacillus thuringiensis*）因其Bt蛋白、豇豆因其胰蛋白酶抑制因子、真菌因其细胞壁的几丁质酶等对昆虫和真菌具有明显的杀灭效果，因此皆可作为转基因植物抗病虫性状的供体生物。病毒本身就可作为抗病毒性状的供体生物。大豆、鱼和小麦等生物具有耐热和抗寒等性状，因此都可作为培育适应极端气候新品种的供体生物。此外，植物自身的储存蛋白和营养因子等均能用于品质改良，因此也可作为其他转基因植物的供体。

在动物转基因工程中，供体生物往往仅局限于动物或人。如将草鱼的生长素基因转入鲤鱼，能显著提高鲤鱼的生长速率；将深海鱼类的抗冻蛋白基因转入普通鱼类，可扩大鱼类的养殖范围；将鼠类的抗流感病毒基因*Mx1*导入鸡或猪，能提高畜禽的抗流感病毒能力；将人的功能基因转入动物中，以生物反应器形式生产药物，现已进入市场商业化应用。

转基因微生物主要用于生产食品用酶制剂、人类疾病治疗和预防性药物（如胰岛素、生长激素和基因工程疫苗等）、农用微生物农药和微生物肥料等，因此它的供体生物来源也非常广泛，几乎可包括所有的生物类别，植物、动物、真菌、细菌和病毒都能作为供体生物。

参考文献

宋思扬，楼士林，2014. 生物技术概论[M]. 4版. 北京：科学出版社.

（撰稿：汪芳；审稿：叶恭银）

构建特异性检测方法 construction of specific detection method

以转基因生物的外源插入载体中两个相邻元件连接部分的DNA序列作为检测目的片段的检测方法。这种检测方法能够显著提高方法特异性，在很大程度上避免基因特异性检测方法的缺陷，对插入相同外源基因的不同转化体进行有效区分。目前，已经商业化种植尤其是用作食品原料的转基因作物基本都建立了其构建特异性PCR检测方法。但当以相同表达载体进行转化的过程中，不同转化体间插入的拷贝数可能不同，从而形成具有相同表现型的不同转基因生物转化体，构建特异性检测方法也并不能对这类转化体间进行有效的特异性鉴别。

（撰稿：李亮；审稿：苏晓峰）

瓜类细菌性果斑病 bacterial fruit blotch

由西瓜噬酸菌引起的，危害西瓜、甜瓜、黄瓜、南瓜等葫芦科作物的一种细菌性入侵病害。

入侵历史 瓜类细菌性果斑病于1965年首次在美国报道以来，相继入侵澳大利亚、巴西、土耳其、日本、泰国、以色列、匈牙利以及希腊等多个国家。中国瓜类细菌性果斑病是1998年张荣意等人在海南乐东和东方西瓜叶片上首次发现的。

分布与危害 瓜类细菌性果斑病在世界各西瓜、甜瓜主产区分布较为广泛，在美国、澳大利亚、巴西、土耳其、日本、泰国、以色列、伊朗、希腊均有发生。在中国，果斑病的发生也逐年加重。已在海南、新疆、内蒙古、台湾、吉林、福建、山东、河北、湖北及广东等多地发生该病害，给中国的西甜瓜产业造成了严重的影响。该病主要危害西瓜、甜瓜、黄瓜、南瓜等葫芦科作物，且整个生长阶段均可侵染。子叶或真叶受侵染后形成的坏死病斑影响植株的光合作用，减少养分的形成，还为果实侵染提供了重要的菌源，果实一旦发病，轻则出现水渍状凹陷斑点，重则果皮龟裂，可明显闻到菌脓散发出的恶臭，从而给西瓜、甜瓜产业造成毁灭性的影响（图1）。

西瓜、甜瓜在各个生长期均可被西瓜噬酸菌侵染，西瓜、甜瓜幼苗的子叶、真叶以及果实等均可发病。侵染初期，在瓜苗的子叶背面出现水渍状病斑；子叶张开后，病斑变为浅棕色，并沿叶脉发展，变成黑褐色坏死病斑；发病后期侵染真叶，形成暗棕色的病斑，并伴有黄色晕圈；可侵染叶脉，并沿叶脉扩展成不规则状大病斑。瓜苗生长至中期，病斑在叶片上不易被发现。当田间湿度较大时，在叶片背面形成水渍状病斑，可侵染叶脉；病叶对植株的影响不大，但却是果实感染的重要来源。果实感病初期，果皮上呈现出水浸状的凹陷斑点，直径较小，仅几个毫米；病斑扩展迅速，边缘不整齐，呈深绿色或者褐色。西瓜噬酸菌侵入果肉后，可造成孔洞状病症。有的病斑瓜皮龟裂，溢出透明黏稠的菌脓。发病严重的果实腐烂并致使种子带菌。

病原及特征 病原为西瓜噬酸菌（*Acidovorax citrulli*），属丛毛单胞菌科（Comamonadaceae）噬酸菌属（*Acidovorax*）。西瓜噬酸菌菌体短杆状，革兰氏染色为阴性，不能产生荧光且严格好氧，有单根的极生鞭毛。西瓜噬酸菌在KB固体培养基上培养，菌落光滑，圆形，直径1～2mm，全缘，乳白色且不透明，长时间培养可以产生褐色素。在YDC固体培养基上培养，单菌落为黄褐色，圆形，直径为3～4mm（图2）。

入侵生物学特性 西瓜噬酸菌主要依靠种子传播，带病原菌的种子是该病害的主要初侵染源之一。病原菌可以在

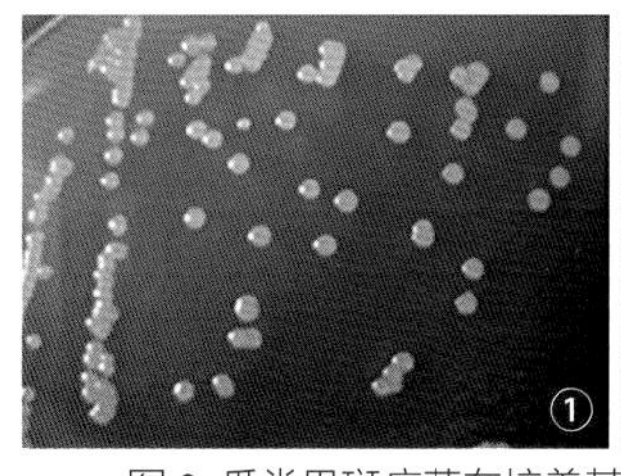
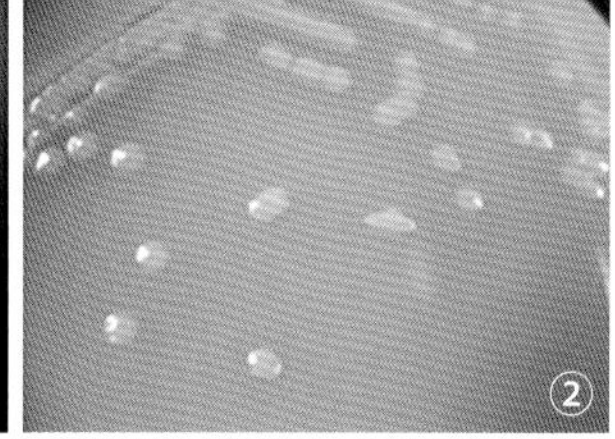

图2 瓜类果斑病菌在培养基上的菌落形态（赵廷昌提供）
① KB培养基；② YDC培养基

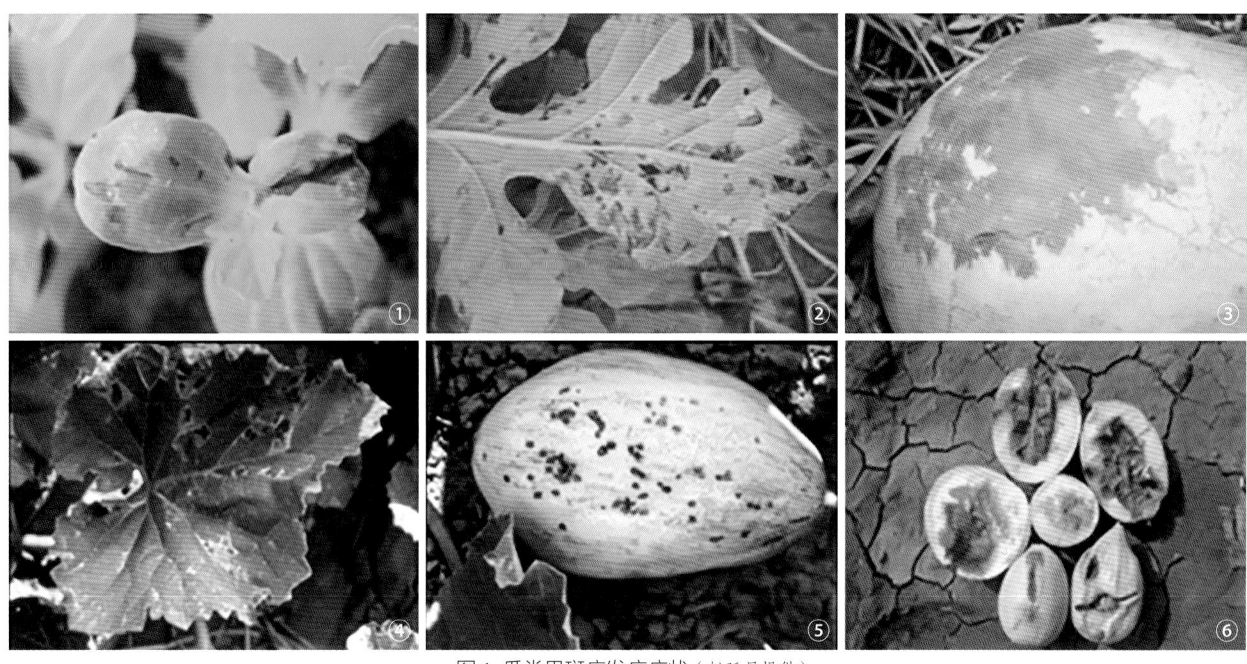

图1 瓜类果斑病发病症状（赵廷昌提供）
①西瓜子叶；②西瓜真叶；③西瓜果实；④甜瓜真叶；⑤甜瓜果实；⑥甜瓜果肉

G

种子表面附着，也可侵入种子的内部。西瓜噬酸菌抗逆性强，在种子内部可长时间存活，主要附着在种子的胚乳表层。研究证明，将保存34年的西瓜种子和40年的甜瓜种子种植发芽后，用ELISA检测叶片，结果为阳性的病组织中富集果斑病菌。在病残体上越冬的西瓜噬酸菌也可成为翌年初侵染的来源之一。大棚条件下，喷灌和幼苗移植时，西瓜噬酸菌也可侵染邻近幼苗，最终导致果斑病的大面积暴发。感病的叶片及果实上的菌脓可借助昆虫、风力、雨水或农事操作等方式传播，成为果斑病的再侵染源。高温高湿是瓜类果斑病大规模发生的有利条件，特别是强光、炎热及暴风雨过后，西瓜噬酸菌的繁殖速度和传播速度加快，该病害大规模流行发生。

预防与控制技术

检疫措施　提高种子带检测的准确度和效率，加强监管检查力度，重视获得种子的源头。从正规渠道购买西瓜种子，并对种子进行药剂处理，通过浸泡、喷雾等方式降低种子表皮的带菌数量，降低发病率。在国内系统开展瓜类细菌性果斑病的病情普查工作，加强内检，严格执行种子检疫。严禁从疫区向保护区调运种子、种苗或未加工的果实。

农业防治　建立无病制种田、留用无病种子。制种时应使用无菌种子进行原种及商业化种子的生产；将制种田与其他瓜类田隔离。不能在有疑似病害发生的田块采种；与发病地块相邻的田块，即使本身未发病，也不能作为制种田。种子播种前，可用3% HCl处理，15分钟后用水清洗，随后用47%的加瑞农600倍液浸种，过夜处理后播种。

进行倒茬轮作。曾发生过瓜类果斑病的田块，至少3年不能种植西瓜或者其他葫芦科作物。田间灌溉宜采用滴灌取代喷灌。田块一旦发生病害，应及时清除病株及病果，并彻底清除田间的杂草残体。不宜在叶片露水未干的田块中工作，避免将在发病地块使用过的农事工具拿到未发病的田块中使用。做好苗床清洁处理工作，瓜苗移植后，需及时彻底清理温室中的瓜苗残体及杂草等，不同育苗室的工具不能相互交换使用。

化学防治　主要化学药剂有53.8%氢氧化铜悬浮剂（可杀得）800倍液、50%氯溴异氰尿酸（消菌灵）800倍液、47%春·王铜（加瑞农）800倍液等。因部分西瓜噬酸菌株有耐铜性，因此应谨慎使用铜制剂；用47%的加瑞农或者90%的新植霉素，其苗期防效均可超过80%。

生物防治　可用荧光假单胞菌（*Pesudomonas fluorescens*）、工程菌、酵母菌（*Pichia anomala*）、部分葫芦科内生芽孢杆菌（*Bacillus* spp.）等进行防治。

培育抗病品种　使用抗病品种，是防治果斑病的有效措施之一。三倍体西瓜较二倍体更为抗病；抗性强的西瓜品种，果皮通常坚硬且颜色较深，而感病西瓜品种的果皮较浅。但迄今未开发出具商业价值的免疫或高抗西瓜品种。

参考文献

李乐书, 2015. 防治瓜类细菌性果斑病生物种衣剂的研制[D]. 南京: 南京农业大学.

王铁霖, 2012. 瓜类果斑病菌群体感应系统luxR/luxI功能研究[D]. 北京: 中国农业科学院.

赵廷昌, 2001. 哈密瓜细菌性果斑病及其防治[J]. 柑桔与亚热带果树信息(7): 41.

赵廷昌, 孙福在, 王兵万, 等, 2001. 哈密瓜细菌性果斑病病原菌鉴定[J]. 植物病理学报(4): 357-364. DOI: 10.13926/j.cnki.apps.2001.04.013.

赵廷昌, 孙福在, 王建荣, 2003. 药剂处理种子防治哈密瓜细菌性果斑病[J]. 植物保护(4): 50-53.

张荣意, 谭志琼, 文衍堂, 等, 1998. 西瓜细菌性果斑病症状描述和病原菌鉴定[J]. 热带作物学报(1): 70-76.

BURDMAN S, WALCOTT R R, 2012. *Acidovorax citrulli*: generating basic and applied knowledge to tackle a global threat to the cucurbit industry[J]. Molecular plant pathology, 13: 805-815.

FESSEHAIE A, WALCOTT R R, 2005. Biological control to protect watermelon blossoms and seed from infection by *Acidovorax avenae subsp. citrulli*[J]. Phytopathology, 95(4): 413-419. DOI: 10.1094/PHYTO-95-0413. PMID: 18943044.

FRANKLE W G, HOPKINS D L, STALL R E, 1993. Ingress of the watermelon fruit blotch bacterium into fruit[J]. Plant disease, 77(11): 1090-1092.

HOLEVA M C, KARAFLA C D, GLYNOS P E, et al, 2010. *Acidovorax avenae* subsp. *citrulli* newly reported to cause bacterial fruit blotch of watermelon in Greece[J]. Plant pathology, 59(4): 797-797.

HOPKINS D L, THOMPSON C M, ELMSTROM G W, 1993. Resistance of watermelon seedlings and fruit to the fruit blotch bacterium[J]. HortScience, 28(2): 122-123.

LATIN R X, HOPKINS D L, 1995. Bacterial fruit blotch of watermelon. The hypothetical exam question becomes reality[J]. Plant disease, 79: 761-765.

O'BRIEN R G, MARTIN H L, 1999. Bacterial blotch of melons caused by strains of *Acidovorax avenae* subsp. *citrulli*[J]. Animal production science, 39(4): 479-485.

SHEPHERD L M, BLOCK C C, 2009. Long-term survival and seed transmission of *Acidovorax avenae* subsp. *citrulli* in melon and watermelon seed[J]. Phytopathology, 99: S119.

WEBB R E, GOTH R W,1965. A seedborne bacterium isolated from watermelon[J]. Plant disease reporter, 49: 818-821.

（撰稿：关巍；审稿：赵廷昌）

关键种　key-stone species

在自然界中起到非常关键作用的物种，它们的消失或减弱会影响整个群落甚至使生态系统发生变化。关键种的丢失或消除可能导致一些物种的丧失，或者一些物种被另一些物种所替代。群落的改变既可能是由于关键种对其他物种的直接作用，也可能是间接作用。

根据关键种的不同作用方式，可以区分为关键捕食者、关键被捕食者、关键植食动物、关键竞争者、关键互惠共生种、关键病原体/寄生物和关键改造者等。关键种常常是一个顶位捕食者，它能够在很大程度上保持群落的多样性和稳定性。因为它取食优势种数量最多，可以抑制优势种在低位营养级中的竞争。研究发现华盛顿州石鳖、贻贝、双壳贝类、茗荷鹅、海星，它们在当地岩石的潮间带中共存，在海星不存在的试验区，茗荷鹅成为优势种；1年后又被贻贝和石鳖所排挤；3年后，群落中的物种减少至几种，其中有几个被消灭的物种根本不在海星的食物链中。可见海星具有控制群落结构的能力，它就是关键种。因此，食物网中如果存在关键种则有利于保持生态系统的多样性和稳定性。如果一个低位捕食的初级消费者是优势种，它能够独占一个基础的资源，又能够排挤其他物种，或者这个优势种首先被一个顶位捕食者强有力地控制，那么这个顶位捕食者就是关键种。

与优势种相比，关键种具有两个显著的特点：①它的存在对于维持生物群落的组成和多样性具有决定性意义。②同群落中的其他物种相比，关键种无疑是很重要的，但又是相对的。许多实验表明，一些数量很少、通常称为关键种的种类强烈地影响着群落和生态系统。关键种与优势种的区别在于它的影响远大于其多度所显示的水平，其影响相对于多度而言非常不成比例。

参考文献

戈峰, 2008. 现代生态学[M]. 2版. 北京: 科学出版社.

（撰稿：潘洪生；审稿：肖海军）

广西迪卡玉米事件 rumour of corn DIKA in Guangxi

2010年2月2日，张宏良在自己的博客中发表了题为《广西抽检男生一半精液异常，传言早已种植转基因玉米》的文章。他认为广西大学生精液质量异常是因为当地已经多年种植孟山都公司的“迪卡”系列转基因玉米。在随后的一段时间里，文章被大量转载，越来越多的人开始相信转基因玉米导致了当地大学生精液质量异常。

关于广西种植转基因玉米，作者依据的材料是有网络报道称“广西从2001年开始推广种植了上千万亩美国孟山都公司的‘迪卡’系列转基因玉米”。而美国孟山都公司在官方网站公布的“关于迪卡007/008玉米传言的说明”中指出“迪卡007玉米是孟山都研发的传统常规杂交玉米；迪卡008是迪卡007玉米的升级品种杂交玉米”。广西种子管理站在随后的“关于迪卡007/008在广西审定推广情况的说明”中确认了这一说法。中国种业商务网的品种说明中也指明了迪卡007/008的亲本来源，与转基因没有任何关系。

而广西大学生精液异常之说，依据的是广西新闻网2009年11月19日登出的关于广西医科大学第一附属医院男性学科主任梁季鸿领衔完成的《广西在校大学生性健康调查报告》中“广西19所高校56.7%的被调查大学男生精液质量异常”的有关新闻。原文根本没有出现转基因的字样，而是列出了环境污染、食品中大量使用添加剂、不良生活习惯等可能导致精液质量异常的因素。

由此可见，广西并未大规模种植转基因玉米，更谈不上转基因玉米导致大学生的精液质量异常。

（撰稿：刘标、郭汝清；审稿：薛堃）

归化种 naturalized species

已经建立能够自我维持的种群，并与本地生态系统形成稳定关系的外来种。归化物种如果丰富度增加并对当地的动植物造成危害就会成为入侵物种，但部分归化种成为农作物品种或家养动物，对人类有益。

根据传入或侵入的途径，归化植物可分为3类：第一类是自然归化，此类植物来历不十分清楚，是自然迁移进来并归化成为野生种，这是最典型的归化植物。第二类是人为归化植物，是指将可作为牧草、饲料、蔬菜、药用或观赏等的植物有意地引入，经过栽培驯化成为家生状态的植物。这种归化植物同自然归化植物的区别在于来历较为清楚，而且都是人为栽培的。第三类是史前归化植物，这类植物的来历全不清楚，但它们总是伴随着某些人为活动而分布着，常见于农田周围。

参考文献

万方浩, 侯有明, 蒋明星, 2015. 入侵生物学[M]. 北京: 科学出版社.

周兴文, 2012. 我国的归化植物概述[J]. 生物学教学, 37(9): 4-5.

（撰稿：褚栋；审稿：蒋明星）

鬼针草 *Bidens pilosa* L.

具有极强入侵性的一年生草本植物。菊科鬼针草属。又名鬼钗草、虾钳草、蟹钳草、对叉草、粘人草、粘连子、豆渣草、杂草。

入侵历史 原产于热带美洲。在中国，鬼针草最早于1857年在香港被报道，随进口农作物和蔬菜而被带入，由于其瘦果冠毛芒刺状具倒钩，可能附着于人畜和货物携带到各处而传播。

分布与危害 广泛分布于中国华东、华中、华南、西南各地，常生于水边、河岸、湿地、山坡、荒地、村旁及路边等处，极易采集。

鬼针草常生于农田、路边及荒地，常见于旱田、桑园、茶园和果园等地，其根系发达，具有很强的吸收土壤水分和养分的能力，会与农作物争夺水分和养分，影响作物的质量，部分棉花、豆类、蔬菜和幼林危害较重。除此之外，鬼针草的生长势强，通常高于农作物，影响农作物对光能利用，干扰并限制农作物的生长。

鬼针草还是棉蚜等病虫的中间寄主，病虫常年在杂草或其根部寄生过冬，翌年春再迁移到作物上进行危害，降低农作物产量和品质。

杂草较多的农田，其除草的用工量消耗多，由于大量用工，增加了生产成本。

形态特征 鬼针草为一年生草本植物，植株可高达1.2m，茎直立，高30～100cm，钝四棱形，无毛或有时上部被极稀疏的柔毛，基部直径可达6mm。叶对生，茎下部叶较小，3裂或不分裂，通常在开花前枯萎；中部叶为三出复叶或具5～7小叶的羽状复叶，具长1.5～5cm无翅的柄，两侧小叶椭圆形或卵状椭圆形，长2～4.5cm，宽1.5～2.5cm，先端锐尖，基部近圆形或阔楔形，有时偏斜，不对称，具短柄，边缘有锯齿，顶生小叶较大，长椭圆形或卵状长圆形，长3.5～7cm，先端渐尖，基部渐狭或近圆形，具长1～2cm的柄，边缘有锯齿，无毛或被极稀疏的短柔毛；上部叶小，线状披针形，3裂或不分裂。头状花序，直径8～9mm，有长1～6cm（果时长3～10cm）的花序梗。总苞基部被短柔毛，苞片7～8枚，线状匙形，上部稍宽，开花时长3～4mm，果时长至5mm，草质，边缘疏被短柔毛或无毛，外层托片披针形，果时长5～6mm，干膜质，背面褐色，具黄色边缘，内层较狭，条状披针形。无舌状花，盘花筒状，长约4.5mm，冠檐5齿裂。瘦果黑色，条形，略扁，具四棱，长7～13mm，宽约1mm，上部具稀疏瘤状突起及刚毛，冠毛3～4条，长1.5～2.5mm，芒状，具倒刺（见图）。花果期8～10月。

入侵特性 鬼针草为六倍体（2n=72）植株，交配机制灵活，不仅能异交传粉，还可自交结实，单个花序内可自交亲和，具有极强的入侵性和环境适应力。种子一年四季均可成熟，且产种迅速，结实量大，种子萌发率高，若以单个植株500个花序计算，每株可产生约18115粒种子，具有较强的繁殖力，且从开花到果实成熟只需18天。种子成熟后可自然脱落，由于其瘦果冠毛呈芒刺状具倒钩，可附着于人畜和货物携带到各处而传播，散布力极强。这些特性使得鬼针草扩散到一个新生境后，在一到两代内就能产生一个大的种群，从而快速完成定殖和入侵。

鬼针草植株对光、温度、氮素有较强的表型可塑性，其对光变化具有较强的适应性，无论是在强光还是光照不足的情况下，其都能表现出较高的资源利用率。除此之外，鬼针草对温度的适应范围广，对土壤氮素响应的表型可塑性较大。当温度为15～30℃时，鬼针草种子的萌发率在80%以上；高温40℃时的萌发率仍然能达到46.5%；即使在低温10℃时，鬼针草的萌发率也超过了68%。当土壤中氮肥贫瘠时，鬼针草可以减少叶片和分枝数的投入，加大对地下根生物量的投入，从而依靠根的吸收来竞争地下营养资源；而土壤中氮素充足时，其又能通过增加叶片数和总叶面积来提高地上部的物质投入，增强光合作用，加大竞争和利用光能的能力。这些能力能够使鬼针草与其他植物在同一空间时处于优胜地位。

鬼针草具有化感作用，能抑制多种植物的种子萌发和生长，当其生长于紫茎泽兰（*Ageratina adenophora*）重度入侵地土壤时，鬼针草的生长不受影响，且紫茎泽兰枯落物的水浸液还能提高鬼针草的长势，促进鬼针草体内物质的积累，这一能力也提高了鬼针草的竞争优势。

监测检测技术 将鬼针草植株发生外源100m以内的范围划定为一个发生点（若两株鬼针草距离在100m以内可看作同一发生点），发生点所在的行政村区域划定为发生区范围（若发生点跨越多个行政村，可将所跨越的行政村划为同一发生区），发生区外围5000m的范围划定为监测区。在划定边界时若遇到田埂等障碍物，则以障碍物为界。根据鬼针草的传播扩散特性，在监测区的每个村庄、街道、山谷以及农田等地设置不少于10个固定监测点，每个监测点选10m^2，悬挂明显监测位点牌，一般每月观察一次。

在调查过程中若发现类似鬼针草，可根据前文描述的鬼针草的形态特征，鉴定是否为该种。

预防与控制技术 预防和控制鬼针草的蔓延需要因地制宜采取不同的措施。对于那些还未受到鬼针草侵袭的地区，要做好防范，一旦发现立即采取相关措施予以灭除。尤其是农田、茶园、果园等作物园等要精耕细作，使其难以入侵。对于鬼针草已经入侵到的地方，在除治的同时还要注意加强防范，防止其二次侵袭。控制鬼针草一般有物理、化学和生物防治等方法。

物理防治 在鬼针草开花前人工拔除、沤肥或烧毁均可在一定范围内清除鬼针草。其次，也可使用农具清除或覆盖除草，用黑色地膜覆盖，提高地膜温度抑制杂草幼苗生长或在作物行间用秸秆、稻草等覆盖，覆盖厚度能不透光即可。

化学防治 在果园、地头、沟渠、路旁、休闲地和高大乔木林等地可用10%草甘膦水剂13.5～18.5L/hm^2、20%克无踪1500ml/hm^2、稀释100倍的拉索、敌草隆等除草剂

鬼针草的形态特征（张风娟提供）
①瘦果；②花

除草。在木薯地中，500g/L 特丁噻草隆对鬼针草的防除效果最佳，其次 60% 的噁草·丁草胺、57% 的氧氟·乙草胺、50% 丁草胺、90% 乙草胺、960g/L 精异丙甲草胺、120g/L 噁草酮、24% 乙氧氟草醚也可达到防治效果。其他作物田可在播种前或播种后使用 50% 利谷隆可湿性粉剂、50% 扑草净可湿性粉剂、25% 除草醚可湿性粉剂、5% 普施特水剂和 80% 茅毒可湿性粉剂等药剂处理土壤，也可以使用草甘膦、克无踪等灭生性除草剂定向喷雾以及 48% 苯达松液剂、25% 虎威水剂、24% 克阔乐乳油等药剂喷雾处理茎叶，可根据不同作物田酌情用药。

生物防治　鬼针草可以使用生物除草剂达到防治的目的。经研究发现有两种可抑制鬼针草生长的植物，以及多种具有植物源生物除草剂开发潜能的入侵植物，如：南方菟丝子（*Cuscuta australis*）、五爪金龙（*Ipomoea cairica*）、胜红蓟（*Ageratum conyzoides*）、白狐车前（*Plantago lagopus*）、银胶菊（*Parthenium hysterophorus*）、红花酢浆草（*Oxalis corymbosa*）。其中，南方菟丝子可以寄生于鬼针草，抑制其生长；五爪金龙能够缠绕、覆盖于鬼针草，影响鬼针草的光合作用和质膜透性而抑制其生长。但是这两种植物也属于危险杂草，在应用于鬼针草的防治时很容易造成二次伤害。其余几种植物能够向土壤中释放化感物质，这些化感物质能够抑制鬼针草种子萌发和幼苗生长。

参考文献

邓玲姣, 邹知明, 2012. 三叶鬼针草生长、繁殖规律与防除效果研究[J]. 西南农业学报, 25(4): 1460-1463.

郝建华, 刘倩倩, 强胜, 2009. 菊科入侵植物三叶鬼针草的繁殖特征及其与入侵性的关系[J]. 植物学报, 44(6): 656-665.

尚春琼, 朱珣之, 2019. 外来植物三叶鬼针草的入侵机制及其防治与利用[J]. 草业科学, 36(1): 47-60.

田家怡, 刘俊展, 刘庆年, 等, 2004. 山东外来入侵有害生物与综合防治技术[M]. 北京: 科学出版社: 207-208.

YU X J, YU D J, LU Z J, et al, 2005. A new mechanism of invader success: exotic plant inhibits natural vegetation restoration by changing soil microbe community[J]. Chinese science bulletin, 50(11): 1105-1112.

（撰稿：张风娟；审稿：周忠实）

滚环扩增　rolling circle amplification, RCA

一种由具有强单链置换活性的 Φ29DNA 聚合酶作用下进行的恒温扩增方法。该方法以环状 DNA 为模板，通过与环状模板互补的引物，在酶催化下将 dNTPs 转变成单链 DNA，扩增产物是多个与模板链互补的重复序列串联而成的线性单链。这种方法不仅可以直接扩增 DNA 和 RNA，还可以实现对靶核酸的信号放大，灵敏度达到一个拷贝的核酸分子。

该技术在 DNA、RNA 长探针获取以及外源基因快速扩增等方面发挥了重要的作用。

（撰稿：潘广；审稿：章桂明）

国际生命科学研究所　International Life Sciences Institute, ILSI

成立于 1978 年，是由企业会员组成的非营利性国际学术团体，总部设在美国华盛顿特区。其宗旨是通过科学交流以及相关的科学研究，使企业、科学家和政府三者从科学角度达成共识，并共同努力提高人类健康水平。针对营养、食品安全和环境卫生等方面，主要通过组织学术会议、组织支持科学研究和科学出版物等形式开展活动。ILSI 是联合国粮食及农业组织（FAO）和世界卫生组织（WHO）认定的非政府组织，并与 FAO 和 WHO 合作或接受两者资助召开会议，还被作为非政府组织的代表应邀参加联合国相关会议。目前有 300 多个会员企业，并在全球有 17 个附属机构，联络着全球 3000 多位科学家。1993 年成立国际生命科学学会中国办事处（ILSI Focal Point in China），切合中国公共卫生的需要开展学术交流，并向中国政府有关部门、科学界和企业提供科学信息。

早在 1996 年，ILSI 发布关于新型食品安全性检测的文件，其中包含所有转基因食品和饲料的背景资料，如转基因 DNA 数据、表型以及包括总体成分、营养因子、抗营养因子和毒素在内的营养成分数据；并提出与 OECD 相似的实质等同性原则。此外，还制定检测转基因食品潜在致命性的决定树。

2003 年构建作物成分数据库（http://www.cropcomposition.org），包含进行成分分析的质控数据，可帮助评估从转基因作物中获得的食物或饲料成分是否发生生物学意义上的变化，并用于评估新作物品种的成分等同性和记录作物成分的自然变异性。

2009 年 ILSI 研究基金会成立环境风险评估中心（Center for Environmental Risk Assessment，CERA），其研究和能力建设项目重点针对用于农业和食品生产的转基因生物，凭借在风险评估、三方参与和传播新科学知识等方面具有优势的基础上，致力于发展健全的科学技术并将其应用于农业生物技术的环境风险评估，从而为食品、燃料和纤维的可持续生产提供安全保障。

参考文献

中国农业大学, 农业部科技发展中心, 2010. 国际转基因生物食用安全检测及其标准化[M]. 北京: 中国物资出版社.

International Life Sciences Institute. About ILSI[DB].[2021-05-29] https: //ilsi. org/about/.

（撰稿：姚洪渭、叶恭银；审稿：方琦）

国际食品法典委员会　Codex Alimentarius Commission, CAC

由联合国粮食及农业组织（FAO）和世界卫生组织（WHO）于 1963 年联合建立的协调食品标准的国际政府间组织，负责建立国际通用的食品标准体系、食品加工指南和相关食品生产操作手册，以保护消费者的健康、确保食品贸易的公平和公正、促进和协调国际组织和非政府组织间食品标准制定工作。

CAC 并非常设机构，其活动主要通过会议的形式来进行。CAC 大会每两年召开一次，轮流在意大利罗马和瑞士日内瓦举行，主要审议并通过国际食品标准和其他有关事项。CAC 日常事务由设在罗马 FAO/WHO 联合食品标准计划处完成。CAC 下设的执行委员会是法典委员会的执行机构，提出基本工作方针。CAC 的标准制定工作主要由其分委会来进行：①一般法典委员会，又称横向委员会或水平委员会，主要负责适用于各种食品一般标准和项目，包括食品添加剂、标签、农药残留物、兽药、食品检验和出证、分析和采样等。②产品法典委员会，又称纵向委员会或垂直委员会，主要负责制定特定类别食品的标准。③临时法典委员会，又称政府间特别工作组，有着明确的任务和时限，主要负责制定特定的新标准。④地区法典委员会，负责处理区域性事务。CAC 曾下设 38 个分委员会。由于根据 CAC 决议，如果在相关工作已经结束的情况下，分委员会可以休会或解散，因此目前尚在运作的分委会有 27 个，其中包括 9 个一般法典分委会、11 个产品法典分委会、1 个政府间特别工作组和 6 个地区法典委员会。此外，还有以专家委员会形式存在的并不属于 CAC 框架、但对食品法典制定具有非常重要作用的专家机构，如食品添加剂联合专家委员会（JECFA）和 FAO/WHO 农药残留联席会议（JMPR）等，可为食品法典标准的制定提供以科学为基础的资料数据。在上述组织机构安排下，各分委会依照标准制定程序负责标准的起草工作，最终由 CAC 大会通过。CAC 标准制定工作有普通程序和特殊程序两种，其中普通程序分为 8 个阶段，具体包括发起阶段，草案建议稿起草，草案建议稿征求意见，草案建议稿修改，草案建议稿被采纳为标准草案，标准草案送交讨论，附属机构修改标准草案以及大会讨论修改。

在转基因食品方面，CAC 第二十三届会议于 1999 年设立生物技术食品法典特设政府间工作组（TFFBT），制定与生物技术衍生食品有关的标准、准则和其他原则等，包括：①现代生物技术食品风险分析原则（2003）；②使用重组 DNA 微生物进行食品安全评估的指南（2003）；③重组 DNA 植物食品安全评估指南（2003）；④重组 DNA 动物食品安全评估指南（2008）等。

CAC 作为农产品 / 食品政府间国际标准化组织，所制定的食品标准等虽不具约束力，但因被世界贸易组织（WTO）认可为国际贸易仲裁依据，而备受各国政府关注。目前，全球已有 160 多个国家加入 CAC，其中中国于 1984 年正式加入。1986 年，成立中国食品法典委员会，由与食品安全相关的多个部门组成。卫生计生委作为委员会的主任单位，负责国内食品法典的协调工作。委员会秘书处设在国家食品安全风险评估中心。秘书处工作职责包括：组织参与国际食品法典委员会及下属分委员会开展的各项食品法典活动、组织审议国际食品法典标准草案及其他会议议题、承办委员会工作会议、食品法典的信息交流等。如今，中国已全面参与国际法典工作的相关事务，在多项标准的制定修订工作中凸显中国的作用，逐渐得到国际社会的认可。

参考文献

中国农业大学, 农业部科技发展中心, 2010. 国际转基因生物食用安全检测及其标准化[M]. 北京: 中国物资出版社.

FAO, 2016. Understanding Codex[DB].[2021-05-09] http: //www. fao. org/3/a-i5667e. pdf.

（撰稿：姚洪渭；审稿：叶恭银）

国际转基因生物安全学发展史 international history of genetically modified organism biosafety sciences

转基因生物安全问题始于 20 世纪 70 年代初，是伴随着现代生物技术特别是 DNA 重组技术、基因工程技术和转基因技术等发展与应用而出现的。之前，生物安全问题主要涉及实验室或医疗机构的病原微生物可能对操作人员造成暴露感染和对环境造成泄漏污染等生物危害的防控以及生物战争与生物恐怖的防御等。随着人工重组 DNA 及其重组改造生物的问世，尽管其展现出巨大的应用前景，但在全球范围内却引发对重组 DNA 技术潜在风险的广泛关注。转基因生物安全学科的建立与发展离不开现代生物技术进步、转基因生物及其产品研发与应用以及各国政府对转基因生物安全监管等方面。其历程大体上可分为自发预警、规范管理和持续发展等 3 个阶段。

自发预警阶段（1970—1979） 继 1953 年 James Watson 和 Francis Crick 揭示 DNA 双螺旋结构、1967 年和 1970 年分别发现 DNA 连接酶和限制性内切酶后，人工操控 DNA 成为可能。1972 年美国斯坦福大学 Paul Berg 利用限制性内切酶和 DNA 连接酶对猴病毒 SV40 和 λ 噬菌体的两种 DNA 进行重组连接，创建世界上首例重组 DNA 分子。1973 年 Herbert Boyer 和 Stanley Cohen 将重组 DNA 导入细菌细胞中，获得对抗生素的抗性，成为首例人工遗传改造生物。1974 年初 Cohen 实验室将来自非洲爪蟾（*Xenopus laevis*）的基因插入质粒中，并在细菌体内成功表达，实现跨越物种的基因转化。同年，Rudolf Jaenisch 将 SV40 的 DNA 片段导入小鼠胚胎中，发现外源 DNA 整合到小鼠基因组上，但未能传递给后代。

然而，重组 DNA 技术的重大突破却引起众多学者对其可能带来的新的潜在生物危害的广泛担忧，引发对新技术应用前景的质疑和争论。为此，1973 年 6 月在美国新罕布什尔州举行的戈登（Gordon）会议上，就新技术应用研究可能存在的生物危害展开讨论，并建议美国国家科学院设置特别委员会来调查重组 DNA 技术应用研究可能产生的安全问题。于是，Paul Berg 受命建立重组 DNA 技术安全性委员会，于 1974 年 4 月在美国麻省理工学院召开研讨会，讨论重组 DNA 实验是否存在严重问题及可能的应对方法。会议结果以公开信方式倡议暂停重组 DNA 试验，建议美国国立卫生研究院（National Institutes of Health，NIH）成立委员会来评估风险和制定准则，并召开国际会议共同商讨新技术研究潜在危害的应对措施。该倡议得到全球科学家的普遍响应，纷纷以谨慎的保守态度自愿暂停相关研究，等待举行国际会议来评估新技术发展的各种风险。

1975年2月在美国加利福尼亚州阿西洛马（Asilomar）召开重组DNA技术及其生物安全性国际会议，来自全世界包括科学家、新闻记者、律师和政府官员等在内的150名代表参加。会议报告了使用重组DNA技术所取得的进展，讨论了新技术所具有的潜在危险性以及需要采取的预防措施等。会议对重组DNA研究达成共识，终止重组DNA试验暂停计划，建立重组DNA研究的指导方针和行为准则，制定试验研究的不同等级安全防范措施，暂缓或禁止在当前知识和预防措施条件下可能引发严重生物危害的试验研究，提出科学家和科研机构的行动指南等。这是世界上第一次关于转基因生物安全性的国际会议，标志着人类开始正式关注转基因生物的安全性问题。阿西洛马会议首次通过预警性思考、科学共同体的自我监管和广泛的公众参与来应对重组DNA技术应用研究中可能存在的生物危害，不仅对实验室生物安全的规范化管理具有奠基作用，而且为今后高新前沿技术研究可能伴随的风险和不确定性提供了治理范式。随后，美国国家卫生研究院于1976年率先颁布《重组DNA分子研究准则》，开始规范实验室重组DNA研究的安全与管理。1978年德国和英国相继颁布《重组生物体实验室工作准则》和《基因操作规章》，仿效美国开展基因工程研究的安全管理与监督。

在此阶段，重组DNA技术方兴未艾，与商业的合作应用崭露头角。科学共同体主要凭借经验与推测对新技术的不确定性生物危害主动预警，成功实现由对转基因生物安全性风险的自发、自愿的自我管理向政府制度化监管与社会化规制的转变。有关重组DNA生物安全的考虑主要限于实验室或局部环境中可能对人类健康的影响。

规范管理阶段（1980—2000） 阿西洛马会议之后，转基因技术研究与应用得到突飞猛进的发展。20世纪70年代末，在大肠杆菌中成功表达小鼠二氢叶酸还原酶基因以及人的胰岛素、生长激素和干扰素等基因，并尝试将外源基因转移至植物和动物等高等生物。1980年首次应用土壤杆菌Ti质粒将外源DNA引入植物体内。1981年美国John Gordon和Frank Ruddle、英国Frank Constantini和Elizabeth Lacy分别将纯化的DNA导入小鼠胚胎细胞，获得的转基因小鼠可将转入的外源基因传递给后代。1983年世界首例转基因烟草在美国培育成功。1985年中国率先培育获得转基因鲤鱼。随后，转基因生物进入环境释放。1986年转基因烟草首次在美国和法国被批准进行田间试验；1987年丁香假单胞菌（*Pseudomonas syringae*）基因工程菌Ice-minus被用于作物冻害防治，成为第一个被释放到环境中的转基因生物；1994年转基因延熟保鲜番茄获准上市；1996年Bt棉花、Bt玉米和Bt马铃薯等开始商业化种植。

为应对不断涌现的转基因生物及其产品的安全性管理需要，美国政府于1986年发布《生物技术管理协调框架》，明确转基因生物安全管理的基本原则、法规框架和部门分工，由美国总统科技政策办公室（Office of Science and Technology Policy，OSTP）负责协调下的农业部（United States Department of Agriculture，USDA）、环境保护局（Environmental Protection Agency，EPA）和食品及药物管理局（Food and Drug Administration，FDA）等部门对转基因产品进行管理与控制，强调转基因产品与常规产品的实质等同（substantial equivalence）原则，采取较为宽松的以产品（product-based）为基础的个案（case-by-case）管理模式。与此对应，欧盟则采取较为严格以过程（process-based）为基础的管理模式，即以重组DNA技术本身具有潜在危险为前提，对所有通过重组DNA技术获得的转基因生物及其产品都要接受安全性评价与监控。中国于1993年和1996年分别颁布《基因工程安全管理办法》和《农业生物基因工程安全管理实施办法》，对转基因生物及其产品开展安全性监管。

国际社会对转基因生物安全高度重视。1986年联合国经济合作与发展组织（Organisation for Economic Co-operation and Development，OECD）发布《重组DNA安全因素》，这是基因工程安全操作和转基因生物安全使用的第一部国际性技术指南。1990年起，联合国粮食及农业组织（Food and Agriculture Organization，FAO）、工业发展组织（United Nations Industrial Development Organization，UNIDO）和环境规划署（United Nations Environment Programme，UNEP）等机构针对其管辖范围分别起草制定相关的生物安全行为准则，为各国进行生物安全规范和管理以及国际合作提供依据。1992年在巴西里约热内卢召开联合国环境与发展大会，第一次在国际范围内讨论生物技术的安全使用和管理问题。大会通过《21世纪议程》，强调只有谨慎地发展和利用生物技术才能获得生物技术的最大惠益，要求各国对生物技术进行风险评估和风险管理，以确保生物技术安全开发、应用、交流和转让。大会还通过《生物多样性公约》，将生物安全列为重点内容。这是从国际法层面第一次提出生物安全问题。此后，联合国围绕国际生物安全议定书不断组织协商，于2000年1月达成《卡塔赫纳生物安全议定书》最终文本，用于规范与制约转基因生物及其产品的越境转移、处理、利用和国际间贸易。至此，转基因生物安全问题纳入国际法范畴。

在此阶段，转基因生物安全性研究与管理在实质等同和个案评价等原则基础上，发展总结出比较分析（comparative analysis）、熟悉性（familiarity）、分步评估（step-by-step）、预先防范（precaution）和风险效益平衡（balance of benefits and risks）等原则，逐步形成由科学家、政府和社会公众共同参与的、以风险分析为基础的转基因生物及其产品释放前风险评估、释放后风险监管以及风险交流的研究与管理模式。转基因生物风险评估主要包括实验室研发阶段的分子遗传安全性、释放阶段的环境安全性与食用安全性。其中，环境安全性评价主要沿承传统生态毒理学中有毒化合物释放后对环境的风险分析概念与方法，即采用阶段式（tiers）暴露-效应分析的框架模式；食用安全性评价主要采用实质等同和比较分析原则，内容涵盖营养学、毒理学和致敏性等方面。转基因生物风险监管在发展灵敏、高效、可靠的监测检测方法或技术的同时，强调法律法规体系建设以平衡利益关系，保障生物安全。转基因生物风险交流涉及国家、政府、研发者、生产者、消费者、新闻媒体和非政府组织等多方互动的信息交流过程，并根据《卡塔赫纳生物安全议定书》建立生物安全信息交换所，在全球范围内提供转基因相关的各种科学、技术、环境、法律和能力建设方面的信息，促进转基因生物及其安全信息的交流。

期间，有关转基因生物安全研究的论著相继出版与发表，为转基因生物安全学学科体系建立积累了数据资料和理论基础。其中，德国 Springer 出版社 1991 年创办 Transgenic Research，美国生物安全协会（American Biological Safety Association）1996 年创办 *Applied Biosafety* 等生物安全专业期刊。德国 Springer 出版社 1988 年出版 *Safety Assurance for Environmental Introductions of Genetically-Engineered Organisms*、美国 McGraw Hill 出版社 1991 年出版 *Risk Assessment in Genetic Engineering*、英国 MIT 出版社 1996 年出版 *The Ecological Risks of Engineered Crops* 和 2000 年英国、美国、巴西、中国、印度、墨西哥及第三世界等多国科学院联合出版 *Transgenic Plants and World Agriculture* 等转基因生物安全相关专著。

G

持续发展阶段（2001—）　加快转基因技术研发成为 21 世纪世界各国增强核心竞争力的战略决策。随着转基因产品不断涌现，转基因产品持续处于更新换代中。第一代转基因生物是以耐除草剂、抗虫和抗病毒等性状为代表，以提高作物抗逆能力，进而增加作物产量、降低投入；第二代以品质改良转基因作物为代表，包括提高人类和动物健康的大豆（含 Ω-3 脂肪酸、高油酸、低肌醇六磷酸和高硬脂酸）、马铃薯（改良淀粉或糖）和苜蓿（低木质素）等，以满足消费者的偏好和营养需要；第三代以功能型高附加值的转基因生物为主，包括生物反应器、生物制药、生物燃料和清除污染等特殊功能改良，以拓展新型转基因生物在健康、医药、化工、环境和能源等领域的应用。其中，多基因复合性状正成为转基因技术研究与应用的重点。目前，大规模商业化种植的转基因作物主要是第一代、第二代转基因产品。2009 年美国批准从转基因山羊中得到的抗凝血酶重组蛋白药物 ATryn 作为人用新药。转基因三文鱼作为首个转基因动物于 2015 年在美国被批准为商业化食品，2017 年 8 月在加拿大上市销售。

新型育种技术（new breeding techniques，NBT）在转基因生物领域开始得到广泛应用。RNA 干扰（RNA interference，RNAi）技术作为新型转基因技术，以其序列高特异性、抑制基因表达高效性、沉默信号高稳定性和可遗传性及可传递性等优势已被广泛应用于抗病虫害和品质改良的转基因植物研发。其中，RNAi 转基因防褐变的马铃薯和苹果于 2015 年开始商业化应用。基因编辑技术包括锌指核酸酶（Zinc-finger nucleases，ZFN）技术、类转录激活因子效应物核酸酶（Transcription activator-like effector nucleases，TALEN）技术和成簇的规律间隔短回文重复序列（Clustered regularly interspaced short palindromic repeats，CRISPR）及其相关的核酸内切酶（CRISPR-associated endonuclease，Cas）技术（CRISPR/Cas 技术）的出现和兴起，对转基因生物技术产业产生深远影响。目前，基因编辑技术已被用于油菜、玉米、小麦、大豆、水稻、马铃薯、番茄和花生等多种重要作物的性状改良。美国农业部明确认可多项利用基因编辑技术创制的植物产品不属于转基因监管范畴，其中包括采用 ZFN 技术创制的低肌醇六磷酸玉米、采用 TALEN 技术创制的耐冷藏低丙烯酰胺马铃薯和高油酸大豆，以及采用 CRISPR/Cas 技术改良的抗褐变蘑菇等。第一个非转基因的基因组编辑作物 SU Canola™（抗磺酰脲除草剂油菜）于 2014 年 3 月在加拿大审批通过，2015 年在美国商业化种植。

此外，合成生物学应运而生。与以假说导向的传统生命科学研究和以基因复制、编辑和转移的基因工程研究不同，合成生物学研究以目标为导向，设定需要实现的全新的物质识别、信号传导、生化代谢等生命元件，再以工程化手段设计、改造乃至合成全新生命体，进而反复通过“设计—合成—检测”直到问题解决。2006 年美国 Jay Keasling 设计构建生产抗疟药物青蒿素的人工酵母细胞，其 $100m^3$ 工业发酵罐的生产能力相当于 $3333.33hm^2$ 农业种植的产量。2010 年美国 Craig Ventet 人工合成首个原核细胞生命。2016 年中国科学家覃重军首次人工创建单条染色体的真核细胞。

基因编辑等前沿生物技术的兴起及其应用，对现有的转基因生物安全研究与管理提出新的挑战。2015 年 12 月由美国科学院、英国皇家学会与中国科学院在美国华盛顿哥伦比亚特区共同举办人类基因编辑峰会，讨论了与人类基因编辑有关的科学、伦理与治理问题，但未能形成可靠的风险治理机制，表明科学家的预警模式在基因编辑领域的成效并不明显。为此，美国国家科学院、国立卫生研究院和国防高级研究计划局（Defence Advanced Research Projects Agency，DARPA）等部门高度关注基因编辑技术的潜在威胁，于 2016 年 9 月启动并大力推进安全基因（safe genes）项目，重点研究安全防护对策，目标在于发展先进基因编辑技术提升生物能力的同时保障生物安全。

尽管转基因技术在解决人类面临的粮食、资源、环境等重大社会和经济问题以及推动社会进步等方面已展现出不可替代的重要作用，但转基因生物的安全性在全球范围内一直争议不断。为此，在全球范围内持续开展转基因生物安全性评价与研究，主要涉及转基因生物遗传安全性、环境安全性和食用安全性等，其中抗虫转基因植物对非靶标生物及其多样性的影响和靶标害虫对抗虫转基因植物产生抗性的风险成为研究重点。全球转基因生物安全的研究积累不仅为国际转基因抗虫作物管理与政策制订提供指导，而且促进转基因生物安全学的建立与发展。

转基因生物安全争论不只是科学问题，还是涉及政治、经济、贸易、社会和宗教伦理等多个领域的社会问题。目前，认为转基因生物及其产品安全的观点已成为主流。全球转基因生物的应用实践历史以及多年的跟踪研究结果均证实转基因生物及其产品的安全性。2010 年欧盟综合历时逾 25 年、由 500 多个独立科研团体参与的 130 多个科研项目（耗资逾 3 亿欧元）的研究成果，发布报告称生物技术特别是转基因技术的安全性与传统育种技术并无差异。2016 年 5 月美国国家科学院、国家工程院和国家医学院历时 2 年分析研究 30 年来 900 项基因工程技术资料，总结出版《转基因作物：经验与前景》，其中强调已经商业化种植的转基因作物不仅安全，而且对人类和环境有益。随后，英国皇家学会出版报告，同样指出转基因作物不会对环境造成危害，而且食用转基因农产品是安全的。同年 7 月，全球 100 多位诺贝尔奖得主联名签署公开信，支持以转基因生物为代表的精准农业，敦促绿色和平组织停止反对转基因。2017年，由全球8200多名科学家组成的毒理学学会（Society of Toxicology）发布声明确认转基因作物的安全性，并指出近20年内并没有任何可证实的证据表明转基因作物对人类健康产生不利影响。

随着转基因生物安全研究的不断深入、学术成果的不断积累、专业人才的不断培养以及专业机构的不断创建，转基因生物安全学已逐渐形成特有的具有综合应用多学科知识特点的学科体系。

参考文献

JAMES C, 2016. 2015年全球生物技术/转基因作物商业化发展态势[J]. 中国生物工程杂志, 36 (4): 1-11.

高璐, 2018. 从阿西洛马会议到华盛顿峰会: 专家预警在生物技术治理中的角色与局限[J]. 山东科技大学学报 (社会科学版), 20 (6): 28-35.

国际农业生物技术应用服务组织, 2017. 2016年全球生物技术/转基因作物商业化发展态势[J]. 中国生物工程杂志, 37 (4): 1-8.

李建军, 唐冠男, 2013. 阿希洛马会议: 以预警性思考应对重组DNA技术潜在风险[J]. 科学与社会, 3 (2): 98-109.

李长芹, 程鲤, 张子义, 等, 2018. DARPA生物科技项目部署解析[J]. 科技导报, 36 (4): 51-57.

梁慧刚, 黄翠, 宋冬林, 等, 2016. 合成生物学研究和应用的生物安全问题[J]. 科技导报, 34 (2): 307-312.

刘谦, 朱鑫良, 2002. 生物安全[M]. 北京: 科学出版社.

米歇尔·莫朗热, 2002. 二十世纪生物学的分子革命——分子生物学所走过的路[M]. 昌增益, 译. 北京: 科学出版社.

沈平, 武玉花, 梁晋刚, 等, 2017. 转基因作物发展及应用概述[J]. 中国生物工程杂志, 37 (1): 119-128.

王艳青, 2000. 转基因生物安全规范国际立法进展[J]. 世界农业 (10): 17-19.

JAMES C, 2000. Global status of commercialized transgenic Crops: 2000[J]. ISAAA Briefs No. 23. ISAAA: Ithaca, NY.

National Academies of Sciences, Engineering, and Medicine, 2016. Genetically engineered crops: experiences and prospects[M]. Washington DC: National Academies Press.

Royal Society of London, US National Academy of Sciences, Brazilian Academy of Sciences, et al, 2000. Transgenic plants and world agriculture[M]. Washington DC: National Academy Press.

（撰稿：叶恭银、姚洪渭、彭于发；审稿：沈志成）

过敏蛋白　allergenic proteins

从致敏源中分离出来的、具有过敏原性、能够引起机体产生过敏反应的蛋白。又名过敏原蛋白。国际上有多个过敏原蛋白数据库，如WHO/IUIS、SDAP、Allergome以及allergen on line几乎涵盖了已发现的所有过敏蛋白。依据过敏原的来源可将过敏蛋白分为植物、动物、真菌和细菌来源的过敏蛋白。依据过敏原暴露途径可将过敏蛋白分为吸入、摄取（饮食）、叮咬、接触、自身过敏、医源性相关的过敏蛋白。依据生物信息学及随机选择的序列分布情况可将过敏蛋白分为prolamins、profilins、tropomyosins、EF-hand family、cupins、Bet v1-related proteins、lipocalins、pathogenesis-related proteins以及caseins等十多种常见的蛋白家族。在过敏蛋白里面，食物过敏蛋白受到了更多的关注。一般认为8种食物过敏物种比较常见，如牛奶、鸡蛋、花生、坚果（如杏仁、腰果、核桃等）、鱼类（如鲈鱼、鳕鱼、比目鱼等）、贝类（有壳的水生动物如螃蟹、龙虾、虾）、大豆、小麦。研究者从这些过敏食物中分离过敏原蛋白并做了大量的研究，发现Prolamins、Bet v1-related proteins、EF-hand family、cupins、profilins 5个家族几乎涵盖了近60%的食物过敏原蛋白。

过敏蛋白的鉴定通常是检测过敏蛋白与过敏血清IgE的结合能力，其他诸如嗜碱性粒细胞试验、T细胞增殖与活化实验以及小鼠等动物试验方法也是评估和鉴定蛋白是否具有过敏原性的重要途径。随着生物信息学的发展，除了基于实验室的过敏蛋白鉴定方法以外，通过氨基酸序列比对及生物信息学分析，也可以预测包括转基因蛋白在内的未知或新生蛋白的潜在过敏原性。同时借助生物信息学软件，学者们可以预测过敏蛋白的特征表位，对其表位进行适当修饰与改造，能够改变过敏蛋白的过敏原性，进而构建表达低过敏原性过敏蛋白，并为临床研发安全有效的特异性免疫治疗制剂奠定了基础。尽管目前已知的过敏蛋白数量众多，但研究表明这些蛋白可以聚类浓缩为21个主要代表性的过敏蛋白。对主要代表性过敏蛋白的研究，有利于从整体的角度洞悉过敏蛋白的致敏机理，研究过敏反应的发生机制及寻找可行的干预措施。

参考文献

王静, 周催, 孙娜, 等, 2012. 基于总过敏原家族的食物过敏原家族分类[J]. 食品安全质量检测学报, 3 (4): 245-249.

GIBSON, J, 2006. Bioinformatics of protein allergenicity[J]. Molecular nutrition and food research, 50 (7): 591.

GOODMAN R, EBISAWA M, FERREIRA F, et al, 2016. AllergenOnline: A peer-reviewed, curated allergen database to assess novel food proteins for potential cross-reactivity[J]. Molecular nutrition and food research, 60 (5): 1183-1198.

HE Y, LIU X T, HUANG Y Y, et al, 2014. Reduction of the number of major representative allergens: from clinical testing to 3-dimensional structures[J]. Mediator of inflammation, 2014: 1-11.

IVANCIUC O, SCHEIN C, BRAUN W, 2003. SDAP: database and computational tools for allergenic proteins[J]. Nucleic acids research, 31 (1): 359-362.

MARI A, SCALA E, 2006. Allergome: a unifying platform[J]. Arb Paul Ehrlich Inst Bundesamt Sera Impfstoffe Frankf A M, 95: 29-39; discussion 39-40.

RADAUER C, BUBLIN M, WAGNER S, et al, 2008. Allergens are distributed into few protein families and possess a restricted number of biochemical functions[J]. Journal allergy clinical immunology, 121: 847-852.

RADAUER C, NANDY A, FERREIRA F, et al, 2014. Update

of the WHO/IUIS allergen nomenclature database based on analysis of allergen sequences[J]. Allergy, 69 (4): 413-419.

SAHA S, RAGHAVA G P, 2006. AlgPred: prediction of allergenic proteins and mapping of IgE epitopes[J]. Nucleic acids research, 34 (Web Server issue): W202-209.

SIRCAR G, JANA K, DASGUPTA A, et al, 2016. Epitope mapping of Rhi o 1 and generation of a hypoallergenic variant: A candidate molecule for fungal fungal allergy vaccines[J]. Journal of biological chemistry, 291 (34): 18016-18029.

TONG J C, TAMMI M T, 2008. Methods and protocols for the assessment of protein allergenicity and cross-reactivity[J]. Frontiers in bioscience, 13: 4882-4888.

VERMA A K, SHARMA A, KUMAR S, et al, 2016. Purification, characterization and allergenicity assessment of 26kDa protein, a major allergen from *Cicer arietinum*[J]. Molecular immunology, 74: 113-124.

（撰稿：陶爱林；审稿：杨晓光）

过敏原 allergens

能引起过敏的物质。最早测序的过敏原是鳕鱼中的M过敏原蛋白。已知的过敏原已经超过2500种。

食物过敏是一种由特定食物过敏原（食品过敏原都是蛋白）引起的由免疫球蛋白E（IgE）介导的特定防御或免疫反应，对健康有不良影响。已知的食品过敏蛋白有9种，分别是牛奶中的酪蛋白（caseins）和β-乳球蛋白（β-lactoglobin），鸡蛋中的卵类黏蛋白（ovomucoid）、卵白蛋白（ovalbumin）和卵转铁蛋白（ovotransferrin），鱼中的小清蛋白（parvalbumins），贝类中的肉壳蛋白（Flesh and shell proteins），小麦和其他谷类中的麸质（gluten）和花生和其他豆类及坚果中的贮藏蛋白（storage protein）。因此，花生、大豆、牛奶、鸡蛋、鱼、甲壳类、小麦和坚果都是常见的过敏性食物，敏感体质的人群应该避免或谨慎食用此类食品。

在转基因生物研发过程中，转基因生物产品的致敏性是转基因生物安全评价的一个重要内容。理论上，转基因本身可能无意识引进一个外源过敏原，也可以因为受体和外源基因的相互作用而上调了已知过敏原基因的表达，从而可能增加转基因生物的致敏性。如果转入的外源蛋白起源于已知的过敏原，必须描述与已知过敏原序列的同源度，随后利用已知过敏原敏感患者血清进行外源蛋白的致敏能力评价。

任何已知的过敏原蛋白或其编码基因都不能用作目标基因转入到任何受体内。对于那些未知有没有致敏性的外源蛋白，在转入受体之前，一般都要进行体外的致敏性评价，主要是通过生物信息学原理和方法比对其蛋白质序列和已知过敏原蛋白序列。在转基因生物产品安全评价时，如果外源蛋白与已知过敏原蛋白间氨基酸序列的同源性高于35%（80或更长氨基酸片段），就应该考虑比较外源蛋白和该已知过敏原蛋白与IgE抗体的反应。

参考文献

CREVEL R, COCHRANE S, 2014. Allergens[M]// Motarjemi Y, Lelieveld H. Food safety management: a practical guide for the food industry. Amsterdam: Academic Press: 59-82.

EFSA (European food safety authority), 2004. Opinion of the scientific panel on dietitic products, nutrition and allergies on a request from the commission relating to the evaluation of allergenic foods for labelling purposes[J]. EFSA journal, 32: 1–197.

FAO, 2001. Evaluation of allergenicity of genetically modifed foods—report of a joint FAO/WHO expert consultation on foods derived from biotechnology. Rome: FAO: 1–27.

HUANG K, 2017. Safety assessment of genetically modified foods[M]. Singapore: Springer Nature Singapore Pte Ltd: 63-116.

SCHILTER B, CONSTABLE A, PERRIN J, 2014. Naturally occurring toxicants of plant origin[M]// Motarjemi Y, Lelieveld H. Food safety management: a practical guide for the food industry. Amsterdam: Academic Press: 45-57.

（撰稿：石建新、谢家建；审稿：张大兵）

过敏原数据库 allergen database

过敏性疾病极大地影响人类健康，已受到越来越多的关注。可引起过敏反应的物质称为过敏原，是过敏的重要组成部分。过敏原种类繁多，但根据引起过敏反应的特定途径，可将其大致分为吸入过敏原，如螨虫、动物皮屑、花粉、灰尘、香烟、雾等；食物过敏原，如水果、牛奶、鸡蛋、海鲜、花生等；药物过敏原，如青霉素、链霉素、异种血清等；接触过敏原，如化妆品、紫外线、金属饰品、细菌、霉菌等；自身过敏原，如精神压力、工作压力、微生物感染等，可导致自身抗原的结构或组成发生变化，从而导致过敏原的形成。

除医学领域的科学研究外，在食品、化妆品、医药等许多领域的基础研究和产品开发中也都涉及过敏原问题。为了给相关领域的研究人员提供有关过敏原的完整信息。目前，已经建立了多个过敏原数据库供大众使用。1984年，由世界卫生组织和国际免疫学会联合会创建了WHO/IUIS（World Health Organization and International Union of Immunological Societies）数据库（http://www.allergen.org），被收录的过敏原皆是经官方验证、并正式命名的过敏原，数据库包括过敏原的特征、结构、功能、分子生物学特征和生物信息学数据，重点研究过敏原的系统命名。

SDAP（http://fermi.utmb.edu/SDAP/index.html, Structural Database of Allergenic Proteins）数据库，将过敏原蛋白数据库与各种计算工具集成在一起，可以协助与过敏原相关的结构生物学研究。SDAP是调查已知过敏原之间交叉反应性、测试FAO/WHO新蛋白质过敏原规则以及预测转基因食品蛋白质的IgE结合潜力的重要工具。通过浏览器使用此Internet服务，可以从最常见的蛋白质序列和结构数据库（SwissProt，PIR，NCBI，PDB）中检索与过敏原相关的信息，以查找过敏原的序列和结构邻居，并进行搜索。

Allergome（http://www.allergome.org）数据库，旨在提供有关过敏原各个方面的相关信息。它包括引起 IgE 依赖性过敏性疾病的过敏原，如哮喘、过敏性皮炎等。数据库中的每个过敏原都会描述过敏原来源及其接触途径。有关每种过敏原的相关信息附在特定页面中。数据库致力于服务针对过敏和免疫学研究的科学家。其网络界面和综合数据也为临床医生获取过敏原知识提供了一种非常方便有效的途径。

AllergenOnline（http://www.allergenonline.com）数据库，提供使用经过认证的序列号搜索的人工检查的过敏原列表。该数据库侧重于评估经历过基因突变或其他食品加工方法的蛋白质的安全性。该数据库每年更新一次，为安全评估提供简单而有效的工具。

COMPARE（http://comparedatabase.org/）数据库首次发布于 2017 年，是国际生命科学学会环境与健康分会 HESI 过敏原性技术委员会 PATC 集体智慧的结晶。该数据库除了包括已经被公认的过敏原序列外，还包括通过一定的规则运算推定的过敏原序列，但该数据库的分析功能尚需完善。

国际上其他过敏原数据库还有 Defra（http://allergen.fera.defra.gov.uk）数据库、Allallergy（http://allallergy.net）数据库、ADFS 数据库（http://allergen.nihs.go.jp/ADFS）、AllerMatch（http://www.allermatch.org）数据库、UniProtKB/Swiss-Prot（http://www.uniprot.org）数据库。

过敏原数据库的建立和完善将服务于过敏性疾病的预防、治疗及康复，为人类健康做贡献。中国研究人员为过敏原数据库的建立也做出了重要贡献。广州医科大学广东省过敏与临床免疫重点实验室主任陶爱林教授课题组创建了 ALLERGENIA（http://allergenia.gzhmu.edu.cn）数据库，旨在促进知识共享。该数据库中的所有资源均对公众开放，并具有操作方便、快捷，数据全面、详细等优点，能够保证准确、高效地为研究人员服务。该数据库已被国际上 30 多个国家与地区的研究者持续应用。除此之外，北京大学林忠平教授、中国农业大学黄昆仑教授也分别创建了食品过敏原数据库（http://www.cbi.pku.edu.cn/index.htm）和中国食物过敏原数据库（http://175.102.8.19:8001/site/index），各方面性能正在完善中。

综合考虑各数据库的过敏原覆盖量、非冗余度、收敛性、准确性和分析功能 5 项指标，上述过敏原数据库中 ALLERGENIA、AllergenOnline 等数据库的优势较为明显。

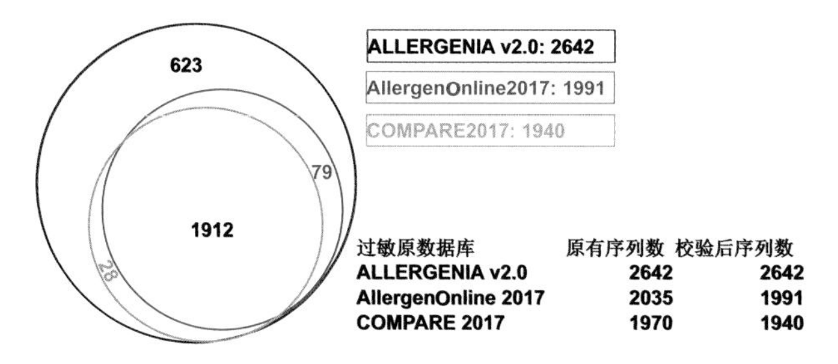

三个过敏原数据库比较（比较数据取自 2017 年数据，重新分析 2018 年及之后的数据库，并不改变三者之间的包含和被包含关系）

参考文献

BERTELSEN R, FAESTE C, GRANUM B, et al, 2014. Food allergens in mattress dust in Norwegian homes - a potentially important source of allergen exposure[J]. Clinical & experimental allergy, 44 (1): 142-149.

FROMBACH J, SONNENBURG A, KRAPOHL B, et al, 2017. A novel method to generate monocyte-derived dendritic cells during coculture with HaCaT facilitates detection of weak contact allergens in cosmetics[J]. Archives of toxicology, 91 (1): 339-350.

GOODMAN R, EBISAWA M, FERREIRA F, et al, 2016. AllergenOnline: A peer-reviewed, curated allergen database to assess novel food proteins for potential cross-reactivity[J]. Molecular nutrition and food research, 60 (5): 1183-1198.

HUANG Y, TAO A, 2015. Allergen database[M]//Tao A, Raz E. Allergy bioinformatics. Springer Netherlands: 239-251.

IVANCIUC O, SCHEIN C, BRAUN W, 2003. SDAP: database and computational tools for allergenic proteins[J]. Nucleic acids research, 31 (1): 359-362.

MARI A, SCALA E, 2006. Allergome: a unifying platform[J]. Arb Paul Ehrlich Inst Bundesamt Sera Impfstoffe Frankf A M, 95: 29-39; discussion 39-40.

MEYER R, 2018. Nutritional Disorders resulting from Food Allergy in Children[J]. Pediatr allergy immunology, 29 (7): 689-704.

RADAUER C, NANDY A, FERREIRA F, et al., 2014. Update of the WHO/IUIS Allergen Nomenclature Database based on analysis of allergen sequences[J]. Allergy, 69 (4): 413-419.

SICHERER S, LEUNG D, 2013. Advances in allergic skin disease, anaphylaxis, and hypersensitivity reactions to foods, drugs, and insects in 2012[J]. Journal of allergy and clinical immunology, 131 (1): 55-66.

SICHERER S, LEUNG D, 2014. Advances in allergic skin disease, anaphylaxis, and hypersensitivity reactions to foods, drugs, and insects in 2013[J]. Journal of allergy and clinical immunology, 133 (2): 324-334.

SICHERER S, LEUNG D, 2015. Advances in allergic skin disease, anaphylaxis, and hypersensitivity reactions to foods, drugs, and insects in 2014[J]. Journal of allergy and clinical immunology, 135 (2): 357-367.

VAN DE VEEN W, WIRZ O, GLOBINSKA A, et al, 2017. Novel mechanisms in immune tolerance to allergens during natural allergen exposure and allergen-specific immunotherapy[J]. Current opinion in immunology, 48: 74-81.

ZURZOLO G, PETERS R, KOPLIN J, et al, 2017. The practice and perception of precautionary allergen labelling by the Australasian food manufacturing industry[J]. Clinical & experimental allergy, 47 (7): 961-968.

（撰稿：陶爱林；审稿：杨晓光）

H

H

害虫抗性遗传模式 inheritance mode of resistance

害虫将抗性基因遗传给后代的模式。害虫的抗性基因遗传特征，包括：抗性是否为性连锁遗传或是否具有母体效应；抗性是由染色体上的单基因还是多基因控制的；抗性基因的显隐性等模式。了解害虫抗性遗传模式，是制定害虫抗性治理策略的重要前提。通常采用正交和反交来测试 F_1 代是否有性连锁或母体效应。若正反交的后代无剂量反应差异，且后代雌雄比与亲本没有差异，则为常染色体遗传；若正反交的后代存在剂量反应差异，但后代雌雄比与亲本没有差异，则表明存在母体效应；若后代雌雄比与亲本存在差异，后代雌雄个体的剂量反应存在差异，表明抗性为性染色体遗传。通常采用剂量对数－死亡概率值曲线法来判定抗性是否由单基因控制。假设抗性是由单基因控制的，那么，回交后代剂量对数－死亡概率值线在死亡率 50% 处、F_2 代在死亡率 25% 或 75% 处出现明显的平坡。如果不出现明显的平坡，表明抗性为两对基因或两对以上的基因控制。进一步通过一个或多个基因位点的模拟可以推测基因控制数量。抗性基因的显隐性，采用表达 Bt 蛋白的转基因作物、浸叶法和 Bt 饲料法这几种方法测定，计算抗性显性度来判定。

研究害虫抗性遗传的模式主要有以下一些方法：遗传杂交结合生物测定的方法，这种方法可以进行经典的抗性遗传方式分析；遗传标记品系分析法可以直接确定抗性基因是在常染色体上还是在性染色体上，还可以将抗性基因标绘在染色体的特定位置上，特别是那些与抗性基因有关的特异生化机制部位，从而明确地了解抗性遗传特性。抗性基因的分子标记（DNA 标记）可以区分不同生物个体或不同种群基因组内存在的差异 DNA 片段，已广泛用于构建遗传图谱、分析遗传多样性基因定位等。分子标记的主要方法有 RFlP、AFlP、SNP、SSR 等。

参考文献

FERRÉ J, VAN RIE J, 2002. Biochemistry and genetics of insect resistance to *Bacillus thuringiensis*[J]. Annual review of entomology, 47: 501-533.

ROUSH R T, MC KENZIE J A, 1987. Ecological genetics of insecticide and acaricide resistance[J]. Annual review of entomology (2): 361-380.

TABASHNIK B E, 1991. Determining the mode of inheritance of pesticide resistance with backcross experiments[J]. Journal of economic entomology, 84: 703-712.

TABASHNIK B E, 1994. Evolution of resistance to *Bacillus thuringiensis*[J]. Annual review of entomology, 39: 47–79.

（撰稿：梁革梅；审稿：陈利珍）

含羞草决明 *Cassia mimosoides* L.

一种常见的、较耐旱的入侵杂草。豆科决明属一年或多年生亚灌木状披散草本植物。又名还瞳子、黄瓜香、梦草、山扁豆。

入侵历史 原产于热带美洲，现广布于世界热带地区。中国 15 世纪《救荒本草》中有记载。

分布与危害 分布于贵州、云南、江西、福建、广东、广西、海南、台湾。生于旷野、山坡、林缘、农田、路边，对局部地区的果园、幼林、苗圃有一定的危害，影响作物的生长。

形态特征 高 30～60cm，多分枝；枝条纤细，被微柔毛。叶长 4～8cm，在叶柄的上端、最下一对小叶的下方有圆盘状腺体 1 枚；小叶 20～50 对，线状镰形，长 3～4mm，宽约 1mm，顶端短急尖，两侧不对称，中脉靠近叶的上缘，干时呈红褐色；托叶线状锥形，长 4～7mm，有明显肋条，宿存。花序腋生，1 或数朵聚生不等，总花梗顶端有 2 枚小苞片，长约 3mm；萼长 6～8mm，顶端急尖，外被疏柔毛；花瓣黄色，不等大，具短柄，略长于萼片；雄蕊 10 枚，5 长 5 短相间而生。荚果镰形，扁平，长 2.5～5cm，宽约 4mm，果柄长 1.5～2cm（见图）；种子 10～16 颗。花果期通常 8～10 月。

监测检测技术 在含羞草决明植株发生点，将所在地外围 1km 范围划定为监测区；在划定边界时若遇到田埂等障碍物，则以障碍物为界。根据含羞草决明的传播扩散特性，在每个监测区设置不少于 10 个固定监测点，每个监测点选 $10m^2$，悬挂明显监测位点牌，一般每月观察一次。在调查中如发现可疑含羞草决明，可根据含羞草决明形态特征，鉴定是否为该物种。

预防与控制技术 预防和控制含羞草决明的蔓延应因地制宜地采取不同的措施。对那些尚未受到含羞草决明蔓延危害的地区，要高度警惕，密切监测，一旦发现其危害应该立即采取措施予以灭除。尤其是农田、经济作物园等要精耕细作，使之难以入侵。对含羞草决明已经入侵的地方，要以

含羞草决明的形态特征（吴楚提供）
①种子；②叶片；③植株；④荚果

除治为主，在此过程中，要防止其二次蔓延危害。可采用人工或机械铲除，也可用草甘膦等进行化学防治。

参考文献

李扬汉, 1998. 中国杂草志[M]. 北京: 中国农业出版社: 599-600.

徐海根, 强胜, 2018. 中国外来入侵生物[M]. 北京: 科学出版社: 260-261.

STINKE T D, NEL L O, 1990. Apreliminary account of growth characteristics and seed germination of *Cassia mimosoides* L. in Dohne Sourveld[J]. Journal of the grasslandsociety of Southern Africa, 7(3): 166-173.

（撰稿：付卫东；审稿：周忠实）

韩国转基因生物安全管理法规 regulations on safety of management of genetically modified organisms in Korea

韩国于2007年10月成为《卡塔赫纳生物安全议定书》的缔约方，2008年1月实施《转基因生物法案》，该法案是生物技术相关领域规章制度的基本法，也是从立法层面对《卡塔赫纳生物安全议定书》的履行。贸易、工业和能源部是落实《卡塔赫纳生物安全议定书》的主管机构，负责《转基因生物法案》的颁布。

多个部门负责转基因的安全评价、审批与监管。管理部门包括贸易、工业和能源部，农业、食品及农村事务部，海洋和渔业部，卫生和福利部，韩国疾病控制及预防中心，食品与药品安全部，环境部，科技、通信技术及未来规划部。生物安全委员会隶属于贸易、工业和能源部。

韩国尚未批准转基因作物的商业化种植。韩国对进口转基因谷物和动物的运作均遵循《转基因生物法案》。《转基因生物法案》经历了很长时间的酝酿，贸易、工业和能源部早在2001年便着手起草该法案及相关配套制度，并于2005年公开征求公众意见。草案于2006年定稿，直至2008年才试行，贸易、工业和能源部2012年12月颁布了《转基因生物法案》第一版及修订的实施条例，并明确规定了复合性状转化事件。法案没有明确区分食品饲料加工用途和种植用途的转基因产品。2013年4月，贸易、工业和能源部修订了转基因生物用于食品和饲料加工的审批规定。转基因作物需要通过食品和环境风险评估方能获得批准，评价过程涉及多个机构。

食品和药品安全部负责制定未加工和加工转基因食品的标识指南，并强制执行。依据《食品卫生法》，2001年7月13日，韩国食品和药品安全部制定颁布《转基因食品标识基准》，对于加工产品（包括成品）的27类食品进行标识管理。2017年，韩国食品药品管理部根据修订的《食品卫生法》，实施了新的强制性转基因标签要求，将标签扩展到了所有可检测产品：含有转基因成分的未经加工和某些经过加工的食品必须标识“转基因”。但也有两类产品获得豁免：一类不需要提供证明文件即可豁免标识，如食用油、糖（葡萄糖、果糖、太妃糖、糖浆等）、酱油、变性淀粉和酒精饮料（啤酒、威士忌、白兰地、利口酒、蒸馏酒等）；一类需要提供证明文件（证明属于无意混入）方可豁免标识，如无意混入低于3%的转基因成分的农产品、食品或食品添加剂。

（South Korea Agricultural Biotechnology Annual-2020.）

（撰稿：黄耀辉；审稿：叶纪明）

韩国转基因生物安全管理机构 administrative agencies for genetically modified organisms in South Korea

韩国转基因生物安全主要由农林部、健康与福利部、科技部、海事与水产部、环境部、工商业与能源部等6个部门进行管理。农林部制定《与农业研究相关的转基因生物的测试和处理管理办法》《转基因农产品的环境风险评估指南》《转基因农产品和转基因食品的强制标识制度》等，由其下属的农村振兴厅负责转基因生物的环境风险评估，国家农产品质量管理局负责制定认证标准、实施审查认证以及事后跟踪管理；健康与福利部制定《遗传重组试验管理办法》《转基因食品标识基准》《转基因食品和添加剂的风险评估资料的检查指导方针》，由其下属的食药厅负责食品、食品添加剂和药品的转基因安全评估与管理。科技部实施生物技术促进法及其相关条例。海事和水产部负责转基因水产品风险评估和标识制度管理。环境部负责监管用于环境净化的转基因生物安全。工商业与能源部负责制定生物技术发展规划及国际贸易政策。

（South Korea Agricultural Biotechnology Annual-2020.）

（撰稿：黄耀辉；审稿：叶纪明）

H

核酸恒温扩增技术 helicase-dependent isothermal DNA amplification

PCR 反应需要经历高温变性，退火结合和延伸 3 个温度梯度，热循环仪器必不可少，这就给一线检验工作者检测造成了很大不便。等温扩增技术作为解决这一问题最直接的方案，已经取得了很大的应用突破。等温扩增（isothermal amplification）是扩增反应保持反应温度不变的广义 PCR 技术。等温扩增最大的特点在于不需要温度变化，简易加热装置即可满足要求。主要的等温扩增技术包括环介导等温扩增（loop mediated isothermal amplification，LAMP）、链置换扩增（strand displacement amplification，SDA）、切口酶扩增（nicking endonuclease mediated amplification，NEMA）、依赖核酸序列的扩增技术（nucleic acid sequence-based amplification，NASBA）、依赖解旋酶的等温扩增（helicase-dependent amplification，HDA）等。其中，LAMP 技术在转基因检测中已经有很多应用，是一项已经成熟的技术手段，闫兴华等用 LAMP 技术检测转基因玉米 LY038，将 *cordapA* 基因作为目的基因设计引物，最终能达到在 50 分钟内检测到 0.01% 的样品。

（撰稿：杜智欣；审稿：付伟）

核酸检测方法 nucleic acid detection

以待测样品核酸为检测对象的检测方法称为转基因成分的核酸检测。转基因生物的构建均是通过生物技术手段将外源目的基因片段导入受体生物基因组中的途径获得，因此所有转基因生物均会发生亲本基因组的改变，从而产生核酸水平的变化。

核酸检测依据检测对象的不同可以分为 DNA 的检测和 RNA 的检测。由于 RNA 的不稳定性，其提取检测均较为困难。DNA 的稳定性高、遗传延续性好，检测手段多样，因此基于 DNA 的核酸检测方法是目前转基因成分检测的主流技术。

基于 PCR 扩增的核酸检测技术有两类。

①定性 PCR。即依据外源 DNA 序列特征设计出特异性引物，经 PCR 扩增后对其终产物特性进行分析鉴定，以达到鉴定样品中是否含有转基因成分的目的。

②实时荧光定量 PCR。通过在 PCR 反应体系中加入荧光染料或特异性的荧光基团标记的探针，PCR 过程中监测释放出荧光信号可以特异性地鉴定反应转基因成分。同时，以标准样品检测结果绘制标准曲线即可对样品中转基因成分进行定量测定分析。由于其较高的灵敏性和特异性，该方法成为目前转基因成分定量检测方法中应用最为广泛的方法。

基于恒温扩增的核酸检测技术是利用能够在特定温度下持续进行解链和复制的酶，实现在固定温度下对目标片段的扩增，其扩增效率、高反应时间短，产物还可以通过在反应体系中加入荧光染料实现可视化，更加适合于现场快速检测的需要。常见的恒温检测方法包括环介导等温扩增、链置换扩增、重组酶聚合酶扩增等。

基于高通量测序的核酸检测技术是一种基于边合成边测序的原理开发出来的高通量测序技术。其通过基因组破碎、末端补平、接头连接、扩增测序等环节获得序列片段上下游的序列信息，已广泛应用于转基因生物分子特征的鉴定和研究中。

（撰稿：魏霜；审稿：付伟）

核酸序列依耐性扩增 nucleicacidsequence-basedamplification, NASBA

一种扩增 RNA 的技术。由一对引物介导的、连续均一的、体外特异核苷酸序列等温扩增的酶促反应过程。一般反应在 41～42℃进行，可以在 2 小时左右将模板 RNA 扩增 10～12 倍，不需特殊的仪器。

NASBA 已经应用于病原微生物检测。

（撰稿：潘广；审稿：章桂明）

褐纹甘蔗象 *Rhabdoscelus lineaticollis* (Heller)

农林作物检疫性害虫。又名褐色棕榈象。英文名 asiatic palm weevil。鞘翅目象虫科甘蔗象属。

入侵历史 原产菲律宾的吕宋岛、内革罗岛等。1976 年入侵日本冲绳岛。1997 年传入中国台湾，2002 年报道广东佛山发现危害，2021 年在海南发现危害槟榔。

分布与危害 主要分布于广东、广西、海南、福建、云南、北京等地。褐纹甘蔗象取食危害可导致棕榈科植物叶鞘或茎杆外表出现流胶、叶片变黄，严重时整株枯萎、死亡；该虫钻蛀甘蔗节间部位危害，使受害部位发酵腐烂，导致甘蔗整株枯死。

寄主为椰子、西谷椰子、大王椰子、华盛顿椰子、槟榔、假槟榔、海枣、刺葵、散尾葵、蒲葵、黄椰子等 10 多种棕榈科植物和甘蔗。

形态特征

成虫 体赭红色，具黑褐色和黄褐色纵纹，体长 15mm，宽 5mm。触角为膝状，有刺形、毛形和芽孢形 3 种类型感器；触角索节 6 节；棒不扁平，端部 1/3 密布细绒毛。前胸背板基部略呈圆形，背面略平，具 1 条明显的黑色中央纵纹，该纵纹在基部 1/2 扩宽，中间具有一明显的黄褐色纵纹；小盾片黑色，长舌状。鞘翅赭红色，行间 2、3 基部 1/3、4、6 近基部、2～6 的端部 1/3 处以及行间 8、9 的端部 1/2 和 10 的基部 1/2 均具明显黑褐色纵纹。臀板外露，具明显深刻点，端部中间刚毛组成脊状。足细长，跗节 4 退化，隐藏于 3 中，跗节 3 二叶状，显著宽于其他各节。

蛹 长约 13mm，宽 6mm，体色呈土黄色略带白色，具赭红色瘤突；腿节末端外部有突刺，较体色略暗。

幼虫 体长 15～20mm。无足，略呈纺锤形，腹部中央突出；头部呈红棕色，椭圆形，上颚红棕色；前胸背板呈淡黄褐色；胴部为乳白色。

入侵生物学特性 褐纹甘蔗象营两性生殖，一般1年发生1代，主要以老熟幼虫和成虫越冬。成虫有明显负趋光性，遇惊吓有假死现象。成虫将卵产于椰子或甘蔗茎秆内或叶鞘内，有时也产卵于叶脉间。幼虫孵化后钻蛀叶鞘和茎秆危害，造成大量纵横交错的孔洞及虫道。在椰子苗期，低龄幼虫会在苗基部叶鞘包围着的幼嫩茎钻蛀形成不规则的取食痕；高龄幼虫钻入茎秆内危害，寄主茎干受害后表面常出现流胶；老熟幼虫存在叶鞘与茎秆间，以危害后的纤维包裹做茧化蛹。成虫寿命为208±44.9天，从羽化至第208天的成虫存活率为78.6%，产卵期为179天，平均产卵量73.4±22.4粒；在25℃下，卵期为4.8±0.4天，幼虫期为43.7±11.3天，蛹期9.2±0.9天，从卵至羽化需48～87天；在28℃下，卵期、幼虫期、前蛹及蛹期分别为4.75±0.44天、29.39±8.88天、18.97±5.68天和9.17±0.94天。在中国，褐纹甘蔗象取食大王椰子、国王椰子和甘蔗，雌成虫可产150～200粒卵，一般雌成虫一生中均会产卵，直至死亡为止；卵期5～6天，幼虫期28～40天，蛹期30～50天，成虫寿命90～154天。

褐纹甘蔗象通过成虫飞行进行自然扩散传播，自身传播扩散能力有限；可随带虫棕榈科植物苗木和甘蔗或包装材料等进行远距离扩散传播。褐纹甘蔗象发生危害与其体内共生细菌有关，研究发现Nardonella是其主要的共生细菌。

预防与控制技术 防治上要加强检疫，严防传入。开展普查与监测，可用棕榈科植物或甘蔗进行诱集，如发现危害要及时药剂处理或焚毁。应用昆虫病原线虫小卷蛾斯氏线虫（*Steinernema carpocapsae*）4000条/ml与48%毒死蜱乳油1000mg/L、70%吡虫啉500mg/L分别混用对褐纹甘蔗象幼虫有一定的控制作用。化学防治可用灭多威、乐果、乙酰甲胺磷等内吸杀虫剂。

参考文献

段云博, 董子舒, 张玉静, 等, 2017. 褐纹甘蔗象触角感器的扫描电镜观察[J]. 南方农业学报, 48(12): 2190-2196.

陆永跃, 曾玲, 王琳, 2004. 危险性害虫褐纹甘蔗象的识别及风险性分析[J]. 仲恺农业技术学院学报, 17(1): 7-11.

吕朝军, 钟宝珠, 符生波, 等, 2022. 海南首次发现检疫性害虫褐纹甘蔗象危害槟榔[J]. 植物检疫, 36(3): 72-74.

王果红, 陈镜华, 韩日畴, 2005. 褐纹甘蔗象生物学特性及其防治研究进展[J]. 昆虫天敌, 27(3): 127-131.

张润志, 任立, 曾玲, 2002. 警惕外来危险害虫褐纹甘蔗象入侵[J]. 昆虫知识, 39(6): 471-472.

赵京芬, 朱京驹, 禹菊香, 等, 2007. 北京地区发现外来危险性有害生物褐纹甘蔗象[J]. 植物检疫, 21(5): 291-292.

HOSOKAWA T, KOGA R, TANAKA K, et al, 2015. Nardonella endosymbionts of Japanese pest and non-pest weevils (Coleoptera: Curculionidae)[J]. Applied entomology and zoology, 50(2):223-229.

KINJO T, NAKAMORI H, SADOYAMA Y, 1995. Occurrence of a new sugarcane pest *Rhabdoscelus lineaticollis*, in Okinawa Prefecture[J]. Kyushu plant protection research, 41: 81-84.

NAKAMORI H, SADOYAMA Y, KINJO T, 1995. Ecological feature of Asiatic plam weevil, *Rhabdoscelus lineaticollis* Heller, newly invaded in sugarcane field of Okinawa Islands, Japan. Procedings of international workshop on pest management strategies in Asian Monsoon Agroecosystems[J]. Kyushu national agricultural experiment station (Kumamoto): 209-219.

TAKAHASHI K, SAKAKIBARA M, TERAUCHI T, et al, 1998. Oviposition preference and larval development of *Rhabdoscelus lineatocollis* (Coleoptera: Rhynchophridae) in sugarcane[J]. Applied entomology and zoology, 33(3): 409-411.

UICHANO L B, 1928. A conspectus of injurious and beneficial insects of sugar cane in the Philippines, with special reference to Luzon and Negros[J]. Annual convention, philippine sugar association, 6: 1-12.

（撰稿：覃振强；审稿：周忠实）

红火蚁 *Solenopsis invicta* Buren

一种严重危害人类健康、农林业、公共设施、电子仪器等的入侵害虫。又名入侵红火蚁、外引红火蚁、舶来红火蚁（台湾）。学名变更：*Solenopsis saevissima* Smith；*Solenopsis richteri* Forel；*Solenopsis invicta* Buren。膜翅目（Hymenoptera）蚁科（Formicidae）切叶蚁亚科（Myrmicinae）火蚁属（*Solenopsis*）。

入侵历史 原产南美洲多国。2003年10月，中国台湾桃园报道发生红火蚁。2004年9月，广东吴川报道发生红火蚁。2005年监测显示，广东深圳、广州、东莞、惠州、河源、珠海、中山、梅州、高州、茂名、阳江、云浮，广西南宁、北流、陆川、岑溪，湖南张家界，福建龙岩等地均有红火蚁发生。

分布与危害 国外分布于美国南部13个州以及波多黎各、新西兰、澳大利亚等。中国分布于台湾、福建、江西、广东、广西等地。红火蚁为筑完全地栖型蚁巢的蚂蚁种类，成熟蚁巢是用土壤堆成高10～30cm、直径30～50cm的蚁丘，有时为大面积蜂窝状，内部结构呈蜂窝状。新形成的蚁巢在4～9个月后出现明显的小土丘状的蚁丘，其表面土壤颗粒细碎、均匀。随着蚁巢内的蚁群数量不断增加，露出土面的蚁丘也不断增大。当蚁巢受到干扰时，红火蚁会迅速出巢攻击入侵者。红火蚁主要以螯针刺伤动物、人体。人体被其叮咬后会有火灼烧般疼痛感，持续十几分钟，其后会出现如灼伤般的水泡，8～24小时后叮咬处化脓形成脓包。

形态特征

工蚁 体长2.5～4.0mm。头、胸、触角及各足均为棕红色，腹部常呈棕褐色，腹节间色略淡，腹部第2～3节腹背面中央常具有近圆形的淡色斑纹。头部略呈方形，复眼细小，由数十个小眼组成，黑色，位于头部两侧上方。触角共10节，柄节最长，但不达头顶，鞭节端部两节膨大呈棒状。额下方连接的唇基明显，两侧各有齿1个，唇基内缘中央具三角形小齿1个，齿基部上方着生刚毛1根（图2）。上唇退化。上颚发达，内缘有数小齿。前胸背板前端隆起，前、

H

图1 农田中的巨型蚁丘（许益镌提供）

图2 红火蚁工蚁唇基特征（刘彦鸣提供）

图3 红火蚁不同品级
（左5为不同体型大小的工蚁、雄性生殖蚁和雌性生殖蚁）（刘彦鸣提供）

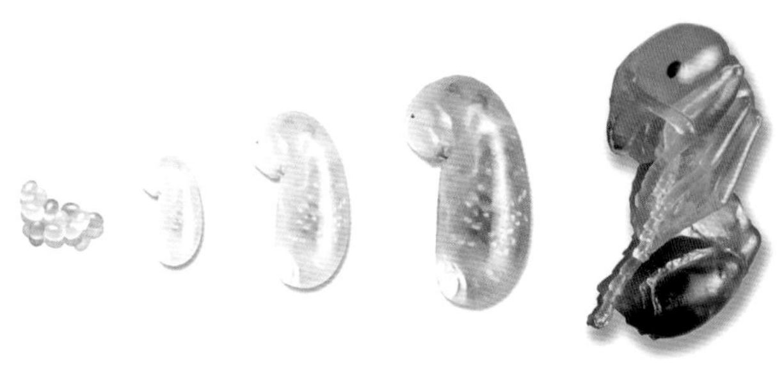

图4 红火蚁幼体阶段（卵、幼虫和蛹）（刘彦鸣提供）

中胸背板的节间缝不明显，中、后胸背板的节间缝则明显；胸腹连接处有2个腹柄节，第一结节呈扁锥状，第二结节呈圆锥状。腹部卵圆形，可见4节，腹部末端有螯刺伸出。

兵蚁　体长6～7mm，形态与工蚁相似，体橘红色，腹部背板色呈深褐色。上颚发达，黑褐色。体表略有光泽。

雄蚁　体长7～8mm，体黑色，着生翅2对，头部细小，触角呈丝状，胸部发达，前胸背板显著隆起。

生殖型雌蚁　有翅型雌蚁体长8～10mm，头及胸部棕褐色，腹部黑褐色，着生翅2对，头部细小，触角呈膝状，胸部发达，前胸背板亦显著隆起（图3）。

卵　卵圆形，大小为0.23～0.30mm，乳白色。

幼虫　幼虫共4龄，各龄均乳白色。一龄体长0.27～0.42mm；二龄0.42mm；三龄0.59～0.76mm；发育为工蚁的四龄幼虫体长0.79～1.20mm，发育为有性生殖蚁的四龄幼虫可达4～5mm。一至二龄幼虫体表较光滑，三至四龄幼虫体表被有短毛，四龄幼虫上颚骨化较深，略呈褐色。

蛹　裸蛹，乳白色，工蚁蛹体长0.70～0.80mm，有性生殖蚁蛹体长5～7mm，触角、足均外露（图4）。

入侵生物学特性　红火蚁营社会性生活，蚁巢中除蚁后和雄蚁外，绝大多数的个体都是无生殖能力的工蚁和兵蚁。工蚁和兵蚁体型大小不一。红火蚁从卵发育至成虫，工蚁需20～60天，兵蚁、蚁后和雄蚁180天。工蚁寿命30～90天，兵蚁90～180天，蚁后6～7年。红火蚁蚁巢中有1只或多只蚁后，成熟蚁巢有5万～50万只蚁，蚁后每天可产1500～5000粒卵。单个蚁巢每年约产生上千只生殖雌蚁。雌、雄有翅繁殖蚁飞到空中交配，雌蚁交配后飞行3～5km降落寻觅筑新巢的地点。蚁巢受干扰时，红火蚁会迅速搬家转移，另筑新巢。每年5～10月为红火蚁发生危害高峰期，常发生在农田、荒地、绿化带、路边、果园、公园、高尔夫球场、堤坝、塘边，也可见于建筑物内，在炎热和干旱集结会迁徙至室内。

预防与控制技术

检疫措施　对调运出的带土的苗木、花卉、盆景、草皮等用4.5%高效氯氰菊酯乳油1500倍液喷雾、浸润或浇灌处理。对交通工具、货柜等喷施药剂灭蚁。

物理防治　向蚁巢内直接灌入沸水，灌注达到蚁巢所有区域。每隔5～10天处理1次，连续处理3～4次。或挖出整个蚁丘并放入水中浸泡24小时以上将蚂蚁淹死。

化学防治　采用分步施药最终扑灭的方式进行防治。先可选用茚虫威、高效氯氰菊酯、伏蚁腙、吡虫啉和阿维菌素等药剂为活性成分的饵剂，选择红火蚁周围或常活动的地点多点撒放毒饵。或选用高效氯氰菊酯为活性成分的触杀型粉剂，先破坏蚁巢再撒施药粉。也可选用氯氰菊酯、阿维菌素、多杀菌素和吡虫啉等药剂，按照说明书的使用浓度兑水配制药液灌巢，施药时先在蚁巢周围挖一环浅沟浇上药液，再在蚁巢中心处慢慢灌入药液，每巢灌液5～15L。

参考文献

曾玲，陆永跃，陈忠南，2005. 红火蚁监测与防治[M]. 广州：广东科技出版社.

（撰稿：许益镌；审稿：周忠实）

红脂大小蠹 *Dendroctonus valens* LeConte

一种中国林业重大入侵害虫。又名强大小蠹。英文名 red turpentine beetle。鞘翅目（Cleoptera）大小蠹属（*Dendroctonus*）。

入侵历史 原产北美洲。1998年，最先入侵中国山西，随后从山西扩散蔓延到邻近的陕西、河北、河南、北京、内蒙古和辽宁等地，导致松树枯死超过1000万株。

分布与危害 分布于加拿大、美国、墨西哥。中国分布于山西、陕西、河南、河北、北京、辽宁和内蒙古。红脂大小蠹的侵入过程分为先锋雌虫开始进攻、雄虫进入、大量进攻和转移寄主。松树被危害后表现为树干有侵入孔，伴随鲜红色的漏斗状的流脂，同时松树基部地上堆积粉白色颗粒状虫粪（图1）。

图1 红脂大小蠹危害状（刘柱东提供）
①侵入孔；②树干基部堆积的虫粪

北美地区，红脂大小蠹能危害取食包括松属（*Pinus*）、云杉属（*Picea*）、黄杉属（*Pseudotsuga*）、冷杉属（*Abies*）及落叶松属（*Larix*）在内的40余种松科植物，主要以松属植物为主。在中国，红脂大小蠹危害油松、樟子松、白皮松、华山松等。

形态特征

成虫 体长5.3～8.3mm，平均约7.3mm，体长为体宽的2.1倍。老熟成虫呈红褐色。额面凸起，其中有3个高点，排成品字：第一高点紧靠头盖缝下端之下，其余2个高点则分别位于额中两侧；口上突宽阔，其基部宽度约占两眼上缘连线宽度的0.55以上，口上突两侧臂圆鼓地凸起，而口突表面中部则纵向下陷，口突侧臂与水平向夹角约20°。前胸背板的长宽比为0.73；前胸侧区（前胸前侧片）上的刻点细小，不甚稠密。鞘翅的长宽比为1.5，翅长与前胸长度之比为2.2；鞘翅斜面第一沟间部基本不凸起，第二沟间部不变狭窄也不凹陷，各沟间部表面具有光泽，沟间部上的刻点较多，在其纵中部刻点凸起呈颗粒状，有时前后排成纵列，有时散乱不呈行列。

卵 长椭圆形，乳白色，有光泽，长0.9～1.1mm，宽0.4～0.5mm。

幼虫 蛴螬型，无足，体白色，分为5个龄期。老熟幼虫体长平均约11.8mm，头宽1.79mm，腹部末端有胴痣，上下各具一列刺钩，呈棕褐色，每列有刺钩3个，上列刺钩大于下列刺钩，幼虫借此爬行。虫体两侧除有气孔外，还有1列肉瘤，肉瘤中心有1根刚毛，呈红褐色。

蛹 初为乳白色，之后渐变成浅黄色，头胸黄白相间，翅污白色，直至红褐、暗红色，即羽化为成虫。

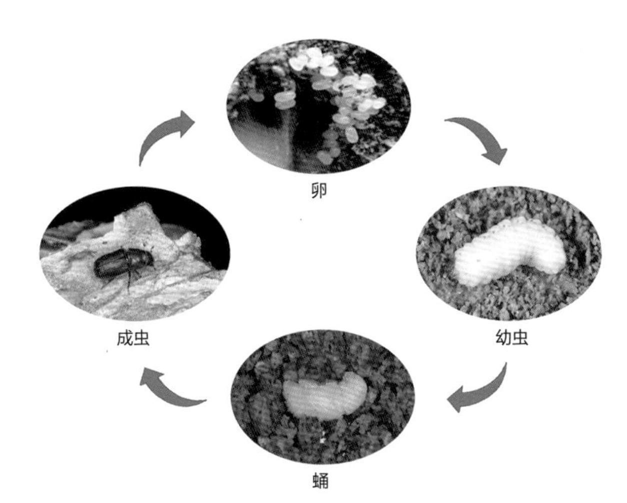

图2 红脂大小蠹生活史及形态（刘柱东提供）

入侵生物学特性 在中国，红脂大小蠹主要以老熟幼虫越冬，也有少数以二、三龄幼虫、蛹或成虫越冬，其越冬部位主要位于寄主的根部。其生活史以成虫越冬的1年1代，以老熟幼虫越冬的需跨年度才完成一个世代，以小幼虫越冬的需3年完成2代或2年完成1代，具有典型的世代重叠现象。老熟幼虫和成虫越冬的于5月中下旬大量出孔扬飞，二、三龄幼虫越冬的于翌年7月中下旬羽化出孔扬飞（图2）。

成功入侵机制 红脂大小蠹雌成虫率先进攻，选择危害成年大树，通过对松树挥发物来进行寄主的识别；当红脂大小蠹雌虫蛀入危害初期，松脂从寄主树的侵入孔流出（作为寄主防卫反应的一部分，部分成虫被松脂包被致死），起着初级引诱作用（新伐桩、受伤树由于松脂外溢起同样的引诱作用），为后继者继续入侵提供线索；同时入侵成功的先锋雌虫释放具有聚集信息素和性信息素双重作用的信息素frontalin，大量诱引红脂大小蠹共同危害，起着次级引诱作用。初级引诱和次级引诱的综合作用，导致红脂大小蠹种群集中攻击一株寄主松树，共同克服寄主抗性；当红脂大小蠹种群密度达到一定的程度时，释放某种抗聚集信息素exo-brevicomin，驱使红脂大小蠹其他个体攻击邻近寄主，控制种群进攻密度，实现寄主转移。围绕红脂大小蠹的成功入侵机制，提出了本地黑根小蠹协同红脂大小蠹入侵的假说，认为黑根小蠹产生的几种小蠹类共同的挥发物trans-verbenol、cis-verbenol、vebenone、myrtenal和myrtenol对红脂大小蠹具有协同入侵效应。此外，对红脂大小蠹伴生菌的研究发现一种伴生菌发生变异能诱导寄主大量产生3-carene，而3-carene是红脂大小蠹植物源诱芯的主要成分，提出了共生入侵假说。

聚焦入侵种红脂大小蠹本身入侵性，解析了化学信息和声音信息参与红脂大小蠹性选择机制的全链条，从性选择角度阐明了红脂大小蠹生态适应机制；聚焦化学通讯调控红脂大小蠹聚集成灾特性，从化学通讯角度阐明了聚集信息素frontalin和抗聚集信息素exo-brevicomin精准调控聚集危害成灾机制，验证了种群协同入侵学说。

预防与控制技术

信息素生态调控　利用红脂大小蠹聚集信息素的高效诱引和抗聚集信息素高效驱避特性，大规模应用推—拉生态调控技术大量诱杀红脂大小蠹，降低虫口密度。

物理防治　在红脂大小蠹林间发生静息期（11 月到翌年 3 月），林间伐除红脂大小蠹危害枯死木、濒死木，拔点清源。

化学防治　对重点区域及人力可达之处，采用虫孔注药（40% 氧化乐果乳油）和树干熏蒸（磷化铝片剂）重点保护。

营林措施　严格控制采伐和抚育，避免因伐桩滋生虫源。疫木清理地和林间抚育地适时补植补造，保护森林健康。

参考文献

李计顺, 常国彬, 宋玉双, 等, 2001. 实施工程治理控制红脂大小蠹虫灾——对红脂大小蠹暴发成因及治理对策的探讨[J]. 中国森林病虫(4): 41– 44.

杨星科, 2005. 外来入侵种——强大小蠹[M]. 北京: 中国林业出版社: 106.

张真, 王鸿斌, 孔祥波, 2005. 红脂大小蠹[M]//万方浩, 郑小波, 郭建英. 重要农林外来入侵物种的生物学与控制. 北京: 科学出版社: 282-304.

LIU F H, WICKHAM J D, CAO Q J, et al, 2020. An invasive beetle-fungus complex is maintained by fungal nutritional-compensation mediated by bacerial volatiles[J]. The ISME journal, 14: 2829-2842.

LIU Z D, XU B B, MIAO Z W, et al, 2013. The pheromone frontalin and its dual function in the invasive bark beetle *Dendroctonus valens*[J]. Chemical senses, 38: 485-495.

LIU Z D, XIN Y C, XU B B, et al, 2017. Sound-triggered production of anti-aggregation pheromone limits overcrowding of *Dendroctonus valens* attacking pine trees[J]. Chemical senses, 42: 59–67.

LU M, HULCR J, SUN J H, 2016. The role of symbiotic microbes in insect invasions[J]. Annual review of ecology evolution and systematics, 47: 487-505.

QIU J, 2013. China battles army of invaders[J]. Nature, 503: 450–451.

SUN J H, LU M, GILLETTE N, et al, 2013. Red turpentine beetle: innocuous native becomes invasive tree killer in China[J]. Annual review of entomology, 58: 293-311.

YAN Z L, SUN J H, OWEN D, et al, 2005. The red turpentine beetle, *Dendroctonus valens* LeConte (Scolytidae): an exotic invasive pest of pine in China[J]. Biodiversity and conservation, 14: 1735–1760.

（撰稿：刘柱东；审稿：周忠实）

红棕象甲　*Rhynchophorus ferrugineus* (Oliver)

严重危害椰子、油棕、霸王棕、椰枣等棕榈科植物茎干和芯部的重要害虫。又名锈色棕榈象。英文名 red palm weevil。鞘翅目（Coleoptera）象虫科（Curculionidae）隐颏象亚科（Rynchoporinae）棕榈象属（*Rhynchophorus*）。

入侵历史　原产亚洲南部及西太平洋美拉尼西亚群岛。1998 年在海南文昌最早发现红棕象甲严重危害椰子树。

分布与危害　分布于福建、海南、广东、广西、重庆、台湾、云南、西藏、香港、澳门、江西、上海、四川、贵州、浙江等地。危害树芯时，新抽出的叶片残缺不全甚至树冠折断；危害茎干时，从蛀孔排出幼虫的粪便、树干纤维，并伴有黄色至褐色黏稠液体（图 1）。初期危害特征不明显，危害后期整个树干被蛀空，茎干倒伏。

主要寄主有槟榔、椰子、油棕、桄榔、扇叶树头棕、鱼尾葵、大王椰子、加拿利海枣、椰枣、银海枣、老人葵、欧洲扇棕、霸王棕、美丽针葵、三角椰子等棕榈科植物；偶尔危害龙舌兰和甘蔗。

形态特征

成虫　体长 18～35mm，体宽 8～16mm。身体红褐色，初光亮，后期体色变暗。头部前伸特化呈喙状，口器咀嚼式。前胸前缘小，向后逐渐扩大，背面有个数不等的黑色斑，多排列成前后两行，少数个体无黑斑。鞘翅短，坚硬有纵沟，边缘黑色，有时鞘翅全部暗黑褐色。身体腹面黑红相间，腹部末端外露。锤状触角，生于喙近基两侧。各足腿节短棒状，腹面密布橙黄色鬃毛，胫节近直，胫节端钩发达，基部下缘两侧各具1簇长刚毛，前足胫节端部外缘具2枚齿，中、后足胫节端部外缘不具齿（图 2）。雄虫喙的表面较为粗糙，背面覆有一列短的褐色毛；雌虫喙的表面光滑无毛，

图 1 红棕象甲危害状（钟宝珠提供）

且较细并弯曲。雌虫各足腿节和胫节腹面鬃毛比雄虫短而稀疏（图3）。

卵　乳白色，具光泽，光滑无刻点。长椭圆形，平均长2.6mm，宽1.1mm。初产卵透明，第三天略膨大，两端略透明，后又逐渐缩小至原状，孵化前卵前端有一暗红色斑（图4）。

幼虫　体柔软，皱褶，无足，气门8对，椭圆形。头部发达，具刚毛；腹部末端扁平凹陷呈铲状，周缘具刚毛。初龄幼虫体乳白色，比卵略细长。老熟幼虫平均体长43mm，体黄白至黄褐色，可见体内一条黑色线位于背中线位置（图5）。

蛹　离蛹，长椭圆形，平均长35mm，宽15mm。初为乳白色。后呈褐色；前胸背板中央具一条乳白色纵线，周缘具小刻点，粗糙；喙长达前足胫节，触角长达前足腿节，翅长达后足胫节；小盾片明显。蛹外被一束寄主植物纤维构成的长椭圆形茧（图6）。

入侵生物学特性　属全变态昆虫，除成虫外，各虫态均存在于植株组织内，世代重叠。在海南文昌有4个成虫高峰期，分别为4月底至5月初、7月中旬至7月底、10月中旬至10月底、11月底至12月初，其中以第二个高峰期虫口最多。成虫白天隐藏于叶隙间，夜晚取食和交配时飞出。雌虫将卵产入叶柄或树冠、茎干的伤口和裂缝处，平均每日产卵1～5粒，卵产后3～5天便开始孵化。产卵时用喙将植物表面刺穿形成小孔，之后将产卵器插入小孔中产卵。有时雌虫会用口喙将卵推入植物组织更深处，不久寄主分泌汁液凝固将卵覆盖或粘在植物组织上。

幼虫孵化后，取食幼嫩组织并向树干内部钻蛀，靠身体的蠕动向前钻蛀和排出植物屑末，在植株内部形成错综复杂的蛀道，一个蛀孔可存在多头幼虫。老熟幼虫利用寄主纤维结茧化蛹，末龄幼虫首先通过上颚将周围组织的纤维撕下，然后经过一层层缠绕将整个虫体包裹起来。预蛹、蛹、成虫均在茧中形成。轻轻摇动茧当感觉到虫体在茧壳内有节律地摆动，可以判断茧中的虫态为蛹，否则为预蛹或成虫。预蛹存在的茧壳颜色较浅且质地松软，而蛹和成虫存在的茧壳颜色较深且质地坚硬。

预防与控制技术

检疫措施　调运前，仔细清查调运批次棕榈科植物有无红棕象甲蛀食。可借助听诊器贴近受害树，若听见蛀食声，基本确定有红棕象甲危害。一旦发现受害植株，应立即就地销毁。

农业防治　及时清理棕榈苗圃里的树桩及死亡植株，

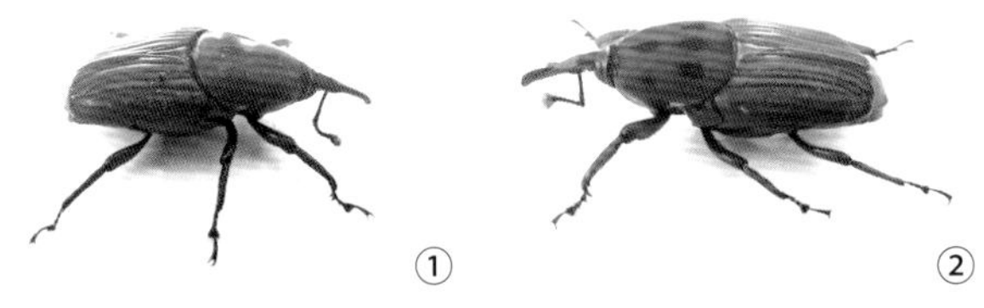

图2 红棕象甲成虫（吕朝军提供）
①雌成虫；②雄成虫

图3 红棕象甲雌雄喙及足部鬃毛对比（覃伟权提供）
①雌成虫；②雄成虫

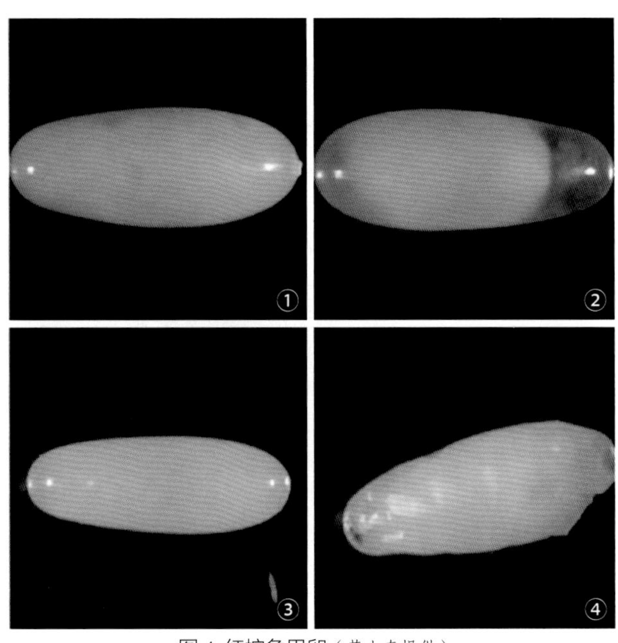

图4 红棕象甲卵（黄山春提供）
①初产卵；②第三天的卵；③即将孵化的卵；④正在孵化为幼虫的卵

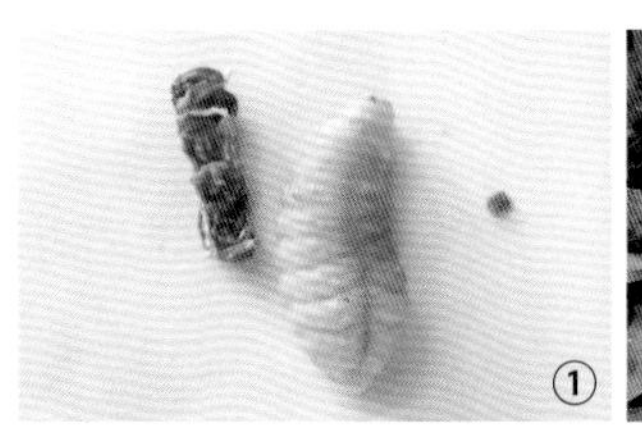

图5 幼虫（钟宝珠提供）
①刚完成蜕皮的幼虫；②植株茎干内的幼虫

图6 红棕象甲蛹和茧（钟宝珠提供）
①蛹；②茧

减少园内虫源。尽量避免人为造成植物组织伤口，发现伤口可用沥青或泥浆涂抹，防止成虫产卵。受害植株要尽早救治，无挽救价值的受害植株应及时烧毁。

信息素诱捕　每隔 200m 设 1 个引诱桶，桶内悬挂红棕象甲专用信息素，每周收集成虫并灭杀。诱饵尽量置于树荫处以延长药效。添加乙酸乙酯、乙醇、丙二醇、甘蔗发酵物等至信息素诱饵中，诱捕效果明显增加。

化学防治　在幼虫孵化后至蛀入前，可选用阿维菌素、啶虫脒、高效氯氰菊酯、虫线清等药液喷洒植株，每 7 天喷 1 次，连喷 3～5 次，1～2 个月后补喷 1 次，可达到预防效果。对已进入树干的红棕象甲，可通过在危害部位附近进行药剂注射防治。

生物防治　防治红棕象甲的虫生真菌以金龟子绿僵菌和球孢白僵菌为主，金龟子绿僵菌还可以感染卵，增加卵的死亡率。昆虫病原线虫、病毒质型多角体病毒、黏质沙雷氏菌等均对红棕象甲具有一定的防治效果。

H

不育技术　以 150Gy 以上的 ^{60}Co γ 射线处理雄虫，后代雌虫无法产卵；室内研究表明，体积分数为 0.001 的不育胺和体积分数为 0.05 的六磷胺药剂均对红棕象甲具有较好不育效果。

参考文献

陈义群, 年晓丽, 陈庆, 2011. 棕榈科植物杀手——红棕象甲的研究进展[J]. 热带林业, 39(2): 24-28.

鞠瑞亭, 李跃忠, 杜予州, 等, 2006. 警惕外来危险害虫红棕象甲的扩散[J]. 昆虫知识, 43(2): 159-163.

李伟丰, 姚卫民, 2006. 红棕象甲在中国扩散的风险分析[J]. 热带作物学报, 27(4): 108-112.

刘奎, 彭正强, 符悦冠, 2002. 红棕象甲研究进展[J]. 热带农业科学, 22(2): 70-78.

李庆, 李朝绪, 吕朝军, 等, 2021. ^{60}Coγ 射线和电子束对红棕象甲雄虫的不育效应[J]. 生物安全学报, 30(4): 304-308.

李庆, 李朝绪, 吕朝军, 等, 2021. 两种不育剂对红棕象甲成虫的不育效果[J]. 中国森林病虫, 40(6): 18-23.

覃建美, 罗宏果, 2007. 高危检疫害虫——红棕象甲的识别和防治[J]. 植物医生, 20(2): 34-35.

张润志, 任立, 孙江华, 等, 2003. 椰子大害虫——锈色棕榈象及其近缘种的鉴别(鞘翅目: 象虫科)[J]. 中国森林病虫, 22(2): 3-6.

钟宝珠, 吕朝军, 李朝绪, 等, 2020. 嗜菌异小杆线虫H06品系对红棕象甲幼虫的室内致死能力测定[J]. 热带作物学报, 41(1): 2292-2296.

钟宝珠, 吕朝军, 覃伟权, 等, 2019. 淡紫色拟青霉对红棕象甲成虫室内毒力初步研究[J]. 热带林业, 47(3): 69-71.

DEMBILIO O, JACAS JA, LLACER E, 2009. Are the palms *Washingtonia filifera* and *Chamaerops humilis* suitable hosts for the red palm weevil, *Rhynchophorus ferrugineus* (Col.: Curculionidae)[J]. Joumal of applied entomology, 133: 565-567.

DEMBILIO O, TAPIA G V, TELLEZ M M, 2012. Lower temperature thresholds for oviposition and egg hatching of the red palm weevil, *Rhynchophorus ferrugineus* (Coleoptera: Curculionidae), in a *Mediterranean climate*[J]. Bulletin of entomological research, 102: 97-102.

FALEIRO J R, 2006. A review of the issues and management of the red palm weevil *Rhynchophorus ferrugineus* (Coleoptera: Rhynchophoridae) in coconut and date palm during the last one hundred years[J]. International journal of tropical insect science, 26(3):135-154.

FALEIRO J R, ALSHUAIBI M A, ABRAHAM V A, et al, 1999. A technique to assess the longevity of the pheromone (Ferrolure) used in trapping the date red palm weevil Oliv.[J]. Sultan qaboos university journal for scientific research agricultural sciences, 4(1):5-9.

LI Y Z, ZHU Z R, JU R T, 2009. The red palm weevil, *Rhynchophorus ferrugineus* (Co1eoptera: Curculionidae), newly reported from Zhejiang, China and update of geographical distribution[J]. Florida entomologist, 92(2): 386-387.

（撰稿：钟宝珠、吕朝军；审稿：周忠实）

互花米草　*Spartina alterniflora* Loisel.

禾本科米草属多年生草本植物，是一种入侵性极强的盐沼植物。

入侵历史　互花米草原产于美洲大西洋沿岸和墨西哥湾，出于保滩促淤、抵御风暴潮等目的，1803 年被引入法国，1816 年被引入英国，1890—1970 年分 4 次被引入美国西海岸，1953—1957 年分 4 次被引种至新西兰，1979 年引种到中国东海岸种植，在各引入地相继形成广泛的入侵局面。

分布与危害　互花米草在美国西海岸，欧洲、亚洲、大洋洲和非洲各地均有入侵种群分布。在中国，主要分布于河北、天津、山东、江苏、上海、浙江、福建、广东、广西和海南等沿海各省（自治区、直辖市），2015 年在中国的发生面积约为 5.46 万 hm^2。入侵种群在湿地中可取代本地植物、侵占光滩和潮沟，进而对鸟类、昆虫、底栖动物等其他营养级生物造成负面影响，导致生物多样性下降以及生境物理环境和生态系统过程改变（图 1）。

形态特征　成株茎秆坚韧、直立，株高 1～3m，直径 1cm 以上。茎节具叶鞘，叶腋有腋芽。叶互生，呈长披针形，长可达 90cm，宽 1.5～2cm，具盐腺，根吸收的盐分大都由盐腺排出体外，叶表面常出现白色粉状盐霜。地下部分由短而细的须根和长而粗的地下茎组成。根系发达，常密布于地下 30cm 深的土层内，有时可深达 50～100cm。圆锥花序，长 20～45cm，具 10～20 个穗形总状花序，有 16～24 个小穗，小穗侧扁，长约 1cm；两性花；子房平滑，两柱头很长，呈白色羽毛状；雄蕊 3 个，花药成熟时纵向开裂，花粉黄色。种子通常 8～12 月成熟，颖果长 0.8～1.5cm，胚呈浅绿色或蜡黄色（图 2）。

入侵特性　互花米草为 C4 植物，光合作用能力高于 C3 植物。植株具有较强的繁殖能力，既可通过种子进行有性繁殖，也可通过根状茎进行无性繁殖。幼苗生长过程中，对氮素具有极强的利用能力，能吸收铵态氮、硝态氮等不同形式的氮素，根际具有丰富的固氮微生物，可帮助其高效利用生境中的氮资源。植株具有发达的通气组织，对淹水环境

图 1 入侵长江口光滩生境的互花米草种群（李博提供）

图 2 互花米草的形态特征（朱金文提供）
①植株；②根系；③小穗；④茎秆

具有较强的耐受力。根部有离子排斥机制，叶片具泌盐组织，这些特征使其具有较强的耐盐能力。此外，互花米草不同纬度种群可发生遗传进化，从而有利于其快速适应不同地区的环境。

预防与控制技术 互花米草治理主要有物理防治、化学防治、生物防治和生物替代等方法。

物理防治 包括人工拔除幼苗、织物覆盖、连续刈割以及围堤等方法。

化学防治 主要用 2%～5% 草甘膦 300kg/hm^2、0.5%～1.5% 咪唑烟酸 300kg/hm^2、10.8% 高效氟吡甲禾灵等进行除治。

生物防治 主要用光蝉（*Prokelisia marginata*）、麦角菌（*Claviceps purpurea*）、波纹滨螺（*Littoraria undulata*）等天敌和致病微生物进行控制，但应用仍处于研究阶段。

生物替代 主要是种植具有生态价值的乡土植物如芦苇（*Phragmites australis*）、本地红树等进行取代。

但以上任何单一措施均很难彻底控制互花米草，只有综合应用多种措施才能取得理想的控制效果。

参考文献

王卿, 安树青, 马志军, 等, 2006. 入侵植物互花米草——生物学, 生态学及管理[J]. 植物分类学报, 44: 559–588.

谢宝华, 韩广轩, 2018. 外来入侵种互花米草防治研究进展[J]. 应用生态学报, 29: 308–320.

AN S, GU B, ZHOU C, et al, 2007. Spartina invasion in China: implications for invasive species management and future research[J]. Weed research, 47: 183–191.

LI B, LIAO C H, ZHANG X D, et al, 2009. *Spartina alterniflora* invasions in the Yangtze River estuary, China: an overview of current status and ecosystem effects[J]. Ecological engineering, 35: 511–520.

MENG W, FEAGIN R A, INNOCENTI R A, et al, 2020. Invasion and ecological effects of exotic smooth cordgrass *Spartina alterniflora* in China[J]. Ecological engineering, 143: 105670.

QIAO H M, LIU W W, ZHANG Y H, et al, 2019. Genetic admixture accelerates invasion via provisioning rapid adaptive evolution[J]. Molecular ecology, 28: 4012–4027.

QIU S Y, XU X, LIU S S, et al, 2018. Latitudinal pattern of flowering synchrony in an invasive wind-pollinated plant[J]. Proceedings of the royal society B: Biological sciences, 285: 1072.

（撰稿：鞠瑞亭；审稿：周忠实）

互利助长假说 mutualist facilitation hypothesis

多个物种（包括本地种与外来种）以各种方式相互促进，提高了外来种在入侵地生存的概率，从而潜在加快入侵种数量增长的假说。物种之间存在普遍联系，这种联系决定生态系统中各个物种生态位的网状结构。对生物入侵而言，外来种与其他物种之间的联系将显著影响其是否能成功定殖。当生态系统中入侵种的入侵需要依赖与其他物种的共生或共栖，而并不是只通过自身的入侵时，互利助长实现入侵的现象就会发生。如果外来种与其他物种表现出互利助长（mutualist facilitation）的关系，那么它将有可能突破当地生态系统的障碍而入侵成功，进而引起整个生态系统的崩溃。基于这种观点，科学家们提出了互利助长假说（mutualist facilitation hypothesis，MFH）来解释成功入侵中的生物互利助长机制。这对于成功入侵的解释、预测和防控具有重要作用，通过互利助长假说理论研究，加强对外来物种的种群动态、地理分布及其与环境因素的相关研究，对于揭示外来物种的入侵机制有重要作用。同时，通过外来物种与本地物种的相互作用，还有利于评估外来物种入侵所带来的生态危害。

在协同入侵过程中，物种间相互促进作用的强弱也各有不同。较弱的促进作用指的是一个物种单一地促进另一个物种的入侵，而另一个物种不会反过来促进其入侵，促进入侵的物种可能在这个过程中并没有得到好处甚至还受到了不利影响，但是这种影响通常可以忽略不计，而另一个物种却从其那获得了巨大的好处，对于整个群落的被入侵过程具有促进作用。较强烈的互利助长入侵作用，则是两个物种或者多个物种间相互促进入侵，造成整个群落被持续入侵，增加入侵的程度与比例，从而改变群落的结构和功能。需要指出的是，在互利助长入侵过程中，有时并不是仅仅发生在两个物种之间，3 个物种甚至多个物种之间也会由于某些物种的加入而联系起来。此外，互利助长入侵的过程并不仅仅是对物种间关系的一个讨论，还要综合各种环境因子等具体考虑。

物种间互利助长入侵的方式有很多种，按照入侵环境可分为陆地生态系统和水生生态系统；按照种类的不同可以分为入侵种与微生物、入侵种与植物以及入侵种与动物的互利助长入侵；按照物种的产地来源可以分为入侵种间和入侵种与本地种的互利助长入侵。

陆地生态系统环境复杂，森林、草原、沙漠、岛屿都有各自的特点，植物、动物、微生物三者联系紧密，因此容易产生互利助长入侵效应。其中植物与昆虫是陆地生态系统中互利助长入侵过程中的两大主角，互利助长入侵中，基本上都是由这两类物种之一参与。在水生生态系统中，水生生物由于自身条件的限制，除了部分寄生生物外，大多是由人为因素有意无意间引入的。由于客观条件的限制，研究主要以淡水生态系统为主，对于海洋生态系统的研究甚少。以北美五大湖水系为例，其物种数量的增加并没有使入侵的概率降低，相反在一些物种较少的水生生态系统中发现具有较高的入侵抗性。因此，互利助长入侵现象在水生生态系统中似乎更加明显。与陆地生态系统不同，水生生态系统中缺少如植物与传粉者以及植物与传种者等高度密切的关系，虽然也有寄生菌跟随寄主一同入侵并给当地物种造成重要影响的案例，但其互利助长入侵方式主要是通过改变栖息地环境或食物链关系。

植物作为生态系统中的生产者，入侵后会改变整个生态系统的营养关系及结构，对整个生物入侵的过程影响巨大。一种植物入侵到一个地区后，通常会携带伴生菌，从而改变土壤中微生物结构，使土壤理化性质发生改变。在促进这些微生物入侵的同时，对在其附近生长的植物产生不同的影响，使土著种受到抑制而促进外来植物生长。此外，外来植物通常要依靠其他物种才能在入侵地成功生存，多数植物都需要昆虫等为其传粉，从而繁殖后代；土壤微生物在植物入侵过程中也扮演着协助植物获取必需养分的角色；鸟类、哺乳动物等在植物入侵后快速扩散方面发挥重要作用。外来植物正是与这些物种互利助长，才能克服在入侵地遇到的种种不利的条件从而成为一个成功的入侵种。植物入侵后会改变生态系统的食物链结构，所以许多生态系统在植物入侵之后更容易被其他物种入侵。

昆虫是生物互利助长入侵过程中的另一个重要主角。与植物作为生产者能够改变整个生态系统的食物链结构不同，昆虫与其他物种互利助长入侵，更多的是充当一个携带媒介的角色，昆虫在入侵过程中，往往会把自身携带的微生物也传入入侵地，这些微生物可能在原产地对当地物种没有不利影响，甚至是某些物种生长发育所必需的，而一旦其随着昆虫传入到一个新的环境中，就可能对当地的环境造成危害，如红脂大小蠹与其伴生菌；或者是这个入侵种与微生物之间是一种互利共生的关系，两个物种能够相互促进各自的入侵，如烟粉虱与其携带的双生病毒；或者昆虫作为外来种扩散载体，加快外来种的扩张，如松墨天牛与松材线虫。植物与昆虫在多个物种的互利助长入侵过程中起到桥梁作用。昆虫与植物之间存在协同演化关系，这种关系主要表现在传粉与捕食这两种关系上，若没有昆虫为外来植物传粉，那么这种植物就很难成功入侵。但在自然界中，多数植物与昆虫不是专性授粉关系，正是由于这种关系的存在，外来植物才能够在多数入侵地授粉繁殖，进而扩散。除植物与昆虫之间传统的授粉关系外，外来植物与植食性昆虫联合入侵时，入侵植物会通过昆虫对土著植物产生间接影响而增强其与土著植物的竞争力促进其入侵，而这与我们传统上认为外来植物能够成功入侵是逃避了本地天敌的理论相矛盾。另外，蚂蚁对某些入侵性植物具有重要的作用，这种作用不仅仅是使植物的种子扩散更远，更重要的是使这些植物种子保存在安全的地方。

随着全球气候变化和人为干扰的增加，互利助长入侵的链式效应会改变许多物种的分布范围，促进了媒介生物的扩散，例如，疟疾和登革热等疾病会随着蚊子传播至新的地区。同时，温度升高会使土著蚁外出寻食的时间不断缩短，对入侵种阿根廷蚁（*Linepithema humile*）却没有影响，从而加快了阿根廷蚁对土著蚁的取代过程。另外，统计表明传入各国的外来物种 80% 以上都是人类有意或者无意引入的，因此人类本身就是互利助长入侵中最大的参与者。生态系统越来越容易被外来物种入侵，其中一个很重要的因素是一些潜在的互利助长入侵参与者早已被人类携带至不同生态系统中，从而使生态系统具有了产生互利助长入侵作用的条件。

互利助长入侵现象的观察主要集中在一些短期实验研究，且仅注重于经典直接的互利助长关系，但在多数情况下，互利助长入侵所表现的是通过食物链的改变或者加速环境扰乱等促进其他物种入侵，这方面的研究仍然匮乏。同时，Simberloff 和 Von Hoile 提出的“入侵崩溃”概念虽然已经被多数生态学家甚至政府部门所接受，但仍停留在物种角度，没有深入研究互利助长入侵对整个生态系统结构和功能的影响。因此，未来应深入研究物种间的互利助长机理，在更大空间尺度上分析可能存在的互利助长入侵关系及其对生态系统结构和功能的影响，特别注意全球变化背景下物种间关系的改变和转移，从而有效地避免“入侵崩溃”。

参考文献

吕全, 张星耀, 杨忠岐, 等, 2008. 红脂大小蠹伴生菌研究进展[J]. 林业科学, 44(2): 134-142.

宁眺, 汤坚, 等, 2004. 松材线虫及其关键传媒墨天牛的研究进展[J]. 昆虫知识, 41(2): 97-104.

万方浩, 郭建英, 张峰, 2009. 中国生物入侵研究[M]. 北京: 科学出版社.

KENIS M, AUGER-ROZENBERG M, ROQUES A, et al, 2008. Ecological effects of invasive alien insects[J]. Biological invasions, 11: 21-45.

MITCHELL C E, AGRAWAL A A, BEVER J D, 2006. Biotic interactions and plant invasions[J]. Ecology letters, 9 (6): 726-740.

RUESINK J L, 2007. Biotic resistance and facilitation of a non-nativeoyster on rocky shores[J]. Marine ecology progress series, 331: 1-9.

STACHOWICZ J J, BYRNES J E, 2006. Species diversity, invasion success, and ecosystem functioning: disentangling the influence of resource competition, facilitation, and extrinsic factors[J]. Marine ecology progress series, 311: 251-262.

（撰稿：鲁敏、刘一澎；审稿：周忠实）

花粉管通道法 pollen-tube pathway method

利用花粉管将外源 DNA 导入受体生殖细胞，实现遗传转化的方法。该方法于 1979 年由中国学者周光宇提出。该方法可以应用于任何开花植物，最大优点是不依赖组织培养人工再生植株，技术简单，常规育种工作者易于掌握。在水稻、小麦、玉米等作物上都有成功报道，中国推广面积最大的转基因抗虫棉也是利用花粉管通道法培育出来的。

原理 在植物授粉后花药萌发，这个过程中会形成可供精子中 DNA 运输进入胚囊的通道，外源 DNA 可利用该通道，通过滴注、注射、浸泡等方法，导入受精卵或卵细胞或早期胚细胞，并进一步地被整合到受体细胞的基因组中，随着受精卵的发育形成含有外源基因的新个体。这个时期受精卵或生殖细胞以类似“原生质体”状态存在且未形成细胞壁，此时期的细胞生命力最为旺盛，其 DNA 的复制、分离和重组等细胞生长活动非常活跃，所以选择此时期进行转化，外源 DNA 片段整合进受体基因组中的概率大大增加。

导入外源 DNA 的方法 ①使用较多的是通过柱头滴加导入，在受体植物自花授粉后先切除部分柱头，在适当的时期将含有外源基因的载体滴加在柱头上，使其能沿着花粉管通道进入胚囊。②子房注射法主要用于子房较大的植物，如棉花，利用微量注射器将含有外源基因的溶液注入子房下部胚囊附近。③花粉粒携带法是使用含有外源基因溶液预先处理的花粉进行授粉。④柱头涂抹法是在未授粉前，先用导入液涂抹柱头，然后人工授粉，迅速套袋。

影响转化率的因素 ①针对不同的植物，需要选择最佳的外源 DNA 导入方法，对于子房较大的植物可以选择子房注射法，而花朵较小的植物更适合采用浸泡法。②适当的外源 DNA 导入时间，可以使卵细胞在最佳感受态下接受外源 DNA，不仅可以减少工作量，还可以显著提高转化效率。③外源 DNA 浓度、纯度及溶液 pH 等均影响转化率。

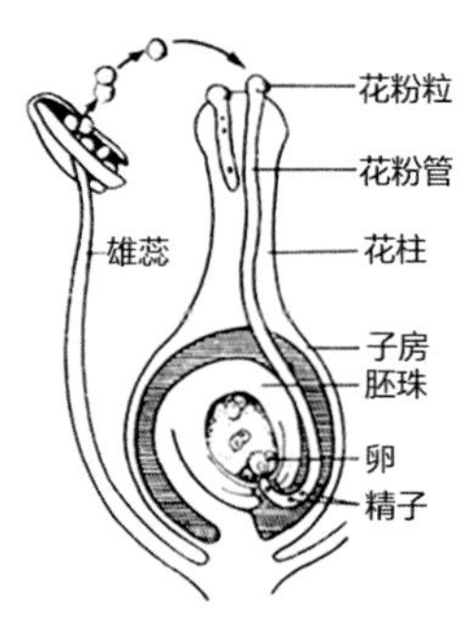

花粉管通道法

参考文献

周光宇, 翁坚, 龚蓁蓁, 等, 1988, 农业分子育种授粉后外源DNA导入植物的技术[J]. 中国农业科学, 21 (3): 1-6.

（撰稿：耿丽丽；审稿：张杰）

花粉扩散 pollen dispersal

植物的花粉从花药中释放后，在风或昆虫媒介作用下被扩散转移的过程。又名花粉飘流。花粉是种子植物雄性生殖细胞的载体，携带着传宗接代的遗传信息。花粉多为球形，也有扁球形和长球形的花粉。花粉大小因物种而不同，变化很大，最小的花粉直径 2～8μm，大型花粉直径可达 100～200μm，大多数花粉直径为 20～50μm。

由于花粉数量多、体积小、质量轻，很容易借助风力传播，它们在空气中扩散时，极易被人吸进呼吸道内引发花粉过敏症，这是最初花粉扩散引起人们关注的主要原因。通过花粉扩散，转基因飘流至非转基因作物品种或其近缘野生种，对种子纯度、环境和食品的潜在影响也需要进行科学评估。

花粉扩散过程中，花粉浓度的分布随距离增加而降低，距离花粉源越近，花粉浓度越高。不同作物的花粉直径和重量不同，导致它们在空气中的扩散和沉降速率不同。玉米花粉较重，粒径为 76～122μm，比其他作物的花粉大 1 倍以上，沉降快，沉降速率可达每秒 21～32cm。因此，玉米花粉的扩散距离要比其他风媒作物的花粉近得多。86%～92% 的玉米花粉散落在 5m 以内；96%～99% 的花粉散落在 25～50m 内；距离花粉源 60m，花粉沉降量仅为 1m 处花粉沉降量的 0.2%；几乎所有花粉都会沉降在 100m 以内。

花粉扩散与气象因素密切相关。花粉浓度的分布与盛行风向一致，下风方向的花粉浓度高于侧风向和上风向，花粉源面积（总源强）越大，下风方向的花粉浓度越高，但花粉浓度不会随花粉源面积的增大无限增加。以玉米为例，几乎所有花粉都会沉降在 100m 以内，由此可以推断，当花粉源直径大于 100m 时，扩散到源区外的花粉量将会达到一个平衡值（临界源强），不再随花粉源面积的增大而增加。这解释了为什么在转基因玉米大面积产业化种植后，英国、法国、西班牙等国研究者所得到的转基因玉米与非转基因玉米共存时基因飘流率不再增加的原因。

转基因飘流由花粉扩散介导，阐明花粉扩散及其沉降规律，是研究转基因飘流的重要基础环节。它包括不同距离上花粉浓度的分布特征、花粉在三维空间内的沉降规律，为转基因作物的风险评估提供重要的基础数据。

参考文献

HU N, HU J C, JIANG X D, et al, 2014. Establishment and optimization of a regionally applicable maize gene flow model[J]. Transgenic research, 23: 795-807.

PLA M, LA PAZ J L, PENAS G, et al, 2006. Assessment of real-time PCR based methods for quantification of pollen-mediated gene flow from GM to conventional maize in a field study[J]. Transgenic research, 15 (2): 219-228.

PLEASANTS J M, HELLMICH R L, LEWIS L C, 1999. Pollen deposition on milkweed leaves under natural conditions[C]. Chicago: Monarch Butterfly Research Symposium.

RAYNOR G S, OGDEN E C, HAYES J V, 1972. Dispersion and deposition of corn pollen from experimental sources[J]. Agronomy

H

journal, 64: 420-427.

SEARS MK, STANLEY HORN D, 2000. Impact of Bt corn pollen on monarch butterfly populations[M]. Canada: University Entension Press.

SONG Z P, LU B R, CHEN J K, 2004. Pollen flow of cultivated rice measured under experimental conditions[J]. Biodiversity & conservation, 13 (3): 579-590.

WEEKES R, ALLNUTT T, BOFFEY C, et al, 2007. A study of crop-to-crop gene flow using farm scale sites of fodder maize (*Zea mays* L.) in the UK[J]. Transgenic research, 16 (2): 203-211.

（撰稿：胡凝；审稿：贾士荣）

花生疮痂病 peanut scab

由落花生痂圆孢引起的一类入侵性真菌病害，是危害花生的主要病害之一。

入侵历史 花生疮痂病是花生的重要病害，流行年份以成百上千公顷的增速扩大蔓延，严重威胁着花生生产。1940年在巴西首次发现花生疮痂病后，1979年报道日本有该病害发生，1985年报道在阿根廷发现。在中国20世纪70年代初，在广东翁源前华南农学院办学点的花生地上见过该病。1992年起，在广东和江苏部分地方该病害暴发成灾，在广州花都花生种植地也发生此病。1999年起，在福建沿海春花生产区大面积流行危害，2003年起在山东临沂部分地块发生，2011年在辽宁大发生。流行年份一般病田减产10%～30%，严重损失可达50%以上。

分布与危害 山东、广西、辽宁、河南等花生种植区均报道发生危害，严重制约花生产业发展。受疮痂病侵害的花生植株扭曲、矮缩，病叶明显变形、皱缩，生长发育受阻。在发病较早而疏于防治的田块，花生荚果少而小，严重影响花生产量与质量，一般可造成减产10%～15%，重病田减产30%～50%，已成为许多花生产区的主要病害。

花生疮痂病危害花生植株的叶片、叶柄、叶托、茎秆和子房柄。症状特点是病部均表现木栓化疮痂状斑，斑面病症通常不明显，潮湿时仅隐约可见橄榄色霉点或薄霉层的分子孢子盘及分生孢子（见图）。病株新抽叶片畸形歪曲，病害最初在叶片和柄上产生很多褪绿圆形或不规则形小病斑，均匀分布在叶脉附近，随着病叶发展，叶片正面斑块变淡褐色，边缘隆起中心下陷，表面粗糙栓化；叶片背面病斑颜色较深，淡红褐色，在主脉附近经常有多个病斑相连形成更大的病斑，随着受害组织的坏死，造成叶片穿孔。叶柄上的病斑卵圆形至短梭形，比叶片斑大，褐色，中部下陷，边缘隆起，呈典型火山口状开裂；子房柄染病后肿大变形，阻碍荚果发育明显。茎部病斑，多个病斑连合并绕茎扩展，形状和质地与叶柄斑相同，在病害发生严重情况下，疮痂状病斑遍布全株，使植株呈烧焦状，植株显著矮化或弯曲生长，扭曲似“S”形状，严重影响叶片的光合作用和茎管的输送作用。

病原及特征 病原为落花生痂圆孢（*Sphaceloma arachidis* Bitanc. & Jenkins），属于黑盘菌目（Sclerotinia）痂圆孢属（*Sphaceloma*）。

花生感病后在病组织上长出大量病菌子实体即病菌分生孢子盘。分生孢子盘呈浅盘状，较小，不易识别，孢子盘初埋生，后突破表皮外露，褐色至黑褐色，盘上无刚毛，分生孢子为单胞，无色透明，孢子梗常聚集成栅栏状。分生孢子有3种类型，分别为长椭圆形（大小为2.5～3.12μm×12.5～15.6μm）、短椭圆形（大小为2.5～2.75μm×6.25～6.88μm）和近圆形（大小为2.5～2.8μm×2.8～3.0μm）。在3种类型的分生孢子中以短椭圆形的数量最多，长椭圆形次之，近圆形最少。

该病菌可在PSA培养基上生长，尤其在花生、大豆等豆类煎汁培养基上生长良好。适温为25～30℃，适宜的pH为4～8，最适pH为6.0。低温阴雨有利于该病的发生。

入侵生物学特性 花生疮痂病的病原菌丝体产生的子座可在田间的病残体上越冬，到翌春子座上产生分生孢子成为该年的初侵染源，当病株残体腐烂后可能以厚垣孢子在土壤中长期存活。感病品种的荚果带菌率很高且病荚壳传病率很高，通常在种子调运和销售中传播病菌，成为病区扩大的主要原因。花生疮痂病的发生危害程度与生态环境关系密切，种植地的土壤黏重、偏酸，并且多年重茬，田间病残体多易发病。春花生播种在老病地上，花生出苗后，当旬气温高于20℃、降雨天数和降雨量多，日照不足，就有可能在田间出现零星的早期病株，产生孢子，通过风雨向邻近的植株传播，逐渐形成植株矮化、叶片枯焦的明显发病中心。春花生发病的轻重、迟早受当地早春低温阴雨天气的影响明显，如果当年早春气温偏低、雨水偏早偏多且阴雨天气时间长，并且种植密度大，通风透光差，病害就发生得早而重。春花生发病后，其病情通常表现为波浪式发展。风雨

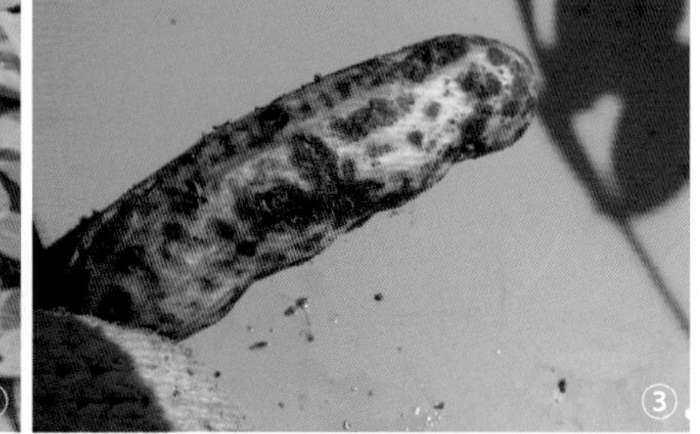

花生疮痂病危害症状（吴楚提供）

①叶片受害症状；②植株受害状；③果实受害状

后，病情急速蔓延，天气持续晴好，病情即缓和或抑制。春花生的生育期遇到低温阴雨的天气可使病害提早发生，生育中后期的高温多雨则有利于病害的蔓延。如果条件不适合，孢子可在病体或土壤中长期存活。地下害虫、线虫多的田块，病菌易从伤口侵入导致发病，也是造成该病发生的原因之一。

花生疮痂病以病菌的菌丝体和分孢盘在病残体上越冬。以分生孢子作为初侵与再侵接种体，借风雨传播侵染致病。病害的流行与天气条件较为密切。在雨量充沛时容易导致花生疮痂病的盛行。如果当年早春气温偏低，雨水偏早偏多，阴雨天出现频繁，病害发生早而重。

预防及控制技术

预测预报　各地植保部门，应做好花生疮痂病的监测预警工作，根据当地发生情况、危害特点等，制定合理防治措施，并将用药适期、防治方法等信息通过电视预报、短信、网络等媒体及时告知农民，指导农民做好防治工作，及时有效地防止花生疮痂病的发生及蔓延。

栽培措施　花生与禾本科作物进行3年以上轮作，主要是与水稻轮作，不能与水稻轮作的，可与玉米、甘薯等作物轮作。选用排灌方便的田块，建立良好的田间排灌系统设施，加强病田流水管理，开好田内沟和外围沟，使三沟相通，降低地下水位，做到雨停无积水，大雨过后及时清理沟系，防止湿气滞留，降低田间湿度，改变田间小气候，防止疮痂病的发生。做好规划布局，实行连片地膜覆盖，有利于提高地温，增加积温，保持土壤养分，防渍保墒。还可截断病原菌的传播，减轻病害的危害程度。增施磷、钾肥，控制氮肥供给量，增施有机肥，施足基肥，减少追肥次数，促进植株前期健壮生长，防止徒长，增强植株抗病保产能力。

化学防治　密切关注天气变化情况，及时观察田间生长动态。春花生播种出苗后，当旬平均气温≥20℃、雨日达5天左右时，田间就可能出现零星病株；在花生开花下针期间遇持续降雨，该病就可能流行。经过多年田间试验，根据疮痂病病菌特性，建议于该病盛发始期，病情指数达10～15时开始用药，第一次可用70%甲基托布津500倍液喷洒；或者50%苯菌灵可湿性粉剂1500倍液；或者80%代森锰锌可湿性粉剂300～400倍液；隔10天喷施第二次药，用10%世高1000倍液喷洒。视病情隔5～7天再施药1次，可控制花生疮痂病的严重发生，达到显著的防病增产效果。果针下扎期喷植物生长调节剂85%比久（B9）水溶性粉剂1000～1500倍液，可明显增加产量，喷药要周到细致，以叶片、植株上下喷透为宜。雨季施药后遇雨，要在雨停后及时补喷。

参考文献

肖迪, 2019. 花生疮痂病菌产孢条件及侵染过程研究[D]. 沈阳: 沈阳农业大学.

张明红, 张李娜, 谭忠, 2018. 花生疮痂病的发生特点及综合防控对策[J]. 农业科技通讯, 557(5): 260-262.

MORAWES S A, GODOY I J, GERIN M, A N, 1983. Evaluation of the resistance of *Arachidis hypogaea* to *Puccinia arachidis Sphaceloma arachidis* and *Phoma arachidicola*[J]. Fitopatologia braisleirq, 8(3): 499-506.

SOAVE J, PARADELA FILHO O O, RLBEIRO I J. A, et al, 1973. Evaluation of the resistance of groundnut (*Arachidis hypogaea* L.) to scab (*Sphaceloma arachidis*) under field conditions[J]. Revista de agricultura, 48(2/3): 129-132.

（撰稿：高利；审稿：董莎萌）

花生黑腐病　*Cylindrocladium* black rot of peanut

一种由冬青丽赤壳菌侵染引起的花生病害，是典型的土传和种传病害，是影响花生产业产量和质量的重要病害。在中国，属于一种农业入侵病害。

入侵历史　1966年，花生黑腐病在美国佐治亚州的花生产区发现。有研究认为，该病是20世纪50年代通过茶叶种植从亚洲传入的。2009年，中国首次在广东报道发生该病害；随后，福建、江西、浙江等地均报道发生。2007年，中国修订的《中华人民共和国进境植物检疫性有害生物名录》将花生黑腐病菌列为新的外来入侵检疫性病菌。2010年，该病害被增列入《广东省农业植物检疫性有害生物补充名单》。

分布与危害　花生黑腐病在美国东南部的花生产区扩散流行，造成花生产量损失高达50%以上，在日本全境内都有发生。迄今为止，该病原物引起的病害在美国、日本、韩国、朝鲜、中国、印度、印度尼西亚、斯里兰卡、巴西、伊朗、喀麦隆、澳大利亚、洪都拉斯等10多个国家和地区报道发生。

病菌寄主范围较广，已报道的寄主包括花生、大豆（*Glycine max*）、苜蓿（*Medicago sativa*）、富贵椰子（*Howea belmoreana*）、桃花心木（*Swietenia mahagon*）、蓝莓（*Vaccinium* spp.）、茶树（*Camellia sinensis*）、北美鹅掌楸（*Liriodendron tulipifera*）、番木瓜（*Carica papaya*）、猕猴桃（*Actinidia chinensis*）、花烛（*Anthurium andraeanum*）、夏威夷寇阿相思木（*Acacia koa*）、北美枫香（*Liquidambar styraciua*）、红叶火筒树（*Leea coccinea*）、夹竹桃（*Nerium oleander*）、南美山蚂蝗（*Desmodium tortuosum*）、决明（*Senna obtusifolia*）、鹧鸪豆（*Cassia fasciculate*）、西印度樱桃（*Malpighia glabra*）、月桂树（*Laurus nobilis*）和鳄梨（*Persea americana*）等。

该病害在花生的幼苗、成株期均可发病，主要危害花生近地面的茎基部、果针、荚果和根系。罹病部位的植物组织变黑腐烂。受侵染幼苗地下部变黑腐烂，整株萎蔫枯死。成株期罹病，植株叶片初期褪绿变黄，后期萎蔫。严重受害的植株整个萎蔫死亡。剥开病株地上部枝条可见病株的茎基部变黑腐烂。严重受害的植株拔起病株时容易造成“断头”。挖起病株可见豆荚和根系变黑腐烂。在潮湿条件下茎基部等罹病部位常常生长有大量的橙色到红色小颗粒状物，是病原菌的子囊壳，这是诊断该病害的显著特征之一。在田间病害有明显的发病中心。

病原及特征　病原为冬青丽赤壳菌（*Calonectria ilicicola* Boedijin Reitsma），无性阶段是寄生柱枝孢（*Cylindrocladi-*

um parasiticum Crous,Wingfield Alfenas)。

子囊壳为橙红色或红褐色，卵圆形或近球形，单生或聚生，大小为 300～500μm×280～400μm；子囊棍棒状，内含 8 个子囊孢子；子囊孢子纺锤形，直或稍弯，无色透明，两端钝圆，具 1～3 个隔膜，隔膜处稍有缢缩，大小为 30～85μm×5～9.5μm。微菌核黑褐色，壁厚。分生孢子梗与寄主植物表面呈直角，无色，规则重复二叉或三叉分枝，每端有 2～4 个小梗；大型分生孢子圆柱状，无色透明，具 1～3 个隔膜，隔膜处缢缩不明显，大小为 38～68μm×4～5μm。泡囊棍棒状，宽 5～10μm。

病菌在 PDA 培养基上生长良好，菌落呈规则圆形，边缘整齐。菌丝棉絮状，初期为白色，后变成杏黄色。后期能产生褐色色素，呈轮纹状，菌落中心深褐色，向外逐渐变浅。病菌在 10～30℃温度条件下均能生长；温度低于 5℃或高于 35℃时菌丝均不生长；其最佳生长温度为 26～28℃。pH4.0～10.0 时均能生长，而中性偏酸的培养条件更利于菌丝生长。子囊孢子和分生孢子对湿度要求较高，空气湿度低于 10% 时，分生孢子和子囊孢子只能存活 2 分钟。子囊孢子的形成受昼夜相对湿度影响，只有在夜晚空气相对湿度达到 100% 时子囊孢子才能成熟。微菌核的形成与温度有关，24～28℃最适于微菌核形成，当温度低于 12℃或高于 32℃时，病原菌不能形成微菌核。

入侵生物学特性　花生黑腐病可侵染危害花生植株地下部的果针、根系、果荚及茎基部等。侵染部位感病后变黑甚至腐烂，发病严重时地上部的叶片表现出萎蔫甚至枯萎的症状，最后整个植株枯萎，严重的甚至死亡。在发病严重且环境较潮湿的条件下，植株茎基部可产生橙红色的子囊果。花生黑腐病是典型的土壤传播和种子传播病害。种子传播是病害迅速蔓延扩散的主要原因。病原菌主要以微菌核在土壤中越冬，条件适宜时萌发形成菌丝，菌丝直接穿透花生根表皮组织，形成初次侵染。菌丝体侵染根部 24 小时后，在根部组织细胞间开始萌发生长，并在数天后形成微菌核。花生开始产生保护性质的次生周皮组织隔离发病区域组织中菌丝的扩展。微菌核随感病死亡的组织进入土壤中。当空气湿度合适时，发病植株茎基部在侵染数周后长出子囊果，成熟的子囊孢子在 14～21 天后被释放出来。由于微菌核在土壤或病残体中能存活很长时间，因此微菌核是最主要的侵染源。

预防与控制技术

植物检疫　检疫是防止危险性病害传入与扩散的重要方法。必须严格实行检疫控制，防止病苗及带菌种子运向无病区，杜绝该病害的传播与扩散。

农业防治　重病田块收获时彻底收集病藤集中烧毁，避免用病藤沤肥，以减少初侵染菌源。重病田避免连作，最好实行水旱轮作 1～2 年。整治植地排灌系统，实行高畦深沟栽培，提高植地防涝抗旱能力，防止大水浸灌，雨后及时抓好清沟排渍降湿。配方施肥，适当增施磷钾肥，勿偏施过施氮肥。

化学防治　在发病严重区域，土壤熏蒸有一定的效果，但是费用昂贵，且容易产生药害。异硫氰酸盐是广谱、高效的土壤有害生物杀灭剂，可有效控制花生黑腐病的发生。福美双和咯菌腈是处理种子较为有效的杀菌剂。

选用抗病品种　是防治土传病害的经济有效方法。美国虽然已培育出一系列中抗性花生品种，但还未发现具有高抗病性的品种，而且相对于感病品种来说，这些中抗品种产量低、果荚小，在土壤中微菌核大量存在时其抗病性易丧失。中国蓝国兵等用苗期接种法对广东推广种植的 15 个主要花生品种对花生黑腐病的抗性水平进行了鉴定，筛选到‘湛红 2 号’和‘湛油 6 号’为抗病品种，‘仲恺花 332’表现为高感品种。袁汇涛等采用幼芽水培接种的方法对 128 个花生品种进行抗性鉴定，筛选出高抗、中抗、中感、高感的花生品种数分别为 1、13、42 和 72 个。迄今为止，尚没有花生黑腐病的免疫花生品种，大部分的花生品种依然表现出一定的感病性。因此，抗病品种的选育仍然是花生黑腐病防治研究的重点之一。

参考文献

盖云鹏, 潘汝谦, 徐大高, 等, 2014. 进境检疫性有害生物——寄生帚梗柱孢霉[J]. 植物检疫 (4): 76-81.

李娜, 王泽钿, 何桂碧, 等, 2019. 广东花生黑腐病病原菌鉴定及防治药剂的室内毒力测定[J]. 热带作物学报, 40 (3): 552-557.

潘汝谦, 关铭芳, 徐大高, 等, 2011. 花生黑腐病菌的生物学特性[J]. 华中农业大学学报, 30 (6): 701-706.

BELL D K, SOBERS E K, 1966. A peg, pod, and root necrosis of peanutscaused by a species of Calonectria[J]. Phytopathology, 56(12): 1361-1364.

MIRABOLFATHY M, GROENEWALD J Z, CROUS P W, 2010. Root and crown rot of anthurium caused by *Calonectria ilicicola* in Iran [J]. Plant disease, 94(2): 278.

PHIPPS P M, 1990. Control of *Cylindrocladium* black rot of peanut with soil fumigants having methyl isothiocyanate as the active ingredient[J]. Plant disease, 74 (6): 438-441.

PHIPPS P M, 1982. Efficacy of soil fumigants in control of *Cylindrocladium* black rot (CBR) of peanut in Virginia, 1981[J]. Fungicide and nematicide tests, 37: 96.

（撰稿：高利；审稿：董莎萌）

化学控制基因飘流的措施　chemical measures for controlling gene f low

用化学方法改变供体花粉的活性或育性，影响授粉、受精，限控花粉扩散和基因飘流，包括化学杀雄、激素调控开花及化学药剂杀灭传粉昆虫等。①喷施化学杀雄剂，抑制雄性生殖细胞产生，或抑制减数分裂，使雄性不育。例如，水稻上曾用无毒化学去雄剂 HAC-123 去雄；在水稻雌雄蕊原基分化至花粉充实期，喷施雄配子诱杀剂 CRMS，诱导不育效果明显，表现为性别异化、花粉败育和花药不裂三种形式，自交败育率可达 95%～100%；在水稻花粉母细胞减数分裂期喷 1.0%～2.0% 乙烯利，可诱导花粉高度不育，但对雌蕊也有一定杀伤作用；水稻上还可采用二甲苯去雄的方法。②激素调控开花，通过促进开花或延迟开花，使供、受体花期不遇。赤霉素、乙烯利、缩节胺、多效唑等植物生长调节物质，使用广泛，效果显著。赤霉素可促进水稻开花，且花期集中，广泛应用于杂交稻制种。在非诱导的短日照条件下，赤霉素是拟南芥开花的必要条件，赤霉素处理可促进短日照下拟南芥早花。赤霉素也可促进长日性植物雪里蕻、矢车菊提早开花，诱导要求低温的二年生植物乌塌菜开花，还可打破多年生宿根性植物如芍药、牡丹休眠芽的休眠，提前开花。另外，多效唑对推迟易抽薹结球白菜品种的开花时间有十分明显的作用；多效唑结合氮肥施用，可适当延迟水稻开花、调整开花期。③喷施杀虫剂杀灭传粉昆虫。蜜蜂、马蜂、蝇、蝶等传粉昆虫，可大大增加基因飘流频率和飘流距离。用杀虫剂杀灭传粉昆虫，可在一定程度上减少转基因逃逸的风险。不过这种方法也污染环境，影响农田的生物多样性。

参考文献

高锦华, 1964. 赤霉素影响几种植物开花试验的初步报告[J]. 植物生理学通讯 (4): 32-34.

胡存彪, 陈云飞, 刘圣会, 等, 2016. 多效唑和赤霉素对结球白菜抽薹开花的调控[J]. 山地农业生物学报, 35 (2): 73-75.

刘家富, 2013. 蜜蜂在水稻上的访花行为及其介导花粉扩散的研究[D]. 杭州: 浙江大学.

蒲德强, 2013. 访花昆虫及其对水稻基因漂移的影响研究[D]. 杭州: 浙江大学.

王熹, 2000. 作物化控研究[M]. 北京: 中国科学技术出版社: 380-406.

杨弘远, 2005. 水稻生殖生物学[M]. 杭州: 浙江大学出版社: 89-90.

WILSON R N, HECKMAN J W, SOMERVILLE C R, 1992. Gibberellin is required for flowering in *Arabidopsis thaliana* under short days[J]. Plant physiology, 100 (1): 403–408.

YUAN Q H, SHI L, WANG F, et al, 2007. Investigation of rice transgene flow in compass sectors by using male sterile line as a pollen detector[J]. Theoretical & applied genetics, 115 (4): 549-560.

（撰稿：袁潜华；审稿：贯士荣）

环介导等温技术 loop-mediated isothermal amplification, LAMP

一种简便、快速、准确、廉价的基因扩增方法。

该技术针对靶标上的6个区域设计4条引物，利用链置换型DNA聚合酶在60～65℃恒温条件下进行扩增反应，可在15～60分钟内实现扩增，反应能产生大量的扩增产物，可以通过肉眼观察白色沉淀的有无来判断靶基因是否存在。与常规PCR相比，不需要模板的热变性、温度循环、电泳及紫外观察等过程。

环介导等温扩增法具有简单、快速、特异性强等特点。它不依赖任何专门的仪器设备可实现现场高通量快速检测。

该技术适用于转基因成分检测、病原微生物检测等。

（撰稿：朱鹏宇；审稿：付伟）

环境残留 environmental residues

商业化种植的转基因抗虫作物均表达*Bacillus thuringiensis*（Bt）基因，因此转基因作物环境残留方面的研究主要集中在Bt蛋白在环境中的降解和归趋行为。研究表明，Bt抗虫作物向农田环境中释放Bt蛋白的途径主要包括：①Bt作物在生长期持续通过根部向土壤中分泌Bt蛋白（Saxena等, 1999）。②植株表面残体脱落物、植株伤口流出物、木质部流体（Saxena等, 2000）以及花粉等向土壤释放Bt蛋白。③作物收获后Bt蛋白随植株残体留在土壤中。

释放到土壤中的Bt蛋白能否长期存在并累积主要依赖Bt蛋白浓度的增加速率、微生物降解速率和非生物因素的钝化速率等因素的作用。当Bt作物向土壤中释放的Bt蛋白的量超过了靶标生物的消耗、微生物的降解和非生物因素的钝化时，Bt蛋白就会在自然界中残留、累积和浓缩。研究还表明，当Bt蛋白进入土壤后，通过与具有表面活性的土壤微粒结合而抑制了土壤微生物的降解，可导致Bt蛋白在土壤中长期存在并富集。这样，游离状态下的Bt蛋白不管是在水培营养液中还是在土壤中，很容易被单一或混合微生物群体作为碳、氮资源而利用，然而与土壤中具有表面活性的微粒结合后，Bt蛋白就难以被土壤微生物作为碳资源，仅轻微的可作为氮资源利用。Bt蛋白与土壤微粒的紧密结合可显著延长其在土壤中的存留时间。Palm等将转Bt棉花叶枝埋入5种不同的微生态系统土壤中，发现140天后在3种土壤中仍能检测到Bt蛋白，含量分别是起始浓度的3%、16%和35%。另外，Saxena等报道，通过转基因玉米根部分泌和残体降解释放到土壤中的Bt毒素在土壤中滞留期最长可达350天。

研究证明，当Bt蛋白与土壤中具有表面活性的微粒结合后，Bt蛋白的结构没有改变，因此与土壤中具活性表面的微粒结合后的Bt蛋白保持其杀虫活性。例如，结合到土壤矿物质蒙脱石、高岭石和土壤黏粒的Bt蛋白对烟草天蛾幼虫（*Menduca sexta*）和科罗拉多马铃薯甲虫（*Leptinotarsa decemlineata*）幼虫依然保持毒性。研究甚至表明，与土壤中黏粒结合的Bt蛋白的杀虫活性高于游离态蛋白。可见Bt毒素与土壤具表面活性颗粒的结合不但阻碍了土壤微生物的降解，且使毒素蛋白在其颗粒上富集。因此，在研究转Bt基因抗虫作物外源杀虫蛋白在农田土壤中残留和归趋行为时，需要关注土壤的类型和理化性质。

参考文献

李云河, 王桂荣, 吴孔明, 等, 2015. Bt作物杀虫蛋白在农田土壤中残留动态的研究进展[J]. 应用与环境生物学报, 11 (4): 504-508.

PALM C J, SCHALLER D L, DONEGAN K K, 1996. Persistence in soil of transgenic plant produced *Bacillus thuringiensis* var. *kurstaki* delta-endotoxin[J]. Canadian journal of microbiology, 42 (12): 1258-1262.

SAXENA D, FLORES S, STOTZKY G, 1999. Insecticidal toxin in root exudates from *Bt* corn[J]. Nature, 420: 480.

SEXANA D, FLORES S, STOTZKY G, 2002. Vertical movement

in soil of insecticidal CrylAb protein from *Bacillus thuringiensis*[J]. Soil biology and biochemistry, 34: 111-120.

SAXENA D, STOTZKY G, 2000. Insecticidal toxin from *Bacillus thuringiensis* is released from roots of transgenic *Bt* corn *in vitro* and *situ*[J]. FEMS microbiology ecology, 33(1): 35-39.

SEXANA D, STOTZKY G, 2001. *Bacillus thuringiensis* (Bt) toxin released from root exudutes and bilmass of *Bt* corn has no apparent effect on earthworms, nematodes, protozoa, and fungi in soil[J]. Soil biology and biochemistry, 33: 1225-1230.

STOTZKY G, 2000. Persistence and biological activity in soil of insecticidal proteins from *Bacillus thuringiensis* and of bacterial DNA bound on clays and humic acids[J]. Journal of environmental quality, 29(3): 691-705.

TAPP H, STOTZKY G, 1995. Insecticidal activity of the toxins from *Bacillus thuringiensis* subsp. *kurstaki* and *tenebrionis* adsorbed and bound on pure and soil clay[J]. Applied and environment microbiology, 61: 1786-1790.

（撰稿：李云河；审稿：田俊策）

环境异质性 environmental heterogeneity

入侵地的环境要素在空间和（或）时间上的非均匀变化。对于外来物种而言，入侵地的环境对其种群定殖和扩张的影响非常大。对生物造成影响的环境因素包括生物因素和非生物因素。外来物种入侵成功概率时常与入侵地环境关系密切。入侵地环境在空间上造成的异质性给外来种成功定殖和建立种群提供了资源保证，因此空间异质性在生物入侵领域被关注和研究得较多。空间异质性是指入侵地生态系统或系统属性在空间上的复杂度（complexity）和变异性（variability），复杂度通常涉及资源的非均质性（如空间资源的非均质性等）。对动物生存的环境而言，复杂度则常影响动物种内的生存、斗争、觅食行为等，对动物的生长起着重要的作用；例如，隐蔽所不仅是一种环境空间异质性的表现，也是动物种内竞争的资源之一。

参考文献

CALDWELL M M, PEARCY R W, 1994. Exploitation of environmental heterogeneity by plants: Ecophysiological processes above and belowground[M]. San Diego: Academic Press.

CURRIC D J, 1991. Energy and large-scale patterns of animal and plant-species[J]. American naturalist, 137: 27-49.

KOTLER B P, BROWN J S, 2003. Environmental heterogeneity and the coexistence of desert rodents[J]. Annual review of ecology and systematics, 19(1): 281-307.

LI H, REYNOLDS J F, 1995. On definition and quantification of heterogeneity[J]. Oikas, 73(2): 280-284.

STEIN A, CERSTNER K, KREFT H, et al, 2014. Environmental heterogeneity as a universa l driver of species richness across taxa, biomes and spatial scales[J]. Ecology leteers, 17: 866-880.

（撰稿：周忠实；审稿：万方浩）

黄顶菊 *Flaveria bidentis* (L.) Kuntze

菊科黄菊属一年生草本植物。又名二齿黄菊。英文名 yellow top。是一种危害较大的入侵杂草。

入侵历史 黄顶菊原产于南美洲，在阿根廷、巴西、秘鲁、玻利维亚、厄瓜多尔、智利、美国、波多黎各、多米尼加、古巴、日本、英国、法国、西班牙、希腊、匈牙利、埃及、埃塞俄比亚、博茨瓦纳、津巴布韦、莱索托、纳米比亚、南非、塞内加尔等国家发生或曾有分布。1987 年在中国台湾嘉义发生，2001 年在天津南开大学和河北衡水湖相继发现。现已在中国北方大面积发生，至 2018 年黄顶菊已入侵华北地区 5 个省（自治区、直辖市）的 100 余个县。

分布与危害 分布于台湾、河北、天津、山西、山东（德州、聊城等地）及河南（安阳、鹤壁）。黄顶菊有较强的生长竞争性，入侵玉米地、棉花地等农田后，会迅速泛滥并产生抑制作物生长的物质，对作物生长、发育和产量造成严重的影响。一旦黄顶菊大面积、高密度发生，就有可能导致入侵地植物多样性降低。黄顶菊对土壤肥力吸收强，可降低土壤的营养水平，且会改变土壤理化性质，导致耕地退化（图①②）。

形态特征 成株期株高 25～200cm，主茎直立，常带紫色，被微茸毛，其上对生侧枝。叶片亮绿色，亦交互对生，披针状椭圆形，有锯齿或刺状锯齿，基生三出脉。具有发达的根系，整个根部呈三角锥状。头状花序密集成蝎尾状伞形花序。成熟种子瘦果黑色，无冠毛，倒披针形或近棒状，具 10 条纵肋，长 2.0～3.3mm，千粒重为 0.2042 ± 0.005g。染色体 $2n = 36$。黄顶菊入侵中国之后，在形态上发生了一些变化，如植株变高、小花数增加等（图③④）。

入侵特性 黄顶菊是典型的 C4 植物，结实量大，一株黄顶菊种子量产可达十几万粒，黄顶菊入侵后，与周围植物争夺光照、水分、养分等，挤占生存空间，严重破坏了入侵地的生态环境，在入侵农田后造成农作物减产和严重的经济损失。

黄顶菊具有很强的抗旱能力，其种子在土壤含水率较低时即可萌发，在含水率为 5% 时，种子萌发率即达 68%，

黄顶菊的形态特征（张国良摄）
①②黄顶菊危害状；③④黄顶菊植株形态

且随着土壤含水量升高而表现出先升高，达到最高值后平稳下降的趋势。另外，黄顶菊对干旱环境的适应能力较强，这一能力既可以满足在干旱地区定殖的部分要求，同时也可以在持续干旱条件下，在与本地植物竞争中取得优势，但黄顶菊在苗期对于突发性的干旱并不具有耐受能力，在生长和其他生理机制上未发现有效的应对策略，这也印证了黄顶菊多分布于沟渠、河岸两边、低洼地、弃耕地等水分条件较好的生境的现状。

黄顶菊具有较强的耐盐碱能力，在其他植物难以生存的盐碱地也可以生长良好并开花结实。有研究发现，黄顶菊耐盐性与翅碱蓬相当，强于棉花和甜菜等耐盐能力很强的作物，较碱地肤弱，属于耐盐性很强的盐生植物。黄顶菊如此强的耐盐碱能力，也可能是其入侵成功且大面积发生的原因之一。

黄顶菊入侵新的环境后，通过改变其入侵地土壤理化性质，使入侵地土壤变为适宜自身生长的土壤环境，为成功入侵及扩散奠定基础。黄顶菊入侵后增加了可培养的固氮菌、有机磷细菌、无机磷细菌和钾细菌等主要功能细菌的数量，细菌多样性升高，群落结构更加复杂。

黄顶菊具有化感作用，能抑制多种植物的种子萌发和生长，这一能力也提高了其竞争优势。

监测检测技术 在黄顶菊植株发生点，将所在地外围100m的范围划定为一个发生点，发生点所在的行政村区域划为发生区，发生区外围5km的范围划定为监测区；在划定边界时若遇到水面宽度大于5km的湖泊、水库等水域，对该水域一并进行监测。根据黄顶菊的生物学与生态学特性，在每个监测区设置不少于10个固定监测点，每个监测点选10m^2，悬挂明显监测位点牌，一般每月观察一次。

在调查中如发现可疑黄顶菊，可根据前文描述的黄顶菊形态特征，鉴定是否为该物种。若监测到黄顶菊发生，应立即全面调查。

预防与控制技术

农业防治 利用农田耕作、栽培技术、田间管理措施等控制和减少农田土壤中的种子库基数，抑制黄顶菊种子萌发和幼苗生长，减轻危害，降低对农作物产量和质量造成的损失。

物理防治 在黄顶菊开花前，在发生面积大、密度大的区域，采用机械防除；发生面积小、密度小的区域采用人工拔除。

化学防治 黄顶菊苗前的处理，对黄顶菊生长的土壤进行处理，从而达到提前防治的效果。对玉米田、大豆田、花生田等生境，在黄顶菊种子萌发前，可选用唑嘧磺草胺、乙草胺、异丙甲草胺等土壤处理剂兑水喷雾于土壤表层或采用毒土法伴入土壤中，建立起一个除草剂的封闭层，从而杀死或抑制黄顶菊种子萌发。黄顶菊出苗后，在4对叶之前，可选用苄嘧磺隆、烟嘧磺隆、硝磺草酮、硝磺草酮+莠去津、乙羧氟草醚、氨氯吡啶酸等茎叶处理除草剂兑水喷雾于幼苗。在黄顶菊生长旺盛期，可选用草甘膦、氨氯吡啶酸等灭生性除草剂兑水喷雾于植株茎叶。

生态防治 在保护生态环境的基础上，利用本土植物替代控制黄顶菊，与之竞争环境资源，将大大削弱其长势，减少其危害。

参考文献

刘全儒, 2005. 中国菊科植物一新归化属——黄菊属[J]. 植物分类学报(2): 178-180.

刘玉升, 刘宁, 付卫东, 等, 2011. 外来入侵植物——黄顶菊山东省发生现状调查[J]. 山东农业大学学报: 自然科学版, 42(2): 187-190.

宋振, 纪巧凤, 付卫东, 等, 2016. 黄顶菊入侵对土壤中主要功能细菌的影响[J]. 应用生态学报, 27(8): 2636-2644.

田佳源, 张思宇, 皇甫超河, 等, 2018. 不同氮肥梯度下黄顶菊混植密度对玉米生长的影响[J]. 中国农学通报, 34(20): 26-33.

王贵启, 许贤, 王建平, 等, 2011. 黄顶菊对棉花生长及产量的影响[J]. 植物保护, 37(3): 84-86,116.

曾彦学, 刘静榆, 严新富, 等, 2008. 台湾新归化菊科植物——黄顶菊[J]. 林业研究（季刊）, 30(4): 23-28.

张风娟, 李继泉, 徐兴友, 等, 2009. 环境因子对黄顶菊种子萌发的影响[J]. 生态学报, 29(4): 1947-1953.

张国良, 付卫东, 韩颖, 等. 2013. 黄顶菊综合防治技术规程[S]. 农业行业标准, 标准号: NY/T 2529-2013.

张国良, 付卫东, 刘坤, 等, 2010. 外来入侵植物监测技术规程——黄顶菊[S]. 农业行业标准, 标准号: NY/T 1866-2010.

张国良, 付卫东, 郑浩, 等, 2014. 黄顶菊入侵机制入综合治理[M]. 北京: 科学出版社.

张瑞海, 付卫东, 宋振, 等, 2016. 河北地区黄顶菊土壤种子库特征及其对替代控制的响应[J]. 生态环境学报, 25(5): 775-782.

张天瑞, 皇甫超河, 杨殿林, 等, 2011. 外来植物黄顶菊的入侵机制及生态调控技术研究进展[J]. 草业学报, 20(3): 268-278.

郑志鑫, 王瑞, 张风娟, 等, 2018. 外来入侵植物黄顶菊在我国的地理分布格局及其时空动态[J]. 生物安全学报, 27(4): 295-299.

OHTA H, MURATA G,1995. *Flaveria bidentis*, a new record naturalized in Japan[J]. Acta phytotaxonomica et geobotanica, 46(2): 209-210.

（撰稿：张国良；审稿：周忠实）

黄瓜黑星病 cucumber scab

一种具有入侵性和毁灭性的黄瓜真菌病害。在欧洲、北美洲、东南亚等地严重危害黄瓜生产。又名黄瓜疮痂病、黄瓜流胶病。

入侵历史 最早于1887年在美国纽约州发现；20世纪50～60年代在美国和荷兰流行，造成较大损失；此后在多个国家均有发生，逐渐成为一种全球性的重要真菌病害。中国于1966年由戚佩坤首先发现黄瓜黑星病，随着黄瓜种植的发展，该病也逐渐扩展开来。开始主要是在中国东北部，如黑龙江、吉林、辽宁、内蒙古等地区发生，1983—1985年在黑龙江牡丹江、辽宁丹东发生严重，仅1985年就有67.5%的大棚黄瓜发病，病株率高达100%，致使减产78%。1991年被定为检疫性病害。由于主栽品种不抗病，对病害的识别、认识不足以及防治措施、用药不对等原因，造成严重损失。在河北、北京、天津、山西、山东、河南，甚至海南都有发现。进入21世纪，黑星病已成为中国北方保护地

H

及露地黄瓜的常发病害之一。

分布与危害 在北美洲、欧洲、东南亚等地区扩散流行，造成黄瓜产量损失严重。在中国华北地区，如河北、北京、天津、山西等黄瓜种植区均报道发生危害，发病严重的大棚病株率达95%，病瓜率达90%，一般减产20%～30%，严重时减产50%以上。

黄瓜的整个生育期均可发病，叶、茎、瓜均可受害（见图）。主要危害黄瓜幼嫩部位，可造成“秃桩”、畸形瓜等，组织一旦成熟，可以抵抗病菌的侵入。

幼苗发病，子叶产生黄白色近圆形斑点，幼苗停止生长，严重时心叶枯萎，全株死亡。叶片发病，开始为污绿色近圆形斑点，直径1～2mm，淡黄褐色，后期病斑扩大，易星状开裂穿孔。

成株期嫩茎、叶柄、瓜蔓及瓜柄染病，初见水渍状暗绿色至浅紫色梭形斑或不规则形的条斑，后变暗色，中间凹陷龟裂，病部可见到白色分泌物，后变成琥珀色胶状物，病部表面粗糙，严重时从病部折断，湿度大时长出灰绿色或灰黑色霉层。生长点受害，龙头变成黄白色，并流胶，可在2～3天烂掉形成秃桩，严重时近生长点处多处受害，造成节间变短，茎及叶片畸形。卷须受害，病部形成梭形病斑，黑灰色，卷须往往从病部烂掉。叶脉受害后变褐色、坏死，使叶片皱缩畸形。

瓜条被害，因环境条件不同而表现症状不同。病菌侵染幼瓜后，条件适宜时，病菌在组织内扩展，病部凹陷开裂并有胶状物溢出，后变成琥珀色，干结后易脱落，生长受到抑制，其他部位照常生长，造成弯瓜等畸形瓜，湿度大时可见灰色霉层，瓜条一般不烂。病菌侵染后，温湿度条件不适宜时病菌在组织内潜伏，瓜条可以正常生长，待幼瓜长大后，即使环境条件适合黑星病的发生，也不会造成畸形瓜，只是病斑处褪绿、凹陷，病部呈星状开裂并伴有流胶现象，湿度大时，病部产生黑色霉层。

黄瓜黑星病在抗、感病材料叶片上的症状表现有本质的不同：抗病材料在侵染点处形成黄色小点，组织似木栓化，病斑不扩展；在感病材料上则形成较大枯斑，条件适宜时病斑扩展。黄瓜黑星病存在阶段抗性，感病材料在组织幼嫩时表现感病，组织成熟后则表现抗病。

黄瓜黑星病危害症状（高利提供）
①叶片受害症状；②瓜条受害症状

黄瓜黑星病与细菌性角斑病的主要区别是细菌性角斑病叶上的病斑是多角形、受叶脉限制，叶脉不受害，病叶不扭曲，病斑后期穿孔而不是星状开裂，瓜条被害溢出菌脓不变琥珀色，病瓜湿腐。

病原及特征 黄瓜黑星病菌属丝孢目（Hyphomyetales）黑色菌科（Dematiaceae）枝孢属（*Cladosporium*）。世界上已经报道的可以引起黄瓜黑星病的枝孢属真菌有5种，包括瓜枝孢（*Cladosporium cucumerinum*）、枝状枝孢（*Cladosporium cladosporioides*）、多主枝孢（*Cladosporium herbarum*）、尖孢枝孢（*Cladosporium oxysporum*）及细极枝孢（*Cladosporium tenuissimum*）等。

瓜枝孢（*Cladosporium cucumerinum*）在PDA培养基上，菌落初为白色，后为绿色至黑绿色，天鹅绒状或毡状，产生黑绿色色素溶入培养基中。分生孢子梗由菌丝分化而成，单生或丛生，直立，淡褐色，细长，丛生形成合轴分枝，分生孢子串生，卵圆形、柠檬形或不规则形，褐色或橄榄绿色，一般具有3～6个隔膜，上部隔膜处缢缩，大小为11.5～17.8μm×4～5μm。分生孢子与分生孢子梗间的细胞往往可脱落萌发而生菌丝，较孢子略大，一至多细胞。

黄瓜黑星病菌在2～30℃内均可生长，以20～22℃为最适宜温度，低于0℃和高于35℃停止生长。病菌的酸碱度范围广，适宜范围为pH5～7，以pH6为最适。病菌在温度15～22℃、湿度93%以上容易产生分生孢子，高于26℃不产孢。分生孢子在5～30℃均可萌发，适温15～25℃，萌发必须有水滴。病菌除侵染黄瓜外，还可侵染西葫芦、笋竹、南瓜、甜瓜、冬瓜等。

入侵生物学特性 初侵染来源主要以菌丝体随病残体在土壤中或者附着在架材上越冬，也可以分生孢子附着在种子表面或以菌丝在种皮内越冬，越冬后土壤中的菌丝在适宜条件下产生出分生孢子，借风雨、气流、农事操作等在田间传播，成为初侵染源。黄瓜种子各部位均可带菌，以种皮居多，带菌率最高可达37.76%。种子带菌是该病远距离传播的主要原因，播种带菌种子，病菌可直接侵染幼苗。

该病菌在93%以上的相对湿度和20℃左右的最适宜温度时，较易产生分生孢子，萌发后，长出芽管，从植物叶片、果实、茎蔓的表皮直接侵入，也可从气孔和伤口侵入，引起发病。该病属于低温、高湿病害，最适温度为18～22℃，日均温低于10℃或高于25℃发病减轻，高于30℃不发病。条件适宜时潜育期为3～6天，病害发生严重，湿度大时病部可产生分生孢子，借气流传播，进行多次再侵染。孢子萌发时，要求植株叶面结露有水膜或水滴存在。该病主要以大棚、温室黄瓜上发生危害较重，种植密度大、光照少、通风不良、棚室内大灌水、重茬地、肥料少等管理不当发病重。

预防与控制技术

选用抗病品种 品种之间对黄瓜黑星病的抗性存在明显差异，天津科润黄瓜研究所培育的保护地品种‘津优38’‘津优36’‘津春1号’‘津春3号’‘中农9号’高抗黑星病兼抗细菌性角斑病等多种病害，可在黑星病多发区推广使用。露地可选用‘津春1号’‘津春3号’‘中农11号’‘中农95号’‘农大14号’等高抗黑星病品种。

植物检疫　要做好检疫工作，选用无病种子。尤其是在种子调运中，不要从疫区进种。

种子消毒　55～60℃的温水浸种15分钟，或50%多菌灵可湿性粉剂500倍液、47%加瑞农可湿性粉剂500倍液浸种30分钟后洗净再催芽。直播时可用种子重量0.3%的50%多菌灵可湿性粉剂拌种，可获得较好的防治效果。

栽培措施　从发病初开始至罢园都应及时清除设施内瓜类的病株残体，集中销毁深埋，并深翻种植黄瓜的土地，切断黑星病的初侵染源。种子消毒，可用温汤浸种及药剂处理进行种子消毒。黑星病病原菌可以通过土壤传播，应避免与瓜类连作而加重黑星病的发生。采用宽窄行起垄覆膜栽培，每2个相近的垄行用地膜覆盖，并采用膜下垄沟的方式浇水，以降低棚内的相对湿度；同时，通过地膜覆盖，可有效阻止土壤中病菌的传播。加强栽培管理，采用变温管理培育壮苗。移栽前应对种植田施足底肥，增施磷肥、钾肥。

化学防治　在黄瓜黑星病的常发地区，未发病时可每亩用45%百菌清烟剂250g在傍晚时熏烟；也可以用50%多菌灵可湿性粉剂500倍液或50%福美双可湿性粉剂500倍液喷雾，预防黄瓜黑星病的发生。一般在发病初期可选用40%福星乳油8000倍液、10%苯醚甲环唑悬浮剂2000倍液、12.5%腈菌唑乳油800～1000倍液、50%苯菌灵可湿性粉剂500倍液、4%～6%多抗霉素800～1000倍液等喷雾防治，每隔5～7天喷1次，连喷3～4次。

参考文献

戴芳澜, 1979. 中国真菌总汇[M]. 北京: 科学出版社: 912.

李明远, 2021. 试谈设施黄瓜黑星病及其防治[J]. 中国蔬菜 (3): 81-83.

王莹莹, 谢学文, 李宝聚, 2015. 黄瓜黑星病的发生与防治[J]. 中国蔬菜 (6): 73-75.

KHOJASTEH M, CHEN L, SHEN L L, et al, 2022. Genome resource of *Cladosporium cucumerinum* strain CCNX2 causing cucumber scab in China[J]. Plant disease, 106: 1510-1512.

SHERF A F, MACNAB A A, 1986. Vegetable diseases and their control [M]. Boston: International Press of Boston: 328-331.

（撰稿：高利；审稿：董莎萌）

黄瓜绿斑驳花叶病毒　cucumber green mottle mosaic virus, CGMMV

一种葫芦科作物上的重要入侵性病毒。该病毒主要侵染葫芦科作物，可引起作物叶片黄化畸形、生长缓慢、结果延时、果实大部分黄化或变白并产生黑绿色水疱状的坏死斑，产量损失严重。

入侵历史　1935年，CGMMV初次在英国报道，随后在荷兰、西班牙、波兰、希腊和乌克兰等欧洲国家相继报道。20世纪60年代因引种黄瓜（*Cucumis sativus*）、西瓜（*Citrullus lanatus*）等作物传入亚洲的印度和日本。1982年，在中国台湾的葫芦上首次发现CGMMV。在亚洲，韩国、以色列、沙特阿拉伯、巴基斯坦等国家也发现该病毒，已在世界30多个国家和地区发生。2003年在中国的广西发现该病毒。

分布与危害　在中国台湾、北京、河北、河南、山东、广东、辽宁、甘肃、湖南、湖北、江苏、广西等地有CGMMV的发生，并且CGMMV在世界其他国家和地区也有广泛发生，如英国、德国、希腊、芬兰、瑞典、捷克、巴西、日本、韩国、朝鲜、印度、伊朗、俄罗斯、西班牙、爱尔兰、匈牙利、以色列、澳大利亚、罗马尼亚、保加利亚、摩尔多瓦、巴基斯坦、沙特阿拉伯等。

CGMMV的侵染会对葫芦科作物产量造成严重的损失，一般情况下减产量为15%～30%，严重时能够超过50%，对西瓜、黄瓜、甜瓜（*Cucumis melo*）和南瓜（*Cucurbita moschata*）等食用果蔬的生产带来巨大的影响。在希腊，CGMMV同样对西瓜生产造成严重经济损失。在日本，CGMMV让甜瓜和西瓜损失惨重，直接经济损失达10亿日元。2005年，中国辽宁盖州的西瓜上也曾大规模出现CGMMV，直接损失面积为333hm^2；2007年，该病毒也在广东高州发生，黄瓜损失面积约3hm^2，采果期植株几乎全部感病。CGMMV对全世界葫芦科作物造成的恶劣影响引起中国相关部门的高度重视，由于该病毒危害较大，2006年12月21日，农业部发布公告将CGMMV列为中国农业植物检疫性有害生物之一。

在自然条件下，CGMMV主要侵染甜瓜、西瓜、黄瓜、南瓜、笋瓜（*Cucurbita maxima*）、冬瓜（*Benincasa hispida*）、葫芦（*Lagenaria siceraria*）、广东丝瓜（*Luffa acutangula*）、苦瓜（*Momordica charantia*）等。CGMMV侵染寄主后产生的症状受环境、地域、寄主种类及其生育期等因素的影响，并且CGMMV不同株系在几种主要寄主植物上表现的症状不同，同一株系在不同作物上引起的症状也不一样（图1）。通常状况下寄主被CGMMV侵染后叶片表现花叶、斑驳、褪绿斑或突起等症状，果实上会形成大小不同的病斑或变空心；严重时病毒的侵染可导致植株生长发育缓慢或无法形成果实。黄瓜上开始在新叶上出现黄色小斑点，后扩展成花叶并伴随有浓绿色瘤状突起。果实在侵染初期出现淡黄色圆形斑点，后变成绿色突起并畸形。西瓜上主要表现为瓜蔓幼叶不规则褪色或淡黄色花叶，继而绿色部分隆起叶面凹凸不平，但随着叶片老化症状逐渐减轻。果实表面有浓绿色略圆的斑纹，果肉接近果皮部呈黄色水渍状，内部有大块状黄色纤维，逐渐成为空洞呈丝瓜瓤状，味苦不能食用。在甜瓜上，感病新叶和幼果均呈现绿色斑驳，当果实接近成熟时斑驳变为绿色条斑。在南瓜上，感病植株的新叶早期表现花叶症状，随后绿色斑点逐渐产生，后期斑点明显隆起；受病毒侵害严重的果实会出现畸形等症状。CGMMV寄主范围虽然狭窄，但是分布广泛，一旦传入，定殖扩散的可能性很大。该病毒可由多种渠道传播，预防和治理非常困难。

病原及特征　CGMMV是帚状病毒科（Virgaviridae）烟草花叶病毒属（*Tobamovirus*）的成员。CGMMV粒体呈杆状，长约300nm，直径为15～18nm，无包膜（图2）。病毒核壳由2130个壳粒呈螺旋状排列而成，螺旋直径

H

4nm，螺距为2.3nm。病毒粒子主要分布于植物的叶片、表皮、薄壁组织、木质部、韧皮部、伴胞及其他各部的细胞质和细胞液泡内。CGMMV粒体适应性和抗逆性极强，尽管不同株系的理化特性有所差异，但都十分稳定。10分钟致死温度为90～100℃，稀释限点为10^{-7}～10^{-6}，常温下病毒侵染能力可保持数月，在0℃可达到数年，-20℃病毒仍然存活。CGMMV是一种正单链RNA病毒，基因组全长为6423nt，包含60nt的5′端非编码区（untranslated region，UTR）、175nt的3′端UTR和三个编码区，而这三个编码区可以编码四个蛋白，分别对应129kDa蛋白、186kDa蛋白、29kDa的移动蛋白（movement protein，MP）和17.3kDa的外壳蛋白（coat protein，CP）（图3）。其中，186kDa蛋白是129kDa蛋白的通读产物，二者均包含甲基转移酶（methyltransferase，MET）结构域、RNA解旋酶（RNA Helicase，HEL）结构域和两个结构域之间的间隔区域（internal region，IR），而186kDa蛋白通读区域则对应依赖RNA的RNA聚合酶（RNA-dependent RNA polymerase，RdRp）结构域，这两个蛋白均参与病毒的复制过程，统称复制相关蛋白。MP和CP则分别介导病毒的细胞间移动和长距离移动。

图1 黄瓜绿斑驳花叶病毒在作物上的症状（李方方提供）
①黄瓜上的症状（左：健康；右：感病）；②西瓜上的症状（左：健康；右：感病）；③本氏烟上的症状（左：健康；右：感病）

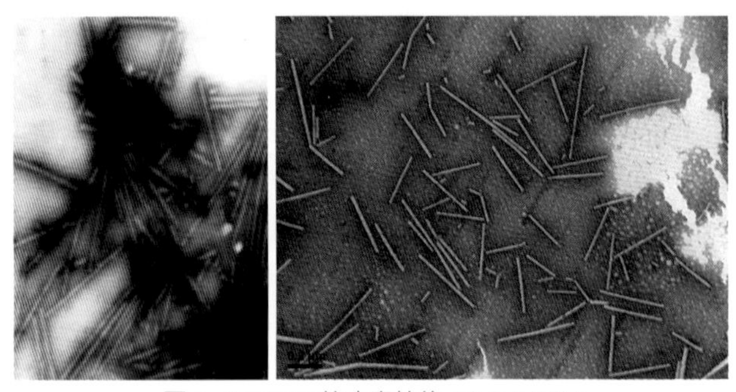

图2 CGMMV的病毒粒体（李方方提供）

入侵生物学特性 带毒种子为初侵染源，发生过该病害的地块土壤也是重要的侵染源，遇有适宜的条件即可进行初侵染，种皮上的病毒可传到子叶上，20天左右可导致新生幼嫩叶片显症。此外，该病毒易通过手、衣物及病株污染的地块携带病毒汁液借风雨或农事操作传毒，进行多次再侵染，田间遇有暴风雨，造成植株互相碰撞枝叶摩擦或锄地时造成的伤根都是侵染的重要途径。该病在高温条件下发病重。

传播途径　CGMMV既可通过整枝、打杈和嫁接等农事操作进行传播，也可通过土壤、灌溉水、花粉、种子和菟丝子进行传播。

种子传播　CGMMV是一类典型的种传病毒，带毒种子是该病毒远距离传播的主要侵染源。病毒粒子附于种子的表皮和内种皮上，种植后形成初侵染源。种传寄主有黄瓜、西瓜、甜瓜和瓠瓜等，新鲜黄瓜种子传毒率为8%，保存5个月则下降至1%；西瓜种子传毒率为1%～5%，外表皮带毒量是内表皮或胚乳的20倍；甜瓜种传毒率为10%～52%，花瓣、雄蕊和花粉也带毒；瓠瓜种子带毒率高达84%。

土壤传播　发生过该病害的地块土壤也是重要的侵染源。在发生过CGMMV的重病西瓜地块即使使用的是消毒的种子，依然不能防止该病害的发生。土壤中的病毒来源为上茬作物的病残体，在通气较好的土壤中CGMMV侵染活性可保持17个月，而在水分饱和的土壤中则达到33个月，自然条件下土壤传毒率为0.2%～3.5%。

嫁接传播　CGMMV也可通过病株的汁液接触、授粉和人工嫁接等方式传播。自然条件下，植株可能因为风吹动叶片彼此接触摩擦而直接感染，也可能通过接触沾染了发病植株汁液的手、衣服或者工具甚至动物而间接感染。西瓜嫁接的砧木瓠瓜易携带该病毒，嫁接西瓜常通过带毒砧木瓠瓜感染，几乎所有嫁接西瓜产区都存在该病发生或暴发的隐患。

介体传播　常见瓜类病毒的传播介体桃蚜、棉蚜和黄

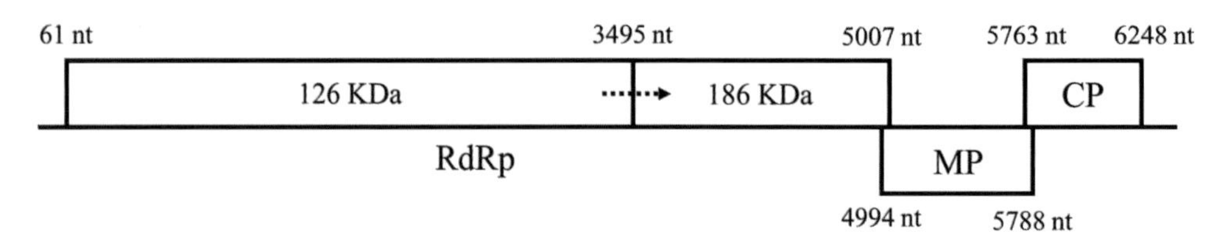

图3 CGMMV的基因组结构图（李方方提供）

守瓜均不传毒，CGMMV 可以被介体菟丝子传播，黄瓜叶甲是可能的传播介体。

预防与控制技术 CGMMV 作为检疫对象，定殖和扩散的风险性极高，若采用单一的防治措施则往往仅能取得有限的效果，综合防范才能够有效控制该病害。因此，需采取以严格的检疫措施为基础，种子、嫁接苗木处理为关键，农业防治和化学防治为辅的病害综合治理措施。

检疫措施 重点对作物种苗繁育基地和集中种植区开展严格的产地检疫，严防带毒种苗生产。督促种苗生产经营企业尽量不从发病区调入瓜类种苗，确需调运的，必须由植物检疫机构出具检疫要求书并经检疫后方可调入，并做好复检工作。发生区的瓜类产品外运时，严禁以叶片、藤蔓作铺垫物和填充物，必须经植物检疫部门检疫合格后，方可外运。此外，须加强市场检疫检查，严防带毒种子销售。

种子处理 对于干燥新鲜的种子（含水量 4% 以下，种子年限为 2 年以内）可采用热处理，即将种子置于 72℃条件下处理 72 小时，注意处理时间要严格控制发芽率，达标后进行浸种催芽或直接播种。也可采用药剂浸种，采用 0.5%～1.0% 盐酸、0.3%～0.5% 次氯酸钠和 10% 磷酸钠进行种子处理，效果均较好。

农业防治 对发病田块实行轮作倒茬，种植非葫芦科植物 3 年以上。在农事操作如嫁接、移栽等过程中，要用脱脂奶粉·磷酸三钠或肥皂水对手及工具进行消毒，防止人为交叉感染。科学进行肥水管理，避免施用过量氮肥及大水漫灌，并及时清除田间病残体，带出田外集中深埋或焚烧处理。

化学防治 使用溴甲烷、生石灰、氯化苦等对育苗地和已发病的地块进行土壤消毒处理。保护地育苗棚用溴甲烷土壤消毒处理，用药量为 30～40g/m^2，棚室保持密封熏蒸 48～72 小时，通风 2～3 天后，揭开薄膜 14 天以上，无味时再播种或移栽定植。保护地在 7～8 月高温强光照射时，用麦秸 7.5～15t/hm^2，切成 4～6cm 长撒于地面，再均匀撒施生石灰 1.5～3t/hm^2，深翻、铺膜、灌水、密封 15～20 天，再播种或移栽瓜苗。定植后或发病初期喷施抗病毒药剂进行预防和防治，应选择低毒、低残留农药，禁止使用剧毒、高毒农药。

参考文献

冯兰香, 谢丙炎, 杨宇红, 等, 2007. 检疫性黄瓜绿斑驳花叶病毒的检测和防疫控制[J]. 中国蔬菜(9): 34-38.

李俊香, 古勤生, 2015. 黄瓜绿斑驳花叶病毒传播方式的研究进展[J]. 中国蔬菜(1): 13-18.

刘华威, 罗来鑫, 朱春雨, 等, 2016. 黄瓜绿斑驳花叶病毒病防治研究进展[J]. 植物保护, 42(6): 29-37, 57.

QI Y H, HE Y J, WANG X, et al, 2021. Physical contact transmission of cucumber green mottle mosaic virus by *Myzus persicae* [J]. PLoS ONE, 16(6): e0252856.

RAO L X, GUO Y, ZHANG L L, et al, 2017. Genetic variation and population structure of cucumber green mottle mosaic virus[J]. Arch of virology, 162(5): 1159-1168.

SUI X, LI R, SHAMIMUZZAMAN M, et al, 2019. Understanding the transmissibility of cucumber green mottle mosaic virus in watermelon seeds and seed health assays[J]. Plant disease,103(6): 1126-1131.

XIE Y, WU J, 2022. Detection of cucumber green mottle mosaic virus (CGMMV) in cucurbitaceous crop seeds by RT-PCR[J]. Methods in molecular biology, 2400: 275-282.

ZHANG Y J, LI G F, LI M F, 2009. Occurrence of cucumber green mottle mosaic virus on cucurbitaceous plants in China[J]. Plant disease, 93(2): 200.

（撰稿：李方方；审稿：杨秀玲）

黄花刺茄 *Solanum rostratum* Dunal.

茄科茄属一年生草本。又名刺萼龙葵。英文名 buffalobur。植株有刺带毒，入侵危害性强，在中国被列为检疫植物。

入侵历史 黄花刺茄原产于北美洲墨西哥和美国西部。在中国，黄花刺茄最早于 1981 年在辽宁朝阳发现，随后在阜新、锦州、建平、大连等地发现有分布，进而入侵扩散到北京、吉林、河北、新疆、山西和内蒙古等地，主要分布在 39°～45° 北温带地区，2011 年在香港和江苏也发现有分布危害。

分布与危害 分布于美国、加拿大、墨西哥、孟加拉国、韩国、俄罗斯、乌克兰、斯洛伐克、澳大利亚、德国、保加利亚、奥地利、南非、捷克、丹麦、新西兰等多个国家和地区。在中国新疆、辽宁、吉林、山西、河北、北京等地有分布危害。黄花刺茄适应性广，竞争力强，极耐干旱，蔓延速度快，通过排挤其他植物生长，形成大面积单优种群，消耗土壤养分，导致土壤荒芜，破坏生物多样性。黄花刺茄入侵农田后，与作物争光、争肥、争水分、争空间，严重抑制作物生长，可造成棉花、小麦、大豆和玉米等严重减产。植株带刺有毒，接触皮肤后易致皮肤红肿、瘙痒，影响其日常生活和农事操作。此外，黄花刺茄还是马铃薯甲虫以及一些重要的线虫类、花叶病毒和真菌丝孢菌类病原体的寄主，间接危及马铃薯等作物生产安全。黄花刺茄含有对动物呼吸中枢具显著麻醉作用的神经毒素茄碱，能直接损伤牲畜的皮毛、口腔和肠胃消化道，误食后能引起运动失调、多涎、急喘、颤抖、恶心、腹泻、呕吐等中毒症状，对绵羊羊毛的产量具有破坏性的影响，甚至引起死亡（图 1）。

形态特征 高 15～70cm，全株被黄色锥形硬刺。直根系，主根发达，侧根少，须根多。茎直立，基部稍木质化，中上部多分枝，类似灌木。叶互生，羽状深裂，无托叶，中脉具刺，叶柄长 0.5～5cm。总状花序腋外生，花冠黄色，5 裂，径为 2.5～3.8 cm，萼片 5，密被星状毛，筒钟状，裂片披针形，长 0.8～1.0cm；雄蕊 5，雄蕊异形，4 小 1 大，与花冠裂片互生。浆果球形，绿色，直径 1～1.2cm。种子多数，黑色或深褐色，卵圆形或肾形，厚扁平状，长 2.2～2.8 mm，宽 1.8～2.3mm，表面呈蜂窝状凹坑（图 2）。

入侵生物学特性 黄花刺茄生态幅较广，适应能力强，耐贫瘠、耐干旱，能在荒地、田边、路边、弃耕地、沙滩、水塘周围及过度放牧的草地等干旱或潮湿生境中成功定植生

H

图1 黄花刺茄种群（郭成林提供）

图2 黄花刺茄的形态特征（郭成林提供）
①幼苗；②植株；③花；④果实

长。繁殖力强，花期长，花数多，花粉量大，授粉昆虫多，花粉萌发时间较短，结实率高，每株可产生果实55～90个、结实1万～2万粒。其种子具有物理和生理两种休眠特性，具致密而坚厚的种皮，保护胚抵抗不良的外界环境，使之在恶劣的条件下长期保持活力；传播能力强，可通过黏附动物皮毛及人的衣服等方式扩散传播，果实成熟时，植株主茎近地面处断裂，可以滚动的方式或通过风、水流进行黏附蔓延传播。黄花刺茄具有明显的化感抑制效应，竞争力强，很容易在新的环境中占据领地，抑制本土植物生长，使入侵地的生物多样性大大降低，生态平衡受到破坏，一般会导致土地荒芜。

预防与控制技术

加强检疫　黄花刺茄主要通过种子进行远距离传播，各边境口岸应加强对疫区进出口的农产品进行检疫，同时对国内调运种子进行检查，防止人为传播扩散。

机械铲除　黄花刺茄开花结果前，及时将其铲除，尤其是4片真叶期前幼苗生长速度慢，将其彻底铲除最为安全和有效。

化学防治　在黄花刺茄开花前，喷施绿草定、麦草畏、烟嘧磺隆、百草敌和草甘膦等除草剂进行防除。

参考文献

刘全儒, 张勇, 齐淑艳, 2020. 中国外来入侵植物志: 第三卷[M]. 上海: 上海交通大学出版社: 437-441.

塞依丁·海米提, 努尔巴依·阿布都沙力克, 阿尔曼·解思斯, 等, 2019. 人类活动对外来入侵植物黄花刺茄在新疆潜在分布的影响[J]. 生态学报, 39(2): 629-636.

宋珍珍, 谭敦炎, 周桂玲, 2013. 入侵植物黄花刺茄(*Solanum rostratum* Dunal.)在新疆的分布及其群落特点[J]. 干旱区研究, 30(1): 129-134.

于胜祥, 陈瑞辉, 李振宇, 2020. 中国口岸外来入侵植物彩色图鉴[M]. 上海: 科学出版社: 331-332.

ABU-NASSAR J, MATZRAFI M, 2021. Effect of herbicides on the management of the invasive weed *Solanum rostratum* Dunal (Solanaceae) [J]. Plants, 10(2): 284.

YU H L, ZHAO X Y, HUANG W D, et al, 2021. Drought stress influences the growth and physiological characteristics of *Solanum rostratum* Dunal seedlings from different geographical populations in China[J]. Frontiers in plant science, 12: 1-12.

ZHANG L J, LOU A R, 2018. Patterns of Pollen dispersal in an invasive population of *Solanum rostratum* in China[J]. Russian journal of ecology, 49: 517-523.

（撰稿：郭成林；审稿：张国良）

藿香蓟　*Ageratum conyzoides* L.

一年生草本。在中国属于中等危害外来种。又名胜红蓟。此种别名很多，广东称咸虾花、白花草、白毛苦、白花臭草，云南称重阳草，贵州称脓泡草、绿升麻，广西称臭炉草，云南保山称水丁药。

分布与危害　原产中南美洲。作为杂草已广泛分布于非洲全境、印度、印度尼西亚、老挝、柬埔寨、越南等地。由低海拔到2800m的地区都有分布。在中国，其分布限于长江流域及以南各地的低山、丘陵及平原，属中等危害外来种。中国广东、广西、云南、贵州、四川、江西、福建等地有栽培，也有归化野生分布的，在浙江和河北只见栽培。

中国科学院西双版纳热带植物园于1963年曾从摩洛哥引种过藿香蓟，现在它已成为部分园区的顽固性杂草，在一定程度上影响了景观和其他植物的生长。由于经常性的人工清除和控制，藿香蓟在该园内并没有大面积泛滥，但如何在引种及之后的栽培管理中评估和规避有入侵风险的植物确实是应该思考和解决的问题。

形态特征　高50～100cm，有时又不足10cm。无明显主根。茎粗壮，基部径4mm，或少有纤细的，而基部径不足1mm，不分枝或自基部或自中部以上分枝，或基部平卧而节常生不定根。全部茎枝淡红色，或上部绿色，被白色尘状短柔毛或上部被稠密开展的长茸毛。叶对生，有时上部互生，常有腋生的不发育的叶芽。中部茎叶卵形或椭圆形或长圆形，长3～8cm，宽2～5cm；自中部叶向上向下及腋生小枝上的叶渐小或小，卵形或长圆形，有时植株全部叶小型，长仅1cm，宽仅达0.6mm。全部叶基部钝或宽楔形，基出三脉或不明显五出脉，顶端急尖，边缘圆锯齿，有长1～3cm的叶柄，两面被白色稀疏的短柔毛且有黄色腺点，上面沿脉处及叶下面的毛稍多，有时下面近无毛，上部叶的叶柄或腋生幼枝及腋生枝上的小叶的叶柄通常被白色稠密开

藿香蓟的形态特征（吴楚提供）
①植株；②根；③花；④花果；⑤茎

展的长柔毛。

头状花序 4～18 个在茎顶排成通常紧密的伞房状花序；花序径 1.5～3cm，少有排成松散伞房花序的。花梗长 0.5～1.5cm，被尘球短柔毛。总苞钟状或半球形，宽 5mm。总苞片 2 层，长圆形或披针状长圆形，长 3～4mm，外面无毛，边缘撕裂。花冠长 1.5～2.5mm，外面无毛或顶端有尘状微柔毛，檐部 5 裂，淡紫色。瘦果黑褐色，5 棱，有白色稀疏细柔毛（见图）。

生境 生山谷、山坡林下或林缘、河边或山坡草地、田边或荒地上。

入侵特性 藿香蓟繁殖能力强，具有双重繁殖方式（有性繁殖和扦插繁殖）。藿香蓟种子量大，每株具有 20～100 个花序，每个花序可产生 20～50 枚种子。种子具冠毛，极易随风力等途径扩散蔓延。藿香蓟的种子发芽势强、生长速度快、抗逆性好、适应性广，在入侵地极易形成单优群落。

预防与控制技术

一是加强进境检疫和潜在传入地的监测预警，预防新的传入。

二是加强对藿香蓟栽培或引种地的管理，严防其逃逸到自然生境从而形成新的入侵。

三是开展重点区域的综合防治与持续减灾。如在分布的前沿建立扩散阻截带，通过系统的监测防治新的入侵。在大面积分布区，采用物理、化学和竞争替代等综合性的防制措施，开展集中治理与持续减灾。

参考文献

陈文，王桔红，陈丹生，等，2015. 五种菊科植物种子萌发对温度的响应及其入侵性[J]. 生态学杂志, 34(2): 420-424.

MARKS M K, NWACHUKU A C, 1986. Seed-bank characteristics in a group of tropical weeds[J]. Weed research, 26(3): 151-158.

OKUNADE A I, 2002. *Ageratum conyzoides* L. (Asteraceae)[J]. Review fitoterpia, 73: 1–16.

（撰稿：张燕；审稿：周忠实）

H

J

基因编辑 gene editing

是指利用核酸内切酶在基因组的靶位点特异性切割，使双链 DNA 断裂，在诱导修复过程中完成对目标靶基因的碱基插入、缺失、替换等类型定向突变，进而使得生物体获得新的性状。基因编辑既是研究基因功能与改造基因组的重要手段，也是农作物重要性状改良的重要手段。与传统的转基因技术相比，基因编辑技术具有靶向特异性、效率高、精确性高、周期短等优点。基因编辑在作物分子育种方面有着得天独厚的优势，能够对控制作物优良性状的基因进行精准、有效的筛选，大大减少育种时间和育种筛选过程。

CRISPR/Cas 系统因为其效率高、操作简便，已经成为最主要的基因编辑工具，并在此基础上开发出了大量针对不同前间隔序列邻近基序和碱基的编辑系统。在基因编辑过程中，位点特异性核酸酶（SDN）可以在基因组特定位点处进行剪切造成基因组 DNA 的断裂，然后利用细胞内 DNA 双链断裂修复机制实现对特定 DNA 序列的编辑，在靶位点实现核苷酸缺失、添加或替换。国际上将利用 SDN 获得的基因编辑产品分为 3 类。SDN-1：不涉及同源重组修复，未引入外源 DNA 片段，仅在特定位点处产生双链断裂后，利用非同源末端连接方式进行修复，最终在靶位点造成点突变或少量几个碱基的插入或缺失；SDN-2：利用同源修复模板，使用同源定向重组修复方式进行双链断裂后的修复，最终在靶位点造成少量碱基（一般少于 20 个碱基）突变；SDN-3：使用 HDR 方式在双链断裂处插入外源基因片段（可多达几千个碱基），造成外源基因 DNA 片段插入。自 2012 年以来，CRISPR / Cas9 在主要作物品种如水稻、小麦、大豆、玉米、棉花、油菜、大麦等培育方面已经取得了巨大进展。

（撰稿：黄耀辉；审稿：叶纪明）

基因表达 gene expression

储存在 DNA 序列中的遗传信息转变成具有生物活性的蛋白质分子，从而开始一系列的生化反应、行使各种功能的过程。在转基因生物中，基因表达往往特指转入的目标基因在受体生物中的表达。目标基因的表达是基因工程技术的核心。目的基因首先在调控序列的作用下转录成 mRNA，经加工后在核糖体的协助下又翻译成蛋白质，然后在受体细胞环境中经过修饰而显示出相应的功能。其转录、翻译和加工等过程是在一系列酶和调控序列的共同作用下完成的。

常见的基因表达系统包括大肠杆菌表达系统、芽孢杆菌表达系统、链霉菌表达系统、酵母表达系统、丝状真菌表达系统、昆虫细胞表达系统、哺乳动物细胞表达系统、转基因动物和转基因植物等，涉及原核生物表达系统和真核生物表达系统两个大类。在原核生物中，基因表达以操纵子（operon）形式进行。当操纵子的调节基因与 RNA 聚合酶作用时，结构基因则开始转录成相应的 mRNA。合成的 mRNA 立即与核糖体结合翻译出相应的多肽或蛋白质。在转录完毕的同时，完成翻译，并且 mRNA 被迅速降解。在真核生物基因表达系统中，转录是在细胞核内进行的，首先生成前体 mRNA（pre-mRNA），然后加工去除内含子序列，再连接外显子，修饰 5′ 和 3′ 末端后形成成熟 mRNA。mRNA 经过核孔运输到细胞质，在位于细胞质的核糖体中翻译成多肽或蛋白质，再经加工、糖基化，形成高级结构。

由于目标基因结构的多样性，尤其是真核生物和原核生物在基因组结构上存在较大差异，因此需要根据目标基因和表达系统的具体情况，制定合适的策略。真核基因与原核基因在同义密码子的使用上存在不同的偏好。如果外源基因 mRNA 的主密码子与受体生物基因组的主密码子相同或接近，基因表达的效率就高。稀有密码子对应的 tRNA 丰度低，可能在翻译过程中发生中止和移码突变。当外源基因含有较多稀有密码子时，其表达效率则较低。因此，在异源表达时，需考虑对密码子进行优化。

在原核生物表达系统中，目标基因的翻译起始密码 ATG 与 SD 序列之间的距离和碱基组成是影响翻译效率的重要因素。在表达质粒中引入翻译增强子能明显提高基因的表达水平。此外，应提高目标基因 mRNA 和目标基因产物的稳定性，避免外源基因表达的蛋白被降解。在高密度发酵大规模制备重组蛋白质的过程中，温度和培养基成分对于不同 mRNA 的翻译过程所产生的效应明显不同。因此，发酵条件要根据采用的表达系统类型和目标基因的性质通过实验摸索后确定。

酵母和丝状真菌等低等真核生物表达系统主要用来表达药品和食品添加剂、工业用酶和医疗用的蛋白酶类等。因此，提高外源基因的表达水平直接影响到这些表达产物成为产品的可能性。提高外源基因在酵母中表达水平的手段主要包括：通过改造启动子提高外源基因的转录水平；提高表达载体在细胞中的拷贝数和稳定性；通过密码子优化、翻译起始区前后 mRNA 的二级结构的优化提高翻译效率，选择或改造宿主等。

在昆虫杆状病毒表达系统中，外源基因的表达一般将其克隆到专门设计的转移载体，与病毒 DNA 共转染进细胞（细菌）内，经同源重组、空斑筛选和纯化得到重组病毒。为了适应不同的外源基因表达，可以选择不同的转移表达载体。按启动子种类来分，有晚期基因的启动子，表达时相很迟，有时不利于表达产物的后加工过程；极早期基因启动子，可应用于外源基因的提早表达和稳定转化的细胞株的建立；热休克启动子可为即时和受控表达外源基因产物提供可能。

原核生物细胞往往不具备糖基化修饰功能，而酵母、植物和昆虫细胞的糖基转移酶与哺乳动物不同。因此，用原核、酵母和昆虫细胞表达系统来表达糖蛋白类药物是不可行的。已经投放市场的以及正在进行临床试验的治疗用蛋白质生物药物，有 70% 来自哺乳动物细胞表达系统。构建高效表达载体是使哺乳动物细胞高水平表达外源蛋白的首要前提。根据宿主细胞的要求尽可能选择更强的启动子和增强子。采用与筛选标记共扩增或者选用自我复制型载体来提高载体的拷贝数，或者将外源基因整合到高转录活性的染色体区域。此外，采用理想的宿主细胞以及对现有的细胞进行改造也是提高表达水平的重要途径。

在高等真核生物——动物和植物中，基因的表达和调控是很复杂的。当被转移的外源基因插入到染色体的某一位点时，除了受到自身携带的表达调控元件的制约外，还要受到所处的染色体环境的影响。相同基因整合到染色体的不同位置，其表达水平会有很大差异。当插入到一个活动的基因附近时，有可能实现表达或高表达；反之，如果插入位置是一个不活动的功能域，就不会表达。此外，动植物的基因表达还存在组织特异性。因此，若要可靠、有效地表达目的基因，必须构建和转移完整的功能域，使被转移的基因表达结构包含一切必要的调控元件，如 TATA 框或 Inr 序列、活化序列、远距离增强子等。若将基因座控制区包括在内，可以使目的基因实现不依赖整合位点的、组织特异性的、高效的表达。

参考文献

李育阳, 2001. 基因表达技术[M]. 北京: 科学出版社.

（撰稿：汪芳；审稿：叶恭银）

基因操作　gene manipulation

应用 DNA 重组技术，对生物有机体的遗传物质进行修饰与改造，或是将外源基因导入新的生物寄主，从而获得新的遗传性状，达到改造生物遗传特性的目的，这种实验过程叫作基因操作，也称遗传操作。在较多场合中，基因操作经常和遗传工程、基因工程等混合使用，相互难以严格区分。其差别仅在于各自考虑的角度或强调的侧重点不同。

一个完整的、用于生产目的的基因操作过程包括：①外源目标基因的分离、克隆。对选用的试验材料分离纯化基因组 DNA，经适当限制酶切割消化，产生所需的 DNA 片段；也可通过 PCR 扩增或人工合成获取含有目的基因的 DNA 片段。②在体外将此 DNA 片段连接到适合转移、表达载体上。③将构成的重组 DNA 载体导入受体细胞进行复制或表达。④外源基因在宿主基因组上的整合、表达及检测与转基因生物的筛选。⑤外源基因表达产物的生理功能分析。

基因操作可以使遗传信息的传递突破物种之间的界限，实现原核生物与真核生物之间、动物与植物之间，甚至人与其他生物之间遗传信息的相互重组和转移。基因操作可用于基因疫苗、重组亚单位疫苗、重组或载体疫苗、转基因植物可食疫苗、蛋白质类和核酸类药物的研制，还可用于基因治疗、转基因动物和转基因植物新品种的培育等。

参考文献

丁逸之, 1999. 遗传工程词典[M]. 长沙: 湖南科学技术出版社.

宋思扬, 楼士林, 2014. 生物技术概论[M]. 4版. 北京: 科学出版社.

吴乃虎, 张方, 黄美娟, 2005. 基因工程术语[M]. 北京: 科学出版社.

（撰稿：汪芳；审稿：叶恭银）

基因叠加技术　gene stacking

在植物转基因方面，简单的单个目的基因的转化已不能够满足植物改良的多种需求，逐渐过渡发展到多个基因的叠加。植物体内的大多数性状由多个基因控制，并且需要通过多个基因的协调表达来实现代谢过程，只有多个基因同时参与并且相互作用时才能实现有效的基因叠加。因此，有必要引入更多的外源基因，以更好地提高作物的品质。转基因技术的应用极大地促进了植物遗传改良的进程，从单个基因的转化发展到了通过不同方法实现多个基因的叠加。主要包括杂交聚合法、多次转化法、多基因的共转化、多聚蛋白酶法，通过位点特异性重组系统实现基因叠加等。

杂交聚合法　将含有一个目的基因的植物与携带另一个目的基因的植物进行杂交，适合已筛选到纯合转基因株系的基因叠加。

多次转化法　通过传统的转化方法将两个或多个基因连续地转入植物中。缺点是单个导入的基因会随机地插入染色体不同的位置，在后代中发生性状分离，为实现多基因的聚合需要筛选大量后代群体植株。

多基因的共转化　是实现多基因叠加比较常用的方法，可以采用农杆菌介导，将携带不同 T-DNA 单一的菌株或多个菌株侵染植物，也可以通过基因枪法将携带不同 T-DNA 的质粒导入目标植物。同时导入的基因更容易整合到染色体的相同位置上，避免了转基因的性状分离，但紧密连锁的标记基因也同样不容易去除。这一方法在构建载体连接目的基因时，需考虑到载体大小容量的限制，并且在使用相同或相似启动子的情况下，各目的基因在植物体内的表达水平也存在较大差异。

多聚蛋白酶法　将多个目的基因的碱基序列融合在一

起，使其处于同一表达框内，多个基因在同一个启动子的驱动下转录成一个转录本，翻译后得到一个由不同的功能蛋白拼合在一起而形成的新型多结构域的人工蛋白（多聚蛋白）。这种多聚蛋白可以行使不同蛋白的功能，它已广泛应用于基因表达、药物设计及构建新的细胞因子等领域。也可以在各基因之间插入编码某个蛋白酶特异识别位点，可以用特异的酶使各个蛋白有效分离，并单独行使功能。由于融合在一起的多个基因处在同一个表达框中，缩小了整合进载体的DNA片段长度，减轻了载体的运载负担，同时还使各基因的表达完全同步。

参考文献

谭茂玲, 李晨, 闫晓红, 等, 2011. 基因叠加技术的研究进展[J]. 河南农业科学, 40 (4): 17-21.

别晓敏, 佘茂云, 杜丽璞, 等, 2010. 植物多基因转化研究进展[J]. 中国农业科技导报, 12 (6): 18-23.

（撰稿：耿丽丽；审稿：张杰）

基因渐渗 gene introgression

不同植物物种或群体之间相互杂交，形成杂种后，又与杂交亲本之一进行多次连续回交，从而将一个亲本的基因逐渐渗入到另一个亲本中，且其后代能在自然界中定植和延续，并扩大其群体的过程。

基因渐渗是非常普遍的自然现象，是物种进化的动力之一，在很多类群中对增加遗传和表型变异起重要作用。Ellstrand等研究了13个主要作物与其近缘野生种发生渐渗的可能性，结果表明，12个能够与近缘野生种杂交渐渗。

基因渐渗的直接效应是，一个杂交亲本的某些基因或者遗传物质，逐渐取代另一亲本的基因或遗传物质，从而丰富生物多样性。作物中的等位基因向近缘野生种或杂草群体渐渗，需要满足以下条件：①作物与其近缘野生种或杂草必须相邻种植，花期重叠，开花时间一致。②两者杂交有一定的亲和性，能成功杂交，且杂种F_1能正常生长发育，并具有一定的育性，杂交后能产生可育的后代。③杂种的适合度提高，即比亲本有更大的生存竞争优势，还能与其亲本之一进行多世代的连续回交，从而形成群体并进一步扩大繁殖。一般而言，与自花授粉作物相比，异花授粉作物因异交率高，发生基因渐渗的可能性较高；若环境中存在较强的选择压，有利于渐渗基因显示其竞争优势，或者近缘野生种的群体较小，则渐渗基因的定植较快。根据向近缘野生种发生基因渐渗的确切证据，可将作物分为四类：极低风险作物、低风险作物、中风险作物、高风险作物。

在评估转基因作物的环境风险时，需要考虑转基因飘流至近缘野生种或杂草群体后，是否会发生基因渐渗，从而引发潜在的生态后果，这需要对转基因在自然群体或模拟群体中的命运进行长期的跟踪观察：①考察转基因飘流杂种个体的适合度和生存竞争性，在不同世代中的存活率和比例，了解它们在自然条件下能否生存定植。②考察杂种F_1、F_2的育性及回交结实能力，能否与野生群体回交并产生后代。③用一定的选择压（如除草剂抗性）、目的基因表达产物的检测试纸条，或相应的分子标记，灵敏地检测群体中转基因频率的消长和动态变化，分析判断基因渐渗的可能性及是否会引发生态风险。只有通过长期跟踪观察，依据多年科学试验数据，才能得出比仅从理论推导或主观臆测更为可靠和有说服力的论断。

参考文献

ELLSTRAND N C, PRENTICE H C, HANCOCK J F, 1999. Gene flow and introgression from domesticated plants into their wild relatives[J]. Annual review of ecology and systematics, 30: 539-563.

KWIT C, MOON H S, WARWICK S I, et al, 2011. Transgene introgression in crop relatives: molecular evidence and mitigation strategies[J]. Trends in biotechnology, 29 (6): 284-293.

RIESEBERG L H, WENDEL J F, 1993. Introgression and its consequences in plants[M] // Harrison R. Hybrid zones and the evolutionary process. New York: Oxford University Press: 70-109.

STEWART C N, HALFHILL M D, WARWICK S I, 2003. Transgene introgression from genetically modified crops to their wild relatives[J]. Nature reviews genetics, 4: 806-817.

（撰稿：裴新梧；审稿：贾士荣）

基因聚合策略 pyramid strategy

采用种植基因聚合抗虫作物进行抗性治理的策略。基因聚合抗虫作物是指在一种作物中聚合了针对同一靶标害虫的2种或2种以上具有不同作用机理的抗虫基因。基因聚合策略延缓抗性的原理是基因聚合抗虫作物中表达的2种或多种不同抗虫物质能独立地杀死几乎所有的敏感靶标害虫，或其中一种杀虫基因可以杀死几乎所有已经对另一种杀虫基因产生抗性的害虫个体，以实现对靶标害虫的饱和杀死效应（redundant killing）。

基因聚合（gene pyramiding）与基因叠加（gene stacking）在转基因作物新品种培育和抗性治理中具有不同内涵，其在基因选择及使用目标上是显著不同的。基因聚合选择针对同一靶标害虫、且具有不同作用机理的抗虫基因，目的是为了延缓靶标害虫的抗性发展速度；基因叠加则将针对不同防治对象的抗虫基因叠加在一起（如杀鳞翅目害虫的基因与杀鞘翅目害虫的基因叠加），其目的是为了扩大防治谱。

基因聚合策略成功的前提是在转基因作物中聚合作用机理不同且不具有交互抗性的两种或多种抗虫基因。现在用于转基因作物的抗虫基因绝大部分来源于苏云金芽孢杆菌（Bt），应用于双价Bt棉花的Cry1Ac和Cry2Ab在靶标害虫（如棉铃虫*Helicoverpa armigera*、红铃虫*Pectinophora gossypiella*）中肠上皮细胞上没有共同的结合受体，因此，在美国和澳大利亚已广泛种植双价Bt棉花以延缓靶标害虫的抗性进化。但是害虫对Bt蛋白产生抗性具有多样化的途径，Bt受体突变之外的其他抗性机理（如毒素降解、细胞膜通透性改变或细胞修复能力增强等）可能导致广谱的交互抗性。为了减少对Bt杀虫蛋白的依赖，降低Bt基因交互抗性风险，需要加强非 Bt 杀虫基因的挖掘，将 Bt 杀虫基因与其他类型的杀虫基因或杀虫核酸（dsRNA）进行聚合，将是开发基因聚合抗虫作物未来的发展方向。

双价 Bt 基因聚合作物与含有其中一种基因的单价 Bt 作物同时种植时，由于单价 Bt 作物在其中起到了“垫脚石”的作用，有利于靶标害虫对双价 Bt 作物抗性的发展。因此在使用基因聚合抗虫作物取代单价抗虫作物时，两者在空间和时间上重叠越少，延缓抗性的效果越好。

基因聚合策略应当与庇护所策略协同使用，以增强延缓抗性的效果。基因聚合作物对庇护所种植比例的要求远低于单价抗虫作物，通常只需要种植较低比例（如 5%）的结构型庇护所，或依靠袋中庇护所和天然庇护所提供足量的敏感害虫。

参考文献

CARRIÈRE Y, FABRICK J A, TABASHNIK J A, 2016. Can pyramids and seed mixtures delay resistance to Bt crops?[J]. Trends in biotechnology, 34: 291-302.

GRESSEL J, GASSMANN A J, OWEN A J, 2017. How well will stacked transgenic pest/herbicide resistances delay pests from evolving resistance?[J]. Pest management science, 73: 22-34.

ROUSH R T, 1998. Two-toxin strategies for management of insecticidal transgenic crops: can pyramiding succeed where pesticide mixtures have not?[J]. Philosophical transactions of the royal society of london series B: biological sciences, 353: 1777-1786.

ZHAO J Z, CAO J, LI Y, et al, 2003. Transgenic plants expressing two *Bacillus thuringiensis* toxins delay insect resistance evolution[J]. Nature biotechnology, 21: 1493-1497.

ZHAO J Z, CAO J, COLLINS H L, et al, 2005. Concurrent use of transgenic plants expressing a single and two *Bacillus thuringiensis* genes speeds insect adaptation to pyramided plants[J]. Proceedings of the National Academy of Sciences of the United States of America, 102: 8426-8430.

（撰稿：吴益东；审稿：杨亦桦）

基因飘流　gene flow

同种或异种有性可交配物种之间通过风媒或虫媒、或风媒加虫媒传粉，供体的花粉扩散到受体植物的柱头上，授粉、受精、结实，使供体 A 的基因转入受体 B，称为花粉扩散介导的基因飘流（基因流）或异交结实。人们普遍关注的“转基因飘流”（transgene flow），是指外源基因从转基因作物飘流转移到有性可交配的非转基因作物、近缘野生种或杂草的过程。

基因飘流是一种自然现象，历来存在，并非从转基因作物开始才有。基因飘流不但在异交作物（如玉米）上发生，自交作物（如水稻）也有一定的异交率。在农作物杂交制种、不育系繁殖和种子生产中，基因飘流可引起种子混杂，影响种子纯度，需要采取严格的控制措施以避免其负面影响。同时，种内及种间异交或基因飘流，可增加植物的遗传多样性，在漫长的进化过程中具有重要的正面作用。由于基因飘流或异交，产生双亲之间的基因重组、修饰和变异，是物种进化的动力之一。例如：现在种植的普通小麦（AABBDD）就是由分别具有 A、B、D 基因组的三个野生种通过异交和人工选择演化而来。

影响基因飘流的因素有生物和物理因素两大类。生物因素包括：花粉供体与受体植物的花期及每天开花时段的相遇程度，供体植物逐日开花率及散粉量（花粉源强），花粉在田间保持受精能力的有效寿命，花粉的数量竞争及遗传竞争力，受体植物的柱头外露率及柱头活力等，概括一句话，即受体植物的异交结实能力。例如：雄性不育系，因本身不产生可育花粉，完全靠外来花粉异交结实，基因飘流率显然高于常规品种。物理因素包括供体与受体植物之间的距离远近、地形地貌、是否有天然或人为隔离屏障、风速、风向、温度、相对湿度、大气稳定度等。对风媒传粉作物而言，受体植物的异交能力及风速、风向是决定不同地区（点）、不同距离上基因飘流率的主控因子。兼具虫媒传粉的作物，其异交率还取决于当地传粉昆虫的种类及种群数量。

研究各种作物的基因飘流规律及其主控影响因子，以一定的阈值（如基因飘流率 ≤ 0.1%，保证种子纯度达 99.9% 以上）确定允许的基因飘流阈值距离，可为非转基因作物的制种繁殖及转基因作物的小规模田间试验设置合适的安全隔离距离提供参考。基因飘流率的测定，过去用形态标记法，转基因作物诞生后，可用更灵敏、简易、快速的抗性选择标记，如除草剂抗性标记，或用其他 DNA 标记。见异交率。

评价转基因飘流对近缘野生种及杂草的风险，需考虑：①转基因作物与其近缘种是否可异交？即杂交是否有亲和性？地理分布上是否重叠？花期、花时能否相遇？只有满足以上条件，才有可能发生基因交流。②杂交 F_1 代的适合度，即是否有生存竞争优势，能否繁殖后代，并与野生种不断回交，导致外源基因的渐渗（introgression），使整合外源基因的群体逐渐扩大。③异交后是否改变育性、休眠性和繁殖特性，如转基因水稻向普通野生稻飘流杂种 F_1 代，休眠期加长，由地下茎繁殖改为种子和稻蔸再生繁殖，生存竞争力降低。通过长期跟踪观察，评估基因飘流可能带来的潜在风险及生态后果，最终制定相应的风险管理措施，使风险降到最低。

鉴于转基因作物中转入的基因可来自植物、动物和微生物，打破了物种之间天然隔离的屏障，其基因飘流是否会带来潜在的食品和环境风险，需要进行严格的科学评估。值得强调的是，转基因作物的风险并不是基因飘流本身，而是它可能引起的潜在后果，这取决于基因的种类、基因所提供的表型性状及其释放的环境。

参考文献

贾士荣, 袁潜华, 王丰, 等, 2014. 转基因水稻基因飘流研究十年回顾[J]. 中国农业科学, 47 (1): 1-10.

裴新梧, 袁潜华, 胡凝, 等, 2016. 水稻转基因飘流[M]. 北京: 科学出版社.

CHANDLER S, DUNWELL J M, 2008. Gene flow, risk assessment and the environmental release of transgenic plants[J]. Critical reviews in plant sciences, 27: 25-49.

ELLSTRAND N C, PRENTICE H C, HANCOCK J F, 1999. Gene flow and introgression from domesticated plants into their wild relatives[J]. Annual review of ecology and systematics, 30: 539-563.

GRESSEL J, 2010. Gene flow of transgenic seed-expressed traits: Biosafety considerations[J]. Plant science, 179: 630-634.

JIA S R, YUAN Q H, PEI X W, et al, 2014. Rice transgene flow: its patterns, model and risk management[J]. Plant biotechnology journal, 12: 1259-1270.

（撰稿：裴新梧；审稿：贾士荣）

基因飘流率 gene flow frequency

一个群体的基因通过花粉扩散飘流转移到另一个群体所占的比例，即花粉供体的基因转入花粉受体所占的比例，是衡量基因飘流大小的参数，通常用异交结实百分率来表示，即基因飘流率（%）= 异交结实种子数 / 受体群体种子总数 ×100。

基因飘流率的检测方法过去常用形态标记法，转基因飘流率的测定常用抗生素抗性、除草剂抗性标记，或用其他分子标记，用 PCR 法扩增特异的 DNA 片段，或用检测目标蛋白的试纸条等。见异交率。

影响基因飘流率的因素主要包括：①花粉供体产生的花粉量。供体的花粉量越大，通过花粉扩散产生基因飘流的概率就越大。②花粉受体的异交结实率。异交结实率越高，基因飘流率就越高。③供体花粉与受体花粉的竞争力。供体花粉的竞争力越强，受精结实能力越高，后代中含有外源基因的个体就越多。④授粉时的外界环境条件。如风向、风速、降雨、湿度、温度等。

作物的开花、生殖方式是影响基因飘流率和飘流距离的主要因素。自花授粉植物天然异交率及基因飘流率低，异交及常异交植物的天然异交率及基因飘流率较高。不同作物由于开花、生殖生物学特性及传粉途径不同，基因飘流率及飘流距离差别很大。如甘蓝型油菜既是风媒又是虫媒传粉，最远飘流距离可达 3000m。白菜型油菜属于异花授粉植物，多数品种具有很强的自交不亲和性，异交率达 80%～90%。甘蓝型油菜和芥菜型油菜属于常异花授粉植物，以种子为单位计算的异交率一般低于 3%。玉米为异花授粉，花粉量大，转基因抗草甘膦玉米与非转基因玉米相邻种植时的最大基因飘流率为 82.2%。转基因棉花与常规棉花相邻种植时的飘流率为 1.76%～30.1%。水稻生产用品种类型较多，转基因水稻向不同类型水稻的基因飘流率有很大差别，相邻种植时向常规稻品种的基因飘流率一般小于 1%，最大可达 3.04%，向普通野生稻的基因飘流率高达 3.55%～18%，向不育系的基因飘流率平均为 48.93%。基因飘流率受风向、风速的影响，顺风方向基因飘流率高，逆风方向基因飘流率低，随距离增加，基因飘流率明显下降。

参考文献

敖光明, 王志兴, 王旭静, 等, 2011. 主要农作物转基因飘流频率和距离的数据调研与分析Ⅳ. 玉米[J]. 中国农业科技导报, 13(6): 27-32.

李允静, 卢长明, 王旭静, 等, 2012. 主要农作物转基因飘流频率和距离的数据调研与分析Ⅴ. 油菜[J]. 中国农业科技导报, 14(1): 49-56.

裴新梧, 袁潜华, 胡凝, 等, 2016. 水稻转基因飘流[M]. 北京: 科学出版社.

王旭静, 贾士荣, 王志兴, 2012. 主要农作物转基因飘流频率和距离的数据调研与分析Ⅵ. 棉花[J]. 中国农业科技导报, 14(6): 19-22.

JIA S R, WANG F, SHI L, et al, 2007. Transgene flow to hybrid rice and its male sterile lines[J]. Transgenic research, 16 (4): 491-501.

WANG F, YUAN Q H, SHI L, et al, 2006. A large-scale field study of transgene flow from cultivated rice (*Oryza sativa*) to common wild rice (*O. rufipogon*) and barnyard grass (*Echinochloa crusgalli*)[J]. Plant biotechnology journal, 4 (6): 667–676.

YUAN Q H, SHI L, WANG F, et al, 2007. Investigation of rice transgene flow in compass sectors by using male sterile line as a pollen detector[J]. Theoretical & applied genetics, 115 (4): 549-560.

（撰稿：袁潜华；审稿：贾士荣）

基因飘流模型 gene flow model

利用数学模拟的方法，描述物种内或物种之间，通过风媒传粉，供体植物的花粉扩散、沉降到受体植物的柱头上受精结实的物理和生物学过程。建立基因飘流模型的目的是，将少数试验中获得的基因飘流数据，扩大应用到没有田间试验资料的广大种植区域，以便为制定转基因作物田间试验和环境释放的安全控制措施、确定作物杂交制种和良种繁育的隔离距离提供参考。

基因飘流模型可分为经验模型和机理模型两大类。最简单的经验模型是在负指数函数、幂函数或对数函数等数学公式的基础上，利用实测的不同距离上的基因飘流率，通过简单的数据拟合直接得到的统计模型。这类模型比较简单，缺点是不能描述多个地点不同环境条件下、多个供体和受体之间的基因飘流规律。

鉴于基因飘流是一个由花粉扩散介导的过程，另一种经验模型首先建立花粉扩散模型，用来模拟花粉浓度的时空变化，在此基础上加入供体与受体之间受精结实的相关参数。与简单的经验模型相比，这类模型还考虑了供体和受体种植区的面积、形状、布局等，可以用来分析不同种植管理方式对基因飘流的影响。多数情况下，花粉扩散遵循高斯分布规律，负指数函数是最常见的花粉扩散模型。但在远距离上经常可观测到花粉浓度的衰减率高于或低于负指数函数，这是因为基因飘流是一个非常复杂的物理学和生物学过程，影响基因飘流的物理学因子有风速和风向、大气湍流、边界层高度等，生物学因子有干沉降速度、供体和受体的高度等，这些参数的时空变异性很大。这是经验模型缺乏普适性的重要原因。

机理模型一般是在大气扩散模式的基础上，加入花粉沉降速度，模拟花粉在大气中的运动轨迹或在不同位置上的浓度分布，结合供体与受体受精结实的模拟，描述作物基因飘流的规律。常用的大气扩散模式有高斯模型、欧拉模型、拉格朗日随机模型、大涡模型等。机理模型区别于经验模型的最大优点是，它可以应用到一个全新的环境下，研究各种因子对花粉扩散和基因飘流的影响。比如，以高斯模型为基础的水稻基因飘流模型，已成功用于描述中国南方稻区17个省（自治区、直辖市）1128个县过去30年中向不育系、常规稻和杂交稻品种及普通野生稻基因飘流的最大阈值距离，显示了该模型对不同材料、不同地区及不同时段的广适性。同理，以高斯模型为基础建立的玉米基因飘流模型，已用于描述中国东北春玉米区黑龙江、吉林、辽宁、内蒙古四地各县转基因飘流的最大阈值距离。需要说明的是，空间分辨率高的基因飘流距离会更具有实用性。为此，可以将水稻基因飘流模型应用到海南南繁区（陵水、三亚、乐东），描述以乡镇为单位的基因飘流最大阈值距离。

无论是经验模型还是机理模型，都需要有实测数据来评价它的性能和应用价值。一般来说，建立一个科学、严谨的模型，必须有两套独立的田间试验数据：一套作为模型计算的参数，另一套用于验证模型计算的结果。误差是衡量模型准确性的标准，模拟结果是否可靠，可以用模拟误差和验证误差的大小来判断。模拟误差是指建模资料的实测值与模型的模拟值之间的差异，验证误差是指模型模拟值与验证试验的观测值之间的差异。这些差异可以用相关系数、绝对误差、相对误差等方式来表述。

任何模型都有它的适用范围。经验模型因受实测数据的限制，适用范围相对较小。比如，不育系自身没有可育花粉，以它作为受体，不能与供体花粉形成竞争，由此建立的基因飘流模型，若应用到供、受体存在花粉竞争的条件下，就会大大高估基因飘流率。对机理模型而言，它所使用的大气扩散模式都是在一定假设条件下推导得到的。比如，高斯模型就是欧拉平流—扩散方程在正态分布假设下的一个特解。大量试验证明，在均匀、平稳湍流场中，小范围的扩散近似地服从正态分布的假设，因而高斯模型适用于地势平坦、湍流定常的下垫面上、小尺度的花粉扩散过程。

参考文献

胡凝, 姚克敏, 袁潜华, 等, 2014. 海南南繁区水稻基因飘流的最大阈值距离及其时空分布特征[J]. 中国农业科学, 47 (23): 4551-4562.

贾士荣, 袁潜华, 王丰, 等, 2014. 转基因水稻基因飘流研究十年回顾[J]. 中国农业科学, 47 (1): 1-10.

裴新梧, 袁潜华, 胡凝, 等, 2016. 水稻转基因飘流[M]. 北京: 科学出版社.

CHAMECKI M, MENEVEAU C, PARLANGE M B, 2009. Large eddy simulation of pollen transport in the atmospheric boundary layer[J]. Journal of aerosol science, 40 (3): 241-255.

DIETIKER D, STAMP P, EUGSTER W, 2011. Predicting seed admixture in maize combining flowering characteristics and a Lagrangian stochastic dispersion model[J]. Field crops research, 121 (2): 256-267.

DUPONT S, BRUNET Y, JAROSZ N, 2006. Eulerian modelling of pollen dispersal over heterogeneous vegetation canopies[J]. Agricultural forest meteorology, 141 (2/4): 82-104.

HU N, HU J C, JIANG X D, et al, 2014. Establishment and optimization of a regionally applicable maize gene flow model[J]. Transgenic research, 23 (5): 795–807.

JIA S R, YUAN Q H, PEI X W, et al, 2014. Rice transgene flow: its patterns, model and risk management[J]. Plant biotechnology journal, 12: 1259-1270.

LAVIGNE C, KLEIN E K, VALLÉE P, et al, 1998. A pollen dispersal experiment with transgenic oilseed rape. Estimation of the average pollen dispersal of an individual plant within a field[J]. Theoretical and applied genetics, 96 (6/7): 886-896.

SHAW M W, HARWOOD T D, WILKINSON M J, et al, 2006. Assembling spatially explicit landscape models of pollen and spore dispersal by wind for risk assessment[J]. Proceedings of the royal society B, 273 (1594): 1705-1713.

YAO K M, HU N, CHEN W L, et al, 2008. Establishment of a rice transgene flow model for predicting maximum distances of gene flow in southern China[J]. New phytologist, 180 (1): 217-228.

（撰稿：胡凝；审稿：贾士荣）

基因飘流最大阈值距离　maximum threshold distance of gene flow

基因飘流的基本规律是随着距离增加，基因飘流率呈负指数曲线衰减。该曲线的基本数学特征是曲线与距离坐标没有交点，在距离坐标渐近线附近时，不仅基因飘流率变化很小，还常常叠加因湍流不稳定性由个别花粉授精引发的偶然转基因事件，使远距离上的基因飘流率发生波动，即所谓“宽尾现象”，导致最大距离难以确定，所以研究者引入了“阈值”的概念以及阈值管理的原则。事实上，阈值管理历来是通行的国际惯例，在农产品国际贸易及品种纯度监管中均有明确的阈值规定。

基因飘流的阈值管理，需首先确定允许阈值和最大阈值距离。允许阈值是控制基因飘流风险的主要指标，指基因飘流率小于或等于某一指定值（允许阈值，如≤0.1%）。最大阈值距离是指在某一时段内（如30年），基因飘流率小于或等于允许阈值的最大距离。例如，若设定阈值为0.1%，某地、某时段内的最大基因飘流距离为50m，则表示在50m处或50m之外的基因飘流率均为0.1%，也即1000株中因基因飘流而产生的杂株为1株。这可为设定合适的隔离距离提供参考。

据对国际上主要农作物转基因飘流数据的调研和分析，设定允许阈值≤0.1%，则油菜的最大飘流阈值距离为10～800m，最远飘流距离为2000～3000m；玉米的最大飘流阈值距离为6～119m，最远飘流距离31～250m；小麦的最大飘流阈值距离为0.5～24m，最远飘流距离3～100m；棉花的最大飘流阈值距离为20～72m，最远飘流距离20～100m。据我们对水稻转基因飘流十多年的系统研究，设定阈值0.1%的情况下，中国南方稻区，向栽培稻品种的最大飘流阈值距离为 3～5m，最远飘流距离 50～100m；向不育系的最大飘流阈值距离为 75～150m，最远飘流距离为 250～320m。

参考文献

敖光明, 王志兴, 王旭静, 等, 2011. 主要农作物转基因飘流频率和距离的数据调研与分析. 玉米[J]. 中国农业科技导报, 13 (6): 27-32.

贾士荣, 袁潜华, 王丰, 等, 2014. 转基因水稻基因飘流研究十年回顾[J]. 中国农业科学, 47 (1): 1-10.

李允静, 卢长明, 王旭静, 等, 2012. 主要农作物转基因飘流频率和距离的数据调研与分析. 油菜[J]. 中国农业科技导报, 14 (1): 49-56.

裴新梧, 袁潜华, 胡凝, 等, 2016. 水稻转基因飘流[M]. 北京: 科学出版社.

王旭静, 贾士荣, 王志兴, 2012. 主要农作物转基因飘流频率和距离的数据调研与分析. 棉花[J]. 中国农业科技导报, 14 (6): 19-22.

王旭静, 徐惠君, 佘茂云, 等, 2011. 主要农作物转基因飘流频率和距离的数据调研与分析. 小麦[J]. 中国农业科技导报, 13 (4): 66-71.

王志兴, 王旭静, 贾士荣, 2011. 主要农作物转基因飘流频率和距离的数据调研与分析. 背景、调研目的及所考虑的问题[J]. 中国农业科技导报, 13 (3): 26-29.

JIA S R, YUAN Q H, PEI X W, et al, 2014. Rice transgene flow: its patterns, model and risk management[J]. Plant biotechnology journal, 12 (9): 1259-1270.

（撰稿：袁潜华；审稿：贾士荣）

基因枪转化法 biolistics

外源的基因用金粉包裹成微小的颗粒，通过枪类装置获得高速从而突破细胞壁和细胞膜进入植物细胞，并整合到受体细胞基因组中进行表达的技术。是植物基因工程的又一广泛使用的转基因技术。

原理 植物细胞具有细胞壁，这使之外源 DNA 很难进入细胞，但基因枪技术有效地克服了这个困难。将外源基因用金属粉包裹成金属粒，基因枪内部设置有放置金属粒的薄板，并且内部真空的管腔避免速度损失，利用爆炸力或高压气体及高压电力产生的推动力将微弹高速射出，穿破受体植物的细胞壁及细胞膜等结构，外源基因进入细胞内部，整合到染色体上，并随之进行稳定表达。根据基因枪的推动力分类有大致 3 种：火药式基因枪、压缩气体型基因枪和高压放电型基因枪。1987 年 Sanford 首次提出基因枪技术并设计出火药式基因枪，并在 1989 年首次成功应用在洋葱细胞的基因转化，火药式基因枪的射弹速度受样品数量影响，当样品爆炸时产生的驱动力来驱动金属粒高速进入靶细胞，其可控性差。压缩型基因枪主要推动力是氦气、氮气和二氧化碳等气体，由这些气体推动微弹射入细胞。高压放电型基因枪则可通过不同电压产生不同推动力来控制轰击速度，从而更有效地提高转化效率。

影响因素 在进行基因枪转化时，人为调整各种因素可大大提高转化效率，如基因枪轰击的金属粉和 DNA 的数量、悬液类型、轰击距离和压力、轰击次数、受体组织类型和载体类型等因素。Xiong 等人研究发现用亚精胺做 DNA 涂层与金属粉融合轰击甘蔗，*gus* 基因转化效率分别高出鱼精蛋白和贝壳 DNAdelTM 的 3 倍和 2.65 倍，但涂抹 10 次后无明显差异。薛仁镐研究大豆萌动种子基因枪转化效率时发现，轰击次数 2～3 次，轰击距离 9cm，种子预培养 2 天时，其转化效率明显高于轰击 1 次，轰击距离在 3、6、12cm 及其他预培养时间的转化效率。这表明人们可以优化这些因素而改善基因枪法对植物的转化效率。

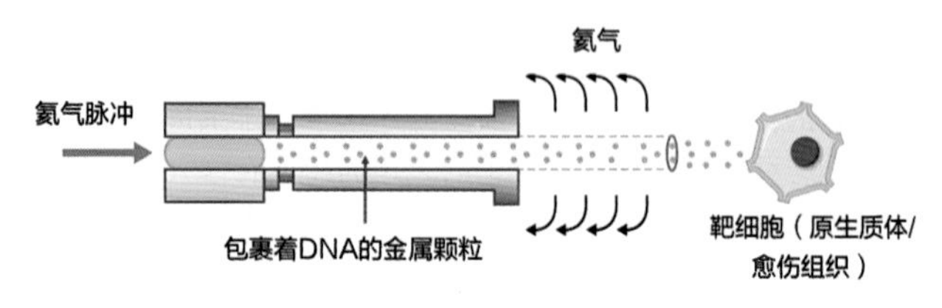

基因枪

基因枪法相比于其他的转基因技术有着明显的优势，首先是无宿主的限制，适用于各类植物，特别是对谷类植物的基因转化有着高效率，克服单子叶植物受农杆菌感染较难、原生质体培育植株繁琐麻烦等问题。其次，基因枪法适用的宿主靶受体类型也非常广泛，不受植物材料的限制，悬浮细胞、愈伤组织、原生质体、胚及双层膜细胞器等各种组织与细胞均可用此技术进行基因的转化。此技术可控性强，根据不同的需要，对特定的植物进行外源基因轰击，大大加强转化效率，并可快速获取第一代的种子，节省了时间。但基因枪技术也有明显的弊端，基因进入受体细胞时，可能受到损伤断裂，影响基因活性与表达，并且轰击时是随机进入的，转化不易成功。基因整合到植物基因组染色体也可能是多拷贝的，一条或多条染色体上有外源基因，造成基因沉默。高额费用也是研究者进一步要解决的问题。基因枪法虽然有很多可待改进的问题，但作为转基因技术的一种，仍受到众学者的推崇，并且进一步研究发展，不仅只是植物的转基因技术，也推广到动物上，在动物的医疗免疫上发挥着作用。

步骤 ①构建表达载体，根据需要选择含有筛选标记基因的载体，连接外源基因。②金粉包裹外源质粒，基因枪轰击金属微粒进入受体植物细胞。③植株培育。④转化植株的抗性筛选与鉴定。

参考文献

李艳, 许为钢, 齐学礼, 等, 2015. 提高小麦基因枪法转化效率的研究[J]. 麦类作物学报, 35 (4): 443-448.

卢萍, 王宝兰, 2006. 基因枪法转基因技术的研究综述[J]. 内蒙古师范大学学报 (自然科学汉文版) (1): 106-109.

徐丽萍, 刘树英, 于淼, 等, 2014. 常见的植物转基因技术及方法研究进展[J]. 北方园艺 (2): 184-188.

薛仁镐, 2008. 基因枪法转化大豆萌动种子影响因素的研究[J]. 大豆科学(2): 194-198.

KARTHA K K, CHIBBAR R N, GEORGES F, et al, 1989. Transient expression of chloramphenicol acetyltransferase (CAT) gene in barley cell cultures and immature embryos through microprojectile bombardment[J]. Plant cell report (8): 429-432.

XIONG Y, JUNG J H, ZENG Q, et al, 2013. Comparison of procedures for DNA coating of micro-carriers in the transient and stable biolistic transformation of sugarcane[J]. Plant cell tissue & organ culture, 112 (1): 95-99.

（撰稿：耿丽丽；审稿：张杰）

基因删除 gene knock-out

将细胞基因组中某基因去除或使基因失去活性。又名基因删除、基因打靶。在现代分子生物学中，为了研究某一基因功能，需要从基因序列入手，分析基因表型并最终得出结论。研究基因功能可以从几个方面入手，比如基因的异源表达、基因删除等。而为了更加明确地展现基因的功能和地位，最有效的手段即去除基因组中的基因，使个体表现出基因缺失后的表型。改变基因组的最有利的技术是利用基因靶向来删除或替换同源重组的基因。该技术也常用于转基因植物删除外源标记基因。

基因删除技术分为完全删除和条件型删除两类。其中完全删除即通过同源重组的办法完全消除细胞中某一基因的存在；而条件型删除则是在完全删除的原理基础上，通过使用诱导或时空特异表达载体，实现基因在某一特定时间或组织内的删除。常用的方法有转座子法、位点特异性重组法和特异性核酸酶介导的基因组编辑技术。

转座子法 利用位于 Ds 反向重复序列之间的 DNA 序列，在 Ac 存在时能被转移到新的位点上的特性，将外源基因插入到 Ds 序列之间，通过转座使 Ds 之间的序列转移到新位点上，只要外源目的基因和标记基因的遗传距离足够远就能将二者分离。但是，由于转座后插入位点的不确定性，并且不同物种转座频率差异很大，从而降低了删除频率，也容易产生突变体，限制了此方法的广泛应用。

位点特异性重组法 利用重组酶识别并催化特异的重组位点间发生重组，在标记基因的两端插入重组系统的识别序列，导致重组位点间相互交换或者删除的一种精确重组形式。目前用于植物中的重组系统主要有 3 种：① FlP/FRT 重组系统，来源于酿酒酵母，其中 FlP 重组酶识别重组位 *FRT*。② Cre/loxP 重组系统，来源于 P1 噬菌体，其中 Cre 重组酶识别重组位点 *LoxP*。③ R/*Rs* 重组系统，来源于接合酵母，其中 R 重组酶识别重组位点 *Rs*。

特异性核酸酶介导的基因组编辑技术 基因组编辑技术广泛应用使得基因功能的研究、遗传性疾病的治疗以及农业生物技术的发展等各个领域取得了突破性进展，相继开发的特异性核酸酶包括 ZFN（zinc-finger nucleases）、TALEN（transcription activator-like effector nucleases）和CRISPR（clustered regulatory interspersed short palindromic repeat）。构成的基因编辑系统由一个可定制的 DNA- 识别结构域和一个无序列特异性的核酸内切酶融合而成，这使得核酸酶具有了识别并切割特异 DNA 序列而产生双链断裂（doublestrand breaks，DSB）的能力。随后 DSB 会激活细胞的 DNA 修复机制，从而定点修饰基因组。该技术原理清晰、操作简单，能适用于包括动、植物在内的大多数生物以及培养的细胞，是较好的转基因替代技术。

参考文献

李樊, 刘义, 何钢, 2008. 基因删除技术研究进展[J]. 生物技术通报(2): 80-82.

邵任, 2017. 基因编辑技术的研究进展[J]. 中国科技纵横, 22: 217-219.

吴花拉, 张严玲, 罗旭, 等, 2014. 位点特异性重组系统及其在植物转基因研究中的应用[J]. 中国生物工程杂志, 34 (11): 107-118.

（撰稿：耿丽丽；审稿：张杰）

基因特异性检测方法 gene specific detection method

以根据所需检测的转基因生物所插入的外源目的基因片段作为检测目标的检测方法。如 *cry1Ac* 基因、*bar* 基因、*cp4-epsps* 基因等。其主要采用常规定性 PCR 和实时荧光 PCR 等技术。

虽然基于外源目的基因建立的特异性 PCR 检测方法已有很多种，但同一个功能基因有可能插入到不同的产品品系甚至不同的亲本作物中，从而导致以外源目的基因为检测目标的特异性检测方法并不能将这些转化体进行有效的区分，因此在转基因身份鉴定时仅作为辅助判断的方式。

（撰稿：李亮；审稿：苏晓峰）

基因组 genome

生物体遗传物质的总称，它由 DNA（或 RNA 病毒中的 RNA）组成。基因组包括编码 DNA、非编码 DNA，以及线粒体和叶绿体的遗传物质。基因组这个词最早是由德国汉堡大学汉斯·温克勒（Hans Winkler）教授于 1920 年提出的。基因组的组成包括基因组大小、非重复 DNA 的比例和重复 DNA 的比例等信息。不同物种的基因组大小差异巨大，例如，最小的植物螺旋狸藻（*Genlisea tuberosa*）的基因组大小是 61Mb，而最大的植物重楼百合（*Paris japonica*）的基因组大小为 150Gb，不同被子植物的基因组大小甚至可能相差 2400 多倍。原核生物和真核生物中重复 DNA 的比例差别较大，原核生物中主要是非重复 DNA，真核生物中重复 DNA 比例非常高，哺乳动物和植物基因组的主要部分由重复的 DNA 组成。通过比较不同物种基因组的组成，科学家们可以更好地了解特定物种的进化史。

基因组的结构及其改变影响着遗传物质的稳定和遗传信息的传递。T-DNA 介导的转基因涉及在受体基因组中插入外源 DNA 序列（包括靶标基因及其调控元件、筛选基因、报告基因及载体骨架序列等），这个过程产生的伤口激活核酸酶和 DNA 修复酶，因此，外源 DNA 要么被降解，要么被用作 DNA 修复的底物，从而被随机整合或重组到受体基因组。转基因生物基因组结构会发生如删除、重组、串联或反向重复排列和插入片段的重新排列等多种形式的改变。这些改变影响了受体基因组遗传信息及其遗传，因而赋予转化体新的性状。转基因生物安全评价的核心和重要内容就是转基因生物的分子特征，主要是指外源序列在受体基因组上的插入情况及其对受体基因组的改变。转基因生物基因组插入特征（插入位点、旁侧序列、插入拷贝数）是转基因生物的身份特征，是可追溯的分子根本，也是研发转基因生物定性定量检测方法的分子基础和前提条件。

因为基因组的改变可能导致转录组、蛋白组和代谢组发生相应的变化，因此，转基因生物基因组的分子特征是安全评价的重中之重。目前，评价的方法多基于 PCR 和 Southern 印迹杂交相结合的传统标准方法，但明显存在灵敏度、准确度和通量等方面的局限。由于新一代测序方法的产生以及测序成本的显著降低，二代或三代测序技术越来越多地被用于转基因生物基因组分子特征的研究。

参考文献

GONG C Y, WANG T, 2013. Proteomic evaluation of genetically modified crops: current status and challenges[J]. Frontiers in plant science, 4: 41.

HOLST-JENSEN A, SPILSBERG B, ARULANDHU A J, et al, 2016. Application of whole genome shotgun sequencing for detection and characterization of genetically modified organisms and derived products[J]. Analytical and bioanalytics chemistry, 408 (17): 4595-4614.

YANG L T, WANG C M, HOLST-JENSEN A, et al, 2013. Characterization of GM events by insert knowledge adapted re-sequencing approaches[J]. Scientific reports, 3: 2839.

（撰稿：石建新、谢家建；审稿：张大兵）

基于 PCR 技术的检测方法　PCR-based detection

多聚酶链式反应（polymerase chain reaction，PCR）技术，可以将微量目的基因（DNA 片段）扩增一百万倍以上。它以敏感度高、特异性强、产率高、重复性好以及快速简便等优点迅速成为分子生物学研究中应用最广泛的方法之一，并使得很多以往无法解决的分子生物学研究难题得以解决。发明这一技术的 K. Mullis 因此贡献获得了 1993 年度诺贝尔化学奖。

PCR 的基本工作原理是在模板 DNA、引物和 4 种 dNTP 等存在的条件下，依赖于 DNA 聚合酶（Taq 酶）的酶促合成反应。以拟扩增的 DNA 分子为模板，以一对分别与模板 5′末端和 3′末端互补的寡核苷酸片段为引物（primer），在耐热 DNA 聚合酶的作用下，按照半保留复制的机制沿着模板链延伸直至完成新的 DNA 分子合成。其具体反应分 3 步：变性、退火、聚合。此三步为一个循环，每一循环的产物 DNA 又可以作为下一个循环模板，重复这一过程，使介于两个引物之间的目的 DNA 片段得以大量扩增。

基于 PCR 技术的检测方法　PCR 技术的发展以及和已有分子生物学技术的结合形成了多种基于 PCR 技术的检测方法，有效提高了 PCR 反应的特异性和应用的广泛性，主要包括逆转录 PCR（reverse transcription PCR，RT-PCR），联合应用 RNA 的逆转录反应和 PCR 反应；原位 PCR（in situ PCR，ISP）将目的基因的扩增与定位相结合；实时 PCR（real time PCR）是近年发展起来的一种新的核酸定量分析方法；免疫 PCR，抗原抗体反应结合 PCR 方法；PCR- 免疫层析（PCR-ICT），多重 PCR（multiplex PCR），反向 PCR（inverse PCR，IPCR），锚定 PCR（anchored PCR，APCR），不对称 PCR（asymmetric PCR），修饰引物 PCR，巢式 PCR（NEST PCR），半巢式 PCR，等位基因特异性 PCR（allele-specificPCR，ASPCR），单链构型多态性 PCR，重组 PCR，直接 PCR（direct PCR），竞争性 PCR（competitive PCR，c-PCR），半定量 PCR 等。

（撰稿：朱鹏宇；审稿：付伟）

急性经口毒性试验　acute oral toxicity assessment

一次或 24 小时内多次经口给予试验动物受试物后，测试动物是否在短期内出现毒性效应的试验。

急性毒性是指机体（人或实验动物）一次接触或 24 小时内多次（一般不超过 3 次，每次间隔至少 4 小时）接触一定量的外源物质后，在短期内所产生的健康损害作用和致死效应。

“接触”是指对受试物的染毒途径，可以通过灌胃、注射、经呼吸道或皮肤等途径达到。对于食品来说，毒性评价的染毒途径主要是经口。经口的方式主要为灌胃和喂饲。灌胃是将液态受试物或固态、气体受试物溶于某种溶剂中，配制成一定的浓度，装入注射器等定量容器中，通过灌胃导管注入动物的胃内。在灌胃试验中，每只动物的灌胃体积应一致，即单位体重的动物给予的毫升数是一样的。喂饲是将受试物掺入饲料或饮水中，由动物自行摄入，为确知每只动物摄入受试物的剂量，动物需要单笼饲养，计算进食量或饮水量。一般来说，喂饲计算剂量比灌胃的方法准确性差，而且单笼饲养工作量及成本更高，因此，食品的经口急性毒理一般是通过灌胃给予。

“24 小时内多次接触”，一般是由于受试物的毒性很低或溶解度很低时，即使一次给予实验动物最大剂量，仍不能观察到明显的毒性作用，或远未达到规定的剂量，需要在 24 小时内多次染毒。但一般规定 24 小时内不超过 3 次，且应有一定的时间间隔，如灌胃每次间隔应至少 4 小时。

食品的急性毒性选用的动物多为大、小鼠。

急性毒性试验是评价受试物毒性作用的第一步，通过急性毒性试验，可以获得一系列急性毒性的参数，其中最重要的参数是半数致死剂量（LD_{50}），即能引起 50% 的动物死亡的最低剂量。LD_{50} 通常是经过统计得出的计算值，根据 LD_{50} 得出受试物的急性毒性分级，如出现中毒症状和死亡等情况，可初步评价受试物对人体产生损害的危险性程度大小、毒性特征、靶器官和剂量 – 反应关系等资料。

在对转基因食品的评价中，急性毒性评价的受试物主要为转基因表达的目标物质（通常是蛋白质），转基因产品的外源蛋白质预期毒性很低，因此基本采用限量法进行急性经口毒性试验，即 24 小时内一次或多次给予实验动物受试蛋白最大的剂量（最大可用浓度和最大灌胃体积），染毒后连续观察 14 天，如动物无死亡，则认为该受试物对该种动物的经口急性毒性耐受剂量大于灌胃剂量，即 LD_{50} 大于该剂量。如果动物出现死亡，则应选择其他方法进一步评价。根据国家标准“转基因生物及其产品食用安全检测蛋白质急性经口毒性试验”，急性毒性的剂量需达到 5000mg/kg 体重，美国 FDA 对食品的急性毒性评价也要求达到 5000mg/kg 体重，OECD 针对化学品的急性毒性评价，要求达到 2000mg/kg 体重。根据急性毒性试验得出的 LD_{50} 值，得到该受试物的分级，中国食品毒理标准将急性经口毒性分为 5 个等级，极毒（LD_{50}<1mg/kg）、剧毒（LD_{50}1～50mg/kg）、中等毒（LD_{50} 51～500mg/kg）、低毒（LD_{50}501～5000mg/kg）和实际无毒（LD_{50}>5000mg/kg）。欧盟把急性经口毒性分为 4 个等级，高毒（LD_{50}<25mg/kg）、有毒（LD_{50} 25～200mg/kg）、有害（LD_{50} 200～2000mg/kg）及不分级（LD_{50}>2000mg/kg）。

参考文献

刘毓谷, 1999. 卫生毒理学基础[M]. 北京: 人民卫生出版社.

农业部, 2406号公告-10-2016转基因生物及其产品食用安全检测 蛋白质经口急性毒性试验[S]. 北京: 中国农业出版社.

王心如, 2015. 毒理学基础[M]. 北京: 人民卫生出版社.

中华人民共和国国家计划生育和卫生委员会. GB 15193.3—2014 食品安全国家标准 急性毒性试验[S]. 北京: 中国标准出版社.

（撰稿：卓勤；审稿：杨晓光）

蒺藜草 *Cenchrus echinatus* L.

禾本科蒺藜草属一年生草本植物。又名刺蒺藜草、野巴夫草。英文名 bear-grass。

入侵历史 蒺藜草原产美洲热带地区，1934 年首次在中国台湾兰屿采到该物种标本。

分布与危害 在中国分布于福建、广东、香港、广西、海南、台湾、云南（南部）等地区。国外在日本、印度、缅甸、巴基斯坦、美国、墨西哥、菲律宾、泰国、马来西亚、尼日利亚、毛里求斯、澳大利亚等热带、亚热带地区有分布。

通过国际交往随农产品，如粮食、油料和羊毛等贸易以及牧草引种时无意传入中国，已建立较大面积种群。常生于低海拔的耕地、荒地、牧场、路旁、草地、沙丘、河岸和海滨沙地；刺苞倒刺可附着在衣服、动物皮毛和货物上传播；为花生、甘薯等多种作物田地和果园中的一种危害严重的杂草，入侵后能很快扩充占领空地，降低生物多样性；还可成为热带牧场中的有害杂草，其刺苞可刺伤人和动物的皮肤，混在饲料或牧草里能刺伤动物的眼睛、口和舌头。

形态特征 一年生草本。须根较粗壮。秆高约 50cm，基部膝曲或横卧地面而于节处生根，下部节间短且常具分枝。叶鞘松弛，压扁具脊，上部叶鞘背部具密细疣毛，近边缘处有密细纤毛，下部边缘多数为宽膜质无纤毛；叶舌短小，具长约 1mm 的纤毛；叶片线形或狭长披针形，质较软，长 5～20cm，宽 4～10mm，上面近基部疏生长约 4mm 的长柔毛或无毛。总状花序直立，长 4～8cm，宽约 1cm；花序主轴具棱粗糙；刺苞呈稍扁圆球形，长 5～7mm，宽与长近相等，刚毛在刺苞上轮状着生，具倒向粗糙，直立或向内反曲，刺苞背部具较密的细毛和长绵毛，刺苞裂片于 1/3 或中部稍下处连合，边缘被平展较密长约 1.5mm 的白色纤毛，刺苞基部收缩呈楔形，总梗密具短毛，每刺苞内具小穗 2～4 个，小穗椭圆状披针形，顶端较长渐尖，含 2 小花；颖薄质或膜质，第一颖三角状披针形，先端尖，长为小穗的 1/2，具 1 脉；第二颖长为小穗的 2/3～3/4，具 5 脉；第一小花雄性或中性，第一外稃与小穗等长，具 5 脉，先端尖，其内稃狭长，披针形，长为其第一外稃 2/3；第二小花两性，第二外稃具 5 脉，包卷同质的内稃，先端尖，成熟时质地渐变硬；鳞被缺如；花药长约 1mm，顶端无毫毛；柱头帚刷状，长约 3mm；染色体 2n = 34。颖果椭圆状扁球形，长 2～3mm，背腹压扁，种脐点状，胚为果长的 1/2～2/3；叶片表皮细胞同莩草［*Setaria chondrachne*（Steud.）Honda］。花果期夏季（见图）。

入侵特性 蒺藜草生长繁殖快，常以带刺的果实随衣服、动物皮毛、货物、作物种子进行传播。

化感效应：有研究利用种子萌发法研究了不同浓度蒺藜草的水提液对 3 种茄科作物种子萌发和幼苗生长的影响，结果表明蒺藜草对某些作物生长产生不同程度的抑制作用。

监测检测技术 在蒺藜草植株发生点，将所在地外围 100m 的范围划定为一个发生点，发生点所在的行政村区域划为发生区，发生区外围 5km 的范围划定为监测区；在划定边界时若遇到水面宽度大于 5km 的湖泊、水库等水

蒺藜草的形态特征（①②朱金文提供；③④张国良提供）
①叶片；②根；③④花序

域，对该水域一并进行监测。根据蒺藜草的生物学与生态学特性，在每个监测区设置不少于 10 个固定监测点，每个监测点选 $10m^2$，悬挂明显监测位点牌，一般每月观察一次。在调查中如发现可疑蒺藜草，可根据蒺藜草形态特征，鉴定是否为该物种。若监测到蒺藜草发生，应立即全面调查。

预防与控制技术

农业防治　利用农田耕作、栽培技术、田间管理措施等控制和减少农田土壤中的种子库基数，抑制蒺藜草种子萌发和幼苗生长、减轻危害、降低对农作物产量和质量损失。

物理防治　蒺藜草苗期，在发生面积大、密度大的区域，采用机械防除；发生面积小、密度小的区域采用人工拔除。超过 6 叶期的蒺藜草，需要人工拔除。

化学防治　可以用乙草胺、啶嘧磺隆等化学防除。非耕地或路边可以用草甘膦等防除。

生态控制　在保护生态环境的基础上，利用本土植物替代控制蒺藜草，与之竞争环境资源，将大大削弱其长势，减少其危害。另外，加强检疫和农产品贸易中的子实携带。

参考文献

胡冬冬, 马丹丹, 刘建强, 等, 2009. 普陀山禾本科1种浙江分布新记录植物——蒺藜草[J]. 浙江林业科技, 29(6): 64-65.

马婉捷, 缪绅裕, 陶文琴, 等, 2014. 外来入侵植物蒺藜草的化感效应研究[J]. 农业科学与技术(英文版), 15(6): 885-889.

徐海根, 强胜, 2018. 中国外来入侵生物: 上[M]. 修订版. 北京: 科学出版社: 628-629.

中国科学院, 2010. 中国第二批外来入侵植物及其防除措施[J]. 杂草科学 (1): 70-73.

中国科学院中国植物志编辑委员会, 1990. 中国植物志: 第10卷[M]. 北京: 科学出版社: 375.

（撰稿：张国良；审稿：周忠实）

技术性零允许量　minimum required performance limit, MRPL

最低执法限量（minimum required performance limit, MRPL）。2011 年 7 月 15 日，新的欧盟法规 619 / 2011 生效，对从第三国进口的某些欧盟未批准的转基因作物引入 0.1% 的"技术零允许量"概念。

欧盟 619 / 2011 法规的关键要素是设置该 0.1% 技术零允许量。这是欧盟参考实验室（EU Reference Laboratory, EU RL）认为转基因产品定量检测方法可检测的最低水平。

采用适当的采样程序和分析方法，对提供的测试原料样品进行检测，它是能够在官方实验室之间进行满意检测结果重现的最低水平。这就是为什么在法规中它被称为最低执法限量（MRPL）。

欧盟法规 1829 / 2003 定义了一个"零容忍"政策，对任何未经欧盟批准的转基因作物，无论产品还是原料都不得销售。在过去的几年，因低水平混杂未经欧盟批准的转基因作物，数批大豆和玉米被欧盟拒绝入境。

欧盟法规 619 / 2011 不仅不偏离"零容忍"政策，而且政策通过定义技术零允许量，使这个概念更加清晰、现实和易于操作。欧盟参考实验室为审批程序中转化事件检测方法而制定的 0.1% 水平是最低标准，这是官方控制的唯一认可方法。低于这个指标的分析结果的不确定性目前还未可知。

参考文献

朱鹏宇, 付伟, 2021. 国际转基因食品安全评价政策及启示[J]. 生物技术进展, 11(2): 121-127.

（撰稿：徐君怡；审稿：曹际娟）

加拿大超级杂草事件　"Superweed" affair in Canada

1995 年，加拿大首次商业化种植了通过基因工程改造的耐草甘膦除草剂转基因油菜（*Brassica napus*）。2002 年，英国政府环境顾问"环境自然"（English Nature）组织首次披露了加拿大农田出现了可以同时对草甘膦（glyphosate）、草铵膦（glufosinate）、咪唑啉酮（imidazolinone）除草剂具有耐受性的转基因油菜，因而有人称此为"超级杂草"。由于"超级杂草"对多种除草剂具有高度耐受性，因而严重威胁到了目标作物的生长。后经调查了解到，产生这种油菜植株是由于农民在收获转基因油菜时部分种子遗落到田间，第二年再种新的转基因油菜品种时，原来的种子发芽成熟后与新的品种之间发生基因飘流。

事实上，这种油菜在喷施另一种除草剂 2,4-D 后即被全部杀死。应当指出的是，"超级杂草"并不是一个科学术语，而只是一个形象化的比喻，并没有证据证明已有"超级杂草"的存在。同时，基因飘流并不是从转基因作物开始，而是历来都有。如果没有基因飘流，就不会有进化，世界上也就不会有这么多种的植物和现在的作物栽培品种。即使发现有抗多种除草剂的杂草，人们还可以研制出新的除草剂来对付它们。科学进步的历史就是这样。当然，油菜是异花授粉作物，为虫媒传粉，花粉传播距离比较远，且在自然界中存在相关的物种和杂草，可以与它杂交，因此对其基因飘流的后果需要加强跟踪研究。"超级杂草"有两种来源：一是基因飘流，即多种转基因抗除草剂作物花粉的传播使其近缘种后代出现抗多种除草剂基因；二是长期喷施除草剂使田间出现抗除草剂杂草。为了避免超级杂草的肆虐，可以通过以下几方面入手：①物理隔离；②转基因遗传调控；③雄性不育性和无融合生殖机制的利用；④将转基因定位于当地杂草不亲和的基因组；⑤将转基因定位于叶绿体或线粒体基因组。

参考文献

吴关庭, 夏英武, 2001. 防止转基因作物释放引发"超级杂草"的若干对策[J]. 生物工程进展, 21 (6): 57-60.

GILBERT N, 2013. Case studies: A hard look at GM crops[J]. Nature news, 497 (7447): 24.

（撰稿：刘标、郭汝清；审稿：薛堃）

加拿大基因编辑管理制度　gene editing management system in Canada

加拿大不关注开发新品种的育种技术而是根据性状的新颖性进行监管，这意味着常规植物诱变育种、传统生物技术基因插入或基因编辑技术都可以产生定义为具有新特性的植物（PNT）。加拿大食品检验局和加拿大卫生部没有明确指出新性状变异程度的范围，通过收集植物育种单位的数据表明，如果一个性状的变异程度超过30%将被视为PNT；相反，如果性状变异程度低于20%，则很可能不会被归类为PNT；在20%～30%范围内，要求开发者与监管机构联系，以讨论作物的品种和性状再做定义。

（撰稿：黄耀辉；审稿：叶纪明）

加拿大一枝黄花　*Solidago canadensis* L.

菊科一枝黄花属（*Solidago*）多年生草本植物，是世界性的入侵杂草。英文名 garden goldenrod。被称为生态杀手、霸王花。

入侵历史　加拿大一枝黄花原产于北美洲。美国、加拿大、巴西、英国、德国、荷兰、瑞士、丹麦、瑞典、波兰、匈牙利、捷克、克罗地亚等地均有发生危害的报道，并向东蔓延至俄罗斯，南扩到以色列。另外，在印度、澳大利亚也有分布。在20世纪30年代作为观赏花卉引入中国南京、上海地区，20世纪80年代扩散、传播。

分布与危害　20世纪90年代还仅在中国局部地区零星发生，现已在中国广泛分布，其范围包括浙江、江苏、安徽、江西、湖北、上海、云南、台湾、四川、辽宁、上海等地，且仍在持续扩散中。在黑龙江、河北、湖南、广东、陕西、广西、重庆等地已发现其踪迹。

单株庞大的地上种子量和发达的地下根状茎，可几年内完成长短距离扩散传播，与入侵地的本地物种竞争养分、水分和空间，竞争占据本地物种生态位，使本地种失去生存空间，并释放化感物质抑制其他植物的生长，进而形成大面积单优势群落，降低物种多样性。随着加拿大一枝黄花定居时间的延长，其在群落中的地位上升，群落的物种多样性指标下降。大肆生长的加拿大一枝黄花对景观生态的自然性和完整性造成破坏，随着生境片段化，残存的次生植被常被入侵种分割、包围和渗透，使本土生物种群进一步破碎化。此外，入侵棉花地、玉米地、大豆地、茶园、柑橘园和菜地及其周围地带，造成作物品质和产量的下降，甚至造成耕地的荒废（图1）。

形态特征　主根欠发达，根状茎发达，横生于浅土层中，外形似根，具明显的节和节间，节上有鳞片状叶，叶腋有潜伏芽，节生不定根，顶端有顶芽。根状茎直径0.3～0.8cm，乳白色，间有紫红，顶芽露地成苗。茎直立，近木质化，植株高2～3.5m，茎直径（离地50cm处）0.5～1cm，近圆形，呈紫色或绿色，表皮条棱密生土黄色柔毛，节间长0.4～0.8cm，中、下部腋芽基本不发育；分枝出于上部，多数；分枝也可开花，生长季终了时（冬天）地上部分枯萎。单叶，互生，无托叶，中下部叶片椭圆状披针形或条状披针形，叶基楔形，下延至柄呈翼状，长8～15m，宽1.2～3.5cm，中部以上叶叶缘具疏锯齿，叶色深绿，手感较光滑，叶脉羽状，叶背面三条主脉明显，自中部出。叶柄短，随着主茎向上生长，叶片渐小，手感渐粗糙。叶柄内侧均具一锥形腋芽，中下部腋芽为休眠芽，上部腋芽可发育成分枝和花序。头状花序直径不到5mm，呈蝎尾状排列于花轴向上一侧，形成开展的圆锥花序。头状花序小，直径3～4mm，总苞片筒状，黄绿色，3～4层，覆瓦状排列，外层苞片短，卵形，长约1mm，背部有短柔毛，先端尖，有缘毛，内层苞片线状披针形，长3～4mm，背面上部有毛；头状花序一般包含14～16朵，其中缘花为舌状花，10～12朵，雌性，黄色；盘花为管状花，3～5朵，顶端5齿裂，黄色，两性，基部白色丝状冠毛10余根；雄蕊位于花冠内方，花丝顶端有2个条形花粉囊组成的花药，色鲜黄；雌蕊位于花的中央，子房下位，1室（图2）。瘦果圆柱形，稍扁，先端截形，基部渐狭，长0.8～1.2mm，淡褐色，有纵肋，上生微齿，先端具冠毛，1～2层，白色，结实量高达

图1　加拿大一枝黄花危害状（戴伟民提供）

图2　加拿大一枝黄花的形态特征（戴伟民提供）
①幼苗；②根状茎；③单叶；④蝎尾状花序；⑤具冠毛瘦果

20 000 粒 / 株。种子（瘦果）千粒重为 0.045～0.050g。

入侵特性 花期 9～10 月，果期 10～11 月。加拿大一枝黄花适生于偏酸的砂壤土或壤土中，在水分和阳光充足且基质肥沃的环境中生长最佳，具耐阴、耐旱及耐瘠薄习性，生态适应性较广。具有较宽的生理生态耐受性和可塑性，来自环境变化的选择压力使其不断地驯化和适应，从而导致结构和功能上可遗传的改变，在不同居群间产生较大程度的遗传差异，高度的遗传分化成为适应性进化的基础，也促成了其不断入侵到新的地区和多样的生境。

种子结实量多，种子的萌发期较长，在 3～10 月均可萌发，适应能力强。种子重量轻，长有冠毛，可借助于大气运动实现远距离传播。发达的根状茎产生无性繁殖体，实现短距离区域优势。有强的化感作用，较高浓度的加拿大一枝黄花新鲜组织水浸液或组织捣碎抽滤液对作物种子与杂草种子的发芽势和幼苗生长有显著的抑制作用，且地上茎叶水浸提液的抑制作用要强于地下部分，可能是各组织浸提液抑制了作物种子中的淀粉酶活力和幼苗根系活力，表现在植物叶片的叶绿素受破坏，叶绿素 a 和 b 含量下降，叶绿素 a 荧光诱导动力学参数下降，光合效率减弱。

从细胞和分子生物学角度来看，该种属多倍体物种，携带大量重复基因，能够产生更多适应性状，具有比二倍体更大的占据开放生境的能力。通过对来自全球 471 个样点的 2062 份加拿大一枝黄花材料的细胞地理学分析，揭示入侵中国且猖獗的加拿大一枝黄花全部是多倍体（主要是六倍体），而原产地则以二倍体为主，二倍体种群仅能入侵欧洲和东亚的温带地区。该物种的倍性水平与纬度分布呈显著负相关，与温度呈显著正相关；20～24℃等温线是二倍体和多倍体的入侵范围气候生态位的差异分化带，这种分化是由于同源多倍化驱动的该物种耐热性增强的结果。

对根部土壤有碱化趋势，显著增加土壤微生物的生物量，提高有机质含量，抑制土壤中的真菌生长，而促进细菌和放线菌的生长；根系分泌物对土壤的亚硝酸细菌、好气性自生固氮菌、硫化细菌、氨化细菌和好气性纤维素分解菌的数量具有促进作用，而对反硝化细菌、嫌气性纤维素分解菌和反硫化细菌的生长有抑制效应。还能调节土壤 pH, 促进微生物的矿化速率和铵化速率，提高土壤无机氮和铵氮的供给，而高氮供给和富铵氮条件有利于加拿大一枝黄花的生长。菌根共生体对加拿大一枝黄花入侵新生境具有重要的调节作用，菌根能够显著降低外界胁迫生境条件对加拿大一枝黄花的危害，提高其生物量生产和光合作用能力，调节其与土著物种之间的竞争关系。

预防与控制技术

生态防治 根据土地使用功能，开展土地资源再利用，耕地及时复耕复种，工业用地及时修建工业厂房，荒地加强绿化，用绿化植物覆盖，彻底断绝加拿大一枝黄花滋生的土壤和空间。对于一些失管果园、荒地、预征地等，有条件的可进行复耕复种，也可结合土地流转、绿色村庄建设、街景整治等工作，最大限度地利用闲置土地，防止加拿大一枝黄花大面积发生。另外，发展本地竞争性强的物种，进行替代种植。

生物防治 从加拿大一枝黄花病株中分离、筛选出得到的齐整小核（*Sclerotium rolfsii*）菌株 SC64，并成功开发出国内首个用于防除加拿大一枝黄花的生物除草剂——菌克阔，纯化扩大培养后再接种到健株，可致其死亡，且对环境无残毒。割除、翻耕后结合使用菌株，能杀死 90% 以上的加拿大一枝黄花。在加拿大一枝黄花的原产地，病虫等原产地生物是制约该植物发展的生物因素，寻找能在入侵地区自然生境下控制加拿大一枝黄花的生物也是值得考虑的控制措施。

物理防治 秋季是加拿大一枝黄花开花繁殖期，在初花期至结籽盛期，即在种子成熟前是人工识别和清除的最佳时期，是控制加拿大一枝黄花扩散蔓延的重要环节。对零星出现或者发生面积较小的可采取人工拔除后集中销毁的方法，防止其通过种子传播再扩散；对于连片发生的荒地或者闲置的工业用地等面积较大区域，采取大型机械进行深耕和深翻，破坏和杀死地下根系，恶化生境条件，抑制种子萌发。

化学防治 春季正值加拿大一枝黄花幼苗期，是化学防治的好时机。35% 氯吡嘧磺隆水分散粒剂 1000 倍液 +30% 草甘膦铵盐水剂 100 倍液，施药后 30 天株防效可达到 90% 以上，60 天株防效依然可达到 90% 以上，能够有效控制加拿大一枝黄花生长。

综合利用 加拿大一枝黄花的危害主要在于其超强的生长和蔓延能力，植株本身并无毒性。利用加拿大一枝黄花鲜草 + 麸皮 100g 喂养湖羊，其增重效果优于常规饲料喂养。每只湖羊每天可消耗加拿大一枝黄花鲜草 7～10kg；而用加拿大一枝黄花干草喂养，每只湖羊每天能消耗干草 5kg，效果与一般喂养相当。喂养长毛兔，兔喜食且生长发育状况良好，用 10%～20% 的加拿大一枝黄花草粉替代苜蓿草粉饲喂长毛兔，长毛兔的产毛量和增重与苜蓿草没有差异。

参考文献

黄华, 郭水良, 2005. 外来入侵植物加拿大一枝黄花繁殖生物学研究[J]. 生态学报, 25(11): 2795-2803.

李扬汉, 1998. 中国杂草志[M]. 北京: 中国农业出版社.

唐伟, 朱云枝, 强胜, 2011. 加拿大一枝黄花白绢病(*Sclerotium rolfsii*)菌株SC64的生物学特性研究[J]. 南京农业大学学报, 34(2): 67-72.

杨如意, 昝树婷, 唐建军, 等, 2011. 加拿大一枝黄花的入侵机理研究进展[J]. 生态学报, 31(4): 1185-1194.

CHENG J, LI J, ZHANG Z, et al, 2020. Autopolyploidy-driven range expansion of a temperate-originated plant to pan-tropic under global Change[J]. Ecological monographs. DOI: 10.1002/ ecm.1445.

LU H, XUE L, CHENG J, et al, 2020. Polyploidization-driven differentiation of freezing tolerance in *Solidago canadensis*[J]. Plant, cell & environment, 43: 1394-1403.

（撰稿：戴伟民；审稿：周忠实）

加拿大转基因生物安全管理法规 regulations on safety of management of genetically modified organisms in Canada

转基因生物管理由加拿大食品监督局、卫生部、环境部共同负责，主要基于现行法规。在加拿大监管方针和法律中，拥有与传统植物不同或全新性状的植物或产品，被称为“新性状植物”或“新型食品”。新性状植物定义为：植物品种 / 基因型拥有的特性与在加拿大内种植常规种子获得的稳定种群的特性不尽相同或不实质等同而且通过特异的遗传改变方法有意选择、创造或引入的特性。

加拿大食品监督局、卫生部、环境部三家机构共同监管新性状植物、新型食品以及所有在农业和食品生产中未使用过的具有新特性的植物或产品。加拿大对转基因产品采取自愿标识。2004 年 4 月，加拿大标准委员会通过了加拿大食品标签的全国标准，旨在为消费者提供易于理解的、有意义的食品标签。该标准针对转基因食品提出《转基因和非转基因食品自愿标识和广告标准》，指导企业标注转基因产品或包含转基因成分产品的方法。

加拿大食品监督局依据《消费者包装和标签法》《饲料法》《化肥法》《食品和药品法》《动物卫生药品法规》《种子法》《植物保护法》等法律和《饲料法规》《化肥法规》《动物卫生法规》《食品和药品法规》等法规，负责生物技术来源的植物和种子（包括拥有新性状的植物和种子）、动物、动物疫苗和生物制剂、化肥、牲畜饲料的管理。

加拿大环境部依据《加拿大环境保护法》等法律和《新物质通知法规》等法规，对《加拿大环境保护法》规定的生物技术产品，比如用于生物降解、废物处置、浸矿或提高原油采收率的微生物进行管理。《新物质通知法规》适用于不受其他联邦法律法规管制的产品。

加拿大卫生部依据《食品和药品法》《加拿大环境保护法》《有害生物防治产品法》等法律和《化妆品法规》《食品和药品法规》《新型食品法规》《医疗器械法规》《新物质通知法规》《有害生物防治产品法规》等法规，开展源于生物技术的食品、药品、化妆品、医疗器械、有害生物防治产品的管理。

加拿大渔业及海洋部依据《渔业法》和《新物质通知法规》对转基因水生生物的潜在环境释放进行管理。

（http://www.inspection.gc.ca/english/sci/biotech/bioteche.shtml、http://www.hc-sc.gc.ca/sr-sr/biotech/index-eng.php、http://www.ec.gc.ca/subsnouvelles-newsubs/default.asp?lang=En&n=AB189605-1）

（撰稿：黄耀辉；审稿：叶纪明）

加拿大转基因生物安全管理机构 administrative agencies for genetically modified organisms in Canada

加拿大转基因生物安全主要由卫生部（HC）、食品监督局（CFiA）、环境及气候变化部（ECCC）等部门联合进行管理。这三家机构共同监管新性状植物、新型食品以及所有在农业和食品生产中未使用过的具有新特性的植物或产品。卫生部负责转基因食品安全监督管理、转基因害虫的管理，负责检测适用于人类的生物技术提取产品的安全性。食品监督局负责转基因生物环境释放、转基因植物进口、转基因有机肥料、转基因动物及生物体等的管理。环境及气候变化部负责与卫生部共同管理其他机关没有管理到的活性转基因物质。

（http://www.inspection.gc.ca/english/sci/biotech/bioteche.shtml、http://www.hc-sc.gc.ca/sr-sr/biotech/index-eng.php、http://www.ec.gc.ca/subsnouvelles-newsubs/default.asp?lang=En&n=AB189605-1）

（撰稿：叶纪明；审稿：黄耀辉）

假高粱 *Sorghum halepense* (L.) Pers.

禾本科蜀黍属多年生草本植物。又名约翰逊草。英文名 Johnson grass。是世界农业地区最危险的十大恶性杂草之一。

入侵历史　假高粱原产地中海地区。在中国的首次记载是 1987 年江苏连云港的铁路边，之后相继在广西、山东、浙江、贵州、广东、海南等地区扩散传播。

分布与危害　广泛分布于热带和亚热带地区，包括加拿大、美国等地区。中国已在华南、华东以及西南部分地区的大中城市周围发现有生长，在山东青岛、济南、烟台，江苏南京、连云港和徐州，河南焦作等地已经有大面积发生，但总体分布未广，不过蔓延趋势更加明显和迅速。从已报道的情况看，台湾、福建、广东、广西、海南、江苏、上海、四川、安徽、天津、北京、辽宁、山东、重庆、香港、湖北、湖南、浙江、贵州、山西、黑龙江、河南、陕西等地均有局部分布。

生于路边、农田、果园、草地以及河岸、沟渠、山谷、湖岸湿处（图 1）。在不同的生境下有不同的适应性，在中国主要分布在港口、公路边、公路边农田中及粮食加工厂附近，在铁路路基、乱石堆或非常板结的土壤中，也能正常生长、抽穗、成熟，在水田中也能生长。

假高粱具有一定毒性，苗期和在高温干旱等不良条件下，地上组织和地下根茎均产生氢氰酸，牲畜吃了会发生中毒现象。由于假高粱具有强大的地下根茎，繁殖力和竞争力强，不仅使作物的产量下降，而且迅速侵占耕地。其生长蔓延非常迅速，植株附近作物、果树及杂草等被夺去生存空间

图 1 假高粱植株（刘延提供）

或为假高粱的强大根群所排挤而逐渐枯死，是甘蔗、玉米、棉花、谷类、豆类、果树等30多种作物地里最难防除的杂草。假高粱还是很多害虫和植物病害的转主寄主，其花粉易与留种的高粱属作物杂交，使产量降低，品质变劣，给农业生产带来极大危害。

中国由于政府部门及有关植检、植保人员的努力，假高粱在中国农田中的发生危害面积较少，因而对粮食生产所造成的损失较小。但假高粱的大量出现对生物多样性有较大的破坏作用，影响生态环境的稳定。

通过种子和根茎繁殖。种子在自然状况下主要依靠风力和水流传播，也可通过鸟类和牲畜取食而携带到其他地方。种子通常在0～10cm的表土层中萌发，但在20cm深的土层中也能萌发出苗。

形态特征　具匍匐根状茎，长达2m，分枝较多，肉质，白色到棕褐色，常具紫色斑点，茎节覆盖棕色鳞鞘。秆直立，高100～300cm，径约5mm。叶片阔线形至线状披针形，长20～70cm，宽1～4cm，顶端长渐尖，基部渐狭，无毛，中脉白色粗厚，边缘粗糙。叶舌具缘毛。圆锥花序长15～60cm，宽10～30cm，分枝近轮生，在其基部与主轴交接处常有白色柔毛，上部常数次分出小枝，小枝顶端着生总状花序，穗轴与小穗轴均被纤毛。

小穗成对，其中一个具柄，另一个无柄。无柄小穗椭圆形，长约5.5mm，宽约2mm，或熟时为淡黄色带淡紫色至紫黑色，基盘被短毛。两颖近革质，等长或第二颖略长，背部皆被硬毛，或熟时下半部毛渐脱落。第一颖顶端有微小而明显的3齿，上部1/3处具2脊，脊上有狭翼，翼缘有短刺毛，第二颖舟形。第一外稃长圆披针形，稍短于颖，透明膜质近缘有纤毛；第二外稃长圆形，长为颖的1/3～1/2，顶端微2裂，主脉由齿间伸出成芒，芒长5～11mm，膝屈扭转，也可全缘均无芒，内稃狭，长为颖之半。有柄小穗较窄，披针形，长5～6mm，颖均草质，雄蕊3，无芒（图2）。

入侵特性　假高粱主要通过种子混杂在粮食中进行远距离传输，随着国内外粮食贸易及地区间相互引种的日益频繁，其输入输出的可能性越来越大。此外，假高粱种子可随流水、动物、农具等传播扩散。

假高粱的适应性很广，对环境资源有着较强的竞争能力，其籽实在装卸、转运和加工过程中散落到地表后，很容易萌发存活。并且，假高粱根茎繁殖能力很强，生长迅速，一个生长季节可产生100m左右的匍匐茎，每个茎节均可形成新的植株。其地下根茎常常纵横交错，排挤其他植物生长，形成大片单优群落，破坏生物多样性。假高粱单株种子产量高达28 000粒左右（>1kg），可以通过风、水流、农用器械、动物及人类活动传播，60%～75%的种子在土壤中能存活2年，50%能存活5年以上。假高粱一旦定植，便会迅速蔓延危害，极难清除。

监测检测技术　严格监管是防止假高粱疫情扩散的关键，对于进境的粮食，应加强检疫，防止夹带的种子扩散，特别注意疫粮要集中加工，下脚料要统一销毁，杜绝新种源传播扩散。假高粱一旦入侵到农田，要坚决根除，要清除所有根茎，并集中销毁，防止其蔓延。

预防与控制技术　假高粱的防治主要以生物防治、物理防治、化学防治为主。

生物防治　利用放线菌*Streptomyce* sp.（链霉菌属一种）可用菌液浓度0.04%处理假高粱幼苗，幼苗全部死亡。或者用*Bioplolaris sorghicola*的孢子溶液加表面活性剂，喷施于5日龄的假高粱幼苗，当孢子浓度为1.5×10^5ml时，6天可除苗66%，8天除苗88%，其余幼苗25天后全部死亡。

物理防治　对于少量发生的假高粱可采取物理防治的方法，物理防治应在假高粱种子未形成前进行，并根据假高粱的植株分布范围外扩1m左右进行挖除，挖除要挖深、挖透，对挖出的根茎要集中销毁，防止传播，并且要定期复查。由于假高粱根茎具有不耐高温、低温及干旱的特点，可

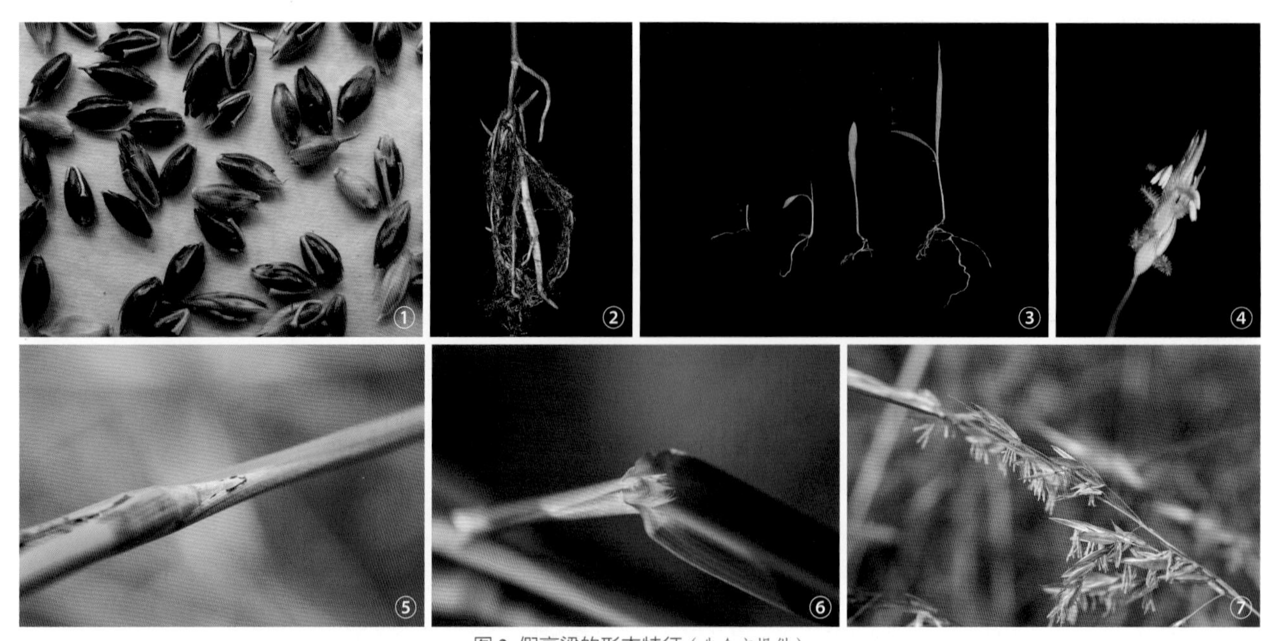

图2 假高粱的形态特征（朱金文提供）

①种子；②根；③小苗；④小穗；⑤茎；⑥叶舌；⑦花序

在田间进行伏耕和秋耕，使其根茎暴露后丧失活力。

化学防治 当假高粱发生面积比较大时，可以采用化学防除的方法。假高粱在中国多发生在非农田区，因此可选择使用草甘膦、高效氟吡甲禾灵、草铵膦、甲嘧磺隆等药剂。

参考文献

李扬汉, 1998. 中国杂草志[M]. 北京: 中国农业出版社: 1338.

吴海荣, 强胜, 段惠, 等, 2004. 假高粱的特征特性及控制[J]. 杂草科学: 52-54.

HOLM L G, DONALD P, PANCHO V, et al, 1997. The world's worst weeds: distribution and biology[M]. Honolulu, Hawaii: The University Press of Hawaii: 54-61.

MCWHORTER C G, 1981. Johnson grass as a weed[J]. USDA farmers bulletin, 1537: 3-19.

（撰稿：黄红娟；审稿：周忠实）

监测计划 monitoring programme

监测机构对监测对象进行监视和测定活动的计划或方案。监测计划的设计应以明确的目标为基础，尽可能确保计划的监测活动是必要和切实可行的。

监测计划包含以下几个部分：①监测目的和目标。②监测对象和指标。③监测方法和设备。④监测时间和频率。⑤监测地点和区域。⑥监测人员。监测工作具有基础性、长期性和持续性，既可以是基础性的本底数据收集，也可以是在基础数据上的探索分析。

转基因监测计划是指为明确转基因生物的影响而设计的监测计划或方案，是转基因生物安全性管理的重要内容之一。监测对象通常包括转基因生物及其相关的生物和环境等。监测内容主要包括：①转基因生物的外源基因表达、生长发育状况等。②转基因生物对靶标和非靶标生物个体、种群和群落的影响，例如，非靶标节肢动物群落生物多样性，靶标生物的抗性发展等。③外源基因向近缘种的飘流。④转基因生物对环境的影响，例如，对土壤理化性质的影响，外源基因表达蛋白在环境介质中的降解残留等。转基因监测能够提供准确、可靠的监测数据和资料，有利于明确转基因对生物安全、生态安全和环境安全的长期影响。

参考文献

刘标, 韩娟, 薛堃, 2016. 转基因植物环境监测进展[J]. 生态学报, 36 (9): 2490-2496.

（撰稿：刘标、郭汝清；审稿：薛堃）

监测网络 monitoring network

由若干监测节点组成的、具有一定组织层次的监测体系。监测指针对特定对象进行长时间的监控观察以及检测的过程和活动。通常依靠特定的仪器对特定参数进行持续不断的观察和检测而达到监测目的。网络是指由多个层次相同或者不同的离散个体组成的网状拓扑结构，个体之间可以直接或经由其他个体进行间接的信息交换。

监测网络中每个监测节点布置了若干监测设备，通过人工或设备自动的方式对监测对象的某些预先指定的指标进行测度与记录。单个监测节点提供的是关于监测对象时间尺度上的信息，而在同一时刻，不同的监测节点提供的是空间尺度上的信息。在监测网络中，监测节点之间可以进行信息的交流，不同的监测节点之间通过信息的传输、接受、共享，从而在较大的时间尺度和空间范围上对监测对象进行全方位的数据收集。

监测网络具有以下功能：资源共享；快速传输信息；提高系统可靠性，少数几个监测节点出现突发状况时，其他节点仍然能正常工作，仍然可以提供大量有效数据；易于进行分布式处理，将一个比较大的问题或任务分解为若干个子问题或任务。这种分布处理能力在进行一些重大课题的研究开发时非常有效；综合信息服务，通过现代计算机的海量数据存储及高效数据处理，理论上可以提供监测网络建成以来的所有数据查询，为课题任务总结、未来研究计划甚至是国家大政方针的制定提供数据支撑。

（撰稿：刘标、郭汝清；审稿：薛堃）

监测指标 monitoring index

在监测过程中被选定用来反映监测对象特征的参数集合。监测指针对特定对象进行长时间的监控观察以及检测的过程和活动，通常依靠特定的仪器对特定参数进行持续不断的观察和检测而达到监测目的。指标是反映某一对象某方面特征的参数或这些参数的集合。

在转基因生物环境影响监测方面，监测指标通常包括：转基因生物的自身生物学性状，如生长生殖指标、抗逆性、种子及花粉活力、转基因在生物各组织中的转录、表达动态；转基因生物生长区土壤的各种理化指标、土壤动物及微生物群落动态；靶标生物对抗病虫转基因植物的抗性；靶标昆虫、天敌及非靶标昆虫种类、数量及多样性；基因飘流；转基因的非预期效应等。

（撰稿：刘标、郭汝清；审稿：薛堃）

豇豆胰蛋白酶抑制剂基因 cowpea trypsin inhibitor gene, CPTI gene

编码豇豆胰蛋白酶抑制剂的基因。目前报道的抗虫基因根据来源主要分3类：植物源、动物源和微生物源抗虫基因。植物源抗虫基因主要为蛋白酶抑制剂基因、淀粉酶抑制剂基因和凝集素基因。豇豆胰蛋白酶抑制剂属于一种植物源的杀虫蛋白，为丝氨酸蛋白酶抑制剂类的胰蛋白酶抑制剂，对大多数的鳞翅目、直翅目、双翅目、膜翅目和某些鞘翅目的农业害虫都有较好的杀虫活性。

昆虫摄入豇豆胰蛋白酶抑制剂后，与昆虫肠道的蛋白酶形成稳定的复合物，从而使昆虫的蛋白消化酶活性受到抑制；同时，蛋白酶和蛋白酶抑制剂的复合物还可能作为一个负反馈信号抑制昆虫的进食。上述双重效应将降低害虫对食物蛋白的有效利用率，同时也减少了食物的摄取，最终导致昆虫由于缺乏必需的营养（蛋白质）停止发育，并最终死亡。

豇豆胰蛋白酶抑制剂与Bt基因组合使用可以延缓害虫抗性的产生，拥有很大的应用前景。但由于蛋白酶的非特异性，对食草动物蛋白酶、食物链中其他生物的蛋白酶和植物的蛋白酶都有可能有一定的抑制作用，从而对农业系统内的非靶标生物产生副作用。但是，最近的研究则表明蛋白酶抑制剂对多种非靶标生物无显著的影响。对植物的生长速率、茎秆直径和叶子数等表型没有显著的影响，对植物代谢途径的影响较为明显，主要为积极的影响，如提高叶片中蛋白含量，上调表达胁迫响应蛋白，增加植物耐盐、耐寒性。

参考文献

徐鸿林, 翟红利, 王锋, 等, 2008. 豇豆胰蛋白酶抑制剂基因及其在抗虫转基因作物中的应用[J]. 中国农业科技导报, 10 (1): 18-27.

（撰稿：耿丽丽；审稿：张杰）

交叉引物扩增技术 crossing priming amplification, CPA

一种核酸恒温扩增技术。该技术体系包含具有链置换功能的Bst DNA聚合酶、扩增引物和两条交叉引物。这些寡聚核苷酸链能依靠Bst DNA聚合酶的链置换特性，使DNA的循环扩增能不断实现。

该技术已经用于转基因检测、分子诊断、动植检疫、生物医学研究、个体化治疗等领域。

（撰稿：朱鹏宇；审稿：付伟）

交互抗性 cross-resistance

生物（植物、动物、微生物）长期暴露于一种物质（常指杀虫剂、杀菌剂、抗生素、除草剂等）下，对此种物质产生耐受性的同时，对其没有接触过的与这一物质具有相同或相似作用活性的物质也产生了耐受性的现象。它是生物一种表型性状的描述。在农业领域是指一种有害生物（病、虫或杂草等）对防治其危害而长期使用某一种农药（化学/生物杀虫剂、转基因农作物表达的杀虫蛋白、杀菌剂、抗生素、除草剂等）产生了抗性，同时对具有相同作用机理或类似化学结构的一种或一类农药也产生了抗性的现象。如抗氯虫苯甲酰胺的小菜蛾［*Plutella xylostella*（L.）］，对氟苯虫酰胺也有抗性；对棉蚜（*Aphis gossypii* Glover）吡虫啉（imidacloprid）抗性品系RF_{75}，对噻虫胺（clothianidin）和啶虫脒（acetamiprid）的交互抗性可分别达12倍和20倍；抗性与蚜虫乙酰胆碱受体基因突变相关。蔗螟［*Diatraea saccharalis*（F.）］Cry1Ab抗性品系，对Cry1Aa和Cry1Ac有交互抗性，对Cry2Ab没有交互抗性，而对Cry1A.105有低水平（4.1倍）交互抗性。在植物病害防治方面，病原菌的细胞色素b基因的143位的甘氨酸突变为丙氨酸会对甲氧基丙烯酸酯类杀菌剂产生抗性。在西班牙发现了抗性狗尾草［*Setaria viridis*（L.）］对6种芳氧苯氧基丙酸类（aryloxyphenoxypropionates）除草剂（clodinafop，diclofop，fenoxaprop-P，fluazifop-P，haloxyfop-P和propaquizafop）和6种环己烯酮类（cyclohexanediones）除草剂（clefoxydim，clethodim，cycloxydim，sethoxydim，tepraloxydim和tralkoxydim）产生了交互抗性，且抗性是由狗尾草的乙酰辅酶A羧化酶同分异构体（acetyl-CoA carboxylase I，ACCase I）对禾草灵（diclofop）的敏感性下降引起的。可见交互抗性是由于靶标生物对不同的杀虫蛋白或农药的抗性机理相同所导致。明确交互抗性及其产生的机理，对于指导抗虫转基因品种研发中利用不同作用机理的基因进行抗性治理具有重要的意义，在指导农药防治有害生物的生产实践中进行合理的品种布局和轮换，以避免或延缓抗性产生。

参考文献

陈小坤, 夏晓明, 王红艳, 等, 2013. 抗吡虫啉棉蚜种群对啶虫脒和噻虫胺的交互抗性及相关酶学机理[J]. 昆虫学报, 56 (10): 1143-1151.

李秀霞, 梁沛, 高希武, 2015. 昆虫对双酰胺类杀虫剂抗性机制研究进展[J]. 植物保护学报, 42 (4): 481-487.

祁之秋, 王建新, 陈长军, 等, 2006. 现代杀菌剂抗性研究进展[J]. 农药, 45 (10): 655-659.

PRADO R, OSUNA M D, FISCHER A J, 2004. Resistance to ACCase inhibitor herbicides in a green foxtail (*Setaria viridis*) biotype in Europe[J]. Weed science, 52 (4): 506-512.

WU X, LEONARD B R, ZHU Y C, et al, 2009. Susceptibility of Cry1Ab-resistant and -susceptible sugarcane borer (Lepidoptera: Crambidae) to four *Bacillus thuringiensis* toxins[J]. Journal of invertebrate pathology, 100 (1): 29-34.

（撰稿：何康来；审稿：倪新智）

结合蛋白 binding proteins

昆虫体内与外源分子结合的蛋白质。Bt蛋白能与昆虫中肠上钙黏蛋白、氨肽酶、碱性磷酸酯酶、ABC转运蛋白、肌动蛋白（Actin）、三磷酸腺苷亚基（V-ATPase subunits）、脂类（Lipid）、脂质筏（Lipid rafts）、鞘糖脂和阴离子糖复合物（anionic glycoconjugate）等结合。这些中肠细胞膜上的蛋白都是Bt的结合蛋白。然而这些结合蛋白不都在Bt的杀虫过程中发挥功能。钙黏蛋白、氨肽酶、碱性磷酸酯酶、腺苷三磷酸结合盒转运蛋白和鞘糖脂这5类结合蛋白不但能参与Bt的杀虫过程，而且它们的改变还引发昆虫的抗性。V-ATP相关亚基参与了Bt的杀虫过程，但是还没有发现有V-ATP相关亚基的突变引发对Bt的抗药性。其他的结合蛋白，只是以某种形式和Bt蛋白结合，但是并不能引起昆虫的中毒现象。Bt与受体的特异性结合是Bt蛋白晶体与毒素通过高度专一而高效的连接方式结合在一起，并对外显示杀虫活性，然而这些特异性结合的受体与Bt蛋白的亲和力也有差异。Cry毒素与钙黏蛋白的结合力要强于其与APN（或ALP）结合力100多倍。在Cry蛋白的穿孔模型中，Cry蛋白首先与昆虫中肠细胞膜上大量富集的氨肽酶、碱性磷酸酯酶以较低的亲和力发生可逆结合，使Cry蛋白接近膜上的钙黏蛋白受体，然后毒素以较高的亲和力与Cad受体发生结合，形成寡聚体，随后寡聚体与APN或ALP高亲和力不可逆结合，导致中肠细胞膜穿孔进而使肠壁细胞破裂，并最终致使昆虫死亡。Hua等报道对烟草天蛾钙黏蛋白的CR12进行定点突变，使得钙黏蛋白与Cry1Ab的结合力减弱，对S2的细胞毒性也降低。可见，结合蛋白与Bt毒素结合力的减弱也是昆虫对Bt产生抗性的一个重要因素，例如，钙黏蛋白结合区域的突变曾引发了红铃虫对Bt的抗性。

参考文献

MORIN S, BIGGS R W, SISTERSON M S, et al, 2003. Three cadherin alleles associated with resistance to *Bacillus thuringiensis* in pink bollworm[J]. Proceedings of the National Academy of Sciences of the United States of America, 100 (9): 5004.

PARDO-LÓPEZ L, SOBERÓN M, BRAVO A, 2013. *Bacillus thuringiensis* insecticidal three-domain Cry toxins: mode of action, insect resistance and consequences for crop protection[J]. Fems microbiology reviews, 37 (1): 3-22.

（撰稿：魏纪珍；审稿：梁革梅）

进出境转基因产品检验检疫制度 inspection and quarantine system for importing and exporting of genetically modified products

对通过各种方式（包括贸易、来料加工、邮寄、携带、生产、代繁、科研、交换、展览、援助、赠送以及其他方式）进出境的转基因产品进行检验检疫的管理办法。海关总署负责全国进出境转基因产品的检验检疫管理工作，海关总署设在各地的出入境检验检疫机构负责所辖地区进出境转基因产品的检验检疫以及监督管理工作。

根据《中华人民共和国进出口商品检验法》《中华人民共和国食品卫生法》《中华人民共和国进出境动植物检疫法》及其实施条例、《农业转基因生物安全管理条例》等法律法规的规定，国家质量监督检验检疫总局2004年颁布了《进出境转基因产品检验检疫管理办法》，2018年4月28日由海关总署进行了相应的修订，对进境转基因动植物及其产品、微生物及其产品和食品实行申报制度。货主或者其代理人在办理进境报检手续时，应当在《入境货物报检单》的货物名称栏中注明是否为转基因产品。申报为转基因产品的，除按规定提供有关单证外，还应当提供法律法规规定的主管部门签发的农业转基因生物安全证书。对列入实施标识管理的农业转基因生物目录的进境转基因产品，如申报是转基因的，检验检疫机构应当实施转基因项目的符合性检测，如申报是非转基因的，检验检疫机构应进行转基因项目抽查检测；对实施标识管理的农业转基因生物目录以外的进境动植物及其产品、微生物及其产品和食品，检验检疫机构可根据情况按照国家认可的检测方法和标准实施转基因项目抽查检测。经转基因检测合格的，准予进境。如申报为转基因产品，但经检测其转基因成分与批准文件不符的，或者申报为非转基因产品，但经检测其含有转基因成分的，检验检疫机构通知货主或者其代理人作退货或者销毁处理。进境供展览用的转基因产品，须获得法律法规规定的主管部门签发的有关批准文件后方可入境，展览期间应当接受检验检疫机构的监管。展览结束后，所有转基因产品必须作退回或者销毁处理。如因特殊原因，需改变用途的，须按有关规定补办进境检验检疫手续。

过境的转基因产品，货主或者其代理人应当事先向海关总署提出过境许可申请，并提交填写《转基因产品过境转移许可证申请表》、输出国家或者地区有关部门出具的国（境）外已进行相应的研究证明文件或者已允许作为相应用途并投放市场的证明文件、转基因产品的用途说明和拟采取的安全防范措施以及其他相关资料。海关总署自收到申请之日起270日内作出答复，对符合要求的，签发《转基因产品过境转移许可证》并通知进境口岸检验检疫机构；对不符合要求的，不予签发过境转移许可证，并说明理由。过境转基因产品进境时，货主或者其代理人须持规定的单证和过境转移许可证向进境口岸检验检疫机构申报，经检验检疫机构审查合格的，准予过境，并由出境口岸检验检疫机构监督其出境。对改换原包装及变更过境线路的过境转基因产品，应当按照规定重新办理过境手续。

对出境产品需要进行转基因检测或者出具非转基因证明的，货主或者其代理人应当提前向所在地检验检疫机构提出申请，并提供输入国家或者地区官方发布的转基因产品进境要求。检验检疫机构受理申请后，根据法律法规规定的主管部门发布的批准转基因技术应用于商业化生产的信息，按规定抽样送转基因检测实验室作转基因项目检测，依据出具的检测报告，确认为转基因产品并符合输入国家或者地区转基因产品进境要求的，出具相关检验检疫单证；确认为非转基因产品的，出具非转基因产品证明。

（撰稿：黄耀辉；审稿：叶纪明）

经济合作与发展组织 Organization for Economic Co-operation and Development, OECD

简称经合组织，是由36个市场经济国家组成的政府间国际经济组织，总部设在法国巴黎米埃特堡，旨在共同应对全球化带来的经济、社会和政府治理等方面的挑战，并把握全球化带来的机遇。其前身是1947年由美国和加拿大发起，成立于1948年的欧洲经济合作组织（OEEC）。其成立的目的是帮助执行致力于第二次世界大战以后欧洲重建的马歇尔计划。后来，成员国逐渐扩展到非欧洲国家。1961年，欧洲经济合作组织改名为经济合作与发展组织。

OECD是较早关注生物安全性问题的国际组织，一直致力于以现代生物技术产品安全性检测为基础的技术探索性和开拓性工作。1982年发表《生物技术：国际趋势与展望》（*Biotechnology: International Trend and Perspectives*）报告，重点讨论现代生物技术产品的安全性问题；1993年发表《现代生物技术生产的食品的安全性检测——概念与原则》（*Safety Evaluation of Foods Derived by Modern Biotechnology — Concepts and Principles*）报告，提出"实质等同"是检测食品安全性最有效的途径。OECD出版一系列成员国相互认可的转基因研究的一致性文件，为转基因生物环境安全性检测提供重要的基本数据资料，成为转基因生物及其产品安全性检测的重要技术保证。OECD同时构建Biosafety-Biotrack信息系统和BioTrack产品数据库（BioTrack Product Database）（https://biotrackproductdatabase.oecd.org），并以唯一标识符（unique identifiers）用作"密钥"来访问数据库中每个转基因产品的信息。这套独特标识符编码系统由OECD生物安全工作组制定，还被用于《生物多样性公约》（*Convention on Biological Diversity*, CBD）下属《卡塔赫纳生物安全议定书》（*Cartagena Protocol on Biosafety*）生物安全信息交换所（Biosafety Clearing House, BCH）数据库和联合国粮食及农业组织（FAO）转基因食品新设计平台的产品识别系统。在食品和饲料安全领域，制定一系列关于转基因作物中需要检测的主要营养因子、抗营养因子、天然毒素以及次级代谢产物等文件，建立一系列技术手段以加强在与人类健康和动物饲养安全检测有关的国际协调工作，为转基因食品及饲料的安全性检测提供了科学依据。

OECD努力促进现代生物技术产品安全监管的协调发展，以确保妥善解决环境保护和安全问题。

参考文献

中国农业大学, 农业部科技发展中心, 2010. 国际转基因生物食用安全检测及其标准化[M]. 北京: 中国物资出版社.

Organization for Economic Co-operation and Development. About the OECD[DB].[2021-05-29] http: //www. oecd. org/about/.

（撰稿：姚洪渭、叶恭银；审稿：方琦）

竞争结合 competitive binding

Bt毒蛋白种类繁多，不同的Bt毒蛋白可识别不同的昆虫中肠特异性受体，也可能与同一受体蛋白结合。如果两种Bt毒蛋白在同一种昆虫中肠上的特异性受体不同，则这两种Bt毒蛋白与该昆虫中肠的结合为非竞争性结合；反之，如果两种Bt毒蛋白在同一种昆虫中肠上结合相同的特异性受体，则这两种Bt毒蛋白与该昆虫中肠的结合为竞争性结合。

竞争结合试验可测定Bt毒蛋白与昆虫中肠特异性受体的结合特性。竞争结合实验分为同源竞争和异源竞争。以Bt毒素为例，同源竞争结合是在昆虫中肠刷状缘膜囊泡BBMV（brush border membrane vesicles）中加入适量标记好的Bt毒蛋白，使之达到饱和，然后再加入不同浓度的同种未标记的毒蛋白。异源竞争结合试验的具体方法与同源竞争结合试验大致一致，但往标记好的毒蛋白和BBMV的混合物中加入的是不同种类的未标记的毒蛋白，同样经过室温温育最终测得毒蛋白与BBMV的特异性结合值。通过^{125}I标记结合试验研究发现，欧洲玉米螟（*Ostrinia nubilalis*）和草地贪夜蛾（*Spodoptera frugiperda*）中Cry1A.105、Cry1Ab、Cry1Ac和Cry1Fa相互竞争BBMV中的结合位点，并且Cry毒素在欧洲玉米螟中肠竞争性结合的结合蛋白为APN和CAD。在烟芽夜蛾（*Heliothis virescens*）、美洲棉铃虫（*Helicoverpa zea*）和棉铃虫（*Helicoverpa armigera*）中肠BBMV中，Cry2Ae能够竞争Cry2Ab的结合位点。

参考文献

BOEYNAEMS J M, DUMONT J E, 1985. 受体理念概要[M]. 杨守礼, 等译. 北京: 科学出版社.

GOUFFON C, VAN VA, VAN RIE J, et al, 2011. Binding sites for *Bacillus thuringiensis* Cry2ae toxin on *Heliothine* brush border membrane vesicles are not shared with Cry1a, Cry1f, or Vip3a toxin[J]. Applied and environmental microbiology, 77 (10): 3182-3188.

HUA G, MASSON L, JURAT-FUENTES J L, et al, 2001. Binding analyses of *Bacillus thuringiensis* cry delta-endotoxins using brush border membrane vesicles of *Ostrinianubilalis*[J]. Applied and environmental microbiology, 67 (2): 872-879.

HERNÁNDEZ-RODRÍGUEZ C S, HERNÁNDEZ-MARTÍNEZ P, VAN RIE J, et al, 2013. Shared midgut binding sites for Cry1A. 105, Cry1Aa, Cry1Ab, Cry1Ac and Cry1Fa proteins from *Bacillus thuringiensis* in two important corn pests, *Ostrinia nubilalis* and *Spodoptera frugiperda*[J]. PLoS ONE, 8 (7): e68164.

（撰稿：陈利珍；审稿：梁革梅）

竞争力增强的进化假说 evolution of increased competitive ability hypthesis, EICAH

由于在入侵地缺少天敌的管控作用，入侵种原本用作防卫的需求下降，有限的生物资源可以重新分配到自身的生长发育上，使其在新的生存条件下更具竞争力，获得竞争优势，从而成功入侵的假说。

假说的提出 该假说由Blossey和Nötzold于1995年提出。他们在对千屈菜的研究中发现，美国（传入地）种群的植物生物量明显高于瑞士（原发生地）种群，并且对原产地天敌食根象甲（*Hylobius transversovittatus*）的抗性明显降低，由此提出该假说来解释外来种（特别是植物）成功入侵的原因。

假说的理论依据

快速进化的遗传学基础 一些入侵种能够在生态系统中占据主导地位，是因为它们能快速产生遗传变异，利用生物资源，获得更大的竞争优势。入侵种在进入与原产地不同的生境后，能够迅速有效地对新环境做出相应的适应与进化。

J

生长与防御资源的再分配　该假说认为外来种在未遭受天敌取食时，已存在对天敌防御的投入。在入侵地，外来种缺少原产地的专性天敌，长时间脱离这种制约后，外来种将用于防御天敌的资源生成在新环境中利于竞争的性状，如更大的体型和更强的繁殖能力，完成生长与防御资源的再分配。

适应性进化　该假说预测缺少专性天敌的制约会导致入侵种对环境的适应性进化。在传入期和定殖期，入侵种能够在新的环境中产生维持其生存所必需的生理、形态等特征，进而通过适应性表型的进化在随后的扩散期进行大范围危害。

参考文献

万方浩, 侯有明, 蒋明星, 2015. 入侵生物学[M]. 北京: 科学出版社: 83-84.

张茹, 廖志勇, 李扬苹, 等, 2011. 飞机草入侵种群与原产地种群生长和数量型化学防御物质含量差异的比较研究[J]. 植物研究, 31(6): 750-757.

周方, 张致杰, 刘木, 等, 2017. 养分影响入侵种喜旱莲子草对专食性天敌的防御[J]. 生物多样性, 25(12): 1276-1284.

BLOSSEY B, NÖTZOLD R, 1995. Evolution of increased competitive ability in invasive nonindigenous plants: a hypothesis[J]. Journal of ecology, 83: 887-889.

（撰稿：王晓伟；审稿：周忠实）

抗、感个体间随机交尾 random mating

昆虫的雌性或雄性个体与任何一个相反性别的个体交配的概率相等。也就是说，任何一对雌雄的结合都是随机的，不受任何选配的影响。在随机交尾的大群体中，如果没有影响基因频率变化的因素存在，则群体的基因频率可代代保持不变。

靶标害虫对转基因抗虫作物的抗性治理“高剂量 / 庇护所”策略中，抗性与敏感个体间能够进行随机交尾是这个抗性治理策略的重要前提。因为只有抗性与敏感个体间的随机交尾，才会使抗性基因交流、稀释，达到延缓抗性的目的。影响抗性与敏感个体随机交尾的因素主要是空间和时间两方面：首先，转基因作物田与非转基因作物田的空间规模对随机交尾存在影响，如果从转基因作物田产生的抗性个体不能迁移足够的距离找到敏感个体就不能与非转基因作物田的敏感个体进行自由交配，就达不到抗性基因稀释的目的。影响自由交配的另一个重要因素是抗性个体和敏感个体发育时间的不同步。在转基因作物上存活下来的抗性个体发育会慢于在非转基因作物上存活的敏感个体，这样会造成在抗性个体羽化前大部分敏感个体间已经完成交配并产卵；即使抗性个体能与存在的敏感个体交配，也可能存在个体小或者对敏感个体缺少吸引力等其他问题。

参考文献

GOULD F, 1998. Sustainability of transgenic insecticidal cultivars: integrating pest genetics and ecology[J]. Annual review of entomology, 43: 701-726.

TABASHNIK B E, BREVAULT T, CARRIÈRE Y, 2013. Insect resistance to *Bt* crops: lessons from the first billion acres[J]. Nature Biotechnology, 31: 510-521.

（撰稿：梁革梅；审稿：陈利珍）

抗性 resistance

自然界的生物体长期暴露于杀虫剂而引起的在基因水平上降低了对杀虫剂的敏感性。

在农业、卫生有害昆虫的防治中，杀虫剂因为具有高效性、快速性、广谱性、使用方便、经济效益显著等特点，已广泛应用于农业生产和卫生防治。但是随着杀虫剂大量、频繁、长期的使用，昆虫在生态、行为机制、生理生化上发生改变，从而产生了抗药性。

1908 年，Melander 在研究美国加利福尼亚梨圆蚧时，发现其对石硫合剂产生了抗药性，这是被记载的首次发现抗药性。从那时至 1946 年全球范围内仅发现了 11 种害虫及螨产生抗药性。但从 20 世纪 50 年代后期开始，由于有机氯和有机磷杀虫剂的大量使用，产生抗性的害虫总数几乎呈直线上升。

昆虫对杀虫剂产生抗药性，是生物进化的一个特例，可以从生物进化角度对昆虫抗药性进行分析。生物进化的基础是生物遗传的相对保守性和变异的绝对性。其中变异的绝对性与环境的复杂性相结合造成了生物的多样性，给生物进化带来可能。诱导变异一般存在 2 种情况，一种是生物在自身的遗传体系中发生的变异，这种变异具有普遍性；另一种是因为外在的多样化的环境条件诱导，如辐射诱导、化学和物理诱导等。在昆虫和植物的相互适应、相互发展过程中，昆虫已经发展了一套完整的抗性机制。在漫长的进化过程中，由于自身的繁殖发育而产生的遗传已经大量存在了。杀虫剂除了可能对遗传变异有诱导作用的可能之外，还有可能存在对抗性变异的促进作用，如杀虫剂可以促进基因扩增，从而促进抗性进化。所以说害虫抗药性的进化是定向选择，而不是定向变异的结果。杀虫剂选择是抗性进化的主要动力，即人类是进化的最大驱动力。因此，被杀虫剂选择的变异基因的频率上升就是害虫抗药性进化的本质。

参考文献

何月平, 沈晋良, 2008. 害虫抗药性进化的遗传起源与分子机制[J]. 昆虫知识, 45 (2): 175-181.

谭祥国, 丁伟, 刘怀, 2000. 昆虫抗药性的演化机制及其治理[J]. 植物医生, 13 (6): 7-9.

唐振华, 2000. 我国昆虫抗药性研究的现状及展望[J]. 昆虫知识, 37 (2): 97-103.

姚洪渭, 叶恭银, 程家安, 2002. 害虫抗药性适合度与内分泌调控研究进展[J]. 昆虫知识, 39 (3): 181-187.

TABASHNIK B E, MOTA-SANCHEZ D, WHALON M E, et al, 2014. Defining terms for proactive management of resistance to Bt crops and pesticides[J]. Journal of economic entomology, 107: 496-507.

（撰稿：安静杰；审稿：高玉林）

抗性个体 resistance individual

在药剂选择的压力下，昆虫种群中出现的对某种杀虫剂敏感性下降，并且不再能被该药剂常规剂量杀死的个体。抗性个体的产生是一种经多次使用药剂汰选后，害虫对某种药剂的抗药性水平较原来正常情况下有显著提高的现象，抗性个体的抗性基因是可遗传的。需要注意的是，在提及抗性个体时需要把抗性个体和耐药性个体区分开。有些昆虫对某种药剂表现出一种天然的敏感度低，具有高度的耐受性，这些昆虫被称为具有天然抗性的昆虫。例如，某些Bt生物杀虫剂对鳞翅目类的昆虫具有毒杀作用，但是对半翅目的棉盲蝽的杀虫效果一般。此外，由于营养条件或者所处的环境条件的改善，一些昆虫个体对药剂产生较强的抗性，这些个体被称为健壮耐药个体，而不是抗性个体。关于抗性个体的产生有两种观点，一种观点认为自然界昆虫种群中的个体之间先天就存在着遗传上和形态上的差异，它们对药剂的反应或强或弱，对药剂敏感度低的个体经过连续使用某种杀虫剂连续汰选后就对该杀虫剂表现出较高的抗性成为抗性个体。另一种观点认为，自然界昆虫并不存在抗性基因，而是由于药剂的直接作用，使得昆虫群体内某些个体发生突变，产生了抗性基因，随后在药剂的选择作用下发生突变的个体得以存活，从而对药剂产生了抗性。例如在棉铃虫对转*Bt*棉花产生抗性的研究中发现，钙黏蛋白胞质区缺失突变是导致棉铃虫个体对Bt Cry1AC毒素产生非隐性抗性的主要原因。

参考文献

ZHANG H N, TIAN W, ZHAO J, et al, 2012. Diverse genetic basis of field evolved resistance to *Bt* cotton in cotton bollworm from China[J]. Proceedings of the National Academy of Sciences of the United States of America, 109: 10275-10280.

（撰稿：张万娜；审稿：郭兆将）

抗性机制 resistance mechanism

靶标害虫对转基因抗虫作物或Bt蛋白敏感性降低的特异表型性状的形成原因和机理。包括形态、行为、生理生化、分子机制等。研究抗性的实际机制或潜在机制，有助于合理设计延缓抗性产生的方法，最大限度地提高成功制定抗性治理策略的可能性。

靶标害虫对转基因抗虫植物或表达的抗虫蛋白（Bt）的可能抗性机制包括：苏云金芽孢杆菌（Bt）毒素蛋白的溶解性、水解性的改变；毒素蛋白与中肠细胞膜上受体蛋白的结合能力和结合位点的改变；细胞膜上孔洞的形成受阻或孔洞阻塞；中肠上皮的修复作用增强；害虫行为逃避机制等。其中靶标害虫中肠上受体蛋白与Bt结合能力与位点的改变是害虫产生抗性的主要原因。受体蛋白主要有钙黏蛋白（CAD）、氨肽酶N（APN）、碱性磷酸酯酶（ALP）、三磷酸腺苷结合盒转运蛋白（ABC）家族和糖脂等。受体蛋白的突变缺失、表达量等的改变等可能造成与Bt的结合能力和位点发生改变，从而使靶标害虫对Bt产生抗性。

参考文献

FERRÉ J, VAN RIE J, 2002. Biochemistry and genetics of insect resistance to *Bacillus thuringiensis*[M]. Annual review of entomology, 47: 501-533.

PARDO-LOPEZ L, SOBERON M, BRAVO A, 2013. *Bacillus thuringiensis* insecticidal three-domain cry toxins: mode of action, insect resistance and consequences for crop protection[J]. FEMS microbiology reviews, 37 (1): 3-22.

（撰稿：梁革梅；审稿：陈利珍）

抗性基因 resistant gene

抗性的遗传因子。抗性基因是选择基因的一种，属于标记基因。基因是遗传信息的载体，通过自我复制，使遗传信息一代一代传递下去。从遗传的角度来说，害虫对杀虫剂的抗药性是生物进化的结果。害虫抗性是由基因控制的，抗性的发展依赖于药剂对抗性基因选择作用的强度，反过来抗性基因的特性，又能影响抗性群体的选择速度。

抗性基因的表现型有完全显性、不完全显性、中间类型（既不是显性也不是隐性）、不完全隐性及完全隐性。在药剂选择的条件下，抗性基因的显、隐性程度会影响抗性增长的速度。当抗性基因隐性时，抗性增长速度慢；反之，显性时则抗性增长快。两者达到高抗性基因频率所需的时间差异很大。

从抗性基因的水平来看，抗性害虫体内存在有单一的或复合的抗性基因或等位基因。在一些抗性昆虫中，如是由单一（等位）基因控制的抗性，为单基因抗性，一般抗性的水平可能相当高。如螨类对有机磷的抗性为2000倍。又如抗性叶蝉，由于其胆碱酯酶的变构，显著降低了对药剂的反应。AChE变构引起的抗性是单基因控制的，可能是由于结构基因改变引起的。但是，目前还不能排除其他与抗性有关的调节AChE表达和翻译后修饰基因起作用的可能性。此外，按蚊体内单基因控制的一种羧酸酯酶，引起对马拉硫磷的抗性。在另一些抗性昆虫中，如抗DDT家蝇，至少由3种（等位）基因控制的抗性，为多基因抗性。如在第三对染色体上的脱氯化氢酶（Deh），在第五对染色体上的氧化作用（DDTmd）及在第三对染色体上击倒抗性基因*kdr*，抗性基因间存在相互作用。如抗DDT家蝇，其Deh抗性水平为10，*kdr*为200，两个基因结合的抗性水平为2500。棉铃虫对氰戊菊酯抗性遗传研究发现，抗性至少由多功能氧化酶、表皮穿透及*kdr*三个基因控制。抗性基因的扩增、结构基因的改变以及基因表达的改变，是昆虫在分子水平上产生抗性的重要机制。

参考文献

徐汉虹，2007. 植物化学保护学[M]. 北京: 中国农业出版社.

（撰稿：安静杰；审稿：高玉林）

K

抗性基因频率　resistance gene frequency

昆虫种群中抗性基因占种群中非抗性基因的比率。

抗性基因频率 =［(抗性纯合子个体数 + 抗性杂合子个体数 /2) / 试虫总数］× 100%

种群遗传学理论预测，抗性基因频率与抗性的形成有密切的关系。害虫种群中抗性基因频率越高，害虫对农药的抗性水平越高，即农药的敏感性越低。任何一个抗性基因的频率都能帮助抗性风险的评估，因此抗性基因频率是一个重要的参数。

Zhao 等研究发现，筛选的方法不同也直接影响到抗性基因频率的高低。目前已经发展了对害虫抗性基因频率的多种监测技术，总体来说主要包括表型监测法和基因型监测法。表型监测法主要包括①田间卵块检测法。②田间幼虫检测法。③含毒作物在田间进行监测。基因型监测法主要包括：① F_1 检测法。② F_2 检测法。③ DNA 分子检测。

表型监测法主要检测基因型（RR，RS，SS），而基因型监测法主要检测个体基因。表型监测法主要针对显性遗传基因，而基因型监测法对隐性遗传基因也可以有效进行检测。两种方法优势主要决定 *R* 基因的外观表型，目前田间种群，主要有三种基因型出现，RR 抗性纯合子，RS 杂合子及 SS 敏感纯合子。无论是表型监测法还是基因型监测法，均能有效检测到 RR 抗性纯合子，主要区别就是监测 RS 杂合子上。基因型监测法可以检测到所有的 RS 个体，但表型监测法效果由基因 *R* 的显隐性程度决定，如果 *R* 基因是显性，那么 RS 杂合子表型上为抗性个体，表型监测法可以检测出来；如果 *R* 基因是隐性，那么 RS 杂合子表型上为敏感个体，表型监测法不可以检测出来。当抗性基因频率极低的情况下，几乎所有的抗性基因 *R* 都以杂合子 RS 存在，且为隐性，基因型监测法显然要优于表型检测法，并使用更为广泛。

参考文献

高玉林, 2009. 田间棉铃虫对Bt棉花的耐性演化分析[D]. 北京: 中国农业科学院.

GOULD F, 1998. Sustainability of transgenic insecticidal cultivars: integrating pest genetics and ecology[J]. Annual review of entomology, 43: 701-726.

ZHAO J Z, LI Y X, COLLINS H L, et al, 2002. Examination of the F_2 screen for rare resistance alleles to *Bacillus thuringiensis* toxin in the diamondback moth (Lepidopera: Plutellidae)[J]. Journal of economic entomology, 95 (1): 14-21.

（撰稿：安静杰；审稿：高玉林）

抗性监测　resistance monitoring

用生物测定法、生化测定法（如酶测定法）或分子测定法（如 DNA 筛选法）对生物体进行系统试验，以评估抗性的频率、量级和空间格局。

作为抗性治理的一部分，抗性监测是必不可少的。抗性监测其最主要的目的就是通过监测，获得最新的信息用来避免或减少害虫抗性发展的负面效应。更准确地说，在靶标害虫抗性发生导致控制失败之前，抗性监测所获得实时信息可以用来改变抗性治理策略或者调整当前所用的抗性治理策略。及时准确的预测可以为抗性治理争取时间，减少不必要的经济损失。

1939 年，第一种杀虫剂 DDT 在全球范围内广泛使用。1946 年，首次发现昆虫对 DDT 的抗药性。70 多年来，随着杀虫剂种类的增加和广泛使用，具有抗药性的昆虫种类不断增加，已引起人们越来越多的关注。为了阻止和延缓害虫抗药性的产生、减少农药使用量、延长新农药的使用寿命，加强害虫抗药性监测迫在眉睫。目前，中国已有多家科研单位对飞虱、螟虫、甜菜夜蛾、西花蓟马、蚜虫、棉铃虫、小菜蛾、马尾松毛虫等十多种农林业重大害虫进行了抗药性监测。通过监测可以及时准确地测出抗性水平及其分布，对其实施治理可争得时间上的主动，还可以明确重点保护的药剂类别及品种。通过监测害虫抗性水平的变化，对整个治理方案的治理效果提供评估，也为抗性治理方案的修订提供依据。通过监测，可明确目标害虫对主要药剂的抗性水平、分布以及抗药性变化时空动态，从而筛选出可替代药剂的农药品种，并在此基础上，研究制订害虫抗药性的综合治理技术，并组织试验、示范和推广。由于许多抗性对策依赖于抗性的早期检测，要求检测抗性个体的频率在 1% 以下，因此，目前已加强了抗性监测技术研究，如区分剂量技术、应用生化方法来监测抗性个体频率的变化、应用电生理的方法检测 Kdr 个体、抗性的基因诊断技术等。

参考文献

李文红, 高聪芬, 王彦华, 等, 2008. 褐飞虱对噻嗪酮的抗药性监测[J]. 中国水稻科学, 22 (2): 197-202.

刘晓漫, 方勇, 贤振华, 2010. 农业害虫抗药性监测技术研究进展[J]. 南方农业学报, 41 (9): 931-935.

施德, 虞轶俊, 盛仙俏, 等, 2008. 浙江省褐飞虱抗药性监测与治理[J]. 中国稻米 (1): 67-68.

张晓婕, 陈建明, 陈列忠, 等, 2007. 浙江省灰飞虱对吡虫啉、锐劲特和毒死蜱的抗药性监测[J]. 浙江农业学报, 19 (6): 435-438.

（撰稿：安静杰；审稿：高玉林）

抗性检测　resistance detection

运用多种抗性检测技术以得到害虫对杀虫剂的抗性水平。

抗药检测技术的适用性主要取决于所制定的监测计划的目的、药剂的杀虫作用和机理，以及对防治的靶标害虫的生物学特性等的认识程度。对于不同的监测目的，检测手段也有很大差异。从阻止或延缓害虫抗药性的产生、减少农药使用、延长新药剂的使用寿命，需要人们在抗性产生之前制定并实施“预防性”治理策略，意味着我们需要估计田间害虫的起始或早期的抗性等位基因频率，不仅能检测抗性水平的动态变化，而且能够做到早期预警或探明抗药性发生的遗传潜力，以减少无效或浪费农药的使用频率。

传统的抗性检测方法主要为生物测定法。半数致死量法：以一定龄期试虫为试验对象，先进行预实验确定正式试验浓度，试虫接触杀虫剂一定时间后，根据死亡数计算半数致死浓度，与敏感基线相比，得到抗性倍数，并以此来反映田间种群的抗性水平。区分剂量法，该方法由 WHO 在 20 世纪 80 年代中期提出，用区分剂量的杀虫剂处理受试对象后计算死亡率，根据死亡率来判定抗药性水平。时间 - 死亡率法：1998 年，美国疾病控制和预防中心（CDC）介绍了这一方法，丙酮作为溶剂将杀虫剂涂布于玻璃瓶的内表面，将蚊虫置于瓶中以暴露于杀虫剂，每隔 10 分钟记录蚊虫的死亡情况，通过比较时间—死亡率来判断抗性水平。

自 20 世纪 70 年代以后，随着生物化学和分子生物学的发展，通过对羧酸酯酶（CarE）、乙酰胆碱酯酶（AChE）、谷胱甘肽 S- 转移酶（GSTS）和多功能氧化酶（MOF）的活力分析与免疫分析，国内外先后发展了多种检测和识别单个抗性机制的生化方法。不少毒理学、免疫学和 DNA- 碱基测试方法也都可用来测定害虫对杀虫剂的抗性。

尽管新的抗性检测技术对于传统的生物测定方法表现出了许多的优点，其本身也正朝着程序化、自动化方向发展，但该类方法是建立在对抗药性的生理生化机制、分子机制深刻认识基础之上，开发周期较长，花费较大，需要昂贵的仪器，且目前的方法仅针对由单一抗性机制所引起的抗性检测。因此，新的抗性检测技术还未能作为田间抗性检测的常规手段，而仅作为生物测定方法进行田间抗性检测的辅助手段。

参考文献

寇宇, 潘劲草, 乔传令, 2010. 有机磷抗性库蚊的羧酸酯酶研究进展[J]. 中华预防医学杂志, 44 (2): 160-162.

BROGDON W G, MCALLISTER J C, 1998. Simplification of adult mosquito bioassays through use of time-mortality determinations in glass bottles[J]. Journal of the American Mosquito Control Association, 14 (2): 159.

CLARK J M, ZHANG A, DUNN J, et al, 1999. Molecular detection of insecticide resistant alleles[J]. Pesticide science, 55 (5): 606-608.

ENAYATI A A, RANSON H, HEMINGWAY J, 2005. Insect glutathione transferases and insecticide resistance[J]. Insect molecular biology, 14 (1): 3-8.

ROUSH R T, TABASHNIK B E, 1990. Pesticide resistance in arthropods[M]. Boston: Springer Press.

（撰稿：安静杰；审稿：高玉林）

抗性模式 resistance patterns

昆虫对化学农药和生物农药等各种外源有毒物质产生耐受性的内在机理。Bt 毒素对鳞翅目昆虫致死的作用模式主要包含以下过程：首先，Bt 毒素前体进入昆虫中肠，在蛋白酶的作用下被分解为小分子的 Bt 毒素单体，这些毒素单体能够与中肠上皮细胞膜表面的碱性磷酸酶（alkaline phosphatase，ALP）或者氨肽酶 N（aminopeptidase N，APN）相结合，然而，由于它们之间的亲和性相对较弱，因此，此结合仅仅能够使 Bt 毒素单体定位于细胞膜的表面。然后，位于细胞膜表面的钙黏蛋白（cadherin）与 Bt 毒素单体高度结合，诱发进一步裂解，随后裂解产物聚合形成寡聚 Bt 毒素，寡聚 Bt 毒素再与碱性磷酸酶或者氨肽酶高度结合。最后，寡聚 Bt 毒素利用其特殊的结构与镶嵌在细胞膜上的 ABC 转运蛋白相结合，造成细胞膜穿孔，诱发鳞翅目昆虫死亡。根据 Bt 毒素对鳞翅目昆虫的致死机理，理论上认为，只要任何一个环节被干扰或者影响，均有可能导致鳞翅目昆虫对 Bt 毒素产生抗性。已报道的抗性机理主要包括：中肠蛋白酶活性的变化引起 Bt 毒素的激活过程受阻；糖脂或者酯酶与毒蛋白的螯合作用导致 Bt 毒素的隔离；通过免疫反应的提高降低对 Bt 毒素的敏感性；改变 Bt 毒素与昆虫中肠上皮细胞的结合能力。在不同鳞翅目昆虫中报道相对较多的是 Bt 毒素与昆虫中肠细胞受体结合能力的降低。已报道包括钙黏蛋白、碱性磷酸酶、氨肽酶在内的受体蛋白以及 ABC 转运蛋白的突变均可造成鳞翅目昆虫对 Bt 毒素的抗性。

中肠蛋白酶在 Bt 毒素前体的活化过程中起着关键作用，因此，其活性的降低或者消失势必会降低 Bt 毒素的毒性。在印度谷螟（*Plodia interpunctella*）、玉米螟（*Ostrinia nubilalis*）以及烟芽夜蛾（*Heliothis virescens*）抗性品系中均发现，由于中肠类胰蛋白酶失活导致 Bt 毒素未能正常活化，从而降低其对 Bt 毒素的敏感性。有研究发现，寄主植物中同样存在能够催化 Bt 毒素前体活化的蛋白酶，这在一定程度上表明，由 Bt 毒素前体活化过程受阻介导害虫 Bt 抗性对 Bt 作物的威胁相对有限。

利用肠道内大分子物质与 Bt 毒素的不可逆结合，降低 Bt 毒素与受体的有效结合率，同样能够减弱 Bt 毒素对虫体的影响。包括棉铃虫（*Helicoverpa armigera*）在内的多种昆虫中肠内腔能够释放脂质分子。其中的糖脂能够同 Cry1Aa 以及 Cry2Ab 毒蛋白相结合，导致毒蛋白被有效地隔离于肠腔之内，使毒蛋白与中肠细胞表面受体结合的效率降低。此外，肠腔内的酯酶同样能够通过与 Cry1Ac 相结合，使 Cry1Aa 被隔离，最终介导了棉铃虫对 Cry1Ac 的抗性。

大量研究表明，Bt 毒素的毒性与昆虫体内的微生物密切相关。形成膜穿孔有可能仅仅是 Bt 毒素杀死昆虫的一个环节，而导致昆虫取食毒蛋白之后致死的根本原因很有可能是中肠内部的微生物菌群通过膜穿孔进入血淋巴系统引起的败血症。因此，昆虫免疫反应的提高，也能够引起昆虫对 Bt 毒素的抗性。地中海粉螟（*Ephestia kuehniella*）和棉铃虫抗性品系较各自的敏感品系均拥有更强的免疫反应，其具体表现为黑化作用在抗性品系显著升高。通过基因表达分析发现，拥有 100 倍抗性的甜菜夜蛾（*Spodoptera exigua*）品系中免疫相关基因的表达水平较敏感品系显著升高。

Bt 毒素在造成膜穿孔的过程中会先后与钙黏蛋白、氨肽酶、碱性磷酸酯酶以及 ABC 转运蛋白相结合，因此，这 4 种蛋白通常认定为 Bt 毒素发挥其毒性的受体蛋白。其中，任意一种受体的功能缺失均能够导致鳞翅目昆虫对 Bt 毒素产生抗性。由钙黏蛋白的功能缺失介导的 Bt 抗性最早被发现，不同鳞翅目昆虫钙黏蛋白功能缺失的主要原因是编码基因的结构突变引起翻译过程的提前终止和功能基因序列的缺失。钙黏蛋白的突变存在多种类型，棉铃虫抗性品系中已鉴定出 15 种钙黏蛋白抗性等位基因，除 *r15* 为显性遗传以外，其余钙黏蛋白抗性等位基因均属于隐性遗传。钙黏蛋白介导 Bt 抗性的多样性在一定程度上给田间 Bt 抗性分子监测提出了严峻考验。

作为糖基磷脂酰肌醇（GPI）锚定蛋白，中肠细胞表面的氨肽酶和碱性磷酸酶也介导了鳞翅目昆虫对 Bt 毒素的抗性。其介导 Bt 抗性的主要方式为蛋白编码基因序列缺失或者在抗性品系中的低水平表达。氨肽酶或者碱性磷酸酶在抗性品系中的持续低水平表达可能是反式作用调控的结果。例如，MAPK4 可能作为调控因子通过反式调控机理影响碱性磷酸酶基因的表达，由此表明，除了受体蛋白突变直接导致 Bt 抗性低以外，通过在转录水平上调节受体蛋白的表达同样能够介导鳞翅目昆虫对 Bt 毒素的抗性（见图）。

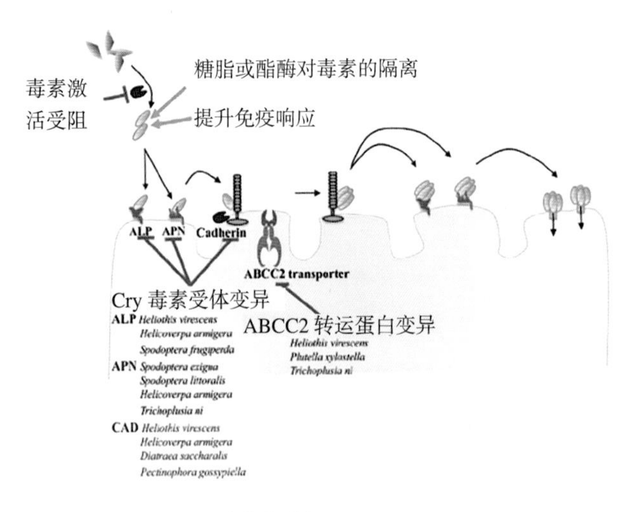

鳞翅目昆虫对 Cry 毒素的抗性机理（引自 Pardo-lópez et al., 2013）

ABC 转运蛋白基因突变与多种鳞翅目昆虫 Bt 抗性有关。棉铃虫对 Cry2Ab 的抗性是由 ABCA2 的突变引起的；甲虫对 Cry3Aa 的抗性与 ABCB1 的突变遗传连锁，而且，细胞实验表明，ABCB1 是 Cry3Aa 毒素的受体。多种鳞翅目昆虫对 Cry1Ac 的抗性与 ABCC2 的突变遗传连锁，推测 ABCC2 可能是 Cry1Ac 的特异性受体。烟芽夜蛾由 *ABCC2* 基因突变介导的 Bt 抗性水平显著高于钙黏蛋白突变。*ABCC2* 突变的烟芽夜蛾品系体内 BBMVs 与 Cry1Ac 以及 Cry1Ab 结合能力显著低于非 ABCC2 突变品系，表明 ABCC2 可能参与了对 Bt 毒素的有效结合。

参考文献

BRETSCHNEIDER A, HECKEL D G, PAUCHET Y, 2016. Three toxins, two receptors, one mechanism: Mode of action of Cry1A toxins from *Bacillus thuringiensis* in *Heliothis virescens*[J]. Insect biochemistry and molecular biology, 76: 109-117.

BRODERICK N A, RAFFA K F, HANDELSMAN J, 2006. Midgut bacteria required for *Bacillus thuringiensis* insecticidal activity[J]. Proceedings of the National Academy of Sciences of the United States of America, 103: 15196-15199.

CACCIA S, DI LELIO I, LA STORIA A, et al, 2016. Midgut microbiota and host immunocompetence underlie *Bacillus thuringiensis* killing mechanism[J]. Proceedings of the National Academy of Sciences of the United States of America, 113: 9486-9491.

COATES B S, SUMERFORD D V, SIEGFRIED B D, et al, 2013. Unlinked genetic loci control the reduced transcription of aminopeptidase N 1 and 3 in the European corn borer and determine tolerance to *Bacillus thuringiensis* Cry1Ab toxin[J]. Insect biochemistry and molecular biology, 43: 1152-1160.

GAHAN L J, PAUCHET Y, VOGEL H, et al, 2010. An ABC transporter mutation is correlated with insect resistance to Bacillus thuringiensis Cry1Ac toxin[J]. PLoS genetics, 6(12): e1001248.

GUO Z J, KANG S, CHEN D F, et al, 2015. MAPK signaling pathway alters expression of midgut ALP and ABCC genes and causes resistance to *Bacillus thuringiensis* Cry1Ac toxin in diamondback moth[J]. PLoS genetics, 4: e1005124.

JURAT-FUENTES J L, GAHAN L J, GOULD F L, et al, 2004. The HevCaLP protein mediates binding specificity of the Cry1A class of *Bacillus thuringiensis* toxins in *Heliothis virescens*[J]. Biochemistry, 43: 14299-14305.

MA G, RAHMAN M M, GRANT W, et al, 2012. Insect tolerance to the crystal toxins Cry1Ac and Cry2Ab is mediated by the binding of monomeric toxin to lipophorin glycolipids causing oligomerization and sequestration reactions[J]. Developmental & comparative immunology, 37: 184-192.

MORIN S, BIGGS R W, SISTERSON M S, et al, 2003. Three cadherin alleles associated with resistance to *Bacillus thuringiensis* in pink bollworm[J]. Proceedings of the National Academy of Sciences of the United States of America, 100: 5004-5009.

PARDO-LÓPEZ L, SOBERÓN M, BRAVO A, 2013. *Bacillus thuringiensis* insecticidal three-domain Cry toxins: mode of action, insect resistance and consequences for crop protection[J]. FEMS microbiology reviews, 37(1): 3-22.

PAUCHET Y, BRETSCHNEIDER A, AUGUSTIN S, et al, 2016. A P-glycoprotein is linked to resistance to the *Bacillus thuringiensis* Cry3Aa toxin in a leaf beetle[J]. Toxins, 8(12): 362.

TAY W T, MAHON R J, HECKEL D G, et al, 2015. Insect Resistance to *Bacillus thuringiensis* Toxin Cry2Ab Is Conferred by Mutations in an ABC Transporter Subfamily A Protein[J]. PLoS genetics, 11: e1005534.

TIEWSIRI K, WANG P, 2011. Differential alteration of two aminopeptidases N associated with resistance to *Bacillus thuringiensis* toxin Cry1Ac in cabbage looper[J]. Proceedings of the National Academy of Sciences of the United States of America, 108(34): 14037-14042.

XIAO Y, ZHANG T, LIU C, et al, 2014. Mis-splicing of the ABCC2 gene linked with Bt toxin resistance in *Helicoverpa armigera*[J]. Scientific reports, 4: 6184.

XU X J, YU L Y, WU Y D, 2005. Disruption of a cadherin gene associated with resistance to Cry1Ac delta-endotoxin of *Bacillus thuringiensis* in *Helicoverpa armigera*[J]. Applied and environmental microbiology, 71(2): 948-954.

ZHANG S P, CHENG H M, GAO Y L, et al, 2009. Mutation of an aminopeptidase N gene is associated with *Helicoverpa armigera* resistance to *Bacillus thuringiensis* Cry1Ac toxin[J]. Insect biochemistry and molecular biology, 39: 421-429.

ZHAO J, JIN L, YANG Y H, et al, 2010. Diverse cadherin mutations conferring resistance to *Bacillus thuringiensis* toxin Cry1Ac in *Helicoverpa armigera*[J]. Insect biochemistry and molecular biology, 40: 113-118.

（撰稿：萧玉涛；审稿：刘凯于）

抗性品系 resistance strain

"品系"在生物学上是指与某物种其他群体来源于共同祖先并且具有某些共同特点的一个群体，从遗传学角度来说，品系的范围小于种群。在抗药性定义里说的"抗性品系"，比该物种未接触药剂处理的种群具有了耐受某种药剂更高剂量的能力。抗性是通过基因遗传的，通过对原有的具有抗性基因的个体的选择保留下抗性基因、淘汰敏感基因，这些具有抗性基因的个体通过繁殖产生后代，后代再经过药剂的作用和逐代连续选择，使得抗性基因得到积累加强，这样一群对药剂的抗性更高的个体称为抗性品系。抗性品系中的个体来自同一祖先，在表型上主要表现为对药剂的抗性，在遗传学上具有对某种药剂特定的抗性基因型。

抗性品系是通过对现有的动植物资源进行特定目的的筛选获得的。在农业科学领域中，广义的抗性品系不仅包含对1种或者多种药剂产生抗性的昆虫，还包含对病虫害产生抗性的农作物、家畜和家禽。以农田病虫害的防治为例，抗性品系的汰选不仅有利于研究昆虫对某种药剂产生抗性的机制，进而指导开发出新型药剂，还在抗虫抗病新品种的研发中起着关键作用。例如，实验室内汰选的对Bt生物杀虫剂不同类型毒素产生的一系列抗性昆虫品系，为昆虫Bt抗性机制的研究及新型Bt毒素及新型抗虫作物的研发提供了重要资源；此外，利用转基因技术将外源的抗病（虫）基因转育到有优良株型的栽培品种中获得优质高产的抗性品系。并且在利用转基因技术培育农作物、家畜及家禽的抗性品种的过程中，需要区分品系和品种的概念，品系只有通过实验研究、生态风险测定及遗传稳定性检测，获得国家认证后才能成为一个品种。

参考文献

全国科学技术名词审定委员会, 2006. 遗传学名词[M]. 北京: 科学出版社.

张杰, 2013. 棉铃虫Cry1Ac和Cry2Ab非隐性抗性的适合度代价[D]. 南京: 南京农业大学.

LIU C X, XIAO Y T, LI X C, et al, 2014. Cis-mediated down-regulation of a trypsin gene associated with Bt resistance in cotton bollworm[J]. Scientific reports, 4: 7219.

（撰稿：张万娜；审稿：郭兆将）

抗性水平 resistance level

害虫经杀虫剂选择后所表现出对该杀虫剂抗性大小的指标，是衡量某个地区，某种害虫对某种杀虫剂所产生抗性强弱程度的一种表示方法。某一杀虫剂在控制靶标害虫的同时，也可能产生多种未知的后果或风险，特别是靶标害虫对其产生抗性，进而导致杀虫剂失去利用价值。其公式为：

抗性水平 = 抗性种群 LC_{50}/ 敏感种群 LC_{50}

也可以是其他近似的参数的计算，如 LC_{95}，LD_{50}，LD_{95}，IC_{50} 或 IC_{95}。但是，如果这一比率是基于农药单一浓度下的死亡率或抑制率，那么它通常是没有意义的。

抗性水平分级标准：敏感（$R/S<3$）；耐药性（$R/S=3\sim5$）；低抗（$R/S=5\sim10$）；中抗（$R/S=10\sim40$）；高抗（$R/S=40\sim160$）；极高抗（$R/S>160$）。

参考文献

TABASHNIK B E, MOTA-SANCHEZ D, WHALON M E, et al, 2014. Defining terms for proactive management of resistance to *Bt* crops and pesticides[J]. Journal of economic entomology, 107: 496-507.

（撰稿：安静杰；审稿：高玉林）

K

抗性汰选 resistance selection

通过某种试验技术或种植措施使得靶标昆虫长期处于Bt杀虫蛋白的选择压下，导致其对Bt产品产生抗性的过程。又名抗性筛选、抗性选育。

世界卫生组织（WHO）对昆虫抗药性的定义是：昆虫具有耐受杀死正常种群中大部分个体的药量的能力，并在其种群中发展起来的现象。从药剂的剂量角度来说，害虫抗药性即指某一品系害虫能忍受杀虫剂一定剂量的能力，这个剂量对同种正常害虫种群中大多数个体是足以致死的。

自从美国太平洋公司于1957年生产出第一个苏云金芽孢杆菌（*Bacillus thuringiensis*，Bt）商品制剂以来，Bt作为一种对非靶标昆虫安全、无环境污染的微生物杀虫剂在农林及卫生害虫的防治中发挥了重要作用，成为目前开发应用最成功的微生物农药。20世纪80年代，科学家史是成功实现了Bt基因在植物中的表达，开创了转Bt基因作物防治害虫的新纪元。然而，与其他化学农药一样，随着Bt制剂和转Bt基因作物的大量应用，特别是转Bt基因作物体内持续表达Cry和Vip类杀虫蛋白，使得靶标昆虫在生长发育过程中长期受到杀虫蛋白的高压选择，导致特定昆虫种群出现对Bt的适应性反应和抗性。

作用原理 昆虫抗药性是相对于种群概念而言，而不是单独的昆虫个体；昆虫的抗药性由基因控制，可遗传。关于昆虫抗药性的形成，有选择和诱变两种学说。选择学说认为，昆虫种群中有一些个体先天存在对杀虫剂的抗性基因，抗药性的形成是一种前适应现象，杀虫剂只是充当选择剂的角色，起到一个基因汰选的作用。诱变学说认为，昆虫种群中一些个体在与杀虫剂直接接触中发生基因突变，从而产生了抗性基因，抗药性是一种后适应现象，杀虫剂不是选择剂而是诱变剂。

昆虫对Bt毒素抗性的产生同样是由于Bt对昆虫许多世代遗传因子选择作用的结果，而不是少数几个世代个体适应性的表现，昆虫对Bt毒素产生抗性是一种典型的生物进化现象，是抗性基因被Bt毒素选择的结果，是一种遗传性状，遗传因子影响抗性发展的过程。由于对单个基因或多个基因的选择作用，引起昆虫种群在生物学、生理学以及生物化学等方面产生变化，并使昆虫朝有利于生存和种群繁衍的方向发展。目前，有一种简单的Bt抗性演化模型，即抗性是由一对等位基因*R*和*S*调控的2个相对性状"抗性"和"敏感"。如此便有3种基因型：*RR*抗性纯合体、*SS*敏感纯合体、*RS*抗感杂合体。理想情况下，转基因作物产生足够浓度水平的Bt毒素能杀死所有*SS*和*RS*个体，使抗性表型成隐性。因为在害虫种群中*R*等位基因是稀少基因，这样经过Bt作物汰选而存活的极度稀少*RR*个体可通过与人为设置的庇护所中产生的相对多的*SS*个体交尾而产生*RS*后代，而被Bt作物杀死，导致种群的抗性遗传力降低。这即是高剂量/庇护所抗性治理策略的理论基础。

主要内容 抗性汰选包括室内抗性汰选和田间抗性两种情况，具体信息见室内抗性汰选和田间抗性。

参考文献

唐振华, 1993. 昆虫抗药性及其治理[M]. 北京: 农业出版社.

张春良, 廖燕倖, 严叔平, 2002. 害虫抗药性及其治理对策[J]. 武夷科学, 18: 265-268.

（撰写：徐丽娜；审稿：何康来）

抗性突变 resistance mutation

生物在基因水平上发生的永久性和可遗传的突变，这一突变使生物体获得了能够适应生境中的某一个或多个非适生因子（恶劣环境、抗生素、寄生病菌、农药、重金属等生物的或非生物的因子）而形成具有特殊适应能力的种群或品系，是生物遗传基因突变之一。基因突变是指生物的遗传因子——基因（DNA或RNA）位点发生了化学性质的变化，是可遗传的并能改变表型性状的变异现象，其表型性状与原来基因的表型性状形成对性关系。如对转基因抗虫玉米表达的Bt杀虫蛋白Cry1Ab、Cry1F敏感的亚洲玉米螟（*Ostrinia furnacalis*）品系突变为抗性品系。

抗性突变在生物中普遍存在，且具有随机性、低频性和可逆性等共同特征。抗性突变的发生不依赖于逆境因子的存在。抗逆境因子生物种群或品系的出现是逆境因子对生物发生的抗性突变（随机发生的）长期（定向）选择的结果。

突变是生物进化的主要源泉。在生产实践中，植物发生抗性突变，为开展抗逆育种提供了可能。如科学家利用抗病突变体，已筛选出抗大斑病玉米、抗白粉病小麦、抗黄萎病茄子、抗稻瘟病水稻、抗根腐病小麦、抗立枯病烟草等。通过人工接虫鉴定筛选出了对亚洲玉米螟抗性优良的玉米品种。美、英、法等国采用离体培养法进行抗除草剂作物品种的研究，已从组织和细胞及分子水平培育了玉米、大豆、烟草、棉花、小麦、胡萝卜、高粱等作物30多个抗除草剂品系。利用耐盐碱抗性突变，科学家已经选育出耐盐碱水稻（海水稻）等。

另一方面，病、虫、草等农业有害生物的抗药性一直是影响农业有害生物有效防控的一个重要问题，病、虫抗药性也是卫生害虫和疾病控制中的一个严重问题。因为农药（化学杀虫剂、杀虫蛋白、生物杀虫剂、杀菌剂、抗生素、除草剂等）及转基因抗虫、耐除草剂作物长期、广泛地单一使用，使有害生物中产生的对农药及转基因抗虫作物具有抗性的随机突变个体存活下来，形成种群，导致防治措施失控，出现有害生物再猖獗。自20世纪40年代后期发现家蝇（*Musca domestica*）对滴滴涕（DDT）有较高的抗性以来，已报道有500多种昆虫和螨类对一种或多种杀虫剂、杀螨剂产生了不同程度的抗性，这在许多国家（特别是发展中国家）对人类健康和农业生产构成了巨大的威胁。昆虫抗性的产生也是由于大面积连续使用一种或一类化学杀虫剂以及化学杀虫剂用量逐年增加导致的。抗性突变的产生，是影响化学杀虫剂使用的关键制约因子。同样，害虫对生物因子亦会产生抗性，如印度谷螟（*Plodia interpunctella*）和美国夏威夷田间的小菜蛾（*Plutella xylostella*）对商品化的Bt生物制剂Btk产生了抗性。在美国转基因棉花大面积应用7～8年后，美洲棉铃虫（*Helioverpa zea*）对表达Cry1Ac的Bt棉花产生抗性。在南非*Busseola fusca*对表达Cry1Ab的Bt玉米产生抗性，在波多黎各和巴西，秋黏虫（*Spodoptera frugiperda*）对分别表达Cry1Ab或Cry1F的Bt玉米产生了抗性。

参考文献

周大荣, 剧正理, 魏瑞云, 等, 1987. 玉米抗螟性利用与植单抗螟一号[J]. 植物保护, 13 (5): 16-18.

CRESPO A L., SPENCER T A, ALVES A P, et al, 2009. On-plant survival and inheritance of resistance to Cry1Ab toxin from *Bacillus thuringiensis* in a field-derived strain of European corn borer, *Ostrinia nubilalis*[J]. Pest management science, 65 (10): 1071-1081.

FARIAS J R, ANDOW D A, HORIKOSHI R J, et al, 2014. Field-evolved resistance to Cry1F maize by *Spodoptera frugiperda*, (Lepidoptera: Noctuidae) in Brazil[J]. Crop protection, 64: 150-158.

OMOTO C, BERNARDI O, SALMERON E, et al, 2016. Field-evolved resistance to Cry1Ab maize by *Spodoptera frugiperda* in Brazil[J]. Pest management science, 72 (9): 1727-1736.

STORER N P, BABCOCK J M, SCHLENZ M, et al, 2010. Discovery and characterization of field resistance to Bt maize: *Spodoptera frugiperda* (Lepidoptera: Noctuidae) in Puerto Rico[J]. Journal of economic entomology, 103 (4): 1031-1038.

TABASHNIK B E, VAN RENSBURG J B J, CARRIERRE Y, 2009. Field-evolved insect resistance to Bt crops: definition, theory and data[J]. Journal of economic entomology, 102 (6): 2011-2025.

VAN RENSBURG JBJ, 2007. First report of field resistance by the stem borer, *Busseola fusca* (Fuller) to Bt-transgenic maize[J]. South African journal of plant and soil, 24 (3): 147-151.

WANG Y Q, WANG Y D, WANG Z Y, et al, 2016. Genetic basis of Cry1F-resistance in a laboratory selected Asian corn borer strain and its cross-resistance to other *Bacillus thuringiensis* toxins[J]. PLoS ONE, 11 (8): e0161189.

XU L N, WANG Z Y, ZHANG J, et al, 2010. Cross resistance of Cry1Ab-selected Asian corn borer to other Cry toxins[J]. Journal of applied entomology, 134 (5): 429-438.

（撰稿：何康来；审稿：倪新智）

抗性显性度 the degrees of dominance

对抗性与敏感亲本杂交后代的杂合子与亲本纯合子表现型之间相似性的描述。如果杂合子与抗性亲本更为相似，就称抗性为显性；如果杂合子与敏感亲本相似时，则称抗性为隐性。

有4种参数（D、D_{LC}、D_{ML}和D_{WT}）可以用来评估抗性显性度。传统的测定方法是通过比较敏感、抗性亲本及杂交后代的死亡率曲线计算杂交F_1代的显性值（D值），D值的范围在$-1 \sim 1$之间，当$D=1$，为完全显性；$0<D<1$，为不完全显性；$D=0$，为共显性；$-1<D<0$，为不完全隐性；$D=-1$，为完全隐性。Bourguet等提出3种用于评价抗性显性度的方法：一种是比较某一给定死亡率情况下杂交后代与两个纯合亲本种群死亡率曲线的相对位置，就是害虫对杀虫剂抗性的显性水平，以D_{LC}表示，这个值与D值的含义一样，其与D值的关系为$D_{LC}=(D+1)/2$。二是比较在某一给定药剂浓度下，杂交后代相对于两个纯合亲本种群的死亡率，这一值通常被称为效应显性水平，以D_{ML}表示。三是在某一给定药剂浓度下，比较杂交后代种群和两个亲本纯合种群的相对适合度的显性水平，该值用D_{WT}表示。D_{LC}、D_{ML}、D_{WT}这3个参数的范围都是一样的：从0（完全隐性）到1（完全显性），0.5为共显性（共显性则几乎正好介于两亲本性状之间）。

害虫的抗性显性度对制定抗性治理策略至关重要，最早提出的是靶标害虫对转基因抗虫作物的抗性治理"高剂量/庇护所策略"，就是基于抗性基因是隐性遗传，这样通过抗性与敏感种群交配后得到的杂合子后代才能够被高剂量的转基因抗虫作物杀死，起到延缓抗性发展的作用。

参考文献

BOURGUET D, GENISSEL A, RAYMOND M, 2000. Insecticide resistance and dominance levels[J]. Journal of economic entomology, 93 (6): 1589-1592.

HECKEL D G, 1994. The complex genetic basis of resistance to *Bacillus thuringiensis* toxin in insects[J]. Biocontrol science and technology, 4: 405-417.

STONE B F, 1968. A formula for determining degree of dominance in cases of monofactorial inheritance of resistance to chemicals[J]. Bulletin of the world health organization, 38(2): 325-326.

TABASHNIK B E, GASSMANN A J, CROWDER D W, et al, 2008. Insect resistance to Bt crops: evidence versus theory[J]. Nature biotechnology, 26: 199-202.

（撰稿：梁革梅；审稿：陈利珍）

抗性演化 the evolution of resistance

靶标生物抗药性的发生发展进程及模式。在农业领域是指一种有害生物（病、虫或杂草等）对防治其危害而长期使用某一种农药（化学/生物杀虫剂、转基因农作物表达的杀虫蛋白、杀菌剂、抗生素、除草剂等）产生耐受性，即抗性的发生发展进程及模式。一种靶标生物的抗性发生发展进程及模式因其种群特性（内因）和环境选择压力（外因）不同而异。如某一靶标生物种群虽然不断接触某一汰选农药，其抗性的发生发展非常缓慢，甚至不发生抗性。然而，同一种生物在另一些农药的汰选下，短时间产生了显著的高倍抗性。

影响抗性演化的内因包括遗传学和生物学因素，为害虫所特有，具有种特异性，非人力可干预。外因包括生态因素及农事操作等。

遗传学因素。抗性发生的本质或原动力在于种群中存在抗性突变基因。抗性发展进程取决于种群中抗性等位基因频率、调控抗性的等位基因个数（数量性状/质量性状）、显/隐性以及抗性等位基因的互作等。微效多基因控制的数量遗传抗性发展进程缓慢，风险相对较低，如玉米黑粉病菌（*Ustilago maydis*）、大麦白粉病（*Blumeria graminis* f. sp. *hordei*）等对于麦角甾醇脱甲基抑制剂（demethylation inhibitors，DMs）的抗性。单位点突变或主效基因控制的质量遗传抗性发展进程快、风险高，如小麦白粉病（*Blumeria graminis* f. sp. *tritici*）、大麦白粉病对甲氧基丙烯酸酯类和苯并咪唑类杀菌剂的抗性。

生物学因素。包括害虫的繁殖力，世代周期，生殖方式（单配性、多配性、孤雌生殖），种群间交流（活动性、扩散性、迁飞能力），食性（专食性、寡食性、多食性或杂食性）、适合度等。

生态因素。包括隔离、庇护所、气候及其他生态条件等。

农事操作。主要包括转基因抗虫作物生产应用历史、外源杀虫剂类型、杀虫蛋白（物质）在植株中的表达量时空动态、应用面积与空间布局、抗性治理策略的应用等。

靶标生物对农药（化学/生物杀虫剂、转基因农作物表达的杀虫蛋白、杀菌剂、抗生素、除草剂等）的抗性演化在本质上是一种前适应，种群中存在抗性基因突变个体才能对农药产生抗性。抗性群体的发展是农药应用对种群中敏感个体长期汰选的结果。一般认为种群中抗性的演化是一种"梯级"式过程。害虫在农药应用初期有一个潜伏期，潜伏期内抗性基因对控制着有利于害虫存活的其他基因起着分离和联合的作用，这样就能明显地提高害虫的生存适应力。接着是抗性逐渐发展的时期，此后为抗性快速发展时期，在这个时期，多种因素可能对害虫种群的抗性起作用，尤其是农事操作不当将加速抗性的发展。在最极端的情况下，抗性可能在下列常见的情况下快速发展：①长期、大面积种植表达单一或作用方式相同或相近的杀虫蛋白的转基因作物或使用单一或类似的杀虫剂。②外源基因表达量低或以缓释剂施用农药。③外源基因在某些组织器官（特别是初孵幼虫取食的部位）的表达量低或混乱用药。④没有合理的抗性治理策略。

参考文献

祁之秋，王建新，陈长军，等，2006. 现代杀菌剂抗性研究进展[J]. 农药，45 (10): 655-659.

KIM Y S, DIXON E W, VINCELLI P, et al, 2003. Field resistance to strobilurin (Q_oI) fungicides in *Pyricularia grisea* caused by mutations in the mitochondrial cytochrome b gene[J]. Phytopathology, 93 (7): 891-900.

WANG Y Q, QUAN Y D, YANG J, et al, 2019. Evolution of Asian corn borer resistance to Bt toxins used singly or in pairs[J]. Toxins, 11 (8): 461.

（撰稿：何康来；审稿：倪新智）

抗性演化模型 model for simulated evolution of resistance

能够量化预测靶标生物抗性发生发展的种群遗传数学模型。即在设定影响靶标害虫抗性演化的内因和外因条件下，或根据实验室数据构建的预测抗性发生发展的数学模拟模型。

例：当迁移存在时，害虫抗性演化模型如下。

假设抗性由单一位点的抗 / 感（R/S）等位基因控制；起始抗性基因频率 $P_0 = 0.0001$；种群中 3 种基因型（*RR*，*RS*，*SS*）个体在农药作用下具有 3 种不同的存活率（ω_{RR}、ω_{RS} 和 ω_{SS}），即高死亡率时其存活率值分别为 1、0.10 和 0.01，中等死亡率时为 1、0.50 和 0.05，及低死亡率时为 1，0.95 和 0.10。

害虫种群世代不重叠，农药防治只在某一个虫态阶段用药 1 次；种群中对农药反应的 3 种基因型（*RR*，*RS*，*SS*）个体间随机交尾，后代性比 1∶1；雌雄个体均为二倍体，抗性基因频率和表现型相等；种群中 *RR*，*RS*，*SS* 基因型个体间繁殖力存在差异，设定其内禀增长力（r_{RR}、r_{RS} 和 r_{SS}）分别为 0.90，0.95 和 1.00；个体在受药时无避难场所；在无农药作用下，*RR* 和 *RS* 个体相对于 *SS* 个体的适合度值（*d* 和 *h*）具有 3 种形式，即无适合度劣势（$d = h = 1$），中等适合度劣势（$d = 0.07$，$h = 0.75$），高适合度劣势（$d = 0.50$，$h = 0.60$）。

起始种群数量 $n_0 = 200$，环境容量 $k = 10^6$。

种群的个体迁移：无个体迁入 / 迁出；只有 SS 个体迁入；有 SS 个体迁入和受药种群个体迁出；携有 R 基因的个体迁入；携有 R 基因的个体迁入和受药种群个体迁出。

种群数量增长模型和抗性基因频率模型为：

$$
\begin{aligned}
n_{i+1} &= n_{i+1}^{RR} + n_{i+1}^{RS} + n_{i+1}^{SS} \\
&= \left[p_i^2 n_i \omega_{RR}(1-q_c) + f^2 m_i\right]\exp\left[r_{RR}\left(1-\frac{\omega_i}{k}\right)\right] \\
&\quad + \left[2p_i q_i n_i \omega_{RS}(1-q_c) - 2f(1-f)m_i\right]\exp\left[r_{RS}\left(1-\frac{\omega_i}{k}\right)\right] \\
&\quad + \left[q_i^2 n_i \omega_{SS}(1-q_c) + (1-f)^2 m_i\right]\exp\left[r_{SS}\left(1-\frac{\omega_i}{k}\right)\right]
\end{aligned}
$$

$$m_i = \left(p_i^2\omega_{RR} + 2p_i q_i \omega_{RS} + q_i^2 \omega_{SS}\right)n_i q_r$$

$$\omega_i = \left(p_i^2\omega_{RR} + 2p_i q_i \omega_{RS} + q_i^2 \omega_{SS}\right)n_i\left(1+q_r+q_c\right)$$

$$p_{i+1} = \left(2n_{i+1}^{RR} + n_{i+1}^{RS}\right)/2n_{i+1}$$

式中，n_i 代表第 *i* 世代种群的数量；n_{i+1}^{RR}、n_{i+1}^{RS} 和 n_{i+1}^{SS} 分别代表第（$i+1$）代种群中 *RR*、*RS* 和 *SS* 个体数量；p_i 和 q_i 分别代表第 *i* 代种群中抗性和敏感基因频率，$p_i + q_i = 1$；q_c 为种群迁出率；q_r 为迁入个体占种群原有个体的比率；*f* 为迁入个体所在种群中抗性基因的频率。

当种群未受农药作用时，ω_{RR}、ω_{RS} 和 ω_{SS} 分别代表 *RR*、*RS* 和 *SS* 个体适合度值，即 $\omega_{RR} = d$、$\omega_{RS} = h$ 和 $\omega_{SS} = 1$。

由于模拟数学模型计算复杂，一般多用计算机编程，建立计算机数学建模。如 Crowder 编制了计算机程序 SERBt，模拟靶标害虫对转基因作物的抗性演化。

参考文献

莫建初，庄佩君，唐振华，2000. 迁移对害虫抗性演化的影响[J]. 昆虫学报，43 (2): 143-151.

CROWDER D W, 2008. Modeling evolution of insect resistance to genetically modified crops[J]. Protocol exchange. DOI: 10. 1038/nprot. 2008. 125.

（撰稿：何康来；审稿：倪新智）

抗性遗传 inheritance of resistance

指害虫通过种群繁殖并按照一定遗传学规律将抗性传递给后代。靶标害虫对转基因抗虫作物或蛋白产生的抗性是可以遗传的。在正常昆虫群体中有极少数含抗性基因的个体在药剂使用后可以存活下来，并通过繁殖将抗性基因遗传给后代。抗性遗传的机制涉及抗性基因频率、抗性基因数量、抗性基因的显隐性等。抗性基因按数量可分为单基因或多基因，按显隐性可分为显性、隐性、半显性或半隐性。

抗性遗传机制不仅是影响抗性演化的重要因素，也是提出合理抗性治理策略的关键。如针对靶标害虫对 Bt 的抗性问题，最早提出的是“高剂量 / 庇护所策略”，这种策略是基于最初的抗性基因频率非常低、苏云金杆菌（Bt）汰选的（抗性的）和非 Bt 汰选的（敏感的）成虫能够自由交配、抗性基因是隐性遗传及 Bt 作物表达的蛋白剂量确实足够高的假设。这种策略在很多事例中获得了成功，但当 Bt 作物表达的外源蛋白量不足，或缺乏足够的非 Bt 作物庇护所，或抗性和敏感昆虫缺少自由交配或抗性基因不是隐性遗传时，害虫产生抗性的风险就非常大。

研究抗性遗传机制可以从经典遗传学、遗传标记连锁图谱等方面进行，遗传标记连锁分为通过形态学、细胞学、生化等进行的表型标记，可利用各种分子生物学技术进行。

参考文献

FERRÉ J, VAN RIE J, 2002. Biochemistry and genetics of insect resistance to *Bacillus thuringiensis*[J]. Annual review of entomology, 47: 501-533.

TABASHNIK B E, 1994. Evolution of resistance to *Bacillus thuringiensis*[J]. Annual review of entomology, 39: 47–79.

（撰稿：梁革梅；审稿：陈利珍）

抗性治理 resistance management

通过制订科学的抗性治理策略，并有效执行抗性治理措施，以实现延缓靶标害虫对转基因抗虫作物抗性发展速度、延长抗虫作物使用寿命等目标。转基因抗虫作物的种植在带来环境和经济效益的同时，也面临着靶标害虫对其产生抗性的风险。

Bt抗虫作物自1996年开始实现商业化种植，至2016年后每年种植面积达1亿hm^2。随着Bt作物长期、高强度种植，靶标害虫对Bt作物产生抗性的案例数也逐渐增多。尽管靶标害虫抗性的进化是不可避免的，但是可以通过制订和实施抗性治理策略和措施延缓抗性进化的进程，从而延长Bt作物的使用寿命。目前采用的抗性治理策略包括高剂量策略（high-dose strategy）、基因聚合策略（pyramid strategy）和庇护所策略（refuge strategy）。

美国是最早种植Bt作物的国家，也是最大的Bt作物种植国，对Bt作物的抗性治理有一套完整的法规。美国环境保护局（EPA）要求生产和推广Bt作物品种的公司提供抗性治理的具体措施，对Bt作物靶标害虫的抗性状况进行监测，并提交抗性监测情况的年度报告。在澳大利亚实施的棉铃虫（*Helicoverpa armigera*）和澳洲棉铃虫（*Helicoverpa punctigera*）预防性Bt抗性治理措施非常成功。在推广种植单价Bt抗虫棉Bollgard I（仅表达Cry1Ac）时，要求设立结构型庇护所以延缓抗性发展；在未发现Cry1Ac抗性上升之前用双价Bt棉Bollgard II（同时表达Cry1Ac和Cry2Ab）迅速取代Bollgard I，同时要求在Bt抗虫棉附近种植一定比例的常规棉花、木豆、高粱或玉米充当庇护所；目前，澳大利亚已经开始种植同时表达Cry1Ac+ Cry2Ab+ Vip3A毒素的第三代抗虫棉（Bollgard III）。通过严格实施预防性的抗性治理措施，澳大利亚的棉铃虫和澳洲棉铃虫对Bt蛋白的抗性基因频率一直维持在低水平。

Bt抗性治理策略和措施是否得到有效执行是抗性治理成功的关键。在红铃虫（*Pectinophora gossypiella*）对Bt棉花的抗性治理上，美国和印度都制定了高剂量/庇护所抗性治理策略。自1996年种植Bt抗虫棉以来，种植一定比例的非Bt棉花作为庇护所的抗性治理措施在美国得到了较好的执行，红铃虫尚未对单价Bt棉（仅表达Cry1Ac）产生抗性；而庇护所策略在印度并未得到有效执行，红铃虫在Bt抗虫棉种植6年后（2010年）对Cry1Ac产生了抗性。

高剂量/庇护所策略的长期使用将迫使靶标害虫进化出显性抗性等位基因，而基因聚合策略的长期使用也必将驱动交互抗性基因的进化。在实施抗性治理策略的过程中，需要加强抗性监测预警，并根据抗性演化动态对抗性治理策略做适应性调整。

参考文献

DOWNES S, WALSH Y, TAY W T, 2016. Bt resistance in Australian insect pest species[J]. Current opinion in insect science, 15: 78-83.

GOULD F, 1998. Sustainability of transgenic insecticidal cultivars: integrating pest genetics and ecology[J]. Annual review of entomology, 43: 701-726.

GOULD F, BROWN Z S, KUZMA J, 2018. Wicked evolution: Can we address the sociobiological dilemma of pesticide resistance?[J]. Science, 360: 728-732.

HEAD G P, GREENPLATE J, 2012. The design and implementation of insect resistance management programs for Bt crops[J]. GM Crops & Food, 3: 144-153.

TABASHNIK B E, CARRIÈRE Y, 2017. Surge in insect resistance to transgenic crops and prospects for sustainability[J]. Nature biotechnology, 35: 926-935.

（撰稿：吴益东；审稿：杨亦桦）

抗性治理策略 resistance management strategy

为延缓靶标害虫的抗性进化进程而采用的特定抗虫作物品种及其布局的策略。抗性治理策略包括高剂量策略、基因聚合策略及庇护所策略。

靶标害虫对转基因抗虫作物产生抗性是一个必然的过程。制定抗性治理策略首先要从转基因抗虫作物品种的设计和培育方面考虑，为高剂量策略及基因聚合策略提供品种基础。高剂量策略要求转基因作物的外源抗虫物质表达量达到杀死靶标害虫正常野生种群99%个体所需剂量的25倍，预期杀死95%以上靶标害虫的抗性杂合子。基因聚合策略要求在一种转基因作物中表达两种或两种以上具有不同作用机理的杀虫物质，以实现对敏感性靶标害虫个体的饱和杀死。

制定抗性治理策略还需要从合理的作物布局来考虑，以实施科学、合理的庇护所策略。在种植转基因抗虫作物的同时，在其附近种植一定比例的非转基因同种作物或其他寄主作物，为敏感性靶标害虫提供有效庇护所，从而延缓靶标害虫的抗性进化速度。庇护所的设立通常有3种方式，即结构型庇护所、天然庇护所及袋中庇护所。

在靶标害虫抗性治理实践中，应因地制宜，制定和实施与当地田间实际情况相适应的抗性治理策略。多种抗性治理策略组合使用的效果要好于单一策略，如高剂量策略和基因聚合策略都需要与庇护所策略组合使用。

参考文献

BATES S L, ZHAO J Z, ROUSH R T, et al, 2005. Insect resistance management in GM crops: past, present and future[J]. Nature biotechnology, 23: 57-62.

GOULD F, 1998. Sustainability of transgenic insecticidal cultivars: integrating pest genetics and ecology[J]. Annual review of entomology, 43: 701-726.

HEAD G P, GREENPLATE J, 2012. The design and implementation of insect resistance management programs for Bt crops[J]. GM crops & food, 3: 144-153.

（撰稿：吴益东；审稿：杨亦桦）

抗性种群　resistance population

在一定时间空间内的具有抗性等位基因，对药剂产生抗性的所有个体，并且这个抗性种群中的个体并不是机械地组合在一起，而是彼此之间可以相互交配，并通过交配将各自的基因传给后代。动植物对药剂或者病虫害的反应是一个长期适应性进化的过程，会在基因型上发生遗传突变，并且药剂等胁迫因子的定向选择在抗性发展过程中发挥着决定性的作用。在胁迫因子的选择下，动植物群体内的敏感基因逐步丧失，抗性基因则逐步聚集和浓缩，具有的抗性性状被遗传给下一代，经过连续的多世代选择汰选，每一代都把具有更强抗性的个体保留下来，这样群体的抗性程度就不断地增加，直至最后形成一个抗性种群。抗性种群的概念多应用于田间监测，通过对田间种群内抗性个体基因频率的检测来评估抗性的发展动态和发展趋势，进而制定合理的防控策略。在一个抗性种群中，虽然所有的个体都对某一种或者某一类的药剂产生了抗性，可是不同抗性个体产生抗性的机制可能存在差异，例如，在研究棉铃虫对 Bt 毒素的抗性时发现，所得到 Bt 抗性的种群中，有些个体对 Cry1Ac 毒素产生隐性抗性，而有些个体对 Cry1Ac 毒素产生非隐性抗性。

（撰稿：张万娜；审稿：郭兆将）

抗营养物质　anti-nutritional compounds

食品原料物种正常代谢所产生的一类代谢物质，可以通过不同方式干扰人体对营养物质的吸收。这类物质之所以称为抗营养物质不是因为其本身的理化特性，而是因为它们在摄入动物内的消化特性。比如，胰蛋白酶抑制剂对单胃动物来讲是抗营养物质，但对反刍动物来讲就不是抗营养物质，因为胰蛋白酶抑制剂能在反刍动物的瘤胃里得到降解。目前有关食品和饲料中营养物质和抗营养物质成分的信息多来自于局部地区，并未包括所有的食物和饲料，因此，目前的抗营养物质清单并不完全。值得注意的是，原料物种的品种（遗传）、栽培条件（气候、土壤、农药和化肥的使用）及加工方法等对营养物质和抗营养物质成分都存在着影响。

植物中的抗营养物质可根据其化学结构、特定的作用或合成途径等分为两大类：①蛋白质（例如，凝集素和蛋白酶抑制剂），对加工温度敏感。②其他对加工温度不敏感的物质，包括多酚（主要是凝缩类单宁），非蛋白氨基酸和半乳甘露聚糖胶。通常情况下，一种植物可能含有 2 种或更多的这两类抗营养物质。

食品和饲料中常见的抗营养物质有：

①蛋白酶抑制剂。能与蛋白酶分子活性中心上的一些基团结合，抑制蛋白酶活力但不使酶蛋白变性的物质，包括胰蛋白酶抑制剂、糜蛋白酶抑制剂、血纤维蛋白溶酶抑制剂和弹性蛋白酶抑制剂等。蛋白酶抑制剂可以抑制消化道的胰蛋白酶、胃蛋白酶和其他蛋白酶的作用，从而抑制蛋白质的消化和吸收。

②凝集素（haemaglutinnins 或 lectin）。是一种能可逆地与单糖或寡糖相结合的蛋白质，包括伴刀豆球蛋白 A（concanavalin A）和蓖麻毒素（ricin）。凝集素干扰营养物质在胃肠道内的消化和吸收，并和消化道表面的糖基受体结合，从而引起细胞和机体代谢发生改变。

③生氰糖苷（cyanogenic glycosides）。又名氰苷、氰醇苷，是由氰醇衍生物的羟基和 D- 葡萄糖缩合形成的糖苷，广泛存在于豆科、蔷薇科和禾本科植物。生氰糖苷水解可生成高毒性的氰氢酸，从而对人体造成危害。含有生氰糖苷的食源性植物有木薯、杏仁、枇杷和豆类等。生氰糖苷主要包括苦杏仁苷、亚麻仁苷、菜豆苷、蜀黍苷、亚麻苦苷等。

④硫代葡萄糖苷，简称硫苷。一种含硫次级代谢产物，广泛存在于十字花科植物如西兰花、抱子甘蓝、卷心菜和菜花中。可以阻止碘的吸收，从而影响甲状腺的功能。

⑤雌激素（oestrogens）。是一类具有类似动物雌激素生物活性的植物成分。含植物雌激素的植物主要有大豆、葛根和亚麻籽等。常见的植物雌激素有黄酮和金雀异黄酮。植物雌激素对动物具有明显的毒性。例如，人们早就认识到吃地三叶草的羊往往有繁殖不佳的表现，后来发现地三叶草中含有活性物质学异黄酮和金雀异黄酮。

⑥皂苷（saponins）。又名皂素，是苷元为三萜或螺旋甾烷类化合物的一类糖苷。常见的是大豆皂角苷。植物中的皂苷可以作为拒食剂。

⑦棉籽酚（gossypol）。又名棉子醇。棉籽酚结合赖氨酸和铁，会影响人体对赖氨酸和铁的营养吸收。棉籽酚对动物和人类具有毒性，可造成高发病率的不可逆的睾丸损伤。棉籽酚还能显著降低血液中的氧含量。

⑧单宁（tannins）。一种酚类物质，分为水解单宁和缩合单宁两种。单宁引起动物进食量减少，同时单宁能结合膳食蛋白和消化酶形成不容易消化的复合体。单宁也会导致食品和饲料的适口性下降和减少动物和人类的生长速率。

⑨生物碱（alkaloids）。又名为赝碱，是一类含氮的碱性有机化合物，主要包括茄碱和卡茄碱。生物碱会引起胃肠和神经功能失调。茄碱和卡茄碱多见于马铃薯和其他茄科植物，对真菌和人类有毒。含量超过 20mg/100g 样品时，易引起肠胃不适和神经紊乱。

⑩抗金属物质（anti-metals）。一些能与金属元素螯合的物质，主要包括植酸和草酸。植酸能牢固结合金属矿物质（钙、铁、镁和锌等）使其变为不溶状态，不被动物吸收。

植酸常见于坚果、种子和谷物的外壳中。草酸和植酸一样，也能影响动物对金属元素的吸收，特别是对钙的吸收。草酸存在于很多植物特别是菠菜类植物中。

因为各种原因，抗营养物质在几乎所有谷物中都有一定含量。比如，水稻稻米中、大豆中均含有一定量的植酸、凝集素和胰蛋白酶抑制剂。现在，人们可利用基因工程技术来完全清除抗营养物质。

因为抗营养物质对营养的负面影响，在对转基因生物进行营养安全评价时，一定要评价转基因本身是否无意引进了这些抗营养因子，同时，要评价转基因本身有没有显著影响受体内已知抗营养因子的浓度，以提供转基因对抗营养物质影响的科学数据。

参考文献

ALETOR V A, 1993. Allelochemicals in plant foods and feeding stuffs. Part I. Nutritional, biochemical and physiopathological aspects in animal production[J]. Veterinary and human toxicology, 35 (1): 57-67.

CHEEKE P R, SHULL L R, 1985. Natural toxicants in feeds and livestock[M]. West Port, Connecticut: AVI Publishing Inc.

KUMAR R, 1992. Antinutritional factors, the potential risks of toxicity and methods to alleviate them[J]. FAO animal production and health paper, 102: 145-160.

NELSON T S, MCGILLIVRAY J J, SHIEH T R, et al, 1968. Effect of phytate on the calcium requirement of chicks[J]. Poultry science, 47: 185 -189.

OECD, 2004. Consensus document on compositional considerations for new varieties of rice (*Oryza sativa*): key food and feed nutrients and antinutrients[R]. Organisation for Economic Cooperation and Development.

SOETAN K O, OYEWOLE O E, 2009. The need for adequate processing to reduce the anti-nutritional factors in plants used as human foods and animal feeds: A review[J]. African journal of food sciences, 3 (9): 223-232.

（撰稿：石建新、谢家建；审稿：张大兵）

科学原则　scientific principle

转基因生物安全管理必须建立在可信的科学性基础之上。对转基因生物及其产品的风险评估应以科学、客观的方式，充分应用现代科学技术的研究手段和成果对转基因生物及其产品进行科学检测和分析，并对评估结果做出慎重而科学的评价，不能用不科学的、臆想的安全问题或现代科学技术无法做到的，来要求对转基因生物及其产品进行评价。

（撰稿：叶纪明；审稿：黄耀辉）

可饱和性的结合　saturable binding

受体与配体的结合具有高度特异性和高度亲和力，无论是膜受体还是胞内受体，它们与配体间的亲和力都极强，配体在浓度非常低的情况下就能表现出显著的生物学效应。由于受体与配体以非共价键结合，这种结合是可逆的，也就是发生结合反应的同时，也有解离反应。当生物效应发生后，配体即与受体解离，受体可恢复到原来的状态，并再次被利用，而配体则常被立即灭活，结合反应与解离反应均符合质量作用定律，最后可达到平衡。

细胞膜上每种受体的数目基本上是固定的，所以受体与配体的结合有一个可饱和度。Bt毒素与昆虫中肠受体的结合也是可饱和性和可逆的结合。Hua等通过体外表达黑菌虫（*Alphitobius diaperinus*）钙黏蛋白的CR9-MPED片段，亲和性试验结果表明，CR9-MPED的多肽片段与Cry3Bb毒素的结合是饱和的。Chen等体外表达获得埃及伊蚊（*Aedes aegypti*）的钙黏蛋白重复系列片段CR8，CR9，CR10和CR11，利用竞争性ELISA研究发现，Cry11Aa毒素与体外表达的多肽的结合是饱和的。Chen等研究发现，体外表达埃及伊蚊的APN蛋白与Cry11Aa毒素结合是饱和和可逆的。English等通过研究碘标记Cry2Aa与中肠BBMV（brush border membrane vesicles）的结合动力学，认为Cry2A具有独特的作用模式，为非饱和结合和非特异性的结合于美洲棉铃虫中肠受体蛋白上。但English在试验设计上存在一定的问题，例如，试验过程中使用的是Cry2Aa的原毒素，而不是活化的毒素，Cry2Aa原毒素在该pH下的缓冲液中是不溶解的，Hernández-Rodríguez等在避免了前人的试验问题后，对Cry2A结合模式重新进行研究，结果表明，Cry2A是饱和地、特异性地结合于棉铃虫幼虫中肠。

饱和结合实验除了放射性标记外，还有荧光标记配体的结合分析。非标记配体的结合方法广受关注，如质谱结合分析，该方法建立在质谱分析非标记的配体基础上，直接类推传统放射性配体结合分析，避免了放射性同位素实验带来的所有缺点。

参考文献

吴俊芳，刘忞，2006. 现代神经科学研究方法[M]. 北京：中国协和医科大学出版社.

CHEN J, AIMANOVA K G, FERNANDEZ L E, et al, 2009. *Aedes aegypti* cadherin serves as a putative receptor of the Cry11Aa toxin from *Bacillus thuringiensis* subsp. *israelensis*[J]. Biochemical journal, 424 (2): 191-200.

CHEN J, LIKITVIVATANAVONG S, AIMANOVA K G, et al, 2013. A 104kDa *Aedesaegypti* aminopeptidase N is a putative receptor for the Cry11Aa toxin from *Bacillus thuringiensis* subsp. *israelensis*[J]. Insect biochemistry and molecular biology, 43 (12): 1201-1208.

ENGLISH L, ROBBINS H L, VON TERSCH M A, et al, 1994. Mode of action of CryIIA: a *Bacillus thuringiensis* Delta-endotoxin[J]. Insect biochemistry and molecular biology, 24: 1025-1035.

HERNÁNDEZ-RODRÍGUEZ C S, VAN VLIET A, BAUTSOENS N, et al, 2008. Specific binding of *Bacillus thuringiensis* Cry2 insecticidal proteins to a common site in the midgut of *Helicoverpa* species[J]. Applied and environmental microbiology, 74: 7654-7659.

HUA G, PARK Y, ADANG M J, 2014. Cadherin AdCad1 in *Alphitobius diaperinus* larvae is a receptor of Cry3Bb toxin from *Bacillus thuringiensis*[J]. Insect biochemistry and molecular biology, 45 (1): 11-17.

（撰稿：陈利珍；审稿：梁革梅）

克氏原螯虾 *Procambarus clarkii* Girard

节肢动物门甲壳纲十足目鲇科（Astacidae）一种。又名小龙虾、龙虾。英文名 girard、red swamp crayfish、crayfish。

入侵历史 原产北美洲，现已广泛分布于除南极洲以外的世界各地。20 世纪 30 年代进入中国，60 年代食用价值被发掘，养殖热度不断上升，各地引种无序，80～90 年代大规模扩散。

形态特征 体型粗壮，甲壳厚，呈深红色，部分近黑色。头部有 5 对附肢，前 2 对为发达的触角。胸部有 8 对附肢，前 3 对为颚足，与头部的后 3 对附肢形成口器；后 5 对为步足，具爬行与捕食的功能，前 3 对步足为螯状，以第 1 对特别发达，用来御敌，后 2 对步足呈爪状。腹部较短，有 6 对附肢，前 5 对为游泳足，不发达；最后 1 对为尾肢。与尾节合成发达的尾扇。成虾个体较大。雌虾体长可达 16.5cm，体重 50～70g；雄虾体长 10cm 左右，体重约 50g。

分布与危害 原产中美洲、南美洲，墨西哥东北部地区。在中国湖北、湖南、江西、安徽、江苏、上海、浙江、山东、香港、台湾等地分布。食性广、杂，繁殖力强，建立种群的速度快，易于扩散。对当地甲壳类、鱼类及水生植物极具威胁；破坏食物链。对鱼苗发花和 1 龄鱼种培育有一定影响，并危害人工养殖的幼蚌。其掘洞习性对农田和水利设施有潜在危害。虾肉营养丰富，虾壳可用以提取甲壳素。

入侵生物学特性 克氏原螯虾 9～12 月性成熟，繁殖期在 5～9 月，7、8 月为繁殖高峰。交配前，雌虾要进行生殖蜕皮，持续 2 分钟，交配时间持续 5～20 分钟。交配后 3～10 小时，雌虾开始产卵，为一次性产卵，产卵量为 500～1500 粒，随个体大小而异，胚胎发育期长短与水温密切相关，水温较高时 30 天即可孵化，孵化出的幼虾仍附于亲虾的游泳足上，在母体保护下生长一段时间，自然情况下，亲虾抱仔要经过越冬，一直持续到翌年春季，幼虾才能离开母体独立生活。稚虾以轮虫、枝角类、桡足类及水生昆虫幼体为食。成虾杂食性，摄食有机碎屑、藻类，特别是水葫芦、浮萍、马来眼子菜、大型浮游动物、水蚯蚓和各种动物尸体。在湖泊、河流、池塘、水沟、水田等环境中均能生存。通过养殖种群扩散。

预防与控制技术 一方面加强养殖管理，尽量避免向天然水域扩散；另一方面通过大量捕获，作为食用或饲料用，在一定程度上抑制野生种群的过度增殖，以避免危害农田与河堤。可选用 2.5% 溴氰菊酯乳剂 1000 倍液进行化学防治。

参考文献

李振宇, 解焱, 2002. 中国外来入侵种[M]. 北京: 中国林业出版社.

（撰稿：马方舟、孙红英；审稿：周忠实）

空心莲子草 *Alternanthera philoxeroides* (Mart.) Griseb

苋科（Amaranthaceae）莲子草属（*Alternanthera*）多年生宿根草本植物，一种全球性的严重的恶性杂草，是中国首批 16 种重要入侵物种之一。

入侵历史 空心莲子草原产南美洲的巴西、乌拉圭、阿根廷等国，现已传播到美洲、大洋洲和印度尼西亚、印度、缅甸、泰国等亚太地区的许多国家。中国自 1958 年后人为传播到四川、湖南、贵州、湖北、广东、广西、安徽、江西、江苏、浙江、福建、云南等地。

分布与危害 分布于南美洲、北美洲、大洋洲、东南亚、欧洲南部和非洲东西部等国家和地区。20 世纪 50 年代，空心莲子草作为饲料植物被引入中国长江流域及南方各地，80 年代后期逸为野生，主要分布于 97° E 以东、44° N 以南、海拔较低且气候相对较暖湿的广大地区。在中国湖南、湖北、四川、重庆、福建、广东、江苏、上海、浙江、云南、贵州、广西、海南和台湾等 20 个省（自治区、直辖市）有野生分布，其中以长江中下游地区发生面积广，危害程度高。空心莲子草是一种水陆两栖植物，根系发达，地上部分蔓延迅速，入侵性极强，侵入后通过资源竞争，导致周边其他植物局部绝灭，对生态系统造成不可逆转的破坏。因其繁殖力强、生长旺盛等因素可导致其在短时间内暴发成灾，其危害主要表现在：①在河道、水渠或其他水域形成厚重的垫状物，阻止水流，堵塞航道，影响水上交通、运输，甚至影响排涝泄洪。②在池塘等水生环境中，生长迅速，封闭水面，造成鱼类死亡，影响鱼类生长和捕捞，致使大量鱼塘报废。③在农田、果园、菜园、桑园、苗圃等地，地下茎蔓延呈蜘蛛网状，地上部生长繁茂，在农田中与作物争肥、争水，使产量受损，降低作物产量。④入侵公园、林地、草坪、荷塘、河流、湖泊等风景名胜，影响旅游业。⑤繁殖力强、竞争力强，抑制其他植物生长，使群落物种单一化，危及生物多样性。⑥空心莲子草植株上常附有肝蛭虫的虫卵及幼虫等寄生虫，易引起家畜腹泻和恙虫病，危害家畜健康（图 1）。

形态特征 多年生草本；茎基部匍匐，上部上升，管状，不明显 4 棱，长 55～120cm，具分枝，幼茎及叶腋有白色或锈色柔毛，茎老时无毛，仅在两侧纵沟内保留。叶片矩圆形、矩圆状倒卵形或倒卵状披针形，长 2.5～5cm，宽 7～20mm，顶端急尖或圆钝，具短尖，基部渐狭，全缘，两面无毛或上面有贴生毛及缘毛，下面有颗粒状突起；叶柄长 3～10mm，无毛或微有柔毛。花密生，呈具总花梗的头状花序，单生在叶腋，球形，直径 8～15mm；苞片及小苞片白色，顶端渐尖，具 1 脉；苞片卵形，长 2～2.5mm，小苞片披针形，长 2mm；花被片矩圆形，长 5～6mm，白色，光亮，无毛，顶端急尖，背部侧扁；雄蕊花丝长 2.5～3mm，基部连合成杯状；退化雄蕊矩圆状条形，和雄蕊约等长，顶端裂成窄条；子房倒卵形，具短柄，背面侧扁，顶端圆形。果实未见。花期 5～10 月（图 2）。

入侵特性 空心莲子草在中国能广泛传播和迅速蔓延，

图1 空心莲子草的危害症状（周忠实提供）
①堵塞河道，阻止水流；②封闭水面，池塘报废；③争水争肥，降低产量；④入侵公园，破坏绿地

图2 空心莲子草的形态特征（周忠实提供）

与其自身特有的形态生理适应性、强大的繁殖特性和竞争力，以及传入地缺乏自然控制机制密切相关。

空心莲子草在原产地主要分布于淡水生境中，到达新的生境后能够在干旱的陆地上生存。从水生到陆生，空心莲子草产生了一系列的形态结构、生理过程的变化来适应陆地生活条件，如自身水分的减少或在旱生生境中，空心莲子草茎表皮蜡质层增厚，机械组织厚角细胞的层数、韧皮纤维的束数显著增多、叶片角质层增厚、气孔下陷、栅栏组织分层且细胞排列紧密等，以此来适应旱生环境。

空心莲子草抗逆性强，耐高温和干旱，对低温胁迫不敏感。在日均温10℃以下停止生长，根和地下匍匐茎在-5～3℃时冷冻3～4天不死；当冬季水温降至0℃时，水面植株已冻死，但水下部分仍有生活力；当春季温度达10℃时，地下茎根即可萌发生长。

空心莲子草主要靠营养体繁殖，匍匐茎和根状茎的繁殖能力很强。人为引种是其扩散的主要方式，几个发生面积较大的省份，都曾于20世纪50、60年代从江浙一带大规模引种，作为猪饲料草推广种植。农田的翻耕则会促使地下匍匐茎与根茎的扩散，其茎段能随水流及人和动物传播，并在入侵地迅速着土生根。

监测检测技术　参照NY/T 1861—2010调查空心莲子草发生生境、发生面积、危害方式、危害程度、潜在扩散范围、潜在危害方式、潜在危害程度等。根据基本发生情况调查的结果，确定样地。每个样地内选取20个以上的样方，样方面积不小于0.25m^2。取样可采用随机取样、规则取样限定随机取样或代表性样方取样等方法。通过调查监测，掌握空心莲子草发生动态，防范空心莲子草传入或扩散，为综合防治提供依据。

预防与控制技术　采取“预防为主，生物防控”的原则，以绿色环保经济的措施，将空心莲子草控制在可接受的危害范围内，避免或减少空心莲子草对农业、生态、经济和社会造成的危害。

化学防治　是防治空心莲子草的主要方法。被广泛使用的除草剂有氯氟吡氧乙酸、草甘膦、使它隆等。20%氯氟吡氧乙酸乳油750g/hm^{2}对空心莲子草具有很好的防除效果，其防草效果明显高于10%草甘膦水剂。在移栽稻田初始发生密度达0.69株/m^{2}以上时，使用使它隆效果较好。41%草甘膦水剂1500～3000ml/hm^{2}效果较好。选择在空心莲子草生长茂盛的时期使用，茎叶量越大越易接受药物，防除效果越显著。

物理防治　只适合于空心莲子草刚被引进还没有大范围蔓延的缓慢发展时期。初期用大量的人工来防除可起到抑制作用，但是要对打捞上来的空心莲子草及其残体进行妥善的处理，以防造成二次污染。对于那些已经深入土地、河流湖泊等地形成了巨大面积的空心莲子草运用此种方法效果不理想。只有在地上或地下仅有少量的空心莲子草发生时才考虑用机械或人工的方法去除。人工防除不仅不能防除空心莲子草，反而会加重空心莲子草的蔓延和扩散，因此，要非常谨慎地实施。

生物防治　1960年，美国开展了第一个水生杂草防治项目——空心莲子草的生物防治；后又传到澳大利亚、新西兰、泰国、中国等，成为第一个生物防治水生杂草成功的案例。1986年中国农业科学院从美国引进了莲草直胸跳甲（*Agasicles hygrophila*），并用具有重要经济价值的21个科39种植物进行了食性测验，证实莲草直胸跳甲是空心莲子草的专食性天敌，之后通过大量繁殖，分别在重庆、浙江、湖南、福建、云南、江西、广西等地释放该虫，并已形成自然种群，对水生型的空心莲子草普遍取得了很好的防治效果。利用莲草直胸跳甲防治空心莲子草是中国首次利用国外引进的天敌昆虫进行防治外来杂草，也是目前中国最成功的杂草生物防治项目。

佐治亚、得克萨斯、阿拉巴马和路易斯安那取得巨大成功，以在微生物防治空心莲子草方面，已分离出一些对空心莲子草有致病作用的真菌，如假隔链格孢（*Nimbya alternantherae*）、镰刀菌（*Fusrium* sp.）、毛盘孢菌（*Colletotrichum* spp.）、立枯丝核菌（*Rhizoctonia solani*）及链格孢（*Alternaria* sp.）等。假隔链格孢是一种专一性强、选择性高的空心莲子草病原真菌；莲子草假隔链格孢寄主专一性强，对作物安全，主要作用于空心莲子草叶片，造成叶片大量枯死脱落，从而使杂草丰度大幅降低。从空心莲子草病株

K

上分离到的一种镰刀菌的菌体及代谢产物对空心莲子草具有除草活性，其代谢产物主要作用于空心莲子草叶片，使叶片组织变黄，最后枯萎死亡。微生物活体及其代谢产物具有潜在的控制空心莲子草的能力，因此，需要对空心莲子草微生物及其代谢产物作更深入的研究，达到利用微生物有效地控制空心莲子草或直接开发利用其代谢产物控制空心莲子草的目的。

综合防治　对于已经成功入侵的空心莲子草，单独依靠某一种方法已经不能完全防除。根据空心莲子草不同的生长阶段，将化学防治、生物防治和物理防治彼此有机整合，互相协调，综合控制，同时利用各自的优势，弥补彼此的不足，才能有效地根除空心莲子草的蔓延。

参考文献

陈燕芳, 郭文明, 丁吉林, 等, 2008. 空心莲子草生物防除研究进展[J]. 杂草科学(1): 9-12.

傅建炜, 郭建英, 李赞斌, 等, 2011. 温度对莲草直胸跳甲成虫生物学特性和卵孵化的影响[J]. 生物安全学报, 20(2): 119-123.

傅建炜, 马明勇, 郭建英, 等, 2011. 除草剂对莲草直胸跳甲存活与繁殖的影响[J]. 生物安全学报, 20(4): 285-290.

傅建炜, 史梦竹, 郭建英, 等, 2011. 莲草直胸跳甲的空间选择与性别分化[J]. 生物安全学报, 20(4): 270-274.

李建宇, 史梦竹, 郑丽祯, 等, 2013. 温度对2个地理种群莲草直胸跳甲成虫产卵量及存活率的影响[J]. 生物安全学报, 22(1): 57-60.

马瑞燕, 王韧, 2005. 空心莲子草在中国的入侵机理及其生物防治[J]. 应用与环境生物学报, 11(2): 246-250.

聂亚锋, 陈志谊, 刘永锋, 2008. 假隔链格孢(*Nimbya alternantherae*) SF-193 防除空心莲子草田间高效使用技术研究[J]. 植物保护, 34(3): 109-113.

谭万忠, 1994. 空心莲子草在我国的水平和垂直分布[J]. 杂草学报, 8 (2):30-331.

万方浩, 郑小波, 郭建英. 2005. 重要农林外来入侵物种的生物学与控制[M]. 北京: 科学出版社: 715.

向梅梅, 曾永三, 刘任, 等, 2002. 游明龙. 莲子草假隔链格孢的寄主范围及对空心莲子草的控制作用[J]. 植物病理学报, 32(3): 286-287.

GUO J Y, FU J W, XIAN X Q, et al, 2012. Performance of *Agasicles hygrophila* (Coleoptera: Chrysomelidae), a biological control agent of invasive alligator weed, at low non-freezing temperatures[J]. Biology invasions, 14(8): 1597-1608.

HOLM L, DOLL J, HOLM E, et al, 1997. World Weeds: natural histories and distribution[M]. New York: John Wiley Sons Inc.: 37-44.

JULIEN M H, SKARRATT B, MAYWALD G F, 1995. Potential geographical distribution of alligator weed and its biological control by *Agasicles hygrophila*[J]. Journal of aquatic plant management, 33: 55-60.

（撰稿：傅建炜；审稿：周忠实）

空余生态位假说　vacant niche hypothesis, VNH

在生态系统中，某一物种所占据的生态位（ecological niche）可以在空间、营养、功能、多维超体积等不同层面上进行划分，而这些生态位的可利用性对外来种成功入侵具有深远意义。达尔文在《物种起源》中曾提出“移入假说”（naturalization hypothesis），指出当入侵地具有与外来种生态位重叠的本地种时，外来种将很难入侵，因为同一生态位的本地种将对外来种形成巨大的竞争压力，而且外来种还可能成为本地昆虫或病原体的寄主。之后 Elton 进一步提出了“空余生态位假说”（vacant niche hypothesis，VNH），认为成功入侵的原因在于外来种恰好占据了生态系统中空余的生态位。

生态位定义的相关术语

空间生态位（spatial niche）　恰被一个物种或亚种所占据的最终分布单元，在这个最终分布单元中，每个物种的生态位因其结构和功能上的界限而得以保持，即在同一动物区系中定居的 2 个物种不可能具有完全相同的生态位。这个定义强调的是物种空间分布的意义，因此，被称为“空间生态位”。

功能生态位（functional niche）　物种在生物环境中的位置，以及与食物和天敌的关系。

营养生态位（trophic niche）　根据营养情况划分的生态位，等同于资源利用谱。

多维超体积生态位（n-dimensional hypervolume niche）　影响有机体的环境变量作为一系列维，多维变量便是 n- 维空间，称多维生态位空间，或 n- 维超体积（n-diensional hypervolume）生态位。

基础生态位（fundamental niche）　在生物群落中能够为某一物种所栖息的理论上的最大空间。

实际生态位（realized niche）　一个物种实际占有的生态位空间，即将种间竞争作为生态位的特殊环境参数。

生态位宽度（niche breadth）　又称生态位广度或生态位大小。物种所能利用的各种资源总和（niche overlap）：指两个或两个以上生态位相似的物种生活于同一空间时分享或竞争共同资源的现象。

入侵种从传入到扩散需经历一系列生态过程，而 VNH 主要适用于入侵的初期阶段（图 1）。在多样化的生态环境中，物种只有找到合适的、未被其他物种占据的生态位，才有机会启动入侵。一个明显的证据就是岛屿生态系统往往具有较多的空余生态位。

假说的理论依据

生态学竞争　竞争排斥（高斯原理）认为，在一个稳定的环境中，两个以上受资源限制但具有相同资源利用方式的物种，不能长期共存一处，即完全的竞争者不能共存。Blumenthal 等认为当新生境中资源匮乏时，外来种与土著种对资源的竞争激烈，限制了外来种进入的数量；而当新生境中资源丰富时，将很少出现“完全的竞争者”，天敌与竞争者的缺乏导致了空余生态位的产生，从而使得外来种数量不断增加（图 2）。换句话说，假定物种在生态位中顺着一个特殊的资源梯度出现，若在一部分资源梯度中物种缺乏，这就产生了空余的生态位。

生态位反应　“生态位”是通过分析随时间空间变化的生物体、物理环境和生物环境间相互作用关系来进行定义的。物理因素（如温度、湿度、海拔等）和生物因素（食物

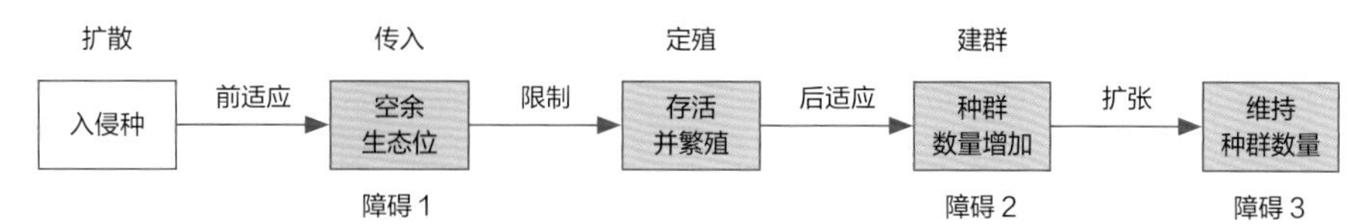

图 1 物种在新环境中建立种群的步骤（改自万方浩等，2005，2009）

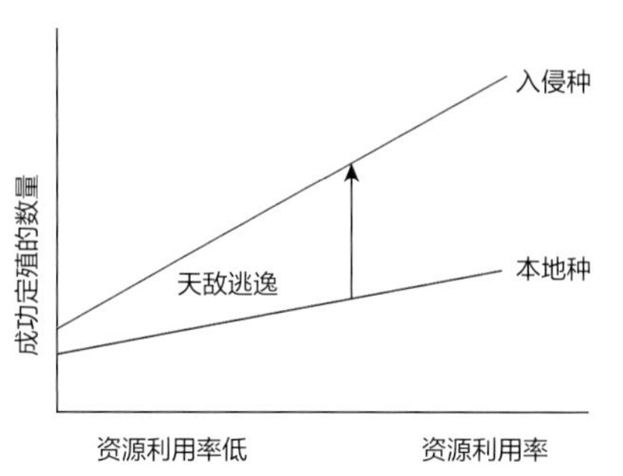

图 2 竞争与外来物种成功入侵的相关性（改自 Blumenthal et al., 2005）

资源、天敌等）在某一特定时空耦合点形成了“生态位空间（niche space）”。群落生态学理论认为，空间和时间的变化对物种共存具有重要的作用，不同物种对变化因子的反应不同，大多数物种在不同时间段的相对反应活性也不同，而空间的变化能为入侵种提供空间利用机会。如果本地种的相对活性低，入侵物种只要在空间和时间变化的条件下，把握生态位机会，就可以利用空余的生态位进入生态系统。

生态位的非饱和性　VNH 与生态系统具有直接的关系，生态系统中生态位是否饱和可以用生态位是否平衡来表示。通常认为生态位非饱和，即非平衡，这与空余生态位的存在直接相关。不同学者对生态位非平衡的定义不相同，总体来说，生态位非平衡被看作是在任何生态空间内、任何情况下，随着时间的变化，物种的密度都不会保持恒定，即使变化仅出现在一个很小的范围。1986 年，Chesson 和 Case 提出了以下 3 点，进一步论证了生态位的非饱和性。

①种群不会达到一个平衡点，而且种群内的竞争仍然不断出现，这说明更多的物种能在相同的资源上协同共存。

②种群是随机变化的，但种群灭绝需要一段相当长的时间，所以种群内的竞争替代是缓慢的，物种可能通过其他有效的方式改变种群的结构，如发掘空余生态位。

③种群密度的变化或是环境干扰，如火灾、水灾等，反映了生态位不平衡的特点，并造成了更多空余生态位的产生。

需要指出非平衡状态的产生并非仅仅由于环境干扰，而大多是由于生态空间的非饱和性。在这种情况下，新物种通过占领空余生态空间而进入，换句话说，被现有物种占领的生态位并不会因为新物种的进入而缩小。

空余生态位的类型

空间生态位上的空余　验证一个空间生态位是否空余，必须明确该空间生态位中至少能够潜在地容纳一个物种。按照多样性的物种灭绝理论（diversity-dependent extinction theory），当群落达到平衡时，如果空间生态位不存在，外来种入侵必然会导致具有相似生态特性的物种消失。

营养生态位上的空余　资源充足的生境与资源贫瘠的生境相比，前者更容易遭受外来物种的入侵。特定生境的资源，如光、水分、养分等未被完全利用时，则可能在营养生态位上出现空余。但资源可用性又随时间和空间的变化而变化，这种波动可能为入侵种的定殖提供暂时的资源机会，所以稳定的生态系统更有利于抵抗外来物种的入侵。

功能生态位上的空余　功能特性（functional trait）反映了物种的生态学属性，涉及对资源的获取以及对生态系统中资源配置的影响。群落中本地物种功能特点的多样化能够抵御外来种的入侵，而本地物种功能特点的单一则会减弱对入侵物种的竞争压力，从而出现了功能生态位上的空余。

多维超体积生态位上的空余　“多维超体积生态位”由基础生态位和实际生态位组成，即某一种群在时间、空间上的位置及其与其他相关种群间的关系。用多维超体积来描述生态位有助于概念的精确化，但实际运用中只能对少数几个生态因子做定量分析。与空间、营养、功能生态位比，多维超体积生态位的定义更加全面，涉及的因素更加精细，如温度、湿度、物种气候学、物种大小、高度、生活型等都可归为多维超体积生态位的成分，因而更能反映出 VNH 的内涵。随着多维超体积生态位理论的发展，人们引入了生态位等值（ecological equivalence）这一概念，生态位等值的物种多维超体积生态位可能相同，物种间具有相似的属性（如生活史、大小、寿命、植物果型、扩散能力等）。当生态系统中存在与入侵种生态位等值的本地种时，则能给入侵种造成较大的竞争压力，群落对外来入侵的抗性就会增强，反之亦然。生态位等值的物种是否存在，更加精确地反映了生态系统中空余生态位是否存在，与外来种入侵成功与否息息相关。

空余生态位假说的局限性

生态位概念　空余生态位的概念并未被所有人接受，原因是有的人认为一个生态位是一个物种所特有的财产，因此如果物种不存在，空间生态位就不存在，就不会出现空间生态位上的空余。换句话说，生态位空余的概念是不符合逻辑的。学者们对空余生态位概念的批判实际上是对“生态位空间出现大量空闲，导致新物种能够轻松进入”的观点的批判，因为虽然物种在空余生存空间内定殖能够增加生态位中物种的多样性，但新的物种仍然是通过与现有物种进行生态位的竞争而被接受，物种的成功入侵并不能只依赖于空余生态位的存在。

预适应假说　与“移入假说”相反，Curnutt 提出“预适应假说（pre-adaptive hypothesis）”，认为本地种与入侵种相似时，群落更容易被入侵，因为群落中可能会包含一些特性使入侵种能够预适应新的环境（如气候因素），许多研究都支持了“预适应假说”的观点。

空余生态位假说的应用

生态修复　VNH 是评价生态系统完整的一项重要指标。

全球变化和人类活动使得生态系统受到了不同程度的破坏，致使空余生态位出现。VNH 认为，当群落中空间生态位、功能生态位与营养生态位被充分利用时，入侵生物就很难在该群落中定殖，因此通过种植本地种、与入侵种性状相似以及适应该生态系统的优势物种等，可以增强该生态系统的抵御能力，从而进行有效的生态修复。

风险分析 空余生态位作为生物入侵初始阶段重要的评价因子，常常被纳入不同的模型来进行外来种的风险分析。VNH 为外来生物风险评估体系的建立提供了理论依据，但需要指出的是，空余生态位在模型分析中并不一定占主导地位，应考虑其与繁殖压力、天敌解脱、生态系统干扰、资源机遇、多样性阻抗等的协同作用，并且风险分析往往需要考虑外来有害生物从传入到暴发的全过程，而 VNH 更适用于入侵的初始阶段。

参考文献

万方浩, 郭建英, 李保平, 2009. 中国生物入侵研究[M]. 北京: 科学出版社.

万方浩, 郑小波, 郭建英, 2005. 重要农林外来入侵物种的生物学与控制[M]. 北京: 科学出版社.

BLUMENTHAL D M, JORDAN N R, RUSSELLE M P, 2005. Soil carbon addition controls weeds and facilitates prairie restoration[J]. Ecological applications, 13: 605–615.

CHESSON P L, CASE T J, 1986. Nonequilibrium community theories: chance, variability, history and coexistence[M]// Diamond J, Case T. Community Ecology. New York: Harper and Row: 229-239.

CURNUTT J L, 2000. Host-area climatic-matching: similarity breeds exotics[J]. Biological conservation, 94: 341–351.

DARWIN C, 1859. On the origin of species by means of natural selection[M]. London: John Murray.

DAVIS M A, GRIME J P, THOMPSON K, 2000. Fluctuating resources in plant communities: a general theory of invisibility[J]. Journal of ecology, 88: 528–534.

DUNCAN R P, WILLIAMS P A, 2002. Darwin's naturalization hypothesis challenged[J]. Nature, 417: 608.

FUNK J L, CLELAND E E, SUDING K N, et al, 2008. Restoration through reassembly: plant traits and invasion resistance[J]. Trends in ecology and evolution, 23(12): 695–703.

NOSS R F, CSUTI B, 1994. Habitat fragmentation[M] // Meffe G K, Carroll C R. Principles of conservation biology. Sunderland: Sinauer: 237–264.

WOODLEY M A, SIKES K J, 2006. Consequences of geometry for species adaptation[J]. Geombinatorics, 16: 270–277.

（撰稿：彭露；审稿：周忠实）

昆虫抗性基因交流 insect resistance gene flow

同一物种不同栖息地的两到多个昆虫种群通过有性生殖产生下一代，同时交流抗性基因。

昆虫通过飞行、迁移等可以在不同的范围内移动，造成基因的交流。当抗性基因为显性基因时，通过基因交流可以造成抗性基因的快速扩散，使田间抗性快速形成，实际表现为生产上的防治失败。在转基因抗虫作物的应用中，昆虫的抗性基因交流，在“高剂量 / 庇护所”的抗性治理策略中起着至关重要的作用。通过种植一定面积的非转基因作物作为敏感性靶标害虫的庇护所，保证庇护所中能产生大量的敏感个体能够通过自由交配与在转基因作物上存活下来的少量抗性个体成虫进行基因交流。同时，这种抗性治理策略是基于抗性基因是隐性遗传，这样通过交配后得到的杂合子后代可以被高剂量的转基因作物杀死，从而达到稀释抗性基因、延缓抗性发展的目的。

参考文献

GOULD F, 1998. Sustainability of transgenic insecticidal cultivars: integrating pest genetics and ecology[M]. Annual review of entomology, 43: 701-726.

JIN L, ZHANG H, LU Y, et al, 2015. Large-scale test of the natural refuge strategy for delaying insect resistance to transgenic Bt crops[J]. Nature biotechnology, 33: 169-174.

WU K, GUO Y, 2005. The evolution of cotton pest management practices in China[M]. Annual review of entomology, 50: 31-52.

（撰稿：梁革梅；审稿：陈利珍）

昆虫刷状缘膜 brush border membrane, BBM

由无数微绒毛（microvilli）组成，在光学显微镜下呈现模糊的刷状结构。微绒毛是 BBM 行使功能的单位，主要分布于消化道表皮细胞，直径不到 100nm，是一类微观的细胞膜突起。微绒毛内有成簇的纵行肌动蛋白微丝交联成的核心，表面由糖萼覆盖，分布着多种消化酶类和转运蛋白，参与多种生理生化过程，如物质消化与吸收、分泌、离子平衡、细胞黏附和信号转导等（图 1、图 2）。

昆虫的中肠微绒毛蛋白可分为 6 大类。①消化酶：糖基磷脂酰肌醇（glycosylphosphatidylinositol，GPI）锚定的氨肽酶（aminopeptidases with GPI-anchors）、羧肽酶（carboxy-peptidase）、碱性磷酸酶（alkaline phosphatase）、二肽基肽酶（dipeptidyl peptidase A）、麦芽糖酶样多肽（maltase-like protein）。②中肠保护相关蛋白：硫氧还蛋白过氧化物酶（thioredoxin peroxidase）、蛋白质二硫键异构酶（protein di-sulfide isomerase）、乙醛脱氢酶（aldehyde dehydrogenase）、丝氨酸蛋白酶抑制因子（serine thiolproteinase inhibitor）。③围食膜因子（peritrophins）。④膜紧密结合的细胞骨架蛋白：丝束蛋白（fimbrin）、肌动蛋白（actin）、肌动蛋白丝结合蛋白（actin filament-binding protein, afadin）、桥粒胶蛋白（desmocollin）、类钙黏蛋白（cadherin-like proteins）。⑤与微顶浆分泌相关蛋白：膜联蛋白（annexin）、钙调蛋白（calmodulin）、凝溶胶蛋白（gelsolin）。⑥其他：V-ATPase、叶绿素 A 结合蛋白（chlorophyllide A binding protein）、ABC 转运蛋白（ABC transporters）、羧基 / 胆碱酯酶（carboxyl/choline esterase）。

氨肽酶 N（aminopeptidase N，APN） 是 GPI 锚定的氨肽酶成员之一。烟草天蛾（*Manduca sexta*）的 APN 为 Bt 毒素 Cry1Ac 在刷状缘膜囊上的受体。在 GlcNAc 存在的情况下，APN 能够结合 Cry1Ac 毒素但不参与其催化反应，而对 lectin SBA 和 Cry1B 等没有亲和性。棉铃虫 APN1 能特异性结合 Cry1Ah，APN1 分子中 loop2 和 loop3 结构域参与

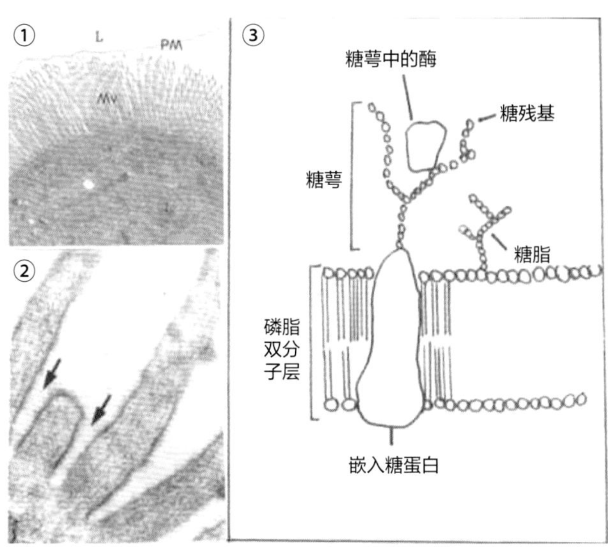

图 1 中肠细胞顶端结构

①家蝇中肠后端细胞的电镜图（7500 X）。L，lumen，管腔；Mv，microvilli 微绒毛；PM，peritrophic membrane，围食膜；②木薯天蛾中肠柱状细胞的电镜图（52000×），箭头所示为微绒毛上的糖萼；③酶在中肠细胞表面的分布示意图（Terra and Ferreira，2012）

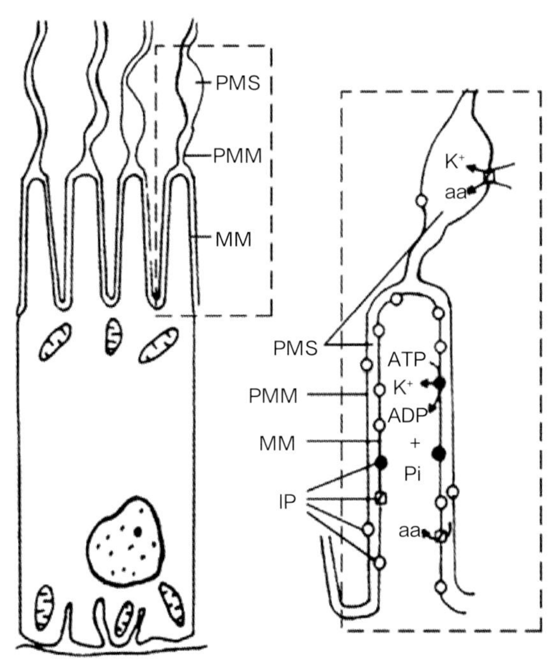

图 2 半翅目昆虫刷状缘膜囊的结构和生理作用模型

左图为中肠细胞模型图，右图为该细胞顶端放大及功能简要。MM，microvillar membrane 微绒毛膜；PMM，perimicrovillar membrane 围微绒毛膜。微绒毛与围微绒毛膜构成一个封闭的隔室，即 PMS，perimicrovillar space 围膜空间。IP，in integral proteins 膜整合蛋白。微绒毛膜从 PMS 主动转运钾离子到中肠细胞，产生肠腔液与 PMS 之间的离子浓度梯度，这种浓度梯度为有机化合物（如氨基酸）的吸收动力来源（Terra and Ferreira，2012）

Cry1Ah 特异性结合。用棉铃虫的特异性 Anti-APN 抗血清处理敏感棉铃虫后，和对照组（无抗血清处理）相比 Cry1Ac 毒素对棉铃虫的致死率降低了 84.44%。氨肽酶根据其分子量大小分为不同亚型，不同的氨肽酶亚型可能参与结合不同种类毒素，如烟草天蛾 Cry1C 结合到一个 106 kDa 的 APN，Cry1Ac 结合到一个 115 kDa 的 APN；舞毒蛾 Cry1Ac 结合到 100 kDa 的 APN；Cry1Ah 能特异性地结合棉铃虫 APN1，而与家蚕幼虫 BBMV 无明显的结合。也有研究表明 APN 同时也是冠状病毒、疱疹病毒在其相应靶器官上的受体。

羧肽酶（carboxypeptidase） 昆虫羧肽酶大多属于金属羧肽酶 M14 家族。其中羧肽酶 A 和羧肽酶 B 研究较为广泛，在粉纹夜蛾（*Trichoplusia ni*）中肠中两种羧肽酶活性最适 pH 8.0～8.5，而棉铃虫中两种羧肽酶活性最适 pH 范围较大，但其活性都能被土豆羧肽酶抑制剂和菲咯啉（phenanthroline）抑制。不同羧肽酶在催化蛋白质水解时对 C 端氨基酸残基有特殊的选择性，棉铃虫羧肽酶 HaCA42 是第一个被鉴定对 C 端谷氨酸残基有特殊亲和性的羧肽酶。

碱性磷酸酯酶（alkaline phosphatase, ALP） 昆虫中肠碱性磷酸酶与昆虫 Bt 抗性形成有关，烟草夜蛾（*Manduca sexta*）和烟芽夜蛾（*Heliothis virescens*）ALP 能对 Bt Cry1Ac 毒素产生阻滞作用。埃及伊蚊（*Aedes albopictus*）ALP 为 Bt 毒素 Cry11Aa 的有效受体，同时还参与维持肠道碱性环境。草地贪夜蛾（*Spodootera frugiperda*）ALP 基因能特异性地结合 Cry1Fa 毒素。Anti-ALP 抗血清处理敏感棉铃虫后，和对照组（无抗血清处理）相比，Cry2Aa 毒素对棉铃虫的致死率减少了 71.04%。Bt 毒素与 ALP 结合导致酶活性降低，扰乱肠道正常生理代谢环境，致使昆虫死亡。但是在烟芽夜蛾中，功能缺失型的 ALP 突变表现出更强的 Cry1Ac 抗性，暗示 ALP 可能作为 Cry1Ac 的锚定蛋白，与其他蛋白协同参与毒素作用。

硫氧还蛋白过氧化物酶（thioredoxin peroxidase, TPx）催化氧化还原反应，减少体内过氧化氢含量。鳞翅目昆虫细胞能耐受高于人类细胞 50～100 倍的辐射，因为它们有更高效的抗氧化系统，可以显著降低辐射诱导的氧化应激和细胞死亡。2005 年家蚕 TPx（BmTPx）首先被鉴定，BmTPx 是一种非分泌型蛋白，纯化的 BmTPx 以硫氧还蛋白作为电子供体时 BmTPx 呈活化状态，以 DTT（dithiothreitol）作为电子供体时能显著减少过氧化氢含量。向家蚕体腔注射过氧化氢时可以观察到在脂肪体中 BmTPx 高表达，同样的现象在虫体暴露于低温（4℃）和高温（37℃）以及病毒感染时也会出现，这表明 BmTPx 可能与温度和病毒感染诱发的氧化应激反应有关。在草地贪夜蛾（*Spodoptera frugiperda*）细胞系 Sf9 中，辐射诱导的 TPx 应激反应受细胞周期激酶 CDK1（cycline dependent kinase-1）调控，G2/M 期 CDK1 表达量高时 TPx 活性增加。

围食膜因子（peritrophins） 在强去垢剂作用下能从围食膜上解离下来的一类蛋白因子，由中肠上皮细胞分泌，与围食膜上几丁质多价交叉形成围食膜网络结构。昆虫中研究较多的围食膜因子主要有 peritrophin44、peritrophin48、peritrophin95、peritrophin55、peritrophin30、peritrophin15。绿蝇（*Lucilia cupina*）peritrophin-44、peritrophin48 与其

抗体结合后，阻塞围食膜孔，阻碍营养物质由围食膜向肠道细胞运输，影响营养物质吸收利用，对幼虫的发育起阻滞作用。peritrophin95、peritrophin55 为高度糖基化的围食膜因子，其糖基化侧链延伸向肠腔及围食膜外围，起到很好的润滑和保护作用，使昆虫肠道免受细菌入侵和蛋白酶消化。peritrophin15 是结构最保守的围食膜蛋白，绿蝇中 peritrophin15 与新生的围食膜几丁质微纤维末端结合，防止新生的几丁质纤维被几丁质外切酶降解。

肌动蛋白（actin） 广泛存在于自然界，是一个高度保守的蛋白。一束平行的肌动蛋白微丝，由绒毛蛋白和丝束蛋白交联而成，形成昆虫中肠微绒毛的核心部分。利用扫描电镜对棉红蝽（*Dysdercus cingulatus*）的观察发现，杀虫剂海芋凝集素（colocasia esculenta tuber agglutinin，CEA）与肌动蛋白直接作用，降解微绒毛膜，改变昆虫消化过程及免疫，对昆虫的生长、发育和中肠形态有直接影响。对模式昆虫果蝇的研究发现，actin 与加帽蛋白结合对昆虫幼虫发育极为重要，CEA 与 actin 结合能抑制其与加帽蛋白的相互作用，从而诱导幼虫死亡。

类钙黏蛋白（cadherin-like protein） 是Bt杀虫晶体蛋白 Cry1A 在中肠细胞的主要受体之一，而不与 Cry3Aa、Cry34/35Ab1 相结合。1993 年，Vadlamudi 等首次在烟草天蛾 BBMV 上发现 Cry1A 的一种受体蛋白与钙黏蛋白（cadherin）的结构很相似，并命名为类钙黏蛋白。目前研究较为广泛的类钙黏蛋白主要有：BT-R1（*Manduca sexta*）、BtR175（*Bombyx mori*）、HevCaLP（*Heliothis virescens*） 和 Ha-Bt R。BT-R1 仅在幼虫期表达，成虫和卵中不表达。在棉铃虫敏感品系中，类钙黏蛋白在幼虫中肠表达量最高，在前肠和后肠仅有少量表达，在肠道以外的组织中未检测到表达。烟草天蛾的类钙黏蛋白参与水解 Cry1Ab 晶体蛋白 domain I 中 α-1 螺旋并参与毒素蛋白低聚化成孔过程。BtR175 是在家蚕中发现的类钙黏蛋白，与烟草天蛾中 BT-R1 的同源性为 69.5%，参与 Cry1Aa 诱导的细胞溶解。HevCaLP 与 BtR175 同源性为 75%，*hevCaLP* 基因存在于 Bt 抗性昆虫品系中。与敏感品系相比，抗性品系的等位基因中插入了 2.3 kb 的末端重复的逆转座子。该序列能终止编码，使其不能正常编码跨膜蛋白。*ha-Bt R* 为常染色体上一个不完全隐性的 Bt Cry 抗性基因。敏感与抗性品系 *ha-Bt R* 基因序列比较发现，抗性品系中类钙黏蛋白基因在第 8 外显子和第 25 外显子之间发生缺失，产生一个终止密码子，使 *ha-Bt R* 基因在第 429 位氨基酸处提前终止。

钙调蛋白（Calmodulin, CaM） 可结合 4 个 Ca^{2+} 形成 Ca^{2+}/CaM 活性复合物，进而与钙离子 / 钙调蛋白依赖的蛋白激酶 II（CaMK II）结合，使 CaMK II 活化。活化后的 CaMK II 可以使转录因子或其他调节蛋白磷酸化，从而调节转录。多种昆虫毒素如蜂毒素、蜂毒明肽、黄蜂毒素等能抑制 CaM 诱导的磷酸化过程，而乙酰化后的昆虫毒素肽对 CaM 的抑制作用降低。这些肽的抑制作用是互相独立的，表明不同的蜂毒肽作用于 CaM 不同位点。

凝溶胶蛋白（gelsolin） 昆虫消化系统中，多种消化酶均以微顶浆分泌形式分泌到消化道，凝溶胶蛋白在昆虫 BBM 微顶浆分泌过程中起着极为重要的作用。凝溶胶蛋白家族包括 7 个主要基因：*gelsolin*、*villin*、*adseverin*、*CapG*、*advillin*、*supervillin*、*flightless 1*，昆虫凝溶胶蛋白研究主要集中于 gelsolin 1。草地贪夜蛾中 gelsolin 1 仅在中肠前段表达。RNAi 分析结果显示，抑制 gelsolin 1 的合成会抑制分泌微囊泡从微绒毛顶端解离，这可能与 gelsolin 1 参与切割肌动蛋白束释放分泌微囊泡有关。gelsolin 1 抑制后中肠前段亚显微结构显示异常。作为肌动蛋白（actin）的调节蛋白，gelsolin 参与细胞运动、细胞生长以及细胞凋亡。通过比较 DM（deltamethrin，溴氰菊酯）小菜蛾抗性品系（DM-R）和敏感品系（DM-S）发现，gelsolin 蛋白泛素化会抑制 DM 的代谢。

V-ATPase（V-type H-ATPase） 是一类依赖于 ATP 的质子泵，广泛分布于细胞质和细胞膜，在昆虫生长、发育和生殖过程中具有重要作用。V-ATPase 是由多个蛋白亚基组成的复合体，其结构具有高度保守性，参与胞内体、溶酶体及分泌囊泡等多种细胞器的功能。V-ATPase A 亚基为催化亚基，参与 ATP 水解作用；B 亚基为非催化亚基。参与核苷酸结合。印度谷螟（*Plodia interpunctella*）抗性品系 V-ATPase B 亚基表达量明显高于敏感品系。烟芽夜蛾的 A 亚基为 Cry1Ac 受体。棉铃虫中 B 亚基为 Cry1Ac 受体，通过饲喂表达特异靶向 V-ATPase dsRNA 的植物，棉铃虫幼虫发育迟缓。在东亚飞蝗中，通过沉默 V-ATPase H 亚基基因，幼虫个体出现显著的蜕皮缺陷及死亡，其死亡率高达 96.7%。V-ATPase 与外包被蛋白 β（coatomer β）共沉默后，棉铃虫幼虫存活率显著下降，体重增长缓慢。在对烟草天蛾的研究中发现，生物杀虫剂 PA1b（pea albumin 1 subunit b）能特异性抑制 V-ATPase 活性。鉴于 V-ATPase 其功能的多样性，寻找 V-ATPase 抑制因子成为开发新型杀虫剂的有效方法。

叶绿素 A 结合蛋白（chlorophyllide A binding protein，CHBP） 为一类能结合叶绿素 A 的蛋白总称。家蚕中肠发现一个大小为 252-kDa 的蛋白命名为 Bm252RFP，能结合叶绿素（Chlide）形成红色荧光蛋白复合物。家蚕 Bm252RFP 表现出对大肠杆菌（*Escherichia coli*）、黏质沙雷菌（*Serratia marcescens*）、芽孢杆菌（*Baillus thuringiensis*）和酵母菌（*Saccharomyces cerevisiae*）的抗性。Bm252RFP 能与 Cry1Aa、Cry1Ab 及 Cry1Ac 结合，当 Bm252RFP 与 Cry1Ab 结合后，Cry1Ab 的 α 螺旋程度降低，表明 Bm252RFP 参与 Bt 蛋白杀虫作用。

ABC 转运蛋白（ABC transporters） 全称腺苷三磷酸结合盒式转运蛋白（ATP-binding cassette transporter），是一类 ATP 驱动泵膜蛋白。ABC 家族成员数量庞大，分为 A～H 8 个亚族，结构较为保守，大部分 ABC 蛋白均由两个跨膜结构域和两个核苷酸结合结构域构成，主要参与有毒物质的输出，营养物质的摄入，离子、多肽和细胞信号物质的转运等。昆虫 ABC 转运蛋白还参与昆虫生长发育及生理代谢，如尿酸代谢。ABC 转运蛋白还与抗药性形成有关，是继细胞色素 P450 单加氧酶、羧酸酯酶、谷胱甘肽 S- 转移酶之后又一类重要的解毒酶系，其在杀虫剂解毒等方面起着非常重要的作用。在赤拟谷盗中 RNAi 沉默 ABC 家族 A-H 不同成员基因后，幼虫生长受到抑制，出现局部黑化，眼色素沉积缺陷，异常角质层的形成，成虫产卵及卵孵化的能力缺陷，且由严重脱水及羽化失败导致的死亡率显著增加，推测这与ABC转运蛋白在转运脂质、蜕化类固醇以及眼睛色素方面的功能丧失有关。如*tcABCA- 9A*和*tcABCA- 9B*基因沉默后，赤拟谷盗蛹在羽化时翅膀残缺或缩短；*tcABCB-5A*沉默后，赤拟谷盗出现羽化失败及死亡，雌性成虫失去产卵能力。*tcABCF-2A*沉默后，静默期幼虫在下一次蜕皮之前死亡，其死亡率100%。在烟芽夜蛾、小菜蛾、粉蚊夜蛾、家蚕和棉铃虫中，*abcc2*基因的突变能够对Cry1Ac产生抗性。黑腹果蝇的ABCG亚家族中的一个成员在其眼睛形成过程中参与色素前体的吸收。ABCH在不同物种中的数量都比较保守，家蚕的系统进化分析表明ABCH家族的基因来自一个共同的祖先且在组织结构形式上与ABCG最相近，其功能有待进一步研究。

参考文献

戚伟平, 马小丽, 何玮毅, 等, 2014. 节肢动物ABC转运蛋白及其介导的杀虫剂抗性[J]. 昆虫学报, 57 (6): 729-736.

AMIT, DAS S, 2015. Molecular mechanism underlying the entomotoxic effect of *Colocasia esculenta* Tuber Agglutinin against *Dysdercus cingulatus*[J]. Insects, 6 (4): 827-846.

BOWN D P, GATEHOUSE J A, 2004. Characterization of a digestive carboxypeptidase from the insect pest corn earworm (*Helicoverpa armigera*) with novel specificity towards C-terminal glutamate residues[J]. FEBS journal, 271 (10): 2000-2011.

BROEHAN G, KROEGER T, LORENZEN M D, et al, 2013. Functional analysis of the ATP-binding cassette (ABC) transporter gene family of *Tribolium castaneum*[J]. BMC genomics, 14 (1): 1-19.

CHENG L, DU Y, HU J, et al, 2015. Proteomic analysis of ubiquitinated proteins from deltamethrin-resistant and susceptible strains of the diamondback moth, *Plutella xylostella* L. [J]. Archives of insect biochemistry and physiology, 90 (2): 70-88.

EISEMANN C H, WIJFFELS G, TELLAM R L, 2001. Secretion of the type 2 peritrophic matrix protein, peritrophin - 15, from the cardia[J]. Archives of insect biochemistry and physiology, 47 (2): 76-85.

GAHAN L J, PAUCHET Y, VOGEL H, et al, 2010. An ABC transporter mutation is correlated with insect resistance to *Bacillus thuringiensis* Cry1Ac toxin[J]. PLoS genetics, 6(12): e1001248.

GOMEZ I, SANCHEZ J, MIRANDA R, et al, 2002. Cadherin-like receptor binding facilitates proteolytic cleavage of helix α-1 in domain I and oligomer pre pore formation of *Bacillus thuringiensis* Cry1Ab toxin[J]. FEBS letters, 513 (2): 242-246.

HAMBARDE S, SINGH V, CHANDNA S, 2013. Evidence for involvement of cytosolic thioredoxin peroxidase in the excessive resistance of Sf9 Lepidopteran insect cells against radiation-induced apoptosis[J]. PLoS ONE, 8 (3): e58261.

HARA H, ATSUMI S, YAOI K, et al, 2003. A cadherin-like protein functions as a receptor for *Bacillus thuringiensis* Cry1Aa and Cry1Ac toxins on midgut epithelial cells of *Bombyx mori* larvae[J]. FEBS letters, 538 (1): 29-34.

HU X, ZHU M, WANG S, et al, 2015. Proteomics analysis of digestive juice from silkworm during *Bombyx mori* nucleopolyhedrovirus infection[J]. Proteomics, 15: 2691-2700.

JAKKA S R K, GONG L, HASLER J, et al, 2016. Field-Evolved Mode 1 Resistance of the Fall Armyworm to Transgenic Cry1Fa-Expressing Corn Associated with Reduced Cry1Fa Toxin Binding and Midgut Alkaline Phosphatase Expression[J]. Applied and environment microbiology, 82 (4): 1023-1034.

JIN S, SINGH N D, LI L, et al, 2015. Engineered chloroplast dsRNA silences cytochrome p450 monooxygenase, V-ATPase and chitin synthase genes in the insect gut and disrupts *Helicoverpa armigera* larval development and pupation[J]. Plant biotechnology journal, 13 (3): 435-446.

KNIGHT P J K, KNOWLES B H, ELLAR D J, 1995. Molecular cloning of an insect aminopeptidase N that serves as a receptor for *Bacillus thuringiensis* CryIA (c) toxin[J]. Journal of biological chemistry, 270 (30): 17765-17770.

LEE K S, KIM S R, PARK N S, et al, 2005. Characterization of a silkworm thioredoxin peroxidase that is induced by external temperature stimulus and viral infection[J]. Insect biochemistry and molecular biology, 35 (1): 73-84.

MACKENZIE S M, BROOKER M, GILL T, et al, 1999. Mutations in the white gene of *Drosophila melanogaster* affecting ABC transporters that determine eye colouration[J]. Biochimica et biophysica acta, 1419 (2): 173-185.

PANDIAN G N, ISHIKAWA T, VAIJAYANTHI T, et al, 2010. Formation of macromolecule complex with *Bacillus thuringiensis* Cry1A toxins and chlorophyllide binding 252-kDa lipocalin-like protein locating on *Bombyx mori* midgut membrane[J]. The journal of membrane biology, 237 (2): 125-136.

SILVA WSE, RIBEIRO A F, SILVA M C P, et al, 2016. Gelsolin role in microapocrine secretion[J]. Insect molecular biology, 25(6): 810-820.

TAN S Y, RANGASAMY M, WANG H C, et al, 2016. RNAi induced knockdown of a cadherin-like protein (EF531715) does not affect toxicity of Cry34/35Ab1 or Cry3Aa to *Diabrotica virgifera virgifera* larvae (Coleoptera: Chrysomelidae)[J]. Insect biochemistry and molecular biology, 75: 117-124.

TERRA W R, FERREIRA C, 2012. Biochemistry and molecular biology of digestion[M]// Gilbert L I. Insect molecular biology and biochemistry. Cambridge: Academic Press: 365-418.

WANG B, YUAN X, ZHAO M, et al, 2016. Effects of antiserums of cadherin, aminopeptidase N and alkaline phosphatase on the toxicties of Cry1Ac and Cry2Aa in *Helicoverpa armigera* (Lepidoptera: Noctuidae)[J]. Acta entomologica sinica, 59 (9): 977-984.

WANG P, LI G, KAIN W, 2004. Characterization and cDNA cloning of midgut carboxypeptidases from *Trichoplusia ni*[J]. Insect biochemistry and molecular biology, 34 (8): 831-843.

XIAO Y, ZHANG T, LIU C, et al, 2014. Mis-splicing of the ABCC2 gene linked with Bt toxin resistance in *Helicoverpa armigera*[J]. Scientific reports (4): 6184.

ZHOU Z S, LIU Y X, LIANG G M, et al, 2017. Insecticidal Specificity of Cry1Ah to *Helicoverpa armigera* Is Determined by Binding of APN1 via Domain II Loops 2 and 3[J]. Applied and environmental microbiology, 83 (4): 11.

（撰稿：萧玉涛；审稿：刘凯于）

K

L

李属坏死环斑病毒 prunus necrotic ringspot virus, PNRSV

一种对蔷薇科核果类果树具有巨大潜在威胁性的植物检疫性有害生物。

入侵历史 PNRSV 自 1932 年首次在温带核果类果树栽培区被发现以来，随着国际间频繁的种苗调运以及检测技术的进步，陆续在世界范围内多个国家和地区被报道。PNRSV 有多个异名，例如 peach ring spot virus、sour cherry necrotic ringspot virus、prunus ring spot virus 等。PNRSV 具备入侵性有害生物所必需的远距离传播依靠人为因素及一旦发生造成严重的经济损失等特征，因此，很多国家将 PNRSV 列为进境检疫性有害生物。PNRSV 在中国仅局部小范围发生，但核果类果树在中国种植面积巨大，一旦暴发对生产具有潜在的重大威胁，因而被列入中国的进境检疫性有害生物名录。

PNRSV 有多种不同的株系和分离物，它们在致病性、生物物理特性、血清学特性上有所区别。根据 PNRSV 血清学反应的不同，可将其分为 3 种血清学类型，即 CH3、CH9 和 CH30。不同症状的分离物，从无症至产生严重的皱缩花叶症状的分离物在血清学类型上均可能是 CH9 型。根据 PNRSV 的序列同源性分析，可将 PNRSV 分为 3 组，group I、group II 和 group III，分别以分离物 PV32、PV96 和 PE5 作为代表。利用 RNA 二级结构预测软件预测亚基因组 RNA 5′ 端非编码区的二级结构，发现 PE5 型的特征是在外壳蛋白基因序列的 5′ 非编码区能够形成两个环状的结构；PV32 型的特征是在外壳蛋白基因序列的 5′ 端包含额外的六碱基重复序列，即具有两个重复的基序 GAATAG。中国的研究人员对北京、河北等地的 PNRSV 不同分离物进行同源性和进化树分析，并确定其株系分类，认为参与比较的 12 个分离物属于 3 个组，其中 CN-Huairou、CN-Changli 属于 Group II（PV96），CN-Hangzhou 属于 Group III（PE5），其余分离物属于 Group I（PV32）；不同分离物之间不具有明显的地域相关性或寄主特异性。

分布与危害 PNRSV 广泛分布于温带地区，现已在欧洲、亚洲、非洲、南美洲、北美洲及大洋洲的 40 多个国家和地区均有报道，如美国、阿根廷、澳大利亚、新西兰、意大利、约旦、黎巴嫩、巴勒斯坦、西班牙、叙利亚、突尼斯、土耳其等。1996 年，中国陕西对当地种植的甜樱桃进行了 PNRSV 的检测，首次报道 PNRSV 在中国的发生，随后在多地陆续发现 PNRSV 的侵染，如山东、辽宁、浙江、新疆、北京等。

PNRSV 的寄主范围广泛，自然和人工可侵染的寄主达 21 科双子叶植物，其中可侵染的重要的木本植物有欧洲李（*Prunus domestica*）、桃（*Amygdalus persica*）、欧洲甜樱桃（*Cerasus avium*）、酸樱桃（*Cerasus vulgaris*）、杏（*Armeniaca vulgaris*）、苹果（*Malus pumila*）、月季（*Rosa chinensis*）、椭圆悬钩子（*Rubus ellipticus*）、秋海棠（*Begonia grandis*）；可侵染的草本植物有啤酒花（*Humulus lupulus*）、烟草（*Nicotiana tabacum*）、西瓜（*Citrullus lanatus*）、南瓜（*Cucurbita moschata*）、甜瓜（*Cucumis melo*）、西葫芦（*Cucurbita pepo*）、菜豆（*Phaseolus vulgaris*）、豌豆（*Pisum sativum*）、豇豆（*Vigna unguiculata*）、向日葵（*Helianthus annuus*）、百合（*Lilium brownii*）等。在生产中，PNRSV 对蔷薇科核果类果树的危害最为严重。在中国 PNRSV 对樱桃产业的影响最为严重。苗圃期，受 PNRSV 侵染的樱桃芽萌发率比对照组低 11.7%，芽接苗生长衰弱。樱桃感染病毒后，嫁接成活率下降 60%，株高降低 16%，冠径减少 27.3%，树体生长量降低 49.1%，10 年生樱桃树可造成减产 20%～30%，10～20 年生樱桃树遭受 PNRSV 侵染后，可造成减产 30%～50%。PNRSV 侵染的樱桃果园，植株的带毒率较高。对山西和大连地区病毒的发病率进行调查，发现果园的病株率可分别达到 45% 和 80% 以上。PNRSV 对中国樱桃产业具有巨大的潜在威胁。

被 PNRSV 侵染的桃树植株，有些品种在春季幼叶上表现出褪绿环斑、坏死斑，但在夏季症状则隐退，因而不易识别；有些品种在春季无明显症状，但受侵染的果树果实变小，果实的缝合线处出现小裂口，果面形成木栓斑，果品质量下降。PNRSV 侵染桃树后，因果树的品种不同，抗病性差异较大，产量可降低 5.6%～77.0%。

PNRSV 侵染樱桃后，症状形成受到多种因素的影响，如病害的发展时期、品种抗病性、季节因素等。常见的症状包括叶片花叶、黄化、皱缩、小叶、卷叶、坏死、环斑、穿孔等，有的果树树势衰弱，有枝干和枝条流胶的现象。甜樱桃是易感品种，感病植株症状出现在尚未展开的幼叶上，通常初春时节部分枝条或整株出现病症，叶片上出现黄绿色或浅绿色的环斑或带状斑，在环内形成褐色的坏死斑，后期坏死斑会脱落，形成不规则的穿孔，植株感病后的一到两年叶面可整个坏死，只剩下花叶状叶架。另外，PNRSV 常与其他病毒如李矮缩病毒等发生混合侵染，使病害症状复杂化。

PNRSV 侵染苹果主要表现在叶片上，形成斑驳、花

L

叶、条斑、环斑等不同的症状。感病树生长缓慢，病树提早落叶。

PNRSV 侵染月季无症状的现象很普遍，有些可产生花叶、开花推迟、秋天落叶早等症状。

病原及特征 PNRSV 为雀麦花叶病毒科（Bromoviridae）等轴不稳环斑病毒属（*Ilarvirus*）C 亚组的病毒。病毒粒体为等轴对称球状体，直径为 22～23nm，无包膜。有些株系病毒粒体的形状为准等轴球状到短棒状（轴比为 1.01～1.5）；有些株系的病毒粒体呈明显的棒状（轴比大于 2.2），有些棒状粒体达 70nm。病毒棒状粒体的有无以及比例因病毒株系的不同而有所差异。在病汁液中，病毒的致死温度为 55～62℃，未稀释病汁液中病毒的体外存活期仅数分钟，稀释后长达 9～18 小时。

PNRSV 的病毒为正义单链 RNA 病毒，为三分体基因组，包括 RNA1、RNA2 和 RNA3（见图）。RNA1 全长为 3662 个核苷酸，RNA2 全长为 2507 个核苷酸，RNA3 全长为 1887 个核苷酸。RNA1 和 RNA2 分别包含一个开放阅读框（ORF），编码蛋白 1a 和 2a，均与病毒的复制相关；RNA3 包含两个 ORF，ORF3a 和 ORF3b。ORF3a 编码大小约为 31kDa 的运动蛋白（MP），ORF3b 编码大小约为 25kDa 的外壳蛋白（CP），CP 通过形成的亚基因组 RNA4 进行蛋白的表达；基因组 5′ 末端有帽子结构，3′ 末端具有 Poly（A）尾巴。

入侵生物学特性 PNRSV 有多种传播方式，主要通过嫁接和被病毒污染的工具进行侵染和传播，也可通过无性繁殖的苗木、组培苗等的运输进行长距离的传播。有报道 PNRSV 也可以通过种子和花粉进行传播，在李属作物中种传率可高达 70%，但未发现通过菟丝子传播的证据。

樱桃树受到 PNRSV 侵染后，早春为病害症状的始发期，随后快速增长，到果实成熟期达到发病高峰；随后由于夏季气温升高，病害发生受到抑制，病情趋于稳定；至秋季 9 月有一个小的高峰后，又趋于平稳。虽在同一个生长季节中受 PNRSV 侵染的果树，病害严重程度变化不明显，但有逐年加重的现象。果树一旦被病毒侵染，终生带毒。

该病的发生与品种、树龄及地形等关系密切。不同品种间的樱桃感染 PNRSV 的发病程度存在差异，与小樱桃品种相比，大樱桃品种的发病较重。地形对于发病程度也有影响，同样的果树品种和管理条件，川道区发病率高于山岭区。不同树龄的樱桃感病率不一，一般来说树龄越高，发病越重。同样的果树品种和地理条件，种植密度大、管理粗放的果园发病重于种植密度低、管理精细的果园。

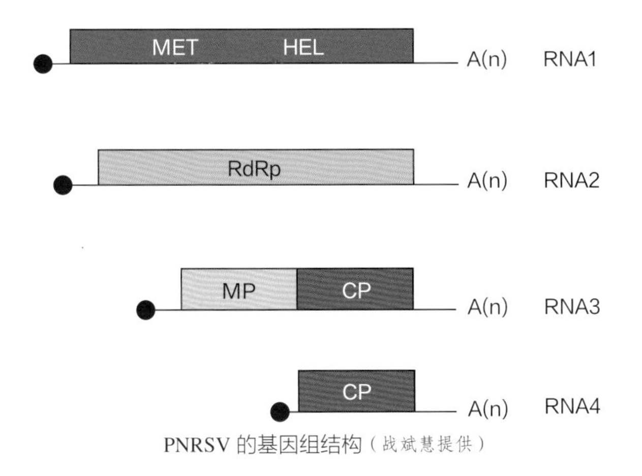

PNRSV 的基因组结构（战斌慧提供）

预防与控制技术

实行严格的植物检疫制度　李属坏死环斑病毒是农业部与国家质量监督检验检疫总局共同制定的《中华人民共和国进境植物检疫性有害生物名录》中公布的危险性植物有害生物，应严格限制自疫区引进种苗。必须引进的，需由输出国出具检疫证书，引进后需在指定的隔离圃内试种检查。2017 年 7 月 21 日国家质量监督检验检疫总局发布了现行的检疫鉴定方法《李属坏死环斑病毒检疫鉴定方法》（SN/T1618-2017），此标准规定了植物检疫中 PNRSV 的检疫鉴定方法。本标准适用于植物材料中 PNRSV 的检疫鉴定，并于 2018 年 3 月 1 日起实施。此标准涉及 3 种病毒检测方法，一是双抗体夹心酶联免疫吸附测定（DAS-ELISA）；二是反转录 PCR（RT-PCR）；三是实时荧光 RT-PCR 检测。样品检测时，检测流程为首先采用 DAS-ELISA 进行初步筛选，若 DAS-ELISA 检测结果为阳性，RT-PCR 的检测结果为阳性，则判定样品种携带 PNRSV；或采用实时荧光 RT-PCR 进行检测，若结果为阳性，则判定样品携带 PNRSV。若 DAS-ELISA 检测结果为阴性时，RT-PCR 检测结果为阴性，则判定样品不携带 PNRSV；检测结果为阳性，则对产物进行测定，测定的序列为 PNRSV 序列，则判定样品携带 PNRSV。

在实际工作中应当实行严格的检疫制度，严禁调运未经检疫的果树苗木。对于检测到 PNRSV 的苗圃、母本园及果园，应立即查清情况，并且在植物检疫人员的监督下立即隔离，严禁种苗及其他相关植物材料的外运，同时进行销毁处理等措施扑灭疫情，防止病情进一步蔓延。对于发生李属坏死环斑病毒病的母本园应改种其他作物。对于曾在疫情发生区引进果树苗木的果园要密切监测，一旦发现可疑症状，经鉴定确认后，应立即进行检疫处置。

无病毒苗木的繁育及栽培　由于 PNRSV 可通过种子、苗木等繁殖材料进行远距离传播，所以使用无病毒繁育材料是最重要的防控方法之一。获得无病毒繁育材料主要有以下途径：一是无病毒苗木的检测，通过严格的检测，从栽培植株中挑选出无病毒的苗木；二是病株脱毒，常用的脱毒方法包括茎尖组织培养、热处理、化学处理以及各种方法的综合使用等。利用化学试剂进行脱毒处理发展迅速，主要包括代谢拮抗物质、高等植物生长调节物质等，常用的有 2,4- 二氧六氢三氮杂苯（DHT）、病毒唑（ribavirin）、二硫脲嘧啶（2-thiouracil）、6- 氮杂尿嘧啶（6-azauracil）等。脱病毒苗主要是采用组培脱毒试管苗进行生产。在樱桃脱病毒的研究中，已经建立了茎尖体细胞单克隆无性系，具有脱毒率高、繁殖量大、生长周期短等特点，并且由于无性系来自茎尖单细胞，可实现品种的纯化。

农业防治　首先，切断病毒近距离传播的途径，在进行修剪、嫁接等农事操作时将操作工具进行严格消毒，防止病毒的人为传播。其次，加强果园的土肥水管理，合理修剪，促进营养生长，增强树势，提高树体的抗病能力。第三，进行药剂防治，对修剪口、剪锯口、环剥口、嫁接口等利用药剂进行保护。夏季管理时结合环剥、环割等技术可使用环涂法施药进行药剂防治。

对于李属坏死环斑病毒病的防治还没有专门的化学药剂，化学药剂的防效仅50%。施药时，可根据当地实际情况选择采用3.85%三氯唑核苷·铜·锌水乳剂、20%盐酸吗啉双胍·胶铜可湿性粉剂、18%丙多·吗啉胍可湿性粉剂、含氨基酸叶面肥等药剂。

参考文献

全国农业技术推广服务中心, 2001. 植物检疫性有害生物图鉴[M]. 北京: 中国农业出版社: 210-212.

CUI H G, LIU H Z, CHEN J, et al, 2015. Genetic diversity of prunus necrotic ringspot virus infecting stone fruit trees grown at seven regions in China and differentiation of three phylogroups by multiplex RT-PCR[J]. Crop protection, 74: 30-36.

HAMMOND R W, CROSSLIN J M, 1998. Virulence and molecular polymorphism of prunus necrotic ringspot virus isolates[J]. Journal of general virology, 79: 1815-1823.

KAPOOR S, HANDA A, SHARMA A, 2018. Prunus necrotic ringspot virus in peach-A bird's eye view on detection and production of virus free plants[J]. International journal of chemical studies, 6(3): 486-494.

KAMENOVA I, BORISOVA A, 2021. Biological and molecular characterization of prunus necrotic ringspot virus isolates from sweet and sour cherry[J]. Biotechnology and biotechnological equipment, 35(1): 567-575.

PALLAS V, APARICIO F, HERRANZ M C, et al, 2012. Ilarviruses of *Prunus* spp.: a continued concern for fruit trees[J]. Phytopathology, 102: 1108-1120.

PUSEY P L, YADAVA U L, 1991. Influence of prunus necrotic ringspot virus on growth, productivity, and longevity of peach trees[J]. Plant disease, 75: 847-851.

（撰稿：战斌慧；审稿：杨秀玲）

联合国工业发展组织 United Nations Industrial Development Organization, UNIDO

简称工发组织，成立于1996年，属联合国专门机构。其宗旨是致力于提高生产力来减轻贫困，帮助发展中国家和经济转型期国家避免在当今世界全球化过程中被边缘化，调动知识、技能、信息和技术资源，以促进生产性就业、发展有竞争力的经济和创造良好的环境。机构任务是促进和加快发展中国家和经济转型国家的可持续工业发展。UNIDO针对当今各国面临的工业问题，特别是从有竞争力经济、良好的环境和有效地就业（3Es）三个方面，向政府、机构和企业三个层次提供一揽子服务方案，帮助发展中国家和经济转型国家提高经济竞争力，改善环境，增加就业。近年来，UNIDO通过将其活动重点放在减少贫困、贸易能力建设和全球化、环境可持续性等方面，特别是在能源和环境领域发挥重要作用，以实现对全球发展议程的长期影响。

UNIDO总部位于奥地利维也纳，截至2019年4月，共有170个成员国，设35个国家和区域办事处，13个投资和技术促进办事处等；设有工发大会、工业发展理事会、方案预算委员会和秘书处等组织机构。工发大会是最高决策机构，负责讨论方针政策并做出决策；工业发展理事会是常设决策机构，由53个成员国组成，负责审议行政、业务、人事和财政预算等重大问题并提交大会通过；方案预算委员会是理事会附属机构，协助理事会编制和审查工作方案、预算和其他财务事项；秘书处主要职能和任务是处理该组织的日常事务。目前秘书处总干事李勇（中国财政部副部长）于2013年获得当选，并于2017年获得连任。

UNIDO是第一个致力于促进世界各国生物技术协调发展的联合国机构，不仅较早创建国际遗传工程与生物技术中心（International Centre for Genetic Engineering and Biotechnology，ICGEB），而且十分重视生物技术传播与商品化过程中的管理问题，并发起组建包括联合国环境规划署（UNEP）、世界卫生组织（WHO）和联合国粮食及农业组织（FAO）在内的非正式生物技术安全工作小组。为此，UNIDO建立生物安全信息网络与咨询服务处（Biosafety Information Network and Advisory Service，BINAS）及其数据库系统，免费提供各国生物技术研究动态、生物技术安全检测的理论与方法以及相关培训等，介绍各国有关生物技术管理的法规和政策信息，为各国制定生物技术安全管理法规以及生物技术产业界参与管理协调提供咨询服务和技术援助。此外，UNIDO还参与各类生物安全项目建设，定期出版生物安全领域相关材料和出版物，如《有机物环境释放的自愿行为守则》（*Voluntary Code of Conduct for the Release of Organisms into the Environment*）（1992）、《环境无害的生物技术管理》（*Environmentally Sound Management of Biotechnology*）（1995）和《转基因生物：生物安全指南》（*Genetically Modified Organisms: A Guide to Biosafety*）（1995）等。

参考文献

李金算, 1995. 联合国工业发展组织生物安全信息网络及咨询服务处 (BINAS) 介绍[J]. 生物工程进展, 15 (3): 56-57.

中国农业大学, 农业部科技发展中心, 2010. 国际转基因生物食用安全检测及其标准化[M]. 北京: 中国物资出版社.

United Nations Industrial Development Organization. UNIDO in brief[DB].[2021-05-29] https: //www. unido. org/who-we-are/unido-brief.

United Nations Industrial Development Organization. BINAS[DB].[2021-05-29] http: //binas. unido. org/.

（撰稿：姚洪渭；审稿：叶恭银）

联合国环境规划署 United Nations Environmental Programme, UNEP

联合国专责环境规划的常设部门，简称联合国环境署。成立于1972年，总部设在肯尼亚首都内罗毕，是全球仅有的两个将总部设在发展中国家的联合国机构之一。其任务在于协调联合国的环境计划，帮助发展中国家实施利于环境保护的政策以及鼓励可持续发展，促进有利环境保护的措施。UNEP 的使命是“激发、推动和促进各国及其人民在不损害子孙后代生活质量的前提下提高自身生活质量，领导并推动各国建立保护环境的伙伴关系”。

所有联合国成员国、专门机构成员和国际原子能机构成员均可加入 UNEP。UNEP 设有 6 个地区办公室（除总部外还包括日内瓦、华盛顿、曼谷、巴拿马城和麦纳麦）以及在不同国家内设有国家办公室。驻华代表处于 2003 年 9 月 19 日正式成立，与中国政府、国际组织和其他利益相关方建立紧密伙伴关系，协调、推动和协助 UNEP 项目实施，致力于将 UNEP 的使命落地并转化为具体行动。UNEP 理事会由 58 个成员国组成，任期 3 年，按地理地区分配席位，是联合国环境项目最主要的政策制定者，在促进联合国成员国之间就环境问题合作的过程中起外交作用。中国自 1973 年以来一直是 UNEP 理事会成员。1976 年中国在内罗毕设立驻联合国环境规划署代表处，由中国驻肯尼亚大使兼任代表。UNEP 执行主任由联合国秘书长提议，联合国大会推选通过，任期 4 年。UNEP 下设 7 个执行部门：预警和估计，环境政策执行，技术、工业和经济，地区性合作，环境法律和协议，全球性环境机构协调，通讯和公共信息等部门。

UNEP 主要职责是：①贯彻执行环境规划理事会的各项决定。②根据理事会的政策指导提出联合国环境活动的中、远期规划。③制订、执行和协调各项环境方案的活动计划。④向理事会提出审议的事项以及有关环境的报告。⑤管理环境基金。⑥就环境规划向联合国系统内的各政府机构提供咨询意见等。通过与国家、中央以及地方政府建立稳固的战略合作伙伴关系，推动环境、气候变化和科学技术领域的政策制定，为将环境问题纳入国家战略提供技术援助。目前，UNEP 确定以下 7 个优先领域，包括气候变化、生态系统管理、环境治理、资源效率、有害物质和危险废弃物管理、灾害管理和环境审查、新兴和交叉议题、（如污染和健康、海洋、环境安全、城市化、野生动植物、绿色金融和经济）。

在生物安全方面，UNEP 组织一系列国际会议，旨在世界范围内推动生物技术安全使用准则的制定工作。1985 年，UNEP 与世界卫生组织（WHO）、联合国工业发展组织（UNIDO）及联合国粮食及农业组织（FAO）联合组成非正式的关于生物技术安全的特设工作小组，开始关注生物安全问题。1992 年，召开联合国环境与发展大会，签署的纲领性文件《21 世纪议程》和《生物多样性公约》（CBD）中均专门提到生物技术安全问题。1994 年，为制订《生物安全议定书》开始组织工作会议和政府间谈判。1995 年，制定《UNEP 生物安全性国际技术准则》（*UNEP International Technical Guidelines for Safety in Biotechnology*），分别就转基因生物安全性的一般原则、风险检测与管理、国家及地区安全管理机构和能力建设等方面提出具体的行动指南。2000 年，通过开放签署《卡塔赫纳生物安全议定书》（*Cartagena Protocol on Biosafety*），以解决转基因生物安全问题。《卡塔赫纳生物安全议定书》针对现代生物技术产生的改性活生物体（living modified organisms，LMOs），通过制定切实可行的规则和程序，确保改性活生物体的安全转移、处理和使用，促进生物安全。

参考文献

生物多样性公约秘书处. 生物安全信息交换所[DB].[2021-05-29] http: //bch. cbd. int.

薛达元, 1996. 关于《国际生物技术安全技术准则》的政府指定专家全球性协商会议[J]. 生态与农村环境学报, 12 (1): 28.

中国农业大学, 农业部科技发展中心, 2010. 国际转基因生物食用安全检测及其标准化[M]. 北京: 中国物资出版社.

UNITED NATIONS ENVIRONMENT PROGRAMME. Biosafety[DB].[2021-05-29] https: //www. unenvironment. org/explore-topics/biosafety.

（撰稿：姚洪渭；审稿：叶恭银）

联合国粮食及农业组织 Food and Agriculture Organization of the United Nations, FAO

简称粮农组织，于 1945 年成立，为联合国最早的常设专门机构，是各成员国间讨论粮食和农业问题的国际组织。其宗旨是提高人民的营养水平和生活标准，改进农产品的生产和分配效率，改善农村和农民的经济状况，促进世界经济的发展，并最终消除饥饿和贫困。FAO 总部位于意大利罗马，现有 194 个成员国、1 个成员组织（欧盟）和 2 个准成员（法罗群岛和托克劳群岛）。所有成员组成的大会是行使决策权的最高权力机构，主要职责包括选举总干事、接纳新成员、批准工作计划和预算、选举理事国、修改章程和规则等，并就其他重大问题作出决定，交由秘书处贯彻执行。大会选举 49 个成员组成理事会作为临时管理机构，任期 3 年。理事会下设 8 个委员会：计划、财政、章程及法律事务、农业、林业、渔业、商品问题和世界粮食安全等。大会还选举总干事作为机构领导，由秘书处执行大会和理事会决议，并负责处理日常工作。中国自 1973 年恢复合法席位后，一直是理事国成员。

FAO 主要职能有：①搜集、整理、分析和传播世界粮农生产和贸易信息；②向成员国提供技术援助，动员国际社会进行投资，并执行国际开发和金融机构的农业发展项目；③向成员国提供粮农政策和计划的咨询服务；④讨论国际粮农领域的重大问题，制定有关国际行为准则和法规，谈判制定粮农领域的国际标准和协议，加强成员国之间的磋商和合作。FAO 早期着重粮农生产和贸易的情报信息工作，后逐渐转为帮助发展中国家制定农业发展政策和战略以及为发展中国家提供技术援助，重点目标：①加强世界粮食安全；②促进环境保护与可持续发展和；③推动农业技术合作等。

FAO 自 1990 年代后期以来，一直负责处理全球生物安全问题，包括生物安全相关的环境、贸易和食品以及对农业的影响等。FAO 设立来自各个技术部门成员组成的生物安全工作组，以推动生物安全组织战略，并定期参加《生物多样性公约》和《卡塔赫纳生物安全议定书》缔约方大会，涉及生物技术、风险评估、能力建设和交流等内容。2002 年以来，FAO启动一系列项目以协助各国和各区域加强技术、体制和信息共享能力建设，确保能安全使用现代生物技术并加强可持续农业和粮食生产。此外，FAO以培训计划作为国家、大区域和全球层面的生物安全能力建设活动的核心重点，内容包括农业生物技术、生态环境、风险分析、释放后监测和检测技术、生物安全监管制度（涉及法律、行政、社会经济和道德等各方面）、转基因检测、沟通和参与等。在中小区域层面开展的活动主要涉及：①统一指导原则、监管框架、标准和准则；②建立区域生物安全网络；③提供针对具体问题的培训；④分享有限的可用人力和基础设施资源，以促进资源的集中和规模经济。例如，FAO在全球范围内启动两个培训计划：①与国际种子测试协会（International Seed Testing Association，ISTA）合作的包括转基因品种在内的种子检测及品种鉴定的技术培训；②针对转基因食品安全性评估培训人员的培训。FAO还通过建立的粮食和农业生物技术网站，提供有关生物技术和产品的FAO工作和国际发展以及围绕农业生物技术研究和部署的相关政策和监管等信息。

参考文献

杨玉花, 2007. 联合国粮食及农业组织网上资源简介[J]. 农业图书情报学刊, 19 (3): 93-94.

中国农业大学, 农业部科技发展中心, 2010. 国际转基因生物食用安全检测及其标准化[M]. 北京: 中国物资出版社.

FAO, 2017. Basic texts of the Food and Agriculture Organization of the United Nations, Vol. I and II[M]. http: //www. fao. org/3/K8024E/K8024E. pdf.

Food and Agriculture Organization of the United Nations. About FAO[DB].[2021-05-29] http: //www. fao. org/about/en/.

（撰稿：姚洪渭、叶恭银；审稿：方琦）

链置换扩增 strand displacement amplification

一种酶促DNA体外等温扩增方法。通过在靶用化学修饰的限制性核酸内切酶识别DNA两端，在其识别位点将链DNA切开，DNA聚合酶继之延伸缺口3′端并替换下一条DNA链。被替换下来的DNA单链可与引物结合并被DNA聚合酶延伸成双链。该过程不断反复进行，使靶序列被高效扩增。

该技术可以在很短的时间内对体系内微量的核酸进行扩增，且不依赖于复杂仪器。目前已经在包括医疗诊断、转基因检测中的众多领域实现了商业化应用。

（撰稿：潘广；审稿：章桂明）

螺旋粉虱 *Aleurodicus disperses* Russell

一种危害果树、蔬菜、观赏植物、行道树及经济林木等的重要害虫，其因具有螺旋状的产卵轨迹而得名。英文名spiralling whitefly。同翅目（Homoptera）粉虱科（Aleyrodidae）复孔粉虱属（*Aleurodicus*）。

入侵历史 该虫原分布于中美洲的加勒比海地区，1905年首次在加勒比海地区西印度群岛的马提尼克岛的多种寄主上被发现但并不成灾而未予以重视。自1962年传入加那利群岛，1978年入侵到美国夏威夷且向太平洋岛屿并向西扩散危害后才受到重视和广泛关注。1965年依据对美国农业部收集了60年的标本进行观察而首次将其确认为1个独立的种。该虫1988年侵入中国台湾，2006年发现侵入海南。

分布与危害 螺旋粉虱在海南危害寄主达400多种，辣椒、四季豆、茄子、番木瓜、番石榴、木薯、印度紫檀、榄仁树和美人蕉等是其嗜好危害寄主。该虫主要栖息于寄主植物的叶片背面进行取食，发生严重时在叶面、果实、花以及茎秆也聚集有大量虫口。该虫以若虫和成虫吸食植株汁液，使叶片萎凋、干枯，果实发育不良及畸形，严重时致使叶片干枯、脱落，并致植株死亡。该虫危害还分泌蜜露滴粘于植株表面诱发煤烟病，影响果实外观造成质量下降，诱发的煤烟病还阻碍叶片光合、呼吸及散热功能，促使枝叶老化及落叶（图1）。该虫危害行道树、景观树，对人们生活造成不适，并严重影响生态景观。

形态特征

卵 长椭圆形，长约0.30mm，宽0.11mm，淡黄色，表面光滑，常染有蜡粉；一端有一细柄，插入叶面组织中（图2①）。

一龄若虫 椭圆形，扁平，长0.33mm，宽0.15mm，黄色透明，前端两侧具红色眼点，触角2节，足3节。随虫体发育背面稍隆起，体亚缘分泌一窄带状蜡粉（图2②）。

二龄若虫 有时具鲜黄色区域，体长0.48mm，宽0.26mm，触角退化，分节不明显，除体侧白色蜡带外，体背上具少许絮状蜡粉，体两侧具玻璃状细蜡丝，但较短（图2③）。

三龄若虫 体长0.67mm，宽0.42mm，足、触角进一步退化，体背的絮状蜡粉稍多，体侧玻璃状细蜡丝稍长（图2④）。

四龄若虫（拟蛹） 近卵形，长1.02～1.25mm，宽0.69～0.90mm，淡黄色或黄色，背面隆起，足、触角和复眼完全退化（图2⑤⑥）。

成熟的蛹 在背面具大量向上和向外分泌的白色絮状物，一些呈蓬松絮状，另一些蜡质带状，与体宽相近或长于体宽；从复合孔中分泌出5对玻璃状的细蜡丝，是体宽的3～4倍；此外，体四周还有一条纹状带状，白色半透明，从亚腹缘向叶面分泌。

成虫 体长（不包括雄性体末的抱握器）1.57～2.59mm，通常雄性个体大于雌性。初羽化的成虫浅黄色，半透明，羽化后几小时覆盖有一层蜡粉；腹部两侧具蜡粉分泌器。前翅宽大，通常略短于体长（个别可长于体长），一些个体的前翅具2个浅褐色小斑，1个位于近翅端，另1个位于近翅中的外侧。复眼呈哑铃型，中间常由3个小眼相连。触角7节。雄性腹部末端有一对铗状交尾握器，可达体长的1/5（图2⑦⑧）。

图 1 螺旋粉虱危害症状（符悦冠提供）
①番石榴上的危害状；②辣椒上的危害状；③番木瓜上的危害状

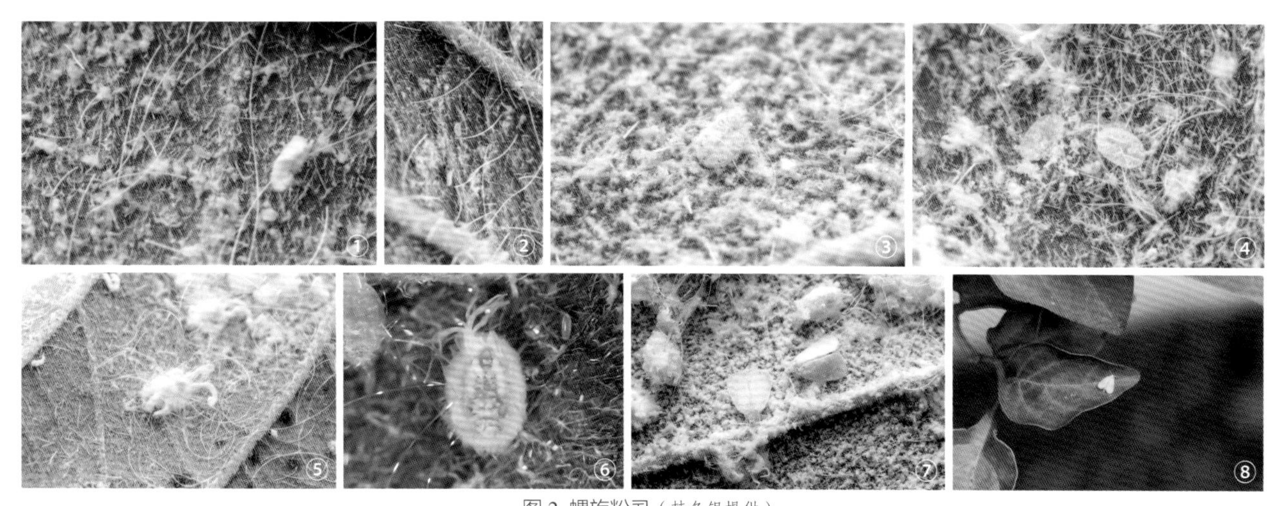

图 2 螺旋粉虱（韩冬银提供）
①螺旋粉虱卵；②一龄若虫；③二龄若虫；④三龄若虫；⑤四龄若虫；⑥螺旋粉虱似蛹（中期）；
⑦ 螺旋粉虱雌成虫；⑧螺旋粉虱雄成虫

入侵生物学特性 螺旋粉虱一生经历卵、一至四龄若虫（拟蛹）和成虫 6 个阶段。在 26～31℃下完成 1 个世代仅需 20 多天。在海南年发生 8～9 代，世代重叠。螺旋粉虱孵化后的一龄若虫爬行至叶脉处固定取食，二至四龄若虫一般聚集于叶脉处固定取食至羽化，但条件不适时会做短距离移动。成虫可飞行但不活跃。螺旋粉虱可进行两性生殖和孤雌产雄生殖。雌雄个体一生均可发生多次交配。螺旋粉虱产卵时，雌成虫先在叶背的小脉附近产卵并覆盖蜡泌物，后在外围形成 1～2 圈的螺旋状蜡圈。螺旋粉虱具有很强的繁殖能力，最高产卵量达 400 多粒 / 雌。

螺旋粉虱旱季比雨季种群密度高，秋季至冬初较春夏发生重；降雨、温度和寄主物候等是影响其种群数量的主要因素。高温和低温不利于螺旋粉虱的生长发育，最适发育温度为 24～28℃。阴雨天气不利螺旋粉虱种群的发生，强降雨时各龄虫受雨水直接冲刷，特别是台风暴雨天气，寄主叶片被掀起和冲刷，可显著降低螺旋粉虱种群数量。高湿条件易诱发多种病原性微生物如蜡蚧轮枝菌（*Verticillium Lecanii*）的发生，从而降低螺旋粉虱种群数量。

预防与控制技术 ①加强检疫监管，控制其从境外传入。②做好监测，及时掌握螺旋粉虱的发生动态和实施适时防治。可利用黄绿色板（色彩参数 GGB 值为 163，255，0）或利用专门诱剂进行监测，根据监测结果实施应急灭除或控害防治。③搞好园地清洁，适当疏伐，增加透光率及雨水冲刷。对疏伐或清扫的枝条叶片等进行集中就地销毁。④释放人工扩繁的或直接剪取螺旋粉虱黑蛹助迁哥德恩蚜小蜂（*Encarsia guadelopupae* Viggiani）。⑤可选用顺式氯氰菊酯 50mg/kg 药液，或溴氰菊酯 12.5mg/kg 药液，或高效氯氟氰菊酯 12.5mg/kg 药液，或联苯菊酯 50mg/kg 药液，或啶虫脒 100mg/kg 药液，于螺旋粉虱的若虫盛孵期和成虫发生高峰期进行喷雾防治。配药时，按用药量的 5%～10% 添加有机硅等表面活性剂，提高防效。

参考文献

陈俊谕, 陈泰运, 符悦冠, 等, 2013. 哥德恩蚜小蜂对螺旋粉虱的功能反应研究[J]. 中国生物防治学报, 29(2): 175-180.

符悦冠, 吴伟坚, 韩冬银, 2014. 外来入侵害虫螺旋粉虱的监测与防治[M]. 北京: 中国农业出版社: 79-82.

韩冬银, 刘奎, 张方平, 等, 2009. 螺旋粉虱的生物学特性[J]. 昆虫学报, 52(3): 281-289.

唐超, 王鹏, 彭正强, 等, 2009. 螺旋粉虱在中国大陆的风险性分析[J]. 中国农业科学, 42(12): 4420-4427.

虞国跃, 2011. 寄生螺旋粉虱的一大陆蚜小蜂科新记录种——哥德恩蚜小蜂[J]. 昆虫分类学报, 33(2): 129-131.

CHEN J Y, NIU L M, LI L, et al, 2015. Influence of constant temperature on development and reproduction of *Encarsia guadeloupae* Viggiani (Hymenoptera: Aphelinidae), a parasitoid of the spiraling whitefly *Aleurodicus dispersus* Russell (Hemiptera: Aleyrodidae)[J].

Neotropical entomology, 44(2): 160-165.

ZHENG L X, WU W J, LIANG G W, et al, 2013. 3, 3-Dimethyl-1-butanol, a parakairomone component to *Aleurodicus dispersus* (Hemiptera: Aleyrodidae)[J]. Arthropod-plant interactions, 7(4): 423-429.

（撰稿：符悦冠、韩冬银；审稿：郭文超）

落叶松癌肿病 *Lachnellula willkommii* (Hart.) Nannf.

由韦氏小毛盘菌引起的一种落叶松溃疡病，是一种林业入侵病害。被列入林木检疫性病害名录。

入侵历史 19世纪中叶曾流行于德国和英国等欧洲国家，毁掉了大面积的欧洲落叶松林，之后在美国、日本等国也相继发现。1975年在中国的小兴安岭带岭凉水自然保护区兴安落叶松林中首次发现，随后又在大兴安岭林区发现，危害兴安落叶松天然林和人工林2～26年生的林木，平均发病率为50%，天然幼林的发病率高达97%。

分布与危害 落叶松癌肿病是严重危害落叶松（*Larix* spp.）的世界性病害。在欧洲、北美、日本多地的落叶松林中都有不同程度的发生。在中国，据记载该病主要分布在大兴安岭的加格达奇、古源、新林、塔河、金山、呼码、西林吉、漠河等地和小兴安岭南坡的带岭地区兴安落叶松（*Larix sibirica*）天然林和人工林中。1979年，在吉林浑江地区也发现此病。

枝条发病后发生梭形癌肿，主干发病后出现多形状的癌肿和流脂现象，癌肿表面有同心环状的突起溃疡伤，在溃疡斑的边缘出现盘状子实体。在不同部位的症状不同：

细枝发病时，病部微下陷，且常绕枝一周，病部以上呈现枯枝病状。

粗枝发病时，因皮层坏死而微显凹陷，且流脂。在病部边缘，愈合组织较发达，病枝表现为弯梭形，枝皮变黑。年年继续发病，梭形病部渐渐扩大，且以老溃疡皮部为中心，形成同心环形的隆起带。到7月下旬可在病部的周围看到直径1～4mm的病菌子实体（即子囊盘）。子囊盘外部有细纤毛，里边为杏黄色或橘黄色。盘下有0.5mm左右的短柄。

主干发病时，与粗枝上的病变相同，但表现更显著。病部边缘的愈合组织较为发达，经过冬、春的低温后，下一年变衰弱或死亡，在它的外围又产生新的愈合组织。如此反复，多年后形成不断增厚的同心环状的癌肿病斑，病部中心深陷呈孔洞。进入生长季节之后，孔洞的下缘流出大量污褐色且黏稠的树脂。

如果病树只在枝上发病时，树冠上除有枯枝和癌肿的病状外，没有其他病状。但在主干上发病且连续多年发展后，树冠稀疏，叶色萎黄，树势极度衰弱，易受到次期害虫的危害，造成病树死亡。

病原及特征 病原为韦氏小毛盘菌（*Lachnellula willkommii*）。7月末9月初，在病部溃疡病的边缘处，产生子囊盘。最初为粟粒状，后顶部开口。呈盘形，其外侧生细毛，污白色或灰白色，盘内为杏黄色或橘黄色，子囊盘直径一般为1～4mm，厚0.3mm。无柄或有0.5mm短柄。

子囊长筒形，8～12μm×115～163μm。子囊孢子短梭形或椭圆形，无色，单胞，5μm×15～27μm，在子囊中排成一行。侧丝丝状不分枝，1.5～2.0μm×155～181μm。子囊孢子发芽之前先产生1～4（5）个假隔膜，由单胞变为多胞，在5～25℃左右均能发芽，适宜温度为15℃左右，在相对湿度41%～100%均能发芽，最适宜湿度为100%；在pH3～8范围内均能发芽，适宜pH为5.5左右。在自然界落叶松病枝上始终未发现小分生孢子器，小分生孢子发芽只产生短芽管，是否有侵染力有待进一步试验研究。

入侵生物学特性 天然和人工兴安落叶松林都能发病，过熟林和老龄树发病率很高，在天然老龄树附近的人工林内，发病率最高。病树多集中发生在寒冷地区的山下洼地。

研究表明，无论粗枝发病或树干发病，发病部位多数发生在西南侧。据此判断病害发生与霜冻和日灼伤的关系密切。死枝死芽和伤口，是病菌的主要侵染途径。成熟的子囊盘在每年的6～9月雨季释放子囊孢子，孢子释放与降雨量有密切关系，当气温在0℃以下几乎不释放孢子。子囊孢子由风传播侵染，导致人工落叶松发生癌肿病，受害与树年龄无关。

预防与控制技术

严格检疫措施　控制已发病林分，并给以适当处理，以期在短期内给予消灭。引运苗木时要防止携带病菌进入无病区。

及时清除发病林木　从清除侵染来源的原则出发，对已发病林分采取严格措施。伐除散生的过熟天然落叶松，并把病枝干收集起来焚毁。人工林若发病率已达40%以上时，应在近期内采伐利用，收集病枝掩埋或焚毁。发病率不及40%时，可进行卫生伐。苗圃周围的病树及已病防风林，应早日伐除，用阔叶树种更替落叶松林。

营林措施　营造落叶松林时，应注意选择造林地，适当加大初植密度，及时抚育，造混交林带，适时修枝，既可促进林分的速生，又可防止病害的蔓延。郁闭后要进行合理间伐，修枝防病也是欧洲各国用来防治落叶松癌肿病的重要措施之一。

参考文献

潘学仁，刘传照，1985. 韦氏小毛盘菌生物学特性的研究[J]. 东北林业大学学报，13(4): 55-62.

裴明浩，袁志文，1986. 长白山落叶松癌肿病发生初报[J]. 林业科技通讯 (8): 26-27.

邵力平，何秉章，潘学仁，1979. 兴安落叶松癌肿病(*Trichoscyphella willkommii* (Hart.) Nannf.)的研究初报[J]. 东北林学院学报 (1): 22-31.

GIROUX E, BILODEAU GUILLAUME J, 2020. Whole genome sequencing resource of the European larch canker pathogen *Lachnellula willkommii* for molecular diagnostic marker development[J]. Phytopathology, 110(7): 1255-1259.

ROANE M K, GRIFFIN G J, ELKINS J R, 1986. Chestnut blight, other *Endothia* diseases and the genus *Endothia*[M]. St. Paul: The American Phytopathological Press, 53.

SPAULDING P, 1961. Foreign diseases of forest trees of the world[M]. Washington, DC: U.S. Department of Agriculture: 361.

（撰稿：梁英梅；审稿：高利）

马铃薯环腐病　potato ring rot

由腐烂棒形杆菌引起的马铃薯生产上的重要细菌性入侵病害，是一种世界性的维管束病害。又名马铃薯轮腐病，俗名转圈烂、黄眼圈。中国将马铃薯环腐病菌列入《中华人民共和国进境植物检疫性有害生物名录》。该病同时还分别被欧洲和地中海植物保护组织（EPPO）、泛非植物检疫理事会（IAPSC）、亚洲和太平洋区域植物保护委员会（APPPC）以及南锥体区域植物保护委员会（COSAVE）等多个国家和地区的植物保护组织列为重要检疫对象。

入侵历史　最早于19世纪晚期在德国被发现，在欧洲、美洲及亚洲的部分国家均有发生。在中国，该病于20世纪50年代在黑龙江最先发现，随即扩散蔓延至青海、北京等地，现已遍及中国各地的马铃薯产区。被病菌危害后，常造成苗死株死，严重影响马铃薯产量。

分布与危害　广泛分布于北美洲、欧洲、亚洲等部分国家。在中国分布于黑龙江、吉林、辽宁、内蒙古、青海、宁夏、山西、河北、广西、陕西等马铃薯产区。由于环境以及品种的差异，植株症状主要有萎蔫型和枯斑型两种，其地上部茎叶萎蔫和枯斑，地下部块茎维管束发生环状腐烂。枯斑型症状多在植株基部复叶的顶端先发病，叶尖和叶缘呈绿色，叶肉为黄绿或灰绿色，具明显斑驳，叶尖变褐枯干，叶片向内纵卷，病茎部维管束变褐色。萎蔫型症状从现蕾时发生，叶片自下而上萎蔫枯死，叶缘向叶面纵卷，呈失水状萎蔫，茎基部维管束变淡黄或黄褐色，植株提前枯死。

染病块茎外表多无明显异常，有的后期皮色变暗。切开块茎后，可见维管束变为淡黄色或乳黄色。发病严重的，维管束全部变色，病原菌侵害维管束周围的薯肉，形成环状腐烂，皮层与髓部分离，但无恶臭，手捏病薯，受害部破裂挤出。入贮后病薯芽眼干枯变黑，表皮龟裂。病块茎可并发软腐病，全部软化腐烂，有臭味。由于块茎被侵染后潜育期较长，即使肉眼检查无症的块茎，也有可能已经被侵染和带菌。

初期症状为叶脉间褪绿，呈斑驳状，但叶脉仍为绿色，以后叶片边缘或全叶黄枯，并向上卷曲，发病先从植株下部叶片开始，逐渐向上发展至全株。病株茎叶和块茎都表现症状，但因侵染程度、品种和环境条件不同，症状表现不同。播种重病种薯后，有的腐烂殆尽而不能出苗；有的虽能出苗，但幼苗生长迟缓，节间缩短，植株矮化，细弱黄瘦，甚至茎基部腐烂而枯死。一般情况下，植株多在现蕾、开花期出现明显症状。另一种症状类型是发生急性萎蔫。此时病叶青绿色，叶缘卷曲萎垂。发病较轻的仅部分叶片和枝条萎蔫，发病严重的则大部分叶片和枝条萎凋，甚至全株倒伏、枯死。晚期出现的病株，株高、长势无明显变化，仅收获前萎蔫。病株的茎部和根部维管束由乳黄色至黄褐色，有时溢出白色菌脓。

病原及特征　病原为腐烂棒形杆菌（*Clavibacter sepedonicums*）。属微球菌目（Micrococcales）微杆菌科（Microbacteriaceae）棒形杆菌属（*Clavibacter*）腐烂种（*sepedonicus*）。马铃薯环腐病菌为典型的革兰氏阳性短棒状杆菌，菌体大小为0.4～0.6μm×0.8～1.2μm，菌体形状变化很大，多以单体形式存在，偶成对以“V”字形排列。无鞭毛。不形成芽孢、无荚膜、无运动性。在培养基上菌落呈白色，薄而透明，有光泽，人工培养条件下生长缓慢。生长最低温度1～2℃，最高温度31～33℃，生长适温为20～23℃，致死温度56℃，生长最适pH8.0～8.4。环腐病菌有生理化现象，能利用阿拉伯糖、木糖、半乳糖、葡萄糖、果糖、麦芽糖、甘露醇、七叶苷、水杨苷、纤维二糖、甘油、蔗糖、乳糖和鼠李糖，不能利用柠檬酸盐。脲酶、氧化酶反应阴性，接触酶反应阳性，纤维素酶反应弱或阳性。能液化明胶，不产生吲哚和硫化氢。水解淀粉反应弱或阴性，硝酸盐还原反应阴性。7% NaCl和37℃下无法生长。

自然情况下，马铃薯环腐病菌仅能够侵染马铃薯（*Solanum tuberosum* L.）并引发病害；甜菜（*Beta vulgaris* L.）可成为其隐症寄主。人工接种寄主包括番茄（*Lycopersicon esculentum* Miller）、茄子（*Solanum melongena* L.）等多种茄科植物。

入侵生物学特性　马铃薯环腐病菌作为低温适应性菌系，病害发病适温为18～23℃，当土温超过31℃时病害的发生受抑制，因此该病主要分布于北纬20°以北的温带冷凉地区。该病的初传染源主要是带菌种薯，种薯的新鲜切面是扩大再侵染的主要途径，病菌只有从伤口侵入，潮湿时也可从皮孔侵入。此外，种薯盛放容器、农具、机械设备及储藏室墙壁等也均可成为其越冬场所。附着于种薯麻袋布上的马铃薯环腐病菌在0℃以上条件下可存活18个月后仍保持致病力。田间条件下，病害于植株间扩散传播的现象鲜有发生。但有证据表明，科罗拉多甲虫、叶蝉和蚜虫可成为该病的传播媒介。

该病多在现蕾末期至开花初期发病，在土壤中生活力不持久。病菌能够在块茎中生存，播种病薯后，病菌随着薯苗生长，传递到地上茎与匍匐茎内，当土温达18～22℃

时，病害发展最为迅速，但高温能够降低病菌侵染源的传播速度。环腐病细菌在土壤中不能长期存活，前一年收获遗留田间的病薯不能成为翌年初侵染源，故连作不增加发病率和发病程度。有时害虫危害，可将病株内细菌传到健株上而发病，但是这种再侵染的病株很少传入地下部分使薯块带病。侵染晚的则不表现症状。带菌种薯的细菌随养分和水分的流动沿维管束依次向上进入新芽、茎、叶柄和叶内，形成系统侵染，病菌破坏输导组织阻塞养分和水分的流通，造成地上部分卷叶、矮化和萎蔫。当匍匐茎长出时病菌又沿匍匐茎的维管束进入新生薯块，但种子不带菌。

预防与控制技术 严格检疫。调运种薯要经产地检疫、种薯检验，严禁从疫区调拨种薯。建立无病种薯基地，繁育无病种薯。播种前晾晒催芽，汰除病薯。采用小整薯播种，切块播种时，交替使用经严格消毒的切刀。种薯盛放工具（筐、篓和麻袋等）采用蒸煮高温消毒或硫酸铜液处理，农机具可用漂白粉溶液或福尔马林液消毒。及时拔除田间病株，使用生石灰、铜制剂或杀菌剂等处理病株拔除点位土壤。

参考文献

董金皋, 2007. 农业植物病理学[M]. 2版. 北京: 中国农业出版社: 144-147.

高德香, 何礼远, 1993. 马铃薯环腐病棒杆菌单克隆抗体的制备[J]. 植物病理学报, 23(1): 6.

王瑞霞, 贺运春, 赵廷昌, 等, 2010. 马铃薯环腐病生防菌株P1的鉴定、防病效果及促生作用研究[J]. 植物病理学报(1): 8.

《中国农作物病虫害》编辑委员会, 1979. 中国农作物病虫害: 上册[M]. 北京: 农业出版社: 537-540.

OEPP/EPPO, 2011. EPPO Standards PM 9/2(2) *Clavibacter michiganensis* subsp. *sepedonicus* [J]. Bulletin Oepp/Eppo Bulletin, 41: 385-388.

EPPO, 2021. EPPO Data Sheet on quarantine pest, *Clavibacter sepedonicus*. https://gd.eppo.int/taxon/CORBSE/datasheet.

（撰稿：徐进；审稿：周忠实）

马铃薯激酶基因 potato kinase gene

一类具有卷曲螺旋域、核苷酸结合域和富含亮氨酸重复域的马铃薯晚疫病抗性基因。又名 *R* 基因。马铃薯的野生近缘种 *Solanum demissum* 是马铃薯晚疫病抗性基因的最大来源。到目前为止，已经有 11 个晚疫病抗病基因从 *S. demissum* 中鉴定出来并转育到栽培马铃薯品种中，这些基因分别被命名为 *R1*、*R2*、*R3*、*R4*、*R5*、*R6*、*R7*、*R8*、*R9*、*R10*、*R11*，它们都是小种专化抗性的主效抗病基因，已应用分子标记技术将这些 *R* 基因定位在相应的染色体上。

在植物 *R* 基因的研究方面，已经从单子叶和双子叶植物中克隆了超过 50 个 *R* 基因。虽然这些 *R* 基因对应不同病原的抗性，但它们有共同保守的结构域，根据这些结构域的特点已克隆的 *R* 基因可以被分为以下几种类型：CC-NBS-LRR（CNL）、TIR-NBS-LRR（TNL）、LRR、丝氨酸 - 苏氨酸激酶类、LRR- 激酶类和仅有 CC 卷曲类。从已克隆的抗病基因来看，CC-NBC-LRR 类的抗病基因数量最多，而马铃薯的抗晚疫病基因都属于 CC-NBS-LRR 类型。

***R* 基因的结构域特点和功能** LRR（leucine-rich repeats）结构域存在于很多功能蛋白中，推测与蛋白质之间的互作有关。LRR 区域每 2 个或 3 个氨基酸残基包含 1 个亮氨酸，这样的重复序列形成卷曲结构，β 折叠的亲水基团暴露在外。LRR 区域的功能可能与 *R* 基因的特异识别有关，实验证明一部分 *R* 基因的 LRR 区域直接与病菌的效应子互作。

NBS（nucleotide binding site）区域包含 ATP 酶和 G 蛋白，通过核酸结合和水解使 *R* 基因发挥功能。在动物中，含 NBS 结构域的蛋白如 APAF-1 和 CED-4 被证明参与了调节细胞程序死亡。在植物中这一功能尚未被证实，但研究表明 NBS 结构域通过激活 LRR 识别功能来控制细胞死亡。

CC（coiled coil）区域包含两个或多个 α 螺旋结构，在很多的生物学过程中，该结构的蛋白都参与了蛋白直接的互作，但 CC 区域在抗病方面的作用还不太清楚，但可以肯定的是该区域与下游信号传递密切相关。

应用 贾芝琪等人通过农杆菌介导法将马铃薯 *R1* 基因导入番茄（‘Moneymaker’）中使其对马铃薯晚疫病菌株小种产生明显的抗病反应。除了抗病作用外，马铃薯 *R1* 基因还参与淀粉的磷酸化。磷酸化的淀粉在马铃薯存储期间会降解产生葡萄糖和果糖。这些还原糖将会对马铃薯的食用和加工品质造成很大的影响。在高于 120℃的温度下加热时这些还原糖与氨基酸反应而形成美拉德产物，包括丙烯酰胺。美国杰·尔·辛普洛公司（J. R. Simplot Co.）通过 RNAi 技术降低马铃薯 *R1* 基因的转录水平，减少了储存过程中还原糖的形成，培育出商业化的低还原糖积聚的马铃薯品种。

参考文献

贾芝琪, 2008. 晚疫病抗性信号传导研究体系的构建和番茄抗病资源的创新[D]. 北京: 中国农业科学院.

（撰稿：李圣彦；审稿：郎志宏）

马铃薯晚疫病 potato late blight

由致病疫霉侵染引起的，发生于马铃薯上的一种卵菌病害，是中国农业上的一种重大入侵病害。

入侵历史 马铃薯晚疫病最早起源于墨西哥，在 19 世纪传入欧洲大陆。1830 年在德国首先发现马铃薯晚疫病。1845 年在比利时首次报道了该病害的发生，随后在荷兰、丹麦、芬兰、法国、意大利、英格兰、苏格兰等地迅速蔓延开来。1845—1850 年，晚疫病暴发导致爱尔兰地区马铃薯严重减产，数百万人饿死或逃亡，对西方社会的经济及政治产生了深远的影响，史称“爱尔兰大饥荒”。引起马铃薯晚疫病的病原物致病疫霉最早被认为只能进行无性繁殖，直到 1956 年 Niederhauser 等人在墨西哥田间马铃薯叶片上首次发现了大量的卵孢子。1958 年 Smoot 等人进一步研究后发现致病疫霉存在两种性征上有明显差异但形态上完全相同的菌株，称为 A1 交配型和 A2 交配型。从 20 世纪 80 年代起，世界各地陆续报道发现了致病疫霉的A2交配型。新发现的A2交配型能够和A1交配型完成有性生殖，产生的卵孢子能够在土壤中或作物残体中越冬、存活数月或数年，严重威胁着马铃薯的种植和生产。

中国于1940年在四川重庆以东地区首次发现马铃薯晚疫病，当年造成超过80%的损失。1996年张志铭等人首次在内蒙古和山西的晚疫病菌株中发现了A2交配型，随后云南、河北、四川、福建、甘肃和宁夏等地均陆续报道发现了A2交配型的菌株。A2交配型和A1交配型完成有性生殖过程中伴随着遗传物质的重组，造成晚疫病遗传群体多样化，加快晚疫病菌群体变异和进化速度，导致晚疫病菌产生对马铃薯抗病品种和化学农药的抗性，进而引起马铃薯晚疫病的大流行。中国马铃薯晚疫病的大流行起始于1950年，造成山西、内蒙古等地的损失超过50%。此后晚疫病不断流行和蔓延，给马铃薯的农业生产造成了巨大的经济损失。2012年马铃薯晚疫病在中国范围内暴发，在北方产区大流行，在南方产区偏重发生，实际损失近300万t。甘肃、湖北等地发生面积超过种植面积的80%，发病严重的田块出现大面积枯死现象，危害损失严重。由于晚疫病菌危害十分严重，田间暴发后的损失巨大，历史上多次被中国列入重大农业有害生物的名录。2020年9月，马铃薯晚疫病被中国农业农村部列入一类农作物病虫害名录。

分布与危害 在全球马铃薯产区均有发生。在美国和欧洲，每季度为防控晚疫病的化学防治超过10次，每公顷农田的防治成本高达500美元；在荷兰，50%的农药都用于防治马铃薯晚疫病，每年预防和控制这种农业病害而造成的经济损失超过1亿欧元。在中国，由于地形气候和马铃薯栽培制度的差异，导致晚疫病在马铃薯各产区的发生和危害程度有所不同，主要包括高发区、常发区和偶发区3种类型。高发区主要包括云南、贵州、重庆和陕西（南部）等地区，马铃薯主要以冬种春（夏）收和春种夏（秋）收为主，便于侵染源的积累，此外该地区气候潮湿阴凉，为晚疫病的发生和流行提供了有利的环境条件。常发区包括黑龙江、吉林、河北北部、陕西北部、内蒙古、宁夏、青海、甘肃以及新疆天山以北的地区，该地区晚疫病主要发生在马铃薯开花至薯块膨大期，温度适宜，雨水多，有利于晚疫病的发生和流行。偶发区包括河南、山东、江苏、浙江、安徽、江西、广东、广西、福建、海南、湖南、湖北东部和山西南部等地区。该地区马铃薯种植面积较小，气候通常不利于晚疫病的发生，危害较轻。

致病疫霉主要侵染马铃薯的茎秆、叶片和块茎。初侵染通常从马铃薯靠近地面的叶片开始，侵染初期在叶尖、叶缘处产生暗绿色的小型病斑。在潮湿的环境中病斑会迅速扩大并变成褐色，有时可见菌丝体形成的白色霉层，在叶片背面较为明显。发病严重时病斑能够扩散至主脉、叶柄和茎部，输导组织受到破坏，不能输送水分和营养物质，导致茎叶呈黑褐色，叶片枯死，茎秆产生黑色病斑，造成田间大面积倒伏。基部受到侵染后，在皮层形成长短不一的褐色条斑。薯块在晚疫病菌侵染后表面会形成褐色的病斑，病斑深度在1cm以内。切开病薯能够看到由表向内扩散的褐色坏死斑。在马铃薯的储藏期，晚疫病能够在堆积的种薯间快速传播，加上其他病原菌的复合侵染，迅速导致薯块的腐烂（图1）。

病原及特征 病原为致病疫霉（*Phytophthora infestans*），属霜霉目（Peronosporale）腐霉科（Pythiaceae）疫霉属（*Phytophthora*），为半活体营养型，能够侵染马铃薯、番茄等多种茄科作物。侵染早期形成发达无色的无隔菌丝侵染寄主，从活体植物中获取营养，在侵染后期转为死体营养型进行腐生生活。致病疫霉的生活史同时包括无性生殖阶段和有性生殖阶段。致病疫霉的无性生殖阶段是致病疫霉侵染寄主及维持子代遗传稳定性的阶段。在无性生殖阶段，致病疫霉菌丝分化形成孢囊梗，孢囊梗形状细长，合轴分枝。在适宜条件下，孢囊梗会从茎秆和叶片的气孔以及块茎的皮孔伸出，在孢囊梗的顶端形成卵圆形的孢子囊。孢子囊呈椭圆形

图1 致病疫霉危害症状（董莎萌提供）

①致病疫霉侵染马铃薯初期叶部危害症状，在叶尖、叶缘处产生的褐色病斑，湿度大时可见白色霉层，叶片背面较明显；②致病疫霉扩散至主脉、叶柄和茎部，产生黑褐色病斑；③致病疫霉在薯块上引起的症状，病薯表面为褐色病斑，切开后能够看到由表向内扩散的褐色坏死斑；④致病疫霉田间危害症状，植株似火烧黑枯，大面积倒伏

或卵形，具有半乳突状结构，厚度3～3.5μm。孢子囊底部具有孢囊柄，孢囊柄较短，通常小于0.5μm，孢子囊能够从孢囊柄上脱落。孢子囊成熟后能够释放大量双鞭毛的游动孢子，游动孢子呈肾形，单核，具有双鞭毛，能够游动。游动孢子在游动一段时间后鞭毛脱落形成休止孢，休止孢萌发产生芽管，芽管顶端膨大形成附着胞，附着胞顶端可形成侵入钉侵入寄主体内，在寄主体内形成手指状吸器从而获取营养物质。致病疫霉的有性生殖阶段是造成晚疫病遗传群体多样化和加快晚疫病菌群体变异和进化速度的阶段。只有当致病疫霉A1和A2这2种交配型同时存在时，才有可能进行有性生殖。在致病疫霉的有性生殖阶段，A1和A2交配型的菌株生长相互靠近，两种菌株的营养体菌丝分别分化为藏卵器和雄器，藏卵器呈球形，平均直径38μm，壁光滑，雄器围生，交配形成球形卵孢子。卵孢子成熟后有一层厚壁，能够抵抗不良的外界环境，在土壤中越冬，并成为翌年致病疫霉的初侵染源（图2）。

入侵生物学特性 马铃薯晚疫病是一种单年流行病害，一般幼苗期抗病力较强，开花期前后最容易感病。马铃薯晚疫病的初侵染源主要来自病薯携带的病菌或是土壤中越冬的卵孢子。马铃薯晚疫病主要以菌丝体在窖藏病薯上或者残留在土壤中的病薯上越冬。病薯播种后，越冬菌丝随着种薯发芽开始活动，向幼芽蔓延形成病苗。早期感病的幼苗通常还未破土就已变为黑色且死亡。感病较晚的幼苗能够形成条状病斑，继续生长发育。在阴雨的气候条件下病斑部位产生孢子囊并释放游动孢子，随风雨传播，迅速萌发侵入寄主叶片，导致叶片发病，自上而下形成中心病株。从中心病株的病斑上所产生的孢子囊能够继续释放游动孢子，通过气流和水流传播，向植株的其他部位或周围的植株进行再侵染，导致病害迅速蔓延。感病植株上的孢子囊能够随着雨水或灌溉水渗入土壤，萌发而侵入薯块，成为翌年的初侵染源。此外，在土壤中越冬的卵孢子，在马铃薯播种后即可侵入幼芽，也是马铃薯晚疫病重要的初侵染源。种植马铃薯感病品种的田块从开始发病至流行一般只需7～10天，至全田枯死需15天左右，种植马铃薯普通品种的田块从开始发病至流行一般需要15～20天，至全田感病需30天左右（图3）。

影响马铃薯晚疫病发生和流行的气象因素主要是温度、湿度和降水量。此外，日照时数和风速对其发生和流行也有较大的影响。晚疫病菌丝的适宜生长温度为20～23℃，相对湿度90%左右。孢子囊形成的最适温度为19～22℃，在10～13℃环境中持续1～2小时且寄主植物表面有水滴时，有利于孢子囊萌发产生游动孢子；在24～25℃环境中持续5～8小时且寄主植物表面有水滴时，有利于孢子囊直接产生芽管侵入寄主。马铃薯生长期间特别是现蕾至开花期间，降雨频繁、雨量较大，田间相对湿度高或多雾多露的气候条件最易导致晚疫病大流行。中国西北、华北马铃薯主产区7～9月降雨较多，温度适宜，如果丰雨期和马铃薯开花至薯块膨大的易感病时段相吻合，极易导致晚疫病的发生和流行。此外，日照时长和平均风速对晚疫病的发生和流行也有较大影响。日照时长、平均风速和晚疫病发病率通常呈负相关。天气晴朗，日照充足，风速大，气体交换快，均会导致田间湿度减小，不利于晚疫病的发生和流行。

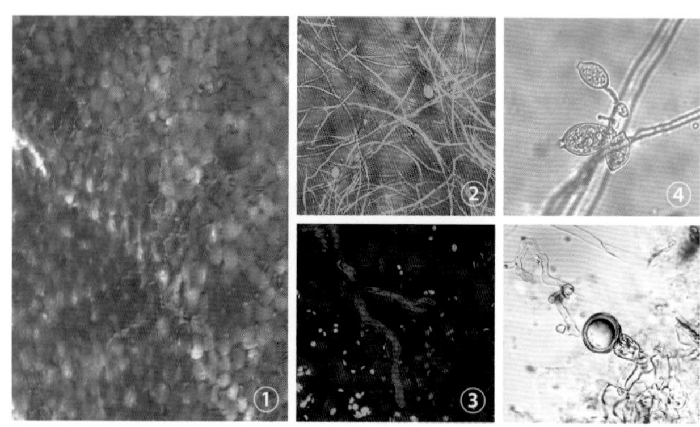

图2 致病疫霉显微观察（董莎萌提供）

①致病疫霉侵染菌丝（红色）在寄主细胞间生长；②致病疫霉侵染马铃薯叶片产生的菌丝及孢子囊（绿色）；③致病疫霉菌丝（紫色）尖端；④致病疫霉产生的孢子囊；⑤溴酚蓝染色的卵孢子，图中为致病疫霉异宗配合产生的未成熟卵孢子

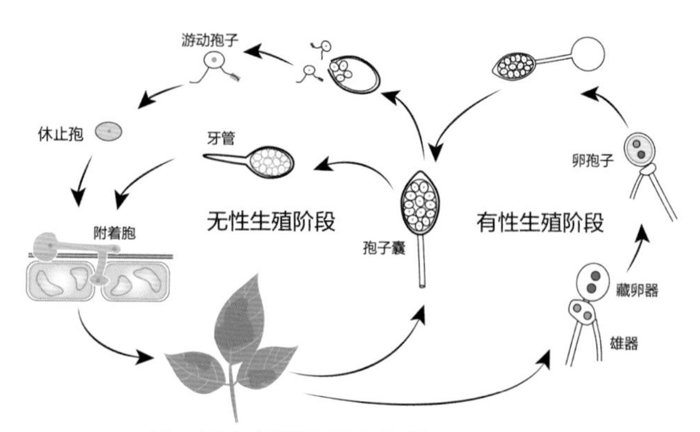

图3 致病疫霉生活史示意图（董莎萌提供）

马铃薯晚疫病的发生和流行与马铃薯品种抗病性密切相关。晚疫病流行程度往往取决于品种的抗病性强弱。一般马铃薯叶片平滑宽大、叶色黄绿和匍匐型的品种易感病，叶片小、茸毛多、叶肉厚和颜色深绿的直立型品种较抗病。多数早熟品种易感病，多数晚熟品种较为抗病。此外，晚疫病的发生还与田间管理水平有很大关系。地势低洼、排水不良的田块，发病较重；土壤瘠薄缺氧或黏重土壤，植物生长弱小，有利于病害的发生；过分密植的田块比合理密植的田块发病重；偏施氮肥的田块比合理施肥的田块发病重；旱地比水旱轮作的田块发病重；马铃薯和番茄等茄科作物长期轮作的田块比马铃薯与晚疫病非寄主作物轮作换茬的田块发病重。

预防与控制技术 晚疫病适应性强、破坏性大、流行速度快，防控晚疫病面临着严峻的挑战。防治措施主要是以化学防治为主、农业防治为辅的综合防治手段。

化学防治 在晚疫病大面积发生时，化学防治是防控病害最有效的方法。常用的农药有传统的波尔多液、代森锰锌等非内吸性保护性杀菌剂，以及甲霜灵、氟菌霜霉威等内吸性杀菌剂。通常在晚疫病还未发生时喷施保护性杀菌剂，而在7～8月雨季来临后或者晚疫病发生后主要喷施内吸性杀菌剂。但是长期使用农药会产生抗药性的菌株，降低化学防治的效果。同时使用难以降解的农药会造成农产品、土壤和水域农药残留超标，威胁人类健康。所以需要多种药剂轮换使用，并且结合其他防治措施，才能有效防治晚疫病。

选育抗病性品种　是防治晚疫病最为经济的方式，不仅节约农药的使用成本，也避免对环境造成的污染。植物的抗病性分为水平抗性和垂直抗性，在选择抗病品种时，优先选择具有水平抗性的品种，其抗性相比垂直抗性更加持久。中国种植的对晚疫病具有良好抗性效果的马铃薯抗病品种有‘大西洋’‘春署5号’‘阿克瑞亚’‘克新4号’等。

农业防治　在种植茄科作物时，要根据地理位置和品种特性合理密植，适时早播，下雨后及时排除积水，保证田间环境通风透光，降低田间湿度，避免植株叶面结露或出现水膜。合理施用氮肥，增施钾肥。与非茄科植物进行2～3年的轮作。种植前及时清除地面的病叶病果，减少晚疫病越冬的初侵染源。

监测检测　研发适合于中国晚疫病的预测预报模型和早期快速检测手段，根据晚疫病的流行趋势合理用药。

参考文献

黄冲, 刘万才, 2016. 近几年我国马铃薯晚疫病流行特点分析与监测建议[J]. 植物保护, 42(5): 142-147.

姚英娟, 2019. 薯类作物病虫害及其防治[M]. 北京: 中国农业科学技术出版社.

张欣杰, 宋文睿, 陈汉, 等, 2021. 马铃薯晚疫病化学防控现状与展望[J]. 中国植保导刊, 41(6): 33-39.

张志铭, 王仁贵, 2001. 中国马铃薯晚疫病的研究进展和建议[J]. 河北农业大学学报, 24(2): 4-10.

BIRCH P R J, BRYAN G, FENTON B, et al, 2012. Crops that feed the world 8: Potato: are the trends of increased global production sustainable[J]. Food security, 4(4): 477-508.

KAMOUN S, FURZER O, JONES J D G, et al, 2015. The Top 10 oomycete pathogens in molecular plant pathology[J]. Molecular plant pathology, 16(4): 413-434.

RISTAINO J B, ANDERSON P K, BEBBER D P, et al, 2021. The persistent threat of emerging plant disease pandemics to global food security[J]. Proceedings of the National Academy of Sciences of the United States of America, 118(23): e2022239118.

（撰稿：董莎萌；审稿：高利）

马铃薯叶甲　*Leptinotarsa decemlineata* (Say)

一种危害马铃薯、茄子等茄科作物的重要害虫，是国际公认的马铃薯重要毁灭性害虫。又名蔬菜花斑虫。鞘翅目（Coleoptera）叶甲科（Chrysomelidae）。是中国重要的外来入侵物种之一和对外重大检疫对象。

入侵历史　1874年首次报道了马铃薯叶甲作为农作物害虫在美国科罗拉多州马铃薯产区造成严重危害，故此，其英文名称为Colorado potato beetle，意为“科罗拉多甲虫”。马铃薯叶甲于1993年5～7月，在中国新疆伊犁河谷地区伊宁和察布查尔、塔城首次发现。

分布与危害　分布于中国新疆、黑龙江、吉林等马铃薯产区。马铃薯叶甲危害通常是毁灭性的，成虫和幼虫均危害马铃薯叶片和嫩尖。一至四龄幼虫取食量分别占幼虫总取食量1.5%、4.5%、19.4%和74.6%。其主要以成虫和三、四龄幼虫暴食寄主叶片，危害初期叶片上出现大小不等的孔洞或缺刻，其继续取食可将叶肉吃光，留下叶脉和叶柄（图1），尤其是马铃薯始花期至薯块形成期受害，对产量影响最大。5头/株马铃薯叶甲低龄幼虫可造成14.9%的产量损失；20头/株马铃薯叶甲幼虫产量损失可达60%以上。总之，马铃薯叶甲危害一般造成30%～50%产量损失，严重者减产可达90%，甚至造成绝收。因此，该虫所到之处，给当地马铃薯等茄科作物生产构成严重威胁。另外，马铃薯叶甲还传播马铃薯褐斑病和环腐病等。

马铃薯叶甲的寄主范围相对较窄，属于寡食性昆虫。据文献记载，其寄主主要包括茄科20多个种，多为茄属（*Solanum*）的植物，包括马铃薯（*Solanum tuberosum* L.）、茄子（*S. melongena* L.）等寄主作物和茄属的刺萼龙葵（又叫黄花刺茄）（*S. rostratum* Dunal）、欧白英（*S. dulcamara* L.）、狭叶茄（*S. angustifolium* Mill.）等茄属野生寄主植物（图2）；而茄属的*S. carolinense*、*S. sarrachoides*和*S. elaeagnifolium*等野生植物只是偶尔被取食。马铃薯叶甲的寄主还有菲沃斯属的天仙子（*Hyoscyamus niger* L.）和中亚

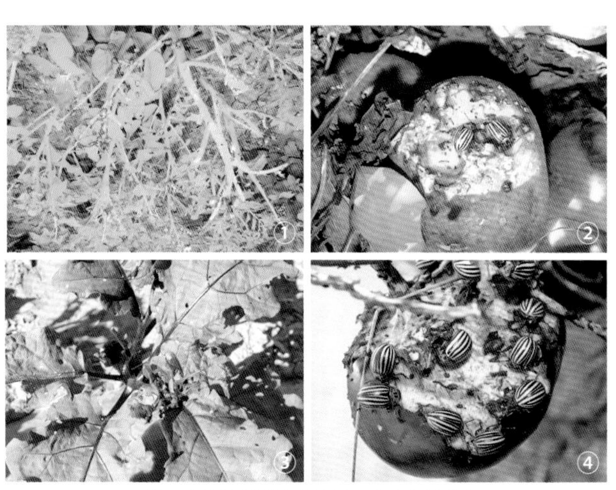

图1　马铃薯叶甲危害状（郭文超提供）

①危害马铃薯叶片；②危害马铃薯块茎；③危害茄子叶片；④危害茄子果实

图2　野生寄主植物：黄花刺茄（郭文超提供）

天仙子（*Hyoscyamus pusilus* L.）；颠茄属的番茄（*Lycopersicon esculentum* L.）。此外，马铃薯叶甲偶然取食曼陀罗属（*Datura* Linn.）的个别植物和十字花科（Brassicaceae）的个别植物。

形态特征

成虫 体长 11.25 ± 0.93mm；宽 6.33 ± 0.45mm，椭圆形，背面隆起，雄虫小于雌虫，背面稍平，体橙黄色，头、前、腹部具黑斑点；鞘翅浅黄色，每个翅上有 5 条黑色条纹，两翅结合处构成 1 条黑色斑纹；头宽部具 3 个斑点，眼肾形黑色；触角细长 11 节，长达前胸后角；前胸背板有斑点 10 多个，中间 2 个大，两侧各生大小不等的斑点 5 个；腹部每节有斑点 4 个。雌虫稍大，雄虫最末端复板比较隆起，具一凹线，雌虫无此特征（图 3 ①②）。

卵 体积小，顶部钝尖，初产时鲜黄，后变为橙黄色或浅红色。卵长 1.83 ± 0.08mm；卵宽 0.83 ± 0.06mm。卵主要产于叶片背面，多聚产呈卵块，20～60 粒，平均卵粒数为 32.7 ± 17.88，卵粒与叶面多呈垂直状态（图 3 ③）。

幼虫 分为 4 龄期。一龄、二龄幼虫暗褐色，三龄以后逐渐变鲜黄色、粉色或橙黄色。一龄、二龄幼虫头、前胸背板骨片及胸、腹部的气门片暗褐色和黑色；三龄、四龄幼虫色淡，幼腹部膨胀隆起呈驼背状，头两侧各具瘤状小眼 6 个和具 3 节的短触角 1 个，触角稍可伸缩；腹部两侧各有两排黑色斑点（图 3 ④⑤）。

蛹 老熟幼虫在被害株附近入表层土壤中化蛹，化蛹主要集中在 1～5cm（黏性土壤）和 1～10cm(砂性土壤)处。离蛹，椭圆形呈尾部略尖，体长 9.49 ± 0.37mm；宽 6.24 ± 0.25mm，橘黄色或淡红色（图 3 ⑥）。

入侵生物学特性 在中国新疆马铃薯产区马铃薯叶甲以成虫在寄主作物田土壤中越冬。马铃薯叶甲成虫羽化出土即开始取食，3～5 天后鞘翅变硬，并开始交尾，未取食者鞘翅始终不能硬化和进行交尾，数天内即死亡。马铃薯叶甲成虫交尾 2～3 天后即可产卵，产卵期内可多次交尾，成虫具假死习性，受惊后易从植株上落下。成虫一般将卵产于寄主植株下部的嫩叶背面，卵为块状，偶产于叶表和田间各种杂草的茎叶上。幼虫分 4 个龄期，发育历期为 15～34 天，四龄幼虫末期停止进食，在被害植株附近入土化蛹，其世代发育需要 30～50 天（图 4）。马铃薯叶甲各虫态的发育历期和取食量有所不同，随着龄期的增长，三至四龄幼虫进入暴食期。老熟幼虫入土后做蛹室化蛹，一般入土幼虫 5 天后开始化蛹，具有明显的预蛹期，蛹为离蛹，黄色。在 20～27℃条件下，从卵至成虫羽化出土平均历期为 33.5 天。此外，马铃薯叶甲具有兼性滞育习性，其滞育的最适条件是在温度 19～22℃、营养环境良好和日照短于 14 小时。在不良温度、营养的情况下，越冬出土后的成虫还可利用再次滞育抵御不良环境，以减少死亡。

在中国新疆马铃薯叶甲发生区，该虫 1 年可发生 1～3 代，在准噶尔盆地热量资源较为丰富的区域如：伊犁河谷伊宁、察布查尔和霍城、塔城、沙湾、玛纳斯、昌吉、奇台等地 1 年发生 2～3 代，以 2 代为主，个别地区的部分可完成 3 代；在新疆伊犁河谷昭苏、乌鲁木齐南山地区 1 年仅发生 1 代；在欧洲和美洲，每年可发生 1～3 代，有时多达 4 代。马铃薯叶甲成虫一般年份 4 月底开始出土，5 月上中旬大量出土，转移在野生寄主植物取食和危害早播马铃薯，第一代卵盛期为 5 月中下旬，第一代幼虫危害盛期出现在 5 月下旬至 6 月下旬，第一代蛹盛期出现在 6 月下旬至 7 月上旬，第一代成虫发生盛期出现在 7 月上旬至 7 月下旬；第一代成虫产卵盛期出

图 3 马铃薯叶甲（郭文超提供）
①②成虫；③卵块；④⑤幼虫；⑥蛹

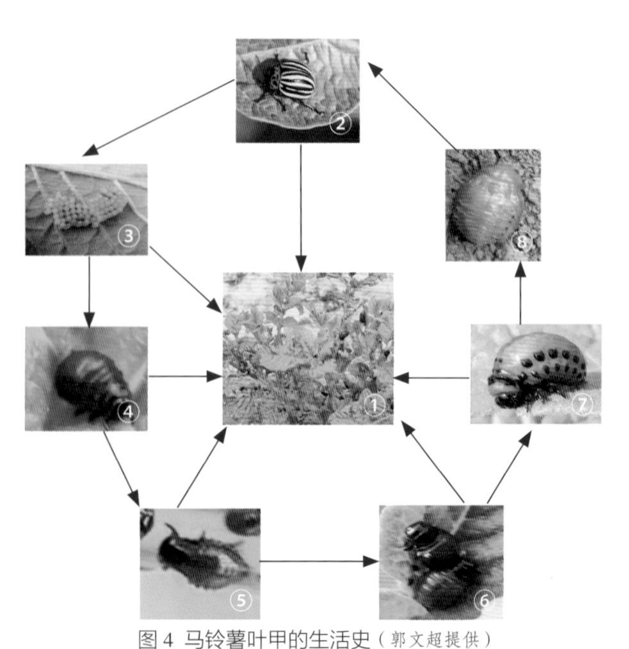

图 4 马铃薯叶甲的生活史（郭文超提供）
①马铃薯；②成虫；③卵；④一龄幼虫；⑤二龄幼虫；⑥三龄幼虫；⑦四龄幼虫；⑧蛹

现在7月上旬至7月下旬，第二代幼虫发生盛期出现在7月中旬至8月中旬，第二代幼虫化蛹盛期出现7月下旬至8月下旬，第二代成虫羽化盛期出现在8月上旬至8月中旬，第二代（越冬代）成虫入土休眠盛期出现在8月下旬至9月上旬，由此可见马铃薯叶甲世代重叠十分严重（图5）。

预防与控制技术

检疫措施　加强检疫、杜绝人为传播，疫区内的种苗及其他繁殖材料禁止运出疫区，加强监测，做到早发现、早报告、早隔离、早防控，防止马铃薯叶甲疫情的扩散和蔓延。

生态调控措施　进行秋耕冬灌，与冬小麦、大豆等作物合理轮作，降低马铃薯叶甲越冬虫口基数，同时推迟播期到5月上旬可避开马铃薯叶甲出土及产卵高峰期，有效减轻越冬代和第一代的危害。在早春集中种植马铃薯，为统防统治创造了有利条件，在马铃薯作物周围种植非寄主作物构成屏障，适时清除茄科杂草，因地制宜地实施地膜覆盖技术，可在一定程度上抑制越冬成虫出土与危害。

保健栽培措施　一般中等肥力土壤采取施肥技术，即氮肥375kg/hm²+磷肥225kg/hm²+钾肥225kg/hm²，可显著提高马铃薯的耐害性，降低马铃薯叶甲危害造成的产量损失。尤其是适当增施钾肥，可明显减轻马铃薯叶甲的危害。

人工防治　在4月下旬至5月中旬马铃薯叶甲越冬成虫出土期，利用马铃薯叶甲成虫具有“假死性”的特点，在田间定期（1～2次/周）捕捉越冬成虫，摘除叶片背后的卵块，带出田外集中销毁，可有效压低马铃薯叶甲虫口基数。

生物防治　保护利用马铃薯田间自然天敌。如：中华长腿胡蜂（*Polistes chinesis* Fabricus）、普通草蛉（*Chrysoperla carnea* Stephens）、蠋敌蝽（*Arma chinensis* Fallou）等对马铃薯叶甲捕食效应相对较强，具有一定的控害能力。另外，在幼虫发生期或四龄末幼虫期，300亿/g球孢白僵菌（*Beauveria bassiana*）可湿性粉剂，每次用量为1500～3000g/hm²，喷雾防治3次，间隔期7天。

化学防治　在一、二代马铃薯叶甲幼虫一至二龄幼虫发生期，可选用2.5%高效氯氰菊酯1 500倍液；20%康福多浓可溶剂90ml/hm²、5%阿克泰水分散粒剂90g/hm²、70%艾美乐水分散粒剂30ml/hm²、20%啶虫脒可溶性液剂150g/hm²；2.5%菜喜悬浮剂900ml/hm²等药剂进行喷雾防治。在马铃薯播种期，越冬代成虫出土前，可选用5%丁硫克百威颗粒剂，每公顷用量30～45kg，掺细砂拌匀后撒施进行土壤处理；或用10%吡虫啉可湿性粉剂1%～2%浓度的药液浸种薯块1小时晾干后播种；可有效杀灭越冬代成虫和绝大部分一代幼虫，持效期可达50天以上。

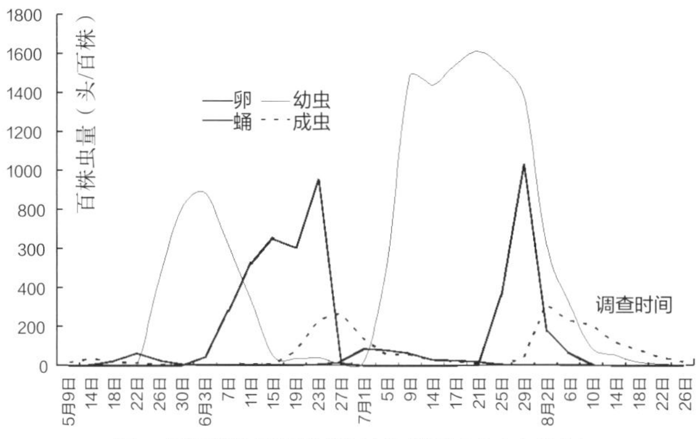

图5 马铃薯叶甲田间消长曲线图（郭文超提供）

参考文献

邓春生, 张燕荣, 张曼曼, 等, 2012. 球孢白僵菌可湿性粉剂对马铃薯叶甲的防治效果[J]. 中国生物防治学报, 28(1): 62-66.

郭文超, 邓春生, 李国清, 等, 2011. 我国马铃薯叶甲生物防治技术研究进展[J]. 新疆农业科学, 48(12): 2217-2222.

郭建国, 刘永刚, 张海英, 等, 2010. 70%噻虫嗪种子处理可分散粉剂和10%吡虫啉可湿性粉剂拌种对马铃薯叶甲的防效[J]. 植物保护, 36(6): 151-154.

罗进仓, 刘长仲, 周昭旭, 等, 2012. 不同寄主植物上马铃薯叶甲种群生长发育的比较研究[J]. 昆虫学报, 55(1): 84-90.

许咏梅, 郭文超, 谢香文, 等, 2011. 新疆马铃薯叶甲对不同施肥及品种的响应[J]. 西北农业报, 20(4): 179-185.

张云慧, 张智, 何江, 等, 2012. 马铃薯叶甲自然种群抗寒能力测定[J]. 植物保护, 38(5): 64-67.

周昭旭, 罗进仓, 吕和平, 等, 2010. 温度对马铃薯叶甲生长发育的影响[J]. 昆虫学报, 53 (8): 926-931.

BIEVER K D, CHAUVIN R L, 1992. Suppression of the Colorado potato beetle (Coleoptera: Chrysomelidae) with augmentative releases of predaceous stinkbugs (Hemiptera: Pentatomidae)[J]. Journal of economic entomology, 85(3): 720-726.

BROWN J J, JERMY T, BUTT B A, 1980. The influence of an alternate host plant on the fecundity of the Colorado potato beetle, *Leptinotarsa decemlineata*[J]. Annual Entomologial Society of America, 73: 197-199.

FERRO D N, ALYOKHIN A V, TOBIN D B, 1999. Reproductive status and flight activity of the overwintered Colorado potato beetle[J]. Entomologia experimentalis et applicata, 91: 443-448.

FERRO D N, LOGAN, J A, VOSS R H, et al, 1985. Colorado potato beetle (Coleoptera: Chrysomelidae) temperature-dependent growth and feeding rates[J]. Environmental entomology, 14: 343-348.

JOSEPH C D, JAMES E O, BENEDICT H, et al, 2002. Male-produced aggregation pheromone for the Colorado potato beetle [J]. Journal of experimental biology, 205: 1925-1933.

LOGAN P A, CASAGRANDE R A, HSIAO T H, et al, 1987. Collections of natural enemies of *Leptinotarsa decemlineata* (Coleoptera: Chrysomelidae) in Mexico, 1980-1985[J]. Entomophaga, 32: 249-254.

MARTEL P, BELCOURT J, CHOQUETTE D, et al,1986. Spatial dispersion and sequential sampling plan for the Colorado potato beetle (Coleoptera: Chrysomelidae)[J]. Journal of economic entomology, 79: 414-417.

O'NEIL R J, CANAS L A, et al, 2005. Foreign exploration for natural enemies of the Colorado potato beetle in Central and South America[J]. Biological control, 33(1): 1-8.

WALGENBACH J F, WYMAN J A, 1984. Colorado potato beetle (Coleoptera: Chrysomelidae) development in relation to temperature in Wisconsin[J]. Annals of Entomology Society of America, 77: 604-609.

（撰稿：郭文超、吐尔逊·阿合买提；审稿：蒋明星）

M

马缨丹　*Lantana camara* L.

马鞭草科马缨丹属常绿灌木。又名五色梅。在国外，甚至被称为“世界十大恶性杂草”。

入侵历史　1654年由荷兰引入中国台湾，由于花比较美丽而被广泛栽培引种，逃逸后发生大规模入侵。据中国数字植物标本馆统计，国内最早的标本记录为1917年，在广东采集，然后陆续在福建、江苏、广西等地发现了它的踪迹。

分布与危害　原产于南美洲亚马孙河流域，现已成为全球泛热带分布的有害植物，常生长于海拔80～1500m的海边沙滩和空旷地区。据中国生物入侵网报道，马缨丹现已广布热带、亚热带和温带地区，分布于50多个国家，入侵的主要地区包括太平洋沿岸及众多太平洋岛屿国。在中国主要分布于江苏、河南、台湾、福建、广东、海南、香港、广西、云南、四川南部等热带及南亚热带地区，其中危害较为严重的是云南东南部、西南部和南部，它们在人为干扰大的地方形成大面积的单优群落，侵入疏林和林缘，给当地的农业生产和生活造成了严重的影响（图1）。

图1 马缨丹危害状（王毅提供）

马缨丹的茎、叶、果等对哺乳动物存在一定的毒性，主要对肝、胆造成伤害。未成熟的绿色果实若大量食用会引起中毒，在非洲每年都有儿童误食马缨丹而中毒死亡。误食叶、花、果等也会使牛、马、羊等牲畜中毒。

马缨丹会严重妨碍并排挤其他植物生存，是中国南方牧场、林场、茶园和橘园的恶性竞争者，其全株或残体可产生强烈的化感物质，严重破坏森林资源和生态系统。

马缨丹入侵会降低本地物种数量和物种多样性，导致土壤碱化，并使根际土壤有机质、全氮、全钾、铵态氮、硝态氮和速效钾的含量增高。马缨丹常以蔓生枝着地生根进行无性繁殖，适应性强，常形成密集的单一群落，极易引起火灾，火灾会造成本地物种的大量死亡，其他外来物种借机迅速入侵，从而改变演替发生的方向。

形态特征　直立或匍匐状灌木，高1～2m，蔓生时长可达4m。茎、枝条四棱形，有短柔毛，具短而倒钩状皮刺。单叶对生，叶具强烈气味，叶片卵形至卵状长圆形，长3～8.5cm，宽1.5～5cm，顶端急尖或渐尖，基部心形或楔形，叶厚纸质，边缘有钝齿，表面有粗糙的皱纹和短柔毛，背面有小刚毛，侧脉约5对；叶柄长1～3cm，被短柔毛。头状花序顶生或腋生，直径1.5～2.5cm；花序梗粗壮，长于叶柄；苞片多数，披针形，长为花萼的1～3倍，外部有粗毛；花萼管状，膜质，长约1.5mm，顶端有极短的齿；花冠杂色，常黄色或橙黄色，开花后不久转为深红色，花冠管长约1cm，两面有细短毛，雄蕊4，二强，藏于花冠中部；子房无毛（图2）。核果肉质，圆球形，直径约4mm，成熟时紫黑色。几全年开花。

图2 马缨丹的形态特征（王毅提供）
①③花；②叶片；④枝条

入侵特性　马缨丹的适应能力和繁殖能力极强，它对水分的要求不高，可以在山坡、草地、路边等平地或缓坡地带生长，其性状会随环境变化而发生变化，可由小灌木变为攀缘灌木，借助茎上的倒钩刺可以在周围实现快速扩散。除适应能力强以外，马缨丹的生殖能力也很强，可通过有性生殖和无性生殖进行传播。马缨丹的种子小、种子量大，一株马缨丹每年可以产生12000粒种子，且种子发芽率高，7周后仍有50%的发芽率，其种子借助鸟类、猴类和羊群传播，并且马缨丹的花期长，几乎全年开花，这无形中增加了马缨丹的繁殖量，从而也增加了入侵潜力；马缨丹的无性生殖主要通过茎生根发芽，只要条件合适全年均可以进行。

马缨丹种间竞争能力强，主要体现在资源捕获能力和化感作用强。对土壤营养的竞争及对光资源的捕获能力强，马缨丹的入侵会显著增加土壤中有机质、氮、磷、钾含量和微生物碳、氮、磷含量；能很快形成厚密的植被层，从而减少下层植物的光照，同伴生种鬼针草、肖梵天花、土牛膝相比，马缨丹的光能利用率仅次于鬼针草，显著高于肖梵天花，同时马缨丹的耐旱性、水分利用率显著高于其他3种植物。除了竞争能力强以外，马缨丹的化感作用也很强，几乎全株均能产生化感物质，化感物质主要集中在根、茎、叶和果实中，且不同位置提取物的化感作用不同，对一串红发芽势的抑制作用表现为叶片>果实>茎干。

监测检测技术　通过Maxent和GIS对马缨丹在中国的适生区进行预测，显示马缨丹的适生区以秦岭—淮河线为界，主要分布在中国南方地区，其中高度适生区为广东、广西、香港、福建、海南和云南西南部。

监测区域：适生区作为重点监测区域，特别是高度适生区。

调查方法：样方法、样点法或样线法，记录周围生境及伴生种。

监测内容：记录位置信息和生境，统计发生面积、扩散趋势、产生的经济危害等，观察并记录马缨丹的病虫害，有条件者应尽量保存昆虫或真菌标本。

监测时间：根据当地马缨丹的生长发育周期确定监测时间，每年 2 次及以上的调查，间隔 3 个月及以上的时间。

鉴定及标本制作：监测过程中无法当场鉴定的植物，应拍摄照片，使用手机 APP 如花伴侣、形色、百度识图等工具进行初步的鉴定，同时制作标本供专业人士鉴定。

预防与控制技术 马缨丹一般生长在破碎化的生境中，对破碎化生境做好管理是防止入侵植物继续传播的重要一环。同时作为一种常见的观赏植物，马缨丹在广东、福建、浙江、河南等地，也作为园林花卉进行栽培，对栽培马缨丹的区域应该做好相应的防控与统计，减少使用或尽量不使用马缨丹作为观赏植物。控制马缨丹入侵的方法主要有生物、化学、机械防治等方法。

生物防治 在马缨丹的生物防治方面，鞘翅目昆虫 *Uroplata girardi* 和 *Octotoma scabripennis* 的成虫和幼虫均取食其叶片，可明显抑制马缨丹的扩散，在美国、澳大利亚、南非、印度和斐济等国已经进行野外释放，并取得了显著控制效果。鳞翅目昆虫 *Salbia haemorrhoidalis* 和 *Diastema tigris* 对马缨丹也有很好的控制效果，已经在美国、澳大利亚、印度和南非等地广泛应用。分离自厄瓜多尔马缨丹上的壳针孢菌（*Septoria* sp.）对夏威夷的 4 种马缨丹生物型均具有很好的控制效果，在美国夏威夷被用来防治马缨丹，取得了良好效果。

化学防治 宜选用除草剂草甘膦（农达）进行化学防治。

机械防治 宜雨后人工根除，推荐结合机械、化学和生物替代等技术措施进行综合防治。

参考文献

桂富荣, 李正跃, 万方浩, 2009. 天敌资源在马缨丹生物防治中的应用[J]. 生态学杂志, 28(7): 1388-1393.

李玉霞, 尚春琼, 朱珣之, 2019. 入侵植物马缨丹研究进展[J]. 生物安全学报, 28(2): 103-110.

林英, 戴志聪, 司春灿, 等, 2008. 入侵植物马缨丹(*Lantana camara*)入侵状况及入侵机理研究概况与展望[J]. 海南师范大学学报(自然科学版) (1): 87-93.

全国明, 章家恩, 徐华勤, 等, 2009. 入侵植物马缨丹不同部位的化感作用研究[J]. 中国农学通报 (12): 102-106.

张华纬, 赵健, 阎波杰, 等, 2020. 基于Maxent模型和GIS的马缨丹在中国的适生区预测[J]. 生态与农村环境学报, 36(11): 1420-1427.

朱慧, 马瑞君, 2009. 入侵植物马缨丹(*Lantana camara*)及其伴生种的光合特性[J]. 生态学报 (5): 2701-2709.

DAY M D, BROUGHTON S, HANNAN-JONES M A, 2003. Current distribution and status of *Lantana camara* and its biological control agents in Australia, with recommendations for further biocontrol introductions into other countries[J]. Biocontrol news and information, 24: 63-76.

（撰稿：王毅；审稿：周忠实）

慢性毒性试验 chronic toxicity assessment

慢性毒性是指实验动物或人长期接触受试物所引起的毒性效应。所谓“长期”并没有统一严格的时间界限，对于啮齿类动物，一般规定至少 12 个月，亦可终生染毒。慢性毒性试验的目的是确定在实验动物的大部分生命期间重复给予受试物而引起的慢性毒性效应，阐明受试物慢性毒性的剂量—反应关系和靶器官，并确定慢性毒性的 NOAEL 和（或）LOAEL，为预测人群接触该受试物后可能发生慢性毒性的危险性，并为指导人群的接触限值提供依据。

（撰稿：卓勤；审稿：杨晓光）

毛细管电泳 – 电化学检测 capillary electrophoresi-electrochemical detection

毛细管电泳（capillary electrophoresis，CE）又称高效毛细管电泳（high performance capillary electrophoresis，HPCE），是一类以毛细管为分离通道、以高压直流电场为驱动力的新型液相分离分析技术，具有分离效率高（理论塔板数已达 106～107 片 /m）、快速（一般 20 分钟内即可完成一次电泳操作，甚至几分钟即可完成几十个阳离子或阴离子的分离）、样品用量少（仅需纳升级）等特点。经过短短十几年的发展，CE 已成为分析化学最前沿的研究领域之一。

检测是毛细管电泳发展的核心问题之一，如何体现毛细管电泳的优良性能与高灵敏检测密切相关。商品仪器通用的检测方法仍是紫外可见检测器，但由于毛细管的直径小，进样量极低（nl），导致光度检测的灵敏度比较低。荧光检测器灵敏度高、选择性好，但由于分析物一般需经过衍生才可以进行荧光检测，使得其通用性受到限制。电化学检测器与 CE 联用不仅可满足分析微量样品时对灵敏度的要求，而且有良好的选择性，仪器造价低廉，易于普及。电化学检测对于大多数易于氧化还原物质的浓度检测限可达 10^{-9}mol/L（质量检测限可达 10^{-12}～10^{-18}mol）。

CE- 电化学检测有 3 种基本模式：安培法、电导法和电位法。安培法测量化合物在电极表面受到氧化或还原时，失去或得到电子，产生与分析物浓度呈正比的电极电流。电导法和电位法是测量两电极间由于离子化合物的迁移引起的电导率或电位变化。安培法是 CE- 电化学检测中应用最广泛的一种检测技术。

（撰稿：徐君怡；审稿：曹际娟）

酶联免疫吸附法 enzyme-linked immunosorbent assays, ELISA

1971 年 Engvall 和 Perlmann 发表了酶联免疫吸附测定用于 IgG 定量测定的文章，使得 1966 年用于抗原定位的酶

M

标抗体技术发展成液体标本中微量物质的测定方法。

ELISA 的基本原理是将特异的抗原—抗体免疫学反应和酶学催化反应相结合，以酶促反应的放大作用来显示初级免疫反应。ELISA 的基础是抗原或抗体的固相化及抗原或抗体的酶标记。结合在固相载体表面的抗原或抗体仍保持其免疫学活性，酶标记的抗原或抗体既保留其免疫学活性，又保留酶的活性。ELISA 是通过在合适的载体上，酶标限定量抗原与未知抗原竞争固相抗体结合位点或固相抗原与未知抗原竞争限定量的标记抗体结合位点，形成抗体复合物。在一定底物参与下，复合物上的酶催化底物，使其水解、氧化或还原成另一种带色物质。由于酶的降解底物与显色是成正比的，通过肉眼观察或分光光度计测定，从而确定是否存在未知抗原或含量。由于酶的催化效率很高，间接地放大了免疫反应的结果，使测定方法达到很高的灵敏度。

ELISA 应用的范围很广，而且正在不断地扩大。原则上 ELISA 可用于检测一切抗原、抗体及半抗原，可以直接定量测定液体中的可溶性抗原。这种测定方法中有 3 种必要的试剂：①固相的抗原或抗体。②酶标记的抗原或抗体。③酶作用的底物。根据试剂的来源和标本的性状及检测的具备条件，可设计出各种不同类型的检测方法。①双抗体夹心法测抗原。针对抗原分子上两个不同抗原决定簇的单克隆抗体分别作为固相抗体和酶标抗体。适用于测定二价或二价以上的大分子抗原，不适用于测定半抗原及小分子单价抗原，因其不能形成两位点夹心。②竞争法测抗原。先将特异性抗体包被于固相载体表面，经洗涤后分成两组：一组加酶标记抗原和被测抗原的混合液；另一组只加酶标记抗原，经孵育洗涤后加底物显色，这两组底物降解量之差，即为所要测定的未知抗原的量。此方法测定的抗原只要有一个结合部位即可，对小分子抗原如激素和药物类的测定常用此法。优点是快，缺点是需要较多量的酶标记抗原。③免疫抑制法测抗原。被检标本对底物显色的抑制程度与标本中所含抗原的量成正比，二者之差即为预测抗原的量。④间接法测抗体。是检测抗体最常用的方法，原理为利用酶标记的抗体以检测已与固相结合的受检抗体。

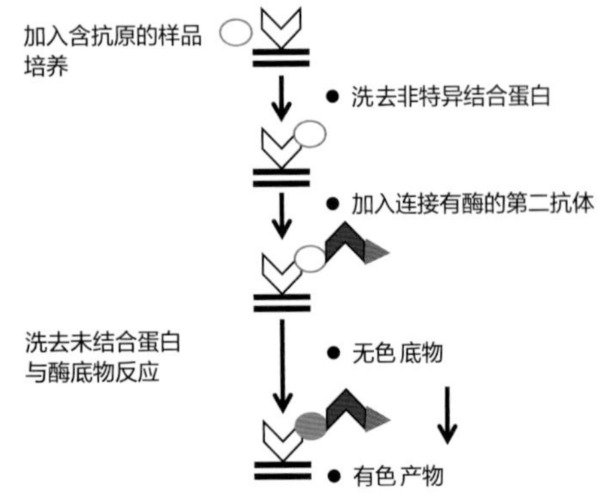

转基因生物的 ELISA 检测原理简图

ELISA 检测：将抗体固定在固体表面，加样，洗脱未被结合的成分。加上抗体来检测抗原，未被结合的再次被洗脱，抗原与底物反应的颜色与样品中抗原的含量呈正比

ELISA 方法在转基因生物研发初期阳性转化体的筛选中起着重要的作用，在随后的温室或田间生产试验阶段，ELISA 方法主要用于剔除表达量低或不表达的植株，提供阳性种子的百分率。ELISA 方法还用于转基因生物的商业化生产阶段保证阳性种子的百分率。ELISA 检测耐除草剂大豆 CP4 EPSPS 蛋白和 MON810 抗虫玉米 Cry1Ab 蛋白的方法都通过了国际比对验证，成为通用检测方法。

参考文献

ENGVALL E, PERLMANN P, 1971. Enzyme-linked immunosorbent assay (ELISA) quantitative assay of immunoglobulin G[J]. Immunochemistry, 8 (9): 871-874.

LIPTON C R, DAUTLICK J X, GROTHAUS G D, et al, 2000. Guidelines for the validation and use of immunoassays for determination of introduced proteins in biotechnology enhanced crops and derived food ingredients[J]. Food and agricultural immunology, 12: 153-164.

STAVE J W, 2002. Protein immunoassay methods for detection of biotech crops: applications, limitations, and practical considerations[J]. Journal AOAC International, 85 (3): 780-786.

（撰稿：石建新、谢家建；审稿：张大兵）

美国白蛾 *Hyphantria cunea* (Drury)

危害林木、果树、花卉及农作物等植物叶片的国际检疫性害虫。又名美国灯蛾、秋幕毛虫、网幕毛虫等。英文名 fall webworm。学名变更：*Hyphantria liturata* Goeze 1781，*Hyphantria punctatissima* Smith，1797，*Hyphantria budea* Hübner，1823，*Hyphantria textor* Harris，1828，*Hyphantria mutans* Walker，1856，*Hyphantria punctata* Fitch，1857，*Hyphantria pallida* Packard，1864，*Hyphantria candida* Walker，1865，*Hyphantria suffuse* Strecker，1900；*Hyphantria cunea* Drury，1992。鳞翅目（Lepidoptera）灯蛾科（Arctiidae）灯蛾亚科（Arctiinae）白蛾属（*Hyphantria*）。在 2011 年后属鳞翅目（Lepidoptera）目夜蛾科（Erebidae），本属国内仅 1 种。

入侵历史 原产北美洲（美国、加拿大和墨西哥）。1940 年，传入欧亚大陆。现已传入欧洲 10 多个国家，以及日本、朝鲜半岛、土耳其。1979 年传入中国辽宁丹东一带，1981 年由渔民自辽宁捎带木材传入山东荣成，并在山东相继蔓延，1995 年在天津发现，1985 年在陕西武功发现并形成危害。

分布与危害 中国分布在北京、天津、河北、内蒙古、辽宁、吉林、上海、江苏、安徽、山东、河南、湖北和陕西等地。一至四龄期幼虫群居在叶片背面，吐丝结成“网幕”，同时取食背部叶肉，留下叶脉和上表皮，致被害叶片呈纱窗状。五龄幼虫开始破网分散取食，食量剧增，被害叶片仅存主脉和叶柄。五至七龄幼虫取食量占整个幼虫生长期取食量的 90% 以上（图 1）。

可危害桑树（*Morus* spp.）、柳树（*Salix* spp.）、杨树（*Populus* L.）、榆树（*Ulmus* spp.）、三球悬铃木（*Platanus orien-*

talis Linn.)、白蜡(*Fraxinus* spp.)、臭椿(*Ailanthus altissima* Swingleh)、核桃(*Juglans regia* L.)、泡桐(*Paulownia* spp.)、苹果(*Malus* spp.)、桃(*Prunus* spp.)、李(*Prunus* spp.)、杏(*Armeniaca* spp.)、刺槐(*Robinia* spp.)、槐(*Styphnolobium* spp.)、板栗(*Castanea mollissima* Bl.)等400多种农林植物，包括绝大多数阔叶树、灌木、花卉、蔬菜、农作物、杂草等，对园林树木、经济林、农田防护林等造成严重危害。

形态特征

成虫　体白色。复眼突出且大。雄蛾触角双栉状，黑色，长5mm，内侧栉齿较短，约为外侧栉齿的2/3，下唇须外侧黑色，内侧白色，多数前翅散生几个或多个黑褐色斑点；雌蛾触角锯齿状，褐色，前翅多为纯白色，少数个体有斑点。下唇有须，比较短小，喙很短，身体鳞片较为密集，背部、胸部与头部布满白毛。雌虫翅展39mm左右，体长约13mm。雄虫翅展33mm左右，体长约12mm。越冬代绝大多数雄虫与少部分雌虫的翅膀上有数量不一的黑色斑点；夏季代则只有少数雄虫在翅上有黑色斑点，后翅通常没有斑点。前足基节及腿节端部呈现橘黄色，胫节和跗节外侧为黑色，内侧为白色。前足前爪长，呈现弯曲形态，后爪较短，呈现笔直形态(图2①)。

卵　球形，直径基本为0.5mm，表面有小刻点。刚产出的卵呈浅绿色或黄绿色，发育过程中会逐渐转成灰绿色，孵化前为灰褐色。卵块面积约为1.2cm^2，数量成百上千粒，表面附有鳞片和绒毛(图2①)。

图1 美国白蛾危害状(①杨忠岐提供；②张彦龙提供)
①幼虫取食后叶片受害状；②幼虫吐丝结成“网幕”状

图2 美国白蛾生活史(①刘恩山提供；②④王小艺提供；③杨忠岐提供)
①成虫和卵；②幼虫；③④蛹

幼虫　体细长，体色具有较大变化，按照其头部颜色主要分为红头型和黑头型两种类型。中国境内的美国白蛾幼虫多为黑头型，身体颜色在发育过程中会由黄绿色转为灰黑色，头部始终为黑色。其背部有纵带，黑色。纵带两侧有黑色毛瘤，毛瘤主要呈橙黄色，并长有白色长毛、褐色毛或黑色毛。红头型头部红色，身体则由淡到深，身上有暗斑，纵线为白色，在身体的每一节中断(图2②)。

蛹　长纺锤形，长为8～15mm，直径3～5mm，通体呈现红褐色，头胸部具皱纹。虫蛹后胸以及腹部存在浅凹刻点，背部中央存在纵脊。腹部末端有臀棘，排列极为整齐，有10～15根。虫蛹包裹在茧中，虫茧椭圆形，雌雄个体差异明显，雌蛹个体肥大，雄蛹个体瘦小，茧较薄，灰白色(图2③④)。

入侵生物学特性　美国白蛾以蛹在树皮裂缝、地面枯枝层或表土层内越冬，1年发生的世代数因地区间气候等条件不同而异。以1年3代区为例，越冬蛹一般在5月中旬羽化，第一代卵在5月中下旬始见，5月末至6月初出现第一代一龄幼虫，6月下旬始见幼虫化蛹；7月上旬可见第二代成虫羽化，8月中下旬第二代幼虫开始化蛹；8月下旬至9月上旬可见第三代成虫，10月下旬至11月初第三代幼虫进入蛹期。1个世代约40天。雌虫常将卵产在树冠外围叶片的背面，少部分雌虫将卵产于枝条上。卵期6～12天。幼虫共7个龄期，幼虫期30～40天。幼虫一至四龄期结网群集取食，五龄后食量剧增，进入暴食期，幼虫分散取食，常将树叶吃光。幼虫老熟后停止取食，沿树干下行，在树干老皮下或附近地面寻觅化蛹场所。幼虫钻入土中，则形成蛹室，蛹室内壁衬以幼虫吐的丝和幼虫的体毛。在其他场所，幼虫则吐丝结茧，在其内化蛹。成虫具有一定的趋光性和趋味性。主要通过木材、木包装等进行传播，还可通过飞翔进一步扩散。其繁殖力强，扩散快，每年可扩散35~50km。

预防与控制技术

检疫措施　对种苗繁育基地、森林植物及其产品的产地进行严格检疫检查，防止人为传播扩散。

人工防治　人工摘除卵块，集中销毁、深埋处理。幼虫期每2～3天检查1次，用高枝剪剪除幼虫网幕并除害处理。在老熟幼虫下树前，距树干离地面1～1.5m处用麦秸、稻草、杂草等沿树干“上松下紧式”缠草把，全部下树后取下草把烧毁消灭。

化学防治　在美国白蛾幼虫三龄以前，用24%甲氧虫酰肼悬浮剂3000倍液、25%灭幼脲III号胶悬剂2000倍液防治。在幼虫四龄以前，可用2.5%三苦素水剂1000倍液，1.2%烟参碱乳油1000～1500倍液等植物性杀虫剂防治。整个幼虫期均可使用5%氯氰菊酯乳油1500倍液、1.8%阿维菌素3000倍液对发生树木及其周围50m半径范围内进行立体式喷洒进行防治。

生物防治　在美国白蛾老熟幼虫期和预蛹初期，可释放白蛾周氏啮小蜂(*Chouioia cunea* Yang)进行防治，该蜂是当前中国研究最深入、应用最广泛的本土寄生性天敌昆虫，具有控害力强、繁殖量大、寄生率高等特点。放蜂时气温应选择在25℃以上，以淹没式释放，蜂虫比3∶1，将即将羽化出蜂的柞蚕用皮筋套挂或直接挂在树枝上，让其自然羽化飞出。1个世代应释放2次蜂，第1次应在美国白蛾老熟幼虫期，第2次宜在美国白蛾化蛹初期约第一次放蜂后7～10天进行。也可将白蛾周氏啮小蜂发育期不同蜂蛹混合一次性放蜂。在美国白蛾幼虫四龄以前，喷洒美国白蛾核型多角体病毒制剂、苏云金杆菌及其复配制剂进行防治。成虫期还可用化学信息素进行诱杀。

物理防治　成虫期利用频振式黑光灯进行诱杀。

参考文献

段彦丽, 陶万强, 曲良建, 等, 2008. HcNPV和Bt复配对美国白蛾的致病性[J]. 中国生物防治, 24(3): 223-238.

季荣, 谢宝瑜, 李欣海, 等, 2003. 外来入侵种——美国白蛾的研究进展[J]. 昆虫知识, 40(1): 13-18.

林晓, 邱立新, 曲涛, 等, 2016. 美国白蛾发生现状及治理策略探讨[J]. 中国森林病虫, 35(5): 41-42.

罗立平, 王小艺, 杨忠岐, 等, 2018. 美国白蛾防控技术研究进展[J]. 环境昆虫学报, 40(4): 721-735.

孙守慧, 孙丽丽, 邓煜, 等, 2017. 美国白蛾两种色型的研究及其对我国美国白蛾防控的启示[J]. 中国森林病虫, 36 (5):13-18.

闫家河, 刘芹, 王文亮, 等, 2015. 美国白蛾发生与防治研究综述[J]. 山东林业科技, 45 (2):93-106.

杨忠岐, 王小艺, 张翌楠, 等, 2018. 以生物防治为主的综合控制我国重大林木病虫害研究进展[J]. 中国生物防治学报, 34(2): 163-183.

杨忠岐, 张永安, 2007. 重大外来入侵害虫: 美国白蛾生物防治技术研究[J]. 昆虫知识, 44(4): 465-471.

张生芳, 1979. 美国白蛾—— 一种应该提高警惕的植物检疫对象[J]. 植物检疫, (2):10.

张星耀, 骆有庆, 2003. 中国森林重大生物灾害[M]. 北京: 中国林业出版社: 140-156.

OLIVER A D, 1964. A behavioral study of two races of the fall webworm, *Hyphantria cunea* (Lepidoptera: Arctiidae) in Louisiana[J]. Annals of the Entomological Society of America, 57(2): 192-194.

SCHOWALTER T D, RING D R, 2017. Biology and management of the fall webworm, *Hyphantria cunea* (Lepidoptera: Erebidae) [J]. Journal of integrated pest management, 8(1): 1-6.

SULLIVAN G T, OZMAN-SULLIVAN S K, 2012. Tachinid (Diptera) parasitoids of *Hyphantria cunea* (Lepidoptera: Arctiidae) in its native North America and in Europe and Asia-A literature review[J]. Entomologica fennica, 23(4): 181-192.

（撰稿：王小艺、邹萍、綦可心；审稿：石娟）

美国白蛾事件　American white moth incident

中国入侵昆虫引发的重大灾难性事件之一。美国白蛾［Hyphantria cunea（Drury）］是一种重要的世界性检疫害虫，原产于北美地区，广泛分布于美国北部、加拿大南部和墨西哥。20世纪40年代之后，该虫随军用物资的运输，从北美传至中欧和东亚，随后在欧洲大肆传播。1940年传播至匈牙利，1945年传入日本，1948年入侵捷克斯洛伐克，1949年传入南斯拉夫和罗马尼亚，1951年传播到奥地利，1952年扩散到苏联地区，20世纪60年代传入波兰、保加利亚，70年代入侵法国。1958年美国白蛾从日本传入朝鲜半岛。1979年美国白蛾跨过鸭绿江，由朝鲜的新义州入侵到中国辽宁丹东地区，仅一年的时间就蔓延到丹东附近的9个县市。1982年美国白蛾入侵山东荣成，1984年入侵陕西武功，1989年入侵河北山海关，1994年入侵上海，1995年传播至天津，2003年传至首都北京，2008年入侵河南濮阳，2010年扩散至江苏，2012年在安徽芜湖发生美国白蛾疫情，2015年传至内蒙古，2017年到达湖北，2018年再次传入上海和陕西。据国家林业和草原局2021年疫区公告，美国白蛾在中国13个省（自治区、直辖市）607个县级行政区有分布，年发生面积1000万亩以上。

美国白蛾可取食超过400种农林植物，包括阔叶树、花卉和农作物。低龄幼虫结网危害，高龄幼虫具有暴食性，常常吃光所有叶片，繁殖力强，扩散能力强，极易暴发成灾，一旦侵入新适生地，很难被彻底消灭，给入侵地区农林业造成巨大危害。2004年美国白蛾防治体系基础设施建设工程启动资金共计2646万元，仅2004年美国白蛾的防治费用总支出约2330万元，此后每年投入防治费用持续增加。此外，据评估2004年美国白蛾造成的中国非经济损失总量合计为2.3亿～3.05亿元。除造成直接经济损失之外，美国白蛾的危害还破坏生态环境、影响园林景观以及产生负面社会影响等。2006年3月6日，国务院办公厅下发《关于进一步加强美国白蛾防治工作的通知》，确保首都及周边地区生态安全，保障2008年北京绿色奥运的国际承诺。北京林业部门增设至1500余个监测测报点，近2万生态林管护员进行严密监测，此外，当年还使用飞机防治450架次、投放10亿头白蛾周氏啮小蜂进行围剿。

参考文献

季荣, 谢宝瑜, 李欣海, 等, 2003. 外来入侵种——美国白蛾的研究进展[J]. 昆虫知识, 40(1): 13-18.

刘学武, 周少华, 1987. 美国白蛾的发生及防治[J]. 山东农业科学(4): 1-4.

卢修亮, 韩凤英, 温玄烨, 等, 2021. 美国白蛾发生形势分析与对策建议[J]. 中国森林病虫, 40(1): 44-48.

罗立平, 王小艺, 杨忠岐, 等, 2018. 美国白蛾防控技术研究进展[J]. 环境昆虫学报, 40(4): 721-735.

美国白蛾编写组, 1981. 美国白蛾[M]. 北京: 农业出版社.

闵水发, 曾文豪, 陈益娴, 等, 2018. 美国白蛾在湖北孝感市的生物学特性与防治措施[J]. 湖北林业科技, 47(5): 4.

杨忠岐, 2004. 利用天敌昆虫控制我国重大林木害虫研究进展[J]. 中国生物防治, 20(4): 221-227.

杨忠岐, 张永安, 2007. 重大外来入侵害虫——美国白蛾生物防治技术研究. 应用昆虫学报, 44(4): 465-471.

张向欣, 王正军, 2009. 外来入侵种美国白蛾的研究进展[J]. 安徽农业科学, 37(1): 215-219, 236.

赵铁珍, 2005. 美国白蛾入侵对我国的危害分析与损失评估研究[D]. 北京: 北京林业大学.

BUTLER L, STRAZANAC J, 2000. Occurrence of Lepidoptera on selected host trees in two central appalachian national forests[J]. Annals of the Entomological Society of America, 93(3): 500-511.

CHOI W I, PARK Y, 2012. Dispersal patterns of exotic forest pests in South Korea [J]. Insect science, 19(5): 535-548.

HITOSHI H, YOSHIAK I, 1967. Biology of *Hyphantria cunea* Drury (Lepidoptera: Arctiidae) in Japan: I. Notes on adult biology with reference to the predation by birds [J]. Applied entomology and zoology, 2(2): 100-110.

OLIVER A D, 1964. A behavioral study of two races of the fall webworm, *Hyphantria cunea*, (Lepidoptera: Arctiidae) in Louisiana[J]. Annals of the Entomological Society of America: 192-194.

（撰稿：王小艺、邹萍、暴可心；审稿：石娟）

美国帝王蝶事件 controversy of monarch butterfly in the United States

1999 年 5 月，美国康奈尔大学的昆虫学教授洛希的研究组在 *Nature* 杂志上发表文章，声称用带有转 *cry1Ab* 基因玉米 N4640 花粉的马利筋（*Asclepias curassavica*）叶片饲喂美国大斑蝶（*Danaus plexippus*）后，发现幼虫生长缓慢，且死亡率高达 44%，进而认为抗虫转基因作物对非靶标昆虫会产生巨大的威胁，由此引发了关于转基因作物的环境安全性的争论。对于这一事件，美国环境保护局组织相关研究机构在美国的 3 个州和加拿大进行专门试验。结果表明，Losey 教授的研究结果并不能反映野外条件下的实际情况，因此并不能说明抗虫转基因玉米花粉在田间对大斑蝶存在威胁。理由如下：①田间试验证明，大斑蝶通常不取食玉米花粉，且集中产卵期在玉米散粉之后。②玉米花粉相对较大，扩散能力较弱，在玉米地 5m 的范围之外，每平方厘米的马利筋叶片上平均只有 1 粒玉米花粉，远低于洛希教授试验中的花粉用量；在实验室研究中，即使用 10 倍于田间的花粉量来喂大斑蝶的幼虫，也没有发现对其生长发育有影响。③转基因玉米 Bt11 在花粉中表达 Cry1Ab 蛋白的水平较低。2001 年 1 月，Losey 教授的研究组在 PNAS 上发表文章称：大斑蝶幼虫经转 *cry1Ab* 基因抗虫玉米 Bt 11 和 MON810 花粉饲喂 14～22 天后，其存活受到的影响可以忽略不计。抗虫转基因玉米 Bt 176 花粉中的 Cry1Ab 蛋白表达量大约是转基因玉米 N4640 花粉表达量的 50 倍，对黑脉金斑蝶等鳞翅目昆虫幼虫毒性大，因此逐渐退出市场。

参考文献

陈茂, 叶恭银, 胡萃, 2004.《Nature》有关转基因玉米生态安全争论性报道的回顾[J]. 生态学杂志 (2): 80-85.

BERINGER J E, 1999. Cautionary tale on safety of GM crops[J]. Nature, 399 (6735): 405.

CRAWLEY M J, 1999. Bollworms, genes and ecologists[J]. Nature, 400 (6744): 501–502.

LOSEY J E, RAYOR L S, CARTER M E, 1999. Transgenic pollen harms monarch larvae[J]. Nature, 399 (6733): 214.

STANLEY-HORN D E, DIVELY G P, HELLMICH R L, et al, 2001. Assessing the impact of Cry1Ab-expressing corn pollen on monarch butterfly larvae in field studies[J]. Proceedings of the National Academy of Sciences of the United States of America, 98 (21): 11931–11936.

（撰稿：刘标、郭汝清；审稿：薛堃）

美国基因编辑管理制度 gene editing management system in the United States of America

2018 年 3 月，美国农业部（USDA）宣布对于不是植物害虫且不是使用植物害虫开发的基因编辑植物，如果其终产品与传统育种生产的产品无法区分，它将不会对其进行监管。2020 年 5 月，USDA 发布其对于生物技术产品管理的最终规则——SECURE（Sustainable，Ecological，Consistent，Uniform，Responsible，Efficient）规则，该规则将免除大多数基因编辑植物的监管，并允许研发人员对照该规则确定他们的产品是否符合豁免监管的要求。美国食品药品监督管理局（FDA）通过评估产品的纯度、效力、安全性和标签，来保障产品食用和饲用的安全性，它秉承的是自愿咨询原则。2021 年，FDA 完成了对首个基因编辑植物品种——增加油酸含量的基因编辑大豆的咨询，由于用该大豆榨取的豆油具有"使其与传统同类产品有实质性不同"的成分差异，因此 FDA 将要求将其大豆油标记为"高油酸大豆油"，但并没有对其中所涉及的基因编辑过程有任何异议。新型农药在美国销售和使用前，需美国环境保护局（EPA）对其进行评估，以确保不会对人类健康和环境造成危害。2020 年，EPA 表示有意修改植物内置式农药的监管模式，旨在豁免一些由生物育种新技术，如基因编辑技术生产的、与通过常规育种产生的植物内置式农药相似且不太可能对人类或环境造成不合理的风险的生物农药。像 USDA 的 SECURE 规则一样，EPA 拟修改其监管原则：研发人员若认为其产品可以免除监管，则可向 EPA 提出申请并保留申请及回复文件。

综上所述，美国对于基因编辑技术产品的监管遵循个案分析原则，研发人员自行评估产品是否符合免除监管的条件，并向监管机构提供产品信息进行佐证。监管机构根据各自程序及要求对该产品做出最终裁定。

（撰稿：黄耀辉；审稿：叶纪明）

美国农业部谷物检验、批发及畜牧场管理局 USDA Grain Inspection, Packers and Stockyards Administration, GIPSA

谷物检验、批发及畜牧场管理局（GIPSA）作为美国农业部（U.S. Department of Agriculture，USDA）的下属机构，于 1994 年成立，主要承担美国粮食质量管理和检验的职能，基本涵盖粮食生产、进出口贸易和流通等环节，负责管理家畜、肉（猪、牛、羊、禽）类、谷物、油类及相关农产品贸易。GIPSA 由联邦谷物检验署（Federal Grain Inspection Service，FGIS）和批发及畜牧场管理局（Packers & Stockyards Administration）合并而成，与农业营销服务署（Agricultural Marketing Service，AMS）、动植物卫生检疫署（Animal and Plant Health Inspection Service，APHIS）作为美国农业部市场营销和监管计划（USDA's Marketing and Regulatory Programs，MRP）任务区三大机构，共同致力于确保美国农产品在全球市场上具有生产力和竞争力。

GIPSA 就农产品制定官方定级和检验标准，统一检测方法，从而维护公平竞争的市场营销体系。GIPSA 体系是由所有官方检验机构参与的统一体系，主要实施国家质量保证 / 质量控制计划（QA/QC），包括：①样本库样本检测和监督体系。②主观检测和评价过程。③鉴定样本交流计划。④市场监控计划。⑤早期预警计划等。

GIPSA 工作队伍由具有不同职业和背景的员工组成，包括农学、生物技术、微生物学、分析化学、经济学、法学、工业安全与健康、农业和粮食营销、农业工程、谷物科学与技术等。下属的技术和科学部门（Technology and Science Division，TSD）作为 GIPSA 技术中心实验室，为官方检查系统和美国粮食行业提供技术支撑。TSD 开发、维护、改进和支持谷物、大米和豆类的所有官方测试方法，并提供参考方法分析、检验方法开发、仪器校准、生物技术实验室认证、快速测试性能验证、技术培训、质量控制和标准化程序以及最终检查申诉等。

参考文献

李飞武, 刘信, 张明, 等, 2009. 国外转基因生物安全检测机构发展现状及趋势[J]. 农业科技管理, 28(3): 33-36.

张雪梅, 2004. 美国粮食流通及质量管理对我们的启示[J]. 粮食加工(6): 7-10.

USDA AGRICULTURAL MARKETING SERVICE. About GIPSA[DB].[2021-05-29] https: //gipsa. usda. gov/about/About. aspx.

（撰稿：陈洋、田俊策；审稿：叶恭银）

美国星联玉米事件 affair on transgenic corn StarLink

星联（StarLink）玉米是一种双价转基因玉米，同时具有抗草铵膦与转苏云金杆菌杀虫蛋白基因 *Cry9c*。1998 年，星联玉米的制造商 PGS 公司（Plant Genetic Systems，在事件发生期间更名为 Aventis 公司）向美国环境保护局提交了商业化星联玉米用作动物饲料及人类食物的注册申请。然而，星联玉米含有的 Bt 蛋白 Cry9c 此前从未用作转基因作物，其在消化道内被分解之前的滞留时间相较于其他 Bt 蛋白更长，且热稳定性较高，与花生、鸡蛋中的致过敏物质具有相似的特性。因此，尽管并没有确实的数据支持，美国环境保护局还是对 Cry9c 蛋白的潜在致过敏性表示了担忧。PGS 公司无法提供足够的数据证明 Cry9c 蛋白不会致过敏，因此被迫修改了星联玉米的注册申请，只将其作为动物饲料。1998 年 5 月，美国环境保护局批准了星联玉米的注册。但是，2000 年 9 月在市场上 30 多种玉米食品当中检出了星联转基因玉米的蛋白质成分。美国政府下令把所有星联转基因玉米召回并勒令 Aventis 公司赔偿。美国政府针对星联玉米进入人类食物消费渠道的情况开展了调查，在召回之后，有 51 人向 FDA 报告感觉到副作用；这些报告由美国疾控中心进行评估，其中 28 人被确认可能与星联玉米有关。疾控中心对这 28 人的血液进行了检验，得出的结论是：没有证据表明这些人所经历的反应与星联玉米所含 Cry9c 蛋白的潜在致过敏性相关。

尽管如此，Aventis 公司还是于 2000 年 10 月撤回了星联玉米的注册申请，并于 2001 年 2 月将美国分公司的作物科学分部经理、市场开发部副经理及首席法律顾问开除。

参考文献

STAFF, 2002. Cornell cooperative extension[J]. Genetically Engineered Foods: StarLink Corn in Taco Shells.

（撰稿：刘标、郭汝清；审稿：薛堃）

美国引进葛藤事件 the introduction of kudzu vine into the United States

一场由于引进葛藤作为绿荫观赏植物后，种群蔓延扩张成灾的重大入侵事件。葛藤 [*Pueraria lobata*（Willd.）Ohwi]，豆科（Fabalceae）葛藤属（*Pueraria*）多年生草质藤本植物，具有强大根系，并具有膨大的块根，富含淀粉。葛藤根系炼制成糖浆、做成葛粉，具有清热解毒的功效；茎蔓可以用来编织篮筐和一些家具；叶片可以作为牧草；花既可以醒酒又可以作为蜜源。此外，葛藤经焚烧后散发出来的气味还可以驱除蚊虫等。

1876 年美国费城的世界博览会上，前来参展的日本人带来了葛藤以装饰日本馆的庭院凉亭。经过参观和介绍，由于葛藤花色鲜艳，故引起了一个美国人的注意，他偷偷掐下一个芽头回家培养出了一株小葛藤。一两年的功夫，葛藤的名字已经出现在了美国南方苗圃的销售目录上。

同期，一系列的历史偶然事件出现了，对美国葛藤种植的扩展，起到了推波助澜的作用。首先是普遍出现的虫灾摧毁了美国南部的种植园，接着是经济大萧条的打击，压低了农产品的价格，以致农民无利可图。这些导致了大片农田的荒废，从而引发了大面积水土流失。为了保护土壤，美国联邦土壤保护委员会提倡在美国南方大面积种植葛藤，并向农民提供 8 美元一英亩的补贴，到 1940 年，仅仅是得克萨斯一个州，就种植了不下 20 万 hm^2 的葛藤。

由于葛藤在美国没有天敌，且茎粗长，蔓生，长 5～10m，常匍匐地面或缠绕其他植物之上，可以大面积覆盖树木和地面，很快它就占据了美国南部几千万公顷的农田和土地，使得火车铁轨、电缆等无法工作，严重危害了美国的本地植物物种。1954 年，美国联邦农业部将葛藤从推荐植物名单上划掉。到 20 世纪 70 年代，为了对付葛藤的疯狂“侵略”，美国农业部和林业部不惜耗费巨资，动用大量的人力和物力，开始了一场大规模的葛藤歼灭战。

1961 年，美国的奥本大学研究结果表明：葛根是有效的绿肥，在葛根覆盖过的土地上，庄稼产量有明显的增长。

参考文献

王兴民, 2001. 植物入侵成灾案例[J]. 大自然 (5): 34-35.

（撰稿：潘晓云；审稿：周忠实）

美国转基因生物安全管理法规 regulations on safety of management of genetically modified organisms in the United States of America

1976 年美国颁布了由美国国立卫生研究院制定的《重组 DNA 分子研究准则》。1986 年 6 月，白宫科技政策办公室正式颁布了《生物技术管理协调框架》，形成了转基因监管的基本框架。

转基因生物管理由美国农业部、环境保护局、食品药品监督管理局共同负责，主要基于现行法规。农业部主要职责是监管转基因植物的种植、进口以及运输，主要依据是 2000 年颁布的《植物保护法案》，该法案整合了以前的《联邦植物害虫法案》《有害杂草法案》和《植物检疫法案》。食品药品监督管理局负责监管转基因生物制品在食品、饲料以及医药等中的安全性，主要法律依据是《联邦食品、药品与化妆品法》。环境保护署的监管内容主要是转基因作物的杀虫特性及其对环境和人的影响，根据《联邦杀虫剂、杀真菌剂、杀啮齿动物药物法案》监管。环境保护署监管的并不是作物本身，而是转基因作物中含有的杀虫和杀菌等农药性质的成分。各部门的管理范围由转基因产品最终用途而定，一个产品可能涉及多个部门的管理。各部门也建立了相应的管理条例、规则。

2002 年 8 月，美国公布了联邦法案 67 FR 50578，旨在减少转基因作物在田间试验过程中，外源基因和转基因产品对种子、食品和饲料的混杂。法案制定的原则：①转基因植物田间试验的控制措施应当与转入蛋白和性状所带来的对环境、人体和动物的风险相一致；②如果转入性状或蛋白存在不可接受或不能确定的风险，田间试验应当严格控制杂交、种子混杂的发生，以及外源基因及其产物在任何水平对种子、食品和饲料的混杂；③即使转入的性状或蛋白不存在对环境或人类健康不可接受的风险，田间试验也应尽量减少杂交和种子混杂的发生，但外源基因及其产物可以在法规允许的阈值下，低水平存在于种子、食品和饲料中。《国家生物工程食品信息披露标准》是美国实行转基因食品强制标识的法律依据，它于 2020 年 1 月 1 日起开始在全美施行。该法案的核心要点包括：①实行定量标识制度，即只有所含转基因成分超出 5% 这一阈值的食品才会被要求强制标识。②规定食品生产商可以自主选择标识的形式，可选项包括文字、符号以及二维码。

（https://www.aphis.usda.gov/aphis/ourfocus/biotechnology/SA_Regulations）

（撰稿：黄耀辉；审稿：叶纪明）

美国转基因生物安全管理机构 administrative agencies for genetically modified organisms in the United States of America

美国转基因生物安全主要由美国农业部（USDA）、环境保护局（EPA）以及食品药品监督管理局（FDA）依据不同的法律分别进行管理。美国农业部有两个机构涉及转基因生物安全管理，即动植物卫生检疫局和兽医生物制品中心。动植物卫生检疫局主要负责评价转基因植物变成有害植物的可能性以及对农业和环境的安全性等。兽医生物制品中心主要负责转基因动物疫苗和动物用生物制剂的管理。环境保护局负责转基因农药的登记和残留限量设定，设立项目组长、风险组长和风险评审员负责转基因生物风险评价。对于新型转基因农药，环境保护局还将根据需要建立科学咨询小组。食品药品监督管理局负责转基因食品和食品添加剂以及转基因动物、饲料、兽药的安全性管理，确保转基因食品对人类健康的安全，除此之外还负责农业转基因生物的标识管理。

（https://www.aphis.usda.gov/aphis/ourfocus/biotechnology/SA_Regulations）

（撰稿：叶纪明；审稿：黄耀辉）

美洲斑潜蝇 *Liriomyza sativae* Blanchard

一种危险性检疫害虫。可以危害多种蔬菜作物，尤其喜食黄瓜、番茄、辣椒、莴苣的典型高杂食性害虫。又名蔬菜斑潜蝇。双翅目（Diptera）潜蝇科（Agromyzidae）斑潜蝇属（*Liriomyza*）。

分布与危害 自 1993 年海南首次发现后开始在全国蔓延，除西藏外，其他各地均有不同程度的发生。幼虫主要蛀食叶片上下表皮之间的叶肉，形成带湿黑和干褐区域的黄白色的虫道。随幼虫的生长，虫道逐渐均匀变宽，蛇形弯曲，虫粪线状。成虫产卵、取食造成圆形的斑痕，可使叶片的叶绿素细胞受到破坏，受害严重的植株可造成叶片枯黄脱落，花芽和果实被害，会使质量和产量下降。

主要寄主为黄瓜、丝瓜、西葫芦、番茄、辣椒、马铃薯、豇豆、菜豆、豌豆、蚕豆、大豆、生菜、莴苣、茼蒿、芥菜、菜心、白菜、芹菜、苋菜等，危害葫芦科、茄科、豆科、菊科、十字花科、伞形科等多种植物。

形态特征

成虫 体长 1.3～2.3mm，浅灰黑色。额、颊和触角呈亮金黄色，眼后缘黑色，中胸背板亮黄色，腹侧片有 1 个三角形大黑斑，体腹面黄色。足基节和腿节鲜黄色，胫节和跗节色深。前足棕黄色，后足棕黑色。雌虫体型比雄虫大。

卵 呈米色，半透明，椭圆形，大小 0.2～0.3mm × 0.1～0.15mm，常产于叶片表皮下。

幼虫 幼虫分 3 龄，幼虫期 4～7 天。幼虫蛆状，初无色，后变为浅橙黄色至橙黄色，长 3mm，后气门突呈圆锥状突起，末端三分叉，各具一开口。幼虫头咽骨长度在同龄个体间变异极小，龄期之间不交叉，是幼虫分龄的依据。头咽骨长度在一龄为0.10mm、二龄为0.168mm、三龄为0.265mm。三龄幼虫取食面积占幼虫取食面积的82%以上，是危害主要龄期。

蛹 椭圆形，橙黄色，腹面稍扁平，分节明显，经过7～14天羽化为成虫。

入侵生物学特性 美洲斑潜蝇在北纬35°以北地区自然环境下不能越冬，在北纬35°以南地区由南到北，美洲斑潜蝇发生世代数逐渐减少，发生高峰依次推迟。在海南和广东等地的热带地区一年四季均可发生危害，世代数为14～19代，1年有多个发生危害高峰期；湖南、湖北等华中地区1年可发生9～11个世代；山东、河北和北京等地区美洲斑潜蝇在露地可发生6～10个世代，自然条件下不能越冬，保护地内可越冬。该虫在华中及北方等地一般1年只有一个发生高峰期。自然情况下空气相对湿度60%～80%对斑潜蝇发生繁殖十分有利，长时间高湿会导致蛹粒霉变。

成虫取食、产卵在白天进行，雌虫在26.5℃的条件下，日均产卵量、总产卵量最高，平均每雌519粒，最高780粒。雌虫通过产卵器在寄主植物叶面上形成的刻点进行取食，形成白色刻点状刺孔，雄虫不能形成取食孔，需要通过雌虫形成的刻点进行取食，虫口密度大时，取食可导致大量叶片死亡。幼虫昼夜均可取食，造成的损失最大。幼虫有3龄，随着龄期的增加，造成的潜道不断加粗变长。幼虫老熟后，在潜道末端附近咬破一个半圆形切口脱出，大部分翻滚落地，钻入表土中化蛹，少部分在叶正面和土表化蛹。

预防与控制技术

农业防治 在播种期上适当提前或延后，要错开美洲斑潜蝇的发生高峰；适当疏植减少枝叶隐蔽性；播种前进行土壤翻耕或用药剂进行适当的处理，降低土壤中蛹的含量；及时集中处理老残叶片，将受害寄主的残叶集中堆沤、深埋处理，减少虫源基数；通过合理灌水或水旱轮作，减少土壤中蛹的羽化率。

物理防治 高温闷棚和冬季低温冷冻处理。在夏季换茬时，将棚门关闭，使棚内温度达50℃以上，然后持续2周左右；在冬季让地面裸露1～2周，均可有效杀灭美洲斑潜蝇。黄板诱杀，利用橙黄色的黄板涂上黏虫胶，诱蝇效果明显。

化学防治 效果最好的药剂是生物农药阿维菌素类。虫道始见期，可选10%溴氰虫酰胺可分散油悬浮剂3000倍液、25%噻嗪酮悬浮剂2000倍液、1.8%阿维菌素750倍液、10%虫螨腈乳油1000倍液、10%吡虫啉可湿性粉剂2000倍液、3%啶虫脒乳油1000倍液、50%蝇蛆净（环丙氨嗪）乳油1000倍液，喷雾处理，连续2～3次。

生物防治 早春尽量少用药，使田间天敌种群密度增加，提高秋季天敌的寄生率。注意保护和利用潜蝇茧蜂、潜蝇姬小蜂等天敌昆虫。积极推行植物农药，可以选用0.5%苦参碱水剂667倍液、1%苦皮藤素水乳剂850倍液、0.7%印楝素乳油1000倍液等喷雾处理。

参考文献

蒋力, 2019. 蔬菜上美洲斑潜蝇的识别与防治[J]. 现代农业 (4): 35-36.

刘忠强, 张敏, 2020. 美洲斑潜蝇对蔬菜的危害及综合防治[J]. 农业知识 (14): 24-26.

田帅, 2018. 美洲斑潜蝇发生规律与防治[J]. 吉林蔬菜 (10): 29-30.

王淑英, 2012. 青海西宁地区美洲斑潜蝇发生规律与防治技术研究[D]. 杨凌: 西北农林科技大学.

韦德卫, 2000. 美洲斑潜蝇国内研究现状[J]. 广西农业科学 (6): 320-324.

张玉东, 师宝君, 赵轩, 等, 2018. 美洲斑潜蝇发生动态及药剂防治[J]. 西北农业学报, 27(9): 1375-1379.

YAGHOUB FATHIPOUR, MOSTAFA HAGHANI, ABDOOLNABI BAGHERI, et al, 2020. Temperature-dependent functional response of *Diglyphus isaea* and *Hemiptarsenus zilahisebessi* parasitizing *Liriomyza sativae*[J]. Journal of Asia-Pacific entomology, 23(2): 418-424.

（撰稿：高玉林；审稿：周忠实）

孟山都公司 Monsanto Company

原为美国跨国公司，总部位于美国密苏里州圣路易斯。最早于1901年成立，主要生产人造食物添加剂，如糖精、香草醛和咖啡因等，后生产水杨酸和阿司匹林等化学品以及硫酸和多氯联苯（PCBs）等基础化工产品。20世纪40年代开始生产塑胶，包括聚苯乙烯和合成纤维等。同时，还生产杀虫剂滴滴涕（DDT），用于防控蚊虫传播疟疾的流行以及控制农业害虫，效果显著。后因DDT和多氯联苯等高残留而于70年代停产。

20世纪60年代中期起，以化学工业为依托，向医药业、基础化工、材料工业和农业化学品工业等领域发展。期间，在医药方面，生产L-多巴（L-DOPA）用于治疗帕金森氏症，为美国军方生产维生素片剂等；在基础化工方面，采用孟山都循环法（Monsanto process）生产草酸；在材料工业方面，研制并生产以塑料为原料的人造草坪；在农业化学品方面，生产落叶剂——橙剂（agent orange），被美国军方大量用于越南战争，造成生态环境严重破坏和人员致畸致癌后遗症等，饱受公众责难。

1971年开始商业化生产除草剂草甘膦（roundup），并向生物技术领域转移。1983年成功培育获得转基因植物，1987年进行田间试验，成为全球第一个田间种植转基因作物的商业公司。1994年研发获得重组牛生长激素（bovine somatotropin, rBST或rBGH），商品名Posilac，注射奶牛后泌乳量增加11%～16%。此后，通过一系列商业并购和分拆等过程，由原先的化学工业企业转变为现代农业生物技术公司。孟山都使用所构建的包括传统育种、农业生物技术、作物保护、生物制剂和数据科学等在内的现代农业技术平台，开展种业生物技术研发和农田精准投入应用。通过采

孟山都公司部分产品、品牌代表

用销售转基因作物种子和收取生物专利执行费的商业模式，成为全球农业应用生物技术产业化经营的先驱。至今，共有123个转基因物种已被各国批准商业化种植，主要包括玉米 *Zea mays*（41）、土豆 *Solanum tuberosum*（28）、棉花 *Gossypium hirsutum*（27）、大豆 *Glycine max*（15）、阿根廷油菜 *Brassica napus*（6）、番茄 *Lycopersicon esculentum*（3）、苜蓿 *Medicago sativa*（1）、甜菜 *Beta vulgaris*（1）和小麦 *Triticum aestivum*（1）。在全球种植的转基因作物中，有超过90%在使用孟山都技术或专利授权，并在大豆、玉米、小麦、棉花和蔬菜等转基因种子市场中，占据70%～100%的份额。上图展示了孟山都公司的部分产品和品牌代表。

德国拜尔公司于2016年9月宣布了对孟山都公司的收购计划。经过了近2年的过程，拜尔于2018年6月7日完成了对孟山都公司的660亿美元的收购计划。孟山都也正式改名为拜尔，成为拜尔作物科学的一部分。

参考文献

农业部农业转基因生物安全管理办公室，中国农业科学院生物技术研究所，中国农业生物技术学会，2012. 转基因30年实践[M]. 北京：中国农业科学技术出版社.

BAYER AG. Monsanto: a modern agriculture company[DB]. [2019-10-20] https: //monsanto. com.

ISAAA. GM approval Database[DB].[2019-10-20] http: //www. isaaa. org/gmapprovaldatabase/default. asp.

（撰稿：姚洪渭、叶恭银；审稿：方琦）

免疫试纸条　immunochromatographic test strip

将薄层层析分析与传统的免疫分析相结合而发展的一种新型分析方法。

免疫层析试纸条的基本原理是将特异性抗体预先固定在硝酸纤维素膜的检测区域，当膜的一端浸入样品后，在毛细管作用下，样品将沿着该反应膜向前迁移。当移动至固定有抗体的区域时，样品中待测的抗原即与该抗体发生特异性结合。若用免疫胶体金示踪或者免疫酶染色可使该区域显示一定的颜色，从而实现快速简便的免疫分析。

相比传统的免疫分析，免疫层析试纸条无须较长的孵育时间和多步清洗步骤，因此可以显著简化分析流程，缩短分析时间，已成为体外快速诊断领域发展的趋势性方法。

在免疫层析试纸条中应用最为广泛的是胶体金免疫层析技术（gold immunochromatographic assay, GICA）。该技术具有操作简单快速、结果容易判定、安全无污染等优点。GICA的基本原理是以硝酸纤维素膜为固相载体，以胶体金作为示踪标记物来标记抗体，在反应膜毛细管作用下，基于抗原抗体的特异性反应和胶体金特有的颜色对金标抗体与抗原的免疫结合进行示踪，显示肉眼可见的红色条带，从而实现对待测物的现场快速检测。

根据胶体金标记目标物的不同通常可分为夹心法和竞争法。夹心法主要针对大分子待测物，而对于小分子待测物因其分子量比较小，空间结构简单，一般采用竞争法。在夹心法中，当检测线和质控线均出现肉眼可见的色带时，表明结果判读为阳性。仅质控线出现肉眼可见的色带，则结果判读为阴性。在竞争法中，结果判读与之相反。值得说明的无论是哪种分析类型，若质控线未出现肉眼可见的色带，则表明试纸条变质失效。

（撰稿：高鸿飞；审稿：吴刚）

敏感基线　sensitivity baseline

某种药剂对害虫敏感品系毒力回归曲线的测定。敏感基线是比较抗药性有无和抗药性水平高低的标准。在同类作用方式的杀虫剂使用之前，靶标群体中不同虫体对一种药剂的敏感性（LC_{50}值）分布曲线，常用平均值及95%置信限表示。

害虫抗药性监测可分为敏感基线确定、抗药性定性诊断和定量抗性水平测定3个步骤。目前采用的抗药性指标，无论是抗性倍数或存活率，都是依据敏感基线得出的LD_{50}或LD_{99}作为基础。抗性倍数是被测群体的反应中值与敏感品系反应中值的比值，一般广泛接受的指标是：5倍以下为敏感，5～10倍为低抗，10～40倍为中抗；40倍以上为高抗。在一个地区，对于新开发、引进使用的农药，一开始就测定某种害虫对它的毒力回归线，这虽然不能完全以此作为敏感基线（考虑到交互抗性问题），但是，有此数据对于监测害虫今后抗药性的发展是有用的。

任何一种抗性监测方法，在推广应用前必须建立可靠的敏感毒力基线，只有具备了敏感基线，才能确定区分剂量，才能准确判断田间害虫种群是否已经产生抗药性及抗药性的程度和范围如何。

参考文献

吴益东, 陈松, 净新娟, 等, 2001. 棉铃虫抗药性监测方法——浸叶法敏感毒力基线的建立及其应用[J]. 昆虫学报, 44 (1): 56-61.

KEIDING J, 1977. Resistance in the housefly in Denmark and elsewhere[C]// Watson D L, Brown A W A. Pesticide Management and Insecticide Resistance: 261-302.

（撰稿：安静杰；审稿：高玉林）

敏感品系 susceptible strain

一群未使用过任何药剂处理对某种药剂具有稳定的高敏感性或者在药剂的常用剂量下仍能够被杀死的动植物或者微生物个体。在昆虫的抗药性研究中，敏感品系是相对于抗性品系来说的，是用来检测某种昆虫是否对某一种药剂产生抗性的基准。在害虫产生抗性之前或在一类新药剂大量使用之前就应该建立昆虫的敏感品系，从而建立敏感毒力基线。为了了解害虫的抗性发展程度，需要有一个敏感品系来比较，这个敏感品系从理论上来说应该是绝对不含抗性的或杂合个体的，但实际上虽在药剂使用之前容易获得，也需要经过选择，并很好地进行培养和保存。敏感品系是一个标准衡器，来帮助鉴定其他品系的敏感纯和度与抗性增长倍数，但长期在实验室内饲养的敏感个体对药剂的反应能力，与田间的敏感个体之间会有很大的差异，因此绝对的敏感几乎是不存在的，敏感只是相对于抗性来说的。

实验中常用的敏感品系主要通过室内单对分离饲养筛选的方法选育出，下面以对 Bt 毒素敏感的棉铃虫品系为例介绍敏感品系的选育办法。1996 年，从河南新乡试验基地未种植 Bt 棉田的田内采集棉铃虫个体，作为室内选育的原始材料。在室内采用单对筛选的方法，凡成功交配的单对后代分开收集卵粒饲养，形成一系列的株系，然后将初孵的每株系抽取 24～48 头幼虫用 Bt 毒素的区分剂量处理，7 天后检查结果，从中选取死亡率最高的 2～3 个株系，将其未用毒素测定的部分混合留种，供下一代筛选。按照同样的方法筛选 5～8 代，得到对 Bt 毒素表现性状最为敏感的一群个体就为 Bt 毒素敏感品系。

参考文献

唐振华, 1993. 昆虫抗药性及其治理[M]. 北京: 中国农业出版社.

（撰稿：张万娜；审稿：郭兆将）

敏感种群 susceptible population

在一定时间和空间内未使用任何药剂处理，对某种药剂或者其他胁迫因子具有稳定高敏感性的所有个体。在一个生物种群中，敏感种群内的个体从遗传上说是属于具有敏感纯合子基因的同源种群，同源种群对药剂的反应接近于常态分布曲线，即一直处于高度敏感的状态。敏感种群不仅在生物的抗性测定中发挥着重要作用，是检测某种生物是否对某种胁迫因子产生抗性的基准，还在研究抗性的遗传方式中起着重要作用。例如，测定实验室饲养的棉铃虫抗性种群对 Bt 毒素产生的抗性倍数，就需要计算抗性种群对 Bt 毒素的致死中浓度与敏感种群的致死中浓度；通过抗性种群和敏感种群的杂交和回交，用区分计量法测定 F_1 代和 F_2 代的敏感性，利用孟德尔遗传学可以推测出抗性的遗传方式。广义的敏感种群既包括实验室内作为基准的一直未接触任何药剂的种群，也包含田间仍然对药剂敏感的种群。在害虫抗药性的研究中，田间敏感种群和抗性种群的交配对隐性抗性基因频率的稀释和抗性的延缓有着重要作用。例如，在转基因 Bt 棉大范围种植地区，棉铃虫处于高强度的 Bt 毒素选择压下，棉铃虫个体的 Bt 抗性基因频率有增高趋势，而棉田内和周围非 Bt 转基因寄主种植区仍有对 Bt 毒素敏感的棉铃虫个体，敏感个体与 Bt 毒素抗性个体交配后，产生的后代再取食转 Bt 棉花时被杀死，起到了稀释抗性基因频率和延缓抗性的作用。

（撰稿：张万娜；审稿：郭兆将）

墨西哥玉米事件 affair on the gene flow of transgenic maize in Mexico

为了保护墨西哥作为世界玉米起源中心的种质遗传多样性不受威胁，墨西哥政府早在 1998 年就规定本土不允许转基因玉米的种植。然而，2001 年 9 月，*Nature* 引用了当年 9 月 17 日墨西哥环境部公布的研究结果，声称在墨西哥的瓦哈卡（Oaxaca）和普埃布拉（Puebla）两个州的大部分地区已经发现有转基因玉米。同年 11 月，美国加利福尼亚大学伯克利分校的 Quist 和 Chapela 也在 *Nature* 上发表了题为《转基因 DNA 渐渗到墨西哥 Oaxaca 传统玉米地方品种中》(*Transgenic DNA introgressed into traditional maizelandraces in Mexico*）的文章，称在墨西哥南部地区采集的 6 个玉米地方品种样本中，发现有 CaMV 35S 启动子及与转基因抗虫玉米 Norvatis Bt 11 中的 *adh1* 基因相似的序列。但随后，这篇文章受到很多学者的批评，并被指出存在试验方法与常识上的错误：一是原作者测出的 CaMV 35S 启动子，经复查证明是假阳性；二是原作者测出的 *adh1* 基因是玉米中本来就存在的 *adh1-F* 基因，并非转 Bt 11 玉米中的 *adh1-S* 基因，两者的基因序列完全不同。事后，*Nature* 编辑部发表声明，称“这篇论文证据不充分，不足以证明其结论”。墨西哥小麦玉米改良中心（CIMMYT）也发表声明指出，经对种质资源库和从田间收集的 152 份材料的检测，均未发现 35S 启动子。

由于事件发生在世界玉米的起源中心、遗传多样性非常丰富的墨西哥，导致各方面对此事件都高度敏感。2002 年 1 月，墨西哥国家环保部门公布了由环境与资源部、国家生态研究所和国家生物多样性委员会联合调查的研究报告。报告再一次确认了墨西哥玉米的品种已经遭到转基因玉米的基因污染，在瓦哈卡州和普埃布拉州某些村落基因污染率甚至高达到35%。事件发生后，墨西哥的各类研究中心、协会等有关单位对墨西哥相关州的玉米基因污染作了更为广泛的调查并开展了研究工作。2003年10月9日，在墨西哥首都墨西哥城召开的记者招待会上，墨西哥农村改变中心（CECCAM），当地慈善机构中心（CENAMI），侵蚀、技术和精选行动中心（ETC Group），社会分布、信息和公众培训中心（CASIFOP），瓦哈卡 Sierra Juarez 组织联盟（UNOSJO），支持当地团体 Jaliscan 协会（AJAGI），以及来自瓦哈卡、普埃布拉、奇瓦瓦（Chihuahua）、韦拉克鲁斯（Veracruz）等州的当地村落和农场的代表分别通报了各自独立研究的结果。第一轮分析在2003年1月进行，分析了普埃布拉、韦拉克鲁斯、奇瓦瓦、圣路易斯波托西（San Luis Potosi）、墨西哥（Mexico）和莫雷洛斯（Morelos）6个州的样品。从53个社区的95个样块中取得520株植株分成105组叶片进行分析。测得植株叶片中所存在的外源转基因蛋白共有5种，其中4种是Bt毒素中的Bt-Cry1Ab/1Ac，Bt-Cry9C，Bt-Cry1C和Bt-Cry2a，另外一个是耐除草剂的CP4-EPSPS。转基因蛋白呈阳性的占整个测试样品的48.6%，其中只测出1种蛋白阳性的占18.6%，有2种的占13%，有3种的占17%。在整个样品中，检测到有Bt-Cry1Ab/1Ac的占21%，有Bt-Cry9C的占26.67%，有CP4-EPSPS的占34%。第二轮试验是在2003年8月进行的。从瓦哈卡、普埃布拉、奇瓦瓦、杜兰戈（Durango）、韦拉克鲁斯和特拉斯卡拉（Tlaxcala）6个州的101个社区中取样，从1500株植株中组成306个样品组。测试结果表明，32个样品呈转基因蛋白阳性，占整个测试样品的10.45%，其中有1%的样品出现Bt-Cry9C；3.6%的样品出现耐除草剂的CP4-EPSPS；有4.9%样品同时出现2种或3种不同的转基因产物；有3.9%样品出现3种转基因产物，其中2种是Bt毒素中的Bt-Cry9C和Bt-Cry1Ab/1Ac，另一种是耐除草剂的CP4-EPSPS；有0.65%样品具2种外源转基因蛋白，即Bt-Cry9C和Bt-Cry1Ab/1Ac；此外，还有0.33%样品出现CP4-EPSPS和Bt-Cry9C阳性。以上分析结果再一次证明了墨西哥的当地玉米品种已被转基因品种污染。

参考文献

钱迎倩, 魏伟, 马克平, 2004. 墨西哥发生基因污染事件的新动态[C] //中国科学院生物多样性委员会, 国家环境保护总局自然生态保护司, 国家林业局野生动植物保护司, 等. 中国生物多样性保护和研究进展——第五届全国生物多样性保护与持续利用研讨会论文集. 北京: 气象出版社: 117-121.

DALTON R, 2001. Transgenic corn found growing in Mexico[J], Nature, 413: 337.

Editor of Nature, 2002. Editorial note[J]. Nature, 416: 600.

KAPLINSKY N, BRAUN D, LISCH D, et al, 2002. Maize transgene results in Mexico are artifacts[J]. Nature, 416: 600-601.

QUIST D, CHAPELA I H, 2001. Transgenic DNA introgressed into traditional maizelandraces in Mexico[J]. Nature, 44: 541-543.

（撰稿：刘标、郭汝清；审稿：薛堃）

木薯细菌性萎蔫病 cassava bacterial blight

由菜豆黄单胞菌木薯致病变种引起的一种木薯细菌性入侵病害，是木薯生产上重要的细菌病害。又名木薯细菌性疫病。

入侵历史 1973年木薯细菌性萎蔫病在尼日利亚被首次报道，该病造成了疫区木薯高达75%产量损失。木薯细菌性萎蔫病的病原菌最初被定名地毯草黄单胞菌木薯致病变种（*Xanthomonas axonopodis* pv. *manihotis*），随后更名为菜豆黄单胞菌木薯致病变种（*Xanthomonas phaseoli* pv. *manihotis*）。木薯细菌性萎蔫病菌在中国于1982年首次在海南木薯上发现。

分布与危害 木薯细菌性萎蔫病自20世纪70年代被发现以来，快速向世界各地扩散蔓延，亚洲、非洲、美洲和大洋洲的46个国家和地区均有该病发生危害的报道。中国主要分布在广东、广西、海南、云南、江西和台湾等木薯主要产区。

木薯细菌性萎蔫病的症状包括局部侵染症状和系统侵染症状。典型的局部侵染症状包括叶片形成水渍状角斑，湿度大时角斑上形成菌溢，初为白色黏液，后变为黄褐色；染病茎秆凹陷，泌出大量胶质物，加速叶片枯萎。系统侵染导致植株青枯萎蔫、流胶、顶枯、根茎维管束褐化坏死，严重时整株死亡。木薯细菌性萎蔫可造成木薯减产12%～100%。

病原及特征 病原为菜豆黄单胞菌木薯致病变种（*Xanthomonas* pv. *manihotis*）属黄单胞菌目（Xanthomonadales）黄单胞菌科（Xanthomonadaceae）黄单胞菌属（*Xanthomonas*）菜豆种（*phaseoli*）木薯致病变种（*manihotis*）。

木薯细菌性萎蔫病菌为革兰氏阴性、好氧棒状杆菌，极生单鞭毛。菌体细胞大小为0.3～0.4μm×1.1～1.2μm，单胞或偶成对。无荚膜、不产芽孢。生长上限温度为37℃。在CTA培养基上生长的菌落呈灰白至奶油色，光滑隆起，边缘整齐。在LPG培养基上培养24小时后，即可形成菌落，培养48小时后，菌落直径可达1mm，灰白色至奶油色，隆起，光滑，有光泽，边缘整齐。随着培养时间延长，从透明至不透明，再至混浊，最后上附一层黏质的固体物。

木薯细菌性萎蔫病菌的寄主范围较为狭窄，已知的天然寄主仅有木薯（*Manihot esculenta*）和一品红（*Euphorbia pulcherrima*）。

入侵生物学特性 木薯细菌性萎蔫病菌主要通过带菌繁殖材料（种茎、种薯）远距离传播。病害在疫区局地短距离传播主要通过病残体、雨水、土壤、地表水和农具。田间病残体是木薯细菌性萎蔫病菌的主要初侵染来源，病害通常在植株靠近土壤的中下部或下部发生，随后借助风雨等向植株中部、上部和周边扩散。木薯生长中期以后，植株封行，田间高温高湿，利于病害的发生。木薯细菌性萎蔫病菌通过叶片上的伤口或气孔等自然孔隙进入，定殖于叶肉组织，形成局部侵染；随后通过果胶酶，降解罹病寄主的薄壁组织进入维管束，形成系统侵染。

预防与控制技术 加强植物检疫，严禁从疫区调运木薯种薯和种茎等植物繁殖材料。实施轮作，避免田间积水和土壤过湿。种植前犁耙晒地，清除田间病残体，实施土壤和农具消毒，避免在降雨高峰期种植，合理密植，加强光、温、水、肥和通风透气等管理。设置隔离带，杜绝疫病区的流水和土壤传入无疫病地块。加强田间疫情调查与监测，及时拔除销毁病株，使用生石灰或漂白粉对病株拔除点位土壤进行局部消杀，全田喷施乙蒜素、中生菌素、加收米和加瑞农等化学杀菌剂进行防控。

参考文献

许瑞丽, 黄洁, 李开绵, 等, 2009. 良好操作规范的木薯栽培技术[J]. 广东农业科学(3): 39-42.

徐春华, 时涛, 朱飞凤, 等, 2017. 3种常用杀菌剂对不同来源木薯细菌性萎蔫病菌的毒力测定[J]. 热带农业科学 (1): 67-70.

CONSTANTIN E C, CLEENWERCK I, MAES M, et al, Genetic characterization of strains named as *Xanthomonas axonopodis* pv. *dieffenbachiae* leads to a taxonomic revision of the *X. axonopodis* species complex[J]. Plant pathology, 65(5): 792-806.

MANSFIELD J, GENIN S, MAGORI S, et al, 2012. Top 10 plant pathogenic bacteria in molecular plant pathology[J]. Molecular plant pathology, 13(6): 614-629.

ZÁRATE-CHAVES C A, CRUZ D, VERDIER V, et al, 2021. Cassava diseases caused by *Xanthomonas phaseoli* pv. *manihotis* and *Xanthomonas cassavae*[J]. Molecular plant pathology, 22(12): 1-18.

（撰稿：徐进；审稿：周忠实）

目标性状　target trait

通过基因工程手段期望获得或改良的性状，是以目标基因在受体生物中的表达来实现的。

目前已有涉及抗病虫害、耐除草剂、品质改良等性状的转基因作物获准进入田间试验。耐除草剂性状有耐草甘膦、耐草丁膦、耐磺酰脲类和耐溴苯腈除草剂等；抗病性状有抗黄瓜花叶病毒（CMV）病、抗番木瓜环斑病毒（PRSV）病和抗烟草花叶病毒（TMV）病等；抗虫性状有抗棉铃虫、抗玉米螟、抗马铃薯甲虫、抗水稻螟虫和抗茄子食心虫等；抗逆性状有抗旱、耐盐和耐低温等；品质改良性状有高赖氨酸，高不饱和脂肪酸，高植酸酶，增加维生素、蛋白质、淀粉含量，表达人乳铁蛋白，延熟耐贮，改变花色，以及养分高效利用等。

已经商业化种植的转基因作物涉及的性状包括耐除草剂，抗鳞翅目、鞘翅目害虫，抗病毒病、真菌病，延迟成熟、低木质素、防挫伤褐变、改变花色等品质性状改良的，以及耐旱等抗逆的。

转基因动物仍主要处于研发阶段。欧盟于2006年、美国于2009年分别批准转基因山羊生产的抗凝蛋白ATryn（GTC Biotherapeutics）用于治疗人类遗传性抗凝血酶缺失疾病。2015年美国食品药品监督管理局（FDA）批准首个转基因动物——快速生长的转基因三文鱼作为商业化食品可用于人类消费；2016年加拿大批准转基因三文鱼商业化生产，2017年进入市场销售。此外，美国FDA还批准转基因鸡的鸡蛋用于治疗一种罕见但致命的人类疾病——溶酶体酸性脂肪酶缺乏症。

参考文献

国际农业生物技术应用服务组织, 2017. 2016年全球生物技术/转基因作物商业化发展态势[J]. 中国生物工程杂志, 37 (4): 1-8.

农业部农业转基因生物安全管理办公室, 2011. 农业转基因生物知识100问[M]. 北京: 中国农业出版社.

（撰稿：汪芳；审稿：叶恭银）

目的基因　target gene

转基因生物中人们希望改变的基因。因为该基因编码一个人们希望改变的性状。目的基因可以是外源的（T-DNA介导的基因修饰），也可以是内源的（基因编辑介导的基因修饰）。商业化种植的转基因作物涉及的性状包括耐除草剂、抗虫、品质改良、抗病（毒）等几大类。

应用到最多的目的基因是耐除草剂和抗虫基因，两者占到商业化转基因作物的2/3以上。

至少有7种克隆自植物和微生物的多种耐不同类型除草剂的基因已应用到商业化种植的耐除草剂转基因作物中。①5-烯醇式丙酮酰莽草酸-3-磷酸合成酶基因（*epsps*）。该基因克隆自微生物及植物，是除草剂草甘膦的作用靶基因。草甘膦是一种非选择性、广谱、高效、低毒的有机膦除草剂，通过抑制*epsps*，从而破坏植物芳香性氨基酸（如色氨酸、酪氨酸和苯丙氨酸）的合成，导致植物死亡。在植物体内突变或过量表达*epsps*可赋予植物抗草甘膦的特性。商业化应用的耐除草剂大豆、玉米、棉花中都用到了该基因。②草甘膦氧化酶基因（*gox*）。草甘膦氧化酶可使草甘膦加速降解成为对植物无毒的氨甲基膦酸和乙醛酸。将*gox*在植物中单独表达或和*cp4-epsps*共表达，使得转基因植物加速降解草甘膦，因而获得抗性。③草甘膦乙酰转移酶（glyphosate acetyltransferase，GAT）。*GAT*编码草甘膦乙酰CoA转移酶，通过乙酰化使草甘膦脱毒成一种无活性的化合物，从而解除其除草剂活性。④草丁膦（草铵膦）乙酰转移酶基因。草丁膦，又叫草铵膦，也是一种非选择性广谱的有机磷除草剂，通过强烈抑制谷氨酰胺合成酶（glutamine synthase，GS）抑制光合作用，使光合磷酸化解偶联，叶绿体降解，最后整个植物体死亡。草丁膦乙酰转移酶基因如*bar*（bialaphos resistance gene）/*pat*（phosphinthricin acetyltransferase），编码草丁膦乙酰CoA转移酶，通过乙酰化使草丁膦脱毒成一种无活性的化合物，从而解除其除草剂活性。将*bar*/*pat*基因导入大豆、棉花、油菜等可获得抗草丁膦属性。⑤乙酰乳酸合成酶（acetolactate synthase，ALS）基因。乙酰乳酸合成酶在植物中广泛存在，是植物支链氨基酸（缬氨酸、亮氨酸、异亮氨酸）合成途径中的第一个关键酶，催化丙酮酸转化为乙酰乳酸。磺酰脲类和咪唑酮类除草剂是高活性内吸选择性除草剂，抑制乙酰乳酸合成酶活性，导致毒性物质积累，最终引起植物体内氨基酸的失衡，植株死亡。植物体内过量表达该酶基因可以减少毒性物质

2- 酮丁酸及其衍生物的积累，赋予转基因植物抗除草剂特性。⑥腈水解酶（nitrilase）基因。苯腈类除草剂（主要是溴苯腈）作用于双子叶植物，通过阻断光合作用而发生作用。编码细菌腈水解酶的基因能将苯腈类除草剂中的活性成分水解为无毒的化合物，从而赋予植物对苯腈类除草剂的耐受性。⑦麦草畏 *O*- 脱甲基酶（dicamba *O*-demethylase，DDM）基因。麦草畏属安息香酸系除草剂，对一年生和多年生阔叶杂草有显著防除效果，阻碍植物激素的正常活动，从而使其死亡。麦草畏 *O*- 脱甲基酶能将麦草畏转化成对植物无害的化合物。植物体内表达麦草畏 *O*- 脱甲基酶基因能使植物对麦草畏产生抗性。

Bt 杀虫蛋白基因是从苏云金芽孢杆菌（Bt）中分离出的对鳞翅目昆虫有杀虫活性的 δ - 内毒素或杀虫晶体蛋白的编码基因。Bt 蛋白作用对象是不同的昆虫（如鳞翅目、鞘翅目、双翅目）、螨类等和无脊椎动物（如寄生线虫、原生动物等）。人们根据作物害虫的类型，将不同的 Bt 杀虫蛋白基因导入受体作物中，获得了转基因抗虫作物，如商业化种植的转基因抗虫棉、转基因抗虫玉米等。

其他目的基因还有：品质改良基因，包括高油（*fad2*，*fatb*）、高月桂酸和高豆蔻酸（*te*）、高油酸和低亚麻酸（诱变）、高赖氨酸（*cordopA*）、低直链淀粉（*gbss*）、高 beta-胡萝卜素（*psy+crt1*）、延熟保鲜（*pg*，*acs*）。抗性基因，包括抗马铃薯卷叶病毒和马铃薯 Y 病毒（*cry3A-plrv*）、抗番木瓜环斑病毒（*prsv-cp*）、抗花粉过敏（雪松花粉蛋白基因 *cryj* I 和 *cryj* II）等。

参考文献

农业部农业转基因生物安全管理办公室, 中国农业科学院生物技术研究所, 中国农业生物技术学会, 2012. 转基因30年实践[M]. 北京: 中国农业科学技术出版社.

ISAAA, 2016. Global Status of Commercialized Biotech/GM Crops: ISAAA Brief No. 52. ISAAA: Ithaca, NY.

（撰稿：石建新、谢家建；审稿：张大兵）

耐除草剂 herbicide tolerance

转基因植物耐除草剂性状是指通过基因工程方法使作物降低对除草剂的敏感性，从而减轻或免除除草剂伤害作用的性状。耐除草剂作物开发最大的作用就是扩大杀草谱，使田间防除杂草变得简便易行，降低除草成本，提高经济效益。

耐除草剂基因及其应用

5-烯醇式丙酮酰莽草酸-3-磷酸合成酶（EPSPS） EPSPS是莽草酸途径中的关键酶，存在于微生物及高等植物中，为除草剂草甘膦（glyphosate）的作用靶标。草甘膦是一种非选择性、广谱高效、低毒的有机膦除草剂，通过抑制烯醇式丙酮基莽草素磷酸合成酶、干扰和抑制蛋白合成而导致植物死亡。编码EPSPS酶的基因（如*aroA*，*cp4-epsps*）突变或过量表达，能抑制草甘膦与之结合，从而使植物产生草甘膦抗性。该基因已应用于商业化种植的耐除草剂油菜、棉花、大豆、玉米、马铃薯、甜菜和小麦等作物以及牧草苜蓿和匍匐剪股颖。

草甘膦乙酰转移酶（GAT） GAT能够使草甘膦乙酰化，从而解除其除草剂活性。将*gat*基因导入玉米和油菜等作物中，可获得对草甘膦的抗性。

草甘膦氧化还原酶（GOX） GOX使草甘膦加速降解，成为对植物无毒的氨甲基膦酸和乙醛酸。尚未被应用于商业化生产中。

膦丝菌素乙酰转移酶（PAT） 又名草铵膦乙酰转移酶。草铵膦（glufosinate）是一种广谱接触式除草剂，其活性成分（膦丝菌素）是谷氨酰胺合成酶（glutamine synthetase）抑制剂，用以控制作物生长后大面积为害的杂草。谷氨酰胺合成酶能催化谷氨酸和氨合成谷氨酰胺。当酶活性被抑制后，会导致氨积累和谷氨酸水平降低，从而抑制光合作用，使植物在几天内死亡。转入编码PAT的bar/pat基因能通过乙酰化使草铵膦脱毒成无活性化合物，从而避免对植物造成伤害。已被应用于油菜、菊苣、棉花、大豆、玉米、水稻和甜菜等作物中。

乙酰乳酸合成酶（ALS） ALS在植物中广泛存在，能催化丙酮酸转化为乙酰乳酸，是植物和微生物支链氨基酸（缬氨酸、亮氨酸和异亮氨酸等）合成途径中的第一个关键酶。磺酰脲类和咪唑酮类除草剂是ALS抑制剂，可导致毒性物质的积累，最终引起植物体内氨基酸水平失衡而死亡。通过在植物体内过量表达乙酰乳酸酶基因可赋予转基因植物抗磺酰脲类除草剂的性状。已被应用于康乃馨、亚麻、玉米和大豆等植物中。2015年，由Cibus公司开发的抗磺酰脲除草剂油菜，首次在美国商业化种植4000hm²。

腈水解酶 苯腈类除草剂（主要是溴苯腈，商品名为buctril）作用于双子叶植物，通过抑制光合系统II的电子链传递而使组织坏死。腈水解酶基因*bxn*编码蛋白能将苯腈类除草剂中的活性成分水解为无毒的3,5-二溴-4-羟基苯甲酸，从而赋予植物对苯腈类除草剂的耐受性。耐溴苯腈的转基因作物主要有油菜和棉花等。

芳氧基链烷酸酯双加氧酶（AAD） 2,4-二氯苯氧乙酸（2,4-D）为苯氧乙酸类激素型选择性除草剂，具有较强的内吸传导性；通常用于水田和麦田等，主要防治禾本科作物田块中双子叶杂草、异型莎草及恶性杂草如鸭舌草、眼子菜、小三棱草、蓼、看麦娘、豚草、野苋和藜等。在植物中过量表达AAD可使植物对2,4-D产生抗性。已经商业化应用的耐2,4-D除草剂的转基因作物有玉米和大豆等。

麦草畏*O*-脱甲基酶（DMO） DMO能将麦草畏（dicamba）转化成对植物无害的化合物。麦草畏属安息香酸系除草剂，具有内吸传导作用。药剂被杂草叶、茎和根吸收后，通过韧皮部上下传导，多集中在分生组织及代谢活动旺盛的部位，通过阻碍植物激素的正常活动而使其死亡。麦草畏对一年生和多年生阔叶杂草有显著防除效果。在植物体内表达DMO能使植物对麦草畏产生抗性。已被应用于棉花、玉米和大豆中。

耐除草剂作物种植现状 耐除草剂性状是商业化种植的转基因作物的主要目标性状之一。自1996年转基因作物商业化生产以来，耐除草剂作物的种植面积持续增长。2018年，耐除草剂单一性状的作物种植面积为8818万hm²，占全球转基因作物种植面积的46%；抗虫、耐除草剂和其他性状复合的转基因作物种植面积为8051万hm²，占转基因作物总面积的442%。

参考文献

国际农业生物技术应用服务组织, 2019. 2018年全球生物技术/转基因作物商业化发展态势[J]. 中国生物工程杂志, 39(8): 1-6.

农业部农业转基因生物安全管理办公室, 中国农业科学院生物技术研究所, 中国农业生物技术学会, 2012. 转基因30年实践[M]. 北京: 中国农业科学技术出版社.

International Service for the Acquisition of Agri-biotech Applications. GM traits list[DB].[2021-05-29] http: //www. isaaa. org/gmapprovaldatabase/gmtraitslist/default. asp.

（撰稿：汪芳；审稿：叶恭银）

南非转基因生物安全管理法规 regulations on safety of management of genetically modified organisms in South Africa

1997 年颁布的《转基因生物法》是对某种转基因产品有关的任何活动可能引起的潜在风险进行科学、逐案评估的监管框架。

作为南非主要转基因生物法规，《转基因生物法》及其附属法规由南非农业、林业和渔业部实施。依照《转基因生物法》，南非建立了决策机构（执行委员会）、顾问机构（顾问委员会）和行政机构（转基因生物注册处），目的是提供措施以促进负责任地开发、生产、使用和应用转基因生物；确保涉及转基因生物使用的所有活动都是以尽量降低对环境、人类以及动物健康造成危害的方式实施；注重事故预防和废物有效管理；针对涉及转基因生物使用的相关活动产生的潜在风险制定措施；确定风险评估的必要要求和标准；建立涉及转基因生物使用的具体活动的通知程序。

2005 年，南非内阁修订了《转基因生物法》，以使之与《卡塔赫纳生物安全议定书》保持一致，并于 2006 年为解决一些经济和环境问题再次修订《转基因生物法》。这些修订于 2007 年 4 月 17 日公布，在 2010 年 2 月生效。修订的《转基因生物法》没有修改之前的前言，该前言确定了立法的基本总体宗旨，即在促进基因工程技术发展的同时满足生物安全需求。《转基因生物法》的修正案明确规定，科学的风险评估是决策制定的先决条件，该修订案还允许在决策过程中考虑社会经济因素，并认为社会经济因素是决策过程中特别重要的因素。

2004 年《国家环境生物多样性法》第 78 条规定，如果转基因生物可能给任何本地物种或环境造成威胁，那么环境事务部长有权拒绝《转基因生物法》发放的全面或试验释放许可，除非实施了环境评估。因为《国家环境生物多样性法》的相关规定，到目前为止，实施的转基因生物环境评估数量较少。

2011 年 4 月 1 日生效的《南非消费者保护法》中规定的转基因产品强制性标识条款被暂停执行，《食品、化妆品和消毒剂法》是南非目前唯一的转基因产品标识要求规定。该法案只强制要求某些情况下的转基因食品需要进行标识，这些情况包括存在过敏原、人类或动物蛋白时，以及转基因食品与非转基因食品差异显著时。

（South Africa Agricultural Biotechnology Annual-2019.）

（撰稿：黄耀辉；审稿：叶纪明）

南非转基因生物安全管理机构 administrative agencies for genetically modified organisms in South Africa

南非转基因生物安全主要由基因工程委员会（SAGENE）进行管理。其有权向任何部门主要领导、法定机构或政府机构提出有关转基因生物产品进口和 / 或上市的任何形式的立法或控制措施建议。执行委员会是农业、林业和渔业部有关转基因生物事务的顾问机构，也是转基因生物申请的决策制定机构。顾问委员会是由农业、林业和渔业部任命的 10 名科学家组成，其作用是就转基因生物申请向执行委员会提供建议。顾问委员会下设小组委员会，顾问委员会和小组委员会成员一同负责对与食物、饲料和环境影响相关的所有申请进行风险评估，并向执行委员会提交建议。

（South Africa Agricultural Biotechnology Annual-2019.）

（撰稿：黄耀辉；审稿：叶纪明）

南美斑潜蝇 *Liriomyza huidobrensis* (Blanchard)

一种危害芹菜、烟草和菊花等多种蔬菜和花卉以及其他观赏植物的检疫性害虫。又名拉美斑潜蝇、豆斑潜蝇及黑腿斑潜蝇。英文名 pea leaf miner。双翅目（Diptera）潜蝇科（Agromyzidae）斑潜蝇属（*Liriomyza*）。

入侵历史 1994 年，随引进花卉入侵中国云南昆明。后从花卉圃场蔓延至农田。

分布与危害 分布于广东、云南、贵州、四川、福建、山东、河北、河南、北京、天津、青海、辽宁、吉林等地。

成虫用产卵器把卵产在叶中，孵化后的幼虫在叶片上、下表皮之间潜食叶肉，形成潜道，幼虫还取食叶片下层的海绵组织，从叶面看潜道常不完整，有别于美洲斑潜蝇。该虫还危害主脉和叶柄，幼虫常在虫道里来回取食，使虫道连成一片，虫道两侧留下黑色排泄物，但排泄物常不连成线，以颗粒状存在。被取食的叶片成透明空斑，造成幼苗枯死，破坏性极大。该虫幼虫常沿叶脉形成潜道（图 1），危害菊花、翠菊、非洲菊、满天星、石竹、金盏菊、孔雀草、六出花、飞燕草、鸡冠花、香豌豆等观赏植物；蚕豆、豌豆、生菜、黄瓜、丝瓜、南瓜、菠菜、油菜和芹菜等多种蔬菜；小麦、大麦、烟草和马铃薯等粮食作物及经济作物。

形态特征

成虫 雌成虫体长 3.2～3.7mm，雄成虫体长 2.8～3mm，头部额区黄色，眼眶突出于复眼，头顶鬓黑褐色，上下眶鬃各 2 对，眶毛等距排列和后倪触角 3 节，第一和二节橙黄色，第三节褐色，触角芒黑褐色，中胸背板黑色，略带

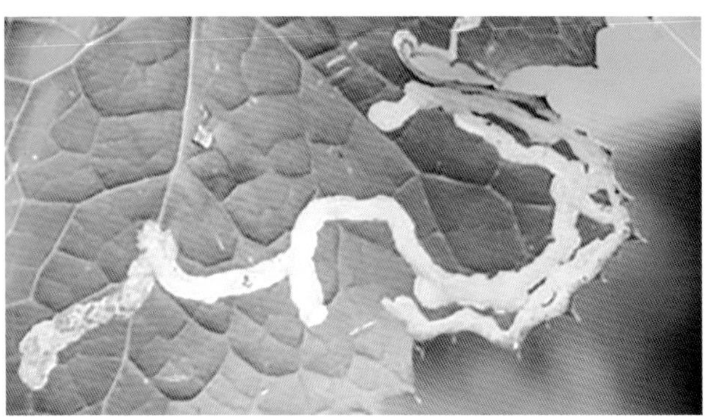

图 1 南美斑潜蝇危害状（覃伟权、吕朝军提供）

N

光泽，小盾片黄色；前翅长1.7～2.3mm，平衡棒黄色；腹部7节，背板黑褐色，膜质区带黄色，产卵器长锥状，黑色。

卵　长圆形，长约0.25mm，宽约0.15mm，白色，半透明，近孵化时浅黄色。

幼虫　幼虫3龄，初孵时体长0.5mm，无色，半透明，老熟幼虫长约3mm，淡黄色，后气门有乳突6～9个，各乳突顶端有小孔。

蛹　椭圆形，初为黄色，后变褐色，长1.3～2.3mm。蛹围0.5～0.75mm。雄性外生殖器：端阳体与骨化强的中阳体前部体之间以膜相连，呈空隙状，中间后段几乎透明。精泵黑褐色，柄短，叶片小，背针突具1齿。蛹初期呈黄色，逐渐加深直至呈深褐色，比美洲斑潜蝇颜色深且体型大。后气门突起与幼虫相似（图2）。

入侵生物学特性　南美斑潜蝇在滇中及昆明地区1年发生约16代，繁殖力强，生活周期短，世代重叠。卵的发育起点温度为6.6℃，有效积温为50.5日·度。幼虫发育起点温度为7.2℃，有效积温为84.2日·度，雌成虫寿命平均14天，雄成虫寿命平均5天。9～11月为发生高峰期，湿度过高对其生长发育不利。成虫羽化多在8:00～10:00，活动多在10:00～12:00和14:00～16:00。每雌虫平均产卵380粒。以幼虫潜藏于叶片中危害。成虫趋黄性较强。

雌虫以其产卵器刺插植物叶片的叶肉组织，雌雄虫用口器取食从叶肉组织流出的汁液，这些取食点呈刻点状，肉眼可见。雌虫将卵产在叶膜内，产卵孔一般椭圆形，在产卵孔表面可看到乳白色的突起，而取食孔外观呈不规则形，其表面呈扁平状。成虫可在叶片正反面取食、产卵。

南美斑潜蝇老熟幼虫在虫道近末端处划开一个半圆形的出叶缝，借助虫体的蠕动慢慢钻出虫道，约经30分钟在叶片上或入土化蛹。蛹快羽化时，外观可见到深色的复眼、翅、足和已分化的其他器官。羽化时，虫体从腹部末端的气孔吸进气体，自腹部向前呈波浪式涌进额囊，借助额囊内气体的张力撑开蛹壳一角，之后足先伸出，然后靠着爬动把虫体从蛹壳摆脱出来。刚羽化的成虫双翅紧贴虫体，约经1小时，双翅舒展开，同时体色逐渐加深，再经过2小时，虫体完全羽化，体色恢复正常。羽化时，雌虫比雄虫先羽化。

雌虫和雄虫交配时，雄虫自雌虫背后爬上雌虫背部，前足抱住雌虫的中胸，中足抱住雌虫腹部，生殖器下弯，引入雌虫的产卵器。交配初期雌虫保持静止不动，到交配后期，雌虫开始不断爬动，以望摆脱雄虫，此时，雄虫会紧紧抱住雌虫，不让其脱离，约经过1分钟，雌虫振脱雄虫离去。整个交配过程约持续15分钟。刚羽化的成虫不能立即进行交配，需补充营养后才能进行。

图2 南美斑潜蝇的形态特征（覃伟权、吕朝军提供）
①成虫（雌虫）；②蛹

预防与控制技术

检疫措施　做好检疫工作，防止虫源扩散。

农业防治　摘除虫叶集中销毁。

物理防治　利用斑潜蝇的趋黄习性，于花木种植区或花棚内设置黄色胶卡诱杀成虫，于成虫羽化和活动高峰期用捕虫网捕杀成虫。

化学防治　在斑潜蝇发生高峰期（3～4月、6～7月、10～11月）选用国光依它（45%丙溴辛硫磷）1000倍液，或国光乙刻（20%氰戊菊酯）1500倍液+乐克（5.7%甲维盐）2000倍混合液，40%必治（啶虫·毒）1500～2000倍液喷杀幼虫，可连用1～2次，间隔7～10天。可轮换用药，以延缓抗性的产生。

生物防治　在自然条件下，寄生蜂对南美斑潜蝇的控制作用很强，寄生率一般可达50%以上，最高甚至可达到90%以上。在不同的地区，南美斑潜蝇有不同的寄生蜂优势种。根据资料，在西班牙，南美斑潜蝇寄生蜂的优势种是美丽青背姬小蜂（*Chrysonotomyia formosa*）。在秘鲁，寄生蜂的优势种是*Halticoptera arduine*和*Diglyphus websteri*。在希腊，寄生蜂优势种是*Diglyphus isaea*和*Dacnusa sibirica*。在印度尼西亚，寄生蜂的优势种是异角亨姬小蜂（*Hemiptarsenus varicornis*）。在阿根廷，寄生蜂的优势种是*Opius scabriventris*。

中国报道的南美斑潜蝇寄生蜂种类有普金姬小蜂（*Chrysocharis pubicornis*）、客离颚茧蜂（*Dacnusa hospita*）、中带潜蝇姬小蜂（*Diglyphus intermediu*）、厚脉姬小蜂（*Diglyphus pachyneuru*）、阿达隆盾瘿蜂（*Gronotoma adachia*）、暗栉姬小蜂（*Hemiptarsenus unguicellis*）、黄赤蝇茧蜂（*Opius biroi*）、黄色潜蝇茧蜂（*Opius flavu*）、黄腹潜蝇茧蜂（*Opius caricivorae*）、加藤姬小蜂（*Pnigalio katonis*）、底诺金小蜂（*Thinodytes cyzicus*）等。

参考文献

何成兴, 吴文伟, 王淑芬, 等, 2001. 南美斑潜蝇的寄主植物种类及其嗜食性[J]. 昆虫学报, 44(3): 384-388.

问锦曾, 王音, 雷仲仁, 2001. 南美斑潜蝇寄生蜂二中国新记录种[J]. 昆虫分类学报, 6(1): 67-68.

CHEN B, KANG L, 2003. Supercooling point shift of pea leafminer pupae with latitude and its implication for the population dispersion[J]. Zoological research, 24(3): 168-172.

LOPES M C, COSTA T L, RAMOS R S, et al, 2020. Parasitoid associated with *Liriomyza huidobrensis* (Diptera: Agromyzidae) outbreaks in tomato fields in Brazil[J]. Agricultural and forest entomology, 22(3): 224-230.

（撰稿：钟宝珠、吕朝军；审稿：周忠实）

南美蟛蜞菊 *Sphagneticola trilobata* (L.) Pruski

菊科泽菊属多年生草本植物，是中国南方广大地区最具危害性的入侵杂草之一。又名三裂叶蟛蜞菊。

分布与危害　原产热带美洲，现在在全球热带广泛归化。严重威胁广西、广东、海南等地本地物种的定居及生长，破坏园林绿地生态系统的物种多样性。

强大的营养繁殖能力使之能不断地扩大其种群；另外，因其具有强烈的化学他感作用，排斥异种，能在一定区域形成单纯的单一种群，是一种有害的潜在入侵种。

在生态方面，南美蟛蜞菊定居后入侵许多的群落类型，使本土植物生境发生变化或丧失，严重影响生态系统的结构和功能。在许多地方，南美蟛蜞菊危害农林业和果园，对公园的观赏性也有一定的影响。它与薇甘菊、五爪金龙、飞机草和豚草、大米草等，已引起一些环境问题，成为中国广东地区最具危害性的杂草，列为重点防除对象。

在经济方面，南美蟛蜞菊有害影响还不十分明显，但南美蟛蜞菊较强的无性繁殖能力与生性强健的抗干扰能力正好与潜在入侵特性吻合，在其损害尚未严重时关注这一问题并采取适当的防范措施才能减少或避免这样的生物灾难。

形态特征 茎匍匐，上部茎近直立，节间长5～14cm，光滑无毛或微被柔毛，茎可长达180cm。叶对生、具齿，椭圆形、长圆形或线形，长4～9cm，宽2～5cm，呈三浅裂，叶面富光泽，两面被贴生的短粗毛，几近无柄。头状花序中等大小，花序宽约2cm，连柄长达4cm，花黄色，小花多数；假舌状花呈放射状排列于花序四周，筒状花紧密生于内部，单生的头状花序生于从叶腋处伸长的花序轴上。瘦果倒卵形或楔状长圆形，长约4mm，宽近3mm，具3～4棱，基部尖，顶端宽，截平，被密短柔毛、冠毛及冠毛环。花期极长，终年可见花，以夏至秋季盛开为主，瘦果主要在夏秋季采到（见图）。

入侵特性 南美蟛蜞菊适应于高湿度到一般空气湿度的环境里，可在海拔700m以上地区生长（可达到1300m）。但主要分布于海滨、水边、石灰岩地区；可在沼泽地、盐碱土、黏土、砂壤、酸性土及壤土上生长。生性强健，耐旱又耐湿，在潮湿至干旱的地方及瘠薄的土壤内都能正常生长，喜肥沃疏松排水良好的壤土，植株有一定的耐盐碱性。

南美蟛蜞菊的形态特征（吴楚提供）
①种群；②茎秆；③花；④花序

预防与控制技术

预防 南美蟛蜞菊开始时都是以人工绿化为目的而引种种植的，因种植后疏于管理，其定居后便迅速向周围的群落蔓延扩展，且又因具有强烈的化感作用而形成疯狂入侵的局面。因此，对于外来植物的防治工作，必须做到政府重视，加强领导；提高群众意识，积极参与。建议对那些南美蟛蜞菊尚未蔓延的地区，要高度警惕该物种的侵入。南美蟛蜞菊以匍匐茎上长出的幼株进行营养繁殖为主，增殖迅速，经多方观察研究没发现其成功有性繁殖的实例。因此，利用时要加强管理，预先防备。在园林绿化或用作为陡壁、弃耕地、矿山、垃圾场等植被恢复时，出于环境保护的目的，不能在森林、果园、草地内部或其他非常靠近这类群落的地方随意利用南美蟛蜞菊。建议种植在易于控制边界生境内，让其只能生长于有限的空间范围内而不至于盲目扩展，例如采用人工建筑固定的围墙、人行道或其他景观隔开的方法可有效防止南美蟛蜞菊泛滥扩展。

治理 在南美蟛蜞菊影响严重的区域，宜采用人工或机械清除的办法。在每年植物生长旺季和雨季来临之前，利用人工或机械进行地毯式清除。人工拔掉或割断根茎，及时清除土壤中留下的茎段。在园林景观绿地、果园等处可结合日常管理进行清除；在自然山体、人工林、风景区等受保护的自然景观，集中时间和人力清除。清除后及时选择一些生长迅速、适应性强的经济作物或观赏植物种植。采用化学防除剂杀灭南美蟛蜞菊有一定效果。虽然化学防治不能彻底根除有害植物，但对危害严重、面积大的地区，采用化学药剂结合人工清除进行防治，既可以大面积清除，又可节省人力物力，在一定范围内是可行的。但在使用时，要特别注意环境和生物安全。除了进行人工清除和化学防除，还可以使用生物防除手段。利用有害植物的天敌昆虫和病原微生物进行控制，已取得了不少成果。生物防治既能成功地控制杂草的危害、传播和蔓延，更重要的是不会对环境造成不良的后果。研究、找出各种植物的相应天敌及进行充分的风险评估将是未来防治工作的重心。

参考文献

李振宇, 解焱, 2002. 中国外来入侵种[M]. 北京: 中国林业出版社: 174.

王旭萍, 2019. 几种菊科入侵植物的生物防控探索研究[D]. 海口: 海南师范大学.

杨东娟, 赵锐明, 回嵘, 等, 2014. 不同生长方式对2种入侵植物形态特征和生物量分配的影响[J]. 西北林学院学报 (4): 69-73.

中国植物志编辑委员会, 1979. 中国植物志: 第7卷[M]. 北京: 科学出版社.

（撰稿：周忠实、张燕；审稿：万方浩）

内在优势假说 inherent superiority hypothesis

入侵生物能够成功入侵，是由于其本身可能具有独特的生物特性或内在优势（如遗传、形态、生理、生态和行为等）。Elton 从外来种本身生物特性角度提出了“内在优势假说”，认为相对于非入侵种，具有内在优势的入侵种在生物入侵或进化过程中可能拥有更多遗传变异，形成具有更适应环境条件及利用更多资源的生态型，或具有更强的抵抗外界环境胁迫的能力或性状，从而最终在竞争中获得优势，或者更易于占据某些非入侵种不能利用的生态位，进而成功入侵。

一般而言，外来入侵物种会对各种环境因子具有较强的耐受能力和适应能力，如耐高温、耐贫瘠、耐污染以及较高的资源利用效率和光合速率等；某些入侵物种还具有较强的繁殖能力，能产生大量的后代，从而最终在竞争中占据优势，有助于入侵成功。例如，福寿螺，一种全球性的水生入侵动物，繁殖能力极强，一次受精可多次产卵，一次产卵量多达千粒，排卵时间长达 1～2 小时；冬眠时期，啮齿类动物粪便、同类尸体是其常食用的食物。其适应性强，生长繁殖速度快的优势性状，导致该物种在长江以南地区严重泛滥，对当地农业生产、生态经济发展、自然环境等方面造成了严重的危害。

与入侵相关的“优势”性状并非孤立地对入侵发生作用，而是与其他众多生物和非生物因子一起共同影响入侵。因此，在分析某个具体生活史性状对入侵的作用时，应结合考虑物种表观可塑性、适应性进化、种间关系、生态系统可入侵性等因素与入侵的关系。此外，通过分析已经入侵的外来种的生活史性状与入侵性、物种增长、扩张和危害程度的关系，可针对性地提出相关防治策略和方法。

参考文献

李凯, 马赵燕妮, 杨光, 等, 2019. 广福村福寿螺灾害概述及措施研究[J]. 现代商贸工业, 40(24): 213-214.

万方浩, 侯有明, 蒋明星, 2015. 入侵生物学[M]. 北京: 科学出版社: 55.

ELTON C S, 1958. The ecology of invasions by animals and plants[M]. London: Methuen Press.

HUFBAUER R A, TORCHIN M E, 2007. Integrating ecological and evolutionary theory of biological invasions[M]// Nentwig W. Biological invasions. Heidelberg: Springer: 79-96.

（撰稿：李茜、陈义永、战爱斌；审稿：周忠实）

牛筋草　*Eleusine indica* (L.) Gaertn.

禾本科穇属。一年生草本植物。又名蟋蟀草。英文名 goosegrass。

入侵历史　牛筋草原产于欧洲，天然生长在葡萄牙、西班牙、法国、意大利、英国、荷兰、奥地利、克罗地亚、斯洛文尼亚、匈牙利、塞尔维亚、罗马尼亚和保加利亚。1979 年引入中国后形成入侵之势。

分布与危害　分布于全世界温带和热带地区。几乎遍及中国南北各地，但以黄河流域和长江流域及其南方地区发生较多。

牛筋草繁殖能力强，耐干旱，根系发达，与作物竞争土壤水分和养分的能力很强。主要危害秋熟旱作物田以及果园、桑园和棉田等地。

形态特征　秆丛生，基部倾斜，成株高 10～90cm。叶鞘两侧压扁而具脊，松弛，无毛或疏生疣毛；叶舌长约 1mm；叶片平展，线形，长 10～15cm，宽 3～5mm，无毛或上面被疣基柔毛。穗状花序 2～7 个指状着生于秆顶，长 3～10cm，宽 3～5mm；小穗含 3～6 小花；颖披针形，具脊，脊粗糙，卵形，膜质，脊上有狭翼，内稃短于外稃，具 2 脊，脊上具狭翼。囊果卵形，长约 1.5mm，基部下凹，具明显的波状皱纹（见图）。花果期 6～10 月。

入侵特性　牛筋草种子繁殖，繁殖能力较强。在 7～10 月之间牛筋草种子逐渐成熟，而且是随着成熟的过程飘落。借助风、流水、动物、人和机械活动而完成散布传播，覆盖范围较广。牛筋草分枝较长，而且分枝多，有着较大的覆盖面积，可以在田边、路边、荒地、沟边、石头缝隙等多种恶劣环境下生存，竞争力强。牛筋草地下根系十分发达，与作物竞争土壤当中的养分和水分，使得周围生长的其他作物吸收营养不足，阻碍正常生长。

监测检测技术　在牛筋草植株发生点，采用“W”形 5 点调查方法，每个点设置 1m^2，调查牛筋草的密度，一般每月观察一次。同时对地下种子库的种子数量进行调查。在调查中如发现可疑牛筋草，可根据牛筋草形态特征，鉴定是否为该物种。

预防与控制技术　预防和控制牛筋草以化学除治为主，兼有物理、化学、生物防治等方法。

化学除治　在牛筋草萌发前，采用莠去津和乙草胺等土壤处理剂使用标签推荐剂量进行封闭处理，萌发后根据

牛筋草的形态特征（①②③王彦辉提供；④⑤吴楚提供）
①幼苗；②花序；③⑤成株；④种子

作物的不同采用不同的除草剂进行防除。比如在果园采用30% 草甘膦异丙胺盐水剂每亩使用剂量 600ml 和 200g/L 草铵膦水剂每亩使用 350ml 等进行防治。

生物防治　国外研究人员已经从牛筋草上分离出多个微生物，并加工成微生物制剂对牛筋草进行生物防治。中国研究人员报道从牛筋草上通过分离手段获取到 2 种病菌：*Colletotrichum eleusines* 和 *Bipolaris sorokiniana*，2 个菌株均对牛筋草有很强的致病性，而且对多种作物高度安全。但是微生物防控杂草受环境因素影响较大，速效性差，生产上一直没有大面积推广使用。

农艺措施与生态控制　适当的替代植物为主的措施，营造不利于牛筋草生长的群落环境。比如在果园种植豆科植物，可以起到抑制杂草和固氮作用，又不与果树争养分和肥，还可以达到水土保持的效果。在种植作物时采取深耕的措施，可以有效减少牛筋草种子的萌发，从而达到控制牛筋草的效果，该方法往往结合化学除草剂效果最佳。

物理防治　在果园采用割草机的方法可小范围清除牛筋草。但是由于牛筋草根系发达，且一些是匍匐地面，难以彻底清除。一些地区使用火烧可能减少一部分牛筋草发生，高温也会影响地下种子萌发，但该方法收效甚微，尤其在雨季水分充足时，牛筋草的繁殖更加迅速。

参考文献

李扬汉, 1998. 中国杂草志[M]. 北京: 中国农业出版社: 1221-1222.

梁帝允, 张治, 2013. 中国农区杂草识别手册[M]. 北京: 中国农业科学技术出版社: 532.

DÍTĚ Z, DÍTĚ D, FERÁKOVÁ V, 2019. *Eleusine indica* (L.) Gaertn., new species of the adventive flora of Slovakia[J]. Thaiszia - J. Bot., Košice, 29 (1): 77-85.

HOLM L, PANCHO J V, HERBERGER J P, et al, 1979. A geographical atlas of world weeds[M]. New York, Chichester, Brisbane, Toronto, UK: John Wiley and Sons: 391.

（撰稿：王彦辉；审稿：张国良）

牛茄子　*Solanum capsicoides* All.

茄科茄属直立草本至亚灌木植物。又名番鬼茄、大颠茄、颠茄、癫茄、颠茄子和油辣果。英文名 sodapple nightshade。

入侵历史　牛茄子原产巴西，1895 年在香港发现。最早于 1918 年在福建采集到该物种标本，然后至中国内陆扩散危害。喜生于海拔 200～1500m 荒地、疏林、灌木丛里。

分布与危害　广泛分布于热带地区。在中国云南、四川、贵州、广西、湖南、广东、海南、江西、福建、台湾、江苏、河南和辽宁有分布。植株具刺，影响农事操作。植株富含龙葵碱，未成熟果实毒性较大，误食后可导致人畜中毒。

形态特征　直立草本至亚灌木，高 30～70cm。茎、叶、花梗和花萼淡黄色被细硬刺，刺长 1～5mm。叶阔卵形，长

牛茄子的形态特征（①张国良提供；②彭玉德提供）
①植株；②果实

5～13cm，宽 4～12cm，顶端短尖至渐尖，基部心形，5～7 浅裂或半裂，裂片三角形或卵形，边缘浅波状；上面深绿色，被疏纤毛；下面淡绿色，无毛或在脉上稀疏分布，边缘较密；侧脉与裂片数相等，上平下凸，具直刺；叶柄粗壮，长 2～7cm，稀纤毛及长硬刺（图①）。聚伞花序腋外生，长不超 2cm，花少数，单生或多至 4 朵，花梗被细刺及纤毛；花萼杯状，长约 5mm，直径约 8mm，具细刺及纤毛，先端 5 裂，裂片卵形；花冠白色，隐于萼内，长约 2.5mm，裂片 5 裂，披针形，长约 1.1 cm，宽约 4mm，端尖；雄蕊 5。浆果扁球状，直径 3.5～6cm，初绿白色，成熟后橙红色，果柄长 2～2.5cm，具细刺（图②）。种子干后扁而薄，边缘翅状，直径 4～6mm。花期 6～8 月，果期 8～10 月。

入侵特性　牛茄子以种子繁殖，种子数量大，生长速度快，适应性广，具有超强的环境适应能力，耐干旱、贫瘠和污染环境，刈割、火烧后根部能迅速恢复生长，极难清除；种子小，难以识别和检测，容易随作物种子、货物、交通工具和带土苗木进行传播。

预防与控制技术　苗期铲除。

参考文献

刘全儒, 张勇, 齐淑艳, 2020. 中国外来入侵植物志: 第三卷[M]. 上海: 上海交通大学出版社: 441-445.

万方浩, 刘全儒, 谢明, 等, 2012. 中国外来入侵植物图鉴[M]. 北京: 科学出版社: 154-155.

于胜祥, 陈瑞辉, 李振宇, 2020. 中国口岸外来入侵植物彩色图鉴[M]. 上海: 科学出版社: 320-321.

OLCKERS T, 1996. Improved prospects for biological control of three Solnnum weeds in South Africa[C]//Moran V C, Hoffmann J H. Proceedings of the IX International Symposium on Biological Control of Weeds: 307-312.

（撰稿：郭成林；审稿：张国良）

牛蛙　*Lithobates catesbeiana* (Shaw)

脊索动物门无尾目蛙科（Ranidae）一种。又名菜蛙。英文名 bull frog、American bull frog。

入侵历史　原产于北美洲落基山脉以东地区，北到加拿大，南达佛罗里达州北部。1959 年从古巴引进，先后在北京、上海、天津、甘肃、四川、云南、江苏（南京）、浙

江（杭州、宁波）、福建（福州、厦门）、广东（广州、中山、湛江）等地进行驯养。

危害　牛蛙体型大，可以吞食当地小型蛙类的成体与蝌蚪，甚至吞食湖、塘内的鱼苗，可能造成其他动物资源的损失，甚至有可能改变当地两栖动物区系。在广西、云南、四川等地已形成自然种群，构成当地蛙类区系的组成部分。牛蛙为经济价值较高的蛙类，体大肉肥，体重可达0.5～1.0kg，肉可供食用，皮可以制革。牛蛙的腿肉肉质细嫩、味美，是重要的出口食品。内脏等部分可以加工成饲料。牛蛙体内存在霍乱弧菌等寄生病菌，所以作为国内外市场常见的水产品，很可能通过市场流通传播霍乱弧菌，导致食物型霍乱的流行和暴发。

形态特征　体大而粗壮，体长可达200mm左右。头长与头宽几等长；吻钝圆，鼻孔近吻端朝向上方；鼓膜甚大，与眼径等大或略大。舌宽大，后端缺刻深。前肢短，指端钝圆；后肢较长，趾间具全蹼。背部皮肤略粗糙，有极细的肤棱或疣粒；背面绿色或绿棕色，带有暗棕色斑纹。头部及口缘鲜绿色，四肢具有横纹。腹面白色，有暗灰色细纹；雄性咽喉部鲜黄色，雌性灰白色，具深色细纹。

入侵生物学特性　气候温暖的地区，典型的栖息环境——小型湖泊、永久性池塘。湖泊、池塘内生长有水生植物和由沉积物堆积而成的浅水区，沿岸被灌木遮蔽。在沼泽、湖塘、水坑、河沟、稻田及水草繁茂的静水水域中均能生存和繁殖。从卵产出起至长成能够繁殖的成蛙需要4～5年，在广东气温较高的地区只需要3年。在人工饲养条件下，牛蛙可存活7年以上。捕食昆虫、小虾、小蟹等其他无脊椎动物，以及小鱼、小蛙、蝌蚪、蝾螈、幼龟、蛇、鼠类等小型脊椎动物，食量颇大。蝌蚪在自然环境中主要以浮游生物，藻类、轮虫和多种昆虫的幼虫、苔藓和水生植物为食。人工放养，大量养殖之后，在当地逸为野生。

预防与控制技术　严格管理养殖种群，限制养殖种群的野生放养，加强养殖种群的防逃逸措施。通过大量捕捉、收购成蛙作为食用和工业用，以减少野生种群的数量，控制野生种群的增殖。

参考文献

李振宇, 解焱, 2002. 中国外来入侵种[M]. 北京: 中国林业出版社.

罗压西, 冷文杰, 胥勋平, 2005. 从活体牛蛙体表中检出O1 群霍乱弧菌非流行株[J]. 现代医药卫生, 21(18): 2497.

王福, 王英, 屠春凤, 2009. 天津市塘沽区首次从牛蛙中检出霍乱弧菌[J]. 口岸卫生控制, 14(1): 62.

相大鹏, 林小炜, 2001. 从进口活牛蛙中首次检出霍乱弧菌的鉴定报告[J]. 中国卫生检验杂志, 11(1): 84-85.

（撰稿：马方舟、孙红英；审稿：周忠实）

牛膝菊　*Galinsoga parviflora* Cav.

菊科牛膝菊属一年生草本植物。又名辣子草、向阳花、珍珠草等。其喜光、喜湿、生长迅速，对生境的适应能力强，生态幅宽泛，且根部能分泌化感物质以抑制其他植物生长，形成牛膝菊单种优势群落，对当地的自然生态系统和农业生态系统会造成极大的破坏。

入侵历史　牛膝菊原产南美洲，于1915年在中国的云南宁蒗和四川木里首次被发现，1964年在辽宁大连星海公园发现为东北地区新记录种。在1993年《内蒙古植物志》中首次记录出现在呼伦贝尔市扎兰屯，随后几年迅速蔓延且分布范围甚广。

分布与危害　除了西北地区外，其广泛分布于中国各地区。在印度等地也有分布。生于林下、河谷地、荒野、河边、田间、溪边或市郊路旁。外来牛膝菊属植物通常危害小麦、玉米、棉花、烟草等作物，庭院和非耕地也有一些分布，特别是牛膝菊和粗毛牛膝菊是印度东北部山区的作物田和次生演替区域的常见杂草。牛膝菊喜潮湿、日照长、光照强度较高的生存环境。牛膝菊种子没有休眠或者休眠程度较低，最适萌发温度为25℃，在种子萌发的当日就能达到萌发的最大值。牛膝菊生长迅速，开花较早，同一生长季节可发生多代，通常种子量大，适合的生长环境较为广泛。在适宜的条件下，牛膝菊通常营养生长迅速，这是其成为农田中的恶性杂草的一个重要特征。同时牛膝菊的各个特征使其种子很容易扩散，并迅速建立大的杂草种群，造成防治工作困难。

牛膝菊会与作物，尤其是与灌溉的矮秆作物竞争营养和生态位，甚至影响作物的产量。同时牛膝菊对大豆和花生等作物也具有一定的化感作用，影响种子的萌发和胚根的生长与伸长，并且其化感作用地上部分要比地下部分更强。

形态特征　株高10～80cm，茎单一或于下部分枝，分枝斜伸，茎纤细，全株茎枝被贴伏状柔毛和少量腺毛，嫩茎更密集，茎基部和中部花期脱毛或稀毛。叶片对生，具柄，叶柄长1～2cm，叶片呈卵形或者长椭圆状卵形，长1.5～5.5cm，宽1.5～3.5cm，基部呈圆形或楔形，顶端尖或钝，基出三脉或者不明显的五出脉，于叶下面稍凸起。花序下部的叶片渐小，通常呈披针形；茎叶两面粗糙，被白色稀疏短柔毛，沿脉和叶柄上的毛较密，边缘具钝锯齿或疏锯齿，在花序下部的叶有时全缘或近全缘。头状花序呈半球形，具有长花梗，常在茎枝顶端形成疏松的伞房花序。总苞半球形或宽钟状，宽3～6mm；总苞片1～2层，5个左右，外层短，内层卵形，长3mm，白色，顶尖圆钝，通常为膜质。舌状花4～5个，白色舌片，顶端3齿裂，筒部细管状，稠密白色短柔毛生于外部；管状花花冠长约1mm，黄色，稠密的白色短柔毛着生于下部。瘦果长1～1.5mm，3棱或中央的瘦果4～5棱，黑色或黑褐色，被白色茸毛。舌状花冠毛毛状，脱落；管状花冠毛膜片状，白色，披针形，边缘流苏状，固结于冠毛环上，正体脱落。花果期7～10月（见图）。

入侵特性

生殖特性　作为一种一年生草本植物，牛膝菊在新的生境中可能会缺少昆虫媒介，主要靠风媒传粉，使其传粉能够顺利进行；其果实具伞状结构，更利于风媒传播；种子阶段性萌发，易于形成聚集种群，不至于被新的环境所淘汰，由此保证了牛膝菊的繁殖量个体，扩大了其种源。

牛膝菊的形态特征（张国良提供）
①植株；②花序

传播特性　牛膝菊种子小，主要以风媒为传播途径。牛膝菊种子在风的作用下，通过人、牲畜或者交通工具的携带，可以传播到不同的环境中；而且牛膝菊的种子易随大豆、小麦等作物种子的调运而传播扩散，也可以随水流、鸟类等携带传播。当遇到土壤裸露较大，且土壤较为疏松、表层土壤紧实度较低时便可以大面积暴发。

对于环境的适应特性　外来入侵植物往往能够在不同的环境中生存，具有较强的逆境适应能力和种群竞争能力，这有利于有害植物的入侵和暴发。牛膝菊之所以能够迅速扩散，一个主要的原因是能适应和充分利用当地的环境条件，最终在竞争中占据主导地位而得以扩散。牛膝菊对土壤养分的要求不高，无论是贫瘠的土壤还是肥沃的良田，均能很好地适应生长，而且还能适应潮湿的土壤环境。同时，牛膝菊具有强大的根系，能够有效增强其在不良环境中的固土能力，促进牛膝菊对土壤养分以及水分的吸收，对其生长发育起到了一定的保障作用，而这些发达的根系通过须根的延伸可与其他植物争夺生态位，从而抑制其他植物的生长，为其在入侵地定殖、繁衍提供了强有力的条件。

监测检测技术　在潜在发生区检测到牛膝菊后，应立即全面调查其发生情况，并按照样线法、样方法调查其发生程度。

在调查中如若发现疑似牛膝菊的物种，可以根据前文描述的牛膝菊的形态特征以及相关图片，鉴定是否为该物种。

预防与控制技术　随着人类对环境的破坏越来越严重，牛膝菊等入侵植物的危害也呈现逐年加重的趋势，作为作物田和蔬菜地的恶性杂草，对于牛膝菊的预防和控制也显得越来越重要。对于尚未遭到牛膝菊入侵的地区，应加以严格的监控措施，一旦发现应立即采取相应措施进行消除。对于已经出现牛膝菊入侵的地区，除了要做好相应的监控措施外，还要防止其二次蔓延的危险。防治方法一般有以下几种：

生态和农业防治　在作物田或者蔬菜地前期使用小麦秆或者碎木屑等覆盖能明显降低牛膝菊种子的出苗率。

生物防治　生胶孢炭疽菌 (*Colletotrichum gloeosporioides*) 可作为致病因子使牛膝菊发病，从而对牛膝菊有一定防治效果。

化学防治　施加 2,4- 二氯苯氧乙酸会对牛膝菊的生长产生不良影响，在苗期和高强光下施药，植株的死亡率更高；在花期施药影响结实率。此外，也可用乙草胺防治牛膝菊。

参考文献

贺俊英, 徐萌萌, 张子义, 等, 2019. 入侵植物牛膝菊(*Galinsoga parviflora* Cav.)对植物多样性的影响[J]. 干旱区资源与环境, 33(7): 147-151.

齐淑艳, 徐文铎, 文言, 2006. 外来入侵植物牛膝菊种群构件生物量结构[J]. 应用生态学报, 17(12): 2283-2286.

汤东生, 董玉梅, 陶波, 等, 2012. 入侵牛膝菊属植物的研究进展[J]. 植物检疫(4): 51-55.

DAMALAS C A, 2008. Distribution, biology, and agricultural importance of *Galinsoga parviflora* (Asteraceae)[J]. Weed biology and management, 8: 147-153.

DE CAUWER B, DEVOS R, CLAERHOUT S, et al, 2013. Seed dormancy, germination, emergence and seed longevity in *Galinsoga parviflora* and *G. quadriradiata*[J]. Weed research, 54: 38-47.

IVANY J A, SWEET R D, 1973. Germination, growth, development, and control of Galinsoga[J]. Weedscience, 21(1): 41-45.

RAI J P N, TRIPATHI R S, 1986. Population regulation of *Galinsoga ciliata* (Raf.) Blake and *G. parviflora* Cav.: Effect of 2, 4-D application at different growth stages and light regimes[J]. Weed research, 26(1): 59-68.

（撰稿：任芝坤；审稿：黄伟）

N

农杆菌毒力蛋白　virulence proteins of agrobacterium

农杆菌是一种普遍存在于土壤中的革兰阴性细菌，其可以在不同生物之间进行 DNA 转运，其中农杆菌的毒力（virulence，Vir）蛋白在 DNA 转运中起着重要的作用。

VirA 蛋白，作为跨膜感应蛋白位于农杆菌细胞的内膜上，可感受酚类化合物和单糖分子的刺激，从而启动 DNA 的切割和转运。它包含 4 个结构域，即周质域、连接域、激酶域和接受域。VirA 蛋白主要通过其结构域来行使信号传导功能。常见的酚类物质主要包括乙酰丁香酮（acetosyringone）和一些人工合成的相关酚类物质，如烷基丁香酰胺（alkylsyringamides）等。

VirB 蛋白，主要参与跨膜通道的形成和 DNA 的转运，由 11 个不同的开放阅读框编码的蛋白组成。其中 VirB1 可能参与农杆菌与植物细胞表面的相互作用，VirB2 和 VirB9 分别位于细胞的外胞周质和外膜，使 T-DNA 转运到细菌细胞外，VirB4 和 VirB11 是转运系统的能量元件，它们可以相互作用，通过 ATP 结合和水解活性帮助 T-DNA 转移，VirB6 可能是内膜界面的核心成分，具有稳定跨膜通道的作用，VirB7-VirB10 是转运通道结构的核心。

VirD2 蛋白，作为核酸内切酶，作用于单链特定的酶切位点，在 T-DNA 产生缺口后，VirD2 共价结合在 T-DNA 的

5′ 末端，形成转运 T-DNA 复合体。

VirE2 蛋白，是单链 DNA 结合蛋白，能结合和稳定单链的 T-DNA 分子，将其包裹成半硬式的、中空的、圆柱形的及丝状体的螺旋结构，保护它不受细胞内切酶的破坏。VirE2 和 VirD2 都有核定位活性，在 T-DNA 分子向植物细胞核的运输过程中发挥着重要作用。

参考文献

张坤, 王继刚, 李玉花, 2007. 农杆菌侵染过程中的Vir蛋白[J]. 生物技术通讯, 18 (4): 715-718.

TZFIRA T, CITAVSKY V, 2008. Agrobacterium: from biology to biotechnology[M]. New York: Springer.

（撰稿：谢家建、石建新；审稿：张大兵）

农杆菌介导法 *Agrobacterium*-mediated transformation method

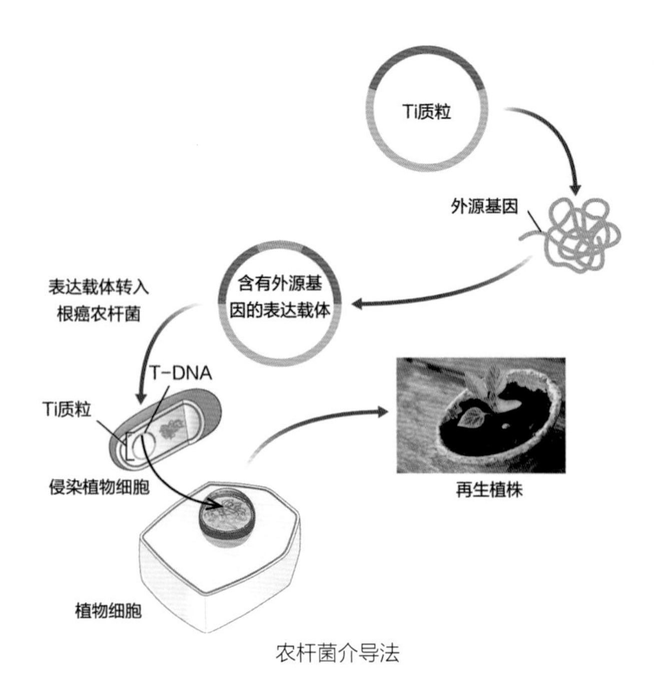

农杆菌介导法

利用其含有的 Ti 质粒可以将外源 DNA 导入受体植物细胞中的特点进行遗传转化的方法。由于受体材料丰富、单拷贝比例高、转化子稳定等优点，在植物基因工程育种中应用广泛。已有水稻和玉米等粮食作物、大豆和油菜等油料作物、蔬菜、花卉、林木等 200 多种植物通过农杆菌介导法获得转基因植株，使用的受体材料包括叶盘、幼胚、子叶节、愈伤组织等。

农杆菌 普遍存在于土壤中，革兰氏阴性细菌，属于根瘤菌科（*Rhizobiaceae*）土壤根瘤菌属（*Agrobacterium*），能在自然条件下感染双子叶植物的伤口，并诱导产生冠瘿瘤或发状根。农杆菌主要有两种：根癌农杆菌（*A. tumefaciens*）和发根农杆菌（*A. rhizogenes*）。植物基因工程育种中使用最多的是根癌农杆菌。

1907 年，Smith 和 Townsent 发现双子叶植物的冠瘿瘤是由根癌农杆菌的侵染形成的。1974 年，Zeazen 从根癌农杆菌中分离获得 Ti 质粒（tumor inducing plasmid）。Ti 质粒包括 4 个区域：可转移 DNA 区（transferred-DNA，又称 T-DNA 区），根癌农杆菌侵染植物细胞时从 Ti 质粒上切割下来转移到植物细胞的一段 DNA，能进入植物细胞核，整合到宿主植物基因组中；毒性区（Vir 区），含有多个 *vir* 基因，该区不可转移，但能激活 T-DNA 的转移，使根癌农杆菌表现出毒性；Con 区，调节 Ti 质粒在农杆菌之间的转移；复制起始区，调控 Ti 质粒的自我复制。在 T-DNA 区的两端还含有左边界（left border，LB）和右边界（right border，RB），长为 25bp 的重复顺序，在切除及整合过程具有重要作用。Ti 质粒含有 1 个或多个 T-DNA 区，Ti 质粒大小一般 200～300kb，T-DNA 区大小 10～30kb。

原理 根癌农杆菌侵染植物是一个非常复杂的过程。植物受伤后，伤口分泌酚类物质吸引根癌农杆菌向受伤组织集中，并诱导 Ti 质粒上 Vir 区基因的表达，导致 T-DNA 的加工和转移。整个侵染过程包括以下几个步骤：①根癌农杆菌对植物细胞的识别和附着。②根癌农杆菌响应植物分泌的酚类等信号物质。③根癌农杆菌 Ti 质粒上的 *vir* 基因的活化。④Vir 蛋白与 T-DNA 区形成复合体。⑤T-DNA 复合体的转运。⑥T-DNA 整合到植物基因组中。农杆菌介导法即利用这一特性，通过基因工程操作将外源基因插入到经过改造的 T-DNA 区，借助农杆菌的感染实现外源基因向植物细胞的转移与整合，然后通过组织培养技术，获得再生的转基因植株。

农杆菌介导的遗传转化中不能利用野生 Ti 质粒，主要由于 Ti 质粒分子量大，限制性酶切位点复杂，不易进行基因工程操作；Ti 质粒上含有生长素合成基因，干扰受体植物内源激素的平衡，不利于植物细胞的分化和植株再生。为了便于遗传操作，对 Ti 质粒进行了改造，删除 Ti 质粒上非必须序列，加入大肠杆菌复制起点、选择标记基因和人工多克隆位点，加入植物细胞的筛选标记基因、植物基因启动子。

步骤 ①植物表达载体的构建。根据转化的受体植物选择含有合适筛选标记基因等的基础载体，将外源基因与基础载体连接，将获得的植物表达载体转入农杆菌中。②农杆菌与受体材料的共培养。③植株再生。④转化植株的筛选与鉴定。

参考文献

姚冉, 石美丽, 潘沈元, 等, 2011. 农杆菌介导的植物遗传转化研究进展[J]. 生物技术进展 (4): 260-265.

OPABODE J T, 2006, Agrobacterium-mediated transformation of plants: emerging factors that influence efficiency[J]. Biotechnology and molecular biology reviews (1): 12-20.

（撰稿：耿丽丽；审稿：张杰）

《农业生物技术学报》 *Journal of Agricultural Biotechnology*

为农业生物技术研究与发展提供服务的科学期刊。创刊于 1993 年，由中华人民共和国教育部主管，中国农业大学与中国农业生物技术学会共同主办。为中文核心期刊，被北

京大学图书馆《中文核心期刊要目总览》、中国科技核心期刊（中国科学技术信息研究所）及中国科学引文数据库来源期刊（CSCD）及国内外其他多家数据库和文摘杂志收录。

国内外公开发行，月刊（每月1日出版），国内统一刊号CN 11-3342/S，国际标准刊号ISSN 1674-7698。国内发行：北京报刊发行局，邮发代码2-367；国外发行：中国国际图书贸易总公司，国外发行代码BM1673。

刊载内容　主要刊登与农业科学有关的植物、动物、微生物及林业、海洋等学科在组织、器官、细胞、染色体、蛋白质、基因、酶、发酵工程等不同水平上的农业生物技术研究成果；刊登与农业有关的遗传与育种、生理、生化与分子生物学、环境与生态、医学、病理学等应用基础研究成果。

编辑部通讯地址　北京市海淀区圆明园西路2号中国农业大学生命科学楼1053室，邮编：100193；电话：010-62733684，010-62731615；电子邮箱：nsjxb@cau.edu.cn；网站：http://www.jabiotech.org.cn，http://www.jabiotech.org。

编委会　主编：武维华，中国农业大学植物生理学与生物化学国家重点实验室。

副主编：陈化兰，中国农业科学院哈尔滨兽医研究所；李奎，中国农业科学院畜牧研究所；李义，美国康涅狄格大学植物科学系；林敏，中国农业科学院生物技术研究所；彭于发，中国农业科学院植物保护研究所；万建民，中国农业科学院作物科学研究所；王海洋，国家作物分子设计工程技术研究中心；于嘉林，中国农业大学农业生物技术国家重点实验室；徐正　，农业生物技术学报编辑部。

参考文献

中国农业大学，中国农业生物技术学会. 农业生物技术学报[DB].[2021-05-29] http: //www. jabiotech. org. cn.

（撰稿：卢增斌；审稿：叶恭银）

农业转基因生物　agricultural genetically modified organisms

利用基因工程技术改变基因组构成，用于农业生产或者农产品加工的动植物、微生物及其产品。主要包括：转基因动植物（含种子、种畜禽、水产苗种）和微生物；转基因动植物、微生物产品；转基因农产品的直接加工品；含有转基因动植物、微生物或者其产品成分的种子、种畜禽、水产苗种、农药、兽药、肥料和添加剂等产品。农业转基因生物的概念是在2001年中国国务院颁布的《农业转基因生物安全管理条例》中首次提出来的。

农业转基因生物隶属转基因生物范畴。转基因生物通指经过现代生物技术改变基因组构成的生物，又被称为遗传修饰生物体（genetically modified organisms，GMOs）、改性活生物体（living modified organisms，LMOs）、基因工程生物、遗传工程生物、遗传改良生物等。其中，遗传修饰生物体被世界卫生组织（WHO）和欧盟定义为遗传物质通过非自然交配和/或非自然重组的方式发生改变的生物体（即植物、动物或微生物）。这种技术通常称为“现代生物技术”或“基因技术”，有时也称为“重组DNA技术”或“基因工程”。通过这种技术可将选定的个体基因由一个生物体转移到另一个生物体，也可在不相关的物种之间进行转移。改性活生物体是根据联合国《生物多样性公约》下属《卡塔赫纳生物安全议定书》，定义为任何具有凭借现代生物技术获得的遗传材料新异组合的活生物体，其中的现代生物技术指能克服自然生理繁殖或重新组合障碍且非传统育种和选种中所使用的技术（即试管核酸技术，包括DNA重组或核酸导入细胞或细胞器、或超出生物分类学科的细胞融合等），活生物体指任何能够转移或复制遗传材料的生物实体（包括不能繁殖的生物体、病毒和类病毒等）。

农业转基因生物对人类、动植物、微生物和生态环境等存在潜在风险，其研发与应用受到转基因生物安全法律法规的监管。

参考文献

EUROPEAN COMMISSION, 2007. Question and answers on the regulation of GMOs in the EU[Z]. MEMO/07/117. Brussels, Belgium.

SECRETARIAT OF THE CONVENTION ON BIOLOGICAL DIVERSITY, 2000. Cartagena protocol on biosafety to the convention on biological diversity: text and annexes[Z]. Montreal, Ganada.

WORLD HEALTH ORGANIZATION, 2014. Frequently asked questions on genetically modified foods[Z]. Geneva, Switzerland (https: //www. who. int/foodsafety/areas_work/ food-technology/faq-genetically-modified-food/en/).

（撰稿：叶恭银、姚洪渭、彭于发；审稿：沈志成）

农业转基因生物安全报告制度　notification system of agricultral genetically modified organisms

农业转基因生物安全实行分级分阶段评价管理。按照对人类、动植物、微生物和生态环境的危险程度，将农业转基因生物分为4个等级：安全等级I是尚不存在危险，安全等级II是具有低度危险，安全等级III是具有中度危险，安全等级IV是具有高度危险。农业转基因生物的安全评价分为实验研究、中间试验、环境释放、生产性试验、申请安全证书5个阶段。其中，实验研究和中间试验两个阶段实行报告制度，即：从事安全等级为Ⅰ、Ⅱ的农业转基因生物实验研究，在实验研究开始前应当向本单位的农业转基因生物安全小组报告；从事安全等级为Ⅲ和Ⅳ的农业转基因生物实验研究和所有安全等级的农业转基因生物中间试验，在实验研究和中间试验开始前应当向农业转基因生物安全管理办公室报告。

报告制度管理程序为：①申请单位应按照《农业转基因生物安全管理条例》及其配套办法、评价指南等要求填写《农业转基因生物安全评价报告书》。②申请单位的农业转基因生物安全小组对本单位拟提交的《农业转基因生物安全评价报告书》提出备案审查意见。③应当向农业转基因生物安全管理办公室报告的，经申请单位审查盖章后送交至农业农村部政务服务大厅。④农业农村部政务服务大厅将经形式审查通过的报告材料转至国务院农业行政主管部门科技发展中心。⑤农业农村部科技发展中心按照法律法规及评价指南的相关要求对报告材料进行技术审查，并对审查合格的报告材料形成备案意见。⑥备案意见报经农业转基因生物安全管理办公室进行审核。⑦根据农业转基因生物安全管理办公室的审核意见制作批复文件，并向申请单位发放，同时抄送研究或试验所在地的省级农业农村行政主管部门。

（撰稿：黄耀辉；审稿：叶纪明）

农业转基因生物安全等级 safety classes of agricultral genetically modified organisms

农业转基因生物安全实行分级评价管理。按照对人类、动植物、微生物和生态环境的危险程度，将农业转基因生物分为以下4个等级：

安全等级Ⅰ：尚不存在危险。符合下列条件之一的受体生物应当确定为安全等级Ⅰ：①对人类健康和生态环境未曾发生过不利影响。②演化成有害生物的可能性极小。③用于特殊研究的短存活期受体生物，实验结束后在自然环境中存活的可能性极小。

安全等级Ⅱ：具有低度危险。对人类健康和生态环境可能产生低度危险，但是通过采取安全控制措施完全可以避免其危险的受体生物，应当确定为安全等级Ⅱ。

安全等级Ⅲ：具有中度危险。对人类健康和生态环境可能产生中度危险，但是通过采取安全控制措施，基本上可以避免其危险的受体生物，应当确定为安全等级Ⅲ。

安全等级Ⅳ：具有高度危险。对人类健康和生态环境可能产生高度危险，而且在封闭设施之外尚无适当的安全控制措施避免其发生危险的受体生物，应当确定为安全等级Ⅳ。包括：①可能与其他生物发生高频率遗传物质交换的有害生物；②尚无有效技术防止其本身或其产物逃逸、扩散的有害生物；③尚无有效技术保证其逃逸后，在对人类健康和生态环境产生不利影响之前，将其捕获或消灭的有害生物。

（撰稿：黄耀辉；审稿：叶纪明）

农业转基因生物安全管理部际联席会议制度 joint ministry conference for the safety administration of agricultural genetically modified organisms

由国务院建立，由农业、科技、环境保护、卫生、对外经济贸易、检验检疫等有关部门的负责人组成，负责研究、协调农业转基因生物安全管理工作中的重大问题的农业转基因生物安全管理部际联席会议。

农业转基因生物安全管理部际联席会议主要职能为贯彻落实国务院关于农业转基因生物安全管理的决策和部署；研究农业转基因生物安全管理工作的重大政策，提出有关政策建议；修订和完善《农业转基因生物安全管理条例》及配套规章；研究协调部门间联合执法与行政监管等重大事项；研究协调农业转基因生物安全管理能力建设事项；研究协调应对农业转基因生物安全重大突发事件；制定、调整农业转基因生物标识目录等。

联席会议制度由国务院于2007年制定，会议召集人是农业部部长，成员是农业部副部长、发展改革委员会副主任、教育部副部长、科技部副部长、财政部副部长、环境保护部副部长、商务部副部长、卫生和计划生育委员会副主任、工商总局副局长、质量监督检验检疫总局副局长、食品药品监管总局副局长、林业局副局长。联席会议办公室设在原农业部。

（撰稿：叶纪明；审稿：黄耀辉）

农业转基因生物安全监管制度 safety supervision system for agricultural genetically modified organisms

对农业转基因生物研究、试验、生产、加工、进出口等环节进行安全监管的制度。农业转基因生物安全管理部际联席会议研究协调部门间联合执法与行政监管等重大事项。农业农村部负责农业转基因生物安全的监督管理，指导不同生态类型区域的农业转基因生物安全监控和监测工作，建立全国农业转基因生物安全监管和监测体系。县级以上地方各级人民政府农业农村行政主管部门按照《农业转基因生物安全管理条例》规定，负责本行政区域内的农业转基因生物安全的监督管理工作，依法对属地转基因试验研究、标识、品种审定、种子生产经营等进行监管。有关单位和个人配合农业农村行政主管部门做好监督检查工作。

农业农村部每年春耕备耕时节下发农业转基因生物安全监管工作方案，部署年度监管任务，明确监管重点和工作措施。全年择机派出督导组对各省（直辖市、自治区）监管任务落实情况开展督查。

监管制度强化落实属地化管理制度和“第一责任人”责任。省级农业农村行政主管部门是本行政区域内转基因生物安全监管工作的责任主体。各地农业农村行政主管部门要严格按照《农业转基因生物安全管理条例》《中华人民共和国种子法》等法律法规和规章，履行转基因生物安全管理职责。省级农业转基因生物安全管理办公室负责综合协调和牵头抓总，并承担转基因生物研究阶段的监督管理职能；种子管理机构承担转基因品种审定、种子生产经营阶段的监管工作；其他有关部门在各自职责范围内开展监管工作。研发单位和研发人是转基因生物安全管理的第一责任人，要按照《农业转基因生物安全管理条例》及配套规章的要求成立转基因生物安全管理小组，健全制度，确保研发活动有章可循、管理规范。要落实法律法规要求的安全控制设施和措施，依法依规开展科研活动，坚决杜绝随意分发、转让、扩散转基因材料的行为。

监管制度覆盖所有从事农业转基因生物研发、生产、加工、经营活动的单位。在研究与试验环节，督促研发单位落实管理制度，加强监管，依法依规开展研究，不得违规扩散转基因材料。对研发单位和研发者进行系统、全面的培训，使其熟练掌握安全管理规定。从事转基因生物技术研发的单位要具备相应的条件，不具备条件的不得从事转基因技术研究。按照法律、法规、规章和《转基因农作物田间试验安全检查指南》要求，对安全评价试验进行全面、动态监管，详细记录，确保监管工作全覆盖。试验前对控制措施和控制制度进行检查，试验中对隔离等安全控制措施进行监管，试验结束时对残余物的处理和收获物的保存进行监管。中间试验要在具备控制条件的试验基地内进行。环境释放试验和生产性试验，要严格按照审批的试验条件进行。

在品种审定环节，未获得转基因生物安全生产应用证书的品种一律不得进行区域试验和品种审定。要对参加区域试验的水稻、玉米、油菜、大豆等品种进行转基因成分检测，一经发现，立即终止试验并按照《主要农作物品种审定办法》等规定严肃处理，严防转基因品种冒充非转基因品种进行审定。在生产经营销售环节，以水稻、玉米、大豆和油菜种子为重点，开展种子生产、加工和销售环节转基因成分抽检，严防转基因作物种子冒充非转基因作物种子生产经营，依法严厉查处非法生产、加工、销售转基因种子行为。标识管理要做到应标必标、标识规范，充分满足公众的知情权和选择权。凡违反标识管理规定和不符合标识管理程序的，依法予以严厉查处，并将查处结果及时报上一级农业行政主管部门备案。

（撰稿：黄耀辉；审稿：叶纪明）

农业转基因生物安全控制措施 safety control measures for agricultural genetically modified organisms

为避免农业转基因生物对人类健康和生态环境造成潜在的不利影响，对农业转基因生物研究、试验、加工等环节采取相应的安全控制措施，具体措施包括物理控制措施、化学控制措施、生物控制措施、环境控制措施、规模控制措施等。针对不同安全等级的农业转基因生物和基因工程操作，安全控制措施不同。安全等级越高，安全控制措施越严格。从事农业转基因生物研究试验与生产等有关单位，应当具备与安全等级相适应的安全设施和措施。

在实验室控制措施中，安全等级Ⅰ（尚不存在危险）控制措施按一般生物学实验室的要求。安全等级Ⅱ（具有低度危险）控制措施，其中实验室要求除同安全等级Ⅰ的实验室要求外，还要求安装超净工作台、配备消毒设施和处理废弃物的高压灭菌设备。实验操作要求在实验室划定的区域内进行操作；废弃物要进行灭活处理；防止与实验无关的生物如昆虫和啮齿类动物进入实验室等；动物用转基因微生物的实验室安全控制措施，还应符合兽用生物制品的有关规定。安全等级Ⅲ（具有中度危险）控制措施，其中，实验室要求除同安全等级Ⅱ的实验室要求外，还要求设立隔离区，并在隔离区内标有明显标志，进入操作间应通过专门的更衣室，窗户密封，配有高温高压灭菌设施，装有负压循环净化设施和污水处理设备等。操作除同安全等级Ⅱ的操作外，还要求进入实验室必须由项目负责人批准，工作台用过后马上清洗消毒，用于基因操作的一切生物、流行性材料应由专人管理并贮存在特定的容器或设施内，安全控制措施应当向国家农业转基因生物安全委员会报告，经批准后按其要求执行等。安全等级Ⅳ（具有高度危险）控制措施，除严格执行安全等级Ⅲ的控制措施外，对其试验条件和设施以及试验材料的处理应有更严格的要求。安全控制措施应当向国家农业转基因生物安全委员会报告，经批准后按其要求执行。

对于中间试验、环境释放和生产性试验控制措施。安全等级Ⅰ的控制措施采用一般的生物隔离方法，将试验控制在必需的范围内。安全等级Ⅱ的控制措施，包括采取适当隔离措施控制人畜出入，设立网室、网罩等防止昆虫飞入；对工具和有关设施使用后进行消毒处理；采取一定的生物隔离措施，如将试验地选在转基因生物不会与有关生物杂交的地理区域；采取相应的物理、化学、生物学、环境和规模控制措施；试验结束后，收获部分之外的残留植株应当集中销毁，对鱼塘、畜栏和土壤等应进行彻底消毒和处理，以防止转基因生物残留和存活等。安全等级Ⅲ控制措施，包括采取适当隔离措施，严禁无关人员、畜禽和车辆进入；根据不同试验目的配备网室、人工控制的工厂化养殖设施、专门的容器以及有关杀灭转基因生物的设备和药剂等；对工具和有关设施及时进行消毒处理；采取生物隔离措施，防止有关生物与试验区内的转基因生物杂交、转导、转化、接合寄生或转主寄生；采用环境控制措施，如利用环境（湿度、水分、温度、光照等）限制转基因生物及其产物在试验区外的生存和繁殖；严格控制试验规模，必要时可随时将转基因生物销毁；试验结束后，收获部分之外的残留植株应当集中销毁，对鱼塘、畜栏和土壤等应当进行消毒和处理，以防止转基因生物残留和存活；安全控制措施应当向农业转基因生物安全委员会报告，经批准后按其要求执行。安全等级Ⅳ的控制措施除严格执行安全等级Ⅲ的控制措施外，对其试验条件和设施以及试验材料的处理应有更严格的要求。安全控制措施应当向农业转基因生物安全委员会报告，经批准后按其要求执行。动物用转基因微生物及其产品的中间试验、环境释放和生产性试验的控制措施，还应符合兽用生物制品的有关规定。

（撰稿：黄耀辉；审稿：叶纪明）

农业转基因生物安全评价和安全管理制度 safety evaluation and management system of agricultural genetically modified organisms

为保障人体健康和动植物、微生物安全，保护生态环境，中国实行农业转基因生物安全评价和安全管理的制度体系。2001年5月23日，中华人民共和国国务院颁布了《农业转基因生物安全管理条例》（国务院令第304号），该《条例》于2017年10月7日修订，明确了农业转基因生物安全评价制度、标识管理制度、生产经营许可制度、加工审批制度和进口安全审批制度。

国家有关管理部门制定了5个部门配套规章，作为《农业转基因生物安全管理条例》的实施细则：①《农业转基因生物安全评价管理办法》规定了农业转基因生物研究试验和进口的安全评价审批程序、资料要求和安全控制措施。②《农业转基因生物进口安全管理办法》规定了用于研究试验、生产和加工原料的农业转基因生物进口安全评价申请程序和管理要求。③《农业转基因生物标识管理办法》规定了农业转基因生物强制标识的标识目录和标注方法。④《农业转基因生物加工审批办法》规定了加工具有活性的农业转基因生物的安全控制措施。⑤《进出境转基因产品检验检疫管理办法》规定了进境、过境和出境产品的转基因检测验证要求。

2002年以来，随着《农业转基因生物安全管理条例》以及配套规章的实施，农业农村部建立了农业转基因生物安全监管制度、农业转基因生物技术检测管理制度、转基因抗虫棉衍生品系安全证书管理制度和转基因棉花种子生产经营许可制度。

2010年10月27日，农业部农业转基因生物安全管理办公室印发《转基因植物安全评价指南》《转基因动物安全评价指南》《动物用转基因微生物安全评价指南》3个评价指南并于2017年1月进行了修订，指南是对《农业转基因生物安全管理条例》和《农业转基因生物安全评价管理办法》的细化解释，增强法规的可操作性。根据《农业转基因生物安全管理〈转基因作物田间试验安全检查指南〉条例》实施监督检查的规定，由农业部农业转基因生物安全管理办公室组织专家和部分省区的管理人员研究制定，于2006年5月12日印发。

2011年4月，农业部农业转基因生物安全管理办公室按照《农业转基因生物安全管理条例》及配套规章，以及《转基因作物田间试验安全检查指南》等要求，对转基因植物田间试验监管要求、转基因生物实验室监管要求和省（自治区、直辖市）农业行政主管部门的监管职能进行了梳理，汇编成《转基因生物实验室监管手册》《转基因植物田间试验监管手册》和《地方农业行政主管部门监管手册》。这些指南和监管手册支撑了农业转基因生物安全管理制度的有效实施。

（撰稿：黄耀辉；审稿：叶纪明）

农业转基因生物安全评价制度 safety evaluation system of agricultural genetically modified organisms

对农业转基因生物的研究、试验、生产、加工、经营和进口、出口活动，进行安全评价的管理制度。评价的是农业转基因生物对人类、动植物、微生物和生态环境构成的危险或者潜在的风险。安全评价工作按照植物、动物、微生物三个类别，以科学为依据，以个案审查为原则，实行分级分阶段管理。

2002年1月5日，农业部颁布《农业转基因生物安全评价管理办法》，2016年7月、2017年11月进行修订。国家农业转基因生物安全委员会负责农业转基因生物的安全评价工作。农业转基因生物安全管理办公室负责农业转基因生物安全评价管理工作。凡从事农业转基因生物研究与试验的单位，应当成立由单位法人代表负责的农业转基因生物安全小组，负责本单位农业转基因生物的安全管理及安全评价申报的审查工作。农业农村部根据农业转基因生物安全评价工作的需要，委托具备检测条件和能力的技术检测机构对农业转基因生物进行检测，为安全评价和管理提供依据。转基因植物种子、种畜禽、水产种苗，利用农业转基因生物生产的或者含有农业转基因生物成分的种子、种畜禽、水产种苗、农药、兽药、肥料和添加剂等，在依照有关法律、行政法规的规定进行审定、登记或者评价、审批前，应当取得农业转基因生物安全证书。

从事安全等级为I和II的农业转基因生物实验研究，由本单位农业转基因生物安全小组批准。从事安全等级为III和IV的农业转基因生物实验研究，应当在研究开始前向农业转基因生物安全管理办公室报告。

在农业转基因生物（安全等级I、II、III、IV）实验研究结束后拟转入中间试验的，试验单位应当向农业转基因生物安全管理办公室报告，并提供中间试验报告书，实验研究总结报告，农业转基因生物的安全等级和确定安全等级的依据，相应的安全研究内容、安全管理和防范措施。

在农业转基因生物中间试验结束后拟转入环境释放的，或者在环境释放结束后拟转入生产性试验的，试验单位应当向农业转基因生物安全管理办公室提出申请，并按照相关安全评价指南的要求提供材料。经国家农业转基因生物安全委员会安全评价合格并由农业农村部批准后，方可根据农业转基因生物安全审批书的要求进行相应的试验。申请生产性试验的，还应当按要求提交农业转基因生物样品、对照样品及检测方法。在农业转基因生物安全审批书有效期内，试验单位需要改变试验地点的，应当向农业转基因生物安全管理办公室报告。

在农业转基因生物试验结束后拟申请安全证书的，试验单位应当向农业转基因生物安全管理办公室提出申请，按照相关安全评价指南的要求提供安全评价申报书；农业转基因生物的安全等级和确定安全等级的依据；中间试验、环境释放和生产性试验阶段的试验总结报告；按要求提交农业转基因生物样品、对照样品及检测方法，生产试验阶段已经提交的除外。农业农村部收到申请后，应当组织国家农业转基因生物安全委员会进行安全评价，并委托具备检测条件和能力的技术检测机构进行检测；安全评价合格的，经农业农村部批准后，方可颁发农业转基因生物安全证书。

安全评价内容主要包括分子特征、食用安全和环境安全，在相应的安全评价指南中进行了详细规定。

（撰稿：黄耀辉；审稿：叶纪明）

农业转基因生物安全审批制度 administrative examination and approval system of agricultral genetically modified organisms

农业转基因生物安全评价分为实验研究、中间试验、环境释放、生产性试验、申请安全证书5个阶段。其中，申请单位拟开展环境释放和生产性试验或申请安全证书的，应当事先向农业转基因生物安全管理办公室提出申请，由国家农业转基因生物安全委员会进行安全评价，报经农业农村部批准后方可进行或使用。

审批制度管理程序为：①申请单位应按照《农业转基因生物安全管理条例》及其配套办法、评价指南等要求填写《农业转基因生物安全评价申报书》并准备相应的技术资料。②申请单位的农业转基因生物安全小组对本单位拟提交的《农业转基因生物安全评价申报书》及技术资料进行技术审查，填写审查意见。③经申请单位审查签字盖章后交至国务院农业行政主管部门政务服务大厅。④农业农村部政务服务大厅将形式审查合格的申请材料转至国务院农业行政主管部门科技发展中心。⑤农业农村部科技发展中心按照法律法规及评价指南相关要求对申请材料进行初步技术审查，并提出审查意见。⑥农业农村部组织国家农业转基因生物安全委员会进行安全评价，经过讨论后形成评审意见，提交国务院农业行政主管部门科技教育司审查。⑦农业农村部科技教育司根据专家评审意见提出审批意见，按程序报签后制作批复文件，并向申请单位发放，同时抄送试验所在地的省级农业农村行政主管部门。

（撰稿：黄耀辉；审稿：叶纪明）

农业转基因生物安全证书 safety certificates of agricultral genetically modified organisms

农业转基因生物安全证书分为3种类型，分别是农业转基因生物安全证书（生产应用）、境外研发商首次申请农业转基因生物安全证书（进口）和境外贸易商申请农业转基因生物安全证书（进口）。

申请农业转基因生物安全证书（生产应用）时应提交如下材料：安全评价申报书，中间试验、环境释放和生产性试验阶段的试验总结报告，农业转基因生物的安全等级和确定安全等级的依据以及其他材料等。

境外研发商首次申请农业转基因生物安全证书（进口）时应提交如下材料：进口安全管理登记表，安全评价申报书，输出国家或者地区已经允许作为相应用途并投放市场的证明文件，输出国家或者地区经过科学试验证明对人类、动植物、微生物和生态环境无害的资料以及境外公司在进口过程中拟采取的安全防范措施。

境外贸易商申请农业转基因生物安全证书（进口）时应提供如下材料：进口安全管理登记表，农业农村部首次颁发的农业转基因生物安全证书复印件、输出国家或者地区已经允许作为相应用途并投放市场的证明文件复印件，以及境外公司在进口过程中拟采取的安全防范措施。

农业转基因生物安全证书的批准信息在农业农村部官方网站公布。申报单位在取得农业转基因生物安全证书后，还要办理与生产应用或进口相关的其他手续。如转基因农作物还要按照《中华人民共和国种子法》的相关规定进行品种审定和取得种子生产经营许可后，才能生产种植。

（撰稿：叶纪明；审稿：黄耀辉）

农业转基因生物标识制度 labeling system for agricultural genetically modified organisms

对农业转基因生物进行标识管理的制度。农业转基因生物标识分自愿标识和强制标识，可以设立标识目录以及标识阈值。《农业转基因生物安全管理条例》规定在中华人民共和国境内销售列入农业转基因生物目录的农业转基因生物，应当有明显的标识。列入农业转基因生物目录的农业转基因生物，由生产、分装单位和个人负责标识。国家实施标识管理的农业转基因生物目录，由农业农村部商国务院有关部门制定、调整并公布。

农业部2002年1月5日颁布《农业转基因生物标识管理办法》并于2017年11月30日进行修订。第一批实施标识管理的农业转基因生物目录包括5类17种产品，分别是大豆种子、大豆、大豆粉、大豆油、豆粕；玉米种子、玉米、玉米油、玉米粉（含税号为11022000、11031300、11042300的玉米粉）；油菜种子、油菜籽、油菜籽油、油菜籽粕；棉花种子；番茄种子、鲜番茄、番茄酱。

在中华人民共和国境内销售列入农业转基因生物标识目录的农业转基因生物，必须遵守本办法。凡是列入标识管理目录并用于销售的农业转基因生物，应当进行标识；未标识和不按规定标识的，不得进口或销售。农业农村部负责全国农业转基因生物标识的审定和监督管理工作。县级以上地方人民政府农业农村行政主管部门负责本行政区域内的农业转基因生物标识的监督管理工作。海关总署负责进口农业转基因生物在口岸的标识检查验证工作。

转基因动植物（含种子、种畜禽、水产苗种）和微生物，转基因动植物、微生物产品，含有转基因动植物、微生物或者其产品成分的种子、种畜禽、水产苗种、农药、兽药、肥料和添加剂等产品，直接标注“转基因 ××”。转基因农产品的直接加工品，标注为“转基因 ×× 加工品（制成品）”或者“加工原料为转基因 ××”。用农业转基因生物或用含有农业转基因生物成分的产品加工制成的产品，但最终销售产品中已不再含有或检测不出转基因成分的产品，标注为“本产品为转基因 ×× 加工制成，但本产品中已不再含有转基因成分”或者标注为“本产品加工原料中有转基因 ××，但本产品中已不再含有转基因成分”。

农业转基因生物标识应当醒目，并和产品的包装、标签同时设计和印制。难以在原有包装、标签上标注农业转基因生物标识的，可采用在原有包装、标签的基础上附加转基因生物标识的办法进行标注，但附加标识应当牢固、持久，应当使用规范的中文汉字进行标注。2007 年，农业部发布《农业转基因生物标签的标识》（农业部 869 号公告 -1-2007）国家标准，规定了农业转基因生物标识的位置、标注方法、文字规格和颜色等要求。

（撰稿：黄耀辉；审稿：叶纪明）

农业转基因生物标准化操作规程　standard operating procedure for agricultural genetically modified organisms

在农业转基因生物操作过程中，相关人员须遵守的标准操作制度，其目的是保障农业转基因生物研究、试验、生产、加工、进出口等环节的安全控制措施落实和可追溯管理。

2017 年修订的《农业转基因生物安全评价管理办法》规定，从事农业转基因生物研究与试验的单位，应当制定农业转基因生物试验操作规程，以加强农业转基因生物试验的可追溯管理。《农业转基因生物安全评价管理办法》同时规定中间试验、环境释放、生产性试验的操作规程应包括转基因植物的贮存、转移、销毁、收获、采后期监控、意外释放的处理措施以及试验点的管理等。

《转基因植物试验安全控制措施第 1 部分：通用要求》标准（农业部 2259 号公告 -13-2015），规定了安全等级 I、II 的转基因植物中间试验、环境释放和生产性试验的转基因植物试验安全控制措施。从转基因植物材料包装和运输、转基因植物材料贮存、转基因植物材料销毁和处理、转基因植物试验点的管理、转基因植物收获和转基因植物采后期监控等方面进行了规定。

相关规定主要包括：①转基因植物材料包装和运输包括转基因植物材料应包装在封闭的容器内进行运输，转基因植物材料应与其他植物材料隔离放置在不同的包装容器中，包装容器放置前和取出后要及时清除，清除后应通过肉眼观察不到任何植物材料，对包装容器应标识，保存转基因植物材料的运输记录。②转基因植物材料应贮存在封闭区域，与其他材料的贮存区应分开，应有清晰标识，转基因植物材料进入贮存区前或超过贮存区后，应清洁该贮存区，清洁后应通过肉眼观察不到任何植物材料；相关人员和转基因植物材料进出贮存区都要记录。③转基因植物材料销毁后应不具有生物活性，可采取焚烧、高压蒸汽或干热灭活、碾压、翻耕、深埋、化学处理等方式，应保存转基因植物材料的销毁记录。④在考虑试验点的生态环境、隔离措施、采后期管理措施、转基因植物材料处理措施、转基因植物意外释放可能造成的影响等方面选择转基因植物试验点；采取适当措施控制人畜出入转基因植物试验地点。按比例绘制转基因植物试验点，对转基因植物试验点进行标记。机械设备和工具在进入试验点前和离开试验点时应进行清洁。应采取适当的措施对转基因植物试验进行生殖隔离，保存转基因植物试验点的管理记录。⑤收获转基因植物材料时应与其他材料分开放置并贴上适当标签。采取适当措施防止转基因植物再生，保存转基因植物的收获记录。⑥根据国家农业转基因生物安全委员会要求，在转基因植物收获后或试验终止后，应立即对试验点进行监控，确保试验单位对试验点的控制权，确保没有转基因植物及其近缘种生长，保存采后期监控记录。

（撰稿：黄耀辉；审稿：叶纪明）

农业转基因生物环境释放　enlarged field-testing of agricultral genetically modified orgaisms

《农业转基因生物安全管理条例》及配套规章规定，中国对农业转基因生物实行分级分阶段安全评价制度，按照植物、动物、微生物 3 个生物类别实行管理。按照控制体系和试验规模，分为实验研究、中间试验、环境释放、生产性试验和申请安全证书 5 个阶段。环境释放是指在自然条件下采取相应安全措施所进行的中规模的试验。

在中国从事农业转基因生物实验研究与试验的，应具备下列条件：在中华人民共和国境内有专门的机构；有从事农业转基因生物实验研究与试验的专职技术人员；具备与实验研究和试验相适应的仪器设备和设施条件；成立农业转基因生物安全管理小组。所有安全等级的环境释放实行审批制管理，在农业转基因生物中间试验结束后拟转入环境释放的，应向农业转基因生物安全管理办公室提出申请。申请时应提交如下材料：安全评价申报书、中间试验阶段的试验总结报告、农业转基因生物的安全等级和确定安全等级的依据以及相应的安全研究内容、安全管理和防范措施。

（撰稿：叶纪明；审稿：黄耀辉）

农业转基因生物加工审批制度　approval system for processing of agricultural genetically modified organisms

对以具有活性的农业转基因生物为原料生产农业转基

因生物产品的活动进行审批的管理制度。其中，农业转基因生物产品是指转基因动植物、微生物产品和转基因农产品的直接加工品。

2006年，农业部根据《农业转基因生物安全管理条例》的有关规定，制定了《农业转基因生物加工审批办法》，规定在中华人民共和国境内从事以具有活性的农业转基因生物为原料加工活动的单位和个人，应当取得加工所在地省级人民政府农业行政主管部门颁发的农业转基因生物加工许可证。加工许可证由农业农村部统一印制。

从事农业转基因生物加工的单位和个人，除应当符合有关法律、法规规定的设立条件外，还应当具备与加工农业转基因生物相适应的专用生产线和封闭式仓储设施；加工废弃物及灭活处理的设备和设施；农业转基因生物与非转基因生物原料加工转换污染处理控制措施；完善的农业转基因生物加工安全管理制度，包括原料采购、运输、贮藏、加工、销售管理档案，岗位责任制度，农业转基因生物扩散等突发事件应急预案，农业转基因生物安全管理小组，具备农业转基因生物安全知识的管理人员、技术人员。

申请加工许可证应当向省级人民政府农业农村行政主管部门提出，提供农业转基因生物加工许可证申请表，农业转基因生物加工安全管理制度文本，农业转基因生物安全管理小组人员名单和专业知识、学历证明，农业转基因生物安全法规和加工安全知识培训记录；农业转基因生物产品标识样本；加工原料的农业转基因生物安全证书复印件。

省级人民政府农业农村行政主管部门应当自受理申请之日起20个工作日内完成审查。审查符合条件的，发给加工许可证，并及时向农业农村部备案；不符合条件的，应当书面通知申请人并说明理由。省级人民政府农业农村行政主管部门可以根据需要组织专家小组对申请材料进行评审，专家小组可以进行实地考察，并在农业农村行政主管部门规定的期限内提交考察报告。

加工许可证有效期为3年。期满后需要继续从事加工的，持证单位和个人应当在期满前6个月，重新申请办理加工许可证。从事农业转基因生物加工的单位和个人变更名称的，应当申请换发加工许可证。从事农业转基因生物加工的单位和个人如果超出原加工许可证规定的加工范围的，或者改变生产地址的，包括异地生产和设立分厂，应当重新办理加工许可证。

（撰稿：黄耀辉；审稿：叶纪明）

农业转基因生物进口安全管理制度 safety management system for importing of agricultural genetically modified organisms

《农业转基因生物安全管理条例》规定，从中华人民共和国境外引进农业转基因生物的，或者向中华人民共和国出口农业转基因生物的，引进单位或者境外公司应当凭国务院农业行政主管部门颁发的农业转基因生物安全证书和相关批准文件，向口岸出入境检验检疫机构报检。经检疫合格后，方可向海关申请办理有关手续。农业转基因生物在中华人民共和国过境转移的，货主应当事先向国家出入境检验检疫部门提出申请。经批准方可过境转移，并遵守中华人民共和国有关法律、行政法规的规定。

农业部2002年1月5日颁布《农业转基因生物进口安全管理办法》并于2017年11月30日进行修订，对于进口的农业转基因生物，按照用于研究和试验的、用于生产的以及用作加工原料的三种用途实行管理。农业农村部负责农业转基因生物进口的安全管理工作。国家农业转基因生物安全委员会负责农业转基因生物进口的安全评价工作。

从境外引进农业转基因生物进行实验研究和中间试验的，引进单位应当向农业转基因生物安全管理办公室提出申请，并提供相应材料，经审查合格后，由农业农村部颁发农业转基因生物进口批准文件。从境外引进农业转基因生物进行环境释放和生产性试验的，引进单位应当向农业农村部提出申请，并提供相应材料，经审查合格后，由农业农村部颁发农业转基因生物安全审批书。从境外引进农业转基因生物用于试验的，引进单位应当从中间试验阶段开始逐阶段向农业农村部申请。

境外公司向中国出口转基因植物种子、种畜禽、水产苗种和利用农业转基因生物生产的或者含有农业转基因生物成分的植物种子、种畜禽、水产苗种、农药、兽药、肥料和添加剂等拟用于生产应用的，应当向农业农村部提出申请，并提供相应材料。境外公司在提出申请时，应当在中间试验开始前申请，经审批同意，试验材料方可入境，并依次经过中间试验、环境释放、生产性试验三个试验阶段以及农业转基因生物安全证书申领阶段。中间试验阶段的申请，经审查合格后，由农业农村部颁发农业转基因生物进口批准文件。环境释放和生产性试验阶段的申请，经安全评价合格后，由农业农村部颁发农业转基因生物安全审批书。安全证书的申请，经安全评价合格后，由农业农村部颁发农业转基因生物安全证书。

境外公司向中国出口农业转基因生物用作加工原料的，应当向农业农村部申请领取农业转基因生物安全证书。境外公司提出申请时，应当提供进口安全管理登记表；安全评价申报书；输出国家或者地区已经允许作为相应用途并投放市场的证明文件；输出国家或者地区经过科学试验证明对人类、动植物、微生物和生态环境无害的资料；境外公司在出口过程中拟采取的安全防范措施。经安全评价合格后，由农业农村部颁发农业转基因生物安全证书。在申请获得批准后，再次提出申请时，符合同一公司、同一农业转基因生物条件的，可简化安全评价申请手续。

进口用作加工原料的农业转基因生物如果具有生命活力，应当建立进口档案，载明其来源、贮存、运输等内容，并采取与农业转基因生物相适应的安全控制措施，确保农业转基因生物不进入环境。向中国出口农业转基因生物直接用作消费品的，依照向中国出口农业转基因生物用作加工原料的审批程序办理。农业农村部应当自收到申请人申请之日起270日内做批准或者不批准的决定。

（撰稿：黄耀辉；审稿：叶纪明）

农业转基因生物生产性试验 production testing of agricultral genetically modified organisms

《农业转基因生物安全管理条例》及配套规章规定，中国对农业转基因生物实行分级分阶段安全评价制度，按照植物、动物、微生物3个生物类别实行管理。按照控制体系和试验规模，分为实验研究、中间试验、环境释放、生产性试验和申请安全证书5个阶段。生产性试验是指在生产和应用前进行的较大规模的试验。

在中国从事农业转基因生物实验研究与试验的，应具备下列条件：在中华人民共和国境内有专门的机构；有从事农业转基因生物实验研究与试验的专职技术人员；具备与实验研究和试验相适应的仪器设备和设施条件；成立农业转基因生物安全管理小组。所有安全等级的生产性试验实行审批制管理，在农业转基因生物环境释放结束后拟转入生产性试验的，应向农业转基因生物安全管理办公室提出申请。申请时应提交如下材料：安全评价申报书、环境释放阶段的试验总结报告、农业生物技术检测机构出具的检测报告、农业转基因生物的安全等级和确定安全等级的依据以及相应的安全研究内容、安全管理和防范措施。

（撰稿：叶纪明；审稿：黄耀辉）

农业转基因生物中间试验 restricted field-testing of agricultral genetically modified organisms

《农业转基因生物安全管理条例》及配套规章规定，中国对农业转基因生物实行分级分阶段安全评价制度，按照植物、动物、微生物3个生物类别实行管理。按照控制体系和试验规模，分为实验研究、中间试验、环境释放、生产性试验和申请安全证书5个阶段。中间试验是指在控制系统内或者控制条件下进行的小规模试验。控制系统是指通过物理控制、化学控制和生物控制建立的封闭或半封闭操作体系。

在中国从事农业转基因生物实验研究与试验的，应具备下列条件：在中华人民共和国境内有专门的机构；有从事农业转基因生物实验研究与试验的专职技术人员；具备与实验研究和试验相适应的仪器设备和设施条件；成立农业转基因生物安全管理小组。不涉及进口的所有安全等级的中间试验实行报告制管理。报告时应提交如下材料：中间试验报告书、实验研究总结报告、农业转基因生物的安全等级和确定安全等级的依据以及相应的安全研究内容、安全管理和防范措施。

（撰稿：黄耀辉；审稿：叶纪明）

N

欧盟基因编辑管理制度 gene editing management system in European Union

对于基因编辑生物，欧盟法院于 2018 年 7 月 25 日裁定，通过基因编辑获得的生物属于转基因生物，且原则上受转基因生物管理条例规定的约束。欧洲科学院农业应用联盟（UEAA）发表声明称，随着科学知识的进步和基因组编辑等技术的发展，2001/18 / EC 指令变得不合时宜，并敦促欧盟调整转基因生物的相关法规以适应科学的进步。欧盟首席科学顾问（CSA）小组建议根据最终产品的特性而不是生产方法进行立法，它强调需要考虑“当前的知识和科学证据，特别是基因编辑和已建立的其他基因改造技术”，创造出一个有利于创新的监管环境，以便“社会可以从新技术中受益”。很明显，欧盟离不开生物技术，其法规的制定必须考虑到生物技术在可持续农业以及在动物或植物健康方面发挥的重要作用，可能在不久的将来，欧盟对基因编辑等生物育种新技术作物会采取更利于其发展的监管政策。

（撰稿：黄耀辉；审稿：叶纪明）

欧盟转基因生物安全管理法规 regulations on safety of management of genetically modified organisms in European Union

欧盟对于转基因生物管理设立了多个专项法规，其成员国按照欧盟委员会制定并颁布的统一法律和指令，对转基因生物及其产品实施管理。

1990 年欧盟颁布了《关于限制使用转基因微生物的条例》（90/219/EEC），并颁布了两个配套法规《转基因微生物隔离使用指令》（98/81/EC）和《关于从事基因工程工作人员劳动保护的规定》（90/679/EEC 和 93/88/EEC），同时颁布《关于人为向环境释放（包括投放市场）转基因生物的指令》（90/220/EEC）。1997 年 6 月 97/35/EC 号指令修订了 90/220/EEC 号指令。

1997 年 1 月欧盟制定并颁布了《关于新食品和新食品成分的管理条例》（97/258/EEC），对转基因生物和含有转基因生物成分的食品进行评估和标识管理。以后又相继出台了《关于转基因食品强制性标签说明的条例》（1139/98/EC）、《关于转基因食品强制性标签说明的条例的修订条例》（49/2000/EC）和《关于含有转基因产品或含有由转基因产品加工的食品添加剂或调味剂的食品和食品成分实施标签制的管理条例》（50/2000/EC）等三个补充规定。但 97/258/EEC 条例中对转基因生物制成的饲料并未作出规定，因此目前欧洲对转基因饲料并未实施追踪和标识。

21 世纪以来，欧洲议会和欧盟理事会根据转基因生物技术的发展情况，修订、新拟了一些转基因生物安全管理的法规。欧洲议会和欧盟委员会 2001 年 3 月 12 日发布的 2001/18 号指令有关蓄意释放转基因生物进入环境，同时废除 90/220 号指令。2002 年 1 月 28 日颁布的 178/2002 号法规，列出了食品法律的一般原则和要求，建立了欧洲食品安全局，并规定了食品安全事宜的程序。2003 年 7 月 15 日颁布的 1946/2003 号条例有关转基因生物的跨境转移。

2003 年 9 月 22 日颁布的 1829/2003 号法规有关转基因食品和饲料。2003 年 9 月 22 日颁布的 1830/2003 号法规，有关转基因生物可追溯性和标签、由转基因生物生产的食品和饲料产品的可追溯性，修订了 2001/18 号指令。2004 年 4 月 29 日颁布的 882/2004 号是为确保遵守饲料食品法律、动物健康和动物福利规则而开展的官方控制的法规。2009 年 5 月 6 日颁布的 2009/41 号，是有关转基因微生物封闭使用的指令。欧盟委员会 2004 年 4 月 6 日颁布了 641/2004/EC 条例，该条例是为执行欧洲议会和理事会 1829/2003 号条例而制定的实施细则。2015 年，欧洲议会和欧洲理事会发布的 2015/412 号指令，对 2001/18 号指令进行一些修订，允许成员国自行决定是否在本国区域内种植转基因植物。

（https://www.efsa.europa.eu/en）

（撰稿：黄耀辉；审稿：叶纪明）

欧盟转基因生物安全管理机构 administrative agencies for genetically modified organisms in European Union

欧盟转基因生物安全主要由欧洲食品安全局（EFSA）及各成员国政府以过程为基础进行管理。生物安全管理的决策权在欧盟委员会和部长级会议。EFSA 负责开展转基因风险评估，独立地对直接或间接与食品安全有关的事务提出科学建议。EFSA 内设 4 个部门，分别是管理委员会、执行主任及其工作组、顾问会议、科学委员会及 8 个专家小组。其中，执行主任是对外代表，顾问会议与科学委员会属于专家咨询机构，真正起核心作用的是管理委员会。转基因生物在欧盟范围内开展环境释放，主要由各成员国政府提出初步审查意见，EFSA组织专家进行风险评估，最后由欧盟委员会主管当局和部长级会议决策。

（https://www.efsa.europa.eu/en）

（撰稿：叶纪明；审稿：黄耀辉）

欧盟转基因生物检测实验室网络 European network of genetically modified organism laboratories, ENGL

于2002年12月4日在比利时布鲁塞尔成立，由欧盟和国家标准实验室（National reference laboratories，NRL）组成，目前包括28个欧盟成员国以及挪威、瑞士和土耳其等95个国家执行实验室（National enforcement laboratories）。ENGL在包括种子、谷物、食物和饲料等在内的各种转基因生物产品的取样、检测、鉴定和定量等手段和方法的开发、协调和标准化方面具有重要作用。其主要目的是帮助解决国家执法实验室在转基因生物检测、鉴定和定量领域面临的大量挑战。《欧盟转基因生物检测实验室网络联盟协议》（ENGL consortium agreement）为实现上述目的提供多种途径和方法：①组织召开全体会议以交流经验；②组织针对热点问题的工作小组；③组织合作研究、科学家交流以及培训；④进行ENGL成员间技术转移；⑤交换学术文献。

ENGL在执行欧盟转基因生物法规背景下，负责由欧盟成员国执行机构对转基因生物正确检测、鉴定和定量。ENGL受到联合协议的约束，其秘书处和主席由欧盟转基因食品和饲料参考实验室（European Union Reference Laboratory for GM Food and Feed，EURL GMFF）提供。

ENGL与EURL GMFF是欧洲转基因检测的两大合作伙伴，同时受欧盟联合研究中心（Joint Research Centre，JRC）领导与管辖。欧盟联合研究中心为欧盟制定针对转基因生物（GMOs）的相关概念、发展、应用以及检测的欧盟政策提供技术支持，还下属有健康与消费者保护研究所（Institute for Health and Consumer Protection，IHCP）以及标准材料和检测方法研究所（Institute for Reference Materials and Measurements，IRMM）。IHCP主要任务是通过科学研究和分析来保证欧盟法规框架下的与转基因生物相关的化学品、食品和消费品的安全；IRMM主要任务是建立可信的国际上能接受的精确的检测方法，包括标准材料、标准检测方法、各实验室之间的比较和培训等。

参考文献

吴刚, 金芜军, 谢家建, 等, 2015. 欧盟转基因生物安全检测技术现状及启示[J]. 生物技术通报, 31 (12): 1-7.

ENGL Steering Committee. European Network of GMO Laboratories[DB].[2021-05-29] http: //gmo-crl. jrc. ec. europa. eu/ENGL/ENGL. html.

（撰稿：陈洋、田俊策；审稿：叶恭银）

O

欧洲和地中海植物保护组织全球数据库 EPPO global database

简称EPPO全球数据库。由欧洲和地中海植物保护组织（European and Mediterranean Plant Protection Organization，EPPO）秘书处维护与更新。该数据库的目的是提供EPPO编制或收集的所有有害生物特定信息。截至2021年3月，内容包括：

①与农业、林业和植物保护相关的9万多个物种的基本信息：植物（栽培植物和野生植物）和有害生物（包括病原物和外来入侵植物）。每个物种的基本信息有：拉丁名、同物异名、不同语言的通用名、分类地位、EPPO代码。

②监管部门关注的1700多种限定性有害生物的详细信息（EPPO和欧盟列出的有害生物以及世界其他地区的限定性有害生物）。每种有害生物的信息有地理分布（世界分布地图）、寄主植物和类别（检疫状态）。

③ EPPO数据表和有害生物风险分析（pest risk analysis，PRA）报告。

④ EPPO标准。EPPO标准主要分为两个系列：一是关于植物检疫措施的PM标准［包括监管措施、处理、有害生物风险分析（PRA）、诊断、认证和生物防治的安全使用］；二是关于植物保护产品的PP标准。具体包括：PP1-植物保护产品的功效评价；PP2-良好植物保护规范；PP3-植物保护产品环境风险评估方案；PM1-一般植物卫生措施；PM2-针对特定有害生物的植物检疫措施（现已撤销）；PM3-植物检疫程序；PM4-用于种植的健康植物生产；PM5-有害生物风险分析；PM6-生物防治的安全使用；PM7-限定性有害生物；PM8-特定商品的植物检疫措施；PM9-国家监管控制系统；PM10-植物卫生处理。

⑤植物和有害生物（昆虫、蜱螨类、软体动物、啮齿类动物、真菌、细菌、线虫、病毒和类病毒、原生生物）图片（超过10000张）。

⑥ EPPO报告服务的文章（自1974年起）。

系统提供批量查询功能，支持关键词为物种名称或EPPO代码的模糊查询。在没有网络的条件下，可以下载该数据库的单机版文件EPPO GD Desktop安装使用。

参考文献

黄静, 孙双艳, 何善勇, 等, 2014. 主要贸易国家有害生物信息系统概况[J]. 植物检疫, 28(1): 98-100.

徐钦望, 任利利, 骆有庆, 2021. 全球外来入侵生物与植物有害生物数据库的比较评价[J]. 生物安全学报, 30(3): 157-165.

EPPO, 2021. EPPO global database (available online). ttps: //gd. eppo. int.

（撰稿：冼晓青；审稿：赵健）

P

片段插入 fragement insertion

生物体内DNA复制过程中1个或多个核苷酸序列被插入到染色体片段或某个基因序列中的现象。遗传学里的片段插入即插入突变。插入的DNA序列片段可长可短，小到1bp，大到整个染色体，插入的位点不定。单个碱基的插入可能是DNA聚合酶错误导致的，大的片段插入则是减数分裂过程染色体交叉错误导致的。

T-DNA在受体生物的整合本身就是一个典型的大片段外源片段插入事件。在此事件中，左右边界界定范围内的大片段的外源DNA包括目的基因、报告基因、筛选基因以及它们的调控元件及部分载体的骨架序列，作为一个整体被随机插入到受体基因组的某个位点。如果该片段插入位点位于受体基因组结构基因功能区域（包括编码区和调控区），该内源结构基因将不能被正常转录，其功能可能被降低或完全丧失。因此，在该转化体里，出现了一个内源基因功能的削弱或丧失，是非预期的。如果插入位点不在内源结构基因功能区域，且距上下游结构基因的调控区有相当大的距离，即位于上下游两个相邻内源结构基因之间的非功能区域，则该转化体除了在受体基因组整合并表达目的基因外，并不影响其内源基因的表达和功能，是预期的。

值得注意的是，在T-DNA介导的转基因植物中，T-DNA左右边界之外的载体骨架序列也经常会被插入到植物基因组中。目前，骨架序列整合的机制主要与T-DNA左边界T-DNA转化终点的不精确性有关。

转基因生物分子特征首要的任务就是要明确T-DNA片段插入（整合）情况，并在此基础上进一步解析其表达情况，为随后的食品安全和环境安全评价提供基础的分子数据。

参考文献

BUCK S D, WILDE C D, MONTAGU M V, et al, 2000. T-DNA vector backbone sequences are frequently integrated into the genome of transgenic plants obtained by *Agrobacterium*-mediated transformation[J]. Molecular breeding, 6 (5): 459-468.

LEWIS R, 2004. Human genetics: concepts and applications[M]. 6th ed. New York: McGraw-Hill Higher Education.

（撰稿：石建新、谢家建；审稿：张大兵）

片段缺失 fragment deletion

遗传学里的片段缺失是缺失突变的一种，指的是生物体内DNA复制过程中染色体的部分片段或一个基因的部分序列的缺失。通常用“Δ”表示。缺失的DNA片段可长可短，小到1bp，大到整个染色体。减数分裂过程染色体交叉发生的错误是缺失发生的主要原因。

转基因生物安全评价中的片段缺失特指由于T-DNA插入导致的外源T-DNA片段的缺失和内源基因片段的缺失。

由于农杆菌介导的T-DNA整合的随机性，T-DNA片段发生缺失的位点也是随机的，因此，T-DNA插入片段的LB和RB两个边界序列，都可能会发生小片段的缺失。同样的情况也发生在受体基因组T-DNA整合位点旁侧的受体基因组序列。如果是基因枪介导的T-DNA转化，由于物理的冲击，无论是T-DNA或受体基因组内源基因，都可能发生断裂，导致整合到受体基因组的序列发生大小不一致的缺失。

T-DNA左右边界小的缺失不会影响目的基因在受体内的表达，但较大的目的基因、报告基因或它们的调控基因序列的缺失，则会影响目的基因的表达。所以，转基因生物分子特征基因组对T-DNA整合情况的鉴定分析，将有助于筛选插入外源片段完整、插入位点清晰的转化体，便于后面的安全评价和商业化应用。

参考文献

LEWIS R, 2004. Human genetics: concepts and applications[M]. 6th ed. New York: McGraw-Hill Higher Education.

（撰稿：石建新、谢家建；审稿：张大兵）

苹果蠹蛾 *Cydia pomonella* (L.)

一种严重危害苹果、梨等水果的蛀果害虫。又名苹果小卷叶蛾。异名 *Laspeyresia pomonella*（Linnaeus），*Carpocapsa pomonella*（Linnaeus），*Carpocapsa pomonella*（Treitschke），*Grapholitha pomonella*（L.）。鳞翅目（Lepidoptera）卷蛾总科（Tortricoidea）卷蛾科（Tortricidae）小卷蛾亚科（Olethreutinae）小食心虫族（Grapholitini）小卷蛾属（*Cydia*）。

入侵历史 苹果蠹蛾在20世纪50年代前后经由中亚地区进入中国新疆，在50年代中后期已经遍布新疆全境，20

P

世纪80年代中期该虫进入甘肃，之后持续向东扩张。2006年，在内蒙古发现有该虫的分布。另外，2006年黑龙江也有发现，这一部分可能由俄罗斯远东地区传入。

分布与危害　国外分布于除日本以外的所有国家和地区。中国分布于新疆、甘肃、宁夏、内蒙古、黑龙江、吉林、辽宁等地。幼虫蛀食果肉、果心和种子，造成果实成熟前脱落；幼虫蛀食的同时还将黑褐色的粪便沿着蛀道排出至果实表面，导致病原真菌滋生，影响果品质量（图1）。

可危害苹果、梨、山楂等30余种水果。

形态特征

成虫　体长8～10mm，体色大体为灰褐色。翅展20mm左右，前翅臀角处有一深褐色椭圆形斑纹，纵向具有3条青铜色条纹，横向有4～5条褐色条纹，翅基部颜色为浅灰色，中部颜色最浅，后翅为深褐色（图2）。

卵　呈近圆形，直径1mm左右，极扁平，中央部分略隆起；初产时蜡滴状，半透明，颜色为乳白色或乳黄色；随着胚胎发育，卵壳颜色逐渐变深，并显出一圈断续的红色斑点，后则连成整圈，孵化前能透见幼虫。

幼虫　初孵幼虫长2～3mm，呈乳白色至淡黄色，随着龄期的增长，体色逐渐变红至深褐色，成熟幼虫体长15～20mm，头部呈深黑色或深褐色，两侧附有单眼各6个；前胸气门较大，呈椭圆形；无臀栉；前胸K群3根毛；腹足趾钩单序（图3）。

蛹　体长10mm左右，呈黄褐色或红褐色，复眼黑色，在蛹后期体色逐渐变深；雌蛹生殖孔开口第八节、第九腹节腹面，雄虫开口第九腹节腹面，肛孔均开口第十腹节腹面；肛孔两侧各有钩状毛2根，末端6根，共10根（图4）。

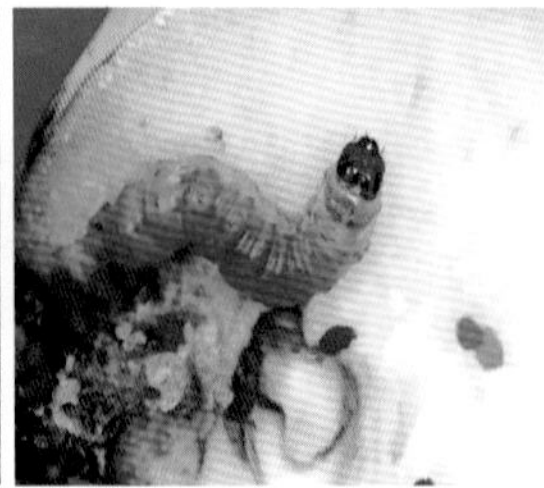
图1 苹果蠹蛾危害状（蔡明提供）

图2 苹果蠹蛾成虫（蔡明提供）

入侵生物学特性　中国不同地区的发生代数和发生规律不同。在新疆1年发生2～4代，越冬代成虫于4月上旬至5月中旬开始羽化。在甘肃1年发生2～3代，5月上中旬为越冬代成虫羽化高峰期，越冬代成虫发生期与第一代成虫发生期之间有明显的间隔期，5月上中旬第一代幼虫开始危害，6月上中旬为第一代幼虫蛀果盛期，7月中旬为第一代成虫羽化高峰期，第二代幼虫于8月上旬开始陆续脱果，第二代成虫于8月中旬至9月中旬发生。在黑龙江东宁1年发生2代，翌年4月下旬越冬幼虫开始化蛹，6月中旬为越冬代成虫羽化高峰期，第二代成虫于7月下旬发生，幼虫一直危害到9月中旬。在辽宁1年发生2代，第一代从5月中旬到9月下旬，越冬代从7月中旬到翌年6月下旬，主要以老熟幼虫在果树主干树缝或老翘皮下越冬，翌年4月上旬老熟幼虫开始化蛹，4月下旬越冬代成虫开始羽化，5月中旬至下旬为越冬代成虫羽化高峰期，5月下旬一代幼虫开始蛀果危害，6月中旬一代老熟幼虫开始脱果，幼虫脱果后在树皮裂缝中、老翘皮下或树洞中结茧化蛹，7月上旬开始出现一代成虫，7月中旬至下旬成虫羽化达到高峰，9月中

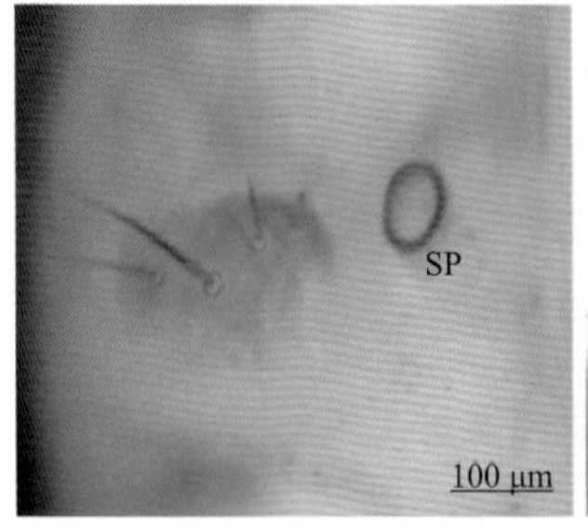

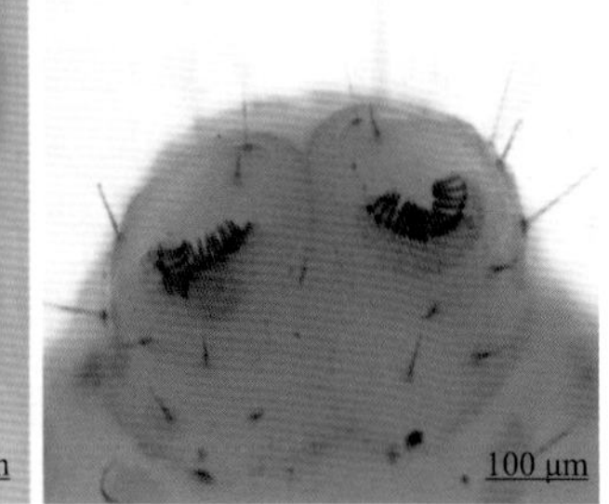

图3 苹果蠹蛾幼虫（姜碌提供）

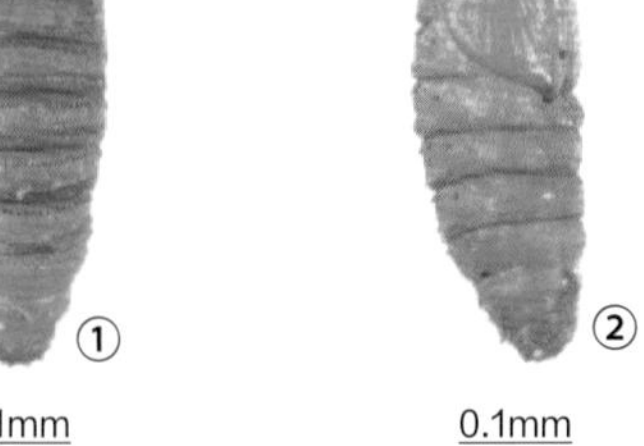
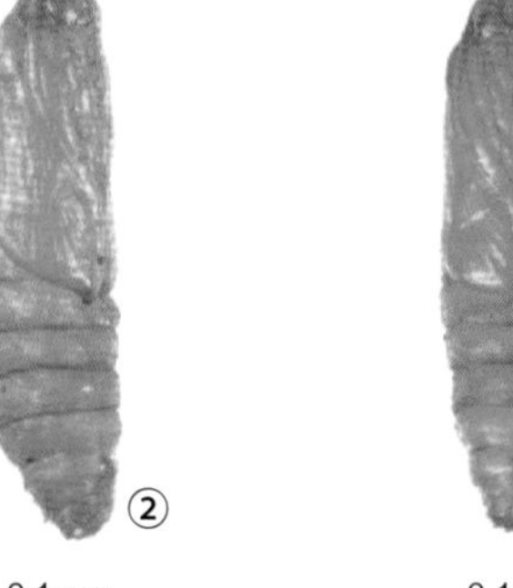

图4 苹果蠹蛾蛹（姜碌提供）
①背面观；②侧面观；③腹面观

旬老熟幼虫脱果寻找适宜的越冬场所化蛹。成虫寿命最长10～13天，平均5天左右。成虫羽化后1～2天进行交尾产卵，卵多产于叶片上，少量可产于果实表面和枝条上。每雌产卵量40～140粒。卵经4～8天孵化，初孵幼虫先在果面上短暂爬行，寻找适当蛀入处所蛀入果内。幼虫历期平均为28.2～30.1天。老熟幼虫大多于脱果后在树干的裂缝处和树洞里做茧化蛹，少数在地面上其他植物残体或土缝中化蛹。越冬代蛹期12～36天，第一代9～19天，第二代13～17天。苹果蠹蛾生长发育的最适温度范围为15～30℃，温度高于32℃或低于11℃时，其生长发育会受到不同程度的抑制。最适相对湿度为70%～80%，相对湿度高于70%影响成虫飞行而影响其交配与产卵，相对湿度较低对其交配与产卵的影响不大。光周期是诱发苹果蠹蛾幼虫滞育的直接因素，野外种群滞育率一般为25%～30%。光周期低于12小时，滞育率可达100%。

预防与控制技术

监测预警　在苹果、梨、杏、桃、沙果等苹果蠹蛾寄主作物种植区以及传播关键通道、农产品集散地、果汁加工厂等高风险地区，设置性诱捕器监测点，准确掌握疫情的发生态势。对苹果蠹蛾疫区和传入高风险区，应用远程图像监测识别和传输系统，组织农技人员深入果园调查虫害情况，引导果农及时发现、报告疑似疫情，做到早发现、早报告、早处置。

植物检疫　苹果蠹蛾的传播途径主要是染疫水果及其包装物运输。加强疫区果品产地检疫，对输出的寄主水果及其包装物要实施严格的调运检疫，并协调交通、邮政、物流等部门，严格落实植物检疫证书查验制度，防止未经检疫的寄主水果输出。未发生区设立植物检疫检查站，加强对疫情发生区输入寄主水果的检疫核查，重点要加强果汁加工厂和水果集散地等高风险地区的检疫监管。

农业防治　加强果园管理，及时清除园内的杂草、杂物等潜在的越冬场所。及时摘除蛀果、落果，集中深埋销毁。在冬季刮除果树主干的翘皮、粗皮，集中烧毁消灭越冬幼虫。8月中旬在果树主干绑缚稻草、麻布等，诱集苹果蠹蛾老熟幼虫，10月果实采收后取下进行销毁。有条件的果园可采用果实套袋技术减轻苹果蠹蛾的危害。对于长期失管、蛀果率高的重发果园，要果断砍除病株、根除疫情。

物理防治　苹果蠹蛾成虫具有趋光性，可利用其对紫光波和紫外光波的敏感性，在果园内安装黑光诱虫灯或频振式杀虫灯诱杀成虫。

生物防治　对新发零星疫情点，采用性信息素迷向、不育昆虫释放技术、天敌昆虫等防治措施，持续压低虫口密度。

化学防治　对新发零星疫情点，采取高频度化学防控根除疫情；对普遍发生区，采用化学药剂防治为主，农业防治、物理防治、生物防治为辅的综合防控措施，持续压缩发生面积，压低虫口密度，严防疫情进一步扩散传播。在防治窗口期（卵期和初孵幼虫期）首选高效氯氰菊酯、溴氰菊酯、高效氯氟氰菊酯、氯虫苯甲酰胺进行果园喷雾。5月下旬、6月下旬、7月下旬各喷1次。

参考文献

房阳, 蔡明, 可欣, 等, 2018. 苹果蠹蛾在辽宁省彰武县梨树上的发生规律[J]. 植物保护学报, 45(4): 724-730.

刘伟, 徐婧, 张润志, 2012. 苹果蠹蛾不育昆虫释放技术研究进展[J]. 应用昆虫学报, 49(1): 268-274.

吴正伟, 杨雪清, 张雅林, 2015. 生物源农药在苹果蠹蛾防治中的应用[J]. 生物安全学报, 24(4): 299-305.

徐婧, 刘伟, 刘慧, 等, 2015. 苹果蠹蛾在中国的扩散与危害[J]. 生物安全学报, 24(4): 327-336.

杨建强, 赵骁, 严勇敢, 等, 2011. 7种药剂对苹果蠹蛾的防治效果[J]. 西北农业学报, 20(9): 194-196.

张润志, 王福祥, 张雅林, 等, 2012. 入侵生物苹果蠹蛾监测与防控技术研究——公益性行业(农业)科研专项(200903042)进展[J]. 应用昆虫学报, 49(1): 37-42.

朱虹昱, 刘伟, 崔艮中, 等, 2012. 苹果蠹蛾迷向防治技术效果初报[J]. 应用昆虫学报, 49(1): 121-129.

（撰稿：杨雪清、王雅琪；审稿：周忠实）

苹果黑星病　apple scab

世界各苹果产区的重要病害之一。又名苹果疮痂病。广泛发生于除中国以外的世界各苹果产区，具有流行速度快、危害性大、难以防治等特点，被很多国家和地区列为检疫对象。在中国，是一种重大入侵植物病害。

入侵历史　瑞典人Elias Fries于1819年首次从植物学角度描述了苹果黑星病。1866年，Cooke描述了苹果树叶片上的一种腐生真菌，因其子囊孢子具有两个大小不等的细胞，因此，将之命名为*Sphaerella inaequalis*。直到1897年，Aderhold研究具有苹果黑星病斑的苹果落叶时，发现了其有性阶段，研究清楚了病菌寄生和腐生的关系，并更名为*Venturia inaequalis*。中国朱凤美1927年在河北，王鸣岐1950年在河南、王清和1954年在山东、张翰文等1960年在新疆、张管曲和黄丽丽1997年在陕西相继发现了该病害。中国苹果黑星病的可能来源有3条：① 18世纪外国传教士将50余个“洋苹果”品种引入河北，以及1902年日本的山中寿弥从日本携带来了30多个苹果品种并在河北保定栽植，这可能是苹果黑星病传入中国的主要途径之一。② 20世纪50年代，当时的辽宁熊岳农业试验农场（现为辽宁省果树研究所）和辽宁省新城园艺试验站（现为中国农科院果树研究生）从国外引进了大量的苹果品种，开展杂交育种研究，也可能是苹果黑星病传入的途径之一。③中国苹果黑星病菌与英国的遗传比较相似，推测有着共同的起源，因此，苹果黑星病通过英国的砧木传播到中国的可能性也是有的。

分布与危害　苹果黑星病主要分布在美洲的墨西哥、美国、加拿大、阿根廷、巴西、智利；欧洲的芬兰、法国、德国、英国、奥地利、苏联、前捷克斯洛伐克、波兰、保加利亚、匈牙利、罗马尼亚、前南斯拉夫、比利时、意大利、丹麦、荷兰、挪威、瑞典、瑞士、土耳其；非洲的南非、肯尼亚、利比亚；大洋洲的澳大利亚、新西兰；亚洲的印度、

P

日本、中国、朝鲜、阿富汗、叙利亚、塞浦路斯。在中国，主要发生在陕西（洛川、旬邑、长武、乾县、礼泉、秦都、渭城、杨凌、兴平、蒲城、西安、周至、蓝田、武功、岐山、扶风、眉县、虢镇）、辽宁（昌图、康平、西丰、开原、法库、沈阳、铁岭、抚顺、清原、新宾、桓仁、本溪、宽甸、新民、辽阳、鞍山、凤城、丹东）、黑龙江（哈尔滨、双城、绥化、佳木斯、齐齐哈尔）、新疆（霍城、特克斯、伊宁、新源、察布查尔、巩留）、吉林（集安）、河南（三门峡）、河北（深州）、甘肃（天水、庆阳、礼县、宁夏）、山东（潍坊）、山西、四川的盆周山区和川西高原、云南等局部地区有分布。

黑星病菌主要侵染苹果叶片和果实，也可侵染叶柄、花、萼片、花梗、幼嫩枝条和芽鳞等，严重时造成落叶、落果，受害果实开裂畸形，直接影响苹果的产量、品质及商品价值。在中国，苹果黑星病仅在局部地区发生，并有逐步蔓延的趋势，严重威胁中国苹果产业的可持续发展。

识别特征 苹果黑星病症状多样性可能与黑星病菌侵染部位、侵染时期、环境条件、寄主抗病性等关系密切。经多年的调查研究，依据寄主的反应和病症特点将苹果黑星病症状归纳为疱斑型、边缘坏死型、干枯型、褪绿型、梭斑型和疮痂型6类（见图）：①边缘坏死型。发病初期，菌丝在叶片正面以侵入点为中心呈放射状扩展，病斑初为淡黄绿色，渐变褐色，病斑一般呈圆形。随着病斑发育，其周围叶肉组织坏死，变成褐色，最后病斑干枯，有时病斑脱落造成穿孔。②干枯型。初期叶片上病斑呈淡黄绿色，当连片发生时，叶片卷曲、畸形，变褐干枯，容易脱落。③褪绿型。病斑首先在叶片背面出现，表生黑色霉层。随着病斑发展，叶片正面褪绿、枯死，但正面无病症。④梭斑型。一般在叶柄和主叶脉上发生，病斑黑色，较小，呈梭形或斑点状，发病叶片易变黄脱落。⑤疮痂型。在果实上发生。初时病斑呈黑色星状斑点，随果实发育，病斑扩大龟裂或呈疮痂状，严重时果实畸形，表面星状开裂。⑥疱斑型和边缘坏死型。病斑都在叶片正面发生，但症状明显不同，这可能是由于不同龄期的病斑受到高温影响所致。边缘坏死型病斑是首次发现，可能与温度、寄主的抗病性等有关。抗病性较差的品种如嘎啦，其叶片上病斑以干枯型最多。

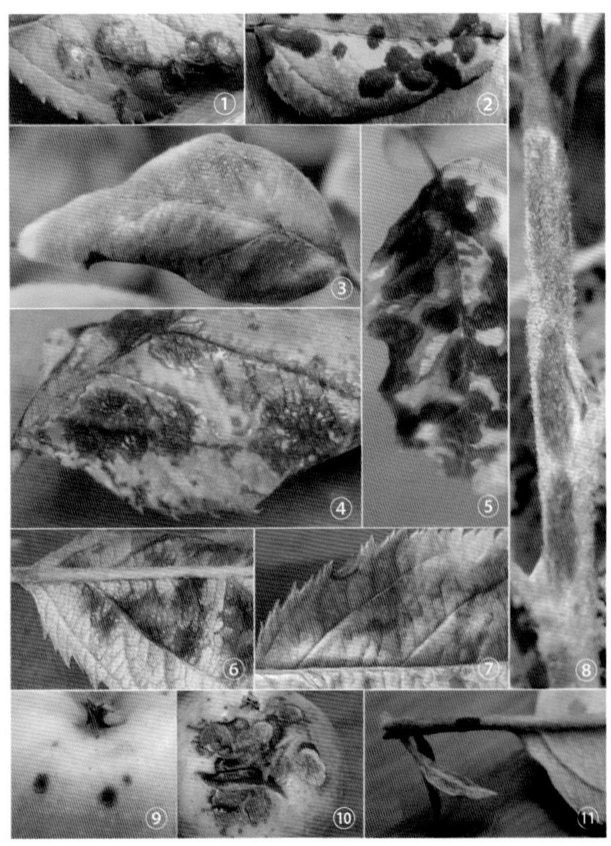

苹果黑星病症状（胡小平提供）

①疱斑型初始症状；②疱斑型最终症状；③边缘坏死型初期症状；④边缘坏死型最终症状；⑤干枯型；⑥褪绿型（背面）；⑦褪绿型（正面）；⑧疮痂型初始症状；⑨疮痂型最终症状；⑩梭斑型（枝条）；⑪梭斑型（叶柄）

病原及特征 病原为苹果黑星病菌［*Venturia inaequalis*（Cooke）Wint.］，无性阶段属于丝孢目（Hyphomycetales），有性阶段属于格孢腔菌目（Pleosprorales）。苹果黑星病菌分生孢子梗圆柱状，丛生，短而直立，不分枝，深褐色，基部膨大，1～2个隔膜，分生孢子梗上有环痕，孢子梗大小为24～64μm×6～8μm，有时基部膨大，分生孢子梗与菌丝区别明显或不明显，多数不分枝，直或略弯，淡褐色至深褐色，或橄褐色，产孢细胞全壁芽生产孢，环痕式延伸；分生孢子0～1隔膜，偶具2个或2个以上隔膜，分隔处略隘束，分生孢子倒梨形或倒棒状，淡褐色至褐色或橄褐色，孢基平截，表面光滑或具小疣突，16～24（20.5）μm×7～10（8.5）μm；在培养基上，菌落不规则形或圆形，平铺状，橄榄色、灰色或黑色，有时被绒毛，菌丝分枝并有分隔。菌丝体多数生于寄主角质层下或表皮层中，作放射状生长。在幼叶内，菌丝体向四周辐射分叉生长，边缘呈羽毛状。在老叶和果实上，菌丝束紧而厚，病斑周缘整齐而明显。在苹果叶片内，菌丝体在角质层和表皮细胞之间生长，在角质层下面，由一层至数层菌丝体形成子座，子座极为致密，最初无色透明，渐渐变为黑色。苹果黑星病菌子囊座初埋生于基质内，后外露，或近表生，球形或近球形，直径为90～100μm，孔口处稍有乳状突起，并有刚毛，刚毛长25～75μm。每一子囊壳内一般可产生50～100个子囊，最多242个。子囊幼小时，内生一种不孕器官，形同侧丝，当子囊孢子成熟时，这些器官即行消失。子囊基部有一些细胞，状如厚垫，上生子囊，因子囊不是同时成熟的，所以在同一个子囊壳内，同时可以找到成熟的和幼小的两种子囊。子囊无色，圆筒形，大小为55～75μm×6～12μm，具有短柄，壁很薄。子囊内一般含8个子囊孢子，成熟子囊孢子卵圆形，青褐色，大小为11～15μm×6～8μm，子囊孢子有一偏上部分的隔膜，分隔处缢缩，上部细胞较小且稍尖。

入侵生物学特性 苹果黑星病菌在落叶或果实上产生假囊壳越冬，但也可以菌丝体或分生孢子在芽鳞内越冬。子囊孢子翌春开始成熟，是主要的初侵染源，可借风雨传播。子囊孢子成熟的最适温度为18～20℃，多在芽萌动时开始进行初侵染，子囊孢子成熟和释放可持续5～9周，且释放高峰期是在开花至落花期。子囊孢子成功侵染取决于叶表面连续湿润时间的长短及此期间的温度。幼叶可保持5～8天的感病性，叶片背面在晚夏易受到感染。对于果实而言，在整个生长期内均感病，且子囊孢子侵染所需要的露时随果实的增长而增加。一旦侵染成功，病斑上产生的分生孢子可成为再侵染源。病菌也可随种苗、砧木等远距离传播。

监测技术　苹果黑星病发生的常用监测技术是孢子捕捉技术。在美国东北部，采用镜检假囊壳释放子囊孢子的方法来指导果农防治苹果黑星病已有50多年的历史了。除此之外，要开展大量的早期病害调查工作，监测苹果黑星病的发生危害。

预防与控制技术　控制苹果黑星病的方法一般有植物检疫、农业措施、栽种抗病品种、化学防治、生物防治等。要加强对苹果黑星病的产地检疫、果品检疫、苗木和接穗等繁殖材料检疫等，此外，对于苹果黑星病菌能侵染的苹果树、梨树等仁果类植物，特别是苹果属植物，应在检验时予以兼顾。农业防治措施中要从建植苹果园开始，选择通风向阳、黄土层深厚地区建园，冬季剪除病枝、枯枝，注意对修剪口的消毒；及时清扫落叶落果、病枝，集中运到园外烧毁或者深埋。化学防治可以在开花前喷施保护性杀菌剂，在开花后如果病害发生了可以选用兼具治疗作用的药剂。生物防治是未来的必要趋势，一些荧光假单胞菌剂等对苹果黑星病具有一定的效果。

参考文献

胡小平, 杨家荣, 梅娜, 等, 2004. 苹果黑星病菌中国菌株生物学特性研究[J]. 植物病理学报, 34(3): 283-286.

胡小平, 杨家荣, 田雪亮, 等, 2007. 渭北旱塬苹果黑星病流行因子分析[J]. 中国生态农业学报, 15(2): 118-121.

胡小平, 杨家荣, 徐向明, 2011. 中国苹果黑星病[M]. 北京: 中国农业出版社: 14-21.

胡小平, 田雪亮, 李随院, 等, 2007. 渭北旱塬苹果黑星病流行程度预测[J]. 西北农林科技大学学报（自然科学版）, 35(10): 151-154.

胡小平, 周书涛, 杨家荣, 2010. 我国苹果黑星病发生概况及研究进展[J]. 中国生态农业学报, 18(3): 663-667.

商鸿生, 2006. 苹果黑星病检疫[J]. 植物检疫 (4): 249-252.

袁甫金, 吕文清, 王淑娟, 1965. 黑龙江省小苹果黑星病的初侵染来源[J]. 植物病理学报, 8(1): 23-29.

COOK R T A, 1974. Pustules on wood as sources of inoculum in apple scab and their response to chemical treatments[J]. Annuals of applied biology, 77: 1-9.

GADOURY D M, MacHardy W E, 1986. Forecasting ascospore dose of *Venturia inaequalis* in commercial apple orchards[J]. Phytopathology, 76: 112-118.

LI B H, XU X M, 2002. Infection and development of apple scab (*Venturia inaequalis*) on old leaves[J]. Journal of phytopathology, 150: 687-691.

MORSE W J, DARROW W H, 1913. Is apple scab on young shoots a source of spring infection?[J]. Phytopathology, 3: 265-269.

MACHARDY W E, 1996. Apple scab. biology, epidemiology and management[M]. St. Paul: APS Press.

（撰稿：胡小平；审稿：高利）

苹果绵蚜　*Eriosoma lanigerum* (Hausmann)

一种严重危害苹果枝干的蚜虫。国内外重要检疫对象之一。又名血色蚜虫、赤蚜、绵蚜。半翅目（Hemiptera）瘿绵蚜科（Pemphigidae）绵蚜属（*Eriosoma*）。

入侵历史　1914年最初在山东威海发现，1929年在辽宁大连发现，1930年在云南昆明发现，20世纪40～50年代在胶东半岛和辽东半岛发生普遍，90年代向西各苹果产区扩散蔓延。

分布与危害　在山东、辽宁、河北、河南、山西、陕西、甘肃、云南、新疆、西藏等地有分布，并且有进一步扩大蔓延趋势。主要以无翅胎生成蚜和若蚜群集在枝干的粗皮裂缝、伤口、嫩梢、新梢叶腋以及根部刺吸为害，削弱树势，影响成花结果，直至全株枯死。由于苹果绵蚜体表覆盖一层白色棉絮状物，田间常见枝条或嫩梢上布满白色棉花状物质。严重被害时，枝条上常形成平滑而圆的瘤状突起，后期肿瘤破裂，造成深浅不同的伤口（图1）。

主要寄主有苹果（*Malus pumila* Mill）、海棠［*Malus spectabilis* (Ait.) Borkh］、花红（*Malus asiatica* Nakai）。

形态特征

无翅胎生雌蚜　体长1.8～2.2mm，身体近椭圆形，赤褐色，体壁有4列纵行梅花瓣的泌蜡孔，分泌白色蜡质丝状物。触角6节，第三节最长，超过第二节的2倍。复眼红黑色，有眼瘤。腹管环状、退化，呈半圆形裂口，位于第五至第六腹节间，尾片圆锥形（图2）。若蚜4龄。

图1 苹果绵蚜（周洪旭摄）

①枝芽处群集危害；②苹果枝条被害形成的肿瘤

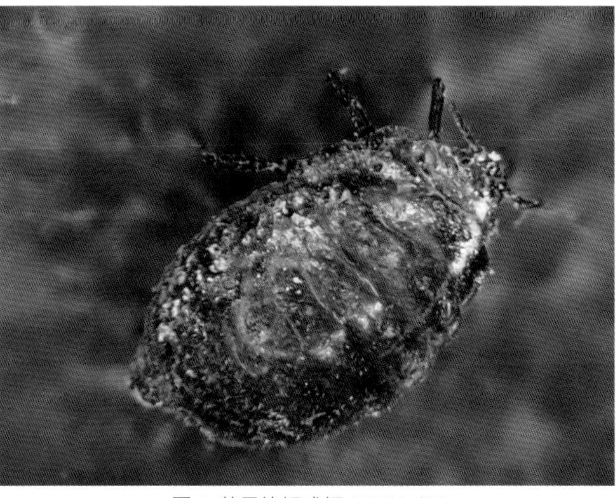

图2 苹果绵蚜成蚜（周洪旭摄）

有翅胎生雌蚜　体长1.7～2.0mm，翅展5.5mm。身体暗褐色，头及胸部黑色，翅脉和翅痣黑色。触角6节，第三节特别长，上面有不完全或完全的环状感觉孔24～28个，第四节长度次之，环状感觉孔3～4个，第五节长于第六节。腹部橄榄绿色，腹管退化为黑色环状孔。翅脉棕色，前翅中脉有1分支。

入侵生物学特性　苹果绵蚜虫态红褐色，在田间常群集为害，体表分泌白色蜡蜜物，覆盖于体表，形成厚厚的白色棉絮状物，因此在田间苹果枝条和粗皮裂缝处常见白色棉絮状物，下面为红褐色的苹果绵蚜，极易识别。苹果绵蚜在原产地美国有美国榆地区，冬天以卵在榆树粗皮裂缝里越冬，翌年早春孵化后继续在榆树上孤雌繁殖2～3代后，产生有翅蚜迁移至苹果树上仍以孤雌胎生繁殖，至秋末再产生有翅蚜迁回榆树，产生雌雄性蚜，以卵越冬（图3）。但其入侵过程中，生殖方式发生了改变，在欧洲和亚洲等地区因无美国榆树，终生以若蚜及成蚜在苹果树上繁殖为害，并在苹果树上越冬。因一、二龄若虫身体小，易于隐蔽在树皮裂缝或其他绵蚜尸体下，故可躲避冬季寒风的袭击，死亡率较低。田间苹果绵蚜严重危害时，常在春末和秋初出现两次有翅蚜高峰，迁移到其他苹果树，扩大危害范围。

在辽宁、山东等地，1年发生13～18代，主要以若蚜在树体及地下浅土根部等处越冬。翌年3～4月，越冬若虫迁移到嫩梢上寻找适宜的场所，吸取树液，并胎生无翅雌蚜，以后继续孤雌胎生。一年有两次发生高峰，5月下旬至7月上旬苹果绵蚜大量繁殖为害，为全年第一次发生高峰期。7月中旬至8月中旬，气温较高，不利于绵蚜繁殖，同时因其主要天敌蚜小蜂（日光蜂）（*Aphelinus mali* Halderman）大量寄生，使苹果绵蚜种群数量显著下降，可基本抑制苹果绵蚜的发生。9月上旬至10月中下旬，由于气温下降，蚜小蜂数量减少，苹果绵蚜的数量又急剧增加，在10月形成第二次发生高峰。11月下旬（平均气温低于8℃），大部分若虫开始越冬。

在山东青岛地区，4月当平均气温保持在11℃以上时（苹果树展叶至开花初期），越冬若虫开始胎生繁殖，并逐渐向当年生枝条基部迁移危害，5月初以后，为其普遍蔓延阶段，从5月底至6月下旬，每一越冬绵蚜群落每天可产生200～600个仔蚜，7月以后发生数量降低，8月底至9月上旬发生数量又逐渐上升，11月下旬大部分进入越冬状态。

苹果绵蚜个体小，体外又覆盖有厚厚的蜡泌物，容易随苹果苗木、接穗、果品调运及包装、运输工具等进行远距离传播；在发生区内能够靠人体、动物等人为携带，也能够通过有翅蚜迁飞，扩大分布范围。苹果绵蚜在果园间自然传播的距离可达1～5km。

预防与控制技术

加强对入境的果树苗木及各种交通工具、货物检疫，防止苹果绵蚜的扩散蔓延。

苹果绵蚜的天敌较多，主要有日光蜂、草蛉、瓢虫等，其中日光蜂的自然寄生率很高，对苹果绵蚜有显著的控制作用，特别在7～8月寄生率高达60%以上，因此对果园中天敌要采取保护措施，减少广谱性化学农药的使用。防治苹果绵蚜应抓住3月下旬至5月上旬，苹果绵蚜繁殖迁移之前。

对苹果绵蚜的防治要综合采取刮、铲、喷、灌、堵、绑的“六字”技术措施。冬春刮除树皮隐蔽处的越冬若虫；中耕除草，铲除无用根蘖和实生苗；结合防治其他病虫害，用10%吡虫啉可湿性粉剂3000倍或48%毒死蜱乳油喷药或灌根防治树体上的苹果绵蚜；并用以上药液加入细土，调成糊状，堵塞树洞树缝；在离地面50cm左右的主干刮除10cm宽的环状老皮，用10%吡虫啉或48%毒死蜱5～10倍液浸湿棉布，绑在10cm宽的环状老皮处，外面盖上一层塑料布。总之，综合应用以上措施，可控制苹果绵蚜的扩散蔓延。

参考文献

李定旭, 陈根强, 李文亮, 等, 2003. 河南省苹果绵蚜发生现状及其防治对策[J]. 植物检疫, 17(3): 148-151.

张强, 罗万春, 2002. 苹果绵蚜发生危害特点及防治对策[J]. 昆虫知识, 39(5): 340-342.

SU M, TAN X M, YANG Q M, et al, 2016. Distribution of wax gland pores on the body surface and the dynamics of wax secretion of wooly apple aphid *Eriosoma lanigerum* (Hemiptera: Aphididae)[J]. Entomological news, 126(2): 106-117.

SU M, TAN X M, YANG Q M, et al, 2017. Relative efficacy of two clades of *Aphelinus mali* (Hymenoptera: Aphelinidae) for control of woolly apple aphid (Hemiptera: Aphididae) in China[J]. Journal of economic entomology, 110(1): 35-40.

（撰稿：周洪旭；审稿：郭文超）

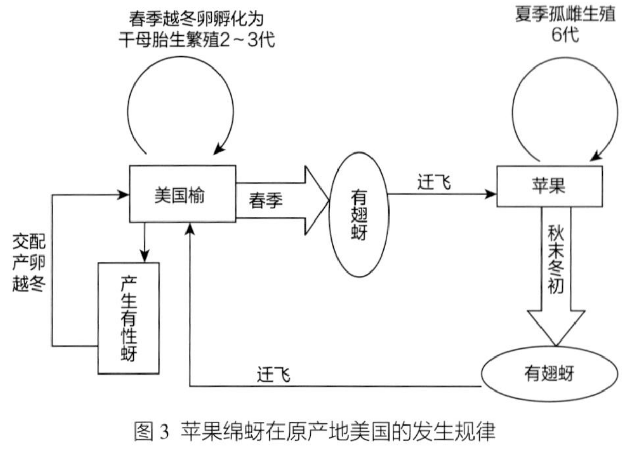

图3 苹果绵蚜在原产地美国的发生规律

婆婆纳　*Veronica polita* Fries

车前科婆婆纳属一年生或二年生草本植物。又名豆豆蔓、老蔓盘子、老鸦枕头。

入侵历史　婆婆纳原产于欧洲、西亚和北非，现已入侵至多个国家和地区，并广布于世界温带和亚热带地区。婆婆纳在中国的记录最早可以追溯至15世纪初，相关史料见于《救荒本草》（1406）首次记载：“婆婆纳，生于野中。苗塌地生，叶最小，如小面花黡儿，状类初生菊花芽，叶又团，边微花如云头样，味甜。”1959年出版的《江苏南部种

婆婆纳的形态特征（潘晓云提供）
①植株；②③花；④籽实

子植物手册》对该物种已有收录。

分布与危害　在中国主要分布于北京、河北、山东、河南、陕西、甘肃、青海、新疆、江苏、安徽、浙江、上海、江西、福建、湖北、四川、重庆、贵州、广西、云南等地。

婆婆纳属于田间常见杂草，主要危害小麦、大麦、蔬菜等作物，生长期产生化感物质，抑制邻体植物的生长。

形态特征　株高10～25cm。多分枝，被长茸毛，纤细。叶对生，具短柄，叶片心形至卵形，长5～10mm，宽6～7mm，先端钝，基部圆形，边缘具深钝齿，两面被白色柔毛。总状花序顶生；苞片叶状，互生；花梗略短于苞片；花萼4裂，裂片卵形，顶端急尖，疏被短硬毛；花冠淡紫色、蓝色、粉色或白色，直径4～5mm，筒部极短，裂片圆形至卵形；雄蕊5mm，短于花冠；子房上呈直角，裂片先端圆，宿存的花柱与凹口齐或稍长（见图）。

预防与控制技术

化学防治　可监控该植物的生物学习性，利用异噁唑草酮等除草剂可防除。

综合利用　婆婆纳常作药用，用于凉血止血、理气止痛、解毒消肿。在园林上，常种植于岩石庭院和灌木花园，适合花坛地栽，作边缘绿化植物。

参考文献

田亮, 周金云, 2003. 婆婆纳属植物的研究进展[J]. 中草药(1): 67-70.

张军林, 张蓉, 慕小倩, 等, 2006. 婆婆纳化感机理研究初报[J]. 中国农学通报(11): 151-153.

（撰稿：潘晓云；审稿：周忠实）

葡萄根瘤蚜　*Daktulosphaira vitifoliae* (Fitch)

危害葡萄的一种毁灭性害虫。半翅目（Homoptera）球蚜总科根瘤蚜科（Phylloxeridae）。异名 *Viteus vitifoliae* (Fitch); *Phylloxera vastatrix* Planchonl；*Phylloxera vitifoliae* (Fitch)。英文名 grape phylloxera。

入侵历史　遍布除智利以外的所有葡萄产区。中国于2005年在上海马陆、湖南怀化地区（洪江、会同、新晃）发现葡萄根瘤蚜。

分布与危害　中国葡萄根瘤蚜分布区域包括上海马陆，湖南中方、洪江，河南偃师，广西兴安。葡萄根瘤蚜危害葡萄的部位与葡萄品系种类有关。其在欧洲系葡萄上只危害根部，在美洲系葡萄上既危害根部又危害叶部。根瘤型葡萄根瘤蚜危害：须根受害后端部形成鸟头状（或菱角形）肿大，侧根和主根受害后形成关节形的根瘤或粗隆，蚜虫只在根的一侧危害凹陷，另一侧肿大，这是与根结线虫危害状最明显的区别。根瘤型葡萄根瘤蚜危害可分为直接危害和间接危害，直接危害是刺吸根部养分，根系吸收、输送水分和养分功能削弱；间接危害为葡萄根瘤蚜刺吸葡萄根部后，造成根系微生物的繁衍和侵入，导致被害根系腐烂、死亡，造成树势衰弱，严重时可造成植株死亡。叶瘿型葡萄根瘤蚜危害：主要是在叶背面形成虫瘿（开口在叶片正面），阻碍叶片正常生长和光合作用（图1）。

形态特征

卵　类型包括越冬卵、干母产的卵、干雌产的卵、叶瘿型雌虫产的卵、根瘤型雌虫产的卵、产生有翅型蚜虫的卵、两性卵（图2①）。

干母　越冬卵孵化后叫干母，只能在叶片上形成虫瘿。成熟后无翅，孤雌卵生，产的卵孵化后叫干雌。干母产的卵，孵化后的若蚜与叶瘿型若蚜相似；成蚜与叶瘿型无翅成蚜一致。

叶瘿型蚜虫　卵长约0.3mm，宽约0.15mm，初产时淡黄至黄绿色，后渐变为暗黄绿色。叶瘿型的卵比根瘤型的卵壳较薄而且亮。孵化发育的若蚜，与根瘤型类似，但体色比较浅。叶瘿型无翅成蚜体近于圆形，无翅，无腹管，体长0.9～1.0mm，与根瘤型无翅成蚜很相似，但个体较小，体背面各节无黑色瘤状突起，在各胸节腹面内侧有一对小型肉质突起；胸、腹各节两侧气门明显；触角末端有刺毛5根。

根瘤型蚜虫　卵粒大小及颜色同叶瘿型根瘤蚜。若虫共4龄。一龄若虫椭圆形，淡黄色；头、胸部大，腹部小；复眼红色；触角3节直达腹末，端部有一感觉圈。二龄后体型变圆，眼、触角、喙及足分别与各型成虫相似。根瘤型无翅成蚜体呈卵圆形，长1.15～1.50mm，宽0.75～0.9mm，

图1 葡萄根瘤蚜危害状（刘永强提供）
①叶瘿型；②葡萄根部受害症状

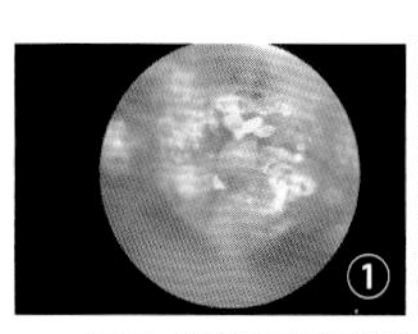
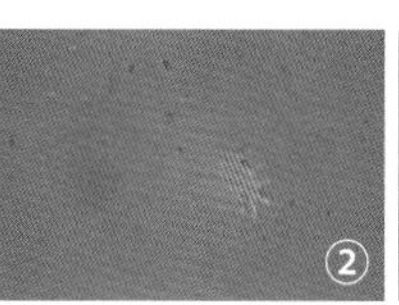
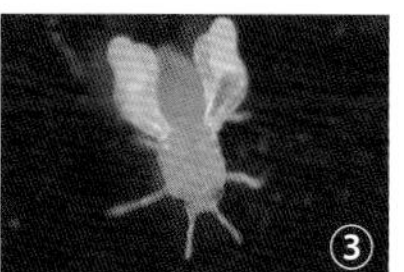
图2 葡萄根瘤蚜的形态特征（①张化阁提供；②③董丹丹提供）
①葡萄根瘤蚜成蚜与卵；②一龄若蚜；③初羽化有翅蚜

P

淡黄色或黄褐色，无翅，无腹管；体背各节具灰黑色瘤，头部4个，各胸节6个，各腹节4个；胸、腹各节背面各具1横形深色大瘤状突起，在黑色瘤状突起上着生1～2根刺毛。复眼由3个小眼组成。触角3节，1、2节等长，第三节最长，其端部有1个圆形或椭圆形感觉器圈，末端有刺毛3根（个别的具4根）。

有翅蚜（有翅产性蚜，性母） 卵是根瘤型雌虫产的卵，与根瘤型的卵没有区别。初龄若蚜同根瘤型的初龄若蚜一样，但二龄开始有区别。二龄时体较狭长，体背黑色瘤状突起明显，触角和胸足黑褐色；三龄时，胸部体侧有黑褐色翅芽，身体中部稍凹入，胸节腹面内侧各有1对肉质小突起，腹部膨大。若虫成熟时，胸部呈淡黄色半透明状。成虫体呈长椭圆形，长约0.9mm，宽约0.45mm。复眼由多个小眼组成，单眼3个。翅2对，前宽后窄，静止时平叠于体背（不同于一般有翅蚜的翅呈屋脊状覆于体背），前翅翅痣长形，有中脉、肘脉和臀脉3根斜脉，后翅仅有1根脉（胫分脉）。触角第三节有感觉器圈2个，1个在基部近圆形，另1个在端部长椭圆形（图2③）。

性蚜 有翅蚜产下的大小两种卵是有性卵，初产时为黄色，后呈暗黄色；大的为雌卵，长0.35～0.5mm，宽0.15～0.18mm；小的为雄卵，长约0.28mm，宽约0.14mm。有性蚜的若蚜阶段是在卵内完成的，孵化后直接是成蚜。雌成蚜体长0.38mm，宽0.16mm，无口器和翅，黄褐色，复眼由3个小眼组成；雄成蚜体长0.31mm，宽0.13mm，无口器和翅，黄褐色，复眼由3个小眼组成，外生殖器孔头状，突出于腹部末端。雌雄性蚜交配后产越冬卵。

入侵生物学特性 葡萄根瘤蚜可分为完整生活史和不完整生活史。完整生活史虫态：越冬卵→干母（若虫、无翅成蚜）→干雌（卵、若虫、无翅成蚜）→叶瘿型蚜虫（卵、若虫、无翅成蚜）→无翅根瘤型蚜虫（卵、若虫、无翅成蚜）→有翅蚜（性母）→性蚜（卵、成蚜）→越冬卵，以越冬卵越冬。不完整生活史虫态：无翅根瘤型蚜虫的卵→若虫→无翅成蚜→卵，以一龄若虫（或一龄若虫和卵）越冬。

P

发生规律 葡萄根瘤蚜一般有两个发生高峰，分别是夏至和葡萄采摘后。土壤质地对葡萄根瘤蚜种群影响较大，在沙土地上生长的葡萄，由于质地松散、缺乏缝隙，不利于根瘤蚜扩散，因此受根瘤蚜的危害较轻，而在黏土地的葡萄根瘤蚜种群数量往往比较大。葡萄根瘤蚜的生长发育最适温度为21～28℃，当土壤温度在13℃以下时，葡萄根瘤蚜以一龄若虫在根瘤的缝隙处越冬。土壤湿度对葡萄根瘤蚜生存影响也比较大，给葡萄园灌水，增加土壤含水量，能减少葡萄根瘤蚜种群数量和危害，在冬季灌水效果更明显。适当干旱，有利于葡萄根瘤蚜的发生。随葡萄根系的延伸，葡萄根瘤蚜的危害范围也更广、更深，即使60cm以下的深层土壤中只要有根系存在，就能发现葡萄根瘤蚜的危害。

传播方式：①在完整生活史的地区，枝条往往附着越冬卵，随种条调运传播或随带根的葡萄苗木调运传播。②此虫通过爬出地面，再通过缝隙传染给邻近植株。有翅蚜和叶瘿，随风传播。③初孵若蚜对在水中浸泡有很大的忍受力，可以随水流传播。④带虫体（卵、若蚜、成蚜等）的物体（如土壤等），通过运输工具、车辆、包装传播。

预防与控制技术 包括田间检疫、苗木和种条的检疫。建议经过检疫的苗木和种条，消毒后调运，尤其是国内各地区之间的调运。苗木调运前和栽种前，进行消毒处理。苗木、种条的消毒方法：有机磷农药消毒；溴甲烷熏蒸处理；温水处理。

参考文献

王忠跃, 2010. 葡萄根瘤蚜[M]. 北京: 中国农业出版社.

DOWNIE D A, GRANETT J, 1998. A life cycle variation in grape phylloxera *Daktulosphaira vitifoliae* (Fitch)[J]. Southwestern entomology, 23: 11-16.

DOWNIE D A, GRANETT J, FISHER J A, 2000. Distribution and abundance of leaf galling and foliar sexual morphs of grape phylloxera (Homoptera: Phylloxeridae) and vitis species in the Central and Eastern United States[J]. Environmental entomology, 29: 979-986.

（撰稿：刘永强；审稿：周忠实）

启动子 promoter

可与RNA聚合酶特异性结合而使转录开始的一段DNA序列。但启动子本身并不被转录，属于基因上游对转录起调控作用的5′端非编码区。启动子由一个核心启动子序列和一个近端启动子序列两部分组成。核心启动子序列是转录的起始位点，能与RNA聚合酶和其他转录必需蛋白质结合，并决定了转录的方向；近端启动子序列是指紧靠核心启动子的上游DNA序列，与转录因子（transcription factor）结合，调控核心启动子与RNA聚合酶的结合程度。

RNA聚合酶II的启动子一般包括下列几种促进转录过程的不同序列：① TATA框（TATA box），序列为TATAATAAT，在基因转录起始点上游-50～-30bp处，基本上由A-T碱基对组成，为RNA聚合酶的结合处之一，RNA聚合酶与TATA框牢固结合之后才能开始转录，TATA框决定基因转录的起始。② CAAT框（CAAT box），序列为GGGTCAATCT，是真核生物基因常有的调节区，位于转录起始点上游-100～-80bp处，可能也是RNA聚合酶的一个结合处，控制着转录起始的频率。③ GC框（GC box），有2个拷贝，位于CAAT框的两侧，由GGCGGG组成，是一个转录调节区，有激活转录的功能。

根据作用方式及功能可将启动子分为组成型启动子、组织特异型启动子和诱导型启动子。

组成型启动子。是指在该类启动子控制下，结构基因的表达大体恒定在一定水平上，在不同组织、部位表达水平没有明显差异。目前使用最广泛的组成型启动子是花椰菜花叶病毒CaMV 35S启动子和T-DNA区域的胭脂碱合成酶基因NOS启动子，后者虽来自细菌，但具有植物启动子的特性。双子叶植物中最常使用的CaMV 35S启动子具多种顺式作用元件，其转录起始位点上游-343～-46bp是转录增强区，-343～-208和-208～-90bp是转录激活区，-90～-46bp是进一步增强转录活性的区域。两个串联的CaMV 35S启动子活性更强。双子叶和单子叶植物中均使用的另一种高效的组成型启动子CsVMV是从木薯叶脉花叶病毒中分离的。该启动子-222～-173bp负责驱动基因在植物绿色组织和根尖中表达，其中-219～-203是TGACG重复基序，-183～-180为GATA。该启动子-178～-63bp包含负责调控基因在维管组织中表达的元件。两个串联的CsVMV启动子转录活性更强。从植物本身克隆的组成型启动子，如玉米乙醇脱氢酶（alcohol dehydrogenase，ADH）、水稻肌动蛋白（actin）和泛素（ubiquitin）等基因的启动子，代替CaMV 35S启动子，可以更有效地在单子叶植物中驱动外源基因的转录，也正在得到越来越多的应用。组成型启动子驱动的外源基因的泛表达产生大量异源蛋白质或代谢产物在植物体内积累，打破了植物原有的代谢平衡，有些产物对植物并非必需甚至有毒，因而阻碍了植物的正常生长，甚至导致死亡。另外，重复使用同一种启动子驱动2个或2个以上的外源基因可能引起基因沉默或共抑制现象。

组织特异型启动子。又称器官特异性启动子。在这类启动子调控下，基因往往只在某些特定的器官或组织部位表达，并表现出发育调节的特性。例如，烟草的花粉绒毡层细胞中特异表达基因启动子TA29，豌豆的豆清蛋白（leguimin）基因启动子可在转化植物种子中特异性表达，马铃薯块茎储藏蛋白（patatin）基因启动子在块茎中优势表达，水稻的二磷酸核酮糖羧化酶（rubisco）基因的启动子在水稻叶片中特异表达。

诱导型启动子。是指在某些特定理化信号刺激下，可以大幅度提高基因转录水平的启动子。目前已经分离了光诱导表达基因启动子、热诱导表达基因启动子、创伤诱导表达基因启动子、真菌诱导表达基因启动子和共生细菌诱导表达基因启动子等。

参考文献

HERRERA-ESTRELLA L, DEPICKER A, MONTAGU M V, et al, 1983. Expression of chimaeric genes transferred into plant cells using a Ti-plasmid-derived vector[J]. Nature, 303 (5914): 209-213.

LEWIN B, 2003. Gene VIII[M]. New Jersey: Pearson Prentice Hall.

（撰稿：石建新、谢家建；审稿：张大兵）

青枯病 bacterial wilt

由植物病原雷尔氏菌（*Ralstonia solanacearum*、*R. pseudosolanacearum* 和 *R. syzygii*，简称为青枯菌）引起的入侵病害。是农业生产上最具毁灭性的细菌病害之一。

入侵历史 19世纪中晚期，亚洲和美洲相继出现了青枯病在香蕉、马铃薯、烟草、番茄和花生上发生危害的报道。1890年，Burrill首次从萎病马铃薯植株中分离获得了青枯菌并完成了柯氏法则验证。1896年，青枯菌被Erwin Smith定名为茄科芽孢杆菌(*Bacillus solanacearum*)。随着细菌系统分类学研究的不断深入，青枯菌的分类学归属和学名历经数次变更。1912年，青枯菌被命名为茄科假单胞菌[*Pseudomonas solanacearum*(Smith) Smith]，随后分别于1992和1996年变更为茄科伯克氏菌[*Burkholderia solanacearum*(Smith) Yabuuchi et al.] 和茄科雷尔氏菌*Ralstonia solanacearum*(Smith) Yabuuchi et al.。2014年，Safni等基于基因组核苷酸一致性、多位点序列分型等研究手段将青枯菌复合种划分为3个种，即美洲起源的茄科雷尔氏菌[*Ralstonia solanacearum*(Smith) Yabuuchi et al.]、亚洲与非洲起源的假茄科雷尔氏菌[*Ralstonia pseudosolanacearum* Safni et al.] 和印度尼西亚及周边岛屿起源的蒲桃雷尔氏菌[*Ralstonia syzygii*(Roberts et al.) Vaneechoutte et al. emend Safni et al.]。20世纪30年代，青枯病在中国长江流域首次被发现。

分布与危害 青枯病自19世纪被发现以来，现已遍布亚洲、欧洲、非洲、美洲、大洋洲及其周边岛屿。中国南起20° N的海南、北至42° N的河北坝上地区均有该病发生危害的报道。

在中国，青枯病造成的产量损失一般在15%～95%，是众多作物生产上的重要限制因子。全国烟草行业因青枯病造成的产值损失高达1.15亿元。桑青枯病在广东、广西、福建和浙江等地发病十分普遍，个别桑园发病率高达80%。马铃薯青枯病广泛分布于除东北地区外的各马铃薯优势产区，平均发病率为5%～20%，极端情况下可达90%以上。青枯病在北方和西南春作田间发病率不高，但常以潜伏侵染的形式存在。随着南方冬闲田马铃薯种植面积的增加，青枯病菌随种薯的跨区调拨扩散蔓延至冬作区，对南方冬作区马铃薯产业构成巨大的潜在威胁。

青枯病是典型的系统侵染病害，在寄主的各个生育期均可发生危害。寄主罹患该病后，由于维管束被菌体细胞及其泌出的胞外多糖堵塞，造成病株快速失水萎蔫，但茎叶依然保持青绿，故而被形象地称为青枯病。马铃薯青枯病初期的典型症状表现为上部叶片萎蔫下垂，早晚可恢复；随着病程进展，整株叶片形成不可逆的萎蔫。病株主茎剖面可观测到维管束变褐，湿度大时，切面有菌液溢出。

地下部块茎的症状表现为芽眼和脐部溢出菌脓，块茎维管束环变褐，静置后渗出灰白色菌脓（图1）。

桉树青枯病急进型症状表现为寄主植物迅速失水萎蔫，茎叶仍保持青绿。严重时则使桉树发病部位变褐坏死，根系腐烂变黑，叶片失水萎蔫，直至整株死亡，坏死根茎有臭味，将病根或病茎横切后，有污白色至淡褐色的细菌溢脓自木质部溢出。慢性型症状表现为病情不严重时，难以发现病株，给防治造成很大难度。此外，病原菌还能在植物体内定殖，使植株逐渐出现发育不良，矮小，叶片失去光泽，基部叶片变成紫红色，逐渐向上蔓延，部分枝条和侧枝变褐色坏死，后期叶片脱落的症状。潜伏期的病原菌传播能力更强。该发病类型从植株发病到整株死亡，一般需要3～6个月（图2）。

青枯菌寄主范围广泛，可侵染54个科的450余种寄主植物，不仅包括茄科、豆科和葫芦科等双子叶草本植物，还包括桑树、桉树和木麻黄等双子叶木本植物以及香蕉和生姜等单子叶植物。

病原及特征 青枯菌（*Ralstonia* spp.）在系统分类学上分属伯克氏菌目（Burkholderiales）伯克氏菌科（Burkholderiaceae）雷尔氏菌属（*Ralstonia*）下的茄科种（*solanacearum*）、假茄科种（*pseudosolanacearum*）和蒲桃种（*syzygii*）。

青枯菌为革兰氏阴性、好氧棒状杆菌，菌体长度为0.5～1.5μm，极生单鞭毛，具运动性，基因组平均GC含量66.7%。产生可溶褐色素，不产生荧光色素。胞内累积聚羟基丁酸酯，苏丹黑染色阳性。氧化酶和硝酸盐还原反应阴性，可于温度4～40℃、pH 4.0～9.0条件下生长。在SMSA培养平板上生长48～72小时后，典型的菌落形态为中央粉红色、外缘奶白色、形状不规则、具流动性（图3）。

入侵生物学特性 种薯、种苗、鲜切花和球茎等植物材料是青枯菌远距离传播的重要途径。1961年，马铃薯青枯病3号小种随商品薯从地中海地区的埃及、马耳他和塞浦路斯传入了英国和德国；1972年，瑞典报道使用从该地区进口的马铃薯作为加工薯原料，废料和污水未经处理直接排入河道，由灌溉水传入下游马铃薯产区，引起青枯病的暴发

图1 青枯病的危害症状（①②吴楚提供；③④徐进提供）

图2 桉树青枯病的危害症状（徐进提供）

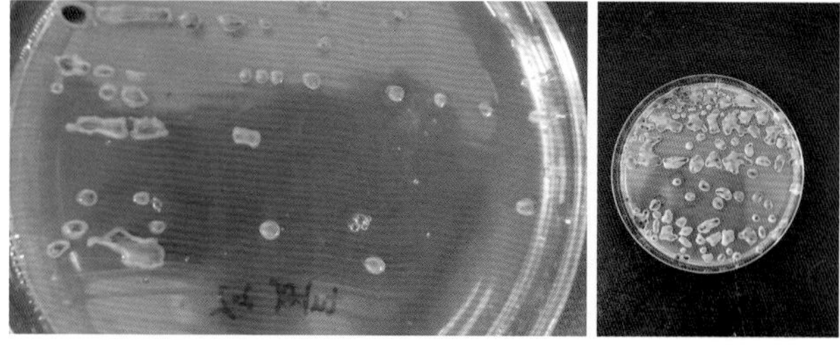
图3 青枯菌在SMSA和TZC平板上的菌落形态（徐进提供）

与流行；1999 年马铃薯青枯病 3 号小种通过天竺葵鲜切花传入美国。

作为土壤习居菌，青枯菌在脱离寄主植物的腐生生活阶段，能够利用植株病残体降解后产生的芳香族化合物作为营养代谢底物，从而得以在土壤、水体以及隐症杂草寄主的根际以腐生方式长期存活。一旦寄主和环境条件适宜，青枯菌可由腐生方式迅速转换至寄生模式，通过寄主植物根部的自然孔隙或伤口进入寄主根部皮层细胞间隙。继而通过 II 型分泌系统泌出的纤维素酶和果胶酶，降解寄主皮层细胞和维管束薄壁组织，打开进入维管束的通道，并随维管束组织中的液流向上扩展并大量增殖。侵染后期，维管束组织中大量堆积的胞外多糖阻塞寄主的水分和养料运输，导致罹病植株迅速萎蔫死亡。随着死亡植物组织的降解崩溃，病原菌被释放出来，通过雨水飞溅、地表径流、根际接触、农事操作和生产工具进一步扩散传播。

青枯病最适发病温度为 24～35℃，土壤湿度为 -0.5～-1bar。相关研究表明：连续 5 天的日平均气温超过 20℃，烟草青枯病即可发生危害。高温多雨季节，姜瘟病从零星发生到毁灭性大面积暴发，往往仅需 1 周时间。作为低温菌系，起源于南美安第斯高原的茄科雷尔氏菌马铃薯致病菌株（原 3 号生理小种 / 生化变种 II，r3/bv2 菌株）在人工接种条件下，16℃时即可在马铃薯上引起典型的青枯病症状。

预防与控制技术 加强植物检疫，严禁从疫区调种，建立无病种苗繁育基地，建立健全种苗认证体系，加强种苗带菌检测。桉树青枯病为系统性侵染病害，植株一旦罹病，尚无有效的内吸性治疗剂。及时发现、铲除病株，使用生石灰或化学杀菌剂对病株点位进行局部土壤消杀处理，周围健康植株使用噻霉酮、四霉素、中生菌素和枯草芽孢杆菌的化学或微生物源农药进行保护性灌根处理。种苗移栽时使用多黏类芽孢杆菌（*Bacillus polymyxa*）、荧光假单胞杆菌（*Pseudomonas fluorescens*）、枯草芽孢杆菌（*Bacillus subtilis*）等进行蘸根处理。

参考文献

徐进, 冯洁, 2013. 植物青枯菌遗传多样性及致病基因组学研究进展[J]. 中国农业科学, 46(14): 2902-2909.

COUTINHO T A, WINGFIELD M J, 2017. *Ralstonia solanacearum* and *R. pseudosolanacearum* on Eucalyptus: opportunists or primary pathogens?[J]. Frontiers in plant science, 8: 761.

GENIN S, DENNY T P, 2012. Pathogenomics of the *Ralstonia solanacearum* species complex.[J]. Annual review of phytopathology, 50(1): 67-89.

SAFNI I, CLEENWERCK I, VOS P D, et al, 2014. Polyphasic taxonomic revision of the *Ralstonia solanacearum* species complex: proposal to emend the descriptions of *R. solanacearum* and *R. syzygii* and reclassify current *R. syzygii* strains as *Ralstonia syzygii* subsp. syzygii, *R. solanacearum* phylotype IVs[J]. International journal of systematic and evolutionary microbiology, 64(Pt 9): 3087-3103.

WILLIAMSON L, NAKAHO K, HUDELSON B, et al, 2002. Ralstonia solanacearum race 3, biovar 2 strains isolated from geranium are pathogenic on potato[J]. Plant disease, 86(9): 987-991.

（撰稿：徐进；审稿：周忠实）

群落演替 community succession

群落经过一定时期的发展，由于物理环境条件改变，从一种群落类型转化成另外一种群落类型的顺序过程。即一定区域内随着时间的推移，一个生物群落被另一个群落替代的过程。演替的实质是群落中物种与种群丰富度的增加与优势种的变化。

法国博物学家 Dureau de la Malle（1825）首次用演替一词来描述森林被砍伐后植被的变化发展过程。美国的亨利·戴维德·梭罗（Henry David Thoreau）(1860）认为生态演替是动物和气候对树木种子的搬运作用起了重要的生态功能。美国植物学家 Cowles（1899）研究了密歇根州 Michigan 湖岸沙丘上的植被发展过程，进一步发展了演替的概念，首次阐述了原生演替及其在特定环境下一系列可重复的群落变化。美国植物学家弗里德里克·爱德华·克莱门茨（Frederic Edward Clements）(1916）首次提出植物群落演替过程包括裸化、迁移、定殖、竞争、相互作用、稳定 6 个过程。这个演替理论对生态学思想产生了巨大的影响，被认为是一个经典的生态学理论，克莱门茨也被称为植物群落演替理论的奠基人。

群落演替是群落中的生物和环境反复相互作用后，发生在时间、空间上不可逆的变化。群落演替的过程可划分为 3 个阶段：侵入定居阶段、竞争平衡阶段和顶级平衡阶段。因此，群落演替具有一定的方向性和可预见性，即群落演替通常朝物种多样性增加、结构稳定性增强的方向进行演替。群落演替的结果，都是与当地气候条件相适应的生物群落发展，最终演替成为与当地气候条件相协调、平衡，处于相对稳定的顶级群落。演替具有方向性，即由低级到高级，由简单到复杂，一个阶段接着一个阶段。

群落演替按起始时的基质性质条件可分为原生演替（primary succession）和次级演替（secondary succession）。

自然界群落演替是普遍现象，且具有一定规律，掌握这种规律，就可以根据现有情况来预测群落的未来发展，从而正确掌握群落的动向。群落演替是生态学的一个重要研究方向，研究群落演替可以明确群落动态的机理及有关理论，并与人类社会的经济生活密切关联。

参考文献

尚玉昌, 2016. 普通生态学[M]. 北京: 北京大学出版社.

孙儒泳, 2002. 基础生态学[M]. 北京: 高等教育出版社.

谢平, 2013. 从生态学透视生命系统的设计、运作与演化——生态、遗传和进化通过生殖的融合[M]. 北京: 科学出版社.

赵志模, 周新远, 1984. 生态学引论——害虫综合防治的理论及应用[M]. 重庆: 科学技术文献出版社重庆分社.

CHAPIN F S I, MATSON P A I, MOONEY H A, 2002. Principles of terrestrial ecosystem eology[M]. Berlin: Springer.

PANDOLFI J M, 2008. Succession[M]// Encyclopedia of ecology. 2nd ed. Amsterdam: Elsevier: 616-623.

（撰稿：肖海军；审稿：刘兴平）

R

日本基因编辑管理制度 gene editing management system in Japan

2020年初，日本厚生劳动省（MHLW）为用作食品和食品添加剂的基因编辑产品制定指南，农林水产省（MAFF）为用作饲料和饲料添加剂的基因编辑产品制定指南。指南首先对基因编辑产品进行了界定：通过基因编辑技术获得的全部或部分活生物体和使用通过基因编辑技术获得的微生物生产的产品，其中不存在外源基因或外源基因的片段，只是在特定位点存在几个碱基的删除或一段碱基的插入或替换，或者一个或多个碱基的插入是由于酶切位点处修复失败所造成的。2020年12月23日，MHLW发布了最终的基因编辑食品和食品添加剂安全处理指南。该指南指出，将基因编辑食品分为两类：第一类是对于基因编辑技术引入外源基因的食品属于转基因食品，必须进行相应的安全性审查并按照现行基因工程生物法规进行监管；第二类是对于通过基因编辑技术使生物失去原有基因功能，且在自然界中也可能发生，则此类基因编辑技术不属于传统转基因技术，视为与利用传统育种技术获得的食品等同安全，只需要向政府提供相关信息即可。此外，MHLW还规定基因编辑品种与常规品种（包括：①常规育种获得的品种；②厚生劳动省已公开信息的基因编辑品种；③已通过安全审查的转基因品种）的杂交后代的衍生食品，上市前无需向MHLW通报。2021年4月20日，MAFF发布了最终的基因编辑饲料和饲料添加剂的安全处理指南，该指南中对基因编辑饲料的分类及处理方式与MHLW发布的对基因编辑食品的管理方式一致。

（撰稿：黄耀辉；审稿：叶纪明）

日本松干蚧 *Matsucoccus matsumurae* (Kuwana)

主要危害赤松和黑松的半翅目害虫。又名松干蚧、松干介壳虫。半翅目（Hemiptera）松干蚧科。

入侵历史 1903年，桑名伊之吉先生在日本东京的黑松上首次发现。中国是1952年在大连及青岛发现，由于虫体微小，生活隐蔽，形态特化而且繁殖快，初发生期不易被发现。1970年以后该虫已扩散到东部沿海的5个省（直辖市）。

分布与危害 日本松干蚧主要分布于辽宁、吉林、山东、江苏、安徽、浙江、上海等地。日本松干蚧主要寄生在松树枝干的树皮缝隙内和韧皮部下，若虫以口针刺入树皮组织吸取汁液，造成危害。一般以3～15年生树木受害最重，连续多年严重危害可致树木死亡。受害的树木表现为树势衰弱、针叶枯黄、芽梢枯萎、树皮增厚硬化卷曲翘裂，严重时树冠枝条软化下垂，枝干弯曲，常引发松干枯病、小蠹、天牛、吉丁虫等害虫的侵害，致使松树快速死亡（见图）。

形态特征

雄成虫 身体长1.2～1.6mm，翅膀长3.3～3.6mm。头部和胸部呈黑棕色，腹部淡棕褐色。雄成虫虫体细长，头部具有1对触角，10节，触角具有密集的感觉毛，1对黑色的复眼，胸部具有1对膜质半透明的前翅，胸足3对，发达。

雌成虫 呈卵圆状，身体长2.2～3.5mm，橙棕褐色。成虫身体外部柔软有韧性，身体节节不明显，头部窄，腹部变肥大。头部两触角分9小节，触角基根部2节偏粗，其中部端部呈念珠状，表面布有鳞状花纹；口部器官退化；黑色单眼1对。

卵 椭圆形或长椭圆形，长0.20～0.25mm，宽0.14～0.15mm，初产时呈浅黄色，而后颜色逐渐变深至暗黄色或橙黄色，在卵的一端可透见2个黑色眼。

一龄若虫 初孵化的一龄若虫体色淡黄，长椭圆形，长约0.28mm，宽约0.13mm，虫体表面未分泌蜡质。

二龄若虫 虫体近似圆形或椭圆形，状如珍珠，橙褐色或红褐色，触角、眼和足均失。雌若虫较大，长2.0～2.5mm，宽1.7～2.0mm。雄若虫较小，腹部末端略尖，长1.1～1.3mm，宽0.6～0.7mm。虫体表面具有薄的蜡质层，

日本松干蚧危害状（石娟提供）

光亮，两侧具有从气门分泌出来的成对的蜡丝，蜡丝较短，约 0.6mm，蜡丝端部卷曲。

三龄若虫　体色浅橙色至深褐色，长椭圆形，长约 1.55mm，宽 0.55～0.65mm，具有 1 对发达的触角和 3 对胸足，单眼 1 对，明显。

雄蛹　包被于白色小茧中，前蛹与雄若虫相似，唯胸部背后隆起，形成翅芽。蛹为裸蛹，头胸部黄褐色，腹部棕褐色，翅芽白色，腹部 9 节，末端圆锥形。

入侵生物学特性　日本松干蚧每年发生 2 代，以一龄若虫越冬，发生时期因中国南北气候不同而有差异。南方早春气温回升早，越冬代一龄寄生若虫发育成二龄若虫的时间早，成虫期也比北方提前 30 天。雄成虫一般交尾后即死亡，雌成虫羽化、交尾后，潜入翘裂皮下、粗老皮缝、球果鳞片及顶芽基部等处，分泌蜡丝逐渐包被虫体，形成絮状卵囊，卵包在卵囊内，可随风飘移。若虫孵出后，沿树干向上爬行，活动 1～2 天后潜入树皮缝隙、翘皮下和叶腋等处开始固定取食。一龄寄生若虫虫体很小，生活隐蔽，很难识别，该期被称为“隐蔽期”。此后，若虫蜕皮进入二龄无肢若虫期，触角和足等附肢全部消失，雌雄分化，虫体迅速增大，显露在树皮缝外，容易识别，被称为“显露期”，此时是松树被害最严重的时期，若虫多选择寄生在 3～4 年生的侧枝和主干上，在同一部位上多集中于阴面，在阳光经常照射的一面很少寄生。由于局部受害，常导致受害树干弯曲下垂。二龄无肢雌若虫蜕皮后，成为雌成虫；二龄无肢雄若虫蜕皮后，变为三龄雄若虫。雄若虫一般比雌若虫早蜕皮 10 天左右，蜕皮后，雄若虫沿树干向下爬行，于树干裂缝、球果鳞片、树干根际及地面杂草等处，分泌蜡质絮状物，形成白色椭圆形小茧化蛹。雄成虫羽化后，多沿树干爬行或作短距离飞行，寻觅雌成虫交尾。

预防与控制技术

加强检疫　调运苗木和木材时，应严格检疫，发现带日本松干蚧寄主植物可用溴甲烷、硫酰氟进行药剂熏蒸，用药量每立方米 20～30g，熏蒸 24～48 小时。

营林措施　封山育林，剪除或伐掉虫株，并集中处理。由于越夏期是松树的生长期，人工防治较秋冬季困难大、成本高，所以一般选择在越冬期进行。对发生面积大的松林，有计划地疏伐、间伐或皆伐后，要因地制宜地选择阔叶树种如楸类、栎类树种更新造林，减少林分内松树寄主树种的组成比例，增加阔叶等非寄主树种的比例，使林分结构更科学合理，增强林分的抵抗性，减少发生概率。

生物防治　保护和利用天敌，如日本弓背蚁、异色瓢虫、大草蛉、各种蜘蛛等，对控制日本松干蚧种群有一定的作用。

化学防治　用氧化乐果乳油 5～10 倍液，在春季于树干基部刮皮涂药或打孔注药防治寄生若虫。

参考文献

李娟, 胡学兵, 2005. 我国主要林业外来有害生物种类简述(I)[J]. 中国森林病虫 (2): 38-40.

刘卫敏, 谢映平, 薛皎亮, 等, 2015. 日本松干蚧(同翅目: 松干蚧科)发育过程中形态、习性及天敌[J]. 林业科学, 51(7): 69-83.

佟秀和, 2013. 日本松干蚧生活习性及防治检疫方法[J]. 北京农业(24): 88.

袁福香, 李忠辉, 高晓荻, 等, 2016. 基于气候适宜度的东北地区日本松干蚧扩散风险评估[J]. 中国农学通报, 32(26): 114-119.

周复艳, 尚筱, 2019. 浅谈日本松干蚧的发生及综合防治[J]. 现代园艺 (20): 62-63.

（撰稿：石娟；审稿：周忠实）

日本转基因生物安全管理法规　regulations on safety of management of genetically modified organisms in Japan

日本按照政府机构的职能分工，对转基因生物的研发、开发、生产、上市及进出口规定由现在的文部科学省、农林水产省、厚生劳动省和环境省管理，分别制定管理指南。日本按照转基因生物的特性和用途，将生物安全管理分为实验室研究阶段的安全管理、环境安全评价、饲料安全评价和食用安全评价。文部科学省负责实验室研究阶段的安全管理，农林水产省和环境省负责转基因生物的环境安全评价、饲料的安全性评价，厚生劳动省负责转基因食品的安全性评价。

为保证农业转基因生物实验阶段的安全，日本文部科学省制定了实验阶段的安全指南，主要对实验室及封闭温室内转基因植物的研究进行了规范，相对来说对研究的管理，随着安全性的确认而越来越宽松。

为保证农业转基因生物的环境安全，日本农林水产省在 1989 年颁布了农业转基因生物环境安全评价指南，该指南主要指导研究开发人员对转基因生物的潜在风险进行评估。评估分为两个阶段，第一阶段是隔离条件下的试验，第二阶段是开放环境下的栽培试验。作为生物多样性评估的一部分，农林水产省和环境省需要共同批准在温室或实验室中使用转基因植物。为了获取更科学的试验数据，经过农林水产省和环境省部长的许可后可进行环境风险评估（包括田间试验），由农林水产省和环境省共同组建的专家组负责该环节的安全评价。此外，1996 年农林水产省又发布了转基因饲料安全评价指南。从 2001 年 4 月起，转基因饲料的安全评价纳入现有的《饲料安全保障与质量改进法》中强制执行。

为保障人类健康，日本厚生劳动省于 1991 年颁布了《转基因食品安全评价指南（试行）》，2001 年 4 月起该指南正式实施。该指南规定一种转基因产品如果既通过了环境安全评价又通过了食品安全评价，或者既通过了环境安全评价又通过了饲料安全评价，则允许该转基因产品在日本进行商品化应用。

基于不同的角度及侧重点，日本原先存在两套转基因食品标识制度：一是农林水产省从消费者知情权和选择权的角度出发，依据《农林物资的规格化以及确定质量标识法》和《新食品标识法》来管理转基因食品；一是厚生劳动省从公共卫生的角度出发，依据《食品卫生法》来管理转基因食品。2013 年，标识管理权由农林水产省和厚生劳动省共同管理转为消费者事务管理局（CAA）单独管理。日本内阁府食品标签委员会（FIC）于2019年3月收到消费者事务管理局专家委员会关于转基因食品标签的修订稿，并于4月宣布计划在2023年实施新的标签制度。

（Japan Agricultural Biotechnology Annual-2020.）

（撰稿：黄耀辉；审稿：叶纪明）

日本转基因生物安全管理机构 administrative agencies for genetically modified organisms in Japan

日本转基因生物安全主要由文部科学省（MEXT）、厚生劳动省（MHLW）、农林水产省（MAFF）和环境省（MOE）等4个部门进行管理。MEXT负责审批转基因生物在研究与开发阶段的工作。MHLW按照日本《食品卫生法》，负责食品安全和转基因标识。MAFF按农产品标准化法、标识法和饲料安全法，负责转基因饲料安全和转基因标识，并负责转基因宣传活动。作为生物多样性评估的一部分，MAFF和MOE共同批准在温室或实验室中使用转基因植物。

（Japan Agricultural Biotechnology Annual-2020.）

（撰稿：黄耀辉；审稿：叶纪明）

日本转基因生物安全检测机构 inspection institutes of genetically modified organism biosafety in Japan

日本建立从原料进口到加工销售的转基因产品检验监督机制。日本受制于自然地理环境，农业在国民经济中所占比重较小。一方面，转基因技术相对于传统作物种植技术而言，可以提高作物单位面积产量，具有一定的种植优势；另一方面，大量进口的转基因食品又面临着对可能危及日本环境和国民健康的安全隐忧。因此，日本基于其国情而采取相对折中的立场，在科学原则与预防原则之间寻求平衡，探索形成较为独特的转基因生物安全溯源规制体系。以转基因食品为例，日本对转基因食品实行中央和地方两层政府规制体制。在中央政府层面，厚生劳动省、农林水产省、文部科学省、通产省以及由内阁府直接领导的食品安全委员会等部门各司其职，进行转基因食品安全规制。地方政府则负责本区域内转基因食品问题的综合协调监管。

在日本按照“谁开发谁评价”的原则，主要由研发机构进行安全评价检测，但环境安全检测隔离试验场必须通过农林水产省的认证。目前日本在全国已认证24所环境安全检测机构，其中国立机构19所，民间企业5所。产品检测方法主要由食品综合研究所、农林水产省、厚生劳动省和农林消费技术中心研制，其中以食品综合研究所技术力量最为雄厚。日本各地方设立的检测机构则负责对辖区内的转基因食品和转基因饲料进行检验监督。

参考文献

李飞武, 刘信, 张明, 等, 2009. 国外转基因生物安全检测机构发展现状及趋势[J]. 农业科技管理, 28 (3): 33-36.

刘培磊, 李宁, 汪其怀, 2006. 日本农业转基因生物安全管理实施进展[J]. 世界农业 (8): 43-46.

王宇红, 2012. 我国转基因食品安全政府规制研究[D]. 杨凌: 西北农林科技大学.

（撰稿：陈洋、田俊策；审稿：叶恭银）

入侵崩溃 invasional meltdown

两种或者多种外来物种彼此间相互影响，从而加重对本地物种、群落和生态系统影响的现象。

案例：通常，外来物种在新入侵的地方是无害的，直到另一个外来物种入侵后，先前的物种才会突然异常。例如，在佛罗里达州南部，榕树（*Ficus microcarpa* Linn. f.）很常见，但只局限在人类种植榕树的地方，因为如果没有榕小蜂（Aganoidae）——榕树唯一的传粉者，榕树就无法繁殖。一般来讲，榕树常只被一种榕小蜂传粉，而该榕小蜂也只给榕树传粉。因此，榕树在佛罗里达州基本上是不能够繁殖的，因为没有原产地的榕小蜂，这些入侵的榕树也不具入侵性。但是，当一种亚洲榕树的榕小蜂进入了佛罗里达州，促进了榕树扩散，演变成了入侵物种。

在其他入侵崩溃的例子中，当有后续的入侵事件发生的时候，外来有害物种会更具破坏力。例如，外来植物的扩散通常借助于传播其种子新传入的外来动物。在夏威夷，固氮植物长隔木的种子主要是由外来的暗绿绣眼鸟（*Zosterops japonicus* Temminck & Schlegel）、外来野猪和外来鼠类传播。此外，外来蚯蚓还可以和长隔木形成互助，随着长隔木的扩散，蚯蚓的密度不断变大，有助于将长隔木叶片中的氮固定到土壤中，加快了氮循环的速度，从而促进了一些不能在贫氮土壤中生存的外来植物的入侵。

外来蚯蚓在其他的入侵崩溃中也扮演了重要的角色。例如，在新泽西州，欧洲蚯蚓（*Pheretima*）和两种外来入侵植物日本小檗（Japanese barberry）和柔枝莠竹（Japaneses tiltgrass）相互影响，这两种入侵植物的根部土壤中的蚯蚓密度要比本地植物的高很多。因此，这极大地加快了氮循环的速度，加速了氮转化为植物可利用氮的重要生态过程。这两种入侵植物和入侵蚯蚓形成的复合系统为其他入侵植物的成功入侵提供了便利条件，特别是提高了土壤中硝酸盐的含量。

通常，外来物种会改变生境，以有利于第二个入侵物种。例如，斑马贻贝（*Dreissena poiymorpha*）通过过滤活动和对基质的改变，增加了1942年入侵北美洲的水生植物穗状狐尾藻（*Eurasian watermilfoil*）的数量。穗状狐尾藻比本地植物生长更快、干扰游泳和划船，使其成了北美洲最麻烦的水生入侵物种之一。但是，穗状狐尾藻也会通过提供更多的沉降基质来促进斑马贻贝种群的增长，同时，当穗状狐尾藻折断（或者被螺旋桨卷入）后漂浮在水上或者被水流带到其他地方时可以促进斑马贻贝在不同水体之间的扩散。反过来，斑马贻贝通过过滤水并提高其清澈度来帮助穗状狐尾藻。因此，这两个入侵物种的共生关系加大了两者的危害。在另一个水生生物入侵崩溃的例子中，两个大西洋物种入侵旧金山海湾之后，两者之间的间接影响加大了其中一个物种的危害。宝石文蛤（amethyst gem clam）已经在当地生存了 50 多年，但不是很常见，因为它竞争不过另外一种本地的蛤蛹。外来的欧洲岸蟹（*Carcinus maenas*）彻底改变了这种局面，它们通过捕食本地蛤蛹，将宝石文蛤从先前受到的种群制约中解放出来了。新来的外来物种仅仅是给先前的入侵物种提供食物，就会加大先前的入侵物种的影响。在西班牙，生态学家约兰达·梅莱罗（Yolanda Melero）已经证实了入侵的美洲水鼬（*Neovison vison*）的数量是如何随着其主要猎物克氏原螯虾（*Procambarus clarkii*）的入侵而增加的。

在入侵崩溃的例子中，蚂蚁往往和介壳虫联系在一起，因为介壳虫可以分泌蚂蚁喜欢吃的蜜露。多种蚂蚁适应了照顾介壳虫，四处搬运它们并且保护它们免受天敌的危害。甚至加利福尼亚州不能产蜜露的红圆蚧 (California red scale, 原产于亚洲) 也会受到阿根廷蚂蚁的保护和搬运，使得这两个物种的危害更加严重。在圣赫勒拿岛，外来的蚂蚁干扰一种成功控制了介壳虫的外来甲虫，在一些地区通过攻击这种甲虫来保护介壳虫。

一个著名的涉及入侵蚂蚁和介壳虫的生态崩溃案例发生在印度洋圣诞岛上。在岛上，本地的圣诞岛红蟹（*Gecarcoidea natalis*）被外来的长足捷蚁（*Anoplolepis gracilipes*）危害，至少 2000 万只红蟹被杀死。这个例子所具有的与生态崩溃相关的特点是，长足捷蚁已经在圣诞岛上生活了大约一个世纪且没有造成大的破坏。直到 1989 年，长足捷蚁首次被大量发现，并且迅速发展成为由数百万只蚂蚁组成的超级种群，它们进而开始毁灭岛上的优势陆地物种——圣诞岛红蟹。两种分泌蜜露的介壳虫促进了蚂蚁种群的增长，至少其中一种咖啡绿软蜡蚧（*Cocuus viridis*）是外来的，而且恰巧是在蚂蚁种群扩增前刚到达的。蜜露还促进了一种煤污菌的生长，这种真菌会导致树冠出现顶梢枯死。另外，圣诞岛红蟹是主要的食草动物和植物体分解者。当蚂蚁杀死红蟹之后，之前被红蟹危害的幼苗的存活率成倍增加，落叶层也积累起来。总之，入侵的蚂蚁和介壳虫造成的这种复杂的生态崩溃涉及很多种动植物，也包括土壤生物。

入侵崩溃也会加大外来农业害虫的影响。从亚洲引进到北美洲的大豆深受两种崩溃的危害。来自亚洲的入侵藤本植物野葛［*Pueraria lobata*（Willd.）Ohwi］已经覆盖美国南部，它是豆薯层锈菌（*Phakopsora pachyrhizi* Syd.）的中间寄主。豆薯层锈菌是一种原产于亚洲的真菌，现在已经在世界很多地方被发现。在美国，豆薯层锈菌引起的落叶降低了大豆产量，甚至杀死整株植物，每年给大豆种植者造成的损失达数亿美元。另外，自从 2000 年大豆蚜（soybean aphid）首次在威斯康星州被发现，它已经成为北美洲造成损失较大的农业害虫之一。由于大豆射可以在常见的中间寄主药鼠李（common buckthorn）上越冬，因此，它对大豆产量的影响就被放大了。药鼠李本身就是一种常见的、极具破坏力的来自旧大陆的入侵灌木或者小乔木。

参考文献

丹尼尔·森博洛夫, 2020. 生物入侵[M]. 张润志, 姜春燕, 任立, 译. 武汉: 华中科技大学出版社.

马子龙, 赵松林, 覃伟权, 等, 2006. 椰心叶甲的天敌——椰心叶甲啮小蜂在田间扩散距离测定[J]. 中国生物防治, 22(增刊): 11-13.

万方浩, 郑小波, 郭建英, 2005. 重要农林外来入侵物种的生物学与控制[M]. 北京: 科学出版社.

BARBARESI S, FANI R, GHERARDI F, et al, 2003. Genetic variability of European populations of an invasive American crayfish: preliminary results[J]. Biological invasions, 5: 269-274.

COLLINS R J, COPENHEAVER C A, BARNEY J N, et al, 2020. Using invasional meltdown theory to understand patterns of invasive richness and abundance in forests of the Northeastern USA[J]. Natural areas journal, 40(4):336-344.

SIMBERLOFF D, HOLLE B V, 1999. Positive interactions of nonindigenous species: invasional meltdown?[J]. Biological invasions, 1(1):21-32.

（撰稿：蒋红波；审稿：周忠实）

入侵地人为干扰　human disturbance in invasion area

入侵地人类的生产、生活和其他社会活动形成的干扰作用。它能使生物入侵发生地区中的个体、种群或群落发生明显变化，并对入侵种与本地种产生有利或不利的作用，改变入侵地生态系统的结构、功能和生物多样性。人为干扰的形式主要包括土地利用变化、自然资源开采、农业措施（放牧、翻耕、施肥）和环境污染等。

土地利用变化的影响　土地利用变化导致入侵地的景观格局破碎化。使廊道类型增加、廊道断裂和廊道总长度增加，斑块数量增多和各个斑块形状趋向不规则化，并改变景观组分构成比例。该类干扰下产生的线状廊道如道路、堤坝与边界整齐、结构简单的斑块会阻碍景观中不同要素和能量的交流，降低本地种的单位面积生物量、生产力与多样性，但对入侵种的扩散也具有一定的控制作用。

自然资源开采的影响　地上开采直接导致入侵地生境消失，对入侵种与本地种均会产生严重的不利影响，入侵地生态系统结构与功能也会随之受到大幅度的破坏。与地上开采相比，地下或水下开采虽然不会直接导致入侵地生境的消失，但也会对入侵生态系统结构与功能产生深刻的影响；例如开采过程中产生的废水、废气污染，爆破产生的震动与噪声，堆放泥土的排土场以及开采之后遗留的矿坑都会对入侵种与本地种产生负面影响。已有研究证明，煤矿开采对生态系统的干扰使该地区对入侵植物更为敏感，更有利于入侵植物的生长。

农业措施（放牧、翻耕、施肥）的影响　对于放牧时间较长的入侵地而言，入侵种与本地种已适应此类干扰，物种丰度不会发生剧烈变化；但对于放牧时间较短的入侵地，入侵种与本地种对放牧过程反应较为敏感，往往表现为入侵种会减少放牧地区的物种多样性，降低植被生产力。同样，对于具有长期农业种植历史的入侵地，多数本地种与入侵种已适应翻耕等措施，其影响较小；但对于农业种植历史较短的入侵地，土地翻耕会导致地表粗糙度增加，为入侵种提供一个适宜的生长环境。施肥所带来的外源营养输入也能够促进入侵种的快速生长，特别对于本身养分比较贫缺的地区而言影响尤为突出。

环境污染的影响 人类的生产、生活产生大量的污染物会对生态系统产生巨大的负面影响。污染物中有毒、有害物质对入侵种与本地种的生长均有伤害作用，进一步降低入侵地的生物多样性。同时，污染物中的营养物质会降低入侵种与本地种对资源的竞争，有利于入侵种的生长，增加入侵地的可入侵性。

与入侵地自然干扰的区别 人为干扰无论是作用强度、作用范围、持续时间还是发生频率、潜在危害、诱发性等方面常常高于自然干扰。

参考文献

陈顶利, 傅伯杰, 2000. 干扰的类型、特征及其生态学意义[J]. 生态学报, 20(4): 50-54.

万方浩, 侯有明, 蒋明星, 2015. 入侵生物学[M]. 北京: 科学出版社.

HOBBS R J, HUENNEKE L F, 1992. Disturbance, diversity, and invasion: implications for conservation[J]. Conservation biology, 6(3): 324-337.

（撰稿：周晨昊；审稿：周忠实）

入侵地生态位空缺假说 empty niche hypothesis of invasive areas

对外来入侵物种来说，由于入侵地的物种利用率较低，生态位出现了空余，即相对富余的资源而利于成功入侵。传统上物种丰富的群落被认为内部资源利用比较充分，从而缺少相对空缺的生态位。

入侵地生态位空缺假说是由 Rhymer 和 Simberloff 在 1996 年提出的，该假说认为外来种成功入侵是因为其占据了一个被入侵群落里的空缺生态位。在一个稳定的生态系统中，系统中的每一个生态位都有自己的物种，就像“一个萝卜一个坑”，如果每一个坑都已占满，外来种入侵就不可能发生。如果某处少了一个“萝卜”，生态位出现了空余，这就有可能给外来种的入侵创造契机，导致外来种的入侵，影响本地生态系统结构与功能破坏。该假说是生物多样性阻抗假说的进一步的解释，被广泛认为是岛屿生态系统容易遭受生物入侵的主要因素。由于生态位的概念比较模糊（例如气候生态位，功能生态位，超维多体积生态位），因此很难被验证或应用。

这一假说的研究主要从两个方面来加以考虑，一是外来物种自身一些相对特殊的生物生态学特征；另一方面则是入侵地生物资源的相对富余状况，如黄色星蓟（*Centaurea solstitialis*）在加利福尼亚州成为主要的一年生杂草，由于它可以利用相对较深土层地下的水分资源，而该地区却以一年生早衰、浅根系的杂草为主，所以较深的根系为该植物提供利用空余资源的优势。Dukes 在 2001 年则从本地生态系统植物功能团的角度，研究了对黄色星蓟的入侵抗性，发现减少夏季土壤水分，增加功能团上的群落多样性，和种植本地与黄色星蓟同样具有较深根系的晚季一年生菊科杂草（*Hemizonia congesta*），能明显提高群落对黄色星蓟的抗性，且研究还发现一年生杂草要比多年生杂草对外来植物入侵抗性更为敏感。

总之，这些假说还主要停留在理论上，相关的试验验证还很缺乏。在该假说的试验研究中，可以考虑从源发地和本地相对可用资源的比较来加以评价。一方面要进一步挖掘入侵地带可能相对空余的资源，对一些特殊资源要通过在源发地的植物群落中该资源可能被哪些其他植物利用来比较断定。另一方面对于本地生态位空缺的测定，则可以通过在本地调查一些主要资源（如光照、水分和营养）可能被入侵物种利用的相对空余度方面来考虑。

参考文献

田胜尼, 刘登义, 彭少麟, 2003. 植物外来种的入侵及防治对策[J]. 安徽农学通报, 9(6): 89-92.

DUKES J S, 2001. Biodiversity and invasibility in grassland microcosms[J]. Oecologia, 126: 563-568.

RHYMER J M, SIMBERLOFF D, 1996. Extinction by hybridization and introgression[J]. Annual review of ecologiy systematics, 27: 83-109.

（撰稿：朱耿平；审稿：周忠实）

入侵地自然干扰 natural disturbance in invasion area

入侵地存在的不可抗拒的自然力的干扰，它能使生物入侵发生地区中的个体、种群或群落发生明显变化，并对入侵种与本地种产生有利或不利的作用，改变入侵地生态系统的结构、功能和生物多样性。自然干扰主要包括气候变化和自然灾害，如二氧化碳浓度增加、温度升高、海平面上升、降水量增加、火灾、洪水、地震、干旱等。

气候变化的影响 二氧化碳浓度增加、温度升高、海平面上升和降水量增加等作用能改变本地种与入侵种的竞争态势，影响它们在入侵地的生存能力。二氧化碳是植物进行光合作用的必需物质，二氧化碳浓度增加会使部分入侵植物的光合速率与生物量的提升程度高于本地植物，而更有利于入侵植物在入侵地的生长。温度是限制许多植物和动物生存、生长和繁殖的重要因素，气温升高导致入侵物种在冬季的死亡率下降，扩大了原产于热带地区入侵种的存活时间；同时，也会减少一些入侵物种的发育历期，使其年生活史中世代数增加。海平面上升导致海滨生境中含盐度增加，相对于本地种而言，入侵种更能承受海平面上升所造成的不利影响。水也是入侵地生境中的一个重要限制性因素，降水量的增加使水的可利用度提升，从而更有利于入侵种的生长和繁殖。

自然灾害的影响 火灾、洪水、地震和干旱等干扰发生初期，会使入侵地的生境与生态系统完全崩溃，对本地种产生严重破坏；但对入侵种的进一步扩展也会起到抑制作用，能大大延缓入侵种密度的增加速度，阻止入侵种继续扩张的步伐。另一方面，较长时间之后，这些自然干扰可能对入侵种更为有利。在干扰之后，入侵地的生态系统进一步退化，物种之间的关系变得更加松懈，由此出现大量可用资源，这为入侵种的恢复与生长提供了良好环境。例如，飓风和火灾之后，植物的冠层和较厚的落叶层被移除，可利用光和土壤肥力得到提升，为入侵种的恢复提供了有机条件。同时，部分入侵种能对自然干扰产生反馈效应；例如，旱雀麦属于耐火的入侵植物，该物种使入侵地燃火物质增加，反馈之后能导致更频繁的火灾，巩固了其入侵种的优势地位。

与入侵地人为干扰的区别 自然干扰无论是伤害强度、作用范围、持续时间还是发生频率、潜在危害、诱发性等方面常常低于人为干扰。

参考文献

万方浩, 侯有明, 蒋明星, 2015. 入侵生物学[M]. 北京: 科学出版社.

伍米拉, 2012. 全球气候变化与生物入侵[J]. 生物学通报, 47(1): 4-6.

BRADLEY B A, BLUMENTHAL D M, WILCOVE D S, et al, 2015. Predicting plant invasions in an era of global change[J]. Trends in ecology & evolution, 25(5): 310 -318.

（撰稿：周晨昊；审稿：周忠实）

入侵行为变异 behavioural plasticity of invasive species

部分入侵种在适应全新环境的过程中，为了提升自己的竞争能力与存活能力，进而进化出一些行为来进行对环境的适应，这些行为与它们在原产地时存在一定的差异。Holway 等指出，阿根廷蚁（*Linepithema humile*）在入侵到全新的环境之后，不同巢穴之间的种内竞争变少，种间竞争的能力得到加强。食粪金龟（*Onthophagus taurus*）的雄性求偶行为在该物种入侵到全新生境后发生了巨大变化。在全新栖息地的这种金龟，不仅体型比在原产地的食粪金龟更大，并且长出了一对巨大的角，而这也是原产地的食粪金龟少有的。在求偶过程中，新栖息地的食粪金龟通过攻击性的行为来获得交配机会，原产地的食粪金龟则是通过非攻击性行为来进行交配机会的竞争，这也说明它们攻击性强弱与体型存在着关系。

入侵生活史性状变异 部分入侵种在适应全新环境的过程中，为了提升自己的竞争能力与存活能力，其在生活史特征上的变化，包括种群的年龄组成、性比、个体的最小性成熟年龄、繁殖时间和繁殖力等方面。福寿螺在原产地完成其性成熟的过程需要 2 年，而在其入侵地区例如东南亚，则不到 1 年就可达到性成熟。

参考文献

HOLWAY D A, SUAREZ A V, 1999. Animal behavior: an essential component of invasion biology[J]. Trends in ecology and evolution, 14(8): 328-330.

LACH L, BRITTON D K, RUNDELL R J, et al, 2002. Food preference and reproductive plasticity in an invasive freshwater snail[J]. Biological invasion, 2: 279-288.

MOCZEK A P, NIJHOUT H F, 2003. Rapid evolution of a polyphonic threshold[J]. Evolution and development, 5(3): 259-268.

（撰稿：许益镌；审稿：周忠实）

入侵生物监测 monitoring of invasive alien species

在一段时间内系统调查某一种（类）入侵生物在特定区域内的有无、发生数量和危害等的变化，以了解其发生动态和发展趋势的活动。是发现外来入侵生物、明确其危害大小和空间分布特点的重要途径。监测内容主要包括入侵生物的分布、发生面积、种群的大小、分布的生境、危害寄主、危害的程度等。监测内容因入侵生物种类、监测目标不同而存在差异。

入侵生物监测方法可分为走访调查、实地调查和技术辅助调查 3 种。走访调查主要是指通过访问当地的民众、基层科技人员等获取入侵生物的有无、大致的分布面积、危害程度等信息，为快速判断入侵生物的发生、危害风险提供支撑。实地调查是指按照系统的调查方案确定监测调查的地点，并开展入侵生物在调查点的分布、发生规律、危害程度等信息调查，为探明入侵生物的发生危害规律、评估扩散趋势、制定防控措施提供依据。技术辅助调查主要是针对特定的入侵生物借助专业的技术获得其在特定区域的发生危害参数。如利用高光谱遥感、无人机等监测河流、湖泊水生植物、森林病虫害的发生动态和分布面积，利用性诱剂监测入侵昆虫的种群动态和发生规律。技术辅助监测调查的优点是精度高、时效性强，但是适用的监测对象和区域具有局限性。

入侵生物监测是制定高效管理措施的关键，开展入侵生物监测要根据监测的目标、对象、监测区域的特征选择合适的监测方法。

参考文献

万方浩, 冯洁, 徐进, 2011. 生物入侵: 检测与监测篇[M]. 北京: 科学出版社.

万方浩, 彭德良, 王瑞, 2010. 生物入侵: 预警篇[M]. 北京: 科学出版社.

（撰稿：王瑞；审稿：周忠实）

入侵生物检测 biological invasion detection

对入侵生物进行快速、有效、精准的检查和判定。

入侵生物的检测主要有免疫学检测和以 DNA 为基础的检测和鉴定方法的结合应用共三类检测技术。免疫学检测方法包括酶联免疫吸附测定技术、免疫胶体金快速诊断技术、免疫荧光检测技术、侧流检验法以及流式细胞术物种检测方法。免疫学方法以血清学反应为基础，即以抗体与其抗原的专一性识别与结合为基础。抗原能与由其诱导产生的抗体发生凝聚、沉淀等反应，将病原物作为特异性强的抗原与相应的抗体反应就可实现对病原物的检测和鉴定。以DNA为基础的检测技术包括分子标记技术和基于PCR的检测技术两部分。对入侵生物进行快速检测与监测需要寻找入侵生物在DNA水平上的特异性基因或差异片段，PCR（polymerase chain reaction）技术即聚合酶链式反应技术，是一种在体外快速扩增特定基因或DNA序列的方法，该方法灵敏、准确、方便、快速，可在短时间内扩增出数百万个特异DNA序列的拷贝。检测和鉴定方法的结合应用体现在免疫诊断或DNA检测前，通过对病原物的培养富集，能大大提高酶联免疫吸附测定和PCR检测的灵敏性，并且富集检测具有只有活细胞才能产生阳性信号的优势。

国际贸易的全球化、气候变化、人员流动的增加、病原菌和载体的进化等因素增加了生态系统中外来入侵生物的扩散与传播。因此，入侵生物检测的重要性越来越凸显。

参考文献

万方浩, 冯洁, 徐进, 2011. 生物入侵: 检测与监测篇[M]. 北京: 科学出版社: 2-10.

VEENA M S, VAN VUURDE J W, 2002. Indirect immunofluorescence colony staining method for detecting bacterial pathogens of tomato[J]. Journal of microbiological methods, 49(1):11-17.

（撰稿：高利；审稿：董莎萌）

入侵生物学 invasion biology

研究外来种的入侵性、生态系统的可入侵性及外来入侵种的预防与控制的科学，是一门涉及生物学、生态学、植物学、动物学、分子生物学、生物化学、生物经济学、组学、植物保护学等多领域交叉融合的学科。从萌芽、发展到逐渐成熟，入侵生物学已经走过了将近70年的历程。

发展史　早在19世纪，达尔文就在编著的《物种起源》中多次提到生物的转移和传入现象，但当时并未引起人们的重视。直至1958年，生态学家查尔斯·埃尔顿编著的《动植物入侵生态学》一书，明确指出生物入侵已经成为全球性的重要问题，外来物种造成了环境和农林业损失日益惨重，并严重威胁本地生物多样性等问题。这本专著被当作生物入侵生态学奠基之作，很多学者也以此视为入侵生物学研究的开端。然而，当时人们仍普遍没有意识到生物入侵的危害性。随着经济全球化和现代交通的高速发展，生物成功入侵的概率大大增加，促进了生物入侵基础与应用基础研究的发展，也加快了入侵生物学的诞生。近30年来，入侵生物学已经从一种生态学现象的研究发展为一门具有自己学科框架和理论体系的独立学科。从学科发展历程看，入侵生物学可分为萌芽、成长和快速发展3个时期。

萌芽期：20世纪80年代之前。以查尔斯·埃尔顿出版的专著《动植物入侵生态学》为标志，提出了多个理论和假说解释生物入侵现象，并总结出基本的研究手段和思路，但没有获得人们的普遍关注。因此，此时入侵生物学仅是对生物入侵这种生态学现象的解析，没有形成系统的理论体系。

成长期：20世纪80年代。入侵生物学研究开始受到重视，越来越多的生态学家开始思考和研究生物入侵的问题。这个时期确定了入侵生物学的核心理念和研究框架。

快速发展期：20世纪90年代至今。随着全球经济一体化、国际贸易和国际旅游等飞速发展，外来种在不同国家之间的传入、扩散数量和种类呈显著增长的趋势，造成的生态和经济损失触目惊心，生物入侵成为国际社会和公众最为关注的热点之一，亦逐步成为热门的研究领域，具体表现为：①行政立法与管理措施不断加强，许多国家先后对生物入侵进行了相应的立法。②基础设施与科研平台日益巩固。③项目投入与研究经费不断增加。④学术期刊与论著不断增多。⑤学术活动和国际交流愈发活跃。

入侵生物学的研究范畴　研究思路与科学问题基于生物入侵的定义，首先需要回答的是生物入侵如何发生的问题。因此，生物入侵最基本的研究思路主要着重于外来种本身的生物学特性（即入侵性）、生态系统的可入侵性或敏感性及两者的相互作用。中国生物入侵研究以外来种入侵的实时预警监测和有效控制为总体目标，在国内外现有科学研究的基础上，重点针对重大外来种的入侵机制与生态过程、对生态系统的影响及监控基础研究，从个体/种群、种间关系、群落/生态系统3个层次深入研究入侵种预防与控制所必须解决的关键科学问题，即种群形成与扩张、生态适应性与进化、对生态系统结构与功能的影响，研发入侵种监控的新技术与新方法（图1）。

基本模式和研究内容对于潜在入侵种，重点发展定性与定量风险评估、早期预警及快速检测等技术；对于已入侵种，着重于针对入侵种本身的生物学特征研究明确其遗传分化特性、生态适应性选择的方向、种群扩张行为与机制、与本地种的关系、对资源的利用能力等；对于生态系统，重点研究生物入侵所产生的生态影响、生物入侵引起的生态系统结构与功能变化及生态系统的抵御性。因此生物入侵的研究内容应针对生物入侵各环节中的不同关键科学问题而来确定（图2）。

基于上述思路与模式，生物入侵要着重于研究入侵种的早期预警、种群的形成与发展、与本地种的互作与竞争、

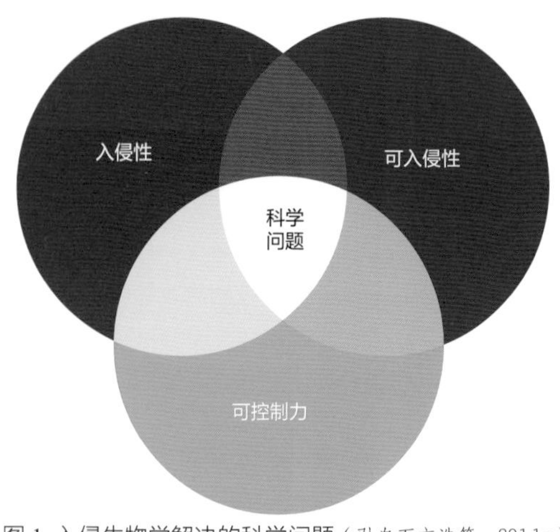

图1 入侵生物学解决的科学问题（引自万方浩等，2011a）

生态系统的响应及防控的技术与方法等五大内容。

入侵生物学学科体系构建　中国众多科学家历经30多年的共同努力，针对中国生物入侵研究的特点，提出入侵生物学研究的范畴与重点包括入侵生物传入与种群构建、生存与适应、演变与进化、种间互作的生物内在特性，环境响应与系统抵御的外部特征，预防与控制的技术基础等。可见，入侵生物学既着重于研究入侵生物传入至成灾的过程与机制，又着重于发展入侵过程的防控技术体系，由此提出了入侵生物学的学科框架与体系（图3）。同时，编著了从生物入侵理论（《入侵生物学》）到技术、方法（《生物入侵：预警篇》《生物入侵：检测与监测篇》《生物入侵：生物防治篇》）与管理（《生物入侵：管理篇》）的系列专著与教材。创建了中国植物保护领域的新型学科——入侵生物学。

总体而言，入侵生物学学科虽已形成，但学科的理论基础及技术体系仍在逐步完善中，许多科学问题还需要深入探索与解决，因此，必须以更加客观和审慎的态度去架构入侵生物学的学科体系。在不断明确入侵生物学关键科学问题的基础上，进一步加强中国入侵生物学学科建设，不断提升生物入侵基础、应用基础研究和应用研究的创新能力，全面构建针对入侵种的预防与预警、监测和检测、狙击与扑灭、控制与管理四大技术体系，对保障中国农林业的可持续发展，维护国家的生态、经济和社会安全具有重要意义。

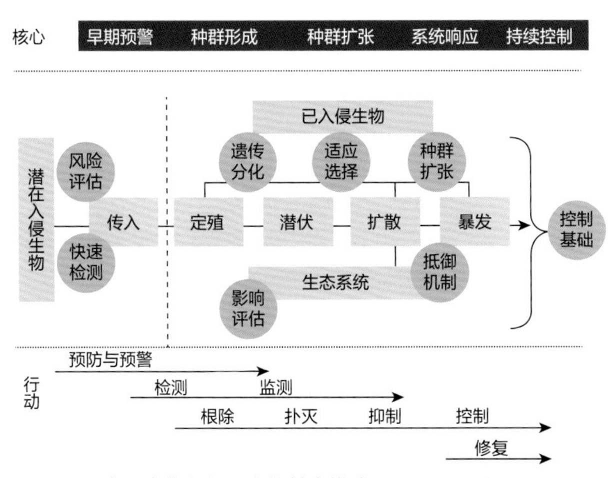

图2 中国生物入侵研究的基本模式（引自万方浩等，2009）

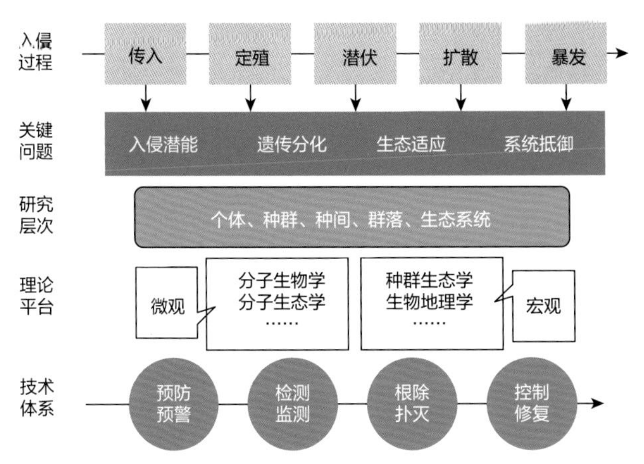

图3 入侵生物学学科的体系框架（引自万方浩等，2009；2011b）

参考文献

万方浩, 冯洁, 徐进, 等, 2011. 生物入侵: 检测与检测篇[M]. 北京: 科学出版社.

万方浩, 郭建英, 张峰, 等, 2009. 中国生物入侵研究[M]. 北京: 科学出版社.

万方浩, 谢丙炎, 杨国庆, 等, 2011. 入侵生物学[M]. 北京: 科学出版社.

BAKER H G, STEBBINS G L, 1965. The evolution of colonizing species[M]. New York: Academic Press.

MACK R N, 1981. Invasion of bromus tectorum l. into Western North America: an ecological chronicle[J]. Agro-ecosystems, 7(2): 145-165.

（撰稿：周忠实、马超；审稿：万方浩）

入侵植物的化感作用　invasive plant species allelopathy

入侵植物通过向体外分泌代谢过程中的化学物质，对其他植物或微生物的生长和分布产生直接或间接的影响。又名异株克生。

化感作用对于外来植物的成功入侵非常重要，外来入侵植物的化感作用也被人们广泛重视和研究。基于种间化学关系解释外来种的入侵，提出了一种新的相互作用机制新武器假说（new weapon hypothesis）：由于入侵植物根系分泌物可以抑制其他植物的种子萌发和植株生长即化感作用，导致外来入侵植物可以排挤本地植物从而成功入侵。有很多研究已经表明大多数入侵植物具有较强的化感作用，如菊科豚草属中的豚草（*Ambrosia artemisiifolia*）和三裂叶豚草（*A. trifida*），菊科泽兰属的紫茎泽兰（*Ageratina adenophora*）和飞机草（*Chromolaena odorata*）都会释放对邻近植物有害的物质并对其种子萌发和幼苗生长产生抑制作用。

外来植物通过释放生物活性物质抑制其他植物生长从而实现入侵，这种生物活性物质即为化感物质（allelochemical）。化感物质在生物体之间传递信息并导致生物体相互作用。入侵植物的化感物质大致分为水溶性有机酸、直链醇、脂肪族醛和酮、简单不饱和内脂、长链脂肪酸和多炔、醌类、苯甲酸及其衍生物、肉桂酸及其衍生物、香豆素类、内黄酮类、单宁、内萜、生物碱等。不同入侵植物释放的化感物质不同，如豚草主要通过酚炔类、聚乙炔、倍半萜烯、幽醇等化合物，胜红蓟通过产生早熟素Ⅰ、早熟素Ⅱ对周围植物的种子萌发和幼苗生长产生抑制作用，从而使自身的生长发育处于优势。无机物质如重金属、可溶性盐等也作为入侵植物的化感物质得到了更多研究。

植物的化感物质分泌主要是通过地上部分挥发、淋溶、枯枝落叶分解和根系分泌4条途径。不同入侵植物分泌化感物质的途径也有所不同。豚草通过挥发、根系分泌及雨水淋溶的方式来释放化感物质，而胜红蓟通过地上部分挥发、淋溶、枯枝落叶分解和根系分泌4种方式释放体内产生的多种化感物质。在研究过程中，提取和分离自然条件下植物各种途径的化感物质的方法非常重要。

了解入侵植物化感物质的作用机制是基于化感作用控制外来植物入侵的理论基础。一方面，入侵植物可以通过产生化感物质直接对受体植物产生影响，主要从形态结构、生理生化和分子水平 3 个方面进行研究。首先，形态结构能最直观地反映化感作用，受体植物个体形态的变化往往受到光照、水分等综合影响。入侵植物化感物质通常会抑制受体植物幼苗和根的生长。植物根系具有特定的形态和生理特征，其发生的改变能很好地反映外界环境的变化，因此，可以通过观察受体植物根系形态结构变化来研究化感作用。三叶鬼针草叶片的化感物质会引起旱稻幼苗初生根结构变异，维管柱消失，髓腔变大，从而导致对营养液的吸收减少，抑制植物生长。其次，化感物质作为一种影响因子，能进入植物体内，直接影响或参与植物的生理生化过程。化感物质可以通过酶和膜的功能、激素代谢、呼吸作用、光合作用、蛋白质合成和基因表达的影响从而影响植物生长过程。经紫茎泽兰化感物质处理后，旱稻幼苗内叶绿素含量下降，根部丙二醛含量和过氧化物酶活性明显上升，促使旱稻幼苗根部产生过氧化反应，呼吸和光合作用减弱，多种代谢受阻，最终使其生长发育出现明显的抑制。第三，开展入侵植物分子生态适应机制的研究，探寻能够增加外来入侵种环境适应性的相关基因，对于解释入侵植物的入侵机制有积极意义。运用蚕豆根尖微核技术研究入侵植物加拿大蓬水浸提液的遗传毒性，结果表明，加拿大蓬水浸提液干扰了细胞有丝分裂的正常进行，蚕豆根尖细胞出现染色体桥、染色体断片等异常现象。除此之外，研究发现入侵植物产生的化感物质能明显干扰受体植物根部基因表达。另一方面，入侵植物通过产生化感物质影响土壤中一些酶的活性以及微生物群落组成，改变土壤环境，间接对受体植物产生影响。化感作用主要从两个途径影响土壤微生物，一是入侵植物释放的化感物质可以直接作为可溶性碳素、氮素和其他营养元素；另一种是通过影响土壤微生物群落的数量和结构功能来改变土壤物理化学和生物性质。入侵植物通过改变土壤环境来创造一个适宜生长的环境从而实现入侵，丛枝菌根真菌在外来植物和本地植物竞争生长中具有重要的作用。在竞争过程中，外来植物通过化感作用影响丛枝菌根真菌并增加其根系定殖，促进水分吸收并积累氮素，从而促进了豚草竞争生长。

化感物质的释放及化感效应取决于植物自身遗传因素和环境因素的共同作用。入侵植物化感物质的释放及化感效应受到生物和非生物因子影响。影响植物释放化感物质的非生物因子主要包括水分、营养、温度、光照等。植物在资源有限或环境胁迫的条件下，通常会促进植物次生代谢物增加，而化感物质为次生代谢物的一类，因此胁迫通常会增强植物化感作用。研究发现在遮光条件和营养水平低的条件下，入侵植物藿香蓟（*Ageratum conyzoides*）挥发油的化感抑制作用会增强。干旱和高温加剧了杂草对高粱的化感抑制作用。影响植物释放化感物质的生物因子有植物、动物、微生物。植株密度对植物的生长表现出显著的负效应，植株密度增加，空心莲子草（*Alternanthera philoxeroides*）的叶量、茎长、茎节数、茎分枝数减小。昆虫的取食可以诱导植物的化学防御，通过分泌更多的次生物质，增强植物的抗性，同时影响植物化感作用。蚜虫取食后，紫茎泽兰对受体植物化感抑制作用显著增加，根系分泌物中酮类和酯类物质含量改变。许多入侵植物都与其土壤微生物存在广泛的共生关系，丛枝菌根真菌与入侵植物所形成的共生体对外来植物的成功入侵具有重要影响。外来入侵植物能通过化感作用明显改变入侵地丛枝菌根真菌群落结构，从而通过养分获取和转移来促进外来植物生长发育。

外来植物化感作用的研究对于生态学、农业、林业等领域的理论和实践具有现实的指导意义。由于化感作用只是入侵种成功入侵的推动因素之一，其实际贡献还依赖于其他因子的作用。因此，入侵植物的化感作用研究具有很多难点，需要综合联系入侵植物特点、化感作用和环境等多种因子。在实际应用方面，通过建立入侵植物化感作用检测体系和研究入侵植物的机制，以实现控制入侵植物入侵和生态资源的保护。

参考文献

林嵩, 翁伯琦, 2005. 外来植物化感作用研究综述[J]. 福建农业学报, 20(3): 202-210.

张风娟, 徐兴友, 郭艾英, 等, 2011. 3 种入侵植物叶片挥发物对旱稻幼苗根的影响[J]. 生态学报, 31(19): 5832-5838.

CALLAWAY R M, ASCHEHOUG E T, 2000. Invasive plants versus their new and old neighbors: a mechanism for exotic invasion[J]. Science, 290(5491): 521-523.

DU E, CHEN X, LI Q, et al, 2020. *Rhizoglomus intraradices* and associated *Brevibacterium rigoritolerans* enhance the competitive growth of *Flaveria bidentis*[J]. Plant and soil, 453(1/2): 281-295.

ZHANG F J, LI Q, YERGER E H, et al, 2018. AM fungi facilitate the competitive growth of two invasive plant species, *Ambrosia artemisiifolia* and *Bidens pilosa*[J]. Mycorrhiza, 28(8): 703-715.

（撰稿：张风娟；审稿：周忠实）

入侵种　invasivealien species

分布在原产地以外、建立了能够自我维持的种群并对当地的经济、生态和社会安全造成威胁的生物。因此，并非所有外来的物种都会成为入侵物种，只有那些对本地的生态系统及生物多样性产生实质性危害的外来物种才是所谓的入侵种。

外来种的入侵是一个复杂的生态学过程，通常包括种群传入、定殖、潜伏、扩散、暴发等几个阶段。

种群传入　分为自然传入、无意传入、有意引入 3 种类型。自然传入（natural introduction）是指在完全没有人类影响的情况下物种自然扩散至某一区域。植物种子（或繁殖体）等可以通过气流、水流自然传播，或借助鸟类、昆虫及其他动物的携带而实现自然扩散。例如，紫茎泽兰（*Ageratina adenophora*）、飞机草（*Chromolaena odorata*）可通过风和水自然传播。无意传入（unintentional introduction 或 accidental introduction）是指外来种借助人类各种运输、迁移活动等扩散传播而发生的，发生无意传入的主要原因是在开展这些活动时人类并未意识到传入外来种的风险，或者没有足够的知识技能来识别潜在的外来种。有意引入（intentional introduction）是指人类为了某种目的而专门从国外或外地引入某种物种，如果有一种动物或植物被人类有意识地迁入某一地区并定居下来，也称为引入种。

种群定殖　是指外来种传入后初始种群适应新环境，并开始自我繁衍与建立种群的过程，也可简单地理解为能够定殖下来并开始维持种群自我繁殖，其主要包括繁殖体压力对定殖的影响、外来种自身特性对其定殖的影响、种间关系对定殖的影响和生态系统可入侵性对定殖的影响。

潜伏　在传入与定殖后，外来种往往为了适应新的环境而进行适应性调整，这一时间段内，种群增长量不大，种群数量一般较低，这个阶段称为潜伏期（latent time）。不同入侵种的潜伏期长短不一，有些种类的潜伏期非常短，仅需要几个世代的时间，有些则需要经历上百年甚至更长时间。

扩散　外来种经过潜伏阶段的适应调整后，在适宜的条件下种群发展到一定数量后开始向其他地区“传播”的过程。入侵种的扩散包括短距离、长距离和分层扩散；扩散途径主要包括被动扩散（如风、水、动物、人类活动）、主动扩散。

暴发　当外来种经过大面积扩散后，种群大量繁衍，对当地生态安全、经济生产或社会安定等造成负面影响，称为暴发。在暴发阶段，入侵种通常具有高密度和大尺度的空间分布，造成显著或严重的经济、生态和社会影响。

Williamson 1996 年提出“十数定律”（tens rule）来描述入侵种到达特定入侵阶段的概率，即约 10% 的传入种能够成为临时种，约 10% 的临时种能够成为归化种，约 10% 的归化种能够成为入侵种。这一法则的提出表明，外来种最后能成为入侵种的比例是非常小的，能够进入到最后阶段并成为入侵种往往是外来种与本地生态系统互作的结果，所以一个物种的成功入侵是一个小概率事件。

中国是世界上遭受生物入侵最严重的国家之一，全球危害最大的 100 种恶性入侵种中已有 1/2 以上的物种入侵中国，许多高风险、威胁大的有害入侵种在中国大面积、多地域和长时间暴发成灾，对中国生态环境和社会经济发展等构成巨大威胁。

参考文献

万方浩，侯有明，蒋明星，2015. 入侵生物学[M]. 北京：科学出版社.

FALK-PETERSEN J, BOHN T, SANDLUND O T, 2006. On the numerous concepts in invasions biology[J]. Biological invasions, 8: 1409-1424.

WILLIAMSON M, 1996. Biological Invasions[M]. London: Chapman & Hall.

（撰稿：褚栋；审稿：蒋明星）

入侵种/本地种非对称交配互作　asymmetric mating interactions between invasive species and indigenous species

入侵物种会影响本地物种雌雄之间的交配，而本地种无法干扰入侵物种雌雄间的交配，这种互作是对一方有利而对另一方有害，故称之为非对称交配互作。这一现象是在研究烟粉虱入侵的过程中首先发现的。B 烟粉虱（入侵种）原分布于地中海小亚细亚地区，20 世纪 80 年代以来陆续入侵美洲、大洋洲、亚洲的许多国家和地区，逐渐取代了入侵地危害不严重的土著烟粉虱（本地种），造成大面积作物的严重减产甚至绝收，因此，被世界自然保护联盟列入全球 100 种最危险的入侵生物。为揭示其入侵机制，浙江大学刘树生与澳大利亚、中国农业科学院等同行合作，于 1995—2006 年间在中国浙江、澳大利亚昆士兰共 40 多个地点进行了野外系统采样调查，通过分子标记鉴别 B 烟粉虱和土著烟粉虱，详细记录了在野外 B 烟粉虱入侵和取代土著烟粉虱的情况。同时以交配互作为切入点，在实验室内对烟粉虱入侵和取代过程进行模拟和分析，并设计组合了一套独特的录像系统，详细观察分析烟粉虱在植物上的活动和求偶交配行为。观察结果表明，当入侵种烟粉虱到达新的地域与本地种烟粉虱共存后，虽然它们之间不能完成交配，但相互间会发生一系列的求偶行为及相互作用，使得入侵种的交配频率迅速增加，卵子受精率提高，种群增长加快；同时入侵种雄虫又频频向本地种雌虫求偶，干扰本地种雌雄之间的交配，使后者交配频率下降，压抑其种群增长。由于入侵种烟粉虱与本地种烟粉虱之间的这种求偶互作是对一方有利而对另一方有害，故称之为非对称交配互作。这一发现揭示了动物入侵的一个重要行为机制，为解释 B 烟粉虱的广泛入侵并取代土著烟粉虱的现象和规律提供了重要的理论基础。该研究成果于 2007 年发表在国际著名期刊《科学》（*Science*）上。

参考文献

LIU S, DE BARRO P J, XU J, et al, 2007. Asymmetric mating interactions drive widespread invasion and displacement in a whitefly [J]. Science, 318: 1769-1772.

（撰稿：王晓伟；审稿：周忠实）

R

入侵种暴发　invasive species outbreak

当外来物种经过大面积扩散后种群大量繁衍，对当地的生态安全、经济生产和社会安定等造成消极影响的现象。这是生物入侵过程的终极阶段。“暴发”是“扩张”的延续。外来种侵入新栖息地后，经过一定时间的潜伏、适应和扩散，当种群数量积累扩张到一定程度，即达到暴发阶段，这也是生物入侵从量变到质变的过程。如同“有害生物”（pest）和“杂草”（weed）等概念一样，“暴发”也是从人类角度出发给出的主观性术语，包含了国际上常用的一些概念，如“影响”（impact）、“危险”（danger）、“威胁”（threat）、“危害”（hazard）、“损失”（damage）等。

在暴发阶段，入侵种通常具有高密度和大尺度的空间分布，造成显著或严重的经济、生态和社会影响。例如：入侵杂草紫茎泽兰（*Ageratina adenophora*）在 1996 年对四川造成的直接经济损失高达 1.19 亿元。2006 年，紫茎泽兰在四川分布面积更是达 96 万 hm^2。此外，入侵种暴发后还会造成巨大的间接损失。据估计，2000 年外来病虫害对中国大陆森林生态系统造成的间接损失约为 154.4 亿元，其中松材线虫（*Bursaphelenchus xylophilus*）、松突圆蚧（*Hemiberlesia pitysophila* Takagi）、红脂大小蠹（*Dendroctonus valens* LeConte）、日本松干蚧［*Matsucoccus matsumurae*（Kuwana）］、美国白蛾［*Hyphantria cunea*（Drury）］和湿地松粉蚧［*Oracella acuta*（Lobdell）］等的危害最为严重，造成的损失达 140 亿元，占总损失的 90.7%。

参考文献

李明阳, 徐海根, 2005. 外来入侵物种对森林生态系统影响间接经济损失评估[J]. 西北林学院学报(2): 156-159.

万方浩, 侯有明, 蒋明星, 2015. 入侵生物学[M]. 科学出版社: 20-41.

万方浩, 严盈, 王瑞, 等, 2011. 中国入侵生物学学科的构建与发展[J]. 生物安全学报, 20(1): 1-19.

冼晓青, 万方浩, 谢明, 2008. 外来入侵植物紫茎泽兰对四川省国民经济影响的评估[C]//第二届全国生物入侵学术研讨会论文摘要集:255.

张新跃, 唐川江, 周俗, 等, 2007. 2006年四川省紫茎泽兰监测报告[C]//四川省畜牧兽医学会2007年学术年会论文汇编: 223-230.

（撰稿：周忠实、张燕；审稿：万方浩）

入侵种表观遗传变异 epigenetic variation of invasive alien species

入侵物种种群内所有表观修饰变化的总和，既可以遗传给下一代，也可在一代之内通过一系列过程重塑。入侵种表观遗传变异可以由特定的非生物和生物胁迫诱导产生。入侵种表观遗传修饰主要有 DNA 甲基化、组蛋白修饰、染色质重塑、基因印迹和非编码 RNA 等。入侵种表观遗传变异在自然界广泛存在，是表型变异的重要来源，可以显著影响生物的胁迫耐受性、种间互作、生态位宽度、地理分布和进化潜力等特性。有研究表明，DNA 甲基化和染色质修饰等表观遗传修饰在适应性可塑性中发挥作用。

入侵种表观遗传变异可以提高入侵种遗传多样性，例如，在入侵肯尼亚的麻雀中发现入侵种表观遗传变异弥补了近亲繁殖造成的遗传多样性降低。入侵种表观遗传变异可以由环境驱动，在不改变 DNA 序列的前提下，在表观基因组层面上呈现多样性的变化，为入侵种适应各种环境提供快速便捷的途径，在入侵种中较为常见且有重要意义。例如，日本虎杖在不同入侵地产生不同的表观遗传分化，以适应不同的环境动态和气候环境。关于环境诱导表观遗传变异，存在着两种观点，一方面认为环境刺激能够诱导表观遗传标记的快速响应，这种表观遗传变异可能是可塑的，能够在较短时间内应对环境变化带来的压力，当环境刺激消除后，表观遗传变异可能会恢复到原来的状态，这被称为代内表观遗传；另一种观点认为环境诱导的表观遗传变异具有稳定性，能够在环境刺激消除后仍然保持，并且会传递到后代中去，这样的表观遗传变异可能会受到自然选择的作用，具有一定的适应性进化意义，被称为代际表观遗传，较为少见。

表观遗传变异可能发生在入侵之前也可能发生于入侵之后，是物种适应新环境的一种机制。但表观遗传变异的适应性意义在很大程度上仍然未知，需要更多的研究将表观遗传变异与特定的表型和适应度联系起来。

参考文献

万方浩, 侯有明, 蒋明星, 2015. 入侵生物学[M]. 北京: 科学出版社: 192-195.

BASTOW R, MYLNE J S, LISTER C, et al, 2004. Vernalization requires epigenetic silencing of FLC by histone methylation[J]. Nature, 427: 164-167.

DOWEN R H, PELIZZOLA M, SCHMITZ R J, et al, 2012. Widespread dynamic DNA methylation in response to biotic stress[J]. Proceedings of the National Academy of Sciences of the United States of America, 109: E2183-2191.

GAO L X, GENG Y P, Li B, et al, 2010. Genome-wide DNA methylation alterations of *Alternanthera philoxeroides* in natural and manipulated habitats: implications for epigenetic regulation of rapidresponses to environmental auctuation and phenotypic variation[J]. Plant, cell and environment, 33: 1820-1827.

GLASTAD K M, HUNT B G, GOODISMAN MAD, 2019. Epigenetics in insects: genome regulation and the generation of phenotypic diversity[J]. Annual review of entomology, 64: 185-203.

KINOSHIT A T, JACOBSENS E, 2012. Opening the door to epigenetics in PCP[J]. Plant cell physiol, 53: 763-765.

LIEBL A L, SCHREY A W, RICHARDS C L, et al, 2013. Patterns of DNA methylation throughout a range expansion of an introduced songbird[J]. Integrative and comparative biology, 53: 351-358.

RICHARDS C L, SCHREY A W, PIGLIUCCI M, 2012. Invasion of diverse habitats by few Japanese knotweed genotypes is correlated with epigenetic differentiation[J]. Ecologyletters, 15: 1016-1025.

SOMMER R J, 2020. Phenotypic plasticity: from theory and genetics to current and future challenges[J]. Genetics, 215: 1-13.

（撰稿：魏书军、王奕婷；审稿：周忠实）

入侵种表型可塑性 phenotypic plasticity of invasive species

外来入侵种在不同栖息地环境下呈现不同表型的能力。通常入侵种比本地种或非入侵种具有更高的表型可塑性，且入侵种在入侵地比原产地具有更高的表型可塑性。在生物入侵过程中，表型可塑性可以提高入侵种对不同生境的适应能力进而增强其入侵性。

自然选择的作用对象是表型，而表型受到基因型和环境的共同作用。生物在应对外部环境响应中会改变的表型，不仅包括可观察到的外部的形态、行为等方面的变化，还包括无法被观察者所看到的内部的特征，比如基因表达的变化、蛋白质合成和活性的变化、激素水平的变化等。表型可塑性并不是与基因型无关的“非遗传性”的变化。在许多生物中，不同基因型在应对特定的环境因子时是否响应以及响应的方式均存在差异。这表明表型可塑性是以遗传变异为基础的，也意味着表型可塑性本身可以演化。

入侵生物在入侵过程中，由于“瓶颈效应”“建立者效应”的影响，遗传多样性通常会急剧降低，导致近交衰退，进而促进有害突变在种群中的积累，降低了种群对新的选择压力的适合度。然而，入侵物种依然能够在遗传多样性极低的情况下快速适应新的环境并暴发成灾。这种极低的遗传多样性与极强的适应能力之间的反差被称之为“生物入侵的遗传悖论”，而表型可塑性被认为是这一现象的重要驱动机制之一。与本地种相比，入侵种通常被认为具有更高的表型可塑性，因而在新环境中具有更高的适合度，可在遗传多样性低的情况下定殖、扩散、暴发。以中国西南最典型的入侵植物紫茎泽兰为例，研究人员通过微卫星标记，发现在野外群体之间遗传多样性极低而表型可塑性水平较高；同质园实验中，来自不同野外群体的子代之间其表型可塑性差异不大，表明表型可塑性是紫茎泽兰适应多样化的环境的主要机制和策略。

研究内容

表型可塑性与入侵优势　生物入侵与表型可塑性的关系聚焦在入侵性强的物种是否具有更高的表型可塑性。已有结果表明两者关系较为复杂，对某一物种入侵起促进作用的表型可塑性，对另一物种可能无益甚至有害；对同一物种而言，表型可塑性所起作用大小还可能随空间和时间发生变化。利用基于多种表型可塑性的整合效应，阐明表型可塑性在不同入侵种的不同入侵阶段发挥怎样的作用，尚需进行大量研究工作。

表型可塑性是促进外来生物适应入侵地生境条件的重要原因，这已成为入侵生态学领域的研究热点。可塑性可以是适应性的，也可以是非适应性的或中性的，其依赖于具体的生境、生物和特征。生物入侵通常分为转移、引入、定殖、扩散4个阶段，在不同的入侵阶段、不同的入侵地环境以及不同的入侵物种中，表型可塑性机制发挥的作用及作用强度均存在差异。表型可塑性的产生和维持需要成本，因而必须在适应性响应和非适应性响应之间做出权衡。尽管可塑性并不都是适应性的，但入侵种通常比非入侵种具有更强的可塑性，因而在与非入侵种或本地种的博弈中更具优势。根据 Christina L. Richards 等的理论，入侵种表型可塑性导致的适应性特征对环境的响应，主要有3种类型：①“Jack-of-all-trades”型，与非入侵种相比，入侵种可在多种不利的生境条件下均维持一个较高的适合度，但在有利的生境条件下，其适合度并不比非入侵种更高。②“Master-of-some”型，这一类型的入侵者可以被认为是机会主义者，即仅在适宜的生境中维持一个高的适合度，但在不适宜的生境条件下，其适合度并不比非入侵种更高。以一年生植物矢车菊、苦苣等为例，外来种通常在营养条件较好的环境中比本地种具有更大的竞争优势，但在对多样化的生境中，其优势并不明显。③“Jack-and-master”型，这一类型的入侵者既拥有对不利生境的“钝感”，又拥有在适宜的生境下实现资源利用最大化的灵活性。

入侵种表型可塑性的分子机制　表型可塑性的作用过程主要包括环境信号的感知、传导、信号的翻译以及最终效应因子的产生，其中涉及环境因子与遗传、表观遗传、基因表达与转录产物的翻译、代谢、生理等多个层面复杂机制的相互作用。其中，表观遗传修饰由于可以快速调控基因表达，并且部分修饰可稳定地传递给子代，因而是研究最深入、最广泛的表型可塑性产生机制之一。与本地种相比，入侵种可以在遗传多样性极低的情况下维持更高的表观遗传多样性，为后续的自然选择提供“原材料”。当前气候变化的速度与严重程度远超预期，而生物入侵时间的频次和规模均在增加，阐明环境胁迫下表型可塑性的产生和作用机制，将有助于预测未来气候变化框架下入侵生物的入侵趋势、物种分布等的变化，从而为入侵生物的管理提供科学依据。

表型可塑性的定量化　在入侵物种表型可塑性相关研究中，对可塑性进行定量化有助于准确比较不同物种或群体间的表型可塑性差异，进而有助于模拟全球气候变化背景下入侵生物的入侵范围预测。表型可塑性的表达方式多种多样，包括相对距离可塑性指标和环境标准化可塑性指标等。然而该研究领域仍然难以精确量化个体、种群或物种间的表型可塑性差异程度，这也是未来的重要研究方向。

表型可塑性的传代　表型可塑性不仅受到基因型和生物所处环境的影响，环境对亲代的影响也可以在不改变DNA序列的情况下，通过表观遗传和生理机制对子代的表型可塑性和适合度产生影响。因此，个体亲本经历的环境压力可以在相似条件下以增强生存的方式影响后代表型，被称为代际间的表型可塑性（transgenerational plasticity，TGP）。近期的多项研究表明，亲本可以通过DNA甲基化修饰、染色质结构以及非编码RNA等表观遗传机制对子代的表型产生跨代可塑性。在生物入侵领域，以入侵种的反枝苋和牛膝菊以及其同属非入侵种白苋和粗毛牛膝菊为例，入侵种反枝苋和牛膝菊在氮供应充足的情况下具有更强的跨代可塑性。环境因子对代际间表型可塑性的影响是值得关注的，因为这种影响与遗传变异一样可以作为自然选择的原材料。

入侵种表型可塑性的进化　表型可塑性与其他生物性状一样，可在自然选择作用下发生进化。根据环境诱导的表型变化是否能提高生物在新环境中的适合度，随着时间推移长期自然选择过程作用于可塑性本身，可提高生物对环境变化的敏感性，即维持表型的多态性，或者降低生物对环境的敏感性导致特定表型被固定下来，即遗传同化。入侵生物的遗传同化过程及潜在机制仍有待研究。

表型可塑性与适应性进化的关系　表型可塑性和适应性进化两种机制在生物入侵过程中同时发挥作用。不同情况下两种机制对入侵成功发挥作用大小不同，依据物种的生物学特征、外来种传入生物数量及引入次数、引入时间长短等因素而不同。表型可塑性的产生虽然不依赖于DNA序列的变化，但表型可塑性与适应性进化并不是相互独立的两个过程。2016年前后，由Levis等科学家提出的可塑性起始假说“Plasticity-First Hypotheses”，认为生物在长期适应性进化过程中产生的表型变异起源于最初环境变化诱导的表型变异（即表型可塑性）。然而该假说尚缺乏一致的结论支撑，对该假说的论证将有助于利用表型可塑性对入侵种的进化模式进行预测。

研究方法 野外调查、交互移植实验、同质园实验、比较实验、分子生态学方法等多种研究手段的结合常用于入侵种表型可塑性的研究。入侵种表型可塑性研究涉及多种不同生物表型性状，如生长、代谢、生理、繁殖、行为、环境耐受力等，综合利用分子生物学、高通量测序技术、计算生物学和整合生物学等手段，开展入侵种表型可塑性研究。

野外调查 野外调查是入侵种表型可塑性研究的基础。通过野外调查记录入侵种在不同生态环境条件下的关键表型性状特征，比较入侵种在入侵地和原产地、入侵种在不同入侵地之间的表型差异。野外调查直观反映的表型变异可能来源于遗传背景或环境诱导，而由环境诱导的表型差异才属于表型可塑性范畴，因此需结合交互移植实验或同质园实验进行验证，进而研究表型可塑性与入侵能力之间的潜在关系。

交互移植实验 采用交互移植实验将来自不同生境的入侵种或本地种相互移植到对方生境条件下，比较环境变化条件下入侵种或本地种的表型变化，用于区分入侵种在不同野外生境下呈现的表型差异是由表型可塑性还是遗传适应所导致，进一步检验表型可塑性对入侵种入侵能力的影响。交互移植实验中移植的新生境可以是野外自然条件，也可在实验室内进行环境模拟实现，而后者则可通过实验室内控制特定环境因子，研究单一或多种环境变化诱导的表型可塑性模式，进而预测全球气候变化背景下入侵种基于表型可塑性的入侵趋势。

同质园实验 同质园实验常用于研究遗传背景和环境因素分别对入侵种表型变异的影响效应。将栖息在不同生境下呈现不同表型的入侵种群置于相同环境条件下，如果不同入侵种群在原生境中呈现的表型性状差异在同质园条件下消失，则说明该表型变异可能是由表型可塑性引起的；如果不同入侵种群在原生境中呈现的表型性状差异在同质园条件依然存在，则说明该表型变异可能是由遗传基础决定的。通常遗传适应和表型可塑性两种机制在入侵种表型变异过程中共同发挥作用，通过同质园实验可以检验二者在成功入侵过程中的相对重要性。

比较实验 基于野外调查、交互移植实验或同质园实验设计，通常有三种比较策略，一是比较外来入侵种和本地种的表型可塑性，以确定表型可塑性是否在入侵种成功入侵过程中发挥作用，以及表型可塑性是否在入侵种和本地种竞争中发挥作用；二是比较外来入侵种与外来非入侵种的表型可塑性；三是比较具有不同入侵能力的入侵种表型可塑性差异；通过第二种和第三种比较策略分别探究与入侵能力相关的可塑性性状。

分子生态学方法 利用高通量测序技术研究入侵种基于分子表型如基因表达、DNA 甲基化、组蛋白修饰、非编码 RNA 等调控层面的可塑性，鉴定可塑性基因，阐明入侵种表型可塑性的潜在分子机制，进而揭示入侵种基于表型可塑性的入侵机制，为入侵种的早期监测及防控策略的制定提供潜在作用靶点。

参考文献

万方浩, 侯有明, 蒋明星, 2015. 入侵生物学[M]. 北京: 科学出版社.

王姝, 周道玮, 2017. 植物表型可塑性研究进展[J]. 生态学报, 37(24): 8161-8169.

熊韫琦, 赵彩云, 2020. 表型可塑性与外来植物的成功入侵[J]. 生态学杂志, 39(11): 3853-3864.

HAWES N A, FIDLER A E, TREMBLAY L A, et al, 2018. Understanding the role of DNA methylation in successful biological invasions: a review[J]. Biological invasions, 20(9): 2285-2300.

LEVIS N A, PFENNIG D W, 2016. Evaluating 'Plasticity-First' evolution in nature: key criteria and empirical approaches[J]. Trends in ecology and evolution, 31: 563-574.

SHAMA L N, STROBEL A, MARK F C, et al, 2014. Transgenerational plasticity in marine sticklebacks: maternal effects mediate impacts of a warming ocean[J]. Functional ecology, 28(6): 1482-1493.

ZHAO Y, YANG X, XI X, et al, 2012. Phenotypic plasticity in the invasion of crofton weed (*Eupatorium adenophorum*) in China[J]. Weed science, 60(3): 431-439.

（撰稿：黄雪娜、付瑞英、战爱斌；审稿：周忠实）

入侵种繁殖体压力 propagule pressure

生物在被引入的过程中会释放繁殖体的频率。繁殖体压力是生物个体释放到非原产地区数量的一种综合表达，它是每次释放生物繁殖体数量的多少和释放次数的结合。研究表明：繁殖体压力与多次引入有关，就任何一例生物入侵事件而言，繁殖体压力都表现得各不相同。繁殖体压力是鉴定外来物种是否成功入侵的重要条件，是入侵生物学的一个重要概念，是用来衡量某一特定外来种的种群基数及其与定殖成功概率大小的关系。繁殖体压力既可以影响外来种的定殖，还能影响定殖之后的种群增长、扩散阶段，在较高的繁殖体压力下，种群数量增长速度也相对较快，从而更易发生入侵现象。

繁殖体压力包含两方面的含义，一是单次传入某地的繁殖体数量，二是传入该地的次数。繁殖体压力＝传入次数 x 单次传入的平均数量，或者将各次传入的数量累计后得到。

外来物种能否成功定殖可以看作一个概率事件，分析时除了考察传入的初始繁殖体数量外，还考虑个体的生殖与存活能力，如以下公式所示：

$$P(n) = 1-(d/b)n = 1-(1- r/b)$$

式中，$P(n)$ 为定殖概率；b 和 d 分别为出生率和死亡率，假设 $b > d$；r 是初始增长速率，$r = b-d$；n 是初始繁殖体数量。

由此可见：①若出生率和死亡率不变，外来物种初始繁殖体数量 (n) 较大时成功定殖的概率 $P(n)$ 较高，反之则定殖概率成功率较低。②当外来物种的死亡率较低时、定殖对初始繁殖体数量的依赖较小，但是当死亡率较高时，繁殖体数量达到一定程度才可以成功定殖。

高繁殖体压力下：①若外来种为两性生殖，繁殖体压力较高时个体与个体更可能相遇，因此有助于个体寻找配偶，提高繁殖率，从而提高种群数量。②若外来种个体存在群集的行为，较大的繁殖体压力有利于种群与其他物种竞争食物和生存空间从而使其能够在种群增长过程中取得优势，或者克服一些不利的环境条件，提高外来种占领新环境、利用资源的能力。③较高的繁殖体压力还有利于改变外来种的基因频率，为未来的种群扩张和适应性进化奠定基础。当外来种进入一个新的生态系统中，高繁殖体压力和多变的基因频率有利于外来种种群向着适应该环境的方向进化和发展。

参考文献

李百炼, 靳祯, 孙桂全, 2013. 生物入侵的数学模型[M]. 北京: 高等教育出版社.

万方浩, 郭建英, 王德辉, 2002. 中国外来入侵生物的危害与管理对策[J]. 生物多样性, 10(1): 119-125.

赵彩云, 李俊生, 宫璐, 2016. 生物入侵知识问答[M]. 北京: 高等教育出版社.

ARRONTES J, 2002. Mechanisms of range expansion in the intertidal brown alga Fucusserratus in northern Spain[J]. Marine biology, 141(6): 1059-1067.

BLACKBURN T M, DUNCAN R P, 2001. Determinants of establishrment success in introduced birds[J]. Nature, 414: 195-197.

BROWN] H, KODICBROWN A, 1977. Turnover ratee in inculae biogeography: effect of immigration on extinction[J]. Eoology, 58: 445-449.

COLAUTTI R I, GRIGOROVICH I A, MACISAAC H J, 2006. Propagulepressure: a null model forbiological invasions[J]. Biological invasions, 8(5): 1023-1037.

DUGGAN I C, RIXON C, MACISAAC H J, 2006. Popularity and propagule pressure: determinants of introduction and establishment of aquarium fish[J]. Biological invasions, 8(2): 377-382.

ROSS L C, LAMBDON P W, HULME P E, 2008. Disentangling the roles of climate, propagule pressure and land use on the current and potential elevational distribution of the invasive weed *Oxalis pescaprae* L. on crete[J]. Perspectives in plant ecology evolution & systematics, 10(4): 251-258.

（撰稿：蒋江波；审稿：周忠实）

入侵种归化　naturalization

生物学上归化是指非本地生物体（non-nativeorganism）扩散到自然环境并形成自我维持种群的过程。植物的归化往往是指在没有人类干预下，可以通过种子或能独立生长的无性系分株更新并形成自我更新种群。有些种群自身不能维持繁殖，即使有持续的繁殖体传入，比如一些引入的作物，不能称之为归化。

归化物种（naturalized species）是指扩散到自然生境并形成自我维持种群的外来种。归化物种如果丰富度增加并对当地的动植物造成危害就会成为入侵物种。根据传入或侵入的途径，归化植物可分为三类：

自然归化植物，此类植物来历不十分清楚，是自然迁移进来并归化成为野生种，这是最典型的归化植物。例如，加拿大飞蓬 (*Erigeron canadensis*)、飞机草 (*Eupatorium odoratum*)、美国鬼针草 (*Bidens* sp.)、狗舌草 (*Tephroseris kirilowi*)、一年蓬 (*Erigeron annus*) 等。

人为归化植物，是指将可作为牧草、饲料、蔬菜、药用或观赏等的植物有意地引入，经过栽培驯化成为家生状态的植物。这种归化植物同自然归化植物的区别在于来历较为清楚，而且都是人为栽培的。常见的如牧草和饲料中的紫苜蓿 (*Medicago sativa*)、三叶草 (*Trifolium pratense*)、白三叶草 (*Trifolium repens*)、燕麦 (*Avena sativa*) 等；蔬菜和药用植物中的马铃薯 (*Solanum tuberosum*)、番茄 (*Lycopersicon esculentum*)、菊芋 (*Helianthus tuberosus*)、广木香 (*Saussurea lappa*)、穿心莲 (*Andrographis paniculata*) 等；行道树和观赏植物中的三球悬铃木 (*Platanus orientalis*)、刺槐 (*Robinia pseudoacacia*)、山樱花 (*Cerasus serrulata*)、紫茉莉 (*Mirabilis jalapa*) 等；热带、亚热带经济植物中的三叶橡胶 (*Hevea brasiliensis*)、剑麻 (*Agave sisalana*) 等。

史前归化植物，此类植物的来历全不清楚，但它们总是伴随着某些人为活动而分布着，常见于农田和住房周围。比如车前(*Plantago* spp.)、荠菜(*Capsella bursa-pastoris*)、酢浆草(*Oxalis corniculata*)、萹蓄(*Polygonum aviculare*)和碎米莎草(*Cyperus iria*)等。

此外，虽然归化物种大多数不一定形成入侵，但是也有部分归化物种在漫长的演化中转变为入侵物种，如飞机草和一年蓬虽然是自然归化物种，但是它们广泛分布在中国各类生境并形成单一优势群落对自然生态系统或生物多样性造成威胁，因此被列入了环境保护部的《中国第三批外来入侵物种名单》。

参考文献

张国良, 付卫东, 孙玉芳, 等, 2018. 外来入侵物种监测与控制[M]. 北京: 中国农业出版社.

赵彩云, 李俊生, 宫璐, 等, 2016. 生物入侵知识问答[M]. 北京: 中国环境出版社.

BOSSENBROEK J M, KRAFT C E, NEKOLA J C, 2001. Prediction of long-distance dispersal using gravity-rnodels: zebrn mussel invasion of inland lakes[J]. Ecological applications, 11:1778-1788.

HODGSON D, HKKINEN H, EARLY R, 2022. Plant naturalizations are constrained by temperature but released by precipitation[J]. Global ecology and biogeography, 31(3): 501-514.

LOCKE J L, 2009. Evolutionary developmental linguistics: Naturalization of the faculty of language[J]. Language sciences, 31(1): 33-59.

RICHARDSON D M, PYEK P, 2012. Naturalization of introduced plants: ecological drivers of biogeographicalpatterns[J]. New phytologist, 196(2): 383-396.

RICHARDSON D M, PYEK P, M REJMÁNEK, et al, 2000. Naturalization and invasion of alien plants: concepts and definitions[J]. Diversity & distributions, 6(6): 93-107.

（撰稿：蒋江波；审稿：周忠实）

入侵种基因渐渗 gene introgression of invasive species

入侵种与本地种的杂交后代通过与某一亲本反复回交，导致入侵种的基因被整合进本地种基因库，或本地种基因被整合进入侵种基因库中的过程。

基因渐渗在自然界各生物类群中广泛存在，是促进生物遗传变异进而实现适应性进化、物种分化的重要途径。随着分子生物学和高通量测序技术的快速发展，在许多外来种成为入侵种的进化过程中都检测到了基因渐渗的印迹。在生物入侵过程中，入侵种能够与本地种发生自然杂交和基因渐渗，然而其杂交后代与双方亲本进行回交的概率是不均等的。由于入侵种相对于本地种而言通常具有更强的性状优势和更大的群体规模，其杂交后代更倾向与入侵种反复回交，使本地种基因整合进入侵种基因库中，提高入侵种遗传多样性，进而提高入侵种对环境的适应性和入侵能力。如果杂交后代与本地种亲本进行反复回交，使入侵种的基因被整合进本地种基因库中，同样由于入侵种的竞争优势和群体规模，则可能引起本地种遗传多样性下降，甚至进一步造成本地种遗传侵蚀和物种同化。影响入侵种基因渐渗过程中基因流动方向和渐渗水平的因素有很多，包括基因流和重组互作、种间遗传背景的不亲和性、交配系统类型、生殖生态学特征、自然选择过程等。开展入侵种基因渐渗相关研究对入侵种入侵性的评估、本地种保护策略的制定具有重要指导意义。

利用分子标记技术和高通量全基因组测序技术进行种间基因频率或基因组序列变异来推测基因渐渗的发生。常用的统计学方法包括 Fst 统计量分布、LD 统计量分布、非先验识别种间群体结构分析、ABBA-BABA 检验和 TreeMix 分析，基于种间进化模型检验的方法包括 IM 模型、IIM 模型、AFS 模型分析、ABC 分析等。

参考文献

程祥, 李玲玲, 肖钰, 等, 2020. 种间基因渐渗检测方法及其应用进展[J]. 中国科学: 生命科学, 50(12): 1388-1404.

卢宝荣, 夏辉, 汪魏, 等, 2010. 天然杂交与遗传渐渗对植物入侵性的影响[J]. 生物多样性, 18(6): 577-589.

CURRAT M, RUEDI M, PETIT R J, ct al, 2008. The hidden side of invasions: massive introgression by local genes[J]. Evolution, 62: 1908-1920.

OWENS G L, BAUTE G J, RIESEBERG L H, 2016. Revisiting a classic case of introgression: hybridization and gene flow in Californian sunflowers[J]. Molecular ecology, 25: 2630-2643.

（撰稿：黄雪娜、闫维杰、战爱斌；审稿：周忠实）

入侵种建群 establishment of alien species

入侵种成功适应了全新的生态环境，进行自我繁殖与建立种群，扩大种群数量的过程。

在最初成功定殖之后，入侵的下一个阶段的特点是建立一个可生存的、自我维持的种群。初始定殖所需性状与成功建群所需性状之间可能没有什么相关性。在自然群落中成功建立种群可能与进入人类受干扰生境建立种群所需的特征存在差异，建立的基本特征在不同分类群中也可能不一致。例如，在一项关于引入昆虫作为生物防治剂的研究中，Crawley 发现具有最高内在生长率的物种更容易繁殖更容易成功地建立种群。这些昆虫通常具有 *r*- 选择物种的其他特征，包括较小的体型和较快的成熟时间，每个季节产生几个世代。在对昆虫目的比较中，Lawton 和 Brown 发现建立种群的概率与小体型呈正相关，这使得入侵种具有更高的种群增长率和更高的承载量。相反，当他们研究了脊椎动物和无脊椎动物的组合模式，他们发现平均体型与建群概率呈正相关。

参考文献

万方浩, 侯有明, 蒋明星, 2015. 入侵生物学[M]. 北京: 科学出版社.

SAKAI A K, ALLENDORF F W, HOLT J S, et al, 2001. The population biology of invasive species[J]. Annual review of ecology and systematics, 32(1): 305-332.

（撰稿：许益镌；审稿：周忠实）

入侵种快速进化 rapid evolution of invasive species

入侵种在较短时间内发生的可遗传性状的进化。对入侵物种种群而言，多次发生传入、传入个体有较大遗传分化的种群由于具有丰富的遗传变异，发生快速进化的潜力比较大。

为了更好地适应入侵地新的生物和非生物环境，入侵物种可以对入侵地的生物和非生物因子做出进化响应。例如，中国恶性入侵植物飞机草（*Chromolaena odorata*）入侵地亚洲种群进化增强了对 3 种入侵地中国广谱天敌（棉铃虫、斜纹夜蛾和蜗牛）的抗性，这与飞机草入侵种群化学防御物质含量高有关；飞机草亚洲种群还进化增强了竞争能力，在高养分下，亚洲种群对原产地美洲种群的竞争优势更明显。另外，增强竞争力的进化假说（evolution of increased competitive ability hypothesis）认为，在原产地由于有天敌的威胁，植物需要投入一定的资源进行防御，故而影响了生长繁殖；而在入侵地，由于没有天敌，入侵植物不需要进行防御，可以把原来用于防御的资源用于生长繁殖，从而提高竞争能力。例如，同质种植园试验发现，乌桕（*Sapium sebiferum*）的入侵地种群比原产地种群具有更大体型和更高产量的种子，但是其对于天敌的抵抗能力明显低于原产地种群。

从应用角度看，入侵种的快速进化理论可用来指导外来种的预警、管理和防治。入侵种的快速进化在入侵种的定殖和之后的扩张中具有重要的作用，因此，在入侵风险分析中需要考虑入侵种的进化因素。另外，入侵种的进化过程受到许多人类因素的影响。例如，人类活动有可能促进多次传入，提高外来种的遗传多样性和进化潜力。因此，应采取措施防止发生外来种的人为多次传入，禁止把可能发生杂交的物种安排在同一生态环境中。快速进化理论还可用于指导外来种的生物防治工作，包括拟引进天敌的筛选、对天敌控害效果的评价等。如果防治对象能快速进化，其某些性状和物候学特征有可能发生变化，进而暂时避开天敌，导致防治效果下降。因此，在评价天敌控害效果时需考虑天敌的引进历史、天敌和控制对象的相互适应关系及其进化等因素。

参考文献

黄伟, 王毅, 丁建清, 2013. 入侵植物乌桕防御策略的适应性进化研究[J]. 植物生态学报, 37(9): 889-900.

张茹, 廖志勇, 李扬苹, 等, 2011. 飞机草入侵种群和原产地种群生长和数量型化学防御物质含量差异的比较研究[J]. 植物研究, 31(6): 750-757.

（撰稿：程代凤；审稿：蒋明星）

入侵种扩散　invasive species dispersion

入侵种经过潜伏阶段的适应调整之后，在适宜的条件下种群发展到一定数量并开始向其他地区的传播，进而扩大分布范围的过程。

入侵种的扩散类型　包括短距离、长距离和分层扩散。短距离扩散指入侵物种进行短距离的迁移；长距离扩散指入侵物种通过飞行或搭载运输工具进行长距离的扩散；分层扩散是短距离扩散和长距离扩散的一种结合方式。以舞毒蛾为例，长距离扩散在舞毒蛾入侵的初期发挥着重要作用，而入侵后期短距离扩散则发挥重要作用。

入侵种扩散的途径　分为被动扩散和主动扩散。被动扩散：以风、水和气流为载体；以动物为载体；人类活动。主动扩散：入侵动物可以自行扩散。

影响扩散的因素　多种因素影响外来种的扩散距离，主要体现在物种特性、扩散载体、环境因素等 3 个方面。

参考文献

万方浩, 侯有明, 蒋明星, 2015. 入侵生物学 [M]. 北京: 科学出版社: 37.

（撰稿：周忠实、马超；审稿：万方浩）

入侵种扩散能力　dispersal ability of invasive species

入侵种在入侵过程中通过主动或被动扩散能力的强弱。扩散能力的强弱在很大程度上会影响物种是否能够成功入侵。

通常扩散能力强的入侵种会兼具短距离、长距离和分层扩散等多种扩散类型。长距离扩散在入侵种种群中出现的概率比较低，但是在许多入侵事件中经常发生，对入侵种的扩张具有最大的影响。例如，舞毒蛾（*Lymantria dispar*）的一龄幼虫可借助丝线进行短距离的扩散，其他生活史阶段则可借助人类的活动等进行长距离的扩散。在入侵早期阶段，舞毒蛾可进行长距离的扩散，当入侵地被高密度种群占据后，就再也不能发现长距离扩散迁入的种群，此时，舞毒蛾就进行短距离的扩散。因此，长距离扩散在舞毒蛾入侵的初期发挥着重要的作用，而入侵后期短距离扩散则起着重要作用。

另外，入侵能力强的入侵种的扩散还表现为兼具被动扩散和主动扩散。入侵种以风、水、气流、动物和人类活动等为载体进行扩散的方式被称为被动扩散，而入侵种通过自身的飞行等方式进行的扩散则被称为主动扩散。因此，入侵种特性、扩散载体和环境等因素均可影响入侵种的扩散。例如，入侵能力极强的红火蚁的扩散传播包括自然扩散、人为传播 2 种形式。自然扩散主要随生殖蚁飞行或随水体流动扩散，也可随搬巢而短距离移动。人为传播主要因运输园艺植物（苗木、花卉等）、草皮、牧草、土壤废土、堆肥、园艺农耕机具设备、空货柜、车辆等运输工具等而作长距离传播。20 世纪 30 年代红火蚁由南美洲侵入美国亚拉巴马州可能的原因是轮船压舱物或手提物品携带，后在美国南方快速扩散的主要原因是苗木、草皮运输。传入中国大陆后，红火蚁主要是随着苗木、草皮、废旧物品等运输作长距离扩散传播。2004 年 9 月至 2014 年 11～12 月所记录到的 54 个传入地区的传入方式的调查结果显示，有 46 个地点可能是随草皮、苗木运输传入的，占 85.2%；5 个地点可能是随废旧塑料运输传入的，其他 3 个地点分别可能是随建筑材料、奶牛饲料、运土机械等运输而传入。红火蚁自然扩散距离相对较短。其中，以生殖蚁婚飞扩散较持续而有规律。水流有助于红火蚁扩散，广东小河生境中传入 8 年后向河上游扩散距离仅为 262m，向河下游扩散至 3770m 处。

对入侵种扩散能力进行研究和评估可为有效减少入侵种的传播扩散、降低入侵风险提供科学依据，具体包括：

①建立入侵种发生的预警机制。及时掌握其他国家和地区入侵种的发生、分布详细资料；监测明确中国入侵种发生、分布情况，并作出预警，提出贸易、交流中相应检疫要求。②明确可能携带传入的途径，及时制订和修改应检物品等信息。③实施产地检疫，控制入侵源头。④严格实施口岸和调运检疫，阻截扩散蔓延。对来自疫区的相关物品实施检疫，争取将入侵种阻截在国门之外；严格控制国内发生区可能携带入侵种的物品的调出，对确需调出的物品实施检查，发现的进行除害处理。

参考文献

陆永跃, 梁广文, 曾玲, 2008. 华南地区红火蚁局域和长距离扩散规律研究[J]. 中国农业科学, 41(4): 1053-1063.

秦玉川, 2009. 昆虫行为学导论[M]. 北京: 科学出版社.

徐承远, 张文驹, 卢宝荣, 等, 2001. 生物入侵机制研究进展[J]. 生物多样性, 9(4): 430-438.

（撰稿：程代凤；审稿：蒋明星）

入侵种扩散阻截　interception of invasive alien species

在外来入侵物种的潜在发生区、扩散前沿区或可能传入的高风险区（适生区），建立覆盖度高、体系完善的监测点，确定重点监测和阻截对象，通过对重大入侵物种的监测与预警，在对监测站点日常数据进行采集、分析基础上，进一步掌握一个地区的外来入侵物种分布情况并判断其扩散蔓延趋势，采取物理、化学、生物等有效措施，对重大入侵物种开展跨区域的联防联控，从源头上阻截外来入侵物种的蔓延。

一旦在一定的区域范围内监测到外来入侵物种发生、扩散、蔓延，就需要采取合适的手段对其进行防控，即开展阻截，防止其进一步扩散蔓延。应综合运用各种防治技术，根据外来入侵物种发生的不同生境及危害程度，结合生物学、生态学特性，因地制宜利用物理、化学和生态措施控制外来入侵物种的发生危害，将种群控制在经济损失允许的水平之下，并避免或力求减少其进一步扩散蔓延，达到阻截的目的。

可用于外来入侵物种阻截的防控技术有物理防治、农业防治、生物防治、替代控制、化学防治等。物理防治是指在外来入侵植物或水生入侵动物的最佳防治时期，通过人工拔除、铲除、刈割、诱捕、打捞，或利用机械刈割、铲除、打捞等方式，达到集中清除外来入侵物种的目的。农业防治是指利用农田耕作、栽培技术、田间管理措施等控制或减少农田中的外来入侵物种基数，抑制外来入侵物种的生长，减轻危害，降低农作物产量和质量损失。生物控制方法的基本原理是依据外来入侵物种—天敌的生态平衡理论，在入侵物种的传入地通过引入原产地的天敌因子重新建立入侵物种—天敌之间的相互调节、相互制约机制，抑制其扩散蔓延。替代控制一般针对外来入侵植物，指利用有经济价值或生态效益的本地植物取代外来入侵植物，恢复入侵破坏的生境。化学防治是指利用化学除草剂、杀虫剂的本身特性，根据对作物和外来入侵物种的不同选择性，筛选合适的化学药剂，达到保护作物而杀死外来入侵物种的目的。

要明确沿海地区、沿边境地区等外来物种传入的高风险地区，根据地理特点及外来物种传入规律，在重点地区建设阻截带。以外来物种风险分析为基础，跟踪周边地区物种分布动态变化，明确阻截对象，规范阻截措施，提升重点地区对重大外来入侵物种的监测预警能力和综合防控能力，并将其阻截封锁在局部地区，从而确保中国生物安全、生态安全和经济安全。

参考文献

陈宝雄, 孙玉芳, 韩智华, 等, 2020. 我国外来入侵生物防控现状、问题和对策[J]. 生物安全学报, 29(3): 157-163.

王瑞, 周忠实, 张国良, 等, 2018. 重大外来入侵杂草在我国的分布危害格局与可持续治理[J]. 生物安全学报, 27(4): 317-320.

（撰稿：张国良；审稿：周忠实）

入侵种扩张 invasive species spread

外来物种经适应入侵地环境条件，种群数量大量增加。在英文中根据侧重点的不同，强调繁殖体传播时用“propagation”，强调个体或种群传播时用“transmission”，而在汉语中只要外来种可以主动或被动地在不同区域进行迁移，就称为“传播”。扩散（dispersion）是在“传播”的基础上，强调外来种分布范围的扩大。而“扩张”（spread）主要强调外来种“传播”和“扩散”的后果，带有一定的主观色彩，即对生态系统或人类社会造成了危害。而“扩张”强调结果，三者共同形成了生物入侵过程中的第四个阶段。

生物入侵本质是物种分布区扩张的过程。入侵物种成功建立种群之后，它将开始逐步扩张，这一过程也是入侵最显著的阶段之一。扩张即物种个体从建立的初始种群扩散到下一个地区，并重新建立种群，这一过程常是不连续的，有些种群跳跃式推进，并形成许多隔离的种群，而最终这个隔离种群可能融合。从研究的角度，数学模型可以帮助我们很好地定性和定量地理解这一过程，如对入侵物种扩散区域和扩散速度的预测。此外，外来入侵物种扩张的过程可以从种群增长、扩散、时间和环境的异质性以及时滞阶段等角度进行阐述。

种群增长是入侵物种扩张最基本的阶段。在大多数的模型中，种群增长被描述为密度依赖的指数增长模型（或几何增长）。对于成功扩张的外来物种，它们往往具有特殊的生殖策略，确保种群增长。在外来物种扩张过程中，阿利效应会影响种群增长，从而影响扩张速度。一方面，在物种扩张的前锋边缘，种群刚刚建立，其丰富度通常很低，所以阿利效应会极大地限制这些新建立种群的增长。另一方面，长距离扩散常导致种群扩张的“前沿阵地”出现一些小的隔离种群，这些小种群与物种建立种群的早期阶段一样，也要经历阿利效应。阿利效应会对这些隔离种群的增长和维持产生不利影响，限制扩张速度。

由于外来物种在扩张过程中受到阿利效应的影响，在一定时期内，其种群密度可能很低，这时它一般不会引起人们的注意。因此，人们常常错误地认为具有阿利效应的外来物种不可能扩张，或对本地物种危害较小。而事实上，它们常具有适当的种群大小，并能沿生境突然暴发。

任何物种在生态扩张或演化上的成功与否最终取决于扩散能力，因此，扩散对入侵的扩张极其重要。对入侵扩张的数理预测离不开低密度种群的扩散参数，而入侵物种的扩散类型显著影响它的扩张速率。影响入侵扩散距离的因素很多，包括物种本身、环境条件或扩散载体类型等。

另外，生物间的相互作用对外来物种种群扩张的影响是相当大的，这种影响可来自本地物种和已建立种群的入侵物种，或者人为释放的控制入侵物种的物种，以及加速入侵的互利共生关系的建立。

参考文献

万方浩, 侯有明, 蒋明星, 2015. 入侵生物学[M]. 北京: 科学出版社: 20-41.

万方浩, 谢丙炎, 杨国庆, 等, 2011. 入侵生物学[M]. 北京: 科学出版社: 167-184.

ROQUES A, 2012. Biological invasion[J]. Integrative zoology, 7(3): 227.

（撰稿：周忠实、张燕；审稿：万方浩）

R

入侵种生活史分化 life history differentiation of invasive species

入侵种在入侵到新的地区后其某一生活史特征发生分化的现象。入侵种在入侵到新的栖息地后个体大小、形态、生长速率、繁殖等各种与其生活史相关的性状都可能发生分化。例如，入侵植物柔枝莠竹（*Microstegium vimineum*）在不同的纬度地区繁殖上就表现出明显的分化，在美国高纬度地区开花时间较早，同时植株根部、地上部分的生物量也较小，相比之下，在低纬度地区开花时间则会延迟，植株的生物量也要大一些。

参考文献

万方浩, 侯有明, 蒋明星, 2015. 入侵生物学[M]. 北京: 科学出版社.

HUEBNER C D, 2010. Spread of an invasive grass in closed-canopy deciduous forests across local and regional environmental gradients[J]. Biological control, 12(7): 2081-2089.

（撰稿：程代凤；审稿：蒋明星）

入侵种生活史特征 life history characteristics of invasive species

各类入侵动物、植物或微生物在一生中所经历的生长发育和繁殖全部过程所表现出的独特特征。对入侵物种而言，其生活史特征与其入侵性有较为密切的联系。例如，一些入侵能力比较强的生物往往具有非常强的生长和繁殖能力；一些入侵生物甚至会进化出有性和无性兼具的繁殖方式。为此，研究人员从入侵性角度提出了“内在优势假说”（inherent superiority hypothesis），认为一些外来种能成功入侵是由于其本身在形态、生理、生态、遗传、行为等方面具许多特定的性状，使其在环境适应、资源获取、种群扩张等方面的表现胜过其他物种。

例如，加拿大一枝黄花（*Solidago canadensis*）在其生活史特征上就表现出一系列的入侵特性，其种子不仅轻小还带有冠毛，非常适合风力传播；其根系非常发达，有很强的利用土壤养分和耐受干旱的能力，一旦定殖即能迅速扩大其种群；另外，加拿大一枝黄花还兼具有性生殖和无性生殖，在定殖阶段，其倾向于有性生殖，在种群维持和增长阶段则转向于无性生殖为主。在加拿大一枝黄花的长距离扩散过程中有性生殖还可产生大量的种子随风扩散，更好地建立种群。原产地在美洲的水稻象甲而今入侵到东亚和欧洲等地的一个重要原因是其具有孤雌生殖的能力。

入侵种的生活史特征与入侵关系的理论一方面可用于鉴别或评价一个物种的入侵潜力，在物种的引进中，还可为筛选适合引进的物种或品系提供科学依据，另一方面对已经入侵的外来物种，研究其生活史特征与入侵性、种群增长、扩张和危害程度的关系，可针对性地提出相关防治策略和方法。

参考文献

吴海荣, 强胜, 2005. 加拿大一枝黄花生物生态学特性及防治[J]. 杂草科学(1): 52-56.

徐承远, 张文驹, 卢宝荣, 等, 2001. 生物入侵机制研究进展[J]. 生物多样性, 9(4): 430-438.

杨如意, 昝树婷, 唐建军, 等, 2011. 加拿大一枝黄花的入侵机理研究进展[J]. 生态学报, 31(4): 1185-1196.

ELTON C S, 1958. The ecology of invasions by animals and plants[M]. London: Methuen Press.

（撰稿：程代凤；审稿：蒋明星）

入侵种生态幅度 ecological amplitude of invasive species

入侵生物的某一生理过程对生态因子变化的适应范围。生态幅度是有机体或有机体的某一生理过程，对生态环境或其中一个或多个生态因素变化的适应范围。生态幅度在种内、种间不同，同一个体的不同生育阶段，生态幅度也不同。物种的生态幅度越大，其生态适应能力就越强。在不同的环境条件下，同一种生物会变化以适应环境，产生不同的“生态类型”。一些植物可以分布很广，说明这些植物的生态幅度大，生态适应能力强，而有些植物则只能分布和生长在特定的自然环境条件下，说明其生态幅度狭窄，生态适应能力弱。对大多数入侵种而言，其生态幅度会比较大，入侵种具有非常强的生态适应能力。成功的入侵种对各种环境因子的适应幅度较广，对环境的耐受性较强，具有广阔的生态幅度，如耐阴、耐寒等。

一些物种还通过迅速扩大其生态幅度变得具有入侵性。例如，1950年以前，在荷兰很罕见的毒莴苣（*Lactuca serriola*）只有在80个记录点被发现，然而，之后的调查中发现毒莴苣的分布从1980年的219个记录点增加到1990年的546个记录点和2000年的998个记录点。毒莴苣在荷兰至少60%的土地上有分布。自1940年以来，毒莴苣与其共存物种的组合发生了显著增加，毒莴苣出现在了更广泛的植被类型中。毒莴苣的分布与大陆度、土壤酸度和土壤湿度之间存在显著的相关性。除了其原始的乡村生境外，毒莴苣还出现在更封闭的植被类型中。研究发现毒莴苣之所以能够广泛分布主要是毒莴苣扩大了其生态幅度。

因此，调查和研究物种的生态幅度以及对各种环境因子的适应幅度可为评估物种的入侵潜能提供科学依据。

参考文献

郭水良, 方芳, 倪丽萍, 等, 2006. 检疫性杂草毒莴苣的光合特征及其入侵地群落学生态调查[J]. 应用生态学报, 17(12): 2316-2320.

万方浩, 侯有明, 蒋明星, 等, 2015. 入侵生物学[M]. 北京: 科学出版社.

HOOFTMAN D A P, OOSTERMEIJER J G B, DEN NIJS J C M, 2006. Invasive behaviour of *Lactuca serriola* (Asteraceae) in the Netherlands: Spatial distribution andecological amplitude[J]. Basic and applied ecology, 7(6): 507-519.

（撰稿：程代凤；审稿：蒋明星）

入侵种时滞效应 time-delaying of invasive species

外来种在建立种群后到扩散迁移前的时间积累。并用潜伏期（latent time）来描述从定殖到扩散之间所经历的时间过程。此为生物入侵过程中的第三个阶段。即入侵种在传入与定殖后，从建立到扩散、暴发往往需要经历一段时期，在入侵过程中通常会出现时滞阶段。在此期间，入侵种需要适应新环境中各种生物与非生物因素，并开始进行适应性调整，特别是要做好克服瓶颈效应或者奠基者效应的准备。一方面，种群为适应新的非生物环境，在生态、生理、行为等方面进行种群内部的调整与分化，在繁殖、生长与发育的能量分配策略、扩散与传播、行为策略等方向发生改变；另一方面，在新环境中与其他物种在相互制约、竞争、依存等方面建立新关系，确保种群的繁衍与延续。调整需要一个时间过程，在这一阶段，种群增长量不大，种群数量一般较低，处于一个“潜伏”状态。

不同入侵种的潜伏期长短不一，有些种类的潜伏期非常短，仅需几个世代的时间，有些种类则需经历上百年甚至更长时间。1995 年 Kowarik 调查了德国 184 种木本入侵植物，发现灌木的时滞平均为 131 年，而乔木为 170 年，有的种类时滞长达 300 年以上。有些时滞是可以预测的，而有的时滞可能会延续很长时间，难以预测。

时滞效应的产生具有多方面原因，存在各种不同的生态机制。

繁殖体压力低　以入侵植物互花米草（*Spartina alterniflorus*）为例，在北美洲西海岸该植物最初扩张得很慢，很大程度上与低种群密度下授粉率下降进而导致种子产量非常低有关。对动物而言，传入后一段时期内由于密度较低而难以发现配偶，故种群增长缓慢。

缺乏种间互作　例如，由于缺少传粉者，传入佛罗里达州的无花果（*Ficus carica*）在数十年内未发生入侵扩张现象，但是当无花果小蜂（*Blastophaga psenes*）出现后，大大推动了无花果的授粉，几年内该地区的无花果就出现四处快速蔓延的趋势。

遗传多样性低　在许多情况下，外来种在面临强选择压力时（如新的天敌昆虫、病原微生物），可能会推动其在形态结构或生理上产生细微的进化改变，从而促进入侵。但是，在定殖后的一段时期内，受奠基者效应影响，外来种的遗传多样性往往很低而难以发生进化。而当经历较长的时滞阶段之后，外来种可累积起足够的遗传基础，由此发生适应性进化。在进化发生后，种群可从限制因素中解脱出来，并开始扩张。

环境异质性制约　外来种繁殖体来到一个新的地区后，通常面临着异质环境条件。在最佳生境里，外来种种群数量可以快速增长，空间上也会快速扩张，而在次佳的生境里，种群的增长和扩张变得缓慢。此外，种群在不利的气候条件下（如干旱、多雨、低温等）增长缓慢，而气候条件一旦变得适宜时，种群可能在短期内扩大分布范围。

由于处于时滞中的种群密度较低，该阶段是控制外来种扩张危害的重要时期。然而，针对某一特定外来种，在其大量发生之前人们往往不清楚究竟是哪一机制在时滞中起关键作用，故难以有针对性地实施防控措施。也正因如此，在对入侵种进行风险评估时，人们经常会作出错误的判断，以致错过防控的关键时机。

参考文献

宋红敏, 徐汝梅, 2004. 生物入侵[J]. 生物学通报, 39(4): 1-3.

万方浩, 侯有明, 蒋明星, 2015. 入侵生物学[M]. 北京: 科学出版社.

CROOKS J A, 2005. Lag times and exotic species: The ecology and management of biological invasions in slow-motion [J]. Ecoscience, 12(3): 316-329.

KOWARIK I, 1995. Time lags in biological invasions with regard to the success and failure of alien species [M]// Pyšek P, Prach K, Rejmánek M, et al. Plant invasions: general aspects and special problems. SPB Academic Publishing.

TAYLOR C M, DAVIS H G, CIVILLE J C, et al, 2004. Consequences of an allee effect in the invasion of a pacific estuary *Spartina alterniflora*[J]. Ecology, 85(12): 3254-3266.

（撰稿：杨国庆；审稿：周忠实）

入侵种适生区 invasive species suitable area

入侵物种适宜生存的地区。根据适宜程度可划分为非适生区、低度适生区、中度适生区、高度适生区。当入侵物种进入新的区域后，下一步就需要判断其是否具有定殖的可能，对其分布空间的判断，国际上一般称为潜在地理分布（potential geographical distribution）。潜在地理分布预测，中国称为适生性分析。预测入侵种在风险地区的适生可能性、发生危害程度及扩散的范围是生物入侵风险评估的重要组成部分。利用现有的计算机模型及专家判断有助于评估定殖的可能性。

评估入侵种的适生性，需要大量的入侵物种的生物学特性及环境间相互关系的资料，如气候资料、寄主资料等。入侵种在风险分析阶段往往尚未取得实验数据，在适生性研究中通常采用分析入侵物种在已知分布区的气候与生物地理信息，利用计算机技术来预测或估计在风险分析地区的适生性。物种分布模型（species distribution modeling）包括 DIVA-GIS、GARP、CLIMEX、MaxEnt 等通常用于物种适生区的预测。最大熵模型 MaxEnt 是当前应用最多的物种分布模型，模型是开源的，使用的气象数据可以从 WorldClim 网站（https://www.climond.org/）下载，主要是物种分布数据的收集、环境变量的筛选及模型参数的优化。CLIMEX 商业软件则需要物种的生长发育数据，如发育起点温度、有效积温等，需要通过生物学实验或从文献中获取相关数据，气候数据可从对应的 CliMond 网站下载。这些模型的预测结果通常通过 GIS 处理更直观地在地图上显示不同等级的适生区域。关于入侵种的适生区预测不仅是对当前或历史情景下的适生区进行预测，更多学者也关注于在未来不同温室气体排放情景下的适生区的预测。通过潜在地理分布预测，能够确定一旦物种入侵其定殖和扩散的地理范围与具体地点。

参考文献

李志红, 秦誉嘉, 2018. 有害生物风险分析定量评估模型及其比较[J]. 植物保护, 44(5): 134-145.

许志刚, 2008. 植物检疫学[M]. 3版. 北京: 高等教育出版社.

NIX H A, 1986. A biogeographic analysis of Australian elapid snakes[J]. Atlas of elapid snakes of Australia, 7: 4-15.

PHILLIPS S J, DUDIK M, SCHAPIRE R E,2004. A maximum entropy approach to species distribution modeling[C]//Proceedings of the twenty-first international conference on machine learning. ACM: 83.

STOCKWELL D, 1999. The GARP modelling system: problems and solutions to automated spatial prediction[J]. International journal of geographical information science, 13(2): 143-158.

SUTHERST R W, MAYWALD G F, 1985. A computerised system for matching climates in ecology[J]. Agriculture, ecosystems & environment, 13(3/4): 281-299.

（撰稿：秦誉嘉；审稿：李志红）

入侵种遗传多样性　genetic diversity of invasive alien species

入侵种的种内遗传变异程度。描述遗传多样性的参数主要包括单倍型多样性、核苷酸多样性、多态性位点数量、等位基因多样性、观测/期望杂合度等。入侵种遗传多样性的丰富程度可在一定程度上反映入侵种对环境变化的适应潜能，因此种群遗传多样性的研究对入侵种的危害预测与防控具有重要意义。遗传多样性为入侵种适应不同的选择压力提供了原材料，遗传多样性高的种群更容易在入侵初期适应不同环境。在入侵过程中，在基因组上具有较低遗传多样性的种群同样可能具有较高的入侵成功率，这可能是由于入侵种可以在基因组的关键部分保持高度的遗传多样性。但是入侵种的遗传多样性不是实现进化的充分条件，进化是否发生、进化程度的大小还受到物种自身和环境等多种因素的影响。除遗传变异外，入侵种也可以通过其他类型的变异提高遗传多样性。

入侵种在传入地种群的遗传多样性往往要低于源种群，前者通常缺少后者拥有的稀有等位基因，其多样性只占后者的一部分。当传入个体数量较大时，入侵种的种群遗传多样性水平通常较高，相反地，当传入个体数量较少时，入侵种的种群遗传多样性受到奠基者效应和瓶颈效应的影响，遗传多样性通常较低。受随机遗传漂变的影响及入侵种本身繁殖特性等因素约制，入侵地种群的稀有等位基因更易丢失，遗传多样性可能进一步下降。

传入地种群的多样性同样可能不低于甚至高于源种群，并且还可能出现源种群中不存在的遗传组分。出现这种现象的原因可能是历史上发生了多次入侵，且传入个体的来源地可能有多个，这就使传入地汇集了多个源种群的遗传物质，形成具有较高遗传多样性的混合种群。入侵种还可能通过来自其他物种的等位基因的渗入提高传入地种群的遗传多样性。对于已经成功定殖的入侵种，其他种群的混合在提高入侵种多样性的同时可能也会稀释有利基因，降低种群原有的适应性。

参考文献

万方浩, 侯有明, 蒋明星, 2015. 入侵生物学[M]. 北京: 科学出版社: 91-95.

弗里兰(Loanna R. Freedland), 柯克 (Heather Kirk), 彼得森(Stephen D. Petersen), 2015. 分子生态学[M]. 2版. 戎俊, 杨小强, 耿宇鹏, 等译. 北京: 高等教育出版社: 62-69.

BOCKDG, CASEYSC, COUSENSRD, et al, 2015. What we still don't know about invasion genetics[J]. Molecular ecology, 24: 2277–2297.

ESTOUPA, RAVIGNÉV, HUFBAUERR, et al, 2016. Is there a genetic paradox of biological invasion?[J] Annual review of ecology, evolution, and systematics, 47: 51–72.

RIUSM, DARLINGJA, 2014. How important is intraspecific genetic admixture to the success of colonising populations?[J] Trends inecology and evolution, 29: 233–242.

STAMPMA, HADFIELDJD, 2020. The relative importance of plasticity versus genetic differentiation in explaining between population differences; a meta-analysis[J]. Ecology letters, 23: 1432–1441.

SCHMIDTT L, JASPERME, WEEKSA R, et al, 2021. Unbiased population heterozygosity estimates from genome-wide sequence data[J]. Methods in ecology and evolution, 12: 1888-1898.

（撰稿：魏书军、王奕婷；审稿：周忠实）

入侵种遗传同化　genetic assimilation of invasive species

在从原产地转移到入侵地的过程中，为了在新栖息地环境中生存下来，入侵种基于表型可塑性产生新的表型，随着定殖时间的延长，该表型通过自然选择作用固定下来的过程。

入侵种遗传同化过程　遗传同化这一概念最早由英国发育生物学和遗传学家康拉德·沃丁顿（Conrad H.Waddington）于1942年提出。随着表型可塑性在生物环境适应和长期进化过程中的作用受到越来越多的关注，遗传同化作为表型可塑性进化的主要机制之一，已经成为进化生态学领域的研究热点。表型可塑性在生物入侵过程中发挥重要作用，尤其在外来种入侵到新栖息地初期，为了应对新环境其可塑性会暂时升高以加速产生新的有利表型，帮助入侵种在新环境中存活下来，然后伴随着可塑性逐渐下降，新表型经过遗传同化作用被固定下来，且能够在种群和后代中稳定表达。

入侵种遗传同化影响因素　通过比较入侵种在新栖息地与在原产地应对环境变化过程中的可塑性，已经从许多入侵种中检测到了遗传同化作用。由于表型可塑性的进化模式涉及多种复杂因素共同作用，包括最优表型的类型、入侵地和原产地之间环境差异程度、可塑性成本、可塑性表型的跨代遗传、入侵种定殖时间长短等，因此观察到的入侵种表型可塑性进化模式并不一致。部分研究表明，入侵种在新栖息地呈现可塑性程度要高于原产地，说明入侵过程中可塑性水平得到了提高；而另一些研究则表明入侵种在新栖息地呈现可塑性程度要低于原产地，即发生了遗传同化。

入侵种遗传同化的潜在机制　遗传同化的潜在机制包括两方面。首先，表型可塑性具有独立的分子基础，如表观遗传机制可以作为独立进化的性状，因此，寻找环境诱导的表观遗传差异与遗传变异之间的联系是阐明遗传同化分子基础的重要研究方向；其次，表型可塑性对于自然选择作用具有缓冲效果，有利于遗传变异的保存，从而为进一步遗传分化积累素材。

参考文献

万方浩, 侯有明, 蒋明星, 2015. 入侵生物学[M]. 北京: 科学出版社: 60, 84.

LANDE R, 2015. Evolution of phenotypic plasticity in colonizing species[J]. Molecular ecology, 24: 2038-2045.

SOMMER R J, 2020. Phenotypic plasticity: from theory and genetics to current and future challenges[J]. Genetics, 215: 1-13.

（撰稿：黄雪娜、陈灶煌、战爱斌；审稿：周忠实）

三级营养试验 tri-trophic bioassay

即首先把纯杀虫蛋白或转基因植物组织饲喂给受试天敌昆虫的寄主或猎物，再把体内含有转基因杀虫蛋白的猎物或寄主饲喂给天敌昆虫的试验。对于昆虫天敌，如寄生蜂和昆虫捕食者，可以开展三级营养试验。开展此类试验，需要注意以下两点：①如果以植物组织为食物，尽量选择取食转基因植物后体内含有较高杀虫蛋白的猎物或寄主。一些天敌猎物或寄主，如蚜虫取食 Bt 玉米或 Bt 棉花后，体内基本不含 Bt 蛋白，这样的猎物或寄主不能有效地把转基因杀虫蛋白传递给天敌昆虫，因此，不宜用于该类试验。②要选择对受试杀虫蛋白不敏感的昆虫或对受试化合物产生抗性的实验室种群作为猎物或寄主。如果所选择猎物或寄主对杀虫蛋白敏感，其取食杀虫蛋白后，可能死亡，影响试验的开展，或者生长发育受到影响，导致其作为猎物或寄主营养质量下降而导致对上一营养层的间接影响，以致难以明确杀虫蛋白是否对受试天敌具有毒性。

例如，在评估 Bt 玉米对深点食螨瓢虫潜在影响时，可采用二斑叶螨作为猎物。因为研究发现，二斑叶螨取食 Bt 作物后，体内累积大量 Bt 蛋白，因此采用二斑叶螨作为蛋白载体把转基因抗虫作物所产生的 Bt 蛋白以较高剂量传递给食螨瓢虫。根据风险产生的原理，即风险 = 危害 × 暴露率，在评价转基因抗虫作物对非靶标生物的影响方面，需要明确取食转基因抗虫植物表达的外源杀虫蛋白对受试生物可能的危害，同时还需要弄清受试生物暴露于外源杀虫蛋白的程度，然后根据两方面的研究数据分析转基因作物的种植给受试生物可能带来的潜在风险。因此，通过对比分析取食转基因和非转基因对照玉米组织的叶螨及瓢虫的重要生命参数，明确 Bt 玉米对二者的潜在危害，同时，通过酶联免疫技术（ELISA）检测，在该试验体系下，二斑叶螨和食螨瓢虫暴露于 Bt 蛋白的水平。

参考文献

LI Y, ROMEIS J, 2010. *Bt* maize expressing Cry3Bb1 does not harm the spider mite, *Tetranychus urticae*, or its ladybird beetle predator, *Stethorus punctillum*[J]. Biological control, 53: 337-344.

LI Y, OSTREM J, ROMEIS J, et al, 2011. Development of a Tier-1 assay for assessing the toxicity of insecticidal substances against the ladybird beetle, *Coleomegilla maculata*[J]. Environmental entomology, 40: 496-502.

ROMEIS J, MEISSLE M, 2011. Non-target risk assessment of Bt crop-Cry protein uptake by aphids[J]. Journal of applied entomology, 135:1-6.

（撰稿：李云河；审稿：田俊策）

三裂叶豚草 *Ambrosia trifida* L.

入侵温带欧亚大陆的世界性一年生恶性杂草。又名大破布草。英文名 giant ragweed。菊科豚草亚族（Ambrosiinae）豚草属（*Ambrosia*）。

入侵历史 在全球，三裂叶豚草可分布于月均温 5～30℃的温带地区，能适应不同类型土壤。该草原产于北美洲东部的温带地区，广泛分布于加拿大南部、美国的大西洋中部各州、俄亥俄州和密西西比河谷以及墨西哥北部地区，现已入侵欧亚大陆。在中国，三裂叶豚草最早于 20 世纪 30 年代发现于铁岭，1949 年在沈阳采集到标本，逐渐侵占以这两地为中心的辽河流域；1987 年在北京丰台、海淀和朝阳发现，之后在河北大量发生；2010 年侵入新疆伊犁河谷。现在三裂叶豚草已成功入侵到中国东北、华北、西北和西南地区，其中辽宁、吉林、北京、河北、新疆和四川等地为重灾区。

分布与危害 分布于黑龙江、吉林、辽宁、内蒙古、天津、北京、河北、山东、上海、四川、贵州和新疆等地。三裂叶豚草易侵入干扰生境，能从荒地快速扩散到耕地等不同环境，如废弃地、林缘、林地、花园、草地、绿化带、果园、农舍周围和农田（比如高粱、向日葵、玉米、小麦、大豆、棉花和烟草等作物种植区）等。其种子可随粮食运输、沙土搬运、农业机械、水流、鸟类和食草动物活动等实现远距离传播，由风力实现在植株周围 5m 内的近距离散布。总体上，三裂叶豚草偏好生长于湿润土壤。在辽宁沈阳，生长于农田排灌渠和公路边的三裂叶豚草高达 4.3m。

萌发早并且生长快的三裂叶豚草可获得相对当地植物的起始竞争优势，成为优势种。三裂叶豚草具有高大植株和硕大叶片，通过光线郁闭和强烈水肥竞争，抑制当地植物生长，阻碍群落演替，降低生物多样性和作物产量；抑制土壤线虫和蚯蚓的生长，阻碍农事操作等。三裂叶豚草花粉能引发过敏患者应激性过敏反应，即“枯草热症”，患者通常表现为咳嗽、流涕、哮喘、眼鼻红肿奇痒等，严重者会并发肺气肿和肺炎等。在东北地区，三裂叶豚草的散粉期可持续近 2 个月（7～8 月）。三裂叶豚草的单株种子产量可达 6650 粒，成熟种子大多落入土中，形成庞大种子库，翌年早春萌发形成高密度的单一种群。在北京顺义，该草的发生密度为306株/m^2；在山东济南，三裂叶豚草的发生密度高达525株/m^2，其中在麦田内的密度约1.15株/m^2。

形态特征　植株高30～450cm。茎直立，基部木质化，粗壮，具沟槽，被短糙毛，密生瘤基，不分枝或上部分枝。单叶对生，叶柄长1～9cm，被短糙毛，基部膨大，边缘有窄翅；茎中部叶常为掌状3～5裂，稀不裂仅具锯齿缘，上部叶3裂或不裂，裂片卵状披针形或披针形，顶端渐尖或急尖，基部宽楔形；两面被短糙伏毛或立毛，叶脉上的毛较长。雄头状花序于枝端作总状排列，花序圆形，直径4～5mm，花序梗3～5mm，下垂；总苞为浅碟状，绿色，外有3肋，边缘具圆齿，被疏短糙毛，内有20～30朵雄花；花药黄色，5个，离生；花冠钟形，上端5裂，外有紫色条纹；雌蕊花柱退化为2裂。雌头状花序位于雄花序下方，于叶状苞叶的叶腋内，无柄，单生或聚生成团伞状；雌花总苞纺锤状，顶端具圆锥状短嘴，被短糙毛，雌蕊1，花柱2深裂，丝状，于总苞顶端伸出。成熟总苞黄褐色至黑褐色，呈倒卵形，木质化，坚硬，具4～5背脊，近顶端常具5～7钝刺；顶部中央具圆锥状喙；内包瘦果1枚。瘦果倒卵形，无毛（图①②③⑤）。

此外，野外也有另两种叶型的三裂叶豚草，特征如下：

叶不裂型　曾用名 *Ambrosia trifida* var. *integrifodia*。较普通类型植株矮小，高30～100cm，分枝少或不分枝。叶对生，叶片不分裂，长椭圆形或阔椭圆形，长6～15cm，宽3～6cm，叶缘具浅锯齿，齿端有小突，叶端渐尖，叶基楔形或圆形。叶片两面有短糙毛和多个明显的凹（正面）凸（背面）点，似菊芋叶。叶柄长2～3cm，有叶片延伸的绿色窄翼。叶脉为羽状网脉，基部两个侧脉粗大（图④）。

叶深齿型　典型特征为叶缘锯齿深达4～6cm，每个锯齿常有一小锯齿，呈重锯齿状。叶掌状三或五深裂，裂片较窄，长椭圆形，宽2～3cm，裂片长6～7cm，叶尖渐尖，叶基阔楔形，叶柄长4～6cm，具窄翼，叶脉为掌状三出脉。花序和花结构同普通类型（图⑥）。

入侵特性　通常，三裂叶豚草是入侵群落的早期萌发种，并且生长快速。其高大的植株和典型的细根系利于成功竞争光和土壤资源等，硕大叶片可造成冠层郁闭，抑制下层植物生长，获得竞争优势，最终成为该群落的优势种，甚至是单一优势种群。在不同环境，该草对异质性的光、土壤资源水平产生适应性的可塑性响应，具有宽的生态区域。除了植株高大，其茎叶含有丰富的双环单萜和烯醇类物质，能抑制多种伴生的禾本科和菊科类杂草植物，也抑制作物种子萌发和幼苗生长，增强其种间竞争优势。例如，其叶水溶液可将大豆和玉米种子的萌发率降低49%和52%，对玉米和小麦根长的抑制可达60%和69%。在地下，其根系分泌物对土壤微生物有强的抑制影响，如抑制根瘤菌活动，从而限制大豆根瘤的形成，危害大豆生长等。三裂叶豚草种子数量巨大，萌发策略多样。种子在土表下1～3cm处的发芽力最强，在8cm深处不能发芽。最多有1/3的种子可在当年发芽，剩余的在以后几年内陆续萌发，种子活力可保持8年以上，具有二次休眠和二次萌发特性，埋入土壤40年后仍可萌发。

以上性状利于三裂叶豚草获得种间竞争和繁殖优势，促进其在入侵地广泛扩散。

预防与控制技术　三裂叶豚草的种子常混杂于进口大豆、玉米和小麦等谷物进入中国，首先应加强进口谷物和种子等检疫。对于已侵入的三裂叶豚草应根据当地气候特点因地制宜采取灵活的应对策略，阻止其扩散。主要有生态、生物、物理和化学防治等方法。

生态防治　可用植株同样高大，有光竞争优势的菊芋（*Helianthus tuberosus*）抑制三裂叶豚草。当菊芋与三裂叶豚草的密度比在1∶1和3∶1时，菊芋显著降低后者的叶面积和光合能力，有效抑制其地上部生长。由此，可利用对三裂

三裂叶豚草种群、幼苗、种子和三种常见叶型（王维斌提供）
①种群；②幼苗；③种子；④不裂型叶；⑤三裂型叶；⑥深齿型叶

叶豚草有光竞争优势的植物，比如生长迅速、植株高大，且生长季长的物种，实现对该草的有效控制。也可用紫穗槐等经济植物替代控制三裂叶豚草。

生物防治 利用专一性的自然天敌是控制三裂叶豚草的可持续策略。豚草卷蛾（*Epiblema strenuana*）成虫可蛀食茎秆，已用于生物防治。在北方向日葵种植区，以上两种引入天敌的长期生态安全性评价仍需持续关注。同时，当地自然天敌，比如取食种子的天敌等，对防治三裂叶豚草有积极贡献。

物理防治 三裂叶豚草出苗早生长快，翻耕可有效控制其幼苗。对花园等小地块中的三裂叶豚草也可人工拔除，且须在其开花结实前进行。在7月下旬和8月，割断的三裂叶豚草可长出新茎和花序，多次刈割可有效降低其种子产生量。

化学防治 常用的苗前除草剂有莠去津、氯脲和灭草喹；苗后除草剂可用氟锁草醚、灭草松、草甘膦、咪唑乙烟酸和2, 4-D。草甘膦和2, 4-D复配防治效果较好。当三裂叶豚草株高50～70cm时，可采用喷施72%的2, 4-D丁酯100ml/亩，结合人工拔除，连续4年封锁防除，种群清除效果明显。

参考文献

董合干, 周明冬, 刘忠权, 等, 2017. 豚草和三裂叶豚草在新疆伊犁河谷的入侵及扩散特征[J]. 干旱区资源与环境, 31(11): 175-180.

关广清, 韩亚光, 尹睿, 等, 1995. 经济植物替代控制豚草的研究[J]. 沈阳农业大学学报, 26(3): 277-283.

李建东, 孙备, 王国骄, 等, 2006. 菊芋对三裂叶豚草叶片光合特性的竞争机理[J]. 沈阳农业大学学报, 37(4): 569-572.

刘玲, 肖小军, 李兵, 等, 2014. 三裂叶豚草花粉致敏蛋白组分的分离、纯化及鉴定[J]. 中华临床免疫和变态反应杂志, 8(1): 15-17.

曲波, 薛晨阳, 许玉凤, 等, 2019. 三裂叶豚草入侵对撂荒农田早春植物群落的影响[J]. 沈阳农业大学学报, 50(3): 358-364.

万方浩, 郭建英, 王德辉, 2002. 中国外来入侵生物的危害与管理对策[J]. 生物多样性, 10(1): 119-125.

王蕊, 孙备, 李建东, 等, 2012. 不同光强对入侵种三裂叶豚草表型可塑性的影响[J]. 应用生态学报, 23(7): 1797-1802.

IQBAL M F, FENG W W, GUAN M, et al, 2020. Biological control of natural herbivores on *Ambrosia* species at Liaoning Province in Northeast China [J]. Applied ecology and environmental research, 18(1): 1419-1436.

ZHAO Y Z, LIU M C, FENG Y L, et al,2020. Release from below- and aboveground natural enemies contributes to invasion success of a temperate invader [J]. Plant and soil, 452: 19-28.

（撰稿：王维斌；审稿：曲波）

三叶草斑潜蝇 *Liriomyza trifolii* (Burgess)

双翅目（Diptera）潜蝇科（Agromyzidae）斑潜蝇属杂食性昆虫。又名三叶斑潜蝇。英文名 American serpentine leaf miner。对蔬菜、花卉和牧草等经济作物构成严重威胁。

入侵历史 起源于北美洲。2005年12月在广东中山发现三叶草斑潜蝇，后逐步蔓延到海南和中国东部沿海江苏、浙江、上海等地。

分布与危害 美洲、欧洲、非洲、亚洲、大洋洲和太平洋岛屿的80多个国家和地区有分布。在中国主要分布于台湾、广东、海南、云南、浙江、江苏、上海、福建等地。成虫刺伤植物叶片进行取食和产卵，在寄主植物的叶片上刺孔，形成许多细小的刻点，产卵于其中，又取食叶内流产出的汁液，这些细小的刻点开始时形成油渍状斑点，最后形成枯死斑点；幼虫危害叶片，取食正面叶肉，形成不沿叶脉呈不规则线状伸展的潜道，潜道由细到粗，端部不明显变宽，遭该虫危害后的植物组织细胞被破坏，光合作用降低、生长发育延迟，严重时落果落叶，幼苗被害时可致死亡；此外，还引起果实出现伤疤，导致作物减产，使用价值和观赏价值下降。

主要寄主有各种蔬菜、花卉、观赏植物、杂草和棉花，并且寄主范围不断扩大，能危害菊科、豆科、茄科、葫芦科、石竹科、锦葵科、十字花科等25个科的300多种植物，危害严重的作物有豇豆、四季豆、番茄、黄瓜、西葫芦、莴苣等。

形态特征

成虫 体长雌虫略大于雄虫。头顶和额区黄色，眼眶全部黄色，内外生顶鬃均着生于黄色区域。具2根等长的上眶鬃及2根较短小的下眶鬃。触角3节，均黄色。中胸背板带灰白色绒毛被，背板中央形成不连续的黄色中带纹，背板两后侧角靠近小盾片处，小盾片黄色，具缘鬃4根。中胸侧板下缘黑色腹侧片大部分黑色仅上缘黄色。翅M3+4脉末段长是次末段长的3倍左右。平衡棒黄色，各足基节和股节黄色，胫节及跗节呈黑色。雌虫产卵鞘锥形，黑色；雄虫第7腹节短钝，黑色。端阳体灰白色，明显分为两瓣，形状稍有变异，中阳体窄，且延长，基阳体端部全为灰白色，侧尾叶末段有一明显的刺和2根毛。

卵 椭圆形，淡乳白色，半透明，长0.2～0.3mm，宽0.10～0.15mm。一般产于叶表皮的下面，在2～5天内孵化，气温不同有所差别。

幼虫 蛆形，刚孵化时呈淡白色，渐变为浅橙黄色，二龄以后为橙黄色；老熟幼虫体长约3.0mm。1对后气门形似三突锥状，每一后气门的3个气门孔位于锥突的顶端，与外界相通。

蛹 围蛹，椭圆形，腹面略扁平，长1.3～2.3mm，宽0.5～0.75mm，随着化蛹时间的推移，其颜色由浅橙黄色逐渐变为褐色或暗褐色，叶片外或土表化蛹。

入侵生物学特性 1年发生多代，世代重叠明显，种群发生高峰期与衰退期极为突出。温度变化对发育速率影响较大，温度高的地区或温室，全年都能繁殖，完成1代需要大约3周，三叶草斑潜蝇在不同温度条件下各虫态发育历期不同，在12～35℃范围内，随着温度的升高，发育历期相应缩短。25℃时，在菜豆上自卵发育至成虫羽化需16.6天。三叶草斑潜蝇成虫羽化1天左右即可交配，交配后即可产卵。产卵量随温度和寄主植物而不同，最大产卵量发生于20～27℃。15℃条件下在芹菜上每次产卵25粒，30℃左右每次产卵400粒。雌虫通常将卵产于叶片表皮下，肉眼可明显看到产卵刻点。卵在叶片表皮下孵化，幼虫直接取食叶肉细胞，形成潜道，老熟幼虫有脱道化蛹的习性。

三叶草斑潜蝇发生危害一般在春秋季，4月底至5月初即可在保护地发现害虫，5月中下旬在露地蔬菜上出现三叶草斑潜蝇危害。发生总的趋势呈双峰型；江苏地区发生危害高峰一般在6月和10月中下旬，温度较高的地区7～9月，虫量相对较少，即一般在温度稍低的春末夏初和秋季可出现2次危害高峰。11月后，随着气温的下降，露地很难查见害虫。

预防与控制技术

植物检疫　强化调运检疫，对从疫区调入叶菜类蔬菜和花卉进行复检，对调出的蔬菜产品、花卉进行检疫，如发现该种害虫，可采用冷冻、冷冻+熏蒸、熏蒸、辐射等方法进行处理。

农业防治　深翻改土和加强田间管理，在作物采收后，毁灭植物残枝，清除温室或田间内外杂草，挖沟深埋可能含蛹的土壤。合理间作套种，利用三叶草斑潜蝇对寄主的选择性，采用间作套种形成保护带然后集中处理保护带。

物理防治　阻隔法，利用聚乙烯或铜丝制成孔径＜640μm的网就能阻止三叶草斑潜蝇进入温室危害。可以利用黄色黏性诱集卡在黄色卡片上涂上一层黏性膜，诱捕成虫。

化学防治　可适当选择10%溴氰虫酰胺油悬浮剂、20%唑虫·灭蝇胺悬浮剂、1.8%阿维菌素乳油、5.7%甲维盐可溶粒剂、阿维·杀虫单、75%灭蝇胺可湿性粉剂、2.5%溴氰菊酯乳油等。

生物防治　保护和释放天敌，非洲菊斑潜蝇寄生蜂是最好的寄生蜂，10m² 温室释放5～30头成虫就能有效地控制三叶草斑潜蝇。另外寄生线虫也能有效地控制三叶草斑潜蝇。使用生物农药，苏云金杆菌、印楝素等生物药剂对三叶草斑潜蝇也有较好的防效。

参考文献

汪兴鉴, 黄顶成, 李红梅, 等, 2006. 三叶草斑潜蝇的入侵、鉴定及在中国适生区分析[J]. 昆虫知识 (4): 540-545, 589.

王禹程, 金玉婷, 常亚文, 等, 2020. 三叶斑潜蝇的防治技术研究[J]. 应用昆虫学报, 57(5): 1190-1197.

REDDY D S, MADHUMATI C, NAGARAJ R, 2018. Bio-rational insecticides toxicity against *Liriomyza trifolii* (Burgess) damaging Cantaloupes, *Cucumis melo* var. *cantalupensis*[J]. Journal of applied and natural science, 10(4): 1271-1275.

（撰稿：李婧、刘晓莉；审稿：周忠实）

杀虫蛋白膳食暴露评估　assessment of insecticidal proteins by dietary exposure

通过饲喂受试生物高剂量的杀虫蛋白，明确转基因抗虫作物表达的外源杀虫蛋白对受试生物的潜在毒性。杀虫蛋白膳食暴露评估，即Tier-1试验。开展该类试验，首先需要一个合适的蛋白载体（protein carrier），如人工饲料，把高剂量的纯杀虫蛋白（一般为由大肠杆菌表达，分离、纯化获得）传递（饲喂）给受试生物，通过观察和分析受试生物的生长发育或其他生命参数，明确取食杀虫蛋白对受试生物的潜在影响。试验体系一般需要具备以下条件和要求：①所采用的人工饲料能满足受试生物的正常生长发育，一般要求对照处理组受试生物死亡率<20%。②受试化合物能均匀地混入饲料，并在生物测定试验期间保持一定的生物活性。③试验中要设立合适的阳性对照处理，用于明确受试生物是否取食到受试化合物及验证试验体系的敏感性。④受试杀虫蛋白必须保证与转基因植物表达的杀虫蛋白具有实质等同性。为了最大可能地检测到杀虫蛋白对受试生物的潜在毒性，试验采取保守设计。一般要求，试验中受试生物被暴露于比其在田间实际环境中接触的杀虫化合物高10倍，甚至100倍以上的浓度。

例如，李云河等建立了评价转基因杀虫蛋白对斑鞘饰瓢虫（*Coleomegilla maculata*）潜在影响的试验体系。通过把转基因杀虫蛋白均匀地混入以虾卵为主要成分的人工饲料饲喂斑鞘饰瓢虫，并以混入蛋白酶抑制剂E-64的饲料为阳性对照处理，以没有混入任何杀虫化合物的饲料为阴性对照处理，通过比较处理组和对照组瓢虫生存率、幼虫历期、化蛹率、成虫体重和繁殖力等重要生命参数评估受试杀虫化合物对瓢虫的潜在毒性。采用本方法测定了斑鞘饰瓢虫对不同浓度蛋白酶抑制剂E-64和砷酸钾（potassium arsenate，PA）的生物学反应。结果发现：斑鞘饰瓢虫的不同生命参数随PA和E-64浓度的变化显示出明显的剂量–效应关系，证明了该方法的有效性和灵敏性。该试验体系已广泛用于评估不同Bt蛋白对斑鞘饰瓢虫的潜在毒性影响。

参考文献

LI Y, OSTREM J, ROMEIS J, et al, 2011 Development of a Tier-1 assay for assessing the toxicity of insecticidal substances against the ladybird beetle, *Coleomegilla maculata*[J]. Environmental entomology, 40: 496-502.

ROMEIS J, HELLMICH R L, CANDOLFI M P, et al, 2011. Recommendations for the design of laboratory studies on non-target arthropods for risk assessment of genetically engineered plants[J]. Transgenic research, 20: 1-22.

（撰稿：李云河；审稿：田俊策）

筛选检测方法　screening test method

通过以构建转基因生物中常用的调控元件、标记筛选基因作为检测对象，对转基因生物进行筛查检测的方法。例如CaMV 35S启动子、NOS终止子、*npt*II基因等。这些筛选方法一般采用常规PCR或实时荧光PCR方法来进行检测。

随着转基因生物技术逐渐成熟，商品化的转基因产品开发越来越成熟。不同生产厂商在构建新转基因品系产品时，往往会选择利用其已有的通用调控元件及标记基因，或以此为基础加以改良，尤其在已经商业化应用的转基因产品中，通用元件应用更为广泛。例如，商业化应用的转基因植物中有超过 70% 的品系含有 CaMV 35S 启动子元件，超过 60% 的含有 NOS 终止子元件。这样的设计方案节约了开发成本、缩短了研发周期，在产品安全评价时也具有一定的比较价值。基于这个现状，以常用调控元件与标记基因作为检测对象，利用其保守序列设计的特异性 PCR 检测方法，就能够快速大量地覆盖商业化应用转基因产品检测工作，大大提高检测效率，降低检测的成本。建立的针对十余种筛选元件的定性和定量 PCR 检测方法，已经广泛应用于转基因产品的初步筛选检测工作中。

（撰稿：李飞武；审稿：付伟）

膳食暴露评估　exposure evaluation

食品风险性评估中，膳食暴露评估是其重要的组成部分。转基因食品的膳食暴露评估，主要是对转入基因的表达产物（主要指外源蛋白）及转基因的全食品进行评估。进行膳食暴露评估，首先要确定暴露量。对于单一的化学成分，即转入基因的表达产物，其膳食暴露评估是将食品中该成分的浓度和居民膳食暴露消费量的数据相结合，计算其暴露量，而对于全食品来说，如转基因产品（转基因玉米、大豆等），直接根据居民消费该食品的量作为暴露量。转基因食品的暴露量，其食品消费量和其中外源蛋白的浓度一般都采用最保守的假设，即得到高消费人群的高估暴露量，进一步评估其安全性。转基因食品的膳食暴露评估，由于目前没有人群摄入副效应的数据，因此多采用动物试验的数据，按给予动物的最大剂量的效应，推测到人群食用该转基因食品的健康效应。

参考文献

王向未, 仇厚援, 张志恒, 等, 2012. 食品中膳食暴露评估模型研究进展[J]. 浙江农业学报, 24 (4): 733-738.

余健, 2010. 膳食暴露评估方法研究进展[J]. 食品原件与开发, 31 (8): 224-226.

（撰稿：卓勤；审稿：杨晓光）

生存竞争力　survival competitiveness

从生态学角度来看，是指两个或多个同种或异种生物为生存而对同一对象的竞争能力，包括对空间、食物、营养、光照及其他环境因子以及与其他生物的相互作用的竞争能力等。生存竞争力强，在环境中定殖、繁殖、形成居群并扩展的能力便增加，即入侵性增强；反之，入侵性减弱。

植物生存竞争能力涉及的性状包括种子数、落粒性、休眠性、发芽势和发芽率、分蘖力、生长势、生物量、抗生物和非生物逆境的能力、育性和异交率、繁殖方式和繁殖率等。转基因植物生存竞争力是转基因植物环境安全性评价的内容之一。在相同环境条件下，通过考察转基因植物与非转基因亲本的相关性状差异，综合分析转基因植物的生存竞争力。基因飘流后代的生存竞争力或适应能力，也是环境安全性评价的内容之一。其中，种子的落粒性和休眠性是评价生存竞争力的两个重要参数。

落粒性是植物种子成熟时的一种自然脱落性能。通常，杂草种子的落粒性较强。边成熟、边落粒是杂草的适应性特征之一。对于作物而言，落粒是一种不良的农艺性状。落粒性增加，不仅影响产量，而且还产生自生苗。杂草的另一特性是种子休眠性强，能在土壤中保持较长时间，一旦条件适宜便可萌发。因此，落粒性和休眠性强的作物杂草化风险更大。生长势、生物量、抗生物和非生物逆境的能力（如抗病性、抗虫性、耐旱性、越冬越夏能力、耐盐碱能力等）、育性和异交率、繁殖方式和繁殖率等，更是体现生存竞争能力的重要参数。

在评估与生存竞争性相关的环境安全性时，需关注以下几点：①转基因作物是否会演变成杂草，特别是转基因作物产生的自生苗。②抗除草剂转基因作物的应用，是否会增强杂草的生存竞争力，产生抗性杂草。这取决于是否存在选择压及其程度大小和施加时间长短。在农田或自然生态条件下，不喷洒相应的除草剂，即没有选择压，便不可能改变生存竞争性。但是，如果长期使用除草剂，可能产生抗性杂草。③转基因飘流至有性可交配的近缘野生种或杂草后，是否会产生“基因渐渗”，使其生存竞争力和适合度提高。

微生物的生存竞争能力包括存活力、竞争力、持久生存力、繁殖力、定殖力、适应性和抗逆能力等。转基因微生物需要具备一定的生存竞争能力，使其释放后能够存活并起作用。那么，转基因微生物是否具有自然发生的微生物所不具备的生态竞争优势？是否能够通过对生态位点和营养的竞争将一种甚至多种本地微生物减少到对生态环境和生物多样性造成严重影响的程度呢？现有的田间试验结果表明，大多数转基因微生物菌株与其非转基因的亲本菌体在田间自然环境中的存活、定殖和竞争能力基本上一致，并不具有特殊的生态竞争优势，甚至在相当多的试验条件下，转基因菌株的生存竞争能力比非转基因菌株弱。事实上，转基因微生物环境释放后，一般都不希望其代替原有物种或在环境中长期存留。

对于转基因生物来说，其生存竞争力不变或与非转基因亲本无区别，则更为安全。一些生长速度快，或是对病毒有抗性的转基因动物可能具有更强的生存能力，其抵御天敌和获取食物的能力强于非转基因动物，因此要严格控制转基因动物的交配和处置以防范基因逃逸。

参考文献

何兴元, 2004. 应用生态学[M]. 北京: 科学出版社.

贾士荣, 2004. 转基因作物的环境风险分析研究进展[J]. 中国农业科学, 37 (2): 175-187.

（撰稿：汪芳；审稿：叶恭银）

生态风险　ecological risks

生态系统及其组分所承受的风险，指在一定区域内，具有不确定性的事故或灾害对生态系统及其组分可能产生的作用，这些作用的结果可能导致生态系统结构和功能的损伤，从而危及生态系统的安全和健康。生态风险形成原因包括自然的、社会经济的及人类生产实践过程中的多种因素。转基因的生态风险来源于新基因、转基因作物以及作物生长的环境之间复杂而难以预测的相互作用。转基因环境安全评价的初衷，就是在转基因生物大规模商业化环境释放之前，通过在限定区域内的限制性、试验性的环境释放，综合评估转基因生物的生态风险。

转基因植物的生态风险主要包括：转基因植物演变成为生态系统中的杂草，强势入侵自然生态系统；转基因植物的基因飘流对非转基因植物品种、野生近缘种的基因污染，影响了基因多样性及物种的进化潜力；靶标害虫对转基因植物产生抗性；转基因植物对非靶标生物多样性的影响；转基因植物的种植对土壤理化性质、土壤动物和微生物群落及周边水体、水生生物群落的影响；对种植区一定范围内人类健康的影响。转基因生物的生态风险具有不确定性，人们事先难以准确预料转基因种植是否会引发生态风险以及发生的时间、地点、强度和范围。

参考文献

苏特尔, 2011. 生态风险评价[M]. 2版. 尹大强, 林志芬, 刘树深, 等译. 北京: 高等教育出版社.

张永军, 吴孔明, 彭于发, 2011. 转基因植物的生态风险[J]. 生态学报, 22 (11): 1951-1959.

（撰稿：刘标、郭汝清；审稿：薛堃）

生态风险管理　ecological risk management

风险是事件发生并对目标实现产生不利影响的可能性。风险管理是对风险进行识别、评估和影响大小进行排序，然后协调而经济地应用资源，控制不幸事件的发生概率或使其不利影响最小化。

转基因生物的生态风险管理，指如何在一个含有转基因生物的特定的生态系统里，把相应的生态风险减至最低的管理过程。转基因生物生态风险管理大致包括对风险的识别、评估及处理三大环节。首先，需要明确有可能出现哪些类型的生态风险（风险识别）；其次，要对风险的危害程度进行评估（风险评估）；最后，要制定规避风险的途径及风险发生时的处理办法（风险处理）。转基因生物风险管理分为风险前管理与风险后管理，前者是指风险实际发生之前如何通过合理的管理措施预防风险的发生，例如，加强对转基因种子的监管、在严格控制的试验区进行种植、设立缓冲区等，而后者是指在风险已经发生的情况下如何最大程度地减少风险带来的损害，需要事先制定紧急预案，在风险发生时严格按照紧急预案规定的步骤实施风险处理。

（撰稿：刘标、郭汝清；审稿：薛堃）

S

生态功能　ecosystem function

广义的生态功能是指生态系统及其组成成分实现和维持生态结构、过程和服务的能力。狭义的生态功能即生态系统功能或生态系统服务（eosystem services），是指生态系统直接或间接提供满足人类需求的产品和服务的能力。服务不能在市场上买卖，但具有重要价值的生态系统性能，如净化环境、保持水土、减轻灾害等。离开了生态系统对于生命支持系统的服务，人类的生存就要受到威胁，全球经济的运行也将会停滞。

生态功能的概念于1974年由Holdren和Ehrich首次提出，生态学界给予了很大重视，尤其是美国马里兰大学生态经济学研究所所长Costanza等于1977年在《自然》杂志发表关于《世界生态系统服务和自然资本的价值》，以及《生态系统服务：人类社会对自然生态系统的依赖性》出版之后，各国领导人、科学家和公众对保护生物多样性重要性的认识和支持积极性都显著提高。

生态功能与生态过程紧密结合在一起，都是自然生态系统的属性。生态系统，包括其中各种生物种群，在自然界的运转中，充满了各种生态过程，同时产生了对人类的种种服务，提供了多种功能。由于生态系统服务在时间上是从不间断的，所以从某种意义上说，其总价值是无限大的。全人类的生存和社会的持续发展，都要依赖于生态系统服务。生态系统不仅创造与维持了人类赖以生存和发展的地球生命支持系统，形成了人类生产所必需的环境条件，还为人类提供了生活与生产所需要的食品、医药、木材及工农业生产的原材料。生态系统的服务功能包括供给、调节、文化和支持四大功能。供给功能是指生态系统生产或提供产品的功能，如提供食物、水、原始材料等；调节功能是指调节人类生存环境的功能，如减缓干旱和洪涝灾害、调节气候、净化空气、缓冲干扰、控制有害生物等；文化功能是指人们通过精神感受、知识获取、主观印象、休闲娱乐和美学体验从生态系统中获得的非物质利益；支持功能是指保证其他所有生态系统服务功能提供所必需的基础功能，如维持地球生命生存环境的养分循环、更新与维持土壤肥力、产生与维持生物多样性等。

参考文献

孙儒泳, 2006. 动物生态学原理[M]. 北京: 北京师范大学出版社.

（撰稿：刘标、郭汝清；审稿：薛堃）

生态适合度　ecological fitness

生物体或生物群体对环境适应的量化特征，是分析估计生物所具有的各种特征的适应性，以及在进化过程中继续往后代传递的能力的指标。

适合度是衡量一个个体存活和繁殖成功机会的尺度。适合度越大，个体成活的机会和繁殖成功的机会也越大；反之则相反。达尔文的“适者生存”的个体选择观点就是建立在适合度基础上的，但用个体选择的观点无法解释动物的利他行为。因为利他行为所增进的是其他个体的适合度，而不是自己的适合度。为了解释利他行为，有的学者又提出了广义适合度的概念。广义适合度不是以个体的存活和繁殖成功为衡量的尺度，而是指一个个体在后代中传递自身基因（亲属体内也或多或少含有这种基因）的能力有多大。能够最大限度地把自身基因传递给后代的个体，则具有最大的广义适合度。传递自身基因通常是通过自己繁殖的方式，但也可以通过对亲属表现出利他行为的方式。所谓亲缘选择，就是选择广义适合度大的个体，而不管这个个体的行为是不是对自身的存活和繁殖有利。另一方面，适合度是针对某一特定指标对生物适应环境的一种评判标准，一般多用对后代的贡献能力来衡量。某一基因型个体的适合度实际上就是它下一代的平均后裔数。适合度高的，在基因库中的基因频率将随世代而增大；反之，适合度低的，将随世代而减少。

参考文献

戈峰, 2008. 现代生态学[M]. 2版. 北京: 科学出版社.

沈佐锐, 2009. 昆虫生态学及害虫防治的生态学原理[M]. 北京: 中国农业大学出版社.

（撰稿：潘洪生；审稿：肖海军）

生态系统 ecosystem

在一定空间中由植物、动物、微生物等生物要素及其依赖的非生物环境和社会要素，以及它们之间相互作用，通过物质循环、能量流动和信息传递过程有机结合，构成的相互作用和相互依存的统一整体。

1935 年，英国生态学家亚瑟·乔治·坦斯利（Arthur George Tansley），受到丹麦植物学家尤金纽斯·瓦尔明（Eugenius Warming）的启发，首次提出生态系统是不仅包括生物复合体，还应该包括各种自然因素的环境组合而成的整个复合体。1940 年，美国生态学家 R·L·林德曼（R.L.Lindeman）对赛达伯格湖（Cedar Bog Lake）进行了定量分析，发现生态系统能量流动的基本特征，即林德曼定律。美国生态学家欧德姆（Eugene Pleasants Odum）在 1953 出版 *Fundamentals of Ecology*，进一步丰富了生态系统概念，认为生物与环境是不可分割的整体，应该把生物与环境作为一个系统整体，研究环境因素对生物的作用及生物对环境的反作用；生态系统中能量流动和物质循环的规律，开创了“生态系统”研究的热潮。欧德姆认为生态系统是一个开放的、远离平衡态的热力学系统。在 1965 年哥本哈根国际生态学会上，将生态系统定义为在一定特定景观的地域或水域的空间范围内，存在的所有生物和非生物环境要素通过物质循环和能量流动相互作用、互相依存而构成的动态系统。

非生物环境（无机环境）和能量是生态系统的基础；生态系统的能量来源大多依靠阳光，空气、水、无机盐和有机质、岩石和土壤等是生物成分的物质基础。生物成分中包括生产者、消费者和分解者，其中生产者为主要功能成分。尽管生态系统中的生产者、消费者和分解者之间有所区分，但彼此之间及其与非生物环境之间相互制约和相互依赖。生物因素与非生物环境是不可分割的整体：非生物环境条件直接决定生态系统的稳定性、复杂性和生物群落的丰富度；生态系统中的生物亦可以反作用于非生物环境，生物群落在生态系统中既可以逐渐改变着周边非生物环境，也可以逐步适应环境，各种基础物质、能量流通和信息传递过程将生物群落与非生物环境紧密联系起来。

生态系统的划分可以依据非生物环境把生物圈分为陆地生态系统和水域生态系统。陆地生态系统包括森林生态系统、草原生态系统、农田生态系统、湿地生态系统和城市生态系统；水域生态系统包括淡水生态系统和海洋生态系统。

生态系统理论的完善和发展，大大促进了生态学的发展，为生态学研究提供了新的观点和基础。近年来，从基因、细胞、器官、个体、种群、群落和生态圈等不同层次水平生态系统为中心的研究，是近代生态学发展的显著特征。

参考文献

BEGON M, TOWNSEND C R, HARPER J L, 2016. 生态学——从个体到生态系统[M]. 4版. 李博, 张大勇, 王德华, 等译. 北京: 高等教育出版社.

林育真, 付荣恕, 2011. 生态学[M]. 2版: 北京. 科学出版社.

尚玉昌, 2016. 普通生态学[M]. 北京: 北京大学出版社.

孙儒泳, 2002. 基础生态学[M]. 北京: 高等教育出版社.

BEGON M, TOWNSEND C R, HARPER J L, 2009. Ecology: from individuals to ecosystems[M]. 4th ed. Oxford, UK: Blackwell Publishing.

HOBBS R J, HIGGS E S, HALL C M, 2013. Defining novel ecosystems[M]// Novel ecosystems: intervening in the new ecological world order. Chichester: John Wiley & Sons: 58-60.

（撰稿：肖海军；审稿：刘兴平）

生态系统干扰假说 ecosystem disturbance hypothesis, EDH

生态系统干扰假说认为，在自然或人为干扰下，本地生态系统中很多物种因不能适应改变的环境致使自身种群衰退甚至灭绝，而一些外来种却能适应这些干扰所致的环境变化而成功建立种群并形成入侵。该假说是评判生态系统可入侵性的重要生态因子之一。

干扰的定义 指群落外部不连续存在、间断发生因子的突然作用或连续存在因子超“正常”范围的波动，这种作用或波动能引起有机体、种群或群落发生部分甚至全部的明显变化，使其结构和功能发生改变甚至受到损害。

干扰的类型 一般分为自然干扰和人为干扰。人为干扰是指由人类生产、生活和其他社会活动形成的干扰作用，如放牧、农艺措施和环境污染等。自然干扰是指来自不可抗拒的自然力的干扰作用，包括气候变化、地质干扰和生物干扰等，如火灾、洪水和干旱等。

假说的理论依据 主要包含两点：本地生境的资源波动和外来种与本地种关系的改变。如在本地生境特征方面，许多研究指出生态系统可入侵性不是一个恒定的特征，而是随着时间不断变化，伴随着干扰作用下资源可利用性的增加或入侵屏障的移除，其可入侵性会随之增加。资源波动假说（resource fluctuation hypothesis）和空余生态位假说（vacant niche hypothesis）是EDH的重要理论基础，即干扰往往为外来种创造了有利的环境和养分条件，出现了空余的生态位，提高其入侵的概率。例如，有研究表明，随着土壤干扰的增强，糖蜜草属（*Melinis*）杂草生长潜能大大增加，入侵高度肥沃和受干扰的地区很容易取得成功，而在未施肥、不经干扰或者修剪的区域，本地植物对糖蜜草属植物具有相当好的抵御作用。

干扰导致成功入侵的物种，往往具备以下特征：①可通过鸟类和人类携带而远距离传播，广泛分布。②能适应广泛的土壤环境条件。③促进光合作用和适应环境的能力强。④能迅速地扩张和生长。⑤对环境变动的容忍能力较强。正是这些特征使外来种比本地种更能适应因干扰而频繁或持续变动的环境，在本地种和天敌因不适应环境变化而大量死亡的同时，这些外来种却能独自占有更多的资源而成功定殖并扩张。

总之，干扰与本地生态系统可入侵性的关系是复杂的，干扰过强会降低群落生物多样性而促进入侵，适当的干扰则产生相反的效果。尽可能减少人为干扰将有助于维护生态系统的稳定性，提高对生物入侵的抗性，这对于外来种的早期预防控制具有重要意义。全球变化可能是一个最大的干扰因子，无论是全球气候变化、大气组成变化还是土地利用变化，都不可避免地对各种生态系统产生干扰，从而出现外来种入侵的“机会”。因此，未来的研究可能迫切需要将全球变化考虑为干扰因子，深入分析这一因子在不同情况下对生态系统可入侵性和外来种入侵特性的影响，为外来有害生物的预防和治理提供理论依据。

参考文献

陈利顶, 傅伯杰, 2000. 干扰的类型、特征及其生态学意义[J]. 生态学报, 20(4): 581-586.

万方浩, 谢丙炎, 杨国庆, 等, 2011. 入侵生物学[M]. 北京: 科学出版社.

ALPERT P, BONE E, HOLZAPFEL C, 2000. Invasiveness, invasibility and the role of environmental stress in the spread of non-native plants[J]. Perspectives in plant ecology, evolution and systematics, 3: 52-66.

D' ANTONIO C M, BARGER N N, GHNEIM T, et al, 2003. Constraints to colonization and growth of the African grass, *Melinis minutiflora*, in a *Venezuelan savanna*[J]. Plant ecology, 167: 31-43.

SILVERI A, DUNWIDDIE P W, MICHAELS H J, 2001. Logging and edaphic factors in the invasion of an Asian woody vine in a mesic North American forest[J]. Biological invasions, 3: 379-389.

（撰稿：桂富荣；审稿：周忠实）

S

生态系统工程师效应 ecosystem engineer effect

入侵地生物个体生长特征、种群动态及群落组成与结构对生态系统工程的响应。

1993年，Lawton和Jones为了寻找整合生物种群与生态系统过程的方法，提出了“生态系统工程师”这一名词，随后其在1994年发表的论文中将生态系统工程师定义为：能够引起生物和非生物材料物理状态发生改变从而直接或间接调节生态系统中其他物种资源有效性的生物。Jones等人把生态系统工程师效应表述为：生态系统工程师改变了生境的物理状态进而直接或间接地控制着其他生物可利用的资源、影响着其他物种某些行为特征。随着生物入侵成为全球环境和生态领域的热点问题，很多学者把入侵物种归属于生态系统工程师，其通过非同化方式改造环境的过程常会对本地物种多样性与分布、生态系统结构与功能造成非常严重的影响。而这种对新环境的改造更有利于入侵物种本身种群的发展和扩张。

参考文献

万方浩, 侯有明, 蒋明星, 2015. 入侵生物学[M]. 北京: 科学出版社.

JONES C G, LAWTON J H, SHACHAK M,1994. Organisms as ecosystem engineers. Ecosystem management[M]. New York: Springer.

ROMERO G Q, GONCALVES-SOUZA T, VIEIR A C, et al,2015. Ecosystem engineering effects on species diversity across ecosystems: a meta-analysis[J]. Biological reviews, 90(3): 877-890.

（撰稿：周忠实；审稿：万方浩）

生态系统功能退化 ecosystem functional degradation

入侵生物通过改变种间相互作用关系，影响生态系统的能量流动和物质循环，甚至导致生态系统结构崩溃和功能衰退的现象。主要体现在入侵地生物多样性的降低和入侵地生态系统结构的破坏。

入侵地生物多样性的降低 入侵物种往往比本地物种具有先天的适应性进化优势，甚至可以通过自己特殊的武器（如入侵植物的化感物质）来打败本地物种而形成单优种群。例如，豚草（*Ambrosia artemisiifolia*）、紫茎泽兰（*Ageratina adenophora*）、黄顶菊（*Flaveria bidentis*）等菊科植物的根系在分泌化感物质来抑制本地伴生植物的同时，改变了根际和根周土壤微生物结构与功能，促进有效养分循环，使自己发展成为单优种群，导致本地植被多样性严重遭受破坏。本地植被多样性遭受破坏后又导致了入侵地地上和地下其他生物（如节肢动物）的种类和丰富度严重降低。

入侵地生态系统结构的破坏 生态系统存在自我调节能力与机制，通常情况下，生态系统会保持自身的相对稳定，即生态平衡。生态平衡是指生态系统通过发育和调节所达到的一种动态的稳定状况，包括结构上、功能上的稳定和能量输入、输出上的稳定。生态平衡是一种动态平衡。当生态系统达到动态平衡的稳定状态时，它能够自我调节和维持自己的正常功能，并能在很大程度上克服和消除外来的干扰，保持自身的稳定性。但生态系统的自我调节是有一定限度的。因此，当遭受外来生物入侵时，如果入侵生物打破了生态系统原有的动态平衡，形成自己独占优势的种群或群落时，生态系统的结构就会遭受严重破坏。对于生态系统而言，生物种类越多样、营养结构越复杂，自动调节能力越强，比较容易维持平衡，相反，生物种类越单一、结构越简单，自我调节的能力越差，生态平衡就越容易遭破坏。可见，外来生物入侵导致的生态系统物种多样性和结构的单一化势必引起生态系统功能的退化。

参考文献

万方浩, 侯有明, 蒋明星, 2015. 入侵生物学[M]. 北京: 科学出版社.

RIPL W, WOLTER K D, 2002. Ecosystem function and degradation[M]// Williams P J B, Thomas D N, reynilds C S. Phytoplankton productivity: Carbon assimilation in marine and freshwater ecosystems. John Wiley & Sons, Ltd.:291-317.

WEATHERS K C, STRAYER D L, LIKENS G E, 2012. Fundamentals of ecosystem science[M]. Amsterdam: Elsevier Inc.

（撰稿：周忠实；审稿：万方浩）

生态灾荒　ecological disaster

外来物种通过竞争或占据本地物种生态位来排挤本地物种，并逐渐形成单一优势种群，导致群落的生物多样性降低，群落的组成和结构发生变化，进而影响生态系统的物质循环与能量流动，对农林业以及生态系统造成严重损害，从而影响一个国家或地区民众基本生活的现象。

中国是农业大国，也是一个自然与生物灾害频繁多变的国家。外来有害生物的入侵无疑会使处于农业压力巨大与生态环境脆弱的局面进一步恶化。中国是受外来有害生物入侵最为严重的国家之一，外来有害生物的入侵已严重影响中国的经济安全、生态安全、社会安全与国家利益，对中国农、林、牧、渔、水产及养殖业发展造成严重的经济损失；破坏农业、林业、草原、草场、湿地、河流、岛屿和自然保护区等各种生态系统，导致严重的生态灾难，危及野生生物资源；污染公共卫生环境，对人民群众身心健康构成巨大威胁。

外来有害生物入侵严重威胁中国生物多样性　中国是世界上物种多样性特别丰富的国家之一。但随着一些生态环境问题的出现，中国已有4000～5000种高等植物处于濒危或接近濒危状态，占中国高等植物种类总数的15%～20%。外来有害生物的入侵加剧了这一现象的严峻性。据对中国近100年来境外传入的外来有害生物的不完全统计，入侵中国的外来有害生物达600余种；而在世界自然保护联盟公布的全球100种最具威胁的外来入侵生物中，中国就有50种。这些外来入侵生物对中国的生物多样性和遗传资源保护构成了极大的威胁。如紫茎泽兰能以其强大的繁殖力及快速的种子传播能力，同时通过竞争和化感作用排斥周围其他植物，最终在入侵地形成单一的优势种群，现已在中国西南地区大面积成片发生，使得许多本地植物受到排挤，植物区系和与之相关的动物区系趋于简单。

外来有害生物入侵加剧了中国一些特定区域的生态侵蚀　中国气候复杂多样，从南到北跨热带、亚热带、暖温带、温带、寒带等气候带。生态区域复杂，包含有天然林保护生态区、自然保护区生态区、水土保持生态区、防护林生态区、荒漠生态区、湿地生态区、林业生态区、草原生态区、农业生态区、青藏高原高寒生态区。外来有害生物的入侵对特定生态系统的结构、功能及生态环境产生严重的干扰与危害，导致某些生态系统出现几乎难以逆转的生态灾难。紫茎泽兰、互花米草、薇甘菊、加拿大一枝黄花等在中国不同生态系统中的入侵与疯狂蔓延，排挤与危及本地物种的生存，导致原有生物群落的衰退和生物多样性的丧失，并引起土著种的消失与灭绝，形成了生态灾荒。如肆意蔓延的互花米草不仅破坏近海生物栖息环境，还与沿海滩涂本地植物竞争生长空间，致使大片红树林消亡，被其占领的区域难以生态修复。

参考文献

林秦文, 肖翠, 马金双, 2022. 中国外来植物数据集[J]. 生物多样性, 30(5): 110-117.

覃海宁, 赵莉娜, 2017. 中国高等植物濒危状况评估[J]. 生物多样性, 25(7): 7.

万方浩, 2009. 中国生物入侵研究[M]. 北京: 科学出版社.

万方浩, 郭建英, 2007. 农林危险生物入侵机理及控制基础研究[J]. 中国基础科学, 9(5): 10-16.

万方浩, 侯有明, 蒋明星, 2015. 入侵生物学[M]. 北京: 科学出版社.

（撰稿：桂富荣；审稿：周忠实）

《生物安全学报》　*Journal of Biosafety*

由中国植物保护学会与福建省昆虫学会共同主办的面向生物安全科学国际前沿的中英文学术杂志。2011年正式在国内外出版发行，2017年10月被收录为“中国科技核心期刊”，2019年被中国科学引文数据库（Chinese Science Citation Database，CSCD）扩展库收录。

该学报为季刊，每年2、5、8、11月的15日出版。国内统一刊号CN 35-1307/Q，国际标准刊号ISSN 2095-1787。

办刊宗旨　面向国际，共同应对国际生物安全的挑战，关注自然和人类社会健康发展中的生物安全焦点与热点问题（生物入侵、农业转基因生物、农用化学品、新技术等带来的生物安全科学），引领国际生物安全领域的研究与发展前沿，主导国际生物安全领域的科技潮流，及时刊载生物安全科学研究的新理论、新技术与新方法，全面报道生物安全领域最新的高端研究成果。坚持百花齐放与百家争鸣、科学提升与知识普及相结合的方针，办成具备科学与技术于一体的国际主流学术刊物。

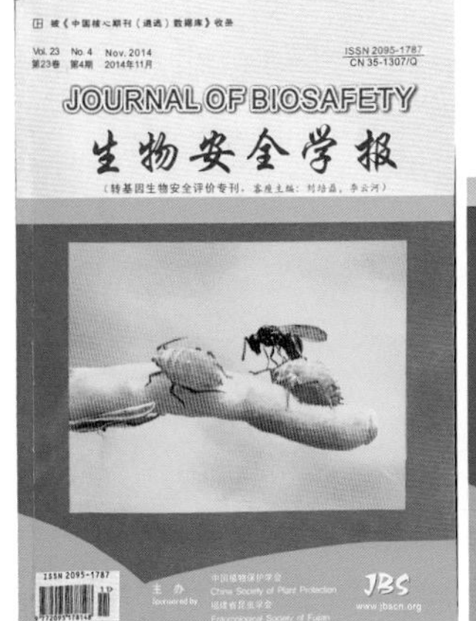

该刊致力于生物安全领域的学科发展，聚焦于生物安全领域各学科的前沿性与前瞻性原创性研究论文和综述论文。

刊载内容

①入侵生物学学科发展的新理论与新假设；外来有害生物入侵的特性与特征、入侵的生态过程与后果、入侵种与本地种的相互作用关系；生态系统对生物入侵的响应过程与抵御机制；生物入侵的预防预警、检测监测、根除扑灭、生物防治与综合治理的新技术与新方法。

②农业转基因生物的生态与社会安全性，安全性评价的理论体系，定性定量评估的技术与方法，安全交流与安全管理。

③农用化学品对生物急性、慢性毒性累加过程与效应，生物对农用化学品的抗性与适应性机制，毒性缓解、抗药性治理与调控技术。

④高端新技术（如生物改良技术、物理纳米技术、生化辐射技术等）产品潜在危害的识别与判定、安全性评价方法与技术指标。

同时开辟学术聚焦、科技论坛、政策通讯、科技书评等栏目，快速报道生物安全领域的新思想与新发现，鼓励针对学术新观点的辨析与讨论，提倡新思想的及时交流与沟通，发表科技著作的评述，交流生物安全的科技政策与行政管理措施。

S

编辑部通讯地址 福建省福州市上下店路15号福建农林大学《生物安全学报》编辑部，邮编：350002；电话/传真：0591-88191360；电子邮箱：jbscn99@126.com；网址：http://www.jbscn.org。

编委会 主编：尤民生，福建农林大学植保学院；万方浩，中国农业科学院植物保护研究所；Gabor L. Lövei，丹麦奥胡斯大学。

副主编：Liette Vasseur，加拿大布鲁克大学；刘树生，浙江大学；卢宝荣，复旦大学；刘长明，福建农林大学。

参考文献

中国植物保护学会, 福建省昆虫学会. 生物安全学报[DB].[2021-05-29] http: //www. jbscn. org.

（撰稿：卢增斌；审稿：叶恭银）

生物多样性 biodiversity

一定区域范围内所有生物种类（植物、动物、微生物）、物种所拥有的基因与种内遗传变异、各种生物与环境互作的有规律地结合所构成的生态综合体。

生物多样性概念由美国野生生物学家和保育学家雷蒙德（Ramond F. Dasman）（1968）首先次提出，biological diversity，是 biology 与 diversity 的组合。罗森（W. G. Rosen）（1986）第一次发表使用“生物多样性”（biodiversity）。此后，“生物多样性”才在科学和环境领域得到广泛传播和使用。1992年，在巴西里约热内卢举行的联合国环境与发展大会上，通过了《生物多样性公约》，标志世界范围内开始不仅仅关注珍稀濒危物种的保护，转向对生物多样性的保护。

生物多样性包括物种多样性、遗传多样性及生态系统多样性。物种多样性是生物多样性在物种上的表现形式，它既体现了生物之间及环境之间的复杂关系，又体现了生物资源的丰富性。遗传（基因）多样性是指生物体内决定性状的遗传因子及其组合的多样性。生态系统多样性是指生物圈内生境、生物群落和生态过程的多样性。物种的多样性是生物多样性的关键，遗传多样性是生物多样性研究的基础，生态系统多样性是生物多样性研究的重点。

生物多样性是人类赖以生存和发展的物质基础。生物多样性具有直接使用价值、间接使用价值和潜在使用价值。

生物多样性保护，有益于珍稀濒危物种的保护。任意一个物种的灭绝，便永远无法再生，人类将永远丧失宝贵的生物资源。保护生物多样性，对于科学事业和人类的发展，都具有重大的战略意义。随着全球变化与人类活动干扰的日益加剧，生物多样性面临着严重的威胁。生物多样性保护已成为当前国际社会和各国政府高度关注的热点科学问题。

参考文献

李文增, 李坤陶, 2004. 生物多样性[M]. 北京: 中国文史出版社.

尚玉昌, 2016. 普通生态学[M]. 北京: 北京大学出版社.

孙儒泳, 2002. 基础生态学[M]. 北京: 高等教育出版社.

张风春, 李俊生, 刘文慧, 2015. 生物多样性基础知识[M]. 北京: 中国环境出版社.

DIRZO R, MENDOZA E, 2008. Biodiversity[M]// Encyclopedia of ecology. Amsterdam: Elsevier: 368-377.

（撰稿：肖海军；审稿：刘兴平）

生物多样性丧失 loss of biodiversity

外来入侵物种通过竞争或占据本地物种的生态位，形成单优势种群，危及本地物种的生存，导致本地物种的消失与灭绝，最终引起生态系统失衡以及生物多样性的下降。

生物多样性是指所有来源的形形色色的生物体，这些来源包括陆地、海洋和其他水生生态系统及其所构成的生态综合体；还包括物种内部、物种之间和生态系统的多样性。生物多样性有3个水平，为遗传多样性、物种多样性和生态系统多样性。有些学者还提出了景观多样性（landscape diversity），作为生物多样性的第四个层次。

据统计，在全球范围内，生物入侵是除生境破坏外造成生物多样性锐减的最大因素。生物入侵对生物多样性各个方面都产生了负面影响，对当地的生物多样性具有严重威胁，甚至是造成了不可逆转的损失。①生物多样性对本地生物的遗传多样性造成了影响：在遗传学水平上，入侵种通过和土著种之间的杂交和基因渗入，对土著种造成严重威胁，杂交导致土著种遗传同化和小种群遗传特异性丧失；远交衰退导致的种群后代适应性降低；近缘杂交造成本地种基因污染等。这些原因均会导致当地生物的遗传多样性的丧失。②生物入侵对当地物种多样性水平造成不可估量的损失：外来入侵植物到达一个新的生境后，由于脱离原产地专化天敌的草食作用，会出现降低防御投入而增加生长繁殖投入，从而增强其竞争能力的适应性进化。具有强竞争能力的入侵种通过与本地物种竞争水分、养分、光照和生存空间等生态资源，逐步取代本地物种，引起本地物种的减少和灭绝，从而使入侵种在入侵地范围内形成单一的优势种群，直接改变了群落的物种组成，使群落结构趋于简单，群落部分功能弱化，最终引起物种多样性的丧失。③生物入侵对当地生态系统多样性也产生了严重的负面影响：在生态系统水平上，生物入侵会导致生态系统多样性降低，生态系统的结构和功能被破坏，使生态系统紊乱；生物入侵也会导致不同生物地理区域生态系统的组成、结构和功能均匀化，并最终退化，失去其服务功能，引起生态系统多样性的丧失。④生物入侵也会破坏景观的自然性和完整性，从而引起当地生物景观多样性的丧失。例如，空心莲子草（*Alternanthera philoxeroides*）、婆婆纳（*Veronica polita*）、马缨丹（*Lantana camara*）、北美车前（*Plantago virginica*）等常见的外来杂草，在占据生存空间后，使原有景观生态系统被破坏，并降低其观赏价值，增加园林景观的养护费用。

参考文献

万方浩，侯有明，蒋明星，2015. 入侵生物学[M]. 北京：科学出版社.

PYŠEK P, HULME P E, SIMBERLOFF D, et al, 2020. Scientists' warning on invasive alien species[J]. Biological reviews, 95: 1511-1534.

（撰稿：潘晓云；审稿：周忠实）

生物多样性阻抗假说 biodiversity resistance hypothesis, BRH

生态系统中物种多样性水平对抵抗外来物种入侵起着关键性作用，物种组成丰富群落较物种组成单一群落对外来入侵生物的抵抗能力较强的假说。该假说预测：物种多样性高的生态系统比多样性低的生态系统对外来种入侵的抵御性高，即物种多样性与外来物种的可入侵性呈负相关。生物多样性阻抗假说从生态系统稳定性的角度出发，认为在外来种入侵的初期阶段，本地生态系统高物种多样性所产生的抵御性往往能阻止外来种的入侵，使其在有限的时间和空间资源条件下很难进入入侵的中后期阶段，如扩张和扩散。

生物多样性阻抗假说已经通过多种方式进行了实证检验。最常见的研究是比较本地物种丰富度和外来物种丰富度，后者被用作生物抗性的反度量：高的外来物种丰富度意味着低的抗性。然而，一些研究中出现了相反的格局，即本地物种丰富度和外来物种丰富度之间存在正相关关系，导致了"Acceptance hypothesis（AH）"的形成，以及"rich-get-richer"模式的出现：即在大空间尺度范围内，本地物种丰富度和外来物种丰富度之间的关系通常是正的。在某些情况下，也可能会出现复杂的模式。例如，有研究发现外来杂草与本地杂草物种丰富度呈负相关关系（与BRH一致，与AH相反）；另一方面，研究者又发现外来杂草物种丰富度与本地非杂草物种丰富度呈正相关关系（与AH一致，与BRH相反）。这些争议表明，在研究物种多样性水平与外来物种入侵性的关系时还需要考虑其他因素，如野外调查试验范围的大小。因为大尺度的野外调查实验容易忽略本地生态系统的环境异质性（如土壤养分及微生物差异，环境湿度、光强及光质的差异）效应。在大尺度的群落范围内，本地物种丰富度越高，环境异质性也就越高，因此增加了外来物种的可入侵性。

参考文献

ALTIERI A H, VAN WESENBEECK B K, BERTNESS M D, et al, 2010. Facilitation cascade drives positive relationship between native biodiversity and invasion success[J]. Ecology, 91: 2979-2989.

BJARNASON A, KATSANEVAKIS S, GALANIDIS A, et al, 2017. Evaluating hypotheses of plant species invasions on Mediterranean islands: inverse patterns between alien and endemic species[J]. Frontiers in ecology and evolution, 5: 91.

FRIDLEY J D, STACHOWICZ J J, NAEEM S, et al, 2007. The invasion paradox: reconciling pattern and process in species invasions[J]. Ecology, 88: 3-17.

JESCHKE J M, 2014. General hypotheses in invasion ecology[J]. Diversity and distributions, 20: 1229-1234.

（撰稿：潘晓云；审稿：周忠实）

生物均质化 biotic homogenization, BH

随着时间的推移，区域内生物类群的遗传、分类或功能相似性增加的过程。

生物均质化认为，随着时间的推移，区域内生物类群的遗传、分类或功能相似性增加的过程。McKinney和Lockwood在1999年首次提出的将生物均质化定义为"用非本地物种取代本地生物群落""通常用广泛分布的物种代替独特的地方性物种"。随后，Rahel在2002年对该定义做了补充，认为生物均质化是指随着时间的推移，由于本地物种被非本地物种取代，生物区系的相似性增加。这两项研究都提出了入侵地生物均质化的定义，即由于物种入侵和灭绝，物种在空间上的相似性随着时间的推移而增加的过程，而不是这一过程所产生的模式。直到2006年，Olden和Rooney对生物均质化这一概念做了总结：随着时间的推移，区域内生物类群的遗传、分类或功能相似性增加的过程。

生物均质化给物种保护、生态系统和遗传多样性、种质资源库以及人类应对未来种种灾害的能力带来了严峻的挑战。这一现象广泛存在于各类生物类群中，总体上植被均质化规模最为严重，然后是鱼类、爬行类、两栖类和鸟类。

人类活动诱导的外来物种的入侵和本地特有物种的灭绝是导致物种组成均质化的最根本原因。尽管从理论上来说，外来物种的入侵和本地物种的灭绝并不必然会导致物种种类组成均质化，甚至有可能使物种组成趋异，但相对于本地物种而言，外来入侵物种往往具有更强的竞争力、扩散速度快、分布范围广，这种扩散倾向于导致物种组成均质化，并且这些现象在那些丰度高和扩散范围广的入侵物种上更为明显。同样，气候变化可能促进入侵物种的二次传播，威胁本地物种的继续生存。这两个过程肯定会影响物种组成的变化，并可能加快生物均质化的速度。最有效的生物多样性保护包括减少并尽可能防止产生生物同质化的两个过程——物种入侵和物种灭绝。很难确定实现这一目标的最佳途径。由于促进生物同质化的关键因素是人类活动和栖息地的改变，实现生物多样性保护的第一步是将目标集中在受人类活动影响的地区，并减少与人类相关的影响。

参考文献

MCKINNEY M L, LOCKWOOD J L, 1999. Biotic homogenization: a few winners replacing many losers in the next mass extinction[J]. Trends in ecology and evolution, 14: 450-453.

OLDEN J D, ROONEY T P, 2006. On defining and quantifying biotic homogenization[J]. Global ecology and biogeography, 15: 113-120.

RAHEL F J, 2002. Homogenization of freshwater faunas[J]. Annual review of ecology and systematics, 33: 291-315.

（撰稿：潘晓云；审稿：周忠实）

生物恐怖 bioterrorism

恐怖分子利用传染病病原体或其产生的毒素的致病作用实施的反社会、反人类的活动，故意释放或威胁释放生物制剂、病毒、细菌、真菌或毒素，以对人口、牲畜和农业造成伤害的现象。它不但可以达到使目标人群死亡或失能的目的，还可以在心理上造成人群和社会的恐慌，从而实现其不可告人的目的。

生物恐怖与在战争场景中故意使用生物制剂（如细菌、病毒、真菌和毒素）作为武器的生物战没有本质上的区别，它们使用的都是生物武器，只是使用的场合不同和使用的目的有所差异。炭疽杆菌、产气荚膜梭菌、霍乱弧菌、野兔热杆菌、伤寒杆菌、天花病毒、黄热病毒、汉坦病毒、东方马脑炎病毒、西方马脑炎病毒、斑疹伤寒立克次体、肉毒杆菌毒素等，都可为生物武器。生物恐怖主义是一种恐怖主义形式，它利用细菌、病毒和毒素等生物制剂作为武器，攻击人类、动物和作物。与其他形式的恐怖主义一样，生物恐怖主义的目的是恐吓平民和当局，以及实现恐怖分子预期的政治、宗教和意识形态要求。生物恐怖主义的主要影响是经常导致死亡、水、食物和土壤污染的疾病。美国疾病控制中心将生物恐怖活动中用作生物武器的生物制剂分为3类。A类包含致病性高、死亡率高以及易于传播的因素。这些是炭疽杆菌、土拉菌、鼠疫杆菌、肉毒毒素、出血热病毒（埃博拉病毒）和大天花。B类病原体中等程度上易于传播，发病率和死亡率较低，但需要具体监测和提高诊断能力。C类病原体是新出现的病原体，由于它们的可用性、生产和传播的便利性、高死亡率或对健康造成重大影响的能力，它们可能被设计用于大规模传播。生物恐怖主义的客体还是病原微生物或其产生的毒素，其发生条件包含了人为因素，但其危险等级与非国家行为体的能力直接相关联。生物恐怖主义威胁真实存在，恶意行为体利用生物武器制造严重生物恐怖事件，一直是公众、媒体、安全界等担忧的问题。从20世纪90年代后期开始，日本邪教奥姆真理教曾经使用肉毒毒素和炭疽等病毒进行大规模试验。比利时和摩洛哥找到了恐怖分子试图研究并使用生物武器的直接证据。在未来，生物恐怖主义活动可能加剧，导致生物安全形势发生剧烈变化。2017年2月在慕尼黑安全会议上，首次参会的微软公司创始人比尔·盖茨（Bill Gates）表示，下一场全球暴发的流行病可能由计算机屏幕前的恐怖分子策动。英国伦敦国王学院生物防御专家菲利帕·伦茨（Filippa Lentzos）表示，军事实验室对生物病菌的有意释放可能是最大的生物恐怖威胁。随着生物学的研究设计与制造分离加深，技术的可及性提高，研究开放性加大，生物战剂的制备将是一个更为严重的问题，它会大幅度增大发生严重生物、恐怖主义事件的可能性。

为了控制生物恐怖主义，作为第一优先事项，必须发展严格的监测方法、快速和敏感的检测筛选程序以及高效和快速的报告方法。首先完善生物技术安全监管体制机制，以公共安全为监管核心，通过强有力的手段予以规范，在平衡生物技术利益和风险之间关系的基础上，形成"管促结合""可调可控"的动态管控机制。其次是加强国家一级监测和发现新出现和重新出现的传染病暴发的能力建设，引入疾病预警系统，以加强监测、检测和报告，升级疫苗生产设施，并建立疫苗库。中国从2021年4月15日施行《生物安全法》，它的颁布和实施起到一个里程碑的作用，标志着中国生物安全进入依法治理的新阶段。生物安全法从生物安全风险防控体制、防控重大新发突发传染病、动植物疫情、生物技术研究、开发与应用安全、病原微生物实验室生物安全、人类遗传资源与生物资源安全、防范生物恐怖与生物武器威胁、生物安全能力建设等方面防范和应对生物安全风险。

参考文献

王小理, 2020. 生物安全时代: 新生物科技变革与国家安全治理[J]. 中国生物工程杂志, 40(9): 95-109.

薛杨, 俞晗之, 2020. 前沿生物技术发展的安全威胁: 应对与展望[J]. 国际安全研究, 38(4): 136-156, 160.

KEIM P, SMITH K L, KEYS C, et al, 2002. Molecular investigation ofthe Aum Shinrikyo anthrax release in Kameido, Japan[J]. Journal of clinical microbiology, 39(12): 4566-4567.

MAHENDRA, MERON TSEGAYE, FIKRU GIRZAW, 2017. Anoverview on biological weapons and bioterrorism[J]. American journal of biomedical research, 5(2): 24.

S

NATHANSON V, 2003. Bioterrorism: how should doctors respond to the threat of biological weapons?[J]. Medicine, conflict, and survival, 19(4): 331-334.

（撰稿：周忠实、汪晶晶；审稿：万方浩）

生物群落 biotic community

一定时间内生存在一个特定区域或自然生境中的所有动物、植物和各种微生物种群，相互之间具有直接或间接关系的集合体。

生物群落是个体和种群之上的一个结构单位。它最初源自德国动物学家卡尔·莫比乌斯（Karl Möbius）（1877）用biocenosis描述生活在一生境（habitat）中相互作用的有机体。美国动物学家维克多·欧内斯特·谢尔福德（Victor Ernest Shelford）（1912）曾用生理活动型形容动物群落的生态种群（mores）。美国植物学家弗里德里克·爱德华·克莱门茨（Frederic Edward Clements）（1939）认为，植物群落并非个体和种的组合，而应用生长型描述生态群组合的复合生物。

群落中物种的多样性、群落的时空结构与种类结构、群落的维系形式与时间组配、群落的优势种和相对丰盛度、群落的营养结构等方面决定生物群落的基本特征。因此，相同类型的群落，其物种分类组成和外形基本相同，有明显的营养组成和代谢类型，其时间结构、空间结构（水平结构、垂直结构和成层结构）相似。

生物群落内各种生物之间通过营养关系、成境关系和助布关系相互联系和作用。营养关系分直接的营养关系和间接的营养关系。动物与其食物的生物种之间的关系是直接营养关系，如蜜蜂采集花蜜、粪金龟取食动物粪便。而两种生物取食同种食物而存在竞争关系，此时一种生物的活动会影响另一种生物的取食即为间接的营养关系。成境关系是指一个物种影响另一物种的分布，如动物可以携带植物的种子、孢子、花粉，帮助植物扩散分布。营养关系和成境关系在生物群落中具有最大的意义，是生物群落存在的基础。通过营养关系和成境关系可以把不同种的生物聚集，并结合形成相对稳定不同规模的生物群落。助布关系是一个物种的生命活动会影响另一种生物的栖境条件。

生物群落的功能包括生产力、有机物质的分解和养分循环3个方面。其中，群落单位时间内的生产量（生产力）是群落的核心功能。有机物质的分解加速群落中生物的死亡残体的分解。群落中生产者从土壤或水中吸收无机养分，合成某些有机化合物，组成原生质和保持细胞执行功能。消费者取食植物或其他动物取得营养元素。分解者在分解动、植物的死亡残体时，将养分释放到环境中，再被植物吸收。

生物群落是一个动态的系统整体，是不断发展变化的，在生态学研究中占有非常重要的理论地位。

参考文献

BEGON M, TOWNSEND C R, HARPER J L, 2016. 生态学——从个体到生态系统[M]. 4版. 李博, 张大勇, 王德华, 等译. 北京: 高等教育出版社.

尚玉昌, 2016. 普通生态学[M]. 北京: 北京大学出版社.

孙儒泳, 2002. 基础生态学[M]. 北京: 高等教育出版社.

赵志模, 周新远, 1984. 生态学引论——害虫综合防治的理论及应用[M]. 重庆: 科学技术文献出版社重庆分社.

BEGON M, TOWNSEND C R, HARPER J L, 2009. Ecology: from individuals to ecosystems[M]. 4th ed. Oxford, UK: Blackwell Publishing.

（撰稿：肖海军；审稿：刘兴平）

生物入侵 biological invasion

生物由原生存地区经自然的或人为的途径进入到另一个地区，其种群经历传入、定殖、潜伏、扩散及暴发的链式过程后，对当地的生物多样性、农林牧渔业生产以及人类健康造成经济损失或生态破坏的过程。

根据农业农村部外来入侵生物预防与控制中心发布的中国外来入侵物种数据库信息，中国已发现660多种外来入侵物种。

这些外来种的野化种群与本地物种竞争栖息地、营养资源、食物资源等，但又因为缺少天敌而无法对其进行控制或根除。生物入侵对人畜的健康、社会的经济发展、生态环境的安全、国际间贸易的发展均能够造成严重的威胁。据估算，仅紫茎泽兰［*Ageratina adenophora*（Sprengel）R. M. King & H. Robinson］、豚草（*Ambrosia artemisiifolia* L.）、稻水象甲（*Lissorhoptrus oryzophilus* Kuschel）、美洲斑潜蝇（*Liriomyza sativae* Blanchard）、松材线虫（*Bursaphelenchus xylophilus*）、美国白蛾［*Hyphantria cunea*（Drury）］等13个入侵种每年给农林牧渔生产造成的损失就高达570多亿元。一些入侵种还能影响人畜健康、破坏公共设施，从而影响社会安全。如豚草和三裂叶豚草（*Ambrosia trifida* L.）的花粉引发人体过敏性皮炎和支气管哮喘；紫茎泽兰含有毒素易引起马的哮喘病或牲畜误食后死亡；红火蚁（*Solenopsis invicta* Buren）生性凶猛，常把蚁穴筑在居民区附近，人被其叮蜇后，轻者瘙痒、烧灼般疼痛和红肿，过敏体质者则全身红斑、瘙痒、头痛、淋巴结肿大等全身过敏反应，甚至引发过敏性休克而导致死亡。此外，红火蚁还会把巢穴筑在户外或室内的电缆信箱、变电箱等电器设备中，进而引起短路或其他故障，给电力设施带来安全隐患。

参考文献

李博, 徐炳声, 陈家宽, 2001. 从上海外来杂草区系剖析植物入侵的一般特征[J]. 生物多样性(4): 446-457.

苏文文, 2020. 浅谈生物入侵的现状及其危害与防治[J]. 农业与技术, 40(10): 78-80.

万方浩, 2005. 重要农林外来入侵物种的生物学与控制[M]. 北京: 科学出版社.

万方浩, 侯有明, 蒋明星, 2015. 入侵生物学[M]. 北京: 科学出版社.

JESCHKE J M, HEGER T, 2018. Invasion biology-Hypotheses and evidence[M]. Wallingford, UK: CAB International.

SIMBERLOFF D, REJMANEK M, 2011. Encyclopedia of biological invasions[M]. Berkeley: University of California Press.

（撰稿：杨国庆；审稿：周忠实）

生物入侵风险分析　biological invasion risk analysis

确定某种入侵生物是否应予以管制以及管制时所采取的植物卫生措施力度的过程。是评价生物学或其他科学、经济学的证据。

生物入侵风险分析可以包括生物入侵的风险识别、风险评估、风险管理、风险交流几个阶段。一般来说，风险分析工作还可以分为定性风险分析与定量风险分析。定性风险分析目的是确定某生物是否是入侵生物、是否属于管制的非检疫有害生物或者检疫性有害生物；定量风险分析目的是对风险进行定量化分析。根据《进境植物和植物产品风险分析管理规定》第十四条，海关总署通常采用定性、定量或者两者结合的方法开展风险评估。因为数据的限制性，风险分析以定性为主，针对个别有害生物开展了一系列的定量风险分析，通常是与重要农产品国际贸易相关的有害生物如小麦矮腥黑穗病菌、大豆锈病、马铃薯甲虫等。风险分析可作为制订入侵物种风险名录的基础，也是进出境植物检疫及国内植物检疫工作中对某一植物和植物产品（如粮食、水果、蔬菜、花卉、木材、种子种苗等繁殖材料等）实施具体检疫措施或入侵防控措施的根据。有害生物风险分析不仅是为科学决策提供依据的一种重要方法，且是植物检疫工作符合国际规则的具体体现，也是检疫管理符合科学化的基本要求，风险分析不仅可以应用在植物检疫领域，在植物保护、入侵生物防控、生物安全领域的广泛应用将更有利于各个领域之间的管理衔接。生物入侵风险分析将更科学地指导入侵生物的预防、管理和防控措施的实施与制定。

参考文献

陈克，范晓虹，李尉民，2002. 有害生物的定性与定量风险分析[J]. 植物检疫，16(5): 257-261.

李尉民，2003. 有害生物风险分析[M]. 北京：中国农业出版社.

李志红，姜帆，马兴莉，等，2013. 实蝇科害虫入侵防控技术研究进展[J]. 植物检疫 (2): 1-10.

潘绪斌，2020. 有害生物风险分析[M]. 北京：科学出版社.

（撰稿：秦誉嘉；审稿：李志红）

生物入侵风险管理　risk management of biological invasion

对于经过风险评估，其风险超过可接受水平的，按照相关规定对其入境进行限制，并及时选择适当的可以降低生物入侵风险的措施。生物入侵风险管理是生物入侵风险分析的第三阶段，是风险分析的目的所在。对于新发生的有害生物，可能由于缺乏相关资料，难以明确其风险，应当假定其具有风险，对其进行限制，直至有科学证据证明其没有风险或风险水平可以接受。

主要内容　列出把外来生物入侵风险降低到可接受水平的备选方案清单。备选方案主要涉及传播途径，特别是允许商品进入的条件，考虑的备选方案主要包括：①列出禁止入境的外来生物名单。②要求产品来自非疫区。③规定进境前需达到的检疫要求，出具检疫证书和（或）熏蒸证书。④在双边贸易进口政策的许可下，要求输出国在出口粮食、木材、种苗（木）等时，列出产区及主要病虫害。⑤针对检疫性有害生物规定口岸现场检测程序，加大查验批次。⑥发现疫情后及时采取除害处理技术及措施。⑦除害处理无效后的检疫扣留、销毁或退货。⑧进入后的检疫与监管技术及措施。⑨入境口岸建立监测预警系统，规定禁止特定产地，特定动植物、动植物产品或其他商品的进口措施与要求。

备选方案的效率和影响评估。主要考虑的因素包括：①生物学有效性。②实施的成本和效益。③对现有法律法规的影响。④商业影响。⑤社会影响。⑥考虑植物检疫政策。⑦可能形成和实施新法规的时间。⑧备选方案应对其他检疫性有害生物的效率。⑨生物或非生物因素的环境影响。

评估时应具体说明各种备选方案的积极方面和消极方面。应当遵守国际贸易政策原则与管理措施，特别注意“最小影响”原则，即实施的植物检疫措施应当与生物入侵的风险程度相适应，并对贸易造成最少妨碍、最低限度的影响。

确定最优的备选方案，并在相应措施实施后监测其有效性。

具体措施

确定外来入侵生物风险的可接受性　外来入侵生物可接受的风险水平应结合具体经济和社会因素，并参照相关标准确定。可接受的风险水平具体可参照现有动植物检疫要求、根据可能的经济损失提出的指标、用数值表达的风险值、同其他国家接受的风险水平。

强化检疫措施　进一步加强海关以及内陆地区间的检疫阻截，利用口岸检疫、产地检疫、调运检疫等检疫措施，加强对进口和调运的植物及植物产品的检疫检验工作。

提高公众意识　及时向社会各界公布外来入侵生物名单，加强公众对外来入侵物种预防知识的普及教育，加大国家有关法律法规和有关部门规章制度的宣传，号召和组织社会各界参与农业重大有害生物及外来生物入侵管理活动。

及时采取外来入侵生物的预防与控制措施　按照综合管理的原则，对外来入侵生物进行有效的预防控制。一是要大力保护未受到外来物种入侵的自然生态系统；二是阻止或减少外来入侵生物在作物中的蔓延，降低外来入侵生物对生产地区和农作物的负面影响；三是通过机械、化学、生物等措施灭除外来入侵生物，阻止外来物种的再次入侵，并使生态系统的生产力和群落的物种多样性得到恢复。

外来入侵生物风险的信息管理　建立全国性的外来入侵生物信息网，包括外来入侵生物的各种信息库、数据库、专家库以及相关网站等，提供全国外来物种管理决策的基础信息，提供信息咨询、技术咨询及各种信息网站的链接；及时公布各种外来入侵生物的相关信息及管理控制办法。通过信息网的建设和管理，不断拓宽信息来源，全面、准确、及时地掌握国内外外来入侵生物动态。同时建立快捷、畅通的应急报告制度和及时、准确的信息发布制度，以实现资源共享，推动外来入侵生物管理再上新台阶。

参考文献

万方浩, 彭德良, 王瑞, 等, 2010. 生物入侵: 预警篇[M]. 北京: 科学出版社: 37-38.

谢联辉, 尤民生, 侯有明, 等, 2011. 生物入侵——问题与对策[M]. 北京: 科学出版社: 92-94.

KERR N Z, BAXTER P W, SALGUERO-GOMEZ R, et al, 2016. Prioritizing management actions for invasive populations using cost, efficacy, demography and expert opinion for 14 plant species worldwide [J]. Journal of applied ecology, 53: 305–316.

ROBERTSON P A, MILL A, ADRIAENS T, et al, 2021. Risk management assessment improves the cost-effectiveness of invasive species prioritisation [J]. Biology, 10: 1320.

（撰稿：郭韶堃；审稿：桂富荣）

生物入侵风险交流 risk communication of biological invasion

风险分析期间，从可能的当事方收集信息和意见、将风险评估结果和风险管理措施向当事方通报的过程。生物入侵风险交流是生物入侵风险分析的第四阶段，是风险分析的保证。因此在生物入侵风险分析整个流程中，应当充分记录风险识别、风险评估及风险管理的详细过程，以便在审议或争端中明确清楚地表明做出相应风险管理决定时所使用的信息来源和原理。

将风险交流作为独立部分是有害生物风险分析的特色。“风险交流理论”由加拿大首次提出，其植物有害生物风险分析有专门的机构负责管理，并且有专门的机构负责进行风险评估。评估部门对有害生物的风险进行评价，并提出可降低风险的植物检疫措施备选方案，最后由管理部门进行决策，加拿大的风险交流主要指与有关贸易部门的交流。

风险交流是公开透明、互相且反复的信息交流过程，这一过程要求的风险分析报告主要内容为生物入侵风险分析的目的；风险识别的技术报告（过程、结果、结论等）；风险评估的技术报告（风险分析的方法、结果与结论；各环节定性及定量分析，如进入、定殖、扩散风险及经济或生态重要性；总体风险评估）；风险管理及选定的方案；风险交流的范围与原则。

参考文献

万方浩, 彭德良, 王瑞, 等, 2010. 生物入侵: 预警篇[M]. 北京: 科学出版社: 38.

KUMSCHICK S, FOXCROFT L C, WILSON J R, 2020. Analysing the risks posed by biological invasions to South Africa[M]// van Wilgen B W, Measey J, Richardson D M, et al. Biological Invasions in South Africa. Invading Nature-Springer Series in Invasion Ecology, vol 14. Springer, Cham.

（撰稿：郭韶堃；审稿：桂富荣）

生物入侵风险评估 risk assessment of biological invasion

针对需评估的外来入侵生物，运用科学技术及方法，定性或定量确定外来生物的入侵风险。生物入侵风险评估是生物入侵风险分析的第二阶段，是风险分析基本程序中的关键。生物入侵风险评估应严格遵循生态学、生态经济学的基本原理，利用系统工程的方法开展分析，强调经济、生态和社会效益的高度统一。

主要原则 阶段分析：传入风险、适生风险、传播风险等。方法有效：确定分析方法的有效性及使用范围，定性与定量分析。资料可靠：科技论文、已有信息、专家意见等。公平合理：评估方法一致、透明，最终决策被各方理解并接受。补充完善：获得新信息时，可补充资料重新分析。

主要程序 查阅可靠资料，明确外来入侵生物的类型及生物生态学特性。查阅全面资料，确定外来入侵生物可能传入的途径、传入可能性大小。对原产地和入侵地的环境条件进行比较，确定外来入侵生物能否在传入地定殖，能否在当地建立种群。评估对传入地其他生物的影响。开展潜在危险分析，如经济损失、社会影响、环境压力等。完成评估报告，提出预防和控制措施。

评估过程需考虑的重要因素 外来生物的重要性，尤其是其所属类型、在国内外的发生、分布、危害、生物生态学特征、控制情况和经济重要性等。

风险分析区对外来入侵生物的管理状况、外来生物在风险分析区定殖和扩散的可能性、对风险分析区的生态或经济影响。

评价外来入侵生物的传播特征，关注其进入的可能性、定殖的可能性和定殖后扩散的可能性；查明外来入侵生物风险分析地区中生态因子利于外来入侵生物定殖的地区，以确定受威胁地区。

具有不可接受的经济影响（包括环境影响）的可能性。具体考虑外来入侵生物的影响，包括直接影响（风险分析地区的产量损失、控制成本等）和间接影响（如对市场的影响、社会的影响等），分析经济影响（包括商业影响、非商业影响和环境影响），查明风险分析地区中外来入侵生物的存在将造成重大经济损失的地区。

防控措施的有效性及后果的严重性。

风险评估 生物入侵风险评估必须有足够的证据明确外来生物的进入风险、定殖风险、扩散风险和经济与生态重要性，也必须明确是否能够采取恰当措施进行防控。具体如下：

进入风险 外来生物被携带进境的机会（如商品、货物和运输工具等）、次数和数量。外来生物在运输环境条件下的存活率。外来生物被检出的难易程度。外来生物通过自然传播方式进入风险分析地区的频率和数量。

定殖风险 风险分析地区存在的寄主种类、数量及分布。风险分析地区的环境适生性。

外来生物的环境适应性和抗逆能力。外来生物的繁殖策略。外来生物的生存方式与能力（包括越冬、越夏、休眠、滞育）。

扩散风险　外来生物自然扩散的潜能。外来生物随商品、货物及运输工具的传播能力。非生物因素（风向等）与生物因素（传播媒介、天敌、食物等）条件。

经济与生态重要性　损害类别及其重要性（包括经济、生态与社会代价）。损失大小与相关地区的经济利益或生态利益的关系。对出口贸易及相关产业的损失及影响。采取控制措施需要增加的费用（人力、物力、财力）。费用—收益分析。对其他生物入侵防控计划的负面影响。

将外来生物进入、定殖、扩散可能性与潜在的经济生态影响综合评价，利用专家评判或风险评价矩阵，确定外来有害生物的风险等级。凡结论符合检疫性有害生物定义的，则判定为检疫性有害生物，需进入风险分析的第三阶段，即风险管理，提出采取相应降低风险的管理措施进行控制。评估结论中还应说明风险评估的不确定性，包括对风险认识的不足和风险自身变异的评述。

参考文献

万方浩, 彭德良, 王瑞, 等, 2010. 生物入侵: 预警篇[M]. 北京: 科学出版社: 36-37.

谢联辉, 尤民生, 侯有明, 等, 2011. 生物入侵——问题与对策[M]. 北京: 科学出版社: 92-94.

ANDERSEN M C, ADAMS H, HOPE B, et al, 2004. Risk assessment for invasive species [J]. Risk analysis, 24(4): 787–793.

ROY H E, RABITSCH W, SCALERA R, et al, 2018. Developing a framework of minimum standards for the risk assessment of alien species [J]. Journal of applied ecology, 55: 526–538.

（撰稿：郭韶堃；审稿：桂富荣）

生物入侵风险评估模型　biological invasion risk assessment models

生物入侵风险评估可分为定性评估（qualitative assessment）与定量评估（quantitative assessment）。其中定性评估包括美国的专家打分法、澳大利亚的合并矩阵法等。中国的多指标综合评判模型一般认为是半定量模型，通过综合评价国内分布状况、潜在危害性、受害栽培寄主的经济重要性、移植的可能性与危险性管理的难度得到有害生物危险性R值，相关单位根据各自需求又在此基础上作了进一步的完善和拓展。李志红团队综合考虑有害生物入侵过程、现有定量风险评估模型和软件的适合性以及定量风险评估的现实需求，通过引进、消化、吸收集成了一套有害生物定量风险评估技术体系，包括通过多种有害生物的定殖可能性评估进行风险初筛的SOM+Matlab，对某种有害生物入侵可能性评估的场景模型+@RISK，某种有害生物潜在地理分布预测的物种分布模型CLIMEX/MaxEnt/生物实验模型+GIS，某种有害生物潜在损失预测的场景模型+@RISK，最终对有害生物入侵风险进行综合评估，这些模型评估需要有害生物地理分布数据、地图数据、有害生物检疫截获数据、交通运输数据、气象数据、有害生物生物学和危害数据、寄主数据等底层数据作为支持。中国国家有害生物检疫信息平台研发了风险评估系统具备有害生物名单生成、名单筛选和风险评估3项基本功能。国际农业与生物科学中心（CABI）基于作物保护大全开发了在线有害生物风险分析工具 Pest Risk Analysis Fool (https://www.cobi.org/PRA-Tool/)，协助针对减少有害生物传入风险的合适措施的选择。EPPO研发了计算机辅助有害生物风险分析软件（http://carpa.eppo.org）。风险评估模型和软件均有其产生的时代背景和技术基础，针对有害生物风险分析定量评估的不同内容，各具特色、各有优势和不足，随着技术的不断推进将有更多的模型和软件被开发应用于生物入侵的风险评估中。

参考文献

陈克, 范晓虹, 李尉民, 2002. 有害生物的定性与定量风险分析[J]. 植物检疫, 16(5): 257-261.

李志红, 秦誉嘉, 2018. 有害生物风险分析定量评估模型及其比较[J]. 植物保护, 44(5):134-145.

吕飞, 杜予州, 周奕景, 等, 2016. 有害生物风险分析研究概述[J]. 植物检疫, 30(2): 7-12.

潘绪斌, 2020. 有害生物风险分析[M]. 北京: 科学出版社.

COOK D C, CARRASCO L R, PAINI D R, et al, 2011. Estimating the social welfare effects of New Zealand apple imports[J]. Australian journal of agricultural and resource economics, 55(4): 599-620.

WORNER S P, GEVREY M, 2006. Modelling global insect pest species assemblages to determine risk of invasion[J]. Journal of applied ecology, 43(5): 858-867.

（撰稿：秦誉嘉；审稿：李志红）

生物入侵风险识别　biological invasion risk identification

生物入侵风险分析的起点，也是风险分析的第一个阶段。《进境植物和植物产品风险分析管理规定》将这个阶段命名为“启动”，《林业有害生物风险分析准则》中将这一阶段命名为“预评估”。在风险识别阶段，也就是风险分析的起始阶段，需要确定进行风险分析的有害生物或与传播途径有关的有害生物是否属于限定的有害生物，并鉴定其传入、定殖和扩散的可能性及对经济、环境和生态的重要性。风险识别阶段主要包括3个方面：确定风险分析的起点、确定风险分析的地区以及收集风险分析所需要的信息。根据《植物卫生措施国际标准》第11号标准，有害生物风险分析一般有3个起点，即以有害生物为起点的风险分析、以路径为起点的有害生物风险分析和以政策为起点的有害生物风险分析。应用到生物入侵的风险识别可分为从入侵生物本身开始风险分析；从入侵生物可能随其传入和扩散的传播途径开始分析；根据政策需求重新开始风险分析，最终是对特定的入侵生物进行风险分析。如在风险识别阶段确定非限定的入侵物种，则将停止后续的风险分析流程。自入侵物种本身开始的风险分析如在风险地区发现新的入侵物种已蔓延或暴发所出现的紧急情况；在输入商品中截获某种新的入侵物种而出现的紧急情况；科学研究已查明某种新的入侵物种的风险；某种入侵物种传入一个地区；据报道某入侵物种在另一地区造成的破坏比原产地更大；多次截获某入侵物种；提出输入某入侵物种的要求；查明某种生物为其他入侵物种的传播媒介；对某种生物进行遗传改成后，查明其具有某入侵物种的潜力；科学研究表明入侵物种将带来新的风险；在风险地区入侵物种的发生状况出现变化等。信息收集是风险分析所有阶段的十分重要的组成部分，特别是在起始阶段，如入侵物种的特性、现有分布及经济影响，核查是否在国内外已进行过相关的风险分析，如有相同物种的风险分析时效性如何，这些重要的信息决定着风险分析工作的开展。

参考文献

潘绪斌, 2020. 有害生物风险分析[M]. 北京: 科学出版社.

许志刚, 2008. 植物检疫学[M]. 3版. 北京: 高等教育出版社.

（撰稿：秦誉嘉；审稿：李志红）

生物入侵间接经济损失　indirect economic loss from biological invasion

外来入侵生物导致生态系统服务功能、物种多样性和遗传多样性的经济损失。生物入侵造成的间接经济损失主要体现在具体的环境物品或环境服务的价值受损。生态系统服务功能的表现是多方面的，比如调节气候、维持土壤、涵养水分、维持营养物质循环、净化环境、维持生态系统稳定等。与直接经济损失相比，间接损失的计算是十分困难的，必须通过它的机会成本、影子价格或影子工程费用间接加以计算。外来生物通过改变生态系统带来的一系列的水土、气候等不良影响产生的间接经济损失也是巨大的。

据万方浩等的研究表明，中国因烟粉虱、紫茎泽兰、松材线虫等 11 种主要外来入侵生物，每年给农林牧渔业造成的间接损失约 193.9 亿元。徐海根等测算结果表明，外来入侵物种中国生态系统、物种和遗传资源造成的间接损失 1000 多亿元，占总经济损失 84%。甘泉等通过建立间接经济损失模型等方法计算 2000 年以来外来入侵物种对中国湿地生态系统所造成的间接经济损失 693.38 亿元 / 年，外来病虫害对森林生态系统造成的间接经济损失为 154.43 亿元 / 年。据张润志等人测算，仅松材线虫每年造成的间接经济损失达 250 亿元。

生物入侵不仅可以彻底改变生态系统的结构和功能，还严重影响了社会和人类健康，造成重大的生态和社会问题。科学、系统地认识和评估生物入侵造成的损失，有助于提高政府和社会对生物入侵的重视，更好地为有关政府部门提供科学决策依据。因此，建立全国外来入侵生物动态监测网络非常重要，需要全民提高防范意识，加强国际合作交流。

参考文献

甘泉, 徐海根, 李明阳, 2005. 外来入侵物种造成的间接经济损失估算模型[J]. 南京工业大学学报: 自然科学版, 27(5): 78-80.

李明阳, 徐海根, 2005. 外来入侵物种对森林生态系统影响间接经济损失评估[J]. 西北林学院学报, 20(2): 156-159.

刘婷婷, 张洪军, 马忠玉, 2010. 生物入侵造成经济损失评估的研究进展[J]. 生态经济(2): 173-175.

万方浩, 郭建英, 王德辉, 2002. 中国外来入侵生物的危害与管理对策[J]. 生物多样性, 10(1): 119.

周桢, 2012. 中国外来入侵动物扩散风险评价, 损失评估及其管理研究[D]. 南京: 南京农业大学.

（撰稿：王晨彬、马方舟；审稿：周忠实）

生物入侵瓶颈效应　biological invasion bottleneck effect

当外来生物侵入新环境之初，只是原始种群中的少数群体或某些个体，相对于种群规模更大的本地种，它们的遗传变异性很低，从而导致侵入地种群的遗传多样性下降，即所谓“瓶颈效应”。生物入侵的种群瓶颈效应是一种适应性进化的途径。入侵种适应性进化最主要的遗传基础来自遗传变异，但除了遗传变异，还有一些其他重要途径可促使入侵种发生适应性进化，其中包括瓶颈效应。

从理论上讲，在种群经过一个瓶颈时，加性遗传变异会快速减少，从而降低其进化潜力。但同时种群瓶颈可能会带来另外一些遗传学效应，从中减少遗传变异的丢失。其中一种情况是，通过瓶颈的个体近交之后导致遗传漂变，一些隐性等位基因的频率得以提高；另一种情况是，经过瓶颈后一些个体中的上位变异或显性变异向加性变异转变。这两种情况均有助于提高种群遗传多样性，促进进化发生，例如，在澳大利亚许多地区孔雀鱼（*Poecilia reticulata*）的遗传多样性均很低，只能检测到一种线粒体 DNA 单倍体，等位基因多样性、杂合性均显著低于来源地种群。但这并不影响当地孔雀鱼的适合度，主要原因是入侵过程中孔雀鱼曾遭受过种群瓶颈效应，期间种群加性遗传变异不仅没下降，反而明显提高，从而促进了进化。

另一个例子见于一种金丝桃（*Hypericum canariense*）中。该金丝桃是观赏植物，原产于非洲西北部大西洋上的加那利群岛，因其花多、花大而艳丽广受人们喜爱，已在世界各地广泛引种和栽培，由此成为某些地区的入侵种。该金丝桃从加那利群岛向美国夏威夷群岛、加利福尼亚州圣地亚哥和圣马地奥的引进过程中曾遭受种群瓶颈效应（来源地面积 2000km^2 左右），虽导致 45% 的杂合性缺失，但各引入地种群的适合度并未因此下降，反而能生长得更快，存活力和生殖力也有所提高，开花时间还能随纬度变化进行调整，表现出较强的快速进化能力。

事实上，大小合适的“瓶颈”可能会产生完全相反的效果，即它可以清除一些有害的等位基因，从而提高对环境的适应性，而不是通过近交衰退来降低适应性。这种很低的遗传多样性和很强的适应能力之间的巨大反差被称为“生物入侵的遗传悖论”（genetic paradox of biological invasion）。

参考文献

万方浩, 侯有明, 蒋明星, 2015. 入侵生物学 [M]. 北京: 科学出版社: 68-69.

DLUGOSCH K M, PARKER I M, 2010a. Invading populations of an ornamental shrub show rapid life history evolution despite genetic bottlenecks[J]. Ecology letters, 11(7): 701-709.

DLUGOSCH K M, PARKER I M, 2010b. Founding events in species invasions: genetic variation, adaptive evolution, and the role of multiple introductions[J]. Molecular ecology, 17(1): 431-449.

MADERSPACHER F, 2011. The benefits of bottlenecks[J]. Current biology, 21(5): R171-R173.

（撰稿：周忠实、田镇齐；审稿：万方浩）

生物入侵早期预警 early warning of biological invasion

通过预测、预防、早期发现、根除和其他快速反应等主动管理的方法。目的是：①防止入侵物种进入高危地区。②发现并快速应对新物种入侵。这种生物安全预防方法的目标是将入侵物种的密度保持或恢复到零，从而防止这些害虫的危害，或者将种群限制在局部地区，从而限制这些物种的危害。

预测是通过风险评估（预测入侵的可能性和后果的过程）和路径分析（一种方法来评估入侵物种可能被带入关注区域的过程）来实现的。

预防是通过各种措施实现的，包括法规和检疫处理。事实上，路径分析和随后对这些路径的管控被认为是“预防生物入侵的第一防线”和提高成本效益的方法。

监测对于早期发现至关重要，如果发现了目标物种，主要的快速反应是根除、遏制或抑制。早期预警通常在空间尺度上发挥作用，其规模远远大于大多数土地管理者所发挥的规模。因此，成功预警需要在国际、国家、地方和地方各级的研究人员、管理者和管理者之间进行有效的协调。

参考文献

BERIC B, MACISAAC H J, 2015. Determinants of rapid response success for alien invasive species in aquatic ecosystems[J]. Biological invasions, 17(11): 3327-3335.

BAKER R H A, BATTISTI A, BREMMER J, et al, 2009. PRATIQUE: a research project to enhance pest risk analysis techniques in the European Union[J]. EPPO bulletin, 39: 87-93.

ESSL F, BACHER S, BLACKBURN T M, et al, 2015. Crossing frontiers in tackling pathways of biological invasions[J]. Bioscience, 65(8): 769-782.

MAGAREY R D, COLUNGA-GARCIA M, FIESELMANN D A, 2009. Plant biosecurity in the United States: roles, responsibilities, and information needs[J]. Bioscience, 59(10): 875-884.

（撰稿：郭韶堃；审稿：桂富荣）

生物入侵直接经济损失 direct economic loss from biological invasion

外来生物对农林牧渔、交通或人类健康等经济活动造成使用价值和效用价值的直接损失。外来入侵物种给人类带来的危害和造成的经济损失是巨大的，直接经济损失通常可以直接用市场价格来计量。外来入侵生物对农田、园艺、草坪、森林、畜牧、水产、建筑等都可能直接带来经济危害。

生物入侵每年仅对中国农林业造成的直接经济损失就高达574亿元。据徐海根等的测算，外来入侵物种对中国造成的总经济损失为每年1200多亿，其中直接经济损失200亿，占总经济损失的16%。万方浩等的研究表明，中国因稻水象甲、烟粉虱、紫茎泽兰、松材线虫等13种主要外来入侵生物，每年给农林牧渔业造成的经济损失达570亿元。据张润志等测算，仅松材线虫每年造成的直接经济损失达23亿元。在生态环境部南京环境科学研究所的组织协调下，由20多位专家参与，对中国国民经济行业4个门类的200多种外来入侵物种的危害进行分析和计算，得出外来入侵物种每年造成的经济损失高达1198.76亿元，占当年GDP的1.36%，其中与中国国民经济有关行业造成直接经济损失共计198.59亿元，包括农林牧渔业损失达到160亿元。世界自然保护联盟（International Union for Conservation of Nature，IUCN）评估结果显示，外来入侵物种对世界各国的入侵潜在损失为4000亿美元/年。

随着全球经济一体化的发展，生物入侵已成为国际社会面临的共同问题，成为21世纪生物多样性保护、生态安全的主要障碍之一。一个地区一旦遭受外来物种的入侵，它会导致本地物种大量死亡甚至濒临灭绝，造成地区性的生态灾难，给社会造成重大的经济损失，有些损失是无法用货币来直接计算的。科学、系统地认识和评估生物入侵造成的直接经济损失，有助于提高政府和社会对生物入侵的重视，更好地为有关政府部门科学决策提供依据。

参考文献

高国伟, 2007. 外来生物入侵对受害地区经济影响研究——以紫茎泽兰为例[D]. 北京: 中国农业科学院.

万方浩, 侯有明, 蒋明星, 2015. 入侵生物学[M]. 北京: 科学出版社.

徐海根, 王健民, 强胜, 2004.《生物多样性公约》热点研究: 外来物种入侵·生物安全·遗传资源[M]. 北京: 科学出版社: 388.

杨昌举, 韩蔡峰, 2007. 外来入侵物种造成经济损失的评估[J]. 环境保护 (7A): 13-17.

周桢, 2012. 中国外来入侵动物扩散风险评价, 损失评估及其管理研究[D]. 南京: 南京农业大学.

（撰稿：马方舟；审稿：周忠实）

生物学限控措施 biological containment

按生物学原理，设计转基因操作方案，屏蔽或限控基因飘流，使培育出的转基因作物不再发生由花粉扩散介导的基因飘流，或限控其基因飘流率，杜绝或降低转基因向有性可交配物种转移的风险。

研究比较多的生物学限控措施有雄性不育或种子不育、叶绿体转化、转基因弱化、转基因删除、转基因拆分、转基因根除等。此外，还有孤雌生殖、无融合生殖、闭花受精等。

需要指出的是，每种方法都有其适用范围和局限性。

因为大多数植物中的叶绿体 DNA 都是母系遗传，叶绿体转化产生的转基因植物，基因飘流的风险远低于核基因组转化的植物，可避免作物与作物、作物与相关野生种或杂草之间的杂交。同时，花粉中也不含有叶绿体基因编码的蛋白，不会对以花粉为食物的昆虫产生影响。在烟草和西红柿等几种植物中也成功地证明了叶绿体转基因的母性遗传，可防止花粉扩散所引起的转基因飘流。

闭花受精是在花朵未开放时成熟花粉粒在花粉囊内萌发，花粉管穿出花粉囊，伸向柱头，进入子房，把精子送入胚囊，完成受精。闭花受精能使植物避免外来花粉干扰而保持纯种。在水稻上已获得闭花受精的突变体。

通过干扰生殖器官的发育，也可以有效地避免转基因飘流。可以利用 RNAi 技术干扰作物雄性生殖器官（花药和花粉）的发育，培育雄性不育的转基因植物。雄性不育系不产生有活力的花粉，不会有基因飘流。也可以通过功能阻断恢复系统（recoverable block of function，RBF）使转基因植物的种子不育。RBF 系统由目的基因的封锁序列（blocking sequence）和恢复序列（recovering sequence）所组成。阻遏区由 SH-EP（slufhydry endopeptidase，巯基肽链内切酶）启动子控制 *barnase*［来源于解淀粉芽孢杆菌，编码小分子核糖核酸酶（RNase）］基因的表达，恢复区由热激蛋白（heatshock protein，HS）启动子控制 *barstar*（为 *barnase* 的特异性抑制基因）基因的表达。SH-EP 启动子控制下的 *barnase* 基因可以在种子成熟期表达，将胚细胞杀死，使转基因作物的种子不育，从而避免转基因的逃逸风险。相反，通过激活恢复区 *barstar* 基因的表达，抑制 RNase 活性，使转基因种子胚重新获得正常发育的能力。

参考文献

阎隆飞，刘国琴，肖兴国，1999. 从花粉肌肉蛋白到作物雄性不育[J]. 科学通报，44 (23): 2471-2475.

DANIELL H, DATTA R, VARMA S, et al, 1998. Containment of herbicide resistance through genetic engineering of the chloroplast genome[J]. Nature biotechnology, 16: 345-348.

DANIELL H, KHAN M S, ALLISON L, 2001. Milestones in chloroplast genetic engineering: an environmentally friendly era in biotechnology[J]. Trends in plant science, 7: 84-91.

KUVSHINOV V, KOIVU K, KANERVA A, et al, 2001. Molecular control of transgene escape from genetically modified plants[J]. Plant science, 160: 517-522.

YOSHIDA H, ITOH J, OHMORI S, et al, 2007. Superwoman-cleistogamy, a hopeful allele for gene containment in GM rice[J]. Plant biotechnology journal, 5(6): 835-846.

（撰稿：王旭静；审稿：贾士荣）

湿地松粉蚧 *Oracella acuta* (Lobdell)

一种危险性检疫害虫。又名火炬松粉蚧。半翅目（Hemiptera）粉蚧科（Pseudococcidae）松粉蚧属（*Oracella*）。

入侵历史 湿地松粉蚧于1988年随引种材料由美国的佐治亚州传入中国广东台山，1990年6月中国首次在台山红岭种子园发现该虫的危害，1992年被中国列为危险性检疫害虫。

分布与危害 国外分布于美国。中国分布于福建、江西、湖南、广东、广西等地。

主要寄生在松树的嫩梢，以若虫和雌成虫刺吸汁液，部分寄生于嫩枝和新鲜的球果上，造成新梢及针叶缩短，不能伸展，甚至形成丛枝，老针叶提前枯黄脱落，严重时会出现枝梢弯曲、萎缩、流脂，使松树生长量下降，球果发育不良，小而弯曲。此外，湿地松粉蚧还分泌蜜露，导致煤污病的发生，影响林木光合作用，也影响林木的生长，削弱树势（图①②）。

主要寄主有湿地松（*Pinus elliottit* Engel.）、火炬松（*P. taeda* Linn.）、本种加勒比松（*P. caribaea* var. *caribaea* Morelet）、巴哈马加勒比松（*P. caribaea* var. *bahamensis* Geiseb.）、洪都拉斯加勒比松（*P. cartbaea* var. *hondurensis* Senecl.）、马尾松（*P. massoniana* Lamb.）、长叶松（*P. palustris*）、萌芽松（*P. echinata*）、矮松（*P. virginiana*）等松属树种。

形态特征

成虫 雌成虫体长1.5～1.9mm，浅红色，梨形，中后胸最宽。在蜡包中腹部向后尖削。复眼明显，半球状。口针长度为体长的1.5倍。触角7节，其上具有细毛，端节较长，为基节2倍，并有数根感觉毛刺（图③）。气门2对。胸足3对，发育正常，爪下侧无小齿。体背面前后有1对背裂唇，腹面在第三、四腹节交界的中线处横跨1个较大的脐斑。肛孔在第八腹节末端的背面，肛环有许多小孔纹环列，肛环刚毛6根。阴孔在第七、第八腹节间交界处。在腹部后几个腹节的两侧各有1个腺堆，从腹末往前数共有腺堆4～7对，腺堆在愈向前的腹节上愈不清楚，每个腺堆由2根粗短的刺和为数不多的三孔腺组成，并杂有少数短刚毛。全身背腹两面除散布稀疏的短刚毛外，还有许多三孔腺分布。在头胸部外侧边缘附近和腹部背腹两面有大量具有泌蜡功能的多孔腺分布。卵长椭圆形，长约0.4mm，浅红色至红褐色。雄成虫体长0.9～1.1mm，翅展1.5～1.7mm，粉红色，触角基部和复眼朱红色。中胸大，黄色；第七腹节两侧各具1条0.7mm长的白色蜡丝。有翅型雄虫具1对白色的翅，软弱，翅脉简单。

卵 长椭圆形，0.3～0.4mm×0.17～0.19mm，浅红色至红褐色。

若虫 椭圆形，体长0.4～1.5mm，浅黄色至粉红色，足3对。中龄若虫体分泌白粒状蜡质物，腹末有3条白色蜡丝，高龄若虫营固定生活，分泌蜡质物形成蜡包覆盖虫体（图④）。

蛹 雄蛹为离蛹，体长约1mm，粉红色。触角可活动，复眼圆形，朱红色。足3对，浅黄色。在头、胸、腹部有分泌出白色粒状蜡质和2～3倍于体长的灰白色蜡丝，并逐渐覆盖蛹体。

入侵生物学特性 在广东1年发生4～5代，以4代为主，世代重叠，以一龄若虫聚集在老针叶的叶鞘内或叶鞘层之间越冬。湿地松粉蚧完成1代的发育起点温度为

湿地松粉蚧危害状及形态特征（①徐家雄提供；②蔡卫群提供；③陈沐荣提供；④李奕震提供）
①幼树受害状；②松梢受害状；③成虫；④若虫

7.8 ± 1.0 ℃，有效积温为 1042.9 ± 88.4 日・度。湿地松粉蚧入侵后的第一年从零分布至越冬代时形成一定种群密度，第二年越冬代种群密度最大，第三至五年越冬代种群密度明显下降。湿地松粉蚧上半年虫态整齐，种群密度大，下半年世代重叠，种群密度小，全年湿地松粉蚧种群密度呈单峰型。通过该虫生命表的组建和分析表明，温度和寄主是影响虫口数量变动的主要因素，夏季高温和被害松树营养成分下降是种群数量回落的主要原因，捕食性天敌对该虫作用不明显。

预防与控制技术 在湿地松粉蚧入侵后，曾系统研究湿地松粉蚧的生物学、生态学特性、发生规律和危害程度，开展引进、保护天敌昆虫研究。

在湿地松粉蚧入侵广东初期，测定结果表明，严重受害林分主梢、侧梢生长分别下降 23.7% 和 25.8%，然而，后期的监测则表明湿地松粉蚧对湿地松生长的影响没有早期那么大。与此同时，在广东南部的新侵入区，夏季高温引起的松梢迅速老化，上代为害以后引起的营养质量的变化、拥挤以及煤污病的严重发生等，均对湿地松粉蚧夏季种群数量的下降起着重要的作用，导致每年 7～8 月虫口数量最低，高温的季节难寻其踪影，表现出大起大落的特点，是任何防治措施难以比拟的。

鉴于湿地松粉蚧已处于有虫不成灾的状态，无须采取措施防治，但仍需定期监测其发生动态，必要时重新评估其风险。

参考文献

潘志萍，曾玲，叶伟峰，2002. 湿地松粉蚧的天敌及生物防治[J]. 中国生物防治，18(1): 36-38.

任辉，陈沐荣，余海滨，等，2000. 湿地松粉蚧本地寄生天敌——粉蚧长索跳小蜂[J]. 昆虫天敌，22(3): 140-143.

汤才，田明义，1995. 湿地松粉蚧夏季数量凋落的原因分析[J]. 生态科学 (2): 38-41.

汤才，田明义，黄寿山，等，1996. 湿地松粉蚧自然种群生命表的组建和分析[J]. 华南农业大学学报，17(1): 31-36.

徐家雄，余海滨，方天松，等，2002. 湿地松粉蚧生物学特性及发生规律研究[J]. 广东林业科技，18(4): 1-6.

张心结，李奕震，苏星，等，1996. 湿地松粉蚧为害对湿地松生长的影响[J]. 华南农业大学学报，18(4): 40-45.

（撰稿：黄焕华；审稿：石娟）

十数定律 the tens rule

1986 年由 Williamson 提出的用来阐述外来物种入侵过程的定律，并在 1996 年进行了进一步的补充。该定律指出，外来种传入新的地区后，仅有 10% 的物种能成功发展为偶见种群，而成功定殖成为定居种群的外来种也仅有 10%，成为定居种群的外来种中仅有 10% 能成功入侵成为有害生物。十数定律说明，外来种在从引入到成为有害生物的过程中面临着许多障碍，只有部分入侵种能克服这种障碍；而且虽然很多物种都能经由各种途径进入栖息地以外的新区域，但是能在新区域成功入侵并造成生态或经济危害的只有一小部分。十数定律是一个由经验总结出的统计学规律，最初的版本也适用于广泛的生物类群，十数定律中的"十"并不是一个准确的数字，而是一个粗略的范围，这一范围在 5%～20%。大部分生物都符合这一规律，但是也有不少实例并不遵从这一定律，因此 Williamson 提出 3 条理由阐述遵从和偏离的原因：①繁殖体压力，即种群中繁殖个体等繁殖和释放的速度；②物种是否具有在低密度条件下能否存活和增长的潜力；③决定区域多度的因子。

参考文献

李博，陈家宽，2002. 生物入侵生态学: 成就与挑战[J]. 世界科技研究与发展，24(2): 11.

WILLIAMSON M, 1993. Invaders, weeds and the risk from genetically manipulated organisms[J]. Cellular and molecular life sciences, 49(3): 219-224.

WILLIAMSON M, 1996. Biological invasions[M]. London: Chapman and Hall.

WILLIAMSON M H, BROWN K C, HOLDGATE M W, et al, 1986. The analysis and modelling of british invasions and discussion[J]. Philosophical transactions of the royal society B: Biological sciences, 314(1167): 505-522.

WILLIAMSON M, FITTER A, 1996. The varying success of invaders[J]. Ecology, 77(6): 1661-1666.

（撰稿：田震亚；审稿：周忠实）

十字花科细菌性黑斑病 black spot of cruciferae

由丁香假单胞菌斑生致病变种引起，危害十字花科植物的一种入侵性病害。

入侵历史 1911年，McCulloch在花椰菜上报道了该病菌，随后在萝卜、甘蓝、芥菜、芜菁、油菜等超过25种十字花科植物上陆续发现了该病菌的危害。病菌可由带菌种子及病残体传播，田间以风雨和昆虫传播为主。1958年在新西兰的花椰菜上、1965年在美国地区的萝卜上、1966年和1968年先后在英国的花椰菜和芥菜上都分离出该变种。在加利福尼亚州的花椰菜上和在俄克拉何马州的芜菁、菠菜、芥菜和甘蓝上危害严重。2007年该病菌入侵中国并被列为中国检疫性有害生物。

分布与危害 病菌广泛分布于世界各地，如美国、英国、法国、澳大利亚和阿根廷等国。萝卜细菌性黑斑病2002年在湖北长阳火烧坪高山蔬菜基地大面积流行，经许志刚教授鉴定为萝卜细菌性黑斑病（即十字花科蔬菜细菌性黑斑病），病原菌为 *Pseudomonas syringae* pv. *maculicola*（McCulloch）Young Dye & Wilkiel。该病在中国浙江、湖北、湖南、云南、广东等地分布。

病原及特征 丁香假单胞菌属假单胞菌科（Pseudomonadaceae）假单胞菌属（*Pseudomonas*）。菌体短杆状，大小为1.3～3.0μm×0.7～0.9μm，有1～5根极生鞭毛，革兰氏染色为阴性。在肉汁胨琼脂平面上菌落平滑有光泽，白色至灰白色，边缘为圆形光滑，质地均匀，后具皱褶。在KB培养基上产生蓝绿色的荧光。该菌在0～32℃均可生长，以24～25℃最适，致死温度49℃，适宜pH 6.1～8.8，最适pH为7，对氨苄青霉素尤其敏感。寄主主要是十字花科蔬菜，如白菜、花椰菜、萝卜等（见图），同时也可危害辣椒、番茄。

入侵生物学特性 病菌主要在种子上或土壤及病残体上越冬，在土壤中可存活1年以上，主要在莲座期至结球期侵染。病菌可通过灌溉水、雨水或昆虫带菌侵染。研究结果表明：①病原细菌可通过植株地上部分各部位的伤口和自然孔口侵入寄主造成发病，但不能侵染根部发病。②种子接种也不能导致发病。③从田间群体动态来看，细菌在健叶表面和病残体中存活时间长，存活数量大，是主要的田间初次侵染源；在健叶表面存活的病菌对于再次侵染很重要。④该菌在土壤中存活能力差。

十字花科细菌性黑斑病症状（吴楚提供）

在萝卜板块种植的发病田有典型的圆形发病区。阴雨连绵，雾大雾重时该病蔓延速度迅猛。萝卜细菌性黑斑病发生始期在6月中下旬，此时高山蔬菜区萝卜正处在旺盛生长期。气温高、雨水多，细菌性黑斑病发生加重。

中国每年大量进口商用油菜籽和十字花科植物种子，仅油菜籽年进口量已超过300万t，病菌随种子传入、定殖和扩散风险极大。

预防与控制技术

检疫防控 要加强对甘蓝等十字花科蔬菜种子的进口检疫，杜绝带菌种子进入中国传播蔓延。

农业防治 加强田间管理，采用高畦栽培、覆膜栽培，雨后及时排水，降低田间湿度，以减少菌源；施足粪肥，氮、磷、钾肥合理配合，避免偏施氮肥；均匀小水浅灌，发现病株及时拔除；收获后彻底清除病残体，集中深埋或烧毁；定期轮作，与非十字花科蔬菜实行2年以上的轮作或与水稻轮作，可恢复及提高土壤肥力，增加产量并改善品质。

化学防治 ①种子处理。在播种前可对种子进行消毒，用50℃温水浸种20分钟后移入凉水中冷却，催芽播种；或用种子重量0.4%的50%琥胶肥酸铜或福美双可湿性粉剂拌种；亦可用硫酸链霉素或氯霉素1000倍液浸种2小时，晾干后播种，或丰灵50～100g拌种子后播种。②药剂防治。于发病初期喷洒30%绿得保悬浮剂400倍液或27%铜高尚悬浮剂600倍液，严格掌握用药量，以避免产生药害，炎热中午不宜喷药。

参考文献

许志刚，沈秀萍，赵毓潮，2006. 萝卜细菌性黑斑病的检测与防治[J]. 植物检疫(6): 392-393.

叶露飞，周国梁，印丽萍，等，2015. 进境油菜籽中十字花科黑斑病菌的检测[J]. 植物病理学报(4): 410-417.

张长全，2002. 花椰菜细菌性黑斑病的综合防治[J]. 植物保护(7): 28.

ALIPPI A M, RONCO L, 1996. First report of crucifer bacterial leaf spot caused by *Pseudomonas syringae* pv. *maculicola* in Argentina[J]. Plant disease, 80: 223.

HENDSON M, HILDEBRAND D C, SCHROTH M N, 1992. Relatedness of *Pseudomonas syringae* pv. *tomato*, *Pseudomonas syringae* pv. *maculicola* and *Pseudomonas syringae* pv. *antirrhini*[J]. Journal of applied bacteriology, 73: 455-464.

（撰稿：高利；审稿：董莎萌）

实时荧光PCR real-time PCR

在PCR反应体系中加入荧光基团，利用荧光信号积累，实时监测整个PCR进程，以荧光化学物质测定每次聚合酶链式反应（PCR）循环后产物总量的方法。该方法的基本原理是由于在PCR扩增的指数时期，模板的Ct值和该模板的起始拷贝数存在线性关系，成为定量的依据。荧光扩增曲线可以分为3个阶段：荧光背景信号期，荧光信号指数扩增阶段和平台期。荧光背景信号期，荧光信号被荧光背景信号所掩盖，无法判断产物量的变化。平台期，扩增产物已不再呈指数级增加，PCR终产物量与起始模板量之间没有线性关系，不能计算出起始DNA拷贝数。荧光信号指数扩增期，PCR产物量的对数值与起始模板量之间存在线性关系，可以进行定量分析。

实时荧光定量PCR包括非探针类和探针类两种，非探针类利用荧光染料或者特殊设计的引物来指示扩增产物的增加。探针类是利用与靶序列特异杂交的探针来指示产物的扩增，由于增加了探针的识别步骤，特异性更高。

SYBR荧光染料法：在PCR反应体系中，加入过量SYBR荧光染料，SYBR荧光染料非特异性地掺入DNA双链后，发射荧光信号，而不掺入链中的SYBR染料分子不会发射任何荧光信号，从而保证荧光信号增加与PCR产物增加完全同步。SYBR与双链DNA进行结合，利用荧光染料可以指示双链DNA熔点的性质，通过熔点曲线分析可以识别扩增产物和引物二聚体，可以区分非特异扩增，还可以实现单色多重测定。

分子信标（molecular beacon）：是一种在5′和3′末端自身形成一个8个碱基左右的发夹结构的茎环双标记寡核苷酸探针，两端的核酸序列互补配对，导致荧光基团与淬灭基团紧紧靠近，不会产生荧光。PCR产物生成后，荧光基因与淬灭基因分离产生荧光。复性温度下，模板不存在时形成茎环结构；退火过程中，分子信标中间部分与特定DNA序列配对，分子信标的构象改变使得荧光基团与淬灭剂分开，当荧光基团被激发时产生荧光。

TaqMan探针是一种寡核苷酸探针，它的荧光与目的序列的扩增相关。PCR扩增时在加入一对引物的同时加入一个特异性的荧光探针，两端分别标记一个报告荧光基团和一个淬灭荧光基团。它设计为与目标序列上游引物和下游引物之间的序列配对。荧光基团连接在探针的5′末端，淬灭剂在3′末端。当完整的探针与目标序列配对时，荧光基团发射的荧光因与3′端的淬灭剂接近而被淬灭。但在进行延伸反应时，聚合酶的5′－3′外切酶活性将探针酶切降解，使报告荧光基团和淬灭荧光基团分离，荧光监测系统可接收到荧光信号。即每扩增一条DNA链，就有一个荧光分子形成，实现了荧光信号的累积与PCR产物形成完全同步。随着扩增循环数的增加，释放出来的荧光基团不断积累。因此，荧光强度与扩增产物的数量呈正比关系。

（撰稿：朱鹏宇；审稿：付伟）

实质等同性原则　substantial equivalence principle

如果某个新食品或食品成分与现有的食品或食品成分大体相同，那么它们是同等安全的。实质等同性原则首先在转基因食品安全领域提出。1993年，联合国经济合作与发展组织（OECD）最先提出了实质等同性概念。实质等同性并不是风险评估的终点，而是起点。对于转基因食品，采用该原则评价，其结果可能会产生3种情况：①转基因食品与现有的传统食品具有实质等同性；②除某些特定的差异外，与传统食品具有实质等同性；③与传统食品实质不等同。只要转基因食品与相应的传统食品实质等同，就认为与其同样安全。但是，那些与相应传统食品实质不等同的转基因食品也可能是安全的，但上市前必须经过更广泛的试验和评估。

（撰稿：叶纪明；审稿：黄耀辉）

食物链　food chain

生态系统中生物（植物和动物）之间通过取食与被取食联系起来的能量和营养流动关系。根据能量流和营养流的开始，可将生态系统中的食物链分为两种类型。

植食食物链　是指由植物开始，到植食动物，再到肉食动物的食物链。例如，在稻田生态系统中，稻飞虱取食水稻，青蛙捕食稻飞虱，蛇吃青蛙，老鹰再吃蛇，构成了“水稻—稻飞虱—青蛙—蛇—鹰”的食物链。食物链上的成员有从小到大，由弱到强的趋势，这与它们的捕食能力有关。

在“水稻—稻飞虱—青蛙—蛇—鹰”的食物链中，以植食动物为起始的食物链有时又称为捕食食物链或寄生食物链，它们都是以活的动物为营养源，前者以捕食方式获得营养，后者以寄生方式获得营养。捕食食物链经常是从体型较小动物开始，再到体型较大动物，个体数量呈现由多到少的趋势。寄生食物链往往是由体型较大生物开始，再到体型较小生物，个体数量呈现由少到多的趋势。捕食食物链和寄生食物链合称为肉食食物链，是植物食物链的一部分。

还有一种特殊食物链，是指植物吃动物的情况，相当于植食食物链中跟肉食食物链并列的一个小分支。世界上这种植物仅有500多种，如猪笼草、捕蝇草等，它们能捕食小甲虫、蛾、蜂等小型动物。

腐食食物链或称碎屑食物链　是指以死亡的动植物、植物的枯枝烂叶、动物的排泄物等为营养源，到腐食动物或屑食动物，再到肉食动物的一条食物链。腐食动物或屑食动物包括原生动物、线虫、蚯蚓和昆虫等。

实际上，死亡的植物和动物及其排泄物的最初来源还是植物。因此，对食物链的完整定义应该是生态系统中能量和营养从动物所取食的一类有机体到另一类有机体的流动关系，这个流动关系以植物为开始，以肉食动物或屑食动物为结束，而分解者是终极的端点。分解者主要是指细菌和真菌，它们能以死亡的植物和动物及其排泄物为营养源，通过腐烂、分解，将有机物还原为无机物。

在不同的生态系统中，各类食物链占有比重不同。在森林生态系统中，90%以上的能量流经过腐食食物链，仅有10%的能量流经过植食食物链。在海洋生态系统中，经过植食食物链的能量流比经过腐食食物链的能量流要大些，比值约为 3∶1。Odum（1971）认为，陆地植食动物或人类的直接消耗如果超过一年生植物产品的 30%～50%，生态系统抵抗未来不利条件的能力就会降低。因此，在一个稳定的草场中，应该有 60% 的初级生产者进入腐食食物链，40% 的进入植食食物链。如果草场进入植食食物链的能量流超过 40%，草场将退化、沙化。在农田生态系统中，作物生产的有机质大部分作为收获物带走，留给屑食食物链的很少，仅占初级生产的 20%～30%。

参考文献

戈峰, 2008. 现代生态学[M]. 2版. 北京: 科学出版社.

沈佐锐, 2009. 昆虫生态学及害虫防治的生态学原理[M]. 北京: 中国农业大学出版社.

（撰稿：潘洪生；审稿：肖海军）

食物网　food web

在生态系统中的生物之间通过能量传递关系存在着一种错综复杂的普遍联系，这种联系像是一个无形的网把所有生物都包括在内，使它们彼此之间都有着某种直接或间接的关系，这种关系称为食物网。目前，食物网主要涉及 3 个问题：食物链长度，食物网链接强度和食物网分室化。

对于食物网中食物链的长度，May（1983）认为是3～5个链节，这是由于热力学定律预测在较高的营养层次能量会受到限制。因此，取食较低营养层次会使能量的获得达到最大化。同时，在较低的营养层次，捕食者对猎物的竞争也达到最大化，这又限制了能量的获取。因此，捕食者对其所处的营养层次的选择是一种权衡，即在对能量获取的最大化和对猎物竞争的最小化之间的权衡。此外，Reagan（1996）通过对热带雨林的研究指出，如果对食物网中的节肢动物做更细的分类，而不是把它们当作一个类群单位，食物链的长度可达到 6～19 个链节。

食物网链接强度是指在群落实有的物种资源中存在的潜在取食关系的比率。Martinez（1992）研究指出，食物网链接强度随着物种数量的增加而呈 $L = 0.14S^2$ 的增加趋势。其中，L 是链节的数量，S 是物种的数量。即每一个处于捕食关系的物种平均与该群落中 14% 的其他物种存在链接。Pimm 和 Lawton（1980）指出，在一个生态系统中，食物网可以因生境或地块之间存在的不同特点而划出若干分室。Reagan（1996）发现，如果单把一个地块的群落中的节肢动物的分类做得再细一些，食物网也可以划出分室。食物网分室化反映了能取食特定资源的特有种所组成的群落是如何发展的，也反映了所形成的能量流和物质流的传输通道。

参考文献

戈峰, 2008. 现代生态学[M]. 2版. 北京: 科学出版社.

沈佐锐, 2009. 昆虫生态学及害虫防治的生态学原理[M]. 北京: 中国农业大学出版社.

（撰稿：潘洪生；审稿：肖海军）

世界贸易组织　World Trade Organization, WTO

简称世贸组织，是负责监督成员经济体之间各种贸易协议执行情况的国际组织，总部位于瑞士日内瓦，其前身是 1947 年成立的关税及贸易总协定。1994 年决定成为更为广泛的全球性贸易组织，于 1995 年成立。与只适用于商品货物贸易的关贸总协定相比，WTO 增加了服务贸易和知识产权贸易。WTO 已成为当代最重要的国际经济组织，拥有 164 个成员；成员贸易总额达到全球 98%，有“经济联合国”之称。中国于 1995 年成为 WTO 观察员，2001 年正式加入，成为 WTO 第 143 个成员。

WTO 的职能是管理世界经济和贸易秩序，调解纷争。目标是建立完整的，包括货物、服务和贸易有关的投资及知识产权等内容的，更具活力、更持久的多边贸易体系，使之可以包括关贸总协定贸易自由化的成果和乌拉圭回合多边贸易谈判的所有成果。主要通过实施市场开放、非歧视和公平贸易等原则，来实现世界贸易自由化目标。

WTO 最高决策权力机构是部长级会议，由所有成员国主管对外经济贸易的部长、副部长级官员或其全权代表组成，一般 2 年举行一次，讨论和决定涉及 WTO 职能的所有重要问题，并采取行动。总理事会由全体成员组成，在部长级会议休会期间行使职能，拟订议事规则及议程，解决贸易争端和审议各成员贸易政策。各专门委员会部长会议下设立专门委员会，处理特定的贸易及其他有关事宜。部长级会议还任命总干事，领导世界贸易组织秘书处来处理成员国管理事务。

转基因生物及其产品商业化起始于 1996 年 WTO 成立后不久，虽然在之前的乌拉圭回合（Uruguay Round, 1986—1994）贸易规则中并未有具体提及，但成员国之间因限制进口可能影响环境、动植物和人类健康的产品而出现的问题已经对乌拉圭回合谈判造成重要影响。此后，WTO 一直积极参与转基因生物安全的讨论，并制订多项可能相关的协议，如《实施卫生和植物卫生措施协定》（*Agreement on the Application of Sanitary and Phyto-Sanitary Measures*，SPS）更为明确地界定成员国出于健康原因限制进口食品的条件；《技术性贸易壁垒协议》（Agreement on Technical Barriers to Trade，TBT）涉及技术法规、标准以及标签要求和合格评定等，不论是否自愿或强制标记转基因食品，但标签必须符合本协议规定；《贸易相关知识产权协议》（*Agreement on Trade-related Intellectual Property Rights*，TRIPS）允许成员国将植物和动物以及用于物和动物生产植的基本生物过程排除专利权范围外以保护动植物和人类健康以及避免对环境的影响。

参考文献

JOSLING T, 2015. A review of WTO rules and GMO trade[J]. Biores, 9 (3): 4-7.

STRAUSS D M, 2009. The application of TRIPS to GMOs: International Intellectual property rights and biotechnology[J]. Stanford journal of international law, 45: 287-320.

World Trade Organization. About WTO[DB].[2021-05-29] https://www. wto. org/english/thewto_e/thewto_e. htm.

（撰稿：姚洪渭、叶恭银；审稿：方琦）

世界卫生组织　World Health Organization, WHO

简称世卫组织，属于联合国发展集团，为联合国下属专门机构，其前身为隶属万国联盟的卫生组织（The Health Organization）。WHO 是国际最大的公共卫生组织，也是国际最大的政府间卫生机构。成立于 1948 年 4 月 7 日，总部设于瑞士日内瓦。其宗旨是使世界各地的人们尽可能获得高水平的健康。主要职能包括：促进流行病和地方病的防治；提供和改进公共卫生、疾病医疗和有关事项的教学与训练；推动确定生物制品的国际标准等。

现共有 194 个会员国、2 个准会员国和 6 个观察员。世界卫生大会是 WHO 的最高权力机构，每年召开一次。主要任务审议世界卫生组织总干事的工作报告、规划预算、接纳新会员国和讨论其他重要议题。执行委员会是世界卫生大会的执行机构，负责执行大会的决议、政策和委托的任务，由 32 位有资格的卫生领域的技术专家组成，每位成员均由其所在的成员国选派，由世界卫生大会批准，任期 3 年，每年改选 1/3。根据 WHO 君子协定，联合国安理会 5 个常任理事国为必然的执委成员国，但席位第三年后轮空一年。常设机构秘书处，下设非洲、美洲、欧洲、东地中海、东南亚、西太平洋 6 个区域办事处。下辖 2 支最高等级（WHO type3）国际应急医疗队，分别由以色列军方和中国四川大学成立，同时接受拥有国与 WHO 的双重领导。中国是世卫组织的创始国之一。1972 年恢复中国在 WHO 合法席位后，中国一直是执委会委员，并签订关于卫生技术合作的备忘录和基本协议。

自转基因作物问世以来，WHO 一直关注的主要关键领域，是与联合国粮食及农业组织（FAO）一起，共同就基因改造等新技术衍生食品的营养与安全评估提供可靠的科学建议，并不断推动相关领域的研究和能力建设等工作。这项工作主要由 FAO/WHO 转基因食品联合专家咨询会议（FAO/WHO Joint Expert Consultation on Foods Derived from Biotechnology）承担。WHO 现已组织一系列科学专家咨询会，向成员国提供科学和技术咨询，并为食品法典委员会（CAC）审议风险分析原则和生物技术食品安全评估指南提供科学基础。具体内容包括：①对重组 DNA 动物食物的安全性评估；②对转基因动物（包括鱼类）食品的安全性评估；③对转基因微生物食品的安全性评估；④转基因食品的致敏性；⑤植物来源的转基因食品的安全等。此外，WHO 针对转基因食品常见安全问题以及会员国政府提出的相关问题进行解答，并发布系列出版物，如 *Safety aspects of genetically modified foods of plant origin*（2000）、*Release of genetically modified organisms in the environment: is it a health hazard*（2000）、*Safety assessment of foods derived from genetically modified microorganisms*（2001）和 *Modern food biotechnology, human health and development: an evidence-based study*（2005）等。

参考文献

韦潇, 代涛, 郭岩, 李世绰, 2010. 世界卫生组织的管理体制机制及其影响[J]. 中国卫生政策研究, 3 (4): 42-46.

中国农业大学, 农业部科技发展中心, 2010. 国际转基因生物食用安全检测及其标准化[M]. 北京: 中国物资出版社.

Constitution of the World Health Organization, 2015. Geneva: World Trade Organization[DB] http: //apps. who. int/gb/bd/PDF/bd48/basic-documents-48th-edition-en. pdf.

World Health Organization. About WHO[DB].[2021-05-29] https: //www. who. int/about.

（撰稿：姚洪渭、叶恭银；审稿：方琦）

试纸条　lateral flow strip

基于免疫层析的试纸条是一种适用于现场应用的低成本、快速检测技术。基于免疫层析的试纸条的研制最早可以追溯到 20 世纪 50 年代，其技术原理最早是来自于 1956 年 Plotz 和 Singer 研发的胶乳凝集试验，经过 20 多年的不断改良，最终在 20 世纪 80 年代末成型并投入市场。当时主要用于人类怀孕测试。现在，这项技术的应用已经远远超出了原先的临床诊断范围，延伸到兽医学、医疗、农业、生物、食品、环境卫生和安全、工业测试等传统领域以及分子诊断学和治疗诊断学等新领域。

免疫层析试纸条由反应膜、结合垫、样品垫、检测线（T 线）、质控线（C 线）、吸收垫和背衬等部分组成，每一个部分都具备特殊或共用的功能。反应膜可固定特定目的分子，同时将样品和检测结合物引导流向反应区域，是检测反应和质量控制反应的载体；标记物附着载体结合垫负责保证样品能均一地向反应膜转移；接收样品的样品垫负责将样品均匀一致地转运至结合垫或分析膜；位于试纸条末端的吸收垫吸收反应膜上多余样品，防止液体反流导致假阳性；背衬是支撑试纸条的底板。

免疫层析试纸条的标记物可根据不同的需要选择使用酶、胶体金、胶乳颗粒和脂质体等。胶体金（colloidal gold）

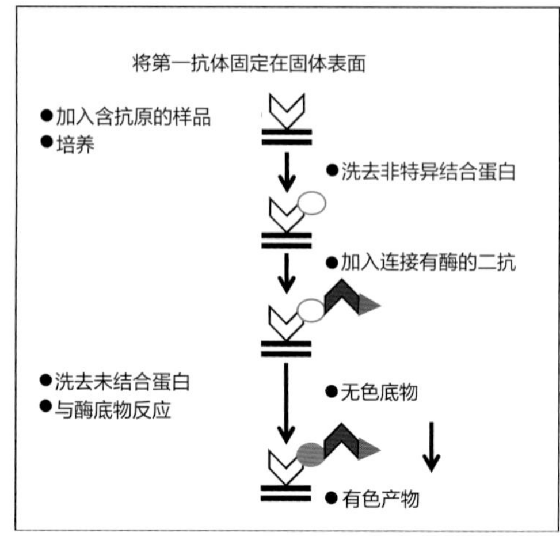

转基因生物的试纸条检测原理简图

免疫试纸条检测：将样品特异性交联到试纸条和有颜色的物质上，当纸上抗体和抗原结合后，再和带颜色的特异抗体进行反应时，就形成了带有颜色的三明治结构，并且固定在试纸条上，如没有抗原，则没有颜色

是氯金酸在还原剂作用下聚合成的金颗粒（单个直径介于1～150nm）在静电作用下形成的一种稳定的胶体，颜色呈橘红色到紫红色。因其蛋白质吸附性强、标记容易、颜色鲜亮、易于制备、成本低、稳定性好等优点，目前商品化的试纸条主要都采用胶体金标记，尽管其存在明显的缺点（如灵敏度不足、定量困难、颜色单一等）。

免疫层析试纸条的工作原理根据其制作方式和检测目的不同分为夹心法和竞争法两种：夹心法多用于多个抗原表位的大分子抗原的检测，竞争法常用于单一抗原表位的小分子抗原。当待测样品通过毛细管作用向前层析至结合垫时，与结合有抗体的标记物颗粒结合，使得样品中的抗原物质与标记物颗粒的抗体反应形成二聚体，并一起继续向前层析到反应膜，到T线时被捕获抗体或抗原偶联物捕获或结合，形成三聚物。而过量的抗原—抗体继续前行，在C线被二抗捕获，形成复合物，或直接被吸附垫吸收。结果是根据T和C线上有没有捕获到结合物的条带来判断的，条带可以通过肉眼识别或仪器读取。夹心法在T和C线同时出现红色时是阳性结果，只在C线出现红色是阴性结果。竞争法在T和C线同时出现红色时是阴性结果，只在C线出现红色是阳性结果。

目前用于转基因检测的试纸条有2种：蛋白试纸条和核酸试纸条。蛋白试纸条的应用较为广泛，主要用于检测转基因产品中的外源蛋白（如抗虫蛋白Bt、耐除草剂蛋白CP4-EPSPS等）的检测。检测时需简单破碎转基因产品，5～10分钟即可得到结果。由于成本低廉，非常适合现场检测或者不具备核酸检测条件的基层实验室检测。蛋白试纸条不适于加工转基因产品的检测，且存在假阴性和假阳性问题。因为核酸比蛋白稳定，因此核酸试纸条可以检测深加工产品，扩增结果判断简单快速，还可以检测启动子和终止子等调控元件。但需要DNA提取及核酸扩增步骤，需要特殊仪器，耗时，核酸试纸条在转基因检测上的应用受到限制。

参考文献

夏启玉, 李美英, 杨小亮, 等, 2017. 免疫层析试纸条技术及其在转基因检测中的应用[J]. 中国生物工程杂志, 37 (2): 101-110.

O' FARRELL B, 2009. Evolution in lateral flow-based immunoassay systems[M]//Lateral flow immunoassay. New York: Humana Press: 1-33.

SINGH O V, GHAI S, PAUL D, et al, 2006. Genetically modified crops: success, safety assessment, and public concern[J]. Applied microbiology and biotechnology, 71 (5): 598-607.

STAVE J W, 2002. Protein immunoassay methods for detection of biotech crops: applications, limitations, and practical considerations[J]. Journal AOAC International, 85 (3): 780-786.

（撰稿：石建新、谢家建；审稿：张大兵）

适合度 fitness

适合度是一个生态学概念，评价生物的某一特定基因型在某种特定环境下的适应能力，用来衡量它们传递后代并在群体中扩大繁殖的相对成功率（能力或频率），或具有该基因型的个体对群体基因库的相对贡献程度。

1859年，达尔文在《物种起源》中就提出了适合度的概念。他认为不同生物个体在自然选择下的适应能力是不一样的。适合度是衡量个体存活和繁殖成功机会的尺度。适合度越高，个体成活及繁殖成功的机会便越大；相反，则个体成活及繁殖成功的机会就越小。

转基因飘流可能带来的潜在环境风险，也可用适合度加以评价。从技术层面讲，首先要检测转基因飘流进栽培作物或近缘野生种的频率，外源基因能否正常表达并行使其功能。若转基因不能正常表达，则即使发生一定频率的转移，也不可能改变适合度并带来环境影响。其次，在农业和生态环境中是否存在选择压。如抗除草剂基因在转至同一物种或近缘野生种后，只有在喷洒相应除草剂后才能有选择竞争优势。同理，抗虫的Bt基因飘流后代，只有在靶标昆虫盛发的情况下才能提供选择压。因此，转基因是否会造成环境影响，取决于它是否会改变受体生物的适合度，以及在农业和生态环境中是否存在选择压。

适合度可分为营养适合度和生殖适合度两部分。如对单子叶植物水稻来讲，营养适合度性状包括：种子休眠性及萌发率，株高，分蘖数/株，茎粗，剑叶长、宽、面积，地上部生物量，光合效率等；生殖适合度性状包括抽穗期，开花期、花粉及柱头活力，全生育期，结实率，每穗粒数，千粒重，落粒率，种子寿命等。对十字花科芸薹属植物来说，营养适合度性状包括：种子休眠性及萌发率，株高，茎粗，每株分枝数，莲座叶数，地上部生物量，光合效率等；生殖适合度性状包括抽薹期，始花期、盛花期、花粉活力，开花数/株，果实数/株，种子粒数/果，种子饱满度，千粒重，种子寿命等。

根据不同植物的生物学特性，可选择不同的适合度性状进行测定，但植物的总体繁殖能力，即延续后代能力的大小，是划分种群适合度最重要的指标。因此，生殖适合度指标比营养适合度指标更为重要。在获得各适合度性状的数据后，可计算携带外源基因的杂交或回交后代的总适合度，再与非转基因亲本或近缘野生种亲本的总适合度比较，综合判断携带外源基因后代的适合度是提高、降低还是不变。这是判断转基因飘流到非转基因作物受体或近缘野生种后能否在自然界中生存宗植的重要指标。

分析转基因飘流后代的适合度是否改变，在技术上应注意以下几点：①供试的转基因材料，必须与遗传转化时所用的受体品种是近等基因系，即两者的遗传背景基本相同，仅在插入位点多了一个外源基因。这必须通过详尽的分子生物学检测事先确定。通常在转基因过程中，外源基因的插入位点在基因组中是随机的，插入位点不同，效果也不同，即可能引起“位点效应”。位点效应引起的适合度改变，不能被误认为是插入基因引起的适合度改变。②在农田或生态环境中是否存在选择压，即是否存在选择竞争优势的前提条件。③适合度的改变可能受插入基因的种类、基因飘流受体的遗传背景及不同的生态环境条件（如营养、光照、水分等）影响，在不同环境条件下，同一植物的适合度也会表现出差异。

S

参考文献

GRESSEL J, STEWART C N Jr, L GIDDINGS V, et al, 2014. Overexpression of EPSPS transgene in weedy rice: insufficient evidence to support speculations about biosafety[J]. New phytologist, 202: 360-362.

GRESSEL J, 2015. Dealing with transgene flow of crop protection traits from crops to their relatives[J]. Pest management science, 71: 658-667.

GRUNEWALD W, BURY J O, 2014. Comment on 'A novel 5-enolpyruvoyl shikimate-3-phosphate (EPSP) synthase transgene for glyphosate resistance stimulates growth and fecundity in weedy rice (*Oryza sativa*) without herbicide' by Wang et al[J]. New phytologist, 202: 367-369.

KWIT C, MOON H S, WARWICK S I, et al, 2011. Transgene introgression in crop relatives: molecular evidence and mitigation strategies[J]. Trends in biotechnology, 29 (6): 284-293.

STEWART C N, HALFHILL M D, WARWICK S I, 2003. Transgene introgression from genetically modified crops to their wild relatives[J]. Nature reviews genetics, 4: 806-817.

（撰稿：裴新梧；审稿：贯士荣）

适合度代价　fitness cost

抗性个体在没有抗性选择压时，在生长和生殖方面所表现出来的低适合度或者不利性。生物适合度是指生物在生态环境中能够生存并把它的特性传给下一代的能力，一般包括生活力和繁殖力等。生活力是指害虫对生存环境中不利情况的逃避、忍耐和克服能力，包括害虫对极端温湿度的忍耐能力、对不适寄主的适应能力、对农药的抵抗能力、对天敌的抵御逃避能力、与其他种群竞争资源的能力等，通常以生物的存活率、寿命、生长发育速率来表示。繁殖力则是指害虫繁衍后代的能力，包括成虫交配次数、交配成功率、产卵量等，通常以产生的后代数量表示。

适合度代价既可认为是与抗药性相关的昆虫生理学或生物学特征的变化，也可认为是自然昆虫种群基因型在药剂选择压下所发生的变异。昆虫抗药性是害虫对药剂选择适应的结果，它是保护昆虫抵御农药对其造成伤害的能力，抗性的产生是以减少死亡和繁殖为代价而获得生存下去的可能，这种抗药性是可遗传的。抗性害虫与其敏感品系在形态指标、生理反应和生物学特征等方面存在一定差异。处于药剂选择压下的害虫抗性基因型适合度一般比敏感基因型的高；而在停止用药后，抗性基因型的适合度通常表现为劣势，否则在药剂选择前抗性基因将会普遍存在。这种抗性基因适合度的不利影响一般称为适合度代价。例如，与敏感品系相比，对Bt毒素产生抗性的棉铃虫品系的相对适合度随着抗性倍数的增加而降低，主要在幼虫历期、蛹体重量、雌虫个体的产卵量和卵孵化率等生物学指标上存在着明显的劣势。

参考文献

刘凤沂, 须志平, 薄仙萍, 等, 2008. 昆虫抗药性与适合度[J]. 昆虫知识, 45 (3): 374-377.

GASSMANN A J, CARRIÈRE Y, TABASHNIK B E, 2009. Fitness costs of insect resistance to *Bacillus thuringiensis*[J]. Annual review of entomology, 54: 147-163.

CAO G C, FENG H Q, GUO F, et al, 2014. Quantitative analysis of fitness costs associated with the development of resistance to the bt toxin Cry1Ac in *Helicoverpa armigera*[J]. Scientific reports, 4: 5629.

（撰稿：张万娜；审稿：郭兆将）

室内抗性汰选　resistance selection in laboratory

用加入各种Bt产品（Bt制剂、Bt蛋白或Bt植物组织等）的昆虫饲料或Bt植物组织喂饲靶标昆虫，以汰选出对Bt产品具有一定抗性的昆虫种群的过程。昆虫对Bt抗性的产生是其长期处于Bt毒素的选择压下，抗性基因被选择的结果。

主要内容　大多数对Bt毒素或Bt作物产生抗性的害虫种群都是通过室内汰选的方式得到的。而用于室内抗性汰选的方法很多，主要包括以下3种。

含Bt毒素饲料汰选法　在人工饲料或者天然饲料中加入Bt制剂、Bt原蛋白或活化蛋白对靶标昆虫进行持续多代汰选，最终建立对Bt毒素产生抗性的方法。澳大利亚的棉铃虫（*Helicoverpa armigera*）BX品系经含MVP制剂的带毒饲料筛选21代后对其产生300倍抗性，并能在表达Cry1Ac的Bt棉上完成生长发育史，存活率达到58%。通过用含有Cry1Ac原蛋白的人工饲料对烟芽夜蛾（*Heliothis virescens*）进行汰选，获得Cry1Ac高抗品系YHD2（抗性倍数>10100多倍），但该品系在Bt棉花上无法存活至蛹期。

Bt植物组织混合饲料汰选法　将Bt植物组织，叶片、种子等的粉末掺入昆虫饲料对靶标昆虫进行汰选，致使目标对象对Bt产品产生抗性的方法。将Bt棉叶冷冻干燥研磨成粉末，加入正常人工饲料中，混合均匀后，用以饲喂棉铃虫，经过16代汰选，该种群对Bt棉花的抗性上升43.3倍。

Bt植物直接汰选法　用Bt植物直接饲喂靶标昆虫，致使其对Bt产品产生抗性的方法。用表达Cry1Ac的Bt棉花汰选22代后，棉铃虫对Cry1Ac敏感性下降11.0倍；用表达Cry1Ac的Bt棉叶连续汰选43代后，棉铃虫对Cry1Ac抗性倍数达到1600多倍，继续汰选后，抗性达到7000多倍，并可以在Bt棉“新棉33B”上完成生长发育世代。

影响因素　靶标昆虫对Bt产生抗性水平的高低不仅与昆虫自身生理生化特点相关，还与汰选方式以及用于汰选的杀虫蛋白的特性有关。

不同昆虫种群抗性产生的进程不同　不同的昆虫种类，甚至同一昆虫不同地理种群对同一Bt蛋白产生抗性的进程不尽相同。使用人工饲料混合Bt蛋白法进行室内汰选，烟芽夜蛾（*Heliothis virescens*）对Cry1Ac蛋白的抗性很快便会达到上万倍；棉红铃虫的抗性为3000多倍；而棉铃虫经过 20～30 代的汰选后，抗性倍数为上百倍。

不同汰选方式昆虫抗性产生的进程不同　抗性汰选过程中汰选代数、汰选压力及抗性汰选所用 Bt 材料的不同均会影响靶标昆虫对 Bt 抗性产生的进程。比如，用含有 Cry1Ac 蛋白的人工饲料对棉铃虫进行汰选到 16、34 和 87 代时，试虫对 Cry1Ac 的抗性倍数分别达到 170，209 和 2893 倍。而直接用表达 Cry1Ac 蛋白的抗虫棉组织饲喂棉铃虫 11 和 17 代后，试虫对 Cry1Ac 的抗性倍数仅为 4 和 7 倍。用含 Cry1Ac 原毒素的人工饲料对棉铃虫汰选 21 代后，试虫对 Cry1Ac 产生了 300 倍的抗性。梁革梅等分别使用 Bt 杀虫剂、Bt 蛋白和 Bt 棉对棉铃虫汰选 16 代后，试虫对 3 种 Bt 产品都可以产生抗性，抗性上升的快慢顺序为：Bt 杀虫剂 >Bt 蛋白 > 转 Bt 基因棉。

同一昆虫对不同 Bt 蛋白的抗性产生进程不同　贺明霞等通过饲料混合蛋白法研究室内汰选条件下亚洲玉米螟（*Ostrinia furnacalis*）对 Cry1Ab、Cry1Fa、Cry1Ie 和 Cry1Ah 毒素的适应性变化。同样汰选 14 后，试验种群对 4 种蛋白的抗性水平分别提高了 28、52、23 和 9 倍多。

参考文献

贺明霞, 2013. 亚洲玉米螟对Cry1类毒素的抗性演化与遗传的研究[D]. 成都: 四川农业大学.

梁革梅, 谭维嘉, 郭予元, 2000. 棉铃虫对 Bt 的抗性筛选及交互抗性的研究[J]. 中国农业科学, 33 (4): 46-53.

赵建周, 1998. 转基因抗虫棉花与害虫的互作关系研究进展[J]. 北京: 中国科学技术出版社: 137-141.

TABASHNIK B E, LIU Y B, MALVAR T, et al, 1998. Insect resistance to *Bacillus thuringiensis:* uniform or diverse?[J]. Philosophical transactions of the Royal Society: Biological sciences, 353: 1751-1756.

（撰写：徐丽娜；审稿：何康来）

室内抗性种群　resistance population in laboratory

通过对某个昆虫种群进行室内抗性汰选，而获得对某种有毒物质产生抗性的实验室种群，亦称室内抗性品系。室内抗性昆虫种群与其敏感种群在形态指标、生理反应、行为特件和生物学特征等生物适合度方面常存在一定差异，它们是抗性风险评估的重要依据，是了解抗性机制及解决抗性问题的基础。目前，大多数对 Bt 蛋白或 Bt 作物产生抗性的害虫种群都是通过室内汰选的方式得到的。现已有十几种鳞翅目昆虫，个别鞘翅目昆虫及双翅目昆虫的室内抗性种群被报道。

印度谷螟（*Plodia interpunctella*）　印度谷螟是世界上首次报道对 Bt 产生抗性的鳞翅目害虫。Mc Gaughey 等 1985 年，用 Bt 商业化 Bt 制剂——Dipel 对印度谷螟进行 30 代室内持续汰选后，种群抗性达到 250 倍，但该抗性品系对 Cry1A 类以外的 Bt 蛋白相对敏感。

烟芽夜蛾（*Heliothis virescens*）　用 Cry1Ac 蛋白对烟芽夜蛾进行持续多代室内汰选，获得 Cry1Ac 高抗品系（抗性倍数 >10000），该抗性品系对 Cry1Ab 和 Cry1Fa 有显著的交互抗性，对 Cry2Aa 有较低水平的交互抗性，对 Cry1Ca 和 Cry1Ba 没有交互抗性。随后，用 Cry1Ac 继续筛选该抗性品系，获得了抗性倍数 $>7.3\times10^4$ 的抗性品系，命名为 YHD2-B，且该品系对 Cry1A 和 Cry1Fa 仍存在显著的交互抗性。

甜菜夜蛾（*Spodoptera exigua*）　用 Cry1Ca 对甜菜夜蛾连续汰选多代后，获得对 Cry1Ca 产生 850 倍抗性的抗性品系，该品系对 Cry1Ab、Cry2Aa 和 Cry9Ca 有不同程度的交互抗性。

欧洲玉米螟（*Ostrinia nubilalis*）　用 Bt 制剂——Dipels 室内汰选欧洲玉米螟 4 代，种群抗性倍数上升 73 倍。用 Cry1Ac 蛋白汰选欧洲玉米螟 8 代后，种群抗性倍数达到 160 倍。用含 Cry1Aa，Cry1Ab，Cry1Ac 和 Cry2Aa 的 Bt 制剂对欧洲玉米螟进行抗性汰选，获得抗性种群 KS-SC，其分别对上述 Bt 蛋白产生了 170、205、524 和 >640 倍的抗性，并对制剂中不含有的 Cry1Ba 产生 36 倍的交互抗性。

亚洲玉米螟（*Ostrinia furnacalis*）　徐丽娜等用 Cry1Ac 蛋白汰选的亚洲玉米螟抗性品系 ACB-AcR 对 Cry1Ac 的抗性水平达 48.9 倍，对 Cry1Ah 产生 14.9 倍交互抗性，对 Cry1Ab 的交互抗性水平较低，抗性倍数 4.3，对 Cry1Ie 没有交互抗性。用 Cry1Ab 汰选的亚洲玉米螟品系 ACB-AbR 对 Cry1Ab 的抗性水平达 39.7 倍，对 Cry1Ah 和 Cry1Ac 有较高的交互抗性，抗性倍数分别为 131.7 和 36.9，对 Cry1F 产生 6.2 倍交互抗性，对 Cry1Ie 同样没有交互抗性。贺明霞使用 Cry1F，Cry1Ie 和 Cry1Ah 等 3 种 Bt 蛋白汰选亚洲玉米螟 14 代后，种群对 3 种蛋白的抗性水平分别提高了 5、23 和 9 倍多。

红铃虫（*Pectinophora gossyiella*）　Tabashnik 等 2000 年用 Cry1Ac 原毒素对红铃虫进行室内汰选，获得 300 多倍抗性品系，且该品系对 Cry1Ab 和 Cry1Aa 原毒素有明显的交互抗性，对 Cry1Bb 交互抗性较低，对 Cry1Ca、Cry1Da、Cry1Fa、Cry1Ja、Cry1Aa 和 Cry9Ca 原毒素无交互抗性。

棉铃虫（*Helicoverpa armigera*）　通过室内筛选，获得了多个棉铃虫室内抗性种群，1998 年，赵建周等用 Bt 抗虫棉在室内饲喂棉铃虫 11 代和 17 代后，对 Cry1Ac 的抗性分别达 4 和 7.1 倍。2000 年，梁革梅等用 Bt 制剂、Bt 蛋白和 Bt 棉进行室内棉铃虫汰选，持续汰选 16 代后，分别获得对 3 个 Bt 产生抗性的室内种群。2005 午，Xu 等川 Cry1Ac 活化毒素对从田间采集的棉铃虫品系，室内汰选 28 代后，获得对 Cry1Ac 抗性倍数达 564 倍的抗性种群，该品系对 Cry1Aa 和 Cry1Ab 有一定的交互抗性，对 Cry2Aa 无交互抗性。

小菜蛾（*Plutella xylostella*）　1990、1991、1993 年 Tabashnik 等对从田间采集的抗性小菜蛾，在室内用 Bt 制剂 Dipel 继续筛选，分别获得对 Cry1Aa、Cry1Ab 和 Cry1Ac 等多种 Bt 蛋白产生高度抗性的实验室种群。2000 年 Zhao 等从美国南卡罗来纳州田间采集到对 Cry1Ca 蛋白表现一定抗性的小菜蛾品系，接着在室内使用原毒素 Cry1Ca 筛选，后来使用表达 Cry1Ca 的转基因花椰菜继续筛选，最终获得 Cry1Ca 高抗品系，该品系对 Cry1Ca 抗性倍数与敏感相比高达 12 400 倍。

其他室内种群　已有黑杨叶甲（*Chrysomela scripta*）、马铃薯甲虫（*Leptinotarsa decermlineata*）等鳞翅目昆虫和致倦库蚊（*Adees aegypti*）等双翅目昆虫的Bt室内抗性种群被报道。

参考文献

贺明霞, 2013. 亚洲玉米螟对Cry1类毒素的抗性演化与遗传的研究[D]. 成都: 四川农业大学.

梁革梅, 谭维嘉, 郭予元, 2000. 棉铃虫对 Bt 的抗性筛选及交互抗性的研究[J]. 中国农业科学, 33 (4): 46-53.

赵建周, 1998. 转基因抗虫棉花与害虫的互作关系研究进展[M]. 北京: 中国科学技术出版社: 137-141.

BOLIN P C, HUTCHISON W D, ANDOW D A, 1999. Long-term selection for resistance to *Bacillus thuringiensis* Cry1Ac endotoxin in a Minnesota population of European corn borer (Lepidoptera: Crambidae) [J]. Journal of economic entomology, 92: 1021-1030.

GOULD F, ANDERSON A, REYNOLDS A, et al, Selection and genetic analysis of a *Heliolhis virescens* (Lepidoptera: Nociuidae) strain witn high levels of resistance to *Bacillus thuringiensis* toxins[J]. Journal of economic entomology, 88 (6): 1545-1559.

HUANG F, BUSCHMAN L L, HIGGINS R A, et al, 1999. Inheritance of Resistance to *Bacillus thuringiensis* toxin (Dipel ES) in the European corn borer[J]. Science, 284: 965-967.

JURAT-FUENTES J L, GOULD F L, ADANG M J, 2003. Dual resistance to *Bacillus thuringiensis* Cry1Ac and Cry2Aa toxins in *Heliothis virescens* suggests multiple mechanisms of resistance[J]. Applied and environmental microbiology, 69 (10): 5898-5906.

LI G P, WU K M, GOULD F, et al, 2004. Frequency of Bt resistance genes in *Helicoverpa armigera* populations from the Yellow River cotton-farming region of China[J]. Entomologia experimentalis et applicata, 112: 135-143.

MCGAUGHEY W H, HEEMAN R M, 1988. Resistance to *Bacillus thuringiensis* in colonies of Indianmeal moth and almond moth (Lepidoptera: Pyralidae)[J]. Journal of economic entomology, 81 (1): 28-33.

MCGAUGHEY W H, 1985. Insect resistance to the biological insecticide *Bacillus thuringiensis*[J]. Science, 229: 193-195.

MOAR W J, ADANGMJ, 1995. Development of *Bacillus thuringiensis* Cry1C resistance by *Spodoptera exigua* (Hobner) (Lepidoptera; Noctuidae)[J]. Applied and environmental microbiology, 61: 2086-2092.

TABASHOLK B E, LIU Y-B, RUUD A, et al, 2000. Cross-resistance of pink bollworm (*Pectinophora gossypiella*) to *Bacillus thuringiensis* toxins[J]. Applied and environmental microbiology, l66 (10): 4582-4584.

TABASHNIK B E, CUSHING N L, FINSON N, et al, 1990. Field development of resistance to *Bacillus thuringiensis* in diamondback moth (Lepidoptera: Plutellidae)[J]. Journal of economic entomology, 83: 1671-1676.

TABASHNIK B E, 1991. Determining the mode of inheritance of pesticide resistance with backcross experiments[J]. Journal of economic entomology, 84 (3): 703-712.

TABASHNIK B E, FINSON N, JOHNSON M W, et al, 1993. Rwsistance to toxins from *Bacillus thurigiensis* subsp. *kurstaki* causes minimal cross-resistance to *B. thuringiensis* subsp. *aizawai* in dianmondback moth (Lepidoptera: Plutellidae)[J]. Applied and environmental microbiology, l59: 1332-1335.

WHLON M E, MCGAUGHEY W H, 1993. Insect resistance to *Bacillus thuringiensis*[M]// Leo Kim. Advanced engineered pesticides. New York: Marcer Dekker Inc: 215-232.

XU L, WANG Z, ZHANG J, et al, 2010. Cross-resistance of Cry1Ab-selected Asian corn borer to other Cry toxins[J]. Applied and environmental microbiology, 134: 429-438.

XU X, YU L, WU Y, 2005. Disruption of a cadherin gene associated with resistance to Cry1Ac d-endotoxin of *Bacillus thuringiensis* in *Helicoverpa armigera*[J]. Applied and environmental microbiology, 71: 948-954.

ZHAO J Z, ESCRICHE, COLLINS H L, et al, 2000. Development and characterization of diamondback moth resistance to transgenic broccoli expressing high levels of Cry1C[J]. Applied and environmental microbiology, 66: 3784-3789.

（撰写：徐丽娜；审稿：何康来）

受体蛋白质　receptor proteins

存在于靶细胞膜上或细胞内的一类特殊蛋白质分子，它们能识别特异性的配体并与之结合，产生各种生理反应。目前已经鉴定的Bt的受体蛋白多属细胞膜受体，它们是钙黏蛋白、氨肽酶、碱性磷酸酯酶、ABC转运蛋白和鞘糖脂（glycosphingolipids）。这些膜蛋白受体与Bt蛋白结合，在膜上形成穿孔或影响细胞信号转导，从而引起细胞死亡。Cry毒素与受体的特异结合是决定Cry毒素杀虫特异性的关键因素之一。由此，Bt毒素分为6大类，第一类包括Cry1、Cry9和Cry15，对鳞翅目具有杀虫活性；第二类Cry2对鳞翅目和双翅目；第三类Cry3、Cry7和Cry8对鞘翅目；第四类 Cry4、Cry10、Cry11、Cry16、Cry17、Cry19 和 Cry20；第五类Cry1I对鳞翅目和鞘翅目；第六类Cry6对线虫具有杀虫活性。

Bt蛋白的这几类受体蛋白不仅参与了Bt的杀虫过程，而且其改变还使昆虫对Bt产生了抗性。钙黏蛋白在烟草天蛾（*Manduca sexta*）、家蚕（*Bombyx mori*）、烟芽夜蛾（*Heliothis virescens*）、红铃虫（*Pectinophora gossypiella*）、小菜蛾（*Plutella xylostella*）、棉铃虫（*Helicoverpa armigera*）、粉纹夜蛾（*Trichoplusia ni*）、美洲棉铃虫（*Helicoverpa zea*）、甜菜夜蛾（*Spodoptera exigua*）和亚洲玉米螟（*Ostrinia furnacalis*）中与Bt蛋白结合，并参与Bt类的杀虫过程。钙黏蛋白的突变或下调引起小菜蛾、棉铃虫、玉米螟和红铃虫对Bt抗性。鳞翅目昆虫的中肠氨肽酶（APNs）的分子量从100～180kDa不等，并且主要通过C端的糖基磷脂酰肌醇（GPI）锚定到中肠细胞的刷状缘毛细胞膜上。140多个APNs的cDNA已经从20种鳞翅目的品系中被克隆。烟草天蛾、舞毒蛾（*Lymantria dispar*）、小菜蛾、苹果褐卷

S

蛾（*Epiphyas postvittana*）、烟芽夜蛾、棉铃虫、美洲棉铃虫、粉纹夜蛾、家蚕、二化螟（*Chilo suppressalis*）、大螟（*Sesamia inferens*）、埃及伊蚊（*Aedes aegypti*）和冈比亚按蚊（*Anopheles gambiae*）等十多种昆虫的APNs与Bt蛋白结合并参与杀虫过程；而且在烟芽夜蛾、甜菜夜蛾、棉铃虫、美洲棉铃虫和粉纹夜蛾等昆虫中发现APNs参与对Bt毒素的抗性机制。碱性磷酸酯酶（ALP）和APN都是中肠细胞膜上的GPI锚定受体，在烟草天蛾、草地贪夜蛾、棉铃虫和美洲棉铃虫中发现ALP能与Cry1Ac结合，并且ALP表达量的变化参与了Cry1Ac的抗性机理。国内外研究小组也相继报道了ABCs转运蛋白参与Bt的杀虫过程。在昆虫细胞内分别表达突变型（酪氨酸插入）和野生型家蚕的*ABCC2*基因，通过分析细胞对Bt的敏感性变化发现*ABCC2*参与了Cry1Ab、Cry1Ac、Cry1Fa和Cry8Ca的杀虫过程。ABCs的突变或表达量降低与昆虫对Bt产生抗性有关。在烟芽夜蛾抗Cry1Ab的品系中，*ABCC2*的突变与抗性密切相关，类似的现象在小菜蛾、家蚕、甜菜夜蛾和棉铃虫中也有发现。Tay等利用EPIC（exon-primed inton-crossing）和测序技术，通过双向遗传连锁分析了抗Cry2Ab的棉铃虫，发现ABCA2的缺失突变引起了棉铃虫的抗性。此外，Griffitts等在模式生物秀丽隐杆线虫（*Caenorhabditis elegans*）中研究Bt的受体，发现鞘糖脂是Cry5B和Cry14A的功能受体，其突变体秀丽线虫对Bt具有抗性。随后该研究小组发现鞘糖脂是Cry毒素的普遍受体蛋白。

参考文献

CRICKMORE N, ZEIGLER D R, FEITELSON J, et al, 1998 Revision of the nomenclature for the *Bacillus thuringiensis* pesticidal crystal proteins[J]. Microbiology & molecular biology reviews, 62 (3): 807-813.

GRIFFITTS J S, WHITACRE J L, STEVENS D E, 2001. Aroian R. V. Bt toxin resistance from loss of a putative carbohydrate-modifying enzyme[J]. Science, 293 (5531): 860-864.

PARDO-LÓPEZ L, SOBERÓN M, BRAVO A, 2013. *Bacillus thuringiensis* insecticidal three-domain Cry toxins: mode of action, insect resistance and consequences for crop protection[J]. Fems microbiology reviews, 37 (1): 3-22.

TANAKA S, MIYAMOTO K, NODA H, et al, 2013. The ATP-binding cassette transporter subfamily C member 2 in *Bombyx mori* larvae is a functional receptor for Cry toxins from *Bacillus thuringiensis*[J]. FEBS, 280: 1782-1794.

TAY W, MAHON R J, HECKEL D G, et al, 2015. Insect resistance to *Bacillus thuringiensis* toxin Cry2Ab is conferred by mutations in an ABC transporter subfamily A protein[J]. PLoS genetics, 11: e1005534.

ZHANG X, CANDAS M, GRIKO N B, et al, 2006. A mechanism of cell death involving an adenylyl cyclase/PKA signaling pathway is induced by the Cry1Ab toxin of *Bacillus thuringiensis*[J]. Proceedings of the National Academy of Sciences of the United States of America, 103 (26): 9897-9902.

（撰稿：魏纪珍；审稿：梁革梅）

受体生物　recepoter organism

在应用基因工程技术培育转基因生物过程中，把接受外源目的基因的生物称为受体生物。如导入抗虫基因的转基因棉花，棉花就是受体生物。

在植物基因工程中，用作外源基因转化受体的有胚性愈伤组织、分生细胞、幼胚、成熟胚、受精胚珠、种子和原生质体等，主要包括体外培养材料和活体材料两类。体外培养材料主要有原生质体、悬浮培养细胞、愈伤组织、小孢子和原初外植体等，可通过组织培养和植株再生来实现遗传转化。这是目前最主要的方法。活体材料受体如完整植株、种子或花粉等，可利用花粉管通道法或子房注射法等直接将外源基因导入受体植物。

建立一个良好的受体系统是实现基因转化的先决条件，关系到基因转化的成败。受体系统的建立包括外植体的选择制备、高频再生系统的建立、抗生素的敏感性试验、农杆菌的敏感性试验等。

（1）外植体的选择是建立再生系统的第一环节。尽管目前认为植物体的任何组织和器官都可作为建立再生系统的外植体，甚至作为植物基因转化的外植体，但这些外植体的脱分化和再分化能力、细胞全能性潜在趋势和感受态等却存在较大差别，即使是同一组织器官的不同部位也具有明显的差异。因此，在外植体选择时应遵循以下原则：①选择幼年型的外植体；②选择增殖能力强的外植体；③选择萌动期的外植体；④选择具有强再生能力基因型的外植体；⑤选择遗传稳定性好的外植体。

（2）选择合适的培养基对建立一个良好的再生系统亦非常重要。MS培养基的无机盐浓度高、营养丰富、微量元素较全，是目前使用最广泛的培养基。与此类似的有LS培养基和BL培养基等。B5培养基和N6培养基等含有较高浓度硝酸钾。其他还有中等浓度无机盐和低浓度无机盐培养基等。在选择时，可参考田间栽培期间的养分供应和已有的前人研究积累。

（3）在进行基因转化操作前，对植物受体材料进行抗生素敏感性测定十分必要。添加的抗生素既要能有效地抑制细菌生长，又要不影响植物正常生长；在转化操作后的筛选过程中，抗生素的添加浓度既要能有效地抑制非转化细胞的生长，又要不影响转化细胞的正常生长。

（4）除此之外，对于农杆菌诱导的转化体系还要求植物受体对农杆菌敏感。

在转基因动物中，外源基因的受体通常是生殖细胞、受精卵或胚胎等。①哺乳动物的转化大多是利用显微注射受精卵来实现的。因此，受精卵是大多转基因鼠、兔和猪等的转化受体。胚胎干细胞（embryonic stem cell，ES）是从早期胚胎内细胞团分离出来的，能在体外培养的高度未分化的多能细胞。ES细胞具有发育的多能性，并能通过构建嵌合体而产生有功能的生殖细胞，是基因改造的独特的受体。此外，通过精子吸附DNA也能使目的基因进入精细胞，再通过受精作用把目的基因传给子代动物而获得转基因动物。②禽类在繁殖发育过程中有其自身较为独特的性质，因此通过注射获得转基因禽类的可能性较小。在禽类受精过程中，多个精子会同时进入卵细胞，导致人们无法分清哪个精前核将会与卵前核融合。而且，即使注射成功，胚胎移植也非常困难。这是因为禽类受精后其卵细胞会迅速包裹一层坚固的膜，周围大量清蛋白，并由内外两层壳膜所封闭包裹。因此，转基因禽类往往通过反转录病毒载体法将携带外源基因的重组病毒注射到1日龄胚内而获得，其中所用受体为抗原阴性鸡所产的受精卵。转基因禽类也可通过原生殖细胞法培育，原生殖细胞（primordial germ cells，PGC）是形成配子（gamete）的早期细胞。禽类PGC最早起源于上胚层，位于早期胚胎的胚区内或血液内，经过一系列主动与被动迁移最终移行到性腺形成部位，在生殖脊定居后，增殖分化成生殖细胞。存在于血液或胚芽区内的PGC可用于体外培养，并通过重组病毒转染或显微注射导入外源基因，然后再注入早期胚胎。PGC可掺入胚体，参与胚胎发育，成为胚性腺的一部分。性腺中的生殖细胞一旦携带外源基因就可以世代相传。③大部分的鱼类为体外受精和体外孵化，因此只要选择性成熟的亲本鱼，收集雌鱼的鱼卵和雄鱼的精液，在受精后将受精卵或者是发育到四细胞胚胎的细胞质用于显微注射或电击转化即可。金鱼、斑马鱼和青鱼等卵母细胞可在体外完全成熟，因此这些鱼的卵母细胞也可用作转基因操作的受体。④在转基因昆虫制备中，受精卵是主要的受体来源。⑤在人类疾病的基因治疗中，通过导入外源的正常基因来纠正或补偿基因的缺陷和异常，是以患者的体细胞为受体。

参考文献

冯伯森，王秋雨，胡玉兴，2000. 动物细胞工程原理与实践[M]. 北京：科学出版社.

骆翔，刘志颐，章树民，等，2014. 植物转基因技术研究进展[J]. 中国农学通报，30 (15): 234-240.

孙振红，苗向阳，朱瑞良，2010. 动物转基因新技术研究进展[J]. 遗传，32 (6): 539-547.

王关林，方宏筠，2009. 植物基因工程[M]. 北京：科学出版社.

（撰稿：汪芳；审稿：叶恭银）

熟悉性原则 familiarity principle

了解某一转基因植物的目标性状、生物学、生态学和释放环境、预期效果等背景信息，对与之相类似的转基因生物就具有了安全性评价的经验。

对转基因生物及其安全性的风险评估，取决于对其背景知识的了解和熟悉程度，因此在对转基因生物进行安全评价时，必须对受体生物、目的基因、转基因方法以及转基因生物的用途和其所要释放的环境条件等因素充分熟悉和了解，这样在风险评估的过程中才能对其可能带来的生物安全问题给予科学的判断。根据类似的基因、性状或产品的使用历史情况，决定是否可以采取简化的评价程序。熟悉是一个动态的过程，不是绝对的，它随着人们不断提高认识和积累经验而逐步加深。

（撰稿：叶纪明；审稿：黄耀辉）

薯类腐烂茎线虫病 tubers rotting stem nematodes

由腐烂茎线虫寄生引起，主要危害植物地下部尤其是块根、块茎和球茎的一种入侵线虫病害。世界上许多国家薯类作物种植区最重要的病害之一。被中国列入植物线虫检疫对象名录。

入侵历史 腐烂茎线虫最早由Steiner于1930年在美国新泽西州库存甘薯（*Diossorea esculenta* Burkill）上发现，当时病原线虫被定名为起绒草茎线虫（*Ditylenchus dipsaci*）。Kries在1931年用该线虫接种马铃薯（*Solanum tuberosum* L.）获得成功。此后，在美国的新泽西、马里兰、弗吉尼亚、北卡罗来纳等地对甘薯茎线虫病进行了调查，并对线虫进行测量和比较，仍认为其病原线虫为*Ditylenchus dipsaci*。Thorne于1945年将其从*Ditylenchus dipsaci*分离出来并建立新种命名为腐烂茎线虫（*Ditylenchus destructor*）。腐烂茎线虫因在马铃薯、甘薯等薯类作物上严重发生，因此也被称为马铃薯腐烂茎线虫或甘薯腐烂茎线虫。在欧洲马铃薯腐烂茎线虫发生已有很多年，一些地方发生相当严重。在加拿大，马铃薯腐烂茎线虫初次报道于爱德华王子岛，但在当时仅发生在少数农场。此后，不列颠哥伦比亚以及美国的爱达荷、威斯康星相继报道了马铃薯腐烂茎线虫，分布也普遍。此后陆续在亚洲、非洲、大洋洲薯类作物种植区发生，逐渐成为一种全球性的线虫病害。

腐烂茎线虫在中国首先发现于甘薯上，主要侵染块根并使其腐烂，随后在中药材［如当归（*Angelica sinensis* (Oliv.) Diels、薄荷（*Mentha canadensis* Linnaeus）、人参（*Panax ginseng* C. A. Meyer）］以及马铃薯上都分离到该类线虫。1937年，山东、河北、河南、北京、天津等地发病较重。相当长的一个阶段，中国一直将危害甘薯的茎线虫命名为起绒草茎线虫（*Ditylenchus dipsaci*），直至1983年由尹光德、张云美对其进行订正，对国内甘薯茎线虫病的病原线虫做了较详细的观察和研究，认为引起这种病害的线虫是腐烂茎线虫（*Ditylenchus destructor*）。

分布与危害 自1930年在美国发现以来，现已在阿尔巴尼亚、奥地利、阿塞拜疆、白俄罗斯、比利时、保加利亚、捷克、爱沙尼亚、芬兰、法国、德国、希腊、匈牙利、爱尔兰、意大利、泽西岛、拉脱维亚、立陶宛、卢森堡、摩尔多瓦、荷兰、挪威、波兰、罗马尼亚、俄罗斯、斯洛伐克、斯洛文尼亚、西班牙、瑞典、土耳其、乌克兰、英国、伊朗、孟加拉国、印度、日本、哈萨克斯坦、韩国、吉尔吉斯斯坦、马来西亚、巴基斯坦、沙特阿拉伯、塔吉克斯坦、乌兹别克斯坦、加拿大、厄瓜多尔、海地、墨西哥、秘鲁、南非、澳大利亚、新西兰、中国等53个国家发生和危害。保守估计，美国因腐烂茎线虫造成每年约10%的马铃薯产量损失。很多国家将其列为检疫性有害生物，被亚洲和太平洋区域植物保护委员会（Asia and Pacific Plant Protection Commission，APPPC）列为A2类有害生物。

在中国，自1937年首先在河北发现以来，已分布于北京、天津、河北（保定、石家庄、唐山、秦皇岛、承德、廊坊）、河南（郑州、洛阳、许昌、鹤壁、周口）、山东（青岛、烟台、临沂、泰安)、江苏、福建、辽宁、甘肃、内蒙古、陕西、安徽、广东、海南、湖北、新疆、云南等地。中国是最大的甘薯及马铃薯种植国和生产国，种植面积均在600万hm^2以上，该线虫危害甘薯和马铃薯的整个生育期及贮藏期，育苗期线虫发病严重时会引起幼苗烂床；大田期受害地块产量损失20%～50%，严重时高达80%，甚至绝产；贮藏期腐烂茎线虫引起烂窖现象，损失严重的地区烂窖程度高达50%。

危害马铃薯时，通过皮孔侵入马铃薯块茎，最初导致表皮下产生小的白色粉状斑点，去皮后肉眼可见。被侵染部分扩大，融合成淡褐色病变，病变部位含有干的颗粒状组织，在表皮下可以看到。随侵染的发展，组织变干，皱缩，表皮龟裂、薄。内部组织逐渐变黑，通常有真菌、细菌、螨类等的二次侵染。在潮湿条件下贮藏可以引起腐烂，并扩展到邻近的块茎上(图1①)。

危害甘薯块茎的症状与危害马铃薯块根的症状相似。在甘薯贮藏期导致烂窖，在育苗期引起烂床。甘薯苗期受害后，茎部变色，无明显病斑，组织内部呈褐色(或白色)和麦褐色相间的糠心。大田期甘薯受害后，主蔓茎部表现为褐色龟裂斑块，内部呈褐色糠心，病株蔓短，叶黄，生长缓慢，直至枯死。薯块受害症状有3种类型：糠皮型，薯块皮层呈青色至暗紫色，病部稍凹陷或龟裂；糠心型，薯块皮层完好，内部糠心，呈褐白相间的干腐；混合型，生长后期发病严重时，糠皮和糠心两种症状同时发生(图1②)。

病原及特征　腐烂茎线虫隶属垫刃目(Tylenehida)垫刃总科(Tylenehida)粒线虫科(Anguinidae)粒亚科(Anguinidae)茎线虫属(*Ditylenchus*)。耐低温，不耐高温。

雌虫　虫体为蠕虫型，热杀死时稍向腹部弯曲，其体表具细环纹，体宽约1μm，侧线6条，在虫体两端渐减为2条；头架骨化中等，唇区低平，略缢缩，侧气孔位于侧唇片。口针纤细，长度为10～14μm，针锥长占口针长度的45%～50%；口针基部球明显，圆形，前表面向后斜。中食道球纺锤形，肌肉发达，有瓣，食道峡部细长且具有神经环，食道腺膨大成棒状在背部与肠重叠；偶尔能看到食道腺分枝。排泄孔在食道腺与肠重叠点前或正好在重叠点处，半月体位于排泄孔前。阴门明显，位于虫体后部，成熟雌虫的阴唇略隆起，阴门裂与体轴线垂直，阴门宽度占4个体环。双卵巢，前卵巢向前可伸达食道处，后阴子宫囊长是肛阴距的2/3～4/5，卵长椭圆形，长度约是体宽的1.5倍。直肠和肛门明显，尾长约是肛门部体宽的3～5倍。尾锥形，稍向腹部弯曲，末端窄圆(图2)。

图1　腐烂茎线虫危害症状(黄文坤提供)

①腐烂茎线虫危害马铃薯症状；②腐烂茎线虫危害甘薯症状

雄虫　虫体比雌虫短而细，前部形态与雌虫相似，经热杀死后体直或向腹面弯曲成弓形。尾比雌虫的尾部略窄，且末端尖圆；单精巢前伸，前端可达食道腺基部，精细胞大，直径通常为3～5μm。泄殖腔隆起，交合伞起始于交合刺前端水平处，向后延伸达尾长3/4；交合刺成对，长24～27μm，向腹面弯曲，前端膨大具指状突；引带短、简单。

入侵生物学特性　腐烂茎线虫的初侵染源主要为病薯块、病苗，其次为土壤。遗留在田间的病薯组织、后续晒干病薯时不慎留下的碎屑、长期施用未经处理的病粪等都会使土壤积累腐烂茎线虫。腐烂茎线虫的侵染途径多样，可以从幼苗伤口、幼苗茎根表皮、块根表皮等多方位入侵。甘薯腐烂茎线虫以卵、幼虫、成虫在病薯内越冬，或以成虫在土壤内越冬。对不同生育期花生接种腐烂茎线虫，种植期开始至第九周，接种腐烂茎线虫对花生品质会产生严重影响，15周之后品质几乎不受影响。在22～25℃保湿条件下，于甘薯表皮接种腐烂茎线虫24小时内，该线虫可直接穿刺侵入薯块表皮。在甘薯中接入不同量的腐烂茎线虫，线虫的发展趋势一致，随着时间增加，线虫在甘薯内的数量呈现指数增长。通过不同接种方式研究腐烂茎线虫对侵染量的影响，直接将病薯块接入甘薯的处理中，线虫侵染量最高、症状最严重。病残体接触带伤口甘薯是腐烂茎线虫最重要的传播途径。腐烂茎线虫种群密度在200头/g土壤以下时，线虫主要通过薯苗基部伤口侵入，在茎内繁殖并逐渐向上扩展，直至甘薯生长后期，线虫向下扩展侵染薯块。腐烂茎线虫对薯茎的趋向力显著高于薯块和薯叶。

发病因素　腐烂茎线虫可以通过主动运动在短距离内进行传播，其主要是通过寄主植物的块茎、鳞茎(特别是观赏植物)、砧木、秧苗和球茎及附着在种植材料、机械和车辆上的病土进行远距离传播。被感染的工具和机械极大地促进了线虫在同一地块或不同地块进行传播，并且水也可作为该线虫传播的媒介。因此，灌溉(或在暴雨期间发生的径流和洪水)可以大大促进腐烂茎线虫的扩散。雨水的径流可能会将线虫输送到田边的沟渠中，并进入灌溉系统。如果这些水被用来灌溉庄稼，线虫可能侵染被灌溉的田地。利用径流雨水传播线虫主要取决于当地的气候条件，在降雨量高和阵

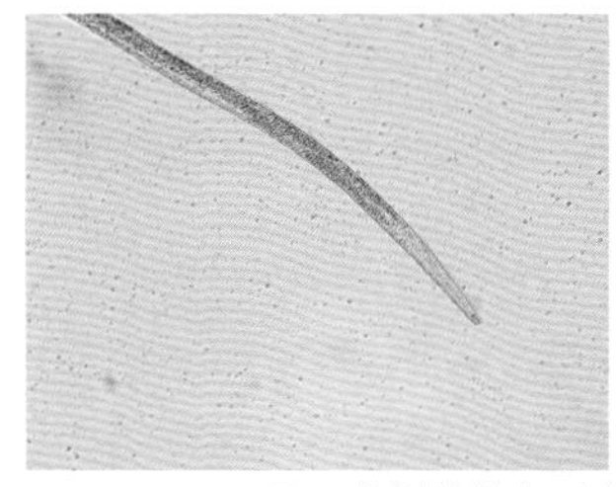
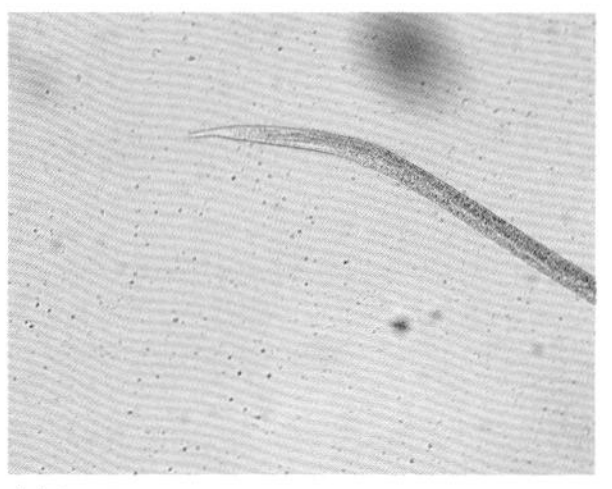

图2　腐烂茎线虫形态特征图(黄文坤提供)

雨频繁的地区尤为明显。扩散的范围仅限于病田附近的田地，因此有区域性集中暴发的可能。

存活　此线虫发育和繁殖温度为 5～34℃，最适温度为 20～27℃，在 27～28℃、20～24℃、6～10℃下，完成一个世代分别需 18 天、20～26 天、68 天。当温度在 15～20℃，相对湿度为 80%～100% 时，腐烂茎线虫对马铃薯的危害最严重。腐烂茎线虫缺乏保护性的休眠阶段，不能在干燥的环境中长期存活。它对湿度要求较高，不能在低于 40% 的相对湿度下生存。因此，耐低温而不耐高温，耐干、耐湿，但极端潮湿、干燥的土壤又不宜其活动。湿润、疏松的沙质土因其通气性和排气性较好，易于发病，而有机质含量丰富的土壤有利于拮抗微生物的生长，马铃薯腐烂茎线虫数量则相对较少。该线虫存活的最适 pH6.2。

寄主范围　寄主范围非常广，已知的寄主有 120 多种，主要寄主为马铃薯和甘薯。马铃薯是腐烂茎线虫的模式寄主，另外有 70 余种作物和杂草以及相当数量的真菌均可作为该线虫的寄主，如甜菜（*Beta vulgaris* L.）、番茄（*Lycopersicon esculentum* Miller）、黄瓜（*Cucumis sativus* L.）、茄子（*Solanum melongena* L.）、辣椒（*Capsicum annuum* L.）、西瓜［*Citrullus lanatus* (Thunb.) Matsum. et Nakai］、洋葱（*Allium cepa* L.）、菜豆（*Phaseolus vulgaris* L.）、大蒜（*Allium sativum* L.）、燕麦（*Avenasativa* L.）、羽扁豆（*Lupinus micranthus* Guss.）。腐烂茎线虫主要危害寄主的地下部分（匍匐茎、球茎、块茎和块根）。腐烂茎线虫是危害马铃薯块茎、球根鸢尾的最重要的线虫，有时郁金香（*Tulipa gesneriana* L.）、唐菖蒲（*Gladiolus gandavensis* Van Houtte）、大丽花（*Dahlia pinnata* Cav.）的球茎也可被危害。被危害的作物还包括糖用甜菜、饲用甜菜和胡萝卜（*Daucus carota* var. *sativa* Hoffm.）。红花三叶草（*Trifolium pratense* L.）、白花三叶草（*Trifolium repens* L.）和杂种三叶草也是该种线虫的寄主。在无高等植物存在时，腐烂茎线虫能在真菌菌丝上繁殖，真菌寄主包括蘑菇属、镰刀菌属（*Fusarium*）、木霉属（*Trichoderma*）、轮枝菌属（*Verticillium*）、葡萄孢属（*Botrytis*）等。

预防与控制技术

农业防治　合理轮作倒茬，实施地膜覆盖。甘薯与棉花（*Gossypium* spp.）、高粱［*Sorghum bicolor* (L.) Moench］、玉米（*Zea mays* L.）、谷子（*Setaria italica* P. Beauv.）等轮作 4～6 年，可减少腐烂茎线虫数量积累。前茬以小麦为主，轮作 3 年以上，并覆盖地膜可大量减少腐烂茎线虫引起的当归麻口病的发生。利用玉米或黑麦与甘薯轮作的农业措施能够有效控制土壤中腐烂茎线虫。不同种植模式对甘薯生长的影响，玉米—休闲—甘薯处理可显著提高甘薯产量并降低病情，玉米—黑麦—甘薯可有效抑制甘薯根际茎线虫数量。

推行高剪苗，适当提前收获，深翻土地。甘薯移栽时，于苗床地 3～5cm 处实行高剪苗能降低薯苗带病率。栽夏薯时离分杈点 16.7cm 处高剪侧枝插蔓，可以剔除病薯茎。同时，发病严重地块应提前 20～30 天收获，以减少茎线虫病的发生。深翻日晒土壤能够达到控制线虫的目的。

建立无病留种地，选留无病种薯，培育无病壮苗。选择 5～6 年未种过甘薯或马铃薯的地块作为留种地，施用充分发酵腐熟的粪肥，从抗病品种苗圃采苗栽插。注意田园卫生，及时清除病残物，在收获及入窖整个过程实行严格管理，培育出无病种薯和薯苗。

物理防治　主要措施为高温闷棚、土壤深翻暴晒、覆膜措施等。深翻暴晒土壤能够达到控制线虫的目的。在 40～65℃下，温汤浸种 15 分钟，可防治腐烂茎线虫。杀死马铃薯块茎内腐烂茎线虫的最佳温度为 43℃，处理时间为 180 分钟。

生物防治　植物线虫的生物防治资源主要包括具有捕捉器的真菌、寄生真菌、寄生细菌、根际细菌等。除此之外，还包括植物源抑制线虫物质。段玉玺等从人参土壤中分离得到一株哈茨木霉 Snef85，并证实其发酵液对腐烂茎线虫有毒力；徐蕊等从红车轴草根乙醇提取物中分离得到了黄酮苷类化合物——三叶豆紫檀苷，对腐烂茎线虫二龄幼虫有一定的麻醉活性。铺散亚菊挥发油对马铃薯茎线虫的 LC_{50} 为 3.83mg/ml，对腐烂茎线虫具有很好的毒杀作用。甘薯分泌的乳胶成分中十八烷基香豆酯对腐烂茎线虫具有驱避作用。

化学防治　生产上以 1.8%阿维菌素乳油和 20%丁硫克百威乳油浸根处理防治甘薯茎线虫病。10%噻唑膦颗粒剂、20%噻唑膦悬浮剂、0.5%阿维菌素颗粒剂可挽回因腐烂茎线虫造成的大幅减产，挽回损失率均在 80%以上。阿维菌素和溴氰菊酯对马铃薯腐烂茎线虫的抑制作用高于百克威和丙溴磷。推荐用辛硫磷、噻唑膦、阿维菌素、溴氰菊酯防治腐烂茎线虫。

参考文献

段玉玺, 靳莹莹, 王胜君, 等, 2008. 生防菌株Snef85的鉴定及其发酵液对不同种类线虫的毒力[J]. 植物保护学报(2): 132-136.

毛红彦, 李素芳, 马占宽, 2019. 不同药剂防治甘薯腐烂茎线虫病试验研究[J]. 植物检疫, 33(1): 56-58.

漆永红, 杜蕙, 曹素芳, 等, 2011. 不同药剂对甘薯茎线虫病病原马铃薯腐烂茎线虫的影响[J]. 江苏农业科学(1): 150-152.

徐蕊, 金辉, 刘权, 等, 2011. 红车轴草中(6aR,11aR)-三叶豆紫檀苷对马铃薯腐烂茎线虫的麻醉活性研究[J]. 天然产物研究与开发, 23(5): 820-823.

赵艳丽, 孔德生, 惠祥海, 等, 2018. 防治甘薯田腐烂茎线虫的药剂筛选[J]. 中国植保导刊, 38(7): 76-78, 83.

中国农业科学植物保护研究所, 中国植物保护学会, 2015. 中国农作物病虫害[M]. 3版. 北京: 中国农业出版社.

STURHAN D, BRZESKI, M W, 1991. Stem and bulb nematodes, *Ditylenchus* spp.[M]// Nickle W R, ed. Manual of Agricultural Nematology. New York, Marcel Decker Inc.: 1064.

（撰稿：黄文坤；审稿：周忠实）

数字 PCR　digital polymerase chain reaction, dPCR

是近年来迅速发展起来的一种绝对定量核酸的新技术。与传统定量 PCR 相比，该方法无须依赖标准曲线或参照基因，通过直接计算单个目标分子数而实现绝对定量。

dPCR 分析一般包括 PCR 扩增和荧光信号分析两个过程。在扩增阶段，含有 DNA 模板的 PCR 溶液先被稀释到单分子水平，再被平均分配到几十至几万个独立反应室进行扩增。在扩增结束后，dPCR 对每个反应室的荧光信号进行采集，有荧光信号的记为 1，无荧光信号的记为 0。在荧光信号分析阶段，有荧光信号的反应室至少包含一个拷贝数，单 DNA 模板出现在反应室而未被检出的可能性极低。

该分析方法可以实现先于 PCR 扩增的样品分离，可以消除本底信号的影响，提高低丰度靶标的扩增灵敏度，通过直接简单计算出 DNA 模板拷贝数而达到准确的定量。dPCR 是一项优良的微量 DNA 分子定量技术，具有定量准确、灵敏度高、特异性强、重复性好、操作方便、检测通量高等显著优点，已成为分子生物学研究中的重要工具，并在临床诊断、二代测序、环境微生物检测和转基因成分定量等领域发挥重要作用。

dPCR 通常可分为孔板式 dPCR、微流控芯片 dPCR 和液滴 dPCR。孔板式 dPCR 是在刻蚀有大量微反应室的孔板中进行的。随着微反应室数目的增加，反应体积降低，分析的灵敏度、准确度和样品通量显著提高。微流控芯片 dPCR 是基于微流控芯片技术而发展的低成本、小体积和高通量平行 PCR 分析的检测平台。dPCR 在带有高密度微流体通道结构的芯片上进行，通过精准的控制，可以快速并准确地将样品分成若干独立的单元，进行多步平行反应。相比孔板式 dPCR，微流控芯片 dPCR 的通量更高，每个反应室的体积更小，加样更快。液滴 dPCR 是基于乳液 PCR 技术而发展的较为理想的 dPCR 技术平台。在这类 dPCR 中，样品中 DNA 模板与连接引物的磁珠以极低的浓度包裹与油水两相形成纳升至皮升级液滴，在液滴中平行进行 PCR 扩增后，扩增产物富集在磁珠上，收集破乳后进行定量分析。

（撰稿：高鸿飞；审稿：吴刚）

双链断裂修复 double-strand break repair, DSBR

DNA 双链断裂是生物体细胞最严重的损伤之一，它能引起遗传信息的缺少或重排，如果不能得到及时修复，在一个细胞周期后，DNA 双链断裂就有可能成为突变，甚至导致细胞死亡。为了维持遗传信息完整和稳定，生物体具备内在的 DNA 修复机制，可修复不同原因导致的 DNA 双链断裂。转座子、辐照、内切酶、机械损伤等是导致植物自然双链断裂的主要原因。

生物体 DNA 双链断裂的修复机制有两个：非同源末端连接（non-homologous end-joining，NHEJ）和同源重组（homologous recombination，HR）。双链断裂造成的损失和酶切切口或不配对修复不一样，其末端可能和连接酶不匹配，因此，内切酶不得不将原有切口切大，可能造成较大片段丢失，这样的话，简单地将末端连接通过连接酶就会丢失遗传信息。用原有的序列做模板进行同源重组是最佳的修复办法，但生物体内如果存在大量的重复序列，就会在异位重组时发生交叉和置乱。所以，植物中主要通过 NEHJ 机制修复 DNA 双链的断裂。NHEJ 不依赖于同源序列，在一系列蛋白分子的作用下，将断裂末端连接。该修复机制在植物中高度保守，但因为其异常重组的本质，双链断裂修复容易出错。在双链 DNA 断裂位点经常出现复杂的 DNA 重排，典型的重排包括填充 DNA 及很短重复序列形成的末端连接。

非同源末端连接修复过程如下：首先，一些特异性的末端结合因子结合于双链断裂处，一方面保护断裂后的 DNA 不被核酸酶降解，另一方面为修复做准备；接着，募集并活化 DNA 依赖性蛋白激酶的催化亚基，将 DNA 断裂末端进行修饰加工；最后，在 X 线修复交叉互补基因 4 和 DNA 连接酶 IV 的共同作用下，连接断裂的双链，修复断裂的双链。

非同源末端连接修复的一个常见结果是在修复的部位出现模板化的填充 DNA。T-DNA 介导的植物转基因就是非同源末端连接双链断裂修复的一个很好的例子。绝大多数情况下，T-DNA 转化是通过非同源末端连接机制将 T-DNA 随机插入受体植物基因组的，不理会 T-DNA 单链末端序列是否同源或异源，因此，会产生复杂的 DNA 重组、普遍的末端降解、外源入侵模板 DNA 引起的 DNA 合成和多重的模板更换，从而在断裂位点产生部分序列的缺失或填充 DNA 的插入，特别是在 T-DNA 的左边界。非同源末端连接修复机制的这种特性以及植物体中频率极低的同源重组，限制了对被子植物的有效基因定位技术的开发。

外源插入片段的完整性、插入位点在内源基因的位置、插入位点内源基因结构的完整性和填充 DNA 的有无及长短等都是转基因生物安全评价的内容。

参考文献

GORBUNOVA V, LEVY A A, 1997. Non-homologous DNA end-joining in plant cells is associated with deletions and filler DNA insertions[J]. Nucleic acids research, 25(22): 4650-4657.

GORBUNOVA V, LEVY A A, 1999. How plants make ends meet: DNA double-strand break repair[J]. Trends in plant science, 4 (7): 263-269.

（撰稿：石建新、谢家建；审稿：张大兵）

水稻白叶枯病 rice bacterial blight

由稻黄单胞菌稻致病变种引起，危害水稻的一种重要细菌性病害。是水稻上的三大病害之一。又名水稻地火烧、水稻茅草瘟、水稻白叶瘟。

入侵历史 1884 年首先在日本福冈发现，最初被认为是由于土壤酸化引起的症状。1909 年，从发病水稻（*Oryza sativa* L.）叶片表面浑浊的露滴中分离到大量的细菌，利用浑浊露滴接种健康水稻叶片，表现出相同的病害症状。1911 年，Bokura 将该病害确定为细菌病害，病原菌被分离鉴定，命名为 *Bacillus oryzae*；1922 年，Ishiyama 将病原菌重新命名为 *Pseudomonas oryzae*，后来又更名为 *Xanthomonas oryzae*；1978 年，Dye 将病原菌的分类地位变更为 *Xanthomonas campestris* pv. *oryzae*。20 世纪 90 年代初，Goto、Swings 等将水稻白叶枯病菌与水稻细菌性条斑病菌归类为一个新种 *Xanthomonas oryzae* 的两个变种，最终形成当前的分类地位稻黄单胞菌稻致病变种（*Xanthomonas oryzae* pv. *oryzae*）。水稻白叶枯病在热带、亚热带和温带稻区均有发生，20 世纪 60 年代，随着半矮秆高产杂交品种的大面积推广和氮素化肥的大量使用，白叶枯病迅速扩展蔓延，成为世界水稻主要栽培区的重要细菌性病害，在热带和亚热带稻区的危害尤为严重。

水稻白叶枯病是 20 世纪 30 年代首次传入中国，但 1950 年该病害才被正式报道。60 年代以后，开始从南向北蔓延和流行；70 年代末至 80 年代初，随着杂交水稻（籼稻）的推广，病区不断向北扩大。除新疆外，各地均有发生，形成了"华南全年发生、江淮常年发生、北方局部发生"的状况。90 年代中期后，随着抗病品种（含 *Xa4* 的杂交稻、*Xa3* 的粳稻）的大面积推广应用，白叶枯病发生危害程度逐渐下降。21 世纪以来，由于水稻种植模式改变，品种资源调运频繁，优质稻品种推广，特别是病原细菌毒性小种的变异，单一抗病基因的抗性逐渐丧失，导致病害不仅继续在南方籼稻区流行危害，而且在长江流域籼粳混栽区和北方粳稻区扩展蔓延。

分布与危害　已遍及全球各主要水稻栽培地区，尤其在热带和亚热带地区，欧洲、非洲、南美洲、亚洲、澳大利亚以及美国均有报道，其中日本、印度、印度尼西亚、菲律宾和中国发生比较严重。在中国除新疆外，其他种植水稻的地区均有发生，以华南、华中和华东稻区普遍发生，华南和华东的沿海地区危害尤为严重。

水稻整个生育期均可受到侵害，分蘖至孕穗期受害最重。病菌主要从叶片的伤口或水孔侵入维管束，在维管束内大量繁殖和扩展，从而引起系统性侵染。由于品种抗性、发病条件、侵入时期和侵染部位不同，症状有较大差异，常见的典型症状为叶枯型（叶缘型或中脉型），有时也表现急症型、凋萎型（枯心型）、黄化型等症状（图 1）。在田间主要通过灌溉水、风雨、农事操作传播，带菌种子调运是病害远距离传播的主要途径。高温、高湿、多露、台风、暴雨是病害流行的关键环境因子。分蘖孕穗期发病，可使抽穗延迟，穗形变小，粒数减少；孕穗后发病，粒重减轻，不实率增加，米质松脆，出米率低，发芽率也低，通常减产 10%～20%，严重时减产 50% 以上，甚至绝收。中国水稻白叶枯病在 20 世纪 80 年代至 90 年代初为重发流行时期，其中 1980 年发生面积 2400 万亩，稻谷损失超过 45 万 t。

病原及特征　病原菌为稻黄单胞菌稻致病变种（*Xanthomonas oryzae* pv. *oryzae*），属溶杆菌科（Lysobacteraceae）黄单胞菌属（*Xanthomonas*）。

图 1 水稻白叶枯病田间大发生症状（赵延存提供）

病原菌单生，短杆状，两端钝圆，大小为 0.6～1.0μm × 1.0～2.7μm；在菌体一端生有 1 根线状的鞭毛，长 6～9μm，宽约 30nm。革兰氏染色反应阴性，不形成芽孢和荚膜，但在菌体表面有一层胶状分泌物，使其互相黏聚成块，置水内不易散开。最适生长温度 25～30℃、pH6.5～7.0。主要侵染水稻，引起水稻白叶枯病，是水稻三大病害之一；也可侵染李氏禾（*Leersia hexandra* Swartz.）、马唐［*Digitaria sanguinalis* (L.) Scop.］、茭白［*Zizania latifolia* (Griseb.) Stapf］、野生稻 (*Oryza rufipogon* Griff.)、紫云英（*Astragalus sinicus* L.）、看麦娘（*Alopecurus aequalis* Sobol.）、草芦（*Phalaris arundinacea* L.）等植物。病菌生长比较缓慢，单胞培养时，一般要 2～3 天甚至 5～7 天后才逐渐形成菌落。在肉汁胨琼脂培养基上的菌落为蜜黄色，在马铃薯蔗糖琼脂培养基上为淡黄色；菌落圆形，周边整齐，质地均匀，表面隆起，光滑发亮，无荧光。

水稻白叶枯病菌存在明显的致病性分化，携带单一抗病基因品种的大面积推广、水稻品种的更新换代及种质资源的频繁交换都加速了病原菌的变异。1985—1988 年，南京农业大学联合江苏省农业科学院等国内相关研究单位，利用鉴别寄主（金刚 30、Tetep、南粳 15、Java14、IR26）对全国菌系进行了测定，共确定 7 个致病型（Ⅰ～VII 型）；2010 年，刘红霞等利用 6 个含有已知抗病基因的近等基因系鉴别寄主（IRBB5、IRBB13、IRBB3、IRBB14、IRBB2、IR24），将 285 个病原菌株分为 9 个生理小种（R1～R9），其中 1970—1992 年间的优势小种为 R4 和 R5，2003—2004 年的优势小种为 R5 和 R8，且 R9 是后期新出现的小种。

入侵生物学特性　水稻白叶枯病菌主要在发病田块的种子、病稻草及稻桩上越冬，并成为翌年病害发生的主要初侵染源。老病区以病稻草传病为主，新病区以带菌种子传病为主。越冬病菌随灌溉水传播，秧苗根系分泌物可以吸引周围的病菌向根际聚集，然后通过芽鞘、茎基部叶鞘伤口或变态气孔完成初次侵染。在田间主要通过灌溉水、风雨、农事操作再次传播蔓延，孕穗抽穗期易感病，高温、高湿、多露、台风、暴雨是病害流行的关键环境因子，高温晴朗天气限制病害的进一步发展（图 2）。

水稻白叶枯病流行的前提条件是有充足的初侵染源和大面积种植的感病品种，病害暴发流行的决定性因素是气候条件，栽培管理是影响病害暴发流行的重要因素。

不同品种的抗性存在显著差异，一般糯稻抗性最强，粳稻次之，籼稻易感病；另外，双季晚稻重于双季早稻，单季中稻重于单季晚稻。大面积连片种植单一感病品种，有利于病害的暴发流行。

当连续多日气温 25～30℃、相对湿度大于 85%、多阴雨寡照天气，并伴有大风，病菌繁殖迅速，且适于病原菌的近距离传播和再次侵染，病害易暴发流行。水稻处于孕穗抽穗期，田间菌源充足，台风暴雨天使水稻叶片产生大量利于病原菌侵入的伤口，有助于病原菌在田间的侵染传播，导致病害大范围暴发流行，低洼易涝地区发生危害更为严重。高温晴朗天气，病害停止或减缓扩展蔓延。

图 2　水稻白叶枯病侵染循环示意图（引自 Kumar et al., 2020）

过量施用氮肥的稻田，水稻叶片较嫩，易于病害的侵染和扩展蔓延，一般发病较重。淹水、漫灌、串灌、带菌秸秆还田都有利于病害发生及传播。

预防与控制技术　在控制菌源的前提下，采取以种植抗（耐）病品种，实行健身栽培为基础，以种子处理为重点，以化学防控与生物防控相协同的综合防控措施，将损失控制在经济允许水平之内。

选育抗（耐）病品种并进行合理布局　应用抗（耐）病品种是防控水稻白叶枯病的经济有效措施。针对本区域内的优势致病小种，选育含有有效抗性基因的优良品种，并进行合理布局，延长抗性基因的有效期。各稻区抗（耐）病品种的选择可咨询当地植保或种子管理部门。

种子处理　在水稻白叶枯病发生区域全面推行种子处理，可选用 36% 三氯异氰尿酸可湿性粉剂进行浸种处理，或 20% 噻唑锌悬浮剂进行浸种或拌种处理。

培育无病秧苗　播前晒种、去杂，选用健康无病种子。选择地势高、排灌方便且过去两年未发生过水稻细菌病害的田块进行育秧，或工厂化育秧。及时清理、销毁田间病稻草，不用病稻草作催芽和秧畦覆盖物，不用病稻草捆扎秧把。

健身栽培　加强水肥管理，适时晒田，避免深水灌溉、漫灌，禁止串灌，防止涝渍。根据水稻品种类型、长势、叶龄进程，确定施肥时间和施用量，提倡配方施肥，避免重施、偏施、迟施氮肥，合理增施磷钾肥，喷施硅肥，提高水稻抗病性。

化学防治　秧苗期，在移栽前喷药 1 次，带药移栽。大田期，在系统调查和准确测报的基础上，及时喷药封锁发病中心，围绕发病中心由外而内对整块稻田进行喷药，间隔 7 天左右再喷药 1 次。施药后 24 小时内遇雨水天气应及时补施。施药后田间保持 3～5cm 水层 2～3 天。如气候条件有利于发病，应实行同类田块普遍防控。在病害常发区或老病区，在台风、暴雨前后应进行一次统防统治，防止病害暴发流行。可选用以下药剂：60 亿活芽孢 /ml 解淀粉芽孢杆菌 Lx-11 水剂 7500～10 000ml/hm^2、20% 噻唑锌悬浮剂 1500～2250ml/hm^2、20% 噻菌铜悬浮剂 1500～2250ml/hm^2、20% 噻森铜悬浮剂 1125～1500ml/hm^2、50% 代森铵水剂 1000～1500ml/hm^2 等。不同作用机理农药交替使用。

参考文献

陈复旦, 颜丙霄, 何祖华, 2020. 水稻白叶枯病抗病机制与抗病育种展望[J]. 植物生理学报, 56(12): 2533-2542.

许志刚, 孙启明, 刘凤权, 等, 2004. 水稻白叶枯病菌小种分化的监测[J]. 中国水稻科学, 18(5): 469-472.

杨万风, 刘红霞, 胡白石, 等, 2006. 中国水稻白叶枯病菌毒性变异研究[J]. 植物病理学报, 36(3): 244-248.

中国农业科学院植物保护研究所, 中国植物保护学会, 2015. 中国农作物病虫害: 上册[M]. 3版. 北京: 中国农业出版社: 9-17.

KUMAR A, KUMAR R, SENGUPTA D, et al, 2020. Deployment of genetic and genomic tools toward gaining a better understanding of rice-*Xanthomonas oryzae* pv. *oryzae* interactions for development of durable bacterial blight resistant rice [J]. Frontiers in plant science, 11: 1152.

LI H J, LI X H, XIAO J H, et al, 2012. Ortholog alleles at *Xa3/Xa26* locus confer conserved race-specific resistance against *Xanthomonas oryzae* in rice [J]. Molecular plant, 5(1): 281-290.

NIÑO-LIU D, RONALD P C, BOGDANOVE A J, 2006. *Xanthomonas oryzae* pathovars: model pathogens of a model crop [J]. Molecular plant pathology, 7(5): 303-324.

（撰稿：赵延存；审稿：刘凤权）

水稻细菌性条斑病　rice bacterial leaf streak

由稻黄单胞菌稻生致病变种引起，危害水稻的一种重要细菌性入侵病害。又名水稻细条病、水稻红叶病。

入侵历史　1918 年，Reinking 在菲律宾首次发现了一种在水稻（*Oryza sativa* L.）叶片上产生条纹病斑的细菌性病害，命名为细菌性条纹病。1955 年，范怀忠等在中国广东发现一种引起水稻叶片条斑症状的细菌性病害，最初认为是水稻白叶枯病，但是发现两者症状有明显差异。方中达和范怀忠等人合作研究，认为引起该病害的细菌病原物不同于白叶枯病原菌（*Xanthomonas oryzae* pv. *oryzae*），是一种新的植物病原细菌。1957 年，方中达将该病害正式命名为水稻细菌性条斑病，病原菌命名为 *Xanthomonas oryzicola*，后来又被重新命名为 *Xanthomonas translucens* f. sp. *oryzae* 或 *Xanthomonas campestris* pv. *oryzicola*。Swings 等（1990）研究了水稻细菌性条斑病菌和白叶枯病菌与其他黄单胞菌在表型、遗传型、生理生化和寄主范围等方面的差异后，将他们归为一个新种水稻黄单胞菌（*Xanthomonas oryzae*）内的两个致病变种，最终形成当前的分类地位，即稻黄单胞菌稻生致病变种（*Xanthomonas oryzae* pv. *oryzicola*）。水稻细菌性条斑病主要发生在热带和亚热带的部分水稻产区，主要危害籼稻，尤其是杂交籼稻。由于大多杂交籼稻品种易感病，自20世纪80年代以来，随着杂交籼稻在亚洲地区的大面积推广，水稻细菌性条斑病扩展蔓延较快，危害日益严重。

水稻细菌性条斑病是中国水稻生产上的主要细菌性病害之一。中国最早于1953年在广东珠江三角洲发现，20世纪60年代前，水稻细菌性条斑病曾在长江以南稻区局部发生流行；此后由于品种更换和耕作制度改变等原因，病害曾在大多数地区销声匿迹。20世纪80年代以来，由于南繁北运、调种频繁以及杂交稻推广，该病害已扩展到长江以北籼粳混栽区，成为华南、西南、华中、华东等稻区水稻上的重要病害之一。21世纪以来，水稻细菌性条斑病的发生流行有两个重要特征：一是在长江以南稻区的危害程度已超过白叶枯病；二是病害向北扩展蔓延到长江以北的江苏、安徽籼粳混栽区，呈多点发生，局部危害严重，并在个别粳稻品种上发病。

分布与危害 水稻细菌性条斑病主要发生在亚洲的热带和亚热带水稻产区，中国的长江流域及以南地区包括中国台湾，马来西亚、印度、越南、菲律宾和印度尼西亚，也危害澳大利亚北部的水稻生产。近年，这个病害在非洲西部的水稻种植区也成为一个严重的问题。水稻细菌性条斑病在中国主要分布在海南、广东、福建、浙江、江西、湖北、湖南、云南、四川等地，近年江苏、安徽的部分籼粳混栽区局部发生，最北已达北纬33.5°左右。

水稻整个生育期均可受到侵害，分蘖至孕穗期受害最重。病菌主要从水稻叶片气孔或伤口侵入，在叶片薄壁组织的细胞间隙扩展。初期显症为暗绿色水渍状半透明小斑点，后沿叶脉扩展形成暗绿色或黄褐色纤细条斑，宽0.5～1mm，长3～5mm，单个病斑可扩大到宽1mm、长10mm以上。湿度大时，病斑上生出许多细小的露珠状深蜜黄色菌脓，干燥后呈鱼籽状。病斑通常被局限在叶脉之间，对光观察呈半透明状。病情严重时，多个条斑融合、连接在一起，形成不规则的黄褐色至枯黄色斑块（图1）。根据水稻品种和气候条件的差异，水稻细菌性条斑病一般可引起水稻减产5%～20%。在高温和台风季节，条斑病容易暴发，导致水稻抽穗困难、穗粒数减少、千粒重下降、米质低劣，严重时减产50%以上，甚至绝产。

病原及特征 病原为稻黄单胞菌稻生致病变种（*Xanthomonas oryzae* pv. *oryzicola*, Xoc），属溶杆菌科（Lysobacteraceae）黄单胞菌属（*Xanthomonas*）。

菌体短杆状，大小0.4～0.6μm×1.1～2.0μm；无芽孢和荚膜，菌体外具黏质的胞外多糖包围；单生，很少成对，不呈链状；极生鞭毛一根；革兰氏染色阴性，严格好气型；过氧化氢酶阳性，不能够利用硝酸盐；水解明胶和淀粉的能力较强；对葡萄糖和青霉素不敏感，在含3%葡萄糖或20mg/L青霉素的培养基上均能生长。最适生长温度25～28℃，生长温限8～38℃，最适pH6.5～7.0。水稻细菌性条斑病菌被中国列为农业植物检疫性有害生物，主要侵染水稻，特别是杂交籼稻，也可侵染茭白［*Zizania latifolia* (Griseb.) Stapf］、野生稻（*Oryza rufipogon* Griff.）、李氏禾（*Leersia hexandra* Swartz.）等。在肉汁胨培养基上，菌落平滑，不透明，有光泽，圆形，凸起，边缘完整；初始为白色，后变为浅黄色，培养3天后直径达到1～2mm（图2）。

一些研究表明，Xoc存在致病性分化，根据病原菌在鉴别水稻品系上的危害程度、侵染过程的差异以及生理生化和血清学的研究结果，将其分为不同种群。许志刚等利用国际水稻研究所和中国农业科学院培育的抗水稻白叶枯病的近等位基因系材料作为鉴别品种，测定了中国南方水稻产区的62个Xoc分离株的毒性，根据病斑长度将他们划分为6个小种群（C1～C6），大部分Xoc菌株在鉴别品种上的反应表现为弱相互作用，少数菌株与品种间表现强相互作用关系，其中C1和C2致病力较弱，C5和C6致病力最强，C3和C4致病力中等。刘友勋等（2004年）以金刚30、窄叶青、XM5、XM6、M41等5个品种为鉴别品种，将来源于中南4省的75个Xoc菌株的致病力划分为0、I、II、III、IV、V、VI等7个致病型，毒力从弱到强。姬广海等（2002年）利用RAPD和Rep-PCR技术对中国的水稻细菌性条斑病菌菌株进行了划分，在遗传距离为0.30时，划分为7个遗传谱系，在遗传距离为0.50时，则聚类为6个簇，并发现致病菌类群间差异显著。但，Raymundo等（1999）认为

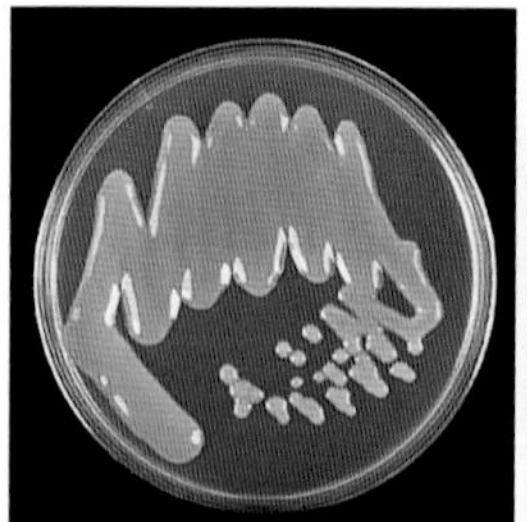
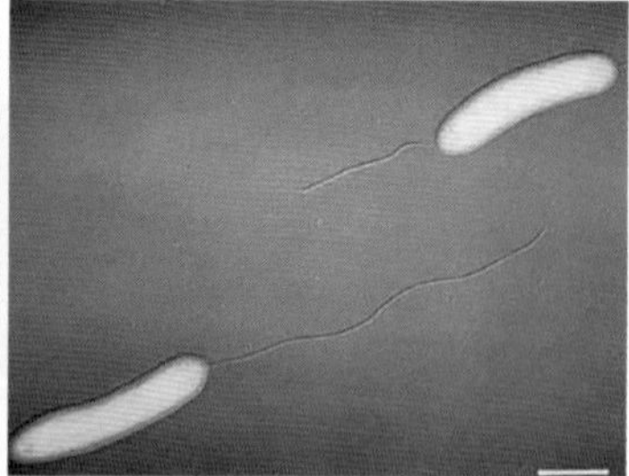

图2 水稻细菌性条斑病菌（赵延存提供）

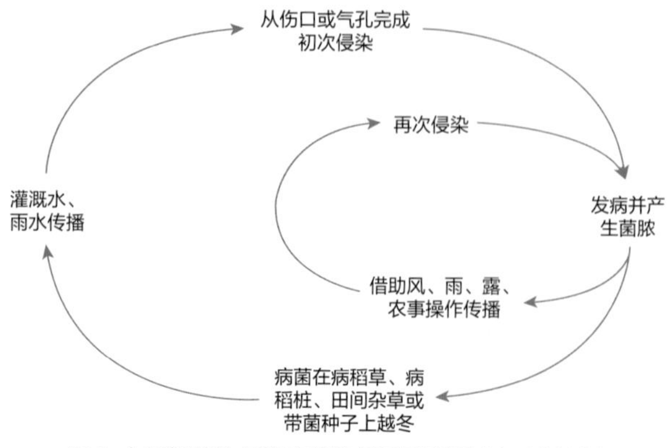

图3 水稻细菌性条斑病侵染循环示意图（赵延存提供）

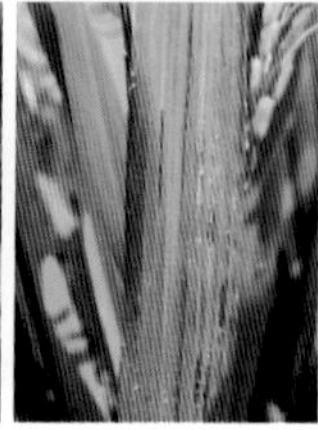

图1 水稻细菌性条斑病典型症状（赵延存提供）

S

水稻细菌性条斑病菌菌株的遗传谱系与其致病性之间无明显相关性。

入侵生物学特性 水稻细菌性条斑病菌主要在发病田块收获的稻谷、病稻草和自生稻上越冬，并成为第二年病害发生的主要初侵染源。带菌种子是病原长距离传播的主要途径，新病区以带菌种子传入为主。

越冬菌源随灌溉水或雨水传播，病原菌接触秧苗后，从伤口或气孔侵入，在伤口或气孔下室繁殖，在叶片薄壁组织的细胞间隙扩展，一般不突破叶脉，形成细条斑。病斑上溢出的菌脓可借助灌溉水、风雨、露水、农事操作等进行近距离传播，完成再次侵染。

水稻细菌性条斑病发生流行的前提条件是有充足的初侵染菌源和大面积种植的感病品种，适宜的天气条件是病害暴发流行的决定因素，不当的栽培管理措施是病害暴发流行的重要因素。

不同类型水稻抗性差异显著，一般粳稻和糯稻较抗病，籼稻和杂交稻较感病，两系杂交籼稻尤为感病。还未从水稻中发现抗水稻细菌性条斑病的 *R* 基因（大多为微效多基因，抗性不稳定），只是从玉米中鉴定了一个抗性基因 *Rxo1*。生产上栽培的大多数籼稻和杂交籼稻品种对水稻细菌性条斑病的抗性较差，这种状况还要维持较长时间。

随着交通的便捷和电商的迅速发展，农户随意购买未经检疫的带菌种子，或一些杂交种子生产、经营单位忽视植物检疫，带菌种子未作处理就乱调乱引，给病害传播和流行增加了可能性。多年的监测表明，无病区水稻细菌病害的发生大多是由于不规范引种、调种引起的。

水稻细菌性条斑病是高温高湿病害，最适宜流行的温度为 26～30℃，20℃以下或 33℃以上晴朗高温天气病害发生发展缓慢。连续阴雨、日照不足，特别是台风、暴雨不仅有利于细菌的活动传播，而且造成的伤口有利于病菌的侵入。

不恰当的栽培管理措施也有助于水稻细菌性条斑病的发生流行。秸秆还田增加了越冬菌源数量，从而有可能使翌年水稻细菌性条斑病发生早、发生重。过量施用氮肥，也会加重水稻细菌性条斑病发生。病原细菌在田间主要通过流水传播：落入田间水中的菌脓，随灌溉水流传播，因此，在发病田块，进水口附近比非进水口处发病重，低洼积水、大雨淹没以及串灌、漫灌等易引起水稻细菌性条斑病连片发生。

预防与控制技术

检疫措施 开展种子产地检疫，禁止从疫区引种或采种，加强对市场销售种子抽样检测，防止通过带菌种子传病。

农业防治 建立无疫病制种基地，选用抗（耐）病品种，选择近两年内无发病田块育秧或工厂化育秧，及时清理或销毁田间病稻草，加强肥水管理，提高水稻抗病性。

种子处理 在水稻细菌性条斑病发生区应全面推行药剂浸种处理，可选用 40% 强氯精（三氯异氰脲酸）可湿性粉剂 500 倍液浸种处理，或使用 20% 噻唑锌悬浮剂拌种或 200～300 倍液浸种处理。

生物防治 发病初期，可选用生物农药“叶斑宁”60 亿活芽孢 /ml 解淀粉芽孢杆菌 Lx-11 水剂 7500ml/hm^2 进行喷雾防治，连续施药 2 次，每次间隔 7 天左右。

化学防治 发病初期，及时喷药封锁发病中心，围绕发病中心由外而内进行喷药，间隔 7 天左右再喷药 1 次。病害常发区或老病区，在台风、暴雨前后应进行一次统防统治。可选用下列药剂中的一种：20% 噻唑锌悬浮剂 1500～2250ml/hm^2、20% 噻菌铜悬浮剂 1500～2250ml/hm^2、20% 噻森铜悬浮剂 1125～1500ml/hm^2、36% 三氯异氰脲酸可湿性粉剂 900～1400g/hm^2、50% 代森铵水剂 1000～1500ml/hm^2。

参考文献

刘凤权, 田子华, 赵延存, 等, 2018. 水稻细菌性条斑病防控技术规程[S]. 江苏省地方标准, DB 32/T 3366.

中国农业科学院植物保护研究所, 中国植物保护学会, 2015. 中国农作物病虫害: 上册[M]. 3版. 北京: 中国农业出版社: 17-19.

JIANG N, YAN J, LIANG Y, et al, 2020. Resistance genes and their interactions with bacterial blight/leaf streak pathogens (*Xanthomonas oryzae*) in rice (*Oryza sativa* L.)—an updated review [J]. Rice, 13: 3.

NIÑO-LIU D, RONALD P C, BOGDANOVE A J, 2006. *Xanthomonas oryzae* pathovars: model pathogens of a model crop [J]. Molecular plant pathology, 7(5): 303-324.

SWINGS J, MOOTER M, VAUTERIN L, et al, 1990. Reclassification of the causal agents of bacterial blight (*Xanthomonas campestris* pv. *oryzae*) and bacterial leaf streak (*Xanthomonas campestris* pv. *oryzicola*) of rice as pathovars of *Xanthomonas oryzae* (ex Ishiyama 1922) sp. nov., nom. rev [J]. International journal of systematic bacteriology, 40(3): 309-311.

ZHAO B Y, LIN X H, POLAND J, et al, 2005. A maize resistance gene functions against bacterial streak disease in rice [J]. Proceedings of the National Academy of Sciences of the United States of America, 102(43): 15383-15388.

（撰稿：赵延存；审稿：刘凤权）

水椰八角铁甲 *Octodonta nipae* (Maulik)

一种危害棕榈科植物幼茎、嫩梢和未展开或未完全展开的心叶（少数成虫可取食展开后的老叶）的重要害虫。鞘翅目（Coleoptera）叶甲总科（Chrysomeloidea）叶甲科（Chrysomelidae）龟甲亚科（Cassidinae）隐爪族（Cryptonychini）八角铁甲属（*Octodonta*）。英文名 nipa palm hispid beetle。

入侵历史 水椰八角铁甲原产于马来西亚。2001 年，在海南东方的华盛顿棕上首次发现其入侵中国。2004 年 9 月，南海出入境检验检疫局从入境中国广东的马氏射叶椰子中首次发现水椰八角铁甲的卵、幼虫和成虫；次年 6 月，又从来自泰国的银海枣上截获水椰八角铁甲；同年 10 月，广东顺德出入境检验检疫局两次从银海枣上截获该入侵害虫，其来源仍为从泰国传入的银海枣。2005 年 10 月，云南红河阿扎河首次在棕榈树上发现了水椰八角铁甲，受害面积达

S

62 659 亩；同年 11 月，又在元阳沙拉托、马街等乡的棕榈上发现其危害，发生面积 11 000 亩。在 2009 年 3～4 月，云南红河林业局对棕榈科植物有害生物进行了普查，调查发现，水椰八角铁甲侵害了共约 2800hm^2 的棕榈科植物，红河县因水椰八角铁甲危害造成棕丝减产 626t，直接经济损失 125 万元。除了在中国发现或截获水椰八角铁甲的入侵，2009 年 12 月，塞浦路斯也在调运入境的金山葵上发现水椰八角铁甲入侵，主要虫态为成虫和幼虫，该入侵源推测来自中国或以色列。

分布与危害 主要分布于海南、广东、广西、云南和福建。被害心叶初期呈现黄色、褐色坏死条斑；展开后，窄条食痕扩大，出现明显的不规则褐化坏死条块并有卷曲、皱缩等现象；受害嫩梢变色枯萎，内部心叶难以抽出，由中心向外萎蔫，树势颓废，而已被取食过的心叶展开后向外倒塌，羽状叶序干枯变色（图 1）。危害严重时可导致整株长势衰弱，枯萎死亡。

主要寄主有水椰子、西谷椰子、马氏射叶椰子、海枣、加那利海枣、银海枣、中东海枣、棕榈、华盛顿棕榈、金山葵、大丝葵、刺葵、美丽珍葵、槟榔、玛瑙省藤；无法在蒲葵、椰子上产卵；也无法在国王椰子上完成发育。

形态特征

成虫 体长 6.3～7.7mm，体宽 1.7～2.3mm。头、触角、前胸背板及小盾片棕黄至棕红色，有时头和触角颜色加深呈褐色；鞘翅黑色，周缘及缘折棕黄至棕红色；腹面及足颜色同前胸背板（图 2①）。体形狭长较扁，两侧近于平行。头顶宽阔，在眼间呈方形隆起，刻点粗大，前侧角突出，中央

图 1 水椰八角铁甲危害状（汤宝珍提供）

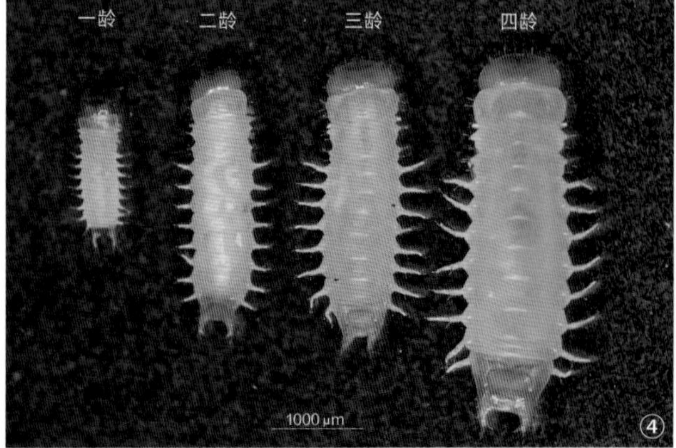

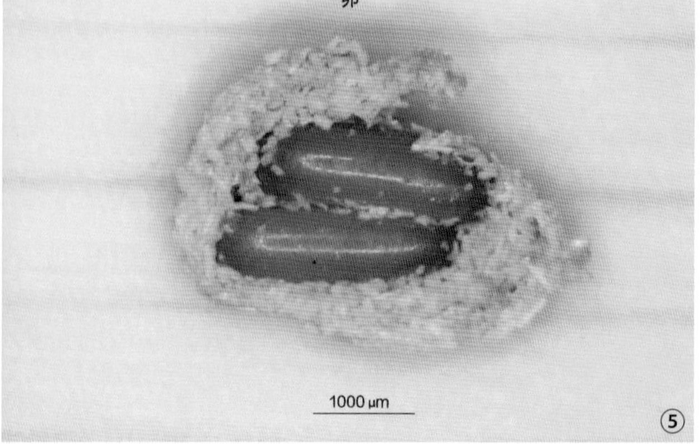

图 2 水椰八角铁甲的形态特征（汤宝珍提供）
①两种不同体色的成虫；②前胸背板；③蛹；④一至四龄幼虫；⑤卵

有1条纵沟，沟前端向前突伸，端部狭尖，伸达第1触角长度的一半。触角11节，长约为体长的1/3；第1节粗壮，刻点粗，以后各节刻点微细、光亮；第2～5节筒形，6～11节较宽扁。前胸背板近方形，侧缘内凹，具窄平的边；基部明显较前部为宽；前缘在中部无边框，明显拱出；后缘较平，有边框；四角向外突出，每个角具一凹陷并形成2个齿，八角属名即由此而来（图2②）；盘区有1个大的"V"字形光洁区，前端两侧明显隆起呈脊，基部中央宽平，背板其余部分全具刻点。鞘翅狭长，背面较平不隆，两侧近于平行，中部偏后最宽；端部缝角微突出，外角宽圆，端缘较平；除小盾片外，有8行排列整齐粗大的刻点，第5、6行在中部之前各分为2行，第2、4、6、8行在翅后部隆起呈脊。足的腿节、胫节短粗，宽扁，跗节阔扁，负爪节隐藏在第3节两叶之间。腹部可见5节，雌虫末节端缘完整，雄虫末节端缘中央明显内凹。

蛹　体长7.1～8.4mm，体宽2.0～2.5mm。较粗壮，属离蛹。头顶上有1对角状突，近末端有小齿。前胸背板八角未显露，仅只有8根毛。腹部8对气门开口，不消失，侧突变三叉状突起，第8腹节背面着生1组片状横褶皱，腹末1对钳状尾突（图2③）。

幼虫　老熟幼虫体长6.7～8.0mm，宽1.2～2.0mm（图2④）。乳白色，头部淡棕色，末端骨盘褐色。头部宽扁，前口式。胸部3节，各具足1对，中、后胸两侧具瘤突，前后胸节间具气门1对。腹部9节，无足，各节具侧突1对，第8、9节合并，并在体后端形成1个骨盘。骨盘铲形，基缘呈马蹄形隆起，端缘较平，背面平洼，两侧向体后延伸，上下缘均有小齿突，末端分叉，内叉较长，钩状，向里弯，外叉较短，齿状，向外突。腹部气门圆形，共8对，位于侧突的上方，仅第8气门位于骨盘马蹄形隆起的末端。

卵　长筒形或椭圆形，褐色，两端宽圆，卵长1.3～1.8mm，宽0.4～0.6mm。卵壳表面通常会有蜂窝状突起（图2⑤）。成虫将卵产于心叶虫道内，多粒卵的排列方式为并排排列黏附在叶面。周围会有取食的残渣和排泄物。刚产下的卵是黄色且半透明，后颜色逐渐加深。

入侵生物学特性　属全变态昆虫，幼虫经历4～5个龄期，具有世代重叠现象。在20～30℃范围内皆可完成生长发育，但最适的温度范围为26～29℃。从卵到成虫需要5～9周，成虫可存活长达200多天。在合适的温度范围内，每只雌虫一生平均产卵量为47～120粒，卵在低温15℃和高温35℃下不能存活。成虫羽化后需经过一段时间的取食才可交配，雌雄成虫羽化后的交配起始期分别为5～8天和13～17天，但雌虫需在卵巢发育成熟后才可产卵，一般在羽化后18～22天进入产卵期。羽化后28～32天为交配高峰期，一天当中的任何时段均可交配，平均每天可以交配约13次，11：00～17：00为交配高峰期，其中13：00的交配频率最高。

成虫和幼虫聚集取食。幼虫多沿着叶脉纵向取食，不会穿透叶片，取食后常呈现中空叶脉，常于叶片中部取食，这样可以隐藏于羽状叶序之间而不暴露。一龄、二龄幼虫取食量较少，呈现细线状取食斑，危害处较少引起病斑；三龄幼虫至四龄幼虫初期，取食面积较为集中，常呈片状取食斑，叶片潮湿，呈大面积黑褐色，对叶片造成极大损伤，叶片易腐烂；四龄幼虫末期，取食量逐渐减少至无。成虫的取食线也相对较细，但取食线密集而面积较大，容易引起病斑，且因为其平均寿命长达200多天，危害比幼虫更为严重。

水椰八角铁甲在各地的入侵方式都是以棕榈科植物人为调运并携带该虫入侵为主。棕榈科植物树苗的调运、种植方式一般为去除完全散开的老叶，刚散开的老叶与心叶则被捆扎成一束，这样方便于运输和重新种植，因此带虫植株不易被察觉而运达新的地区。

预防与防控技术

检疫措施　对棕榈科植物苗木的引种和调运，实施严格的检疫。一旦发现该虫发生危害，立即进行药剂处理或者焚毁，予以根除，包括整株烧毁、熏蒸、剪除心叶、杀虫剂多次喷杀等。杀虫剂喷杀应全株实施，重点是顶部和基部的幼嫩部位；同时对装载的运输工具如集装箱、卸货查验现场等进行清理及喷施杀虫剂等。

化学防治　传入初期，可选用高效氯氰菊酯、西维因、敌百虫等农药。施药时，需要将折叠的心叶稍微弯曲，使羽状叶序散开后，再进行喷药，而对于心叶初展开时，则可以直接施药。还可效仿椰心叶甲进行挂药包防治，将药剂装入无纺布袋，并悬挂于植株心叶上，经过雾水和雨水渗透达到防治效果。

生物防治　水椰八角铁甲各个阶段都群聚于棕榈树的心叶中，因惧光而隐藏于羽状叶序或茎秆，棕榈科植物如加那利海枣和椰子等具有枝刺多、冠层密集、植株高大等特点，化学农药很难施用到心叶部位；一旦大面积入侵危害，剪除心叶和化学防治都难以收到成效。因而，可以考虑使用天敌生物防治。如赤眼蜂属 *Hispidophila brontispae* 寄生卵率可达60%；椰扁甲啮小蜂主要搜寻老熟幼虫和蛹，具有良好的防治效果；绿僵菌对幼虫和成虫皆具有高效的致病力；昆虫病原线虫嗜菌异小杆线虫具有较高的防治潜力等。

参考文献

苏璐, 吕宝乾, 彭正强, 等, 2019. 水椰八角铁甲和椰心叶甲对椰子和银海枣的寄主选择性[J]. 生物安全学报, 28(1): 24-28.

孙江华, 虞佩玉, 张彦周, 等, 2013. 海南省新发现的林业外来入侵害虫——水椰八角铁甲[J]. 昆虫知识, 40(3). 286-287.

席博, 张秩勇, 侯有明, 等, 2013. 寄主植物对水椰八角铁甲发育历期、取食和繁殖的影响[J]. 昆虫学报, 56(7): 799-806.

余凤玉, 覃伟权, 马子龙, 等, 2009. 寄主植物对水椰八角铁甲生长发育和繁殖力的影响[J]. 植物保护, 35(2): 72-74.

张翔, 2015. 水椰八角铁甲多次交配行为及其繁殖受益[D]. 福州: 福建农林大学.

MAULIK S, 1921. A new hispid beetle injurious to nipa palm[J]. Annals and magazine of natural history, 7(9): 451-452.

SANDA NB, MUHAMMAD A, ALI H, et al, 2018. Entomopathogenic nematode *Steinernema carpocapsae* surpasses the cellular immune responses of the hispid beetle, *Octodonta nipae* (Coleoptera: Chrysomelidae) [J]. Microbial pathogenesis, 124: 337-345.

（撰稿：汤宝珍、侯有明；审稿：周忠实）

S

松材线虫病 pine wilt

由松材线虫寄生引起的一种入侵性森林病害。又名松树萎蔫病。因其发病速度快、传播蔓延迅速、防治难度大，国际上已有52个国家将其列为重要检疫性对象。

入侵历史 日本是有文献记载最早遭受松材线虫病危害的亚洲国家，早在1905年长崎县就有松树大量枯死的记载，但是，未能找到病害发生的原因。直到1971，才有研究表明该病害由一种伞滑刃属（*Bursaphelenchus*）线虫引起。1972年，Mamiya等将该线虫命名为*Bursaphelenchus lignicolus*。事实上，Steiner和Buhrer早在1934年就从美国路易斯安那州长叶松蓝变木材中分离到松材线虫，并将其命名为*Aphelenchoides xylophilus*。1970年，Nickle将*A. xylophilus*移到伞滑刃属（*Bursaphelenchus*）中，将其命名为*B. xylophilus*。由于*B. lignicolus*与*B. xylophilus*形态特征高度相似，1981年，Nickle等根据*B. xylophilus*和*B. lignicolus*种间杂交的结果，确定二者为同物异名，从而将松材线虫的学名修订为松材线虫［*B. xylophilus*（Steiner & Buhrer）Nickle］。因此，松材线虫起源于北美洲，并从北美传入日本。

虽然自从发现松材线虫病的病原及其传播媒介后，日本为根除该病害做了巨大努力，然而，该病害持续扩散蔓延，随后几乎席卷日本全境。20世纪80年代，松材线虫病传播到邻近的东亚国家，包括中国和韩国。中国大陆于1982年秋首次在南京紫金山林区黑松上发现松材线虫病。香港地区和台湾地区20世纪70年代末就发现有松树枯死，但直到1982年和1983年才证实由松材线虫病所致。1988年，安徽马鞍山和滁州、广东深圳发生松材线虫病；1990年，山东烟台长岛发生松材线虫病；1991年，松材线虫病传入浙江象山。1999年，该病害传入葡萄牙，这是欧洲首次发现松材线虫病。2008年，西班牙发现松材线虫病。至此，松材线虫病成为一种世界性分布的松林病害，对南北半球林产品的国际贸易构成了潜在威胁。

分布与危害 松材线虫病在世界上的分布地区包括北美洲的美国、加拿大和墨西哥，亚洲的日本、中国和韩国，欧洲的葡萄牙和西班牙。在美国、加拿大和墨西哥，虽然松材线虫病发生较普遍，但并未对松树造成明显危害。而在日本、中国和韩国，该病害发生非常严重，不仅导致巨大的经济损失，且造成了严重的生态破坏。

感染松材线虫病后，松树外部症状随树种、树龄、侵入的线虫量及环境条件的不同而有差异，从枯死方式上看主要有3种类型：当年枯死型、越年枯死型和枝条枯死型。松材线虫入侵中国的早期，绝大多数松树感病后于当年秋季即表现出全株枯死；随着入侵时间的延长，扩散范围的增大，寄主松树种类的增多，症状的表现发生一些变化，在年均温度偏低的地区和高海拔地区有少量的松树感病后，当年不马上枯死，而是到翌春或夏初才表现枯死；还有一些松树感病后1～2年内并不表现全株枯死现象，而是树冠上少数枝条枯死，随时间推移，枯死枝条逐渐增多，直至全株枯死。

当年枯死型典型病害症状的出现大体上可分为4个阶段：①病害初期，植株外观正常，但树脂分泌开始减少。②树脂停止分泌，树冠部分针叶失去光泽、变黄，此时，一般能观察到天牛或其他甲虫侵害或产卵的痕迹。③多数针叶变黄，植株开始萎蔫，这时，可以发现天牛幼虫的蛀屑。④整个树冠部针叶由黄色变为红褐色，全株枯死，针叶当年不落，枯死松材木质部常可见蓝变现象（图1）。一开始病株在林分中常呈零星分布。几年内随着病区内植株不断枯萎，致使整个林分毁灭。

日本是世界上最早记载松材线虫病发生的国家，也是遭受松材线虫病危害最重、损失最大的国家。1905年，日本九州岛长崎县首次发现松树大量死亡，随后几十年里松材线虫病在日本不断传播蔓延。20世纪30年代，该病害扩展到12个县；40年代，扩散到34个县。在这20年间，木材年损失量从30 000m^{3}增加到1200 000m^3。20世纪70年代，松材线虫病疫区扩大到日本47个县中的45个县，1979年发病松林面积670 000hm^2，木材年损失量为2400 000m^3。至1982年，松材线虫病传到东北部的秋田县，除北海道和青森县外几乎各区县都发生了松材线虫病。1988年，日本松材线虫病发生达到高峰期，危害的松木高达2430 000m^3。日本除北海道外，其余县区都已有松材线虫病发生。

在松材线虫病发现后短短10年，即截至1992年，中国大陆松材线虫病发生面积达360 000hm^2，病死松树数量高达1300 000株。1999年，病死松树数量达到5500 000株，其中80%以上发生在浙江。2000年以后，松材线虫病先后传入上海和湖北（2000年），福建、重庆和广西（2001年），江西、湖南和贵州（2003年），四川和云南（2004年），河南和

图1 松材线虫病发病症状（朱丽华提供）

①松材线虫病发病林分；②感病马尾松树冠部针叶；③树干上松墨天牛的产卵刻槽；④松材线虫病疫木木材蓝变

S

陕西（2009年）。随后，松材线虫病不断北扩，于2016年传入辽宁，2018年传入天津。2018年，松材线虫病发生范围出现大幅度上升，新增县级疫区283个，分布于中国18个省（自治区、直辖市）的疫区数量高达588个，发生面积达650 000hm^2，致死松树数量高达10 660 000株。2019年，松材线虫病继续扩散蔓延，疫区数量增加至666个。根据国家林业和草原局最新公告（2021年第5号公告），截至2020年，松材线虫病仍在江苏、安徽、广东、浙江、山东、湖北、福建、重庆、广西、江西、湖南、贵州、四川、云南、河南、陕西、辽宁的721个县级行政区有分布（不含香港、台湾地区），占县级行政区域总数的25.3%。松材线虫病在中国的分布西达四川凉山，北至辽宁抚顺，并已入侵庐山、黄山、泰山、张家界和九华山，对中国60 000 000hm^{2}松林及国土生态安全造成极大威胁，是新中国成立以来森林中最危险的一种生物灾害。最近5年各地区松材线虫病疫区数量见表1。

韩国1988年首次在釜山的赤松和黑松林中发现松材线虫病。病害自2000年开始扩散蔓延，至2006年扩展到11个省54个县市郡，发生面积达7811hm^2，年经济损失10 000 000美元。至2008年，病害扩散至忠清南道和忠清北大道以外的所有县市郡，对韩国的松林造成较大威胁。

美国早在1934年就已发现蓝变松木中的松材线虫，但一直未引起重视。1979年一位日本学者在密苏里州发现有欧洲黑松枯死，后经证实该欧洲黑松枯死由松材线虫引起。随后，美国对松材线虫分布情况展开调查，调查结果表明松材线虫在美国分布广泛，至少在36个州发现松材

表1 2016—2020年松材线虫病发生的省级和县级数量

省份	县级疫区数量（个）				
	2016年	2017年	2018年	2019年	2020年
江苏	21	21	21	21	23
安徽	19	17	49	50	49
广东	31	33	52	59	75
浙江	37	36	53	69	70
山东	14	15	18	23	24
湖北	16	23	79	82	82
福建	34	33	42	41	54
重庆	12	21	36	36	36
广西	4	9	18	28	39
江西	25	32	67	84	83
湖南	11	19	57	71	75
贵州	4	6	9	11	14
四川	11	17	37	40	42
云南	0	0	1	1	1
河南	1	1	6	6	9
陕西	5	18	20	22	25
辽宁	1	14	22	21	20
天津	0	0	1	1	0
总计	246	315	588	666	721

线虫。尽管松材线虫在美国分布如此普遍，但对松林并未引起危害。该病害只是在观赏林、防风林及生产圣诞树的苗圃中零星发生。发病的多是一些外来松种，如欧洲赤松（*Pinus sylvestris*）、欧洲黑松（*Pinus nigra*）、赤松（*Pinus densiflora*）和黑松（*Pinus thunbergii*）。美国的乡土松树树种如火炬松、湿地松都比较抗病。但是，由于松材线虫的存在，导致美国木材及木削片出口数量受到很大影响。

加拿大最早于1982年在马尼托巴省南部的班克松木材中首次发现松材线虫。1984年，芬兰在从加拿大进口的松木削片中检疫到了松材线虫。调查发现，松材线虫在加拿大南部各地亦普遍存在。但是，与美国情况类似，松材线虫并未对加拿大松林造成严重危害，只是影响其木材的出口。

墨西哥于1992年首次报道在光皮松（*Pinus pseudostrobus*）上发现松材线虫病，但其发生范围、危害程度等具体情况还没有相关文献进行报道。

欧盟境内，1999年首次在葡萄牙塞图巴尔半岛的海岸松上发现松材线虫。2006年普查结果显示，松材线虫病发生面积510 000hm^2，致死松树196 500株。2008年，松材线虫病扩散至距原发现地200km的葡萄牙中心地区松林。同年，在西班牙邻近葡萄牙Cáceres城的边界处也发现了松材线虫。2009年，该病扩散至葡萄牙西南部的马德拉岛群岛，并于2010年扩散至葡萄牙中部地区的阿加尼尔和洛萨，以及西班牙西北部的加利西亚。

病原及特征　病原为松材线虫［*Bursaphelenchus xylophilus*（Steiner & Buhrer）Nickle］，属滑刃目（Aphelenchida）滑刃科（Aphelenchoididae）伞滑刃亚科（Bursaphelenchinae）伞滑刃属（*Bursaphelenchus*）。

松材线虫虫体纤细（图2①），表面光滑，有环纹。

雌虫　头部和身体交界处缢缩明显；口针纤细，基部有小的膨大；中食道球卵圆形，占体宽的2/3以上（图2②）；后食道腺长叶状，从背面覆盖肠，3～4倍体宽长；排泄孔开口大致与食道和肠交界处平行；半月体明显，位于排泄孔后约2/3体宽处；单卵巢，直伸；阴门位于虫体中后部约3/4处，阴门前唇稍向后延伸形成明显的阴门盖（图2③）；后阴子宫囊延伸呈袋状，长约为肛阴距的3/4（图2④）；尾部指形，尾端钝圆（图2⑤），少数有微小的尾尖突（图2⑥）。

雄虫　体前部与雌虫相似；单精巢，直伸；交合刺很大，弓形，成对，基顶和喙突很显著，远端膨大如盘状（图2⑦）；尾部圆锥形，爪状，末端有一椭圆形的端生交合伞。

卵　长椭圆形，外有一光滑、薄而透明的壳，长50～72μm。

幼虫　一龄幼虫和二龄幼虫在卵内发育，二龄幼虫冲破卵壳孵化出来。二龄幼虫体长220～294μm；二龄幼虫蜕皮成为三龄幼虫，三龄幼虫的体长355～465μm；三龄幼虫蜕皮成为四龄幼虫，四龄幼虫长526～770μm；四龄幼虫蜕皮发育为成虫，刚发育成熟的雌虫体长715～779μm，雄虫体长651～750μm。雌雄成虫仍会继续生长，老熟成虫体长可达1000～1300μm。

入侵生物学特性　松材线虫的生活史经历卵、幼虫（4龄）和成虫3个阶段（图3）。每头雌成虫约可产卵100粒。

发育温度9.5～33.0℃，最适温度为25℃。在30℃下条件下，松材线虫生长最快，3天可完成1代；25℃下条件下，需要4～5天完成1代；20℃条件下需要6天；15℃时需要12天。松材线虫发育的极限低温为9.5℃，随温度上升发育加快，但温度过高导致发育不正常，繁殖受到抑制。

松材线虫的生活史可分为繁殖和休眠两个阶段。繁殖阶段发生于生长季节，连续重复出现卵、一至四龄繁殖型幼虫和成虫，从而使其种群不断扩大；在不良条件下，如低温、食物短缺，则进入休眠阶段，形成耐久型三龄幼虫和扩散型四龄幼虫。耐久型三龄幼虫和扩散型四龄幼虫与繁殖周期的同龄幼虫在形态结构、生理生化上有所区别。耐久型三龄幼虫角质膜增厚，体腔内含物变稠，尾端宽圆。扩散型四龄幼虫不仅角质膜增厚，而且头部呈圆丘状，口针退化，尾端呈圆锥形。在秋末冬初，病树木质部内逐渐出现耐久型三龄幼虫（由二龄幼虫蜕皮形成），且随着时间推移逐渐增多。在早春，耐久型三龄幼虫聚集于媒介天牛蛹室周围，晚春蜕皮后形成扩散型四龄幼虫，进入媒介天牛体内或附着于天牛体表。夏天，扩散型四龄幼虫被媒介天牛携带进入寄主松树后即发育为成虫并开始大量繁殖。

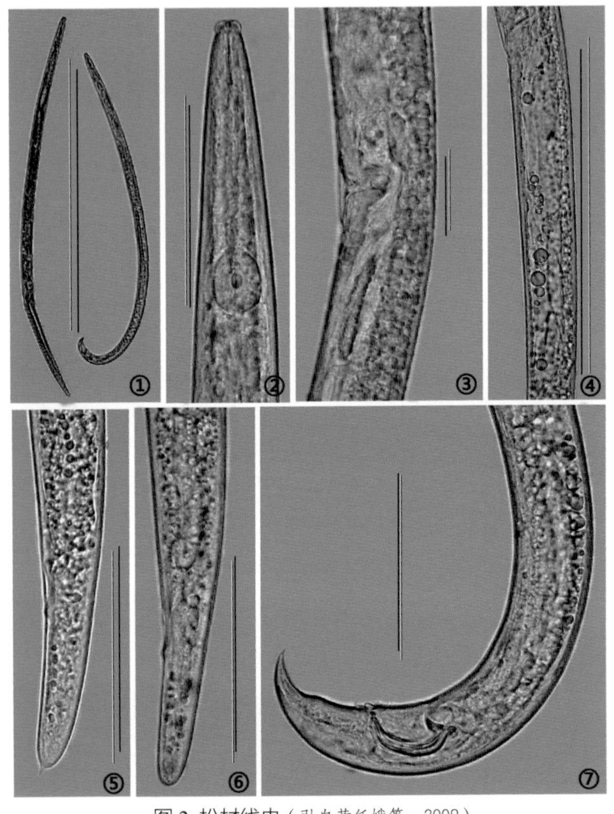

图2 松材线虫（引自黄任娥等，2008）
①虫体全身（左雌右雄）；②体前部（雌虫）；③阴门与阴门盖；④后阴子宫囊；⑤⑥雌虫尾部；⑦雄虫尾部（比例尺：① = 600μm；③ = 20μm；④ = 130μm；②⑤⑥⑦ = 50μm）

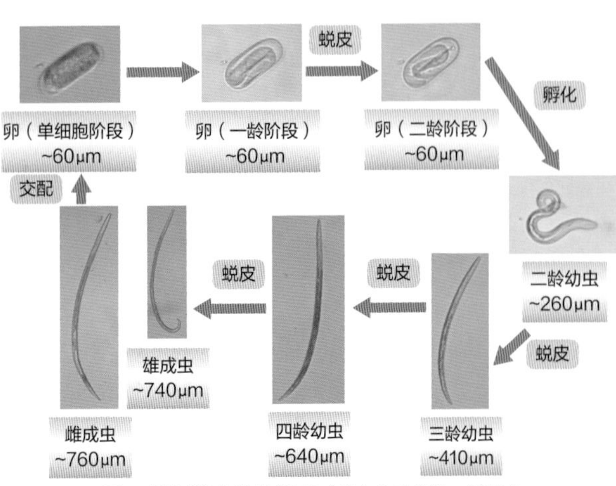

图3 松材线虫的生活史（引自朱丽华等，2011）

自然界中，松材线虫病依靠媒介昆虫进行传播。罹病松木中越冬的松材线虫借助媒介昆虫羽化时携带出来，通过媒介昆虫补充营养造成的伤口侵入健康寄主植物，开始病害的侵染循环。

媒介昆虫　现已报道至少47种昆虫可以携带松材线虫，这些昆虫隶属于天牛科、小蠹科、象甲科、吉丁虫科和白蚁科，但并非所有能携带松材线虫的昆虫都可以传播松材线虫病，已知能够在自然界传播松材线虫病的只有天牛科昆虫，且均来自墨天牛属（*Monochamus*）。已知传播松材线虫病的墨天牛共有13种，分别是松墨天牛（*Monochamus alternatus*）、云杉花墨天牛（*Monochamus saltuarius*）、卡罗来纳墨天牛（*Monochamus carolinensis*）、加洛墨天牛（*Monochamus galloprobincialis*）、白点墨天牛（*Monochamus scutellatus*）、南美墨天牛（*Monochamus titillator*）、钝角墨天牛（*Monochamus botusus*）、香枞墨天牛（*Monochamus marmorator*）、墨点墨天牛（*Monochamus notatus*）、松墨斑墨天牛（*Monochamus mutator*）、粗点墨天牛（*Monochamus clamator*）、巨墨天牛（*Monochamus grandis*）和云杉小墨天牛（*Monochamus sutor*）。其中，松墨天牛、云杉花墨天牛、巨墨天牛和云杉小墨天牛分布于亚洲，云杉小墨天牛和加洛墨天牛分布于欧洲，其余8种均分布于北美洲。由于松墨天牛、云杉花墨天牛和卡罗来纳墨天牛在补充营养期及产卵初期2个阶段的飞行能力均较强，因而成为松材线虫的主要传播媒介。在亚洲，松材线虫病主要由松墨天牛传播，在北美洲则主要为卡罗来纳墨天牛，欧洲主要是加洛墨天牛。

在中国，松材线虫的主要传播媒介为松墨天牛（图4），云杉小墨天牛和云杉花墨天牛也可传播。云杉花墨天牛最早于1987年由日本报道可以携带且传播松材线虫；2009年，韩国报道其可以传播松材线虫。在中国，云杉花墨天牛主要分布在辽宁，吉林和黑龙江，于2020年确认可以携带并传

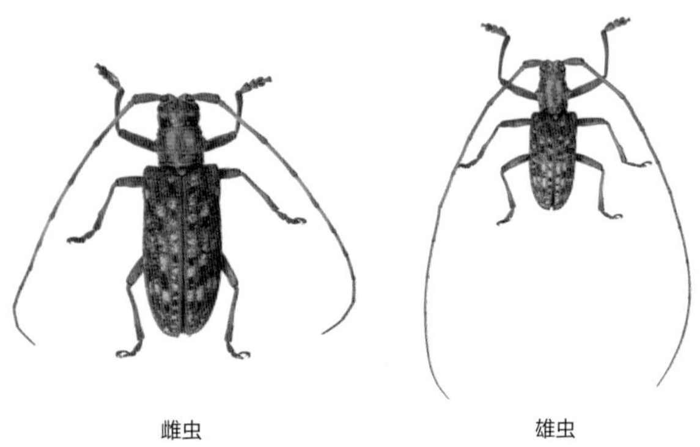

图4 松材线虫病传播媒介松墨天牛（王立超提供）

S

播松材线虫。

对于松墨天牛1年发生1代的地区，松材线虫病的侵染循环比较典型。具体侵染循环如下：春末夏初5～6月，携带了大量松材线虫的松墨天牛从罹患松材线虫病的枯死松树中羽化飞出，至健康松树取食嫩枝树皮补充营养，其所携带的松材线虫则通过取食所造成的伤口进入新的寄主松树体内，并在树体内大量繁殖。松墨天牛补充营养后进入产卵期，往往选取感染了松材线虫病的濒死松树进行产卵。夏末至秋季7～9月，松墨天牛卵孵化出的幼虫在树皮下生长，此时大部分感染了松材线虫的寄主松树已整株枯死。随着气温降低，枯死松树体内的线虫发育开始进入休眠阶段，即由繁殖型三龄幼虫转化为耐久型三龄幼虫。秋末，松墨天牛老熟幼虫钻入木质部越冬。翌春，寄生在松树体内的松墨天牛幼虫开始化蛹，松材线虫耐久型三龄幼虫大量向蛹室聚集，并蜕皮变为扩散型四龄幼虫，当松墨天牛羽化时，扩散型四龄幼虫附着在天牛成虫体上，由天牛羽化飞出携带脱离枯死松树，在天牛补充营养时重新感染新的健康松树。每年松墨天牛补充营养高峰期是松材线虫的侵染发生期。林间初发病时间一般在5月底或6月初，7、8月病死树达到高峰，秋季新出现的病树数量下降。病害11月左右停止。在枯死树上越冬的松材线虫是翌年病害发生的主要侵染来源。

寄主植物　松材线虫能够感染的寄主植物范围十分广泛。国际上报道的自然条件下感染松材线虫的树种有67种，其中松属（*Pinus*）51种，非松属树种16种。非松属树种包括冷杉属（*Abies*）1种、雪松属（*Cedrus*）2种、落叶松属（*Larix*）5种、云杉属（*Picea*）7种、黄杉属（*Pseudotsuga*）1种（表2）。此外，尚有在人工接种条件下感病的42种，其中松属31种，非松属11种（表2）。

在中国，松材线虫自然感染的松树种类有23种，其中松属树种20种，落叶松属树种3种。松属树种包括日本黑松（*Pinus thunbergii*）、琉球松（*P. luchuensis*）、日本赤松（*P. densiflora*）、马尾松（*P. massoniana*）、海岸松（*P. pinaster*）、白皮松（*P. bungeana*）、矮松（*P. virginiana*）、沙松（*P. clausa*）、长针松（*P. palustris*）、墨西哥白松（*P. strobus* var. *chiapensis*）、硬枝展松（*P. greggii*）、黄山松（*P. taiwanensis*）、湿地松（*P. elliottin*）、思茅松（*P. hesiya*）、云南松（*P. yunnanensis*）、加勒比松（*P. caribaea*）、火炬松（*P. taeda*）、油松（*P. tabuliformis*）、华山松（*P. armandii*）、红松（*P. koraiensis*）。这些松属树种中，黑松、赤松最为敏感，马尾松、云南松、黄山松、华山松、油松为易感病松种。2018年首次发现中国北方地区大面积种植的落叶松属树种感染松材线虫病，即长白落叶松（*Larix olgensis*）、日本落叶松（*L. kaempferi*）和华北落叶松（*L. principis-rupprechtii*）。

在日本，黑松、赤松和琉球松高度感病，受松材线虫危害严重。在韩国，松材线虫主要危害黑松、赤松和红松。

在起源地北美地区，松材线虫自然状态下能感染西黄松（*P. ponderosa*）、类球果松（*P. strobiformis*）、加州沼松（*P. muricata*）、辐射松（*P. radiata*）和卵果松（*P. oocarpa*），发病较多的是欧洲赤松（*P. sylvestris*）、欧洲黑松（*P. nigra*）、赤松和黑松。在欧洲，松材线虫自然状态下能感染海岸松、矮赤松（*P. mugo*）、欧洲赤松和欧洲黑松。

表2 松材线虫寄主植物名录

序号	中文名	拉丁名	备注
1	奄美岛松	*Pinus amamiana*	NH
2	华山松	*P. armandii*	NH(CNH)
3	台湾果松	*P. armandii* var. *mastersiana*	NH
4	墨西哥白松	*P. ayacahuite*	IH
5	布拉墨西哥白松	*P. ayacahuite* var. *brachyptella*	IH
6	瘤果松	*P. attenuate*	IH
7	北美短叶松	*P. banksiana*	NH
8	白皮松	*P. bungeana*	NH(CNH)
9	加拿利松	*P. canariensis*	IH
10	加勒比松	*P. caribaea*	NH(CNH)
11	瑞士石松	*P. cembra*	NH
12	美国沙松	*P. clausa*	NH(CNH)
13	扭叶松	*P. contorta*	NH
14	库柏松	*P. cooperi*	IH
15	大果松	*P. coulteri*	IH
16	日本赤松	*P. densiflora*	NH(CNH)
17	千头赤松	*P. densiflora* var. *umberaclifora*	NH
18	杜兰戈松	*P. durangensis*	IH
19	萌芽松	*P. echinate*	NH
20	湿地松	*P. elliottii*	NH(CNH)
21	大叶松	*P. engelmannii*	NH
22	—	*P. estevesii*	NH
23	柔松	*P. flexilis*	IH
24	葵花松	*P. fenzeliana*	IH(CIH)
25	光松	*P. glabra*	IH
26	硬枝展松	*P. greggii*	NH(CNH)
27	乔松	*P. griffithii*	IH
28	地中海松	*P. halepensis*	NH
29	灰叶山松	*P. hartwegii*	IH
30	—	*P. hinekomatus*	IH
31	岛松	*P. insularis*	IH
32	黑材松	*P. jeffreyi*	IH
33	卡西亚松	*P. kesiya*	NH
34	红松	*P. koraiensis*	NH(CNH)
35	华南五针松	*P. kwangtungensis*	IH(CIH)
36	糖松	*P. lambertiana*	IH
37	光叶松	*P. leiophylla*	NH
38	琉球松	*P. luchuensis*	NH(CNH)
39	马尾松	*P. massoniana*	NH(CNH)
40	米却肯松	*P. michoacana*	NH
41	—	*P. montana*	NH
42	加州山松	*P. monticola*	NH
43	台湾五针松	*P. morrisonicola*	IH(CIH)
44	欧洲山松	*P. mugo*	NH
45	小干松变种	*P. murrayana*	NH
46	加州沼松	*P. muricata*	NH
47	欧洲黑松	*P. nigra*	NH
48	卵果松	*P. oocarpa*	NH

S

续表

序号	中文名	拉丁名	备注
49	日本五针松	*P. parviflora*	NH
50	长叶松	*P. palustris*	NH(CNH)
51	展叶松	*P. patula*	NH
52	日本五叶松	*P. pentaphylla*	IH
53	扫帚松	*P. peuce*	IH
54	海岸松	*P. pinaster*	NH(CNH)
55	伞松	*P. pinea*	IH
56	西黄松	*P. ponderosa*	NH
57	拟北美乔松	*P. pseudostrobus*	NH
58	辛松	*P. pungens*	IH
59	辐射松	*P. radiata*	NH
60	多脂松	*P. resinosa*	NH
61	刚松	*P. rigida*	NH
62	刚火松	*P. rigida* × *taeda*	IH
63	喜马拉雅长叶松	*P. roxburghii*	IH
64	野松	*P. rudis*	NH
65	晚松	*P. serotina*	IH
66	类球果松	*P. strobiformis*	IH
67	北美乔松	*P. strobus*	NH
68	墨西哥白松	*P. strobes* var. *chiapensis*	NH(CNH)
69	欧洲赤松	*P. sylvestris*	NH
70	荷玛赤松	*P. sylvestris* var. *hamat*	IH
71	樟子松	*P. sylvestris* var. *mongolica*	IH(CIH)
72	瑞格赤松	*P. sylvestris* var. *genrisis*	IH
73	火炬松	*P. taeda*	NH(CNH)
74	黄山松	*P. taiwanensis*	NH(CNH)
75	油松	*P. tabuliformis*	NH(CNH)
76	日本黑松	*P. thunbergii*	NH(CNH)
77	黄松	*P. thunbergii* × *P. massoniana* (F_1,F_2)	NH
78	黄松 × 卡西亚松	*P. thunbergii* × *P. kesiya* (F_1)	IH
79	黄松 × 油松	*P. thunbergii* × *P. tabulaeformis* (F_1)	IH
80	矮松	*P. virginiana*	NH(CNH)
81	云南松	*P. yunnanensis*	NH(CNH)
82	思茅松	*P. kesiya*	NH(CNH)
83	香脂冷松	*Abies balsamea*	NH
84	胶枞	*A. baesomea*	IH
85	温哥华冷杉	*A. amabilis*	IH
86	日本冷杉	*A. firma*	IH
87	北美冷杉	*A. grandis*	IH
88	日光冷杉	*A. homolepis*	IH
89	萨哈林冷杉	*A. sachalinensis*	IH
90	雪松	*Cedrus deodara*	NH
91	北非雪松	*C. atlantica*	NH
92	美加落叶松	*Larix americana*	NH
93	欧洲落叶松	*L. decidua*	NH
94	美洲落叶松	*L. laricina*	IH
95	日本落叶松	*L. kaempferi*	NH(CNH)
96	美国西部落叶松	*L. occidentalis*	IH

续表

序号	中文名	拉丁名	备注
97	长白落叶松	*L. olgensis*	NH(CNH)
98	华北落叶松	*L. principis-rupprechtii*	NH(CNH)
99	欧洲云杉	*Picea abies*	NH
100	加拿大云杉	*P. canadensis*	NH
101	恩氏云杉	*P. engelmannii*	IH
102		*P. excelsa*	NH
103	白云杉	*P. glauca*	NH
104	黑云杉	*P. mariana*	NH
105	北美云杉	*P. pungens*	NH
106	红云杉	*P. rubens*	NH
107	西特喀云杉	*P. sitchensis*	IH
108	花旗松	*Pseudotsuga menzeizii*	NH
109	大果铁杉	*Tsuga mertensiana*	IH

注：NH 表示该树种是自然感病寄主；IH 表示该树种是人工接种感病寄主；CNH 表示该树种是中国自然感病寄主；CIH 表示该树种是中国人工接种感病寄主。

松材线虫病的流行是寄主、松材线虫和媒介昆虫在特定的环境条件下相互作用的结果。此外，该病害的发生与流行还受人为活动的影响。

在亚洲，松材线虫病表现为典型的病原主导型病害，即病害的流行程度取决于病原松材线虫能否传播到某个区域感染寄主松树，而不取决于寄主松树长势。松树只要感染了松材线虫，无论本身生长如何健康，结果都会发病死亡。

环境因子对松材线虫病的影响是多方面的，其中温度是主导因素。温度除影响松材线虫分布外，直接影响松材线虫的生长发育及灾害的严重程度。根据日本的研究资料，松材线虫在低于 10℃时不能发育，在 28℃以上时增殖会受到抑制，在 33℃以上时不能繁殖。年平均气温 14℃以上的地区松材线虫病可暴发流行；年平均气温 12～14℃的区域松材线虫病可以流行；年平均气温 10～12℃的区域松材线虫病可零星发生。在中国，年平均气温高于 14℃的地区，松材线虫病易于发生，且能够造成严重危害；年平均气温在 12～14℃的地区，松材线虫病也能够造成危害。依据中国松材线虫病发生的实际情况，对中国松材线虫病发生区域进行适生区预测，结果表明中国绝大多数地区均属于高适生区或中适生区，仅有黑龙江、内蒙古、甘肃、云南和西藏基本属于低适生区或非适生区，青海和新疆属于非适生区。水分状况对松材线虫病也具有重要影响。干旱可以胁迫松树水分生理，从而加剧病程的发展速度。夏季高温干旱的年份，松材线虫病发生严重，且死亡率高，多雨年份则相对较低。

自然界中，松材线虫病借助媒介昆虫进行自然扩散传播。但是，媒介昆虫飞行距离有限，因此，自然传播的范围往往都在几千米内。松材线虫病远距离的传播，例如从起源地北美洲到亚洲，再到欧洲，以及传入各国境内以后快速传播，人为因素是主因。根据中国各县级疫点发生数据分析，发现由境外传入导致松材线虫病疫情发生的仅占 6.5%，其余 93.5% 均源自于国内松材线虫病早发疫区。在中国境内，松材线虫病早期主要是沿公路等交通干线传播扩散，或沿农村电网、通讯网的建设和改造工程传播扩散，现多在重大工程项目建设工地周边松林发生。人为传播载体中，37.66% 是由于调运染疫松木携带传入，41.56% 是随货物包装流通传入，18.18% 是由于实施电网改造工程时大量电缆盘携带传入，2.60% 是架设通讯设备时光缆盘携带传入。

预防与控制技术 根据松材线虫病侵染循环规律，对该病害防控的常用措施为加强检疫、疫情监测、清理病死树和媒介昆虫防治。

严格实行检疫 松材线虫病除借助媒介昆虫进行自然扩散传播外，还可借助人类活动跟随疫木及其制品从发生区传带到未发生区，然后再由其中的媒介昆虫将松材线虫传播到其他健康松树上，导致病害在很大范围内传播。所以，严格开展松材线虫寄生的林业植物及其产品的检疫，是控制松材线虫病传播蔓延的重要措施。

松材线虫病的检疫主要是检查木材（含原木、锯材）及其制品的截面是否有松脂痕迹、木材密度明显减轻；木质部是否有蓝变现象及有天牛危害的蛀道、蛹室；枝条、伐桩及其制品是否有天牛蛀道、蛹室、补充营养取食痕迹。对有蓝变、天牛蛀道、蛹室的样本，取样品带回室内做进一步鉴定。2006 年以前，由于缺乏先进的松材线虫检测鉴定技术，室内鉴定只能依靠松材线虫形态学特征进行，但形态学鉴定存在着相似种难以区分、仅有幼虫或雄成虫不能进行鉴定等许多因素限制，使得许多基层部门实际上无法真正开展检疫工作，往往难以发现疫木及其制品被人为长距离传播。2006—2009 年，中国自主研发的松材线虫分子检测技术，尤其是松材线虫自动化分子检测鉴定技术，基本解决了松材线虫病检疫中的鉴定技术难题。

疫情监测 准确、及时的疫情监测，有助于将松材线虫病疫情控制在初发阶段。现行的松材线虫病疫情监测技术主要包括地面监测、航空遥感监测和无人机空中监测等。地面监测以人工地面普查方式为主，通过目测方法或借助望远镜等工具查找外部表现异常的松树。实际监测工作中，对于较大范围松林以及地面不易调查的松林和重点预防区，要做到全面、及时发现感病松林的外部异常变化，尚存在一定难度。航空遥感及无人机监测有助于松材线虫病的大范围远距离监测，其监测结果为进一步确定疫情发生的准确范围提供了依据，但最终诊断所监测到的异常现象是否为松材线虫病，仍需要地面取样鉴定。

清理病死树 病死树清理是松材线虫病防治的最基本技术。根据国家林业和草原局 2018 年修订的《松材线虫病防治技术方案》，病死树清理应采取择伐病死树和濒死树，不能砍伐健康松树，原则上不得采取皆伐方式。择伐的病死树在山上或山下就地尽快粉碎或烧毁（图 5），不得采取其他方式进行处理后利用。疫区内松木采伐必须建立和实施严格的采伐监管措施，确保疫木不流失和疫情不扩散。需要注意的是，清理病死树必须在媒介天牛羽化之前完成。

媒介昆虫防治 松材线虫病传播需要依赖媒介昆虫，因此，松材线虫病防治的又一个重要环节是防治媒介昆虫。在天牛成虫补充营养期和交配产卵期，采用杀虫剂进行地面树冠喷雾或飞机空中喷雾消灭天牛。或在天牛羽化、补充营养期，施用天牛引诱剂（木）诱杀天牛。也可以在媒介天牛

图 5 清理病死树（刘钊提供）
①疫木焚烧；②疫木现场粉碎

幼虫幼龄期，在林间释放天敌肿腿蜂，或通过肿腿蜂携带白僵菌的方法感染天牛幼虫，降低林间媒介天牛数量。

针对松材线虫病防控，除了上述措施，还有以下辅助措施和长期战略。

树干注射保护 对重要生态区和古树名木，国内外都研发出了多种树干注射保护剂。应用效果比较好的保护剂有效成分主要是甲维盐或阿维菌素，根据松树大小不同注射不同的剂量，施药一次可以保护松树 2～3 年不被感染。

选育抗病树种 国内外迄今尚无经济可行的化学、物理或生物防治手段对松材线虫病进行有效控制，尽快培育出抗松材线虫病的松树品种，是松材线虫病防控的长期战略。日本在严重感病的黑松和赤松林分中，选择不感病的单株，通过优树选择和子代测定等途径，获得了一批抗松材线虫病的优良家系，其子代对松材线虫表现有较强的抗病性。2001—2008 年，安徽省松材线虫抗性育种中心实施“马尾松松材线虫抗性育种技术开发”项目，率先在中国开展了马尾松松材线虫病抗性育种研究，初步积累了一定的抗性资源和培育技术。

参考文献

叶建仁, 2019. 松材线虫病在中国的流行现状、防治技术与对策分析[J]. 林业科学, 55(9): 1-10.

（撰稿：朱丽华；审稿：王小艺）

S

松突圆蚧 *Hemiberlesia pitysophila* Takagi

一种半翅目盾蚧科（Diaspididae）栉圆盾蚧属（*Hemiberlesia*）刺吸式害虫。又名松栉圆盾蚧。

入侵历史 松突圆蚧的原产地是日本的冲绳群岛和先岛群岛，20世纪70年代后期传入中国大陆，1982年5月首次在广东珠海发现该蚧，随后该蚧以低龄若虫随气流等传播，呈现半弧形辐射状的形式向西部和西北部扩散蔓延。

分布与危害 国外分布于日本、韩国。中国分布于福建、江西、广东、广西、香港、澳门、台湾等。

以成虫和雌若虫群栖于较老针叶基部叶鞘内，雄若虫则在叶鞘外部或鲜球果的鳞片上，少数在嫩叶的中下部吸取汁液，致使松针受害处变褐、发黑、缢缩或腐烂，继而针叶上部枯黄卷曲或脱落，枝梢萎缩，抽梢短而少，严重影响松树生长，使马尾松等松树树势衰弱。有些地方松林遭受松突圆蚧危害后，若遭遇干旱等灾害，相继会发生较严重的蛀干性害虫及其他病害，出现松树枯死现象。

寄主有马尾松（*Pinus massoniana* Lamb.）、湿地松（*P. elliottit* Engel.）、火炬松（*P. taeda* Linn.）、加勒比松（*P. caribaea* var. *caribaea* Morelet）、巴哈马加勒比松（*P. caribaea* var. *bahamensis* Geiseb.）、洪都拉斯加勒比松（*P. cartbaea* var. *hondurensis* Senecl.）、黑松（*P. thunbergii* Parl.）、琉球松（*P. luchuensis* Mayr）等松属树种。

形态特征

成虫 雌成虫介壳大。多为蚌形或近椭圆形或稍有不规则变化，大小约为1mm×1.2mm。在一龄的红黄色蜕外再增加了一个大小约为0.6mm×0.7mm的红黄色椭圆形二龄若虫蜕。一龄蜕与二龄蜕相重叠，但偏于二龄蜕的一边，有时稍凸出一部分于二龄蜕之外。雌成虫孕卵前介壳略呈圆形，扁平，中心略高，壳点位于中心或略偏，橘黄色，周围一圈淡褐色，介壳其余部分灰白色。孕卵后介壳变厚，并偏向尾部伸展，成为雪梨状。虫体宽梨形，淡黄色，膜质，臀板硬化。体长0.7～1.1mm；头胸部最宽，0.5～0.9mm。雄成虫体橘黄色，长0.8mm左右，翅展1.1mm。触角10节，长约0.3mm，每节有数根毛。单眼2对。胸足发达。前翅膜质，翅脉2条。后翅退化为平衡棒，端部有毛1根。体末端的交尾器发达，长而稍弯曲（图1①②）。

卵 椭圆形，淡黄，长约0.3mm，宽约0.1mm。

若虫 初孵若虫介壳白色，近圆形，直径0.2～0.4mm，外缘宽0.05～0.1mm的边色稍淡并略显透明（图1③）。

蛹 椭圆形，淡黄，长约0.8mm，宽约0.4mm。复眼黑色，触角、足、翅及交配器淡黄而稍显透明。

入侵生物学特性 在广东南部1年发生5代，世代重叠，无明显的越冬期。各世代雌蚧完成1代的历期分别为52.9～62.5天，47.5～50.2天，46.3～46.7天，49.4～51.0天，114.0～118.3天。初孵若虫出现的高峰期是3月中旬至4月中旬，6月初至6月中旬，7月底至8月上旬，9月底至11月中旬。松突圆蚧的卵期短暂，多数卵在雌虫体内即发育成熟，产卵和孵化几乎同时进行，少数卵还可以在体内孵化后直接产出体外。初孵若虫一般先在介壳内滞留一段时间，待环境适宜时再从母体介壳边缘的裂缝爬出。刚出壳的若虫很活跃，常沿针叶来回爬动，寻找合适的寄生场所。经1～2小时后即把口针插入针叶内固定吸食，5～19小时开始泌蜡。蜡丝首先缠盖住体缘，然后逐渐延至背面中央，经20～32小时可封盖全身。再经1～2天蜡被增厚变白，形成圆形介壳。固定在叶鞘内的多发育为雌虫，而固定在叶鞘外针叶上的及球果上的多发育为雄虫。雄成虫羽化后一般在介壳内蛰伏1～3天，出壳时，尾端先从介壳较低的一端露出，继而运足力量，使整个身躯退出介壳，而且翅呈180°倒折，覆盖住头部，出壳后经数分钟，翅恢复正常状态。刚羽化的雄虫十分活跃，爬动或飞翔，寻找合适的雌蚧，然后腹部朝下弯曲，从雌蚧介壳缝中插入交尾器，进行交尾。1头雄虫可多次交尾，交尾后数小时即死去。雌成虫交尾后10～15天开始产卵。产卵量以越冬代（第五代）和第一代最多，64～78粒；雄蚧虫比例一般为1.5～2.0∶1，1年中季节不同性比也略有不同。松突圆蚧寄生幼龄、中龄、老龄，疏、密或混交的各种松树以及幼苗。

预防与控制技术 中国曾系统研究松突圆蚧的生物学、生态学特性和发生规律，引进、保护、利用和助迁天敌昆虫，把松突圆蚧持续控制在有虫不成灾的状态。早期曾到原产地日本输引天敌昆虫花角蚜小蜂（*Coccobius azumai* Tachikawa）（图2）遏制其扩散，但由于花角蚜小蜂的夏季耐热性显著低于松突圆蚧（两者的LT_{100}分别为41℃和45℃）而难以为继，后来转而保护、利用本土寄生蜂友恩

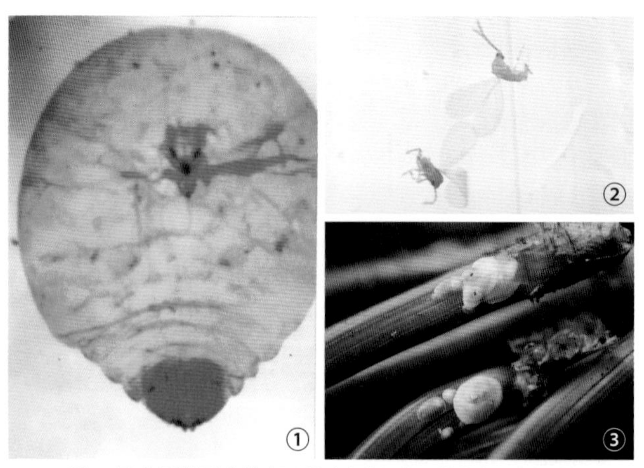

图1 松突圆蚧形态特征（①陈沐荣提供；②③李琨渊提供）
①松突圆蚧雌成虫；②松突圆蚧雄成虫；③若虫及雌介壳

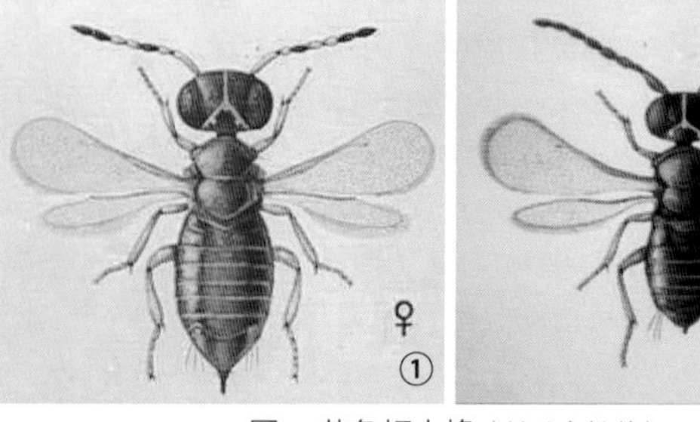

图2 花角蚜小蜂（梁承丰提供）
①雌成虫；②雄成虫

S

蚜小蜂（*Encarsia amicula* Viggiani & Ren）、惠东黄蚜小蜂（*Aphytis huidongensis* Huang）等。

鉴于大面积松林等纯林潜在林业有害生物严重危害的风险，应从维护森林生态系统稳定性的角度，防御林业有害生物的发生和危害。根据适地适树、树种结构配置合理、满足森林多种功能的需要，尽可能采用镶嵌式、块状、带状混交等形式，营造或把纯林改造成多树种合理配置、有一定抗性的混交林，提高防控林业有害生物水平。

参考文献

禹海鑫, 徐志宏, 陈瑞屏, 等, 2010. 松突圆蚧及友恩蚜小蜂空间分布型和种群消长动态研究[J]. 昆虫知识, 47(2): 335-339.

张星耀, 骆有庆, 2003. 中国森林重大生物灾害[M]. 北京: 中国林业出版社: 256-266.

钟景辉, 2009. 松突圆蚧及其天敌花角蚜小蜂对极端温度的耐受性[D]. 福州: 福建农林大学.

（撰稿：黄焕华；审稿：石娟）

苏门白酒草　*Erigeron sumatrensis* Retz.

一年生或二年生高大草本植物。菊科飞蓬属。

入侵历史　19 世纪中期引入中国，21 世纪初期进入暴发期。中国数字植物标本馆（CVH）最早的苏门白酒草标本记录可以追溯到 1922 年，于福建采集，之后云南、安徽、贵州、湖北、江西、广东也开始陆续有标本记录。

分布与危害　原产南美洲，现已成为热带、亚热带地区广泛分布的杂草。在中国分布于云南、四川、重庆、湖北、贵州、广西、广东、海南、江西、安徽、浙江、江苏、福建、台湾、西藏（吉隆）、甘肃等地的山坡草地、路边及农田果园中，主要生长在海拔 300～2450m 的地区。

苏门白酒草为高大草本，花朵数量和果实数量都比较大，果为瘦果，瘦果借助冠毛在风和人为因素的影响下，可以大面积快速扩散（图 1）。该物种入侵后可导致乡土植物群落稳定性下降，物种间竞争加强，进而导致部分物种消失。同时苏门白酒草对秋收作物、果园和茶园危害严重，它的次生代谢产物对邻近的其他植物具有抑制作用，地上部分比地下部分化感作用强，生长于路边和开矿荒地上的苏门白酒草化感作用更强，对其他邻近植物的抑制作用也更强。

形态特征　高大草本。茎粗壮，中部及以上有长分枝，茎和枝条棱被灰白色糙毛。叶密，基部叶花期枯萎，下部叶倒披针形或披针形，长 6～10cm，宽 1～3cm，基部具柄，叶边缘具粗齿，中部及以上的叶渐小，狭披针形或近线形，具齿或全缘，两面被毛，下面密被短糙毛。头状花序多数，直径 5～8mm，在茎和枝条先端排列成总状花序或大型圆锥花序；花序梗长 3～5mm，密被灰白色短毛；总苞卵状短圆柱状，总苞片 2～3 层，灰绿色，线状披针形或线形，背面被糙短毛，外层稍短或短于内层之半，内层长约 4mm，边缘干膜质；花托稍平，具小窝孔；雌花多层，长 4～4.5mm，管部毛管状，舌片淡黄色或淡紫色，极短；两性花淡黄色，长约 4mm，檐部狭漏斗形，先端 5 齿裂，冠管细管状上部被疏微毛（图 2）。瘦果长圆形或线状披针形，长 1.2～1.5mm，扁压，被贴微毛；冠毛 1 层，初时白色，后变黄褐色。

入侵特性　花果期几全年。种子具冠毛，可随风传播，且萌发率较高，早期集中快速萌发和萌发期长、可自主生产种子的繁殖系统及种子产量大的特点，是苏门白酒草得以迅速占领生态位，排挤其他植物群落的生物学基础。苏门白酒草同花序自交、同株自交和异交均能结实，且结实率较高，后代的萌发率高，早期的适合度无差异。苏门白酒草的繁殖特征，如自交亲和性、自交和异交并存的混合交配机制，非专化型的动物传粉系统有利于其成功入侵。扩散方式及危害性同小蓬草，但苏门白酒草的植株更大，结实数量更多，造成的危害性也更大。苏门白酒草更倾向于占领农田及次生裸地，土地覆被类型对苏门白酒草的分布影响较大，其中次生裸地及撂荒地更易遭受入侵，其生长速度较快，对裸地、郁闭度不高的林地及道路护坡和滩地的入侵能力较强。

监测检测技术　用 ENFA 模型和 Maxent 模型联合分析的方法对苏门白酒草在中国的适生区进行预测，结果发现在中国西南部及广西、广东沿海一带的地区具有较高的入侵风险。适生区作为重点监测区域，特别是高度适生区。调查方法有样方法、样点法或样线法，记录周围生境及伴生种。记录位

图 1 苏门白酒草危害状（王毅提供）

图 2 苏门白酒草的形态特征（王毅提供）
①花序；②茎、叶；③植株

置信息和生境，统计发生面积、扩散趋势、产生的经济危害等，观察并记录苏门白酒草的病虫害，有条件者应尽量保存昆虫或真菌标本。监测时间。根据当地苏门白酒草的生长发育周期确定监测时间，每年2次及以上的调查，间隔3个月及以上的时间。鉴定及标本制作。监测过程中无法当场鉴定的植物，应多拍摄照片，使用手机APP如花伴侣、形色、百度识图等工具进行初步的鉴定，同时制作标本供专业人士鉴定。

预防与控制技术 中国现阶段对苏门白酒草的处理采用检验检疫处理，人为设置监管区，发现入侵即消除的办法，对已经大量存在苏门白酒草的疫区则进行大面积的农药处理，这些化学方法虽然有效，但是花费巨大，且对农田环境破坏极大，复发现象严重。巨腔茎点霉（*Phoma macrostoma*）可以引发苏门白酒草叶斑病，同时该病原菌对传统经济作物具有很高的安全性，在苏门白酒草防治中具有很高的潜力和应用价值。其他常见的方法还有人工拔除和使用农药，常用的农药有绿麦隆和2, 4-D丁酯。

参考文献

郭连金, 2011. 苏门白酒草对乡土植物群落种间连结性及稳定性的影响[J]. 亚热带植物科学, 40(2): 18-23.

李振宇, 解焱, 2002. 中国外来入侵种[M]. 北京: 中国林业出版社: 43-45, 155, 160.

任明迅, 李晓琼, 丁建清, 2009. 入侵植物苏门白酒草在三峡库区的扩散路线与生态影响[C]. 第三届全国植物生态学前沿论坛第三届全国克隆植物生态学研讨会.

邢东辉, 2019. 苏门白酒草在中国的适生区分布及其在气候变化下的空间变动[D]. 昆明: 云南大学.

DING J Q, MACK R N, LU P, et al, 2008. China's booming economy is sparking and accelerating biological invasions[J]. Biology science, 58(4): 317-324.

（撰稿：王毅；审稿：周忠实）

速生槐叶萍 *Salvinia natans* D. S. Mitchell

槐叶苹科槐叶萍属多年生水生蕨类植物。又名人厌槐叶萍、蜈蚣苹、蜈蚣萍、山椒藻。英文名floating moss。

入侵历史 原产南美洲，为一杂交种，现已归化至世界各地。中国台湾近代作水族草引入，后逃逸。中国大陆于20世纪80年代随观赏性水草引入而扩散。

分布与危害 速生槐叶萍广泛分布于欧洲、亚洲、非洲及北美洲地区。在中国海南、江苏、浙江、香港、台湾有分布或文献报道，各地观赏花鸟鱼虫市场、水族馆等有栽培。

形态特征 由多数蕨叶及纤细的茎组成，无真正的根。茎绿色至绿褐色，长可达数十厘米，质地脆且易断，平展于水面时会作几回叉状分枝。叶3枚轮生于节上，两型；2枚浮水叶呈卵形长椭圆形，长10～15cm，上表面有成簇的小突起；1枚沉水叶在水中下垂，可长达25cm，形似须根。孢子囊着生于叶背基部，圆球形，似小葡萄，外壳坚实且被有茸毛，褐色至黑褐色（见图）。

速生槐叶萍的形态特征（①张国良提供；②③吴楚提供）

入侵特性 速生槐叶萍可以通过营养繁殖和有性生殖两种途径传播扩散，在夏季旺盛生长季节，速生槐叶苹的茎极易折断，断体会形成新的植株，并借水力漂流各地滋生蔓延。这是其繁殖入侵的主要途径。另外，在秋末冬初时节，靠近沉水叶柄处会产生子囊果，子囊果成熟后脱离母体沉入水底，待翌春温度适宜之时，会有孢子囊散出浮到水面，大小孢子萌发于孢子囊中，在短时间内经过精卵结合发育为胚，形成新个体。这是槐叶苹在寒冷地区越冬的主要途径。

速生槐叶萍喜温暖、潮湿的环境，其生长适宜温度为25～28℃，最适pH为6～7.5。在10℃以下将停止生长，超过35℃或低于5℃都会导致发育不良。

监测检测技术 在开展监测的行政区域内，依次选取20%的下一级行政区域直至乡镇（有速生槐叶苹发生），每个乡镇随机选取3个行政村，设立监测点。速生槐叶苹发生区实际数量低于设置标准的，只选实际发生的区域。每年对速生槐叶苹进行2次监测调查。

发生面积较大的区域，在监测点选取1～3个发生的典型生境（河流、池塘、湖泊）设置样地，在每个样地内选取20个以上的样方，采用随机或对角线或“Z”字形取样法；发生在一些较难监测的水域生境，可适当减少样方数，但不低于10个；样方间距≥5m。

发生面积较小的区域，在监测点选取1～3个发生的典型生境设置样地，根据生境类型的实际情况设置样线，每条样线选50个等距样点。

在调查中如发现可疑速生槐叶萍，可根据前文描述的速生槐叶萍形态特征，鉴定是否为该物种。

预防与控制技术

物理防治 宜在秋季孢子囊未产生之际或虽已产生但尚未脱离母体坠入水底之前进行，将漂浮植株全部捞出，连年行之可逐渐减少其种群数量。

化学防治 可采用草甘膦等化学药剂防除。

生物防治 在澳大利亚、巴布亚新几内亚、印度、纳米比亚、斯里兰卡和南非等地，利用槐叶萍象甲（*Cyteobagous salviniae*）对速生槐叶萍进行生物防治已经获得成功。

参考文献

何家庆, 2012. 中国外来植物[M]. 上海: 上海科学技术出版社: 261.

马金双, 李惠如, 2018. 中国外来入侵植物名录[M]. 北京: 高等教育出版社: 2.

徐海根, 强胜, 2018. 中国外来入侵生物[M]. 修订版. 北京: 科学出版社: 164-165.

CHIKWENHERE G P, KESWANI C L, 1997. Economics of biological control of Kariba weed (*Salvinia molesta* Mitchell) at Tengwe in north-western Zimbabwe-a case study[J]. International journal of pest management, 43(2): 109-112.

CARY P R, WEERTS P G, 1983. Growth of *Salvinia molesta* as affected by water temperature and nutrition I. Effects of nitrogen level and nitrogen compounds[J]. Aquatic botany, 16(2): 163-172.

MCFARLAND D G, NELSON L S, GRODOWITZ M J, et al, 2004. *Salvinia molesta* D. S. Mitchell (giant salvinia) in the United States: a review of species ecology and approaches to management. Final Report[R]. Vicksburg, Mississippi, USA: US Army Corps of Engineers - Engineer Research and Development Center.

NELSON B, 1984. *Salvinia molesta* Mitchell: Does it threaten Florida?[J]. Aquatics, 6(3): 6-8.

OLIVER J D, 1993. A review of the biology of giant salvinia (*Salvinia molesta* Mitchell)[J]. Journal of aquatic plant management, 31: 227-231.

（撰稿：付卫东；审稿：周忠实）

锁式探针的超分子滚环扩增 hyperbranched rolling cycle amplification, HRCA

在滚环扩增（rolling cycle amplification，RCA）的基础上增加一条同锁式探针中部分序列相同的引物，该引物与线性RCA的产物结合，在DNA聚合酶的作用下延伸并置换下游引物的延伸产物，被置换的延伸产物又可以作为互补模板由线性锁式探针的滚环扩增技术的起始引物进行延伸，产物得以超分支形式扩增，可在1小时内对10个靶分子进行扩增，扩增倍数达10^7～10^9倍。HRCA技术可用于转基因检测、微生物检测、单点核苷酸多态性检测、细胞原位检测、基因芯片检测以及药物基因组研究等领域。

（撰稿：潘广；审稿：章桂明）

S

碳化硅纤维介导转化法 silicon carbide fiber-mediated DNA transformation, SCMT

碳化硅纤维介导转化法是将受体细胞与外源DNA及碳化硅纤维混合，借助纤维在涡旋振荡中引起的对细胞的穿刺作用，而将附着于纤维上的DNA导入细胞，实现植物细胞的转化。主要用于玉米、小麦、烟草等植物悬浮细胞的遗传转化，具有成本低、高效、不需要精密设备及熟练技术人员等特点，被认为是进行大规模植物细胞遗传转化的有效方法。然而由于其转化效率较低，可能影响细胞再生，应用并不广泛。

碳化硅纤维（silicon carbide fibre）是以有机硅化合物为原料制得具有β-碳化结构的无机纤维，属陶瓷纤维类。具有较好的耐热性、耐氧化性和化学稳定性。碳化硅纤维从形态上分为晶须和连续纤维两种。其中，SCMT技术所应用的晶须是一种单晶，直径一般为0.1～2μm，长度在20～300μm，外观为粉末状。

植物悬浮细胞 植物细胞培养系统是以愈伤组织在固体培养基和悬浮培养液中为主，其中植物悬浮细胞为植物去分化细胞在液体培养基中不断摇动的条件下生长起来的细胞体系。由于悬浮细胞结构松散，且细胞单一同质，生长速率快，允许冻存再生，具有较好的遗传转化特性而被应用于研究植物细胞本身的生理过程。在本技术中，植物悬浮细胞因其分散，细胞数量大、生长速度快，易于进一步培养再生等特性而被选用。

原理 碳化硅纤维介导转化法最早是由Cockbum和Meier开发用于昆虫胚胎细胞的遗传物质注射，取得了较好的效果，然而文章并未发表，而后在1990年Heidi E Kaeppler的文章*Silicon carbide fiber-mediated DNA delivery into plant cells*中首次将该技术在玉米及烟草中应用。其可能的介导原理如下：由于碳化硅晶须的直径很小且边缘锋利，在与细胞共同涡旋的过程中会划伤细胞并插入细胞壁，从而介导目的基因载体的进入，在电镜下可以明显观察到晶体在细胞上的插入。然而需要注意的是，由于碳化硅的中性表面与DNA并不亲和，而且在DNA悬液中浸泡的碳化硅晶体并没有提高其转化效率，所以很有可能这种介导并不是以碳化硅为载体进行的，而是由细胞的破损及再生导致的。而且由于该技术对植物的品种没有要求，只对植物的悬浮细胞培养要求较高，所以在植物中应用较为广泛，包括玉米、水稻等单子叶植物，也包括烟草等双子叶植物。同时，也可以将该方法与农杆菌介导法混用，能够大大提高介导转化的效率。

步骤 ①植物细胞的悬浮培养，获得条件良好、数量较大的植物悬浮细胞。②同时制备大量浓度的目的片段载体DNA，用于转化。③将一定量的碳化硅纤维、植物悬浮细胞、载体DNA混匀并轻微震荡，然后快速离心，完成导入过程。④悬浮细胞的恢复及筛选，将悬浮细胞在黑暗条件下恢复，并根据导入载体抗性对植物细胞进行筛选。

参考文献

朱遐, 1996. 碳化硅纤维介导的转化[J]. 生物技术通报(2): 13.

李君, 李岩, 刘德虎, 2011. 植物遗传转化的替代方法及研究进展[J]. 生物技术通报(7): 31-36.

（撰稿：耿丽丽；审稿：张杰）

特异性受体 specific receptor

一种特定的信号分子只与其特定受体结合即产生特定的生物学效应。这种特定的受体称为特异性受体。生物体内信息物质的传递途径有多种，大多数不能透过细胞膜的胞外信息物质，主要通过与细胞膜上特异性的蛋白分子结合，引起细胞内的一系列变化，最终调节细胞功能，一些可以透过细胞膜的信息物质，则通过细胞内特异性的蛋白分子调节基因表达，进而产生相应的生物学效应。细胞膜上这种特异性蛋白分子称为受体，与之结合的信息物质如生物大分子称为配体。受体与配体的结合犹如酶与底物的结合，呈现高度特异性。

苏云金芽孢杆菌（*Bacillus thuringiensis*，Bt）产生的杀虫晶体蛋白，对鳞翅目（Lepidoptera）、双翅目（Diptera）、鞘翅目（Coleoptera）、膜翅目（Hymenoptera）、半翅目（Hemiptera）、直翅目（Orthoptera）等多种昆虫以及线虫、螨类和原生动物等具有特异性的杀虫活性，大量研究已经证明Bt毒蛋白主要是通过与昆虫中肠上的特异性受体结合而起毒杀作用。目前，已有多种昆虫中肠蛋白鉴定为Bt毒蛋白的特异性受体。Vadlamudi等通过分离纯化和鉴定等方法研究发现，烟草天蛾（*Manduca sexta*）钙黏蛋白（CA）是Cry1Ab的功能受体。Knight等利用亲和色谱法结合阴离子交换色谱法发现氨肽酶N（APN）是Cry1Ac的受体蛋白。Fernandez等发现65KDa的碱性磷酸酶（ALP）为埃及伊蚊（*Aedes aegypti*）中肠上Cry11Aa受体蛋白。Griffits等对糖脂类的研究发现，对 Cry 蛋白抗性的线虫中缺失糖脂类的表达，Bt 杀虫蛋白的作用与糖脂的结合相关，证明糖脂类是 Bt 蛋白的受体。Gahan 等通过遗传图谱定位等方法发现烟芽夜蛾（*Heliothis virescens*）对 Bt 杀虫蛋白产生抗性是由于三磷酸腺苷结合盒转运蛋白（ABC）C 亚家族 *ABCC2* 基因的突变造成的，间接证明 *ABCC2* 是 Cry1Ac 的功能受体。Contreras 等利用配体杂交和功能研究发现，赤拟谷盗（*Tribolium castaneum*）的钠溶质转运体（sodium solute symporter）是 Cry3Ba 的功能受体。

参考文献

WILSON K, WALKER J, 2006. 实用生物化学原理和技术[M]. 屈伸, 译. 北京: 中国医药科技出版社.

CONTRERAS E, SCHOPPMEIER M, REAL M D, et al, 2013. Sodium solute symporter and cadherin proteins act as *Bacillus thuringiensis* Cry3Ba toxin functional receptors in *Tribolium castaneum*[J]. Journal of biological chemistry, 288 (25): 18013.

FERNANDEZ L E, AIMANOVA K G, GILL S S, et al, 2006. A GPI-anchored alkaline phosphatase is a functional midgut receptor of Cry11Aa toxin in *Aedes aegypti* larvae[J]. Journal of biological chemistry, 394: 77-84.

GAHAN L J, PAUCHET Y, VOGEL H, et al, 2010. An ABC transporter mutation is correlated with insect resistance to *Bacillus thuringiensis* Cry1Ac toxin[J]. PloS genetics, 6 (12): e1001248.

GRIFFITTS J S, AROIAN R V, 2005. Glycolipids as receptors for *Bacillus thuringiensis* crystal toxin[J]. Science, 307 (5711): 922.

KNIGHT P J, KNOWLES B H, ELLAR D J, 1995. Molecular cloning of an insect aminopeptidase N that serves as a receptor for *Bacillus thuringiensis* CryIA (c) toxin[J]. Journal of biological chemistry, 270 (30): 17765.

（撰稿：陈利珍；审稿：梁革梅）

天敌解脱假说　enemy release hypothesis，ERH

外来种能够入侵到新的环境，是由于其从原发生地协同进化的天敌（如竞争者、捕食者和病原微生物）的控制作用中解脱出来，同时入侵地竞争种的专性天敌几乎没有发生寄主转移（host switching），即在入侵地极少有专性天敌可攻击外来种，且入侵地广谱性天敌对土著种的影响显著大于对外来种的影响，由此相对削弱土著种对外来种的竞争，从而导致外来种分布范围扩大和数量增加，成功实现入侵。

天敌解脱假说也称为食草动物逃逸（herbivore escape）、捕食者逃逸（predator escape）或生态解脱假说（ecological release hypothesis）。最早在达尔文《物种起源》中有所提及，用于解释一些物种为什么在原产地种群数量较为稀少，而在入侵地种群数量却很多的现象；之后，随着研究内涵的不断扩充和丰富，其逐渐发展成为一个较为完善的理论假说。

实际上，在入侵地缺乏有效的天敌，入侵种与天敌之间原有的平衡被打破，导致入侵种种群暴发。因此，可根据天敌解脱假说提出的理论，从原产地寻找专一性的天敌，通过天敌的人工繁育释放来抑制入侵种的种群，重建生态平衡，降低入侵种的危害。例如，利用广聚萤叶甲治理豚草就是非常典型和成功的案例。

参考文献

万方浩, 侯有明, 蒋明星, 2015. 生物入侵学[M]. 北京: 科学出版社.

AGRAWAL A A, JANSSEN A, BRUIN J, et al, 2002. An ecological cost of plant defence: attractiveness of bitter cucumber plants to natural enemies of herbivores[J]. Ecology letters, 5: 377-385.

COLAUTTI R I, RICCIARDI A, GROGOROVICH I A, et al, 2004. Is invasion success explained by the enemy releasehypothesis?[J]. Ecology letters, 7: 721-733.

ELTON C S, 1958. The ecology of invasions[M]. London, UK.: Methuen.

ELTON C S, 2000. The ecology of invasions by animals and plants[M]. Berlin Heidelberg: Springer.

MITCHELL C E, POWER A G, 2003. Release of invasive plants from fungal and viral pathogens[J]. Nature, 421: 625-627.

WILLIAMSION M, FITTER A, 1996. The varing success of invaders[J]. Ecology, 77(6): 1661-1666.

（撰稿：周忠实；审稿：万方浩）

天敌释放　release of natural enemies

将入侵种的天敌从原产地引进，在入侵地释放，对当地的入侵种进行生物防治的防控治理措施。外来种能够成功入侵到新的环境，假说之一便是由于脱离了原产地协同进化的天敌的控制，而本地竞争种的专性天敌几乎没有发生寄主转移，且入侵地广谱性天敌对本地种的影响大于对入侵种的影响，形成了竞争解脱，从而导致外来种分布范围扩大和数量的增加。因此，采用生物防治的方法防治外来入侵物种，既有必要性，又有可行性。引进专食性天敌将填补缺失的生态位，而这通常不会影响上一营养级的本土生物（因为本土广谱性天敌本身可以利用本土寄主或猎物）。

入侵地天敌释放，指根据释放目的不同，可细分为接种式释放和淹没式释放。接种式释放旨在通过几次释放使大敌种群定殖下来，依靠自身生存和繁殖不断更新，最终与害虫（或杂草）种群建立新的低水平动态平衡关系；淹没式释放针对那些难以建立自然种群的天敌，必须持续不断地适时释放天敌以达到控制有害生物危害的目的。采用该途径的主要限制因素是繁殖天敌的成本大、规模小、天敌质量要求高等，而且大部分天敌迄今尚难以进行大规模人工繁殖生产。但生物防治时效性较慢，通常从天敌释放到获得明显的控制效果一般需要几年甚至更长的时间，因此对于那些要求在短期内彻底清除的入侵种，不宜采用该种措施。

对于入侵种潜在天敌的释放，尤其是从原产国向入侵地引进，需严格遵从谨慎的、科学的风险评估，否则引入的天敌可能成为新的外来入侵种。1993 年，FAO 颁布了《国际生防天敌引种管理公约》，对天敌的引种进行了规范。国

湖南汨罗释放广聚萤叶甲前（上）及45天后（下）（周忠实提供）

际上进行有害植物生物防治释放天敌前，均需进行以寄主专一性为核心内容的安全性测定，主要方法有寄主选择性测定和非选择性测定两种，进行风险分析的供试植物种类包括以下几类：①分类上与目标植物同属同科或近源种的代表种。②本地重要的经济、观赏作物的代表种。③本地濒危物种。④形态学、物候学上与目标种相似的物种。

入侵地天敌释放在防治外来入侵杂草已取得良好成果。如在湖南汨罗豚草发生区释放广聚萤叶甲以对豚草进行生物防治，在释放天敌45天后，可完全控制豚草种群（见图）。当同时释放广聚萤叶甲（*Ophraella communa* LeSage）和豚草卷蛾（*Epiblema strenuana*）进行联合防治时，2个月后释放区豚草几乎全部死亡。广聚萤叶甲已被释放到北京门头沟豚草发生区进行豚草的生物防治。

参考文献

陈红松, 郭建英, 万方浩, 等, 2018. 永州广聚萤叶甲和豚草卷蛾的种群动态及对豚草的控制效果[J]. 生物安全学报, 27(4): 260-265.

马骏, 郭建英, 万方浩, 等, 2008. 入侵物种的综合治理[M]//万方浩, 李保平, 郭建英. 生物入侵: 生物防治篇. 北京: 科学出版社: 112-138.

万方浩, 侯有明, 蒋明星, 2015. 入侵生物学 [M]. 北京: 科学出版社: 144-146.

周忠实, 陈红松, 郑兴汶, 等, 2011. 广聚萤叶甲和豚草卷蛾对广西来宾豚草的联合控制作用 [J]. 生物安全学报, 20(4): 267-269.

ZHOU Z S, CHEN H S, ZHENG X W, et al, 2014. Control of the invasive weed *Ambrosia artemisiifolia* with *Ophraella communa* and *Epiblema strenuana*[J]. Biocontrol science and technology, 24(8): 950-964.

（撰稿：周忠实、田镇齐；审稿：万方浩）

天冬酰胺合成酶基因　asparagine synthetase gene, AS gene

编码天冬酰胺合成酶的基因。天冬酰胺合成酶是广泛存在于生物体内的一类氨基转移酶，以氨或谷氨酰胺及天冬氨酸为底物催化天冬酰胺的生物合成。AS通常由一个小的基因家族所编码。AS很容易被降解，在保护剂甘油和硫羟化合物中可保存一定时间。以前对AS的研究多集中在除草剂靶酶功能上，但随着研究的不断深入、技术手段的不断进步，AS的生理作用和功能也被深入发现。植物*AS*基因能被多种因子诱导，如化学因子：植物激素（生长素、ABA等）、蔗糖、重金属及铵离子等；生物因子：病原物侵染及氧化胁迫；物理因子：光和干旱胁迫等。植物AS也参与植物的初级和次级代谢、信号传递途径、胁迫代谢、衰老等各种生理生化过程，在植物的生长发育、抗病和抗逆中有着重要作用。

目前已报道的天冬酰胺合成酶有2种类型，分别为天冬酰胺合成酶A（AS-A）和天冬酰胺合成酶B（AS-B）。AS-A为氨依赖型，由*asnA*基因编码，仅存在于原核生物中；AS-B为谷氨酰胺依赖型，既能利用氨，也能利用谷氨酰胺，由*asnB*基因编码，广泛存在于原核及真核生物中。在植物中，谷氨酰胺依赖型AS催化氨或谷氨酰胺转氨到天冬氨酸上形成天冬酰胺（Asn），而在产氨物种中有机氮的主要存在形式为天冬酰胺。这与Asn在氮运输和贮藏上的功能相吻合。

作用机理　天冬酰胺合成酶结合ATP和天冬氨酸（Asp）形成天冬氨酸-AMP中间复合产物，而后谷氨酰胺（Gln）通过转氨作用将氨基转给复合产物，在天冬酰胺合成酶催化下最终产物为天冬酰胺（Asn）、谷氨酸（Glu）、AMP和焦磷酸盐（见图）。

天冬酰胺合成酶的作用机理

实际应用 马铃薯含有大量的天冬酰胺，其在煎炸或烘焙时会快速氧化而形成丙烯酰胺（一种致癌物）的非必需游离氨基酸。迄今为止，尚没有可产生具有低的丙烯酰胺含量块茎的马铃薯植物品种。美国杰·尔·辛普洛公司（J. R. Simplot Co.）通过 RNAi 技术降低 *Asn1* 基因的转录水平，减少了天冬酰胺的形成，已经培育出商业化的低天冬酰胺积聚的马铃薯品种。

参考文献

程维舜, 2011. 植物天冬酰胺合成酶基因的抗病性调控功能分析[D]. 杭州: 浙江大学.

程维舜, 任俭, 施先锋, 等, 2013. 天冬酰胺合成酶的特性及其功能研究进展[J]. 安徽农业科学, 41 (3): 948-950.

（撰稿：李圣彦；审稿：郎志宏）

天然杂交 natural crossing

植物物种之间，或同一物种群体内任何有遗传差异的个体之间，通过传粉、受精产生后代的过程，是一种普遍的自然现象。杂交引起的基因重组、修饰和变异，使物种的遗传多样性更加丰富，提供了自然选择或人为选择的机会，在作物驯化及栽培种的演化中发挥了巨大作用。

杂交可以发生在不同物种的个体之间，即种间杂交；也可以发生在同一物种的不同群体或同一群体的个体之间，即种内杂交。种内个体之间不存在生殖隔离，天然杂交易于发生。种间杂交发生的概率相对较低，在动物中发生的概率约为 10%，而在植物中发生的概率约为 25%。全世界至少有 48 种栽培作物可与其近缘野生种天然杂交，包括油菜、大豆、玉米、水稻等。如栽培稻（*Oryza sativa*）与普通野生稻（*Oryza rufipogon*）因同具 AA 基因组，在自然条件下可相互杂交，相邻种植时，最大杂交频率可达 18%。

天然杂交能否实现，受多种因素影响。就种间杂交而言，取决于双亲之间是否存在生殖隔离的天然屏障，即有性交配是否亲和。影响种内个体之间天然杂交的主要因素有：①是自交作物、异交作物，还是常异交作物，即天然杂交率（异交率）的高低。自交作物的异交率低，如水稻，大多数品种的异交率在 1% 以下，个别品种的异交率不超过 5%。严格自花授粉作物的异交率更低，甚至有的是闭颖受精，即在颖壳未开、花药尚未伸出时即已受精。大豆的花器因有龙骨瓣阻挡，需有特殊的传粉昆虫作媒介，花粉才能到达雌性花器的柱头受精结实，因而天然杂交率很低。异交作物一般花粉量大，天然杂交率高，如玉米。常异交作物的天然异交率介于自交作物和异交作物之间，如棉花。②生物学因素，如育性（包括雄性及雌性花器的可育程度，雄性不育系因依赖外来花粉受精，异交率高，雌性不育则不能异交），花粉源强（散粉量，包括总源强、有效源强），花粉及柱头的活力和寿命，花期和花时的相遇程度等。③物理因素，如双亲的地域分布是否重叠，地形地貌是否有天然隔离屏障、风速、风向、温度、相对湿度、大气稳定度等。

在评估转基因作物的潜在风险时，需要对花粉扩散介导的转基因飘流、即物种内或有性可交配物种之间的天然杂交做出科学评估，以考察种内天然杂交对品种纯度的影响，以及种间天然杂交是否会产生基因渐渗，从而引起潜在的生态风险。

参考文献

敖光明, 王志兴, 王旭静, 等, 2011. 主要农作物转基因飘流频率和距离的数据调研与分析 IV. 玉米[J]. 中国农业科技导报, 13 (6): 27-32.

裴新梧, 袁潜华, 胡凝, 等, 2016. 水稻转基因飘流[M]. 北京: 科学出版社.

王志兴, 王旭静, 贾士荣, 2012. 主要农作物转基因飘流频率和距离的数据调研与分析 VI. 棉花[J]. 中国农业科技导报, 14 (6): 19-22.

ARNOLD M L, 1997. Natural hybridisation and evolution[M]. New York: Oxford University Press.

ELLSTRAND N C, PRENTICE H C, HANCOCK J F, 1999. Gene flow and introgression from domesticated plants into their wild relatives[J]. Annual review of ecology and systematics, 30: 539-563.

MALLET J, 2005. Hybridization as an invasion of the genome[J]. Trends in ecology and evolution, 20: 229-237.

MIZUGUTI A, YOSHIMURA Y, MATSUO K, 2009. Flowering phenologies and natural hybridization of genetically modified and wild soybeans under field conditions[J]. Weed biology and management, 9: 93-96.

OKA H I, 1988. Origin of cultivated rice[M]. Tokyo: Japan Sci. Soc. Press, Amsterdam: Elsevier Sci. Publishers.

RIESEBERG L H, CARNEY S E, 1998. Plant hybridization[J]. New phytologist, 140: 599-624.

WANG F, YUAN Q H, SHI L, et al, 2006. A large-scale field study of transgene flow from cultivated rice (*Oryza sativa*) to common wild rice (*O. rufipogon*) and barnyard grass (*Echinochloa crusgalli*)[J]. Plant biotechnology journal, 4: 667-676.

（撰稿：裴新梧；审稿：贾士荣）

田间抗性 field resistance

在生产实践中，由于长期应用一种方法如 Bt 抗虫作物防治害虫，使得靶标害虫在基因水平发生遗传变异，引起某一区域田间害虫种群对 Bt 蛋白敏感性降低的现象。抗性是指生物对环境产生的一定的抵抗能力，绝大多数是有益于自身的，也有少数产生负面作用。植物的抗性是指植物具有抵抗不利环境的某些性状，动物的抗性是指对疾病或某种不利因素的抵抗能力。随着 Bt 制剂的长期使用，尤其是商业化种植的 Bt 抗虫作物大多为全植株、整个生育期持续产生 Bt 蛋白，使农田靶标害虫长期地接受 Bt 蛋白施加的选择压力，Bt 蛋白在杀死大部分敏感个体的同时，也可能使小部分耐受性昆虫个体得以出现和发展，并在群体水平上对转 Bt 产品产生抗性，导致靶标害虫抗性种群的发展甚至暴发。

主要内容 首先发现的是对Bt生物制剂产生抗性的昆虫田间抗性种群。1990年首次报道，由于当地大量使用Bt制剂——Dipel，美国夏威夷田间小菜蛾（*Plutella xyllostella*）种群对Dipel的敏感性降低了30倍；随后，在菲律宾发现，因长期接触Dipel，田间小菜蛾种群也产生了200倍抗性。1996年，美国佛罗里达州田间小菜蛾对Bt制剂Btk NRD12的抗性达到1500倍。之后，陆续发现美国纽约、泰国和中美洲的小菜蛾田间种群以及日本的温室种群对Bt产生抗性。2003年Janmaat等发现，商业化温室中的粉纹夜蛾（*Trichoplusia ni*）种群对Bt产生抗性。

近些年，逐渐报道数种昆虫种群在田间环境下对Bt作物产生抗性，如美洲棉铃虫（*Helicoverpa zea*）、玉米楷夜蛾（*Busseola fusca*）、草地贪夜蛾（*Spodoptera frugiperda*）等。波多黎各种植转*cry1F*基因玉米3年后，靶标害虫草地贪夜蛾就对其产生显著抗性，导致该转基因玉米于2011年撤出当地市场；同样，转*cry1F*基因玉米在巴西种植3年后，部分地区草地贪夜蛾种群出现显著抗性；转*cry3Bb*基因玉米大规模种植7年后，其鞘翅目靶标害虫玉米根萤叶甲（*Diabrotica virgifera*）产生显著抗性，造成玉米产量显著下降；转*cry1A*基因玉米在南非连续8年种植后，导致靶标害虫玉米楷夜蛾产生显著抗性，使得该转基因玉米无法在南非继续种植。印度棉田则已经出现了抗Cry1Ac蛋白的红铃虫靶标害虫种群。

影响因素 田间害虫对Bt作物的抗性演化速率受多种因素影响：包括害虫种群动态、种群中抗性等位基因的初始频率、抗性遗传模式和抗性稳定程度、抗性的显性度及适合度、害虫在不同寄主上的时空分布情况以及不同地理种群间的基因流。

诊断方法 要使Bt作物能够长期有效防治害虫，必须要保持害虫对Bt作物的敏感性，即必须要有一项有效的靶标害虫抗性治理计划。而建立一个成本划算、有效的监测体系是成功制定Bt作物抗性治理计划的关键因素。一个成本划算、有效的监测体系应该能提供以下信息：①田间害虫种群对Bt很低水平抗性的初始等位基因频率。②在田间防治失败前能及时监测到害虫对Bt抗性等位基因频率的早期变化。

目前，常用的检测技术主要包括：①生物检测技术。如剂量－反应检测技术；区分剂量法；F_1代筛选法；单对杂交F_1代筛选法；F_2代筛选法；试验小区法；田间调查结合室内生测法等。②分子检测技术。主要有等位基因特异性PCR技术（PASA技术）；PCR限制性内切酶法（REN-PCR）；单链构型多态型分析技术（SSCP）；微测序。③生物化学和免疫学检测法。

参考文献

FERRÉ J, REAL M D, VAN RIE J, et al, 1991. Resistance to the Bacillus thuringiensis bioinsecticide in a field population of *Plutella xylostella* is due to a change in a midgut membrane receptor[J]. Proceedings of the National Academy of Sciences of the United States of America, 88: 5119-5123.

GOULD F, 1998. Sustainability of transgenic insecticide cultivars: Integrating pest genetics and ecology[J]. Annual review of entomology, 43: 701-726.

MCGAUGHEY W H, JOHNSON D E, 1992. Indianmeal moth (Lepidoptera: Pyalidao) resistance to different strains and mixtures of *Bacillus thurngiensis*[J]. Journal of economic entomology, 85: 1594-1600.

TABASHNIK B E, CUSHING N L, FINSON N, et al, 1990. Field development of resistance to *Bacillus thuringiensis* in diamondback moth (Lepidoptera: Plutellidae)[J]. Journal of economic entomology, 83: 1671-1676.

TABASHNIK B E, FINSON N, JOHNSON M W, et al, 1994. Cross-resistance to *Bacillus thuringiensis* toxin Cry1F in the diamondback moth (*Plutella xylostella*)[J]. Applied and environmental microbiology, 60 (12): 4627-4629.

TABASHNIK B E, LIU Y B, MALVAR T, et al, 1997. Global variation in the genetic and biochemical basis of diamondback moth resistance to *Bacillus thuringiensis*[J]. Proceedings of the National Academy of Sciences of the United States of America, 94: 12780-12785.

TABASHNIK B E, MOTA-SANCHEZD, WHALON M E, et al, 2014. Defining terms for proactive management of resistance to Bt crops and pesticides[J]. Journal of economic entomology, 107: 496-507.

TANG J D, SHELTON A M, VAN RIE J, et al, 1996. Toxicity of *Bacillus thuringiensis* spore and crystal protein to resistant diamondback moth (*Plutella xylostella*)[J]. Applied and environmental microbiology, 62: 564-569.

（撰写：徐丽娜；审稿：何康来）

田间抗性种群 resistance strain in field

某种昆虫在某个地区对特定的持续选择压产生适应性的种群，而不是在所有分布地区的整个种。如Bt制剂的长期使用，尤其是由于目前商业化种植的Bt作物在全植株、整个生育期持续表达Bt蛋白，使农田靶标害虫长期地接受Bt蛋白胁迫选择，Bt蛋白在杀死大部分敏感个体的同时，极少数耐受性昆虫个体得以存活和繁衍，继而出现群体水平上对Bt作物产生抗性，导致害虫田间抗性种群的发生。

田间Bt抗性种群的产生经历一个从初期抗性到实质抗性的过程，而实质抗性的产生往往与没有严格实施有效的抗性治理策略相关。如没有实施高剂量庇护所策略，或有高剂量庇护策略但没有遵守庇护所的要求或庇护所要求不充足。

主要内容 田间抗性种群之“初期抗性”是指昆虫抗性等位基因频率稍微增加，但抗性的进一步增加并不一定迫在眉睫。例如，Downes等2010年报道澳大利亚的澳洲棉铃虫（*Helicoverpa punctigera*）对Cry2Ab毒素的田间抗性种群便认定为“初期抗性”。根据2008—2009年的监测结果，Downes发现，种植转基因抗虫棉花地区的澳洲棉铃虫对Cry2Ab的抗性基因频率是没有种植地区的8倍。与2004—2005年相比，长期接触这些蛋白的种群对Cry2Ab的抗性

T

基因频率增加了 11 倍。然而，他们估计抗性个体的最大比例为 0.2%，这种抗性的产生虽然降低了棉花的效益，但是从 2008—2009 年，这一种群抗 Cry2Ab 的基因频率并没有增加。

田间抗性种群之“早期预警”是指田间种群中的抗性个体百分率显著增加。比如 Zhang 等 2010 年的调查发现，中国北方 13 个 Bt 棉花密集种植地区的棉铃虫，在 Cry1Ac 诊断计量下的存活率显著高于中国西北地区，2010 年调查的中国北方的棉铃虫种群，在诊断剂量上的平均存活率为 1.3%（范围：0～2.6%），而中国西北地区的棉铃虫种群和实验室敏感品系的存活率为 0。2009 年和 2011 年的筛选结果也支持这一结论，即在中国北方长期暴露于 Bt 棉花的棉铃虫种群对 Cry1Ac 的抗性频率增加了，群体中抗性个体的百分率高达 5.4%。2008—2010 年中国长江流域的 51 个红铃虫（*Pectinophora gossypiella*）种群在 Cry1Ac 诊断剂量下的存活率由 2005—2007 的 0 上升到 56%。2009 年，在美国路易斯安那州非 Bt 玉米上采集的小蔗螟（*Diatraea saccharalis*）种群携带主要抗性基因频率达到 0.0176，显著高于 2004—2008 年的抗性水平。Bt 玉米在菲律宾种植 3 年后，发现部分亚洲玉米螟的幼虫能够在诊断剂量下存活，但是存活幼虫的后代不能在 Bt 玉米上存活。这些携带抗性基因频率显著增加的田间抗性种群被定义为“早期预警”阶段，当害虫表现为“初期抗性”或“早期预警”抗性时，由于抗性频率过低并不能减少 Bt 作物的功效。然而，田间进化的抗性个体达到 1% 时需要考虑增强抗性管理的措施，例如，增加监控，庇护所的需求以及替代控制方法等。

田间抗性发展最严重并且被报道的情况是害虫种群中有 50% 的个体为抗性个体，极大地降低了 Bt 作物的防治效果。这一阶段的抗性种群被认为产生了“实质性抗性”。2006 年，cry1F 玉米在波多黎各种植 3 年后，草地贪夜蛾（*Spodoptera frugiperda*）田间种群对其产生了抗性，这是田间种群对 Bt 作物发展产生实质抗性的最快纪录，而且这一抗性种群的产生直接导致“TC1507”撤出当地市场。在南非种植转 *cry1Ab* 基因玉米 8 年后，田间的玉米楷夜蛾（*Busseola fusca*）种群对 Cry1Ab 毒素产生了实质性抗性。表达 Cry3Bb 毒素的玉米已经在美国艾奥瓦州播种了 3～7 年，2009—2010 年的实验室和田间的生测数据均表明，玉米根莹叶甲（*Diabrotica virgifera*）自然种群对 Cry3Bb 产生抗性，害虫抗性的产生对 Cry3Bb 玉米造成严重损害。2008 年，在印度西部的古吉拉特邦，最先发现了红铃虫对 Bt 产生抗性，从当地非 Bt 棉田中收集的红铃虫后代，对 Cry1Ac 的致死中浓度是其他敏感种群的 44 倍。自 2008 年，印度的农民开始种植产生 Cry1Ac 和 Cry2Ab 两种毒素的双价转基因棉替代仅表达一种毒素的 Cry1A 棉花。美洲棉铃虫对 Bt 的抗性最先于 2002 年在美国东南部被发现，Bt 棉花在该区域商业化应用 6 年后，2003 年来源于田间的 4 个品系在 Cry1Ac 诊断剂量下的存活率均大于 50%，大量的证据证实该种群产生了实际抗性。美国东南部的美洲棉铃虫自然种群对 Cry2Ab 的抗性显著增加主要表现在田间种群的 LC_{50} 大于诊断剂量（150μg/ml），即大于 50% 的个体能够在诊断剂量下存活。基于这个标准，仅在双价棉花商业化种植 2 年后，美洲棉铃虫对 Cry2Ab 表现出抗性的个体由 2002 年的 0 上升到 2005 年的 50%。

由于靶标害虫对 Bt 抗性的产生，进而导致 Bt 作物失去利用价值。目前，转基因抗虫棉花和玉米已在全球多个国家商业化种植，靶标害虫长期处于转基因作物 Bt 毒蛋白的高压选择下，害虫对 Bt 作物产生抗性演化问题将不容忽视。

参考文献

ALCANTARA E, ESTRADA A, ALPUERTO V, et al, 2011. Monitoring CrylAb susceptibility in Asian com borer (Lepidoptera: Crambidae) on Bt com in the Philippines[J]. Crop protection, 30: 554-559.

ALI M I, LUTTRELL R G, 2007. Susceptibility of bollworm and tobacco budworm (Noctuidae) to Cry2Ab2 insecticidal protein[J]. Journal of economic entomology, 100: 921-931.

ALI M I, LUTTRELL R G, YOUNG S Y, 2006. Susceptibilities of *Helicoverpa zea* and *Heliothis virescens* (Lepidoptera: Noctuidae) populations to Cry1Ac insecticidal protein[J]. Journal of economic entomology, 99: 164-175.

DHURUA S, GUJAR GT, 2011. Field-evolved resistance to Bt toxin CrylAc in the pink bollworm, *Pectinophora gossypiella* (Saunders) (Lepidoptera: Gelechiidae), from India[J]. Pest management science, 67: 898-903.

DOWNES S, MAHON R, 2012. Evolution, ecology and management of resistance in *Helicoverpa* spp. to Bt cotton in Australia[J]. Journal of invertebrate pathology, 110: 281-286.

GASSMANN A J, 2012. Field-evolved resistance to Bt maize by western com rootworm: predictions from the laboratory and effects in the field[J]. Journal of invertebrate pathology, 110: 287-293.

GASSMANN A J, PETZOLD-MAXWEL J L, KEWESHAN R S, et al, 2011. Field-evolved resistanceto Bt maize by western com rootworm[J]. PLoS ONE, 6: e22629.

JIN L, WEI Y, ZHANG L, et al, 2013. Dominant resistance to Bt cotton and minor cross-resistance to Bt toxin Cry2Ab in cotton bollworm from China[J]. Evolutionary applications, 6: 1222-1235.

KRUGER M J, VAN RENSBURG J B J. VAN DEN BERG J, 2012. Transgenic Bt maize: farmers’ perceptions, refuge compliance and reports of stem borer resistance in South Africa[J]. Journal of applied entomology, 136. 38-50.

STORER N P, BABCOCK J M, SCHLENZ M, et al, 2010. Discovery and characterization of field resistance to Bt maize: *Spodoptera frugiperda* (Lepidoptera: Noctuidae) in Puerto Rico[J]. Journal of economic entomology, 103 (4): 1031-1038.

STORER N P, KUBISZAK M E, KING J E, et al, 2012. Status of resistance to Bt maize in *Spodoptera frugiperdarda*: lessons from Puerto Rico[J]. Journal of invertebrate pathology, 110: 294-300.

TABASHNIK B E, BRÉVAULT T, CARRIÈRE Y, 2013. Insect resistance to Bt crops: lessons from the first billion acres[J]. Nature biotechnology, 31 (6): 510-521.

TABASHNIK BE, VAN R JBJ, CARRIERE Y, 2009. Field-evolved insect resistance to Bt crops: definition, theory, and data[J]. Journal of economic entomology, 102: 2011-2025.

VAN DEN BERG J, HILBECK A, BOHN T, 2013. Pest resistance to CrylAb Bt maize: field resistance, contributing factors and lessons from South Africa[J]. Crop protection, 54: 154-160.

WAN P, HUANG Y X, WU HH, et al, 2012. Increased frequency of pink bollworm resistance to Bt toxin Cry1Ac in China[J]. PLoS ONE, 7: 29975.

ZHANG HN, TIAN W, ZHAO J, et al, 2012a. Diverse genetic basis of field-evolved resistance to Bt cotton in cotton bollworm from China[J]. Proceedings of the National Academy of Sciences of the United States of America, 109: 10275-10280.

ZHANG HN, YIN W, ZHAO J, et al, 2011. Early warning ofcotton bollworm resistance associated with intensive planting of Bt cotton in China[J]. PLoS ONE, 6: 22874.

（撰写：徐丽娜；审稿：何康来）

甜菜丛根病 rhizomania

由甜菜坏死黄脉病毒引起，危害甜菜、菠菜等藜科作物的入侵性土传病毒病害。

入侵历史 甜菜丛根病最早于1947年在意大利北部甜菜产区发生，因为罹病甜菜主要表现为含糖量降低，因此最初的文献记载该病为“低糖综合征”（low sugar content syndrome），直到1959年，Canova根据发病甜菜的侧根异常增生的特点将其命名为甜菜丛根病（rhizomania）（图①）。早期丛根病的病原一直存在争议，在排除了线虫和真菌后，1964年Keskin等发现丛根病的发生与甜菜多黏菌（*Polymyxa betae*）（图②）有关。1969年该病在日本报道，随着直筒育苗的推广，甜菜丛根病很快在日本甜菜产区蔓延，之后在1973年Tamada才证明丛根病的病原为甜菜多黏菌传播的甜菜坏死黄脉病毒。中国糖用甜菜的种植始于1906年，1949年后甜菜生产迅速发展，但直到1978年才在内蒙古首次发现丛根病，该病害广泛分布于中国三大甜菜种植区。

甜菜坏死黄脉病毒为多分体病毒，基因组含有4～5条正单链RNA。根据基因组数量以及CP蛋白第62、103和172位氨基酸序列组合分为4种类型。A型（T62S103L172）和B型（S62N103F172）包含RNA1～RNA4这4条RNA组分，P型和J型则由RNA1～RNA5组成。P型和J型的致病力要强于A型和B型。

分布与危害 甜菜坏死黄脉病毒自发现以来在世界各甜菜产区持续蔓延，主要分布在欧洲各国、美国、中国、日本、伊朗、加拿大、埃及、巴西和北非等国家。几乎所有的分离物均含有RNA1～4，仅在法国、英国、哈萨克斯坦、日本和中国等国家报道存在RNA5。A型广泛分布于世界各地，B型主要分布在欧洲、中国和日本，P型在法国、哈萨克斯坦和英国报道，J型主要分布于中国、日本和德国。

甜菜坏死黄脉病毒主要危害甜菜和菠菜。发病初期侧根变褐、变细，直至坏死，随后主根维管束也变褐、变硬，并逐步坏死。丛根病通常造成病田减产40%～60%，含糖量下降4%～9%，严重地块甚至绝收，并且该病害加速块根在储存期的糖分损失，最高损失达41%。

病原及特征 病原为甜菜坏死黄脉病毒（beet necrotic yellow vein virus, BNYVV），是多分体病毒，病毒粒子呈长短不一的直杆状（图③），大小为80～390nm×20nm。BNYVV是甜菜坏死黄脉病毒科（Benyviridae）甜菜坏死黄脉病毒属（*Benyvirus*）的代表病毒。*Benyvirus*侵染甜菜的成员还有甜菜土传花叶病毒（beet soil-borne mosaic virus，BSBMV），BSBMV仅在欧美甜菜产区有报道，其与BNYVV具有相同的传播介体和相似的基因组结构图，在田间能与BNYVV协同增加病毒的致病性。BNYVV基因组根据大小依次命名为RNA1～RNA5。RNA1和RNA2编码持家基因，是病毒侵染不同寄主时所必需的。而RNA3-RNA5不是病毒复制必需的，但其对于自然条件下病毒侵染甜菜有重要的作用。RNA1长度约为6746nt，它编码一个237kDa的蛋白p237，包含病毒复制所需的依赖RNA的RNA聚合酶（RdRp）。RNA2长度约为4612nt，含有6个开放阅读框（open reading frame, ORF），首先编码外壳蛋白CP（p21），CP通读之后产生p75蛋白，p75与病毒的介体传播相关，随后是三联基因区，依次编码p42、p13和p15，最后编码病毒沉默抑制子p14。RNA3长约1775nt，编码p25、N蛋白和一个长4.6kDa的多肽链。p25是病毒致病的关键因子，并且在田间容易发生变异，其68～70位氨基酸为高度变异区（tetrad基序），tetrad基序变异与病毒在不同寄主上的症状密切相关，并且也与RZ1基因介导的抗丛根病甜菜品种的“抗性丧失”相关。RNA4长约1468nt，编码p31蛋白，与病毒的高效介体传播密切相关。RNA5长1342～1347nt，

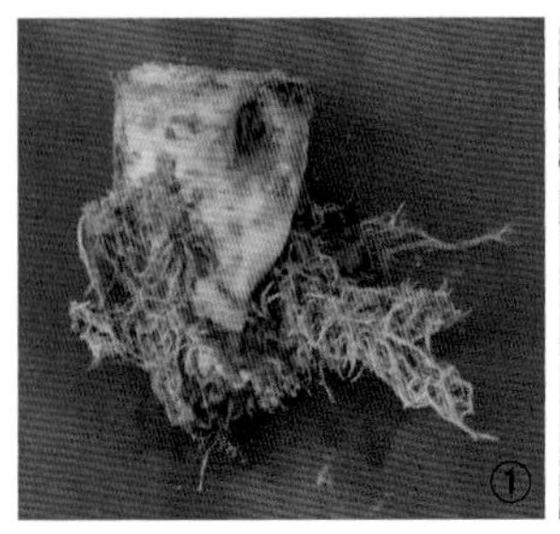

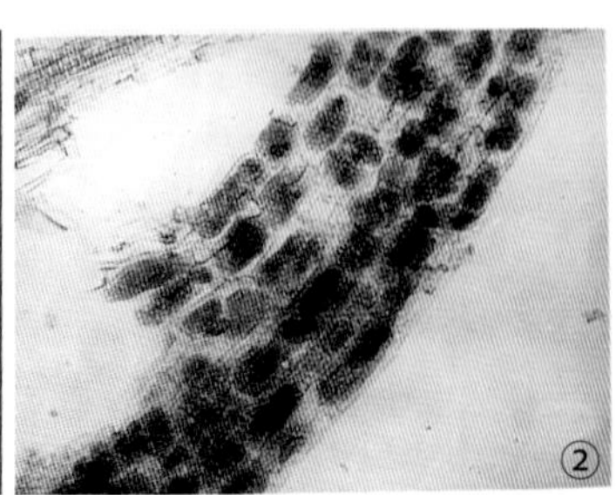

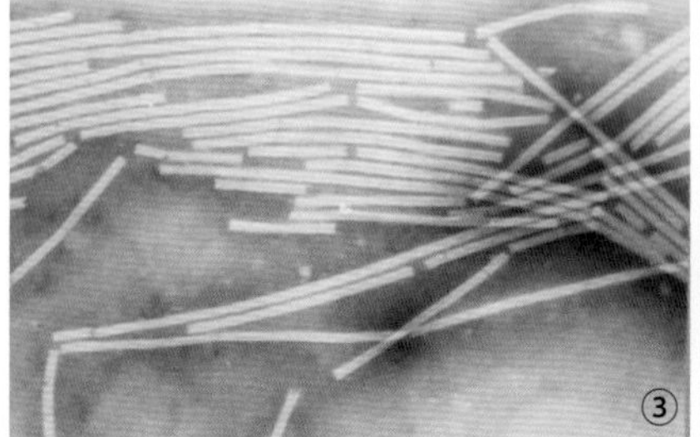

甜菜坏死黄脉病毒症状、传播介体和病毒粒子（韩成贵提供）
①丛根症状；②甜菜多黏菌；③病毒粒子；④坏死黄脉症状

编码 p26 蛋白，也是病毒重要的致病因子。

田间 BNYVV 由甜菜多黏菌以持久性方式进行传播。根部的典型症状是发病块根的次生侧根和根毛异常增生、集结成团，呈现“大胡子”状，因此该病又称疯根病。对根部的伤害会导致营养物质不能传送到地上部分而引发叶片产生一系列黄化、卷曲、枯萎和黄脉等症状（图④），该病名称根据黄脉症状而命名。丛根病的叶部症状复杂，与寄主品种、生长期和环境条件相关。BNYVV 在实验条件下，可以通过汁液摩擦侵染番杏（*Tetragonia expansa*）、苋色藜（*Chenopodium amaranticolor*）和藜麦（*Chenopodium quinoa*）等植物，根据 RNA3～RNA5 编码蛋白的氨基酸变化，在接种的叶片上产生黄斑、褪绿斑或坏死斑等不同类型的圆形病斑。

入侵生物学特性 甜菜丛根病的病害循环与介体的生活史密切相关。病毒在病土和病残体中的甜菜多黏菌休眠孢子中越冬，成为翌年病害的初侵染源。甜菜播种后，土壤温度适宜（15～28℃），休眠孢子萌发释放双鞭毛游动孢子侵染，游动孢子一旦接触寄主根部，就在其表面附着 1～2 个小时，并形成能够穿透寄主细胞壁的刺状物，BNYVV 随着游动孢子进入根细胞开始侵染。带毒的甜菜多黏菌也是病害的再侵染源，条件适宜时，可进行多次再侵染。休眠孢子可随病土、病残体、粪肥、种子、块根及农机具等传播，雨水灌溉能加剧病害的传播。

甜菜丛根病在中国 6 月下旬至 7 月上旬开始发病，7～8 月时发病盛期。土壤湿度大时有利于休眠孢子的萌发和游动孢子的活动，因此排水不良、灌溉过多或者地势低洼的田块发病重。休眠孢子及其携带的病毒可在土壤中存活 15 年以上，因此一旦发病，其后 10～15 年再种植甜菜仍会发病并严重减产。并且甜菜重茬使多黏菌大量繁殖和积累从而导致病情加重。中性或偏碱性（pH>6.2）地块易发病，砂壤土比黏土发病重，有效磷低或硝态氮高的地块发病重。

预防与控制技术 甜菜丛根病是典型土传病害，其控制主要以预防为主，选择无病田块，选用抗（耐）病品种，加强田间管理，必要时辅以药剂防治。

选育抗（耐）病丰产高糖品种 国内外主要甜菜公司和育种机构培育了大量抗丛根病品种，已报道的抗病基因主要有 Rz 系列，包括 Rz1、Rz2、Rz3、Rz4 和 Rz5，但多数商业化品种并不告知所有的抗病基因类型。在中国表现抗性较好的品种包括‘内甜抗 201’‘内甜抗 202’‘张田 301’‘宁甜双优 2 号’‘Beta796’和‘KWS9440’等。在使用抗病品种时要注意“抗性丧失”现象，即单一抗病甜菜品种长期、大面积种植为 BNYVV 的变异提供单一的选择压，最终导致甜菜抗病性被克服，而不是抗病基因的丢失。

农业防治 采用无病土育苗，育苗土 pH6.0 以下，育苗温度控制在 20℃以下；加强田间卫生管理，及时清理田间病残体和杂草寄主。防止通过病土、病残体、粪肥及农机具等传播扩散。合理轮作，降低多黏菌的密度。控制灌溉次数，调节土壤 pH，适当耕作以降低土壤湿度。对田块进行带毒多黏菌的检测，在无病田中可种植感病高糖品种。

参考文献

韩成贵, 马俊义, 2014. 甜菜主要病虫害简明识别手册[M]. 北京: 中国农业出版社.

中国农业科学院植物保护研究所, 中国植物保护学会, 2015. 中国农作物病虫害[M]. 3版. 北京: 中国农业出版社.

BIANCARDI E, TAMADA T, 2016. Rhizomania [M]. Springer International Publishing.

CHIBA S, KONDO H, MIYANISHI M, et al, 2011. The evolutionary history of beet necrotic yellow vein virus deduced from genetic variation, geographical origin and spread, and the breaking of host resistance[J]. Molecular plant-microbe interactions, 24(2): 207-218.

LI M, LIU T, WANG B, et al, 2008. Phylogenetic analysis of beet necrotic yellow vein virus isolates from China[J]. Virus genes, 36: 429-432.

TAMADA T, KUSUME, T, 1991. Evidence that the 75k readthrough protein of beet necrotic yellow vein virus RNA-2 is essential for transmission by the fungus polymyxa betae[J]. Journal of general virology, 72 (7): 1497-1504.

TAMADA T, UCHINO H, KUSUME T, et al, 1999. RNA 3 deletion mutants of beet necrotic yellow vein virus do not cause rhizomania disease in sugar beets[J]. Phytopathology, 89(11): 1000.

（撰稿：王颖；审稿：杨秀玲）

填充 DNA filler DNA

在转基因植物中是指位于外源插入片段之间以及外源插入片段与宿主基因组序列之间的连接序列。填充 DNA 序列的长度从几个碱基到上百个碱基不等，主要集中在几个碱基长度。有些填充 DNA 序列与转化载体序列或旁侧宿主基因组序列有较高的相似性，有的与两者均没有高的相似性。

非转基因植物中的填充 DNA 通常出现在植物的缺失突变体中，与异常的 DNA 修复和复制有关。填充 DNA 的出现也是非同源重组 DNA 修复的产物，其机制称为合成依赖性链退火，包括模板入侵和 DNA 合成。在此过程中，不出现 Holliday 交叉，单链的 3′ 序列侵入模板，引导 DNA 合成，新合成的 DNA 随即被从模板上释放，产生填充 DNA。

在通过农杆菌和基因枪转化获得的转基因植物的外源插入序列中均发现了填充 DNA，对填充 DNA 的分析将有助于揭示外源转基因的整合规律和机制。

参考文献

GORBUNOVA V, LEVY A A, 1999. How plants make ends meet: DNA double-strand break repair[J]. Trends in plant science, 4 (7): 263-269.

KAHL G, 2015. The Dictionary of Genomics, Transcriptomics and Proteomics[M]. Weinhein, Germany: Wiley-VCH.

WESSLER S, TARPLEY A, PURUGGANAN M, et al, 1990. Filler DNA is associated with spontaneous deletions in maize[J]. Proceedings of the National Academy of Sciences of the United States of America, 87 (22): 8731-8735.

WINDELS P, BUCK S D, BOCKSTAELE E V, et al, 2003. T-DNA integration in *Arabidopsis* chromosomes. Presence and origin of filler

DNA sequences[J]. Plant physiology, 133 (4): 2061-2068.

（撰稿：谢家建、石建新；审稿：张大兵）

调控元件　regulatory element

可以调控基因表达的DNA序列。一般位于基因序列的末端，包括启动子、增强子、沉默子和终止子等。因为真核生物中的这些调控元件是非常保守和普遍的，所以，植物细胞不但能正确表达来源于不同植物的外来基因，而且能正确表达来自其他物种如哺乳动物、酵母和其他真核生物的基因。

转基因过程中，要使得目的基因能够在受体植物里得到合适有效的表达，必须将其与相应的调控元件一起按照一定的顺序构建一个完整有效的表达框。因此，质粒或外源插入的表达框由一个高表达活力的启动子（含或不含增强子）、目标基因和终止子组成。

参考文献

HERRERA-ESTRELLA L, DEPICKER A, MONTAGU M V, et al, 1983. Expression of chimaeric genes transferred into plant cells using a Ti-plasmid-derived vector[J]. Nature, 303 (5914): 209-213.

（撰稿：石建新、谢家建；审稿：张大兵）

同源重组　homologous recombination

在减数分裂过程中，同源重组指导染色体之间的交换，产生新的等位基因的重组，对染色体隔离至关重要。同源重组不但确保了基因组的完整性（通过双链断裂修复），也通过减数分裂或体细胞重组创造新的等位基因或等位基因重组，促进基因组的进化。

同源重组是染色体变异的两个机制之一（另外一个是单个核苷酸的变异），指的是同源序列间碱基的交换，是遗传重组的一种类型，可使遗传物质发生交换。

同源重组能使遭受损害的染色体得以利用与自身相似且未受伤害的另一条染色体来进行DNA修复。同源重组这种DNA双链断裂修复主要发生于原核生物和酵母，它在植物体双链断裂DNA修复中也有出现。

以T-DNA介导的转化过程中，T-DNA是以单链的方式传递到植物细胞核的，很可能是单链T-DNA通过异常重组整合到植物细胞。因此，T-DNA单链可作为基因组双链断裂修复的模板，从而被整合到受体植物基因组，改变生物体遗传信息，形成具备新性状的生物体。

同源重组也可以被用来获得无标记的转基因生物，可把标记基因放在2个同源DNA序列之间，发生同源重组后，标记基因即被去除，这样的细胞经诱导再生植株，可得到无标记转基因植物。

参考文献

HANIN M, PASZKOWSKI J, 2003. Plant genome modification by homologous recombination[J]. Current opinion in plant biology, 6 (2): 157-162.

PUCHTA H, DUJON B, HOHN B, 1996. Two different but related mechanisms are used in plants for the repair of genomic double-strand breaks by homologous recombination[J]. Proceedings of the National Academy of Sciences of the United States of America, 93 (10): 5055-5060.

（撰稿：石建新、谢家建；审稿：张大兵）

土荆芥　*Chenopodium ambrosioides* L.

藜科藜属的一年生或多年生草本植物。具有强烈气味，主要为挥发油，味辛辣，有毒。又名红泽草、天仙草、臭草、钩虫草、香藜草、臭蒿、藜荆芥、臭藜藿等。

入侵历史　原产于热带美洲，作为一种入侵植物广泛分布在世界的热带、亚热带和温带地区。土荆芥大多生长在村落旁的旷野、路边和溪水边。其在长江流域常与黄花蒿、一年蓬等植物混生，侵入并威胁本地结缕草种群。

分布与危害　中国主要分布在上海、浙江、江西、福建、广西、广东、海南、北京、山东、山西等地。土荆芥作为一种入侵植物，能通过化感作用抑制众多的农作物种子和幼苗的生长，如油菜、莴苣、绿豆、黄瓜、小麦、小白菜、豇豆、辣椒和水稻等，最终造成农作物产量降低，对农田、果园造成不可估量的危害。其秆、鲜样浸提液也对农作物有较强的抑制作用。土荆芥的花粉是一种重要的过敏源，对人体健康造成危害。

形态特征　生长高度可达到1m左右，具强烈芳香气味。土荆芥茎一般直立并具多分枝，具棱。叶片为披针形至长圆状披针形，长3～16cm，宽0.5～5cm。叶片呈绿色，单叶互生，揉有特异香气。花较小，为绿色两性或雌性，3～5朵簇生在上部叶腋，花期8～9月，果期9～10月。土荆芥种子细小，多为黄褐色或红棕色，产量巨大，种子千粒重为0.38±0.01g，种子含2片子叶，里面具胚乳（见图）。

土荆芥的形态特征（吴楚提供）
①花序；②茎秆、叶片；③植株；④种子

入侵特性 作为入侵植物，土荆芥具有极强的生命力，能在贫瘠的地方生长，繁殖能力强，有较好的萌发率及适于传播的特性等。其种子虽然细小，产量却特别大，而且具有较好的初始萌发能力，无须经过休眠，也不需要特殊的土壤，特别是在15～20℃时能很好地萌发，在14天内即可完成整个萌发过程。

预防与控制技术 苗期及时人工锄草。农田中的土荆芥应彻底铲除，防止其枯落物再次对农作物产生化感作用，以保护农作物的生长。

参考文献

刘长坤, 邓洪平, 尹灿, 等, 2010. 土荆芥植株化感作用对5种农作物种子萌发和幼苗生长的影响[J]. 西南师范大学学报: 自然科学版, 35(3): 152-155.

王晶蓉, 马丹炜, 唐林, 2009. 土荆芥挥发油化感作用的初步研究[J]. 西南农业学报, 22(3): 777-780.

王云, 唐书国, 陈巧敏, 等, 2008. 土荆芥种子贮藏与萌发特性的研究[J]. 草业科学, 25(2): 103-106.

GAO X, LI M, GAO Z, et al, 2010. The releasing mode of the allelochemicals in *Conyza canadesis* L. [J]. Acta ecologica sinica, 30(8): 1966-1971.

JARCHOW M E, COOK B J, 2009. Allelopathy as a mechanism for the invasion of *Typha angustifolia*[J]. Plantecology, 204(1): 113-124.

XU H G, QIANG S, 2004. Inventory invasive alien species in China[M]. Beijing: China Environmental Science Press: 91-92.

（撰稿：田震亚；审稿：周忠实）

土著种 native species

“存在于由它们自己分布方式决定的区域内”的物种。又名本地种（indigenous species）。通常用土著种来描述某一群落或生态系统中已存在的物种；而本地种来描述某一个行政区或特定区域内分布的物种。

对土著种这一术语给予完整的生态学定义存在困难。一方面，自然群落的空间分布往往是不断变化的，在不断地扩张或收缩，在实践中很难确定一个物种的原产地范围；另一方面，某一生物的分布是否完全独立于人类很难界定。因此，往往考虑历史记载、生态功能、时间进程等几个方面的因素。

土著种往往会对外来种的传入形成新的适应性进化特征，即产生快速进化。从外来种和土著种之间的捕食作用来看，如果外来种和土著种是捕食者和猎物的关系，那么外来种更多的是造成了土著种的濒危和灭绝。如果外来种和土著种是猎物和捕食者的关系，那么土著种在面对外来种的到来时常常表现出摄食选择性的变化。例如，在某一环境中引入长叶车前（*Plantago lanceolata*）牧草后，该环境中的土著蝴蝶（*Euphydryas editha*）表现出对它的摄食偏爱，即产生了食性上的快速进化；又如苹绕实蝇（*Rhagoletis pomonella*）通过对引入的苹果和土著的山楂寄主植物的适合度进行权衡选择，可以进化出在不同寄主植物上具有不同的温度耐受性和物候学特性。

参考文献

万方浩, 侯有明, 蒋明星, 2015. 入侵生物学[M]. 北京: 科学出版社.

FILCHAK K E, 2000. Natural selection and sympatric divergence in the apple maggot *Rhagoletis pomonella* [J]. Nature, 407: 739-742.

SINGER M C, THOMSA C D, PARMESAN C, 1993. Rapid human-induced e-volution of insect host associations [J]. Nature, 366: 681-683.

（撰稿：褚栋；审稿：蒋明星）

豚草 *Ambrosia artemisiifolia* L.

菊科豚草属一年生入侵性草本植物。

入侵历史 起源于北美洲。豚草大约在20世纪30年代初传入中国东南沿海，最早的豚草标本见于南京植物园植物标本室，1935年采于杭州。豚草传入中国后，脱离了原产地天敌的控制，扩散蔓延尤为迅速。在华中地区，南京、武汉、南昌和九江是三大分散中心，随后扩散至湖南、浙江、安徽和上海等地。2007年在广西来宾发现豚草大面积发生，追溯入侵时间大约在1985年前后从新西兰进口牧草时带入。2000年，在河南新县首次发现豚草，2009年和2003年，豚草蔓延至罗山和光山，并在入侵地形成大面积的单优群落。2010年首次报道豚草在新疆伊犁河谷发生，至2016年分布面积达1000多公顷，对当地畜牧业、农业及生态多样性构成严重威胁。至2016年底，豚草已遍布22个省（自治区、直辖市）1167个县。

分布与危害 欧洲、亚洲、北美洲、非洲、中南美洲和大洋洲均有分布。在中国，已广泛分布于新疆、辽宁、吉林、黑龙江、内蒙古、河北、北京、河南、山东、安徽、江苏、浙江、江西、湖北、湖南、福建、广西、广东、上海、四川、贵州和西藏等22个省（自治区、直辖市）。靠种子繁殖，在入侵地可严重危害人类健康、破坏农牧业生产、降低入侵地植被多样性。据统计，豚草对农林渔业每年造成的直接经济损失可达10多亿元；中国豚草花粉过敏的患者占豚草发生区总人口数的2%～3%，每年豚草花粉引起的医疗费可达14.5亿元。

形态特征 茎直立，茎粗0.3～3cm，株高5～90cm，个别株高超过2m；茎秆较粗糙，常呈绿色，有时暗红色，常有瘤基毛，具纵条棱。植株下部叶对生，上部叶为互生，一至二回羽状分裂，裂片条状具短糙毛。头状花序单性，常雌雄同株，雄花序具短柄，多为头状花序，几十个甚至上百个雄花序呈总状排列于枝梢或叶腋的花轴上，一个植株有无数个这种小花序（见图）。每个雄花序有一长约2mm下垂的柄，柄端着生浅杯状或盘状的绿色总苞，总苞由5～12个总苞片组成，其上有糙伏毛，直径3～4mm。总苞内着生5～30个小灯笼似的黄色雄花，每个雄花外面为5个花瓣连合成的管状花冠，花冠顶端膨大如球，下部呈楔形囊状以一短柄着生于总苞上。雌头状花序无梗，生在总状雄花序

豚草的形态特征（吴楚提供）

轴基部叶腋处，2～3朵簇生或单生，各具一没有花被的雌花，每个雌花序下有叶状苞片，其内有椭圆形囊状总苞。果实为复果，长4～5mm，宽2～3mm，具6～8条纵条棱，复果包于总苞内，总苞倒卵形，周围具短喙5～8个，先端有锥状喙。

入侵特性　豚草为先锋植物，入侵、定殖和抗逆能力强，通常沿纬度梯度、排灌水渠、河流、公路及铁路蔓延与扩散。多数情况下，需要有2个月左右气温低于6℃，才能满足豚草种子休眠解除的条件，但部分种子不用休眠亦能正常萌发。豚草茎、节、枝和根在适宜的条件下均可长出不定根，扦插压条后能形成新的植株，经铲除、切割后剩下的地上残条部分，仍可迅速地重发新枝。一般在每年的3月中旬至5月初，野外的豚草种子开始萌发出苗，营养生长期5月初至7月中下旬，花蕾期7月初到8月上旬，开花期7月下旬至8月末，果实成熟期一般为8月中下旬到10月上旬。豚草入侵后，能够通过化感作用来调节入侵地的土壤微生物群落功能，从而抑制伴生植物的生长。在入侵地，豚草根部能与根际丛枝菌根真菌（AMF）形成共生体，改善土壤微生物功能，导致其根际周边土壤有效养分（铵态氮、有效磷、有效钾等）含量和土壤酶（尿酶、磷酸酶、蔗糖酶等）活性显著提高，促进植株快速生长，因此很容易形成优势群落。此外，豚草具有强大的繁殖力，其种子量一般为3000～6000粒/株，最高则可达3万粒/株，且豚草的种子有二次休眠特性，土中库存的种子存活年限可长达30～40年。

监测检测技术　由于豚草花粉较轻，通常随风到处飘串，因此可通过空气中花粉玻片沉降法，对各区域豚草发生与否、发生的程度进行长期监测。豚草种子常随农产品、果蔬、苗木等运输远距离传播，可通过种子形态识别来对疫区上述物资转运进行严格检疫，以防止豚草扩散。

预防与控制技术

检疫　加强对入境的各种交通工具（如列车、汽车、轮船）和旅游者携带行李及各种货物的检查，防止无意带入豚草种子。对境外引进种入关进行严格检疫，各地市级植物检疫部门应对引种的植物（作物、树木）进行跟踪监测。一旦发现疫情，及时处理。此外，加强国内不同地区（县市）之间的检疫乃是阻断、杜绝和控制其进一步传播蔓延的一项有效措施。在豚草发生区，农产品、苗木、种子等应严格进行产地检疫和调运检疫，以免农用物资混带有豚草种子而传播扩散。

人工拔除　在豚草零星发生区域，采用人工拔除或割除的方法根除豚草。

化学防治　在果园、非耕地、城市公园空隙地、荒坡、滩涂等零星分散的豚草植被群丛，20%克无踪3000ml/hm^{2}在豚草苗期进行喷雾防治，防效通常可达95%以上。

替代控制　替代控制是通过人工培育某些具有较强竞争力的有益或有经济价值的植物与入侵杂草进行种间竞争，掠夺入侵杂草赖以生存的空间和资源，从而抑制入侵杂草的扩散和蔓延。目前，已筛选出10余种具有经济、生态或观赏价值的植物可对豚草进行有效的替代控制，如非洲狗尾草(*Setaria anceps*)、黑麦草(*Lolium perenne*)、白茅(*Imperata cylindrica*)、金银花(*Lonicera japonica*)、象草(*Pennisetum purpureum*)、旱地早熟禾(*Poa annua*)、百喜草(*Paspalum notatum*)、紫穗槐(*Amorpha fruticosa*)、小冠花(*Coronilla varia*)、紫花苜蓿(*Medicago sativa*)、高丹草(*Sorghum hybrid sudangrass*)、鸭茅(*Dactylis glomerata*)、斜茎黄芪（沙打旺）(*Astragalus laxmannii*)和向日葵(*Helianthus annuus*)等。在交通沿线的豚草扩散前沿地带，层次性地种植紫穗槐、沙打

T

旺、小冠花等观赏植物进行绿化与拦截，可有效阻止豚草的传播蔓延。在河滩和堤坝两侧、林地与荒地的豚草重灾区，种植象草、非洲狗尾等具经济价值的牧草进行生物多样性恢复，可较好控制豚草花粉源和种子扩散源。针对在农田、果园发生的豚草，早春种植非洲狗尾草（45 株 /m^2）、高丹草 + 鸭茅等进行代控制，对豚草的控制效果可达 80% 以上。

生物防治　在南亚热带、中亚热带、北亚热带豚草发生区，早春每亩分别释放 80 头广聚萤叶甲 (*Ophraella communa*) 和 80 头豚草卷蛾 (*Epiblema strenuana*)、200 头广聚萤叶甲和 200 头豚草卷蛾、300 头广聚萤叶甲和 300 头豚草卷蛾，可获得显著的防治效果。同时，在天敌早春释放区，夏季可通过人为收集两种天敌，转移释放到其他豚草发生区，转移释放密度为 4000~6000 头 / 亩，在广西、广东、湖南、湖北、福建、江苏、安徽等地，天敌对豚草起到了显著的持续控制效果。

参考文献

马骏, 郭建英, 万方浩, 等, 2008. 入侵杂草豚草的综合治理[M]// 万方浩, 李保平, 郭建英. 生物入侵: 生物防治篇. 北京: 科学出版社: 125-131.

万方浩, 2009. 恶性入侵杂草豚草的生物学与综合治理[D]. 北京: 中国农业科学院植物保护研究所.

周忠实, 郭建英, 万方浩, 2015. 豚草[M]// 万方浩, 侯有明, 蒋明星. 生物入侵学. 北京: 科学出版社: 182-185.

周忠实, 万方浩, 郭建英, 2009. 普通豚草[M]// 万方浩, 郭建英, 张峰. 中国生物入侵研究. 北京: 科学出版社: 74-76.

周忠实, 万方浩, 郭建英, 2009. 普通豚草的生物防治[M]// 万方浩, 郭建英, 张峰. 中国生物入侵研究. 北京: 科学出版社: 246-251.

周忠实, 万方浩, 郭建英, 2010. 豚草适生性风险评估和控制预案[M]//万方浩, 彭德良, 王瑞. 生物入侵: 预警篇. 北京: 科学出版社: 723-732.

ZHOU Z S, WAN F H, GUO J Y, 2009. Common ragweed (*Ambrosia artemisiifolia* L.)[M]// Wan F H, Guo J Y, Zhang F. Research on biological invasions in China. Beijing: Science Press: 75-77.

ZHOU Z S, WAN F H, GUO J Y, 2009. Biological control of *Ambrosia artemisiifolia* with *Epibleme strenuana* and *Ophraella communa*[M]// Wan F H, Guo J Y, Zhang F. Research on biological invasions in China. Beijing: Science Press: 253-258.

ZHOU Z S, WAN F H, GUO J Y, 2017. Common ragweed *Ambrosia artemisiifolia* L.[M]//Wan F H, Jiang M X, Zhan A B. Biological invasion and its management in China, Volume II. Netherland: Springer Nature: 99-109.

（撰稿：周忠实；审稿：万方浩）

豚草花粉过敏症　common ragweed pollen allergic disease

由豚草花粉作为过敏原引起的过敏性症状。其典型症状为打喷嚏、流鼻涕、头痛、疲劳，严重者甚至出现胸闷、憋气、呼吸困难的症状，部分人还会被其诱发产生过敏性皮炎，该病症每年呈季节性发作，且病情逐年加重，若长期不进行治疗，部分病人会并发肺气肿，肺心病，甚至导致死亡。豚草原产于北美，在北美约有 26% 的人对豚草花粉敏感，在 2016 年，大约有 3300 万欧洲人对豚草花粉过敏，每年过敏性疾病在欧盟所造成的经济负担在 550 亿～1510 亿欧元之间。

每株豚草可产生超过 10 亿个豚草花粉，这些花粉高度致敏。豚草花粉中引起过敏的主要成分为 11 种豚草致敏原 Amba1～Amba11。研究发现，豚草花粉中的致敏成分受地域的影响。且由于生物进化的保守性，豚草与其同科不同种的植物花粉中的过敏原会拥有相同的结构特征，这类过敏原被称为泛过敏原，而这类泛过敏原之间会引发交叉过敏反应，已知的豚草花粉会和艾蒿花粉之间存在交叉反应。由于环境污染、气候变化以及人们生活方式的改变，使得豚草引发的过敏事件越来越频繁。

参考文献

刘玲, 肖小军, 李兵, 等, 2014. 三裂叶豚草花粉致敏蛋白组分的分离、纯化及鉴定[J]. 中华临床免疫和变态反应杂志, 8(1): 15-17, 90.

CHEN K W, MARUSCIAC, et al, 2018. Ragweed pollen allergy: burden, characteristics, and management of an imported allergen Source in Europe[J]. International archives of allergy & immunology, 176(3/4): 163-180.

LEYNAERT B, NEUKIRCH F, DEMOLY P, et al, 2000. Epidemiologic evidence for asthma and rhinitis comorbidity[J]. Journal of allergy & clinical immunology, 106(5): S201-S205.

PARK H S, KIM M J, MOON H B, 1994. Antigenic relationship between mugwort and ragweed pollens by crossed immunoelectrophoresis[J]. Journal of Korean medical science, 9(3): 213-217.

SMITH M, CECCHI L, SKJØTH C A, et al, 2013. Common ragweed: A threat to environmental health in Europe[J]. Environment international, 61: 115-126.

ZUBERBIER T, LTVALL J, SIMOENS S, et al, 2015. Economic burden of inadequate management of allergic diseases in the European Union: a GA2LEN review[J]. Allergy, 69(10): 1275-1279.

（撰稿：田震亚；审稿：周忠实）

瓦伦西亚列蛞蝓 *Lehmannia valentiana* Férussac

软体动物门柄眼目蛞蝓科一种。又名鼻涕虫、蛞蝓。

分布与危害 原产欧洲的伊比利亚半岛，非洲（西北部）。在中国北方地区，如内蒙古、陕西南部和北京的温室中较常见，在长江以南地区自然分布于浙江和云南。

南方地区的自然分布种群密度低，无明显的危害表现；而北方的温室中，该蛞蝓常严重危害蔬菜、瓜果和观赏植物的幼苗、植物成株和果实，导致经济上的损失。

形态特征 外套膜长不到体长的1/3，腹足面的3纵带均具平直的横沟。呈奶油色，黏液无色；体表具变化的棕色斑纹。收缩后长度约4.6cm。外套膜两侧各具1纵向条纹，有时2纵向条纹间还有一些纵纹。外套膜后为同一色泽，但有时具侧向条纹，或有色素点形成网纹。

入侵生物学特性 在初秋两季交配繁殖；在温度、湿度稳定的温室中能常年繁殖。主要生境类型为农田、菜地等。喜食蔬菜、瓜果和观赏植物的幼苗、植物成株和果实。随蔬菜等调运而扩散蔓延。

预防与控制技术 可用7%的砷酸钙，加入90%糠和3%糖蜜，加入适量的水调和后制成杀毒剂诱杀。也可直接喷施0.2%～0.4%的砷酸钠溶液，但代价比较高，对作物有毒害作用，应慎重使用。较经济的化学方法是使用四聚乙醛，可单独施用；在与砷酸钙合用时杀灭效果较强。

参考文献

李振宇，解焱，2002. 中国外来入侵种[M]. 北京：中国林业出版社.

WIKTOR A, CHEN D N, WU M, 2000. Stylommatophoran slugs of China (Gastropoda: Pulmonata) -Prodromus[J]. Folia malacologica, 8(1): 3-35.

（撰稿：马方舟、雷军成；审稿：周忠实）

外来入侵植物生态修复 ecological restoration of invasive alien plants

外来入侵植物会对入侵地生境造成破坏，造成生物多样性丧失和生态系统退化，对其的生态修复主要包括外来入侵植物根除、破坏生境的恢复以及外来入侵植物资源化利用等方面。

外来入侵植物的根除是指采取一定的检疫措施将目标外来入侵植物从一个地区彻底消灭，以便于对入侵破坏的生境进行生态修复。成功地根除入侵植物有3个关键的因素：第一，目标种具有特殊的生物学特性，能够找到有效的防治方法；第二，能长期地提供各种资源用以根除入侵种；第三，相关部门和公众能提供广泛的支持。对外来入侵植物实施根除过程主要由调查、封锁、处理和监测组成。对外来入侵植物进行根除的处理和防治措施包括：①处理和销毁受侵染的作物。②对设备和设施予以消毒。③化学和生物杀虫剂处理。④土壤灭菌剂。⑤休耕。⑥轮作。⑦种植抗性品种。⑧铲除、刈割或其他物理防治方法。⑨大量释放生物防治天敌。一般情况下以上方法可以根据生境的实际情况综合使用，以达到最好的根除效果。

破坏生境的恢复主要依靠人工种植本地植物或有一定经济、生态价值的植物，对被入侵植物破坏的植被和生境进行生态修复。一般用来修复破坏生境的植物都具有适应性广泛、竞争性强、对本地其他植物无威胁、管理粗放、可持续性好、具有良好的经济或生态效益等特点，可从种植的植物对外来入侵植物的抑制效果、产生的经济效益和生态效益3个方面对植物生态修复效果进行评价。①对入侵植物的抑制效果评价：评价指标为覆盖度、密度、频度、生物量、土壤种子库。②经济效益评价：根据种植植物的产出（草原牧草类按增加的载畜量，果树类按果品产量，农作物类按农产品产量），结合当年的市场单价计算其产生的经济效益。③生态效益评价：生态效益评价指标包括土壤质量养分（氮、磷、钾、有机质、pH）、土壤微生物种群变化（土壤微生物多样性指标）等。

外来入侵植物资源化利用广义上来说也是生态修复的一种形式。对外来入侵植物的资源化利用就是利用其在新环境下激发形成的抗逆性和抗虫、抗病等超强抗性特点及其易繁殖、生长快等适应能力，积极研究和发现其多途径、多层次开发利用价值，使之更符合人们的需要，达到其在治理过程中的资源转化利用，变被动防治为主动利用。如：对外来入侵植物进行简单加工处理实现饲料化、肥料化、材料化或直接燃烧等方式的粗放低值资源化利用；利用其对环境中重金属的选择性富集作用，用于环境污染治理；利用其含有的抗虫、抗病资源性物质，开发生物农药等，实现其化害为利的目的等。

参考文献

付卫东，张国良，王忠辉，等，2020. 替代控制外来入侵植物技术规范[S]. 农业行业标准，标准号：NY/T 3668-2020.

李云寿, 邹华英, 汪禄祥, 等, 2001. 紫茎泽兰提取物对四种储粮害虫的杀虫活性[J]. 昆虫知识(3): 214-216.

李君, 李龚, 曹坳程, 等, 2014. 薇甘菊杀线虫活性成分及其对番茄生长的影响[J]. 广东农业科学, 41(19):70-74.

汪平姚, 杨建明, 吴春红, 等, 2006. 豚草籽提取液灭螺效果研究[J]. 湖北大学学报(自然科学版) (2): 202-204.

王洪, 李志鹏, 王超洋, 等, 2012. 水葫芦重金属吸附性能再利用研究[J]. 环境科学与技术, 35(7): 33-35, 121.

张国良, 付卫东, 韩颖, 等, 2012. 外来入侵杂草根除指南[S]. 农业行业标准, 标准号: NY/T 2155-2012.

周启星, 魏树和, 张倩茹, 2006. 生态修复[M]. 北京: 中国环境科学出版社.

CARLA D'ANTONIO, LAURA A. MEYERSON, 2002. Exotic plant species as problems and solutions in ecological restoration: A synthesis[J]. Restoration ecology, 10 (4): 703–713.

JENNIFER LFUNK, ELSA E CLELAND, KATHERINE NSUDING, et al, 2008. Restoration through reassembly: plant traits and invasion resistance[J]. Trends in ecology and evolution, 23 (12): 695-703.

（撰稿：张国良；审稿：周忠实）

外来入侵植物替代控制 replacement control of invasive alien plants

根据植物群落自身演替的规律，用有生态和经济价值的植物取代外来入侵植物群落，恢复和重建合理的生态系统的结构和功能，并使之具有自我维持能力和活力，建立起良性演替的生态群落的技术。人们常把对外来入侵植物的替代控制技术称为“以草治草”。

对外来入侵植物进行替代控制的理论基础是 Grime 理论和 Tilman 理论。Grime 理论也称为最大生长率理论（the maximum growth rate theory），是从植物的性状和竞争影响角度出发建立的，根据植物生活史的综合性状将植物划分 3 种类型：杂草类（ruderal）、耐逆境者（stress-tolerator）和竞争者（competitor）。杂草类植物常出现在丰饶的扰动环境中，且具高繁殖力和高牛长率；耐逆境者常出现在贫瘠的非扰动环境中，并具有低繁殖力和低生长率；竞争者则分布于丰饶的非扰动环境中，常具较低的繁殖力和较高的生长率。该理论认为具有最大营养组织生长率（即最大的资源捕获潜力）的物种将是竞争优胜者。Tilman 理论也称为最小资源需求理论（the minimum resource requirement theory），是从种群性状和竞争反应角度出发，建立资源解析模型（方程），根据解析模型将种群动态描述为资源浓度的函数，而资源浓度则描述为资源提供率和吸收率的函数。竞争成功被定义为利用资源至一个较低的水平，并能忍受这种低水平资源的能力。

筛选替代植物应遵循的一般原则：①优先选用本地多年生植物。②生长迅速，生物量大，覆盖性好，竞争性强。③抗逆性强，具耐受化感作用。④经济性好，具可持续性。

根据上述原则，在选择替代植物时应优先选择本地植物或对本地生态环境及经济不会造成危害的植物，在控制入侵植物的同时，还可以给当地农（牧）民带来一定的经济效益。

替代植物筛选方法有室内生测筛选、盆栽受控试验筛选和田间小区试验筛选等。

参考文献

付卫东, 张国良, 王忠辉, 等, 2020. 替代控制外来入侵植物技术规范[S]. 农业行业标准, 标准号: NY/T 3668-2020.

高尚宾, 张宏斌, 孙玉芳, 等, 2017. 植物替代控制3种入侵杂草技术的研究与应用进展[J]. 生物安全学报, 26(1): 18-22, 102.

刘志民, 赵晓英, 范世香, 2003. Grime的植物对策思想和生态学研究理念[J]. 地球科学进展(4): 603-608.

张国良, 付卫东, 孙玉芳, 等, 2018. 外来入侵物种监测与控制[M]. 北京: 中国农业出版社: 185-194.

张震, 代宇雨, 王一帆, 等, 2018. 入侵植物替代控制中土著种选择机制的研究[J]. 生物安全学报, 27(3): 178-185.

GRIME J P, 1973, Competition diversity in herbaceous vegetation-a reply[J]. Nature, 244: 310-311.

GRIME J P, 1979. Plant strategies and vegetation processes [M]. London, England: John Wiley.

PIEMEISEL R L, 1954, Replacement control: changes in vegetation in relation to control of pests and diseases[J]. The botanical review, 20(1): 1-32.

PIEMEISEL R L, CARSNER E, 1951. Replacement control and biological[J]. Science, 113(2923): 14-15.

TILMAN D, 1982. Resource competition and community structure [M]. Princeton, New Jersey: Princeton University Press.

（撰稿：张国良；审稿：周忠实）

外来入侵种潜在损失风险评估 risk assessment of potential loss of invasive alien species

外来入侵种对生态、社会或经济潜在影响的程度的预测。

评估经济风险意味着评估外来生物的引进和传播所带来的经济后果和影响。经济损失的潜在范围可能使实施检疫或其他监管行动成为理由，目的是根除或遏制种群的蔓延，或者如果遏制不再可行，则减缓其传播速度。潜在经济风险评估还可以关注间接的经济影响，如对贸易的影响，预计出口和市场准入的变化、国内市场生产成本的变化，或宏观经济层面的大规模影响。其他一些难以评估的风险包括对生态系统结构或功能、社会基础设施、娱乐活动（如捕鱼或使用木柴）的潜在影响，以及与人类健康有关的因素（如水质或重要农业作物的生产力）。估计外来入侵物种造成的非市场影响需要使用特殊的技术，如 Hedonic 分析、条件估值、陈述偏好和利益转移方法等。

参考文献

BREUKERS A, MOURITS M, VAN DER WERF W, et al, 2008.

Costs and benefits of controlling quarantine diseases: a bio-economic modeling approach[J]. Agricultural economics, 38: 137-149.

COOK D C, 2008. Benefit cost analysis of an import access request[J]. Food policy, 33(3): 277-285.

HOLMES T P, MURPHY E A, BELL K P, et al, 2010. Property value impacts of hemlock woolly adelgid in residential forests[J]. Forest science, 56(6): 529-540.

（撰稿：石娟；审稿：周忠实）

外来种 alien species; exotic species

出现在其过去或现在的自然分布范围以外的物种、亚种或更低级的分类群，包括这些物种能生存和繁殖的任何部分、配子或繁殖体。对于某个特定的生态系统和栖境来说，任何非本地的种都叫外来种，它是指在一定区域内历史上没有自然发生分布而被人类活动直接或间接引入的物种；而外来入侵种是指那些对传入地带来了生态等方面危害的外来物种。外来种入侵地是指某一行政区域传入外来种后，该区域就是该外来种的入侵地。

外来种的到来往往会打破当地生态系统中原有的生态平衡。外来种通过新的种间作用关系（包括竞争、捕食和寄生等）对土著种构成了直接的影响，或通过对资源的干扰和破坏对土著种构成了间接的影响。入侵成功的外来种，通常具有较为优越的生物学特性，使之在与相应的土著种进行资源竞争时占据一定的优势，从而造成了土著种可利用资源的减少，进而导致土著种种群数量的下降和遗传多样性的丧失，也可能使土著种的生活习性发生一些变化。可见，外来种的发展壮大可能会挤占其他生物的生存空间和资源，构成侵害。但是，也有外来种对当地原有生物和生态环境不造成侵害，而是共生共荣的情况。

随着全球变暖和国际经济一体化，生物区系之间物种交流机会增大，外来种传入经常会发生，尤其是一些跟随人类活动的外来种往往传播距离远、扩散速度快和生态空间广。水生生物外来种的传播和扩散较陆生生物的快，因为河流水系是水生生物扩散和繁殖体传播的媒介，尤其是洪水的暴发更能迅速促进水生生物外来种的扩散。中国绝大多数水生生物外来种都是人工引进的，引进后缺乏有效的后期管理，也没有防范逃逸的措施，缺少风险评估和成灾的预测预报，导致大批水生生物外来种从引入地水体逃逸到野外，这些外来种到了新生境后与生态位相同的本地种竞争获胜，在入侵地归化和建群成为有害入侵种。

参考文献

高增祥, 季荣, 徐汝梅, 等, 2003. 外来种入侵的过程、机理和预测[J]. 生态学报, 23(3): 559-570.

强胜, 陈国奇, 李保平, 等, 2010. 中国农业生态系统外来种入侵及其管理现状[J]. 生物多样性, 18(6): 647-659, 674-675.

万方浩, 侯有明, 蒋明星, 2015. 入侵生物学[M]. 北京: 科学出版社.

（撰稿：褚栋；审稿：蒋明星）

外来种传入 introduction of alien species

外来种通过人为介导或者一些自然因素离开了原产地，到达了一个全新的生态环境的过程。外来种的传入可分为自然传入、无意传入和有意传入等3种方式。自然传入（natural introduction）是指没有人为影响情况下物种扩散至新的区域，植物种子可通过气流、水流自然传播，或借助鸟类、昆虫或其他动物的携带实现自然传播。昆虫可以通过迁飞等方式进行自然传入。例如，薇甘菊被认为是通过种子借助气流从东南亚传入中国南方，而草地贪夜蛾被认为是通过迁飞从缅甸首先入侵中国云南。无意传入（unintentional introduction）是指外来物种借助人类活动进行扩散。例如，红火蚁通过苗木或带土的产品等传入，沼蛤等水生入侵物种则通过压舱水传入。一些物种能适应长途运输，常隐藏于运输工具和设备中，从而导致生物入侵，如老鼠、舞毒蛾等。有意引入（intentional introduction）是指人类出于观赏、养殖等目的导致外来种的传入。主要包括：①作为观赏物种的，如加拿大一枝黄花、马缨丹等。②作为牧草或饲料引入的，如空心莲子草、水葫芦等。③作为改善环境的，如互花米草、地毯草等。

总体而言，外来种的自然传入效率往往比较有限，绝大多数的外来物种入侵是由于人类的活动直接或间接造成，而同一物种的传入往往也可能是多种方式和多次传入的结果。

参考文献

万方浩, 侯有明, 蒋明星, 2015. 入侵生物学[M]. 北京: 科学出版社.

SAKAI A K, ALLENDORF F W, HOLT J S, et al, 2001. The population biology of invasive species[J]. Annual review of ecology and systematics, 32(1): 305-332.

（撰稿：许益镌；审稿：周忠实）

外来种传入风险 introduction risk of invasive species

生物入侵过程的第一个阶段。指物种离开原产地迁移到新的生态环境中的可能性。传入是一个过程，既包含人类介导的过程，也包括物种本身的自我扩散与迁入过程。传入风险按入侵途径主要分为自然传入风险、无意传入风险和有意传入风险。

自然传入风险 在没有人为影响情况下，外来物种可能通过自然扩散至某一新的区域。其中，植物种子可以通过气流、水流自然传播，或借助鸟类、昆虫及其他动物的携带而实现自然传播。例如，紫茎泽兰、飞机草可以随风和水流进行传播；狼把草、苍耳、三叶鬼针草等具有刺、芒、钩，黏附在动物皮毛上和人的衣服上进行传播；土荆芥、鸡矢藤等种子可被鸟类摄食并随其排泄物传播。动物入侵可依靠自身的能动性及气流、水流等自然力量而扩展分布区域。微生物的传播方式较为多样，既可以借助非生物因子，还可以随其宿主动植物的活动和扩散实现入侵。

无意传入风险 外来种可能借助人类各种类型运输、迁移活动等传播扩散而传入。发生无意传入的主要原因是开展这些活动的时候人类并未意识到外来种入侵的风险，或者没有足够的知识、技能来识别潜在的外来种，从而导致的物种入侵。可从以下几种方式识别无意传入风险。

压舱水携带入侵 国际地区间贸易往来的客货运船携带的压舱水、海洋垃圾中会有外来种，防范不当会造成生物入侵。例如，哈氏泥蟹、沼蛤等就主要依靠压舱水进行传播的。

进口农产品或货物运输入侵 红火蚁入侵中国主要是借助货物、运输工具调运等途径，2005年以来，中国海关多次在原木、水果中等多批次截获红火蚁。石茅（假高粱）的种子是随着进口的粮食携带传入中国的。

动植物园物种逃逸入侵 例如，荞麦、小叶冷水花、圆叶牵牛等。

形态相似种、寄生种和共生种形成入侵 例如，病原微生物、寄生生物等。

隐藏于运输工具和设备中且适应长距离运输的物种形成入侵 例如老鼠、舞毒蛾等。老鼠适应长距离传播，它的传播、入侵与人类的探险、贸易步伐同步，也是较早被注意到造成灾难性后果的入侵种；舞毒蛾可忍受极端温度，长距离运输存活率高，主要以卵块随集装箱、木材等作远距离传播，入侵性风险高。

有意引入风险 从国外有目的地引入一些药物、观赏植物、牧草、饲料、养殖等物种用以食用、药用、观赏、美化环境、提高经济效益等可能导致传入的风险为有意引入风险。例如，作为牧草引入的空心莲子草、凤眼蓝等；作为观赏植物引入的马缨丹、南美蟛蜞菊等；作为药用引入的美洲商陆；作为养殖或观赏引入的尼罗罗非鱼、福寿螺、克氏原鳌虾、巴西龟等。

外来种传入风险可能是交互多方面的，有的物种可能是经过一种以上的突降入侵的，而且在时间地点上也有的物种可能产生多次传入的风险。

参考文献

万方浩, 侯有明, 蒋明星, 2015. 入侵生物学[M]. 北京: 科学出版社.

（撰稿：张彦静、马方舟；审稿：周忠实）

外来种奠基者效应 founder effect

当少数个体建立并发展种群时，这些少数个体携带的遗传信息不能完全反映其源种群的遗传信息，从而导致新种群遗传多样性较低。例如，在海岛上生活的许多物种的种群，虽然它们的种群数量庞大，但它们大都是几千万年前的某一个入侵定殖物种的后裔。由于遗传漂变，不同基因座上的基因频率在几个“殖民者”之间的差别有可能大于其原来群体内的差别，这会对与外界隔离的生态系统中的物种产生持久的影响。

奠基者效应的实例之一即生活于冰岛的牛，它们是约1000年前被带到该岛的一小群牛的后裔，然而这些牛的基因频率已经与挪威境内的牛大相径庭。

在迁地保护中，奠基者效应通常会导致新种群与源种群的遗传分化，并大大降低新建种群的遗传频率。海南坡鹿（*Cervuseldi hainanus*）是世界濒危种，只有在中国海南岛才能发现其野生种群。至20世纪70年代，野生海南坡鹿仅剩26只。自1976年中国就开始对海南坡鹿实施就地保护和迁地保护，从而使该种群的数量从最初的26只增加到1600多只。有研究者采用10个微卫星位点对1个源种群（大田种群）和5个迁地种群（邦溪、甘什岭、枫木、金牛岭、文昌种群）的遗传多样性进行检测，结果发现6个种群的遗传多样性水平均较低（$He \approx 0.3$）；邦溪种群和大田种群遗传分化明显，而甘什岭种群与大田种群的遗传分化并不明显。结果表明，奠基者效应导致种群的遗传多样性水平较低，并且对于不同迁地种群，影响也不相同。

参考文献

李百炼, 靳祯, 孙桂全, 等, 2013. 生物入侵的数学模型[M]. 北京: 高等教育出版社.

张琼, 吉亚杰, 曾治高, 等, 2007. 奠基者效应对海南坡鹿迁地保护种群遗传多样性的影响[J]. 动物学杂志, 42(3): 54-60.

赵彩云, 李俊生, 宫璐, 等, 2016. 生物入侵知识问答[M]. 北京: 中国环境出版社.

ARRONTES J, 2002. Mechanisms of range expansion in the intertidal brown arine [J]. Biology, 141: 1059-1067.

BARTON A M, BREWSTER L B, COX A N, et al, 2004. Non-indigenous woody invasive plants in a rural New England town[J]. Biological invasions, 6: 205-211.

（撰稿：蒋江波；审稿：周忠实）

外来种定殖 colonization of alien species

传入的外来种初始种群慢慢适应新的生态环境，在全新的环境内维持种群数量的稳定，并慢慢开始自我繁殖的过程。

历史上许多和入侵物种（如杂草）相关的特征可能与最初的定殖有关。例如，孤立个体可自花授粉的物种通常容易定殖成功。自交在植物中尤其常见，但一些雌性昆虫和脊椎动物可以储存精子使得一次传入也能成功定殖。具有多种繁殖策略的物种（例如，外来植物既有营养繁殖，也有种子繁殖）或多种子植物可能在传入后更容易定殖。表型可塑性通常被认为是在一个新地区定殖所需的生活史特征，因为传入后定殖必须能够应对各种环境条件。入侵物种与非入侵物种的比较实验研究可能阐明表型可塑性和遗传变异性对于入侵物种定殖的重要性。

参考文献

万方浩, 侯有明, 蒋明星, 2015. 入侵生物学[M]. 北京: 科学出版社.

SAKAI A K, ALLENDORF F W, HOLT J S, et al, 2001. The population biology of invasive species[J]. Annual review of ecology and systematics, 32(1): 305-332.

（撰稿：许益镌；审稿：周忠实）

外来种定殖风险 colonization risk of invasive species

生物入侵的第二个阶段，指外来种传入后初始种群适应新环境，并开始自我繁衍与建立种群的可能性。入侵种定殖风险的影响因素如下：

繁殖体压力对定殖风险的影响 繁殖体压力是衡量某一特定外来种的种群基数及其与定殖成功概率大小的关系。通常繁殖体压力与定殖概率之间存在正相关关系，即外来种每次传入的个体数量越大、传入的次数越多，繁殖体压力越大，就越有利于定殖。

Williamsonti（1996）提出了繁殖体压力假说来解释生物入侵初期阶段的机制。该假说认为外来种的繁殖体压力大小决定了入侵发生的程度，该假说可解释许多生物入侵事件，但同时存在明显的局限性，因为在许多入侵事件中，除了繁殖体压力还有许多生物或非生物学因子可对入侵产生不同程度的影响。

繁殖体压力除了影响外来种的定殖，还能影响定殖后的种群增长、扩散阶段，繁殖体压力较高时种群潜伏期相对较短，数量增长和空间扩张相对较快，从而对入侵起促进作用。

外来种自身性对其定殖风险的影响 外来种的定殖过程、定殖能力受许多生物或非生物学因子的影响。

生物因子主要包括个体大小、繁殖特性、生长速率等外来种本身的生物学和生态学特性，还包括丰富度、对外来种的竞争等，天敌、互利共生者等土著种的许多特性。非生物因子则包括入侵地的湿度、光照、温度等环境基质或资源的状况，以及入侵地的地理位置、生态系统被干扰的状况等。

种间关系对定殖风险的影响

种间竞争 在新栖息地的环境条件下，成功的入侵种的竞争能力往往强于相似生态位的土著种，能通过排挤土著种来占据更多的生态位，从而有利于自身种群的建立。例如，许多入侵性蚂蚁、壁虎对食物与资源的获取能力明显强于土著种。

有的外来种为了克服种间竞争带来的不利影响，往往需要提高繁殖体压力来实现定殖，例如，美国的外来种轮叶黑藻就是通过提高繁殖体压力才克服土著种美洲苦草的竞争作用而成功入侵。

种间抑制 外来种与土著种之间往往存在着相互抑制作用，这类影响在动物和植物中都存在。例如紫茎泽兰，它可以在其周围的土壤中富集大量的营养物质供其自身生长，而这些营养与其根和腐烂落叶所释放的多种化学物质混合在一起，不能被周边其他植物吸收反而会毒害抑制周边植物的生长。

天敌寄生或捕食 外来物种传入新栖息地后，没有原产地天敌的控制，很容易在入侵地建立种群。基于此可以从原产地引进天敌进行生物防治。例如，美国从柑橘吹绵蚧的原产地澳大利亚引入澳洲瓢虫，放于加利福尼亚柑橘园来控制入侵种吹绵蚧的危害。

生态系统可入侵性对定殖风险的影响 可入侵性是指本地生态系统抵御外来种入侵的程度，抵御程度越强，则可入侵性越差，被入侵的可能性越小。生态系统中的多种生物或非生物因素，如土著种的丰富度、种群数量及其和外来物种间的营养关系、可供外来种利用的资源水平等，均可不同程度地影响系统的可入侵性。

从资源水平来看，当存在较多资源可供外来种生长、发育和生殖时，系统的可入侵性较高；反之，当资源条件较差，不能满足外来种生长和发育所需时，存活的个体较少，成功定殖的概率较小。

外来种的定殖受生态系统干扰状况影响。由于干扰能促进系统形成空余生态位，出现可供外来种利用的资源，或降低土著生物群落对入侵的抵抗力，因此栖息地被干扰后通常有利于外来种建立种群。同时有些入侵种的繁殖体压力与生态系统被干扰程度也存在互作关系。例如，外来种海黍子马尾藻传至某一海洋区域后，须存在环境干扰，且繁殖体压力高时，其定殖概率才能提高。

参考文献

万方浩，侯有明，蒋明星，2015. 入侵生物学[M]. 北京：科学出版社.

（撰稿：张彦静；审稿：周忠实）

外来种扩散风险 dispersion risk of invasive species

外来种在传入和定殖，并适应入侵地各种生物和非生物因素后，在适宜的条件下种群发展到一定数量开始向其他地方传播并扩张的可能性。扩散风险的大小直接决定了入侵种在生态扩张或演化上的成功与否，非常重要。影响入侵种扩散风险的因素很多，包括物种本身、环境条件或者扩散载体类型等。

扩散类型 入侵种的扩散包括短距离、长距离和分层扩散（见入侵种扩散）。长距离扩散在某一入侵种种群中出现的比例较低，但是在很多入侵事件中经常发生，并且对入侵种的扩张影响最大。例如，斑姬鹊，那些具有远距离活动能力的个体对种群扩张的贡献较大。

分层扩散是短距离扩散和长距离扩散的一种结合方式。例如，舞毒蛾在入侵美国早期阶段进行长距离扩散，形成入侵后短距离扩散则发挥着重要作用。

有些入侵种的扩散方式更为复杂。例如，红火蚁扩散方式兼具短距离、长距离、分层扩散三种。

扩散的途径

被动扩散风险 ①以风、水和气流为载体。陆生植物可借助风、水和气流扩散。例如，加拿大一枝黄花易随风传播；刺轴含羞草易随水流扩散。陆生动物有时也能借助水流来完成扩散，如稻水象甲、红火蚁。此外，许多昆虫的若虫和成虫还可借助气流来进行扩散，如松突圆蚧、马铃薯甲虫及具有浮游的幼期的入侵种。②以动物为载体的扩散风险。陆生植物种子可随着取食种子或果实的动物扩散。例如，大蓟种子靠实蝇科、象甲科和卷蛾科等取食来扩散。以不同动物为载体导致种子扩散的距离差异较大。此外，病原菌也可借助动物扩散。例如，野生鸟类可携带西部尼罗病毒扩散数百至数千千米。③人类活动造成的扩散风险。人类常无意识地促进外来生物的扩散。例如，外来植物可通过农业产品生产扩散，种子还可随人们的鞋、驾驶的汽车进行扩散等。

主动扩散的风险　入侵动物可以自己扩散。例如，四纹豆象、美洲斑潜蝇通过成虫飞翔进行近距离扩散传播；红火蚁通过婚飞可进行短距离扩散。

影响扩散距离的因素　多种因素影响外来种的扩散距离，主要体现在以下 3 方面：

物种特性　在同样的载体下，不同物种扩散距离不同。例如，单子山楂通过鸟和哺乳动物扩散的距离为数千米，而圆叶樱桃通过鸟和哺乳动物扩散的距离不到 100m。

扩散载体　载体在影响入侵种扩散距离方面起重要作用，在分析扩散距离时，充分考虑自然扩散载体的类型是非常重要的。

环境因素　入侵的环境对外来种的扩散影响较大。

参考文献

万方浩, 侯有明, 蒋明星, 2015. 入侵生物学[M]. 北京: 科学出版社.

（撰稿：张彦静、马方舟；审稿：周忠实）

外来种危害风险　risk on hazards of exotic species

原产于中国境外，通过人为引进、无意带入或自然扩散等途径进入中国境内的物种、亚种或以下的分类单元（包括该物种所有可能存活繁殖的部分、配子或繁殖体），一旦在中国生态系统中建立种群，对入侵地生态环境、经济健康发展和居民生活造成威胁或者危害的可能性。

对农林业和人类健康的危害

对种植业的危害　很多外来入侵生物是农田、果园的有害生物，能以作物为食或与作物竞争养分、阳光、水分等。例如水稻白叶枯病菌（*Xanthomonas oryzae* pv. *oryzae*）首次发现于日本，可使侵染稻株出现凋萎型，是水稻的三大病害之一。中国除新疆外，各稻区均有发生，危害严重。烟粉虱可能的原产地为印度半岛或非洲北部到中东地区，是中国热带或亚热带大田作物的主要害虫之一。烟粉虱是 70 多种病毒的媒介昆虫，严重危害蔬菜、花卉和棉花等作物，中国发生面积 2000 万亩（次）。

对畜牧业的危害　一些外来入侵生物可与牧草竞争或直接危害牲畜。例如黄花刺茄常形成大面积单一群落，一旦入侵牧场则降低草场质量。黄花刺茄植株有毒，其叶、心皮、浆果和根中含有茄碱，是一种神经毒素，死于果实中毒的牲畜常表现为涎水过多的症状。

对渔业的危害　一些外来入侵生物是渔业生物的病原，传染性造血组织坏死病毒（infectious hematopoietic necrosis virus，IHNV），主要感染鲑鱼科的各种鱼类。常造成鱼苗或幼鱼 70%～90% 的死亡率，在某些病例中甚至接近 100%。

对林业的危害　截至 2008 年，入侵中国并造成较大危害的外来林业有害生物已达 34 种，年均发生面积 1850 万亩，其中，松材线虫、美国白蛾、红脂大小蠹、松突圆蚧、椰心叶甲等几种主要外来有害生物造成的损失已占到林业有害生物造成的总损失的 30%。

对景观的危害　很多外来杂草可生长在路边、草坪、花坛或荒野，对景观造成影响，如薇甘菊在广东的公路两旁发生面积达 1.76 万亩、铁路两旁达 0.144 万亩；另外，美国白蛾、松材线虫等外来害虫和病原物也可危害园林植物，对著名的黄山奇松等景观造成危害。

对人类健康的危害　豚草属植物在花期能够产生大量的花粉，而且其花粉致敏性极强，5～10 粒 /m^3 就可以导致易感人群出现过敏症状。豚草花粉主要在每年的 8～9 月大量飘散，易感人群吸入后会出现咳嗽、流涕、眼鼻奇痒等症状，诱发过敏性哮喘、过敏性鼻炎、过敏性皮炎、荨麻疹等疾病，严重的甚至会并发肺气肿、肺心病乃至死亡。

对生态环境的危害　很多外来入侵植物能够呈覆盖性或攀缘性生长，改变地表覆盖，甚至形成单优群落，对生态结构产生严重影响。微小亚历山大藻（*Alexandrium minutum*）产生的高浓度毒素能够影响生态系统中的其他生物，如哺乳动物、鸟类、鱼类和浮游动物。荆豆是易燃物，其入侵可增加森林和城市周边地区的火灾风险。

对物种和遗传多样性的影响　很多外来水生生物能够对土著种产生竞争优势，或者占据土著种不能利用的生态位。红耳彩龟能够与本土龟类杂交，从而干扰本土龟种的繁殖，严重影响中国本土龟种的种质资源。

参考文献

万方浩, 侯有明, 蒋明星, 2015. 入侵生物学[M]. 北京: 科学出版社.

（撰稿：马方舟；审稿：周忠实）

外源基因　exogenous gene

对于一个细胞来说，内源 DNA 是其基因组的序列（本身生物就有的 DNA），而外源 DNA 是通过基因工程导入的其他物种或细胞的 DNA，也可以是人工合成的 DNA 片段。在基因工程设计和操作中，外源基因是指被用于基因重组、改变受体细胞性状和获得预期表达产物的目的基因。通常为结构基因，能转录和翻译成蛋白或多肽，可来源于各种生物。当前，外源基因主要来源于真核生物的染色体基因组，如人或动植物的染色体基因组中就蕴藏大量的基因序列。原核生物的染色体基因组也为外源基因提供了来源。同时，从线粒体和叶绿体基因组、质粒、病毒和噬菌体等基因组中可获取特殊的外源基因。此外，化学合成也是其来源之一。

外源基因可能是一个基因的编码区，或者包含启动子和终止子的功能基因；可能是一个完整的操纵子，或由几个功能基因、几个操纵子聚集在一起的基因簇；也可能只是一个基因的编码序列，或者是启动子或终止子等元件。目标基因的分离、克隆以及目标基因的结构与功能研究是整个基因工程的基础。分离不同目的的外源基因，可采用不同的方法。常用方法主要有酶切直接分离法、PCR扩增法、构建基因组文库或cDNA文库分离法、化学合成法等。

参考文献

宋思扬，楼士林，2014. 生物技术概论[M]. 4版. 北京：科学出版社.

（撰稿：汪芳；审稿：叶恭银）

微阵列芯片 microarray

采用光导原位合成或微量点样等方法，将生物大分子如核酸、多肽、蛋白质、组织等按照预先排列的顺序点样于固相支持物如玻片、纤维素膜等上面构成密集的阵列，通过与荧光标记的待检样品进行杂交，经清洗后，利用激光共聚焦扫描仪或电荷偶联摄影像机对杂交信号进行扫描，检测杂交信号强度及数据处理，从而判断样品中靶分子的数量。

按照芯片上的探针对微阵列芯片进行分类，有核酸芯片、蛋白质芯片和组织芯片等，目前应用最广泛的是核酸芯片，核酸芯片又可分cDNA微阵列和寡核苷酸微阵列。

该技术已应用于转基因检测、基因序列分析、基因表达研究、基因组研究、发现新基因及各种病原体的诊断等领域。

（撰稿：王慧煜；审稿：付伟）

薇甘菊 *Mikania micrantha* Kunth

一种热带亚热带地区的外来入侵恶性杂草。菊科假泽兰属多年生草质或木质藤本。又名小花假泽兰、小花蔓泽兰。

入侵历史 薇甘菊原产于中南美洲墨西哥、巴西和阿根廷等国家和地区。20世纪60年代入侵印度尼西亚，并迅速向南亚和东南亚国家扩展蔓延，现已广泛分布于印度、缅甸、泰国、孟加拉国、斯里兰卡、菲律宾、马来西亚、印度尼西亚、澳大利亚、斐济、所罗门群岛等近30个国家和地区。在中国薇甘菊最早记录是1884年从原产地引种栽培于香港动植物公园，并于1919年在该园附近发现逸生的植株。1984年在广东深圳采集到大陆首次记载的薇甘菊标本，80年代末到90年代已蔓延至东莞、珠海、中山和惠州等地危害；中国科学院植物研究所于1983年在云南德宏盈江铜壁关采集并记录为假泽兰标本，后经西南林业大学杜凡等于2006年报道重新查证为入侵植物薇甘菊。2017年以来在德宏、保山、临沧、西双版纳和普洱等地扩散暴发。

分布与危害 中国分布在香港、澳门、台湾、广东、广西、海南、云南和四川等地，多集中在海拔900m以下，在云南德宏陇川王子树村发现该外来植物的最高海拔为1426m。

薇甘菊可攀缘生长，也可伏地生长。在有其他植物支撑条件下，缠绕攀缘到其他植物的冠层顶部；在无其他植物支撑条件下，通过分枝和主茎生长匍匐地面生长，每个接触地面的茎节可生根并长出新植株。该入侵植物不仅通过覆盖影响其他植物的光合作用，而且释放半萜内酯类、黄酮类和苯丙素类等化感物质，强烈抑制其他植物萌发和生长。

适于入侵林地、果园、农田和苗圃等多种生境类型，严重危害松树、橡胶、荔枝、龙眼、菠萝、香蕉、茶叶、咖啡、甘蔗、玉米和蔬菜等经济林木和作物。

形态特征 茎细长，匍匐或攀缘，多分枝，被短柔毛或近无毛，幼时绿色，近圆柱形，老茎淡褐色，具多条肋纹。叶对生，三角状卵形至卵形，长4～13cm，宽2～9cm，基部心形，偶近戟形，先端渐尖，边缘浅波粗锯齿，两面无毛，基出3～7脉；叶柄长2～8cm。头状花序多数，在枝端常排列成复伞房花序状，花序梗纤细，头状花序长4.5～6mm，含小花4朵，全为结实的两性花，总苞片4枚，狭长椭圆形，顶端渐尖，部分急尖，绿色，长2～4.5mm，总苞基部有一线状椭圆形的小苞叶（外苞片），长1～2mm，花有香气；花冠白色，脊状，长3～4mm，檐部钟状，5齿裂（见图）。瘦果长椭圆形，有5纵棱，1.5～2mm，黑色，被毛，被腺体，冠毛由32～40条刺毛组成，白色，长2～4mm。

入侵特性 薇甘菊喜生长于光照和水分条件较好、年均温度在21℃以上的适生区，对土壤肥力要求不高。幼苗生长较慢，后期生长较快，3～8月为生长旺盛期，9～11月为花期，12月至翌年2月为结实期。在其适生环境中具有极强的有性生殖和无性繁殖能力，每株薇甘菊可开上万朵小花，种子量高达4万余粒，籽粒微小不过0.1mg，顶端具冠毛，可借风传播。薇甘菊的营养繁殖速度快，一年的主茎和分枝总长可达1007m，最快生长时每天可达20cm以上。其茎节一旦接触土壤并水分充足，均可长出不定根和再生苗，而且与种子萌发的实生苗相比具有更强的抗逆性和生长速度。同时，薇甘菊具有很强的克隆繁殖能力，其茎秆、茎节和叶片的片段均可在有水分条件下长根和生长成为新植株，可借农事操作和农产品运输等长距离传播。这些生物学和生态学特性，导致薇甘菊可通过自然传播和人为传播的途径扩散蔓延。

薇甘菊对不同的光、温、水、肥和支撑物条件等具有较强的生态适应性和表型可塑性。在潮湿的生境条件下，攀缘生长植株的主茎较伏地生长植株具有较大的生物量投资，而分枝茎的投资则相对较小；在干旱的生境条件下，伏地生长植株的主茎和分枝茎的生物量投资都较攀缘生长植株的大。苗高、节间长、叶面积比、总叶面积、净同化速率、支持结构生物量比、根生物量比和根冠比随着光照强度的变化而改变；土壤肥力越高，花数较多，花期较长，结实率较高，种子千粒重较大。

薇甘菊由于较强的生态适应性、表型可塑性和繁殖高效性，具有很强的种间排异性，在其入侵群落中容易形成单

薇甘菊的形态特征（张付斗提供）
①幼苗期；②营养繁殖期；③开花结实期；④危害症状

优种群。一方面由于其需光性强，可通过缠绕乔木、灌木或草本植物攀缘生长冠层顶部，伏地生长也可多年累积形成覆盖层，严重影响其他植物光合作用而不能正常生长繁殖甚至死亡。薇甘菊成为优势种群也与其向周围环境中释放化感物质密切相关，已检测出半萜内酯类、黄酮类和苯丙素类等薇甘菊的化感物质，并证实对黑麦草、白三叶和苘麻等有显著的抑制作用。

监测检测技术 薇甘菊的监测重点在其入侵的高风险场所，例如垃圾场、公路和铁路沿线、人工林地、天然林次生林地及交通工具经过频繁的林区或区域，常常是薇甘菊首先出现的区域；重点检测在与薇甘菊发生区之间存在切花、苗木、木材、种苗及其他农产品调运活动过程是否夹杂携带。薇甘菊发生区的监测面积不得低于3km^2，低于设置标准的按照实际发生的区域实施；实际发生点周边10km范围内的村镇，需监测其易入侵的生境，包括林地（主要是人工林地、天然次生林地、林地边缘）、农田（荒弃农田、管理粗放果园）、水分与光照充足的生境（如山谷、河流、水库边缘）、人为干扰严重的地域（如垃圾场、牧场以及村庄、机关、学校等附近）、交通工具经过频繁的区域（如重要的港口、码头以及公路和铁路两侧）。监测时间根据薇甘菊在发生区的生长发育情况确定，在薇甘菊幼苗期（2～4月）、营养生长旺盛期（5～10月）和开花结实期（11月至翌年2月），3次开展监测调查，监测时间应间隔3个月以内。

预防与控制技术 预防与控制薇甘菊的入侵与危害，应当因地制宜、科学采取不同技术措施。在薇甘菊高风险的适生区，要加强预警监测，做好入侵杂草风险排查与防范措施；对种苗上携带的薇甘菊植株体和种子繁殖体做好完全清除，避免人为引入种植地域和生境。对薇甘菊早期侵入、定植阶段，应及早发现及时根除。控制薇甘菊有物理、化学、生物和生态防治等方法和措施。

物理防治 薇甘菊发生于自然保护区、环境保护区和无公害绿色生产区，或尚未扩散暴发的早期入侵阶段，或发生面积较小、零星发生、聚集分布，可通过机械和人工除草方式进行清除。最佳时期在薇甘菊补偿水平较低的幼苗阶段，采取铲除、刈割等方式对其植株造成机械损伤甚至致死；在其超额补偿水平的生长旺盛期，采取刈割处理仅限攀缘生长植株，伏地生长植株由于茎节处较多的新生根和植株，物理防治不当反而助长其发生与扩散，如要需物理防治，要连同地下根系铲除；在薇甘菊开花结实的生殖阶段，规模化的物理防治反而加剧其扩散，应特别慎用物理防治。清除的薇甘菊残株于高温、低湿条件下集中处理，勿随意丢放。

化学防治 薇甘菊的化学防治应视其发生危害、适生区和本地植物（作物）的情况，选择高效、安全和选择性强的除草剂，并确保最佳的用药种类、时期、次数和方式等实时应用。农田、果园、林地和荒地等严重发生危害区，可选择土壤处理和茎叶处理的除草剂应用，其中土壤处理除草剂包括莠灭净、异噁草酮和灭草松等，在薇甘菊的种子萌发前或物理防治铲除地上植株后，进行毒土或喷雾土表进行封闭处理防除薇甘菊的幼苗种群发生；茎叶处理除草剂包括草甘膦、三氯吡啶酸和2甲4氯等，适合在薇甘菊营养生长期定向喷雾进行防治。

生物防治　生物防治可用柄锈菌等专一性寄生菌和天敌寄生或取食；或用田野菟丝子和大花菟丝子等寄生。应用生物防治首先应加强生物生态的风险分析和防范，局限在薇甘菊防控已有区 / 境的利用，防止其向外扩散危害其他物种。

生态防治　通过入侵地域或生境的种植结构调整与植被结构调整，发挥入侵生态系统的种间竞争、群落抵御和环境胁迫作用，抑制薇甘菊的生长繁殖，调节到限制该入侵植物种群发生危害的最佳状态。主要采用替代控制方法，即以替代物种对薇甘菊的竞争、抵御或胁迫等方式抑制其入侵性，建立替代物种良性植物种群，达到生物取代该入侵植物种群的目的。中国广东的研究和实践，找到幌伞枫和血桐为代表的经济林木为薇甘菊的替代物种，并利用其进行群落改造实现对薇甘菊的生态控制；云南利用对薇甘菊幼苗具有竞争优势的红薯、枫茅和皱叶狗尾草等替代物种，分别在农田、果园和橡胶园间、混、套作，抑制薇甘菊的生长繁殖，达到利用具有经济价值或者生态价值的替代物种占据薇甘菊生态位的目的。

参考文献

刘晓燕, 曹坳程, 李园, 等, 2012. 几种除草剂对薇甘菊的防控效果[J]. 生物安全学报, 21(3): 216-220.

邵华, 彭少麟, 张弛, 等, 2003. 薇甘菊的化感作用研究[J]. 生态学杂志, 22(5): 62-65.

王伯荪, 廖文波, 昝启杰, 等, 2003. 薇甘菊*Mikania micrantha*在中国的传播[J]. 中山大学学报自然科学版, 42(4): 47-50.

张付斗, 岳英, 季梅, 等, 2015. 薇甘菊在云南省的入侵危害及其防控[M]. 昆明: 云南科技出版社: 86-98.

张国良, 曹坳程, 付卫东, 2010. 农业重大外来生物应急防控技术指南[M]. 北京: 科学出版社: 213-239.

CLEMENT D R, DAY M D, OEGGERLI V, et al, 2019. Site-specific management is crucial to managing *Mikania micrantha*[J]. Weed research, 1(1): 1-15.

DAY M D, SHEN S C, XU G F, et al, 2018. Weed biological control in the Greater Mekong Subregion: status and opportunities for the future[J]. CAB reviews, 13(14): 1–12.

LIU B, YAN J, LI W H, et al, 2020. Mikania micrantha genome provides insights intothe molecular mechanism ofrapid growth[J]. Nature communications, 11: 340 | https://doi.org/10.1038/s41467-019-13926-4 | www.nature.com/naturecommunications.

MICHAL D D, DAVID R C, CBRITINE G, et al, 2019. Biology and impacts of Pacific islands invasive species *Miknia micrantha* Kunth[J]. Pacific science, 70(3): 257-285.

SHEN S C, XU G F, DAVID R C, et al, 2019. Suppression of the invasive plant mile-a-minute (*Mikania micrantha*)by native crop sweet potato (*Ipomoea batatas*) by means of higher growth rate and competition for soil nutrients[J]. BMC ecology, 15(1): 1-10.

（撰稿：张付斗；审稿：周忠实）

无选择标记　marker-free selection

标记基因在转基因生物研发过程中起着重要的作用，一方面方便筛选和鉴定阳性转化体，另一方面可以追踪外源基因的遗传稳定性。转基因作物所用的标记基因大多数是抗生素抗性基因或抗除草剂基因。如果商业化的转基因作物含有这些标记基因，人们就担心这些基因会转移到杂草或肠道或土壤微生物中，使得杂草或微生物产生抗生素和除草剂抗性。为此，标记基因引发的转基因植物安全性问题越来越受重视。随着转基因技术的不断发展，越来越多转基因优良品种会被批准商业化种植，迫切需要解决标记基因带来的安全忧患。因此，培育无选择标记转基因植物，无论是从安全性考虑还是从转基因技术本身考虑，均具有重要意义。研发无选择标记转基因植物，去除在最终产品中没有任何作用的标记基因，简化监管过程，提高消费者的接受度。

培育无标记转基因植物的方法有很多，包括共转化法、位点特异性重组法、转座子法、染色体内同源重组法和多元自主转化载体法。共转化法获得不连锁性状转化体的概率较高，但需要获得种子用于后代的分离。位点特异性重组法是指在重组酶介导下，在特异的重组位点间（跨标记基因）发生重组，导致重组位点间的标记基因发生交互交换，再利用二次转化、杂交、诱导型启动子和组织特异性启动子等方法剔除标记基因，费时，工作量大。转座子法将标记基因放置在转座元件上，在转位后丢失（ipt 型多重自动转化系统），或将目标基因转位到其他位点从而使其与标记基因分离（如玉米 Ac/Ds 转座单元系统），被修饰和切除后的转座子通常会重新插入到基因组，引起非预期的插入突变，耗时，效率低。染色体同源重组把标记基因放在 2 个同源 DNA 序列之间，发生同源重组后，标记基因即被去除，这样的细胞经过诱导再生植株，可得到无标记转基因植物，但效率低。多元自主转化载体法结合选择标记基因与转座酶或位点特异性重组酶，在转化后删除标记基因，不需要二次转化或杂交。目前，共转化法应用相对较多，但这个技术并不适合所有植物物种。所以，可诱导表达启动子与位点特异性重组酶结合的方法在无标记转化方面的应用越来越受到重视。

参考文献

叶凌凤, 王映皓, 贺舒雅, 等, 2012. 无选择标记的植物转基因方法研究技术进展[J]. 中国农业大学学报, 17 (2): 1-7.

HOHN B, LEVY A A, PUCHTA H, 2001. Elimination of selection markers from transgenic plants[J]. Current opinion in biotechnology, 12 (2): 139-143.

KUMAR K S, NAVEENKUMAR K L, HAZARIKA P, et al, 2016. Strategies for production of marker-free transgenic crops[J]. Advances in life sciences, 5 (5): 1595-1604.

TUTEJA N, VERMA S, SAHOO R K, et al, 2012. Recent

advances in development of marker-free transgenic plants: regulation and biosafety concern[J]. Journal of biosciences, 37 (1): 167-197.

YAU Y Y, STEWART C N, 2013. Less is more: strategies to remove marker genes from transgenic plants[J]. BMC biotechnology, 13 (1): 36.

（撰稿：石建新、谢家建；审稿：张大兵）

无意传入 intentional introduction; accidental introduction

在人类未意识到外来物种传入风险或没有足够的知识和技能识别其潜在传播的情况下，外来物种借助人类贸易和旅游等迁移活动扩散到其自然分布范围以外的区域的现象。无意传入是外来物种主要入侵渠道，贸易和旅游业的发展加快了外来物种无意传入速度。外来种可随进口农产品或货物运输带入。进口粮食携带有害杂草的风险很高，如假高粱（*Sorghum halepense*），另外，在进口食品、饲料、棉花、羊毛、草皮和其他经济植物的种子中携带杂草的风险也较高。红火蚁主要借助货物、运输工具调运等途径而长距离入侵，传入的介体主要有进口的废纸、原木、木质包装、水果、废旧塑料等。松材线虫（*Bursaphelenchus xylophilus*）主要依靠人为调运感染疫病的或者携带寄生有松材线虫天牛的苗木、松材、松材包装及松木制品进行长距离传播。非洲大蜗牛（*Achatina fulica*）的卵和幼体可随观赏植物、原木、车辆等传播，卵还可混入土壤中进行传播。

一些物种由于个体小或发生较为隐蔽，常被人们忽视或难以发现，故十分容易随其他物品进行传播。如葡萄根瘤蚜（*Viteus vitifoliae*）原产美洲，1860年左右随葡萄种苗传入法国，在随后的25年摧毁了法国1/3栽培面积的葡萄园。

国际地区间大量客货运船只携带的压舱水、海洋垃圾导致了大量水生生物入侵，如哈氏泥蟹（*Rhithropanopeus harrisii*）、沼蛤（*Limnoperna fortunei*）、斑马贝（*Dreissena polymorpha*）等均可随压舱水进行传播。

一些物种能够适应长距离运输条件，常隐藏于运输工具和设备中，从而导致生物入侵，如老鼠和舞毒蛾（*Lymantria dispar*）等。舞毒蛾主要以卵块随运输工具、集装箱、木材及其他货物做远距离传播，该虫卵抗逆性较强，可忍受低温，在长距离运输过程中存活率高。

有一些外来物种原栽培或饲养于动、植物园中（或被人为限制在小区域内）通过逃逸出来成为入侵种，如荞麦（*Fagopyrum sagittatum*）、南苜蓿（*Medicago polymorpha*）等。

参考文献

万方浩，侯有明，蒋明星，2015. 入侵生物学[M]. 北京：科学出版社.

BRISKI E, GHABOOLI S, BAILEY S A, et al, 2012. Invasion risk posed by macroinvertebrates transported in ships' ballast tanks[J]. Biological invasions, 14: 1843-1850.

EPPO, 1986. EPPO data sheets on quarantine organisms[J]. Bulletin OEPP/EPPO Bulletin, 16(1):13-78.

LEPRIEUR F, BEAUCHARD O, BLANCHET S, et al, 2008. Fish invasions in the world's river systems: when natural processes are blurred by human activities[J]. PLoS biology, 6: e28.

LIEBHOLD A M, HALVERSON J A, ELMES G A, 1992. Gypsy moth invasion in North America: a quantitative analysis[J]. Journal of Biogeography, 19: 513-520.

PADILLA D K, WILLIAMS S L, 2004. Beyond ballast water: aquarium and ornamental trades as sources of invasive species in aquatic ecosystems[J]. Frontiers in ecology and the environment, 2: 131-138.

PETERSONAT, WILLIAMSR, CHENG, 2007. Modeled global invasive potential of Asian gypsy moths, *Lymantria dispar*[J]. Entomologia experimentalis et applicata, 125: 39–44.

SIMBERLOFF D, REJMÁNEK M, 2011. Encyclopedia of biological invasions[M]. California: University of California Press.

TOBIN P C, BLACKBURN L M, 2008. Long-distance dispersal of the gypsy moth (Lepidoptera: Lymantriidae) facilitated its initial invasion of Wisconsin[J]. Environmental entomology, 37: 87-93.

VON DER LIPPE M, KOWARIK I, 2007. Long-distance dispersal of plants by vehicles as a driver of plant invasions[J]. Biological conservation, 21: 986-996.

（撰稿：马骏；审稿：周忠实）

五爪金龙 *Ipomoea cairica* (L.) Sweet

热带、亚热带地区的一种恶性杂草。旋花科虎掌藤属多年生缠绕草本植物。又名牵牛藤。英文名 cairo morningglory。

入侵历史 五爪金龙原产于美洲热带地区，20世纪70年代在中国南方作为庭园观赏植物引入，后来逸为野生。现在已经遍布于非洲、热带亚洲。

分布与危害 分布于台湾、福建、广东及其沿海岛屿、广西、云南等地。生于海拔90～610m的平地或山地路边灌丛，生长于向阳处。通常作观赏植物栽培。

在其入侵地通过覆盖、缠绕等方式危害果园、茶园、林地等。生长迅速，降低被附着植物的光合作用，种群扩散快，其根部与其他植物竞争营养、光照和水分，常形成单一优势群落，破坏入侵地区的生物多样性，导致经济损失，破坏生态系统平衡。在中国主要在华南地区蔓延，危害灌木和乔木，是危害园林的主要杂草之一。

形态特征 多年生缠绕草本，全体无毛，老时根上具块根。茎细长，有细棱，有时有小疣状突起。叶掌状5深裂或全裂，裂片卵状披针形、卵形或椭圆形，中裂片较大，长4～5cm，宽2～2.5cm，两侧裂片稍小，顶端渐尖或稍钝，具小短尖头，基部楔形渐狭，全缘或不规则微波状，基部1对裂片通常再2裂；叶柄长2～8cm，基部具小的掌状5裂的假托叶（腋生短枝的叶片）。聚伞花序腋生，花序梗长2～8cm，具1～3花，或偶有3朵以上；苞片及小苞片均小，鳞片状，早落；花梗长0.5～2cm，有时具小疣状突起；萼片稍不等长，外方2片较短，卵形，长5～6cm，外面有时有小疣状突起，内萼片稍宽，长7～9cm，萼片边缘干膜质，顶端钝圆或具不明显的小短尖头；花冠紫红色、紫色或淡红色，偶有白色，漏斗状，长5～7cm；雄蕊不等长，花丝基部稍扩大下延贴

五爪金龙的形态特征（郭成林提供）
①②③植株特征；④危害状

生于花冠管基部以上，被毛；子房无毛，花柱纤细，长于雄蕊，柱头 2 球形。蒴果近球形，高约 1cm，2 室，4 瓣裂。种子黑色，长约 5cm，边缘被褐色柔毛（见图）。

入侵特性 五爪金龙为自交不亲和植物，只能通过异花授粉获得种子。五爪金龙终年开花，但自然结实率较低，种子具有致密的种皮，具休眠特性，生命力和适应性较强。然而五爪金龙的主要繁殖方式为无性繁殖，具有双韧维管束，木质部高度发达，具有很强的疏导能力，能够让五爪金龙快速获得充分的水分和养分，因此其营养生长速度快，全年可进行营养生长，分枝能力强，生长快速，具有较强的抗逆性，五爪金龙为喜阳植物，光照充足的环境有利于其生长。此外五爪金龙还具有较强的化感作用，抑制环境中其他植物的种子萌发和生长，形成单一优势群落。

监测检测技术 见薇甘菊。

预防与控制技术 对于还没有五爪金龙危害的区域，应以预防为主，加强监测和检疫，而对于已经发生危害的地区，应该加强综合防治，防止继续蔓延加重危害。主要防治技术有生物防治、物理防治、化学防治等。

物理防治 物理防治五爪金龙劳动强度大，成本较高，且由于五爪金龙可进行无性繁殖，很难根除。但物理防除可以作为其他防治手段的辅助，进行人工物理防除可选择在五爪金龙未结实时进行刈割，刈割后的五爪金龙应切割成较短的长度妥善处理，防止无性克隆株的产生。

化学防治 化学除草剂是五爪金龙防治的最有效的方法，阔叶类除草剂 2, 4-D 丁酯、氯氟吡氧乙酸、麦草畏等对五爪金龙都有较好的防效，但由于这些除草剂可能对共生的其他本地植物，或受害的作物、经济林等会产生药害，因此在使用时要谨防药害发生，同时还应注意除草剂持续用药可能会引起五爪金龙抗药性的产生。

参考文献

李振宇, 解焱, 2002. 中国外来入侵种[M]. 北京: 中国林业出版社.

张泰劼, 罗剑宁, 李伟华, 等, 2012. 三种除草剂对五爪金龙的防除作用及2,4-D丁酯对环境的影响[J]. 热带亚热带植物学报, 20(4): 319-325.

中国植物志编辑委员会, 1979. 中国植物志: 第64卷[M]. 北京: 科学出版社: 97.

MA H Y, CHEN Y, CHEN J H, et al, 2020. Comparison of allelopathiceffects of two typical invasive plants: *Mikania micrantha* and *Ipomoea cairica* in Hainan island[J]. Scientific reports, 10: 11332.

SOOD R, PRABHA K, GOVIL S, et al, 1982. Overcoming self-incompatibility in *Ipomoea cairica* by IAA[J]. Euphytica, 31: 333-339.

（撰稿：黄红娟；审稿：周忠实）

W

物理控制基因飘流的措施 physical measures for controlling gene flow

控制基因飘流的措施有物理、化学、生物学等措施。要控制基因飘流，必须首先明确基因飘流的途径。有人认为基因飘流有三条途径，即花粉扩散，种子传播以及有性不亲和物种之间（如植物与土壤微生物之间）基因的水平转移（horizontal gene transfer）。但实际上，种子扩散并非基因飘流的一种形式或途径，因为种子内所含的基因并未流动，种子扩散后最终还是要通过花粉扩散介导才能产生基因流。在植物与微生物之间，目前在大田试验中尚没有反向（植物至细菌）"基因水平转移"的科学证据。基因飘流的狭义定义是指有性可交配物种或种内群体之间通过花粉扩散介导的基因流动（基因流），即通常所说的异交结实。有性不可交配物种之间不存在基因飘流。因此，本条目所说的物理控制措施是指用物理方法限控花粉扩散和基因飘流。

限控花粉扩散和基因飘流的物理措施，可分为时空隔离和屏障隔离两大类。时空隔离即时间隔离和空间隔离。时间隔离：如考虑光周期对开花的影响，分期播种，调节开花期，使父母本花期不遇。空间隔离包括：距离隔离，在转基因与非转基因作物之间设置一定的隔离距离，距离大小可根据不同的作物类型、风向风速等来设置（见基因飘流最大阈值距离）；地形隔离如山体、林地、防风林、房屋、堤坝等。屏障隔离：用围墙、温室、网室、高秆作物（如玉米、高粱、麻类等）、隔离布、防虫网等。以上这些措施已成功用于杂交水稻制种、良种繁育、育种材料及转基因作物的小规模田间试验，简单易行，经济实用。

转基因水稻种植中的布帐隔离措施图（海南乐东，袁潜华摄）

在实际执行中，若在一个限定的区域内，由于育种材料、育种单位众多或受季节限制，时空隔离难以实施，则屏障隔离，特别是布帐隔离可作为首选。在杂交稻小面积繁、制种实践中，育种家们积累了丰富的经验，普遍采用隔离布隔离（见图），这是保证种子纯度最为简单有效的方法。用布帐隔离小面积转基因水稻，也证明可有效限控基因飘流。

参考文献

何美丹, 2012. 利用物理屏障控制转基因水稻基因飘流的研究[D]. 海口: 海南大学.

裴新梧, 袁潜华, 胡凝, 等, 2016. 水稻转基因飘流[M]. 北京: 科学出版社.

FERRY N, GATEHOUSE M R, 2009. Impact of genetically modified crops on soil and water ecology[M]//Environmental impact of genetically modified crops. xi-xv: 225-239.

KJELLSSON G, SIMONSEN V, 1994. Methods for risk assessment of transgenic plants. I. Competition, establishment and ecosystem effects[M]. Basel: Birkhäuser Verlag.

NIELSEN K M, TOWNSEND J P, 2004. Monitoring and modeling horizontal gene transfer[J]. Nature biotechnology, 22 (9): 1110-1114.

（撰稿：袁潜华；审稿：贾士荣）

物种丰度 species richness

群落中包含的物种数目。热带雨林一般拥有数千上万种生物，而寒带草甸群落可能只含有几十几百种生物。物种丰富度与群落中物种多样性密切相关，即群落内组成物种越丰富，则多样性越大。

参考文献

戈峰, 2008. 现代生态学[M]. 2版. 北京: 科学出版社.

（撰稿：潘洪生；审稿：肖海军）

西花蓟马 *Frankliniella occidentalis* (Pergande)

一种对蔬菜、花卉等多种农作物具有毁灭性危害的世界性入侵害虫。又名苜蓿蓟马。英文名 Western lower thrips。缨翅目（Thysanoptera）锯尾亚目（Terebrantia）蓟马科（Thripidae）。

入侵历史 西花蓟马原产于北美洲，最早于1895年在美国西部地区发现并报道，当时只是零星发生。1934年新西兰、墨西哥陆续报道。20世纪70年代开始在美国境内蔓延，之后遍布整个北美。1983年入侵欧洲的荷兰，之后每年以229km的速度在欧洲迅速蔓延，在不到10年的时间里就扩散到整个欧洲。在亚洲地区，1990年在日本报道，1994年在韩国发现并报道。澳大利亚首次于1993年报道发生。中国2003年首次报道西花蓟马在北京发生并造成严重危害。

分布与危害 西花蓟马已在美洲、非洲、欧洲、大洋洲和亚洲泛滥成灾，在90多个国家有报道。中国主要分布于云南、浙江、江苏、河北、河南、山东、天津、北京等地。西花蓟马食性杂，寄主植物达500多种，主要包括菊科、葫芦科、豆科、十字花科等60多个科的作物和杂草，如菠萝、番木瓜、葡萄等水果，蚕豆、豌豆、菜豆、甘蓝、花椰菜、芹菜、黄瓜、番茄、茄子、莴苣、甜椒、辣椒、菠菜、大葱等蔬菜，非洲紫罗兰、紫菀、秋海棠、金盏菊、马蹄莲、菊花、瓜叶菊、仙客来、大丽花、天竺葵、大丁草、唐菖蒲、石头花、凤仙花、新几内亚凤仙、矮牵牛、樱草、毛茛、金鱼草、百日菊等花卉，同时也危害许多种杂草。

西花蓟马通过直接取食、产卵和间接传播病毒导致农作物减产（图1）。

直接危害 西花蓟马是锉吸式口器，取食时口器贴于寄主表面锉破表皮，用口针吸取寄主汁液，导致被刺寄主表皮细胞死亡。西花蓟马若虫和成虫均可取食危害，危害部位包括果、花、花蕾、叶和叶芽等。其通常取食未成熟叶芽边缘，损伤不易被发现，但是随着叶片的进一步展开，被伤害的区域无法伸展而导致叶片变形；也可以取食充分展开的成熟叶片，被取食损害的细胞死亡导致叶片表面银化，同时在植株表面留下黑绿色斑状排泄物。危害花卉时，导致花瓣斑驳，黑色花瓣通常呈现白色条纹，而浅色花瓣通常表现棕色疤痕，影响观赏价值。西花蓟马亦可危害花蕾，不仅导致花瓣斑驳，而且导致花冠畸形，严重的可能导致花不能正常开放。

间接危害 西花蓟马是许多植物病害的传播媒介，其中最重要的是番茄斑萎病毒属的两种植物病毒：凤仙花坏死斑病毒（INSV）和番茄斑萎病毒（TSWV）。番茄斑萎病毒属是一类重要的病害，能够感染600多种植物。凤仙花坏死斑病毒和番茄斑萎病毒是番茄斑萎病毒属中唯一感染园艺作物，并且植株一旦被感染，能被蓟马在植株间携带传播并造成大面积损失的两种病毒病。两种病毒病危害植株的症状因植物种类不同而不同，主要包括皱缩、叶片畸形、叶面斑点、明脉、叶面上出现线状波纹、叶面或花上出现同心环和茎秆坏疽等。番茄斑萎病毒主要危害蔬菜，凤仙花坏死斑病毒主要危害花卉。

图1 西花蓟马危害状（吕要斌提供）
①②直接危害；③④间接危害

形态特征 西花蓟马属渐变态昆虫，有卵、若虫、预蛹和蛹以及成虫等发育阶段（图2）。

卵 肾形，白色，长1.25mm。

若虫 有2个龄期。初孵若虫体白色，蜕皮前变为黄色；二龄若虫蜡黄色，非常活跃。

蛹 分为预蛹和蛹，区别在于预蛹翅芽短，触角前伸；蛹的翅芽长，长度超过腹部一半，几乎达腹末端，触角向头后弯曲。

成虫 头部触角8节，第一节淡色，第二节褐色，第四至八节褐色；具3单眼，呈三角状排列，一对复眼；单眼三角区内一对刚毛与复眼后方一对刚毛等长。前胸前缘一对角刚毛与一对前缘刚毛等长，后缘具两对刚毛也与一对后缘角刚毛等长；后胸背板中央网纹简单，前缘两对刚毛着生位置几乎平行且等高，中央一对刚毛下方后缘处具一对感觉孔；前翅总具有两列完整连续的刚毛。成虫腹部背板中央有“T”形褐色块；第八节背板两侧的气孔外方具两弯状微毛梳，后缘具稀疏但完整的梳状毛。雄虫体色淡，体小，腹部第三至七节腹板前方具有淡褐色椭圆形的腺室，但第八节背板后缘无梳状毛（图 3）。

入侵特性 西花蓟马容易随风带入温室，也容易随工作人员衣服、毛发、仪器、植物材料等传播。地区、国际间通常随蔬菜、花卉等各种栽培植物传播。

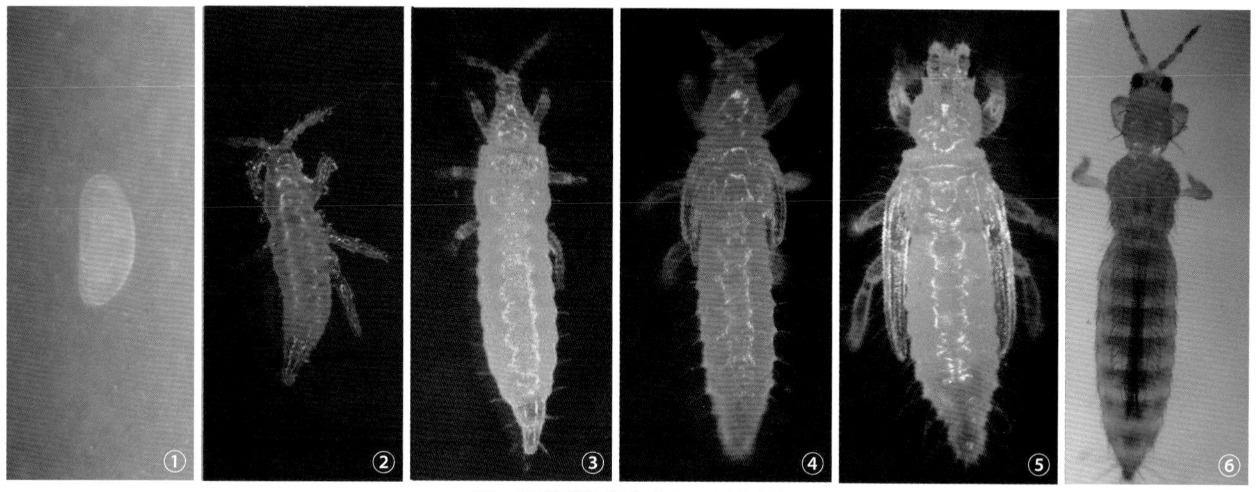

图 2 西花蓟马各虫态（吕要斌提供）
①卵；②一龄若虫；③二龄若虫；④预蛹；⑤蛹；⑥成虫

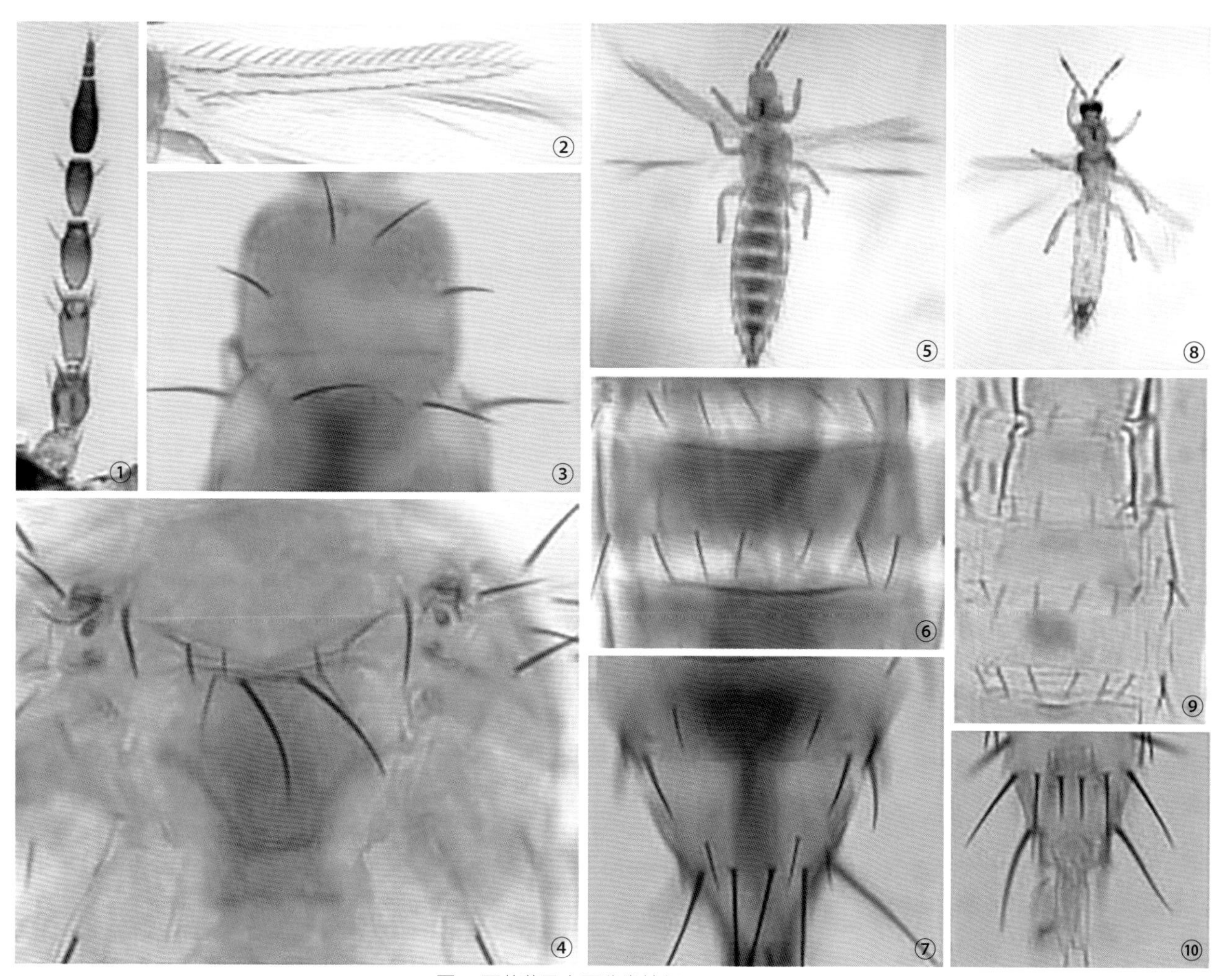

图 3 西花蓟马主要分类特征（吕要斌提供）
①触角；②前翅；③头和前胸；④ 中、后胸盾片；⑤雌虫；⑥雌虫腹节 V-VI 腹板；⑦雌虫腹节Ⅷ - X背板
⑧雄虫；⑨雄虫腹节 II-VI 腹板；⑩雄虫腹节Ⅷ - X背板

监测检测技术 西花蓟马发生田块外缘周围100m以内的范围划定为一个发生点，发生点所在的行政村（居民委员会）区域划定为发生区范围，发生区外围5000m的范围划定为监测区。根据西花蓟马的传播扩散特性，在监测区的每个村庄、社区、街道山谷、河溪两侧湿润地带以及公路和铁路沿线的人工林地等地设置不少于10个固定监测点，每个监测点选10m^2，悬挂明显监测位点牌，一般每月观察1次。

在调查中如发现可疑西花蓟马，用70%酒精浸泡可疑标本，标明采集时间、采集地点及采集人。将每点采集的可疑标本送至外来物种管理部门指定的专家进行鉴定。

预防与控制技术 预防和控制西花蓟马的蔓延应因地制宜地采取不同的措施。对尚未受到西花蓟马蔓延危害的地区，要高度警惕，密切监测，一旦发现其危害应该立即采取措施予以灭除。对田间尚未建立稳定种群的地区，发现少量或小范围的西花蓟马种群，首先人工铲除西花蓟马发生地上的所有植株，然后每隔3～5天连续喷洒农药3次。对田间已建立稳定种群的地区，在应急防治时主要以化学防治为主。控制西花蓟马的措施包括农业防治、物理防治、生物防治和化学防治等。

植物检疫 严禁从疫区引种苗木，对苗木进行严格检疫及消毒。

选择抗虫品种 国外对番茄、黄瓜、辣椒等不同品种对西花蓟马的抗虫性测定表明，不同品种间对该害虫的敏感性最大相差可达76倍。

农业防治 作物移栽时覆盖黑色地膜，阻止土壤中蓟马蛹羽化和植株上的蓟马入土化蛹。夏季休耕期进行高温闷棚，首先清除田间所有作物、杂草，棚室周围的植物一并铲除，将棚室温度升至40℃左右，保持3周，残存的若虫均会因缺乏食物而饿死。寄主植物同生长比较快的非寄主谷类作物间作，可以阻碍蓟马和番茄斑萎病毒的传播。

物理防治 采用近紫外线不能穿透的特殊塑料膜做棚膜。在通风口、门窗增设防虫网（50～60目）阻止蓟马进入棚室；在作物生长期悬挂蓝色诱虫板，可诱杀成虫，每亩悬挂20～30片（20cm×25cm），及时调整蓝板高度，保持其底端距离植株顶端叶片约10cm。保持温室里面二氧化碳的含量在45%～55%，可有效防治西花蓟马。

生物防治 西花蓟马的天敌包括花蝽、捕食螨、病原微生物等。释放天敌应掌握在害虫发生初期，一旦害虫出现即开始释放。花蝽包括东亚小花蝽（*Orius sauteri*）、南方小花蝽（*Orius strigicollis*）、微小花蝽（*Orius minutus*）等。捕食螨包括胡瓜新小绥螨（*Neoseiulus cucumeris*）、巴氏新小绥螨（*Neoseiulus barkeri*）等。西花蓟马的预蛹和蛹一般生活在基质或土壤中，采用土壤施用线虫，其中异小杆线虫（*Heterorhabdhis bacteriophora* HP88）和 *Thripinema mcklewoodi* 较常见，线虫能够阻止或降低西花蓟马产卵。另外施用病原线虫斯氏线虫（*Steinernema carpocapsae*）25×10^4/L，防治效果可达76.6%。同时在西花蓟马密度较低（3～4头/叶）时，喷施金龟子绿僵菌制剂和球孢白僵菌制剂，间隔6天，连喷2～3次。

化学防治 幼苗定植前1～2天，采用内吸性药剂对苗床进行灌根或喷淋处理。作物生长期，当蓟马种群密度达到经济阈值（黄瓜、番茄、豇豆等作物上为每花2～3头，葱蒜等作物上为每叶1.5头，生菜上为每株4～5头）时，进行喷雾防治，花期重点喷施花朵。也可选用敌敌畏烟剂或异丙威烟剂对棚室进行熏蒸。

可用于西花蓟马化学防治的药剂包括多杀菌素、乙基多杀菌素、溴氰虫酰胺、甲氨基阿维菌素苯甲酸盐、虫螨腈、噻虫嗪、啶虫脒、吡虫啉。昆虫生长调节剂灭幼脲、吡丙醚、氟虫脲等能够阻止幼虫蜕皮和成虫产卵，也可用于西花蓟马防治，但作用速度较慢。使用药剂防治西花蓟马要注意不同作用机理药剂的轮用和交替使用。由于西花蓟马能够进行孤雌生殖，因此抗性个体能够在短时间内产生大量后代，抗性发展迅速，应尽量减少同类药剂的使用频率，防止抗药性的产生。同时由于西花蓟马的预蛹及蛹期都通常在土壤中度过，所以喷洒药剂往往对它不起作用。为了有效控制西花蓟马的发生，推荐在若虫和成虫期每隔3～5天喷药1次，重复2～3次，可取得良好的防治效果。

参考文献

吕要斌, 张治军, 吴青君, 等, 2011. 外来入侵害虫西花蓟马防控技术研究与示范[J]. 应用昆虫学报, 48(3): 488-496.

吴青君, 李萍, 张治军, 等, 2020. 蔬菜蓟马类害虫综合防治技术规程[P]. 中华人民共和国农业行业标准(NY/T 3637).

张友军, 吴青君, 徐宝云, 等, 2003. 危险性外来入侵生物——西花蓟马在北京发生危害[J]. 植物保护, 29(4): 58-59.

张国良, 曹坳程, 付卫东, 2010. 农业重大外来入侵生物应急防控技术指南[M]. 北京: 科学出版社: 213-229.

（撰稿：吕要斌；审稿：周忠实）

细菌的IV型分泌系统 type IV secretion system, T4SS

细菌的分泌系统与细菌的生存及致病性密切相关。细菌的分泌系统包括I～VI型，其中，IV型分泌系统是与细菌接合机制有关的一类分泌系统。T4SS是一种跨膜的多亚单位复合物，通常包括一个由菌毛或其他表面纤维或蛋白质组成的分泌通道。T4SS不但可以转运蛋白质，还可以转运一些核糖核蛋白复合物，这点区别于其他几种分泌系统。对T4SS的研究最早始于1946年，Lederburg和Fatum发现大肠杆菌F质粒接合系统。大肠杆菌的F质粒接合系统参与细菌遗传物质从供体细胞到受体细胞的转移。T4SS介导基因水平转移，通过细菌间接合作用，传递抗生素耐药性基因和毒力基因，导致病原体耐药性出现或毒力增强，有利于致病菌的进化。此外，T4SS可以分泌一些效应蛋白质分子通过细菌细胞膜及真核宿主细胞质膜，这与细菌的致病性密切相关。例如，根癌土壤杆菌（*Agrobacterium tumefaciens*）利用与毒力相关的T4SS向植物细胞传递DNA和蛋白质，导致植物细胞发生遗传转化；幽门螺旋杆菌（*Helicobacter pylori*）的T4SS通过转运细胞相关毒素cagA而在细菌致病过程中起着关键作用；百日咳博德特菌（*Bordetella pertussis*）通过Ptl输出装置输送百日咳毒素到胞外环境；嗜肺军团菌

（*Legionella pneumophila*）的 Dot/Icm 系统产物向哺乳动物宿主输出一种毒素，可促进细菌在细胞内增殖，杀死人类巨噬细胞以及防止吞噬体溶酶体融合；伯纳特立克次氏体（*Rickettsia burneti*）的 Dot/Icm T4SS 系统参与细菌毒力作用，但作用机制尚不清楚。T4SS 由位于一个基因簇的多个基因编码。T4SS 的基因簇在基因含量、遗传特性及同源性关系方面都有很大不同。基于这些不同，利用两种分类方法可将 T4SS 分成几种主要类型。首先，按初始的分类方法，基于代表性质粒分型，将编码在 IncF 质粒（即 F 质粒）上者称为 F 亚型；将编码在 IncP 质粒（即 RP4 质粒）上者称为 P 亚型；将编码在 IncI（即质粒 R64）上者称为 I 亚型。其次，按选择分类方法，根据 F、P 和 I 亚型之间同源性的高低和进化关系的远近，T4SS 又可分为 IVA 亚型、IVB 亚型和以 GI 亚型（genome island，GI）为代表的 3 种亚型。其中，F 型和 P 型合称为 IVA 亚型，该类型与根瘤农杆菌的 VirB/VirD4 系统的原型类似；而在分子组分上与 F 型和 P 型差异较大的 I 型称为 IVB 亚型，IVB 亚型与嗜肺军团菌的 Dot/Icm 系统的原型类似；第三种类型是与 IVA 亚型、IVB 亚型同源性很低或者没有同源性的所有其他的 T4SS，统称为 GI 亚型。GI 亚型是随着生物信息学技术的发展，利用大量基因序列数据认识到的新类型，它与细菌的基因组岛有关。

参考文献

赵岩, 李明, 胡福泉, 2011. 细菌的IV型分泌系统[J]. 生命的化学, 31 (1): 128-133.

（撰稿：谢家建、石建新；审稿：张大兵）

仙人掌 *Opuntia stricta* (Haw.) Haw. var. *dillenii* (Ker-Gawl.) Benson

一种丛生肉质入侵植物，仙人掌科缩刺仙人掌的变种。仙人掌科（Cactaceae）仙人掌属（*Opuntia*）。又名仙巴掌、霸王树、火焰、火掌、牛舌头（浙江衢州称法）。

入侵历史 原为墨西哥地区常见可食用植物，后各国和地区陆续引进种植，在部分国家和地区逸为野生，逐渐成为当地的入侵植物。中国于明末引种，南方沿海地区常见栽培，在广东、广西南部和海南沿海地区逸为野生。

分布与危害 原产于墨西哥东海岸、美国南部及东南部沿海地区、西印度群岛、百慕大群岛和南美洲北部；在加那利群岛、印度、澳大利亚东部、非洲南部和非洲东部逸生；中国广东、广西、海南、云南、四川和台湾等地有分布。仙人掌可形成茂密的灌木丛，从而造成入侵地生物多样性降低，刺伤人类和牲畜等动物，对人类和动物的活动和交通造成阻碍。侵入农田后扩散速度更快，降低农田面积，降低作物产量。

形态特征 丛生肉质灌木，高（1～）1.5～3m。上部分枝宽倒卵形、倒卵状椭圆形或近圆形，长 10～35（或 40）cm，宽 7.5～20（或 25）cm，厚达 1.2～2cm，先端圆形，边缘通常不规则波状，基部楔形或渐狭，绿色至蓝绿色，无毛；小窠疏生，直径 0.2～0.9cm，明显突出，成长后刺常增粗并增多，每小窠具 3～10（或 1～20）根刺，密生短绵毛和倒刺刚毛；刺黄色，有淡褐色横纹，粗钻形，多少开展并内弯，基部扁，坚硬，长 1.2～4（或 6）cm，宽 1～1.5mm；倒刺刚毛暗褐色，长 2～5mm，直立，多少宿存；短绵毛灰色，短于倒刺刚毛，宿存（见图）。叶钻形，长 4～6mm，绿色，早落。花辐状，直径 5～6.5cm；花托倒卵形，长 3.3～3.5cm，直径 1.7～2.2cm，顶端截形并凹陷，基部渐狭，绿色，疏生突出的小窠，小窠具短绵毛、倒刺刚毛和钻形刺；萼状花被片宽倒卵形至狭倒卵形，长 10～25mm，宽 6～12mm，先端急尖或圆形，具小尖头，黄色，具绿色中肋；瓣状花被片倒卵形或匙状倒卵形，长 25～30mm，宽 12～23mm，先端圆形、截形或微凹，边缘全缘或浅啮蚀状；花丝淡黄色，长 9～11mm；花药长约 1.5mm，黄色；花柱长 11～18mm，直径 1.5～2mm，淡黄色；柱头 5，长 4.5～5mm，黄白色。浆果倒卵球形，顶端凹陷，基部多少狭缩成柄状，长 4～6cm，直径 2.5～4cm，表面平滑无毛，紫红色，每侧具 5～10 个突起的小窠，小

逸为野生的仙人掌（张树斌提供）

椠具短绵毛、倒刺刚毛和钻形刺。种子多数，扁圆形，长4～6mm，宽4～4.5mm，厚约2mm，边缘稍不规则，无毛，淡黄褐色。花期6～10（或12）月。仙人掌喜光、耐旱，适合在中性、微碱性土壤生长。通常栽作围篱，茎供药用，浆果酸甜可食。

传播方式 仙人掌在国外的长距离传播，主要通过西方传教士和殖民者的引种。在中国境内的传播主要为跨省引种和交通传播。同时，当其果实被鸟类或家畜等动物取食后可通过粪便进行扩散。

入侵特性 仙人掌具有有性生殖和无性生殖两种繁殖方式；同时具有较强的繁殖能力，当果实被鸟类等动物取食后，其种子依旧可萌发。对气候、环境具有很强的适应性，可适应极端的干旱条件。

防治方法

物理机械防治 主要采取人工砍伐植株、挖掘、除根、焚烧、破碎等方式，但是这种方法比较耗费人力、物力，此外，破碎的植株碎片可能会形成新的植株，加剧入侵。

生物防治 可用仙人掌螟蛾（*Cactoblastis cactorum*）和胭脂虫（*Dactylopius opuntiae*）进行防治。在1920年晚期，澳大利亚利用仙人掌螟蛾幼虫协同胭脂虫进行生物防治，取得了良好的防治效果，野生的仙人掌数量在几年内迅速下降。

化学防治 绿草定、毒莠定、草甘膦都是可用以防治仙人掌的化学药剂。其中绿草定和毒莠定组合能取得较好的防治效果，用药量为每100L水中加入0.5～1.0kg绿草定和0.17～0.33kg毒莠定。另外，在夏季向仙人掌的叶状茎注射2ml含有效成分为45g的草甘膦也是一种简便和有效的方法。

参考文献

中国科学院中国植物志编辑委员会, 1999. 中国植物志[M]. 北京: 科学出版社, 52(1): 277.

DODD AP, 1940. The biological campaign against prickly pear[J]. Commonwealth Prickly Pear Board Bulletin, Brisbane, Australia: 1-177.

JULIEN M H, GRIFFITHS M W, 1998. Biological control of weeds: a world catalogue of agents and their target weeds[M]. Wallingford, Oxon: CAB International: 233.

MORAN V C, ZIMMERMANN H G, 1984. The biological control of cactus weeds: achievements and prospects[J]. Biocontrol news and information, 5(4):297-320.

MONTEIROA, CHEIAVM, VASCONCELOST, 2005. Management of the invasive species *Opuntia stricta* in a botanical reserve in Portugal[J]. Weed research, 45: 193-201.

PRITCHARD G H, 1993. Evaluation of herbicides for control of common prickly pear (*Opuntia stricta* var. *stricta*) in Victoria[J]. Plant protection quarterly, 8(2):40-43.

（撰稿：李扬苹；审稿：鞠瑞亭）

X

先正达 Syngenta

全球性的瑞士农业综合跨国公司，生产农用化学品和种子，是全球500强企业、世界第一大植保公司、第三大种子公司。由阿斯特拉捷利康（Astra Zeneca）农业化学部门——捷利康农化（Zeneca Agrochemicals）公司以及诺华（Novartis Agribusiness）公司作物保护和种子部门于2000年合并组建而成，总部位于瑞士巴塞尔。业务遍及全球90多个国家和地区，目标致力于“激发植物潜能，焕发精彩生活”，积极推动提高作物生产力、保护环境、改善健康水平和生活质量。拥有行业内最广泛的产品组合，围绕水稻、玉米、大豆、谷物、蔬菜、甘蔗、其他大田作物及特种作物等八大核心作物类群，产品包含植物保护、种衣剂、种子及性状等。开发8条主要产品线，包括选择性和非选择性除草剂、杀真菌剂、杀虫剂和种子护理等5条农药生产线和玉米和大豆、其他大田作物及蔬菜等3条种子产品线，在全球范围内开发和销售。此外，草坪与园艺部门致力于为花卉种植者、高尔夫球场管理者及园林养护企业、专业疾控机构、杀虫公司及普通消费者提供全面的植物保护与环境卫生解决方案。2009年在种子和生物技术销售中全球排名第三；2014年成为全球最大农用化学品生产商；2015年销售额高达134亿美元。

公司生产经营的大田作物种子包括杂交种子和转基因种子发芽。2010年，美国环境保护局（EPA）批准抗虫转基因玉米AGRISURE VIPTERA。拥有部分陶氏益农科学公司（Dow AgroSciences）转基因专利，其种子包含陶氏*Herculex I*和*Herculex RW*的抗虫性状。此外，还销售抗草甘膦除草剂转基因大豆VMAX。至今，已有46个转基因玉米事件和3个转基因棉花事件被各国批准商业化种植。

2016年2月，中国化工集团公司提出了以430美元对先正达公司的收购计划。此项收购通过了包括美国外国投资委员会（CFiUS）等11个国家的投资审查机构及美国、欧盟等20个国家和地区反垄断机构的审查。中国化工集团最终于2017年6月顺利完成了对先正达的收购。

参考文献

ISAAA. GM approval Database[DB].[2019-10-20] http: //www.isaaa. org/gmapprovaldatabase/default. asp.

Syngenta, 2016. Our Industry[DB].[2019-10-20] https: //annualreport.syngenta. com/~/media/Files/S/Syngenta/our-industry-syngenta. pdf.

Syngenta Global. Who we are[DB].[2019-10-20] https: //www.syngenta. com/who-we-are.

（撰稿：姚洪渭、叶恭银；审稿：方琦）

限制性内切酶 restriction endonuclease

生物体内识别并切割特异的双链DNA序列的一种内切核酸酶。它将外来DNA切断，限制异源DNA的侵入，但对自身DNA则无损害，这样可以保护细胞原有遗传信息。由于这种切割是在DNA分子内部进行的，故名限制性内切酶，简称限制酶。限制性内切酶的发现，为基因结构、DNA碱基顺序分析和基因工程的研究开辟了途径。为此，瑞士生物学家阿尔伯（Wemer Arber）及美国的两位微生物学家内森斯（Danien Nathans）和史密斯（Hamilton O

Smith）三人共同获得了 1978 年诺贝尔生理学或医学奖。

根据限制内切酶的酶学和遗传学特性，限制内切酶可分为 3 种类型：

第一类限制酶同时具有修饰及识别切割的作用，能识别专一的核苷酸顺序，并在识别点附近的一些核苷酸上切割 DNA 分子中的双链，但是切割的核苷酸顺序没有专一性，是随机的。这类限制性内切酶在 DNA 重组技术或基因工程中没有多大用处，无法用于分析 DNA 结构或克隆基因。例如：EcoB、EcoK。

第二类内切酶能识别专一的核苷酸顺序，并在该顺序内的固定位置上切割双链。由于这类限制性内切酶的识别和切割的核苷酸都是专一的，总能得到同样核苷酸顺序的 DNA 片段，并能构建来自不同基因组的 DNA 片段，形成杂合 DNA 分子。因此，这种限制性内切酶是 DNA 重组技术中最常用的工具酶之一。

这一类限制性内切酶识别序列的长度一般为 4～8 个碱基，最常见的为 6 个碱基。当识别序列为 4 个和 6 个碱基时，它们可识别的序列在完全随机的情况下，平均每 256 个（4^4=256）和 4096 个（6^6=4096）碱基中会出现一个识别位点。限制性内切酶的序列大多数为回文对称结构（palindrome sequence），即有一个中心对称轴，从这个轴朝两个方向“读”都完全相同。这种酶的切割可以有两种方式：一是交错切割，形成两个末端是相同的，也是互补的黏性末端，也称匹配黏端；二是在回文对称轴上同时切割 DNA 的两条链，产生平末端。产生平末端的 DNA 可任意连接，但连接效率较黏性末端低。

同裂酶和同尾酶是两类特殊的限制性内切酶。同裂酶是指识别序列相同，但切点可同（同序同切酶）也可异（同序异切）的限制性内切酶。同尾酶是指切割后可产生相同的黏性突出末端的限制性内切酶，它们产生的切割产物可进行黏端连接。

第三类内切酶也有专一的识别顺序，但不是对称的回文顺序。它在识别顺序旁边几个核苷酸对的固定位置上切割双链。但这几个核苷酸对则是任意的。因此，这种限制性内切酶切割后产生的一定长度 DNA 片段，具有各种单链末端。这对于克隆基因或克隆 DNA 片段没有多大用处。

限制性内切酶是基因工程或转基因技术的重要工具，被称为“分子手术刀”。除了普遍应用到基因克隆外，也广泛应用到阳性转基因株系的筛选和鉴定、转基因生物分子特征识别、遗传稳定性的鉴定等。

限制性内切酶切割 DNA 时对识别序列两端的非识别序列有长度的要求，因此，在识别序列两端必须有一定数量的核苷酸序列，以保障限制性内切酶的活性。不同的酶对末端长度的要求不同。故在设计 PCR 引物时，如果要在末端引入一个酶切位点，为保证能顺利切割扩增的 PCR 产物，应在设计引物末端加上能够满足要求的碱基数目，一般在引物的 5′ 端酶切位点侧边加上保护碱基。另外，了解末端长度对切割的影响还可以帮助在双酶切多克隆位点时选择酶切顺序。

参考文献

SZCZELKUN M D, HALFORD S E, 2013. Restriction endonuclease[M]// Stanley Maloy, Kelly Hughes. Brenner's encyclopedia of genetics. 2nd ed. London: Academic Press: 184-189.

（撰稿：石建新、谢家建；审稿：张大兵）

香蕉穿孔线虫病　banana burrowing nematodes

由香蕉穿孔线虫寄生引起的，主要危害香蕉根部极其重要的热带植物入侵线虫病害。广泛分布于热带、亚热带香蕉产区和一些温带地区的温室，是造成世界香蕉和园艺花卉减产的重要因素。

入侵历史　香蕉穿孔线虫是 Cobb 于 1918 年在斐济栽培香蕉根部发现的，并证实该线虫是香蕉的致病病原物，直到 20 世纪 50～60 年代才真正引起人们的重视。1928 年在美国佛罗里达柑橘产区某些衰退的果园中发现该线虫，直到 1953 年，果园普遍发生严重的衰退现象，香蕉穿孔线虫才被视为致病主因。该线虫已广泛分布于世界各香蕉产区，成为影响香蕉种植业最严重的病因之一。1985 年中国福建南靖、平和两县从菲律宾引进香蕉苗时曾传入该线虫，2 年后影响面积达 6700hm^2，经过 5 年官方严格控制，销毁各种经济作物 22 万株以上，才在 1992 年将疫情扑灭。2001 年在海南三江缤纷园艺公司引进的红掌上发现有该线虫，在官方的严格控制下已经将其扑灭。1995—2005 年中国累计 14 次截获香蕉穿孔线虫。在中国大陆还没有香蕉穿孔线虫分布的公开报道。

分布与危害　香蕉穿孔线虫一直是热带、亚热带、中南美洲等地香蕉产区的重要病害，在其分布地区香蕉产量的损失主要是由其危害引起的，一般能造成香蕉减产 40%～80%。1969 年苏里南香蕉种植园普遍发生香蕉穿孔线虫病，造成 50% 以上的产量损失。香蕉穿孔线虫病还是胡椒树等果蔬的毁灭性病原，该线虫从印度传入印度尼西亚后造成邦加岛 90% 以上的胡椒树死亡，20 年内毁灭掉 2200 万株胡椒树。在斐济，香蕉穿孔线虫危害生姜导致产量损失 40%。该线虫在欧洲、北美、亚洲的日本和韩国等温带地区的温室观赏植物上大量发生，在红掌上发生最普遍，严重的发病率高达 69%，甚至造成绝产。香蕉穿孔线虫柑橘小种侵染柑橘引起柑橘的扩散性衰退病，美国佛罗里达州 1967 年因此病引起柑橘减产 40%～70%，葡萄柚减产 50%～80%。有学者利用生态位模型 GARP 与 MAXENT 对香蕉穿孔线虫在中国的适生区进行了预测，提出该线虫主要在中国的海南、广东、广西、福建、云南、台湾等地适生分布。

香蕉穿孔线虫危害香蕉主要是侵害香蕉根部穿刺皮层，引起根部外表出现暗红色的条状病斑，与周围坏死斑融合后形成红褐色至黑色的条状病斑。根部皮层组织有凸起的裂缝，将受害的根部纵切可见皮层红褐色的病斑。随着病害的发展，根系生长衰弱，最终导致根部变黑腐烂。线虫虽不侵入根的中柱，但可穿通根皮层形成空腔并聚集在韧皮部、形成层内取食、发育、繁殖，使根部死亡。由于根系受到破坏，地上部叶缘干枯，心叶凋萎，坐果少，果实呈指状。观赏植物及其他寄主植物被香蕉穿孔线虫危害后，根部有红褐色或黑色的条状病斑。该线虫能在根内来回移动吸取汁液，导致整个根部变黑腐烂，俗称“黑头病”。一般表现为幼苗根外表出现暗红色的坏死斑，毗邻坏死斑融合根的皮层组织萎缩、发黑，严重侵染时这种坏死病斑可环绕根。根表皮层受害形成坏死，诱发腐生菌的侵入，加速了病部组织的发黑、坏死。随着幼小侧根的不断死亡，根系逐渐减少，最后仅剩几条短残根茬。植株地上部分表现为生长不良，发育停滞，叶片及果穗变小，数量减少，无光泽和变色，新枝生长弱，严重者导致死亡。

病原及特征　香蕉穿孔线虫［*Radopholus similis*（Cobb，1893）Thorne，1949］隶属小杆目（Rhabditida）垫刃次目（Tylenchomorpha）短体科（Pratylenchidae）短体亚科（Pratylenchinae）穿孔属（*Radopholus*）香蕉穿孔线虫。

雌虫　热杀死后虫体直或稍腹弯，体环纹清楚。侧区4条侧线，中间两条侧线在尾的后部融合，侧线起始于中食道球稍后处，止于透明尾起始处。头部较低，骨化强，与虫体连续或稍缢缩，前端略圆头环，3～4个；口针强壮，基部球圆，前端平或略凹；中食道球发达，卵圆形，直径8.8～10.3μm，长10.0～13.8μm，中食道球瓣明显，后食道腺长叶状覆盖肠的背面；半月体位于排泄孔前0～1个体环处，长5.0～7.5μm，占2～3个体环宽；排泄孔位于食道与肠连接处。阴门位于虫体中后部，阴门处平或稍微突起；双生殖腺对伸，前生殖腺到达食道腺末端附近，后生殖腺长不超过肛门；受精囊圆，具精子卵细胞单行排列。尾长圆锥形，尾部环纹加宽；尾的后部形态变化多样，呈规则的圆锥形或有一指状突，末端光滑，或有环纹；透明尾长9.0～16.3μm。

雄虫　体长0.49～0.72mm，头部高、呈球形，显著缢缩唇环3～5个，头骨架弱或不明显；口针和食道显著退化，口针基部球不明显或无；中食道球不清楚；单精巢前伸交合刺1对，长13～24μm；引带小，长7～14μm，伸出泄殖腔；交合伞伸到尾部约2/3处；尾呈长圆锥形，尾端部形态多样。

入侵生物学特性　香蕉穿孔线虫为迁移性内寄生线虫，二、三、四龄幼虫和雌成虫均具侵染能力，通常从根尖处侵入。线虫危害寄主植物根内皮层细胞形成空腔，但不进入根的中柱。线虫在根韧皮部和形成层取食、发育、繁殖后代。香蕉穿孔线虫可以两性生殖，雌雄交配后繁殖，也能发生孤雌生殖。在感病香蕉的组织中，雌虫每天平均产卵4～5粒，产卵持续14天。卵8～10天后孵化出二龄幼虫，幼虫发育期为10～13天。在24～32℃下，香蕉根上完成一个生活史需20～25天。在温室25～28℃下，香蕉穿孔线虫在椰子根上完成一个生活史需25天。在适宜发病的条件下，香蕉穿孔线虫群体可在45天内繁殖10倍，病土中线虫群体可多达3000条/kg，而100g根内的线虫群体可超过10万条。

发病因素　香蕉穿孔线虫主要随香蕉、柑橘以及观赏植物的地下部分和所黏附的土壤进行传播，病株和病土是最主要的传播途径和传染源，还可通过其他田间农事操作进行携带传播，比如风、流水、野生寄主根土、黏附在耕作工具上的泥土以及线虫本身游动迁移，一般也能近距离传播。澳大利亚是从斐济引进带病的香蕉种苗才导致今天香蕉产区普遍存在这种线虫；法国的香蕉穿孔线虫是从美国引进带病的观赏植物引起的。该虫主要集中在20～30cm的营养根生长旺盛的土层中，在土内的水平移动很缓慢。在香蕉果园的土壤中每年扩散6m，在柑橘果园中每年扩散15m，而向山坡上扩散8m，向山坡下扩散65m，说明该线虫的活动方向和速度受流水影响。

香蕉穿孔线虫是一种分布于热带、亚热带地区的线虫，其群体水平受气候、土壤类型及寄主等因素的综合影响。该线虫在12～32℃都能生存和繁殖，最适宜的温度为24℃。在潮湿的季节香蕉穿孔线虫群体水平呈下降趋势。土质是影响发病的重要因素，该病在沙质土果园比壤质土的要严重得多。不同品种的寄主，香蕉穿孔线虫数量不同，在感病品种上该线虫的群体水平明显比抗性品种高。在同一柑橘园中的不同季节，香蕉穿孔线虫群体水平不同。在土壤中，该线虫夏末秋初高，晚春低，这是由于此时温度适宜，寄主正在萌发新根，具有充足的养分，有利于线虫繁殖，而晚春植株根系开始老化衰退，受侵染的根开始死亡，不利于线虫繁殖。在同一寄主的不同种植地，新侵染的果树根部线虫比受侵染2年以上的要多，这是因受侵染多年的根组织受该线虫破坏后，其他土壤次生微生物进一步侵染，导致根组织破坏严重，缺乏养分。

存活　该线虫在被侵染的寄主根和其他地下组织内可以长期存活，在无任何寄主的土壤中存活期可达6个月。在田间，该线虫在27～36℃的潮湿土壤中可存活6个月，在29～39℃的干燥土壤中仅能存活1个月；在25.5～28.5℃的潮湿土壤中可存活15个月，在27～31℃的干燥土壤中仅能存活3个月。

孵化特性　雌成虫持续2周平均每天产卵4～5个，这些卵在体内5～7天孵化，在香蕉根中则需7～8天。孵化后幼虫10～13天成熟，但到第一天就有很多成虫了。在24～32℃的温度下，该虫的生活周期从卵到卵需要20～25天。香蕉穿孔线虫雄虫在形态上是退化的，通常不能进入根部。未交配过的雌虫可能不会生育，因为繁殖需两性融合。在雌雄两种成虫中，包括受精囊在内的生殖腺得到充分发育，而且受精囊中充满精子从而证实了异体授精的现象存在。用单卵和消毒过的葡萄柚作寄主，在没有雄虫存在的条件下得到了3代香蕉穿孔线虫，但没能进一步繁殖。

寄主范围　香蕉穿孔线虫的寄主多达350多种。主要侵染单子叶植物的芭蕉科（芭蕉属和鹤望兰属植物）、天南星科（喜林芋属、花烛属植物）和竹芋科（肖竹芋属植物），也可危害双子叶植物。主要危害的农作物和经济作物包括香蕉、胡椒、芭蕉、椰子树、槟榔树、可可、杧果、茶树、美洲柿、鳄梨、油柿、生姜、花生、马铃薯、甘薯、薯蓣、酸豆、姜黄、小豆蔻、肉豆蔻、蚕豆、油棕、山葵、王棕等。在人工接种条件下该线虫可严重危害大豆、玉米、高粱、甘蔗、茄子、咖啡、番茄。此线虫还可和镰刀菌及小核菌等土传真菌相互作用，共同形成复合病害引起香蕉并发枯萎病症状。

预防与控制技术

植物检疫　禁止从香蕉穿孔线虫疫区调运红掌、肖竹芋、凤梨、红果等观赏植物。确需少量调入时，对于来自疫区的寄主植物和土壤，植物检疫部门应在查验调运植物检疫证书的基础上进行复检，并采取适当的隔离措施。

农业防治 种植抗病品种。发病的田块休耕 10～12 个月，用非寄主作物与香蕉轮作至少 2 年。发病蕉园在清除前茬病株残体后，淹水 8 周。与其他作物间作，猪屎豆属、菽麻等植物不但能够改善土壤肥力促进作物生长，减少水土流失，而且对病虫害具有抑制作用，能有效抑制香蕉穿孔线虫种群。增施有机肥可以通过增加土壤的透气性、吸水性和作物根的生物质，尤其能增加贫瘠土壤作物的碳、钾含量，改善植物营养健康状况，激发和增强植物对香蕉穿孔线虫的抗性。此外，有机肥能够修复改善土壤微生物结构和功能，如施用家禽有机肥后，土壤中小杆属等自由生活线虫数量增加到很高的水平，寄生性香蕉穿孔线虫种群数量显著下降，对香蕉根部的危害程度减轻。

生物防治 植物线虫的生物防治因子比较多，主要包括真菌、细菌、病毒、线虫、螨类和植物等。丛枝菌根真菌（AMF）普遍存在于农田土壤中，其对香蕉穿孔线虫的防治效果近年已得到国际的认可。坚强芽孢杆菌、巨大芽孢杆菌、短小杆菌、荧光假单胞杆菌和恶臭假单胞菌等多种土壤根际细菌对香蕉穿孔线虫具有拮抗活性。修长镰螨的幼螨和成螨对香蕉穿孔线虫有捕食作用。孔雀草、艾蒿和菽麻等植物的根、叶等部位提取物对香蕉穿孔线虫均有杀虫活性。

物理防治 切除受侵染组织和热处理技术是消除寄主植物和栽培介质中香蕉穿孔线虫的有效方法。香蕉种苗用 55℃热水浸泡 15～25 分钟能够有效延缓线虫的侵染定殖，而且有利于香蕉生长和增产。湿度大于 20% 时，在 75℃下 15 分钟就可完全杀死花卉用的椰糠栽培基质中的香蕉穿孔线虫。

化学防治 种苗处理可以采用 50℃以上的温水浸根及地下组织，处理时间因植物材料而异；也可以用杀线虫剂益舒宝 10×10^{-5} 溶液浸 30～60 分钟，或 25×10^{-5} 苯线磷溶液浸 10 分钟。直径小于 13cm 的感病根状茎浸入下列溶液中 3 个小时：对硫磷 0.2%，内吸磷 0.05%，速灭磷 0.2%，甲基乙拌磷 0.2%，磺吸磷 0.2%，二溴氯丙烷 0.2%。使用克线磷、益舒宝、万强、涕灭威等处理土壤，可以压低土壤中的线虫数量，控制病情发展。

参考文献

陈勇, 李增华, 1995. 香蕉穿孔线虫研究概况(一)[J]. 植物检疫(2): 91-94, 118.

符美英, 陈绵才, 吴凤芝, 等, 2011. 香蕉穿孔线虫的为害及其分类鉴定研究进展[J]. 中国植保导刊, 31(3): 18-20.

刘爱华, 胡冬青, 陈长法, 等, 2011. 香蕉穿孔线虫在我国入侵状况研究进展[J]. 园艺与种苗(5): 106-109.

彭德良, 2004. 园艺作物杀手——香蕉穿孔线虫[J]. 大自然(2): 46.

姚卫民, 刘铮, 韦斌, 2011. 香蕉穿孔线虫入侵广西的风险分析[J]. 植物检疫, 25(6): 43-44.

郑小玲, 金惺惺, 张森泉, 等, 2011. 几种进境观赏植物根际香蕉穿孔线虫的鉴定和描述[J]. 植物保护, 37(2): 95-98, 111.

周春娜, 徐春玲, 黄德超, 2015. 香蕉穿孔线虫防治研究进展[J]. 中国热带农业(6): 31-34.

周国有, 谢辉, 原国辉, 2008. 香蕉穿孔线虫的发生危害及其防疫控制[J]. 河南农业科学(7): 78-80.

（撰稿：黄文坤；审稿：彭德良）

消化稳定性 digestion stability

蛋白质在人体或模拟人体的胃肠消化体系中的降解程度。由于伦理考虑及招募志愿者困难等因素影响，人体内的消化稳定性试验极少开展，目前多采用模拟人体胃（肠）消化模型进行试验。1996 年 James D. Astwood 利用模拟胃液消化模型，系统地评价了花生、大豆等食物过敏原的稳定性，研究发现一些重要的食物过敏原在模拟胃液中都具有高稳定性，如 β- 伴大豆球蛋白在消化液中 60 分钟仍能稳定存在，而菠菜的核酮糖二磷酸羧化酶和加氧酶在模拟胃液中 15 秒即被降解。由此提出，食物过敏原在胃液中必须具备足够的稳定性才能达到肠黏膜，从而被吸收并发生致敏，消化稳定性是判别蛋白质是否为食物过敏原的重要有效参数。因此，在转基因生物及其产品的食用安全性评价中，消化稳定性试验是其中一个必不可少的重要环节。当然，也有一些过敏原（如花生过敏原 Ara h 8，螨虫过敏原 Der p 7 等）的消化稳定性差，但却依然能引起食物过敏反应。

模拟消化模型中涉及的多个因素，如模拟胃 / 肠模拟液的 pH、胃蛋白酶 / 胰蛋白酶与待评价蛋白质的加入比例、酶活性、待评价蛋白质的纯度等，均可能对实验结果造成不同的影响。在 2001 年 FAO/WHO 制定的转基因食品过敏原性评价策略中，对消化稳定性试验的条件作出了具体要求。具体条件为：以 pH 2 并含 0.32% 胃蛋白酶（W/V），30mM NaCl 的溶液作为模拟胃消化液，将 500μg 的待评价蛋白加入 200μl 消化液中，在 37℃水浴中振荡孵育 60 分钟，并分别在 0、15、30 秒及 1、2、4、8、15、60 分钟的时间点取出一份含 500μg 蛋白的消化液用适合的缓冲液中和，作下一步的 SDS-PAGE 检测。样品需在还原及非还原条件下分别进行 SDS-PAGE 检测，电泳后的凝胶需进行银染或胶体金显色。若可见大于 3.5kDa 的蛋白片段，则提示该蛋白为潜在的过敏蛋白，若只见小于 3.5kDa 的蛋白片段，则提示该蛋白不一定会引起过敏反应。如果待评价蛋白是在食物中表达的，还需要进行免疫印迹分析。通过参照国外制定的标准及总结国内的实践经验，中华人民共和国农业部于 2007 年发布了《转基因生物及其产品食用安全检测——模拟胃肠液外源蛋白质消化稳定性试验方法》的国家标准。

值得注意的是：由于食物包含复杂的成分，可能存在蛋白酶抑制剂或其他物质促进或抑制新引入蛋白质的降解，食物在食用前加工方法的不同也会影响其消化的稳定性。消化稳定性试验虽然作为转基因产品安全性评价中不可缺少的内容，但并非唯一的标准，甚至一些研究对消化稳定性与食物过敏的相关性提出了质疑，因此，对一种转基因产品是否具有过敏原性还需要综合过敏原性判别树中的其他试验结果作出判定。

参考文献

ASTWOOD J D, LEACH J N, FUCHS R L, 1996. Stability of

food allergens to digestion in vitro[J]. Nature biotechnology, 14 (10): 1269-1273.

BOGH K L, MADSEN C B, 2016. Food allergens: Is there a correlation between stability to digestion and allergenicity?[J]. Critical reviews in food science and nutrition, 56 (9): 1545-1567.

FAO/WHO, 2001. Evaluation of allergenicity of genetically modified foods[M]. Report of a Joint FAO/WHO Expert Consultation on Allergenicity of Foods Derived from Biotechnology.

RAHAMAN T, VASILJEVIC T, RAMCHANDRAN L, 2017. Digestibility and antigenicity of beta-lactoglobulin as affected by heat, pH and applied shear[J]. Food chemistry, 217: 517-523.

（撰稿：陶爱林；审稿：杨晓光）

小麦矮腥黑穗病 wheat dwarf bunt

由小麦矮腥黑粉菌引起的一类国际检疫性真菌病害，是麦类黑穗病中危害最大、极难防治的检疫性病害之一。在中国，是一种重大入侵性病害。

入侵历史 在20世纪30年代早期，于北美和欧洲就发现了病害。植物标本提供的证据表明，小麦矮腥黑穗病1847年出现在欧洲，1860年出现在北美洲和1915年出现在南美洲。20世纪60年代入侵中国新疆。

分布与危害 分布于欧洲、美洲、亚洲、大洋洲和非洲等近60个国家。在欧洲的德国、法国、比利时、丹麦、瑞士、意大利等17个国家有发生，在北美洲的加拿大和美国也有分布，美国为该病害主要发生区域，其主要集中在华盛顿、爱达荷以及科罗拉多和怀俄明等7个州。随后在拉丁美洲，亚洲的巴基斯坦、伊拉克、日本等7个国家也发现有该病害，甚至大洋洲的澳大利亚及非洲的埃塞俄比亚等国家均报道发现该病害。

中国麦区根据发生此病的危险程度可划分为5个区域：极高险区，包括西北高原区的新疆、青藏高原部分、黄土高原（陕西、甘肃、宁夏）和内蒙古麦区；高危险区，为黄河中下游区：包括华北大部分、华东北部及东北南部麦区；局部发生区，指长江中下游中南及西南高海拔麦区包括山区和丘陵地区；偶发区，包括台湾及广东、广西高海拔地区；低危险区，仅有海南。

环境适宜时，该病害可造成50%的产量损失，部分发病严重的地块产量损失可达70%以上，甚至绝收。中国除北纬25°左右以南、年平均气温高于20℃的少数地区外，小麦腥黑穗病在中国各地都有发生。早在20世纪60年代，中国就已开始了该病害的研究和检疫，70年代前成功在全国进行了有效控制，但是由于不规范的种植及抗性品种的减少，导致其发病频率逐年增加。

小麦矮腥黑粉菌除侵染小麦外，还能侵染大麦属、黑麦属及燕麦草属18个属的70多种禾本科植物。流行年份引起的产量损失一般为20%～50%，严重时可达75%～90%，甚至绝产。被小麦矮腥黑粉菌侵染发病的小麦植株多分蘖、矮化，正常的籽粒被发育成熟的孢子团（菌瘿）完全取代形成病粒（图1），通常发病率约等于产量损失率。小麦矮腥黑穗病除导致产量方面的损失外，还严重影响面粉的品质，由于病菌孢子中含有三甲胺，导致未经有效处理的病麦加工面粉带有腥臭味，威胁人体健康。

病原及特征 病原为小麦矮腥黑粉菌（*Tilletia controversa* Kühn），属黑粉菌目（Ustilaginales）腥黑粉菌科（Tilletiaceae）腥黑粉菌属（*Tilletia*）（图2）。

冬孢子形态 冬孢子黄褐色到红褐色，大部分球形或近球形，嵌在透明的1.5～5.5μm厚的胶质鞘中，直径连鞘在内平均为19～24μm，少数为17μm或31μm。外壁有多边形网格状饰纹，其中网格直径为3～5μm，有时会呈网纹或者是不规则形态，被透明的胶质鞘包裹。不孕细胞呈球形，直径9～22μm，具光滑的壁，透明、很浅的淡绿或淡褐色，有时包被在2～4μm透明的胶质鞘中。

冬孢子生理学特性 小麦矮腥黑粉菌冬孢子通常需4周左右萌发，萌发的基本温度是：−2℃（最低），3～8℃（最适）

图1 小麦矮腥黑穗病田间发病植株（高利提供）

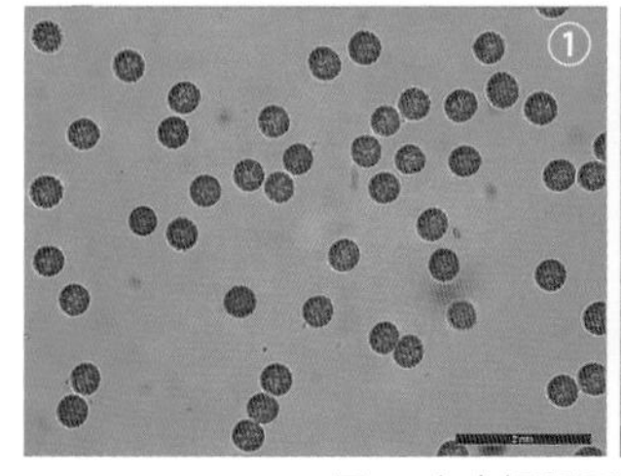

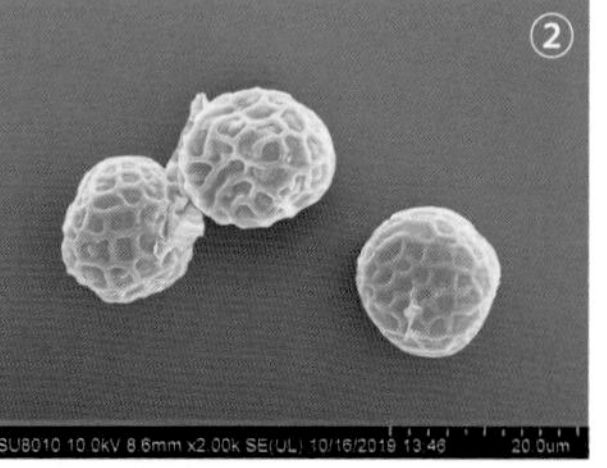

图2 小麦矮腥黑粉菌（高利提供）
①冬孢子；②扫描电镜照片

和15℃（最高）。冬孢子若先在5℃下培养3～4周，再移至-2～0℃，在短时间内便可大量萌发。另外，弱光会刺激病菌冬孢子的萌发，绿光抑制萌发而蓝光激发萌发，波长在400～600nm的辐射刺激孢子萌发最为有效。在室内培养一般可采用2盏40W的白色冷光荧光灯泡作为光源。矮腥黑粉菌冬孢子在中性到酸性条件下的萌发率较高，当pH为7.8～8.2时萌发减少。矮腥黑穗病菌冬孢子在实验室适宜条件下可以保存20年以上仍然具有萌发能力，自然条件下有极强的抗逆性，一般在土壤中3～7年仍保持活力，条件适宜时少量冬孢子10年以上仍能够萌发。

入侵生物学特性 病菌初侵染源是前茬病株散落于土壤的菌瘿和冬孢子，可在土壤中越夏越冬。低温干燥地区有利于冬孢子在土壤中存活，土壤带菌在侵染循环中的作用更大。当冬孢子在土表或近土表萌发后侵入丝穿透幼苗时，病害的侵染循环就开始了。冬孢子在适宜的条件下萌发产生先菌丝，常有2～4个，在先菌丝顶端产生初生担孢子，初生担孢子数量较多，少则9～12个，多则28～66个。初生担孢子融合形成“H”体，再发芽生出新月形的次生担孢子和侵染丝，通过侵染丝侵染小麦。冬孢子萌发形成的侵染菌丝具备穿透幼苗并侵染发病的能力。侵染菌丝通过分蘖原细胞穿过寄主并在细胞间生长，于小麦拔节期前到达生长点。小麦处于节间伸长期时，菌丝随着顶端分生组织的分裂和生长在细胞间移动而遍及顶端组织并到达花器进行侵染，导致子房内组织完全被破坏，使籽粒内充满黑粉形成菌瘿，成熟的黑粉粒破碎后冬孢子散落在土壤表面再次成为初侵染的来源。

矮腥黑穗病菌主要危害冬小麦。冬孢子萌发主要受温度、湿度和光照的影响。其中，温度是最主要的因素，温度界限是-2～12℃，一般在3～8℃时萌发良好，以5℃为最适。最低为0℃，最高为10℃。病菌侵染周期较长，可达数月。土壤中的冬孢子萌发后侵染小麦幼嫩的分蘖处，逐步进入穗原始体，各个花器，破坏子房，形成冬孢子堆。

发病程度依赖于大面积感病品种的种植、土壤中足够引起侵染的菌源冬孢子浓度、数周持续的积雪覆盖、水分条件、相对稳定的日均温度等条件。积雪给孢子的萌芽和侵染提供了一个稳定的低温、湿润和有一定光照的小环境。因此有时长期多云、接近冰点的温度也能造成发病。

预防与控制技术

植物检疫 严格执行进口小麦以及原粮的检验检疫制度，带菌进口小麦或原粮应进行加工灭菌处理。严格执行检疫措施，是防治工作中最积极有效的方法。

栽培措施 调整耕作制度，用春小麦代替冬小麦，或冬小麦适当晚播可减轻病情。使用轮作方法，坚持5～7年内凡混杂小麦矮腥黑穗病的土壤不种小麦。

化学防治 苯醚甲环唑对小麦矮腥黑粉菌具有很好的防治效果；萎锈灵、乙环唑、六氯苯、涕必灵、三唑酮、三唑醇和五氯硝基苯对种传和土传接种体的侵染均有防效；仅防治种传接种体的包括苯菌灵、氯甲氧苯、麦穗宁、代森锰、Pyrocarbolid和TCMTB。在仅针对种传的接种体试验中，三唑类杀菌剂腈菌唑具有突出的杀菌作用。

选用抗病品种 能在一定程度上减轻危害，由于病菌致病性和品种抗病性的变化，需要不断培养新的抗病品种。美国育成的抗病品种有‘Cardon’‘Crest’‘Franklin’‘Hansel’‘Jeff’‘Manning’‘Ranger’‘Weston’等硬红冬麦和‘Luke’‘Moro’等软白冬麦；中国山东鉴定筛选的品种有‘泰山一号’‘7556’‘74100’‘安农79-75’等抗病高产品种（系）。

参考文献

BALLANTYNE B, 1999. 小麦腥黑穗病和黑粉病[M]. 杨岩, 庞家智, 译. 北京: 中国农业科学技术出版社.

高利, 陈万权, 周益林, 2011. 小麦矮腥黑穗病的检测技术[M]//方方浩. 生物入侵: 检测与监测篇. 北京: 科学出版社: 115-130.

中国农业科学院植物保护研究所, 中国植物保护学会, 2015. 中国农作物病虫害 [M]. 3版. 北京: 中国农业出版社: 343-345.

祝慧云, 马占鸿, 周益林, 2003. 小麦矮腥黑穗病(TCK)研究概述[C]//中国植物病理学会. 中国植物病理学会第六届青年学术研讨会论文集——植物病理学研究进展: 第五卷: 38-41.

GAO L, YU H X, HAN W S, et al, 2014. Development of a SCAR marker for molecular detection and diagnosis of *Tilletia controversa* Kühn, the causal fungus of wheat dwarf bunt[J]. World journal of microbiology and biotechnology, 30(12):3185-3195.

GAO L, LI B M, FENG C W, et al, 2015. Detection of *Tilletia controversa* using immunofluorescent monoclonal antibodies[J]. Journal of applied microbiology, 118(2): 497-505.

XU T S, QIN D D, MUHAE-U D-DIN G, et al, 2021. Characterization of histological changes at the tillering stage (Z21) in resistant and susceptible wheat plants infected by *Tilletia controversa* Kühn[J]. BMC plant biology, 21: 49.

（撰稿：高利；审稿：董莎萌）

小麦光腥黑穗病 common bunt of wheat

由小麦光腥黑粉菌引起的小麦病害，是一种世界性病害。在中国，是一种重要的农业入侵病害，曾经造成严重经济损失。又名腥乌麦、黑麦、黑疸、丸腥黑穗病。

入侵历史 19世纪时在美洲、欧洲和西亚被首次发现，1972年美国的中西部麦区发病面积占麦区总面积的22%，平均减产17%。由于抗病品种和种子处理剂的推广应用，20世纪90年代后该病害在一定程度上得到了控制，但蒙大拿州的一些地区发病率仍高达20%，产量亏损约为45%。在欧洲、北美洲、南美洲、大洋洲、亚洲、非洲等约49个国家相继发现了该病害。20世纪40年代传入中国，小麦光腥黑穗病在中国不少小麦产区危害严重。不断进行防治后，60年代末已在中国大部地区基本被消除。1970年以来，病情有回升的迹象，在小麦主产地的河南、山东、河北、江苏、北京等地该病害时有发生，而且有些地区或田块发病较重，有蔓延扩散的趋势。

分布与危害 该病害在春小麦和冬小麦上都有发生，并遍布世界的小麦种植区。在中国除25° N左右以南、年平均气温高于20℃以上的少数地区外，其他各地都有发生。以华北、华东、西南的部分冬麦区和东北、西北、内蒙古的春麦区发生较重。新中国成立前及新中国成立初期，小麦光腥黑穗病就在中国不少地区非常严重。经大力防治，20 世纪 60 年代末在大部地区已消除其危害。70 年代以来，由于机械跨区收割、频繁调种以及放松防治等原因，有一部分地区病情又有回升。在河南、山东、河北、江苏、北京等主产地时有发生，而且一些地区或田块发病较重，有蔓延扩散的趋势，如河南安阳、开封、周口、驻马店等地，部分地块病穗率 50% 以上。1987 年该病在河北各地普遍发生，一般病穗率达 5%～10%，严重的达 60% 以上。2009 年，在江苏邗江、金坛、武进等 10 多个县（市、区）发现该病，全省发生面积达 147hm^2，一般田块病穗率 1.5%～18.3%；2011 年常熟、吴中等地局部田块发病，病穗率高达 60% 以上。2012 年，东台个别田块病穗率达 30% 左右。

病害症状主要出现在穗部。小麦受害后，通常是全穗麦粒变成病粒，但也有一部分麦粒变成病粒。较健穗而言，病穗较短，直立，颜色较健穗深，开始为灰绿色，以后变为灰白色，颖壳略向外张开，露出部分病粒。病粒较健粒粗短，初为暗绿，后变灰黑色，外包一层灰包膜，内部充满的黑色粉末（病菌冬孢子）破裂散出含有三甲胺鱼腥味的气体（图 1）。

病原及特征　病原为小麦光腥黑粉菌（*Tilletia laevis* Kühn），属黑粉菌目（Ustilaginales）腥黑粉菌科（Tilletiaceae）腥黑粉菌属（*Tilletia*）。

冬孢子形态　冬孢子圆形、卵圆形或稍长，浅白到深橄榄褐色，直径 14～22μm，但有时较小（13μm），外壁平滑。不孕细胞球形到近球形，但有时呈不规则形或扭曲，直径 11～18μm，透明到半透明（图 2、图 3）。

冬孢子的生理学特性　小麦光腥黑穗病的冬孢子能在水中萌发，在具有某些营养物质的液体中，如在 0.05%～0.75% 的硝酸钾溶液中更易萌发。孢子萌发所需的温度随病菌的种和生理小种不同而异。一般来说，最低温度为 0～1℃，最高为 25～29℃，最适为 18～20℃；也有试验结果为，最低温度 5℃，最高 20～21℃，最适 16～18℃。孢子对酸性很敏感。当土壤溶液的 pH<5 时，孢子不能萌发。孢子萌发时需要大量氧气，储存于干燥场所病粒内的冬孢子可存活数年之久，但置于潮湿土壤内的厚垣孢子则只能存活几个月。小麦光腥黑穗病菌有生理专化现象。不同生理小种除对寄主的致病力不同以外，孢子的大小、萌发的形式、色泽、培养性状以及受侵染植株的高矮、分蘖多少和病粒的形态等也有差异。病菌的致病力因所侵染的小麦品种的抗病性不同，会发生不同的变异。

入侵生物学特性　病菌以冬孢子附着在种子表面或在土壤中越冬或越夏。当播种后种子发芽时，冬孢子也随即萌发，先产生先菌丝，之后在顶端产生担孢子，再由性别不同的担孢子在先菌丝上呈“H”状结合，形成 H 体，然后萌发为侵染菌丝。病菌在小麦植株内以菌丝体形态随小麦生长而生长，随后侵入开始分化的幼穗，破坏穗部的正常发育，直至充满整个麦粒，麦粒内全部变为黑粉即形成菌瘿。

图 1 小麦光腥黑穗病田间发病植株（高利提供）

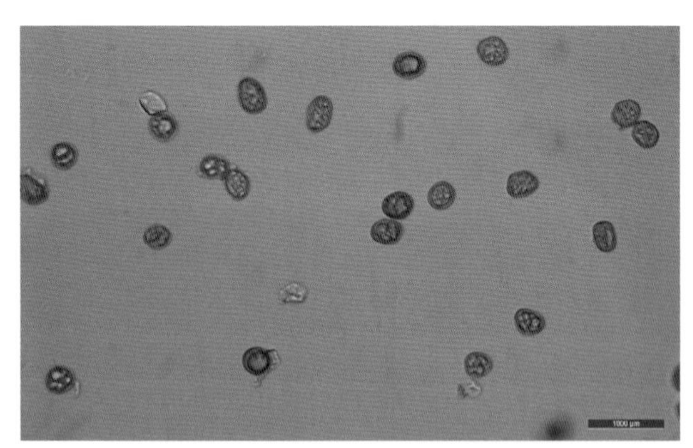

图 2 小麦光腥黑粉菌光学显微镜照片（高利提供）

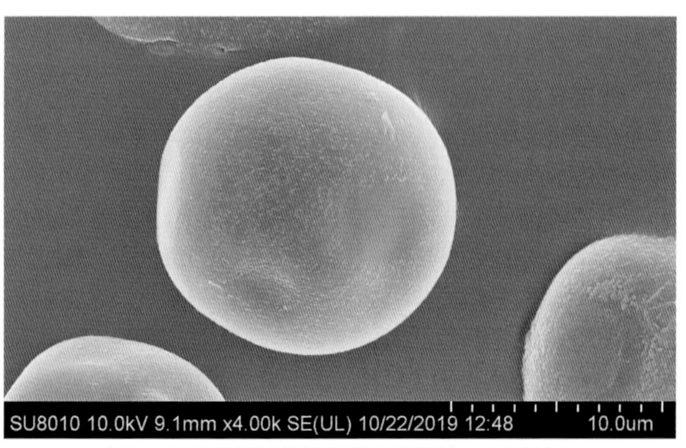

图 3 小麦光腥黑粉菌扫描电镜照片（高利提供）

种子带菌是传播病害的主要途径。除此之外，小麦收获脱粒时，病粒破裂，冬孢子飞散会黏附在种子表面越夏或越冬。用带有病菌冬孢子的麦秆、麦糠等沤肥，孢子并不会死亡；用带有冬孢子的麦秸、麦糠等饲养牲畜，通过牲畜肠胃粪便排出的孢子也不会死亡，而使粪肥带菌。在有沤粪习惯的地区，粪肥带菌也是传病的主要途径。小麦收获时，病粒掉落田间或小麦脱粒场时，冬孢子被风吹到附近麦田内，可使土壤带菌。在麦收后寒冷而干燥的地区，冬孢子在土壤中存活时间较长，故也可通过土壤传播。

小麦幼苗出土以前的土壤环境条件与病害的发生发展关系极为密切，尤其土壤温度对该病害发病最为重要。小麦光腥黑穗病菌侵入幼苗的适温较麦苗发育适温低，最适温度为9～12℃，最低5℃，最高20℃，而冬小麦幼苗发育适温为12～16℃，春小麦为16～20℃。土温较低会增加病菌侵染的概率，因此，一般田间播种采用冬小麦早播与春小麦晚播的方式，会大大降低病菌侵染的概率。此外，播种时覆土过深，麦苗不易出土，也会增加病菌侵染的机会。湿润的土壤（持水量40%以下）对孢子萌发较为有利。另外，播种前后的降水量、灌溉及土壤性质等都影响孢子萌发率。如果土壤和种子带菌量高，小麦播种时的土壤温度为9～12℃、湿度为20%～22%，翌年病害则发生严重。

预防及控制技术

加强检疫　做好产地检疫，禁止将未经检疫且带有小麦光腥黑穗病的种子调入未发生区，对来自疫区的收割机要进行严格的消毒处理，一旦发现病害，要采取集中焚烧销毁等措施。

种植抗病品种　加强抗病品种的筛选和选育，推广和种植抗病品种。通过研究，已鉴定出了15个抗腥黑穗病的基因，从*Bt1*到*Bt15*，这些基因在小麦品种中以单独或组合的形式存在。PI17383是一个很好的抗性材料，含有*Bt8*、*Bt19*、*Bt10*三个主效基因。

种子处理　常年发病较重地区，用2%戊唑醇拌种剂10～15g，加少量水调成糊状液体与10kg麦种混匀，晾干后播种。也可用种子重量0.15%～0.2%的20%三唑酮乳油或0.1%～0.15%的15%三唑醇干拌种剂、0.2%的40%福美双可湿性粉剂、0.2%的50%多菌灵可湿性粉剂、0.2%的70%甲基硫菌灵可湿性粉剂、0.2%～0.3%的20%萎锈灵乳油拌种，以及0.1%的3%苯醚甲环唑悬浮种衣剂、0.1%～0.2%的10%腈菌唑悬浮剂等药剂拌种和闷种，有较好的防治效果。

处理带菌粪肥　在以粪肥传播为主的地区，还可通过处理带菌粪肥进行防治。提倡施用酵素菌沤制的堆肥或施用腐熟的有机肥。对带菌粪肥加入油粕（豆饼、花生饼、芝麻饼等）或青草保持湿润，堆积1个月后再施入田间，或与种子隔离施用。

栽培措施　使用轮作方法；调整耕作制度，春麦播种忌过早，冬麦播种忌过晚，忌播种过深。

参考文献

中国农业科学院植物保护研究所，中国植物保护学会，2015. 中国农作物病虫害[M]. 3版. 北京：中国农业出版社：340-343.

BAO X, 2011. Host specificity and phylogenetic relationships among *Tilletia* species infecting wheat and other cool season grasses[D]. Dissertations and Theses Gradworks. Washington: Washington State University, Department of Plant Pathology.

QIN D D, XU T S, LIU T G, et al, 2020. First report of wheat common bunt caused by *Tilletia laevis* in Henan province, China[J]. Plant disease, 10: 1094.

（撰稿：高利；审稿：董莎萌）

小蓬草　*Conyza canadensis* (L.) Cronq.

菊科白酒草属一年生或二年生草本植物。又名小飞蓬、飞蓬、加拿大蓬、小白酒菊。

入侵历史　原产北美洲，生长于旷野、荒地、田边和路旁，现广布世界各地。在中国，小飞蓬于1860年在山东烟台被发现，无意引进或通过大气环流从邻国自然扩散传入。随后至1887年的27年期间，相继在浙江宁波、湖北宜昌、江西九江和四川南溪等地发现，现已遍布中国各地。

分布与危害　中国各地均有分布，是中国分布最广的外来入侵植物之一。分布于黑龙江、吉林、辽宁、内蒙古、新疆、宁夏、青海、甘肃、北京、天津、河北、河南、湖北、湖南、安徽、福建、山东、山西、陕西、浙江、江苏、江西、广东、广西、云南、贵州、四川、重庆、西藏、海南、香港、澳门和台湾等地。

是橡胶、果园、茶园等旱地恶性杂草，严重危害秋收作物，同时也是棉椿象和棉铃虫的中间宿主植物。多为荒废的农田、退化的林地、草原、苗圃等入侵生境中的单优种群，降低土壤的营养水平、改变土壤的pH和影响生物多样性而对生态造成较大危害。

形态特征　根纺锤状，具纤维状根。茎直立，株高40～120cm，淡绿色，具纵条纹和疏被长硬毛。幼苗除子叶外全被毛，子叶卵圆形，先端钝圆，具短柄。初生叶密集，椭圆形，先端突尖，具叶柄。后生叶簇生，全缘或有疏钝齿，茎下部叶倒披针形，顶端尖或渐尖，基部渐狭成柄；茎中部和上部叶较小，线状披针形或线形，疏被短毛。头状花序，具5～10mm花序梗，多数密集成圆锥状或伞房形圆锥状。总苞近圆柱状，总苞片2～3层，黄绿色，条状或线状披针形，边缘膜质；舌状花白色或略带紫色，花冠管状，上端具4或5个齿裂，管部上部被疏微毛，外围花雌性，舌状，线形，长2～2.5mm，檐部多4齿裂。瘦果线状披针形，长1.2～1.5mm，顶端具2.5～3mm白色冠毛（见图）。

入侵特性　小蓬草较易入侵山坡、湿草地、河谷、疏林下、河滩、水渠旁、铁路、公路边、住宅四周等，一些荒废的农田、退化的森林也是小飞蓬容易入侵的场所。小蓬草结实量大，单株可生产30 000粒以上瘦果，能借助大气环流、水流和动物等媒介实现扩散，也可经人为和交通工具携带传播扩散。种子可随风轻易传播，蔓延极快。由于生长周期较短，环境适应性较强，能大范围地迅速入侵扩散。在其入侵生境中竞争排挤其他，同时释放大量化感物质抑制其他

小蓬草的形态特征（张付斗提供）
①幼苗；②成株；③花序；④入侵危害

邻近植物的萌发生长，形成单优群落。在长期施用草甘膦等除草剂防控后，存活下来的植株迅速和持续产生耐药性后代，也可能是其快速入侵的一个重要原因。

监测检测技术　一般选择小蓬草最易入侵的空地、路边、山坡、湿草、水沟边、公路边和稀疏林等生境作为监测样地。监测内容包括小蓬草的发生面积、分布扩散趋势、生态影响和经济危害等。监测时间根据生长发育时间确定，一般在幼苗期和花期进行监测。监测点选择1～3个入侵生境类型设置监测样地，每样地调查20个50cm×50cm的样方，小蓬草生物量、密度、盖度、多度和频度，分析其在群落中重要值变化。在小蓬草防控后10、25和40天，监测其死亡与残留情况，分析评价所采取技术措施的防控效果。常年应用化学防治，尤其是草甘膦除草剂的应用区，需监测和检测该入侵植物的抗药性变化。一般每2～3年采集一次小蓬草的成熟种子，检测对常用除草剂的抗药性情况。

预防与控制技术　小蓬草由于生态适应性广、繁殖效率高和入侵速度快，能大范围地迅速扩散，给预防与控制带来极大困难，对该入侵物种的管理，重点是做好其易入侵场所的调查、监测和及时防除工作。控制小蓬草有农业措施、替代控制和除草剂应用等防治方法。由于长期以草甘膦为主的除草剂应用，而且该植物产生抗药性速度快，防控过程中需做好抗药性的监测和检测。

物理防治　小蓬草入侵危害的场所，可通过机械和人工除草方式进行清除。通常在开春早期的幼苗阶段人工拔除。同时应加强土地管理，清除后可重新栽植植被或种植农作物，以加大小蓬草的入侵难度。由于小蓬草主要通过种子入侵扩散，可在其开花结籽前采用机械或人工铲除、刈割等方式，防止其有性生殖。

化学防治　一般在开春后田间小蓬草萌动高峰期，应用化学农药绿麦隆、西玛津或敌草隆等，可在苗前，也在中耕除草后定向均匀喷雾于土表。在小蓬草的生长旺盛期，常用草甘膦，直接定向喷雾喷于其茎叶，但对其他植物为非选择性而发生药害，施用时避免喷或飘移到果树、农作物或其他非靶标植物。小蓬草容易对该除草剂产生抗药性，应注意与草铵膦、2甲4氯和二氯吡啶酸等其他除草剂轮换使用。例如草铵膦同样是具有杀草谱广、低残留、活性高和环境相容性好等特点的灭生性除草剂；施用2甲4氯应注意其飘移，周边种植阔叶作物慎用；二氯吡啶酸对小飞蓬等菊科杂草效果优良，而且对禾本科植物安全，但其残留期比较长，后茬作物不能种植豆科、菊科作物。小蓬草对乙羧氟草醚属触杀类除草剂的中毒比较快，温度越高，效果越好。

生物防治　利用对小蓬草具有抗耐性的艾蒿、本氏蓼和老鹳草等与其种间竞争，通过其入侵地域和生境的良性植物种群建立，达到生物取代目的。

综合利用　小蓬草作为传统药材，主要成分含有吡喃酮类、三萜类、黄酮类、咖啡酰类、生物碱类等，具有高效止痛、利尿和排毒等功效，主要用于治疗肠炎、胆囊炎和传染性肝炎等疾病。在北美洲用作治痢疾、腹泻、创伤以及驱螨虫；中部欧洲常用其新鲜的植株做止血药。其挥发油的主要成分为单萜、倍半萜、烯烃、醇、酯、醛和苯胺等化合物，具有杀菌、消炎、镇痛作用，其总黄酮提取物具有显著的抗病毒、抗肿瘤、抗氧化、抗炎、抗衰老等作用，已在制备抗肿瘤药物及抗肿瘤辅助药领域应用。此外，小蓬草的嫩茎、叶也可作饲料，在畜牧业中加以利用。因此，在综合控制中可结合其利用，取得一定经济效益和生态效益。

参考文献

高兴祥, 李美, 高宗军, 等, 2010. 外来入侵植物小飞蓬化感物质的释放途径[J]. 生态学报, 30(8): 196 -197.

王晓红, 纪明山, 2013. 入侵植物小飞蓬及其伴生植物的光合特性[J]. 应用生态学报, 24(1): 71-77.

徐海根, 强胜, 2004. 中国外来入侵物种编目[M]. 北京: 中国环境科学出版社: 162-163.

张海燕, 张敏, 祁珊珊, 等, 2015. 入侵植物小飞蓬化感作用及有效成分分析[J]. 杂草科学, 14(8): 82-83.

BRUCE J A, KELLE J J, 1990. Horseweed (*Conyza canadensis*) control in no-till soybean(*Glycine max*) with preplant andpreemergence herbicides[J] Weed technology, 4: 642-647.

DJURDJECIV L D, GAJIC G, KOSTIC O, et al, 2012. Seasonal dynamics of allelopathically significant phenolic compounds in globally successful invader *Conyza canadensis* L. plants and associated sandy soil [J]. Flora, 207: 812 - 820.

HOLM L, DOLL J, HOLM E, et al, 1997. World weeds: Natural historis and distribution [M]. New York: John Wiley&Sons: 226-235.

HU G, ZHANG Z H, 2013. Aqueous tissue extracts of *Conyza canadensis* inhibit the germination and shoot growth of three nativeherbs with noautotoxic effects[J]. Plantadaninha, 31(4): 805-811.

LOLA D, MIROSLAVA M, CORDANA C, et al, 2011. An allelopathic investigation of the domination of the introduced invasive *Conyza canadensis*[J]. Flora, 206: 921-927.

NANDULAA V K, EUBANKB T W, POSTONB D H, et al, 2006. Factors affecting germination of horseweed (*Conyza canadensis*)[J] Weed science: 898-902.

SONIA C N Q, CHARLES L C, STEPHEN O D, et al, 2012. Bioassay directed isolation and identification of phytoxic and fungitoxicacetylenes from *Conyza canadensis*[J]. Journal of agricultural and food chemistry, 60(5): 893-898.

WEIDENHAMERJ D, CALLAWAY R M, 2010. Direct and indirect effects of invasive vasive plants on soil chemistry and ecosystem function [J]. Journalof chemical ecology, 36: 59-69.

（撰稿：张付斗；审稿：周忠实）

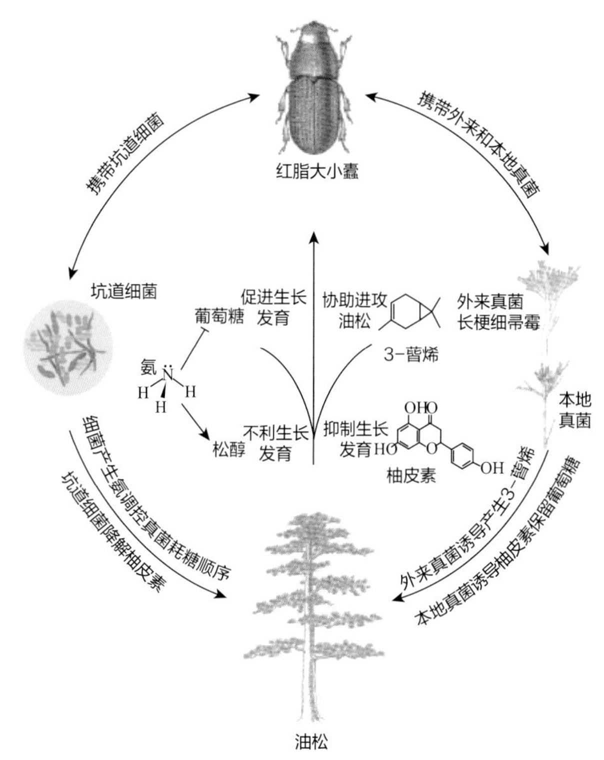

信息化合物介导的红脂大小蠹—微生物共生入侵机制（鲁敏提供）

协同入侵　coordinated invasion

入侵物种在种群形成与扩张过程中，与寄主、土著种以及其他生物因子比如伴生微生物相互作用从而实现成功入侵。以中国林业毁灭性重大外来入侵害虫红脂大小蠹为例，入侵种红脂大小蠹和本地种黑根小蠹之间存在协同入侵，本地种黑根小蠹作为一种次期性害虫并不进攻健康松树，红脂大小蠹率先进攻后释放信息素，促进两种寄主挥发物释放，协同引诱黑根小蠹进攻。黑根小蠹进攻后，释放信息素又吸引新的红脂大小蠹进攻。两个种具有共同的聚集信息素，相互协助危害寄主，促进红脂大小蠹成功入侵，这种种间协同入侵机制，丰富了入侵生物学理论。此外，在红脂大小蠹这个复杂的虫灾体系中，还存在着寄主油松、伴生真菌和共生细菌等一些生物类群，它们之间存在着复杂的网状化学信息联系。研究发现本地真菌能够诱导寄主油松产生高浓度的酚类物质柚皮素，这对红脂大小蠹在寄主油松上繁殖不利。而红脂大小蠹蛀道细菌能够降解柚皮素，从而保护了红脂大小蠹在寄主油松的繁殖；同时红脂大小蠹外来伴生真菌长梗细帚霉还能够保留寄主油松的松醇，松醇能够促进蛀道细菌降解柚皮素，从而进一步保护了红脂大小蠹在寄主油松的繁殖。这种多种、多功能的微生物协同红脂大小蠹入侵成功的模式，系统阐明了信息化合物介导的红脂大小蠹—微生物共生入侵机制（见图）。松树、小蠹虫及其伴生真菌和共生细菌之间的相互作用是生物长期协同进化的结果，是森林生态系统内一种普遍的生态学现象。

在其他物种中，一些入侵植物成功入侵的主因之一就是它们能够促进其根际土壤微生物群落的演替。此外，同一生态系统中可能遭受两种甚至是两种以上入侵植物的入侵。这种协同入侵的入侵植物对土壤细菌群落的影响、对阐明入侵植物成功入侵的机理具有重要作用。

参考文献

CHENG C, WICKHAM J D, CHEN L, et al, 2018. Bacterial microbiota protect an invasive bark beetle from a pine defensive compound[J]. Microbiome, 6: 132.

LU M, MILLER D R, SUN J H, 2007. Cross-Attraction between an exotic and a native pine bark beetle: a novel invasion mechanism?[J]. PLoS ONE, 2: e1302.

WANG B, LU M, CHENG C, et al, 2013. Saccharide-mediated antagonistic effects of bark beetle fungal associates on larvae[J]. Biology letters, 9(1): 20120787.

WEI M, WANG S, XIAO H G, et al, 2020. Co-invasion of daisy fleabane and Canada goldenrod pose synergistic impacts on soil bacterial richness[J]. Journal of Central South University, 27: 1790-1801.

XU D, XU L, ZHOU F, et al, 2018. Gut bacterial communities of *Dendroctonus valens* and monoterpenes and carbohydrates of *Pinus tabuliformis* at different attack densities to host pines[J]. Frontiers in microbiology, 9: 1251.

（撰稿：鲁敏、刘一澎；审稿：周忠实）

新武器假说　new weapon hypothesis

入侵植物根系可分泌化感物质来抑制其他植物的种子萌发和植株生长（即化感作用），导致外来入侵植物排挤本地植物而成功定殖与建立种群的现象。一般来说，在长期演替的自然植物群落中，不同植物种类之间存在协同进化关系，其能较好地适应彼此分泌的化感物质而相互不受影响，不会因化感作用促进某种植物种群的显著扩张。而外来植物入侵到一个新的环境后，其与本地植物在进化上则是非协同关系，这种非协同进化关系导致本地植物对入侵植物根系分泌的化感物质不能短期内达到适应，换言之，这些化感物质对本地植物而言是新颖的、有毒害的。因此，在入侵地，本地植物常在短期内不能适应一些入侵植物的化感物质导致种群发展受到限制，而入侵植物种群则不断扩张。这些例子在入侵菊科植物中经常可见。

对于入侵植物的化感作用，可根据反竞争替代原理，筛选出对入侵植物起到抑制作用的、具有生态和经济价值的植物，用于替代控制入侵植物，即“以草治草”。例如，利用在公路两侧依次种植旱地早熟禾（*Poa annua*）（地毯层）、小冠花（*Coronilla varia*）（植物篱）和紫穗槐（*Amorpha fruticosa*）（拦截层），可阻止恶性入侵植物豚草传播蔓延。

参考文献

万方浩, 侯有明, 蒋明星, 2015. 生物入侵学[M]. 北京: 科学出版社.

BAIS H P, VEPACHEDU R, GILROY S, et al, 2003. Allelopathy and exotic plant invasion, from molecules and genes to species interactions[J]. Science, 301: 1377-1381.

（撰稿：周忠实；审稿：万方浩）

信号转导模型假说　signal transduction model hypothesis

细胞外的信息（光线、抗原、细胞表面的糖蛋白、发育讯息、生长因子、激素、经传导物或一些营养物质）经过一系列的生化反应，活化了细胞内部的信息，进而使细胞产生反应的假说。

与其他细菌蛋白一样，Cry 毒素可结合到磷脂双分子层和刷状缘囊膜（BBM）上。与磷脂和 BBM 结合的 Cry 毒素有单体结构和低聚体结构（二聚体和四聚体），毒素低聚体能够引起细胞渗透性的改变，从而导致细胞死亡。

Cry 毒素能够特异地结合到钙黏蛋白受体 BT-R1 上，其变异或者缺失都会导致昆虫对 Cry 毒素失去敏感性。选取细胞系 H5 以及稳定表达 BT-R1 的细胞系 S5，用含有 Cry1Ab 毒素的培养基筛选，H5 细胞系可以正常生长和细胞分裂，而绝大部分 S5 细胞被杀死。表明 Cry1Ab 毒素在 BT-R1 存在的时候会引起细胞死亡。细胞毒性的产生与 Mg^{2+} 介导的信号通路有关。

信号转导假说模型（图 1），毒素和目标细胞的相互作用分为两类。① Cry 毒素分子在细胞膜上形成低聚体，该低聚体依赖于磷脂并且不具有特异性，不会使细胞死亡；②毒素单体结合到 BT-R1 上，触发 Mg^{2+} 介导的信号通路，最终导致细胞死亡。细胞可以通过体内防御机制抵御毒素的伤害，细胞系用 Cry5B 处理后引起蛋白激酶 MAPK 信号通路改变并且产生细胞层面的防御反应。

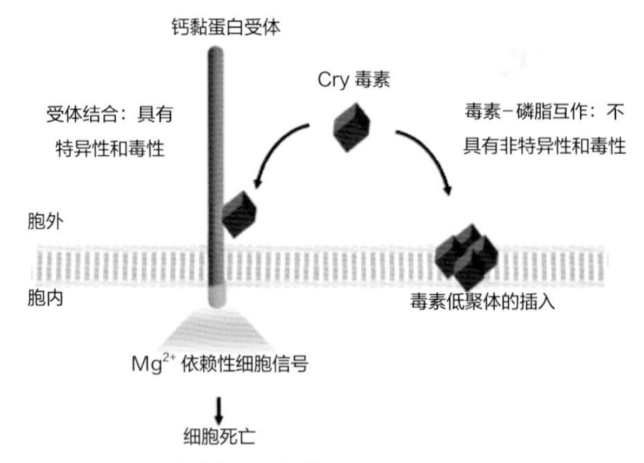

图 1　Cry 毒素作用机制模型 I（引自 Zhang et al., 2015）

细胞死亡与为数不多相对保守的信号通路有关，平时这些通路保持关闭直到被激活。毒素作用方式与细胞膜相关，并且在时空上与 G 蛋白激活、腺苷酸环化酶（adenylyl cyclase，AC）激活、cAMP 合成有关。Cry1Ab 毒素特异结合到 BT-R1 上激活 G 蛋白和 AC，造成 cAMP 浓度升高，由此激活蛋白激酶 A（protein kinase A，PKA）。PKA 在细胞死亡的信号通路中发挥重要作用，激活的 PKA 调控下游反应，破坏细胞骨架和离子通道，造成细胞膜起泡、空核、细胞肿胀、裂解并死亡（图 2）。

Cry 毒素结合到质膜上是一个动态过程，Cry1Ab 毒素单分子特异地结合到一个具有高度保守结构的钙黏蛋白受体，触发信号传导，最终导致细胞肿胀死亡。

毒素促进了 BR-R1 由细胞内膜囊泡移动到质膜上，增加细胞膜上 BT-R1 的数量，从而结合更多的毒素单体，反馈放大细胞死亡信号通路，导致细胞死亡。一个更完善的信号转导模型随之被提出（图 3）。该模型描述了单分子 Cry 毒素特异结合到 BT-R1，将死亡信号传递进细胞，引发后续一系列信号转导，主要表现为 AC 和 PKA 的激活。一个重要推论是 BT-R1 被激活，由细胞内囊泡转移到质膜上，质膜上 BT-R 受体增多从而放大了原始信号。信号转导激活 PKA，引起下游一系列生化反应直到细胞死亡。

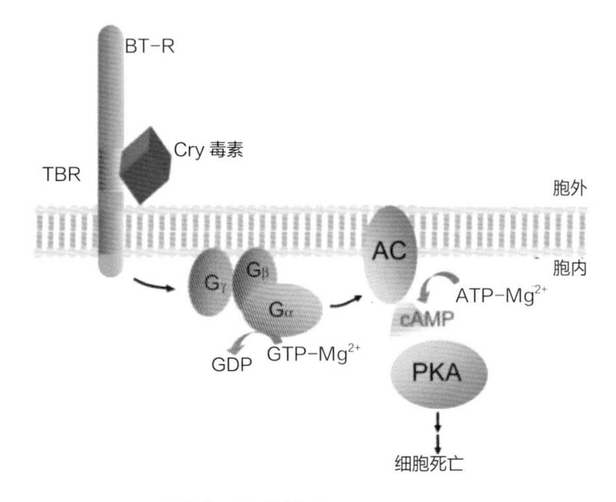

图 2 Cry 毒素作用机制模型 II（引自 Zhang et al., 2006）

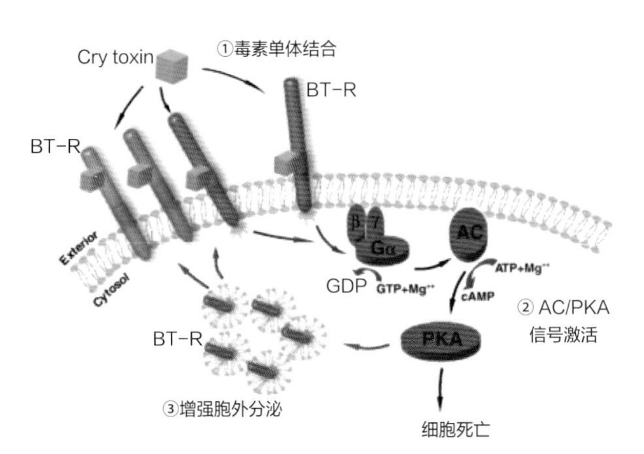

图 3 Cry 毒素作用机制模型 III（引自 Zhang et al., 2006）

信号转导假说只在昆虫细胞系中被证实，未证明这些信号转导会引起活体幼虫死亡，对于假说还需要进一步研究验证。

参考文献

GOMEZ I, SANCHEZ J, MIRANDA R, et al, 2002. Cadherin-like receptor binding facilitates proteolytic cleavage of helix α-1 in domain I and oligomer pre-pore formation of *Bacillus thuringiensis* Cry1Ab toxin[J]. FEBS letters, 513 (2): 242-246.

GRIKO, N B, L ROSE-YOUNG, X ZHANG, et al, 2007. Univalent binding of the Cry1Ab toxin of *Bacillus thuringiensis* to a conserved structural motif in the cadherin receptor BT-R-1[J]. Biochemistry, 46 (35): 10001-10007.

HUFFMAN D L, ABRAMI L, SASIK R, et al, 2004. Mitogen-activated protein kinase pathways defends against bacterial pore-forming toxins[J]. Proceedings of the National Academy of Sciences of the United States of America, 101 (30): 10995-11000.

KNAPP O, BENZ R, GIBERT M, et al, 2002. Interaction of *Clostridium perfringens* iota-toxin with lipid bilayer membranes: demonstration of channel formation by the activated binding component Ib and channel block by the enzyme component Ia[J]. Journal of biological chemistry, 277 (8): 6143-6152.

KUMAR A S M, ARONSON A I, 1999. Analysis of mutations in the pore-forming region essential for insecticidal activity of a *Bacillus thuringiensis* delta-endotoxin[J]. Journal of bacteriology, 181 (19): 6103-6107.

MORIN S, HENDERSON S, FABRICK J A, et al, 2004. DNA-based detection of Bt resistance alleles in pink bollworm[J]. Insect biochemistry and molecular biology, 34 (11): 1225-1233.

PUNTHEERANURAK T, UAWITHYA P, POTVIN L, et al, 2004. Ion channels formed in planar lipid bilayers by the dipteran-specific Cry4B *Bacillus thuringiensis* toxin and its alpha 1-alpha 5 fragment[J]. Molecular membrane biology, 21 (1): 67-74.

ROSE F, DAHLEM G, GUTHMANN B, et al, 2002. Mediator generation and signaling events in alveolar epithelial cells attacked by S-aureus alpha-toxin[J]. American journal of physiology lung cellular and molecular physiology, 282 (2): 207-214.

SONG L Z, HOBAUGH M R, SHUSTAK C, et al, 1996. Structure of staphylococcal alpha-hemolysin, a heptameric transmembrane pore[J]. Science, 274 (5294): 1859-1865.

VACHON V, PREFONTAINE G, RANG C, et al, 2004. Helix 4 mutants of the *Bacillus thuringiensis* insecticidal toxin Cry1Aa display altered pore-forming abilities[J]. Applied and environmental microbiology, 70 (10): 6123-6130.

VACHON V, PREFONTAINE G, COUX F, et al, 2002. Role of helix 3 in pore formation by the *Bacillus thuringiensis* insecticidal toxin Cry1Aa[J]. Biochemistry, 41 (19): 6178-6184.

VALEVA A, WALEV I, GERBER A, et al, 2000. Staphylococcal alpha-toxin: repair of a calcium-impermeable pore in the target cell membrane[J]. Molecular microbiology, 36 (2): 467-476.

ZHANG X, CANDAS M, GRIKO N B, 2005. Cytotoxicity of *Bacillus thuringiensis* Cry1Ab toxin depends on specific binding of the toxin to the cadherin receptor BT-R1 expressed in insect cells[J]. Cell death differ, 12 (11): 1407-1416.

ZHANG X, CANDAS M, GRIKO N B, et al, 2006. A mechanism of cell death involving an adenylyl cyclase/PKA signaling pathway is induced by the Cry1Ab toxin of *Bacillus thuringiensis*[J]. Proceedings of the National Academy of Sciences of the United Satates of America, 103 (26): 9897-9902.

ZHANG X, GRIKO N B, CORONA S K, et al, 2008. Enhanced exocytosis of the receptor BT-R (1) induced by the Cry1Ab toxin of *Bacillus thuringiensis* directly correlates to the execution of cell death[J]. Comparative biochemistry & physiology part B: biochemistry & molecular biology, 149 (4): 581-588.

（撰稿：萧玉涛；审稿：刘凯于）

悬铃木方翅网蝽 *Corythucha ciliata* Say

半翅目（Hemiptera）网蝽科（Tingidae）网蝽属（*Corythucha*）一种昆虫。主要危害悬铃木属树种，特别是对一球悬铃木（*Platanus occidentalis*）的叶片危害尤为严重。英文名 sycamore lace bug。

入侵历史 原产北美洲的中东部。1960 年，悬铃木方翅网蝽首先传入欧洲意大利威尼斯周边带，1974 年时已经蔓延到了意大利的整个北部和中部地区。1970 年传入南斯拉夫，1974—1975 年传入法国，1976 年传入匈牙利，1980 年传入西班牙，之后又传入了欧洲中南部的 10 多个国家。1990 年，悬铃木方翅网蝽再次回到美洲，只不过这次是南美洲的智利，1996 年开拓了新的大陆，进入亚洲版图，传到韩国，2001 年传入日本。2006 年进入大洋洲，传入澳大利亚的新南威尔士。中国于 2006 年在湖北武汉首次发现。至此，原来仅在北美洲分布的一个物种，在几十年的时间内，遍布世界的五大洲。

分布与危害 主要分布在美国、加拿大、法国、匈牙利、西班牙、奥地利、瑞士、捷克、保加利亚、希腊、俄罗斯、智利、韩国、日本、中国。中国主要在上海、浙江、江苏、重庆、四川、湖北、贵阳、河南、山东等地发现，并呈暴发态势。在中国西南、华南、华中、华北的大部分地区均是悬铃木方翅网蝽的适生地。

悬铃木方翅网蝽成虫和若虫以刺吸寄主树木叶片汁液危害为主，受害叶片形成分布均匀的褪色斑，且叶背面有黑斑，危害严重时叶片变枯黄。因此，网蝽危害可抑制寄主植物的光合作用，影响植株正常生长，导致树势衰弱。

受害严重的树木，叶片枯黄脱落，严重影响景观效果。

传播悬铃木溃疡病（*Ceratocystis fimbriata*）和法国梧桐炭疽病（*Gnomonia veneta*）。

种群过大时可成群入侵办公场所和居民家中，干扰人们的正常工作和生活。

形态特征

成虫 虫体乳白色，在两翅基部隆起处的后方有褐色斑；体长 3.2～3.7mm，头兜发达，盔状，头兜的高度较中纵脊稍高；头兜、侧背板、中纵脊和前翅表面的网肋上密生小刺，侧背板和前翅外缘的刺列十分明显；前翅显著超过腹部末端，静止时前翅近长方形；足细长，腿节不加粗；后胸臭腺孔远离侧板外缘。

卵 乳白色，长椭圆形，顶部有褐色椭圆形卵盖。

若虫 共 5 龄，体形似成虫，无翅。一龄若虫体无明显刺突；二龄若虫中胸小盾片具不明显刺突；三龄若虫前翅翅芽初现，中胸小盾片 2 刺突明显；四龄若虫翅翅芽伸至第一腹节前缘，前胸背板具 2 个明显刺突，末龄若虫前翅翅芽伸至第四腹节前缘，前胸背板出现头兜和中纵脊，头部具刺突 5 枚。

入侵生物学特性 一年发生 2～3 代，成虫越冬。越冬时成虫群集于树皮裂口下、房屋墙壁缝隙内或落叶绿篱上。成虫具有较强的耐寒性，可以抵御 -23.3℃的低温。其繁殖能力很强，传播速度比较快。单雌产卵 100～350 粒。若虫通常沿叶脉群集，低龄若虫行动缓慢且仅在孵化时的叶片上吸汁，高龄若虫则可转移至其他叶片生活。温暖干燥的天气利于其发生和危害。

预防与控制技术

物理防治 悬铃木方翅网蝽成虫群集于悬铃木树皮内或落叶中越冬，疏松树皮和树下落叶为其提供了良好的越冬场所。因此，秋季刮除疏松树皮层并及时收集销毁落叶可减少越冬虫的数量。该蝽出蛰时对降雨敏感，可于春季出蛰结合浇水对树冠虫叶进行冲刷，也可在秋季采用树冠冲刷方法来减少越冬虫量。

营林措施 适时修剪亦可减少发生世代数。经常修剪的悬铃木在春季和夏季都会萌发新叶并形成旺长枝，从而提供害虫的春季和夏季世代所需食物。而隔 5～6 年才修剪的树体主要形成花枝，只在春季萌发新叶，所以害虫只能发生春季世代。

化学防治 通常采用的方式有树冠喷雾、树干喷雾和树干注射等。树冠喷雾多选择在若虫期和初量羽化成虫期施药，选择早上无风时进行高压喷叶，使药液穿透冠层并湿润叶片下表面，药剂以内吸剂为佳；树干喷雾在 4 月越冬害虫出来危害、10 月下旬成虫寻找越冬场所时进行，药剂以触杀剂为佳。若考虑减少对环境的影响，可采用效果较好、污染较小、用药次数较少的树干注射法进行施药。树干注射治虫要注意两个问题：一是药剂剂型，以内吸性水剂为佳；二是单株用药量要足够。每株树注射用原药量按树木胸径而定：每厘米胸径用原药 1～3ml，胸径 10cm 以下树用原药量 1ml/cm；胸径 10～25cm 的树为 2ml/cm；胸径 25cm 以上的为 3ml/cm。注药孔多少要因树木大小而定，胸径 10cm 以下的树 1 孔；10～25cm 的 2 孔；25～35cm 的 3 孔；35cm 以上的 4 孔。这样效果最佳，防治效果达 95% 以上。

在发生期，对树冠喷施 10% 吡虫啉 600～800 倍液或 40% 氧化乐果 800～1000 倍液，或 48% 毒死蜱乳油 800～1000 倍液喷雾，间隔 7～10 天喷 1 次，根据危害程度连喷 2～3 次，即可达到防治效果。

参考文献

鞠瑞亭, 肖娱玉, 薛贵收, 等, 2010. 悬铃木方翅网蝽寄主范围的测定[J]. 应用昆虫学报, 47(3): 558-562.

夏文胜, 刘超, 董立坤, 等, 2007. 悬铃木方翅网蝽的发生与生物学特性[J]. 植物保护, 33(6): 4.

JU R T, WANG F, LI B, 2011. Effects of emperature on the development and population growth of the sycamore lace bug, *Corythucha ciliata*[J]. Journal of insect science, 11(16): 1-12.

KÜKEDI E, 2000. On *Corytucha ciliate* Say (Heteroptera, Tingidae) and its spread[J]. Növényvédelem, 36(6): 313-317.

ROJHT H, MESKO A, VIDRIH M, et al, 2009. Insecticidal activity of four different substances against larvae and adults of sycamore lace bug (*Corythucha ciliata* Say, Heteroptera, Tingidae)[J]. Acta agriculturae slovenica, 93(1): 31-36.

（撰稿：周忠实、马超；审稿：万方浩）

X

选择压 selection pressure

在一个群体中，2 个相对性状之间，一个性状被选择而生存下来的优势，或者说，在 2 个基因频率之间，一个比另一个更能适应而生存下来的优势。假如一个基因的选择压为 0.001，那么一个频率为 0.000 01 的显性基因只要 23 400 个世代就可增加到 0.99 的频率。在自然界，当选择压高的时候，在短时期内就可以形成新的品种。选择压大，生物类群就会发生大面积死亡，产生出狭窄的适应类群；选择压小，就会产生多适应种。随着全球范围内抗虫基因农作物的大面积种植，对靶标昆虫的生存产生了巨大的选择压，极大地提高了抗性昆虫产生的概率。然而，抗性在增加了害虫在药剂选择压下的存活率的同时往往导致适合度下降，表现出生存竞争劣势，如发育历期延长、死亡率增加、生殖力减退等。

选择模式包括以下 3 个。

稳定选择 由于种群与环境建立起相对稳定的适应关系，最常见的表现型适应度显著大于那些具有稀少、极端的变异表现型个体的适应度，因此，自然选择淘汰了极端的类型，使种群的遗传组成保持相对专一、相对稳定。

定向选择 这种选择绝大多数发生在一个种群的生活环境发生变化或者种群的一些成员迁入到一个新环境的时候。定向选择是在一个方向上改变了种群某些表现型特征的频率曲线，使个体偏离平均值。

分化选择 在某些特殊环境下，种群中两种或多种极端表现型的适应度大于一般的、中间的表现型的适应度，结果自然选择作用将造成种群内表现型的分化，种群遗传组成向不同方向演化，造成种群分裂，形成不同亚种群。

参考文献

TABASHNIK B E, 1994. Evolution of resistance to *Bacillus thuringiensis*[J]. Annual review of entomology, 39: 47- 79.

（撰写：徐丽娜；审稿：何康来）

血清筛选 serum screening

筛查特定人群中血清中特异性 IgE 的阳性率，以评价基因工程产品的安全性，是转基因食品食用饲用安全性评价中的一种重要方法之一。

血清筛选常用的方法包括酶联免疫吸附试验（enzyme-linked immunosorbent assay, ELISA）、免疫印迹法（Immuno-blotting）和 ImmunoCAP 检测系统。其中，ELISA 法是将纯化的蛋白质包被于高亲和力板上，通过抗原与抗体之间的特异性结合来检测血清中的特异性 IgE 抗体的一种免疫学测定方法。间接 ELISA 法是转基因产品的安全评价中最常用的方法。免疫印迹是将待评价的蛋白转印于 PVDF 或者 NC 膜上，检测待检血清中特异性 IgE 抗体的方法，根据电泳类型的不同可分为 1D 免疫印迹和 2D 免疫印迹两种方法。ImmunoCAP 过敏原检测系统是由瑞典 Phadia 公司研发并生产的用于过敏性疾病诊断的全自动检测系统，可进行人体血清总 IgE、特异性 IgE、IgG、IgA、嗜酸性粒细胞阳离子蛋白（ECP）、类胰蛋白酶等多种检测项目。该检测系统在国内外得到广泛认可，并被众多过敏界专家誉为“过敏原检测的金标准”。

一种新生蛋白质，在经过前期的序列比对等评估后，如果发现存在与过敏原可能存在交叉反应的可能性，则需进一步进行血清筛选试验。新生物种在上市之前，需要对人群中血清特异 IgE 的水平进行筛查，以评估人群中潜在的致敏风险。一种过敏原，若人群中有超过 50% 的人对其敏感，则定义为主要过敏原，而人群中只有少于 50% 的人对其敏感，则定义为次要过敏原。根据 2001 年 FAO/WHO 转基因产品过敏原性评价专家咨询联合报告会上提出，血清筛选试验所募集的血清，需要尽量包括一定比例的阳性血清，否则该评价试验的意义将被打折扣。但这也正是转基因产品血清学筛选中的难点之一，即难以获得相应物质的阳性血清；第二，血清筛选试验需要注意的是，蛋白质的糖基化程度容易与 IgE 结合位点之间产生交叉反应，从而导致血清筛选试验的假阳性率升高；第三，血清中高浓度的 IgG 容易对特异性 IgE 的检测造成一定的干扰。对于容易产生非特异结合的新生蛋白质的血清筛选，可以应用竞争性抑制试验加以排除假阳性结果。每一个试验均需很好设置相应的阳性和阴性对照，以尽可能地排除假阳性和假阴性的发生。

参考文献

FAO/WHO, 2001. Evaluation of allergenicity of genetically modified foods[M]. Report of a Joint FAO/WHO Expert Consultation on Allergenicity of Foods Derived from Biotechnology.

GOODMAN R E, 2008. Performing IgE serum testing due to bioinformatics matches in the allergenicity assessment of GM crops[J]. Food and chemitry toxicology, 46(S10): S24-34.

SELGRADE M K, BOWMAN C C, LADICS G S, et al, 2009. Safety assessment of biotechnology products for potential risk of food allergy: implications of new research[J]. Toxicology science, 110 (1): 31-39.

（撰稿：陶爱林；审稿：杨晓光）

Y

亚慢性毒性试验 subchronic toxicity assessment

较长时期（相当于生命周期的 1/10）给予试验动物受试物后，测试动物是否出现毒性效应的试验。

亚慢性毒性是指实验动物或人连续较长期接触受试物所产生的中毒效应。亚慢性毒性试验是比较常用的长期重复染毒试验，可以基本确定受试物的 NOAEL 和（或）LOAEL（观察到有害作用的最低水平，lowest observed adverse effect level）。一般使用大鼠作为实验动物，试验期限为 13 周（91 天，或 90 天）。这约相当于大鼠生命周期的 12%，对应人的寿命期限约为 8 年。

对于转基因食品的评价，亚慢性毒性试验（90 天喂养）可以反映出转基因食品对于生物体的中长期营养与毒理学作用，因此是转基因食品食用安全性评价工作的重要评价方法。选择断乳的大鼠作为实验动物，从断乳开始喂养 90 天，覆盖了大鼠幼年、青春期、性成熟、成年期等敏感阶段。评价方法上，在不影响动物膳食营养平衡的前提下，按照一定比例（通常设 2～3 个剂量组）将转基因食品掺入到动物饲料中，让动物自由摄食，喂养 90 天时间。试验期间每天观察动物的一般情况，查看是否有中毒表现，死亡情况。每周称量动物体重与进食量，分析动物的生长情况，对食物的利用情况。试验末期，宰杀动物，称量脏器重量，计算脏体比，这些指标反映动物的营养与毒理状况。对主要脏器进行组织学观察，判断是否有脏器病变。试验中期和末期检测实验动物的血常规和血生化指标，进一步观察动物体内各种营养素的代谢情况。将转基因食品与非转基因食品及正常动物饲料组的各项指标进行比较，观察转入基因是否对生物体产生了不良的营养学与毒理学作用。

参考文献

农业农村部公告, 第323号-27-2020. 转基因植物及其产品食用安全检测大鼠90d喂养试验[S]. 北京: 中国农业出版社.

中华人民共和国国家计划生育和卫生委员会, GB 15193.13—2015. 食品安全国家标准30天和90天喂养试验[S]. 北京: 中国标准出版社.

王心如, 2015. 毒理学基础[M]. 北京: 人民卫生出版社.

（撰稿：卓勤；审稿：杨晓光）

亚洲鲤鱼入侵美国事件 Asian carp invasion in the United States

一场由美国政府引进亚洲鲤鱼治理水体浮游植物、藻类等而引发的生态灾难。亚洲鲤鱼并非仅指鲤鱼（*Cyprinus carpio*），是美国人对原产于亚洲的青鱼（*Mylopharyngodon piceus*）、草鱼（*Ctenopharyngodon idella*）、鲢鱼（*Hypophthalmichthys molitrix*）、鳙鱼（*Hypophthalmichthys nobilis*）、鲫鱼（*Carassius auratus*）以及鲤鱼这些鲤形目鲤科鱼类的统称。20 世纪 70 年代为了防止水体中浮游植物、藻类泛滥，美国政府从中国等亚洲国家引进亚洲鲤鱼。亚洲鲤鱼适应能力极强，食量惊人，且缺乏天敌，此后十几年内大量繁殖，给美国十几个州的河流和湖泊带来严重生态灾害，特别是白鲢和鳙鱼已被美国定义为“最有害的鱼种”。主要威胁包括：大量取食水生植物造成本土鱼类赖以生存的食物无以为继，破坏本土鱼类产卵环境。亚洲鲤鱼每天能摄入相当于其体重 40% 的水草、浮游生物或野生蚌类，它们也可取食本地贝类、无脊椎动物、小鱼等，直接减少本地物种多样性。除此之外，白鲢、鲤鱼善于跳跃且易受惊吓，在繁忙的河道经常跃出水面，影响航运和水上运动安全。它们沿着密西西比河流域逆流而上，破坏了美国密西西比河和伊利诺伊河流域的生态平衡，已严重威胁北美五大湖的生态安全。为此，美国鱼类与野生动物保护局成立了国家法案去控制亚洲鲤鱼数量。此后，美国政府采用了各种方法以控制和消灭这些外来鱼类。例如，往鲤鱼密集的水域投毒，但亚洲鲤鱼生命力太强，毒死的主要是本土鱼类，而且，化学农药会给水源带来污染，最终该方法收效甚微。2012 年 2 月，奥巴马政府宣布花费 5150 万美元，防止五大湖遭到亚洲鲤鱼入侵。政府甚至耗巨资投入造电网、筑堤坝防止亚洲鲤鱼入侵其他流域。2014 年 6 月，美国总统奥巴马签署水源改革及发展法案，当中包括阻止亚洲鲤鱼继续大量繁殖的计划，密西西比河上的圣安东尼瀑布上游水闸将关闭一年。为了对付它们，美国政府还尝试使用气味诱捕、声学水枪、倒刺渔网，“动员人民群众围捕”等，美国联邦农业部表示为拦阻亚洲鲤鱼进入五大湖区已花费 180 亿美元，但迄今为止各种方法的效果均相当有限。亚洲鲤鱼大肆蔓延的一个重要原因，是美国人不爱吃刺多且有土腥味的淡水鱼类，因而有人提出改进烹饪方法、制作工艺等，使其成为美国人餐桌上的美味，以此控制亚洲鲤鱼。所有这些方法看起来均无法从根本上解决问题，美国亚洲鲤鱼入侵问题的缓解仍任重道远。

参考文献

丁可, 2015. 亚洲鲤鱼在美国造成生态灾害的解决方案[J]. 科技创业月刊, 28(4): 113-115.

LI D, PRINYAWIWATKUL W, TAN Y, et al, 2021. Asian carp: A threat to American lakes, a feast on Chinese tables[J]. Comprehensive reviews in food science and food safety, 20(3): 2968-2990.

（撰稿：牟希东、徐猛；审稿：周忠实）

烟粉虱 *Bemisia tabaci* (Gennadius)

一种半翅目（Hemiptera）粉虱科（Aleyrodidae）小粉虱属（*Bemisia*）刺吸式害虫。又名棉粉虱、甘薯粉虱。是一种体型微小、危害极大的害虫。

入侵历史 烟粉虱最早于19世纪末被记录。20世纪80年代以前，烟粉虱仅在局部地区有发生，如苏丹、埃及、印度、巴西、伊朗、土耳其、美国等，危害较小，因此并没有引起重视。20世纪80年代中后期，随着频繁的花卉苗木贸易，起源于中东和小亚细亚地区的B烟粉虱广泛、迅速地入侵美洲、大洋洲、亚洲，广泛分布于全球除南极洲外的各大洲的100多个国家和地区。21世纪初，起源于地中海和非洲北部地区的Q烟粉虱开始广泛入侵至美洲、亚洲等多个国家和地区，对农业生产造成极大危害。

在中国，烟粉虱最早记载于1949年。20世纪90年代中后期，B烟粉虱开始广泛入侵中国，随后在中国多地均有发现，成为中国农业的主要害虫之一。Q烟粉虱则是在2003年于云南昆明首次被发现，随后其在河南、北京及浙江等多地也陆续被发现。几年内，Q烟粉虱已入侵到中国多地并且取代了本地种，在部分地区还取代了之前入侵的B烟粉虱。

分布与危害 在世界热带、亚热带和温带地区广泛分布，每年造成的经济损失达数十亿美元。广泛分布于中国30多个省（自治区、直辖市）。烟粉虱是一个包含了至少36个隐存种的物种复合体，其中危害最为严重的是B烟粉虱和Q烟粉虱。烟粉虱寄主范围广泛，可取食的植物达600种以上，是棉花、番茄、烟草、木薯、甘薯及许多花卉和蔬菜作物的重要害虫。烟粉虱可通过多种途径危害寄主植物：一是直接取食造成植物衰弱，受害叶片褪绿、萎蔫甚至枯死，还可以诱发植物生理异常，导致植物果实不规则成熟；二是分泌蜜露引发煤污病，降低叶片的光合作用；三是传播400多种植物病毒，引发病毒病害从而造成植物减产甚至绝收。例如对农业生产造成灾难性破坏的番茄黄曲叶病毒（tomato yellow leaf curl virus）、木薯花叶病毒（cassava mosaic virus）、棉花曲叶病毒（cotton leaf curl virus）、番茄褪绿病毒（tomato chlorosis virus）等均由烟粉虱传播，并且这些病毒病的流行与烟粉虱的暴发息息相关。

形态特征 烟粉虱体型微小，成虫的体长仅0.80～0.95mm。体淡黄白色，翅2对，白色，被蜡粉无斑点，静止时左右翅合拢呈屋脊状（见图）。其生活周期分为卵、4个若虫期和成虫期，因第四龄若虫不再取食，通常将烟粉虱的四龄若虫称为伪蛹。烟粉虱是单双倍体昆虫，成虫营产雄孤雌生殖，雄虫由单倍体的未受精卵发育而来，雌虫由双倍体的受精卵发育而来。

入侵生物学特性 烟粉虱一年发生的世代数因地而异，在热带和亚热带地区一年可发生11～15代，温带地区露地每年可发生4～6代，世代重叠明显。卵产于叶背面，垂直立在叶面。在26℃条件下，烟粉虱从卵发育到成虫需要21～25天，成虫寿命为10～40天，每头雌虫可产卵30～400粒，其发育速率很大程度上依赖于寄主、温度和湿度。

B和Q烟粉虱是重要的烟粉虱入侵种，已成功入侵世界各地，这与其具有较强的生殖干涉能力、抗药性以及对寄主植物有较强的适应性有关。已在国内外多地发现，B和Q烟粉虱可以竞争取代土著烟粉虱。一般认为B烟粉虱具有比其他种烟粉虱更强的入侵性，然而在某些地区Q烟粉虱种群仍占上风，这是由于Q烟粉虱在一些杂草和农作物上具有更强的生物学优势，并且对一些化学杀虫剂能够产生很强且稳定的抗药性。

监测检测技术 烟粉虱的体型微小，卵与低龄若虫难以鉴别，因此，多监测成虫的发生期和发生量，进而推算烟粉虱各个虫态的发生期和发生量。常通过翻转叶片法和黄板诱捕法监测成虫。翻转叶片法：烟粉虱成虫通常在嫩叶的背部取食产卵，对于茄科和葫芦科植物，可以用手小心翻转植物顶部第3至第4片完全展开的叶片，调查叶片上烟粉虱成虫数量。在田间取样时，采用五点法或“之”字法随机抽取100张叶片调查，即可很好地估算成虫的种群密度。黄板诱捕法：在监测点设置一定数量的黄板，利用烟粉虱对黄色的强正趋性来诱集烟粉虱，统计一定面积和时间内诱集的烟粉虱数量。

不同种烟粉虱在寄主范围、传毒能力、抗药性等方面具有显著差异，但在外部形态上无法区分。烟粉虱的鉴定主要采用线粒体基因序列进行系统发育分析来鉴定。

预防与控制技术 在烟粉虱尚未发生的地区，要高度警惕，密切监测，严格实施植物检疫，禁止烟粉虱严重发生

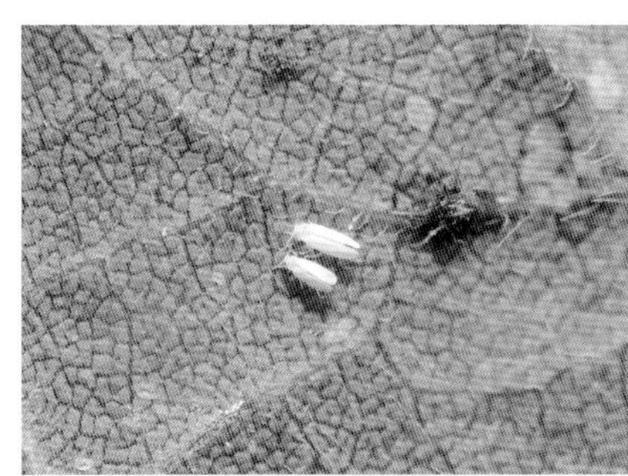

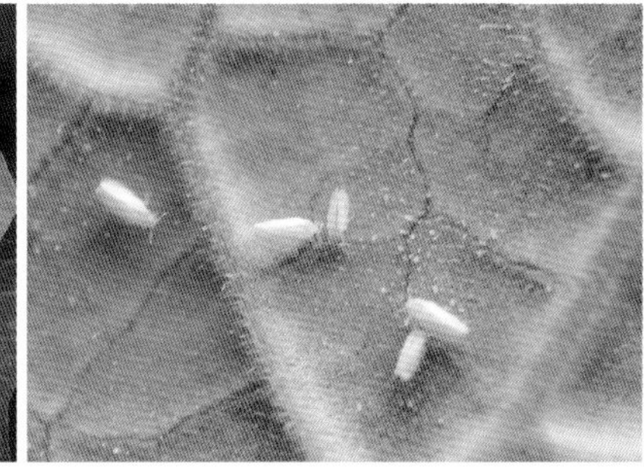

烟粉虱的形态特征（朱金文提供）

区的植物调运，杜绝烟粉虱随花木等植物传入。在烟粉虱已经入侵的地区，可以通过农业防治、生物防治、物理防治以及化学防治等方法减少其暴发的概率以及降低危害程度。

农业防治 生产中尽量避免连片种植烟粉虱嗜好的、生长期和收获期不同的作物，减少烟粉虱在不同作物上连续生存的条件。利用抗性品种，减轻作物的受害程度以及避免适宜寄主的存在给烟粉虱大量繁殖提供便利条件。清除田间杂草以及作物的残枝败叶，切断传染虫源。调节作播种期，实行作物轮作、间作和诱杀。

生物防治 在中国，烟粉虱的天敌种类丰富。中国报道或研究过的烟粉虱寄生性天敌昆虫有20多种，主要包括桨角蚜小蜂（*Eretmocerus* sp. nr. *furuhashii*）、双斑恩蚜小蜂（*Encarsia bimaculata*）、丽蚜小蜂（*Encarsia formosa*）、浅黄恩蚜小蜂（*Encarsia sophia*）等。烟粉虱的捕食性天敌种类也很丰富，包括刀角瓢虫（*Serangium japonicum*）、淡色斧瓢虫（*Axinoscymnus cardilobus*）、红星盘瓢虫（*Phrynocaria congener*）等。此外，还可以通过寄生真菌如蜡蚧轮枝菌（*Verticillium lecanii*）和球孢白僵菌（*Beauveria bassiana*）等进行防治。

物理防治 利用烟粉虱对黄色有强烈趋性的特点，可以在保护地内设置黄板防治烟粉虱，也可以采用防虫网覆盖栽培以阻断烟粉虱为害。夏季，在一些密闭性好的玻璃温室或棚室内，可以利用高温闷杀烟粉虱。

化学防治 烟粉虱体表被有蜡质，繁殖快，世代重叠严重，极易产生抗药性，化学防治效果有限，科学用药十分重要，需遵循合理、适量、适时的原则。用药应在烟粉虱入侵危害初期、种群密度低时及早用药防治；烟粉虱主要聚集于叶背为害，植株叶背为重点施药部位；注意不同类型、不同作用机理的农药轮换使用以延缓抗药性产生。

参考文献

褚栋, 潘慧鹏, 国栋, 等, 2012. Q型烟粉虱在中国的入侵生态过程及机制[J]. 昆虫学报, 55(12): 1399-1405.

褚栋, 张友军, 2018. 近10年我国烟粉虱发生为害及防治研究进展[J]. 植物保护, 44: 51-55.

刘银泉, 刘树生, 2012. 烟粉虱的分类地位及在中国的分布[J]. 生物安全学报, 21: 247-255.

农业部外来入侵生物管理办公室, 农业部外来入侵生物预防与控制中心, 2004. 中国主要农林入侵物种与控制: 第1辑[M]. 北京: 中国农业出版社: 10-12.

万方浩, 侯有明, 蒋明星, 2015. 入侵生物学[M]. 北京: 科学出版社: 214-218.

DE BARRO P J, LIU S S, BOYKIN L M, et al, 2011. *Bemisiatabaci*: A statement of species status [J]. Annual review of entomology, 56: 1-19.

LIU S S, DE BARRO P, XU J, et al, 2007. Asymmetric mating interactions drive widespread invasion and displacement in a whitefly [J]. Science, 318: 1769-1772.

LIU T X, STANSLY P A, DAN G, 2015. Whitefly parasitoids: distribution, life history, bionomics, and utilization [J]. Annual review of entomology, 60: 273-292.

WAN F H, YANG N W, 2015. Invasion and management of agricultural alien insects in China [J]. Annual review of entomology, 61: 77-98.

WANG X W, BLANC S, 2020. Insect transmission of plant single-stranded DNA viruses [J]. Annual review of entomology, 66: 389-405.

XIA J X, GUO Z J, YANG Z Z, et al, 2021. Whitefly hijacks a plant detoxification gene that neutralizes plant toxins [J]. Cell, 184: 1693-1705.

（撰稿：王晓伟；审稿：周忠实）

杨干象 *Cryptorhynchus lapathi* L.

危害新疆杨、小叶杨、北京杨等杨柳科植物的一种毁灭性蛀干害虫。又名杨干象甲、杨干象鼻虫、杨干白尾象甲、白尾象鼻虫。英文名 osier weevil、willow beetle、willow weevil, poplar and willow borer。学名变更：*Cryptorhynchus lapathi* Linné, 1758；*Cryptorhynchus lapathi* var. *verticalis* Faust, 1887，*Cryptorhynchus alpinus* Fügner, 1891，*Cryptorhynchus alpinus* Stierlin, 1894。鞘翅目（Coleoptera）象甲总科（Curculionoidea）象甲科（Curculionidae）隐喙象亚科（Cryptorhynchinae）隐喙象属（*Cryptorhynchus*）。是中国进境植物检疫性有害生物。

入侵历史 原产欧洲，20世纪50年代在中国的哈尔滨地区首次被发现。20世纪80年代在黑龙江、吉林、辽宁、内蒙古及河北北部地区大规模发生，并造成严重灾害。

分布与危害 中国主要分布于黑龙江、辽宁、吉林、河北、陕西、甘肃、新疆等地。国外主要分布在美国、加拿大、英国、俄罗斯、斯洛伐克、日本、韩国、土耳其、比利时、保加利亚、前南斯拉夫、芬兰、法国、德国、爱尔兰、意大利、荷兰、波兰、罗马尼亚、西班牙、匈牙利和捷克等国家。幼虫危害时，先在韧皮部和木质部之间蛀食，后蛀成圆形坑道，蛀孔处的树皮常裂开呈刀砍状，部分掉落而形成伤疤。受害后的苗木、幼树的树皮表面有微下凹、红褐色水渍状或油渍状、呈倒马蹄形刻痕和排出的黑褐色丝状物或木丝等症状（图1）。成虫羽化后在嫩枝条或叶片上补充营养，并形成针刺状小孔。成虫产卵时可在枝痕、休眠芽、皮孔、棱角、裂缝、伤痕或其他木栓组织留下针刺状小黑孔。

寄主有新疆杨（*Populus alba* var. *pyramidalis* Bge.）、小叶杨（*Populus simonii* Carr.）、北京杨（*Populus* × *beijingensis* W. Y. Hsu）、桦树（*Betula* L.）、柳树（*Salix* L.）等。

形态特征

成虫 长椭圆形，黑褐色或棕褐色，无光泽。体长7.0～9.5mm。全体密被灰褐色鳞片，其间散布白色鳞片形成若干不规则的横带。前胸背板两侧，鞘翅后端1/3处及腿节上的白色鳞片较密，并混杂直立的黑色鳞片簇。鳞片簇在喙基部着生1对，在前胸背板前方着生2个，后方着生3个，在鞘翅上分列于第二及第四条刻点沟的列间部着生6个。喙弯曲，中央具1条纵隆线。前胸背板两侧近圆形，前端极窄，中央具1条细纵隆线。复眼圆形，黑色。触角9节，呈膝状，棕褐色。鞘翅后端1/3处向后倾斜，并逐渐缢缩，形成1个三角形斜面。臀板末端雄虫为圆形，雌虫为尖形（图2①）。

图 1 杨干象危害状（王小艺提供）

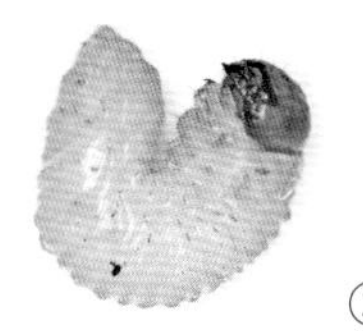
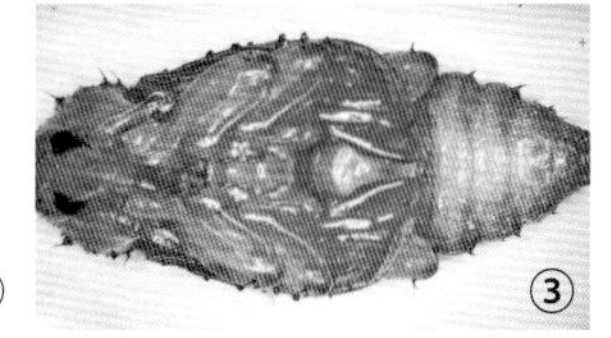

图 2 杨干象（牛芳提供）
①成虫；②幼虫；③蛹

卵 椭圆形，长约 1.3mm，宽 0.7～0.9mm，乳白色。

幼虫 老熟幼虫体长 9.0～13.0mm，胴部弯曲呈马蹄形，乳白色，全体疏生黄色短毛。头部黄褐色，上颚黑褐色，下颚及下唇须黄褐色。头顶有一倒“Y”形蜕裂线。无侧单眼。头部前端两侧各有 1 根小的触角（图 2②）。

蛹 长 8.0～9.0mm，乳白色，前胸背板长有数个刺突，腹部背面散生许多小刺，末端具 1 对向内弯曲的褐色几丁质小钩（图 2③）。

入侵生物学特性 杨干象 1 年发生 1 代，以卵或一龄幼虫越冬。一般 4 月中旬越冬卵开始孵化，越冬幼虫也开始活动。越冬或初孵幼虫首先在韧皮部和木质部之间绕枝干进行蛀食危害，随后蛀成圆形坑道形成蛀孔，使得蛀孔处的树皮常裂开呈刀砍状，部分掉落而形成伤疤；5 月中下旬，在坑道末端的老熟幼虫开始向上钻入木质部，做蛹室化蛹。6 月上中旬开始羽化，羽化高峰期集中在 7 月中旬。成虫通过取食嫩枝条或叶片来补充营养，形成针刺状小孔。取食时间多在 10：00 以前和傍晚，白天潜伏于土块下或苗木基部土缝中，7 月末羽化结束。7 月下旬到 8 月上旬开始交尾产卵，产卵部位主要集中在树干的叶痕、枝痕、树皮裂缝、皮孔等处。通常情况下 1 头雌虫平均产卵 40 粒左右，成虫产卵期约 35 天。成虫的飞翔能力较差，自然扩散主要以成虫爬行为主。对于远距离的传播，主要依靠人为活动。

预防与控制技术

检疫措施 在对杨柳科的植株、苗木、木材进行调运时，要加强相关检疫工作。

林业防治 非寄主植物与寄主植物混合搭配，营造混交林，做到适地适树。加强对寄主树幼龄林的营林管理，增强树势。

人工防治 在成虫期，利用成虫假死性，在清晨或傍晚时振动树枝，进行人工捕杀。

化学防治 初期危害状不明显，在 4 月下旬树液开始流动时，采用具内吸作用的杀虫剂如吡虫啉，用毛刷在幼树树干 2m 高处，涂 10cm 宽药环 1～2 圈。4 月中旬至 5 月上旬幼虫期，打孔注射 2% 高效氯氰菊酯、2% 阿维菌素等药剂。6 月下旬至 7 月下旬成虫出现期，喷洒 4.5% 高效氯氰菊酯触破式微胶囊剂 1000 倍液，每隔 7～10 天喷洒 1 次。

生物防治 保护捕食性天敌，如棕腹啄木鸟、大斑啄木鸟等。在杨树密集的林区释放肿腿蜂。在坑道口涂抹 10 亿 /ml 球孢白僵菌的稀释液，或从排粪孔点涂 24 000 条 /ml 斯氏线虫。

物理防治 成虫产卵前用涂白剂涂抹树干。设置饵木诱集成虫。

参考文献

曹庆杰, 迟德富, 2015. 杨树品系抗杨干象水平及其与木质部和韧皮部硬度等关系[J]. 林业科学, 51(5): 56-67.

曹庆杰, 迟德富, 宇佳, 等, 2015. 布氏白僵菌侵染杨干象幼虫体壁的扫描电镜及透射电镜观察[J]. 北京林业大学学报, 37(5): 96-101.

高瑞桐, 2003. 杨树害虫综合防治研究[M]. 北京: 中国林业出版社: 118-120.

金大勇, 吕龙石, 李龙根, 2011. 我国杨干象研究现状及发展趋势[J]. 东北林业大学学报, 31(6): 75-77.

李国伟, 王金华, 宋彩民, 等, 2011. 树干注药防治杨干象效果[J]. 北华大学学报, 12(3): 330-333.

BROBERG C L, BORDEN J H, HUMBLE L M, 2001. Host range, attack dynamics, and impact of *Cryptorhynchus lapathi* (Coleoptera: Curculionidae) on *Salix* (Salicaceae) spp.[J]. The Canadian entomologist, 133(1): 119-130.

DOOM D, 1966. The biology, damage and control of the poplar and willow borer, *Cryptorrhynchus lapathi* [J]. Netherlands journal of plant pathology, 72(3): 233-240.

LAPIETRA G, 2015. Insecticides with moderate toxicity to warm-blooded animals in the control of the larvae of *Cryptorhynchus lapathi* L. (Coleoptera Curculionidae) [J]. Bollettino di zoologia agraria e di bachicoltura, 11: 11-18.

SMITH B D, STOTT K G, 1964. The life history and behavior of the willow weevil *Cryptorrhynchus lapathi* L. [J]. Annals of applied biology, 54(1): 141-151.

YANG Y C, REN L L, XU L L, et al, 2019. Comparative morphology of sensilla on the antennae, maxillary and labial palps in different larval instars of *Cryptorrhynchus lapathi* (Linnaeus) (Coleoptera: Curculionidae)[J]. Zoologischer anzeiger, 283: 93-101.

ZOU Y, ZHANG L J, GE X Z, et al, 2019. Prediction of the long-term potential distribution of *Cryptorhynchus lapathi* (L.) under climate change[J]. Forests, 11(5): 2-17.

（撰稿：王小艺、暴可心；审稿：石娟）

椰心叶甲 *Brontispa longissima* (Gestro)

棕榈植物上的一种危险性极强的外来毁灭性害虫。又名红胸叶虫、椰子扁金花虫、椰棕扁叶甲、椰子刚毛叶甲。英文名 coconut leaf beetle。鞘翅目（Coleoptera）叶甲科（Chrysomelidae）。

入侵历史　椰心叶甲最早发现于印度尼西亚与巴布亚新几内亚等地。后来随着各国的贸易往来，椰心叶甲随着各种寄主大范围扩散。椰心叶甲于 1975 年传入中国台湾，香港 1988 年发现危害。椰心叶甲随着寄主植物的引种传入中国大陆，1999 年 3 月在南海口岸被首次检获，2002 年 6 月在海南首次发现该害虫入侵并暴发成灾，其迅速扩散蔓延至该省 18 个市县，后来相继在澳门、广东、广西、云南和福建等的部分地区暴发成灾。

分布与危害　广泛分布于东南亚地区、大洋洲及太平洋群岛，包括中国、越南、马来西亚、新加坡、韩国、泰国、缅甸、柬埔寨、老挝、新喀里多尼亚、澳大利亚、法属波利尼西亚和瓦利斯、波利尼西亚、瓦努阿图、瑙鲁、马尔代夫、马达加斯加、毛里求斯、塞舌尔、琉球群岛、美属萨摩亚群岛、西萨摩亚群岛、萨摩亚群岛、北马里亚纳群岛、新赫布里底群岛、社会群岛、所罗门群岛、俾斯麦群岛、塔西提岛、关岛、斐济群岛、美拉尼西亚、加罗林群岛和富图纳群岛等地。椰心叶甲仅危害棕榈科植物最幼嫩的心叶部分，幼虫、成虫均在未展开的心叶内取食表皮薄壁组织，一般沿叶脉平行取食，形成狭长的与叶脉平行的褐色坏死线，严重时造成叶片枯萎变褐（图 1）。

寄主有椰子（*Cocos nucifera*）、槟榔（*Areca catechu*）、假槟榔（*Archontophoenix alexandrae*）、山葵（*Arecastrum romanzoffianum*）、省藤（*Calamus rotang*）、鱼尾葵（*Caryota ochlandra*）、散尾葵（*Chrysalidocarpus lutescens*）、西谷椰子（*Metroxylon sagu*）、大王椰子（*Roystonea regia*）、华盛顿椰子（*Washingtonia robusta*）、卡喷特木（*Carpentaria acuminata*）、油椰（*Elaeis guineesis*）、蒲葵（*Livistona chinensis*）、短穗鱼尾葵（*Caryota mitis*）、软叶刺葵（*Phoenix roebelenii*）、象牙椰子（*Phytelephas* sp.）、酒瓶椰子（*Hyophorbe lagenicaulis*）、公主棕（*Dictyosperma album*）、红槟榔（*Cyrtastachys renda*）、青棕（*Ptychosperma macarthuri*）、海桃椰子（*Ptychosperma elegans*）、老人葵（*Washingtonia filifera*）、海枣（*Phoenix dactylifera*）、斐济榈（*Pritchardia pacifica*）、短蒲葵（*Livistona muelleri*）、刺葵（*Phoenix loureirii*）、岩海枣（*Phoenix rupicoda*）和孔雀椰子（*Caryota urens*）等。

形态特征

成虫　体扁平狭长，具光泽。体长 8.1～10mm，宽 1.9～2.1mm。头部红黑色，前胸背板黄褐色，鞘翅黑色，有时基部 1/4 红褐色，后部黑色。触角粗线状，1～6 节红黑色，7～11 节黑色。前胸背板略呈方形，长宽相当；小盾片略呈三角形，侧圆，下尖。鞘翅基部平，不前弓；翅两侧基部平行，后渐宽，中后部最宽，往端部收窄，末端稍平截。鞘翅中前部具 8 列刻点，中后部 10 列，刻点整齐，刻点相对较疏，大多数刻点小于横间距，行距宽度大于刻点纵间距，翅面平坦，两侧和末梢行距隆起，端部偶数行距呈弱脊，尤其 2、4 行距为甚，且第二行距达边缘。足粗短，1～3 跗节扁平，向两侧膨大。腹面几近光滑，刻点细小（图 2①）。

卵　长筒形或椭圆形，褐色，两端宽圆，长 1.5mm，宽 1.0mm。卵壳表面有蜂窝状突起。刚产下的卵黄色半透明，后颜色逐渐加深变成棕褐色（图 2②）。

图 1 椰心叶甲危害状（吕宝乾提供）

图 2 椰心叶甲（彭正强提供）
①成虫；②卵；③幼虫；④蛹

幼虫 初孵及刚蜕皮时体色为乳白色，慢慢体色变为黄白色。幼虫分5～7龄期，常见5龄。体扁平，两侧缘近平行。前胸和各腹节两侧各有一对侧突，在末端形成一对内弯的尾突，实际可见8节。头部触角2节，单眼5个，排成两行，前3后2，位于触角后，上颚具2齿（图2③）。

蛹 蛹与幼虫形态近似，但个体稍粗，浅黄至深黄色，长约10mm，宽约2.5mm。头部具1个突起，腹部二至七节背面具8个小刺突，分别排成两横列，第八腹节刺突仅有2个，靠近基缘。腹末具1对钳状尾突，基部气门开口消失。刚化蛹时，蛹体表面光亮，呈半透明状态。以后蛹体表颜色变深变暗，翅芽变黑（图2④）。

入侵生物学特性 在海南1年发生4～5代，每个世代需要55～110天，其中卵期3～5天，幼虫期30～40天，蛹期5～6天，成虫羽化2～8周后开始产卵。成虫通常将卵产于心叶虫道内，1～3个呈一纵列或两列黏着于叶面，周围有取食的残渣和排泄物。成虫寿命超过220天，世代重叠现象较明显。幼虫龄数为3～6龄，随地区不同而异。成虫和幼虫均具有负趋光性、假死性，喜聚集在未展开的心叶基部取食危害，见光即迅速爬离，寻找隐蔽处。成虫具有一定的飞翔能力。由于成虫期较长，因此，成虫的危害远远超过幼虫。成虫具有一定的飞翔能力，可以飞行传播，远距离传播主要依靠苗木运输。

预防与控制技术

检疫措施 在调运绿化苗木的过程中严格检查和检疫，发现有虫苗木要及时进行检疫处理。

化学防治 主要采用喷雾、挂药包等方法。

生物防治 包括寄生蜂（椰心叶甲啮小蜂和椰甲截脉姬小蜂）、捕食性天敌（蠼螋）、生物农药（绿僵菌）等。

参考文献

黄法余, 梁广勤, 梁琼超, 等, 2000. 椰心叶甲的检疫及防除[J]. 植物检疫, 14(3): 158-160.

秦长生, 徐金柱, 谢鹏辉, 等, 2008. 绿僵菌相容性杀虫剂筛选及混用防治椰心叶甲[J]. 华南农业大学学报, 29(2): 44-46.

商鸿生, 1997. 植物检疫学[M]. 北京: 中国农业出版社: 46-47.

万方浩, 李保平, 郭建英, 等, 2008. 生物入侵: 生物防治篇[M]. 北京: 科学出版社: 482-500.

WATERHOUSE D F, NORRIS K R, 1987. *Brontispa longissima* (Gestro). Biological control pacific prospects [M]. Melbourne: Inkata Press: 134-141.

（撰稿：吕宝乾；审稿：彭正强）

椰子织蛾 *Opisina arenosella* Walker

棕榈科植物上的重要害虫。又名椰子木蛾、食叶履带虫、黑头履带虫、椰蛀蛾。英文名 coconut black headed caterpillar。鳞翅目（Lepidoptera）木蛾科（Xyloryctidae）。

入侵历史 椰子织蛾原分布于印度南部和斯里兰卡，1923年传入孟加拉国和缅甸。之后，该虫迅速在东南亚建立种群，相继在泰国、马来西亚、印度尼西亚、新加坡、巴基斯坦、中国等地发现。该虫于2013年8月在中国海南万宁首次发现。

分布与危害 海南、广东、广西、福建等地均有分布。以幼虫危害寄主叶片，留下排泄物，导致光合作用效率下降。危害严重植株出现叶子干枯变褐。椰子织蛾侵染椰子后，可造成椰子减产，严重时可造成绝产（图1）。

寄主有椰子树、扇叶树头榈、枣椰树、贝叶棕、野生枣椰树、银海枣、西谷椰子、董棕、非洲棕、甘蓝椰子、蒲葵和香蕉。

形态特征

成虫 成虫大小跨度较大，通常雌性个体大于雄性，翅展18～24mm。头部灰白色；下唇须乳白色。第二节腹面和内侧密布灰白色长鳞毛，鳞毛端部杂黑色；第三节散布黑褐色鳞片。触角柄节土黄色，鞭节乳白色，杂黑褐色。胸部和翅基片土黄色至暗灰色，散布黑色鳞片。前翅狭长，前缘略拱，顶角钝，外缘弧形后斜；R_4、R_5脉共长柄，R_5脉达于中室后缘2/3处，CuP脉存在，土黄色至灰白色，散布黑前缘末端，CuA_1、CuA_2脉均出自中室后角之前，CuA_2脉位色鳞片，前缘基部约1/6黑色，端半部具多条黑色细纵纹，中室中部和翅褶中部各具1枚黑点，均由2～3枚黑色竖鳞形成，中室端部密布暗灰色鳞片，末端具1枚模糊黑点，缘毛与翅同色。后翅Rs与M_1脉、M_3与CuA_1脉共柄，CuP脉存在，灰褐色，缘毛基部1/3灰褐色，端部灰白色。前、中足乳白色，前足转节和腿节腹侧黑色，胫节外侧黑色，跗节具浅褐色环，后足土黄色。腹部2～6节有背刺（图2①）。

卵 半透明乳黄色，长椭圆形，具有纵横网格，成堆产于叶片上（图2②）。

图1 椰子织蛾危害状（吕宝乾提供）

Y

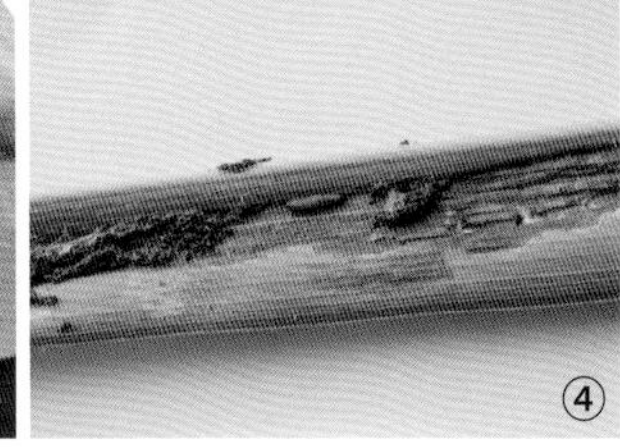

图 2 椰子织蛾的形态特征（吕宝乾提供）

①成虫（左：雌蛾；右：雄蛾）；②卵；③幼虫；④蛹

幼虫　5～8个龄期。雌雄幼虫大小相似，在雄虫第六至八龄幼虫期的第九体节前缘腹中腺表面出现一圆形表皮凹陷，雌虫无此凹陷，这一特征可用来辨别幼虫的性别（图2③）。

蛹　蛹红褐色。雄虫蛹质量17.7±0.1mg，雌虫蛹质量22.2±1.0mg（图2④）。

入侵生物学特性　椰子织蛾在16: 00～24: 00活跃，单日飞行距离可达15km。雄虫比雌虫先羽化，雌蛾在叶片下表面产卵。在28±2℃、相对湿度70%±10%、以椰子老叶饲养的条件下，每雌产卵量约170粒，卵期大约6天，初孵幼虫开始取食叶片，幼虫期39天，蛹期9天，成虫寿命7天。椰子织蛾发育起点温度为11.5℃，有效积温为996.9日·度。在海南每年4～5代。椰子织蛾成虫可以飞行扩散，远距离传播主要靠苗木和果实运输。

预防与控制技术

加强检疫　主要靠苗木和果实远距离传播，故应实施严格的植物检疫。对疫区进入的可能携带椰子织蛾的材料进行必要的处理，尤其是棕榈科植物。

化学防治　作为应急措施，生产中常采用化学喷雾防治。推荐杀虫剂有甲维盐、苏云金杆菌和氯虫苯甲酰胺等。

生物防治　椰子织蛾天敌较多，既有捕食性天敌（蜘蛛、壁虎、鸟类），又有寄生性天敌（赤眼蜂、茧蜂、啮小蜂、大腿小蜂等）。对于这些天敌，野外应加强保护；室内可进行扩繁后再野外释放，例如麦蛾柔茧蜂的扩繁释放利用。

参考文献

李后魂，尹艾芸，蔡波，等，2014. 重要入侵害虫——椰子木蛾的分类地位和形态特征研究(鳞翅目木蛾科)[J]. 应用昆虫学报，51(1): 283-291.

MURTHY K S, GOUR T B, REDDY D D R, et al, 1995. Host preference of coconut black headed caterpillar *Opisina arenosella* Walker for oviposition and feeding [J]. Journal of plantation crops, 23(2): 105-108.

（撰稿：吕宝乾；审稿：彭正强）

野燕麦　*Avena fatua* L.

禾本科燕麦属一年生草本植物，是世界性的恶性农田入侵杂草。又名燕麦草。英文名 wild oat。

入侵历史　原产欧洲南部及地中海沿岸，19世纪中叶先后在香港和福州采到标本。

分布与危害　分布于中国南北各区域，对麦类作物危害最为严重。

野燕麦主要危害麦田，在麦田中常形成单一优势种群，对小麦（*Triticum aestivum*）、大麦（*Hordeum vulgare*）、青稞（*Hordeum vulgare* var. *nudum*）、燕麦（*Avena sativa*）、大豆（*Glycine max*）、油菜（*Brassica napus*）等作物都造成危害，直接造成作物减产，并且野燕麦为麦类赤霉病、叶斑病和黑粉病的寄主，对麦类作物还造成间接危害（图①②）。

形态特征　秆直立，光滑无毛。叶鞘松弛，叶舌膜质透明。圆锥花序，开展；小穗长18～25mm，含2～3小花，其柄弯曲下垂，顶端膨胀；小穗轴密生淡棕色或白色硬毛，具关节，易断落（图③④）；颖草质，几相等，具9脉；外稃质地坚硬，第一外稃长15～20mm，背面中部以下具淡棕色或白色硬毛，芒自稃体中部稍下处伸出，长2～4cm，膝曲，芒柱棕色。颖果纺锤形，被淡棕色柔毛，腹面具纵沟，长6～8mm，宽2～3mm。叶片初生时卷成筒状，细长，扁平，略扭曲，叶缘有倒生短毛，叶舌较短，膜质透明，先端具不规则齿裂。叶鞘具短柔毛（图⑤⑥）。

入侵特性　野燕麦具有较发达的根系，与小麦直接竞

野燕麦的形态特征（①②③④黄红娟提供；⑤⑥吴楚提供）

①②危害状；③小穗；④圆锥花序；⑤苗；⑥植株

争营养和水分，对逆境胁迫有较强的耐受性、繁殖能力强等优势。可随其他种子或鸟类啄食后异地扩散。

监测检测技术 严禁使用野燕麦发生区域的小麦种作为种源，加强引种调种的检疫工作，在发生严重的地块进行单打单收，防止进一步快速扩散。发生危害地块进行连续监测，一旦发生尽快防除。

预防与控制技术

生态控制 可在小麦播种前进行深耕，可以将野燕麦种子深埋灭草。此外可以采用轮作换茬的方式进行生态防控。野燕麦通过小麦种进行扩散，因此必须加强检疫工作，精选麦种，杜绝扩散。

生物防治 研究表明，燕麦镰刀菌 GD-2 分生孢子对野燕麦具有较强的侵染力，野燕麦可采用燕麦镰刀菌 GD-2 可湿性粉剂进行防治。

物理防治 野燕麦与小麦成熟期一致，因此在野燕麦成熟之前结合中耕除草及时拔除，并将拔除的植株集中销毁。

化学防治 小麦田中的野燕麦可用精噁唑禾草灵、炔草酯、燕麦畏、甲基二磺隆、唑啉草酯等除草剂进行化学防治，在野燕麦 3～5 叶期进行茎叶喷雾。

参考文献

郭峰, 张朝贤, 黄红娟, 等, 2012. 野燕麦对精噁唑禾草灵、炔草酯敏感性差异测定[J]. 植物保护学报, 39(1): 87-90.

李涛, 袁国徽, 钱振官, 等, 2018. 7种茎叶处理除草剂对野燕麦的生物活性评价[J]. 植物保护, 44(6): 224-229.

李扬汉, 1998. 中国杂草志[M]. 北京: 中国农业出版社.

庄新亚, 程亮, 郭青云, 2020. 燕麦镰刀菌GD-2可湿性粉剂研制及其对野燕麦的防除效果[J]. 青海大学学报, 38(3): 9-17, 43.

（撰稿：黄红娟；审稿：周忠实）

液相芯片 liquid chip

将芯片技术与流式细胞术相结合的技术。

它是采用聚苯乙烯微球（直径 5.5～5.6μm）为载体，将核酸片段、抗体等附着于微球表面作为探针，在液相系统中，为了区分不同的探针，每一种固定有探针的微球都有一个独特的色彩编号，或称荧光编码。在微球制造过程中掺入红色和橙色两种荧光染料，该两种染料各有 10 种不同区分，从而把微球分为上百种不同的颜色，形成一个独特光谱，不同颜色微球在分类激光激发下产生的荧光互不相同，利用这上百种微球，可以分别标记上百种不同探针分子。将这些微球悬浮于一个液相体系中，构成了一个液相芯片系统，借助仪器对微球进行检测和结果分析，使用红色和绿色两种激光分别对单个微球上的分类荧光和报告分子上的报告荧光进行检测。红色激光可将微球分类，从而鉴定各个不同的反应类型，绿色激光可确定微球上结合的报告荧光分子的数量，从而确定微球上结合的目的分子的数量。因此，通过红绿双色激光的同时检测，完成对反应的实时、定性和定量分析。该技术在一个反应孔内最多可同时检测上百个目标。

该技术由于将反应体系由液相–固相反应改变为接近生物系统内部环境的完全液相反应体系，与固相芯片相比，它具有更好的重复性和稳定性，可对同一样本中的多种不同目的分子同时进行分析，能在约 35 分钟内完成 96 个样品的检测，灵敏度高、信噪比好，只需要微量样品即可进行检测。

该技术可用于转基因、免疫学、蛋白质、核酸检测、基因研究等领域。

（撰稿：王慧煜；审稿：付伟）

一年蓬 *Erigeron annuus* (L.) Pers.

菊科飞蓬属一年生或二年生草本植物。又名女菀、野蒿、千层塔、治疟草等。

入侵历史 原产于北美洲，1827 年在澳门发现，1886 年开始出现在上海，然后向江苏和浙江缓慢扩散，1930 年以后由华东地区向华中、中南、华北、西北、西南等地快速入侵扩散，1960 年以后扩散至西藏、广西、云南、福建等地。

分布与危害 广泛分布北半球温带和亚热带地区。中国分布广泛，除内蒙古、宁夏、海南外的其他地区，广西和广东南部、海南、青藏高原、新疆中南部、内蒙古大部和黑龙江中北部为非适生区。

一年蓬适应性广，繁殖力强，可借瘦果冠毛快速扩散危害，常生于路边旷野和山坡荒地，可入侵果园、苗圃、茶园、草原、牧场和农田，影响土壤结构、降低肥力，造成农作物或经济作物减产甚至失收，释放化感物质，抑制本土植物生长，易形成单优势种群，影响生物多样性，破坏当地生态平衡。

形态特征 植株高 30～120cm。茎粗壮，基部达 6mm，直立，上部有分枝，被硬毛。基生叶长圆形或宽卵形，长 4～15cm，宽 1.5～3cm，基部渐狭呈翼柄状，边缘具粗齿，花期枯萎；茎生叶互生，下部叶与基部叶相似，叶柄较短；中部叶披针形，长 1～9cm，宽 0.5～2cm，顶端尖，具短柄或无柄，边缘具不规则齿或近全缘，顶生叶线形，被疏短硬毛或近无毛。头状花序数个或多数，排列成圆锥花序，长 6～8mm，宽 10～15mm，总苞半球形，苞片 3 层，草质，披针形，长 3～5mm，宽 0.5～1mm；外围雌花舌状，2 层，长 6～8mm，管部长 1～1.5mm，被疏毛，舌片线形，白色或淡蓝色，宽约 0.6mm，顶端具 2 小齿，花柱分枝线形；中央两性花管状，黄色，长约 0.5mm（见图）。瘦果披针形，长约 1.2mm，扁压，被柔毛。冠毛异形，雌花的冠毛极短，膜片状连成小冠，两性花的冠毛 2 层，外层鳞片状，内层为 10～15 条长约 2mm 的刚毛。花期 6～10 月。

入侵特性 一年蓬以种子进行繁殖，繁殖力强，可通过吸引昆虫访花提高繁殖力，每株可产生成熟种子 10 000～50 000 粒，种子细小具冠毛，可随风远距离快速传播；有高的遗传多样性与低的遗传分化，适应能力强，适生于土壤肥沃、光照充足的环境，贫瘠的山崖、陡壁、石缝和盐碱地也可生长。一年蓬能利用生物量优化配置来适应环境

一年蓬的形态特征（郭成林提供）

条件的变化，短期增温能促进一年蓬提前开花，提高开花量，延长花期，增加种子大小和质量。高海拔（1000m）条件下，植株矮小，叶片显著变小，较低海拔（400m）地上部分生长量显著减少 74%，但种子重量和种子萌发率分别提高 10% 和 11%，繁殖力增强，仍可保持较高的入侵扩散能力。

一年蓬在入侵的过程中会增加土壤的含水量、电导率，降低土壤容重和 pH；改变土壤微生物结构，显著增加根际土壤中细菌的数量，抑制真菌与放线菌生长，分泌化感物质，抑制本土植物的生长，影响本地生物多样性。一年蓬根、茎、叶水浸液能显著抑制黄瓜种子萌发和幼苗的生长，地上部分浸提液对莴苣、油菜和萝卜根系生长和铜绿微囊藻生长有很强的抑制作用，根系分泌物对玉米的根长、苗高、鲜质量抑制作用显著。

监测检测技术 一年蓬在中国大部分地区均有发生危害，重点监测高纬度分布区以北（如内蒙古和黑龙江）或低纬度分布区以南（华南地区）的发生情况，将所在地外围 100km 范围划定为监测区，在每个监测区设置不少于 10 个固定监测点，一般每 2 个月监测一次。

预防与控制技术 深耕除草是作物田草害防控有效措施，通过降低种子活力或抑制种子萌发来控制杂草危害。一年蓬种子在土壤中埋藏 1 年后，种子活力仅有 27.38%，萌发率显著降低；刈割方法能显著推迟一年蓬生长发育，抑制其生长繁殖，降低种子生产数量。氯氟吡氧乙酸异辛酯、2 甲 4 氯、草甘膦等对一年蓬防效好，在一年蓬营养生长期使用，能很好地控制其扩散危害。

参考文献

范建军, 乙杨敏, 朱纂之, 2020. 入侵杂草一年蓬研究进展[J]. 杂草学报, 38(2): 1-8.

方芳, 茅玮, 郭水良, 2005. 入侵杂草一年蓬的化感作用研究[J]. 植物研究, 25(4): 449-452.

宋海天, 李保平, 孟玲, 2013. 南京地区外来植物一年蓬上访花昆虫的多样性及其访花选择性的影响因素分析[J]. 昆虫学报, 56(3): 293-298.

王瑞, 王印政, 万方浩, 2010. 外来入侵植物一年蓬在中国的时空扩散动态及其潜在分布区预测[J]. 生态学杂志, 29(6): 1068-1074.

张斯斯, 肖宜安, 邓洪平, 等, 2016. 短期增温对入侵植物一年蓬开花物候与繁殖分配的影响[J]. 西南大学学报, 38(1): 53-58.

（撰稿：郭成林；审稿：张国良）

遗传比例 inheritance ratio

生物体子 F_1 杂合子自交和测交后代的基因型及表型比例，通常均具有一定的规律。根据这些规律的遗传比例，就可以快速判断出杂交亲本是一对相对性状的基因分离，还是两对性状的自由组合。

常规的遗传比例 有以下两种。

①孟德尔遗传的分离定律认为，基因作为遗传单位在体细胞中是成双的，称为等位基因，它在遗传上具有高度的独立性，因此，在减数分裂的配子形成过程中，等位基因在杂种细胞中彼此分离，互不干扰，使得配子中只具有成对遗传因子中的 1 个，从而产生数目相等的、两种类型的配子，且独立地遗传给后代。F_1 杂合子自交后代 F_2 中有纯合显性、杂合显性和纯合隐性三种基因型，比例为 1∶2∶1，由于纯合显性和杂合显性的表型一致，F_2 中显隐性表型的比例为 3∶1。F_1 杂合子与纯合隐性亲本回交（测交）的后代，基因型只有杂合显性和纯合隐性两种，子二代中显隐性表型比例为 1∶1。

②孟德尔遗传的自由组合定律认为，具有 2 对（或更多对）相对性状的亲本进行杂交，在 F_1 产生配子时，一对等位基因与另一对等位基因的分离与组合互不干扰，各自独立地分配到配子中。以 2 对等位基因控制的 2 对相对性状为例，F_1 代自交产生的 F_2 中，存在 4 种基因型，比例为 9∶3∶3∶1。测交后的基因型有 4 种，比例为 1∶1∶1∶1，其后代表型比例也为 1∶1∶1∶1。

非常规的遗传比例 有以下两种。

① 1 对等位基因控制 1 对性状时，如果 F_2 代胚胎基因型纯合显性致死，则存活的基因型只有杂合显性和纯合隐性 2 种，比例 2∶1，显隐性表型比例 2∶1；如果是不完全显性，F_2 代基因型有 3 种，比例 1∶2∶1，由于显性纯合子与杂合子的表型不同，F_2 代显隐性表型也是 3 种，比例 1∶2∶1。

② 2 对等位基因控制 2 对性状时，如果某一对性状为隐性则会影响另一对性状的表达时（隐性上位），F_2 代的表型会发生改变，从而出现 3 种表型，比例 9∶3∶4；如果某一对为显性时，则另一对就不能正常表达（显性上位），则

F_2表型就可能出现3种，比例12∶3∶1；如果2对基因的纯合显性都会使胚胎致死，则2对杂合子个体相互交配，其后代的分离比为4∶2∶2∶1；如果2对等位基因控制的性状表型相同，且各显性基因控制的性状表现能叠加（基因的数量效应），则F_2有5种表型，分离比1∶4∶6∶4∶1；如果2对等位基因控制某一性状，只要任何一个显性基因都能表现显性性状，且表现与具有多个显性基因完全相同的表型（重叠作用），则F_2有两种表型，比例15∶1；如果某性状由2对等位基因控制，只有当2对基因都为显性时才有表型（互补作用），则F_2有两种表型，比例9∶7；如果控制2对相对性状的2对等位基因中的一对显性纯合致死，则F_2出现一种特殊的分离比，6∶3∶2∶1；如果某个相对性状受一对等位基因控制，而这对等位基因的显性性状是否出来取决于另一对等位基因的隐性基因（抑制作用），则具有这两对等位基因的个体相互交配的后代出现特殊的分离比13∶3。

非常规的遗传比例的出现与致死基因、不完全显性基因、非等位基因的相互作用和从性遗传等因素有关。转基因生物研发早期，快速筛选鉴定并获得纯合的转化体是转基因育种获得成功的关键。T-DNA插入的转化体通常是杂合子，基因编辑产生的后代有纯合子，但比例较少。因此，通常情况下，需要将转化体进行自交或测交，通过后代的遗传比例和表型分离比例，来判断转化体的纯合与否。此外，非预期插入或多重插入均会导致自交和测交后代遗传比例的改变，通过对后代基因型及表型比例的统计，可以验证外源基因在受体基因组的插入表征（插入位点、插入拷贝数等）。

参考文献

HARTWELL L H, HOOD L, GOLDBERG M L, et al, 2010. Genetics: from genes to genomes[M]. 4th ed. New York: The McGraw-Hill Companies, Inc.

（撰稿：石建新、谢家建；审稿：张大兵）

遗传稳定性　genetic stability

遗传稳定性通常有两层含义：①指转化的外源基因在受体细胞培养、分裂繁殖及分化过程中的稳定性，即在转化细胞培养过程中的稳定性。②指转化后的外源基因在繁育过程中遗传传递的稳定性。获得的转基因生物能否保持外源基因的稳定性，能否稳定地遗传给下一代，直接关系到基因工程新品种培育的成功与否。

在植物遗传转化过程中，转化细胞须经过愈伤组织诱导、芽分化、根分化等一系列的培养过程才能成为完整的转基因植株。在动物转化过程中，有时也会涉及体细胞或胚胎干细胞的体外培养过程。在这些培养过程中，转化的外源基因能否稳定地保持和传递，关系到稳定遗传的转基因动植物的获得。关于这方面的研究目前相对较少，但是从众多体细胞无性系建立的研究结果中可以判定，转化的外源基因与体细胞内的其他基因一样，在细胞培养和再生过程中是基本稳定的。外源DNA一旦整合到动植物细胞的基因组，其稳定性与核基因是同等的，能够通过细胞分裂稳定地传递给下一个细胞世代。同时，外源基因在转化细胞培养过程中的不稳定性也是存在的，特别是在植物愈伤组织培养阶段，因为组织培养过程中存在较高的无性系变异。培养中可发生染色体数目变异（也称为多倍体化变异）、结构变异（包括染色体的断裂、易位、倒位、缺失和重组等）、核基因扩增和丢失、核基因突变重组等。

转基因的遗传稳定性受环境条件的影响。外源基因在受体植物中的表达受亲本年龄和环境因素的影响。环境条件可以通过影响启动子进而影响转基因的表达效率和稳定性，还可通过改变外源DNA的甲基化程度影响转基因的表达效率和稳定性。例如，CaMV 35S启动子对光周期敏感，缩短光周期能提高CaMV 35S启动子驱动的基因的表达水平。当环境温度达到37°C时，转基因矮牵牛中外源基因*al*表达失活。此外，移栽会触发共抑制而导致转基因沉默。

转基因的遗传稳定性受转化方法的影响。利用物理或化学的方法将裸露的DNA直接转化，其有序性和统计性都较差，整合机制也尚不清楚。直接转化法整合的外源DNA结构变异较大，整合位点较复杂，多拷贝整合较多，因此在有性繁殖过程传递的遗传规律较为复杂，稳定性相对较差。农杆菌介导的植物基因转化，由于插入拷贝数低，相对较稳定。

转基因的遗传稳定性与外源基因的整合位点有关。在转基因动植物中，外源基因的表达具有明显的位置效应，即外源基因由于所插入的宿主染色体位置不同而导致表达水平差异的现象。当外源基因整合位点在异染色质附近时可能会出现花斑效应。而当整合在转录比较活跃的位点，则有利于外源基因的稳定高效表达。因此，尽管外源基因能在许多位点整合和表达，但只有整合在少数位点上的外源基因才能稳定遗传给后代。此外，转化后的外源基因在理论上和常规杂交实现的基因转移是一样的。在多数情况下，虽然外源DNA在整合过程中可能经过各种变化，但整合一旦发生，插入的外源基因在减数分裂中能保持下来，并稳定地通过有性过程传递到后代，保持高度的减数分裂稳定性。在少数情况下，转化后的外源基因在减数分裂过程或无性系变异中丢失。转基因的丢失往往是由于不稳定整合导致的。当转入的外源基因过大时，也容易在减数分裂时被切除而在后代中丢失。

转基因沉默是外源基因稳定整合到受体基因组中后受到拷贝数、整合位点附近的染色体环境等因素的影响，在转基因动植物的原代或后代中表达受到抑制的现象。在查尔酮合酶（chalcone synthase，CHS）基因转化矮牵牛调控花色研究中，发现外源CHS与内源CHS存在共抑制（cosuppression）现象。DNA甲基化等表观遗传学修饰也是导致转基因沉默的原因之一。表观遗传学修饰是DNA序列变化以外的可遗传的基因表达改变，其修饰作用机制包括DNA甲基化和组蛋白乙酰化。

沉默转基因的遗传稳定性与繁殖方式有关。转基因植物中，沉默的转基因可以通过无性繁殖、器官再生以及嫁接等传递给后代；在有性世代间的传递因转基因沉默发生阶段不同而不同。如果沉默发生在转录水平，沉默的转基因可通过有性世代传递，表现为减数分裂的可遗传性；如果沉默发生在转录后水平，则通过减数分裂可恢复表达活性。转基因动物的RNAi效应持续时间相对较短。RNAi作用一般在注射 dsRNA 后 2～3 天内最为明显，之后靶 mRNA 丰度可恢复到注射之前的水平。

参考文献

孔庆然, 刘忠华, 2011. 外源基因在转基因动物中遗传和表达的稳定性[J]. 遗传, 33 (5): 504-511.

王关林, 方宏筠, 2014. 植物基因工程[M]. 2版. 北京: 科学出版社.

（撰稿：汪芳；审稿：叶恭银）

遗传转化 genetic transformation

同源或异源的游离 DNA 分子（质粒或染色体 DNA）被自然或人工感受态细胞摄取，实现基因表达的水平转移过程。根据感受态细胞的建立方式，可以分为自然遗传转化和人工转化。前者感受态的出现是细胞在一定生长阶段的生理特性；后者则是通过人为诱导的方法，使细胞具有摄取 DNA 的能力，或人为地将 DNA 导入细胞内。在转基因生物中，遗传转化是指将目标基因导入受体生物的基因组中的遗传转移和操作技术，是转基因操作中的核心过程。

植物遗传转化技术的研究起始于 20 世纪 70 年代末至 80 年代初期。1977 年，Ackermann 用野生型 Ri 质粒转化烟草细胞获得再生植株；1979 年，Márton 等将农杆菌 Ti 质粒转入烟草原生质体中，获得愈伤并再生出苗；1983 年，Fraley 等通过农杆菌 Ti 质粒载体把细菌的新霉素磷酸转移酶 NPT（neomycin phosphotransferase）基因成功转入烟草细胞，获得抗卡那霉素的烟草愈伤组织，标志着植物转基因技术首次获得成功。之后，植物遗传转化技术得到快速发展。迄今，已报道的植物遗传转化方法多达 10 余种。根据其转化原理，可将这些方法分为两大类：一类是载体介导的转化系统，即通过农杆菌或病毒介导将带有目的基因的质粒或病毒转入受体植株；另一类是采用物理或化学方法直接进行遗传转化，如基因枪法、PEG 介导法、电激法、超声波法、激光法、显微注射法、花粉管通道法和真空渗入法等。动物遗传转化方法按基因导入的方式，主要有显微注射法、脂质体转染法、逆转录病毒感染法、胚胎干细胞法、精子载体法、转座子介导法、体细胞核移植技术和基因打靶技术等。

传统的遗传转化技术经过多年发展，虽已相对成熟，但也逐渐暴露了一些缺点，如插入位点随机、基因表达水平个体差异大、筛选过程中的抗性基因可能会造成生物安全问题等等。近年来，随着生物技术的不断发展突破，遗传转化方法也随之进步，特别是一些新技术的出现，如质体转化技术、无选择标记技术、基因打靶技术等，为今后更安全和高效的遗传转化技术的蓬勃发展奠定了基础。

参考文献

刘春明, 许智宏, 1989. 高等植物的遗传转化[J]. 遗传, 11 (4): 39-42.

杨长青, 王凌健, 毛颖波, 等, 2011. 植物转基因技术的诞生和发展[J]. 生命科学, 23 (2): 140-150.

杨维才, 2013. 植物转基因技术——回顾与前瞻[J]. 植物学报, 48 (1): 6-9.

ANAMI S, NJUGUNA E, COUSSENS G, et al, 2013. Higher plant transformation: principles and molecular tools[J]. The international journal of developmental biology, 57: 483-494.

SMITH H O, DANNER D B, DEICH R A, 1981. Genetic transformation[J]. Annual review of biochemistry, 50 (1): 41-68.

（撰稿：汪芳；审稿：叶恭银）

乙酰乳酸合成酶基因 acetolactate synthase gene, ALS gene

编码乙酰乳酸合成酶的基因。植物和微生物支链氨基酸（缬氨酸、亮氨酸和异亮氨酸）的生物合成需要 4 种酶的共同催化作用，包括乙酰乳酸合成酶（acetolactate synthase, ALS）、酮醇还原异构酶（ketol- acid reductoisomerase）、二羟基酸脱水酶（dihydroxyacid dehydratase）、支链氨基酸转氨酶（branched-chain amino acidtransaminase）。乙酰乳酸合成酶是生物合成过程中第一阶段的关键酶，在缬氨酸和亮氨酸的合成中催化 2 分子丙酮酸生成乙酰乳酸和二氧化碳，在异亮氨酸的合成中催化 1 分子丙酮酸与 1 分子 α- 丁酮酸生成 2- 乙醛基 -2- 羟基丁酸和二氧化碳（图 1）。

ALS 最早是在大肠杆菌中被发现的。目前大肠杆菌的 ALS 结构也是研究最为清楚的。大肠杆菌的 ALS 为四聚体，由 2 个大亚基和 2 个小亚基组成，大亚基的相对分子质量约为 60 kDa，小亚基的相对分子质量为 10～20kDa。在酵母中，Pang 等人初步推断了酵母 ALS 的三维结构和活性部位（图 2），这为进一步研究 ALS 抑制剂类除草剂作用机理、活性中心和调控机制打下坚实的基础。

ALS 抑制剂类除草剂作用方式 ALS 抑制剂类除草剂

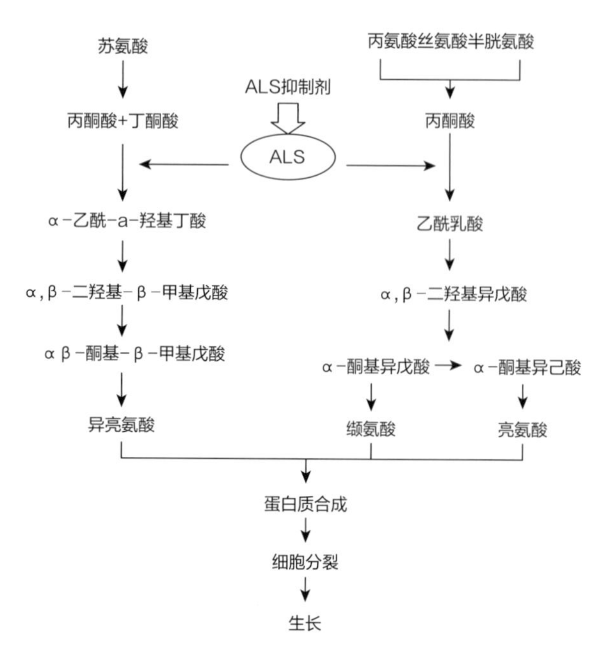

图 1 乙酰乳酸合成酶支链氨基酸生物合成示意图

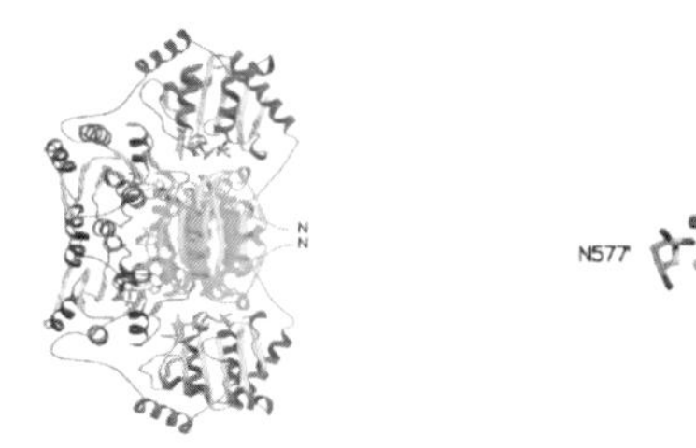

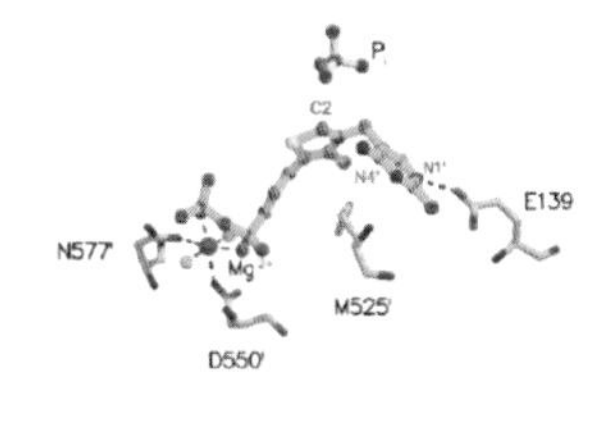

图 2 乙酰乳酸合成酶三维结构和活性部位

通过抑制植物体内的 ALS 活性，从而阻止支链氨基酸的合成，导致蛋白质的合成受到破坏，阻碍细胞分裂期的 DNA 合成，从而使植物细胞的有丝分裂停止在 Gl 阶段的 S 期（DNA 合成期）和 G2 阶段的 M 期，干扰了 DNA 的合成，细胞因此不能完成有丝分裂，进而使植物停止生长，最终导致植物个体死亡。目前 ALS 抑制剂类除草剂主要包括 6 类化合物：磺酰脲（SU）、咪唑啉酮（IMI）、三唑并嘧啶（TP）、嘧啶氧（硫）苯甲酸（PTB）、嘧啶羧酸（PC）和磺酰胺羟基三唑啉酮（SCT）。ALS 抑制剂与 ALS 的作用方式一直是研究的焦点，Akagi 提出了 NH_4^+ 结合模型，Pang 等人认为 ALS 的活性中心位于接触亚基与调节亚基的接触面上，ALS 抑制剂类除草剂结合于底物进出 ALS 通道内的一些氨基酸位点上，从而阻断底物进出 ALS 的通道，使 ALS 失活。Le 等人在酵母和拟南芥 ALS 上找到了一些影响 ALS 与 ALS 抑制剂结合的位点。陆荣健等对新型 ALS 抑制剂进行了研究，发现三唑并嘧啶环对应于磺酰脲除草剂分子中的嘧啶磺酰脲，连同磺酰基一起构成了这两类除草剂共同的药效基团，可能作用于同一位点。这些研究都为深入阐述 ALS 抑制剂类除草剂与 ALS 作用方式提供了大量理论依据。

抗性作物创制　抗 ALS 抑制剂类除草剂作物的开发方法包括体细胞选择、突变育种、基因工程、种间杂交。

参考文献

任洪雷, 2016. 乙酰乳酸合成酶及ALS基因研究概述[J]. 中国农学通报, 32 (26): 37-42.

苏少泉, 2011. 乙酰乳酸合成酶抑制剂型除草剂抗性作物的创制与发展[J]. 世界农药, 33 (3): 1-5.

（撰稿：李圣彦；审稿：郎志宏）

异交率　outcrossing rate

同一种作物不同植株或不同品种之间、或不同物种（异种）之间通过有性杂交，产生的后代中杂种个体所占的比率，即异交率（%）= 杂种个体数 / 总个体数 × 100。

根据作物的花器构造、开花和生殖习性，可将作物分为自交、异交和常异交三类。自交作物（自花授粉），由同一植株的花粉受精结实，如水稻、小麦、大麦、大豆等。大豆因花器结构特殊，外周有龙骨瓣保护，严格自交，在没有特殊传粉昆虫的情况下，天然异交率小于 1%。水稻的天然异交率一般不超过 5%。异交作物（异花授粉），天然异交率大于 50%，由异花花粉授粉受精结实。又可分为 3 种：①雌雄异株，即植株有雌株和雄株之分，雌花和雄花分别着生在不同植株上，如银杏、大麻、菠菜等。②雌雄同株异花，如玉米、蓖麻等。③雌雄同花，但在进化过程中形成自交不亲和性，自花花粉落在柱头上，花粉不能发芽或发芽后不能受精结实，避免自交，如白菜型油菜、向日葵、甜菜、荞麦等作物。常异交作物，以自花授粉为主，也能异花授粉，天然异交率在 5%～50%，是自交和异交作物之间的中间类型，如棉花、高粱、蚕豆、甘蓝型和芥菜型油菜、苜蓿等。棉花既是风媒传粉，又是虫媒传粉，天然异交率低时为 1%～5%，高的可达 20%，部分棉区最高可达 50%。

天然异交率的测定，以往均用形态标记法，即选择一对基因控制的形态性状（如花色、种皮或芽鞘颜色等），用隐性性状纯合的品种作母本，显性性状纯合的品种作父本，等量相间种植，任其自由传粉，收获并播种母本上结出的种子，考察显性性状的个体数，计算异交率。选用的形态标记性状以易于分辨且又能处理大量试验材料为宜。随着分子生物学和转基因技术的发展，用除草剂抗性基因作为标记，或用其他 DNA 标记，检测和计算天然异交率更为精确、快速和简单易行，如水稻上用含有抗 Basta 除草剂 *bar* 基因的转基因材料作父本，不抗除草剂的非转基因水稻做母本，收获母本上结出的种子，播种出苗后喷除草剂，不抗的枯萎死亡，为自交结实，抗性植株保持绿色，来自异交结实。

天然异交由花粉扩散风媒或虫媒介导。很多生物学因素和环境因素可影响异交率。生物学因素包括开花和生殖特性，如花期的重叠程度、花粉数量及寿命、花粉粒的大小、花器的开张角度、柱头外露率、柱头活力、杂交亲和性等，最终表现为异交结实率的高低。环境因素包括风速、风向、温度、湿度、大气稳定度、地形地貌等。虫媒传粉作物还受传粉昆虫种类和种群数量的影响。

参考文献

西北农学院, 1981. 作物育种学[M]. 北京: 农业出版社.

（撰稿：裴新梧；审稿：贾士荣）

银胶菊　*Parthenium hysterophorus* L.

菊科银胶菊属一年生草本植物，是一种危害较大的入侵杂草。又名美洲银胶菊。

入侵历史　银胶菊原产于美洲和墨西哥北部，在北美洲、南美洲、澳大利亚、加勒比地区、非洲及亚洲等多地已成为归化植物。现广泛分布于全球热带和亚热带地区。中国有记录的入侵时间和入侵地点是在 1926 年的云南，现在多个地区都有分布。

分布与危害　分布于山东、福建、广东、广西、海南、重庆、四川、贵州、云南、香港等地。入侵果园、林地、苗圃、菜地，影响果树、林木、蔬菜等的生长。对当地的生态系统造成威胁，严重影响生物多样性（图 1）。

会释放有毒的化感物质到土壤中，从而抑制小麦、玉

米、大豆等作物的生长，使作物减产高达40%。

全株有毒，影响农业、畜牧业生产和人类身体健康。牲畜误食其组织会产生毒害，花粉会引起过敏性皮炎、鼻炎、支气管炎等疾病，银胶菊产生的酚类等次生代谢产物对其他植物的生长发育有明显的抑制作用。

形态特征 一年生草本。茎直立，高0.6～1m，基部径约5mm，多分枝，具条纹，被短柔毛，节间长2.5～5cm。下部和中部叶二回羽状深裂，全形卵形或椭圆形，连叶柄长10～19cm，宽6～11cm，羽片3～4对，卵形，长3.5～7cm，小羽片卵状或长圆状，常具齿，顶端略钝，上面被基部为疣状的疏糙毛，下面的毛较密而柔软；上部叶无柄，羽裂，裂片线状长圆形，全缘或具齿，或有时指状3裂，中裂片较大，通常长于侧裂片的3倍。头状花序多数，径3～4mm，在茎枝顶端排成开展的伞房花序，花序柄长3～8mm，被粗毛；总苞宽钟形或近半球形，径约5mm，长约3mm；总苞片2层，各5个，外层较硬，卵形，长2.2mm，顶端叶质钝，背面被短柔毛，内层较薄，几近圆形，长宽近相等，顶端钝，下凹，边缘近膜质，透明，上部被短柔毛。舌状花1层，5个，白色，长约1.3mm，舌片卵形或卵圆形，顶端2裂。管状花多数，长约2mm，檐部4浅裂，裂片短尖或短渐尖，具乳头状突起；雄蕊4个。雌花瘦果倒卵形，基部渐尖，干时黑色、长约2.5mm，被疏腺点。冠毛2，鳞片状，长圆形，长约0.5mm，顶端截平或有时具细齿（图2）。花期4～10月。

入侵特性 银胶菊的繁殖能力、适应能力均较强，易对当地生态系统的生物多样性构成威胁。银胶菊单株瘦果量达7500～10 000粒，其瘦果成熟后易脱落，而且瘦果千粒重仅为0.74～0.76g，有利于传播危害，种子萌发适宜温度为15～30℃，适温范围广，其在自然条件下萌发率较低，而且10℃以下、35℃以上的温度不利于其萌发出苗，但瘦果量大，种子具有休眠特性，有利于其度过恶劣的环境。过冬后的银胶菊种子，一般在4月下旬为萌发高峰，而当年7月、8月结果的种子，有相当部分可在8月下旬萌发。出苗后的植株在分枝前生长较慢，分枝后生长很快，成株的株高达1.2～2.0m,

图1 银胶菊危害状（张国良摄）

图2 银胶菊的形态特征（张国良摄）

冠幅达 0.16～0.36m², 占领空间能力较强。因此，在田野中容易形成种群并能抑制作物和其他植物的生长。

监测检测技术 在银胶菊植株发生点，将所在地外围 1km 范围划定为监测区；在划定边界时若遇到田埂等障碍物，则以障碍物为界。根据银胶菊的传播扩散特性，在每个监测区设置不少于 10 个固定监测点，每个监测点选 10m², 悬挂明显监测位点牌，一般每月观察一次。

在调查中如发现可疑银胶菊，可根据前文描述的银胶菊形态特征，鉴定是否为该物种。若监测到银胶菊发生，应立即全面调查。

预防与控制技术

物理防治 人工拔除或机械铲除，集中深埋。由于银胶菊有毒，人工拔除时应佩戴手套、口罩。

化学防治 在银胶菊种子萌发前，可选择莠去津、敌草隆、嗪草酮、乙氧氟草醚等除草剂，均匀喷雾，土壤处理。在银胶菊苗期或开花前，可选择草甘膦、2 甲 4 氯、麦草畏等除草剂，定向茎叶喷雾。

生物防治 在澳大利亚，生物控制的方法已有 20 多年的研究历史，研究者利用昆虫和锈病毒对银胶菊进行生物防治，取得了一定的效果；在印度也有昆虫和植物病原菌等用于银胶菊防除的研究；利用其他植物或其他植物的代谢产物、提取物来抑制银胶菊种子萌发也是一种有效和经济的手段；国内的研究者利用植物之间的竞争也能够在一定程度上遏制银胶菊的生长。

参考文献

高兴祥, 李美, 高宗军, 等, 2013. 外来入侵杂草银胶菊种子萌发特性及无性繁殖能力研究[J]. 生态环境学报, 22(1): 100-104.

纪亚君, ADKINS S, BOWEN D, 2008. 利用植物竞争防除恶性杂草银胶菊[J]. 杂草科学 (2): 35-37.

李振宇, 解焱, 2002. 中国外来入侵种[M]. 北京: 中国林业出版社: 168.

马金双, 李惠如, 2018. 中国外来入侵植物名录[M]. 北京: 高等教育出版社: 138-139.

吴海荣, 胡学难, 钟国强, 等, 2009. 外来杂草银胶菊[J]. 杂草科学 (2): 66-67.

徐海根, 强胜, 2018. 中国外来入侵植物[M]. 修订版. 北京: 科学出版社: 576-577.

张国良, 付卫东, 宋振, 等, 2016. 外来入侵植物监测技术规程——银胶菊[S]. 农业行业标准 NY/T 3017-2016.

CHIPPENDALE J F, PANETTA F D, 1994. The cost of *Parthenium hysterophorus* L. in the Queensland cattle industry[J]. Plant protection quanterly, 9: 73-76.

DHAWAN S R, DHAWAN P, 1995. Effect of aqueous foliar extracts of some trees on germination and early seedling growth of *Parthenium hysterophorus*[J]. World weeds, 2: 217-221.

HSU L M, CHIANG M Y, 2004. Seed germination and chemical control of parthenium weed (*Parthenium hysterophorus* L.) [J]. Weed science bulletin, 25(1): 11- 21.

STEVE ADKINS, ASAD SHABBIR, 2014. Biology, ecology and management of the invasive parthenium weed (*Parthenium hysterophorus* L.) [J]. Pest management science, 70 (7): 1023-1029.

TAMADO T, MILBERG P, 2000. Weed flora in arable fields of eastern Ethiopia with emphasis on the occurrence of *Parthenium hysterophorus* L.[J]. Weed research, 40: 507- 521.

（撰稿：张国良；审稿：周忠实）

印度转基因生物安全管理法规 regulations on safety of management of genetically modified organisms in India

印度对转基因农作物、动物和产品的监管是根据 1986 年的《环境保护法》和 1989 年的《制造、使用、进口、出口和储存有害微生物、转基因生物和细胞》的规定，这些规则用于管理研究、开发、进口、大规模应用转基因生物及其产品。

1990 年，印度科技部的生物技术局颁布了《重组 DNA 指南》，于 1994 年修订。1998 年，生物技术局颁布了单独的《转基因植物研究的指南》，包括用于研发的转基因植物的进口和运输管理规定。2008 年，生物工程评审委员会采用了新的《田间试验指导方针和标准操作程序》。生物工程评审委员会也更新了《转基因食品安全评价指导方针》。

2006 年 8 月，印度联邦政府颁布了一项食品综合法，即《食品安全法》，法案中罗列了管理转基因食品的具体条款，其中包括加工食品。印度食品安全标准局作为唯一的委托机构负责实施该法案。

2006 年，卫生与家庭福利部对 1955 年的《预防食品掺假规定》进行了修订，增加了对转基因食品标识的要求。对尚未批准的转基因作物和转基因食品，执行“零容忍”政策。2012 年消费者食物、食品公共分配部消费者事务局发布了公告 G.S.R.427（E），修订了《有包装商品的计量办法》，并于 2013 年生效。含有转基因成分的食品需要在包装顶部主要显示栏中明示“转基因”字样。

转基因产品获得批准后，申请人根据 2002 年《国家种子政策》的条款及各州具体的种子相关法规进行商用种子登记注册。在商业化推广后，联邦农业部和各州农业部门对转基因产品进行 3～5 年田间监控。

2006 年，印度商业与工业部发布了公告，明确表明进口商品中如含有转基因产品，需先获得基因工程评价委员会批准，且在进口过程中提交转基因声明。同年，环境和林业部公布了生物工程评价委员会关于转基因产品进口的相关流程。转基因种子、苗木进口遵循印度的《植物检疫程序法规》(2003)，按不同用途对进口种质资源、转基因生物、转基因植物材料分别管理。国家植物遗传资源局是发放进口许可的主管当局。

2001 年，印度颁布了《植物品种及农民权力保护法案》，转基因作物依据法案进行登记公布。

(India Agricultural Biotechnology Annual-2019.)

（撰稿：黄耀辉；审稿：叶纪明）

印度转基因生物安全管理机构 administrative agencies for genetically modified organisms in India

印度转基因生物安全主要由印度政府环境与林业部（MOEF）和生物技术部（DBT）进行管理。具体有6家主管当局：重组DNA顾问委员会（RDAC）负责制定转基因安全性管理措施。公共生物安全委员会（IBSC）负责研究计划执行中可能出现的生物灾害，制订应急计划，并在基因工程活动开展的地方对分类生物的基因工程操控提出建议。基因操控审议委员会（RCGM）负责审查所有已获得批准并正在执行的研究计划的报告。基因工程审议委员会（GEAC）负责根据不同个案，从环境安全性的角度考虑来发放通行证。国家生物技术协调委员会（SBCC）负责对违反法律的情况进行检查、调查并采取惩罚性行动和地区性委员会（DLC）负责监管转基因生物/有害微生物使用的相关安全性法规的制定，以及监管转基因生物/有害微生物在环境中的应用。

（India Agricultural Biotechnology Annual-2019.）

（撰稿：黄耀辉；审稿：叶纪明）

英国转雪花莲凝集素基因马铃薯事件 the affair on transgenic potato expressing galanthus nivalis agglutinin in the United Kindom

1998年，苏格兰Rowett研究所的Arpad Pusztai博士在媒体上公开声称，用转雪花莲凝集素（galanthus nivalis agglutinin, GNA）基因马铃薯喂食的大鼠的体重和重要脏器重量减轻，免疫系统遭到破坏。彼时由于英国疯牛病造成了公众对科学与政府的信任危机，此事件迅速引起国际轰动。绿色和平组织、地球之友等反生物技术组织把这种马铃薯说成是“杀手”，策划了焚烧、破坏转基因作物试验地、阻止转基因产品进出口、示威游行等活动。不久，Rowett研究所宣布Pusztai被劝退，并不再对其言论负责。1999年2月12日，分别来自9个国家的21名科学家发表声明支持Pusztai，要求Rowett研究所免除Pusztai的罪名，呼吁先行研究转基因生物体未能预见的危害，在此之前暂停转基因作物的种植。此举无疑给转基因食品安全性争论火上浇油，英国上下为之哗然。

随后，英国皇家学会受英国政府委托，组织了严格的同行评审，并于1999年5月发表评审报告，指出Pusztai在实验设计、操作以及数据分析等几个方面都存在错误，因而不能明确证明转基因食品对健康是有害的。评审报告指出的错误具体包括6个方面：①不能确定转基因和非转基因马铃薯的化学成分有差异。②对食用转基因马铃薯的大鼠未补充蛋白质以防止饥饿。③供试动物数量少，且饲喂的食物均不是大鼠的标准食物，缺乏实际意义。④实验设计不合理，未作双盲测定。⑤统计方法不当。⑥实验结果一致性不足。

此次事件之后，随后Pusztai提前退休，并声称不再对此前在媒体上发表过的言论负责。

参考文献

贾士荣，金芜军，2003. 国际转基因作物的安全性争论——几个事件的剖析[J]. 农业生物技术学报，11 (1): 1-5.

朱祯，刘翔，2000. 转基因作物——恶魔还是救星[J]. 农业生物技术学报，8 (1): 1-5.

EWEN SWB, PUSZTAI A, 1999. Effect of diets containing genetically modified potatoes expressing *Galanthus nivalis* lectin on rat small intestine[J]. Lancet, 354 (9187): 1353-1354.

ENSERINK M, 1999. Transgenic food debate. The lancet scolded over Pusztai paper[J]. Science, 286 (5440): 656.

LODER N, 1999. Royal society: GM food hazard claim is flawed[J]. Nature, 399 (6733): 188.

（撰稿：刘标、郭汝清；审稿：薛堃）

荧光原位杂交 fluorescent *in situ* hybridization, FiSH

染色体原位杂交的一种方法，利用荧光素标记作探针，可以检测特定DNA片段在染色体或分裂间期细胞核上的物理位置。检测时，荧光素被紫外线激发放出荧光后，再在荧光显微镜或荧光比色计下直接观察、检测。原位杂交就是利用单链DNA分子可以与经过淬火处理染色体中同源DNA片段形成杂交DNA。当进行原位杂交时，DNA分子经过高温处理后，双链解链产生两条单链，温度下降，单链会按照碱基互补配对的原则，重新形成氢键，恢复到原来的结构。如果两条单链的来源不同，只要它们之间的碱基序列是同源互补或部分同源互补的，就可以全部或部分复性，产生分子杂交。

染色体原位杂交技术最初出现在20世纪60年代后期，最初的检查采用放射性标记，灵敏度高，且对单拷贝DNA序列非常有效，但存在潜在的放射性污染，有些放射性同位素半衰期短，且不易储运，而且需要放射自显影，检测时间偏长（需几周甚至几个月）。后来，科学家又发明了不用同位素标记的非同位素原位杂交技术（nonisotropic *in situ* hybridization，NISH），即利用非放射性同位素标记，如生物素、荧光素、地高辛等，标记的探针种类也由最初的RNA发展为DNA片段、基因组DNA等多种形式。NISH特别是FiSH的使用，不但提高了染色体空间分辨率，而且大大缩短了检测时间，同时方便了检测结果的观察。

FiSH主要用于重复DNA序列和多拷贝基因家族的图谱构建、低拷贝或单拷贝序列的定位、基因组分析以及外源染色质检测。FiSH具有如下优点：①不同的探针采用不同的半抗原标记，可以同时检测几种不同荧光标记，因而也就可以同时测定几个不同序列在染色体上的物理顺序。②荧光信号可以被特定的相机或激光扫描显微镜检测并记录下来，因而通过数字成像显微技术就可以获得更为准确的图谱。③探针比较稳定。④检测时间相对较短。

FiSH主要用于检测转基因生物外源插入DNA片段在受体基因组的物理位置，其检测结果是对基于PCR、Southern

印迹杂交和测序等分子鉴定结果的补充，对于转基因生物的育种和风险评估具有重要的作用。因为灵敏度很高，FiSH在转基因动物方面应用较多。但FiSH在转基因植物中的应用受到限制，目前，FiSH在植物可以容易检出多拷贝序列或高度重复序列，但低度重复序列和单拷贝序列却很难检测。目前，很少能用小于10kb的靶细胞DNA序列建立植物染色体图谱。因此，要设法提高植物FiSH的灵敏度。

参考文献

张明, 曹家树, 2000. 染色体原位杂交技术[J]. 植物生理学报, 36(6): 544-549.

HAAF T, 2000. Fluorescence in situ hybridization[M]// Encyclopedia of analytical chemistry. John Wiley & Sons, Ltd: 1-23.

（撰稿：石建新、谢家建；审稿：张大兵）

营养学评价 nutritional assessment

转基因作物可能通过改善其营养成分的含量或吸收利用率达到营养改良的目的；或通过引入的特定营养功能成分带来额外的健康功效；但也可能由于营养素和其他食物成分的期望和非期望改变，引起营养方面的不平衡。因此，需要对转基因作物进行营养学评价。评价的内容具体包括4个方面。

①关键成分分析。通过检测转基因作物的主要营养素和抗营养素成分，包括常规成分如水分和灰分、关键的宏量和微量营养素、抗营养因子和自然毒素等；对转基因作物进行关键成分评价，遵循的是实质等同性评价原则，尤其是对天然存在的有毒有害物质，评估要点是转基因作物与非转基因作物相比，其含量是否增加或者出现了新的有毒有害物质。

②生物利用率评价。指营养素被人体消化和吸收利用的比例，常用来评价营养素的实际营养价值。可通过动物实验或人体吸收利用试验对转基因作物中主要营养素的生物利用率和生物学效应进行评价。例如：采用大鼠28天喂养试验评价转基因作物的蛋白质功效比；采用小型猪回肠末端消化率实验评价转基因作物主要营养素在体内的消化代谢及蛋白质的营养价值。

③特定功效评价。通过转基因技术提高了特定营养素在受体植物中的表达，这种转基因营养素是否与天然营养素具有相同功效，需要进行个案评价。如转虾青素玉米的抗氧化功效评价，转抗性淀粉水稻对血糖指数的影响评价等。

④对膳食模式的影响评估。对人群食用某种转基因作物后特定的营养素摄入水平进行评估，以及就最大可能摄入水平对人群膳食模式影响进行评估。

关键成分分析 关键成分分析是对转基因作物进行营养学评价的一个重要部分。选取转基因作物同一种植地点至少3批不同种植时间的样品，或3个不同种植地点的样品进行关键成分分析。同时还应对与转基因作物同等条件下生长和收获的受体品种（对照物）进行成分等同性分析比较。分析的关键成分具体包括：

①主要营养物质。包括宏量营养素如蛋白质、脂肪、碳水化合物、纤维素等，以及微量营养素如矿物质和维生素等，必要时还需测定蛋白质中的氨基酸和脂肪中的饱和脂肪酸、单不饱和脂肪酸、多不饱和脂肪酸含量。其中，矿物质和维生素的测定可选择在该植物中具有显著营养意义或对人群营养素摄入水平贡献较大的矿物质和维生素进行测定。

②天然毒素及有害物质。植物中对健康可能有影响的天然存在的有害物质，根据不同植物进行不同的毒素分析，如棉籽中棉酚、油菜籽中硫代葡萄糖甙和芥酸等。

③抗营养因子（anti-nutritional compounds）。抗营养因子是对营养素的吸收和利用有影响、对消化酶有抑制作用的一类物质，如大豆胰蛋白酶抑制剂、大豆凝集素、大豆寡糖等，玉米中植酸，油菜籽中单宁等。可选择与基因改造及食品加工活动有关的抗营养因子进行检测和分析。

④其他成分。如水分、灰分、植物中的其他固有成分。

⑤非预期效应。因转入外源基因可能产生的新成分或原有成分含量的显著改变。除了对既有已知成分的"定向检测"外，还可以通过多组学技术，对转基因作物进行"非定向检测"，从而发现基因操作对其他组分可能造成的非预期效应。

特定功效营养学评估 特定功效营养学评估是指对改变营养质量和功能的转基因生物及其产品，除了对其进行一般的营养学评价外，还应对其可能具有的特殊性状和功效进行评估，以证实这类作物能达到期望的营养作用或功效。

对营养改良型作物进行目标营养物质的检测是衡量作物品质改善程度的重要环节，应重点分析其改良的营养成分含量变化，以及与之相关的代谢产物的变化情况。目前，营养改良的主要研究方向有提高维生素含量、提高必需氨基酸含量、改良脂肪酸的组成、提高矿物元素含量、降低食品中抗营养成分等。这类产品主要包括以下类型：①单一营养素含量增加，其增加对其他成分没有显著的影响，但营养价值有所提高，如增加玉米中赖氨酸或甲硫氨酸的含量或提高大米中β-胡萝卜素水平。②营养素含量增加的同时，代偿性降低其他营养素含量，如增加谷物中蛋白质含量，代偿性降低碳水化合物或脂肪含量，如优质蛋白质玉米。③某种营养素组成改变，但总的宏量营养素构成没有变化，如改造油酸含油量低的作物得到油酸含量高的植物油。④生物活性物质的改变，如大米中添加白藜芦醇或提高黄酮类物质的含量。⑤抗营养素，毒素或过敏原的含量降低，如减少马铃薯中甾体类生物碱，生物碱甙和龙葵毒的含量等。⑥改变影响营养素生物利用率的成分，如将大豆低植酸或高植酸酶含量作为增加磷酸或微量矿物质吸收的一个途径。

此外，根据不同的特定功效，通常选择不同的试验设计进行评价。例如：评价表达人乳铁蛋白和溶菌酶的大米的特殊功效时，选择肉鸡进行喂养，以观察转基因大米中的人乳铁蛋白和溶菌酶是否可以有效地抵抗细菌；采用大鼠缺铁性贫血模型，评价重组人乳铁蛋白是否具有纠正大鼠缺铁性贫血的功效；采用老龄大鼠，评价转虾青素玉米对动物抗氧化指标的影响；采用小型猪代谢模型评价高赖氨酸转基因大米中蛋白质和氨基酸在猪回肠的消化代谢情况，并与其亲本大米进行比较研究等。

蛋白质利用评价 蛋白质是机体细胞、组织和器官的重要组成结构，是功能因子和调控因子的重要组成成分，是一切生命的物质基础。因此，对转基因作物中的蛋白质进行营养学评价，尤其是分析其被人体吸收利用的程度是十分必要的。

蛋白质利用评价就是指食物蛋白质被消化吸收后在体内被利用的程度，是食物蛋白质营养评价常用的生物学方法。测定方法一类是以体重增加为基础，另一类是以氮在体内储留为基础的方法。常用指标如下：

①生物价（biological value, BV）：是反映食物蛋白质消化吸收后，被机体利用程度的一项指标，生物价越高，说明蛋白质被机体利用率越高，即蛋白质的营养价值越高，最高值为 100。计算公式如下：

BV =（储留氮 / 吸收氮）× 100

吸收氮 = 摄入氮 -（粪氮 - 粪代谢氮）

储留氮 = 吸收氮 -（尿氮 - 尿内源氮）

②蛋白质净利用率（net protein utilization, NPU）。蛋白质净利用率是反映食物蛋白质被利用的程度，它把食物蛋白质的消化和利用两个方面都包括了，因此更为全面。

蛋白质净利用率 = 消化率 × 生物价 = (储留氮 / 食物氮)×100

③蛋白质功效比值（protein efficiency ratio，PER）。蛋白质功效比值用处于生长阶段的幼年动物（一般用刚断奶的雄性大鼠），在试验期内，其体重增加（g）和摄入蛋白质的量（g）的比值来反映蛋白质的营养价值的指标。计算公式为：

PER = 动物体重增加量 (g)/ 蛋白质摄入量 (g)

为了使试验结果具有一致性和可比性，试验期间用标化酪蛋白为参考蛋白设对照组，将上面计算得到的 *PER* 值与对照组（即标化酪蛋白组）的 *PER* 值相比，再用标准情况下酪蛋白的 *PER* 值（2.5）进行校正，得到被测蛋白质功效比值。

被测蛋白质 *PER* = (试验组蛋白质功效比值 / 对照组蛋白质功效比值)×2.5

一般采用大鼠 28 天喂养试验来评价转基因作物的蛋白质功效比值。

④氨基酸评分（amino acid score, AAS）和经消化率修正的氨基酸评分（protein digestibility corrected amino acid score, PDCAAS）。氨基酸评分将被测食物蛋白质的必需氨基酸评分模式与推荐的理想蛋白质或参考蛋白质氨基酸模式进行比较，并计算氨基酸评分分值。不同的食物其氨基酸评分模式也不相同。

AAS = 被测蛋白质每克氮 (或蛋白质) 氨基酸含量（mg）/ 理想模式或参考蛋白质每克氮 (或蛋白质) 氨基酸含量（mg）

氨基酸评分的方法比较简单，但没有考虑食物蛋白质的消化率。经消化率修正的氨基酸评分就是用食物蛋白质的消化率修正氨基酸评分，计算公式为：

经消化率修正的氨基酸评分 = 氨基酸评分 × 消化率

蛋白质消化率评价 蛋白质消化率不仅反映食物蛋白质在消化道内被分解的程度，同时还反映消化后的氨基酸和肽被吸收的程度。由于蛋白质在食物中存在形式、结构各不相同，食物中含有不利于蛋白质吸收的其他因素的影响等，不同的食物，或同一种食物的不同加工方式，其蛋白质的消化率都有差异，如动物性食品中的蛋白质一般高于植物性食物。

测定蛋白质消化率时，无论以人或动物为试验对象，都须检测试验期内摄入的食物氮、排出体外的粪氮和粪代谢氮，再用下列公式计算。粪代谢氮，是指肠道内源性氮，是在试验对象完全不摄入蛋白质时，粪中的含氮量。

蛋白质真消化率 (%) = [摄入氮 -(粪氮 - 粪代谢氮)] ÷ 摄入氮 × 100%

在实际应用中，往往不考虑粪代谢氮。这样不仅试验方法简便，而且因所测得的结果比真消化率要低，具有一定安全性，这种消化率叫表观消化率。

蛋白质表观消化率 (%) = (食物氮 - 粪氮) / 食物氮 × 100%

在评价转基因作物的蛋白质消化率时，可选择采用小型猪回肠末端消化率试验进行评价。

参考文献

李勇, 2005. 营养与食品卫生学[M]. 北京: 北京大学医学出版社.

杨月欣, 葛可佑, 2019. 中国营养科学全书[M]. 北京: 人民卫生出版社.

中华人民共和国国家标准《转基因生物及其产品食用安全检测--蛋白质功效比试验》(农业部2031号公告-15—2013).

（撰稿：杨丽琛；审稿：杨晓光）

优势种 dominant species

一般来说，群落中常有一个或几个生物种群大量控制能量流，其数量、大小以及在食物链中的地位，强烈影响着其他生物种类的栖境，这样的生物种称为群落的优势种。通常，优势种在群落中不仅占有较广泛的生境范围、利用较多的资源、具有较高的生产力，而且具有较大容量的能量，如果去除群落中的优势种，必然导致群落发生重要变化。

在陆地群落中，植物常常是优势种类，这不仅因为它们接收阳光、转换能量，是食物生产者，而且它们为群落中的其他生物提供食物和庇护所，同时又以多种不同形式改变着群落的物理环境。当然，有时动物也对群落起控制作用，如草原上的啮齿类动物能以各种形式改变草原群落，过度放牧也会损坏群落的结构和外貌。优势种具有以下特点：①优势种接受全部气候压力，即它们不需要其他有机体的保护和影响。②它们应该是一个调节气候及生态环境的种类，从密度或生物量来说，应该是最大量的。③对气候起直接反作用，改变陆地上的水分及光线或海中的气体或盐分。

群落中优势种数量的多少，主要受物理因素的制约和种间竞争的影响。一般来说，能划定为优势种的种类，在北方的群落中总是比南方的要少。例如，北方的森林，可能只有一两个树种即可组成森林的 90% 以上；而在热带森林，则可能有不少种类在同样标准下成为优势种。

参考文献

戈峰, 2008. 现代生态学[M]. 2版. 北京: 科学出版社.

（撰稿：潘洪生；审稿：肖海军）

有意传入　intentional introduction

人为有目的地引入国外或外地的动、植物资源，但引入后有一些外来种发展成为入侵物种的现象。大部分引进物种以提高经济效益、观赏价值和保护环境为目的，其中有部分种类由于引种不当而成为有害物种。如，1859 年一位英格兰农场主托马斯・奥斯汀从欧洲带回 24 只兔子到澳大利亚发展，用作农场捕猎消遣。未曾预料的是，这些兔子们以平均每年 130km 的速度向四面八方扩散，到了 1907 年兔子的领地已经遍布整个澳大利亚并达到了 180 亿只。又如，在中国以作为牧草和饲料引入的空心莲子草（*Alternanthera philoxeroides*）、凤眼莲（*Eichhornia crassipes*），作为观赏物种引进的荆豆（*Ulex europaeus*）、加拿大一枝黄花（*Solidago canadensis*）、圆叶牵牛（*Pharbitis purpurea*）、马缨丹（*Lantana camara*），作为药用植物引进的美洲商陆（*Phytolacca americana*），作为改善环境引进的互花米草（*Spartina alterniflora*）、大米草（*Spartina anglica*），以及作为经济动物从南美引进的福寿螺（*Pomacea canaliculata*）和克氏原螯虾（*Procambius clarkii*）均已成为中国部分地区的入侵种，在野外形成了大量种群。作为宠物引进中国的巴西龟（*Trachemys scripta*）已被世界自然保护联盟（IUCN, 2001）列为世界最危险的 100 个入侵种之一。中国已知的 265种外来有害植物中，超过50%的种类是人为引种的结果。

参考文献

万方浩, 侯有明, 蒋明星, 2015. 入侵生物学[M]. 北京: 科学出版社.

BRADLEY B A, BLUMENTHAL D M, WILCOVE D S, et al, 2009. Predicting plant invasions in an era of global change[J]. Trends in ecology & evolution, 25: 310-318.

CARRETE M, TELLA J L, 2008. Wild-bird trade and exotic invasions: a new link of conservation concern?[J]. Frontiers in ecology and the environment, 6: 207-211.

IUCN, 2001. IUCN guidelines for the prevention of biodiversity loss caused by alien invasive species.

LU J B, WU J G, FU Z H, et al, 2007. Water hyacinth in China: a sustainability science-based management framework[J]. Environmental management, 40: 823-830.

SALMON A, AINOUCHE M L, WENDEL J F, 2005. Genetic and epigenetic consequences of recent hybridization and polyploidy in *Spartina* (Poaceae)[J]. Molecular ecology, 14: 1163-1175.

SHEA K, CHESSON P, 2002. Community ecology theory as a framework for biological invasions[J]. Trends in ecology & evolution, 17: 170-176.

SIMBERLOFF D, REJMÁNEK M, 2011. Encyclopedia of biological invasions[M]. California: University of California Press.

TOBIN P C, BLACKBURN L M, 2008. Long-distance dispersal of the gypsy moth (Lepidoptera: Lymantriidae) facilitated its initial invasion of Wisconsin[J]. Environmental entomology, 37: 87-93.

WILSON J R U, DORMONTT E E, PRENTIS P J, et al, 2008. Something in the way you move: dispersal pathways affect invasion success[J]. Trends in ecology & evolution, 24: 136-144.

（撰稿：马骏；审稿：周忠实）

预防原则　precautionary principle

在科学不确定的情况下进行实际性决策的规范原则，实施时需要对风险、科学不确定性和完全无知的情况进行识别，需要整个决策过程的透明和无歧视。它包括 4 个中心部分，分别是用于：①实施保护措施作为对科学不确定性的回应。②潜在危害支持证据的举证负担的转移。③为了同样的目标探索不同的方法。④将利益相关者纳入制定政策的过程。将预防原则引入转基因生物安全领域的最早国际法律文件是《卡塔赫纳生物安全议定书》。

具体到对转基因生物做风险分析时，预防原则是指以科学为基础，采取对公众透明的方式，结合其他的评价原则，对转基因生物及其产品研究和试验进行风险性评价，对于一些潜在的严重威胁或不可逆的危害，即使缺乏充分的科学证据来证明危害发生的可能性，也应该采取有效的措施来防患于未然。

（撰稿：叶纪明；审稿：黄耀辉）

预期效应　intended/expected effect

指通过基因工程改造转入目的基因后，转基因生物受体与非转基因生物亲本在导入目标基因的靶标性状方面所表现出的统计学显著的表型、反应或组成等方面的差异。在转基因生物研发早期的筛选过程中，预期效应是重要的筛选和检测对象。如果转入的基因是抗虫蛋白 Bt，那么在转基因受体生物里就应该有 Bt 基因转录和翻译后的蛋白；如果转入的是一个代谢酶，那么在转基因受体生物里就应该检测到其代谢产物的大量积累。这两个例子里转基因生物和非转基因生物在 Bt 的有和无或代谢物积累不积累之间的差异，就是预期效应。

预期效应是转基因生物安全评价的基本内容，也是评价转基因生物是否具有商业化应用前景的重要指标。一个成功的转基因生物，首先必须具备所有的预期效应，而一个具有产业化应用潜力的转基因生物则必须具备高的预期效应同时不具备非预期效应。

常见的转基因生物预期效应的分析方法有：农艺性状判定（生物量等）。环境适应性判定（抗虫、抗除草剂等）。分子检测，PCR 检测基因存在与否、芯片等测定基因表达、ELISA 或 Western 检测蛋白表达和气相或液相色谱 / 质谱连用检测特定的代谢物等。非靶标的组学技术（omics）也逐渐被应用到预期效应的综合检测，以整体评价预期效应及其可能带来的其他效应，如非预期效应。

参考文献

CELLINI F, CHESSON A, COLQUHOUN I, et al, 2004.

Unintended effects and their detection in genetically modified crops[J]. Food and chemical toxicology, 42 (7): 1089-1125.

KUIPER H A, KOK E J, ENGEL K H, 2003. Exploitation of molecular profiling techniques for GM food safety assessment[J]. Current opinion in biotechnology, 14 (2): 238-243.

（撰稿：石建新、谢家建；审稿：张大兵）

原生质体转化法 protoplast transformation method

利用去除细胞壁的原生质体容易接受外源DNA的特点进行遗传转化的方法。原生质体的研究始于19世纪末，直到20世纪五六十年代才开始利用酶解法大量制备植物和微生物原生质体。1971年，Villanueva等人定义了真正的原生质体应该具备的条件：①原生质体是没有细胞壁，被细胞膜包被的球形细胞。②它们是从去除了细胞壁的细胞中释放出来的。③它们是有活力的，且对渗透压尤其敏感，因此需要渗透压稳定剂来维持其活力。④这种球形的原生质体上是残留有细胞壁聚合物片段的，作为细胞壁再生时的前体起始细胞壁的再生过程。原生质体因其没有了外源DNA与细胞相互接触和交流的天然细胞壁屏障的存在，打破了微生物的种属界限，实现远源菌株间的基因重组操作，进而使得原生质体遗传操作被广泛应用。

主要操作步骤：①原生质体制备，影响原生质体制备的因素主要包括菌龄、去除细胞壁的方式、酶解液浓度、酶解温度、酶解时间、渗透压稳定剂的选择等。②原生质体转化，影响原生质体转化的因素主要包括原生质体的浓度、质粒浓度、转化方式的选择等。③原生质体再生，影响原生质体再生的因素主要包括菌龄、渗透压稳定剂的选择、酶解参数的设置、原生质体的储存条件等。④转化子验证。其中，最为常见的原生质体遗传转化方法是PEG介导转化法和电击穿孔转化法。

1982年，Krens等人首次建立了PEG介导转化法，借助细胞融合诱导剂PEG诱导烟草原生质体摄取外源DNA，PEG是一种高分子多聚物，具有一系列分子量，不同的分子量体现了不同的水溶性，是最初用作原生质体融合的诱导剂。由于PEG具有较大的分子量，因此浓度太大不利于转化，通常转化体系中具有25%的PEG时即可获得较高的转化效率，且以PEG4000和PEG6000最为有效，主要是通过PEG诱发细胞的内吞作用将外源DNA捕获并转入原生质体。研究初期该方法主要集中在一些重要作物和农杆菌介导转化较困难的作物上，如水稻、玉米、小麦等，后来逐渐扩展到其他植物以及微生物的遗传转化中。

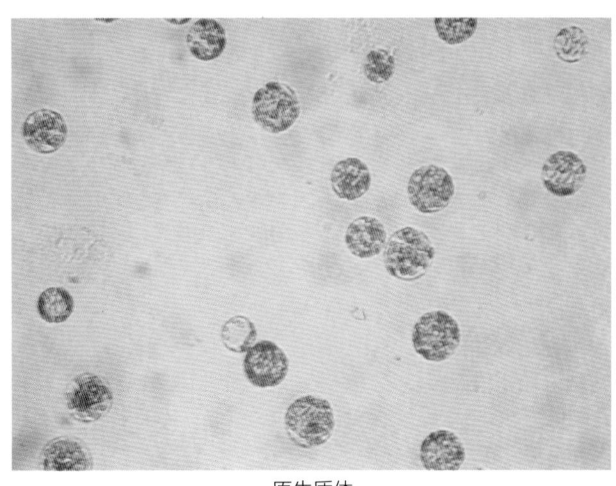
原生质体

通过电击穿孔法介导外源基因进行原生质体转化技术是由动物细胞电击法发展起来的。Fromn等人首次在烟草、玉米等植物原生质体中成功应用电击法转化原生质体，主要用于一些对农杆菌介导不敏感的作物。电击法介导植物原生质体转化操作简单，排除了外源化学物质对原生质体的损伤。其转化原理是通过短时、高压脉冲电处理使细胞膜上出现短暂可逆性小孔，形成渗透点，此时外源DNA分子通过该通道进入原生质体。影响电击转化效率的因素主要有电场强度以及电击参数的设置，不同物种以及不同组织来源的原生质体对电击参数具有较高的选择性。如今这一技术已成功应用于油菜、玉米、大豆、小麦等作物的遗传转化体系中。

参考文献

FROMM M E, TAYLORLP W, ALBOTV E, 1986. Report of the committee on genetic engineering[J]. Nature, 319: 791-793.

KRENS F A, MOLENDIJK L, WULLEMS G J, et al, 1982. *In vitro* transformation of plant protoplasts with Ti-plasmid DNA[J]. Nature, 296 (5852): 72-74.

MARCO A, VAN DEN B, KARUNAKARAN M, 2015. Gnentic transformation system in fungi[J]. Fungal biology, 20 (1): 8-15.

（撰稿：耿丽丽；审稿：张杰）

圆叶牵牛 *Ipomoea purpurea* (L.) Roth; *Pharbitis purpurea* (L.) Voigt

旋花科虎掌藤属多年生缠绕草本植物。又名紫花牵牛。英文名roundleaf pharbitis。

分布与危害 中国大部分地区有分布，生于平地以至海拔2800m的田边、路边、宅旁或山谷林内，栽培或沦为野生。本种原产热带美洲，广泛引植于世界各地，或已成为归化植物。

圆叶牵牛发生在农田、茶园、经济林、荒地等，不仅对农林业造成较大经济损失，还破坏了生物多样性。圆叶牵牛缠绕覆盖果园，对果树造成严重危害；也会对玉米（*Zea mays*）、棉花（*Gossypium* sp.）、向日葵（*Helianthus annuus*）、大豆（*Glycine max*）等农作物造成严重危害，影响产量和品质（图1）。

形态特征 一年生缠绕草本，茎上被倒向的短柔毛，杂有倒向或开展的长硬毛。叶圆心形或宽卵状心形，长4～18cm，宽3.5～16.5cm，基部圆，心形，顶端锐尖、骤尖或渐尖，通常全缘，偶有3裂，两面疏或密被刚伏毛；叶

图 1　圆叶牵牛危害状（黄红娟提供）

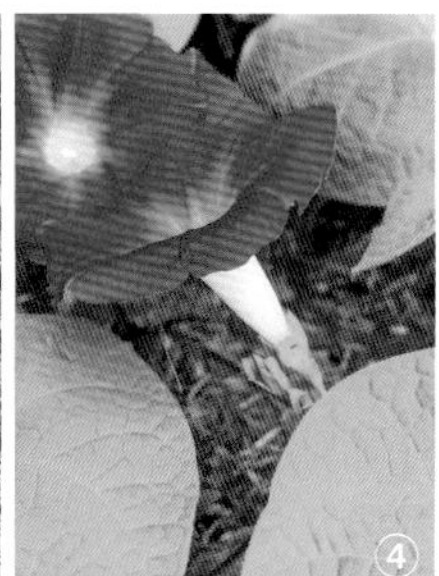

图 2　圆叶牵牛的形态特征（黄红娟提供）
①幼苗；②植株；③④花

柄长 2～12cm，毛被与茎同。花腋生，单一或 2～5 朵着生于花序梗顶端，呈伞形聚伞花序，花序梗比叶柄短或近等长，长 4～12cm，毛被与茎相同；苞片线形，长 6～7mm，被开展的长硬毛；花梗长 1.2～1.5cm，被倒向短柔毛及长硬毛；萼片近等长，长 1.1～1.6cm，外面 3 片长椭圆形，渐尖，内面 2 片线状披针形，外面均被开展的硬毛，基部更密；花冠漏斗状，长 4～6cm，紫红色、红色或白色，花冠管通常白色，瓣中带于内面色深，外面色淡，雄蕊与花柱内藏；雄蕊不等长，花丝基部被柔毛；子房无毛，3 室，每室 2 胚珠，柱头头状；花盘环状（图 2）。蒴果近球形，直径 9～10mm，3 瓣裂。种子卵状三棱形，长约 5mm，黑褐色或米黄色，被极短的糠秕状毛。

入侵特性　圆叶牵牛具有较强的竞争力，经常在入侵地形成单一优势群落，或与本地种牵牛混生，花色鲜艳，蜜腺饱满，花粉粒较大，形成了优先异交、延迟自交的混合交配类型，具有传粉受精的双重保障机制，因此圆叶牵牛具有较强的竞争优势。圆叶牵牛可自交亲和，并有传粉昆虫授粉，是典型的虫媒花植物。圆叶牵牛还具有较强的化感作用，能够释放化感物质抑制其他植物的生长。

监测检测技术　圆叶牵牛常发生在荒地以及玉米、棉花等作物田，在发生严重的地块应连续监测，及时发现并清除，要尽早防治，防止种子形成。对于收获籽粒的作物要加强种源检疫，防止通过种子进行传播扩散。

预防与控制技术

生态防治　发生在农田的圆叶牵牛可采用深翻、种子检疫、植株腐烂等方式进行防治。

物理防治　圆叶牵牛可以在发生早期进行人工拔除或刈割的方式进行防治，以防止形成较大生物量对防治带来困难。

化学防治　见五爪金龙。

参考文献

李扬汉, 1998. 中国杂草志[M]. 北京: 中国农业出版社.

RAUSHER M D, AUGUSTINE D, VANDERKOOI A, 1993. Absence of pollen discounting in a genotype of *Ipomoea puppurea* exhibiting increased selfing[J]. Evolution, 47(6): 1688-1695.

SINGH M, RAMIREZ A H M, SHARMA S D, et al, 2012. Factors affectingthe germinationof tall morningglory (*Ipomoea purpurea*)[J]. Weed science, 60: 64-68.

（撰稿：黄红娟；审稿：周忠实）

Z

杂交探针 hybridization probe

指带有标记物（如同位素或荧光标记）的已知序列的单链 DNA 片段（几十到几百个碱基），它能和与其互补的核酸序列杂交，形成双链，用于核酸样品中特定基因序列的检测。

杂交探针利用碱基配对原理，将双链 DNA 加热变性成为单链，随后用放射性同位素（通常用 ^{32}P）或荧光染料或者酶（如辣根过氧化物酶）标记变性的单链，获得杂交探针。当将探针与样品杂交时，探针和与其互补的核酸（DNA 或 RNA）序列通过氢键紧密相连，随后，未被杂交的多余探针被洗去。最后，根据探针的种类，可进行放射自显影、荧光显微镜、酶联放大等方法来判断样品中是否，或者何位置含有被测序列（即与探针互补的序列）。因为每一种转基因事件都具有独特的核酸片段，通过分离和标记这些片段就可制备出特异性的探针，用于转基因事件的检测。

按照杂交探针来源，杂交探针可分为基因组 DNA 探针、cDNA 探针、RNA 探针和人工合成的寡核苷酸探针等几类。DNA 探针和 cDNA 探针均可以用于 Southern 印迹杂交，RNA 探针则多用于原位杂交。

按照标记物的类别，杂交探针可分为用放射性同位素标记的放射性标记探针和用非放射性标记物标记的非放射性探针两大类。放射性同位素是应用最早也最广泛的探针标记物，常用的同位素有 ^{32}P、^{3}H、^{35}S，以 ^{32}P 应用最普遍。放射性标记探针检测灵敏度高，可以检测到微微克（pg，10^{-12}g）级别。但极易造成放射性污染，同时因为同位素不稳定、成本高等原因，放射性标记的探针不能实现商品化。放射性标记探针制作多采用切口平移法，利用大肠杆菌 DNA 聚合酶 I 的多种酶促活性将标记的 dNTP 掺入到新形成的 DNA 链中去，形成均匀标记的高比活 DNA 探针。目前，许多实验室都致力于发展非放射性标记的探针，应用较多的非放射性标记物是生物素（biotin）和地高辛（digoxigenin），二者都是半抗原。生物素是一种小分子水溶性维生素，对亲和素（avidin）有独特的亲和力，两者能形成稳定的复合物，通过连接在亲和素或抗生物素蛋白上的显色物质（如酶、荧光素等）进行检测。地高辛是一种类固醇半抗原分子，可利用其抗体进行免疫检测，原理类似于生物素的检测。地高辛标记核酸探针的检测灵敏度可与放射性同位素标记的相当，而特异性优于生物素标记，其应用日趋广泛。可将生物素或地高辛连接在 dNTP 上，然后像放射性标记一样用酶促聚合法掺入到核酸链中制备标记探针。也可将生物素或地高辛等直接与核酸进行化学反应而连接上核酸链。其中，生物素光化学标记法形成的生物素标记核酸探针适用于单、双链 DNA 及 RNA 的标记，探针可在 -20℃下保存 8～10 个月。

核酸杂交探针技术是目前分子生物学中应用最广泛的技术之一，是定性或定量检测特异 RNA 或 DNA 序列的有力工具。在转基因生物安全评价中的主要应用是基于 Southern 印迹杂交的插入检测和插入拷贝数检测以及基于实时定量 PCR 的转基因成分定量检测。Southern 印迹杂交的操作比常规 PCR 方法复杂，费用也较高。近期，杂交探针被应用于基于二代测序的对非法转基因事件的检测。因为杂交探针理论上可以瞄准非法转基因的筛选元件或其他特异性序列，因而，可以用来富集用于非法转基因检测的数据库。

参考文献

FRAITURE M A, HERMAN P, DE LOOSE, M et al, 2017. How can we better detect unauthorized GMOs in food and feed chains?[J]. Trends in biotechnology, 35 (6): 507-517.

（撰稿：石建新、谢家建；审稿：张大兵）

杂配藜 *Chenopodium hybridum* L.

一种耐干旱、耐阴、耐贫瘠的常见农田常见杂草，藜科藜属一年生草本植物。又名大叶藜、血见愁、野角尖草（图 1）。

图 1 杂配藜植株（张国良摄）

入侵历史　原产于欧洲及西亚地区。该物种可能于19世纪中期或更早通过货物运输或人口流动传入中国，首次传入地为当时行政意义上的河北省，即包括北京和天津。刘慎谔主编的《中国北部植物图志》(1935)第四册记载了该物种，指出当时在中国北方为常见物种。李振宇和解焱主编的《中国外来入侵种》(2002)将其作为中国外来入侵种报道。法国传教士A. David于1864年首次在中国承德地区采集到该物种标本；1905年在北京天坛公园采集到该物种标本。

分布与危害　分布于欧亚大陆和温带地区，在日本有分布。中国分布于北京、天津、河北、山西、内蒙古、辽宁、吉林、黑龙江、浙江、山东、湖北、重庆、四川、云南、西藏、陕西、甘肃、宁夏、青海、新疆。

在欧亚大陆温带地区杂配藜是造成作物产量严重减产的入侵植物之一，对光照、水分和土壤养分的竞争激烈。该物种在中国温带地区出现的频率最高，在中国北方常见于灌溉良好的农田中，为常见的农业、园林及蔬菜地有害植物，降低作物产量。在水分状况良好的沟谷或湿地中常形成单优种群，排挤本地物种，减少物种丰富度，破坏生态平衡，影响生物多样性。幼苗也可做家畜饲料，但是食用过量会引起牲畜硝酸盐中毒。

形态特征　①植株：植株高40～120cm。茎直立，粗壮，具淡黄色或紫色条棱，上部有稀疏的分枝，无粉粒。叶片宽卵形至卵状三角形，两面均呈亮绿色，无粉或稍有粉，先端急尖或渐尖，基部圆形、截形或略呈心形，边缘掌状浅裂；裂片2～3对，不等大，近三角形，先端通常锐；上部叶较小，叶片多呈三角状戟形，边缘具较少数的裂片状锯齿，有时几全缘；叶柄长2～7cm。花两性兼有雌性，通常数个团集，在分枝上排列成开散的圆锥状花序；花被片5，狭卵形，先端钝，背面具纵脊，稍有粉，边缘膜质；雄蕊5，柱状2。②籽实：胞果双凸镜状；果皮膜质，有蜂窝状网纹，与种子贴生。种子双凸镜状，横生，与胞果同形，直径通常2～3mm，黑色，无光泽，表面具明显的圆形深洼或呈凹凸不平；胚环形(图2)。染色体：2n=18。

入侵特性　杂配藜以种子繁殖。结实率高，每株种子产量最高可达15 000粒。种子发芽率较高，种子发芽率随埋藏时间和深度的不同而变化，埋藏于土壤表面积和5cm深度的种子在22个月后仍具有活力的比例分别为39%和10%。同时种子具有生理休眠的特性，秋季形成的种子几乎全部进入休眠，当条件适宜时可打破休眠，因此可形成一个短暂而持续的土壤种子库，在生长季内可持续出苗生长；有研究表明杂配藜种子在埋藏5年之后仍有20.7%的种子保持活力。杂配藜种子小而轻，质量约0.35mg，易随气流以及土壤搬运而传播。同时，农业生产活动、园林花卉贸易、种子调运等可远距离无意传播蔓延；鸟类和家畜携带等自然因素也有助于种子的传播扩散。

图2 杂配藜的形态特征（张国良摄）
①茎；②杂配藜叶片与灰藜叶片对比图

监测技术　在杂配藜植株发生点，将所在地外围1km范围列为监测区；在划定边界时若遇到田埂、堤岸、沟渠、等有边界的障碍物，则以障碍物为界。根据杂配藜的传播扩散物特性，确定关键节点和重点区域，设置固定监测点，监测点数量应不少于10个，面积应大于$10m^2$，悬挂明显的监测牌，在生长发生期内每月调查一次。在调查中若发现疑似杂配藜的植物，可根据杂配藜形态鉴定特征，鉴定是否为该物种。

预防与控制技术　杂配藜的蔓延应因地制宜地采取不同的措施。对那些尚未受到杂配藜危害的地区，要高度警惕，密切监测，一旦发现危害应立即采取措施予以灭除。若入侵农田，入侵面积小时，可采物理防治措施，在开花前人工拔除、铲除进行控制；由于大多数常规除草剂对该草的防治效果均较好，如杂配藜大面积发生时，可根据农田作物选择适宜的除草剂进行防治。

参考文献

李振宇, 解焱, 2002. 中国外来入侵种[M]. 北京: 中国林业出版社: 102.

刘慎谔, 1935. 中国北部植物图志: 第四册[M]. 北京: 国立北平研究院: 55-56.

徐海根, 强胜, 2018. 中国外来入侵生物[M]. 修订版. 北京: 科学出版社: 184-185.

闫小玲, 严靖, 王樟花, 等, 2020. 中国外来入侵植物志: 第一卷[M]. 上海: 上海交通出版社: 124-129.

COOPER G O, 1935. Cytological studies in the Chenopodiaceae. I. Microsporogenesis and pollen development[J]. Botanical gazette, 97(1): 169-178.

FRIED G, NORTON L R, REBOUD X, 2008. Environmental and management factors determining weed species composition and diversity in France[J]. Agriculture ecosystems & environment, 128(1):68-76.

HU X W, PAN J, MIN D D, et al, 2017. Seed dormancy and soil seedbank of the invasive weed *Chenopodium hybriudum* in north-westem China[J]. Weed research, 57(1):54-64.

LIU H L, ZHANG D Y, YANG X J, et al, 2014. Seed dispersal and germination traits of 70 plant species inhabiting the gurbantunggut desert in northwest China[J]. The scientific world journal, article ID 346405:12.

LOSOSOVÁ Z, DANIHELKA J, CHYTR M, 2003. Seasonal dynamics and diversity of weed vegetation in tilled and mulched vineyards[J]. Biologia, 58(1): 49-57.

MOSYAKIN S L, CLEMNTS S E, 1996. New infrahenerictaca and combinstions in *Chenopodium* L. (Chenopodiaceae)[J]. Novon, 6(4):398-403.

ROBERTS H A, NEILSON J E, 1980. Seed survival and periodicity

Z

of seedling emergence in some species of *Atriplex*, *Chenopodium*, *Polygonum* and *Rumex*[J]. Annals of aplied biology, 94: 111-120.

ZHANG S, GUO S, GUAN M, et al, 2010. Diversity differentiation of invasive plants at a regional scale in China and its influencing factors: accroding to analyses on the data from 74 regions[J]. Acta ecological sinica, 30(16):4241-4256.

（撰稿：田震亚；审稿：周忠实）

载体 vector

在基因工程中能够携带外源DNA或基因进入受体细胞并进行扩增和表达的工具。一般具备以下基本功能：①为外源基因提供在受体细胞中的复制和整合能力，保证外源基因的复制和遗传。②为外源基因提供进入受体细胞的转移能力。③为外源基因提供在受体细胞中的扩增和表达能力。按功能可分为克隆载体和表达载体两种基本类型。

克隆载体 克隆载体的结构最为简单，具1个复制子，能驱动外源基因在宿主细胞中复制扩增。克隆载体主要用于DNA片段的克隆和扩增，有质粒载体、噬菌体载体、噬粒和人工染色体等。

质粒载体 质粒是存在于细菌染色体之外的小型双链环状DNA复制子。质粒载体是在天然质粒基础上经人工改造、拼接而成的，不但能在细菌中复制，而且在添加真核复制信号和启动子后，能构建获得在原核或真核细胞中均可复制的穿梭质粒。质粒载体是基因工程中最简单、最常用的载体。用于克隆的理想质粒载体必须满足以下条件：具有复制起点；具有抗生素抗性基因；具有若干个限制酶单一识别位点；具有较小的分子量和较大拷贝数。常见的大肠杆菌质粒有天然质粒pSC101、ColE1和RSF2124以及人工质粒pBR322和pUC等。

噬菌体载体 噬菌体（bacteriophage）是一类细菌病毒的总称，可在脱离寄主细胞状态下存活，但不能生长和复制。λ噬菌体是迄今为止研究最为详尽的一种大肠杆菌双链DNA噬菌体，基因组约50kb，分子量为31×10^6Da，属中等大小的温和型噬菌体。λ噬菌体中约30%的基因组序列非裂解生长所必需，因此可用其他外源DNA片段插入或取代，所形成的重组噬菌体DNA可在溶源周期中整合到寄主大肠杆菌的染色体上，进而随大肠杆菌一起复制和增殖。该特性使得λ噬菌体成为颇有价值的基因克隆载体。但是，不管是取代还是插入，构建的重组λ噬菌体分子，其总长不能超过野生型DNA的105%，且不能短于75%。野生型λ噬菌体DNA对大多数常用的核酸内切限制酶都存在较多数量的酶切位点，因此，在构建λ噬菌体载体时需要删除多余的酶切位点。目前，已经构建获得多种EcoRI或HindIII酶切位点减少的λ噬菌体派生载体。这些派生载体可归纳为两种不同类型：①只具一个可供外源DNA插入的克隆位点的插入型载体（insertion vectors）。②具有成对的克隆位点，两位点间的λDNA区段可以被外源DNA片段所取代的替换型载体（replacement vectors）。插入型λ噬菌体载体又可分为免疫功能失活的（inactivation of immunity function）和大肠杆菌β-半乳糖苷酶失活的（inactivation of *Escherichia coli* β-galactosidase）两种亚型。两种类型的噬菌体载体因各自的不同特点而具有不同的用途。插入型载体只能承受较小分子量（一般在10kb以内）外源DNA片段的插入，因此广泛应用于cDNA及小片段DNA的克隆。替换型载体则可承受较大分子量的外源DNA片段，故适用于克隆高等真核生物的染色体DNA。

λ噬菌体载体对外源DNA的克隆能力虽在理论上其极限值可达23kb，但事实上较为有效的克隆范围仅为15kb左右，且往往不能同时克隆两个连锁的基因。1978年，Collins和Hohn等人在λ噬菌体的基础上发展出了柯斯质粒（cosmid），即一类由人工构建的含有λDNA的cos序列和复制子的特殊类型的质粒载体。其具有λ噬菌体的特性，在克隆合适长度的外源DNA及在体外被包装成噬菌体颗粒后，可以高效地转导对λ噬菌体敏感的大肠杆菌寄主细胞。但柯斯质粒并不含有λ噬菌体的全部必要基因，因此不能通过溶菌周期，也无法形成子代噬菌体颗粒。柯斯质粒载体具有质粒复制子，在寄主细胞内能够像质粒DNA一样进行复制，并且可以在氯霉素作用下进一步的扩增。此外，柯斯质粒载体通常也都具有抗菌素抗性基因，可供作重组体分子表型选择标记。柯斯质粒载体的克隆极限可达45kb左右。柯斯质粒具有与同源序列的质粒进行重组的能力。假若柯斯质粒与质粒各自具有一个互不相同的抗药性标记及相容性的复制起点，那么当两者转化到同一寄主细胞之后，便可容易地筛选出含有两个不同选择标记的共合体分子。

M13、f1和fd是一类亲缘关系十分密切的丝状大肠杆菌噬菌体。M13噬菌体是一种雄性大肠杆菌特有的噬菌体，基因组为长度6.4kb，颗粒包装（+）链DNA。M13噬菌体DNA也可通过转染作用导入雌性大肠杆菌细胞。通过在基因II和IV之间的区段插入外源DNA片段，成功改建出M13克隆载体系列。M13噬菌体载体特别适用于克隆单链DNA分子。与其他载体相比，具有两个应用优势：①M13载体基因组中存在饰变的β-半乳糖苷酶基因片段，上有密集的多克隆位点。②M13载体系列是成对构建的，可有效克隆双链DNA分子中的每一条链。然而，M13载体也存在不足：①其遗传稳定性在插入外源DNA片段后显著下降，且片段越大，稳定性下降程度越严重。②M13载体实际克隆外源DNA的能力较为有限，一般情况下有效的最大克隆长度仅1500bp。为此，现已发展出一类由质粒载体和单链噬菌体载体结合而成的新型载体，称为噬菌粒（phagemid）。噬菌粒载体既有质粒的复制起始点，又有噬菌体的复制起始点。一方面，在大肠杆菌内可以按正常的双链质粒DNA分子形式复制，形成的双链DNA既稳定又高产；另一方面，当存在辅助噬菌体情况下，可如同M13载体一样按滚环模型复制产生单链DNA，在包装成噬菌体颗粒后被挤压出寄主细胞。此外，应用噬菌粒可直接进行克隆DNA片段的序列测定，免去繁琐费时的从质粒载体到噬菌体的亚克隆步骤。利用噬菌粒载体可得到长达10kb的外源DNA的单链序列。

人工染色体 为克隆大片段DNA，利用DNA体外重组技术分离出天然染色体的基本功能元件，包括复制起始点（replication origin）、着丝粒（centromere）和端粒（telomere）等，进而连接构建出人工染色体（artificial chromosome）；人工染色体载体是指人工构建的含有天然染色体基本功能单位的载体系统，包括酵母人工染色体（yeast artificial chromosomes，YACs）、细菌人工染色体（bacterial artificial chromosomes，BACs）、P1人工染色体载体（P1-derived artificial chromosomes）、哺乳动物人工染色体（mammalian artificial chromosomes）和植物人工染色体（plant artificial chromosomes）。这些载体系统具有超大的接受外源片段的能力，并且能独立于宿主基因组存在和传递，为基因组图谱制作、基因分离以及基因组序列分析提供了有效工具。

YAC载体一般能够保存500kb～1Mb大小的染色体片段。现已构建获得高质量的人类、小鼠、果蝇、拟南芥和水稻等高等生物的YAC文库。YAC的缺陷主要有：存在较高比例的嵌合体，即一个YAC克隆含有两个原本不相连的独立片段；部分克隆不稳定，在传代培养中可能会发生缺失或重排；与酵母染色体难以区分；在细胞中以线性形式存在，操作时易发生染色体机械切割。

为克服YAC载体的缺陷，BAC被开发并逐步替代YAC。BAC是基于大肠杆菌中F质粒构建的质粒载体，包含一个氯霉素抗性标记，一个严谨型控制的复制子oriS，一个易于DNA复制的由ATP驱动的解旋酶（RepE）和3个确保低拷贝质粒精确分配至子代细胞的基因座（*parA*、*parB*和*parC*）等。目前，最常用的BAC载体（pBeloBAC 11）空载时大小约7.5kb，在大肠杆菌中以超螺旋质粒形式存在和复制，外源DNA片段容量在50～350kb之间。重组BAC载体可通过电穿孔方法将连接产物导入大肠杆菌重组缺陷型菌株，通过氯霉素抗性和*LacZ*基因的α-互补筛选，转化效率比转化酵母高10～100倍。由于BAC载体在单个细菌细胞中只有1～2个拷贝，因此极少出现重排-嵌合现象，被广泛应用于基因组测序、文库筛选、基因图位克隆和转基因研究等。

同时发展起来的还有噬菌体P1衍生的人工染色体载体系统。将需要克隆的DNA和载体一起包入噬菌体颗粒后注射到*Escherichia coli*中，其DNA通过P1/loxP重组位点和受体菌中表达的P1 cre重组酶的作用而环化形成环状质粒。这种载体可以包含100～300kb的外源性DNA片段。P1-clone载体上含有用于筛选的卡那霉素抗性基因。由于载体在宿主细胞中以单拷贝形式存在，故可避免产生嵌合体和不稳定体。

现已构建成功的哺乳动物人工染色体主要有人类人工染色体（human artificial chromosomes，HAC）和鼠类人工染色体（mouse artificial chromosomes，MAC）。1997年，Harringotn等利用来源于人类17号染色体的卫星DNA，在体外连接构建成长约1Mb的人工着丝粒，进而和端粒序列以及部分基因组DNA相连，构建获得第一个人类人工染色体。目前有4种不同的HAC构建策略，包括从头合成组装法（bottom up）、端粒介导的截短法（top-down）、天然微小染色体改造法和从头染色体诱导合成法等。除基于卫星DNA的HAC能够通过脂质体转染外，其他HAC只能通过整个细胞融合或者微细胞介导的染色体转移法转染细胞。此外，转染效率低和HAC纯化困难等因素严重阻碍HAC在临床上的应用。1996年，Kereso等利用从头合成法构建基于卫星DNA的小鼠人工染色体。2012年，Takiguchi等利用端粒介导的截短法构建更为稳定的MAC。

植物人工染色体（plant artificial chromosome，PAC）的研究起步较晚，其构建策略主要为端粒介导的染色体截短法和从头合成组装法。目前，仅有美国密苏里大学Birchler实验室通过端粒截短法成功获得PAC。

表达载体 表达载体与克隆载体的区别在于前者在克隆位点附加有表达调控序列元件。

原核细胞表达载体 具备功能的复制子、选择标记、启动子、终止子和核糖体结合位点序列（shine-dalgarno consensus sequence，SD序列）是构成原核细胞表达载体的基本元件。根据启动子不同，原核细胞表达载体可以分为lac和tac启动子表达载体系统（如pWR450、pGEX系列）、P_L和P_R启动子表达载体系统（如pBV220）和T7噬菌体启动子表达载体系统（如pET系列）等。根据具体实验设计不同，原核细胞表达载体可分为融合型和非融合型表达载体系统。非融合蛋白是指不与细菌任何蛋白或者多肽融合在一起的表达蛋白，具有非常接近于真核细胞体内蛋白质的结构，表达产物的生物学功能也更接近在生物体内表达出的天然蛋白质，但易被细菌蛋白酶所破坏。非融合蛋白表达载体的典型代表为pKK223-3。融合蛋白是指蛋白肽链N端由原核DNA序列或其他DNA序列编码，C端由真核DNA的完整序列编码，即表达蛋白质由一条短的原核多肽或具有其他功能的多肽和目标蛋白结合在一起。融合蛋白可以避免细菌蛋白酶对蛋白产物的破坏，含一些特定多肽标签的融合蛋白为分离纯化目标蛋白提供极大方便。常用的融合蛋白表达载体有pGEX系统、pQE系统和pET系统等。除在细胞内表达外，还可利用信号肽序列作为融合标签，使表达蛋白分泌到细胞外或细胞周质区中。常用的分泌表达载体有pINIII系统和pEZZ18。

酵母表达载体 酵母表达载体可分为整合型（YIp）、复制型（YRp）、着丝粒型（YCp）、附加体型（YEp）和酵母人工染色体（YAC）等。YIp型载体是由大肠杆菌质粒和酵母的DNA片段构成的，在酵母细胞中不能自主复制，可经转化作用导入受体细胞。进入细胞的YIp质粒DNA与受体染色体DNA发生同源重组，整合后随染色体复制，以单拷贝基因形式稳定遗传。YRp型载体是由酵母DNA片段插入大肠杆菌质粒中构成的。酵母DNA片段不但提供选择标记，还携带来自酵母染色体DNA的自主复制序列（ARS）。由于YRp型载体同时含有大肠杆菌和酵母的自主复制基因，所以能在两种细胞中存在和复制，又称作穿梭载体。YCp型载体是在自主复制型基础上，增加酵母染色体有丝分裂稳定序列元件。YEp型载体一般由大肠杆菌质粒、2μm质粒以及酵母染色体的选择标记构成。2μm质粒是酿酒酵母含有的一个长度为2μm的内源质粒。

植物转化载体 载体转化系统是植物基因转化中使用最多、机理最清楚、技术最成熟、成功实例最多的转化系统，也是最为重要的一种转化系统。植物基因转化中用到的载体包括 Ti 质粒转化载体、Ri 质粒转化载体以及病毒转化载体等，其中 Ti 质粒转化载体是最主要的。

Ti 质粒是根癌农杆菌（*Agrobactertium tumefaciens*）存在于染色体之外的遗传物质，为双股共价闭合的环状 DNA 分子，约 200kb，分子量为（95～156）$\times 10^5$ Da。根据 Ti 质粒诱导的植物冠瘿瘤中所合成得冠瘿碱种类不同，Ti 质粒可以分成章鱼碱型（octopine）、胭脂碱型（nopaline）、农杆碱型（agropine）和农杆菌素碱型（agrocinopine）或称琥珀碱性（succinamopine）。目前已经建立十多个 Ti 质粒的基因图，主要是章鱼碱型和胭脂碱型的 Ti 质粒。Ti 质粒有 4 个分区：① T-DNA 区（transferred-DNA region，转移 DNA），是农杆菌侵染植物细胞时从 Ti 质粒切割转移到植物细胞的一段 DNA。② Vir 区（virulence region，毒区），激活 T-DNA 转移，使农杆菌表现出毒性。③ Con 区（region encoding conjugations，接合转移编码区），存在与细菌间接合转移有关的 *tra* 基因。④ Ori 区（origin of replication，复制起始区）。野生型 Ti 质粒由于分子量过大、存在多个限制酶切位点、不能在大肠杆菌中复制、T-DNA 区 *onc* 基因产物干扰宿主植物内源激素平衡而阻碍细胞分化和植株再生等原因，不能直接用作克隆外源基因的载体，必须进行改造。首先切除 T-DNA 上 *onc* 基因，“解除”其“武装”，缺失部位常用质粒 pBR322 取代，构建成“卸甲”载体（disarmed vector）或称“缴械”载体。任何适合于克隆在 pBR322 质粒中的外源 DNA 片段，都可通过与 pBR322 质粒 DNA 同源重组而被共整合到 *onc*⁻ Ti 质粒载体上。

构建中间载体（intermediate vector）是解决 Ti 质粒不能直接导入目的基因的有效方法之一。中间载体是一种在普通大肠杆菌的克隆载体中插入一段合适的 T-DNA 片段所构成的小型质粒，通常是多拷贝的 *E. coli* 小型质粒。根据结构特点，中间载体可分为：共整合系统中间载体和双元载体系统中间载体。共整合中间载体必须含有与受体 Ti 质粒 T-DNA 区同源的序列、一个或多个细菌选择标记、bom 位点（可在不同细菌细胞内转移）、植物选择标记和多克隆位点（MCS，利于外源基因的插入）等，可以不含 Ti 质粒的边界序列。双元载体系统的中间载体与前者的不同之处，是具有 Ti 质粒的左右边界序列以及能在农杆菌中自主复制的复制子，但并不要求系统中的两个质粒具有同源序列。常用的中间载体有广谱性中间载体 pRK290 和 pBR322 衍生的中间载体。中间载体必须加上能在植物细胞中表达的各种启动子才能使外源基因在植物细胞中表达。通常将启动子与显性选择标记基因连接构成嵌合基因（chimeric gene），然后用嵌合基因构建中间载体。含有植物特异启动子的中间载体被称为中间表达载体（intermediate expression vector）。但是，中间表达载体仍是一种大肠杆菌的质粒，不能把外源基因转化到植物细胞。因此，必须进一步把中间载体和 Ti 质粒构建成能侵染植物细胞的基因转化载体系统，目前主要采用一元载体系统和双元载体系统。

一元载体系统，也称共整合载体系统（cointegrated vector），是中间表达载体与改造后的 Ti 质粒通过同源重组所产生的一种复合型载体。该载体 T-DNA 区与 Ti 质粒 Vir 区连锁，因此又称为顺式载体（cis-vector）。一元载体的特点是：由 *E. coli* 质粒和 Ti 质粒重组而成，分子量较大；共整合体的形成频率与两个质粒的重组频率有关，相对较低；必须用 Southern 印迹杂交或 PCR 对共整合载体质粒进行检测；构建比较困难。典型的一元载体有 pGV3850 和 SEV（split-end vector，拼接末端载体）。一元载体的构建包括中间载体通过接合转移法或三亲杂交转移法导入农杆菌、中间载体与受体 Ti 质粒的同源重组以及共整合载体的选择。双元载体系统是指由两个分别含 T-DNA 和 Vir 区的相容性突变 Ti 质粒构成的双质粒系统，因其 T-DNA 与 *vir* 基因在两个独立的质粒上，通过反式激活 T-DNA 转移，故又称为反式载体（trans-vector）。双元载体主要包括两个 Ti 质粒：微型 Ti 质粒（mini-Ti plasmid）和辅助 Ti 质粒（helper Ti）。微型 Ti 质粒就是含有 T-DNA 边界但缺失 *vir* 基因的 Ti 质粒。Michael Bevan 等构建的 pBin19 是应用最广泛的微型 Ti 质粒，含有来自 pTiT37 的 T-DNA 左右边界序列、在 T-DNA 区含有植物选择标记 *npt*-II 基因、来自噬菌体 M13mp19 的 *lacZ* 基因及其内部的多克隆位点等。此外，pBin19 含有广宿主质粒 Rk2 复制和转移的起始位点。辅助 Ti 质粒实际上是 T-DNA 缺失的突变型 Ti 质粒，已完全丧失致瘤功能，相当于共整合载体系统中的卸甲 Ti 质粒。辅助 Ti 质粒的主要作用是提供 *vir* 基因功能，激活处于反式位置上的 T-DNA 转移。最常用的辅助 Ti 质粒是根癌农杆菌 LBA4404 所含有的 pAL4404 Ti 质粒，是章鱼碱型 Ti 质粒 pTiAch5 的衍生质粒。将微型 Ti 质粒转入含有辅助 Ti 质粒的根癌农杆菌有两条途径：①直接用纯化的微型 Ti 质粒转化速冻的根癌农杆菌感受态细胞。②与共整合载体转化类似，采用三亲接合的方式。与一元载体系统相比，双元载体系统具有微型 Ti 质粒分子量小、宿主广、不需要共整合、操作简便、构建频率高、转化农杆菌较容易、转化效率高和插入的外源基因变异小等优点，是载体构建中最常见策略。

动物转化载体　借助病毒载体将外源 DNA 导入动物细胞是制备转基因动物的重要手段之一。常用的病毒载体有逆转录病毒载体、慢病毒载体和腺病毒载体等，其中最主要的为逆转录病毒载体。

逆转录病毒（retrovirus）又称反转录病毒，其基因组是 2 个相同 RNA 链的组合体，为单正链双体 RNA 病毒。在感染细胞后，逆转录病毒基因组 RNA 在自身逆转录酶的作用下被反转录成 DNA，经整合酶和基因组末端的特殊核酸序列作用下，整合到宿主细胞基因组 DNA 上，形成前病毒，进而随宿主 DNA 复制、转录和翻译。一般来说，逆转录病毒 RNA 基因组的核心部分包括 3 个开放阅读框：①编码核心蛋白和基质蛋白的 *gag* 基因；②编码逆转录酶、整合酶和其他酶的 *pol* 基因；③编码膜糖蛋白和跨膜蛋白的 *env* 基因。在反转录病毒的两端各有 1 个长末端重复序列（LTR），其中含有启动子、增强子及病毒转录所学要的起始和终止信号。此外，许多逆转录病毒还带有 1 个癌基因（*onc*）。

逆转录病毒载体是根据逆转录病毒的特性设计的复制缺陷性病毒。在构建反转录病毒载体时，病毒大部分的必需基因和包装信号被外源基因所取代，产生的重组前病毒不能表达病毒结构蛋白。重组病毒在包装细胞（packing cell）中复制并包装成病毒颗粒。包装细胞是转染和整合了缺陷型病毒（辅助病毒）基因组、可以表达载体 *gag*、*pol* 和 *env* 等病毒基因编码蛋白的细胞，可为逆转录病毒载体提供包装所需的病毒蛋白，但其本身不会产生病毒颗粒。逆转录病毒载体的优点是感染效率高、目的基因可在宿主内稳定且持续表达、寄主范围广且无严格的组织特异性，一般对宿主没有毒副作用等。逆转录病毒载体只能感染分裂期细胞（泡沫病毒除外），所携带的目的基因片段短，包装细胞中产生的重组病毒滴度低。此外，逆转录病毒载体还可能造成插入突变，干扰细胞中正常基因的复制和转录，进而造成不良后果或产生安全性问题。因此，逆转录病毒载体较少应用于转基因动物中。

慢病毒和泡沫病毒都属于逆转录病毒科，因能感染非分裂期细胞而扩大了基因转移的细胞范围。常见的慢病毒载体主要是以人类免疫缺陷病毒 -I（HIV-I）、猫免疫缺陷病毒（FiV）和猴免疫缺陷病毒（SIV）等为来源，采用三质粒表达系统构建获得，包括包装质粒（又称辅助质粒）、载体质粒（又称转移质粒）及包膜表达质粒等。包装质粒表达形成病毒感染性颗粒和有效转入靶细胞所必需的酶和结构蛋白，但不含 *env* 基因。包装质粒的发展可分 3 代：第一代包含辅助蛋白 Vpu、Vpr、Vif、Nef 以及调节蛋白 Rev 和 Tat 等，已去除 LTR、包装信号（Ψ）和引物结合位点（PBS）序列等；第二代包装质粒进一步删除所有与病毒毒力和细胞毒性相关的辅助蛋白 Vpu、Vpr、Vif 和 Nef 等；第三代将 *rev* 基因单独放在另一个质粒上，并且用修饰的 5′ LTR 增强子 / 启动子元件取代 *tat* 基因，极大提高了载体安全性。载体质粒表达全长外源基因，包含所有的为有效包装、逆转录、核输入及整合到宿主基因组 DNA 所必需的顺式作用元件。包膜质粒提供重组病毒颗粒新的包膜糖蛋白。

腺病毒是一种无包膜的 DNA 病毒。将腺病毒用作转基因载体的研究始于 20 世纪 60 年代初。腺病毒载体的构建和改造主要针对其基因组 E1～E4 区，通过突变或缺失其中的一个、几个或全部，对其调控序列进行特异替换。第一代腺病毒载体是 E1 和 E3 区缺失的复制缺陷型腺病毒载体；第二代是在此基础上将 E2 或 E4 区进行突变或缺失；第三代删除病毒所有的编码基因，仅保留 5′ 端和 3′ 端的反向末端重复序列与包装信号，可插入约 36kb 的外源基因。其他的病毒载体还有猿猴空泡病毒 40（SV40）载体、牛乳头瘤病毒（BPV）载体、人疱疹病毒（EBV）载体、腺相关病毒（AAV）载体等。

RNA 干扰载体 双链 RNA（double stranded RNA，dsRNA）诱导的基因沉默，称为 RNA 干扰（RNA interference，RNAi）。引发特异基因沉默的 dsRNA 包括化学合成的 siRNA 和载体表达的 shRNA（Short hairpin RNA，shRNA）。RNAi 的稳定诱导常通过质粒或病毒载体获得。在哺乳动物细胞中，常用的方法是依赖 RNA 聚合酶 III 系统转录获得 shRNA。

参考文献

陈金中, 薛京伦, 2007. 载体学与基因操作[M]. 北京: 科学出版社.

范雄林, 2015. 病毒转基因技术原理[M]. 北京: 科学出版社.

刘亚, 李敬娜, 任雯, 等, 2011. 植物遗传转化表达载体研究进展[J]. 生物技术进展, 1 (1): 14-20.

文铁桥, 2014. 基因工程原理[M]. 北京: 科学出版社.

（撰稿：汪芳；审稿：叶恭银）

载体骨架 vector backbone

指 T-DNA 左右边界之外的来源于转化载体的核苷酸序列。传统观点普遍认为 T-DNA 介导的转化过程中，T-DNA 边界之外的载体骨架序列不可能被转化到受体植物细胞中。但对不同物种转基因植物的整合模式的分析发现，T-DNA 区域以外的载体骨架序列也经常被插入到植物基因组中。载体骨架序列整合的机制尚不清楚，普遍认为与 T-DNA 左边界对转化终止信号的识别相关。

载体骨架序列整合进植物染色体中可能会产生重组热点或导致异常重组，进而影响目标基因的表达。转基因后代中也易发生目标位点的丢失与表达沉默等。此外，载体骨架序列上含有细菌来源的复制子、抗生素抗性基因等，它们整合到植物染色体，会导致植物非预期效应，且存在逃逸到环境的可能。因此，在转基因植物批准商业化过程中，对载体骨架序列的鉴定和分析也被列入转基因安全性评价分子特征的重要内容之一。

已有多种方法可以剔除载体骨架序列。如对表达载体进行改造，即设计和使用较小的双元表达载体用于遗传转化；或构建含非 T-DNA 区致死基因的载体，筛选或富集只含有 T-DNA 序列的转基因后代等。

参考文献

BUCK S D, WILDE C D, MONTAGU M V, et al, 2000. T-DNA vector backbone sequences are frequently integrated into the genome of transgenic plants obtained by *Agrobacterium*-mediated transformation[J]. Molecular breeding, 6 (5): 459-468.

CONNER A J, BARRELL P J, BALDWIN S J, et al, 2007. Intragenic vectors for gene transfer without foreign DNA[J]. Euphytica, 154 (3): 341-353.

（撰稿：石建新、谢家建；审稿：张大兵）

枣实蝇 *Carpomya vesuviana* Costa

枣类上的一种重要害虫。双翅目（Diptera）实蝇科（Tephritidae）咔实蝇属（*Carpomya*）。2007 年，在农业部和国家质量监督检验检疫总局联合发布的《中华人民共和国进境植物检疫性有害生物名录》中，枣实蝇被列为进境检疫性有害生物。2008 年，该虫被国家林业局增列为全国林业检疫性有害生物。

入侵历史 枣实蝇起源于印度。中国于 2007 年 7 月在新疆吐鲁番首次发现。

分布与危害 分布于意大利、毛里求斯、印度、巴基斯坦、泰国、阿富汗、塔吉克斯坦、土库曼斯坦、乌兹别克斯坦、伊朗、波斯尼亚、塞浦路斯、俄罗斯、格鲁吉亚、阿塞拜疆、亚美尼亚、中国等国家和地区。在中国仍仅分布于新疆地区。

枣实蝇可以危害各种枣类，在吐鲁番地区发现枣实蝇危害枣（*Ziziphus jujuba*）的栽培品种（灰枣、扁核酸、哈密大枣、梨枣）和野生酸枣（*Ziziphus jujuba* var. *pinosa*）。在伊朗 Bushehr 省枣实蝇危害当地各种枣树，包括叙利亚枣（*Ziziphus spina-chresti*）、滇刺枣（*Ziziphus muritania*）、金丝枣（*Ziziphus numularia*）和莲枣（*Ziziphus lotus*）等。

雌虫在果实表面产卵时会留下产卵孔，从而导致产卵孔周围组织停止发育，形成凹陷或瘤，同时也为病原微生物的侵染提供了通道。幼虫待孵化后取食果肉，其排泄物使果实苦涩，严重影响枣的质量；该虫主要以幼虫蛀食果肉来危害红枣和酸枣等，通常造成 20% 以上，甚至是 90% 以上的枣果受害。枣实蝇还危害枣花，降低坐果率。该虫在中国新疆吐鲁番地区危害严重，2007 年 7 月的发生面积占红枣结果面积的 30%，销毁有虫枣果达 2233.8t。

形态特征

头部　头宽大于长；单眼鬃细小，无颜面斑，额和侧额不具银色斑；喙短，呈头状花序状。

胸部　中胸背板和小盾片具黑色斑，中胸背板浅黄色或褐色，两侧各具 5 个黑斑，基部后缘中央具黑斑。小盾片浅黄色，基部 2 侧、端部 2 侧及基部中间各具 1 黑斑，中基部中间的黑斑与中胸背板后缘的黑斑相连。翅具浅黄色带纹，其带纹和绕实蝇（*Rhagoletis* spp.）类似，具游离的基横带和中横带，中横带伸达前缘脉；端前横带伸达翅的后缘，在 r1 室和 r2+3 室与前端横带相连；R2+3 脉无距脉；r-m 脉与 dm 室相交于 dm 室脉段约中央处。

腹部　各节腹背板分离。第三至五节腹背板不具暗色中纵条，第五腹背板不具腺斑。雄成虫背针突长超过第九背板长的一半，后叶长。雌成虫产卵器基节短，约为第五腹背板长的 0.3～0.5 倍；产卵管末端尖，针状，无齿；具 3 个受精囊。

入侵生物学特性　枣实蝇的有效积温为 807.55±110.12 日·度，越冬蛹的发育起点温度为 13.61±1.91℃。枣实蝇在野外的生态幅较宽，各虫态在温度为 -1.7～46.7℃、相对湿度 5%～100% 的条件下几乎无间断地完成了各自的发育。未成熟虫态的发育历期在温度低于 5℃时会延长，温度高于 40℃特别是 45℃且伴随 20%～30% 的相对湿度将对成虫有致死作用；枣实蝇在最高温度范围 17～25℃，最低温度范围 2.3～4.8℃，空气相对湿度 62.0%～85.5% 时，危害率最高。

预测监测技术　通过合理布设监测点，扩大监测覆盖面，并结合定期开展调查的方式，全面加强疫情监测，及时准确地掌握疫情动态。监测时可使用诱捕器、色板等监测虫情，引诱剂可选用糖醋液和甲基丁香酚等。监测重点应放在城镇周边、水果市场或交易集散地周边、枣果主要运输通道两侧及疫情发生地周边的所有枣实蝇寄主分布地或种植点。

预防与控制技术

加强检疫　加强植物检疫，严禁疫区内生产的鲜枣果及苗木外运。

农业防治　挖除病树，消灭土壤中的幼虫和蛹。枣实蝇疫情严重发生的地区，可以结合枣树品种改良，实施全面嫁接改造及落花落果等“断枣”措施。不让枣树开花结果，连续 2～3 年切断枣实蝇的食物源。

诱杀成虫　应用引诱剂甲基丁香酚进行疫情监测和大量诱杀（引诱剂 + 马拉硫磷）成虫，每个诱捕器放入 100ml 诱剂，将诱捕器悬挂于树上，防治密度为 10 个 / hm^2。

生物防治　可用一种茧蜂 *Fopius carpomyiae* (Silvestri) 作为幼虫的寄生性天敌来控制枣实蝇。

化学防治　每年 5 月中下旬在越冬代成虫羽化盛期，用 40% 毒死蜱乳油 1500 倍液、48% 乐斯本乳油 3000 倍液喷洒树体。5 月上旬至 9 月下旬，在成虫活动产卵期，可用毒死蜱、敌百虫等加 10% 红糖喷洒树冠，诱杀成虫，每隔 15 天喷 1 次，连续喷 3～4 次。

参考文献

张青文, 刘小侠, 2013. 农业入侵害虫的可持续治理[M]. 北京: 中国农业大学出版社.

（撰稿：赵紫华；审稿：石娟）

增强子　enhancer

位于结构基因附近，能够增强结构基因转录活性的一段 DNA 顺序。增强子的效应很明显，一般能使基因转录频率增加 10～200 倍，有的甚至可以高达上千倍。在真核细胞基因表达调控中，增强子是非常重要的顺式作用元件，它与启动子、沉默子（silencer）及绝缘子（insulator）协同作用，对调控真核基因的时空表达具有重要作用。

增强子的作用特点包括：①在转录起始点 5′或 3′侧均能起作用，在内含子中也起作用。②增强子的作用同增强子的序列走向无关，相对于启动子的任一指向（5′-3′或 3′-5′）均能起作用。③发挥作用与受控基因的远近距离相对无关，甚至远离靶基因达几千 kb 也仍有增强作用。④对异源性启动子也能发挥作用。⑤通常具有一些短的重复顺序。⑥增强子不能启动一个基因的转录，只有增强转录的作用。实质上，增强子是通过启动子来增加转录的。⑦增强子通常有组织特异性，这是因为不同细胞核有不同的特异因子与增强子结合，从而对基因表达有组织、器官、时间不同的调节作用。

增强子可分为细胞特异性增强子和诱导性增强子两类：①细胞特异性增强子的增强效应有很高的组织细胞特异性，在特定的细胞或特定的细胞发育阶段选择性调控基因转录表达的增强子。②诱导性增强子。在特定刺激因子的诱导下，才能发挥其增强基因转录活性的增强子称为诱导性增强子。

增强子有别于启动子处有两点：①增强子对于启动子的位置不固定，能有很大的变动。②它能在两个方向产生相互作用。一个增强子并不限于促进某一特殊启动子的转录，它能刺激在它附近的任一启动子。

参考文献

LEWIN B, 2003. Gene VIII[M]. New Jersey: Pearson Prentice Hall.

（撰稿：石建新、谢家建；审稿：张大兵）

Z

爪哇霜霉病　java downy mildew

由玉蜀黍指霜霉引起的一种重要的农业入侵病害。又名玉米霜霉病。

入侵历史　由于爪哇霜霉病是热带、亚热带地区的毁灭性病害，美国早在1916年就对其有了检疫规定，禁止从东方进口玉米。一些非洲国家、澳大利亚等国也先后制定了类似的检疫法规。中国在1986年和1995年均将指霜霉菌（*Peronosclerospora* spp.）引起的玉米霜霉病列为一类进口植物检疫对象。

分布与危害　该病在东南亚地区，特别是印度、印度尼西亚、菲律宾、泰国、巴基斯坦、日本等国家已经广泛流行。中国广西、台湾和山东、宁夏、辽宁等地区也已有发生。爪哇霜霉病在印度尼西亚危害较重，减产达40%，1964年爪哇Tjianajur地区平均发病率90%，全部失收。在中国广西百色、南宁及云南红河和文山等地区发生普遍，重病田发病10%～30%，在云南严重地块发病率高达61%。玉米由苗期到成株期均可发病。苗期侵染后生长缓慢，节间缩短，全株变淡绿色、黄白色或白色，被称为白苗病或白包谷，后渐枯死。成株发病时多自植株中部叶片的基部开始表现症状，逐渐向上蔓延，呈淡绿色、淡黄色，偶有红褐色的长条斑，以后互相汇合使叶片下半部或全叶枯死。系统侵染的病株表现矮化，不育或偶有雄穗，一般不结果穗，易早枯。在潮湿环境下病叶正反面条纹上形成白色霉状物。通常较老植株比4周龄的幼苗抗病。

玉蜀黍指霜霉寄主包括玉米、羽高粱、墨西哥假高粱、类蜀黍属（*Euchlaena*）、狼尾草属（*Pennicetum*）和摩擦禾属（*Tripsacum*）植物。

病原及特征　病原为玉蜀黍指霜霉［*Peronosclerospora maydis*（Racib.）C. G. Shaw］。菌丝有两种类型，一种直而少分枝；另一种具裂片，不规则分枝而成簇。孢囊梗自气孔伸出，基部具基细胞，有一隔膜，上部肥大，二叉状分枝2～4次，孢囊梗长266.6～305.9μm（平均256.1μm）。小梗近圆锥形，弯曲，顶生1个孢子囊（见图）。孢子囊长椭圆形、近球形或长卵形，顶端稍圆，基部较尖，23～38μm×15～22μm（平均32.3μm×17.2μm）。尚未发现卵孢子。

在24℃以下黑暗和有自由水情况下易形成孢子囊萌发产生芽管。病菌可以菌丝体在种子里越冬，成为次要的初侵染菌源，而生长在干旱季节里的发病玉米植株为主要的初侵染菌源。孢子囊从幼小植株的气孔侵入形成局部病斑，之后再向植株的分生组织扩展，引起系统侵染。如果初侵染菌源来自种子，则子叶常被侵染发病，而初侵染菌源来自卵孢子时，则子叶不易被侵染发病。

入侵生物学特性　孢子囊的形成取决于光合产物的供应、温度和湿度。自然产孢一般发生在凌晨2：00～4：00，这使得对光照和干燥高度敏感的孢子囊在日出前能完成其萌发侵染过程。孢子囊的形成和萌发对温度要求不严格，孢子囊形成要求的温度范围因菌种和地区不同而有差异，一般以20～25℃较为适宜。孢子囊萌发适宜的温度范围较宽，甚至温度在6.5℃时也可以萌发，但来自不同地区的病菌，其萌发适温差异较大。

玉米是玉蜀黍指霜霉唯一的自然发病寄主，该菌可以孢子囊从旱季玉米延续到雨季玉米上。在澳大利亚，多年生羽高粱是野生寄主，为玉米提供初侵染源。病菌不产生卵孢子，玉米种子也不能传病。在中国，发病的甜根子草为玉米提供初侵染源。

病菌一般以孢子囊萌发形成的芽管或以菌丝从气孔侵入玉米叶片，侵入后在叶肉细胞间扩展，靠吸器从细胞内吸收养分。然后经过叶鞘进入茎秆，并在茎端寄生，再发展到嫩叶上。生长季病株上产生的孢子囊借气流或雨水反溅传播蔓延，进行多次再侵染。

较高的相对湿度，特别是降雨和结露是影响该病发生的决定性环境因素。相对湿度在85%以上或夜间结露均有利于孢子形成。寄主植物种植密度过大，通风透光不良，株间湿度高，发病重；反之发病轻。

该病发生轻重还与播种期有关，广西龙津的春玉米，在惊蛰前播种的发病少，如延至清明后播种则发病多；秋玉米如立秋前播种发病少，立秋后播种发病多，这些现象主要与当地雨季有关。植株年龄与感病性关系密切，一般随着龄期的增长，感病性逐渐下降。该病发生轻重与玉米品种也有关系，硬粒种和马齿种比较感病，发病较重。

预防与控制技术

加强检疫　必须严格执行检疫制度，禁止从疫情暴发流行国家进口玉米种子，国内要严格控制疫区种子外流。生长季节注意田间调查，以便及时发现和采取根绝措施。

严格控制种子含水量是减少初侵染源，预防新区发病

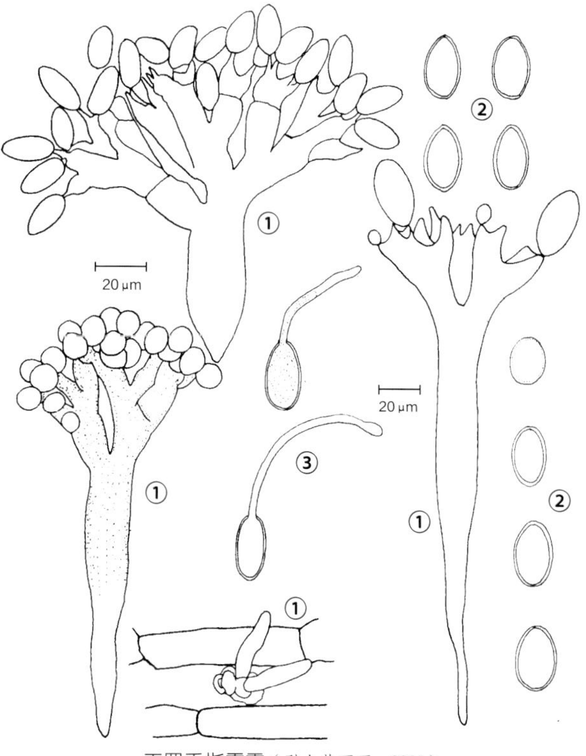

玉蜀黍指霜霉（引自黄丽丽，2005）
①孢囊梗；②孢子囊；③孢子囊萌发

Z

的重要措施。在爪哇玉米种子含水量控制在18%以下时，则不发生霜霉病，而播种未经干燥的种子时发病严重，为此，印度尼西亚玉米种子法规定含水量不得超过13%。

为杜绝种苗传病，要对种苗传带的各种霜霉病菌卵孢子及菌丝失活情况进行准确测定。

选用抗病品种　玉米苗期是生长过程中的关键时期，此时病虫害防治主要以农业防治技术为主，要选择抗病性较强的品种，抗病性较好的品种自身能够对各种病虫害进行抵御。东南亚地区已经选育出17个抗霜霉病的玉米品种并应用于生产；印度在应用抗病品种方面也取得了显著成效；中国台湾培育的‘台南8号’杂交玉米高抗霜霉病。今后应加强抗病育种和遗传规律研究，做到防患于未然。

加强栽培管理　在栽培过程中要适时间苗、定苗，做好追肥、灌溉，提高玉米植株的生长环境质量，为玉米提供良好的土壤环境，促进玉米生长。在玉米栽培过程中还应该要好检查工作，对患病植株进行清除，并且及时将病株带出玉米田集中销毁，防止病株上的病菌或孢子成为其他健康植株的侵染源。

化学防治　进行包衣和拌种，使用内吸杀菌剂瑞多霉进行拌种，1kg种子拌药2g，还可以使用浓度为50%的多菌灵1∶800倍液将种子浸泡24小时，然后洗净晒干之后再进行播种，可以实现对霜霉病的有效预防。

在玉米栽培过程中可以使用药物对霜霉病进行预防。对于发病初期的玉米，可以喷洒浓度为90%的三乙膦酸铝可湿性粉剂400倍液，或者使用浓度为64%的噁霜灵（杀毒矾）可湿性粉剂500倍液、72%克露（霜脲锰锌）可湿性粉剂700倍液，兑水之后在患病玉米田中均匀喷施。如果已经产生抗药性，发病比较严重，则可以使用浓度为69%的安克锰锌可湿性粉剂或水分散颗粒剂1000倍液进行均匀喷施。

参考文献

万方浩, 郑小波, 郭建英, 2005. 重要农林外来入侵物种的生物学与控制[M]. 北京: 科学出版社: 457-475.

王晓鸣, 段灿星, 2020. 玉米病害和病原名称整理及其汉译名称规范化探讨[J]. 中国农业科学, 53(2): 288-316.

赵文娟, 2009. 玉米霜霉病在中国的适生性分析[D]. 合肥: 安徽农业大学.

KIM H C, KIM K H, SONG K, et al, 2020. Identification and validation of candidate genes conferring resistence to downy mildew in maize (*Zea mays* L.)[J]. Genes, 11(2): 191.

（撰稿：高利；审稿：董莎萌）

蔗扁蛾　*Opogona sacchai* (Bojer)

鳞翅目（Lepidoptera）辉蛾科扁蛾属（*Opogona*）的农林作物检疫性害虫。又名香蕉蛾、香蕉谷蛾。英文名banana moth。

入侵历史　蔗扁蛾最早在毛里求斯发现，并相继传入附近的马达加斯加及北部的塞舌尔群岛，后又在南非被发现。1928年，蔗扁蛾在大西洋加那利群岛出现，20世纪60年代传入欧洲，70年代传入南美洲的巴西，80年代末传入美国的佛罗里达州和夏威夷群岛，亚洲的日本和印度随后也相继发现该虫。中国最早于1987年发现，该虫随进口的巴西木进入广州。1997年在北京发现蔗扁蛾，随后10余个省（自治区、直辖市）相继发现该虫入侵。

分布与危害　在国外，蔗扁蛾主要分布在毛里求斯、加那利群岛、意大利、荷兰、英国、比利时、巴西、美国等20多个国家或地区。在中国，蔗扁蛾主要分布于北京、天津、河北、吉林、上海、浙江、江苏、福建、山东、河南、江西、广东、海南、广西、四川、甘肃、新疆等地。蔗扁蛾取食可阻碍植物的正常生长，严重危害时可导致整株枯死。蔗扁蛾的主要危害寄主及危害程度在不同地区有所不同，在非洲加那利群岛主要危害香蕉，在美国的佛罗里达州和夏威夷群岛主要危害花卉与香蕉，在南美的巴巴多斯主要危害甘蔗，在巴西则主要在巴西木上定殖危害。由于巴西木属于观赏植物且在全世界广泛应用，导致巴西木逐渐成为蔗扁蛾的首要寄主。在中国，蔗扁蛾主要危害巴西木、发财树以及棕榈科植物等观赏园林植物（图1）。此外，该虫还存在扩散到甘蔗、香蕉、棉花等植物上危害的风险。

寄主植物包括龙舌兰科、木棉科、棕榈科、禾本科等90多种植物。

形态特征

成虫　黄灰色，具强金属光泽，腹面色淡。体长7.5～9mm，翅展18～26mm，雄虫略小。体较扁；头部鳞片大而光滑，头顶的色暗且向后平覆，额区的则向前弯覆，二者之

图1　蔗扁蛾危害发财树（覃振强提供）

间由一横条蓬松的竖毛分开，颜面平而斜、鳞片小且色淡，下唇须粗长斜伸微翘，下颚须细长卷折，喙极短小。触角细长呈纤毛状，长达前翅的2/3，梗节粗长稍弯。胸背鳞片大而平滑，翅平覆，前翅披针形，雌蛾有两个明显的黑褐色斑点和许多断续的褐纹，雄蛾则多连边较完整的纵条斑，后翅色淡，披针形，后缘的缘毛很长，雄蛾翅基具长毛束。足的基节宽大而扁平，紧贴体下，后足胫节具长毛，中距靠上（图2）。腹部平扁，腹板两侧具褐斑列，雄蛾外生殖器小而特化，雌蛾产卵管细长、常伸露腹端。

蛹　亮褐色，背面暗红褐色而腹面淡褐色，首尾两端多呈黑色；长约10mm，宽约4mm；头顶具三角形粗壮而坚硬的"钻头"，蛹尾端具一对向上钩弯的粗大臀棘固定在茧上；成虫羽化后，蛹壳半露不脱落。茧长14～20mm，宽约4mm；由白色丝织成，外表粘以木丝碎片和粪粒等杂物，常紧贴在寄主植物木质层内，不易被发现。

幼虫　乳白半透明状。幼虫7龄，老熟幼虫体长约20mm，伸长可达30mm，粗3mm。头红褐色，胸部和腹部各节背面均有4个毛片，矩形，前2后2排成2排，各节侧面分别有4个小毛片。腹足5对。

卵　淡黄色，卵圆形，长0.5～0.7mm、宽0.3～0.4mm。卵壳表面密布多边形的网状纹。卵散产或成堆成片。

入侵生物学特性　蔗扁蛾营两性生殖，北京1年发生3～4代；主要以老熟幼虫在土表下越冬。成虫将卵产于寄主的茎或尚未展开的叶片上。幼虫有聚集危害的习性；成虫活跃、善爬、善钻缝隙，有强的负趋光性和夜出性。雌成虫可产200～300粒卵，多的可达600粒卵。卵期6～7天，幼虫期50～60天，结茧化蛹期3～4天，蛹期10～24天，成虫寿命5～17天。

图2 蔗扁蛾成虫（魏吉利提供）

蔗扁蛾种群数量在多雨的季节明显多于少雨的季节；在6～10月高温多雨时危害严重。成虫飞行能力有限，苗木带虫是该虫远距离传播的主要途径。

预防与控制技术　蔗扁蛾的防治首要要加强检疫，严禁带虫植物的调运和传播。在温室和野外发生的成虫，可利用糖水、杀虫灯等诱集监测和杀灭。对于生活在寄主内部的幼虫，生物防治以及利用化学药剂进行熏蒸或喷施均可取得较好的控制效果。生物防治中，应用昆虫病原线虫小卷蛾斯氏线虫A24防治幼虫最为理想，此外释放捕食性天敌毛蠼螋也有一定的控制效果。化学防治中，可供选择的药剂有阿维菌素、吡虫啉、溴氰菊酯、敌敌畏等，其中敌敌畏熏蒸效果较好。在防治过程中，幼虫越冬入土期是最佳窗口期。

参考文献

程桂芳, 杨集昆, 1997. 蔗扁蛾——巴西木上的一种新害虫[J]. 植物保护(1): 33-35.

鞠瑞亭, 李跃忠, 杜予州, 等, 2005. 蔗扁蛾在中国的入侵成因分析[J]. 植物检疫, 19(3): 129-131.

鞠瑞亭, 2003. 入侵害虫蔗扁蛾的生物学及其在中国的风险性分析[D]. 扬州: 扬州大学.

吕朝军, 钟宝珠, 覃伟权, 等, 2009. 入侵害虫蔗扁蛾研究进展[J]. 亚热带农业研究, 5(2): 116-119.

沈杰, 沈幼莲, 陈友吾, 等, 2005. 几种低毒杀虫剂对蔗扁蛾的毒力及控制作用研究[J]. 浙江林业科技, 25(4): 10-13, 17.

杨集昆, 程桂芳, 1997. 中国新记录的辉蛾科及蔗扁蛾的新结构(鳞翅目谷蛾总科)[J]. 武夷科学, 13: 24-30.

张古忍, 古德祥, 温瑞贞, 等, 2000. 新害虫蔗扁蛾的形态、寄主食性、生物学及其生物防治[J]. 广西植保, 13(4): 6-9.

曾玲, 张志红, 陆永跃, 等, 2004. 毛蠼螋对蔗扁蛾幼虫的捕食作用[J]. 华中农业大学学报, 23(2): 218-221.

（撰稿：覃振强；审稿：鞠瑞亭）

诊断剂量　diagnostic dose

在一组特殊的生物测定试验中某一特定剂量下，能够杀死所有或者几乎所有的敏感个体，但是很少或不能杀死抗性个体的剂量，如可以杀死大部分敏感个体的LC_{99}。

诊断剂量是联合国粮农组织建议用于害虫抗性田间监测的方法。该方法认为用诊断剂量处理田间害虫种群后，只有抗性个体存活。它可以区分种群抗性个体和敏感个体；能监测种群中抗性个体频率的微小变化；无论是用于早期诊断还是抗性治理措施的效果评估都比致死中浓度（LC_{50}）或致死中量（LD_{50}）更灵敏、准确。

诊断剂量的确定方法很多，通常以2倍的LC_{99}（或$LC_{99.9}$）值作为诊断剂量（WHO，2013），LC_{99}（或$LC_{99.9}$）是由敏感基线计算得到的，是与死亡率99%（或99.9%）相对应的杀虫剂剂量值。

从害虫抗性角度看，害虫田间自然种群按不同基因型和表现型可分为敏感纯合子（SS）、杂合子（RS）和抗性纯合子（RR），抗性表现型分为敏感个体和抗性个体。因而田间自然种群对杀虫剂的剂量反应也有一定差异。以20～30个浓度梯度值绘出的LD-P曲线具有若干个平坡和拐点，平坡和拐点的数量与种群抗性基因的个数和显隐性有关。用平坡和拐点法确定诊断剂量不需要得到敏感基线，从而可以监测无法得到敏感品系的田间害虫种群的药剂敏感性。

诊断剂量法在抗性基因频率为1%～10%时是一种很好的检测手段。如果抗性基因的遗传特征已确定，还可以估算田间抗性基因频率。需要注意的是，当抗性基因为显性或半显性时，诊断剂量法非常有效；但是当抗性基因为隐性时，此方法检测不到抗性杂合子。此外，该方法的结果依赖于诊断剂量值的确定。因此，在田间抗性基因频率较低的情况下，诊断剂量法也不是一种十分有效的检测方法。

参考文献

李显春, 王荫长, 1997. 农业病虫抗药性问答[M]. 北京: 中国农业出版社.

王荫长, 李显春, 1996. 杀虫剂分子毒理学及昆虫抗药性[M]. 北京: 中国农业出版社.

ROUSH R T, MILLER G, 1986. Considerations for design of insecticide resistance monitoring programs[J]. Journal of economic entomology, 79: 293-298.

TABASHNIK B E, MOTA-SANCHEZ D, WHALON M E, et al, 2014. Defining terms for proactive management of resistance to Bt crops and pesticides[J]. Journal of economic entomology, 107: 496-507.

（撰稿：安静杰；审稿：高玉林）

脂酰—酰基载体蛋白硫酯酶B1-A基因 Fatty acyl-ACP thioesterase, FatB1-A gene

编码脂酰-酰基载体蛋白硫酯酶B1-A的基因。脂酰—酰基载体蛋白硫酯酶（Fattyacyl-ACP thioesterase, FAT）是终止脂肪酸合成的酶。脂肪酸的从头合成是在质体中进行的，以酰基载体蛋白（acyl carrier protein, ACP）为脂酰基载体、乙酰-ACP起始物、丙二酸单酰-ACP为二碳单位，经过缩合、还原、脱水、还原等4步反应使脂肪酸碳链延长一个二碳单位（图1）。一般情况下，经过7次循环后形成棕榈酰-ACP。在从头合成途径脂肪酸链延长的过程中，脂酰基始终以共价键与可溶性的ACP连接在一起。原核生物通过将acyl-ACP的脂酰基转移到3-磷酸甘油上，从而终止脂肪酸链的延长；而在真核生物中，FAT会把新生成的脂酰-ACP水解为游离脂肪酸和ACP，游离脂肪酸随后被转运到细胞质基质中被硫激酶/脂酰-CoA合酶酯化形成脂酰-CoA，然后在内质网上进一步代谢。这些代谢包括脂肪酸链的延长、脂肪酸链的脱饱和、磷脂和甘油三酯的合成等（图2）。因此FAT的活性影响着各种脂肪酸成分之间的比率。

植物FAT的分类 根据氨基酸序列，通常将高等植物的FAT分为FatA和FatB两类。在大多数植物中，FatA编码18:1-ACP硫酯酶，具有很强的18:1-ACP活性。FatB主要编码生成饱和脂酰碳链的硫酯酶，也有一部分编码生成非饱和脂酰碳链的硫酯酶。在大多数植物中，FatB是一类16:0-ACP硫酯酶，催化C16:0的生成。在一些富含中链脂肪酸的植物如椰子、棕榈和榆树等，存在着8:0-ACP硫酯酶、10:0-ACP硫酯酶、12:0-ACP硫酯酶和14:0-ACP硫酯酶。

实际应用 近年来，人类对植物食用油的需求呈现持续性的增长，因此如何提高植物种子油或脂肪酸的含量，并且满足人类对植物油脂需求的多样化，已成为种子脂肪酸合成代谢工程研究的焦点问题。

常规遗传育种手段，提高植物油产量的潜力是有限的。随着遗传转化技术的完善以及分子生物学和基因工程技术的发展，对植物种子油尤其是脂肪酸合成代谢途径以及关键酶基因的认识，使得我们可以利用基因工程手段调控植物种子脂肪酸代谢途径、改变脂肪酸组成，从而提高并改善种子油的产量与质量。

大豆中含有20%的油，总油分中13%为棕榈酸（16：0），4%为硬脂酸（18：0），20%为油酸（18：1），55%为亚油酸（18：2），8%为亚麻酸（18：3）。油酸可以降低人体低密度脂蛋白含量而不影响高密度脂蛋白含量。提高大豆中油酸的含量成为研究的目标。美国孟山都公司利用RNA干扰技术将大豆*FatB1-A*基因连同其他脂肪酸合成的*FAD2-1A*基因一同沉默，获得了MON87705转基因大豆。通过阻断油酸向亚油酸的转化进而提高种子中油酸的含量，降低了饱

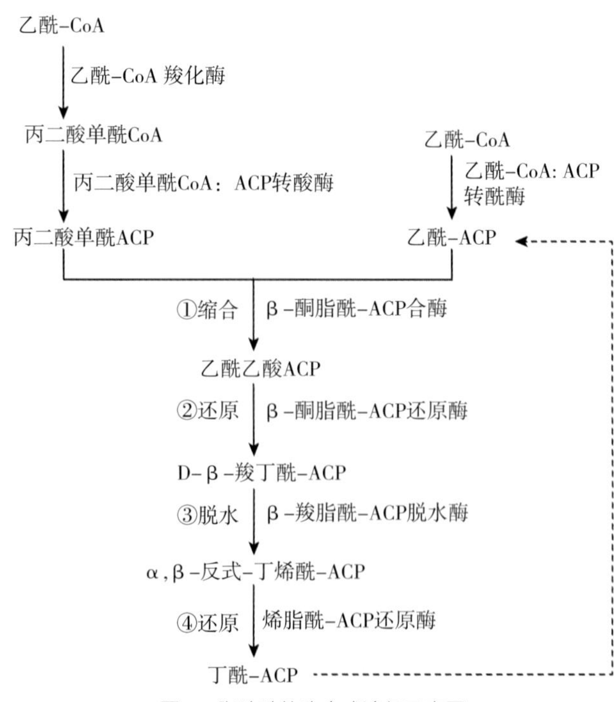

图1 脂肪酸从头合成途径示意图

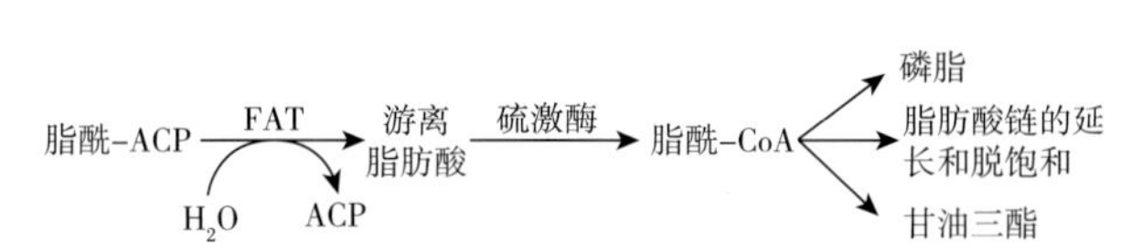

图2 脂酰-酰基载体蛋白硫酯酶催化反应的过程及游离脂肪酸去向

和脂肪酸的水平。

参考文献

李晓斐, 2011. 花生脂肪酸合成关键酶 (KASI、FatB) 基因的克隆、序列分析与ahFAD2B遗传转化的研究[D]. 泰安: 山东农业大学.

李晓飞, 2013. 油菜脂酰-ACP硫酯酶基因的克隆与功能鉴定[D]. 镇江: 江苏大学.

王威浩, 谭晓风, 2009. 植物脂酰-酰基载体蛋白硫酯酶研究综述[J]. 经济林研究, 27(2): 118-124.

（撰稿：李圣彦；审稿：郎志宏）

直接 PCR　direct PCR

直接样品扩增技术。无须进行核酸提取，能直接以待测样品本身为模板，加入目标基因引物进行 PCR 反应。既包括了 DNA 直接样品扩增，也包括 RNA 直接样品扩增；既适用于普通 PCR，也适用于实时定量 PCR。Real-Time qPCR 反应中，要求反应体系具备极强的抗背景荧光干扰能力以及对内源性荧光淬灭剂的拮抗能力。直接 PCR 技术针对的样本，只需要核酸模板的释放，并不对干扰 PCR 反应的蛋白、多糖、盐离子等进行去除，要求反应体系中的核酸聚合酶和 PCR Mix 具有极佳的抗逆性和适应性，能够在复杂的条件下保证酶活性和复制准确性。针对的组织样品未经任何核酸富集处理，模板量极少，要求反应体系有极高的灵敏度和扩增效率。将 PCR 前处理过程化繁为简，让 PCR 实验变得简便快捷。

直接 PCR 技术优势：实现了一步法 PCR，无须核酸分离提取，操作简便快捷，节约时间、人力物力，节约成本。特别适用于大批量样本 PCR 反应。PCR 反应样品需求量小，灵敏度高。避免由核酸分离提取过程带来的假阳性（污染）和假阴性（丢失）。适用于高通量鉴定、筛选。

（撰稿：王智；审稿：付伟）

植物根癌病　crown gall disease

一种由根癌土壤杆菌引起的细菌性入侵病害。其病原菌属于土壤杆菌属（*Agrobacterium*）。

入侵历史　植物根癌病的研究历史已逾百年。早在 1897 年，意大利科学家 Fridiano Cavara 就从生长在那波利（Nopoli）皇家植物园的葡萄 (*Vitis vinifera*) 上的瘿瘤中分离到一种细菌，且该细菌能在幼嫩的葡萄上产生类似的瘿瘤。1904 年，美国科学家 George C. Hedgcock 也从葡萄瘿瘤中获得类似细菌。1907 年，美国科学家 Erwin F. Smith 和 Charles O. Townsend 从感病的木茼蒿（*Argyranthemum frutescens*）中分离出一种细菌，证明该细菌就是引起根癌病的病原菌，并且将其命名为 *Bacterium tumefaciens*。1942 年，名字更改为根癌土壤杆菌（*Agrobacterium tumefaciens*）。自根癌土壤杆菌被鉴定为根癌病的病原菌开始，其致病机制就成为研究重点。其中，值得指出的是 Chilton，Mary-Dell 等 1977 年的研究。该研究发现将根癌土壤杆菌的质粒引入植物的正常细胞，质粒的一部分 DNA 序列插入到植物细胞染色体 DNA 中，使正常的植物细胞转变为肿瘤细胞。这不仅明确了根癌土壤杆菌致病的方式，而且发现了不同物种（细菌与植物）间的水平基因转移。

分布与危害　植物根癌病在世界范围内广泛发生，已在 100 多个国家和地区报道。世界上种植核果类果树和葡萄的主要国家和地区均有报道。该病害在中国亦广泛发生。已经从桃 (*Amygdalus persica*)、樱桃 (*Cerasus pseudocerasus*)、苹果 (*Malus pumila*)、梨 (*Pyrus* × *michauxii*)、李 (*Prunus salicina*)、啤酒花 (*Humulus lupulus*)、毛白杨（*Populus tomentosa*)、玫瑰 (*Rosa rugosa*) 上发现了该病害，并且分离出了根癌土壤杆菌。种植这些作物或植物的主产区几乎都有发生。主要侵染植物的根茎部，也可侵染侧根和支根，严重时可侵入主干及主枝基部等部位（见图）。侵染部位出现大小不等的肿瘤。初期，幼嫩呈乳白色或略带红色，柔软光滑；后期，木栓化且变得坚硬，呈褐色，表面粗糙或凹凸不平；严重时整个主根变成一个大肿瘤。肿瘤主要是不受限制的细胞增大和增殖所致。靠近木质部的肿瘤细胞会压迫导管，使导管功能受损，严重时可使导管碎裂，从而影响水分运输。为此，病株地上部位常表现为叶薄色黄，植株矮小，树势衰弱，落花落果，严重时植株干枯死亡。

根癌病病原菌的寄主范围广泛。通过人工接种，可侵染 90 个科的 600 多种植物，大部分是双子叶植物，小部分是单子叶植物。自然条件下，可侵染至少 41 个科的植物，

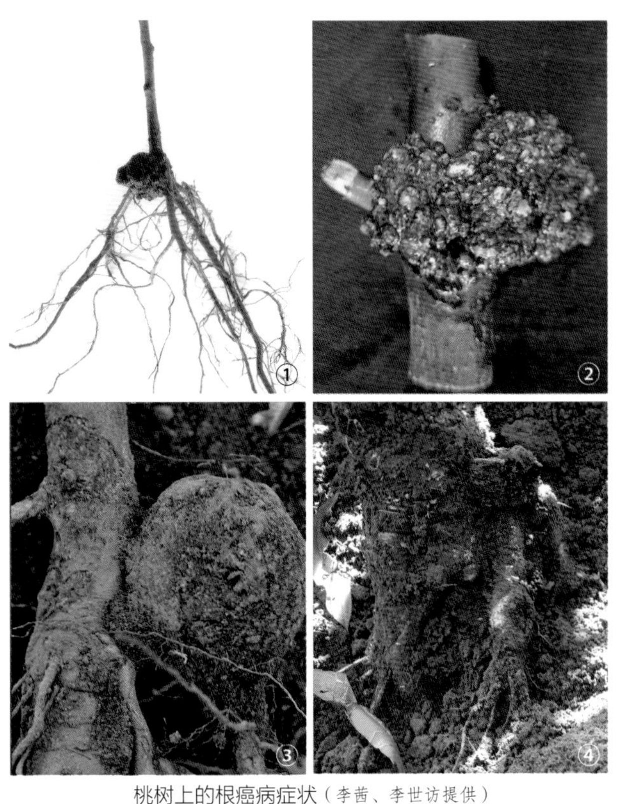

桃树上的根癌病症状（李善、李世访提供）

①一年生幼苗上的肿瘤；②桃枝条上正在生长的肿瘤；③接近停止生长的肿瘤；④停止生长后，肿瘤腐烂、分解

主要是蔷薇科的果树，如桃、苹果和樱桃；观赏植物，如月季（*Rosa chinensis*）以及葡萄科植物，如葡萄等。

病原及特征 根癌病的发生主要与病原菌携带的质粒有关。致病菌通常携带一个或几个大的质粒。其中一个质粒含有诱发肿瘤的基因，该质粒被称为致瘤质粒（tumor inducing plasmid，Ti），即Ti质粒。根癌土壤杆菌的致病性就由Ti质粒决定。致病菌进入植物细胞后，会将Ti质粒上的一段DNA（转移DNA，T-DNA）转移到植物细胞的染色体中。T-DNA一旦与植物染色体整合，就可稳定存在于植物基因组中，且随着植物细胞的分裂而不断复制。T-DNA上携带冠瘿碱、生长素以及细胞分裂素合成基因。T-DNA被整合到植物染色体后，同植物的基因一起表达。一方面，植物细胞合成只能被根癌土壤杆菌利用的冠瘿碱，从而专门为根癌土壤杆菌的生长提供营养；另一方面，植物细胞合成大量的生长素和细胞分裂素，引发植物细胞的过度增大和增殖，形成肿瘤。

入侵生物学特性 根癌病病原菌土壤习居，土传。在土壤中，可腐生多年并越冬。当寄主植物种植于病原菌侵染的土壤（病土）中时，田间农事操作、嫁接以及昆虫取食等会在植物的根部或贴近地面的茎基部造成伤口，病原菌则可以通过新产生的伤口侵入植物。进入植物组织后，诱发细胞不受限制地增大或增殖，产生肿瘤。新形成的肿瘤光滑柔软，易被损伤或被昆虫和其他腐生微生物侵染。这些损伤或次生侵染使得肿瘤外围变色、腐烂。腐烂的组织瓦解后，将病原菌带入土壤，随雨水、灌溉、地下害虫、曲木、农事操作工具等扩散传播，侵染新的植株。成熟的肿瘤常木质化，坚硬。肿瘤形成的过程中，细胞无序且无限制地增大和增殖会压迫维管束，影响其功能，甚至使其丧失功能，这会影响水分和营养物质的供给，限制肿瘤细胞的生长。肿瘤长到一定程度后，停止膨大并开始萎缩，外层组织坏死、脱落，病原菌随着脱离的组织进入土壤，开始下一个侵染循环。

预防与控制技术 从致病机制可知，根癌土壤杆菌一旦将其T-DNA整合到植物细胞染色体中，即使细菌不存在了，T-DNA上的基因也可以同植物的基因一起表达，合成生长素和细胞分裂素，使植物细胞继续增大增殖，形成肿瘤。因此，需要在根癌土壤杆菌将其T-DNA转入植物细胞染色体之前采取防治措施，即控制病原菌侵染。

理想方法是源头控制。即苗木和种植田块无病原菌。育苗时需注意：①选择无病原菌污染的地块作苗圃。②对育苗用的种子进行消毒或用生防菌处理。③强制苗木检疫和检验，杜绝病苗入园。选择种植田块时需考虑：①尽量避开前茬作物为根癌土壤杆菌易感植物如核果类果树、杨树、月季等的田块。②优先选择前茬作物为玉米（*Zea mays*）、小麦（*Triticum aestivum*）等禾谷类作物的田块，尤其是禾谷类作物多年轮作的田块。③条件允许，种植前检测田块带菌情况。

若难以做到源头控制，则使用生物防治的方法。即用放射土壤杆菌（*Agrobacterium radiobacter*）的一个特殊菌株——K84来控制根癌土壤杆菌的侵染。用K84菌株的菌悬液处理种子和苗木等繁殖材料，可有效防控核果类和仁果类果树的根癌病。K84对大多数根癌土壤杆菌有拮抗作用，拮抗作用可能来自其在植物表面定殖产生的生态位占领及其合成的具有抑菌作用的细菌素——土壤杆菌素84。值得注意的是，K84菌株中的抗K84细菌素基因会自然转移到致病根癌土壤杆菌中，使根癌土壤杆菌获得K84抗性。为避免产生抗性，利用基因工程的方法，将菌株K84改造成了新菌株——K1026。该菌株失去了将抗性基因转移到致病根癌土壤杆菌的能力。

参考文献

ESCOBAR M A, DANDEKAR A M, 2003. *Agrobacterium tumefaciens* as an agent of disease[J]. Trends in plant science, 8(8): 380-386.

TZFIRA T, CITOVSKY V, 2008. *Agrobacterium*: from biology to biotechnology[M]. New York: Springer.

（撰稿：张志想；审稿：李世访）

植物抗病性 disease resistance of plants

植物体具有的能够减轻或克服病原物致病作用的可遗传性状，这里特指通过基因工程手段使植物获得的抵抗细菌、真菌或病毒等病原物危害的特性。具有抗病性的转基因植物能阻止病原物的生长发育，减弱其侵染和危害的能力。

植物抗病性通常只对特定的病原物种或小种具有抵抗能力。根据病原物的种类可分为病毒病害抗性、真菌病害抗性和细菌病害抗性等。在植物抗病毒病的基因工程方面，主要是利用病毒基因介导的抗性，包括将病毒外壳蛋白基因或非病毒结构蛋白基因（如复制酶和解旋酶等）导入受体植物而使宿主植物获得抗性；也有利用植物本身编码的抗病毒基因和核糖体失活蛋白基因等介导的抗性。目前，抗环斑病毒（PRSV）的番木瓜、抗马铃薯Y病毒（PVY）和卷叶病毒（LRV）的马铃薯已经商业化生产；研制成功的抗黄瓜花叶病毒（CMV）的西葫芦、甜椒、番茄和抗洋李痘疱病毒（PPV）的李子已进入中试或环境释放阶段，并在部分国家和地区已获批商业化生产。此外，抗条纹叶枯病毒病（RSV）的转基因水稻、抗条纹病毒病（PSW）的转基因花生、抗芜菁花叶病毒病（TuMV）的转基因白菜和抗黄瓜花叶病毒病的转基因甜瓜等都已成功研发。

抗真菌和细菌病原体的转基因植物的研究落后于抗病毒的转基因植物。植物抗真菌病害基因主要有：①抗菌物质相关基因，如植保素等抗毒素基因、核糖体失活蛋白基因以及多聚半乳糖醛酸酶抑制蛋白基因等。②病程相关蛋白基因，如几丁质酶及β-1,3-葡聚糖酶基因、类甜蛋白基因、过氧化物酶基因、防御素基因和类萌发素蛋白基因等。③来自植物的抗真菌病*R*基因，如玉米*hml*基因、大麦*mlo*基因、亚麻*l6*基因、番茄*cf-2*、*cf-9*基因和番茄*rpp8*基因等。④植物系统获得性抗性诱导基因，如*avr*基因、*hrp*基因等。目前，抗真菌病害的仅有抗马铃薯晚疫病的转基因马铃薯已进入商业化生产。将几丁质酶基因导入烟草、小麦、水稻、大豆、油菜、番茄或棉花中，均能增强植物对真菌类病害的抗性。在中国，转几丁质酶基因和葡萄糖氧化酶基因的抗黄萎病和枯萎病棉花现已进入中试阶段。

抗菌肽最早是在天蚕中发现的，是经细菌诱导后产生的一类具有抗菌活性的碱性多肽物质，主要有A、B、C、D、E、F和G7种类型。抗菌肽具有抗菌谱广的特点。抗菌肽A类似物SB-37对番茄、甜菜等11种植物上的9种细菌有杀伤作用；抗菌肽B对马铃薯、花椰菜软腐病菌和根癌农杆菌等14种植物病原细菌都有较好抗菌作用。将抗菌肽基因导入水稻，能提高水稻对白叶枯病、稻瘟病菌的抗性；导入马铃薯获得抗青枯病菌的转基因株系，可提高马铃薯对早疫病、晚疫病和软腐病菌等抵抗能力。此外，抗菌肽也被用于烟草、桑树、花生、番茄、大白菜、柑橘和樱桃等植物的抗细菌病基因工程的研究。其他所用到的抗细菌病的基因种类与真菌病害相似，主要有源于病原菌自身的抗性基因 *oct* 和 *tta*、防御素基因、溶菌酶基因、病原相关蛋白、保卫素合成酶基因和类甜蛋白基因等。一些抗病材料如转 *Xa21* 基因抗白叶枯病水稻已进入生产性试验阶段。

参考文献

王关林, 方宏筠, 2014. 植物基因工程[M]. 2版. 北京: 科学出版社.

International Service for the Acquisition of Agri-biotech Applications. GM traits list[DB].[2021-05-29] http: //www. isaaa. org/gmapprovaldatabase/gmtraitslist/default. asp.

（撰稿：汪芳；审稿：叶恭银）

植物抗虫性　insect resistance of plants

植物抵御害虫侵害的可遗传性状，这里特指通过基因工程手段使植物获得能够减轻或克服害虫危害的性状。

利用基因工程培育抗虫植物，不仅可以利用植物中的抗虫基因，也可以利用动物和微生物中的抗性基因，基因资源丰富，而且育种周期短，成本低，受到国内外研究者的普遍关注。目前，已被利用的抗虫基因，根据其来源可分为3类：①从微生物分离的抗虫基因，如苏云金芽孢杆菌（*Bacillus thuringiensis*，简称Bt菌）的δ-内毒素，或称为杀虫晶体蛋白（Bt）基因等。②从植物中分离的抗虫基因，如豇豆胰蛋白酶抑制剂、植物凝集素基因等。③从动物中分离的抗虫基因，如蝎毒素、蜘蛛毒素基因等。

Bt杀虫晶体蛋白　1901年，日本学者石渡从染病的家蚕中分离出苏云金芽孢杆菌，并证明一些Bt菌对鳞翅目昆虫有杀虫活性。20世纪50年代，人们发现Bt菌的杀虫活性与伴胞晶体有关，并证实伴胞晶体由蛋白质组成。这种蛋白被称作 δ-内毒素或杀虫晶体蛋白（insecticidal crystal protein，ICP）。ICP通常以原毒素形式存在，在昆虫中肠碱性环境中可被溶解，并在专一性蛋白酶作用下，其C-末端被切割，从而形成由N-末端组成的具有活性的毒性肽。活化后的毒性肽能与敏感昆虫肠道上皮细胞的特异性受体结合，使细胞膜产生孔道，导致细胞内环境失去平衡而破裂，进而使昆虫死亡。Bt菌是较早应用的生物杀虫剂。1992年，全世界应用的生物杀虫剂中有90%为Bt菌，占杀虫剂市场的2%。目前，已有800多个编码具有不同杀虫活性的Bt杀虫蛋白基因被分离，这些基因包括74个 *cry* 基因家族和3个 *cyt* 基因家族。不同基因家族编码的杀虫蛋白的杀虫范围有所不同，如 *cry1* 基因家族主要对鳞翅目昆虫有活性，*cry2* 基因家族主要对鳞翅目和双翅目昆虫有活性，*cry3* 基因家族主要对鞘翅目有活性等，详见Bt毒素命名网站 http://www.lifesci.sussex.ac.uk/home/Neil_Crickmore/Bt/。

自1987年首次获得Bt植株以来，Bt基因已被转入烟草、番茄、玉米、棉花、水稻、马铃薯和杨树等多种植物中。目前，已经商业化生产的Bt作物有棉花、大豆、玉米和马铃薯等。

营养期杀虫蛋白　营养期杀虫蛋白（Vip）如来源于蜡状芽孢杆菌（*Bacillus cereus*）的 *vip1* 和 *vip2*，以及来源于苏云金芽孢杆菌 *vip3*，可与敏感昆虫肠道细胞尤其是柱状细胞相结合，造成细胞崩解，从而引起肠道严重受损，导致受害昆虫迅速死亡。生物测定试验结果表明，Vip3具有广谱的鳞翅目抗性，尤其对小地老虎、黏虫和甜菜夜蛾等有高水平抗性。目前已有165个不同的Vip蛋白在被研究中，部分已被应用于转基因抗虫棉和抗虫玉米等作物的培育。

胆固醇氧化酶　从链霉菌中分离的胆固醇氧化酶（Cho）可催化胆固醇形成17-酮类固醇和过氧化氢，导致昆虫死亡。胆固醇氧化酶对棉铃象甲幼虫具有极高杀虫活性，并能延迟美洲烟草夜蛾的生长，具有广阔的应用前景。

蛋白酶抑制剂　植物蛋白酶抑制剂（protease inhibitor，PI）能与昆虫消化道内的蛋白水解酶作用，形成酶抑制剂复合物EI，从而阻断或减弱对食物蛋白的水解作用，导致蛋白质不能被正常消化；同时，EI刺激昆虫过量分泌消化酶而导致昆虫产生厌食反应。植物中的蛋白酶抑制剂可分为3类：丝氨酸蛋白酶抑制剂、巯基蛋白酶抑制剂和金属蛋白酶抑制剂。其中，丝氨酸类蛋白酶抑制剂（特别是胰蛋白酶抑制剂）的抗虫效果最为理想；巯基类蛋白酶抑制剂只对利用巯基类蛋白消化酶的鞘翅目昆虫具有独特抗性。大麦、南瓜和豇豆中的胰蛋白酶抑制剂Cme、CMTI和CpTI，大豆丝氨酸蛋白酶抑制剂C-II和PI-IV，芥菜丝氨酸蛋白酶抑制剂MTI-2，马铃薯蛋白酶抑制剂PI-I、PI-II，大豆Kunitz型蛋白酶抑制剂SKTI和Kti3，番茄蛋白酶抑制剂TI-I和TI-II以及海芋蛋白酶抑制剂CTPI对鳞翅目害虫均有抗性。水稻巯基蛋白酶抑制剂CO-1对鞘翅目和同翅目害虫具抗性。此外，C-II和CpTI对鞘翅目害虫以及PI-I、PI-II和CpTI对直翅目害虫也有抗性作用。

凝集素　植物凝集素是非免疫来源的糖蛋白或结合糖的蛋白质，能聚集细胞或沉淀糖蛋白。通过与昆虫消化道中的糖蛋白结合而影响营养吸收，从而达到杀虫目的。目前，豌豆凝集素（pisum sativum agglutinin，PSA）、麦胚凝集素（wheat germ agglutinin，WGA）和雪花莲凝集素（galanthus nivalis agglutinin，GNA）等基因已被分离并导入植物中。转 *GNA* 基因烟草对蚜虫有明显抗性，而转 *WGA* 基因玉米对欧洲玉米螟亦有良好抗性。

淀粉酶抑制剂　淀粉酶抑制剂（α-amylase inhibitor，αAI）能抑制哺乳动物及昆虫体内的α-淀粉酶活性，从而阻断对摄取食物中淀粉成分的消化。大、小麦中的αAI对谷仓类害虫及异色蝽有明显的抑制作用。把菜豆 *αAI* 基因导入烟草后，对黄粉虫肠道α-淀粉酶有显著的抑制效果。但是，由于对哺乳动物α-淀粉酶的抑制作用，限制了淀粉酶抑制剂在生食作物基因工程中的应用。

非蛋白类 植物次生代谢产物在抗虫资源中也具有重要地位，如生物碱、柠檬烯和番茄素等。将抗虫活性物质合成所需的酶基因转入植物中，可获得抗虫特性。

动物源抗虫 昆虫特异性神经毒素如蝎子毒素和蜘蛛毒素等具有杀虫力强、对哺乳动物无毒害或者毒性小的特点。蝎毒素的作用靶标位于昆虫神经细胞膜钠离子通道，可通过阻断神经冲动而使昆虫麻痹死亡。将蝎毒素基因 *AaIT* 导入烟草后，发现对鳞翅目夜蛾科昆虫如棉铃虫、烟青虫、烟草夜蛾和谷实夜蛾等具有较强的毒杀作用。将蜘蛛毒素基因导入烟草后，棉铃虫死亡率达 30%～45%，并显著抑制其蜕皮和生长发育，表现明显的抗虫作用。此外，动物来源的α-反式胰蛋白（α1AT）、脾抑制剂（SI）和牛胰蛋白抑制剂（BPTI）等基因转入马铃薯、烟草等植物中，对鳞翅目害虫能产生抗性；而来源于烟草天蛾的反式糜蛋白、反式弹性蛋白酶和反式胰蛋白酶等对同翅目害虫具有抗性。

参考文献

王关林，方宏筠，2014. 植物基因工程[M]. 2版. 北京：科学出版社.

International Service for the Acquisition of Agri-biotech Applications. GM traits list[DB].[2021-05-29] http: //www. isaaa. org/gmapprovaldatabase/gmtraitslist/default. asp.

JOUZANI G S, VALIJANIAN E, SHARAfi R, 2017. Bacillus thuringiensis: a successful insecticide with new environmental features and tidings[J]. Applied microbiology and biotechnology, 101: 2691-2711.

（撰稿：汪芳；审稿：叶恭银）

指示种遴选原则 criteria for surrogate species selection

评估转基因抗虫作物对农田非靶标节肢动物的潜在影响是转基因抗虫作物非靶标生物评价工作中重要部分。然而，农田节肢动物种类繁多，由于人力和物力的局限，不可能对每个节肢动物种进行逐一评估，因此，需要选择合适的、具有代表性的节肢动物种作为指示生物（indicator species），通过对代表物种的评估来预测转基因植物对众多物种的潜在影响。因此，选择合适的代表性节肢动物种是评估转基因植物非靶标生物影响的重要环节。一般情况下，指示种遴选应遵循以下几个标准：①在作物田发挥重要生态功能的节肢动物种，如捕食性天敌普通草蛉、瓢虫和步甲等。②在转基因抗虫作物田，较高地暴露于外源杀虫化合物，最有可能受到影响的节肢动物种。③与转基因抗虫植物靶标昆虫亲缘关系较近，最可能对植物所表达杀虫蛋白敏感的节肢动物种，如当评估以鞘翅目害虫为靶标的转基因抗虫作物环境风险时，应该把鞘翅目非靶标昆虫作为重点评估对象。④还需要考虑试验操作上的便利性和可行性。一般来说，易于在室内饲养，在试验中易于处理和观察的非靶标节肢动物应该被优先考虑作为指示性物种。表中为国际上常用代表性节肢动物种。

国际上常用代表性节肢动物种表

功能团	物种（目：科）
pollination 传粉者	*Apis mellifera* (Hymenoptera: Apidae)
parasitoid 寄生者	*Ichneumon promissorius* (Hymenoptera: Ichneumonidae) *Nasonia vitripennis* (Hymenoptera: Pteromalidae) *Pediobius foveolatus* (Hymenoptera: Eulophidae)
predator 捕食者	*Coleomegilla maculata* (Coleoptera: Coccinellidae) *Coccinella septempunctata* (Coleoptera: Coccinellidae) *Hippodamia convergens* (Coleoptera: Coccinellidae) *Poecilus cupreus* (Coleoptera: Carabidae) *Aleochara bilineata* (Coleoptera: Staphylinidae) *Chrysoperla carnea* (Neuroptera: Chrysopidae) *Chrysoperla sinica* (Neuroptera: Chrysopidae) *Orius insidiosus* (Hemiptera: Anthocoridae)
decomposer 分解者	*Folsomia candida* (Collembola: Isotomidae) *Xenylla grisea* (Collembola: Hypogastruridae)
aquatic organisms 水生生物	*Daphnia magna* (Crustacea: Diplostraca: Daphniidae) *Chironomus dilutus* (Diptera: Chironomidae)

参考文献

CARSTENS K, CAYABYAB B, SCHRIJVER A D, et al, 2014. Surrogate species selection for assessing potential adverse environmental impacts of genetically engineered insect-resistant plants on non-target organisms[J]. GM crops & food, 5: 11-15.

ROMEIS J, RAYBOULD A, BIGLER F, et al, 2013. Deriving criteria to select arthropod species for laboratory tests to assess the ecological risks from cultivating arthropod-resistant transgenic crops[J]. Chemosphere, 90: 901-909.

（撰稿：李云河；审稿：田俊策）

质体 DNA plastid DNA

分布于细胞质中的质体内（比如叶绿体和线粒体）的DNA。线粒体 DNA（mitochondrial DNA，mtDNA）是位于线粒体中的遗传物质，是在细胞线粒体内发现的脱氧核糖核酸特殊形态。线粒体基因组 DNA 主要呈环状但也有线性的分子，不为核膜所包被，也不为蛋白质所压缩。各个物种的线粒体基因组大小不一。一般动物细胞中的线粒体基因组较小，为 10～39kb；酵母为 8～80kb；都是环状。四膜虫属和草履虫等原生动物为 50kb，为线性分子。植物的线粒体基因组比动物的大许多，但也复杂得多，大小可在 200～2500kb，如在葫芦科中西瓜是 330kb，香瓜是 2500kb，相差达 7 倍。线粒体 DNA 的非编码区域所占比例很小，编码的基因间甚至部分碱基发生重叠，此外一些密码子也与核基因组 DNA 通用密码子不同。

叶绿体DNA（chloropast DNA，cpDNA），存在于叶绿体内的DNA。高等植物叶绿体的DNA为双链共价闭合环状分子，其长度随生物种类而不同，一般为45μm，通常一个叶绿体含有10～50个DNA分子。叶绿体基因组是一个裸露的环状双链DNA分子，高等植物的叶绿体基因组的长度各异，其大小在120～217kb。叶绿体DNA不含5′-甲基胞嘧啶，这是鉴定cpDNA及其纯度的特定指标。叶绿体基因组中的基因数目多于线粒体基因组，编码蛋白质合成所需的各种tRNA和rRNA以及50多种蛋白质，其中包括RNA聚合酶、核糖体蛋白质、核酮糖1,5-二磷酸核酮糖羟化酶（RuBP酶）的大亚基等。叶绿体基因组同线粒体基因组一样，都是细胞里相对独立的一个遗传系统。叶绿体基因组可以自主地进行复制，但同时需要细胞核遗传系统提供遗传信息。

在转基因植物的外源插入序列中也偶有发现质体DNA序列，例如，在完成全基因组测序的转基因番木瓜Sunup中，共鉴定到3个转基因片段，其中2个片段两侧均为番木瓜叶绿体DNA序列。在转基因棉花MON15985中，外源整合序列中也含有棉花叶绿体DNA序列。转基因植物外源插入序列中质体DNA序列的来源和整合机制有待进一步研究。

参考文献

MING R, HOU S, FENG Y, et al, 2008. The draft genome of the transgenic tropical fruit tree papaya (*Carica papaya* Linnaeus)[J]. Nature, 452: 991-996.

（撰稿：谢家建、石建新；审稿：张大兵）

致敏学评价　allergenicity assessment

是对生物技术产品包括转基因产品及目标基因编码蛋白（产物）的过敏原性进行估算、估量的过程。又名过敏原性评价。

过敏原性是抗原或者半抗原的两个重要特性（免疫原性和过敏原性）之一，过敏原性是指抗原诱导机制产生非正常的、过度的免疫反应的能力，而这种反应与正常的免疫反应所起的保护或者预防作用不同，反而导致生理功能失调或者组织损伤。不同抗原的过敏原性不同，总体而言，蛋白质的过敏原性最高，脂多糖次之。蛋白的过敏原性评价可分为生物信息学比对法、体外细胞学评价法和动物模型评价法。虽然目前评价蛋白过敏原性的方法很多，但是还没有一种独立的方法能够完全有效地评价蛋白的过敏原性。因此在进行过敏原性评价时需要根据具体的实际情况，多种评价方法相结合，建立一套快速、高效、精准的过敏原性评价方法。

利用生物信息学方法评价蛋白质过敏原性　利用生物信息学方法评价蛋白质过敏原性是借助相关分析软件分析氨基酸序列的相似性，或者过敏原的特征序列的同一性程度来推定与过敏原的交叉反应性能力高低。相似性分析是一种最简单快捷的致敏性的预测方法，常用来比较蛋白是否同已知的过敏原蛋白具有相似性。不同的分析软件准确性不同，见诸报道的过敏原分析软件有SORTALLER、EVALLER、AllerHunter、Allermatch等，但目前准确性最高的软件是SORTALLER。

过敏原相似性分析主要是以这些数据联合检索的过敏原序列为基础进行的，FASTA和BLAST等方法是比较常用的序列比较方法，两者都采用局部比对策略，功能基本相同。过敏原数据库是进行序列比对的重要支持系统，不同的过敏原数据库所覆盖的过敏原数目、非冗余度、收敛性、数据准确性乃至分析功能等指标上均存在差异。目前可以使用的过敏原数据库有ALLERGENIA、ALLERGENONLINE、COMPARE、Allergome等，它们在这五个指标上均存在差异。

利用肥大细胞/嗜碱性粒细胞激发试验评估蛋白质的过敏原性　肥大细胞和嗜碱性粒细胞是两类免疫学特性高度相似的细胞，前者在组织中靠近血管分布，后者主要在血液中。在人体分布在I型超敏反应中，肥大细胞/嗜碱性粒细胞都起着关键的作用。因此，体外肥大细胞/嗜碱性粒细胞的激发可以对蛋白质的过敏原性进行评估。目前用于科研及临床检测的主要有分离的外周血单个核细胞（PBMC）、原代细胞以及肥大细胞系。原代细胞可以从手术标本获得，最常见的是扁桃体切除术得到的组织，再者是切除的包皮和肺癌、肠癌等癌旁标本的组织分离得到单个细胞。用于过敏原体外评价的肥大细胞系主要有LAD2、HMC-1和RBL-2H3等。当肥大细胞被激活后，可以对其释放的一系列介质进行诊断，包括组胺、β己糖胺酶、类胰蛋白酶等，根据这些介质的释放量较之对照的高低来判断刺激物的过敏原性高低。介质释放量高，则指示过敏原性强。

利用动物模型评估蛋白过敏原性　通过动物模型模拟人体的过敏反应，根据动物体内的特异性抗体和细胞因子的变化情况或者过敏反应临床症状的强弱来评估潜在过敏原蛋白的致敏性强弱不仅可以克服个体差异带来的观察的困难，更可以避免伦理上无法进行的人体试验。常用的动物模型有大鼠、小鼠和豚鼠等，这些动物与人体免疫反应机制类似，并且具有体积较小、繁殖周期短、价格便宜等优势，因此应用动物模型来进行蛋白的过敏原性评价具有很大优势。

根据过敏原的种类不同，又分为利用哮喘相关动物模型评估吸入性过敏原的过敏原性、利用食物过敏相关动物模型评估食品的过敏原性和利用过敏性皮炎相关动物模型评估蛋白的过敏原性。

参考文献

BIEBER T, 2008. Atopic dermatitis[J]. The New England journal of medicine, 358 (14): 1483-1494.

BOYCE J A, ASSA’AD A, BURKS A W, et al, 2011. Guidelines for the diagnosis and management of food allergy in the United States: summary of the NIAID-Sponsored Expert Panel report[J]. Journal of the American academy of dermatology, 64 (1): 175-192.

HOLM M, ANDERSEN H B, HETLAND T E, 2008. Seven week culture of functional human mast cells from buffy coat preparations[J]. Journal of immunological methods, 336 (2): 213-221.

HUANG L, LI T, ZHOU H, et al, 2015. Sinomenine potentiates degranulation of RBL-2H3 basophils via up-regulation of phospholipase A phosphorylation by Annexin A1 cleavage and ERK phosphorylation without influencing on calcium mobilization[J]. International immunopharmacology, 28 (2): 945-951.

HUANG Y, TAO A, 2015. Allergen Database[M]// Tao A, Raz E, editors. Allergy Bioinformatics: Springer Netherlands: 239-251.

KIRSHENBAUM A S, PETRIK A, WALSH R, et al, 2014. A ten-year retrospective analysis of the distribution, use and phenotypic characteristics of the LAD2 human mast cell line[J]. International archives of allergy and immunology, 164 (4): 265-270.

MARTINEZ BARRIO A, SOERIA-ATMADJA D, NISTER A, et al, 2007. EVALLER: a web server for in silico assessment of potential protein allergenicity[J]. Nucleic acids research, 35 (Web Server issue): W694-700.

MENG Z, YAN C, DENG Q, et al, 2013. Oxidized low-density lipoprotein induces inflammatory responses in cultured human mast cells via Toll-like receptor 4[J]. Cellular physiology and biochemistry, 31 (6): 842-853.

MUH H C, TONG J C, TAMMI M T, 2009. AllerHunter: a SVM-pairwise system for assessment of allergenicity and allergic cross-reactivity in proteins[J]. PLoS ONE, 4(6): e5861.

PAYNE V, KAM P C, 2004. Mast cell tryptase: a review of its physiology and clinical significance[J]. Anaesthesia, 59 (7): 695-703.

RICE A S, CIMINO-BROWN D, EISENACH JC, et al, 2008. Animal models and the prediction of efficacy in clinical trials of analgesic drugs: a critical appraisal and call for uniform reporting standards[J]. Pain, 139 (2): 243-247.

SAHA S, RAGHAVA G P, 2006. AlgPred: prediction of allergenic proteins and mapping of IgE epitopes[J]. Nucleic acids research, 34 (Web Server issue): W202-209.

WAN D, WANG X, NAKAMURA R, et al, 2014. Use of humanized rat basophil leukemia (RBL) reporter systems for detection of allergen-specific IgE sensitization in human serum[J]. Methods in molecular biology, 1192: 177-184.

XIA Y C, SUN S, KUEK L E, et al, 2011. Human mast cell line-1 (HMC-1) cells transfected with FcεRIα are sensitive to IgE/antigen-mediated stimulation demonstrating selectivity towards cytokine production[J]. International immunopharmacology, 11 (8): 1002-1011.

ZHANG J, TAO A, 2015. Antigenicity, Immunogenicity, Allergenicity[M]// Tao A, Raz E. Allergy Bioinformatics: Springer Netherlands: 175-186.

ZHANG L, HUANG Y, ZOU Z, et al, 2012. Sortaller: predicting allergens using substantially optimized algorithm on allergen family featured peptides[J]. Bioinformatics, 28 (16): 2178-2179.

（撰稿：陶爱林；审稿：杨晓光）

中国基因编辑管理制度　gene editing management system in China

2022 年 1 月 24 日，农业农村部办公厅发布的《农业用基因编辑植物安全评价指南（试行）》对农业用基因编辑植物的定义及其管理做出相应的规定。农业用基因编辑植物，是指利用基因工程技术对基因组特定位点进行靶向修饰获得的，用于农业生产或农产品加工的植物及其产品。对于引入外源基因的，按《转基因植物安全评价指南》进行评价；对于不引入外源基因的，按该指南评价。

根据基因编辑植物可能产生的风险，将其分为 4 类并对申报流程做出简化：①目标性状不增加环境安全和食用安全风险的基因编辑植物，中间试验后，可申请生产应用安全证书。②目标性状可能增加食用安全风险的基因编辑植物，中间试验后，可申请生产应用安全证书，但需要提供食用安全数据资料。③目标性状可能增加环境安全风险的基因编辑植物，需要在中间试验后开展环境释放或生产性试验，积累环境安全数据资料后，申请生产应用安全证书。④目标性状可能增加环境安全和食用安全风险的基因编辑植物，需要在中间试验后开展环境释放或生产性试验，积累环境安全和食用安全数据资料后，申请生产应用安全证书。

（撰稿：黄耀辉；审稿：叶纪明）

中国农业转基因生物安全管理法规　regulations on safety of management of agricultural genetically modified organisms in China

中国最早的基因工程管理规章是 1993 年 12 月由国家科委（现科技部）颁布的《基因工程安全管理办法》。农业部在 1996 年 7 月发布了《农业生物基因工程安全管理实施办法》，并成立了农业生物基因工程安全委员会和农业生物基因工程安全管理办公室，负责《农业生物基因工程安全管理实施办法》的施行和具体的安全评价事宜，开始对农业转基因生物安全实施实质性的管理。

现行有效实施的农业转基因生物管理行政法规是 2001 年中华人民共和国国务院颁布、2017 年 10 月 7 日修订的《农业转基因生物安全管理条例》，对在中国境内从事的农业转基因生物研究、试验、生产、加工、经营和进出口等活动进行全过程安全管理。根据《农业转基因生物安全管理条例》，2002 年农业部制定并实施了《农业转基因生物安全评价管理办法》《农业转基因生物进口安全管理办法》和《农业转基因生物标识管理办法》3 个配套规章，并于 2017 年 11 月 30 日对这 3 个规章进行了修订。2004 年，国家质量监督检验检疫总局施行了《进出境转基因产品检验检疫管理办法》，2018 年 4 月 28 日由海关总署进行了相应的修订。2006 年，农业部制定并施行了《农业转基因生物加工审批办法》。通过《农业转基因生物安全管理条例》和 5 个配套办法，建立并完善了转基因研究、试验、生产、加工、经营、进口许可审批和按目录强制产品标识的管理制度。

农业转基因生物取得安全证书后，按产品用途纳入相应法规进行管理。根据《中华人民共和国食品安全法》，生产经营转基因食品未按规定进行标识的，由县级以上人民政府食品药品监督管理部门处罚。《中华人民共和国农产品质量安全法》规定，属于农业转基因生物的农产品，应当按照农业转基因生物安全管理的有关规定进行标识。《中华人民共和国种子法》规定，转基因植物品种的选育、试验、审定和推广应当进行安全性评价，并采取严格的安全控制措施。《中华人民共和国畜牧法》规定，转基因畜禽品的培育、试验、审定和推广，应当符合国家有关农业转基因生物安全管理的规定。《中华人民共和国农药管理条例实施办法》规定，利用基因工程技术引入抗病、虫、草害的外源基因改变基因组构成的农业生物，适用《农业转基因生物安全管理条例》和《中华人民共和国农药管理条例实施办法》。《兽药注册办法》规定，经基因工程技术获得，未通过生物安全评价的灭活疫苗、诊断制品之外的新兽药注册申请，不予受理。

（撰稿：黄耀辉；审稿：叶纪明）

中国农业转基因生物安全管理机构 genetically modified organisms in China

中国实行“一部门协调、多部门主管”的管理体制。中华人民共和国国务院建立了由农业、科技、环境保护、卫生、对外经济贸易、检验检疫等部门组成的农业转基因生物安全管理部际联席会议制度，负责研究和协调农业转基因生物安全管理工作中的重大问题。农业农村部作为负责全国农业转基因生物安全监督管理的牵头主管部门，设立了农业转基因生物安全管理办公室，负责全国农业转基因生物安全管理的日常工作。县级以上地方各级人民政府农业行政主管部门负责本行政区域内的农业转基因生物安全的监督管理工作。县级以上各级人民政府有关部门依照《中华人民共和国食品安全法》的有关规定，负责转基因食品安全的监督管理工作。出入境检验检疫部门负责进出口转基因生物安全的监督管理工作。(《农业转基因生物安全管理条例》2017 年 10 月 7 日修订）

（撰稿：叶纪明；审稿：黄耀辉）

中国种子集团有限公司 China National Seed Group Co., Ltd.

简称中种集团。是 1978 年经国务院批准在原农林部种子局基础上成立的中国第一家种子企业，现已发展成为集科研、生产、加工、营销、技术服务于一体的产业链完整的大型种业集团。2007 年，经国务院批准并入世界 500 强企业中国中化集团公司（简称“中化集团”），成为全资子公司。作为以农作物种子为主营业务的育繁推一体化中央企业，秉承中化集团“创造价值、追求卓越”核心理念，致力于不断提升全产业链核心竞争能力，以推动中国种子产业升级和保障国家粮食及农业安全，是国家八部委联合认定的农业产业化龙头企业、中国种业 50 强、全国首批育繁推一体化种业企业和中国种业信用明星企业；为亚太地区种子协会（APSA）正式会员、中国种子贸易协会理事长单位；荣获国际企业信誉评级 AAAc 级和中国种子协会行业信用评级 AAA 级资质。拥有近 65 万亩（含参控股企业）种子生产基地，建有 15 个大型种子加工中心和 23 家省级营销服务机构。主要从事玉米、水稻、小麦、蔬菜、向日葵及棉花等农作物种子的科研开发、生产加工和销售及服务业务。

2000 年，与美国孟山都公司合资兴办中种迪卡种子有限公司（简称中种迪卡），成为国内第一家经营玉米等大田作物种子的中外合资种子企业，主要生产经营孟山都公司专为中国玉米市场培育的“迪卡”系列杂交玉米种子。2013 年，中种集团与孟山都在玉米常规育种领域深化战略合作，组建中种集团控股的中种国际种子有限公司（简称中种国际），成为第一家由外国母公司向其在华合资企业注入育种研发能力和体系的中外合资种子企业。2017 年，获得育繁推一体化资质证书。

2010 年，在武汉成立中国种子生命科学技术中心，建立先进的分子育种、抗病抗虫鉴定、作物遗传转化、遗传编辑育种等技术平台，致力于集成全球生物技术、信息技术和常规育种领域的最新研究成果，开展具有自主知识产权的转基因水稻和玉米等新品种研发。2015 年，利用基因编辑技术首次获优质水稻新品种。

（撰稿：姚洪渭、叶恭银；审稿：方琦）

中国转基因抗虫棉事件 controversy of Bt cotton in China

2003 年，环境保护部南京环境科学研究所与绿色和平组织在北京联合召开会议，时任南京环境科学研究所研究员、绿色和平组织顾问的薛达元在会上发表了题为《转 Bt 基因抗虫棉环境影响研究》的综合报告。绿色和平组织也于当天在其网站上刊登了薛达元长达 26 页的英文报告，再次引发国际争论，在欧、美产生巨大反响，成为国际上争论转基因作物安全性的重大事件之一。德国《农业报》文章的标题进一步升级，称“Chinese Research：Large Environment Damage by Bt Cotton”。绿色和平组织的“中国项目主管”卢思聘声称，棉农“将面对不受控制的‘超级害虫’，转基因抗虫棉不但没有解决问题，反而制造了更多的问题”“棉农将被迫使用更多、更毒的化学农药”。

薛达元的报告主要内容概括如下 6 点。

①棉铃虫寄生性天敌寄生蜂的种群数量大大减少。②棉蚜、红蜘蛛、盲蝽、甜菜夜蛾等次要害虫上升为主要害虫。③ Bt 棉田中昆虫群落的稳定性低于普通棉田，某些害虫暴发的可能性更高。④室内观察和田间监测都已证明，棉铃虫对 Bt 棉可产生抗性。⑤ Bt 棉在后期对棉铃虫的抗性降低，所以棉农还是要喷 2～3 次农药。⑥在棉铃虫抗性治理中，目前普遍采用的高剂量和庇护所策略的实际价值存在疑问。

但是，以上 6 条陈述均存在一些问题。

①棉铃虫的数量减少，不论是因为 Bt 棉的毒杀作用还是因为其他，都会使得寄生蜂种群产生相应的反应。假设是通

过化学杀虫剂毒杀棉铃虫，或者人工将棉铃虫从棉叶上剔除，寄生蜂的种群数量也不一定就不会减少。问题的关键是，寄生蜂的种群数量减少是否是因为 Bt 毒素的直接毒杀作用。

②抗虫棉中的 Bt 基因主要是针对鳞翅目的某些害虫，而非所有害虫，非鳞翅目的害虫上升为主要害虫正说明了 Bt 棉对鳞翅目害虫的有效毒杀作用。只要次要害虫成为主要害虫后并未给棉田带来更大的危害，就不能以此为根据作为反对 Bt 棉的理由。

③目前，尚未有科学数据明确支持这一结论。而且与第二点相同的是，只要其他害虫暴发的结果不比棉铃虫肆虐更糟，那么情况也是在往好的方向发展。

④室内条件下，经过多代人工选择，棉铃虫对 Bt 棉的抗性提高是事实。但在田间，到目前为止并没有发现棉铃虫的种群已经对 Bt 棉产生大规模抗性。

⑤抗虫棉不是无虫棉，尽管并不能完全避免使用化学农药，但是大大减少了化学农药的使用量，这是 Bt 棉的优点。

⑥ Bt 棉已经在中国推广种植了 20 余年。然而一直没有观察到大规模的抗性个体产生。采用昆虫雷达观测棉铃虫的迁飞，发现棉铃虫每年夏天迁向东北，秋天再飞回来。即使有抗 Bt 的棉铃虫种群出现，在它与不抗的种群相互交配后，所产生的后代仍是不抗的，因为抗性基因受一对单位点不完全隐性基因所控制。同时，中国的研究证明，双价基因抗虫棉可以延缓棉铃虫产生抗性。用单价 Bt 转基因烟草和双价 Bt / CpTI 转基因烟草叶片汰选棉铃虫 17 代，棉铃虫的抗性指数前者增加了 13 倍，而后者只增加了 3 倍。

参考文献

贾士荣, 金芜军, 2003. 国际转基因作物的安全性争论——几个事件的剖析[J]. 农业生物技术学报, 11 (1): 1-5.

LIU F Y, XU Z P, ZHU Y C, et al, 2010. Evidence of field-evolved resistance to Cry1Ac-expressing Bt cotton in *Helicoverpa armigera* (Lepidoptera: Noctuidae) in northern China[J]. Pest management science, 66 (2): 155-161.

（撰稿：刘标、郭汝清；审稿：薛堃）

中国转基因生物安全检测监测机构 inspection and monitoring institutes of genetically modified organism biosafety in China

转基因生物安全检测是转基因生物安全管理体系的重要组成部分，为转基因生物安全管理提供科学的技术参数和支撑体系。其中，转基因生物安全检测机构是转基因生物安全管理技术支撑体系的重要环节。

早在 2004 年，当时的农业部编制《国家农业转基因生物安全检测与监测体系建设规划》和《国家农业转基因生物安全检测与监测中心基建项目规划》，计划在全国范围内筹建 49 个农业部农业转基因生物安全检测机构，包括 1 个国家级检测机构和 48 个部级检测机构，其中食用安全检测机构 3 个、环境安全检测机构 19 个、产品成分检测机构 26 个，打算构建以国家级检测机构为龙头的覆盖中国 31 个省（直辖市、自治区）的农业转基因生物安全检测机构体系。

截至 2015 年 4 月，已经有 42 个检测机构通过国家计量认证、农业部的考核和审查认可（见表），涵盖“综合性、区域性、专业性”3 个层次，“转基因植物、动物、微生物”3 个领域和“产品成分、环境安全、食用安全”3 个类别，初步形成功能完善、管理规范的农业转基因生物安全检测体系。

中国农业转基因生物安全监督检验测试机构名单（42家）

序号	机构名称	机构性质	依托单位
1	农业农村部转基因生物食用安全监督检验测试中心（北京）	食用安全	中国农业大学
2	农业农村部转基因生物食用安全监督检验测试中心（天津）	食用安全	天津市疾病预防控制中心
3	农业农村部转基因植物环境安全监督检验测试中心（北京）	环境安全	中国农业科学院植物保护研究所
4	农业农村部转基因植物用微生物环境安全监督检验测试中心（北京）	环境安全	中国农业科学院生物技术研究所
5	农业农村部转基因兽用微生物环境安全监督检验测试中心（北京）	环境安全	中国兽医药品监察所
6	农业农村部转基因动物及饲料安全监督检验测试中心（北京）	环境安全	中国农科院北京畜牧兽医研究所
7	农业农村部转基因生物生态环境安全监督检验测试中心（天津）	环境安全	农业农村部环境保护科研监测所
8	农业农村部转基因植物环境安全监督检验测试中心（长春）	环境安全	吉林省农业科学院
9	农业农村部转基因植物环境安全监督检验测试中心（上海）	环境安全	上海市农业科学院
10	农业农村部转基因植物环境安全监督检验测试中心（杭州）	环境安全	中国农业科学院中国水稻所
11	农业农村部转基因植物环境安全监督检验测试中心（济南）	环境安全	山东省农业科学院
12	农业农村部转基因植物环境安全监督检验测试中心（安阳）	环境安全	中国农业科学院棉花研究所
13	农业农村部转基因植物环境安全监督检验测试中心（武汉）	环境安全	中国农业科学院油料作物研究所
14	农业农村部转基因植物及植物用微生物环境安全监督检验测试中心（广州）	环境安全	华南农业大学
15	农业农村部转基因植物及植物用微生物环境安全监督检验测试中心（海口）	环境安全	中国热带农业科学院生物技术研究所

续表

序号	机构名称	机构性质	依托单位
16	农业农村部转基因植物环境安全监督检验测试中心（成都）	环境安全	四川省农业科学院分析测试中心
17	农业农村部转基因烟草环境安全监督检验测试中心（青岛）	环境安全	中国农业科学院烟草研究所
18	农业农村部食品质量监督检验测试中心（武汉）	环境安全	湖北省农业科学院
19	农业农村部种子及转基因生物产品成分监督检验测试中心（北京）	产品成分	北京市种子管理站
20	农业农村部转基因生物产品成分监督检验测试中心（合肥）	产品成分	安徽省农业科学院水稻研究所
21	农业农村部转基因生物产品成分监督检验测试中心（太原）	产品成分	山西农业大学
22	农业农村部转基因生物产品成分监督检验测试中心（哈尔滨）	产品成分	东北农业大学
23	农业农村部转基因生物产品成分监督检验测试中心（重庆）	产品成分	重庆大学基因研究中心
24	农业农村部转基因生物产品成分监督检验测试中心（天津）	产品成分	天津市农业科学院
25	农业农村部农产品质量安全监督检验测试中心（石家庄）	产品成分	河北省农业环保监测站
26	农业农村部甘蔗及制品质量监督检验测试中心（福州）	产品成分	福建农林大学
27	农业农村部小麦玉米种子质量监督检验测试中心（郑州）	产品成分	河南省种子管理站
28	农业农村部农业环境质量监督检验测试中心（武汉）	产品成分	湖北省农业生态环保站
29	农业农村部农作物种子质量监督检验测试中心（西安）	产品成分	陕西省种子管理站
30	农业农村部农产品质量安全监督检验测试中心（呼和浩特）	产品成分	内蒙古农业科学院测试分析中心
31	农业农村部农产品质量安全监督检验测试中心（南京）	产品成分	江苏省农产品质量检验中心
32	农业农村部农产品质量安全监督检验测试中心（南昌）	产品成分	江西省农产品质量安全检测中心
33	农业农村部农产品质量安全监督检验测试中心（长沙）	产品成分	湖南省农产品质量检验中心
34	农业农村部农产品及转基因产品质量安全监督检验测试中心（杭州）	产品成分	浙江省农业科学院质标所
35	农业农村部农作物种子质量监督检验测试中心（深圳）	产品成分	深圳市种子管理站
36	农业农村部农产品质量监督检验测试中心（沈阳）	产品成分	辽宁省农科院开放实验室
37	农业农村部谷物及制品质量监督检验测试中心（哈尔滨）	产品成分	黑龙江省农科院农产品质量安全检测中心
38	农业农村部农产品质量监督检验测试中心（郑州）	产品成分	河南省农业科学院
39	农业农村部玉米种子质量监督检验测试中心（兰州）	产品成分	甘肃省种子管理总站
40	农业农村部转基因生物产品成分监督检验测试中心（上海）	产品成分	上海交通大学
41	农业农村部农产加工品监督检验测试中心（南京）	产品成分	江苏省农业科学院
42	农业农村部种羊及羊毛羊绒质量监督检验测试中心（乌鲁木齐）	产品成分	新疆畜牧科学院

参考文献

中华人民共和国农业农村部. 转基因权威关注[DB].[2021-05-29] http://www.moa.gov.cn/ztzl/zjyqwgz/zcfg/201504/t20150427_4564390.htm.

（撰稿：陈洋、田俊策；审稿：叶恭银）

中国转基因生物安全学发展史 national history of genetically modified organism biosafety sciences in China

中国转基因生物安全学的研究工作，起始于20世纪80年代中后期。其发展历程与中国转基因生物的研发进程以及中国政府对生物安全的认识与管理过程紧密相关。大体上可分为认识、探索、规范和发展等4个阶段。

认识阶段（1980—1993） 中国自20世纪80年代开始转基因生物研究，是国际上生物工程技术应用最早的国家之一。早在1985年，中国科学院成功培育获得转生长激素基因鲤鱼，成为世界上首例转基因鱼。随后，湖北省农业科学院畜牧兽医研究所与中国农业大学、中国科学院和中国农业科学院等单位合作，于1990年在国内首先研制获得转基因猪。在转基因作物方面，北京大学与丹东农业科学研究所合作，在1988年将烟草花叶病毒（tobacco mosaic virus，TMV）外壳蛋白（coat protein，CP）基因通过农杆菌介导法导入烟草中，育得高抗TMV的转基因烟PK873；同年，中国科学院微生物研究所与河南农业科学院合作，采用相同方法将TMV和黄瓜花叶病毒（cucumber mosaic virus，CMV）CP基因同时转入烤烟NC89中，获得双抗转基因烟草。1989年，中国农业科学院采用原生质体电融合技术将苏云金芽孢杆菌（*Bacillus thuringiensis*，Bt）δ-内毒素基因成功导入水稻中。

基于全球对现代生物技术及其应用的安全性关注，国家科学技术委员会于1989年9月开始了生物技术管理法规的起草工作，并于1993年12月发布实行《基因工程安全管理办法》。这是中国第一部对全国生物安全管理的法规，规定了中国基因工程工作的管理体系，制定了基因工程安全等级和审批权限。

在此阶段，中国尽管限于转基因生物研发进程而尚未开展转基因生物安全相关的研究，但科研工作者和政府管理工作者已认识到基因工程安全的重要性。特别是1992年棉铃虫在全国的特大暴发，极大推动了国产转基因抗虫棉的培育工作，为随后的转基因生物安全学研究提供了基础。

探索阶段（1994—2000） 随着农业生物技术的发展，为满足农业生物基因工程安全管理工作的需要，农业部在《基因工程安全管理办法》基础上，于1994年开始起草《农业生物基因工程安全管理实施办法》，并于1996年11月公布实行。该实施办法就中国农业生物基因工程的安全等级和安全性评价、申报和审批、安全控制措施以及法律责任做了详细的描述与规定。1997年1月农业部发布贯彻执行《农业生物基因工程安全管理实施办法》的通知，宣布成立农业生物基因工程安全委员会；同年3月农业部正式开始受理农业生物遗传工程体及其产品安全性评价申报书。这标志着农业部接替国家科学技术委员会成为转基因生物安全管理的主要部门。

与此同时，联合国环境规划署（UNEP）自1995年开启《生物多样性公约》缔约方起草生物安全议定书，并开展国家生物安全框架编制试点项目。中国由环境保护部牵头，会同国家农业、科技、商务、教育、林业、医药管理部门和中国科学院于1999年共同完成了《中国国家生物安全框架》的起草与发布。环境保护部还代表中国政府参与生物安全议定的谈判工作，并于2000年8月签署《卡塔赫纳生物安全议定书》。

在此期间，中国转基因生物培育进展迅猛。1998年已批准商品化生产的转基因农作物有：华中农业大学的转基因耐贮藏番茄，北京大学的转查尔酮合成酶基因矮牵牛、抗病毒甜椒和抗病毒番茄，中国农业科学院的抗虫棉花和美国孟山都公司的保铃棉等。此外，在转基因抗虫作物如抗虫棉和抗虫水稻等研究方面取得了重大突破。1993年中国农业科学院通过花粉管通道法将人工先合成的拥有自主知识产权的融合杀虫基因*GFM cryIA*导入棉花中，获得中国第一代单价高抗转基因抗虫棉花；1994年成功构建双价抗虫基因*GFM cry1A+cpTI*，1996年导入多个棉花品种（系）中，获得双价转基因抗虫棉花。1997年中国开始商业化种植转基因抗虫棉花，主要引种美国孟山都公司转*cry1Ac*基因抗虫棉花。1998年中国'抗虫棉1号'（GK-1）和中国'抗虫棉95-1号'（GK95-1）分别通过品种审定，成为中国首批通过国家审定的转基因抗虫棉花品种。1999年国产转基因抗虫棉花开始推广种植，种植面积逐年增加。在转基因抗虫水稻方面，1998年浙江大学（原浙江农业大学）与加拿大渥太华大学合作，利用农杆菌介导法将密码子经过优化的Bt杀虫基因*cry1Ab*导入水稻中，育成对螟虫高抗的转基因水稻品系"克螟稻"；1999年进入环境释放试验。华中农业大学与国际水稻研究所合作，培育获得转*cry1Ab/cry1Ac*基因抗虫品系"华恢1号"及其杂交组合"Bt汕优63"。中国科学院采用农杆菌介导法将*cry1Ac*和经修饰的*CpTI*基因共同转入水稻"明恢86"，获得转双价基因抗虫水稻。在转基因动物方面，转基因鸡、转基因牛和转基因羊等相继培育获得成功。2000年转*ntrC-nifA*基因固氮粪产碱菌AC1541工程菌获准商业化应用，成为中国第一个产业化的转基因微生物。

中国农业科学院于1995年率先开展转基因抗虫棉的安全性研究，此后，抗虫转基因水稻的安全性评价亦随之展开。转基因作物的生物安全性主要包括环境安全性和食品安全性，评价内容主要参照国际上所采用的安全性评价标准。转基因作物的环境安全性主要包括：转基因作物生存竞争能力变化、外源基因飘流规律及其生态效应、对非靶标生物和生物多样性影响以及靶标害虫抗性适应等。食品安全性主要包括：转基因作物产品对人体的毒性、过敏性、营养成分变化与抗营养因子影响以及抗生素抗性等。

转基因作物对非靶标生物及其多样性的潜在风险评价一直是关注的重点。抗虫转基因作物对非靶标生物的安全风险评价体系很大程度上承用了传统生态毒理学中有毒化合物释放后对环境风险分析的概念与方法，即采用阶段式（tiers）暴露-效应分析的框架模式；对生物多样性的安全风险评价则主要采用群落生态学方法，开展转基因材料与常规品种的对比研究。尽管在抗虫转基因作物对非靶标节肢动物和生物多样性的安全评价研究中，存在物种多而混杂且难以鉴别、取样方法不完善、标准不统一、数据规律不一致、评价结果可比性差等诸多问题，但通过对不同转基因作物及其不同品系在不同阶段的安全性研究，积累了大量的生物安全性相关数据，为转基因生物安全学的系统研究提供了资料积累。

规范阶段（2001—2005） 2001年5月中华人民共和国国务院颁布《农业转基因生物安全管理条例》。条例规定国家对农业转基因生物安全实行分组管理评价制度，决定建立农业转基因生物安全评价制度和标识制度，并详细制定了罚则。2002年1月，农业部根据条例有关规定公布了《农业转基因生物安全评价管理办法》《农业转基因生物标识管理办法》和《农业转基因生物进口安全管理办法》等配套办法。同年7月，农业部成立第一届国家农业转基因生物安全委员会，负责转基因的生物安全评价。此外，2002年4月卫生部制定并颁布了《转基因食品卫生管理办法》，以加强对转基因食品的监督管理。

2002年9月由环境保护部组织的经联合国环境规划署、全球环境基金会批准的中国国家生物安全框架实施项目正式启动实施，主要开展：①全面分析国内外转基因作物、林木、动物、微生物和海洋及淡水转基因生物研发现状及其潜在风险，分析转基因食品的潜在健康风险及消费者态度、转基因生物的社会经济影响。②分析中国生物技术发展战略，评估国外生物安全立法现状与管理实践，提出中国履行《卡塔赫纳生物安全议定书》的实施方案，评估中国现行转基因安全法规与制度。③开展转基因生物安全立法研究。④开发并完善转Bt基因抗虫水稻、转Bt基因抗虫棉花、转基因抗除草剂大豆、转生长激素基因快速生长鲤鱼、转生长激素基因快速生长鲫鱼、转 *nifA* 基因斯氏假单胞菌（*Pseudomonas stutzeri*）、促生长转 *ss/HBs* 基因痘苗病毒活载体疫苗（Vaccinia virus）、仔猪黄痢 K88 转基因大肠杆菌和转 Bt 基因抗虫玉米等风险评估和风险管理案例报告，并开展抗虫转基因植物、转基因鱼和转基因微生物等转基因生物与转基因食品的风险评估和风险管理技术指南。⑤重点开展转基因棉花、水稻和大豆等风险评估与环境影响监测，开发相关监测指标和方法，建设生物案例重点实验室。⑥分析《卡塔赫纳生物安全议定书》中有关生物安全信息与公众参与的要求，剖析中国生物安全信息公开和公众参与存在的问题，提出国家生物安全信息共享和公众参与的政策建议，完善国家生物安全信息交换机制的设计，建设国家生物安全信息交换机制和数据库。

2004 年农业部制订了《国家农业转基因生物安全检测与监测体系建设规划》和《国家农业转基因生物安全检测与监测中心基建项目规划》，与此配套，农业部制定并发布了《农业转基因生物安全监督检验测试机构基本条件》，将转基因生物安全检测标准列入农业部标准制订计划，并成立全国农业转基因生物安全管理标准化技术委员会。同年，国家质量监督检验检疫总局发布并实施《进出境转基因产品检验检疫管理办法》，对通过贸易、来料加工、邮寄、携带、生产、代繁、科研、交换、展览、援助、赠送及其他等方式进出境的转基因产品进行检验检疫。2005 年 9 月中国正式成为《卡塔赫纳生物安全议定书》的缔约方。

随着中国转基因生物安全评价机制的不断发展完善，同时在国家重点基础研究发展计划（“973”计划）、国家高技术研究发展计划（“863”计划）、国家自然科学基金、科技部“转基因植物研究与产业化”专项、国家“转基因生物新品种培育”重大专项，以及农业部、国家质检总局等各种转基因生物安全相关科研项目的持续支持下，中国转基因生物安全性的研究队伍已经初步形成，有关技术支撑体系不断建立和完善，转基因生物安全评价研究全面开展并取得重要进展，为中国农业生物技术研究开发和产业化提供了保障。其中第一个有关生物安全研究的“973”项目“农业重要转基因生物安全性研究”在转基因生物（植物、微生物和动物）的安全性基础理论体系与安全评价方法体系以及人才队伍建设等方面取得了明显进展。2002 年转基因抗虫杨树获准商业化种植。

在转基因植物环境安全性评价与检测监测技术体系方面，完成了转基因大豆、玉米和水稻环境安全性评价的行业标准，建立了适应中国国情的转基因植物安全性评价的技术体系；评价了国外转基因大豆、玉米和油菜对中国环境的潜在影响；系统监测研究了转基因抗虫棉大规模商业化种植对靶标生物、非靶标生物、农田生态系统群落结构和生物多样性的影响，制定了转基因抗虫棉环境风险的管理策略，为转基因作物的安全性管理和转基因抗虫棉的持续利用提供了技术支撑；形成了独立自主与国际领先水平进行平等对话和交流的技术能力与平台。

发展阶段（2006—） 随着转基因生物安全管理日趋规范和科学实践的不断积累，中国已经形成一套全面的转基因作物及相关附属产品环境安全性的监管制度。以转 Bt 基因抗虫作物为例，其监管框架主要包括：同时注重环境影响和农业利益、靶标昆虫对抗虫基因抗性演化的可能性、转基因作物对非靶标生物体的影响以及其他潜在的环境影响。在分别经过 11 年和 6 年严格的安全性评价之后，转基因抗虫水稻和转植酸酶玉米于 2009 年获得了安全证书。2008 年启动的转基因生物新品种培育重大专项，再次为转基因生物安全评价与监测研究以及安全规范管理提供了重要保障。目前，已有 42 个转基因生物安全监督检验测试机构通过国家计量认证、农业部审查认可和农产品质量安全检测机构考核，涵盖“综合性、区域性、专业性”三个层次、“转基因动物、植物、微生物”三个领域和“产品成分、环境安全、食用安全”三个类别，初步形成了一个功能完善、管理规范的农业转基因生物安全检测体系，其中产品成分检测类 24 个，环境安全检测类 16 个，食用安全检测类 2 个。

通过不断深入研究，在转基因生物安全理论与评价技术上取得了国内外瞩目的研究成果。

弄清了转基因抗虫作物商业化种植模式下靶标害虫的种群发生机制。转基因抗虫棉作为中国华北地区二代棉铃虫的主要寄主，直接破坏了棉铃虫季节性多寄主转换的食物链，降低了随后各代在其他作物上发生的虫源基数。抗虫棉的诱集致死效应极大地压缩了棉铃虫的生态位空间，成为棉铃虫种群区域性控制的主要原因。

摸清了转基因抗虫作物靶标害虫抗性演变的内在规律。在中国以小农经济作物种植模式为特点的棉田农业生态系统中，玉米、小麦、大豆和花生等非转基因寄主作物所提供的天然庇护所较好地缓解抗虫棉对棉铃虫等靶标害虫的选择压，使得棉铃虫田间种群并未对抗虫棉产生高水平抗性。

探明了转基因抗虫作物商业化种植模式下非靶标害虫暴发成灾的内在机制。在转基因抗虫棉商业化种植之前，棉盲蝽从越冬早春寄主迁入棉田，恰逢二代棉铃虫的防治期，被用于防治棉铃虫的化学杀虫剂所杀灭。此后，在对三、四代棉铃虫的连续防治下，棉盲蝽种群一直被控制在较低水平。当转基因抗虫棉的大面积种植，化学杀虫剂使用量骤减，导致棉铃虫等主要鳞翅目害虫因抗虫棉有效控制而形成生态位空缺，被棉盲蝽迅速占据。快速增长的棉盲蝽种群主动扩散或被动溢出到其他寄主植物上，并随着种群生态叠加效应衍生而暴发成灾，最终导致棉盲蝽由棉田次要害虫上升成为区域性多种作物的主要害虫。同时，明确了 Bt 棉种植因减少化学杀虫剂的使用，增强了棉田天敌作用而使棉田伏蚜得到了很好的自然控制。

明确了转基因作物的基因飘流规律，提出了有效降低基因飘流的限控措施。转基因水稻向非转基因水稻品种的基因飘流率与常规育成品种间的异交率基本一致，并未增加新的风险；构建以气象资料为参数的水稻花粉扩散和基因飘流普适模型，计算并预测获得最大基因飘流阈值距离；发现转基因飘流至普通野生稻后的 3～5 年内完全消失，推测普通野生稻具有自我保护机制；采用基因拆分技术可从根本上限控基因飘流的发生；提出在水稻基因飘流风险评估和监管中采用分类管理和阈值管理的原则。

筛选转基因抗虫作物生态环境中的指示生物，用于其环境安全的系统评价。在明确不同稻田生境中节肢动物群落的结构组成及其时空变化特征的基础上，依据指示生物候选者对转基因植物及其外源表达物的敏感程度、候选者暴露于转基因植物外源表达物危害的可能性存在与否、候选者的生态学地位与功能以及其变化、种群数量的变化是否能引起所在生态系统生物群落结构与稳定性的变化、候选者是否具有重要的经济或文化价值以及候选者是否符合标准化评价实验的可操作性等原则，筛选出植食性昆虫、捕食性天敌和寄生性天敌昆虫等主要非靶标指示生物，并就抗虫转Bt基因水稻对指示生物的影响进行评价，获得相关的特征性指标，明确抗虫转Bt基因水稻对稻田生态系统中非靶标指示生物是安全的。

参考文献

戴小枫, 2007. 我国农业生物技术发展的成就与展望[J]. 中国农业科技导报, 9 (5): 13-19.

范云六, 黄大昉, 彭于发, 2012. 我国转基因生物安全战略研究[J]. 中国农业科技导报, 14 (2): 1-6.

范云六, 张春义, 贾继增, 1999. 我国农作物生物技术的成就与展望[J]. 世界科技研究与发展, 21 (1): 11-15.

环境保护部, 2008. 中国转基因生物安全性研究与风险管理[M]. 北京: 中国环境科学出版社.

贾士荣, 袁潜华, 王丰, 等, 2014. 转基因水稻基因飘流研究十年回顾[J]. 中国农业科学, 47 (1): 1-10.

刘谦, 朱鑫良, 2002. 生物安全[M]. 北京: 科学出版社.

农业部农业转基因生物安全管理办公室, 中国农业科学院生物技术研究所, 中国农业生物技术学会, 2012. 转基因30年实践[M]. 北京: 中国农业科学技术出版社.

吴孔明, 2014. 中国转基因作物的环境安全评介与风险管理[J]. 华中农业大学学报, 33 (6): 112-114.

CHEN M, SHELTON A, YE G Y, 2011. Insect-resistant genetically modified rice in China: from research to commercialization[J]. Annual review of entomology, 56: 81-101.

HUANG J K, ROZELLE S, PRAY C, et al, 2002. Plant biotechnology in China[J]. Science, 295: 674-676.

HUANG J K, HU R F, ROZELLE S, et al, 2005. Insect-resistant GM rice in farmers' fields: assessing productivity and health effects in China[J]. Science, 308: 688-690.

JIA S, PENG Y, 2002. GMO biosafety research in China[J]. Environmental biosafety research, 1: 5-8.

LU Y H, WU K M, JIANG Y Y, et al, 2010. Mirid bug outbreaks in multiple crops correlated with wide-scale adoption of Bt cotton in China[J]. Science, 328: 1151-1154.

LU Y H, WU K M, JIANG Y Y, et al., 2012. Widespread adoption of Bt cotton and insecticide decrease promotes biocontrol services[J]. Nature, 487: 362-365.

WU K M, GUO Y Y, GAO S S, 2002. Evaluation of the natural refuge function for *Helicoverpa armigera* (Lepidoptera: Noctuidae) within *Bacillus thuringiensis* transgenic cotton growing areas in north China[J]. Journal of economic entomology, 95: 832-837.

WU K M, LU Y H, FENG H Q, et al, 2008. Suppression of cotton bollworm in multiple crops in China in areas with Bt toxin-containing cotton[J]. Science, 321: 1676-1678.

（撰稿：叶恭银、姚洪渭、彭于发；审稿：沈志成）

中国转基因生物安全学高等教育机构 higher education institutions of genetically modified organism biosafety sciences in China

在中国高等教育机构中，已有数家高校开设转基因生物安全本科专业以及相关课程，招收、培养转基因生物安全相关的专业人才。例如，南京大学、西南大学、四川大学、湖南农业大学和福建农林大学等开设“生物安全”本科专业，其中湖南农业大学曾成立生物安全科学技术学院；浙江大学和扬州大学等开设“转基因生物安全”等专业课程，深圳大学开设“生物安全与人类生活”选修课。教学内容包含转基因技术的安全、应用与管理等。

研究生学位专业涉及转基因生物安全、有害生物与环境安全、营养与食品安全等，以培养转基因生物检测和溯源、转基因生物及食品风险评价与监测等研究方向的高层次人才。中国具有授予转基因生物安全学研究生专业学位的高等教育机构有：①中国农业科学院研究生院，研究方向为转基因生物风险评价与监测。②中国农业大学食品科学与营养工程学院的营养与食品安全专业下设食品安全评价与风险评估方向。③华中农业大学植物科学技术学院的农业昆虫与害虫防治专业下设转基因植物安全性评价研究方向。④西南大学生物安全专业下设动物转基因安全评价方向。⑤沈阳农业大学的有害生物与环境安全专业，研究方向为转基因生物安全评价。⑥扬州大学园艺与植物保护学院的农业昆虫与害虫防治专业下设转基因抗虫作物及生态安全性评价方向。此外，北京大学生命科学学院、复旦大学环境和资源生物学系、浙江大学、华中科技大学、华南理工大学轻工与食品学院、南京农业大学、南京信息工程大学、西北农林科技大学、福建农林大学、东北农业大学、青岛农业大学动物科技学院、内蒙古大学、河北联合大学、海南大学和安徽科技学院等均有转基因生物安全相关的科研领域。

参考文献

全国高等学校学生信息咨询与就业指导中心. 中国高等教育学生信息网 (学信网)[DB].[2021-05-29] https: //www. chsi. com. cn.

全国高等学校学生信息咨询与就业指导中心. 中国研究生招生信息网[DB].[2021-05-29] http: //yz. chsi. com. cn.

（撰稿：陈洋、田俊策；审稿：叶恭银）

中国转基因生物安全学研究机构 research institutes of genetically modified organism biosafety sciences in China

随着现代生物技术特别是转基因技术的不断研发与应用，中国越来越多的机构单位从事转基因生物安全学研究。按单位性质可分为：大专院校、科研机构和行政单位三大类。根据中国知网收录的发表转基因生物安全学相关研究论著所属单位的不完全统计，至少有150家机构单位开展转基因生物安全学研究，主要分布于中国27个省（自治区、直辖市），其中以北京最多。相关机构主要涉及中国农业科学院及地方农业科学院系统、中国科学院系统、高校系统等，研究内容涵盖转基因生物安全学的各个分支领域，各具特色。例如，中国农业科学院植物保护研究所持续开展抗虫转基因植物（棉花、玉米和水稻等）生态安全性的系统评价研究；中国农业科学院生物技术研究所开展转基因飘流的生态安全性评价研究；华中农业大学、浙江大学和中国水稻研究所等开展转基因水稻的生态与食用安全性评价研究；中国农业大学开展转基因动物以及转基因食品的安全性研究；中国科学院水生生物研究所开展转基因鱼及其生态与食用安全性研究；上海交通大学等开展转基因生物的检测技术与标准化研究；中国农业科学院农业政策研究中心开展农户和消费者对转基因技术及其产品的认知行为与经济收益等研究。

参考文献

国家知识基础设施工程集团. 中国知网[DB].[2021-05-29] https://www. cnki. net.

（撰稿：陈洋、田俊策；审稿：叶恭银）

终止子　terminator

在转录过程中，提供转录终止信号的DNA序列。在RNA水平上通过转录出来的终止子序列形成茎－环结构而起作用。终止子位于基因编码区下游，其共同顺序特征是在转录终止点之前有一段回文顺序，7～20核苷酸对。回文顺序的两个重复部分由几个不重复碱基对的不重复节段隔开，回文顺序的对称轴一般距转录终止点16～24bp。在回文顺序的下游有6～8个A-T对，因此，这段终止子转录后形成的RNA具有发夹结构，并具有与A互补的一串U，因为A-U之间氢键结合较弱，因而DNA杂交部分易于拆开，这样对转录物从DNA模板上释放出来是有利的，也可使RNA聚合酶从DNA上解离下来，实现转录的终止。

原核生物的终止子均具有回文结构，可分为依赖 ρ 因子和不依赖 ρ 因子的终止子两种类型。真核生物的终止子则与polyA尾的添加相偶联。

原核生物的终止子：①依赖 ρ 因子的终止子。由终止因子（ρ 因子）识别特异的终止信号，并促使RNA的释放。②不依赖 ρ 因子的终止子。模板DNA链在接近转录终止点处存在相连的富含GC的反转重复序列和AT的区域，使RNA转录产物形成寡聚U及发夹形的二级结构，引起RNA聚合酶变构及移动停止，导致RNA转录的终止。

真核生物的终止子：在mRNA前体的近3′-端处转录产生一组共同序列，即AAUAAA和GU-rich序列，为转录终止的识别位点和poly（A）修饰识别位点。在转录越过修饰点后，RNA链在修饰点处被水解切断，转录终止，随即进行加尾修饰。

参考文献

HERRERA-ESTRELLA L, DEPICKER A, MONTAGU M V, et al, 1983. Expression of chimaeric genes transferred into plant cells using a Ti-plasmid-derived vector[J]. Nature, 303 (5914): 209-213.

LEWIN B, 2003. Gene VIII[M]. New Jersey: Pearson Prentice Hall.

（撰稿：石建新、谢家建；审稿：张大兵）

种群密度　population density

种群最基本的数量特征。根据调查方法的不同，种群密度可分为绝对密度和相对密度两种。绝对密度是指单位面积（或体积）空间中的生物个体数量。相对密度则只是衡量生物数量多少的相对指标。不同的种群密度差异很大，同一种群在不同条件下密度也有差异。它是一个随环境条件和调查时间而变化的变量。所调查的密度为特定时间和特定空间的密度，它反映了生物与环境的相互关系。

绝对密度　常用调查方法包括数量调查法和取样调查法。数量调查法是指将一个面积或空间范围内所有个体直接计数，从而得到种群密度的方法。常见的如人口统计调查法。对于其他生物种群，数量调查法需要花费大量的人力、物力和财力，因此很少采用。取样调查法是指通过在几个地方或一个地方取几点计数种群的一小部分，由此估计种群整体的密度。常用的取样调查法包括3种：①样方法。依生物种类、具体环境而有所不同，将要调查的某一地区分成若干样方，随机地抽取一定数量的样方，计数各样方当中的全部个体数，最后通过数理统计，利用所有样方的平均数，对总体数量进行估计。②标志重捕法。在调查区域中，捕获一部分个体进行标识，然后放回原来的自然环境，经过一段时间后再进行重捕，根据总数中标识比例与重捕取样中标识比例相等的原则，即得种群数值的估计值。③去除取样法。是在样方中连续几次捕捉动物，样方中的动物数量由于捕捉而日益减少，然后，以每日捕捉的个体数为纵坐标，以捕获积累数为横坐标作出直线，当捕捉的个体数趋于零时，也就是直线与横坐标相交点，意味着样方当中的各部分个体都被捕获，因此，这一点上的捕获积累数也就是样方中种群数量的估计值。

相对密度　调查方法包括4种：①动物计数。以单位时间内或单位距离内的动物数量作为衡量种群数量多少的相对密度指标。②动物痕迹的计数。即根据动物痕迹的数量与种群数量的多少呈正比的关系间接估计种群数量。动物痕迹包括足迹、粪便、脱落的角或皮、鸣叫声、被啃食的植被、放弃的窝巢等。③单位努力捕获量。这种方法较少使用，只能用于一些经济动物，如鱼类种群，或用于标本采集等。④毛皮收购记录。通过分析长期的毛皮收购记录，分析种群密度。

参考文献

戈峰, 2008. 现代生态学[M]. 2版. 北京: 科学出版社.

（撰稿：潘洪生；审稿：肖海军）

逐步评估原则　step-by-step principle

对转基因生物进行风险评估应当分阶段进行，并且对每一阶段设置具体的评价内容，前一阶段试验获得的相关数据和安全评价信息可以作为能否进入下一阶段的评估基础，逐步而深入地开展评价工作。对转基因生物的逐步评估通常经历如下 4 个阶段：①在完全可控的环境（如实验室和温室）下进行评价；②在小规模和可控的环境下进行评价；③在较大规模的环境条件下进行评价；④进行商品化之前的生产性试验。

（撰稿：叶纪明；审稿：黄耀辉）

转化 DNA transfer DNA（T-DNA）

农杆菌 Ti 质粒中介于左边界和右边界之间的可以从农杆菌细胞转运到寄主植物细胞，定位到到寄主植物细胞核中并整合到宿主基因组上的一段 DNA 序列。T-DNA 两端各有一个 25 个碱基的重复序列称为左右边界。T-DNA 转化从右边界开始，到左边界终止，这个过程需要 Ti 质粒的 *vir* 基因参与。

天然的农杆菌 T-DNA 约有 2400 个碱基对，含有冠瘿碱和植物激素合成基因。农杆菌通过将 T-DNA 转到植物基因组中，编码的冠瘿碱合成基因使得植物合成氨基酸衍生物冠瘿碱，作为细菌碳和能量来源。T-DNA 编码的植物激素合成基因可以产生大量的生长素和细胞分裂素，使得植物细胞疯长成冠状肿瘤。

用于转基因植物研究和生产的 T-DNA 是人工改造过的，其中的冠瘿碱和植物激素合成基因已被目的基因和 / 或标记基因取代。通过利用农杆菌作为载体，目的基因就随着改造过的 T-DNA 被转入并整合到植物基因组中。

T-DNA 介导的转基因技术也应用于生产大量的 T-DNA 插入突变体，并且利用 T-DNA 上的“标记”克隆该突变了的基因，研究基因的功能。

参考文献

PODEVIN N, BUCK S D, WILDE C D, et al, 2006. Insights into recognition of the T-DNA border repeats as termination sites for T-strand synthesis by *Agrobacterium tumefaciens*[J]. Transgenic research, 15(5): 557-571.

TZFIRA T, LI J X, LACROIX B, et al, 2004. *Agrobacterium* T-DNA integration: molecules and models[J]. Trends in genetics, 20(8): 375-383.

（撰稿：石建新、谢家建；审稿：张大兵）

转化构建 transgenic construct

一个特定目的基因的表达载体构建，是基因工程的核心。目的是使目的基因能顺利转入受体细胞，并能稳定存在，且可以遗传给下一代，同时，使目的基因能够表达和发挥作用。

转化构建包括从无到有的重新构建和对现有表达载体的改造（包括多克隆位点、启动子、增强子、筛选标记等功能元件的改造）。转化构建完成后可利用 PCR 或测序验证。

转化构建的方法有以下几种：①传统的转化构建。体外限制性内切酶消化目的基因后，再在 DNA 连接酶作用下将目的基因结合到合适的转化载体。为了与合适的启动子、终止子、选择性标记基因等转化元件连接，整个过程可能需要转换多个载体，经历一系列酶切、连接、转化、回收等工作，费时费力，但比较安全、稳妥。② Gateway 技术。利用位点特异重组构建入门载体（entry clone），再将目标基因转移到各种不同的目的载体（destination vector）上，在不需要限制性内切酶和连接酶的情况下，快速、高效地用于基因功能分析。此方法已成为一种通用性的克隆方法。③一步克隆法。在相邻片断 PCR 扩增引物上都设计一个 15bp 同源序列，然后对 PCR 获得的首尾具同源末端的多片段进行定向连接、转化和重组子鉴定。该方法仅有一次连接、转化，操作简便，无须中间载体。适于 6kb 以内的转化载体构建。

一个功能完整的转化构建，代表的是一个新性状。通过 T-DNA 转化，转化构建中的目的基因可以整合到不同的植物体内，获得具有相同性状的不同的植物种类。

参考文献

林春晶, 韦正乙, 蔡勤安, 等, 2008. 几种植物转基因表达载体的构建方法[J]. 生物技术, 18 (5): 84-87.

HOLST-JENSEN A, RØNNING S B, LØVSETH A, et al, 2003. PCR technology for screening and quantification of genetically modified organisms (GMOs)[J]. Analytical and bioanalytical chemistry, 375 (8): 985-993.

（撰稿：石建新、谢家建；审稿：张大兵）

转化体 transformant

即为转化成功的生物个体。通常将摄取外源 DNA 分子并在其中稳定维持的受体细胞称为克隆子（clones），而把采用转化、转染或转导等方法获得的克隆子称为转化子（transformants），两者可以通用。重组 DNA 分子在转化、转染或转导过程中，一般仅有少数受体细胞成为转化子。因此，必须采用合适的方法进行筛选。

载体上的标记基因可用来筛选转化子。在构建基因工程载体时，通常在载体 DNA 分子中组装一种或两种选择标记基因。其在受体细胞中表达后，呈现出特殊的表型或遗传学性状，用作筛选转化子的依据。一般的做法是，将转化处理后的受体细胞接种在含适量选择药物的培养基上，在适宜的生长条件下进行培养，最后根据受体细胞生长的情况来挑选转化子。可作为筛选依据的标记基因包括抗生素抗性基因、除草剂抗性基因、互补显色的 *lacZ* 基因、生长调节剂、核苷酸合成代谢相关酶基因等。

此外，报告基因也可用来识别被转化的细胞与未被转化的细胞，如 β- 葡萄糖醛酸糖苷酶基因（*gus*）、萤火虫荧光素酶基因（*luc*）和绿色荧光蛋白基因（*gfp*）等。对于 λ DNA 载体系统而言，可根据是否在培养基上形成噬菌斑来进行筛选。

根据上述筛选方法获得的转化子中尚存在假阳性，还须通过检测重组DNA分子、目的基因转录的mRNA和翻译的多肽、蛋白进行再确认。最终，由具有预期效应的转化子分化发育形成的个体称为转化体。

参考文献

宋思扬, 楼士林, 2014. 生物技术概论[M]. 4版. 北京: 科学出版社.

（撰稿：汪芳；审稿：叶恭银）

转化体特异性检测方法 event specific detection

以转基因生物的外源插入位点处载体与植物基因组连接区序列作为检测目的片段的检测方法。每个转化体其外源插入载体与植物基因组连接区的序列均具有严格的特异性，基于该区域序列设计的特异性检测方法具有非常高的特异性和准确性，是目前对于转基因生物准确鉴定、身份追溯和知识产权保护中最为有效的检测方法，这也是目前转基因生物检测技术研究和标准化的重点方向。其主要基于常规定性PCR及实时荧光PCR等技术。

转化体特异性检测方法的特点是其上下游引物分别位于植物基因组区域与外源插入载体序列区域，其产物横跨基因组序列区和外源载体序列区。基于知识产权保护和安全管理的需要，每种商业化应用的转基因生物品系均建立了相应转化体特异性检测方法。国内部分尚处于安全评价较高阶段的转化体也建立了相应的检测方法。

（撰稿：李亮；审稿：苏晓峰）

转化元件 transformation element

被整合到受体生物基因组中的构成T-DNA插入片段中除了目的基因外的其他外源基因或DNA序列。转化元件通常指的是转化体中存在的启动子、终止子、报告基因、筛选基因和其他调控序列，如不同表达部位定位信号基因等。转基因植物中常见的转化元件有来自花椰菜花叶病毒的35S启动子，35S终止子、来自农杆菌的NOS终止子、氨苄青霉素抗性基因（*ampr*）、卡那霉素抗性基因（*npt*II）等。

转基因成分检测最常采用的是筛查法，通过检测某些通用转化元件判断检测样品中是否含有转基因成分。一般是根据已知通用转化元件分布情况，筛选使用频率高并能覆盖全部已知转基因事件的少数几个转化元件做候选检测靶标，如果样品中检测出其中任何一个元件，表明该检测样品中可能含有但不能最终确定含有转基因成分。因为来源于细菌的元件可能存在于土壤中，并污染到植物，来源于病毒的元件可能是植物受到了病毒的感染。如果检测结果全是阴性，则可以推断检测样品中不含有与这些元件关联的转基因成分。因为不同植物使用的转化元件的种类和频率不尽相同。即使转化元件名称相同，但由于需要根据不同受体植物密码子的偏好性对转化元件的密码子进行修饰，相同名称的转化元件不一定具有完全相同的核苷酸序列。因此，需根据不同植物的具体情况制定合适的转化元件筛查检测策略和方法。一般情况下，转化元件的检出结果不能确定最终的转化事件，除非某个转化元件是事件特异性的。

对于混合样品的筛查，因为可能涉及多种植物种类和各式各样的转化元件，因此，候选的转化元件应该尽可能涵盖所有已知的转化元件。

参考文献

HOLST-JENSEN A, RØNNING S B, LØVSETH A, et al, 2003. PCR technology for screening and quantification of genetically modified organisms (GMOs)[J]. Analytical and bioanalytical chemistry, 375(8): 985-993.

（撰稿：石建新、谢家建；审稿：张大兵）

转化载体 transformation vector

基因工程（转基因）中用来将供体DNA转移到受体基因组的一种DNA分子。转化载体具备：①多克隆位点（具有多个限制性酶切位点），可以在此将外源基因成功导入，从而能作为媒介（载体）将外源基因导入到受体基因组中。②一个复制子（含有DNA复制起始位点和表达由质粒编码的复制必需的RNA和蛋白质的一段DNA），以保证导入的外源基因能在受体生物体内正常复制和表达。③一个选择性标记，方便转化体的筛选。

转化载体是由染色质外DNA小元件组成的，根据不同的来源，转化载体可分为质粒载体、病毒载体和噬菌体载体三大类。

一般来讲，植物转化载体多用质粒载体。质粒是染色质外的双链共价闭合环形DNA，可自然形成超螺旋结构，大小在2～300kb。大于15kb的质粒不会很好转化而且DNA产量通常很低。在设计实验时要考虑到加入插入片段的最终载体大小，尽量用更小的载体。一般使用严紧型质粒，它们的复制受到受体基因组DNA复制的严格控制，拷贝数较少，一般只有1～3个拷贝。植物转化载体是经过特殊设计，适合植物转化的质粒载体。

植物转化最常用的转化载体是双元载体，可以在大肠杆菌复制，也可以在农杆菌复制。

参考文献

HOEKEMA A, HIRSCH P R, HOOYKAAS P J, et al, 1983. A binary plant vector strategy based on separation of vir-and T-region of the *Agrobacterium tumefaciens* Ti-plasmid[J]. Nature, 303: 179-180.

（撰稿：石建新、谢家建；审稿：张大兵）

转基因拆分 transgene splitting

转基因作物中含有两个拆分开的目标基因片段，其翻译后产生的蛋白片段在蛋白内含肽（intein）的介导下重新形成一个完整的、有功能的蛋白，赋予转基因作物目标性状（见图）。

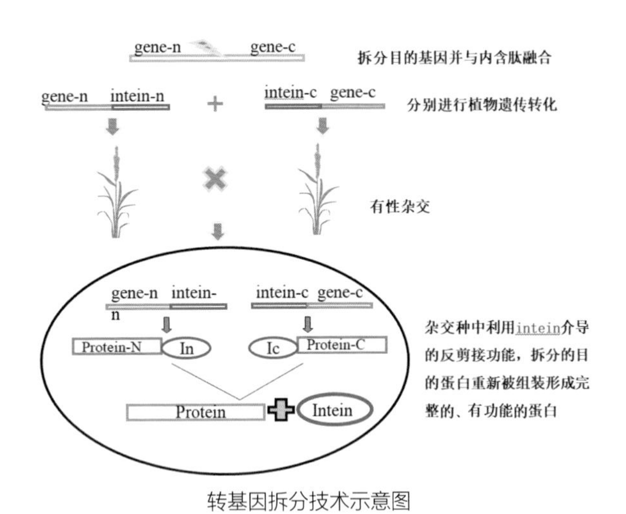

转基因拆分技术示意图

Intein 是一类介导翻译后蛋白剪接的蛋白元件。在前体蛋白中，Intein 催化一系列反应，将其自身从前体蛋白中移去，并将两侧称为 Extein（外显肽）的蛋白片段，以正常的肽键连接起来，形成成熟蛋白，这个过程称为蛋白剪接。根据 Intein N- 端和 C- 端剪接域是否为共价连接，可分为 cis-splicing inteins 和 trans-splicing inteins。Synechocystis sp. PCC6803 DnaE Intein（Ssp DnaE Intein）是一个天然存在的 trans-splicing intein，由 123 个氨基酸残基的 Intein N 端（In）及 36 个氨基酸残基的 Intein C 端（Ic）两个片段组成，In 和 Ic 间插入了 745 kb 的 DNA 间隔区域。在烟草、拟南芥和小麦等作物中证明，拆分后的目标基因能够在 Ssp DnaE intein 介导下重新组装成有功能的完整蛋白。

基因拆分技术能有效限控转基因向环境中的扩散，减少基因飘流可能带来的环境风险。将目的基因拆分成 N 端和 C 端两个片段，分别与 Ssp DnaE intein 的 N 端和 C 端连接，形成两个融合基因 *A* 和 *B*，它们的表达产物均为无功能的蛋白。将融合基因 *A* 转入亲本 A 中，将融合基因 *B* 转入亲本 B 中。亲本 A 和 B 杂交后，在杂种 F_1 代中，融合基因 *A* 和融合基因 *B* 表达的两个蛋白片段，可通过 Intein 的剪接功能连接起来，形成有功能的完整蛋白质，从而赋予杂种 F_1 目标性状。亲本和杂种 F_1 的花粉虽仍可随风传播，但其花粉中只带有部分基因片段，即使飘流至其他有性可交配的物种，也不会产生有功能的目标蛋白，因而可从根本上避免或减少目标基因飘流可能带来的潜在风险。

参考文献

CHIN H G, KIM G D, MARIN I, et al, 2003. Protein trans-splicing in transgenic plant chloroplast: reconstruction of herbicide resistance from split genes[J]. Proceedings of the National Academy of Sciences of the United States of America, 100: 4510-4515.

KEMPE K, RUBTSOVA M, GILS M, 2009. Intein-mediated protein assembly in transgenic wheat: production of active barnase and acetolactate synthase from split genes[J]. Plant biotechnology journal, 7: 283-297.

WANG X J, JIN X, DUN B Q, et al, 2014. Gene-splitting technology: a novel approach for the containment of transgene flow in Nicotiana tabacum[J]. PLoS ONE, 9(6): e99651.

WU H, HU Z, LIU X Q, 1998. Protein trans-splicing by a split Intein encoded in a split DnaE gene of *Synechocystis* sp. PCC6803[J]. Proceedings of the National Academy of Sciences of the United States of America, 95: 9226-9231.

YANG J, FOX JR F G, HENRYSMITH T V, 2003. Intein-mediated assembly of a functional beta-glucuronidase in transgenic plants[J]. Proceedings of the National Academy of Sciences of the United States of America, 100: 3513-3518.

（撰稿：王旭静；审稿：贾士荣）

转基因沉默　transgenic silencing

外源基因完整片段在常规导入并整合到受体基因组后，在原代或后代中其表达受到特异性抑制的现象。转基因沉默不同于转基因在受体细胞中因为 DNA 序列变异或因位置效应引起的基因表达水平下调，也不同于转基因在有性世代分离中的丢失。转基因沉默现象是 1986 年在转基因烟草中首次发现的。转基因沉默的原因源于同源序列依赖性的基因沉默，涉及同源核酸间的相互作用形成的相互影响、相互制约的复杂的基因表达调控机理。外源基因沉默可以发生在转录前、转录中和转录后。一般将转录前发生的染色体 DNA 水平的外源基因沉默称为位置效应；把发生在转录中 RNA 水平的外源基因沉默称为转录失活；把发生在转录后蛋白质水平的外源基因沉默称为转录后共抑制。沉默的外源基因的遗传传递因为沉默发生的阶段不同而异。转录水平发生的沉默可以通过有性世代传递，表现为减数分裂的可遗传性；转录后水平发生的沉默同样可以通过有性世代传递，但沉默的外源基因通过减数分裂恢复表达活性，表现为减数分裂的不可遗传性。

引起转录水平转基因沉默的因素有：①转基因及其启动子甲基化。几乎所有报道的转基因沉默现象都与此有关。②多拷贝重复插入。如果受体植物细胞核内含有的外源基因是多拷贝数的，无论是单位点整合还是多位点整合，其中的几个或全部拷贝基因的表达会受到抑制，都能使转基因植株发生较高概率的异位配对，影响转录因子与转基因的接触，导致基因沉默。③同源基因间的反式失活（trans-inactivation）。反式失活主要是由基因启动子间同源序列相互作用引起。转录后转基因沉默的共抑制现象最早是在研究矮牵牛苯基苯乙烯酮合成酶时发现的，共抑制的产生不仅与内、外源基因间编码区的同源程度有关，还与控制转基因的启动子的活动强度有关，同时具有基因的剂量依赖性。强启动子往往增强共抑制的程度，扩大表型范围。其机理目前尚不清楚。

如何减少并克服转基因沉默已经成为世界各国生物界亟待解决的问题。尽管已经取得了一定的进展，转基因沉默问题目前还没有得到有效解决。

参考文献

吴刚, 夏英武, 2000. 植物转基因沉默及对策[J]. 生物技术, 10 (2): 27-32.

MATZKE M A, MATZKE A J, 1995. Homology-dependent gene silencing in transgenic plants: what does it really tell us?[J]. Trends in genetics, 11 (1): 1-3.

PEERBOLTE R, LEENHOUTS K, SLOGTEREN H V, et al, 1986. Clones from a shooty tobacco crown gall tumor II: irregular T-DNA structures and organization, T-DNA methylation and conditional expression of opine genes[J]. Plant molecular biology, 7 (4): 285-299.

（撰稿：石建新、谢家建；审稿：张大兵）

转基因抽样 sampling of genetically modified organisms

为了评估产品中是否含有转基因成分或是否含有某种指定的转基因成分（定性分析），或为了评估转基因成分的含量（定量分析），从总体中抽取一定数量的单元组成样品的操作过程。总体可以是一批产品，例如，1hm^2 玉米作物、2万t散装小麦等；也可以是一个样品，例如将从一批产品中抽取的样品当作总体以便再次抽样。

抽样过程 质量缩减的过程，即用质量少于总体的样品的分析结果评估总体的指定属性。包括界定总体、按抽样方法制定抽样方案、抽取指定单元、组成样品等。由于制样过程通常与抽样过程交织在一起，因此，有时也将抽样和制样统称为抽样。

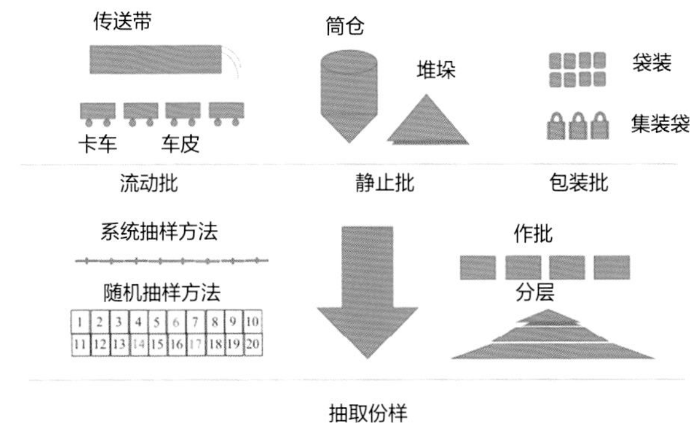

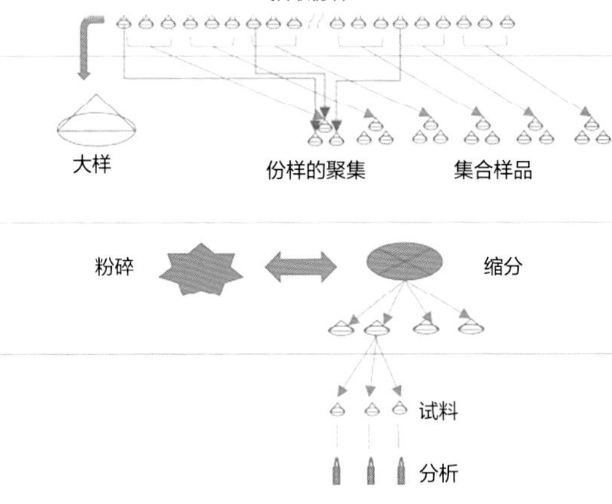

抽制样示意图

抽样方法 总体上说，分为概率抽样方法和非概率抽样方法。概率抽样方法包括简单随机抽样、分层随机抽样、整群抽样和系统抽样等；非概率抽样方法包括主观抽样、比例抽样、配额抽样和网络抽样等。对于定量分析和大部分定性分析，应采用概率抽样。只在少数情况下实施主观抽样，例如在转基因产品具有明显的形态特异性时。由于比例抽样、配额抽样和网络抽样的样品代表性差，又没有针对性，因此，通常不建议在转基因产品分析中应用。

抽样代表性 样品的分析结果与总体的一致性。对于概率抽样，通常使用抽样方差与抽样偏倚平方之和（简称均方误）表示抽样的代表性。正确抽样可使抽样偏倚降低到可忽略的程度，甚至降为零，因此，正确抽样的代表性可用抽样方差近似地评估。如果从总体中抽取每个单元的概率大于零并相等，则称为等概率抽样。等概率抽样可有效降低抽样方差。

样品 根据抽样的不同阶段和不同用途，由抽样获得的样品可能被称为份样、原始样品、实验室样品、平均样品、留存样品、分析样品、试样等，详见GB/T 19495.7—2004等标准。

参考文献

SN/T 1194-2020 植物及其产品转基因成分检测 抽样和制样方法.

GB/T 19495.7-2004 转基因产品检测抽样和制样方法.

（撰稿：曹际娟；审稿：郑秋月）

转基因的遗传稳定性 hereditary stability

转基因生物遗传物质能够稳定遗传给后代的现象。所谓的稳定遗传就是亲本自交后的后代不会出现性状分离，亲本的性状能稳定遗传给子代。一般指的是纯合子，杂合子由于后代会出现性状分离，其遗传是不稳定的。转基因的遗传稳定性直接影响到转基因生物的应用，成为人们关注的热点问题。

转基因的遗传稳定性主要由外源基因插入的拷贝数及其插入位置决定。如果一条染色体上单位点插入（单拷贝或多拷贝串联），而且插入位置对受体生物生长、发育、繁殖不产生较大影响，则外源基因一般为显性基因遗传给后代，遵循孟德尔遗传分离规律，自交配后代表现3∶1分离规律，与非转化亲本杂交后代表现1∶1分离。一般来说，单位点插入都具有较好的遗传稳定性，是育种工作者期望得到的一种整合形式。多位点插入、插入拷贝数不定等转基因插入的随机性使得外源基因在转基因生物的遗传更加复杂和多样化。既可以通过位点连锁表现出孟德尔遗传，也可以由于减数分裂配子形成过程中外源基因的丢失、外源基因整合到细胞质基因组中而在随后的细胞质分裂过程中逐渐变弱或丢失、外源DNA插入引起基因重排丢失、在配子中外源DNA诱发隐性的致死或半致死突变、外源DNA的共抑制效应及甲基化等原因，呈现出非孟德尔遗传。

转基因的遗传稳定性还受到转化方法的显著影响。不同的转化方法导致不同的外源基因整合方式，进而产生不同的外源基因表达和遗传稳定性。农杆菌转化是双子叶植物转化的常用方法，因为T-DNA在受体基因组一般呈现特异的交换重组整合，且整合的位置较固定，拷贝数较少，因此，遗传稳定性较好，其后代多呈现孟德尔遗传。但在单子叶植物转化时需要组织培养，产生的植物群体还存在体细胞无性系变异。基因枪转化效率低，基因插入往往是多拷贝，常造成转基因的失活或沉默，轰击过程也可能造成外源基因的断裂，出现不完整插入、非转化体或嵌合体的可能性较高。

外源基因沉默同样影响转基因的遗传稳定性。此外，启动子甲基化也是引起外源基因沉默的一个原因。当转基因重复拷贝或转基因与内源基因存在同源序列时，都会伴随着剧烈的甲基化现象导致外源基因沉默。

遗传稳定性是转基因生物安全评价分子特征部分的一个重要内容。外来基因在受体基因组的稳定遗传和表达是该转基因生物能否进入下一步安全评价和最后商业化应用的重要前提。

通常用Southern印迹杂交或实时荧光定量PCR等跟踪外源基因在转化体及其不同后代中的存在情况，同时，在同样的样品中用ELISA、试纸条或蛋白质印迹（Western blot）等方法检测外源基因编码蛋白的表达情况。

参考文献

CHITER A, FORBES J M, BLAIR G E, 2000. DNA stability in plant tissues: implications for the possible transfer of genes from genetically modified food[J]. FEBS letters, 481 (2): 164-168.

（撰稿：石建新、谢家建；审稿：张大兵）

转基因低水平混杂　low level presence of GM, LLP

2008年国际食品法典委员会（Codex Alimentarius Commission，CAC）在《Codex植物准则》（以下简称《指南》）附件3中，对转基因作物低水平混杂（LLP）做出了正式的界定：转基因产品低水平混杂是指对于一个给定的转基因作物，其在一个或多个国家得到批准而在进口国尚未获得批准，但在进口国进口的农产品中出现了该种未批准转基因作物成分的微量混杂。同时，CAC将相应的产品范围限定为“作为食品、饲料及加工原料而进口的粮食，不包括用于种植的种子”。转基因产品低水平混杂的含义，CAC对LLP的界定较为严格，其特征有3个：①发生低水平混杂的转基因作物的安全性至少已经得到1个以上国家的认可。②转基因产品低水平混杂仅发生在贸易中。③低水平混杂是微量的、可限定的。

CAC的《指南》只是推荐各国使用，并不强制执行。然而，进口国一旦决定接受了该指南，它将具有法律效力，意味着进口国必须加以执行。对进口国而言，它包含有以下5个方面的政策含义。

①对于“给定的转基因作物”，生物技术的应用已经比较成熟，其安全性已经得到1个或多个国家的认可，而且混杂的程度很低，因此所涉及的食用安全风险只是潜在的。转基因产品LLP与食品安全并无关系，其实质是个政策问题，对消费者、国内产业与市场的关注相对更为突出。

②低水平混杂问题是在进出口贸易中产生的，从形式上看，进口国同至少1个以上的出口国之间存在着审批过程上的时间差。进出口国审批不同步的情况下，这一时间差由两部分组成：第一，对于出口国批准的转基因作物新品种，进口国还需要根据本国的转基因生物安全管理法规完成安全评价，证明安全后方可批准进口，由此造成了与出口国审批进度上的时间差。第二，如果进口国认可CAC的《指南》，将根据附件3进行简化的“安全评估”，然后设定一个LLP阈值；与此同时，进口国仍然继续按照本国安全评估制度对该作物进行全面评估，完成后方可批准进口。从设定LLP阈值到完全批准，也存在时间差。

③“微量混杂”的定义具有二重性。一方面，它定性说明了这种混杂是非主观的、无意的、难以乃至不可避免的；另一方面，它隐含着混杂物是微量的、可以限定的。混杂物含量很低，不能用肉眼观察，也难以用物理或简单的化学方法辨认，只能通过专门的转基因成分检测技术才能确定其含量。

④该定义提出了制定LLP阈值的规则。考虑到各国具体情况的差异，CAC的定义中并没有明确转基因作物微量混杂的具体限值，而把制定LLP阈值的主动权给予了各国。混杂物已经由出口国评价认定为安全，但进口国却还没有完成对这种转基因作物的安全评估，从进口国的风险管理来看其仍然带有较大的不确定性。因而这种转基因产品LLP阈值不能按照常规混杂阈值进行管理，只能交由进口国来制定，而不同国家对转基因作物的安全管理理念会影响LLP阈值的选择。

⑤LLP具有过渡性特征。如果某进口国接受了上述定义并制定出相应的LLP阈值，隐含地意味着，该国具有批准该转基因产品的倾向，关键只是批准的时机选择。一般来说，接受LLP在一定意义下意味着进口国不反对（而非拒绝）出口国的商业化政策，以及其背后的安全性评价结果，意味着进口国将会进一步审视该产品的安全性和商业化。因此，LLP在很大程度上表现出过渡性特征。

由此可见，LLP是有利于转基因作物研发者和出口大国的一个政策方向。如果CAC的《指南》得到各国的认可，进口国将要设定LLP阈值并可能进一步考虑该转基因作物的商业化，这无疑给予了转基因作物研发国一个市场准入方面的可能承诺。

参考文献

徐丽丽, 李宁, 田志宏, 2012. 转基因产品低水平混杂问题研究[J]. 中国农业大学学报(社会科学版) (2): 127-134.

（撰稿：郑秋月；审稿：曹际娟）

转基因根除　transgene eradication

是将目标基因与一个作物本身含有的、容易鉴别的农艺性状的反义基因共转化，给转基因作物打上一个“烙印”。当转基因飘流至非转基因作物后，很容易通过筛选而被去除，从根本上根除转基因，避免转基因飘流可能带来的潜在风险。

此技术由浙江大学沈志成教授在水稻上发明。水稻本身因为表达苯达松解毒酶而对除草剂苯达松具有抗性。通过 RNAi 构建多基因共表达的植物表达载体，遗传转化水稻，一个 T-DNA 中同时含两个紧密连锁的共表达基因：Bt 抗虫基因 *cry1Ab* 和草甘膦抗性基因 *epsps*；同时还包括 1 个干扰苯达松解毒酶基因 *cyp81A6* 表达的 RNAi 表达盒。转基因植株兼具抗鳞翅目昆虫和抗草甘膦的特性。草甘膦作为常用的广谱除草剂，可应用于稻田除草。但这种转基因水稻就像被贴上了标签，表现出“天生的缺陷”——对苯达松敏感。依据稻田苯达松除草剂的一般使用量，当外施 1500mg/L、100ml/m^2 苯达松时，转基因水稻和稻田杂草一起被全部杀死，基因飘流所产生的杂株也可被选择性地杀死。当该稻田再次种植非转基因水稻时，喷施苯达松就可以杀死转基因水稻和基因飘流产生的杂株。目前用此法已培育出了能控制基因飘流的转基因水稻和玉米。

参考文献

LI J, YU H, ZHANG F, et al, 2013. A built-in strategy to mitigate transgene spreading from genetically modified corn[J]. PLoS ONE, 8 (12): e81645.

LIN C, FANG J, XU X, et al, 2008. A built-in strategy for containment of transgenic plants: creation of selectively terminable transgenic rice[J]. PLoS ONE, 3 (3): e1818.

（撰稿：王旭静；审稿：贾士荣）

转基因技术 transgenic technology

利用现代生物技术将目标基因经过人工分离、重组后，导入并整合到生物体的基因组中，从而改善生物原有的性状或赋予其新的优良性状。转基因技术又称基因工程技术（gene engineering technology）。除了转入新的外源基因外，还可以利用转基因技术对生物体基因进行加工、删除、屏蔽等改变生物体的遗传特性，获得人们希望得到的性状。其主要过程包括外源基因克隆、表达载体构建、遗传转化体系建立、遗传转化体筛选、遗传稳定性分析和回交转育等。通过转基因技术改变基因组结构的生物称为转基因生物，或称为基因修饰生物（genetically modified organisms，GMOs）。

发展简史 生物学研究从宏观的动植物形态、解剖和分类开始，逐渐深入到细胞水平。20 世纪中叶，分子生物学形成独立的学科。随着 DNA 结构解析、限制性内切酶和 DNA 连接酶等发现和分离，核酸化学研究不断发展，使得重组 DNA 成为可能。1972 年，Paul Berg 首次利用 DNA 连接酶和限制性内切酶将不同的 DNA 片段连接起来后，将其插入细菌细胞中并得以扩增，从而实现重组 DNA 的克隆。Paul Berg 因此于 1980 年获得诺贝尔化学奖。DNA 重组（DNA recombination）技术的出现奠定了现代转基因技术的基础。1978 年，全球第一个重组 DNA 技术公司—Genentech 公司利用重组 DNA 技术成功在大肠杆菌中合成胰岛素，随后在 1982 年人工合成胰岛素作为药品市场化。1974 年，Rudolf Jaenisch 和 Beatrice Mintz 通过将猿猴空泡病毒 40（SV40）DNA 注射到小鼠囊胚中，发现外源 DNA 能在小鼠部分体细胞中整合；1980 年，John Gordon 等创建显微注射转基因方法，将 SV40 的 DNA 注射到小鼠受精卵原核中，获得第一只转基因小鼠。1982 年，R. D. Palmiter 和 R. L. Brinster 利用相同方法将大鼠生长素基因导入小鼠受精卵，获得成年体重是对照组小鼠 2 倍的“超级鼠”，证明外源基因可在受体中表达，且其表达产物具有生物活性。1983 年，M.W. Bevan、R. B. Flavell 和 M. D. Chilton 将新霉素磷酸转移酶基因（*neo*）转入烟草中，成功获得第一例转基因植物——耐氨基糖苷类抗生素 G418 的转基因烟草。1987 年，比利时根特植物遗传系统公司（Plant Genetic Systems Belgium）将苏云金芽孢杆菌（*Bacillus thuringiensis*）中的 *bt2* 基因转入烟草，获得首例抗虫转基因植物。1994 年，Calgene 公司研制的延熟番茄 FlAVR SAVR™ 被批准进入商业化生产，成为转基因作物商业化的里程碑，但随后因产量低和口感差等因素很快被市场所淘汰。1996 年，转基因作物开始大规模商业化种植，当年种植面积为 170 万 hm^2；之后种植面积逐年增长，至 2014 年达 1.815 亿 hm^2，约占全球 15 亿 hm^2 耕地的 12%。2015 年，美国食品药品监督管理局（FDA）批准首个转基因动物——快速生长的转基因三文鱼作为商业化食品用于人类消费。2016 年，利用 CRISPR-Cas9 技术得到的基因组编辑蘑菇在美国获准种植和销售，成为第一例得到美国政府上市许可的基因组编辑生物。2019 年，全球转基因作物种植面积为 1.904 亿 hm^2，比 1996 年增加了约 112 倍。

技术方法

植物转基因技术 是以植物为受体的基因工程操作，是目前应用最为广泛的转基因技术。借助生物、化学或物理的手段将目标基因转移到受体植物的基因组中，使其在受体植物内表达并稳定遗传，从而改变植物的特性，增强植物的抗逆性、抗除草剂，或改善其品质。植物转基因方法较多，最常见的是农杆菌介导法（agrobacterium-mediated transformation）和基因枪转化法（particle gun transformation）。其他还有原生质体法、病毒介导法、脂质体介导法、电穿孔法、微激光束法和花粉管导入法等。

自 1985 年 R. B. Horsh 等首次利用农杆菌介导的“叶盘法”实现植物转基因以来，农杆菌介导的遗传转化因无需以原生质体作为受体、操作简便易行而得到普遍应用。农杆菌是普遍存在于土壤中的一种革兰氏阴性细菌，在自然条件下能侵染大多数双子叶植物的受伤部位，并诱导产生冠瘿瘤或发状根。根癌农杆菌（*Agrobacterium tumefaciens*）和发根农杆菌（*Agrobacterium rhizogenes*）细胞中分别含有 Ti（tumour inducing）质粒和 Ri（root inducing）质粒，在农杆菌侵染植物伤口进入细胞后，质粒上的 T-DNA（transferred DNA，转移 DNA）可转移到植物细胞内并随机整合到植物染色体中，这种重组可以通过减数分裂稳定遗传给后代。因此，通过将目的基因插入到 Ti（Ri）质粒上经改造的 T-DNA 区，便可借助农杆菌的感染将目的基因整合到植物染色体上。农杆菌介导法具有转化机理清楚、整合位点较稳

Z

定、拷贝数低、整合后的外源基因结构变异较小、遗传稳定性好等优点。农杆菌Ti质粒上的T-DNA导入植物基因组的过程大致可以分为以下几个步骤：①农杆菌对受体的识别与附着；②诱导和启动毒性区的基因表达；③成熟T-DNA复合体的形成；④T-DNA的转运；⑤T-DNA整合进入植物基因组。虽然Ti质粒是植物基因工程的天然载体，但目前用于植物基因工程的Ti质粒载体都是经过改造的，主要有整合载体系统和双元载体系统两种。整合载体系统首先将目的基因克隆到中间载体上，然后通过重组质粒和受体Ti质粒的同源重组形成可穿梭的共整合载体。双元载体系统则由两个相容性的突变Ti质粒构成，微型Ti质粒（只含T-DNA区）和辅助Ti质粒（只含Vir区），将目的基因插入到微型质粒后导入携带辅助Ti质粒的根癌农杆菌中。双元载体系统在植物细胞转化中用的最多。

基因枪转化法也被称为微观粒子轰击法（microprojectile bombardment transformation，particle bombardment transformation），包裹有外源DNA的金属微粒，一般是金粉或钨粉颗粒（直径从零点几到几微米），在载体的携带下加速后高速向前运动，经过一定距离打在有穿孔的挡板（或金属网）上，载体被拦截下来，而微粒在惯性的作用下穿过小孔继续运动，击中转化材料，穿透植物细胞壁进入靶细胞，释放出外源DNA分子并整合进寄主细胞染色体上，得到表达，从而实现基因的转化。基因枪由点火装置、发射装置、挡板、样品室及真空系统等几个部分组成。根据动力来源的不同，基因枪可分为三类：火药式、放电式和气动式。1987年，美国康乃尔大学Johnc.Santord等设计制造出最早的火药式基因枪，1988年McCabe研制获得高压放电基因枪，1991年Santord等研发出压缩气体基因枪。3种基因枪在原理、可控度和入射深度等方面各有特点。火药式基因枪的粒子速度由火药数量及速度调节器控制，无法无级调速，可控度较低。放电式基因枪利用电加速器，通过高压放电将钨（金）粉射入受体细胞，其粒子速度和入射深度由放电电压调控，可实现无级调速以准确控制包被目的基因的钨（金）粉粒子到达能够再生的细胞层。气动式基因枪的动力系统由氦气、氮气或二氧化碳等驱动，将载有目的基因的钨（金）粉悬滴置于金属筛网上，或将外源目的基因事先与钨（金）粉混合后雾化，然后利用高压气体驱动来射入受体细胞。基因枪转化是物理作用过程，因此对受体材料的要求并不十分严格，细胞、组织或器官等均可用来转化。自1988年，McCabe等利用基因枪实现对大豆愈伤组织的转化以来，获得成功的受体材料包括原生质体、悬浮细胞、根茎的切段、叶片、成熟胚、幼胚、分生组织、愈伤组织、花粉细胞和胚芽鞘等。因此，基因枪转化法不仅拥有广泛的适用受体材料，避开了从植物原生质体再生植株的难题，解决了农杆菌宿主范围限制的问题，而且具有操作简便快捷、可控度高等优点。但是，该方法亦存在转化效率低、成本较高、难以进行大片段DNA的转移、容易引起转基因植物中外源基因的多拷贝整合，进而导致外源基因的表达沉默等缺点，制约其发展。

近年来，一些安全转基因技术体系已成为植物转基因技术研发的主要方向，如安全标记基因法、标记基因删除与外源基因累加技术、基因拆分技术、叶绿体转化法等。此外，基因定点修饰技术的发展，如ZFN（锌指核糖核酸酶）技术、TALEN（转录激活子样效应因子核酸酶）技术以及CRISPR/Cas9系统等，不仅可以实现基因的定点整合，而且可对靶基因进行精细改造。这些新技术的应用可以避免传统转基因方法插入位点随机、基因表达个体水平差异大、基因飘流可能造成生物安全问题等缺陷，使转基因作物更加安全、高效。

动物转基因技术　是运用基因工程等实验技术手段，对动物基因组进行目的性遗传修饰，并通过动物育种技术使修饰改造的基因稳定遗传给后代动物的技术。目的基因可以源于动物本身，也可以是动物本身不存在的，如编码和调节组织生长的基因、某些特殊蛋白质基因以及增强抗病作用的基因或免疫调节因子等。现已研制出多种制备动物转基因的方法，如显微注射法、精子载体法、逆转录病毒载体法、胚胎干细胞介导法、体细胞克隆介导法和人工染色体介导基因转移法等。这些方法各有优缺点，在转基因动物生产中有着不同程度的应用。

在动物转基因研究早期，显微注射、精子载体法、逆转录病毒介导、电穿孔法和脂质体介导等方法被大量应用，不仅需要特殊设备和操作技巧，而且需要胚胎体外培养等复杂实验过程，因此转基因成功率较低。其中，显微注射法由于制备相对简单，是目前转基因动物制作的常用方法。以小鼠为例，利用显微注射生产转基因动物的工艺流程为：首先给被选作胚胎供体的母鼠注射孕马血清促性腺激素，促使更多的卵巢滤泡发育，自然交配受精；48小时后注射人类绒毛膜促性腺激素，促使更多的成熟卵子排出；1天后取出输卵管内的原核期胚胎，用透明质酸酶等进行处理，除去黏附在外的滤泡细胞、未受精的卵子和其他杂物。显微注射在配备相差或微分干扰相差光学系统和显微操作仪的倒置显微镜下进行。注射成功的胚胎直接移植到经过性周期同期化处理的假孕受体母鼠中。使用胚胎干细胞路线生产转基因动物，首先要用目标基因DNA转染胚胎干细胞，筛选出已经整合外源基因的细胞注入发育中的囊胚，再将囊胚移植到受体动物。胚胎干细胞介导法可大幅度提高受体动物细胞中外源基因的整合率，但受条件限制目前只在小鼠上有较为成熟的应用。1997年，Willmut等通过体细胞核移植技术制备出了世界上第一头克隆羊多莉（Dolly），开创了哺乳动物体细胞核移植的先例，为转基因动物的制备开辟了新的天地。通过动物体细胞克隆技术生产转基因动物的过程是先将目标基因转移到体外培养的动物体细胞中，筛选出阳性转基因细胞并进行有限代数的繁殖，制备出供移植的细胞核供体，然后将它们移植到去核的卵母细胞中，重构胚胎经过激活和培养后，移植到受体母畜的输卵管或子宫中。这种利用转基因体细胞和核移植相结合的技术简化了转基因动物生产过程中的许多环节，减少了受体动物的数目，表现了强大的生命力。但由于体细胞核移植技术涉及核质互作、核重编程等复杂过程，产生的转基因后代部分个体表现出生理或免疫缺陷。

动物转基因是一项复杂的工程，尽管已经发展了多种方法，但仍然存在诸多问题，如成功率低、生产成本高、转基因整合和表达效率低、转基因遗传率低等等。近几年，随着转基因技术研究的继续深入，一些动物转基因的新技术、新方法诞生，包括慢病毒载体法、转座子介导法、RNA 干扰介导的基因沉默技术以及基因打靶。转座子是基因组中一段可移动的 DNA 序列，可以通过切割、重新整合等一系列过程从基因组的一个位置“跳跃”到另一个位置。利用转座子的这种特性，能够携带外源基因整合到动物基因组内。1998 年，Fadool 和 Sang 的团队分别将果蝇 mariner 元件转入斑马鱼和鸡中，实现了种系传递，为转基因动物制备提供了新的有效基因导入方法。利用以 *piggyBac* 转座子构建的载体—辅助质粒系统已成功获得了转基因地中海果蝇、黑腹果蝇、家蚕和小鼠；利用睡美人转座子将编码 SB10 转座酶的外源基因转入小鼠的单细胞胚胎，外源基因可随生殖细胞传递给后代。转座子介导的基因转移法整合效率高，承载容量大，可同时携带多个基因，且转基因以单拷贝形式整合，易于模拟内源基因的表达，同时易于确定整合位点。但在基因组中转座子的移动可诱导剪切和插入位点的突变，存在转移基因结果的不稳定性和与内源跳跃基因相互作用的可能性。基因打靶技术是基于同源重组原理，使外源 DNA 定点整合到靶细胞特定的基因座位上，对动物基因组进行精确地修饰和改造的技术，具有位点专一性强，打靶的基因片段可与染色体 DNA 共同稳定遗传的特点。可通过对小鼠胚胎干细胞进行基因打靶获得嵌合体仔鼠，并通过相互交配获得基因删除的纯合小鼠；在大家畜上，主要结合克隆技术与体细胞基因打靶技术来产生转基因动物。

应用

转基因微生物　微生物与基因工程密不可分，转基因技术首先在细菌中获得成功并得到广泛的应用。转基因细菌被应用于药物生产、食品工业用酶制剂生产、环境中有机污染物降解或重金属富集以及燃料生产等多个方面，其中主要的用途是大量生产用于医药的人类蛋白。如利用转基因细菌生产用于治疗糖尿病的人胰岛素、用于治疗血友病的凝血因子以及用于治疗侏儒症的人生长激素等。此外，基因工程菌还被应用于农业生产，如重组微生物农药、

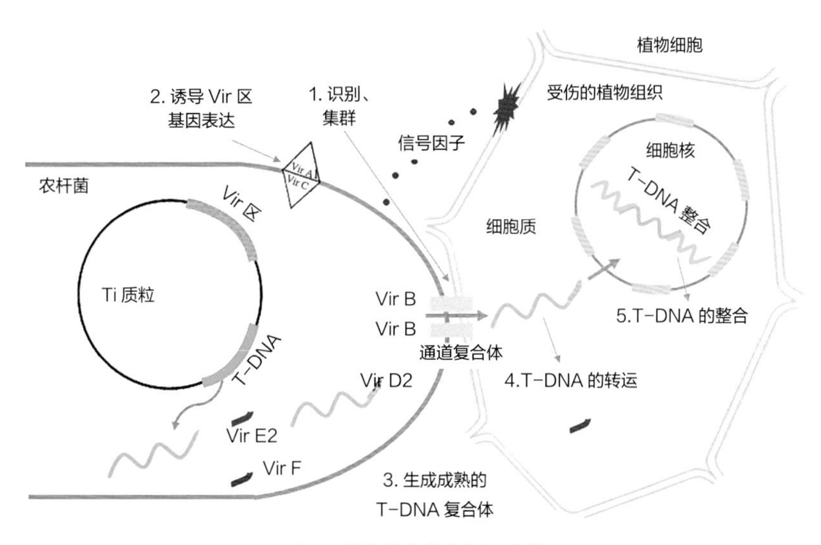

图 1 植物遗传转化基本步骤

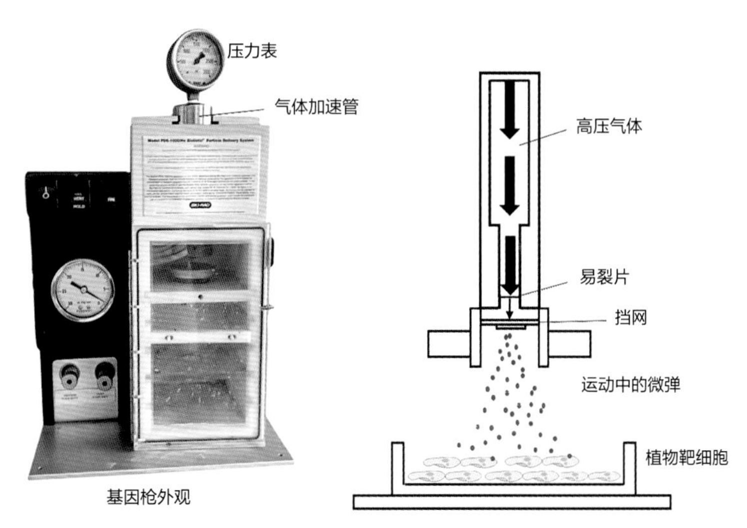

图 2 Ti 质粒上的 T-DNA 导入植物基因组的过程

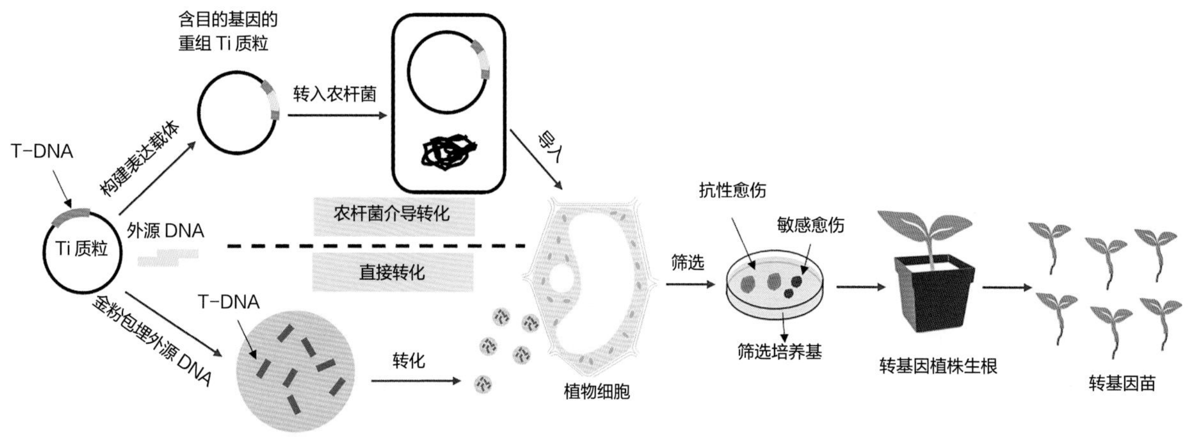

图 3 基因枪转化植物示意图

肥料和饲料用酶等产品，为绿色生态农业的发展提供有力保障。

转基因动物　转基因动物一方面作为实验模型用进行表型研究、药物测试等，在许多重要疾病治疗手段发掘方面发挥了至关重要的作用。生物学家利用转基因果蝇开展发育遗传学研究；转基因小鼠常被用于研究疾病的细胞、组织特异性反应；2010 年在开曼群岛上的实验表明，将一种致死基因导入雄蚊子后，可使登革热的携带者——埃及伊蚊的群体数量降低 80%，能有效防止登革热的传播。另一方面，通过改变动物基因组构成，或插入特定 DNA，可以用于蛋白药物的开发。利用转基因家畜作为生物反应器的研究始于 20 世纪 90 年代，羊、猪、鼠等动物都被用来表达人类蛋白，包括人胰岛素、人 α1 抗胰蛋白酶以及多种疫苗。2011 年，在转基因牛的乳汁中表达有生物活性的重组溶菌酶研究获得成功。此外，还有用于器官移植的具有人组织相容性的转基因猪、粪便中磷排放降低 30%～70% 的转基因环保猪以及快速生长的转基因鱼。

转基因植物　自 20 世纪 80 年代第一例转基因植物获得成功以来，植物转基因技术飞速发展并日趋成熟。目前至少已有 35 个科 200 余种转基因植物问世，其中玉米、棉花、油菜、大豆等 24 种作物的转基因品种被批准进行商业化生产。转基因技术可以赋予植物多种有利性状，如抗虫、耐除草剂、抗逆、营养成分改良、改变花色等，其中耐除草剂和抗虫性是应用最为广泛的两个性状。此外，利用转基因技术将药物基因导入植物细胞中可以大量生产名贵的药物。从 1996 年到 2019 年，转基因作物种植面积，累计达到 27 亿 hm^2。转基因作物不仅在农业、社会经济和环境方面均产生良好收益，而且提高了食品安全水平、改善了营养水平。并且转基因作物通过增产增值、减少杀虫剂使用、减少二氧化碳排放、保护生物多样性等为全球粮食安全、可持续发展和气候变化做出贡献，1996—2018 年，转基因作物带来了 1861 亿美元的收益，使作物产量增加了 8.22 亿 t，价值 2249 亿美元。节约 2.31 亿 hm^2 土地保护了生物多样性。减少了 8.3%（约 7.76 亿 kg）的农药活性成分的使用，环境影响商数（EIQ）降低了 18.3%，仅 2018 年，就减少了 CO_2 排放量 230 亿 kg，进而为人类提供一个更好的环境。转基因作物也有助于减轻全球饥饿和营养不良问题，1996—2018 年帮助 1600 多万小型农户及其家庭缓解了贫困状况。

参考文献

李子银, 胡会庆, 1998. 农杆菌介导的植物遗传转化进展[J]. 生物工程进展, 18 (1): 22-26.

罗庆苗, 苗向阳, 张瑞杰, 2011. 转基因动物新技术研究进展[J]. 遗传, 33 (5): 449-458.

农业部农业转基因生物安全管理办公室, 中国农业科学院生物技术研究所, 中国农业生物技术学会, 2012. 转基因30年实践[M]. 北京: 中国农业科学技术出版社.

孙明, 2013. 基因工程[M]. 2版. 北京: 高等教育出版社.

文铁桥, 2014. 基因工程原理[M]. 北京: 科学出版社.

王根平, 杜文明, 夏兰琴, 2014. 植物安全转基因技术研究现状与展望[J]. 中国农业科学, 47 (5): 823-843.

BROOKES G, BARFOOT P, 2018. Farm income and production impacts of using GM crop technology 1996-2016[J]. GM crops food, 9: 1-31.

MEHROTRA S, GOYAL V, 2012. Agrobacterium-mediated gene transfer in plants and biosafety considerations[J]. Applied biochemistry and biotechnology, 168: 1953-1975.

TZFIRA T, CITOVSKY V, 2006. Agrobacterium-mediated genetic transformation of plants: biology and biotechnology[J]. Current opinion in biotechnology, 17: 147-154.

（撰稿：汪芳；审稿：叶恭银）

转基因检测标准物质　reference material for genetically modified organism detection

标准物质（reference material，RM）是具有一种或多种足够均匀和很好确定了的特性值，用以校准仪器设备，评价测量方法或给材料赋值的材料或物质。

转基因检测标准物质属于生物标准物质，是具有一种或多种足够均匀并很好确定了相关的特性值，在转基因检测中用以校准测量装置、评价测量方法或给材料赋值的一种材料或物质。

转基因检测标准物质研发现状 转基因检测标准物质的研制过程烦琐、技术要求高，因此国际上研制转基因检测标准物质的单位较少。主要的研制单位有美国的油脂化学家学会（American Oil Chemists' Society，AOCS）（https://secure.aocs.org/crm/index.cfm）和欧盟联合研究中心下属的标准物质与测量研究所（Institute for Reference Materials and Measurements，IRMM）。在欧盟资助下，IRMM 与英国政府化学实验室（Laboratory of the Government Chemist，LGC）和德国联邦材料测试研究院（Bundesanstalt für Materialforschung undprüfung，BAM）于 2004 年合作推出编号以 ERM（European Reference Materials）开头的标准物质（http://www.erm- crm.org/Pages/ermcrmCatalogue.aspx）。此外，日本国立食品综合研究所（National Food Research Institute，NFRI）、SIGMA 公司（美国）也生产少量转基因生物检测标准物质。市场上销售的附有经国际上公认或国内法定机构量值认定证书的转基因检测标准物质（有证标准物质）主要还是由 ERM 和 AOCS 生产。

中国转基因标准物质研究已由农业部于 2011 年牵头开展重大专项攻关，建立了包括玉米、水稻、小麦、棉花和大豆在内的基体、质粒和基因组 DNA 标准物质研制体系，并取得了阶段性成果。此外，上海交通大学、中国计量科学研究院、中国检验检疫科学研究院等多家单位也陆续开展了转基因标准物质的研制工作。

转基因检测标准物质分类 根据国际上生产的转基因产品检测标准物质的形态特征，将其分为基体（含种子颗粒和种子粉末标准物质）、基因组 DNA 和质粒 DNA 标准物质。

参考文献

王颢潜, 张秀杰, 李夏莹, 等, 2020. 转基因产品检测标准物质量值一致性研究进展[J]. 生物技术通报, 36(5): 1-8.

（撰稿：曹际娟；审稿：李亮）

转基因抗病毒番木瓜‘华农 1 号’ virus-resistant genetically modified papaya ‘Huanong No.1’

为华南农业大学研发的高抗番木瓜环斑病毒的转基因木瓜。

基因操作所用受体为常规番木瓜品种‘园优 1 号’，目的基因为番木瓜环斑花叶病毒复制酶基因 *pRSV-rep*，来源于番木瓜，是该病毒核酸复制的聚合酶。当番木瓜环斑花叶病毒侵染木瓜时，该基因的表达能导致环斑花叶病毒发生基因沉默，从而达到抗病毒的目的。目的基因由 CaMV 35S 启动子和 NOS 终止子调控其表达。所用标记基因为卡那霉素抗性基因 *npt*II，其表达受 NOS 启动子（P-*nos*）和终止子（T-*nos*）的调控。构建 pROKII 转化载体，采用农杆菌转化法将目的基因导入‘园优 1 号’，逐代选育获得转化体‘华农 1 号’。Southern 杂交结果表明，目的基因按照孟德尔遗传规律稳定遗传。蛋白检测结果表明，目的蛋白表达稳定，对环斑花叶病毒表现稳定的抗性。

连续多年、多点的环境安全性评价数据表明，‘华农 1 号’在田间高抗番木瓜环斑病毒病，但其对农艺性状、种子活力、根际微生物群落、非靶标生物影响等方面与受体亲本无显著差异。毒理学评价结果表明，与受体亲本相比，‘华农 1 号’表达的番木瓜环斑病毒蛋白对人和哺乳动物无不良影响。‘华农 1 号’与受体亲本在营养组分含量、番木瓜内源毒素——异氰酸苯含量上均无显著差异。同源性分析和结构比对发现，番木瓜环斑病毒蛋白与已知毒蛋白和过敏原不存在同源性和结构上的相似性。

‘华农 1 号’在完成中间试验、环境释放和生产性试验的基础上，于 2006 年 7 月在中国获得商业化应用批准。

参考文献

姜大刚, 周峰, 姚涓, 等, 2009. 转基因番木瓜‘华农1号’事件特异性定性PC R 检测方法的建立[J]. 华南农业大学学报, 30(1): 37-41.

ISAAA, 2021. GM Approval Database[EB/OL].[2021-05-29]. http: //www. isaaa. org/gmapprovaldatabase/event/default. asp?EventID =229.

（撰稿：韩兰芝；审稿：杨晓伟）

转基因抗病毒番茄‘PK-TM8805R’ viral disease-resistant genetically modified tomato event ‘PK-TM8805R’

北京大学培育的抗黄瓜花叶病毒（CMV）转基因番茄品系。

‘PK-TM8805R’的目的基因为来源于黄瓜花叶病毒 CMV 中的 *cmv-cp* 基因，其编码 CMV 外壳蛋白，通过“病原体源性耐药”机制产生抗性。

国内外的环境安全性评价数据表明，‘PK-TM8805R’在生存竞争能力、杂草化和基因飘流等方面与非转基因对照亲本没有显著差异。毒理学评价数据表明，其对人和哺乳动物的健康没有显著不良影响。营养学评价数据表明，‘PK-TM8805R’在组成成分和营养上与常规番茄品种实质等同。致敏性评价数据表明，其不具有致敏性。

‘PK-TM8805R’于 1999 年在中国获得农业部食用、饲用和商业化种植的批准。

参考文献

ISAAA, 2021. GM Approval Database[EB/OL].[2021-05-29]. http: //www. isaaa. org/gmapprovaldatabase/event/default. asp?EventID= 188.

（撰稿：韩兰芝；审稿：杨晓伟）

转基因抗病毒木瓜‘55-1’ viral disease-resistant genetically modified papaya event ‘55-1’

美国康奈尔大学和夏威夷大学培育的抗番木瓜环斑病毒（PRSV）的转基因木瓜品系。其商品名称为

"Rainbow""SunUp"，OECD 编码为 CUH-CP551-8。

'55-1' 的目的基因为来源于番木瓜环斑病株 PRV HA 5- 中的 *prsv-cp* 基因，其编码 PRSV 外壳蛋白，通过"病原体源性耐药"机制产生抗性。标记基因是来源于大肠杆菌 TN5 转座子 *npt*II 基因和 *uidA* 基因。分子和遗传分析表明，'55-1' 系在木瓜基因组的一个整合位点上含有 *prv-cp* 基因以及 *npt*II 和 *gus* 植物表达标记基因，并稳定表达。

国内外的环境安全性评价数据表明，插入转基因木瓜目的基因不会对非目标生物（包括濒危物种或有益生物）造成任何有害影响或重大影响。毒理学评价数据表明，自然发生的受感染木瓜中外壳蛋白含量远高于 '55-1'，食用无副作用。营养学评价数据表明 '55-1' 的营养成分结果在夏威夷种植的非转基因品种的水平范围内。致敏性评价数据表明不具有致敏作用。

截至 2019 年，'55-1' 已在美国获得食用、饲用和种植批准，在日本获得食用和种植批准，在加拿大获得食用批准。

参考文献

COPPING L G, 2010. The GM crop manual: a world compendium[M]. UK: British Crop Production Council Publications: 5-6.

Government of Canada, 2021. Archired-Human Food Use of Virus Resistant Papaya Line 55-1[2021-05-29]. https: //www. canada. ca/en/health-canada/services/food-nutrition/genetically-modified-foods-other-novel-foods/approved-products/human-food-use-virus-resistant-papaya-line-55-1. html.

ISAAA, 2021. GM Approval Database[EB/OL].[2021-05-29]. http: //www. isaaa. org/gmapprovaldatabase/event/default. asp?EventID=227&Event=55-1.

（撰稿：韩兰芝；审稿：杨晓伟）

转基因抗病毒甜椒 'PK-SP01' viral disease-resistant genetically modified sweet pepper event 'PK-SP01'

北京大学培育的抗黄瓜花叶病毒（CMV）的转基因甜椒品系。

'PK-SP01' 的目的基因为来源于黄瓜花叶病毒 CMV 中的 *cmv-cp* 基因，其编码 CMV 外壳蛋白，通过"病原体源性耐药"机制产生抗性。

国内外的环境安全性评价数据表明，'PK-SP01' 在生存竞争能力、杂草化和基因飘流等方面与非转基因对照亲本没有显著差异。毒理学评价数据表明，其在体内外均无遗传毒性。营养学评价数据表明，'PK-SP01' 在组成成分和营养上与常规甜椒品种实质等同。致敏性评价数据表明，其不具有致敏性。

'PK-SP01' 于 1998 年在中国获得农业部食用、饲用和商业化种植的批准。

参考文献

ISAAA, 2021. GM Approval Database[EB/OL].[2021-05-29]. http: //www. isaaa. org/gmapprovaldatabase/crop/default. asp?CropID=22&Crop=Sweet%20pepper.

（撰稿：韩兰芝；审稿：杨晓伟）

转基因抗虫大豆 'MON87701' insect-resistant genetically modified soybean 'MON 87701'

美国孟山都公司（Monsanto）研发的转 *cry1Ac* 基因抗虫大豆。OECD 编码为 MON-877Ø1-2。

基因操作所用受体为常规大豆品种 'A5547'，目的基因为 *cry1Ac* 基因，来源于苏云金芽孢杆菌（*Bacillus thuringiensis* subsp. *kurstaki* Strain HD73），编码高抗鳞翅目害虫的 Cry1Ac 杀虫蛋白。目的基因表达框由 RbcS 启动子（P-*rbcS*）和前导序列、Cry1Ac 编码序列、叶绿体转移肽 Ctp1 序列和大豆 7S α′ 终止子（T-*7Sα′*）组成。标记基因为 *cp4-epsps*，但在育种过程中已去掉该基因。构建遗传转化载体 PV-GMIR9，通过农杆菌介导转化法将目的基因导入受体品种 'A5547' 中经多代选育而来。Southern 杂交结果表明，目的基因以单位点、单拷贝形式插入受体基因组中，不含载体骨架及标记基因序列的插入，并能稳定遗传。蛋白检测结果表明，目的基因能在茎、叶、花、种子等组织器官中稳定表达。

'MON87701' 可有效控制大豆上常见的鳞翅目害虫。与受体 'A5547' 相比，'MON87701' 在生存竞争能力、杂草化、基因飘流、田间节肢动物多样性等方面无显著差异。Cry1Ac 蛋白对哺乳动物、鱼类、鸟类、非靶标节肢动物无明显毒性；营养学评价数据表明，'MON87701' 与受体亲本在营养组分含量上没有显著差异；此外，经同源性分析和结构比对发现，Cry1Ac 蛋白与已知致敏原、醇溶蛋白及其他抗营养因子不存在同源性和结构上的相似性。以上信息说明，'MON87701' 与其受体亲本具有实质等同性。

2010 年，'MON87701' 在美国和加拿大获得了食用、饲用和商业化种植的批准。随后，在阿根廷、墨西哥、印度尼西亚、欧盟、新西兰、菲律宾、新加坡、日本、泰国、越南、哥伦比亚等地先后获得了食用、饲用和商业化种植的批准。2013 年，'MON87701' 在中国获得了作为加工原料的食用和饲用进口许可。

参考文献

ISAAA, 2021. GM Approval Database[EB/OL].[2021-05-29]. http: //www. isaaa. org/gmapprovaldatabase/event/default. asp?EventID=175.

（撰稿：华红霞；审稿：杨晓伟）

转基因抗虫大豆 'MON87751' insect-resistant genetically modified soybean 'MON 87751'

美国孟山都公司（Monsanto）研发的转 *cry1A.105*、*cry2Ab2* 基因抗虫大豆，OECD 编码为 MON-87751-7。

转基因受体为‘A1110’，目的基因为*cry1A.105*、$cry2Ab_2$，来源于苏云金芽孢杆菌（*Bacillus thuringiensis*），Cry1A.105蛋白和$Cry2Ab_2$蛋白可选择性地破坏鳞翅目昆虫的中肠结构，具有杀虫活性。转化载体为PV-GMIR13196，通过农杆菌介导转化法将目的基因导入受体‘A1110’中。转化体含有2个T-DNA，T-DNA I含有*cry1A.105*和$cry2Ab_2$表达盒，T-DNA II，含有*npt*II标记基因的表达盒。通过传统育种过程，使2个T-DNA分离，选择只含有*cry1A.105*和$cry2Ab_2$表达盒（T-DNA I）的植物，从而得到不含有标记基因表达盒（T-DNA II）的‘MON87751’抗虫大豆。

Southern杂交结果分析和生物信息学结果表明，目的片段以单拷贝、单位点形式插入受体基因组中，无载体骨架及标记基因序列的插入。插入序列稳定遗传，并符合孟德尔遗传规律。ELISA分析结果表明，Cry1A.105蛋白和$Cry2Ab_2$蛋白在‘MON87751’大豆叶、根、种子中都表达。

‘MON87751’可有效控制大豆上常见的鳞翅目害虫。环境安全性检测结果表明，与受体‘A1110’相比，‘MON87751’在生存竞争能力、杂草化和农艺性状等方面无显著差异。毒理学评价数据表明，Cry1A.105和$Cry2Ab_2$蛋白对哺乳动物和非靶标生物无明显毒性；营养学评价数据表明，‘MON87751’籽粒的营养组分（水分、蛋白质、脂肪、灰分、碳水化合物）含量、抗营养因子（凝集素、胰蛋白酶抑制剂、植酸、棉籽糖和水苏糖）含量与受体亲本无统计学差异；食用安全评价数据表明，Cry1A.105和$Cry2Ab_2$蛋白在模拟胃液里迅速被消化且对热处理不稳定。此外，生物信息学分析发现，Cry1A.105和$Cry2Ab_2$蛋白与已知致敏原和病原体不存在结构或免疫相关的氨基酸序列相似性。以上信息说明，‘MON87751’与其受体亲本具有实质等同性。

2014年，‘MON87751’首次在加拿大获得食用、饲用和商业化种植的批准。随后，在美国和巴西获得食用、饲用和商业化种植的批准。此外，在日本、墨西哥、菲律宾和韩国获得食用和饲用的批准。在澳大利亚、哥伦比亚、新西兰、中国台湾获得食用批准。

参考文献

ISAAA, 2021. GM Approval Database[EB/OL].[2021-05-29]. http: // www. isaaa. org/gmapprovaldatabase/event/default. asp?EventID=370.

（撰稿：华红霞；审稿：杨晓伟）

转基因抗虫抗病马铃薯‘RBMT21-350’ insect-resistant and disease-resistant/genetically modified potato ‘RBMT21-350’

美国孟山都公司（Monsanto）研发的转基因抗虫、抗病马铃薯。其商品名称为New Leaf™ Plus Russet Burbank potato，OECD编码为NMK-89185-6。

目的基因为*cry3A*基因、*npt*II基因、*plrv_orf1*基因和*plrv_orf2*基因。目的基因1来源于黄粉虫苏云金杆菌亚种（*Bacillus thuringiensis* subsp. *tenebrionis*），其分泌Cry3A毒素，通过选择性地破坏肠道组织，对鞘翅目昆虫产生抗性。目的基因2来源于大肠杆菌（*Escherichia coli*）TN5转座子，编码新霉素磷酸转移酶II酶，能使转化植物在选择期间代谢新霉素和卡那霉素抗生素。目的基因3和4来源于马铃薯卷叶病毒（PLRV），编码PLRV的假定复制酶域，通过基因沉默机制赋予马铃薯卷叶病毒（PLRV）抗性。无标记基因。

国内外环境安全性评价数据表明，‘RBMT 21-350’在生存竞争能力、杂草化和基因飘流等方面与非转基因对照亲本没有显著差异。毒理学评价数据表明，外源蛋白对人和哺乳动物的健康没有显著不良影响。营养学评价数据表明，‘RBMT 21-350’在组成成分和营养上与常规马铃薯品种实质等同。致敏性评价数据表明，外源蛋白不具有致敏性。

‘RBMT 21-350’已在美国和加拿大获得了食用、饲用和商业化种植的批准。并且先后通过了在日本、澳大利亚、墨西哥、新西兰和韩国作为加工原料的食用的进口审批以及在菲律宾作为加工原料的食用、饲用的进口审批。

参考文献

ISAAA, 2021. GM Approval Database[EB/OL].[2021-05-29]. http: //www. isaaa. org/gmapprovaldatabase/event/default. asp?EventID =203&Event=RBMT21-350.

（撰稿：陈法军；审稿：杨晓伟）

转基因抗虫抗病马铃薯‘RBMT22-082’ insect-resistant and disease-resistant genetically modified potato ‘RBMT22-082’

美国孟山都公司（Monsanto）研发的转基因抗虫、抗病马铃薯。其商品名称为New Leaf™ Plus Russet Burbank potato，OECD编码为NMK-89896-6。

目的基因为*cry3A*基因、*cp4-epsps*基因、*plrv_orf1*基因和*plrv_orf2*基因。目的基因1来源于黄粉虫苏云金杆菌亚种（*Bacillus thuringiensis* subsp. *tenebrionis*），其分泌Cry3A毒素，通过选择性地破坏肠道组织，对鞘翅目昆虫产生抗性。目的基因2来源于肿瘤农杆菌属（*Agrobacterium tumefaciens*）CP4菌株，编码EPSPS蛋白，能增强对草甘膦除草剂的耐受性。目的基因3和4来源于马铃薯卷叶病毒（PLRV），编码PLRV的假定复制酶域，通过基因沉默机制赋予马铃薯卷叶病毒（PLRV）抗性。无标记基因。

国内外的环境安全性评价数据表明，‘RBMT 22-082’在生存竞争能力、杂草化和基因飘流等方面与非转基因对照亲本没有显著差异。毒理学评价数据表明，外源蛋白对人和哺乳动物的健康没有显著不良影响。营养学评价数据表明，‘RBMT 22-082’除了降低马铃薯中还原糖含量外，在组成成分和营养上与常规马铃薯品种实质等同。致敏性评价数据表明，外源蛋白不具有致敏性。

‘RBMT 22-082’已在美国和加拿大获得了食用、饲用和商业化种植的批准。并且先后通过了在日本、澳大利亚、墨西哥、新西兰和韩国作为加工原料的食用的进口审批以及在菲律宾作为加工原料的食用、饲用的进口审批。

参考文献

ISAAA, 2021. GM Approval Database[EB/OL].[2021-05-29]. http: //www. isaaa. org/gmapprovaldatabase/event/default. asp?EventID=204&Event=RBMT22-082.

（撰稿：陈法军；审稿：杨晓伟）

转基因抗虫棉花‘COT102’ insect-resistant genetically modified cotton event ‘COT102’

瑞士先正达公司（Syngenta）培育的抗烟芽夜蛾、美洲棉铃虫、棉红铃虫、草地贪夜蛾等鳞翅目害虫的转基因棉花品种。其商品名称为“VIPCOTTM”，OECD 编码为 SYN-IR1Ø2-7。

‘COT102’的目的基因为 *vip3Aa*19 基因，是从苏云金芽孢杆菌（Bt）AB88 菌株中分离得到的 *vip3Aa1* 基因的改良基因，其编码营养期杀虫蛋白（vegetative insecticidal protein，VIP）。目的基因是由拟南芥 Act2 启动子（P-*act2*）和 NOS 终止子（T-*nos*）调控表达。所用标记基因为 *aph4*，其完整表达框由拟南芥 UbiAt3 启动子（P-*ubiAt3*）、Aph4 编码序列和 NOS 终止子（T-*nos*）组成。

Southern 杂交结果表明，在 BC4F1 代‘COT102’中含有 1 个拷贝的 *vip3Aa19* 和 *aph4* 基因；1 个拷贝的 Act2 和 UbiAt3 启动子和 2 个拷贝的 NOS 终止子，不存在任何 pCOT1 转化载体的骨架序列，‘COT102’中的 T-DNA 能以经典孟德尔遗传规律稳定遗传给后代。通过对‘COT102’3 个杂交世代采集的样品进行 ELISA 检测证明，Vip3Aa19 蛋白和 Aph4 蛋白表达量在 3 个世代间具有稳定性。

环境安全性评价数据表明，与‘Coker312’相比，‘COT102’在适应性、生存竞争能力和基因飘流、对非靶标生物的影响方面并无明显差异。毒理学评价数据表明，‘COT102’中的 Vip3Aa19 蛋白和 Aph4 蛋白不具有毒性，与常规非转基因棉花具有等同的安全性。营养学评价数据表明，‘COT102’在转化或目的基因的表达过程中，营养成分未发生任何非预期、具有生物学意义的重大改变。经同源性分析和结构比对发现，Vip3Aa19 蛋白和 Aph4 蛋白与已知毒蛋白、过敏原和抗营养因子不存在同源性和结构上的相似性。综合分析认为‘COT102’不会对人类健康和生态环境造成不利影响。

截至 2015 年 10 月，‘COT102’已在美国获得了食用、饲用和种植审批；在加拿大、墨西哥等 6 个国家获得了食用和饲用审批；在澳大利亚、新西兰、中国台湾获得了食用审批。

参考文献

ISAAA, 2021. GM Approval Database[EB/OL].[2021-05-29]. http: //www. isaaa. org/gmapprovaldatabase/event/default. asp?EventID=74.

（撰稿：韩兰芝；审稿：杨晓伟）

转基因抗虫棉花‘GK12’ insect-resistant genetically modified cotton ‘GK12’

中国农业科学院生物技术研究所培育的转 *cry1Ab/cry1Ac* 基因的抗虫棉花。又名‘国抗 12’。

基因操作所用受体为常规棉花品种‘泗棉 3 号’，目的基因为 *cry1Ab/cry1Ac* 融合蛋白基因，来源于苏云金芽孢杆菌（*Bacillus thuringensis*）。根据 *cry1Ab* 的 N 端和 *cry1Ac* 的 C 端部分的氨基酸序列，采用植物优化密码子，用全人工合成的方法获得该基因，其编码 Cry1Ab/Cry1Ac 融合杀虫蛋白，能够高效抵御棉铃虫、棉红铃虫等鳞翅目害虫危害。目的基因表达框由增强型 CaMV 35S 启动子（P-*e35S*）、*cry1Ab/cry1Ac* 序列和 NOS 终止子（T-*nos*）组成。标记基因为 *npt*II，受 NOS 启动子（P-*nos*）和 NOS 终止子（T-*nos*）调控。报告基因 *gus* 的表达受 CaMV 35S 启动子（P-*35S*）和 NOS 终止子（T-*nos*）的调控。构建转化载体 Pbi121.1，采用花粉管通道法将目的基因导入‘泗棉 3 号’，通过历代选育获得‘GK12’。Southern 杂交结果表明，目的基因片段以 3 个拷贝的形式整合到受体棉花基因组中，能稳定遗传。连续多代、多点的蛋白检测结果表明，在生长前期 Cry1Ab/Cry1Ac 蛋白表达量较高，生长后期特别是生殖生长期表达量显著下降。一般在叶片、花瓣中的表达量较高，棉铃和棉蕾中的表达量较低，但花蕊中的表达量最低。

环境安全性评价数据表明，‘GK12’高抗棉铃虫和棉红铃虫等鳞翅目害虫，但其在杂草化、生存竞争能力、基因飘流以及对蓟马、盲蝽象等非靶标生物的影响与非转基因受体‘泗棉 3 号’无显著差异。毒理学评价结果表明，‘GK12’及其产品对受试的大鼠、家兔等哺乳动物未产生不良影响。

‘GK12’于 1997 年在中国获得了商业化应用的安全证书，于 1999 和 2004 年分别通过了山东省和河北省品种审定委员会审定，成为中国华北地区主栽的转基因抗虫棉品种之一。

参考文献

ISAAA, 2021. GM Approval Database[EB/OL].[2021-05-29]. http: //www. isaaa. org/gmapprovaldatabase/event/default. asp?EventID=82.

（撰稿：韩兰芝；审稿：杨晓伟）

转基因抗虫棉花‘MON15985’ insect-resistant genetically modified cotton ‘MON15985’

美国孟山都公司（Monsanto）研发的转 *cry1Ac* 和 *cry2Ab* 基因双价抗虫棉，商品名为“二代保铃棉（Bollgard II™ Cotton）”，OECD 编码为 MON-15985-7。由于‘MON15985’转入了两个对靶标害虫具有不同作用机制的抗虫基因 *cry1Ac* 和 *cry2Ab*，可以有效延缓害虫抗性，为害虫抗性治理提供了新策略。

基因操作所用受体为常规棉花品种‘Coker312’，目的基因 *cry1Ac* 和 *cry2Ab* 分别编码 Cry1Ac 和 Cry2Ab 蛋白，抵御鳞翅目害虫的危害。*cry1Ac* 基因由增强型 CaMV 35S 启动子（P-*e35S*）和大豆 7Sα′ 终止子（T-*7Sα′*）调控其表达。标记基因为 *npt*II，其表达框由 CaMV 35S 启动子（P-*35S*）、NPTII 编码序列和 NOS 终止子（T-*nos*）组成。报告基因 *gus* 由增强型 CaMV 35S 启动子和 NOS 终止子调控其表达。构建双载体 PV-GHBK04 和 PV-GHBK11，通过农杆菌介导转化法和基因枪法分别将 *cry1Ac* 和 *cry2Ab* 目的片段导入‘Coker312’选育而来。Southern 杂交结果表明，*cry1Ac* 和 *cry2Ab* 目的片段均以单拷贝、单插入位点的形式整合到受体基因组中，且不含质粒骨架序列的插入，能在多个世代中稳定遗传。蛋白检测结果表明：插入序列在不同世代间均能够稳定表达。

多年、多点的环境安全性评价数据表明，与‘MON531’相比，‘MON15985’显著提高了对棉铃虫等靶标害虫的控制作用，但‘MON15985’在休眠、适应性、生存竞争能力、杂草化、对非靶标生物和棉田节肢动物多样性影响、基因飘流等方面与受体亲本无显著差异。毒理学评价表明，Cry1Ac、Cry2Ab、NPTII 和 Gus 蛋白对人和哺乳动物无不良影响；营养学评价表明，‘MON15985’在维生素、氨基酸等营养组分含量上与受体亲本及其产品无显著差异；Cry1Ac、Cry2Ab、NPTII 和 Gus 等 4 种蛋白与除 Bt 以外的其他已知毒蛋白、过敏原和抗营养因子不存在同源性和结构上的相似性。

2002 年，‘MON15985’在美国和澳大利亚获得商业化种植批准，随后又相继获得在墨西哥、南非、日本、印度等 7 个国家的商业化种植批准。此外，还先后获得在欧盟、新西兰、加拿大、韩国、中国（2006 年）等国家作为加工原料的食用和饲用进口许可。

参考文献

ISAAA, 2021. GM Approval Database[EB/OL].[2021-05-29]. http: // www. isaaa. org/gmapprovaldatabase/event/default. asp?EventID=59.

（撰稿：韩兰芝；审稿：杨晓伟）

转基因抗虫棉花‘MON531’ insect-resistant genetically modified cotton ‘MON531’

美国孟山都公司（Monsanto）研发的转 *cry1Ac* 基因抗虫棉花，又名‘新棉 33B’，其商品名称为“保铃棉（Bollgard™）”，OECD 编码为 MON-ØØ531-6。

基因操作所用受体为常规棉花品种‘Coker312’，目的基因为 *cry1Ac* 基因，来源于苏云金芽孢杆菌（*Bacillus thuringensis*），编码 Cry1Ac 蛋白，能抵御鳞翅目害虫对棉花的危害。完整的 *cry1Ac* 基因表达框由增强型 CaMV 35S 启动子（P-*e35S*）、Cry1Ac 编码序列和大豆 7Sα′ 终止子（T-*7Sα′*）组成。标记基因为卡那霉素抗性基因 *npt*II，其表达由 CaMV 35S 启动子（P-*35S*）和 NOS 终止子（T-*nos*）调控。构建转化载体 PV-GHBK04，通过农杆菌介导转化法将目的基因导入‘Coker312’中经多代选育而来。多代 Southern 杂交结果表明，目的片段以单拷贝、单位点形式插入受体基因组，且不含质粒骨架序列的插入，能以经典孟德尔遗传规律稳定遗传给子代。多代、多点的蛋白检测结果表明，Cry1Ac 和 NPTII 均能在棉花种子和叶片中稳定表达。

多点、多年的环境安全性评价数据表明，‘MON531’在田间高抗棉铃虫、棉红铃虫等鳞翅目害虫，但对蜜蜂、草蛉等非靶标生物和棉田节肢动物多样性无显著影响；‘MON531’在休眠、适应性、生存竞争能力、杂草化和基因飘流等方面与受体亲本无显著差异。毒理学数据表明，Cry1Ac 蛋白对人和哺乳动物没有显著不良影响；营养学评价数据表明，‘MON531’与非转基因对照亲本及其产品在维生素、氨基酸等营养组分含量上无显著差异；Cry1Ac 和 PAT 蛋白与除 Bt 以外的其他已知毒蛋白、过敏原和抗营养因子不存在同源性和结构上的相似性。以上数据表明，二者具有实质等同性。

1995 年，‘MON531’首先在美国获得商业化种植的批准，随后获得在阿根廷、中国、印度等 12 个国家的商业化种植批复。在中国，‘MON531’所占市场份额约 5%。此外，‘MON531’已先后获得在加拿大、新西兰、欧盟、菲律宾、韩国和中国（2008 年）作为加工原料的食用和饲用进口许可。

参考文献

宋敏, 刘娜, 任欣欣, 等, 2014. 跨国公司生物技术知识产权保护策略分析——以棉花转化体MON531为例[J]. 中国生物工程杂志, 34 (6): 110-116.

ISAAA, 2021. GM Approval Database[EB/OL].[2021-05-29]. http: // www. isaaa. org/gmapprovaldatabase/event/default. asp?EventID=54.

（撰稿：韩兰芝；审稿：杨晓伟）

转基因抗虫棉花‘SGK321’ insect-resistant genetically modified cotton ‘SGK321’

中国农业科学院生物技术研究所和河北省石家庄市农林科学研究院联合培育的转 *cry1Ac* 和 *cpTI* 基因的双价抗虫棉花。

基因操作所用受体为常规棉花品种‘石远 321’，目的基因 *cry1Ac* 来源于苏云金芽孢杆菌（*Bacillus thuringensis*），其编码的 Cry1Ac 杀虫蛋白，能够抵御棉铃虫、棉红铃虫等鳞翅目害虫的危害。豇豆胰蛋白酶抑制剂基因 *cpTI* 来源于豇豆，通过 PCR 扩增并进行了一定的人工修饰后获得。*cry1Ac*、*cpTI* 基因表达均受增强型 CaMV 35S 启动子（P-*e35S*）和 NOS 终止子（T-*nos*）调控。标记基因为 *npt*II。报告基因为 *gus* 基因。构建高效双价转化载体 pBI121.1，采用花粉管通道法将双价抗虫基因转入‘石远 321’，经多代选育最终获得稳定的转化体。Southern 杂交结果表明，目的基因已稳定地整合到受体基因组中，能连续多代在植株的不同组织、器官中稳定表达。

连续多年、多点的环境安全性评价数据表明，‘SGK321’对棉铃虫和棉红铃虫等鳞翅目害虫表现出很好的抗性，但其在杂草化、生存竞争能力、基因飘流、对非靶标生物和棉田节肢动物多样性影响等方面与受体亲本没有显著差异。毒理学评价结果表明，‘SGK321’及其产品对受试的大鼠、家兔等哺乳动物未产生毒性或导致异常症状。

1999年，‘SGK321’获得了农业部颁发的在山西、河北、山东、安徽4省份生产应用的安全证书，2001年通过了河北省品种审定委员会审定，2002年通过了国家抗虫棉品种审定，成为中国最早通过品种审定的双价抗虫棉品种。该转化体最后一期生物安全证书到期日为2015年3月1日。

参考文献

裴新梧, 袁潜华, 胡凝, 等. 2016. 水稻转基因飘流[M]. 北京: 科学出版社.

ISAAA, 2021. GM Approval Database[EB/OL].[2021-05-29]. http: // www. isaaa. org/gmapprovaldatabase/event/default. asp?EventID=54.

（撰稿：韩兰芝；审稿：杨晓伟）

转基因抗虫棉花‘晋棉38’ insect-resistant genetically modified cotton ‘JINMIAN38’

中国科学院微生物研究所和山西省农业科学院棉花研究所合作培育的转 *cry1Ac* 和 *api* 基因的抗虫棉花，又名‘双价抗虫棉DR409’。

基因操作所用受体为常规棉花品种‘冀合321’，目的基因 *BtS29K* 来源于苏云金芽孢杆菌（*Bacillus thuringiensis*），是经过植物密码子优化合成的 *cry1Ac* 抗虫基因，编码Cry1Ac杀虫蛋白。*api-B* 基因来源于慈姑，能够编码蛋白酶抑制剂蛋白API，这两种蛋白共同作用抵抗鳞翅目害虫的危害。*BtS29K* 和 *api-B* 基因均由增强型CaMV 35S启动子（P-*e35S*）和NOS终止子（T-*nos*）调控。所用标记基因为 *ntpII*。构建转化载体pB29KB，采用农杆菌介导法将两个目的基因共同导入‘冀合321’，通过历代选育获得‘晋棉38’。Southern杂交结果表明，目的基因片段 *BtS29K* 与 *api-B* 紧密连锁，以单位点、单拷贝形式插入受体基因组中，并稳定遗传给后代。蛋白检测结果表明，Cry1Ac和API蛋白能在‘晋棉38’不同时期、不同组织器官内稳定表达，两种蛋白的表达量分别为总可溶性蛋白的0.17%和0.09%。

环境安全性评价数据表明，‘晋棉38’高抗棉铃虫等鳞翅目害虫，在杂草化、基因飘流、对非靶标生物的影响等方面与非转基因受体‘冀合321’无显著差异。毒理学评价结果表明，‘晋棉38’及其产品对受试的大、小鼠等哺乳动物未产生不良影响；同源性分析和结构比较发现，Cry1Ac、Api和NptII蛋白与除Bt以外的其他已知毒蛋白、过敏原和抗营养因子不存在同源性和结构上的相似性；营养学评价数据表明，‘晋棉38’与非转基因对照亲本及其产品在维生素、氨基酸、脂肪酸和矿物质等各种营养组分的含量、抗营养物棉酚等含量上无显著差异，表明二者具有实质等同性。

‘晋棉38’于2003—2004年分别获得了在中国山西、山东和河南省商业化应用的安全证书，并于2004年通过了山西省品种审定委员会审定，成为中国华北地区主栽的转基因抗虫棉品种之一。该转化体最后一期生物安全证书到期日为2019年4月10日。

参考文献

转基因权威关注, 2020. 农业转基因生物安全评价资料[EB/OL]. (2020-07-15)[2021-05-29].

ISAAA, 2021. GM Approval Database[EB/OL].[2021-05-29]. http: // www. moa. gov. cn/ztzl/zjyqwgz/spxx/201307/t20130702_3509313. htm.

（撰稿：韩兰芝；审稿：杨晓伟）

转基因抗虫耐除草剂大豆‘DAS81419’ insect-resistant and herbicide-tolerant/genetically modified soybean ‘DAS81419’

美国陶氏益农公司（Dow AgroSciences）研发的转基因抗鳞翅目昆虫、耐除草剂大豆。OECD编码为DAS-81419-2。

目的基因为 *cry1Ac* 基因、*cry1F* 基因和 *pat* 基因。目的基因1来源于苏云金杆菌亚种，Kurstaki菌株HD73（*Bacillus thuringiensis* subsp. *kurstaki*）。其能产生Cry1Ac毒素，能通过选择性地破坏鳞翅目昆虫的中肠内壁来增强对鳞翅目昆虫的抵抗力。目的基因2来源于苏云金杆菌变种 *Bacillus thuringiensis* var. *aizawai*，其能产生Cry1F毒素，能通过选择性地破坏鳞翅目昆虫的中肠内壁来增强对鳞翅目昆虫的抵抗力。目的基因3来源于绿色链霉菌（*Streptomyces viridochromogenes*）。编码磷丝菌素乙酰转移酶（PAT），能乙酰化消除草铵磷除草剂的除草活性。标记基因为 *pat* 基因。

国内外的环境安全性评价数据表明，‘DAS81419’在生存竞争能力、杂草化和基因飘流等方面与非转基因对照亲本没有显著差异。毒理学评价数据表明，外源蛋白对人和哺乳动物的健康没有显著不良影响。营养学评价数据表明，‘DAS81419’在组成成分和营养上与常规大豆品种实质等同。致敏性评价数据表明，外源蛋白不具有致敏性。

‘DAS81419’已在美国、加拿大、巴西和阿根廷获得了食用、饲用和商业化种植的批准。并且先后通过了在澳大利亚、新西兰和墨西哥作为加工原料的食用的进口审批以及在日本、马来西亚和韩国作为加工原料的食用、饲用的进口审批。

参考文献

ISAAA, 2021. GM Approval Database[EB/OL].[2021-05-29]. http: //www. isaaa. org/gmapprovaldatabase/event/default. asp?EventID=339&Event=DAS81419.

（撰稿：陈法军；审稿：杨晓伟）

转基因抗虫耐除草剂棉花‘GHB119’ insect-resistant and herbicide-tolerant genetically modified cotton ‘GHB119’

德国拜耳作物科学公司（Bayer）培育的抗鳞翅目害虫、耐草铵膦的转基因棉花。OECD编码为BCS-GHØØ5-8。

Z

基因操作所用受体为常规棉花品种‘Coker312’，目的基因为 *cry2Ae* 和 *bar*。*cry2Ae* 基因表达高抗棉铃虫等鳞翅目害虫的 Cry2Ae 杀虫蛋白，其表达框由 CaMV 35S2 启动子、Cry2Ae 编码序列和 CaMV 35S 终止子组成。*bar* 基因既是目的基因又是选择标记基因，表达膦丝菌素乙酰转移酶（PAT），其表达框由 Pcsvmv XYZ 启动子、*bar* 基因编码序列和 NOS 终止子组成。构建遗传转化载体 pTEM12，利用农杆菌介导转化法将目的基因转入受体品种‘Coker312’，进行多代选育后获得‘GHB119’。Southern 杂交结果表明，目的片段以单位点、单拷贝的形式插入受体基因组中，并能稳定遗传。蛋白检测结果表明，目的基因能在根、茎、叶、花、种子等组织器官中稳定表达。

环境安全性评价数据表明，与受体亲本‘Coker312’相比，‘GHB119’在生存竞争能力、基因飘流、对非靶标生物的影响方面没有显著差异，即对田间生态环境无不良影响。毒理学评价未观察到‘GHB119’棉籽对受试大鼠产生异常；营养学数据分析表明，‘GHB119’和受体亲本在营养组分和抗营养因子等含量上没有显著差异；‘GHB119’不具有致敏性。以上信息表明，‘GHB119’与其受体亲本具有实质等同性。

2011 年，‘GHB119’在巴西和美国获得商业化种植的批准；随后，‘GHB119’相继在澳大利亚、新西兰、加拿大、日本、韩国、中国（2014 年）和欧盟获得作为加工原料的食用和饲用进口许可。

参考文献

ISAAA, 2021. GM Approval Database[EB/OL].[2021-05-29]. http: // www. isaaa. org/gmapprovaldatabase/event/default. asp?EventID=71.

（撰稿：陈法军；审稿：杨晓伟）

转基因抗虫耐除草剂棉花‘T304-40’ insect-resistant and herbicide-tolerant genetically modified cotton ‘T304-40’

德国拜耳作物科学公司（Bayer）培育的抗鳞翅目害虫、耐草铵膦转基因棉花。OECD 编码为 BCS-GHØØ4-7。

基因操作所用受体为常规棉花品种‘Coker315’，目的基因为 *cry1Ab* 和 *bar*，*cry1Ab* 基因表达高抗棉铃虫等鳞翅目害虫的 *Cry1Ab* 杀虫蛋白。*cry1Ab* 基因表达框由来源于地三叶草矮化病毒 Ps7s7 启动子、Cry1Ab 编码序列和黄顶菊的 NADP- 苹果酸酶 3′ mel 终止子组成。*bar* 基因既是目的基因又是选择性标记基因，表达膦丝菌素乙酰转移酶，使植株耐草铵膦除草剂。*bar* 基因表达框由 CaMV 35S 启动子、Bar 编码序列和 NOS 终止子组成。构建含有目的基因的遗传转化载体 pTDL008，通过农杆菌介导转化法将目的片段转入‘Coker315’，再通过愈伤组织筛选获得目的植株。Southern 杂交结果表明，目的片段以单位点、单拷贝的形式插入受体基因组中，且不含有载体骨架序列，并能稳定遗传。蛋白检测结果表明，Cry1Ab 和 PAT 蛋白在‘T304-40’的根、茎、叶、花、棉蕾、棉铃和籽粒中均可稳定表达。

环境安全性评价数据表明，与受体亲本‘Coker315’相比，‘T304-40’在生存竞争能力、基因飘流、对非靶标生物的影响等方面无显著差异，即对田间生态环境无不良影响。两种外源蛋白 Cry1Ab 与 PAT 对人和哺乳动物无明显不良影响；营养学评价数据表明，‘T304-40’与受体亲本的未脱绒籽粒在主要营养成分上无显著差异。由以上信息可知，‘T304-40’与受体亲本具有实质等同性。

2011 年，‘T304-40’在巴西和美国被批准商业化种植，随后在澳大利亚、新西兰、加拿大、日本、中国（2014 年）和欧盟等地获得作为加工原料的食用和饲用进口许可。

参考文献

ISAAA, 2021. GM Approval Database[EB/OL].[2021-05-29]. http: // www. isaaa. org/gmapprovaldatabase/event/default. asp?EventID=69.

（撰稿：陈法军；审稿：杨晓伟）

转基因抗虫耐除草剂玉米‘4114’ insect-resistant and herbicide-tolerant/genetically modified corn ‘4114’

美国杜邦公司（Dupont）研发的转基因抗鳞翅目昆虫、耐草铵膦除草剂玉米。OECD 编码为 DP-ØØ4114-3。

目的基因为 *cry1F* 基因、*cry34Ab1* 基因、*cry35Ab1* 基因和 *pat* 基因。目的基因 1 来源于苏云金杆菌变种（*Bacillus thuringiensis* var. *aizawai*），能产生 Cry1F 毒素，能通过选择性地破坏鳞翅目昆虫的肠道组织来杀死鳞翅目昆虫。目的基因 2 来源于苏云金杆菌菌株 PS149B1，产生 Cry34Ab1 毒素，通过产生 Cry34Ab1 毒素，通过破坏昆虫肠道组织杀死鞘翅目害虫，如玉米根叶甲。目的基因 3 来源于苏云金杆菌菌株 PS149B1，产生 Cry35Ab1 内毒素，通过损伤肠道组织，控制鞘翅目害虫、特别是玉米根虫的抵抗力。目的基因 4 来源于链霉菌类病毒色素原（*Streptomyces viridochromogenes*），编码磷丝菌素乙酰转移酶（PAT），通过乙酰化消除草胺磷（磷化氢）除草剂的除草活性。无标记基因。

国内外的环境安全性评价数据表明，‘4114’在生存竞争能力、杂草化和基因飘流等方面与非转基因对照亲本没有显著差异。毒理学评价数据表明，外源蛋白对人和哺乳动物的健康没有显著不良影响。营养学评价数据表明，‘4114’在组成成分和营养上与常规玉米品种实质等同。致敏性评价数据表明，外源蛋白不具有致敏性。

‘4114’已在美国、加拿大、日本获得了食用、饲用和商业化种植的批准。并且先后通过了在墨西哥、澳大利亚、新西兰、中国台湾和哥伦比亚作为加工原料的食用的进口审批，在韩国和赞比亚作为加工原料的饲用的进口审批以及在南非、中国（2018）作为加工原料的食用、饲用的进口审批。

参考文献

ISAAA, 2021. GM Approval Database[EB/OL].[2021-05-29]. http: //www. isaaa. org/gmapprovaldatabase/event/default. asp?EventID=335&Event=4114.

（撰稿：陈法军；审稿：杨晓伟）

转基因抗虫耐除草剂玉米‘59122’ insect-resistant and herbicide-tolerant genetically modified maize ‘59122’

美国陶氏益农公司（Dow AgroSciences）和杜邦公司（Dupond）公司合作培育的抗鞘翅目害虫、耐草铵膦的转基因玉米。商品名称为Herculex™ RW，OECD编码为DAS-59122-7。

基因操作所用受体为常规玉米品种‘Hi-II’，目的基因有*cry34Ab1*、*cry35Ab1*和*pat*。*cry34Ab1*和*cry35Ab1*均来自苏云金芽孢杆菌菌株PS149B1，其编码的Cry34Ab1和Cry35Ab1杀虫蛋白使玉米高抗玉米根叶甲等鞘翅目害虫的危害。*cry34Ab1*基因的表达由玉米泛素启动子和马铃薯PINII终止子同调控；*cry35Ab1*基因的表达由小麦过氧化物酶启动子和PINII终止子调控。该转化体中*pat*既是目的基因又是选择标记基因，来自绿棕褐链霉菌的Tü 494株系，编码使植物耐受草铵膦的膦丝菌素乙酰转移酶（PAT蛋白），由CaMV 35S启动子和终止子调控其表达。构建转化载体PHP17662，采用农杆菌介导转化法将目的基因导入‘Hi-II’，并选育获得‘59122’。Southern杂交结果表明，目的片段以单位点、单拷贝的形式插入受体基因组中，能在多个世代间稳定遗传。蛋白检测结果表明，Cry34Ab1、Cry35Ab1和PAT蛋白均能在‘59122’植株的不同组织中稳定表达，但3种目的蛋白在不同组织中的表达量存在显著差异。

环境安全性评价数据表明，‘59122’在杂草化、生存竞争力、对非靶标和生物多样性的影响方面与受体亲本无显著差异。食用安全性评价数据表明，3种外源蛋白对人和哺乳动物没有毒性，且不具致敏性；‘59122’在营养成分和抗营养因子含量上与受体亲本没有显著差异。以上信息表明，‘59122’与其受体亲本具有实质等同性。

2005年，‘59122’在美国获得商业化种植的批准，随后在加拿大和欧盟也被批准进行商业化种植。此外，‘59122’在墨西哥、新西兰、澳大利亚、中国（2006年）等13个国家相继获得作为加工原料的食用和饲用进口许可。

参考文献

ISAAA, 2021. GM Approval Database[EB/OL].[2021-05-29]. http: // www. isaaa. org/gmapprovaldatabase/event/default. asp? EventID=112.

（撰稿：陈法军；审稿：杨晓伟）

转基因抗虫耐除草剂玉米‘Bt11’ insect-resistant and herbicide-tolerant genetically modified maize ‘Bt11’

瑞士先正达公司（Syngenta）培育的抗鳞翅目害虫、耐草铵膦除草剂的转基因玉米。商品名称为Agrisure™ CB/LL，OECD编码为SYN-BTØ11-1。

基因操作所用受体为常规玉米品种‘H8540’，目的基因为*cry1Ab*，来自苏云金芽孢杆菌株系HD-1，编码高抗玉米螟等鳞翅目害虫的Cry1Ab杀虫蛋白。*cry1Ab*基因表达框由CaMV 35S启动子、玉米内含子序列IVS6-ADH1、*cry1Ab*基因序列和NOS终止子构成。标记基因为*pat*，来源于绿棕褐链霉菌（*Streptomyces viridomogenes*）Tü 494株系，编码使植物耐受草铵膦的膦丝菌素乙酰转移酶（PAT蛋白）。*pat*基因表达框由CaMV 35S启动子、玉米内含子序列IVS2-ADH1、PAT编码序列和NOS终止子组成。构建转化载体pZ01502，采用聚乙二醇（PEG）介导转化法，将目的基因和标记基因转入受体品种‘H8540’基因组中。对插入序列的分子特征分析表明，插入片段长6.2 kb，包含1个目的基因和1个标记基因表达框及ColE1复制起点序列。Southern杂交结果表明，目的基因以单位点、单拷贝形式插入受体基因组中，并能在多个世代中稳定遗传。ELISA蛋白检测结果表明，Cry1Ab和PAT蛋白在植株的不同器官中均能稳定表达。

环境安全性评价数据表明，‘Bt11’在杂草化、生存竞争能力、对非靶标生物和生物多样性影响方面与受体亲本没有显著差异。食品安全评价数据表明，Cry1Ab和PAT蛋白对人和哺乳动物均无毒性，且不是致敏原；此外，‘Bt11’在营养成分含量和抗营养因子上与受体亲本没有显著差异。

1996年，‘Bt11’最先在美国加拿大获得食用、饲用和商业化种植的批准，随后相继在阿根廷、南非、日本、乌拉圭、巴西等国家获得食用、饲用和商业化种植的批准。2002年，‘Bt11’在中国获得作为加工原料的食用和饲用进口许可。

参考文献

ISAAA, 2021. GM Approval Database[EB/OL].[2021-05-29]. http: // www. isaaa. org/gmapprovaldatabase/event/default. asp?EventID=128.

（撰稿：陈法军；审稿：杨晓伟）

转基因抗虫耐除草剂玉米‘Bt176’ insect-resistant and herbicide-tolerant genetically modified maize ‘Bt176’

瑞士先正达公司（Syngenta）培育的抗鳞翅目害虫、耐草铵膦转基因玉米。商品名称为NaturGard KnockOut™、Maximizer™，OECD编码为SYN-EV176-9。

基因操作所用受体为常规玉米品种‘GG00526’，目的基因为*cry1Ab*，来自苏云金芽孢杆菌株系HD-1，编码高抗玉米螟等鳞翅目害虫的Cry1Ab杀虫蛋白。该转化体含有两个*cry1Ab*基因表达框，其中一个表达框由PEPC启动子、*cry1Ab*基因序列、PEPC第9个内含子序列和35S终止子组成；另一表达框由花粉特异性启动子、*cry1Ab*基因序列、PEPC第9个内含子序列和35S终止子组成。标记基因为*bar*，来源于吸水链霉菌（*Streptomyces hygroscopicus*），编码使植物耐受草铵膦的膦丝菌素乙酰转移酶（PAT蛋白）。*bar*基因表达框由CaMV 35S启动子、Bar编码序列和CaMV 35S终止子组成。构建含有一个*bar*编码表达框的遗传转化载体 pCIB3064 和含有两个 *cry1Ab* 基因表达框的 pCIB4431 载体，将两种载体的 DNA 沉淀到 1μm 的金微粒载体上，采用基因枪法将目的基因导入受体品种‘GG00526’中，在选择性诱发愈伤培养基上筛选阳性植株，经过多代筛选获得‘Bt176’转化体。Southern 杂交结果表明，目的片段以单位点的形式插入受体基因组中，插入的 *cry1Ab* 基因表达框至少为 4 个拷贝，*bar* 基因至少为 2 个拷贝，目的基因能在多个世代中稳定表达。ELISA 检测结果表明，Cry1Ab 和 PAT 蛋白均能在‘Bt176’植株中稳定表达。

环境安全性评价数据表明，‘Bt176’在生存竞争力、适应性、对生物多样性影响和农艺性状等方面与受体亲本没有显著差异；食用安全评价数据表明，‘Bt176’在对人和哺乳动物毒性、营养成分含量、抗营养因子、致敏性等方面与受体亲本没有显著差异。由此可见，‘Bt176’对人类、哺乳动物和生态环境均无不良影响。

1995 年，‘Bt176’率先在美国获得了食用、饲用及商业化种植的批准。随后在加拿大、阿根廷和日本也获得了食用、饲用和商业化种植的批准，在欧盟、南非、中国、瑞士、菲律宾和韩国等地获得了作为加工原料的食用和饲用进口许可。由于新产品的陆续推广和应用，‘Bt176’已被先正达公司终止了在美国（2003 年）、阿根廷（2005 年）、加拿大（2007 年）和西班牙（2007 年）的商业化种植。

参考文献

ISAAA, 2021. GM Approval Database[EB/OL].[2021-05-29]. http: //www. isaaa. org/gmapprovaldatabase/event/default. asp?EventID=127.

（撰稿：陈法军；审稿：杨晓伟）

转基因抗虫耐除草剂玉米‘MON88017’ insect-resistant and herbicide-tolerant genetically modified maize‘MON88017’

美国孟山都公司（Monsanto）培育的抗玉米根虫、耐草甘膦类除草剂的转基因玉米品系。其商品名称为 YieldGard™ VT™ Rootworm™ RR2，OECD 编码为 MON-88Ø17-3。

‘MON88017’的目的基因含有来源于大肠杆菌的 *cry3Bb1* 基因和来源于农杆菌 CP4 菌株 *cp4-epsps* 基因。前者编码 Cry3Bb1 蛋白，可以使‘MON88017’抗玉米根虫；后者可以表达 CP4-EPSPS 蛋白（5- 烯醇式丙酮酰莽草酸 -3- 磷酸合成酶），有耐草甘膦类除草剂的功能。*cp4-epsps* 基因表达盒中目的基因由水稻 Act1 启动子（P-*act1*）驱动，终止子为 NOS。而在 *cry3Bb1* 基因表达盒中目的基因由增强型 CaMV 35S 启动子（P-*e35S*）和小麦 Hsp17 终止子（T-*hsp17*）调控。插入序列中不包含标记基因和报告基因。Southern 杂交结果表明，‘MON88017’玉米只有一个位点的单拷贝插入，没有任何细菌质粒骨架序列插入，证明插入序列的遗传稳定性。ELISA 检测证明了 Cry3Bb1 蛋白、CP4 EPSPS 蛋白在不同的遗传世代间可以稳定表达。

环境安全性评价数据表明，‘MON88017’在适应性、生存竞争能力和基因飘流、对非靶标生物的影响方面并无明显差异。毒理学评价数据表明，CP4-EPSPS 蛋白和 Cry3Bb1 蛋白与已知的对人类和动物健康有影响的毒素蛋白或者其他有生物活性的蛋白没有相似性，与常规非转基因玉米具有等同的安全性。试验证据表明，‘MON88017’的营养成分实质上等同于具有相似遗传背景的常规玉米和其他常规玉米品种。生物信息学分析表明，CP4-EPSPS 蛋白和 Cry3Bb1 蛋白与其他致敏原之间没有显著的同源性。综合分析认为‘MON88017’对人类健康和生态环境无不利影响。

截至 2019 年，‘MON88017’在美国、巴西、加拿大等 16 个国家同时获得食用、饲用批准。

参考文献

ISAAA, 2021. GM Approval Database[EB/OL].[2021-05-29]. http: //www. isaaa. org/gmapprovaldatabase/event/default. asp?EventID=94&Event=MON88017.

（撰稿：陈法军；审稿：杨晓伟）

转基因抗虫耐除草剂玉米‘MON88017×MON89034×TC1507×DAS-59122’ insect-resistant and herbicide-tolerant genetically modified maize‘MON88017×MON89034×TC1507×DAS-59122’

美国孟山都公司（Monsanto）和陶氏益农公司（Dow AgroSciences）合作培育的抗虫、耐除草剂转基因玉米。商品名称为 Genuity® SmartStax™。OECD 编码 MON-89Ø34-3 × DAS-Ø15Ø7-1 × MON-88Ø17-3 × DAS-59122-7。

通过常规杂交手段将‘MON88017’‘MON89034’‘TC1507’与‘DAS-59122’4 个转基因玉米品种聚合后得到‘MON88017×MON89034×TC1507×DAS-59122’，拥有耐草铵膦与草甘膦、抗鳞翅目与鞘翅目昆虫的复合性状。目的基因包括 *cry3Bb1*、*cry1A.105*、*cry2Ab2*、*cry1Fa2*、*cry34Ab1*、*cry35Ab1* 和 *cp4-epsps*。*cry3Bb1* 基因表达框由 P-*e35S* 启动子、Cry3Bb1 编码序列和 T-*hsp17* 终止子组成；*cry1A.105* 基因表达框由 P-*e35S* 启动子、Cry1A.105 编码序列和 T-*hsp17* 终止子组成；*cry2Ab2* 基因表达框由 P-*FMV* 启动子、Cry2Ab2 编码序列和 T-*nos* 终止子组成；玉米 Ubiquitin 启动子、Cry1Fa2 编码序列和 polyAORF 终止序列组成 *cry1Fa2* 基因表达框；玉米 Ubiquitin 启动子、Cry34Ab1 编码序列和 PINII 终止子组成 *cry34Ab1* 基因表达框；由小麦过氧化物酶启动子、*cry35Ab1* 编码序列和 PINII 终止子组成 *cry35Ab1* 基因表达框；*cp4-epsps* 基因表达框由 P-*ract1* 启动子、*cp4-epsps* 编码序列和 NOS 终止子组成；CaMV 35S 启动子、PAT 编码序列和 CaMV 35S 终止子组成 *pat* 基因表达框。上述插入的目的序列之间不存在基因互作。

‘MON88017×MON89034×TC1507×DAS-59122’目的基因的转化方法、插入片段、遗传稳定性、目的蛋白的表达特性、标记基因、环境安全性、食用安全性等取决于‘MON88017’‘MON89034’‘TC1507’与‘DAS-59122’4

个亲本材料，与杂交母本或父本完全相同。

该转基因玉米于2008年和2009年在日本分别获得食用、饲用和商业化种植的批准。随后，在哥伦比亚、欧盟、墨西哥、菲律宾、韩国、南非等地获得了作为加工原料的食用和饲用进口许可。目前，中国没有批准该转基因玉米的进口与商业化种植。

参考文献

ISAAA, 2021. GM Approval Database[EB/OL].[2021-05-29]. http: //www. isaaa. org/gmapprovaldatabase/event/default. asp?EventID=121.

（撰稿：华红霞；审稿：杨晓伟）

转基因抗虫耐除草剂玉米‘TC1507’ insect-resistant and herbicide-tolerant genetically modified maize ‘TC1507’

美国杜邦公司（Dupont）和陶氏益农公司（Dow AgroSciences）合作培育的转 *cry1F* 和 *pat* 基因的抗鳞翅目害虫、耐草铵膦转基因玉米。商品名称为 Herculex™ I、Herculex™ CB，OECD 编码为 DAS-Ø15Ø7-1。

基因操作所用受体为常规玉米品种‘33P66’，目的基因为来自苏云金芽孢杆菌的经植物密码子优化后的 *cry1F2*，编码高抗玉米螟等鳞翅目害虫的 Cry1F2 杀虫蛋白。*cry1F2* 基因表达框由 Ubiquitin 启动子、*cry1F2* 基因序列和农杆菌 pTi15955 终止子组成。*pat* 基因既是目的基因又是标记基因，来自绿棕褐链霉菌的 Tü 494 株系，编码使植物耐受草铵膦的膦丝菌素乙酰转移酶（PAT 蛋白），*pat* 基因的表达框由 CaMV 35S 启动子、PAT 编码序列和 CaMV 35S 终止子组成，其表达受到 CaMV 35S 启动子和 CaMV 35S 终止子的调控。构建转化载体 pHP8999，用限制性内切酶 PmeI 将携带目的基因及其表达所需调控因子的线性 DNA 片段 PHI8999A 从质粒载体上切割，纯化后涂在钨制微粒上，采用基因枪共转化法将钨粒射入受体的幼胚中，被射入的 DNA 就会结合到受体细胞的染色体中。Southern 杂交结果表明，插入片段包括一个完整的 *cry1F2* 和 *pat* 基因的全长拷贝、一个 *cry1F2* 基因片段和 2 个 *pat* 基因片段，均已整合到受体基因组中，并能在多个世代中稳定遗传。蛋白检测结果表明，Cry1F2 在‘TC1507’的叶片、茎秆、花粉、花丝及籽粒中均能够表达，但 PAT 蛋白仅在叶片中表达。

环境安全性评价数据表明，‘TC1507’在生存竞争力、适应性、对田间生物多样性影响及基因飘流风险、农艺性状等方面与受体亲本无显著差异。食用安全性评价数据表明，Cry1Ab 和 PAT 蛋白对人和哺乳动物无毒性且不具致敏性；‘TC1507’在营养成分与抗营养因子上与受体亲本无显著差异。

2001年，‘TC1507’率先在美国获得食用、饲用和商业化种植的批准，随后在加拿大、阿根廷、日本、巴西等10个国家获得商业化种植的批准，在包括中国（2002年）、澳大利亚、欧盟等在内的12个国家或地区获得作为加工原料的食用和饲用进口许可。

参考文献

ISAAA, 2021. GM Approval Database[EB/OL].[2021-05-29]. http: //www. isaaa. org/gmapprovaldatabase/event/default. asp?EventID=113.

（撰稿：陈法军；审稿：杨晓伟）

转基因抗虫水稻‘Bt 汕优 63’ insect-resistant genetically modified rice ‘BT Shanyou 63’

华中农业大学培育的转 *cry1Ab/cry1Ac* 基因抗虫水稻恢复系‘华恢1号’和不育系‘珍汕97A’的杂交组合。商品名称为“BT Shanyou 63”。

由于‘Bt 汕优 63’是转基因抗虫水稻恢复系‘华恢1号’和不育系的杂交组合，其基因操作、目的基因、目的基因表达框、标记基因、遗传转化、遗传稳定性及蛋白表达特性完全等同于‘华恢1号’。见转基因抗虫水稻‘华恢1号’。

‘Bt 汕优 63’的环境安全性和食用安全性评价数据等同于‘华恢1号’。见转基因抗虫水稻‘华恢1号’。

与‘华恢1号’相同，2009年8月，‘Bt 汕优 63’在中国获得在湖北生产应用的安全证书；2014年12月，其生物安全证书的续申请再次被获批；2018年，‘Bt 汕优 63’在美国获得作为加工原料的食用和饲用进口许可。

参考文献

ISAAA, 2021. GM Approval Database[EB/OL].[2021-05-29]. http: // www. isaaa. org/gmapprovaldatabase/event/default. asp?EventID=219.

（撰稿：韩兰芝；审稿：杨晓伟）

转基因抗虫水稻‘华恢1号’ insect-resistant genetically modified rice ‘Huahui-1’

华中农业大学培育的转 *cry1Ab/Ac* 基因抗虫转基因水稻品系，其转化体名称为 TT51-1，商品名称为“Huahui-1”。OECD 编码为 HZU-HHØØ1-9。

基因操作所用受体为常规水稻品种‘明恢63’，目的基因为中国农业科学院生物技术研究所范云六院士等人工合成的 *cry1Ab/cry1Ac* 融合杀虫蛋白基因，表达 Cry1Ab/Cry1Ac 融合杀虫蛋白，使植株高抗二化螟、三化螟、稻纵卷叶螟等鳞翅目害虫。目的基因表达框由第一外显子和第一内含子在内的水稻 ActinI 启动子、Cry1Ab/cry1Ac 编码序列和 NOS 终止子组成。标记基因为 *hph*，来源于大肠杆菌，编码潮霉素磷酸转移酶，在水稻转化体筛选时提供对潮霉素 B 的抗性。构建含有目的基因的遗传转化载体 pFHBT1 和含有标记基因的载体 pGL2RC7，通过基因枪介导的双质粒共转化法导入受体品种‘明恢63’中。因自交分离，标记基因 *hph* 在杂交育种过程中被删除。Southern 杂交结果表明，目的片段以双拷贝、首尾相接的方式整合到受体基因组中，并能稳定遗传。Cry1Ab/1Ac 蛋白在水稻根、茎、叶、花、种子等组织器官中均能稳定表达。

环境安全性评价数据表明，‘华恢 1 号’在生存竞争能力、基因飘流、对非靶标生物和稻田节肢动物多样性影响等方面与受体亲本‘明恢 63’没有显著差异。毒理学评价数据表明，‘华恢 1 号’稻谷对哺乳动物无急性与慢性毒性，无致畸、致癌作用，对哺乳动物的生长发育与繁殖也无不良影响，Cry1Ab/1Ac 蛋白在模拟胃液与肠液中被快速降解（15 秒以内），对哺乳动物和人无不良影响；‘华恢 1 号’在营养组分（水分、灰分、蛋白质、脂肪、淀粉、氨基酸、脂肪酸、矿物质、维生素）含量、抗营养因子（胰蛋白酶抑制剂和植酸）含量与受体亲本没有显著差异；Cry1Ab/Ac 蛋白与已知除 Bt 以外的其他已知毒蛋白、过敏原不存在氨基酸序列的同源性和结构的相似性。因此，‘华恢 1 号’与其受体亲本‘明恢 63’具有实质等同性。

2009 年 8 月，‘华恢 1 号’获得农业部颁发的在湖北省生产应用的安全证书；2014 年 12 月其生物安全证书的续申请再次被获批；2018 年在美国获得作为加工原料的食用和饲用进口许可。该转化体最后一期生物安全证书到期日为 2026 年 2 月 9 日。

参考文献

ISAAA, 2021. GM Approval Database[EB/OL].[2021-05-29]. http: //www. isaaa. org/gmapprovaldatabase/event/default. asp?EventID=220.

（撰稿：韩兰芝；审稿：杨晓伟）

转基因抗虫杨树‘Hybrid poplar clone 741’ insect-resistant genetically modified ‘Hybrid poplar clone 741’

中国林业科学研究院林业研究所培育的抗鳞翅目昆虫的转基因杨树品系。其商品名称为转双抗虫基因 741 杨。

‘Hybrid poplar clone 741’的目的基因含有来源于苏云金芽孢杆菌亚种的 HD73 菌株的 *cry1Ac* 基因和慈姑蛋白酶抑制剂基因 *api*，前者编码 Cry1Ac 蛋白，通过选择性地破坏鳞翅目昆虫的中肠内壁来增强对鳞翅目昆虫的抵抗力；后者可以表达慈姑蛋白酶抑制剂 A 或 B，可能抵抗多种害虫。标记基因是来源于大肠杆菌 TN5 转座子 *npt*II 基因。

‘Hybrid poplar clone 741’对天敌和中性节肢动物组成和发生无明显副作用，物种丰富度、各个亚群落的多样性和均匀度、优势集中指数与未转基因杨树间差异不显著。研究显示‘Hybrid poplar clone 741’杨树与非转基因杨树周围土壤的细菌、放线菌和真菌数量有显著差异，但还有待于长时间的深入研究。

‘Hybrid poplar clone 741’于 2001 年在中国获得国家林业局的种植批准。

参考文献

田亚坤, 2014. 转基因741杨树对节肢动物群落及土壤微生物的影响[D]. 保定: 河北农业大学.

ISAAA, 2021. GM Approval Database[EB/OL].[2021-05-29]. http: //www. isaaa. org/gmapprovaldatabase/event/default. asp?EventID =285&Event=Hybrid%20poplar%20clone%20741.

（撰稿：韩兰芝；审稿：杨晓伟）

转基因抗虫杨树‘poplar12’ insect-resistant genetically modified ‘poplar12’

‘poplar12’是中国林业科学研究院林业研究所培育的抗鳞翅目昆虫的转基因杨树品系。

‘poplar12’的目的基因含有来源于苏云金芽孢杆菌亚种的 *cry1Ac* 基因，编码 Cry1Ac 蛋白，通过选择性地破坏鳞翅目昆虫的中肠内壁来增强对鳞翅目昆虫的抵抗力；标记基因是来源于大肠杆菌 TN5 转座子 *npt*II 基因。

目前的研究表明，‘poplar12’能提高抗昆虫类型的多样性，有利于维持土壤生态系统稳定性，基因飘流的概率低，到目前为止，其中间试验和环境释放过程没有对环境产生明显的生态风险，但还需进一步研究。

‘poplar12’于1998年在中国获得国家林业局的种植批准。

参考文献

胡建军, 卢孟柱, 杨敏生, 2010. 我国抗虫转基因杨树生态安全性研究进展[J]. 生物多样性, 18 (4): 336-345.

ISAAA, 2021. GM Approval Database[EB/OL].[2021-05-29]. http: //www. isaaa. org/gmapprovaldatabase/event/default. asp?EventID=247&Event=Bt%20poplar, %20poplar%2012%20 (Populus%20nigra).

（撰稿：韩兰芝；审稿：杨晓伟）

转基因抗虫玉米‘MIR162’ insect-resistant genetically modified maize ‘MIR162’

瑞士先正达公司（Syngenta）培育的抗鳞翅目害虫转基因玉米。商品名称为“Agrisure™ Viptera”，OECD 编码为 SYN-IR162-4。

基因操作所用受体为‘Hi-II×A188’，目的基因为 *vip3Aa20*，来自苏云金芽孢杆菌（*Bacillus thuringiensis*）AB88 株系，编码的 Vip3Aa20 杀虫蛋白高抗鳞翅目害虫，其表达框由玉米 Ubi1 启动子（P-*ubi1*）、优化后的 Vip3Aa20 编码序列和 CaMV 35S 终止子（T-*35S*）组成。标记基因为 *manA*（*pmi*），来自大肠杆菌 K-12 株系，编码磷酸甘露糖异构酶（Pmi），其表达框由玉米 Ubi1 启动子（P-*ubi1*）、ManA 编码序列和 NOS 终止子（T-*nos*）组成。构建遗传转化载体 pNOV1300，采用农杆菌介导转化法将目的基因和标记基因转入受体品种‘Hi-II×A188’中。Southern 杂交结果表明，目的片段以单位点、单拷贝的形式插入受体基因组中，无质粒骨架序列，且能在多个世代中稳定遗传。蛋白检测结果表明：Vip3Aa20 和 Pmi 能在‘MIR162’植物组织中稳定表达。

环境安全性评价数据表明，‘MIR162’在生存竞争能力、基因飘流、对非靶标生物的影响等方面与受体亲本‘Hi-II×A188’无显著差异。毒理学评价数据表明，两种外源蛋白 Vip3Aa20 和 Pmi 对人类和哺乳动物均无显著不良影响；营养学评价数据表明，‘MIR162’在营养成分、抗营养因子含量上均与非转基因受体亲本无显著差异，且外源蛋白 Vip3Aa20 和 Pmi 均非食物过敏原。由以上信息可知，‘MIR162’与其受体亲本具有实质等同性。

2009 年，‘MIR162’玉米首先在巴西获得商业化种植的批准；随后在美国、加拿大、日本、阿根廷等 6 个国家获得商业化种植的批准；相继在欧盟、澳大利亚、墨西哥、中国（2014 年）等获得作为加工原料的食用和饲用进口许可。

参考文献

ISAAA, 2021. GM Approval Database[EB/OL].[2021-05-29]. http: //www. isaaa. org/gmapprovaldatabase/event/default. asp?EventID=130.

（撰稿：陈法军；审稿：杨晓伟）

转基因抗虫玉米‘MIR604’ insect-resistant genetically modified maize ‘MIR604’

瑞士先正达公司（Syngenta）培育的抗鞘翅目害虫的转基因玉米。商品名称为“Agrisure™ RW”，OECD 编码为 SYN-IR6Ø4-5。

基因操作所用受体为常规玉米品种‘NPH8431’，目的基因为 *mcry3A*，编码高抗玉米根叶甲等鞘翅目害虫的 mCry3A 杀虫蛋白，其表达框由 MAIZE MTL 启动子（P-*MTL*）、Mcry3A 编码序列和 NOS 终止子（T-*nos*）组成。标记基因为 *manA*（*pmi*），编码磷酸甘露糖异构酶（Pmi），其表达框由玉米 Ubi1 启动子（P-*ubi1*）、ManA 编码序列和 NOS 终止子（T-*nos*）组成。构建遗传转化载体 pZM26，通过农杆菌介导转化法将目的基因与标记基因转入受体‘NPH8431’的幼胚中，经愈伤组织筛选获得目的植株。Southern 杂交结果表明，目的片段以单位点、单拷贝的形式插入受体基因组中，且不含质粒骨架序列，能够按典型的孟德尔遗传规律遗传。蛋白检测结果表明，mCry3A 和 Pmi 均能在植株的根、叶、茎和种子中稳定表达，但两种蛋白在花丝中的表达量很低，在花粉中检测不到两种蛋白的表达，而 Pmi 蛋白在玉米青贮饲料中也检测不到其表达。

环境安全性评价数据表明，在生存竞争能力、对非靶标生物和生物多样性影响及基因飘流方面，‘MIR604’与受体亲本没有显著差异。毒理学和致敏性评价均表明，外源蛋白 mCry3A 与 Pmi 对人和哺乳动物均无明显毒性和致敏性；在营养学方面，‘MIR604’在营养组分和抗营养因子上与受体亲本没有显著差异。由以上信息可知，‘MIR604’与受体亲本具有实质等同性。

2007 年，‘MIR604’先后在美国、加拿大、日本、阿根廷和巴西 5 个国家获得商业化种植的批准，先后在澳大利亚、新西兰、墨西哥、中国（2008 年）等 17 个国家或地区获得作为加工原料的食用和饲用进口许可。

参考文献

ISAAA, 2021. GM Approval Database[EB/OL].[2021-05-29]. http: //www. isaaa. org/gmapprovaldatabase/event/default. asp?EventID=131.

（撰稿：陈法军；审稿：杨晓伟）

转基因抗虫玉米‘MON810’ insect-resistant genetically modified maize ‘MON810’

美国孟山都公司（Monsanto）培育的抗鳞翅目害虫的转基因玉米品系。其商品名称为 YieldGard™，OECD 编码为 MON-ØØ81Ø-6。

MON810 的目的基因为 *cry1Ab* 基因，是从土壤细菌苏云金芽孢杆菌（*Bacillus thuringiensis* subsp. *kurstaki*）HD-1 菌株中克隆得到的，其表达产物 Cry1Ab 蛋白能有效控制特定的鳞翅目害虫。目的基因表达框主要由增强型 CaMV 35S 启动子、玉米 hsp70 内含子、Cry1Ab 编码区和位于 Cry1Ab 片段末端下游 9bp 区域的终止密码子组成。分子特征分析表明，‘MON810’中不存在标记基因和报告基因。Southern 杂交结果表明，‘MON810’转化体中仅含有单位点的单拷贝插入，进一步的遗传分析也表明该外源基因可以按照孟德尔遗传规律稳定地遗传。通过对不同组织的 Cry1Ab 蛋白表达水平进行 ELISA 检测，表明 Cry1Ab 蛋白表达水平在不同年份和不同地理区域具有一致性，证明了插入的稳定性。

环境安全评价数据表明，‘MON810’对环境中的益虫、非靶标昆虫和土壤中非靶标微生物无害。毒理学评价数据表明，Cry1Ab 除了与同家族的 Cry 蛋白外，与已知的毒素蛋白没有氨基酸序列同源性，除对昆虫有很高的选择性外对其他类型的活的有机体没有毒害，与 Cry1Ab 蛋白安全使用历史是一致的。营养学评价数据表明，‘MON810’品系的营养成分和对照品系以及其他商品玉米的营养成分实质相等。对 Cry1Ab 的生物信息学分析表明，Cry1Ab 与已知致敏原无氨基酸序列相似性，也不存在短肽序列的匹配，可得出其不具有致敏性。综合分析认为‘MON810’不会对人类健康和生态环境造成不利影响。

1996 年‘MON810’在美国获得食用、饲用和商业化种植的许可，随后相继在加拿大、阿根廷、哥伦比亚、日本、菲律宾、巴西等地获得食用、饲用和商业化种植的批准。

参考文献

ISAAA, 2021. GM Approval Database[EB/OL].[2021-05-29]. http: //www. isaaa. org/gmapprovaldatabase/event/default. asp?EventID=85&Event=MON810.

（撰稿：陈法军；审稿：杨晓伟）

转基因抗虫玉米‘MON863’ insect-resistant genetically modified maize ‘MON863’

美国孟山都公司（Monsanto）培育的抗鞘翅目害虫的

Z

转基因玉米。商品名称为“YieldGard™ Rootworm RW”“MaxGard™”，OECD 编码为 MON-ØØ863-5。

基因操作所用受体为常规玉米品种‘Hi-II’，目的基因为 *cry3Bb1*，来自苏云金芽孢杆菌 *Bacillus thuringiensis* subsp. *kumamotoensis* 亚种，编码高抗鞘翅目害虫的 Cry3Bb1 杀虫蛋白，目的基因表达框由植物启动子 P-4-As1、Cry3Bb1 编码序列、小麦叶绿素 a/b 结合蛋白前导序列 L-wtCAB、水稻肌动蛋白编码基因内含子（*ract1*）和小麦 T-*hsp17* 终止子组成。标记基因为 *npt*II，编码新霉素磷酸转移酶，用于遗传转化筛选，其表达框由 CaMV 35S 启动子、NPTII 编码序列和 NOS 终止子组成。构建遗传转化载体 PV-ZMIR13，通过基因枪法将目的基因导入‘Hi-II’中选育获得‘MON863’。Southern 杂交结果表明，目的片段以单位点、单拷贝的形式插入，且不含质粒骨架结构，在不同世代间能稳定遗传。多年、多点的蛋白检测结果表明，Cry3Bb1 蛋白能够在‘MON863’中稳定表达，但 NPTII 蛋白仅在嫩叶、秸秆和籽粒中检测到其表达。

环境安全性评价数据表明，‘MON863’的生存竞争能力、基因飘流和对生物多样性的影响与受体亲本无显著差异；毒理学评价结果表明，Cry3Bb1 蛋白对人和哺乳动物无不良影响；营养学评价数据表明，‘MON863’的营养组分与受体亲本无显著差异，且 Cry3Bb1 蛋白不具有致敏性。以上信息表明，‘MON863’与其受体亲本具有实质等同性。

2002 年，‘MON863’首先在美国获得商业化种植的批准，之后相继在加拿大、日本、韩国、墨西哥、中国（2004 年）、欧盟、南非等地获得作为加工原料的食用和饲用进口许可。

参考文献

ISAAA, 2021. GM Approval Database[EB/OL].[2021-05-29]. http: // www. isaaa. org/gmapprovaldatabase/event/default. asp?EventID=87.

（撰稿：陈法军；审稿：杨晓伟）

转基因抗虫玉米‘MON89034’ insect-resistant genetically modified maize ‘MON89034’

美国孟山都公司（Monsanto）培育的抗鳞翅目害虫的转基因玉米，商品名称为“YieldGard™ VT Pro™”，OECD 编码为 MON-89Ø34-3。‘MON89034’是继第一代产品‘MON810’之后培育的第二代转基因抗虫玉米产品。与‘MON810’相比，‘MON89034’拓宽了杀虫谱，延缓了害虫抗性演化速率，降低了籽粒中毒枝霉素的含量。

基因操作所用受体为常规玉米品种‘LH172’，目的基因为 *cry1A.105* 和 *cry2Ab2*，表达高抗鳞翅目害虫的 Cry1A.105 和 Cry2Ab2 杀虫蛋白。*cry1A.105* 基因表达盒包括增强型 CaMV 35S 启动子（P-*e35S*）、小麦叶绿体 a/b 结合蛋白（L-Cab）的前导序列、水稻肌动蛋白基因的 *ract1* 内含子、Cry1A.105 编码序列和小麦 Hsp17 终止子（T-hsp17）；*cry2Ab2* 基因表达含有 FMV 35S 启动子（P-*FMV*）、玉米 Hsp70 内含子、Cry2Ab2 编码序列、TS-SSU-CTP 靶序列及 NOS 终止子（T-*nos*）。NPTII 编码新霉素磷酸转移酶，作为标记基因用于遗传转化筛选。构建遗传转化载体 PV-ZMIR245，该载体内含有 2 个独立的 T-DNA（T-DNA I 和 T-DNA II），T-DNA I 含有 *cry1A.105* 和 *cry2Ab2* 基因表达框，T-DNA II 含有 *npt*II 基因表达框，但 T-DNA II 在后续的育种选择过程中与含有目的基因的 T-DNA I 分离，从而获得只含有目的基因而不含有标记基因 *npt*II 的‘MON89034’转化体。Southern 杂交结果表明，目的片段以单位点、单拷贝的形式插入受体基因组中，无任何质粒骨架序列插入。ELISA 检测结果表明，Cry1A.105 和 Cry2Ab2 蛋白在‘MON89034’整个生育期的所有组织器官中均有表达，且在幼叶中含量最高。

环境安全性评价数据表明，‘MON89034’在生存竞争能力、基因飘流、对非靶标生物的影响等方面与受体亲本‘LH172’无显著差异。毒理学评价数据表明，‘MON89034’对哺乳类动物无明显毒性；营养学评价结果表明，‘MON89034’与受体亲本在营养组分和抗营养因子含量上没有显著差异，且外源蛋白 Cry1A.105 和 Cry2Ab2 不具有致敏性。综合以上信息可知，‘MON89034’与其受体亲本‘LH172’具有实质等同性。

2007 年，‘MON89034’在美国获得食用、饲用的批准。随后，在美国、加拿大、日本、巴西、阿根廷等 10 个国家相继获得商业化种植的批准，先后在日本、加拿大、巴西、中国（2010 年）、阿根廷等 10 个国家获得作为加工原料的食用和饲用进口许可。

参考文献

ISAAA, 2021. GM Approval Database[EB/OL].[2021-05-29]. http: // www. isaaa. org/gmapprovaldatabase/event/default. asp?EventID=95.

（撰稿：陈法军；审稿：杨晓伟）

转基因抗过敏水稻‘7Crp#10’ antiallergic genetically modified rice ‘7Crp#10’

日本国家农业生物科学研究所研发的转基因抗过敏水稻。

‘7Crp#10’的目的基因为 *7crp* 基因，目的基因来源于日本柳杉耐甲基因蛋白的合成形式，其改良的 Cryj1 和 Cryj2 花粉抗原，含有 7 个主要的人类 T 细胞表位，能触发对雪松花粉过敏原的黏膜免疫耐受。标记基因为 *aph4*（*hpt*）基因。

国内外环境安全性评价数据表明，‘7Crp#10’在生存竞争能力、杂草化和基因飘流等方面与非转基因对照亲本没有显著差异。毒理学评价数据表明，外源蛋白对人和哺乳动物的健康没有显著不良影响。营养学评价数据表明，‘7Crp#10’在组成成分和营养上与常规水稻品种实质等同。致敏性评价数据表明，外源蛋白不具有致敏性。

‘7Crp#10’已在美国和澳大利亚获得了食用、饲用和商业化种植的批准。并且先后通过了在澳大利亚和新西兰作为加工原料食用的进口审批以及在墨西哥、马来西亚作为加工原料的食用、饲用的进口审批。

参考文献

ISAA, 2021. GM Approval Database[EB/OL].[2021-05-29]. http://www. isaaa. org/gmapprovaldatabase/event/default. asp?EventID=223&Event=7Crp#10.

（撰稿：韩兰芝；审稿：杨晓伟）

转基因抗黑点瘀伤病、品质改良马铃薯‘E12’ anti-black spot bruises and quality improvement genetically modified potato ‘E12’

美国辛普劳公司（J. R. Simplot Company）研发的转基因抗黑点瘀伤病马铃薯。其商品名称为Innate® Cultivate，OECD编码为SPS-ØØE12-8。

目的基因为*asn1*基因、*ppo5*基因、*phl*基因和*r1*基因，目的基因1来源于马铃薯（*Solanum tuberosum*），其转录产生的双链RNA，能降低游离天冬酰胺数量。目的基因2来源于龙葵（*Solanum verrucosum*），其转录产生的双链RNA，能减少黑点。目的基因3来源于马铃薯，其转录产生的双链RNA，能降低还原糖。目的基因4来源于马铃薯，其转录产生的双链RNA，能降低还原糖含量。

国内外的环境安全性评价数据表明，‘E12’在生存竞争能力、杂草化和基因飘流等方面与非转基因对照亲本没有显著差异。毒理学评价数据表明，外源蛋白对人和哺乳动物的健康没有显著不良影响。营养学评价数据表明，‘E12’除了降低马铃薯中还原糖含量外，在组成成分和营养上与常规马铃薯品种实质等同。致敏性评价数据表明，外源蛋白不具有致敏性。

‘E12’已在美国和澳大利亚获得了食用、饲用和商业化种植的批准。并且先后通过了在澳大利亚和新西兰作为加工原料食用的进口审批以及在日本、墨西哥、马来西亚作为加工原料的食用、饲用的进口审批。

参考文献

ISAAA, 2021. GM Approval Database[EB/OL].[2021-05-29]. http://www. isaaa. org/gmapprovaldatabase/event/default. asp?EventID=381&Event=E12.

（撰稿：韩兰芝；审稿：杨晓伟）

转基因拷贝数 copy number

某一种基因或某一段特定的DNA序列在单倍体基因组中出现的数目。单拷贝基因在该生物基因组中只有1个，多拷贝基因在该生物基因组中则有多个。

转基因生物鉴定的第一步就要确定外源基因是否完整整合到受体染色体上，第二步就要评估外源基因的拷贝数以及每个转化体中外源基因的表达水平。在转化过程中，由于外源DNA插入的随机性，插入位点和拷贝数都不固定，这些都影响外源目的基因或蛋白的表达及其遗传稳定性，外源基因整合拷贝数的多少影响尤为重要。当外源基因以低拷贝数（1～2个）整合到受体基因组时一般可以高效地表达，多拷贝数的整合会造成不稳定表达甚至基因沉默。因此，检测T_0代植物外源基因拷贝数是研究其分子特性的基础步骤之一。

目前，常用的转基因生物拷贝数的测定方法有Southern印迹杂交和实时荧光定量PCR（quantitative real time PCR，qRT-PCR）。

Southern印迹杂交是一种常用的转基因生物拷贝数的测定方法，准确性较高、特异性强，但费时费力、DNA用量大。如果外源基因插入时发生基因重组，丢失了限制性酶切位点，Southern印迹杂交法则无法检测。此外，多拷贝时，检测结果偏小，因为完全酶切产生的相似DNA片段在Southern印迹杂交电泳分析时很难分辨清楚。尽管如此，Southern印迹杂交仍是T_0代转基因生物外源基因拷贝数检测的标准方法。

qRT-PCR的基本原理是在PCR反应体系中加入非特异性的荧光染料（如SYBR GREEN I）或特异性的荧光探针（如Taqman探针），实时检测荧光量的变化，获得不同样品达到一定的荧光信号（阈值）时所需的循环次数CT值（cycle threshold），再通过将已知浓度标准品的CT值与其浓度的对数绘制标准曲线，就可以准确定量样品的DNA浓度及拷贝数。荧光定量PCR技术简便快捷、能有效扩增低拷贝的靶片段DNA，DNA用量低。选择一种合适的阳性标准品来绘制标准曲线，是应用实时荧光定量PCR技术准确定量模板初始浓度的基础。与Southern印迹杂交法相比，尽管qRT-PCR分析拷贝数更有效、更适用，但其对标准曲线和标准物质的依赖限制了它的进一步应用。此外，qRT-PCR获得的是相对拷贝数。

近期，一种基于微滴数字PCR（droplet digital PCR，ddPCR）的方法已经显现了其在转基因生物拷贝数测定方面的应用潜力。ddPCR方法是一种基于泊松分布原理的核酸分子绝对定量技术，在转基因生物拷贝数分析中具有经济、快速、灵敏和准确的特点，不需要构建质粒标准分子，也不需要绘制标准曲线，实现了对拷贝数的绝对定量分析。

参考文献

姜羽，胡佳莹，杨立桃，2014. 利用微滴数字PCR分析转基因生物外源基因拷贝数[J]. 农业生物技术学报，22 (10): 1298-1305.

VAUCHERET H, BÉCLIN C, ELMAYAN T, et al, 1998. Transgene-induced gene silencing in plants[J]. Plant journal, 16 (6): 651-659.

（撰稿：石建新、谢家建；审稿：张大兵）

转基因昆虫 genetically modified insects

利用基因工程技术改变基因组构成的昆虫。转基因昆虫被认为是继转基因微生物和转基因植物之后又一项能带动社会与经济发展的现代生物技术产业。转基因昆虫的研发应用现已成为阻断卫生昆虫对疾病传播和防控农林害虫为害的生物防治新策略，而且也是对经济昆虫进行性状改良和生产高附加值蛋白的重要手段，同时还可用于昆虫基因的生物学功能研究。

转基因昆虫属转基因动物类群。其研究始于20世纪60年代中期，当时对地中海粉螟（*Ephestia kuehniella*）和家蚕（*Bombyx mori*）的突变体幼虫注射野生型DNA，虽能观察到成虫表型变化，但所注入的DNA却未能整合到染色体上。1982年Gerald Rubin和Allan Spradling成功获得首例转基因黑腹果蝇（*Drosophila melanogaster*）。此后，多种转基因昆虫如地中海实蝇（*Ceratitis capilata*）、家蝇（*Musca domestica*）、埃及伊蚊（*Aedes aegypti*）、冈比亚按蚊（*Anopheles gambiae*）、淡色库蚊（*Culex pipiens*）、家蚕、棉红铃虫（*Pectinophora gossypiella*）、赤拟谷盗（*Tribolium castaneum*）、意大利蜜蜂（*Apis mellifera*）等相继培育成功。

昆虫转基因技术主要有转座子介导法、同源重组法、RNA干扰法和基因编辑法等。其中，早期以转座子介导法的研究与应用较为普遍。近年来，RNA干扰和基因编辑等新技术发展迅速，现已成为昆虫转基因的主要手段。

转座子（transposon）又称跳跃因子，是真核生物基因组上一段可自主复制和移位的DNA序列。转座子通过自身或其他自主转座子编码的转座酶能完成其在基因组中的转座，并改变原有基因组的结构和排序，因此可用作转基因操作。目前，用于昆虫转基因的转座子载体主要有*P*因子、*hAT*家族转座因子*Hermes*、*mariner*转座因子*Mos1*、*Tc1/mariner*转座因子*Minos*和*TTAA*特异的转座因子*piggyBac*等。其中，*P*因子是最早发现的并在果蝇遗传学研究中广泛应用的一类昆虫转座子，但因其仅对果蝇类群有效而应用颇受限制。*piggyBac*源于鳞翅目昆虫，具有不受物种和生殖种系以及转基因长度限制等特点，已被用于双翅目、鳞翅目、鞘翅目和膜翅目等多种昆虫甚至更高等物种的转化研究。

转基因昆虫在防治害虫和阻断虫传疾病传播等应用方面，有采用释放携带显性致死基因昆虫（release of insects carrying a dominant lethal，RIDL）策略靶向防治埃及伊蚊和棉红铃虫等；有采用释放携带雌性特异性显性致死基因昆虫（release of insects carrying a female-specific dominant lethal，fsRIDL）和释放携带温度敏感性致死因子昆虫（release of insects carrying a temperature-sensitive lethal，tsRIL）等策略防治地中海实蝇；还有采用释放导入抗菌肽基因或改造共生微生物基因的抗疟转基因蚊的种群替代策略来阻断疟疾传播等。在昆虫性状改良和生物反应器应用方面，有通过培育转蜘蛛丝基因家蚕以改良蚕丝特性，有通过转基因家蚕构建家蚕丝腺生物反应器和转基因蜜蜂构建蜂蛹生物反应器来生产药用蛋白等。

同时，转基因昆虫释放可能带来的安全性风险也颇受关注。①转座子不稳定的问题。在果蝇和赤拟谷盗中发现*piggyBac*转座子整合后再次转移的现象。②基因水平转移的问题。发现转座子*P*因子和*mariner*因子能在果蝇不同族群之间进行传播。③基因编辑技术因其本身存在的脱靶效应、染色体改变和DNA损伤等潜在风险所带来的非预期影响。④其他如对生态环境、生物多样性以及虫媒病害传播等可能存在影响的问题。因此，研究并降低乃至避免释放转基因昆虫可能带来的风险，合理开发、科学管理转基因昆虫的研发与应用，必将造福人类。

参考文献

陈敏, 王丹, 沈杰, 2015. 害虫遗传学控制策略与进展[J]. 植物保护学报, 42 (1): 1-9.

龙定沛, 郝占章, 向仲怀, 等, 2018. 家蚕安全转基因技术研究现状与展望[J]. 中国农业科学, 51 (2): 363-373.

徐汉福, 李娟, 刘春, 等, 2004. 昆虫转基因研究进展、应用和展望[J]. 蚕学通讯, 24 (4): 19-24.

许军, 张宏波, 韩民锦, 等, 2015. 昆虫转座子在转基因技术中的应用[J]. 生物安全学报, 24 (2): 108-114.

HANDER A M, JAMES A A, 2000. Insect transgenesis: methods and applications[M]. Florida: CRC Press.

BENEDICT M Q, 2014. Transgenic insects: techniques and applications[M]. Oxfordshire: CAB International.

VREYSEN M J B, ROBINSON A S, HENDRICHS J, 2007. Area-wide Control of insect pests: from research to field implementation[M]. Dordrecht: Springer.

（撰稿：姚洪渭、叶恭银；审稿：沈志成）

转基因耐除草剂、控制授粉油菜‘MS8×RF3’ herbicide-tolerant and control of pollinated genetically modified rape ‘MS8×RF3’

拜耳作物科学公司（Bayer）研发的转*bar*、*barnase*和*barstar*基因耐草铵膦除草剂、控制授粉油菜。其商品名称为InVigor™ Canola，OECD编码为ACS-BNØØ5-8×ACS-BNØØ3-6。

目的基因为*bar*基因、*barnase*基因和*barstar*基因，目的基因1来源于吸水链霉菌（*Streptomyces hygroscopicus*），其编码膦丝菌素乙酰转移酶（phosphinothricin acetyl-transferase，PAT），能使植株抗除草剂草铵膦（glufosinate ammonium）。目的基因1由PssuAt启动子和3′ g7终止子共同调控其表达，无标记基因。目的基因2来源于解淀粉芽孢杆菌（*Bacillius amyloliquefaciens*），其编码特异性的核糖核酸酶Barnase，仅在花药绒毡层表达，引起花粉失活，目的基因2由P-*ta29*花粉特异启动子和NOS终止子共同调控其表达，无标记基因。目的基因3来源于淀粉芽孢杆菌（*Bacillius amyloliquefaciens*），其编码Barstar蛋白，抑制Barnase活性，恢复花粉活性。目的基因3由P-*ta29*启动子和NOS终止子共同调控其表达，无标记基因。Southern杂交结果表明，‘MS8×RF3’的目的片段以单拷贝形式存在于油菜基因组的单个插入位点，且不含质粒骨架序列的插入，能以经典孟德尔遗传规律稳定遗传给后代。蛋白质检测表明，在所有组织（新叶和成熟叶片、花蕾、根、花粉和种子）中都检测到了PAT蛋白。PAT蛋白在绿色组织中的含量较高，在其他组织中仅处于痕量水平。

国内外连续2年、6点的环境安全性评价数据表明，

‘MS8×RF3’在生存竞争能力、杂草化和基因飘流等方面与非转基因对照亲本没有显著差异。毒理学评价数据表明，外源蛋白对人和哺乳动物没有显著不良影响。营养学评价数据表明，‘MS8×RF3’在营养成分上与非转基因对照具有实质等同性。致敏性评价数据表明，外源蛋白均没有过敏原蛋白的特性。

‘MS8×RF3’已经获得了在加拿大、美国商业化种植的批准。此外，在澳大利亚和日本获得了食用和饲用批准，同时，在欧盟也获得了食用批准。

参考文献

ISAAA, 2021. GM Approval Database[EB/OL].[2021-05-29]. http: //www. isaaa. org/gmapprovaldatabase/event/default. asp?EventID=4&Event=MS8%20x%20RF3.

（撰稿：陈法军；审稿：杨晓伟）

转基因耐除草剂大豆‘A2704-12’ herbicide-tolerant genetically modified soybean ‘A2704-12’

德国拜耳作物科学公司（Bayer）研发的转 *pat* 基因耐草铵膦除草剂大豆。商品名称为 Liberty Link® 大豆，OECD 编码为 ACS-GMØØ5-3。

基因操作所用受体为大豆常规品种‘A2704’，目的基因为 *pat*，来源于绿棕褐链霉素（*Streptomyces viridochromogenes*）Tü494 株系，编码膦丝菌素乙酰转移酶（PAT），该酶特异性催化草铵膦乙酰化，使大豆耐受草铵膦除草剂。目的基因表达框由 CaMV 35S 启动子、PAT 编码序列和 CaMV 35S 终止子组成。‘A2704-12’不含有标记基因。构建遗传转化载体 pB2/35SAcK，通过基因枪介导转化法将目的基因导入受体‘A2704’基因组中。Southern 杂交结果表明，目的片段以单位点、双拷贝首尾相连的形式插入受体基因组中，并能稳定遗传给后代。PAT 蛋白在‘A2704-12’的根、茎、叶中均能稳定表达，且在叶片中表达量最高。

与受体亲本‘A2704’相比，‘A2704-12’在农艺性状、生存竞争能力、杂草化和节肢动物多样性等方面无显著差异。毒理学评价数据表明，PAT 蛋白对小鼠无急性与慢性毒性；在人或哺乳动物胃液作用下，PAT 蛋白很快被降解或变性，所以其对哺乳动物并无明显不良影响；营养学评价数据表明，‘A2704-12’与受体亲本‘A2704’及其产品在营养组分（脂肪、蛋白质、碳水化合物、氨基酸、粗纤维、脂肪酸）含量、抗营养因子（水苏糖、棉籽糖、植酸、胰蛋白酶抑制剂、植物凝集素）含量上没有显著差异；此外，经同源性分析和结构比对发现，PAT 蛋白与已知毒蛋白、过敏原和抗营养因子不存在同源性和结构上的相似性。以上信息说明，‘A2704-12’与其受体亲本具有实质等同性。

‘A2704-12’于 1996 年和 1998 年在美国分别获得食用、饲用和商业化种植的批准。之后，在加拿大、阿根廷和日本等国家相继获得食用、饲用和商业化种植批准。2010 年，‘A2704-12’在中国获得作为加工原料的食用和饲用进口许可。

参考文献

ISAAA, 2021. GM Approval Database[EB/OL].[2021-05-29]. http: //www. isaaa. org/gmapprovaldatabase/event/default. asp? EventID=161.

（撰稿：华红霞；审稿：杨晓伟）

转基因耐除草剂大豆‘A5547-127’ herbicide-tolerant genetically modified soybean ‘A5547-127’

德国拜耳作物科学公司（Bayer）开发的转 *pat* 基因抗草铵膦除草剂的转基因大豆品系。商品名称为 Liberty Link™ soybean，OECD 编码为 ACS-GMØØ6-4。

基因操作所用受体为大豆品种‘A5547’，目的基因为 *pat*，供体生物为绿棕褐链霉菌（*Streptomyces viridochromogenes*）Tü494 株系，编码膦丝菌素乙酰基转移酶（PAT），使植株耐受除草剂草铵膦。目的基因表达框由 CaMV 35S 启动子、PAT 编码序列和 CaMV 35S 终止子组成。该转化体不含有标记基因。构建遗传转化载体 pB2/35SacK，通过基因枪法将 *pat* 基因导入受体品种‘A5547’基因组中。Southern 杂交表明，目的片段以单位点、单拷贝的形式插入受体基因组中，并能稳定遗传。ELISA 检测发现，PAT 蛋白在‘A5547-127’的根、茎、叶中均能稳定表达，且茎与叶中的表达量显著高于根。

与受体亲本‘A5547’相比，‘A5547-127’在农艺性状、生存竞争能力、杂草化、对非靶标生物及生物多样性影响等方面没有显著差异。小鼠急性经口毒性研究表明，PAT 蛋白对小鼠无急性与慢性毒性，且在酸性的模拟胃液（SGF）中迅速被消化（<30 秒）；‘A5547-127’与受体亲本中的营养组分（水分、粗脂肪、粗蛋白、粗纤维、灰分、碳水化合物、氨基酸和脂肪酸）含量和抗营养因子（棉籽糖、水苏糖、植酸、胰蛋白酶抑制剂、凝集素）含量上也无显著差异；PAT 与已知毒蛋白、过敏原和抗营养因子不存在同源性和结构上的相似性。以上信息表明，‘A5547-127’与其受体亲本具有实质等同性。

1998 年，‘A5547-127’首先在美国获得食用、饲用和商业化种植的批准。随后在加拿大、日本、巴西、阿根廷等地相继获得食用、饲用和商业化种植的批准。2014 年 12 月，‘A5547-127’在中国获得作为加工原料的食用和饲用进口许可。

参考文献

ISAAA, 2021. GM Approval Database[EB/OL].[2021-05-29]. http: //www. isaaa. org/gmapprovaldatabase/event/default. asp?EventID=166.

（撰稿：华红霞；审稿：杨晓伟）

转基因耐除草剂大豆‘CV127’ herbicide-tolerant genetically modified soybean ‘CV127’

德国巴斯夫植物科学公司（BASF）研发的转 *csr1-2*

基因抗咪唑啉酮类除草剂的转基因大豆。商品名称为Cultivance，OECD编码为BPS-CV127-9。

基因操作所用受体为常规大豆品种'Conquista'，目的基因为来源于拟南芥的*csr1-2*，编码乙酰羟基酸合成酶大亚基（AtAHASL），使大豆耐咪唑啉酮类除草剂。目的基因表达框由拟南芥*csr1-2*基因及其本身5′和3′UTR区域构成，包含基因自身启动子和终止子。该转化体无选择标记基因。构建转化载体pAC321，通过基因枪法将*csr1-2*基因转入到'Conquista'基因组中，并通过抗除草剂性状筛选得到了转基因大豆'CV127'。Southern杂交结果表明，*csr1-2*基因以单位点、单拷贝形式插入大豆基因组中并能稳定遗传。目的基因在叶片、茎、花中稳定表达，但在根、种子、老的叶片及再生组织中几乎检测不到目的蛋白表达。

环境安全性评价数据表明，'CV127'在农艺性状、生存竞争能力、杂草化、对非靶标节肢动物影响、根瘤菌固氮等方面与受体亲本'Conquista'无显著差异。AtAHAS蛋白对小鼠无急性毒性和慢性毒性；AtAHAS蛋白对热极不稳定，在模拟的胃液中，AtAHAS蛋白在0.5分钟内被完全消化；在营养组分（蛋白质、脂肪、灰分、碳水化合物、热量、天然纤维、氨基酸、脂肪酸、矿物质、维生素、异黄酮、磷脂）含量、抗营养因子（植酸、棉籽糖、水苏糖、凝集素、脲酶和蛋白酶抑制剂）含量与受体亲本'Conquista'无显著差异；AtAHAS蛋白与已知毒蛋白、过敏原和抗营养因子不存在同源性和结构上的相似性。以上信息说明，'CV127'与非转基因对照亲本具有实质等同性。

2009年，'CV127'在巴西获得食用、饲用和商业化种植的批准。随后，在巴西、加拿大、日本、阿根廷等地相继获得食用、饲用和商业化种植批准。2013年，'CV127'在中国获得作为加工原料的食用和饲用进口许可。

参考文献

ISAAA, 2021. GM Approval Database[EB/OL].[2021-05-29]. http: //www. isaaa. org/gmapprovaldatabase/event/default. asp?EventID=158.

（撰稿：华红霞；审稿：杨晓伟）

转基因耐除草剂大豆'DP356043' herbicide-tolerant genetically modified soybean 'DP356043'

美国杜邦公司（Dupond）研制的转*gat4601*与*gm-hra*基因耐草甘膦和磺酰脲类除草剂的转基因大豆。商品名称为Optimum GAT™，OECD编码为DP-356Ø43-5。

基因操作所用受体为常规大豆品种'Jack'，目的基因为*gat4601*与*gm-hra*，*gat 4601*来源于地衣芽孢杆菌（*Bacillus licheniformis*）的变异株4601，编码草甘膦*N*-乙酰转移酶，使植株耐受除草剂草甘膦。*gm-hra*基因来源于大豆（*Glycine max*），编码乙酰乳酸合成酶（ALS），使植株耐受磺酰脲类除草剂。*gat4601*基因的表达框由SCPl启动子（P-*SCP1*）、TMV omega 5′-UTR转化增强子（L-*Omega5UTR*）、Gat编码序列和PINII终止子（T-*pin*II）组成；*als*基因表达框由SAMS启动子、Gm-hra编码序列及Gm-als终止子（T-*gm-als*）组成。*gm-hra*在'DP356043'中既是目的基因，又是标记基因。构建转化载体PHP20163，通过基因枪法将目的基因导入受体品种'Jack'基因组中。Southern杂交结果表明，目的基因以单位点、单拷贝形式插入大豆基因组中，并稳定遗传。蛋白检测结果表明，Gat与Gm-hra蛋白在根、叶、籽粒等组织器官中均能稳定地表达，但在叶片和根中表达量显著高于籽粒。

'DP356043'在农艺性状、生存竞争能力、杂草化、基因飘流、对非靶标生物影响等方面与受体亲本'Jack'无显著差异。毒理学评价数据表明，'DP356043'对小鼠无不良影响；Gat与Gm-hra蛋白在含有胃蛋白酶的模拟胃液中迅速分解，且两蛋白在高于56℃条件下，易变性、失活；'DP356043'在营养组分、抗营养因子和异黄酮含量上与其受体亲本也无显著差异；经同源性分析和结构比对发现，Gat与Gm-hra蛋白与已知毒蛋白、过敏原没有同源性和结构上的相似性。以上信息表明，'DP356043'与其受体亲本具有实质等同性。

2007年，'DP356043'首先在美国获得食用、饲用和商业化种植的批准。随后，其在加拿大、日本等地获得食用、饲用和商业化种植的批准。2010年，'DP356043'在中国获得了作为加工原料的食用和饲用进口许可。

参考文献

ISAAA, 2021. GM Approval Database[EB/OL].[2021-05-29]. http: //www. isaaa. org/gmapprovaldatabase/event/default. asp?EventID=169.

（撰稿：华红霞；审稿：杨晓伟）

转基因耐除草剂大豆'GTS40-3-2' herbicide-tolerant genetically modified soybean 'GTS40-3-2'

美国孟山都公司（Monsanto）研发的转*cp4-epsps*基因耐草甘膦除草剂大豆。商品名称为Roundup Ready™ soybean，OECD编码为MON-Ø4Ø32-6。

基因操作所用受体为大豆常规品种'A5403'，目的基因为*cp4-epsps*，来源于土壤农杆菌CP4菌株，编码5-烯醇丙酮酰-3-磷酸转移酶（CP4 EPSPS蛋白），使大豆耐受草甘膦除草剂。目的基因表达框由增强型CaMV 35S启动子（P-*e35S*）、CP4-EPSPS编码序列、叶绿体转运肽Ctp4编码序列和NOS终止子组成。该转化体不含有标记基因和报告基因。构建转化载体PV-GMGT04，通过基因枪介导转化法将目的基因导入受体品种'A5403'中。Southern杂交结果表明，*cp4-epsps*以单位点、单拷贝形式插入大豆基因组中，无载体骨架序列插入，能以经典孟德尔遗传规律稳定遗传给后代。蛋白检测结果表明，CP4-EPSPS蛋白能在'GTS40-3-2'的种子和叶片中稳定表达，叶片中的表达量显著高于种子。

'GTS40-3-2'在农艺性状、生存竞争能力、杂草化、基因飘流和生物多样性等方面与非转基因受体亲本'A5403'没有显著差异。CP4 EPSPS蛋白在模拟胃液里迅速被消化且对热处理不稳定，对小鼠、鸟类没有显著不良影响；'GTS40-3-

2'在氨基酸、脂肪酸、碳水化合物等营养组分含量、抗营养因子如胰蛋白酶抑制剂及植酸等含量上无显著差异；经同源性分析和结构比对发现，CP4-EPSPS 蛋白与已知毒蛋白、过敏原和抗营养因子不存在同源性和结构相似性。以上信息说明'GTS40-3-2'与其受体亲本具有实质等同性。

'GTS40-3-2'于 1993 和 1995 年在美国分别获得食用、饲用和商业化种植的批准。随后，在阿根廷、澳大利亚、玻利维亚、巴西、智利、哥伦比亚、墨西哥、日本、印度尼西亚、菲律宾、新加坡等地相继获得食用、饲用和商业化种植的批准。2004 年，'GTS40-3-2'在中国获得作为加工原料的食用和饲用进口许可。

参考文献

ISAAA, 2021. GM Approval Database[EB/OL].[2021-05-29]. http: //www. isaaa. org/gmapprovaldatabase/event/default. asp?EventID=174.

（撰稿：华红霞；审稿：杨晓伟）

转基因耐除草剂大豆'MON87708' herbicide-tolerant genetically modified soybean 'MON87708'

美国孟山都公司（Monsanto）研发的转 *dmo* 基因耐麦草畏除草剂大豆。商品名称为 Genuity® Roundup Ready™ 2 Xtend™，OECD 编码为 MON-877Ø8-9。

转基因受体为'A3525'，目的基因为 *dmo*，来源于嗜麦芽寡养单胞菌（*Stenotrophomonas maltophilia*），该基因表达的麦草畏单加氧酶（DMO）能迅速使麦草畏去甲基化，使得'MON87708'大豆植株耐受麦草畏除草剂。目的基因 *dmo* 表达框由 PC1SV 启动子（P-*PC1SV*）、TEV 前导序列、rbcS 转移肽序列、DMO 编码序列、RbcS-E9 终止子（T-*rbcS-E9*）组成。转化载体为 PV-GMHT4355，通过农杆菌介导转化将目的基因导入受体品种'A3525'中。PV-GMHT4355 质粒载体含有 2 个 T-DNA，T-DNA I 含有 *dmo* 基因表达盒；T-DNA II 含有 *cp4-epsps* 基因表达盒。通过常规育种过程，得到不含 *cp4-epsps* 基因表达盒的'MON87708'抗麦草畏大豆。Southern 杂交结果表明目的片段以单位点、单拷贝的形式插入受体基因组中，不含有 T-DNA II 的遗传元件和任何质粒骨架序列，并且按照孟德尔遗传定律在多个世代稳定遗传。ELISA 分析结果表明，'MON87708'中 DMO 蛋白几乎在大豆全株表达。

环境安全性检测结果表明，与受体亲本'A3525'相比，'MON87708'在农艺性状、对非生物胁迫和病害的易感性或耐受性等方面无显著差异。食用安全评价数据表明，'MON87708'对小鼠存活率、体重、体重增加量、食物消耗量等方面均未产生不利影响；DMO 蛋白在哺乳动物模拟胃液里迅速被消化且对热处理不稳定。营养学评价数据表明，'MON87708'在营养成分（碳水化合物、蛋白质、12 种氨基酸、5 种脂肪酸）、抗营养因子（胰蛋白酶抑制因子、外源凝集素、异黄酮）的含量上与受体亲本'A3525'相比没有显著差异。此外，生物信息学分析法发现，DMO 蛋白与任何已知对人类和动物有害的毒素蛋白、过敏原蛋白没有结构上的相似性。以上信息说明，'MON87708'大豆与转基因受体'A3525'具有实质等同性。

2011 年，'MON87708'在美国获得食用、饲用和商业化种植许可。随后，在澳大利亚、巴西、加拿大、印度尼西亚、墨西哥、新西兰、尼日利亚、菲律宾、韩国、日本、欧盟等地相继获得食用、饲用和商业化种植的批准。2016 年，'MON87708'在中国获得食用和饲用的进口许可。

参考文献

ISAAA, 2021. GM Approval Database[EB/OL].[2021-05-29]. http: //www. isaaa. org/gmapprovaldatabase/event/default. asp?EventID=253.

（撰稿：华红霞；审稿：杨晓伟）

转基因耐除草剂大豆'MON89788' herbicide-tolerant genetically modified soybean 'MON89788'

美国孟山都公司（Monsanto）研发的转 *cp4-epsps* 基因耐除草剂草甘膦大豆。其商品名称为 Genuity® Roundup Ready 2 Yield™，OECD 编码为 MON-89788-1。

基因操作所用受体为大豆常规品种'A3244'，目的基因为 *cp4-epsps*，来源于土壤农杆菌 CP4 菌株（*Agrobacterium tumefaciens*），编码 5- 烯醇丙酮酰 -3- 磷酸转移酶（CP4-EPSPS 蛋白），使大豆耐受草甘膦除草剂。目的基因表达框由 FMV/Tsf1 启动子（P-*FMV/Tsf1*）、CP4-EPSPS 编码序列和 RbcS-E9 终止子（T-*rbcS-E9*）组成。'MON89788'不含有标记基因。构建转化载体 PV-GMGOX20，通过农杆菌介导转化法将目的基因导入受体品种'A3244'。Southern 杂交结果表明，目的片段以单位点、单拷贝形式插入受体基因组中，无载体骨架序列的插入，并能稳定遗传。CP4-EPSPS 蛋白在'MON89788'的叶片、根、籽粒中均能稳定表达，且在叶片中表达量最高。

与非转基因受体'A3244'相比，'MON89788'在生存竞争能力、杂草化、农艺性状、节肢动物多样性等方面无显著差异。CP4-EPSPS 蛋白对小鼠无急性与慢性毒性；在模拟胃液里，CP4-EPSPS 蛋白能迅速被消化且对热处理不稳定；营养学评价数据表明，'MON89788'在营养组分（纤维、异黄酮、常规营养成分、维生素 E、氨基酸、脂肪酸）和抗营养因子（蛋白酶抑制剂、外源凝集素、异黄酮、水苏四糖、棉籽糖和植酸）成分含量上与受体亲本均无显著差异；此外，经同源性分析和结构比对发现，CP4-EPSPS 蛋白与已知毒蛋白、过敏原和抗营养因子不存在同源性和结构上的相似性。以上信息说明，'MON89788'与其受体亲本具有实质等同性。

2007 年，'MON89788'在美国与加拿大均获得食用、饲用和商业化种植的批准。随后，在阿根廷、墨西哥、哥伦比亚、新加坡、马来西亚、日本、韩国、欧盟等地相继获得食用、饲用和商业化种植的批准。2008 年，'MON89788'在中国获得作为加工原料的食用和饲用进口许可。

参考文献

ISAAA, 2021. GM Approval Database[EB/OL].[2021-05-29]. http: //

www. isaaa. org/gmapprovaldatabase/event/default. asp?EventID=176.

（撰稿：华红霞；审稿：杨晓伟）

转基因耐除草剂棉花‘GHB614’ herbicide-tolerant genetically modified cotton ‘GHB614’

德国拜耳作物科学公司（Bayer）研发的耐除草剂草甘膦棉花。商品名称为“GlyTol™”，OECD 编码为 BCS-GHØØ2-5。

基因操作所用受体为常规棉花品种‘Coker312’，目的基因为 *2mepeps*，来源于野生型玉米，其编码改良的 5- 烯醇式丙酮酰莽草酸 -3- 磷酸合成酶（5-enolpyruvyl-shikimate-3-phosphate synthase，2mEPSPS），使植株抗除草剂草甘膦（glyphosate）。目的基因由来源于拟南芥 Histone H4A748 启动子（P-*h4a748*）和 3′ histonAt 终止子（T-*H4*）调控其表达。构建转化载体 pTEM2，通过农杆菌介导转化法将目的基因导入‘Coker312’中，逐代选育获得转化体‘GHB614’。连续 6 代的 Southern 杂交结果表明，目的片段以单位点、单拷贝的形式整合到受体基因组中，且不存在载体骨架序列的插入，以经典孟德尔遗传规律稳定遗传给子代。不同实验地点（美国和比利时）的蛋白检测结果表明，2MEPSPS 蛋白能在‘GHB614’不同组织器官内稳定表达，且营养生长期表达量叶片 > 茎 > 根，生殖生长期根、棉蕾和茎尖的表达量都显著上升。

连续 2 年、8 个试验点的环境安全性评价数据表明，‘GHB614’在农艺性状、表型性状、种子休眠特性和棉纤维特征等方面与受体亲本无显著差异。毒理学数据评价表明，‘GHB614’及其产品对大、小鼠等哺乳动物无显著不良影响；营养学评价数据表明，‘GHB614’与受体亲本及其产品在维生素、氨基酸、脂肪酸和矿物质等营养组分含量、抗营养物棉酚等含量上无显著差异；经同源性分析和结构比对发现，2MEPSPS 蛋白与已知毒蛋白和过敏原不存在同源性和结构上的相似性。

2009 年，‘GHB614’在美国和哥斯达黎加获得商业化种植的批准；2010 年，获准在日本和巴西进行商业化种植。此外，‘GHB614’还先后获得在加拿大、墨西哥、澳大利亚和中国（2010 年）等国家作为加工原料的食用和饲用进口许可。

参考文献

ISAAA, 2021. GM Approval Database[EB/OL].[2021-05-29]. http: //www. isaaa. org/gmapprovaldatabase/event/default. asp? EventID=67.

（撰稿：韩兰芝；审稿：杨晓伟）

转基因耐除草剂棉花‘LLCOTTON25’ herbicide-tolerant genetically modified cotton ‘LLCOTTON25’

拜耳作物科学公司（Bayer）研发的转 *bar* 基因抗除草剂草铵膦棉花。其商品名称为 Fibermax™ Liberty Link™，OECD 编码为 ACS-GHØØ1-3。

基因操作所用受体为常规棉花品种‘Coker312’，目的基因为 *bar* 基因，来源于吸水链霉菌（*Streptomyces hygroscopicus*），其编码膦丝菌素乙酰转移酶（phosphinothricin acetyl-transferase，PAT），能使植株抗除草剂草铵膦（glufosinate ammonium）。目的基因由 CaMV 35S 启动子和 NOS 终止子共同调控其表达。该转化体中 *bar* 基因既是目的基因又是标记基因，无报告基因。构建转化载体 pGSV71，通过农杆菌介导转化法将目的基因导入‘Coker312’中选育而来。连续 5 代的 Southern 杂交结果表明，目的片段以单拷贝形式存在于棉花基因组的单个插入位点，且不含质粒骨架序列的插入，能以经典孟德尔遗传规律稳定遗传给后代。蛋白检测结果表明，PAT 蛋白能在‘LLCOTTON25’的多个世代中稳定表达，其表达量约占‘LLCOTTON25’的根、茎和叶中总粗蛋白含量的 0.08%、0.23% 和 0.19%。PAT 蛋白在茎、叶中的表达量显著高于根等其他组织器官。

国内外连续 2 年、6 点的环境安全性评价数据表明，‘LLCOTTON25’在生存竞争能力、杂草化和基因飘流等方面与非转基因对照亲本无显著差异。毒理学评价数据表明，PAT 蛋白对人和哺乳动物无显著不良影响；营养学评价数据表明，‘LLCOTTON25’与非转基因对照亲本及其产品在氨基酸、脂肪酸等营养组分含量、抗营养物棉酚等含量上无显著差异；此外，经同源性分析和结构比对发现，PAT 蛋白与已知毒蛋白、过敏原和抗营养因子不存在同源性和结构上的相似性。以上信息说明，‘LLCOTTON25’与其受体亲本具有实质等同性。

2004 年，‘LLCOTTON25’首次在美国获得了食用、饲用和商业化种植的批准，又先后获得在日本、巴西和哥斯达黎加商业化种植的批准。此外，还先后在加拿大、韩国、澳大利亚和中国（2006 年）等 10 个国家获得了做为加工原料的食用和饲用进口许可。

参考文献

ISAAA, 2021. GM Approval Database[EB/OL].[2021-05-29]. http: //www. isaaa. org/gmapprovaldatabase/event/default. asp?EventID=65.

（撰稿：韩兰芝；审稿：杨晓伟）

转基因耐除草剂棉花‘MON1445’ herbicide-tolerant genetically modified cotton ‘MON1445’

美国孟山都公司（Monsanto）培育的抗草甘膦转基因棉花。其商品名称为 Roundup Ready™ Cotton，OECD 编码为 MON-Ø1445-2。

基因操作所用受体为常规棉花品种‘Coker312’，目的基因为 *cp4-epsps*，来源于土壤农杆菌 CP4 菌株（*Agrobacterium tumefaciens*），编码 5- 烯醇丙酮酰 -3- 磷酸转移酶（CP4-EPSPS 蛋白），使棉花耐受草甘膦除草剂。目的基因表达框由 FMV 35S 启动子（P-*FMV*），拟南芥的叶绿体转运肽 Cpt2 序列，CP4-EPSEPS 基因的编码序列，豌豆 RbcS-E9 终止

Z

子（P-*rbcS-E9*）组成。标记基因为 *npt*II，由 CaMV 35S 启动子（P-*35S*）和 NOS 终止子（T-*nos*）调控其表达。构建转化载体 PV-GHGT07，采用农杆菌共转化的方法将目的基因导入‘Coker312’，逐代选育获得转化体 1445。Southern 杂交结果表明，目的基因以单拷贝的形式插入到棉花基因组中，插入序列含有 CaMV 启动子区域、密码子优化的 CP4-EPSPS 编码序列、*npt*II 序列。

环境安全性评价数据表明，与受体亲本‘Coker312’相比，‘MON1445’在生存竞争能力、基因飘流、对非靶标生物的影响等方面无显著差异，即对田间生态环境无不良影响。毒理学实验表明，EPSPS 和 NPTII 蛋白对人和哺乳动物均没有毒性。由以上信息可知，‘MON1445’与受体亲本具有实质等同性。

参考文献

ISAAA, 2021. GM Approval Database[EB/OL].[2021-05-29]. http: //www. isaaa. org/gmapprovaldatabase/event/default. asp?EventID=57&Event=MON1445.

（撰稿：韩兰芝；审稿：杨晓伟）

转基因耐除草剂棉花‘MON88913’ herbicide-tolerant genetically modified cotton ‘MON88913’

美国孟山都公司（Monsanto）研发的第二代耐除草剂草甘膦转基因棉花。又名抗农达®Flex 棉花，商品名称为“Roundup Ready™ Flex™ Cotton”，OECD 编码为 MON-88913-8。‘MON88913’是转化体 1445 的升级版，其对草甘膦的耐受性更高，被允许在 4 叶期后越顶施用。

基因操作所用的受体为常规棉花品种‘Coker312’，目的基因为 *cp4-epsps*，来源于土壤农杆菌 CP4 小种，编码 CP4-EPSPS 蛋白，在草甘膦存在时，仍能够持续保持芳香族氨基酸合成通路有效，使植物耐受除草剂草甘膦。目的片段包括两个 *cp4-epsps* 表达框，一个表达框由嵌合启动子 P-FMV/Tsf1 的前导序列和内含子叶绿体转移肽 Cpt2 序列和 RbcS-E9 终止子（T-*rbcS-E9*）组成；另一个表达框由嵌合启动子 P-*35S/Act8*、Act8 前导序列和内含子、TS-ctp2 叶绿体转移肽序列和 RbcS-E9 终止子（T-*rbcS-E9*）组成。用于筛选的标记基因为 *aad*。构建转化载体 PV-GHGT35，采用农杆菌介导转化法将目的基因导入‘Coker312’选育而来。Southern 杂交结果表明，目的片段以单位点、单拷贝的形式整合到受体基因组中，该拷贝含有 2 个完整的 *cp4-epsps* 表达框，不含有载体骨架和标记基因 *aad*，能以经典孟德尔遗传规律稳定遗传给子代。Western 和 ELISA 结果表明，CP4-EPSPS 蛋白在‘MON88913’的多个世代中均能稳定表达。

国内外连续多年、多点的环境安全性评价数据表明，‘MON88913’在农艺性状、生存竞争能力、基因飘流、对非靶标生物和棉田节肢动物多样性影响等方面与受体亲本无显著差异。毒理学评价数据表明，CP4-EPSPS 蛋白对人和大鼠等哺乳动物无显著不良影响；CP4-EPSPS 蛋白与已知毒蛋白、过敏原、抗营养因子等均不存在同源性和结构上的相似性。

2004 年，‘MON88913’率先在美国被批准商业化种植，此后又在澳大利亚、巴西等 6 个国家被批准商业化种植。此外，‘MON88913’还先后在加拿大、中国（2007 年）和欧盟等国家获得作为加工原料的食用和饲用进口许可。

参考文献

ISAAA, 2021. GM Approval Database[EB/OL].[2021-05-29]. http: //www. isaaa. org/gmapprovaldatabase/event/default. asp?EventID=56.

（撰稿：韩兰芝；审稿：杨晓伟）

转基因耐除草剂苜蓿‘J101’ herbicide-tolerant genetically modified alfalfa ‘J101’

美国孟山都公司（Monsanto）研发的转 *cp4-epsps* 基因耐草甘膦除草剂苜蓿。商品名称为 Roundup Ready™ Alfalfa，OECD 编码为 MON-ØØ1Ø1-8。

转基因受体为‘A575’，目的基因为 *cp4-epsps*，*cp4-epsps* 基因来源于土壤农杆菌（*Agrobacterium* sp.）CP4 菌株，编码 5-烯醇式丙酮酰莽草酸-3-磷酸合成酶（EPSPS），使‘J101’获得对除草剂草甘膦的耐受性。目的基因表达框由 FMV 35S 启动子（P-*FMV*）、Hsp70 前导序列、叶绿体转运肽 Ctp2 编码序列、CP4-EPSPS 编码序列和 RbcS-E9 终止子（T-*rbcS-E9*）组成。遗传转化的抗性选择标记基因为 *aad*。转化载体为 PV-MSHT4，采用农杆菌介导转化法将目的基因导入受体品种‘J101’基因组中。‘J101’中没有标记基因。Southern 杂交结果表明，*cp4-epsps* 表达盒以单位点、单拷贝形式插入受体基因组中，无载体骨架。插入序列能以经典孟德尔遗传规律稳定遗传。蛋白检测结果表明，CP4 EPSPS 蛋白在不同年份、不同季节种植的‘J101’中均能稳定表达，且发芽组织中的蛋白表达量略高于叶片组织。

与转基因受体‘A575’相比，‘J101’在农艺性状、生物多样性、杂草化等方面无显著差异。毒理学安全评价表明，CP4 EPSPS 蛋白对哺乳动物和非靶标生物无明显毒性；食用安全评价数据表明，CP4-EPSPS 蛋白在模拟胃液里迅速被消化且对热处理不稳定。营养学评价数据表明，‘J101’在营养组分（包括粗蛋白、脂肪、灰分和水分、酸性洗涤剂纤维 ADF）等含量、抗营养因子（木质素）含量上均与受体亲本‘A575’无显著差异。此外，经同源性分析和结构比对发现，CP4-EPSPS 蛋白与已知毒蛋白、过敏原等均不存在序列和结构上的相似性。以上信息说明，‘J101’与转基因受体‘A575’具有实质等同性。

2004 年，‘J101’在美国获得用于食用、饲用和商业化种植的批准。随后，在加拿大、日本、墨西哥、新西兰、菲律宾、韩国、澳大利亚获得用于食用、饲用和商业化种植的批准。

参考文献

ISAAA, 2021. GM Approval Database[EB/OL].[2021-05-29]. http: //www. isaaa. org/gmapprovaldatabase/event/default. asp?EventID=11.

（撰稿：华红霞；审稿：杨晓伟）

转基因耐除草剂品质改良大豆‘MON 87705’ herbicide-tolerant quality improvement genetically modified soybean ‘MON 87705’

美国孟山都公司（Monsanto）研发的转FAD2-1A/FATB1A表达抑制盒和*cp4-epsps*基因耐除草剂草甘膦大豆。其商品名称为Vistive Gold™，OECD编码为MON-877Ø5-6。

目的基因为*fad2-1a/fatb1a*表达抑制盒和*cp4-epsps*基因，前者来源于大豆（*Glycine max*），其转录产物能够通过RNA干扰机制改良大豆的脂肪酸组成，目的基因由一个仅在籽粒中特异性表达的启动子调控其表达。后者来源于农杆菌（*Agrobacterium*）CP4菌株，其编码CP4-EPSPS蛋白，能使植株耐除草剂草甘膦（*glufosinate ammonium*），目的基因由FMV/Tsf1非组织特异性启动子、拟南芥*tsf1*基因的前导序列、拟南芥*tsf1*基因的内含子、拟南芥叶绿体转移肽Ctp2序列、土壤农杆菌*cp4-epsps*基因和豌豆RbcS-E9终止子等共同调控其表达，所用标记基因为*cp4-epsps*。连续4代的Southern杂交分析表明，‘MON 87705’的预期Southern印迹指纹谱在育种史上多个世代中保持一致，其插入位点的遗传分离方式符合孟德尔遗传规律，从而验证了插入片段的遗传稳定性。蛋白检测结果表明，CP4-EPSPS蛋白在‘MON 87705’多个世代中稳定表达。

国内外的环境安全性评价数据表明，与常规大豆相比，‘MON 87705’不具有植物有害生物特性，也不会对环境产生不利影响，不会提高或降低植物对特定病虫害或非生物胁迫因子的抵抗能力。毒理学评价数据表明，CP4-EPSPS蛋白对人和哺乳动物的健康没有显著不良影响。营养学评价数据表明，‘MON 87705’除了改变了种子中的脂肪酸构成以外，在组成成分和营养上与常规大豆品种实质等同。致敏性评价数据表明：CP4-EPSPS蛋白不具有致敏性。

‘MON 87705’已经在包括欧盟、日本、韩国、澳大利亚、新西兰、墨西哥、哥伦比亚、印度尼西亚、菲律宾、新加坡、越南和中国台湾在内的多个国家和地区获得进口批准。

参考文献

ISAAA, 2021. GM Approval Database[EB/OL].[2021-05-29]. http: //www. moa. gov. cn/ztzl/zjyqwgz/spxx/201307/t20130702_3509313. htm.

（撰稿：陈法军；审稿：杨晓伟）

转基因耐除草剂水稻‘LLRICE62’ herbicide-tolerant genetically modified rice ‘LLRICE62’

拜耳作物科学公司（Bayer）研发的转*bar*基因耐草铵膦除草剂的水稻。商品名称为Liberty Link™ rice，OECD编码为ACS-OSØØ2-5。

转基因受体为‘A589’，目的基因为*bar*，*bar*基因来源于吸水链霉菌（*Streptomyces hygroscopicus*），该基因表达的膦丝菌素乙酰转移酶（PAT）可灭活草铵膦除草剂的活性成分膦丝菌素（PPT），使得‘LLRICE62’水稻植株耐受草铵膦除草剂。目的基因表达框由CaMV 35S启动子（P-*35S*）、Bar编码序列、CaMV 35S终止子（T-*35S*）组成。转化载体为pB5/35S *bar*，*npt*II是标记基因。通过农杆菌介导转化将目的基因导入受体品种‘A589’中。‘LLRICE62’中无标记基因。Southern杂交及DNA测序的结果表明：*bar*基因表达盒单拷贝插入‘LLRICE62’水稻基因组中，且在多个世代中稳定遗传。Northern blot分析结果表明，*bar*基因在植物的叶、茎、根和种子中表达，种子中表达水平最低（低于其他组织的1/10倍）。

食用安全性评价数据表明，PAT蛋白在模拟胃液里迅速被消化且对热处理不稳定。毒理学评价数据表明，PAT蛋白对小鼠无明显毒性。营养学评价数据表明，‘LLRICE62’在营养成分（粗蛋白质、脂肪、纤维）等含量、抗营养因子的含量上与受体亲本‘A589’无显著差异。此外，生物信息学分析表明PAT蛋白与已知的蛋白毒素或过敏原没有序列相似性。以上信息说明，‘LLRICE62’与其受体亲本‘A589’具有实质等同性。

2006年，‘LLRICE62’在加拿大获得食用和饲用批准。随后，在澳大利亚、洪都拉斯、哥伦比亚、墨西哥、新西兰、菲律宾、南非、美国和俄罗斯获得食用、饲用和商业化种植的批准。

参考文献

ISAAA, 2021. GM Approval Database[EB/OL].[2021-05-29]. http: //www. isaaa. org/gmapprovaldatabase/event/default. asp?EventID=217.

（撰稿：华红霞；审稿：杨晓伟）

转基因耐除草剂甜菜‘H7-1’ herbicide-tolerant genetically modified sugar beet ‘H7-1’

美国孟山都公司（Monsanto）研发的转*cp4-epsps*基因抗草甘膦除草剂甜菜，商品名称为Roundup Ready™ sugar beet，OECD编码为KM-ØØØH71-4。

基因操作所用受体为常规甜菜品种‘3S0057’，目的基因为*cp4 epsps*，来源于土壤农杆菌CP4菌株（*Agrobacterium tumefaciens*），编码5-烯醇丙酮酰-3-磷酸转移酶（CP4-EPSPS蛋白），使甜菜耐受草甘膦除草剂。目的基因表达框由FMV 35S启动子、拟南芥叶绿体转移肽序列Ctp2、CP4 EPSPS编码序列和RbcS-E9终止子组成。该转化体中*cp4-epsps*基因既是目的基因又是标记基因。构建转化载体PV-BVGT08，通过农杆菌介导转化法将目的基因导入受体品种‘3S0057’基因组中。Southern杂交结果表明，目的片段以单位点、单拷贝形式插入受体基因组中，能稳定遗传。蛋白检测结果表明，CP4-EPSPS蛋白在‘H7-1’的叶和根中均能稳定表达，且在叶和根中的表达量无显著差异。

与非转基因受体亲本‘3S0057’相比，‘H7-1’在各项农艺性状、生存竞争力、杂草化、基因飘流、田间节肢动物多样性上无显著差异，对农田生态和环境没有产生不良影响。CP4-EPSPS 蛋白对小鼠无急性和慢性毒性，对大鼠的体重、尿检参数、食物消耗量、血液学参数或器官重量均无明显不利影响；体外试验表明，CP4-EPSPS 蛋白在模拟胃液中迅速被消化，对人或哺乳动物没有明显不良影响；'H7-1' 叶片与根中的营养组分（包括粗灰分、粗纤维、粗脂肪、粗蛋白、碳水化合物、氨基酸）含量、抗营养因子（皂角苷）含量与受体亲本 '3S0057' 也没有显著差异；数据库比对分析表明，CP4-EPSPS 蛋白与已知毒蛋白、过敏原和抗营养因子没有同源性和结构上的相似性。以上信息表明，'H7-1' 与受体亲本 '3S0057' 具有实质等同性。

2005 年，'H7-1' 在美国和加拿大获得食用、饲用和商业化种植的批准。随后在欧盟、澳大利亚、哥伦比亚、日本、墨西哥、新西兰、韩国、新加坡、菲律宾、俄罗斯等地获得食用、饲用和商业化种植的批准。2009 年，'H7-1' 在中国获得作为加工原料的食用和饲用进口许可。

参考文献

ISAAA, 2021. GM Approval Database[EB/OL].[2021-05-29]. http: // www. isaaa. org/gmapprovaldatabase/event/default. asp?EventID=224.

（撰稿：华红霞；审稿：杨晓伟）

转基因耐除草剂油菜 'GT73'　herbicide-tolerant genetically modified oilseed rape 'GT73'

美国孟山都公司（Monsanto）研发的转 *cp4-epsps* 基因和 *goxv*247 基因的耐草甘膦除草剂转基因油菜。别名为 RT73，商品名称为 Roundup Ready™ Canola，OECD 编码为 MON- ØØØ73-7。

基因操作所用受体为常规油菜品种 'Westar'，目的基因为 *cp4-epsps* 和 *goxv247* 基因，*cp4-epsps* 基因来源于土壤农杆菌 CP4 菌株（*Agrobacterium tumefaciens*），编码 5- 烯醇丙酮酰 -3- 磷酸转移酶（CP4-EPSPS 蛋白），使大豆耐受草甘膦除草剂；*goxv247* 基因来源于人苍白杆菌（*Ochrobactrum anthropi*），编码草甘膦氧化还原酶（GOX），催化草甘膦分解为水合乙醛酸和氨甲基膦酸。*cp4 epsps* 基因表达框由 FMV 35S 启动子（P-*FMV*）、叶绿体转运肽 Ctp2 序列，CP4-EPSPS 序列和 RbcS-E9 终止子（T-*rbcS-E9*）组成；*goxv247* 基因表达框由 FMV 35S 启动子（P-FMV）、RbcS 转运肽序列，*goxv247* 序列和 RbcS-E9 终止子（T-*rbcS-E9*）组成。'GT73' 中不含有标记基因。构建转化载体 PV-BNGT04，通过农杆菌介导转化法将目的基因导入受体品种 'Westar' 基因组中。Southern 杂交结果表明，目的基因以单位点、单拷贝形式插入受体基因组中，并能稳定遗传。CP4-EPSPS 蛋白和 GOX 蛋白在叶片和籽粒中均能稳定表达。

与受体亲本 'Westar' 相比，'GT73' 在各项农艺性状、生存竞争力、杂草化、基因飘流、田间节肢动物多样性上无显著差异，对农田生态与环境没有产生不良影响。CP4 EPSPS 和 GOX 蛋白对小鼠无急性和慢性毒性；对大鼠的体重、食物利用率、血液学指标、生化学指标以及脏 / 体比均无明显不利影响；体外模拟肠胃消化试验表明，CP4-EPSPS 和 GOX 蛋白在模拟胃液（SGF）中能迅速被消化；'GT73' 在籽粒营养组分（包括蛋白质、总脂肪、灰分、水分、纤维以及碳水化合物）含量、抗营养因子（芥酸和硫代葡萄糖甙）含量上与受体亲本 'Westar' 无显著差异；生物信息学分析结果表明，CP4-EPSPS 和 GOX 蛋白与毒蛋白、过敏原和抗营养因子不存在同源性和结构上的相似性。因此，'GT73' 与 'Westar' 具有实质等同性。

1995 年，'GT73' 在加拿大获得食用、饲用和商业化种植批准。随后，在澳大利亚、美国、日本、墨西哥、新西兰、韩国、新加坡、欧盟等地相继获得食用、饲用和商业化种植的批准。2004 年，'GT73' 在中国获得作为加工原料的食用和饲用进口许可。

参考文献

ISAAA, 2021. GM Approval Database[EB/OL].[2021-05-29]. http: // www. isaaa. org/gmapprovaldatabase/event/default. asp?EventID=10.

（撰稿：华红霞；审稿：杨晓伟）

转基因耐除草剂油菜 'HCN28'　herbicide-tolerant genetically modified canola 'HCN28'

德国拜耳作物科学公司（Bayer）研发的转 *pat* 基因耐草铵膦除草剂油菜。商品名称为 InVigor™ Canola，OECD 编码为 ACS-BNØØ8-2。

转基因受体为 'AC-Excel'，目的基因为 *pat*，*pat* 基因来源于绿棕褐链霉菌（*Streptomyces viridochromogenes*）Tü 494 株系，*pat* 编码膦丝菌素乙酰转移酶（phosphinothricin acetyl-transferase，PAT），PAT 酶通过乙酰化除草剂活性成分膦丝菌素上的游离铵基，防止机体自身中毒使植株抗除草剂草铵膦。目的基因表达由 CaMV 35S 启动子、PAT 编码序列和 CaMV 35S 终止子控制。转化载体为 pHoe4/Ac（II），遗传转化的标记基因为 *pat*，通过农杆菌介导转化法将目的基因导入受体品种 'AC-Excel' 基因组中。Southern 杂交结果表明，目的片段以单位点、单拷贝的形式插入受体基因组中，并能稳定遗传。蛋白检测结果表明，PAT 蛋白在 HCN28 的根、叶、花、果和种子中均能稳定表达。

与受体亲本 'AC-Excel' 相比，'HCN28' 在农艺性状、生存竞争能力、杂草化、基因飘流、节肢动物多样性等方面无显著差异。食用安全评价数据表明，'HCN28' 籽粒对大鼠无急性和慢性毒性，对大鼠的体重、食物利用率、血液学指标、血生化指标、脏器系数等均未有不良影响；PAT 蛋白在人或哺乳动物胃液里迅速被消化且对热处理不稳定；营养学评价数据表明，'HCN28' 籽粒的营养组分（蛋白、脂肪、灰分、天然纤维、生育酚、氨基酸、脂肪酸、矿物质）含量、抗营养因子（芥酸和硫代葡萄糖甙）含量与受体亲本 'AC-Excel' 也无显著差异；此外，经同源性分析和结构比对发现，PAT 蛋白与已知毒蛋白、过敏原和抗营养因子不存在同源性和结构上的相似性。以上信息说明，'HCN28' 与其受体亲本 'AC-Excel' 具有实质等同性。

1997 年，‘HCN28’首次在加拿大获得食用、饲用和商业化种植批准。随后，相继在美国、日本、墨西哥、新西兰、韩国、欧盟等地获得食用、饲用和商业化种植批准。2004 年，‘HCN28’在中国获得作为加工原料的食用和饲用进口许可。

参考文献

ISAAA, 2021. GM Approval Database[EB/OL].[2021-05-29]. http: // www. isaaa. org/gmapprovaldatabase/event/default. asp?EventID=6.

（撰稿：华红霞；审稿：杨晓伟）

转基因耐除草剂油菜‘HCN92’ herbicide-tolerant genetically modified canola ‘HCN92’

德国拜耳作物科学公司（Bayer）研发的转 *pat* 基因耐草铵膦除草剂油菜。商品名称为 Liberty Link™ Innovator™，OECD 编码为 ACS-BNØØ7-1。

转基因受体为‘ACS-N3’，目的基因为 *pat*，*pat* 基因来源于绿棕褐链霉素（*Streptomyces viridochromogenes*）Tü 494 菌株，*pat* 编码膦丝菌素乙酰转移酶（PAT），PAT 酶通过乙酰化除草剂活性成分草铵膦上的游离铵基，防止机体自身中毒，使油菜耐受草铵膦除草剂。*bar* 基因表达框由 CaMV 35S 启动子、PAT 编码序列和 CaMV 35S 终止子组成。*neo* 为标记基因，*neo* 来源于埃希氏大肠杆菌（*Escherichia coli*）。*neo* 基因表达框由 NOS 启动子、Neo 编码序列和 ocs 终止子组成。转化载体 pOCA18/Ac，通过农杆菌介导转化法将目的基因导入受体品种‘ACS-N3’基因组中。*neo* 在‘HCN92’中不表达。Southern 杂交结果表明，目的片段以单位点、双拷贝的形式插入受体基因组中，两个目的基因表达盒以反方向串联，并以孟德尔遗传定律稳定遗传。蛋白检测结果表明，PAT 蛋白在植株的根、叶、芽和种子中均能稳定表达，但在加工后的菜籽油及饼粕中均未检测到 PAT 蛋白。

环境安全性检测结果表明，与受体亲本‘ACS-N3’相比，‘HCN92’在农艺性状、生存竞争能力、杂草化和基因飘流等方面无显著差异。食用安全评价数据表明，‘HCN92’籽粒对大鼠的体重、进食量、食物利用率等方面均未有不良影响；PAT 蛋白在人或哺乳动物胃液里能够迅速被消化且具有热不稳定性；营养学评价数据表明，‘HCN92’籽粒的营养组分（包括含油量、蛋白、灰分等）含量、抗营养因子（芥酸和硫代葡萄糖甙）含量均与受体亲本无显著差异；此外，经同源性分析和结构比对发现，PAT 蛋白与已知毒蛋白、过敏原和抗营养因子不存在同源性和结构上的相似性。以上信息说明，‘HCN92’与其受体亲本‘ACS-N3’具有实质等同性。

1995 年，‘HCN92’首次在加拿大获得了食用、饲用和商业化种植的批准。随后，在美国、澳大利亚、日本、墨西哥、新西兰、南非、韩国、欧盟等地相继获得食用、饲用和商业化种植的批准。2004 年，‘HCN92’在中国获得作为加工原料的食用和饲用进口许可。

参考文献

ISAAA, 2021. GM Approval Database[EB/OL].[2021-05-29]. http: // www. isaaa. org/gmapprovaldatabase/event/default. asp?EventID=5.

（撰稿：华红霞；审稿：杨晓伟）

转基因耐除草剂油菜‘MON88302’ herbicide-tolerant genetically modified Canola ‘MON88302’

美国孟山都公司（Monsanto）研发的第二代抗草甘膦油菜。商品名称为 TruFlex™ Roundup Ready™ Canola，OECD 编码为 MON-883Ø2-9。

转基因受体为‘Ebony’，目的基因为 *cp4-epsps*，*cp4-epsps* 来源于根癌农杆菌（*Agrobacterium tumefaciens*）。‘MON88302’表达的 CP4-EPSPS 蛋白可使作物耐农达®类除草剂中的活性成分草甘膦。*cp4 epsps* 基因表达框由 FMV/Tsf1 嵌合启动子（P-*FMV/Tsf1*）、Tsf1 引导序列和内含子序列以及 *cp4-epsps* 基因编码序列和 RbcS-E9 终止子（T-*rbcS-E9*）组成。转化载体 PV-BNHT2672，将 *cp4-epsps* 作为遗传转化选择标记，通过农杆菌介导转化法将目的基因导入受体‘Ebony’基因组中。Southern 杂交结果表明，目的片段以单位点、单拷贝形式插入受体基因组中，无任何载体骨架序列，目的基因稳定存在于多个世代中，符合孟德尔遗传规律。CP4-EPSPS 蛋白在根、茎、叶、花等不同组织中均有表达。

环境安全性检测结果表明，‘MON88302’在种子休眠和萌发特性、花粉形态、农艺性状、生存竞争力、田间生物多样性等方面与受体‘Ebony’无显著差异；食用安全评价数据表明，‘MON88302’中的 CP4-EPSPS 蛋白对非靶标节肢动物（跳甲、苜蓿斜纹夜蛾、小菜蛾幼虫）和脊椎动物（小鼠，包括存活率、临床表现、体重等方面）无不良影响。CP4-EPSPS 蛋白在模拟胃液里迅速被消化且对热处理不稳定。‘MON88302’在营养成分含量、毒素（芥酸、硫代葡萄糖甙等）含量及抗营养因子（植酶、芥子酸胆碱等）含量上与受体‘Ebony’无显著差异。此外，经同源性分析和结构比对发现，CP4-EPSPS 蛋白与已知毒素、抗营养因子不存在同源性和结构的相似性。以上信息说明，‘MON88302’与转基因受体‘Ebony’具有实质等同性。

2012 年，‘MON88302’在美国、加拿大、澳大利亚获得食用、饲用和商业化种植批准，随后，在欧盟、墨西哥、日本、韩国、哥伦比亚、新西兰、菲律宾、中国台湾和新加坡等地获得食用、饲用和商业化种植批准。2018 年，‘MON88302’在中国获得食用和饲用批准。

参考文献

ISAAA, 2021. GM Approval Database[EB/OL].[2021-05-29]. http: // www. isaaa. org/gmapprovaldatabase/event/default. asp?EventID=255.

（撰稿：华红霞；审稿：杨晓伟）

转基因耐除草剂油菜‘Oxy-235’ herbicide-tolerant genetically modified canola ‘Oxy-235’

德国拜耳作物科学公司（Bayer）研发的转 *oxy* 基因抗溴苯腈除草剂油菜。商品名称为 NavigatorTM Canola，OECD 编码为 ACS-BNØ11-5。

基因操作所用受体为常规油菜品种‘Westar’，目的基因为 *oxy*，又名 *bxn* 基因，来源于肺炎克雷伯菌臭鼻亚种（*Klebsiella pneumoniae* subsp. *ozaenae*），编码腈水解酶（nitrilase），能将溴苯腈（bromoxynil）除草剂水解为对植物无毒的化合物。目的基因表达框由 CaMV 35S 启动子、Oxy 编码序列和 NOS 终止子组成。该转化体中 *oxy* 既是目的基因又是标记基因。构建转化载体 pRPA-BL-235，通过农杆菌介导转化法将目的基因导入受体品种‘Westar’基因组中。Southern 杂交结果表明，目的片段以单拷贝、单位点形式插入受体基因组中，并能稳定遗传给后代。蛋白检测结果表明，Nitrilase 蛋白能在‘Oxy-235’的种子和叶片中稳定表达，但在种子中的表达量显著低于叶片。

与非转基因受体亲本‘Westar’相比，‘Oxy-235’在农艺性状、生存竞争能力、杂草化、基因飘流、节肢动物多样性等方面无显著差异。毒理学评价数据表明，‘Oxy-235’籽粒对大鼠的体重、进食量、食物利用率、血液学指标、生化指标、脏器系数、病理组织学均未有不良影响；Nitrilase 蛋白在人或哺乳动物胃液作用下迅速失活；营养学评价数据表明，‘Oxy-235’籽粒的营养组分（包括水分、总蛋白、灰分、天然纤维、微量元素、生育酚、氨基酸、脂肪酸）含量、抗营养因子（芥酸和硫代葡萄糖甙）含量与受体‘Westar’没有显著差异；经同源性分析和结构比对发现，Nitrilase 蛋白与已知毒蛋白、过敏原和抗营养因子不存在同源性和结构上的相似性。以上信息说明，‘Oxy-235’与其受体亲本‘Westar’具有实质等同性。

1997 年，‘Oxy-235’首次在加拿大获得了食用、饲用和商业化种植的批准。随后，在美国、澳大利亚、日本、新西兰等地获得食用、饲用和商业化种植批准。2004 年，‘Oxy-235’在中国获得作为加工原料的食用和饲用进口许可。

参考文献

ISAAA, 2021. GM Approval Database[EB/OL].[2021-05-29]. http: // www. isaaa. org/gmapprovaldatabase/event/default. asp?EventID=7.

（撰稿：华红霞；审稿：杨晓伟）

转基因耐除草剂油菜‘Topas19/2’ herbicide-toleran tgenetically modified canola ‘Topas19/2’

德国拜耳作物科学公司（Bayer）研发的转 *pat* 基因耐草铵膦除草剂油菜。别名为 HCN10，商品名称为 Liberty Link™ Innovator™，OECD 编码为 ACS-BNØØ7-1。

基因操作所用受体为常规油菜品种‘ACS-N3’，目的基因为 *pat* 和 *npt* II，*pat* 基因来源于绿棕褐链霉素（*Streptomyces viridochromogenes*）Tü494 株系，根据植物密码子偏好性对其 DNA 序列进行了优化，编码膦丝菌素乙酰转移酶（PAT），该酶特异性催化草铵膦乙酰化，使油菜耐受草铵膦除草剂。*npt*II 来源于大肠杆菌（*Escherichia coli*），编码新霉素磷酸转移酶 II（NPTII），使氨基糖苷类抗生素如卡那霉素失活。*pat* 基因表达框由 CaMV 35S 启动子、PAT 编码序列和 CaMV 35S 终止子组成。*npt*II 基因表达框由 NOS 启动子、NPTII 编码序列和 OCS 终止子（T-*ocs*）组成。构建转化载体 pOCA18/Ac，通过农杆菌介导转化法将目的基因导入受体品种‘ACS-N3’基因组中。Southern 杂交结果表明，目的片段以单位点、双拷贝的形式插入受体基因组中，两个目的基因表达盒以反方向串联，并稳定遗传。蛋白检测结果表明，PAT 蛋白在活体的根、叶、芽和种子中均能稳定表达，但在加工后的菜籽油及饼粕中均未检测到 PAT 蛋白；NPTII 蛋白在种子中稳定表达，但在加工后的菜籽油及饼粕也未检测到 NPTII 蛋白。

与受体亲本‘ACS-N3’相比，‘Topas19/2’在农艺性状、生存竞争能力、杂草化和基因飘流、节肢动物多样性等方面无显著差异。毒理学评价数据表明，‘Topas19/2’籽粒对大鼠的体重、进食量、食物利用率、血液学指标、生化指标、脏器系数、病理组织学均未有不良影响；PAT 和 NPTII 蛋白在人或哺乳动物胃液作用下，很快被降解或变性；营养学评价数据表明，‘Topas19/2’籽粒的营养组分（包括含油量、蛋白、灰分、天然纤维、可溶性氨基酸、脂肪酸、甾醇）含量、抗营养因子（芥酸和硫代葡萄糖甙）含量均与受体亲本无显著差异；此外，经同源性分析和结构比对发现，PAT 和 NPTII 蛋白与已知毒蛋白、过敏原和抗营养因子不存在同源性和结构上的相似性。以上信息说明，‘Topas19/2’与其受体亲本‘ACS-N3’具有实质等同性。

1995 年，‘Topas19/2’首次在加拿大获得了食用、饲用和商业化种植的批准。随后，在美国、澳大利亚、日本、墨西哥、新西兰、南非、韩国、欧盟等地相继获得食用、饲用和商业化种植的批准。2004 年，‘Topas19/2’在中国获得作为加工原料的食用和饲用进口许可。

参考文献

ISAAA, 2021. GM Approval Database[EB/OL].[2021-05-29]. http: // www. isaaa. org/gmapprovaldatabase/event/default. asp?EventID=5.

（撰稿：华红霞；审稿：杨晓伟）

转基因耐除草剂玉米‘DAS40278’ herbicide-tolerant genetically modified Maize ‘DAS40278’

美国陶氏益农公司（Dow AgroSciences）研发的转基因耐 2,4-D 除草剂玉米。其商品名称为 Enlist™ Maize，OECD 编码为 DAS-4Ø278-9。

其目的基因为 *aad-1* 基因，来源于鞘氨醇除草剂 *aad-1* 基因，表达 Aad-1 蛋白，通过侧链降解和降解芳氧基苯氧基丙酸盐除草剂的 R- 对映体对 2,4-D 除草剂进行解毒。

国内外的环境安全性评价数据表明，‘DAS40278’在生存竞争能力、杂草化和基因飘流等方面与非转基因对照亲本没有显著差异。毒理学评价数据表明，外源蛋白对人和哺乳动物的健康没有显著不良影响。营养学评价数据表明，'DAS40278'在组成成分和营养上与常规玉米品种相同。致敏性评价数据表明，外源蛋白不具有致敏性。

'DAS40278'已在巴西、加拿大、日本和美国获得了食用、饲用和商业化种植的批准。并且先后通过了在南非、哥伦比亚、韩国等国家作为加工原料的食用进口审批。

参考文献

ISAAA, 2021. GM Approval Database[EB/OL].[2021-05-29]. http: //www. isaaa. org/gmapprovaldatabase/event/default. asp?EventID =139&Event=DAS40278.

（撰稿：韩兰芝；审稿：杨晓伟）

转基因耐除草剂玉米'GA21'　herbicide-tolerant genetically modified maize 'GA21'

瑞士先正达公司（Syngenta）培育的耐除草剂草甘膦转基因玉米。商品名称为 Roundup Ready™ Maize，Agrisure™GT，OECD 编码为 MON-ØØØ21-9。

基因操作所用受体为常规玉米品种'AT'，目的基因为经过修饰的玉米 *mepsps* 基因，编码 5- 烯醇式丙酮酰莽草酸 -3- 磷酸合成酶（mEPSPS），使作物耐受除草剂草甘膦，同时 *mepsps* 也作为标记基因用于遗传转化筛选。目的基因表达框由水稻 Act1 启动子（P-*act1*）、N 端叶绿体转移肽 Otp 序列、mEPSPS 编码序列和 NOS 终止子（T-*nos*）组成。构建遗传转化载体 pDPG434，通过基因枪法将目的基因转入受体'AT'基因组中，并经多代选育获得'GA21'。Southern 杂交结果表明，目的片段以单位点、单拷贝的形式插入受体基因组中，并能在多世代间稳定遗传。ELISA 检测结果表明，mEPSPS 蛋白在'GA21'植株的叶片、根、籽粒和花粉中均能稳定表达。

环境安全性评价数据表明，在生存竞争能力和生物多样性影响方面，'GA21'与受体亲本无显著差异。食用安全评价数据表明，外源蛋白 mEPSPS 对人和哺乳动物没有毒性，不具有致敏性，且其在营养组分和抗营养因子含量上与受体亲本没有显著差异。

1997 年，'GA21'在美国获得了食用、饲用和商业化种植的批准。随后，又在加拿大、阿根廷、巴西等 9 个国家获得商业化种植的批准，在澳大利亚、新西兰、中国（2002 年）等 14 个国家先后获得了作为加工原料的食用和饲用进口许可。

参考文献

ISAAA, 2021. GM Approval Database[EB/OL].[2021-05-29]. http: // www. isaaa. org/gmapprovaldatabase/event/default. asp?EventID=89.

（撰稿：陈法军；审稿：杨晓伟）

转基因耐除草剂玉米'NK603'　herbicide-tolerant genetically modified maize 'NK603'

美国孟山都公司（Monsanto）培育的抗草甘膦转基因玉米。商品名称为 Roundup Ready™ 2 Maize，OECD 编码为 MON-ØØ6Ø3-6。

基因操作所用受体为常规玉米品种'Hi-II'，目的基因是 *cp4-epsps* 和 *cp4-epsps*（*L214P*），均来自土壤农杆菌 CP4 菌株，分别编码 5- 烯醇丙酮酰 -3- 磷酸转移酶 CP4-EPSPS 和 CP4 EPSPS L214 蛋白，使植物耐受草甘膦除草剂。*cp4 epsps* 基因表达框由水稻肌动蛋白启动子 P-*ract1*、CP4-EPSPS 编码序列、叶绿体转移肽（CTP2）序列和 NOS 终止子构成；*cp4-epsps*（*L214P*）基因表达框由增强型 CaMV 35S 启动子（P-*e35S*）、CP4-EPSPS 编码序列、玉米热激蛋白 70 内含子（ZmHsp70）、叶绿体转移肽 Ctp2 序列、NOS 终止子和 P-*ract* 的部分增强子序列构成。该转化体无标记基因和报告基因。遗传转化方法为，将 2 个完整的 *cp4-epsps* 基因表达框构建到遗传转化载体 PV-ZMGT32 上，通过基因枪转化法将一段约 6.7kb 大小的线性化质粒片段 PV-ZMGT32L 转入'Hi-II'中，最后经愈伤组织筛选获得目的植株。连续多代的 Southern 杂交结果表明，目的片段以单位点、单拷贝形式插入，无任何质粒骨架序列，能在多个世代中稳定遗传。ELISA 蛋白检测结果表明，目的蛋白能在植株的不同部位稳定表达。

环境安全性评价数据表明，在生存竞争能力、生物多样性影响和基因飘流方面，'NK603'与受体亲本没有显著差异。食用安全性评价表明，两种外源蛋白 CP4-EPSPS 和 CP4-EPSPS L214P 对人类和哺乳动物均无明显毒性，不具致敏性；其营养成分与受体亲本'Hi-II'无显著差异。

2000 年，'NK603'首先在美国获得食用、饲用和商业化种植批准，随后相继在加拿大、南非、阿根廷等全球 12 个国家获得食用、饲用和商业化种植的批准。2002 年，'NK603'在中国获得作为加工原料的食用和饲用进口许可。

参考文献

ISAAA, 2021. GM Approval Database[EB/OL].[2021-05-29]. http: // www. isaaa. org/gmapprovaldatabase/event/default. asp?EventID=86.

（撰稿：陈法军；审稿：杨晓伟）

转基因耐除草剂玉米'T25'　herbicide-tolerant genetically modified maize 'T25'

德国拜耳作物科学公司（Bayer）培育的耐草铵膦转基因玉米。商品名称为 Liberty Link™ Maize，OECD 编码为 ACS-ZMØØ3-2。

基因操作所用受体为常规玉米品种'HE89'，目的基因为 *pat*，来自绿棕褐链霉菌 Tü494 株系，根据植物密码子偏好性对其 DNA 序列进行了优化，编码膦丝菌素乙酰转移酶（PAT 蛋白），使植物耐受草铵膦除草剂。目的基因表达框由CaMV 35S启动子、PAT编码序列和CaMV 35S终止子组成。标记基因为*ampR*（*bla*），来源于大肠杆菌转座因子TnA3，编码TEM-1B-lactamase。构建含有目的基因和标记基因的遗传转化载体pUC/Ac，采用聚乙二醇（PEG）原生质体转化法，将目的基因转入受体品种'HE89'中，并经多代选育获得转化体T25。标记基因*ampR*（*bla*）在转化过程中被切断不能表达，无生物学功能。Southern杂交结果表明，目的片段以单位点、单拷贝的形式插入受体基因组中，且能在多个世代中稳定遗传。蛋白检测结果表明，PAT蛋白可在植物组织的不同器官中稳定表达。

环境安全性评价数据表明，'T25'在生存竞争能力、对田间生物多样性影响和基因飘流等方面与受体亲本没有显著差异。食用安全性评价表明，PAT蛋白对人和哺乳动物无明显毒性；'T25'的营养组分与其受体亲本和其他常规玉米品种无显著差异；此外，'T25'不具有致敏性。

1995年，'T25'首先在美国获得了食用、饲用和商业化种植的批准，随后相继在加拿大、日本、阿根廷、南非、新西兰、欧盟等国家和地区获得食用、饲用和商业化种植的批准。2002年，'T25'在中国获得作为加工原料的食用和饲用进口许可。

参考文献

ISAAA, 2021. GM Approval Database[EB/OL].[2021-05-29]. http: // www. isaaa. org/gmapprovaldatabase/event/default. asp?EventID=102.

（撰稿：陈法军；审稿：杨晓伟）

转基因农作物种子生产经营许可制度 licensing system for production and marketing of genetically modified crop seeds

2022年1月7日修订的《农作物种子生产经营许可管理办法》对转基因农作物种子的生产经营做出相应规定：申请领取转基因农作物种子生产经营许可证的企业，应当具备下列条件：①农业转基因生物安全管理人员2名以上；②种子生产地点、经营区域在农业转基因生物安全证书批准的区域内；③有符合要求的隔离和生产条件；④有相应的农业转基因生物安全管理、防范措施；⑤农业农村部规定的其他条件。从事种子进出口业务、转基因农作物种子生产经营的企业和外商投资企业申请领取种子生产经营许可证，除具备本办法规定的相应农作物种子生产经营许可证核发的条件外，还应当符合有关法律、行政法规规定的其他条件。

生产经营转基因农作物种子的，应提交农业转基因生物安全证书复印件以及农业转基因生物安全管理、防范措施和隔离、生产条件的说明。种子生产经营许可证有效期为五年。转基因农作物种子生产经营许可证有效期不得超出农业转基因生物安全证书规定的有效期限。受委托生产转基因农作物种子的，应当提交转基因生物安全证书复印件，并且要有专门的管理人员和经营档案，有相应的安全管理、防范措施及国务院农业农村主管部门规定的其他条件。

（撰稿：黄耀辉；审稿：叶纪明）

转基因旁侧序列 flanking sequence

旁侧序列在分子生物学里的定义是指特定DNA序列、元件或结构基因两侧（5′和3′）的核苷酸序列，基因的旁侧序列含有基因调控元件，对基因的表达及表达水平具有调控作用。

转基因生物安全评价涉及的转基因生物的旁侧序列则特指外源插入片段两侧的受体生物基因组的核苷酸序列，通常是指未发生重组等变异的受体基因组序列。但由于外源序列的插入可能造成宿主基因组在插入位点发生缺失等情况，外源基因插入片段两侧的旁侧序列通常不是完全连续的。

目前认为，由于外源基因的插入在受体基因组上是随机的，因此转基因旁侧序列和外源插入片段的连接区序列是转基因事件的特征性序列，具有唯一性，常用于转基因事件的鉴别。转基因生物旁侧序列（5′和3′）信息的获得，一方面可以通过基于PCR的验证提供转基因外源插入片段在受体基因组的整合位点信息；另一方面，可以结合转基因外源插入片段，设计并研发特异性的转基因事件的定性和定量检测方法。因此，旁侧序列信息对于转基因生物的安全评价和监管至关重要。

目前，旁侧序列获得的方法多基于PCR的技术，如交错式热不对称PCR（TAIL-PCR）、接头PCR（Adapter PCR）和反向PCR（IPCR）技术等，尽管有效，结果往往不唯一，也不全面。越来越多旁侧序列的检测已经开始使用新一代的测序技术。

参考文献

HOLST-JENSEN A, SPILSBERG B, ARULANDHU A J, et al, 2016. Application of whole genome shotgun sequencing for detection and characterization of genetically modified organisms and derived products[J]. Analytical and bioanalytical chemistry, 408 (17): 4595-4614.

LI R, QUAN S, YAN X, et al, 2017. Molecular characterization of genetically-modified crops: challenges and strategies[J]. Biotechnology advances, 35(2): 302-309.

YANG L T, WANG C M, HOLST-JENSEN A, et al, 2013. Characterization of GM events by insert knowledge adapted re-sequencing approaches[J]. Scientific reports, 3: 2839.

（撰稿：石建新、谢家建；审稿：张大兵）

转基因权威关注网站 authority concerns of transgenosis website

转基因权威关注网站是由中华人民共和国农业农村部主办、农业农村部信息中心承办、农业农村部农业转基因生物安全管理办公室负责的有关农业转基因生物管理的国家权威网站。网站主要包括最新动态、政策法规、科普宣传、申报指南、审批信息、监管信息、事件真相和相关链接等版块，不仅提供国内外农业转基因生物研发与应用的最新进展，而且提供中国农业转基因生物管理的相关政策法规、办事规章和流程等，同时还传播农业生物技术相关信息、报道转基因技术相关事件，正确解答转基因科学问题。通过浏览网站，公众可以获得转基因科普相关知识，了解转基因事件的真相。转基因权威关注是一个全方位发布农业转基因技术科学进步和安全管理的信息传播平台，促进社会公众对转基因技术及其产品的广泛理解和支持，减少社会公众对转基因技术认识误区和偏见。

参考文献

转基因权威关注, 2021. 首页.[2021-05-29] http: //www. moa gov. cn/ztzl/zjyqwgz/.

（撰稿：卢增斌、党聪；审稿：叶恭银）

转基因弱化　transgene mitigation, TM

是在目的基因的两侧连接特异的弱化基因（*TM1* 和 *TM2*），形成一个串联结构，其中 *TM1* 和 *TM2* 基因对作物是有利的或中性的，但对杂草有害或有致死效应。当转基因飘流到杂草时，产生有害或致死效应，且只要其中一侧存在 *TM* 基因就会起作用。

弱化基因一般是对转基因作物本身无害或者有利的基因，但能降低杂草的适应性，使得杂交种的生存竞争性降低。一旦目的基因飘流出去，与之连锁的弱化基因也会整合到杂草中，降低杂草的生存竞争性，使转基因不能进一步扩散。一般情况下控制作物矮秆、不抽薹、不裂荚、不分蘖、不分枝、无二次休眠、降低种子生活力，甚至使杂种致死的基因等，都可作为弱化基因。该研究主要集中在烟草、水稻、油菜等作物中。

Al-Ahmad 等（2005）以 TM 转基因烟草为材料（矮秆基因作为 *TM* 基因、抗除草剂基因为目的基因），研究了 TM 法限控基因飘流的效果，证明当外源基因飘流到杂草后，在不使用除草剂的情况下，由于杂交后代的生存竞争性比野生型杂草低而难以生存。利用此方法培育的甘蓝型转基因油菜，外源基因飘流至有性可交配物种芜菁后，杂交种与芜菁混合种植时，矮秆性状作为弱势表型，使杂交种存活概率只有 0.9%，显著低于常规油菜与芜菁的杂交后代。

参考文献

AL-AHMAD H, GALILI H S, GRESSEL J, 2005. Poor competitive fitness of transgenically mitigated tobacco in competition with the wild type in a replacement series[J]. Planta, 222 (2): 372-385.

AL-AHMAD H, GRESSEL J, 2006. Mitigation using a tandem construct containing a selectively unfit gene precludes establishment of Brassica napus transgenes in hybrids and backcrosses with weedy Brassica rapa[J]. Plant biotechnology journal, 4 (1): 23-33.

GRESSEL J, 1999. Tandem constructs: preventing the rise of superweeds[J]. Trends in botechnology, 17: 361-366.

（撰稿：王旭静；审稿：贾士荣）

转基因删除　transgene deletion

在基因表达出产物后，利用基因重组系统，将外源基因从转基因作物中删除的技术。人们可按自己的意愿，在需要的时间和植物部位将外源基因删除，使转基因植物的花粉、种子或果实中不再含有外源基因，达到用转基因植物生产出非转基因食品的目的。

利用此策略首先要解决的技术难题是，如何使位点特异重组酶系统充分发挥作用，确保转基因作物商业化种植时所有外源基因全部被切除。Mlynarova 等（2006）利用 Cre/loxP 重组系统，从花粉中删除外源基因，删除效率达到 99.98%，证明位点特异重组系统可用于外源目的基因的删除。Lou 等证明在烟草上 FlP 重组系统对外源基因的删除效率达到 100%。他们设计的外源基因表达序列包括三部分：PAB5-FlP（PAB5 为拟南芥花粉和种子特异表达启动子，FlP 是 FRT/FlP 系统中的 DNA 重组酶），目的基因和标记基因，及两个 LF（*LoxP*-FRT 识别序列的融合序列）。当 PAB5 驱动的 DNA 重组酶 FlP 表达时，就会导致两个 LF 位点之间所有有功能的基因从基因组中切除，这些被切除的 DNA 序列在细胞中被非特异核酸酶降解。此技术不适用于在种子中表达外源蛋白的转基因植物。

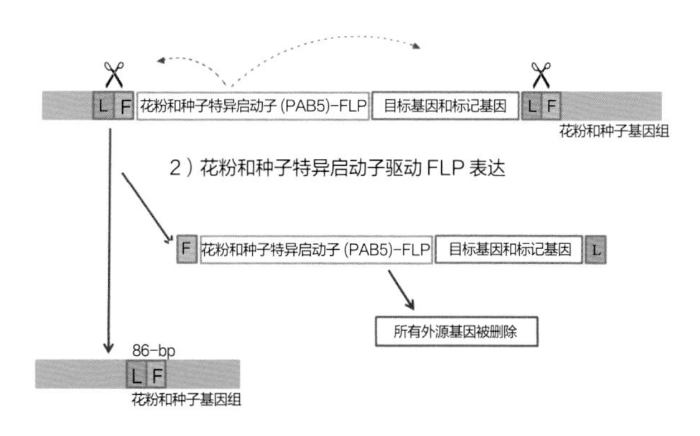

转基因删除技术原理示意图

（引自Luo et al., 2007；赵德刚等，2008）

L代表噬菌体Cre/loxP系统中的loxP识别序列；F代表酵母FlP/FRT系统中的FRT识别序列；PAB5是拟南芥花粉和种子特异基因的启动子；FlP是FRT/FlP系统中的DNA重组酶

参考文献

赵德刚，吕立堂，贺爱公，等，2008. “外源基因清除”技术（Gene-Deletor）原理、特点及其潜在应用前景[J]. 分子植物育种，6(3): 413-418.

LUO K, DUAN H, ZHAO D, et al, 2007. ‘GM-gene-deletor’: Fused loxP-FRT recognition sequences dramatically improve the efficiency of FlP or CRE recombinase on transgene excision from pollen and seeds of tobacco plants[J]. Plant biotechnology journal, 5(2): 263-274.

MLYNAROVA L, CONNER A J, NAP J, 2006. Directed microspecific recombination of transgenic alleles to prevent pollen-mediated transmission of transgenes[J]. Plant biotechnology journal, 4: 445-452.

（撰稿：王旭静；审稿：贾士荣）

转基因生物安全管理法规体系 law and regulation system on safety of management of genetically modified organisms

转基因生物安全管理的法律、法规，主要包括《卡塔赫纳生物安全议定书》等国际公约和各个国家制定的转基因生物安全管理法律、法规。

基于对转基因技术可能存在的潜在风险的清醒认识，各国普遍重视风险评估并遵循全球公认的评价指南，建立了全面系统的转基因安全管理法规制度，以保障人体健康和动植物、微生物安全，保护生态环境，促进农业转基因生物技术健康发展。由于在农业、环境与生物多样性以及经济、贸易和文化等方面存在的差异，各国根据本国利益需求和国情，对转基因生物安全管理单独立法或者纳入其他法律，制定的转基因安全管理制度及法规不尽相同。

转基因安全管理法规主要分为基于产品的管理模式和基于过程的管理模式。部分国家和地区，如美国遵循“可靠科学原则”，实行以产品为基础的管理模式，即强调产品本身是否确有实质性的安全问题，而不在于是否采用了转基因技术，只有可靠的科学证据证明存在风险并可能导致损害时，政府才采取管制措施。风险分析中应用产品实质等同性原则，不单独立法，而是实施多部门按既有职能分工协作的管理体系。部分国家和地区，如欧盟采用“预防性原则”，强调过程安全评价管理，即关注研发过程中是否采用了转基因技术，凡是转基因就认为可能存在风险，需要通过专门的法规加以管理和限制。因此，在风险分析中采用预防性原则，并单独立法，实施专门统一管理的管理体系。

（撰稿：黄耀辉；审稿：叶纪明）

转基因生物安全学 genetically modified organism biosafety sciences

研究利用现代生物技术获得的转基因生物及其产品对生物多样性、生态环境、人类健康和社会经济等可能造成的安全性风险及其管理的学科。主要为现代生物技术应用过程中可能出现的各种生物安全性风险的预警和监管提供科学依据。

转基因生物安全学科的兴起源于现代生物技术的不断发展。20 世纪 70 年代初重组 DNA 技术的诞生，开创了人类从基因水平遗传改造和利用自然生物的新纪元。同时，由于新技术中所使用载体和操作对象等对人畜及环境存在潜在的致病性，学术界和社会公众对其可能带来新的不确定性的生物危害产生警惕和争议。为此，1975 年在美国召开阿西洛马（Asilomar）国际会议，不同行业领域的参会者在广泛讨论重组 DNA 技术的潜在危害及其防范措施的基础上，就继续开展新技术研究以促进现代生命科学发展和应用达成共识，并制定出相应的指导方针和行为准则。这是人类历史上首次确立以“预防原则”和“多方共同参与”的生物安全问题处理模式，也是世界生物安全管理历史上具有里程碑式意义的重要事件，标志着人类社会开始关注转基因生物的安全性。

此后，世界各国先后制定并发布系列有关生物安全的管理条例、法规和准则，确定转基因生物安全研究与管理的基本原则，其中包括比较分析（comparative analysis）、预先防范（precaution）、个案分析（case-by-case analysis）、分步评估（step-by-step evaluation）、熟悉性（familiarity）和风险效益平衡（balance of benefits and risks）等，并分别形成以美国为代表的基于最终产品（product-based）、欧盟为代表的基于研发过程（process-based）的以及中国为代表的以产品和过程并重的安全研究与管理模式。在转基因生物及其产品研发阶段，主要针对实验室操作的生物安全性，在释放与应用阶段则主要涉及环境安全性与食品安全性；其中，释放前以风险评估为主，释放后以风险监管和交流为主。当前，转基因生物及其产品的研究与管理体系是由科学家、政府、商业公司和社会公众等共同参与，以风险分析为基础，涵盖风险评估、风险管理和风险交流等内容，而有关转基因生物及其产品的越境转移、处理、利用和国际间贸易等则受到联合国《卡塔赫纳生物安全议定书》（*Cartagena Protocol on Biosafety*）的规范与制约。

转基因生物安全学的研究对象包括转基因动物、植物和微生物及其产品、制品等。转基因生物又称为遗传修饰生物体（Genetically modified organisms，GMOs），世界卫生组织（World health organization，WHO）将其定义为遗传物质已被现代生物技术（或称重组 DNA 技术、转基因技术和遗传工程等）以非自然方式改变的生物；而在《卡塔赫纳生物安全议定书》中则称为改性活生物体（Living modified organisms，LMOs），定义为任何具有凭借现代生物技术获得的遗传材料新异组合的活生物体，其中的现代生物技术指能克服自然生理繁殖或重新组合障碍且非传统育种和选种中所使用的技术（即试管核酸技术，包括 DNA 重组或核酸导入细胞或细胞器或超出生物分类学科的细胞融合等），活生物体指任何能够转移或复制遗传材料的生物实体（包括不能繁殖的生物体、病毒和类病毒等）。在中国 2001 年颁布的《农业转基因生物安全管理条例》中，首次提出农业转基因生物的概念，即利用基因工程技术改变基因组构成，用于农业生产或者农产品加工的动植物、微生物及其产品，主要包括：转基因动植物（含种子、种畜禽、水产苗种）和微生物；转基因动植物、微生物产品；转基因农产品的直接加工品；含有转基因动植物、微生物或者其产品成分的种子、种畜禽、水产苗种、农药、兽药、肥料和添加剂等产品；并明确农业转基因生物安全旨在防范农业转基因生物对人类、动植物、微生物和生态环境构成的危险或者潜在风险。

转基因生物安全学的研究内容主要涉及三个方面。

（1）转基因生物释放前的风险评估，包括①遗传安全性。如外源基因及其插入整合效应、供体生物和受体生物以及转基因生物等生物学特性以及基因操作等安全性。②环境安全性。如杂草性和入侵性、基因飘流的环境后果、对植物健康以及动物和人体偶然接触的影响、对环境生物和食物网的影响、对生物多样性的影响、对土壤功能的影响以及对耕作制度和栽培措施等农田管理的改变等。③食用安全性。如在过敏反应、毒素、营养和抗营养因子以及非预期效应等方面的安全性。

（2）转基因生物释放后的风险监管，包括①完善法律法规体系以平衡利益关系。②健全行政监管体系、检测机构体系和标准体系以保障生物安全，其中包括发展灵敏、高效、可靠的监测检测方法或技术。

（3）转基因生物安全的风险交流，包括①风险评估科学信息的交流。②风险管理信息的交流。③风险评估和管理进程信息的交流。

转基因生物安全学的研究方法在风险评估中，主要采用比较性安全评价原则，通过鉴定潜在危险的类型、评估危险程度及其发生概率、确定风险水平，最终划分其安全等级。其中，遗传安全性主要采用遗传毒理学等技术与方法，结合已有的所有与转基因生物安全性相关的科学数据、资料和信息，系统评价已知的或潜在的转基因生物危害；环境安全性主要采用生态毒理学等技术与方法，结合阶段式（tiers）暴露-效应分析的框架模式，系统评价转基因生物释放后可能导致的对生态系统及其组成的影响和风险；食用安全性主要采用实质等同原则，利用检测关键性营养成分和抗营养因子以及动物实验等评价营养学效应，利用模拟消化实验和毒性实验等评价毒理学效应，利用过敏原评价决定树策略评价过敏性效应，以及利用功能基因组学、蛋白质组学和代谢组学等技术研究非预期效应等。在风险管理中，以立法与监控为基本要素，主要涉及转基因生物及其产品的检测技术，包括以聚合酶链式反应（polymerase chain reaction，PCR）技术为主的核酸检测、以免疫学技术为主的蛋白检测和以代谢组学技术为特征的代谢物检测等。在风险交流中，主要涉及法规宣传贯彻、科普教育、社会舆论及公众监督等社会媒体传播学相关的技术与方法。

转基因生物安全学的最根本特征是学科交叉性、综合性和应用性。转基因生物安全不仅是科学问题，而且还是涉及政治、经济、贸易和宗教伦理等多领域的社会问题。首先，转基因生物安全学以生命科学为基础，涉及的基本理论和技术多来自动物学、植物学和微生物学及其相关的分类学、生物学、生理学、毒理学、生态学、遗传学、分子生物学以及各种组学（omics）等。其次，转基因生物安全学的研究和应用领域与农业、环境资源和医药等行业学科及其分支学科有着密切联系，涉及作物学、植物保护学、动植物检疫学、畜牧兽医、环境毒理学和医学营养学等。再次，转基因生物安全学隶属安全学科，直接关系到国家、社会、经济、政治、科技、信息和文化等的安全与稳定，相关的风险评估、管理与交流等需要经济学、政治学、管理学、法学、系统学和传播学以及国际关系学等相关学科的理论与技术知识。

随着全球新型转基因生物的不断涌现和大面积商业化应用，不同类型转基因生物及其产品的安全性风险得到广泛而系统的研究、评价和监测，而且至今未发现已经商业化的转基因生物及其产品对生态环境和人类健康等存在不利影响。2016年，美国国家科学院等在其公开发布的《转基因作物：经验与前景》报告中称，没有证据显示转基因作物会带来负面的影响，而且与环境问题之间也没有关联，甚至还对人类和环境有利；英国皇家学会在其出版发行的转基因宣传册中亦指出，与传统农作物相比，转基因农作物不会对环境造成危害，食用转基因农作物是安全的；原中国农业部曾在新闻发布会中明确表示，发展转基因是党中央、国务院做出的重大战略决策，经过严格审批上市的转基因产品等同于传统食品。

转基因生物安全学虽已逐渐形成特有的具有综合应用多学科知识特点的学科体系，但其目前仍处于理论体系的综合发展阶段。在研究对象上，转基因生物种类日趋广泛，导入的外源基因来源和数量更为多样化；研究内容上，在继续大量表型研究的同时，微观方面逐渐向基因型、蛋白谱和代谢物组分等差异分析发展，宏观方面则向生物进化、群落结构演变和多样性等研究发展；研究方法上，要创新、适应以RNA干扰和CRISPR/Cas9基因编辑等转基因新技术可能带来的生物安全性风险的研究。随着转基因生物安全研究的不断深入、学术成果的不断积累、专业人才的不断培养以及专业机构的不断创建，转基因生物学终将发展成为一门内容充实完善、学科体系健全合理的新型学科。

参考文献

贾士荣, 2001. 转基因棉花[M]. 北京: 科学出版社.

刘谦, 朱鑫泉, 2002. 生物安全[M]. 北京: 科学出版社.

农业部农业转基因生物安全管理办公室, 中国农业科学院生物技术研究所, 中国农业生物技术学会, 2012. 转基因30年实践[M]. 北京: 中国农业科学技术出版社.

谭万忠, 彭于发, 2014. 生物安全学导论[M]. 北京: 科学出版社.

徐海根, 薛达元, 刘标, 等, 2008. 中国转基因生物安全性研究与风险管理[M]. 北京: 中国环境科学出版社.

薛达元, 2009. 转基因生物安全与管理[M]. 北京: 科学出版社.

曾北危, 2004. 转基因生物安全[M]. 北京: 化学工业出版社.

张伟, 2011. 生物安全学[M]. 北京: 中国农业出版社.

BAULCOMBE D, DUNWELL J, JONES J, et al, 2016. GM Plants: questions and answers[R]. London: The Royal Society, 40 pages. https: //royalsociety. org/~/media/policy/projects/gm-plants/gm-plant-q-and-a. pdf.

FERRY N, GATEHOUSE A M R, 2009. Environmental impact of genetically modified crops[M]. Cambridge: CABI Publishing.

LEVIN M A, Strauss H S, 1991. Risk Assessment in Genetic Engineering[M]. New York: McGraw Hill.

National Academies of Sciences, Engineering, and Medicine, 2016. Genetically engineered crops: experiences and prospects[M]. Washington D C: National Academies Press.

Royal Society of London, US National Academy of Sciences, Brazilian Academy of Sciences, et al, 2000. Transgenic plants and world agriculture[M]. Washington DC: National Academy Press.

TZOTZOS G T, HEAD G P, HULL G P, 2009. Genetically

modified plants: assessing safety and managing risk[M]. Burlington: Elsevier Inc.

（撰稿：叶恭银、姚洪渭、彭于发；审稿：沈志成）

转基因生物传感器检测 transgenic biosensor detection

生物传感器（biosensor）是生物、化学、物理、电子信息技术等多种学科互相渗透而发展的一种高新技术。生物传感器是由生物敏感膜和理化换能器组成，其基本原理是分析物扩散进入固定化生物敏感膜层，经分子识别，发生生物学反应产生响应信号，该信号继而被相应的理化换能器转变成可处理的光电信号，再经检测放大器放大并输出，从而实现对待测分析物的检测。生物敏感膜又称分子识别元件，是生物传感器的关键元件，可以由酶、抗体、抗原、微生物、细胞、组织和核酸等生物活性物质组成。换能器又称信号转换元件，其作用是将各种生化和物理的信息转换成光电信号，通常包括电化学电极、光敏元件、热敏元件、半导体和压电装置等。

根据使用的识别元件的不同，生物传感器可分为酶传感器、免疫传感器、微生物传感器、细胞生物传感器和组织生物传感器等。根据信号转化方式的不同又可分为电化学生物传感器、光学生物传感器、热生物传感器、压电生物传感器和磁生物传感器等。

生物传感器具有灵敏度高、选择性好、分析速度快、分析通量高、成本低以及在复杂体系中进行在线连续监测等突出优点，特别是非常容易实现高度自动化、微型化和集成化，使得生物传感器在多个研究领域获得广泛的关注和蓬勃的发展。生物传感器非常适合转基因的现场检测和快速筛查，并已在相关转基因产品研究中取得了突破性进展。

目前，应用于转基因产品检测研究的生物传感器主要有光学生物传感器如表面等离子共振传感器、压电生物传感器如石英晶体微天平传感器、电化学生物传感器等。

Mariotti 等构建了转基因检测表面等离子共振传感器。能够识别 35S 启动子或 NOS 终止子序列的单链 DNA 探针首先被固定在传感器芯片表面，继而与转基因大豆中提取并扩增的目标转基因片段发生杂交反应。通过监控杂交前后信号的变化可以实现简单、特异和快速的转基因检测。该研究团队同时开发了转基因检测石英晶体微天平传感器。将寡核苷酸探针固定在传感器表面，同时提取并扩增转基因作物的基因组 DNA，再经热变性，磁分离和酶作用获得单链 DNA 片段，通过检测目标 DNA 分子与固定的核酸探针杂交后的信号变化实现转基因成分分析。

最近，Zhou 等提出了一种电化学传感器，用于检测转基因外源蛋白。在研究中，特异性的纳米抗体作为识别元件并修饰在电极上，通过 π-π 交联的石墨烯 / 硫槿复合物作为电化学信号探针并标记纳米二抗。该复合探针不仅可以提供大量的抗体结合位点而且具有高效的电子转移效率，因此能够实现高特异、高灵敏分析。

（撰稿：高鸿飞；审稿：吴刚）

转基因生物分子特征 molecular characterization of genetically modified organism

外源序列在受体生物中的整合、表达及其遗传等方面的特征信息，涵盖基因组、转录组、蛋白组和代谢组等不同水平的综合特性。转基因生物分子特征是转基因生物安全评价的重要内容之一，是转基因生物安全监测和监管的分子基础。

转基因生物基因组水平的分子特征包括外源序列在受体生物基因组上的整合情况，如插入位点、旁邻序列、插入拷贝数、其他插入元件、非预期插入以及这些在后代中的遗传稳定性等。转基因生物转录组水平的分子特征包括目的基因的表达、其他基因和整个基因组的表达变化、新阅读框的产生和原有阅读框的改变等；转基因生物代谢组水平分子特征涉及营养物质和抗营养物质的变化、特定代谢物和整个代谢组的变化、有毒或抗营养物质的产生等；转基因生物蛋白组水平的分子特征涵盖目的基因编码蛋白的表达、其他蛋白和整个蛋白组的表达变化、有无过敏蛋白或新的有毒蛋白产生等。

转基因生物研发者根据这些分子特征信息，筛选符合商业化生产和安全管理部门要求的品系，用于后续研究和开发，安全评价部门根据这些分子特征信息对研发者提供的样品进行验证，监管部门则根据这些分子特征信息研发特异性的定性定量检测方法，对市场上或转基因生物研发不同过程中的样品或相应的产品进行实时监管和监督检测。因此，识别和鉴定转基因生物分子特征已成为转基因生物风险评估的核心内容和关键步骤。

目前，绝大多数转基因生物分子特征的识别和检测都是基于基因组水平的，因此，基于核酸研究的 PCR 和 Southern 印迹杂交（Southern blot）等方法发挥了巨大的作用。由于对已知 DNA 序列的依赖性，这些方法无法实现对未知转基因生物（unknown GMO）或未批准转基因生物（unauthorized GMO）的分子特征识别。因此，基于新一代测序技术（next generation sequencing，NGS）的全基因组测序或富集片段测序的方法正在越来越多地被应用到转基因生物分子特征的识别和鉴定。

此外，因为基因组的信息只能说明理论上能够发生什么变化，却不能说明实际上可能发生的变化（转录组）、实际上正在发生的变化（蛋白组）和实际上已经发生了的变化（代谢组），因此，全面评价转基因的生物安全需要采用系统

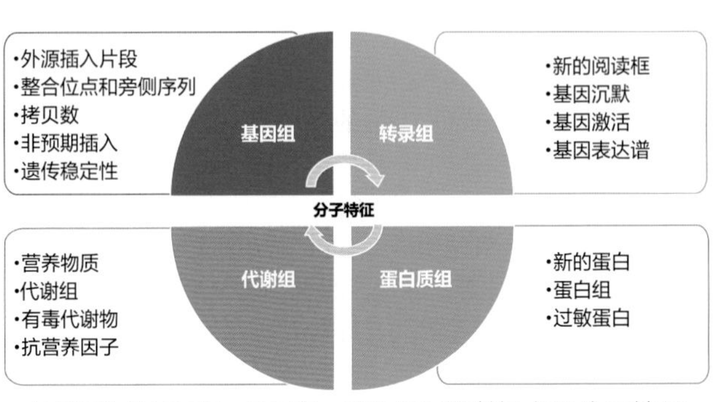

转基因生物基因组、转录组、蛋白组和代谢组水平分子特征概述图

生物学原理和方法，尽可能从不同分子层面，系统地全面地揭示转基因能够、将要、正在和已经带来的变化，有效区分预期和非预期效应，最大限度揭示转基因生物及其产品与自然界其同类常规生物或产品之间的异同，为转基因生物的研发和商业化提供精准全面的分子特征数据。

参考文献

EFSA, 2011. Guidance for risk assessment of food and feed from genetically modified plants[J]. EFSA journal, 9(5): 2150.

LI R, QUAN S, YAN X, et al, 2017. Molecular characterization of genetically-modified crops: challenges and strategies[J]. Biotechnology advances, 35 (2): 302-309.

（撰稿：石建新、谢家建；审稿：张大兵）

转基因生物环境安全性　environmental safety of genetically modified organisms

主要指转基因生物释放后对生态环境以及环境中其他生物可能产生的潜在风险。随着转基因技术的兴起与快速发展，越来越多的转基因生物被商业化应用，而转基因生物的安全性问题一直是国际社会普遍关注的热点和焦点。转基因生物环境安全性是转基因生物安全性问题的一个方面。

转基因生物被人为快速改变遗传构成，突破了自然条件下物种间极低水平基因交流的遗传障碍，逾越了自然变异经过长期筛选与适应的时间限制，其大规模释放对其他生物以及所处的局部生态环境可能造成短期冲击和长期影响。目前，人类对转基因生物环境安全性的认识主要包括转基因生物外源基因飘流的环境后果、DNA 片段插入和新性状引起的生存竞争能力等变化而引发对环境生物及其食物网和生物多样性的影响、转基因生物对环境生态功能（如土壤功能等）的影响以及引起农业管理体制（如耕作制度和栽培措施等）改变而导致的间接生态影响等。

针对因科学不确定性而带来的转基因生物环境安全性风险，世界各国制定相应的转基因生物管理法规，对其环境安全性开展评价和监控。其中，中国已形成一套全面的转基因生物及相关附属产品环境安全性的监管制度，主要采用研究开发与安全预防并重的原则，实行以安全评价为基础的过程管理。

目前，转基因生物的环境安全性评价主要基于比较分析原则，即将转基因生物与非转基因对照（一般用其亲本受体）进行比较，若二者仅存在表达产物的差异，则认为基本具有实质等同性，并针对差异部分进行安全评价。

转基因植物环境安全性的评价　内容主要包括：①生存竞争能力。在自然环境条件下，比较分析、评价转基因植物与受体有关种子活力、种子休眠特性、越冬越夏能力、抗病虫能力、生长势、生育期、产量和落粒性等适合度变化以及杂草化风险等。②基因飘流的环境影响。外源基因向其他植物、动物和微生物发生转移的可能性、飘流风险及可能造成的生态后果，如基因飘流频率、外源基因在野生近缘种中表达情况、目的基因是否改变野生近缘种的生态适合度等。③功能效率评价。自然条件下，转基因植物抗病虫草、抗旱耐盐等目标性状的作用效果。如抗有害生物转基因植物主要比较分析转基因品种与受体在靶标生物数量变化、危害程度、植物长势及产量等方面差异。④对非靶标生物的影响。根据转基因植物与外源基因表达蛋白特点和作用机制，评价其对相关非靶标植食性生物、有益生物（如天敌昆虫、资源昆虫和传粉昆虫等）、受保护物种的潜在影响。⑤对植物生态群落结构和有害生物地位演化的影响。根据转基因植物与外源表达蛋白的特异性和作用机理，评价对相关动物群落、植物群落和微生物群落结构及多样性的影响，以及转基因植物生态系统下病虫害等有害生物地位演化的风险。⑥靶标生物的抗性风险。靶标生物对抗性转基因植物的抗性风险，包括靶标生物在转基因植物商业化种植前的敏感性基线、抗性发展趋势以及抗性监测方案和治理措施等。

转基因动物环境安全性的评价　内容主要包括：①转基因动物逃逸对环境的影响。比较、分析转基因动物与受体动物在自然条件下存活能力的差异，评价转基因动物变成野生动物的可能性，对其他动物生存、生物多样性以及生态平衡等的影响。②基因水平转移的环境影响。分析、评价外源基因向野生种或近缘种、肠道微生物等转移的可能性及可能造成的生态后果，如转基因动物排泄物中微生物组成以及物质组分等变化可能对土壤菌群及肥力等的影响；抗性基因飘流导致动物及微生物对抗生素产生抗药性而造成的环境影响等。③疾病传播的环境影响。分析以病毒为载体的转基因动物发生基因重组的可能性，评价由此带来的寄主感染疾病的风险和非预期效应等。④动物耐药性的环境影响。评价转基因动物对抗生素产生抗药性的风险。⑤转基因动物产品的环境影响。分析、评价转基因动物产品与转基因动物在环境安全性方面的差异。

转基因微生物环境安全性的评价　主要评价转基因微生物在应用环境中的存活情况、在靶标动物之间的水平和垂直传播能力以及与其他相近微生物发生遗传重组的可能性、对动物体内正常菌群和环境微生物的影响。

为此，在转基因生物研发应用的上游阶段使用安全的外源基因、标记基因和受体等，并优化转基因技术，在中游阶段进行系统、科学的环境风险评估，在下游阶段开展长期的环境风险监测，以尽量避免或降低转基因生物的环境安全性风险。

参考文献

刘培磊，徐琳杰，叶纪明，等，2014. 我国农业转基因生物安全管理现状[J]. 生物安全学报，23 (4): 297-300.

刘谦，朱鑫良，2002. 生物安全[M]. 北京：科学出版社.

吴孔明，2014. 中国转基因作物的环境安全评介与风险管理[J]. 华中农业大学学报，33 (6): 112-114.

（撰稿：姚洪渭、叶恭银、彭于发；审稿：沈志成）

转基因生物食用安全性　food safety of genetically modified organisms

转基因技术代表现代生物技术发展的方向。随着转基因生物及其产品的不断涌现，大量含有转基因成分的农产品及其加工品进入人们的食物链，直接或间接地成为人类消费的食品。转基因生物食用安全性因此备受关注和重视。为此，在积极推进转基因技术研发和应用，更好地为人类服务的同时，必须消除或规避因转基因技术本身带来的潜在风险。

转基因生物食用安全性是转基因生物安全性的重要组成部分。按对象来分可以是转基因食品对人类健康的影响，亦可以是转基因饲料对畜禽水产等养殖动物的影响。然而，人们目前更多关注的是人类食用转基因生物及其产品以及以转基因生物及其产品为食的动物产品后，对自身健康可能造成的直接或间接的影响。转基因生物食用安全性主要包括：①对人类的直接毒害作用（毒性）。②引起人体的过敏反应（致敏性）。③对人类营养代谢与吸收的影响。④因外源基因水平转移进入肠道上皮细胞或肠道微生物中可能引起对人体健康的影响。⑤摄入转基因抗性筛选标识基因及其表达蛋白可能导致对抗生素产生抗药性的风险等。

针对转基因生物及其产品的食用安全性问题，1990 年联合国粮食及农业组织（FAO）和世界卫生组织（WHO）联合召开食品安全性与生物技术的专家咨询会议，并于 1991 年出版《生物技术食品的安全性分析的策略》；1993 年联合国经济合作与发展组织（Organization for Economic Co-operation and Development，OECD）在《现代生物技术食品的安全性检测概念和原则》报告中首次提出转基因食品安全性分析的实质等同性原则，即转基因食品是否与传统非转基因食品具有实质等同性。1995 年 WHO 将此分为 3 类：①与市售传统食品具实质等同性，则认为是安全的。②除引入的新性状外，与市售传统食品具实质等同性，则需要进行严格的包括对转基因产品的结构、功能、专一性及其引起的其他物质如脂肪、碳水化合物或小分子物质等变化在内的安全性评价。③与传统食品不具实质等同性，则需要按个案原则进行全面而系统的安全性评价和检测。

转基因生物食用安全性评价内容主要有：①营养学评价，包括营养成分、抗营养因子、表型性状（色泽、香味和风味等）相关物质以及营养物质生物利用率等比较分析。②毒理学评价，包括外源基因新表达产物以及由于基因插入引起变化的代谢产物等对人体代谢、毒物动力学、急性 / 慢性毒性、致畸 / 致癌性、对生殖功能及肠道微生物群落的影响等检测分析。③过敏性评价，包括与已知致敏原的氨基酸序列相似性、新表达蛋白的免疫反应、pH 或消化作用的影响、高温或加工的影响等分析。④非预期效应评价，包括对已知的毒性和营养物质进行单成分分析的定向检测（targeted approaches）和应用功能基因组学、蛋白组学和代谢组学等剖面方法（profiling method）的非定向检测（non-targeted approaches）等。⑤抗生素筛选标记基因的安全性评价，包括基因水平转移和抗 / 耐药性产生等风险分析。⑥产品加工安全性评价，包括加工方法、加工方式、加工过程和贮藏等影响的分析。⑦转基因产品对有毒物质的富集能力评价，包括对农药残留、微生物毒素和重金属等富集作用分析等。出于对转基因可能带来新的毒素和致敏原会导致只利用简单的“实质等同性”原则并不能发现新问题的担心，专家学者建议转基因生物食用安全性评价需考虑消费者类型、暴露水平和产品加工过程等食品安全的影响和潜在的食物营养和成分的变化等。

参考文献

陈颖, 2010. 食品中转基因成分检测指南[M]. 北京: 中国标准出版社.

黄昆仑, 许文涛, 2009. 转基因食品安全评价与检测技术[M]. 北京: 科学出版社.

中国农业大学, 农业部科技发展中心, 2010. 国际转基因生物食用安全检测及其标准化[M]. 北京: 中国物资出版社.

AHMED F E, 2004. Testing of Genetically modified organisms in foods[M]. New York: Food Products Press.

HELLER K J, 2006. Genetically engineered food: methods and detection[M]. New Jersey: Wiley & Sons Ltd.

（撰稿：姚洪渭、叶恭银、彭于发；审稿：沈志成）

转基因生物指南网站 genetically modified organism compass website

由欧盟委员会第六框架计划（European Commission's Sixth Framework Programme）支持建设的转基因生物信息网站（http://www.gmo-compass.org/），其中转基因生物信息报道主要针对欧洲地区，但也有部分是关于世界其他地区的。

网站主要包括新闻时事、不同种类的转基因作物报道、农业生物技术、转基因作物数据库、转基因生物安全性及其管理等内容。新闻时事部分报道最新的转基因生物新闻和故事，也包括不同国家的研究报告。公众可通过该网站获得水果和蔬菜、粮食作物和谷类作物、加工食品、配料及添加剂等不同种类的转基因作物的相关信息。在农业生物技术版块，网站提供农业可持续性、转基因作物种植、田间试验等相关知识。同时，网站还提供一个转基因作物数据库，主要收集欧洲转基因食品和饲料的相关数据。在“安全”板块，提供转基因生物对环境和人类健康的安全性等内容。环境安全性包括生物多样性、重要昆虫和天敌、基因飘流等问题的评价；转基因生物对人类健康的影响包括转基因食物安全评价、过敏性评价和转基因药物抗性评价等内容。通过网站还可以获得欧洲转基因生物的管理规定、转基因生物标识等内容。此外，网站还特别提出“共存”的概念，即转基因作物可以与其他农业系统共存。

参考文献

GMO COMPASS, 2021.[EB/OL].[2021-05-29] https: //www.gmo-compass. org/eng/home/.

（撰稿：卢增斌；审稿：叶恭银）

转基因溯源 traceability of genetically modified products

追溯转基因产品来源的技术。

其原理是综合利用溯源信息系统、无线射频技术与条

Z

形码技术，对产品在种植、生产、加工（包装）、运输和贸易（进出口）等关键控制点，通过手持式读写器等设备快速扫描产品电子标签，以确认产品来源及其所含转基因信息情况，从而实现转基因的溯源。

无线射频识别（RFiD）技术是一种非接触式的自动识别技术，它通过无线射频信号自动识别目标对象并读取相关信息，结合数据库系统和网络体系，可以对物品跟踪与信息共享。与传统的条形码技术相比，RFiD 技术具有数据储存量大、可读写、穿透力强、读写距离远、读取速率快、使用寿命长、环境适应性好等特点，它还是唯一可以实现多目标识别的自动识别技术。RFiD 系统由阅读器（Reader）、电子标签（Tag）和天线（Antenna）组成。把电子标签附在被识别物体的表面或内部，当被识别物体进入阅读器的识别范围时，阅读器以无接触的方式自动读取电子标签中对物体的识别数据，从而实现自动识别物体或自动收集物体信息数据的功能。

参考文献

韩风芝, 2018. 转基因食品溯源监管体系的研究[J]. 山东农业工程学院学报, 35(10): 61-62.

（撰稿：潘广；审稿：章桂明）

转基因外源插入片段　exogenous insertion fragment

整合到受体生物基因组中的外源 DNA 序列的总称。

转基因生物中外源插入片段的完整性与采用的转化方法有关。一般情况下，农杆菌介导的转化外源片段完整性较高，获得的一个完整的外源插入片段通常是 T-DNA 左右边界界定的全部的 DNA 序列，在少数情况下 T-DNA 区外的载体骨架片段也可能整合到受体基因组上。由于 T-DNA 插入植物体多是通过非同源末端连接的方式进行的，外源插入片段在很多情况下其实是不完整的（也称为不完整插入）。在这样的情况下，左右边界序列、目的基因、标记基因、基因调控元件及载体骨架序列等发生部分或全部缺失。在基因枪介导的转化中获得的外源插入片段完整性较差，小于 200bp 的短片段有较高比例的存在。

外源插入片段在受体基因组的插入位点、完整情况及其拷贝数等，与外源目的基因在受体基因组的整合及表达特征密切相关，是转基因生物安全评价分子特征的主要内容。

参考文献

BUCK S D, JACOBS A, MONTAGU M V, et al, 1999. The DNA sequences of T-DNA junctions suggest that complex T-DNA loci are formed by a recombination process resembling T-DNA integration[J]. Plant journal, 20 (3): 295-304.

CHEN S Y, JIN W Z, WANG M Y, et al, 2003. Distribution and characterization of over 1000 T-DNA tags in rice genome[J]. Plant journal, 36 (1): 105-113.

KIM S R, LEE J, JUN S H, et al, 2003. Transgene structures in T-DNA-inserted rice plants[J]. Plant molecular biology, 52 (4): 761-773.

KRYSAN P J, YOUNG J C, Sussman M R, 1999. T-DNA as an insertional mutagen in Arabidopsis[J]. Plant cell, 11 (12): 2283-2290.

（撰稿：石建新、谢家建；审稿：张大兵）

转基因微生物　genetically modified microorganisms

基因组构成经基因工程技术人工改变的微生物。转基因微生物不仅是基因工程技术的重要应用成果，已在农业、食品、医药、工业、环境和能源等领域发挥着重要作用，而且其本身也是基因工程技术的重要组成部分，为转基因生物的实验操作提供工具和载体。

微生物因其种类多、繁殖快、分布广、易培养、代谢能力强、遗传结构简单和易变异等特点，成为最早在实验室用于转基因操作的生物。1973 年 Herb Boyer 和 Stanley Cohen 将带有卡那霉素抗性基因的重组 DNA 质粒成功导入细菌细胞中，表达后的细菌能在卡那霉素存在条件下存活和生长。这是人类历史上的首例遗传改造生物。1976 年 Herbert Boyer 和 Robert Swanson 成立第一家生物技术公司 Genentech，使目标在细菌中大量表达，生产药物蛋白。翌年，Keiichi Itakura 和 Herb Boyer 在大肠杆菌（*Escherichia coli*）中成功表达合成具有 13 个氨基酸的小分子激素——人促生长素抑制因子。随后，小鼠二氢叶酸还原酶基因以及人的胰岛素、生长激素和干扰素等基因亦相继在大肠杆菌中得以表达。1982 年重组人胰岛素经美国食品和药物管理局批准成为第一例基因工程药物上市。1983 年生物技术公司 Advanced Genetic Sciences（AGS）向美国政府申请丁香假单胞菌（*Pseudomonas syringae*）基因工程菌 Ice-minus 的田间试验，用于作物霜冻害防治。1987 年 Ice-minus 菌株获得批准，成为第一个被释放到环境中的转基因生物。1989 年瑞士批准世界首例转基因微生物商业化生产牛凝乳酶，用来生产奶酪。1991 年第一例商业化生产的植物病害生物防治基因工程细菌菌剂在美国和澳大利亚获准登记；1995 年第一例商品化生产的重组根瘤菌制剂在美国上市。此后，转基因微生物研发与商业化应用发展迅猛。

在农业领域，转基因微生物根据应用对象可分为植物用和动物用两大类。前者包括固氮（即转基因微生物肥料）和防病杀虫（即转基因微生物农药）等，其中有促进植物生长和减少氮肥使用的新型重组固氮微生物、防治果树根癌病的放射土壤杆菌工程菌、防治植物霜冻的无冰核活性工程菌、防治虫害的高效 Bt 工程菌剂和转基因病毒制剂等，已进入大规模田间试验和商品化生产阶段。后者涉及疫病防控（即基因工程疫苗及诊断制剂）和动物食用（即饲料用转基因微生物）等，包括通过转基因微生物生产的，用于畜牧兽禽疫病免疫预防的基因工程亚单位疫苗、基因工程重组活载体疫苗、基因缺失疫苗和 DNA 疫苗等以及用于饲料添加的有益于动物生长的重组蛋白（如生长激素）和酶制剂（如植酸酶）等。截至 2011 年，在中国境内申报并通过批准的进入商业化生产的农业重组微生物共 104 例，其中转基因微生物基因工程疫苗 83 例。

在食品领域，将转基因细菌和真菌生产的氨基酸和酶蛋白等用于食品生产和加工已较为普遍，如奶酪生产中使用的凝乳酶、啤酒和饮料生产中的淀粉酶、乳制品生产中的乳糖酶、面包等食品生产中的蛋白酶以及食品添加剂和调味品生产中的氨基酸等。1989年第一种利用基因工程技术改良菌种生产的食品酶制剂是凝乳酶，到2001年已有17个国家使用基因工程凝乳酶来生产干酪。

在医药领域，利用转基因微生物生产基因工程药物一直备受全世界重视。自1982年第一例基因工程药物上市以来，全球已获准上市治疗人类疾病的基因工程药品120余种，主要用于治疗癌症、血液病、艾滋病、乙型肝炎、丙型肝炎、糖尿病和不孕症等疑难病。在中国，到2011年已商业化生产的转基因微生物药物达596例，涉及胰岛素、干扰素、白介素、人生长激素和各种疫苗等，其中重组胰岛素有32例、重组干扰素113例。

在其他领域，转基因微生物可用于环境保护，如进行海洋石油污染治理、环境中农药残留降解以及工业废水和生活污水净化等；可用于能源开发，如构建多功能超级工程菌（包括大肠杆菌和多动拟杆菌等细菌以及酿酒酵母和尖孢镰刀菌等真菌）进行大规模生产乙醇以有效补充传统石化能源消耗；还可用于传统工业改造，如利用基因工程菌改造传统发酵工业，改进乙醇、丁醇、乙酸、乳酸、柠檬酸和苹果酸等化工原料的产品质量并提高产量等。

自从基因工程技术创建和首例转基因微生物出现以来，国际社会一直关注转基因微生物及其产品可能对人类健康和生态环境带来的不利影响或潜在风险。转基因微生物对人类健康的潜在危害主要包括致病性（即转基因微生物可能对人体产生毒性、致癌、致畸、致突变和致过敏等病害的风险）、抗药性（即转基因操作中使用的抗生素抗性标记基因可能导致人类对抗生素等药物产生抗药性以及抗性基因可能水平转移到其他致病微生物中而后者产生抗药性的风险）和食品安全性（即转基因微生物及其产品可能的直接或通过对植物、动物和其他微生物等不利影响而间接引起的风险）。对生态环境的潜在危害主要包括转基因微生物扩散传播、通过遗传变异成为有害生物、与其他生物协同作用而增强对生态系统的危害性；转基因水平转移可能产生新的有害生物、可能使原来的有害生物增大危害性；可能对非靶标生物造成危害，破坏生物多样性，改变生态系统的结构和功能，出现新的生物灾害或环境问题等。因此，转基因微生物在环境释放和商业化应用之前，必须经过严格的安全评价和检测，在释放后进行生物安全的长期监控。

参考文献

陈良燕, 2002. 国内外转基因微生物研究与环境释放现状综述[C] //国家环境保护总局生物安全管理办公室. 中国国家生物安全框架实施国际合作项目研讨会论文集. 北京: 中国环境科学出版社.

米歇尔·莫朗热, 2002. 二十世纪生物学的分子革命——分子生物学所走过的路[M]. 昌增益, 译. 北京: 科学出版社.

农业部农业转基因生物安全管理办公室, 中国农业科学院生物技术研究所, 中国农业生物技术学会, 2012. 转基因30年实践[M]. 北京: 中国农业科学技术出版社.

JANSSON J K, VAN ELSAS J D, BAILEY M J, 2000. Tracking genetically-engineered microorganisms[M]. Texas: EUREKAH. COM/ Landes Bioscience.

（撰稿：姚洪渭、叶恭银；审稿：沈志成）

转基因阈值 transgenic threshold

大部分国家和地区的转基因标识管理政策允许在食品（饲料）中存在少量转基因成分。这种转基因成分的存在是在收获、运输及加工过程中，无法通过技术手段加以消除的意外混杂，不需要进行标识，并且还确定了食品（饲料）中转基因成分意外混杂的最高限量，即转基因阈值。若食品（饲料）中转基因成分的含量超过这一阈值，则需对该食品（饲料）进行标识。

转基因食品标识阈值的内涵，是人类在无法掌控转基因食品安全风险的情况下，为预防未知风险，实现消费者知情权而采取的一种管制措施。正是基于转基因食品标识阈值内涵的上述特点，使得世界各国设定的转基因食品标识阈值呈现大小不一、千差万别的局面。世界各国在设定转基因食品标识阈值时，除了考虑科学因素外，更多地顾及了经济和社会因素，使阈值本身不仅包含了科技理性，更包含了经济理性和政策理性，集中反映了一个国家或地区对转基因食品安全风险的忍受度。

美国经过长时间的自愿标识制度之后，于2020年最新通过标识制度，按照目录采取定量标识制度，标识阈值为5%。澳大利亚、新西兰等国家规定的标识阈值为1%，欧盟的标识阈值为0.9%，韩国、马来西亚的标识阈值为3%。瑞士规定原材料或单一成分饲料中转基因成分超过3%，混合饲料中转基因成分超过2%，则需要进行标识。俄罗斯、日本等的标识阈值为5%。中国的转基因标识管理为定性标识，没有阈值。

参考文献

杜智欣, 焦悦, 张亮亮, 等, 2017. 转基因成分定量检测技术研究进展[J]. 食品工业科技, 38(10): 379-384.

（撰稿：李想；审稿：曹际娟）

转基因整合机制 integration mechanism

外源基因片段整合到受体基因组的分子机制。

在农杆菌介导的转化中，T-DNA整合到受体基因组的是T-DNA单链和毒性效应蛋白（Vir）。*vir*基因区编码T-DNA加工、运输和向核转移的所有蛋白，有一个由6个操纵子组成的对T-DNA转化必不可少的调节子。其中4个操纵子（VirA，VirB，VirD，VirG）直接参与T-DNA转化，2个操纵子（VirC和VirE）参与调控T-DNA转化效率。T-DNA区的基因，即可被转到受体植物并可改变受体植物发育和代谢的基因，与T-DNA成功整合到植物基因组无关。对T-DNA整合真正起作用的是位于T-DNA区两端界定 T-DNA 区的两个长度为 25bp 的不完全相同的同向重复序列，即 T-DNA 的左边界（LB）和右边界（RB）。

进入植物细胞的 T-DNA 单链与 Vir 蛋白和其他植物蛋白很可能形成复合物，通过细胞质进入细胞核，然后 T-DNA 被随机地整合到植物染色体中，并永久表达其含有的目的基因。T-DNA 整合到受体植物的第一步就是要在 T-DNA 右边界产生一个 DNA 缺失，该缺失诱导的 DNA 修复合成并释放出单链 T-DNA。因此，T-DNA 的整合就是一个 DNA 修复过程。因为 T-DNA 的结构及整合位点可能影响外源插入基因的表达，调控 T-DNA 的整合，对转基因的基础研究和应用具有重要的意义。

最新的研究认为，T-DNA 在植物体内的成功整合离不开 DNA 聚合酶 θ（Pol θ），编码该酶的基因发生突变后，突变体尽管对农杆菌侵染敏感，但却不发生 T-DNA 整合。在 DNA 聚合酶 θ 介导的 T-DNA 整合过程中，该酶对 T-DNA 缺失片段 3′ 的识别和结合是 T-DNA 整合的关键机制。因为 DNA 聚合酶 θ 能够实现 DNA 合成引物和底物之间的快速转换，所以，T-DNA 在植物细胞的整合是随机的，并伴有整合位点附件填充 DNA 的产生。

基因枪介导的转化中，整合机制研究较少。基因枪介导的外源转基因片段的整合机制可能分为预连接、一次整合和多次整合等方式，涉及植物同源重组和非同源末端重组等机制。

参考文献

GELVIN S B, 2017. Integration of agrobacterium T-DNA into the plant genome[J]. Annual review of genetics, 51: 195-217.

KREGTEN M V, PATER S D, ROMEIJN R, et al, 2016. T-DNA integration in plants results from polymerase-θ-mediated DNA repair[J]. Nature plants, 2: 16164.

（撰稿：石建新、谢家建；审稿：张大兵）

转基因整合位点　integration site

外源序列在转基因生物受体基因组上的插入位点。

T-DNA 介导的外源基因插入是通过同源重组或非同源重组机制随机整合到受体基因组上的。因此，理论上，外源 T-DNA 可以插入到受体基因组的任何一条染色体上的任何区域。由于插入的位置效应、致死效应等因素，实际获得的转基因植物植株的 T-DNA 一般更易插入转录活跃的区域、富含基因区、染色体尾部和高 GC 含量区，很少插入在着丝粒处或重复序列区。

外源 T-DNA 整合到受体基因组位点的方式较多，包括单位点的单拷贝、双拷贝或多拷贝整合，多位点的单拷贝或多拷贝整合等。最简单的整合方式是单位点的单拷贝整合。单位点单拷贝转化体是转基因育种筛选的理想整合方式。

T-DNA 插入受体基因组的非功能基因区，不影响其邻近基因的结构和功能，是最理想的插入。T-DNA 插入到受体基因组功能基因的不同区段，则可能因为具体插入功能基因区域的不同引起不同的效应变化。一旦插入到功能基因的编码区和启动子区，将会导致基因失活、表达下降或上升及染色体重排等，表现为性状突变。这样的转化体的最终表型是 T-DNA 导入的目的基因和被 T-DNA 插入的功能基因共同作用的结果，有可能影响目的基因的性状表达和利用。筛选插入位点不在受体基因组功能基因编码区和启动子区的单位点单拷贝转化体，是转基因育种筛选早期的分子特征最重要的一个目标。

整合位点表征是转基因生物安全评价的基本内容之一。整合位点鉴定目前常用的方法都是基于 PCR 的方法。获得整合位点后，就可以对整合的其他特征如旁侧序列等进行分析，并据此研发特异性的定性和定量检测方法。随着测序技

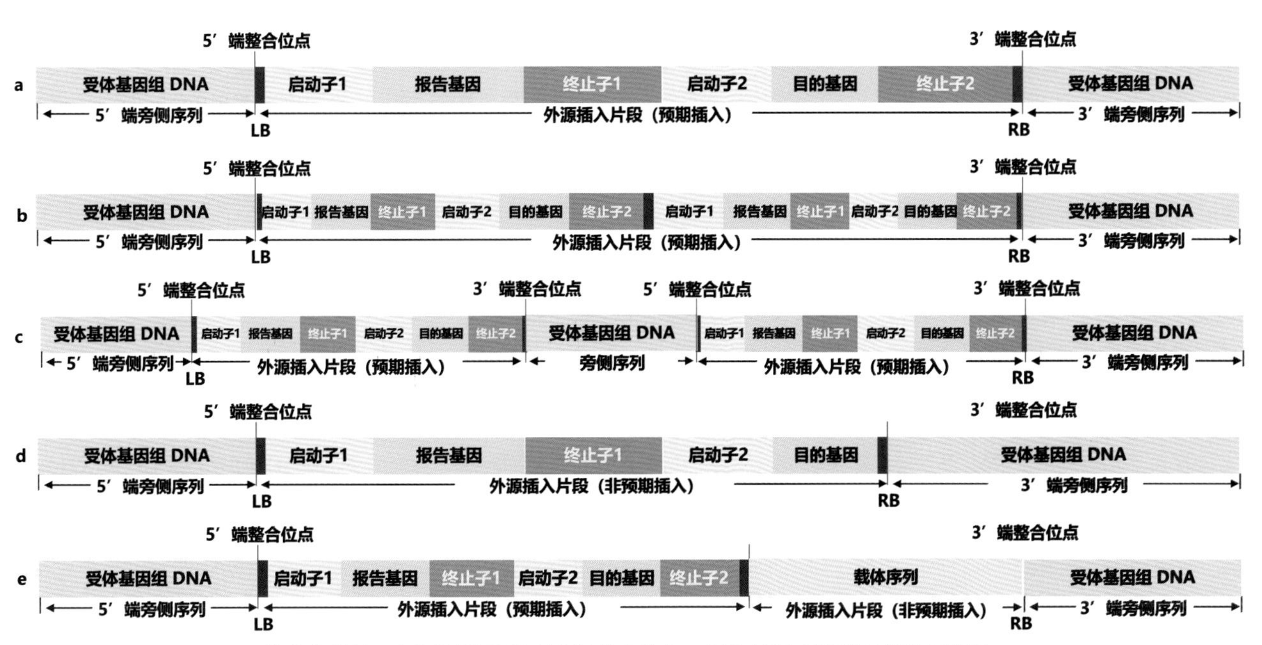

简化的转基因生物的外源插入片段的整合位点、旁侧序列和拷贝数的线性示意图

a：一个拷贝，完整插入；b：2 个拷贝，完整串联插入在同一个整合位点；c：2 个拷贝，完整插入在同一个染色体的 2 个不同位点；d：一个拷贝，不完整插入（终止子 2 缺失）；e：一个拷贝完整插入和一个非预期插入（载体）

术的进步和测序价格的下降，越来越多的转基因生物的整合位点可以通过直接测序进行分析。与传统的 PCR 方法相比，测序获得的整合位点信息更为全面。

参考文献

BUCK S D, JACOBS A, MONTAGU M V, et al, 1999. The DNA sequences of T-DNA junctions suggest that complex T-DNA loci are formed by a recombination process resembling T-DNA integration[J]. Plant journal, 20 (3): 295-304.

CHEN S Y, JIN W Z, WANG M Y, et al, 2003. Distribution and characterization of over 1000 T-DNA tags in rice genome[J]. Plant journal, 36 (1): 105-113.

HOLST-JENSEN A, SPILSBERG B, ARULANDHU A J, et al, 2016. Application of whole genome shotgun sequencing for detection and characterization of genetically modified organisms and derived products[J]. Analytical and bioanalytical chemistry, 408 (17): 4595-4614.

KIM S R, LEE J, JUN S H, et al, 2003. Transgene structures in T-DNA-inserted rice plants[J]. Plant molecular biology, 52 (4): 761-773.

KRYSAN P J, YOUNG J C, SUSSMAN M R, 1999. T-DNA as an insertional mutagen in Arabidopsis[J]. Plant cell, 11 (12): 2283-2290.

（撰稿：石建新、谢家建；审稿：张大兵）

转基因植物 genetically modified plants

利用基因工程技术改变基因组构成的植物。是当今历史上研发时间最长、商业化应用最广、安全性争议最大的高等真核生物。

转基因植物的研发最早可追溯到 20 世纪 70 年代后期。当时发现根癌农杆菌（*Agrobacterium tumefaciens*）Ti 质粒中存在一段能整合到植物基因组上的转移 DNA 序列（transfer-DNA，T-DNA），尝试利用该序列特性将外源基因导入植物基因组中。1980 年首次成功构建 Ti 质粒载体系统，并将外源 DNA 引入植物体内。随后，世界首例转基因烟草于 1983 年在美国培育成功，1986 年在美国和法国被首次批准田间试验。中国在 1988 年应用农杆菌介导法育得抗病毒转基因烟草；1989 年采用原生质体融合法培育出抗虫 Bt 水稻。1994 年美国批准转基因延熟保鲜番茄上市；1996 年批准 Bt 棉花、Bt 玉米和 Bt 马铃薯等商业化种植。据国际农业生物技术应用服务组织（ISAAA）报告，1996—2019 年期间共有 29 个国家累计种植 27 亿 hm^2 转基因作物，涉及玉米、大豆、棉花、油菜、苜蓿、甜菜、木瓜、南瓜、茄子、马铃薯和苹果等作物种类；共计 71 个国家 / 地区批准转基因作物用于粮食、饲料以及商业化种植。自 1992 年以来共批准 4485 项监管审批，涉及 29 个转基因作物（不包括康乃馨、玫瑰和矮牵牛）的 403 个转基因转化体，其中 856 项涉及粮食用途，1514 项涉及饲料用途，800 项涉及环境释放或耕种。转基因作物对全球粮食安全、可持续发展及气候变化贡献巨大。自 1996 年开始种植转基因植物，20 年来转基因作物为全球 1600 万～1700 万农民带来 1861 亿美元的经济收益，其中包括累计增产 6.576 亿 t、节约 1.83 亿 hm^2 土地、减少 8.2% 的农药使用和 271 亿 kg 的二氧化碳排放等。

转基因植物的获得离不开植物转基因技术，即把从动物、植物或微生物中分离到的目的基因，通过各种方法转移到植物基因组中，使之稳定遗传并赋予植物新的农艺性状，如抗虫、抗病、抗逆、高产、优质等。随着现代生物技术的迅速发展，植物转基因技术方兴未艾，由传统的农杆菌介导法、基因枪法、原生质体融合法、花粉管通道法和聚乙二醇介导法等，向新型育种技术如 RNAi 技术和基因编辑技术发展和应用。转基因植物的筛选标记基因也从常规抗生素和抗除草剂基因向更为简便、快捷和安全的花青素和红色荧光蛋白等可视化标记基因发展。

随着越来越多新的性状基因被不断挖掘，转基因植物亦持续处于更新换代中。如第一代转基因植物以耐除草剂、抗虫和抗病毒等性状为主，目的是提高植物抗逆能力，以增加产量、降低投入；第二代以品质改良性状为主，包括提高作物的维生素、赖氨酸、油酸等营养成分含量，剔除过敏原及植酸、胰蛋白酶抑制因子、硫葡萄糖苷等抗营养因子，以满足消费者的偏好和营养需要；第三代以功能型高附加值的转基因植物为主，包括生物反应器、生物制药、生物燃料和清除污染等特殊功能改良，以拓展新型转基因生物在健康、医药、化工、环境和能源等领域的应用。目前，大规模商业化种植的转基因作物主要是第一代、第二代转基因产品。其中，多基因复合性状正成为转基因技术研究与应用的重点。2019 年抗虫 / 耐除草剂复合性状转基因作物的种植面积占全球转基因作物种植面积的 45%。

基因编辑技术正被用于油菜、玉米、小麦、大豆、水稻、马铃薯、番茄和花生等重要农作物的改良，但其是否被纳入转基因安全监管的范畴尚存在争议。美国对转基因安全监管采用个案分析原则，明确部分基因编辑产品可免受转基因安全监管。

转基因植物将通过新产品和新性状继续造福人类。

参考文献

国际农业生物技术应用服务组织, 2021. 2019年全球生物技术/转基因作物商业化发展态势[J]. 中国生物工程杂志, 41 (1): 114-119.

米歇尔 · 莫朗热, 2002. 二十世纪生物学的分子革命——分子生物学所走过的路[M]. 昌增益, 译. 北京: 科学出版社.

沈平, 武玉花, 梁晋刚, 等, 2017. 转基因作物发展及应用概述[J]. 中国生物工程杂志, 37 (1): 119-128.

（撰稿：姚洪渭、叶恭银；审稿：沈志成）

转基因制样 preparation of samples of genetically modified organisms

为了评估产品中是否含有转基因成分或是否含有某种指定的转基因成分（定性分析），或为了评估转基因成分的含量（定量分析），通过改变样品质量、形状，使之适合于分析的操作过程。

制样过程 分为质量缩减过程和非质量缩减过程。质量缩减过程以缩分为主，有时还包括筛分、烘干、提取等过程；非质量缩减过程包括组合、混匀、研磨、破碎、转化等过程。

制样方法　常用的缩分方法包括二分器法、锥堆四分法、网格缩分法、旋转分样器法等，分别可将样品等分至1/*n*，通常*n*=2～20；研磨和破碎可降低固体样品的粒度，通常分为手工法和机械法；适当的组合和充分混匀可降低制得的样品属性发生偏离的风险；有时，按照规定的标准或协议，可能仅需要部分粒度区间的样品，或为研磨、破碎方便而适当烘干样品，或提取样品中带有遗传功能的部分以供分析，或经过适当培养、复制等方法将样品转化成其他形式或状态。

制样代表性　分析结果与样品的一致性。对于概率制样，通常使用制样方差与制样偏倚平方之和（简称均方误）表示制样的代表性。正确制样可使制样偏倚降低到可忽略的程度，甚至降为0，因此，正确制样的代表性可用制样方差近似地评估。一般情况下，制样方差在确定制样方案之前由科学试验数据获得。

防止污染　由于样品中潜在含有转基因成分，因此，应在样品制备前、连续的两个样品制备的间隔使用适当方法清洗所有制样器具。制样所用设施和环境也应以适当方法予以隔离、清洗。

参考文献

SN/T 1194-2020 植物及其产品转基因成分检测 抽样和制样方法.

GB/T 19495.7-2004 转基因产品检测抽样和制样方法.

（撰稿：曹际娟；审稿人：徐君怡）

转录酶扩增　transcription mediated amplifica-tion, TMA

一种利用RNA聚合酶和逆转录酶在42℃左右等温条件下扩增核糖体RNA的技术。该技术是针对靶序列设计一对特异性引物，包括启动子引物和非启动子引物。用具有T7 RNA聚合酶识别的启动子序列的启动子引物与靶序列结合后，在反转录酶的作用下进行反转录反应，形成RNA-DNA杂交分子。反转录酶所具有的RNase H活性水解RNA-DNA杂交分子，形成单链DNA，该单链DNA含有T7RNA聚合酶识别的启动子序列。然后非启动子引物与单链DNA结合，通过反转录合成双链DNA。

（撰稿：潘广；审稿：章桂明）

转录组　transcriptome

广义的转录组是指某一生理条件下，细胞内所有转录产物的集合，包括信使RNA、核糖体RNA、转运RNA及非编码RNA。狭义的转录组则指某一生理条件下，细胞内所有mRNA的集合。多数情况下，转录组主要分析mRNA。和基因组的大致稳定的特性不同，转录组还可随外部环境条件变化，因此，转录组反映的一个特定组织在特定时间主动表达的所有基因。

因为DNA转录过程产生的RNA可以通过进一步修饰，形成具有不同功能的中间产物，或参与合成调控基因表达的蛋白，或参与合成酶，或和蛋白质一起形成RNA-蛋白质复合体参与复杂的RNA翻译过程。因为，不论转基因的目的是要获得蛋白质或RNA，所有转基因生物都要产生新的RNA，再合成新的蛋白。因此，了解转录组水平（即RNA水平）的总体变化，有助于全面评价转基因生物的安全性。转录组学技术，包括芯片分析技术和二代测序技术又叫RNA-Seq技术，已成功用于转基因生物预期和非预期效应的检测，通常都采用比较转录组的方法。一般认为，转基因引起的转录组差异表达变化较小。这些差异表达的转录组有1/3源于转基因方法本身，1/6源于事件特异性（受体基因组插入位点及附近基因受到破坏或发生了重组）。因此，只有大约50%的转录组差异与转基因相关。和蛋白组、代谢组在转基因生物安全评价上的应用一样，转录组学对转基因作物的评价应该遵循个案原则，具体情况具体分析。此外，转录组学用于评价转基因生物安全时，重点要发现转基因引起的非预期表达基因、基因网络及可能的代谢通路，为进一步的安全评价提供靶标，同时也为转基因生物安全评估不同阶段的技术建立和优化提供理论依据。

采用转录组学评价转基因生物安全时，组织的选择（mRNA来源）至关重要。转化体和非转化体对照必须在相同的环境条件下生长，组织采样时的成熟期必须一致，每个样品必须有足够的生物学重复。

在分析转录组数据的时候，如果能结合同样组织在不同发育阶段和不同生长条件下的基因表达自然差异数据，就能将转基因生物与其非转基因对照间的转录组差异比对到特定组织表达的自然差异背景中，从而，更客观地判断和评价转基因引起的转录组差异，更方便地发现超出自然变异的转录本即基因，作为下一步安全评价的靶标。

参考文献

KUIPER H A, KOK E J, ENGEL K H, 2003. Exploitation of molecular profiling techniques for GM food safety assessment[J]. Current opinion in biotechnology, 14 (2): 238-243.

MONTERO M, COLL A, NADAL A, et al, 2011. Only half the transcriptomic differences between resistant genetically modified and conventional rice are associated with the transgene[J]. Plant biotechnology journal, 9 (6): 693-702.

（撰稿：石建新、谢家建；审稿：张大兵）

转人血清白蛋白基因水稻‘114-7-2’　express-ing human serum albumin genetically modified rice ‘114-7-2’

中国武汉禾元生物科技有限公司研发的表达人血清白蛋白的转基因水稻。

基因操作所用受体为常规水稻品种‘台北309’，目的基因为经水稻密码子优化后的人血清白蛋白基因 *hsa*，编码人血清白蛋白，主要用于低蛋白血症及人工替代血浆和动物培养基添加剂等。目的基因由水稻储藏蛋白胚乳特异性表达启动子 Gt13a 和 NOS 终止子调控其表达。标记基因为潮霉素磷酸转移酶 *hpt* 基因，由水稻愈伤组织特异性表达启动子 CP（cysteine proteinase β 基因）和 NOS 终止子调控其表达。构建转化载体 pOsPMP04，采用农杆菌共转化的方法将目的基因导入‘台北309’，逐代选育获得转化体‘114-7-2’。Southern 杂交结果表明，目的片段在受体基因组中有2个插入位点，分别位于水稻第四和第五染色体上，共3个拷贝，其中2个拷贝以头尾相连方式排列；Western blot 和 Elisa 检测结果表明，目的蛋白仅在种子的胚乳中获得高表达，表达量约为 116.58μg/ 粒水稻种子。

连续多年、多点的环境安全性评价数据表明，与受体亲本相比，‘114-7-2’的稻米在农艺性状上无任何改变，其生存竞争能力较受体亲本有所降低，但在发芽率、杂草化、对非靶标生物和稻田节肢动物影响等方面与受体亲本无显著差异。毒理学数据表明，‘114-7-2’表达的人血清白蛋白对受试的人、小鼠、豚鼠等哺乳动物无任何显著不良影响；重组表达的人血清白蛋白在蛋白质结构、药理活性和生物活性等方面与血浆来源的人血清白蛋白具有实质等同性；营养学评价数据表明，除了在种子中表达人血清白蛋白外，‘114-7-2’的稻米品质和营养组分含量与受体亲本无显著差异。人血清白蛋白与已知毒蛋白和过敏原不存在同源性和结构上的相似性。

2008年、2009—2011年和2012—2015年，已分别对‘114-7-2’开展了中间试验、环境释放和生产性试验的安全评价研究。2019年‘114-7-2’已被批准进入药物的临床试验。

参考文献

HE Y, NING T T, XIE T T, et al, 2011. Large-scale production of functional human serum albumin from transgenic rice seeds[J]. Proceedings of the National Academy of Sciences of the United States of America, 108 (47): 19078-19083.

（撰稿：韩兰芝；审稿：杨晓伟）

资源波动 resource fluctuation

入侵地由于各种因素而出现可用资源变化的情况。入侵地资源波动假说认为，入侵物种必须获得可用的资源，如光、营养物和水，如果没有其他来自入侵地的物种与其竞争这些资源，那么入侵物种会更加容易成功入侵。一般认为这类资源的可用性可以通过2种方式实现：①入侵地常住植被由于各种因素，如放牧、虫害暴发和病害发生，使得常住植被减少，常住植被对资源使用率下降。②入侵地富营养化（营养增加）、移除林冠（林下植被的光照增加）和降水量增加的年份（供水增多），使得入侵地的资源总量上升。

参考文献

DAVIS M A, GRIME J P, THOMPSON K, 2000. Fluctuating resources in plant communities: a general theory of invasibility[J]. Journal of ecology, 88(3): 528-534.

（撰稿：田震亚；审稿：周忠实）

资源波动假说 resource fluctuation hypothesis

Davis 等在2000年通过结合试验数据和植被长期监测研究提出了一种新理论，即植物资源波动假说，该假说认为，被侵入地资源可用性的波动是控制环境对外来物种入侵的敏感性关键因素。当植物群落中未被利用的资源增加时群落易受外来种入侵，也就是说，如果外来物种与本地种的竞争强度不甚剧烈，外来物种易于捕获光、养分、水分等可利用资源的条件下，则入侵成功概率大。这假说试图从群落中的可利用资源的波动来评价群落可入性的增减。资源波动假说基于竞争强度与未利用资源成负相关的理论提出，该假说认为当地植物群落中未被利用的资源增加时群落易受外来种入侵。无论干扰导致群落资源增加或是本地种对资源摄取的减少，群落中可利用的资源都增加，可侵入性将会增加。

Davis 等认为由于资源供给和本地植物摄取的周期波动，许多植物群落极少处于资源平衡状态。若环境资源供给的波动或是资源摄取减少，尽管入侵物种生态特性与本地物种存在根本差异，入侵种可能占据利用资源。

资源可获得性波动理论关注的重要事实是：入侵物种以允许它们成功的速度捕获光合产物、水和营养物质的机会往往在空间和时间上受到严重限制。该理论旨在解释入侵性的差异和变化，即环境对入侵的固有易感性。正如1999年，Williamson 和 Lonsdale 所强调的，入侵是否真的发生在特定的环境中，还取决于繁殖压力和入侵物种的属性。

该理论能在多大程度上适用于动物尚不清楚。特别是，需要进一步的研究来确定行为的哪些方面（例如侵略和支配）减少了动物入侵者对未使用资源的依赖程度。

参考文献

齐相贞, 林振山, 温腾, 2007. 可利用资源波动对外来种入侵的抵抗性[J]. 生态学报 (9): 297-305.

DAVIS M A, GRIME J P, THOMPSON K, 2000. Fluctuating resources in plant communities: a general theory of invasibility[J]. Journal of ecology, 88(3): 528-534.

LONSDALE W M, 1999. Global patterns of plant invasions and the concept of invisibility[J]. Ecology, 80: 1522-1566.

WILLIAMSON M, 1999. Invasions[J]. Ecography, 22: 5-12.

（撰稿：周忠实、田镇齐；审稿：万方浩）

紫茎泽兰 *Ageratina adenophora* (Sprengel) R.M. King & H.Robinson

多年生丛生状半灌木或直立草本植物，是全球热带、亚热带地区危害最严重的一种杂草。又名破坏草、解放草。英文名 crofton weed、pamakani。

入侵历史 紫茎泽兰原产于中美洲墨西哥至哥斯达黎加一带，19世纪被作为观赏植物引入欧洲，之后又被引入澳大利亚和亚洲等地，现已广泛分布在世界热带、亚热带30多个国家和地区，并在澳大利亚、新西兰、南非和中国等多个国家造成危害。该杂草于20世纪40年代从中缅边境传入中国云南境内，是中国最具入侵性和危害性的外来杂草之一。

分布与危害 分布于云南、四川、贵州、重庆、西藏和台湾等地，发生面积超过1400万hm^2，而且仍以每年30～60km的速度随西南风向东北传播扩散。在海拔165～3000m的热带甚至温带的宽气候带均能生长，海拔在1000～2000m、坡度＞20°、温度10～30℃的山地及幼林地生长最为茂密。紫茎泽兰入侵后，能分泌化感物质强烈排挤本地植物，严重威胁生物多样性，而且该杂草含有的毒素易引起马匹的气喘病或牲畜误食后死亡，给当地农、林、畜牧业生产造成严重的经济损失和生态环境灾难。

形态特征 茎紫色，上面生有细细的茸毛，高30～200cm，最高可达3m左右，分枝对生，斜上。根呈线索状，十分发达，看上去密密麻麻，盘根错节。叶对生，具长柄，叶片呈三角状卵形或菱形、卵形，似桑叶，基出三脉明显，侧脉纤细，叶缘有钝齿。头状花序多数，在茎顶排列成伞房状或复伞房状，总苞宽钟状，总苞片1层或2层；花全部为筒状花，两性，白色。瘦果细小，长圆柱状，略弯，黑褐色，有棱，顶端具白色冠毛，可随风飘移散落，极易在裸地和稀疏植被的生境中定殖生长。幼苗很小，但生长速度很快，2个月即可成株建群。茎基部常木质化，茎枝基部特别是靠近地面的茎部能生出须根，萌发出根芽，入土便可产生新植株，这使其在竞争并拓展生存空间中处于有利地位（见图）。

入侵特性 紫茎泽兰性喜温暖、湿润的环境，具有广泛的适应性和抗逆能力，它对土壤的选择性不大，无论在向阳开阔的自然草场、公路两旁、隐蔽的树林，还是在干旱贫瘠的荒坡隙地、墙头、岩坎、石缝里都能生长，在农田、牧草地、经济林地甚至荒山、荒地、沟边、路边、屋顶、岩石缝、沙砾堆都能存活。在年平均温度高于10℃、相对湿度高于68%、绝对最低温度不低于-11.5℃、最高气温35℃以下、最冷月平均温度大于6℃的环境条件下均可生长。结实力强，每株可结种子3万～4.5万粒，多的可达10万粒。紫茎泽兰可以无性或有性生殖，在开阔的落叶阔叶林及路边则主要采用营养繁殖，营养体快速生长，以充分利用丰富的环境资源和空间并从中提高竞争力，促使种群快速扩张。紫茎泽兰对其他某些植物具化感作用，茎叶水提液、根系分泌物能抑制豌豆、三叶草、酸模的生长，抑制旱稻种子萌发和幼苗生长。由于其适应性和繁殖力极强，入侵地区到处可见紫茎泽兰，山间小路被阻塞，经济林成片死亡，水陆交通被堵，严重破坏当地的生物多样性和生态系统完整性。

监测检测技术 在监测方法上，一般以县级行政区域作为发生区与潜在分布区划分的基本监测单位，采用踏查结合走访调查的方法，调查各监测点中紫茎泽兰的发生面积与经济损失，根据所有监测点面积之和占整个监测区面积的比例，推算紫茎泽兰在监测区的发生面积与经济损失。在紫茎泽兰的潜在分布区，包括距离已发生区较近的区域、已发生区江河沟渠下游的区域、与发生区有频繁客货运往来的地区，可采取踏查结合走访调查的方式了解紫茎泽兰的扩散态势；与发生区有频繁的对外贸易或国内调运活动的港口、机场、园艺花卉公司、种苗生产基地、原种苗圃等高风险场所及周边区域，则应进行定点跟踪调查。

预防与控制技术

替代控制 通过人工培育某种具有较强竞争力的有益或有经济价值的植物与入侵杂草进行种间竞争，掠夺入侵杂草赖以生存的空间和资源，从而抑制入侵杂草的扩散和蔓延。紫茎泽兰为阳性植物，在林木郁闭度≥0.7时，其植株虽可出苗，但不能生存，生长发育明显受阻，以致不能正常开花结实。据此，可利用一种或多种其他植物的生长优势来抑制或替代控制紫茎泽兰。可用于替代控制紫茎泽兰的牧草有非洲狗尾草（*Setaria sphacelata*）、紫穗槐（*Amorpha fruticosa*）和葛藤（*Pueraria lobata*）等。在4月，非洲狗尾草与紫茎泽兰在同行同列间隔播种种子，种植5个月后，紫茎泽兰的长势明显降低，而非洲狗尾草的长势明显较强；在4～5月条播紫穗槐，行距0.3～0.4m，播种量为30～37.5kg/hm^2，种植期间于每年5～6月撒施追肥1次，紫穗槐播种2年后生长速度加快，可起到良好的替代控制紫茎泽兰的作用，并可增加土壤肥力；在中国南方地区长有紫茎泽兰的土地上，4～5月开始进行葛藤移栽，移栽前按

紫茎泽兰的形态特征（桂富荣提供）
①植株；②叶片；③花；④花序

穴距 0.5～0.6m 开穴，再将基肥施于穴底，每穴移栽葛藤种苗 1 株，适时除草、靶向施肥，由于葛藤生长速度快、盖度高、多年生，对紫茎泽兰起到很好的替代控制作用，并可作为经济作物、饲料作物和药材利用。

生物防治　泽兰实蝇（*Procecidochares utilis*）是紫茎泽兰的重要专食性天敌，该虫与紫茎泽兰的生态位重叠较好，饲养容易成活，释放方法简便，可阻碍紫茎泽兰的生长和结籽，削弱其长势，在控制该杂草危害和传播方面能起到一定的作用。被泽兰实蝇寄生的植株在分枝数量、开花数、种子结实量、种子发芽率等方面均有不同程度的降低，从而大大减缓其传播蔓延的速度，有效控制紫茎泽兰的扩张与蔓延。

物理防治　采用人工拔除或用机械、锄头等工具对紫茎泽兰进行人工清除，以减少其植株数量。适用于经济价值高的农田、果园、草原、草地和公园。防除时需对植株进行集中处理，否则不但不能控制其危害，反而可能助其扩散蔓延。

化学防治　对危害严重、面积大、人工清除有困难的地方适当采用化学药剂进行防治，结合人工清除，在一定范围内是可行的。例如，吡啶类（24% 氨氯吡啶酸 450～900g/hm^2）、磺酰脲类（70% 甲嘧磺隆 315～630g/hm^2）、嘧啶类（70% 苯嘧磺草胺 157.5g/hm^2）、10% 草甘膦 22150g/hm^2、20% 草铵膦 750～1000g/hm^2 等除草剂。对紫茎泽兰具有很好的防除效果。防治时期一般选择每年 3～4 月和 7～8 月，施药时要均匀喷施全株，并且要做好人身防护，避开放牧的牲畜。

参考文献

桂富荣, 蒋智林, 王瑞, 等, 2021. 外来入侵杂草紫茎泽兰的分布与区域减灾策略[J]. 广东农业科学, 39(13): 93-97.

蒋智林, 王五云, 雷桂生, 等, 2014. 紫茎泽兰与4种功能型草本植物根系生长特征和竞争效应[J]. 应用生态学报, 25(10): 2833-2839.

卢向阳, 王秋霞, 刘冰, 等, 2013. 紫穗槐替代控制对撂荒山地紫茎泽兰的影响[J]. 西南农业学报, 26(5): 1893-1898.

卢向阳, 曹坳程, 欧阳灿彬, 等, 2015. 葛藤定植及替代控制紫茎泽兰的技术研究[J]. 杂草科学, 33(4): 18-22.

万方浩, 侯有明, 蒋明星, 2015. 入侵生物学[M]. 北京: 科学出版社: 192-195.

万方浩, 刘万学, 郭建英, 等, 2011. 外来植物紫茎泽兰的入侵机理与控制策略研究进展[J]. 中国科学: 生命科学, 41(1): 13-21.

朱文达, 曹坳程, 颜冬冬, 等, 2013. 除草剂对紫茎泽兰防治效果及开花结实的影响[J]. 生态环境学报, 22(5): 820-825.

BUCCELLATO L, BYRNE M J, FISHER J T, et al, 2019. Post-release evaluation of a combination of biocontrolagents on crofton weed: testing extrapolation of greenhouse resultsto field conditions[J]. BioControl, 64(4): 457-468.

CUI Y, OKYERE S K, GAO P, et al, 2021. *Ageratina adenophora* disrupts the intestinal structure andimmune barrier integrity in rats[J]. Toxins, 13: 651.

POUDEL A S, JHA P K, SHRESTHA B B, et al, 2019. Biology andmanagement of the invasive weed *Ageratina adenophora* (Asteraceae): current state of knowledge and future research needs[J]. Weed research, 59(2): 79- 92.

POUDEL A S, SHRESTHA B B, JHA P K, et al, 2020. Stem galling of *Ageratina adenophora* (Asterales: Asteraceae) by a biocontrol agent *Procecidochares utilis* (Diptera: Tephritidae) is elevation dependent in central Nepal[J]. Biocontrol science and technology, 30 (7): 611-627.

TANG S, PAN Y, WEI C, et al, 2019. Testing of an integrated regimefor effective and sustainable control of invasive Crofton weed (*Ageratina adenophora*) comprising the use of natural inhibitor species, activated charcoal, and fungicide[J]. Weed biology and management, 19(1): 9- 18.

（撰稿：桂富荣；审稿：张国良）

自然传入　natural introduction

在完全没有人为因素影响下，物种通过自身能动性或借助自然载体扩散至某一区域的现象。自然传入的方式依据物种不同类型具有多样性，如动物自身的地面迁移和空中飞行扩散，也可借助气流、水流等自然力量扩散和传播。植物种子（或繁殖体）等可以通过气流、水流自然传播，或借助鸟类、昆虫及其他动物的携带而实现自然扩散。通过自然传入而形成入侵物种的动物，如灰斑鸠（*Streptopelia decaocto*）和麝鼠（*Ondatra zibethica*）。薇甘菊（*Mikania micrantha*）、紫茎泽兰（*Ageratina adenophorum*）、豚草（*Ambrosia artemisiifolia*）和飞机草（*Chromolaena odorata*）4 种植物杂草虽然主要通过交通工具的携带传入中国，但风和水流（豚草种子）也是其自然扩散的原因之一。薇甘菊是以种子通过气流从东南亚传入中国广东的。

一些杂草种子具有芒、刺、钩或者黏液，能黏附在动物皮毛上和人的衣服上传播，如金盏银盘（*Bidens biternate*）、大狼把草（*Bidens frondosa*）、三叶鬼针草（*Bidens pilosa*）、苍耳（*Xanthium sibiricum*）等杂草种子具芒、刺或钩，天名精（*Carpesium abrotanoides*）种子具黏液。

有的侵入生物并不是只通过一种途径传入，可能通过两种或多种途径交叉传入，在时间上并非只有一次传入，可能是两次或多次传入。如微生物的自然传入方式更具多样性，它们既能借助非生物因子如气流、水流进行传播和扩散，也能随其宿主动物、植物（种子、繁殖体）的活动和扩散而实现入侵。多途径、多次数的传入加大了外来生物定殖和扩散的可能性。

参考文献

李振基, 陈小麟, 郑海雷, 2014. 生态学[M]. 4版. 北京: 科学出版社.

万方浩, 侯有明, 蒋明星, 2015. 入侵生物学[M]. 北京: 科学出版社.

CARRETE M, TELLA J L, 2008. Wild-bird trade and exotic invasions: a new link of conservation concern?[J]. Frontiers in ecology and the environment, 6: 207-211.

DUNCAN R P, BLACKBURN T M, SOL D, 2003. The ecology of bird introductions[J]. Annual review of ecology, evolution, and systematics, 34: 71-98.

ESSL F, BIRÓ K, BRANDES D, et al, 2015. Biological Flora of the British Isles: *Ambrosia artemisiifolia*[J]. Journal of ecology, 103: 1069-1098.

SHEA K, CHESSON P, 2002. Community ecology theory as a framework for biological invasions[J]. Trends in ecology & evolution, 17: 170-176.

SIMBERLOFF D, REJMÁNEK M, 2011. Encyclopedia of biological invasions[M]. California: University of California Press.

WILSON J R U, DORMONTT E E, PRENTIS P J, et al,2008. Something in the way you move: dispersal pathways affect invasion success[J]. Trends in ecology & evolution, 24: 136-144.

（撰稿：马骏；审稿：周忠实）

自生苗 volunteer

植物种子成熟后，因自然落粒或其他因素如运输过程中造成的落粒，散落在田间的种子发芽生长形成的幼苗和植株。在农田中它可能成为下一季作物的杂草，在自然生态系统中定殖，可能形成居群（入侵性）。转基因作物的种子散落后形成的自生苗，是否会变成农田杂草或入侵自然生态系统，是转基因作物环境安全性评价的重要内容之一。

油菜和牧草产种量大，产生自生苗的可能性大。油菜种子可在地下存活 5 年，在不翻耕的土壤中甚至能存活 10 年。因此常把油菜作为研究转基因作物是否有潜在入侵性的代表植物。

自生苗的多少取决于：①种子的落粒性。落粒性是产生自生苗的源头，落粒性越强，产生自生苗的可能性越大。②种子的休眠性。休眠和次生休眠可延长产生自生苗的年限。落粒的种子在不适合的条件下诱发次生休眠，保持不发芽的存活状态，一旦条件适宜，休眠的种子又可重新发芽。因此，休眠性及次生休眠性的强弱，是评价转基因作物环境安全性的一个重要指标。③当地的环境条件，如气温、水分等对种子活力及越冬、越夏能力的影响。④作物的栽培管理措施。自生苗群落的定居，通常是因为不断有新的自生苗产生。

控制自生苗的措施有：选育落粒性低（如油菜角果抗裂性强）、休眠性低的品种，减少落粒；在油菜裂荚前收割，避免籽粒落入田间；实行水旱轮作或避免十字花科作物连年种植；通过改善土壤的理化性状，削弱土壤中残留种子的生活力；加强本田管理，如在播种前用除草剂杀死自生苗等。

对抗除草剂转基因油菜与常规品种在 12 种不同生态环境下连续进行 3 年比较，结果表明：对于转基因油菜不但没有更大的入侵性和长期定居性，而且比非转基因常规品种的入侵性和定居性差。随后，对 4 种转基因作物与非转基因作物在 12 种生境下连续 10 年进行比较，结果表明：抗草胺膦的油菜、玉米，抗草甘膦的甜菜及含 Bt 杀虫蛋白或菜豆凝集素的马铃薯，都没有发现其转基因作物比非转基因作物的入侵性和长期定居性更大。

参考文献

CONNER A J, GLARE T R, NAP J P, 2003. The release of genetically modified crops into the environment. Part II. Overview of ecological risk assessment[J]. Plant journal, 33: 19-46.

CRAWLEY M J, HAILS R S, REES M, et al, 1993. Ecology of transgenic oilseed rape in natural habitats[J]. Nature, 363: 620-623.

CRAWLEY M J, BROWN S L, HAILS R S, et al, 2001. Transgenic crops in natural habitats[J]. Nature, 409: 682-683.

GULDEN R H, SHIRTLIFFE S J, THOMAS A G, 2003. Secondary seed dormancy prolongs persistence of volunteer canola (*Brassica napus*) in western Canada[J]. Weed science, 51: 904-913.

SCHLINK S, 1998. 10 years survival of rape seed (*Brassica napus* L.) in soil[J]. Zeitschrift fur pflanzenkrankheiten und pflanzensch-journal of plant diseases and protection, Special Issue (XVI): 169-172.

（撰稿：裴新梧；审稿：贾士荣）

组织培养 tissue culture

从动物或植物机体中取出组织或细胞，模拟机体内生理条件在体外进行培养，使之生存和生长。

植物组织培养

广义的植物组织 培养是指在无菌和人工控制的环境条件下，将植物体、种子或构成植物体的各个部分（组织、器官、胚胎、单细胞和原生质体等）在人工培养基上培养，使其再生发育成完整植株的过程。用于培养的植物胚胎、器官、组织、细胞和原生质体等通常称为外植体（explant）。由于外植体已脱离母体，因此植物组织培养又称植物离体培养（plant culture *in vitro*）。狭义的植物组织培养特指对分生组织、表皮组织和薄壁组织等植物组织及培养产生的愈伤组织（callus）进行培养。愈伤组织是指在植物受伤后的伤口处或在植物组织培养中外植体切口处产生的不定形的薄壁组织。

发展简史 与动物细胞不同，植物细胞具有全能性，保留着转化为分生组织（脱分化）和分化为整个植株（再分化）的能力。1838 年，德国植物学家 Schleiden 首先提出细胞是一切植物的基本构造；细胞不仅本身是独立的生命，也是植物体生命的一部分，并维系着整个植物体的生命。1839 年，德国动物学家 Schwann 结合自身的动物细胞研究成果，把细胞说扩大到动物界，建立细胞学说。根据该学说，如果给细胞提供和生物体内一样的条件，每个活细胞都有独立发育的潜能。1853 年，Trecul 利用离体的茎段和根段进行培养获得愈伤组织，但由于愈伤组织没能再生出完整植物体未能证明细胞具有全能性。考虑到机体内的微环境对细胞功能的抑制作用，科学工作者开始组织培养的探索。1902 年，德国植物生理学家 Haberlandt 提出细胞全能性（Totipotency）理论，并用人工培养基对分离的植物细胞进行培养，但由于使用的培养液成分简单、培养的细胞已高度分化等原因最终未能成功。1934 年，美国植物生理学家 White 用离体的番茄根建立第一个活跃生长的无性系。随后，植物组织培养进入快速发展时期。1937年，法国的Cauthert和Nobecourt培养块根和树木形成层使其生长。White、Cauthert和Nobecourt确立组织培养的基本方法，并成为以后各种植物组织培养的技术基础。1958年，英国学者Steward将胡萝卜根的韧皮部细胞通过体细胞胚胎发生途径培养获得完整的植株；同时，德国Reinert也诱导培养的胡萝卜细胞形成胚状体，从而使植物细胞全能性理论真正得到科学证实。20世纪60年代，在植物组织培养方面的两项成就是原生质体分离和花粉小孢子培养获得成功。1960年，英国学者Cocking用酶成功分离原生质体，开创植物原生质体培养和体细胞杂交的先河；1964年，Guha和Maheshwari培养曼陀罗花药成功获得单倍体再生植株，从而促进植物花药培养单倍体育种技术的发展。70～80年代，原生质体植株再生与体细胞杂交研究一直是植物细胞组织培养研究领域的主旋律。1970年，Power等首次成功实现原生质体融合；1971年，Takebe等首次由烟草原生质体获得再生植株，促进体细胞杂交技术的发展。

技术要点　植物组织培养的技术性较强，其工序主要包括培养器皿的清洗、培养基的配制和分装、培养基和其他材料的灭菌、培养物的无菌接种和培养、试管苗的驯化、移栽和初期管理等。

植物组织培养对无菌条件的要求非常严格。为达到彻底灭菌的目的，通常根据不同对象采取不同的切实有效的灭菌方法。常用的灭菌方法主要包括物理灭菌和化学灭菌，前者有干热灭菌（烘烧或灼烧）、湿热灭菌（常压或高压蒸煮）、射线处理（紫外线、超声波或微波）、过滤、清洗和大量无菌水冲洗等；后者使用升汞、甲醛、过氧化氢、高锰酸钾、来苏水、漂白粉、次氯酸钠、抗菌素和酒精等化学药品进行灭菌。根据不同材料和不同目的来适当选用灭菌方法和药剂。如培养基应在制备后24小时内使用湿热灭菌，通常在121℃下灭菌20分钟即可杀死各种细菌及其高度耐热的芽孢。接种室可定期使用1%～3%高锰酸钾溶液对设备、墙壁和地板等进行擦洗和空间消毒，以减少因空气中和工作人员携带的细菌所引起的污染；使用前可用紫外线和甲醛灭菌，使用期间可用70%酒精或3%来苏尔喷雾，以沉降空气中的灰尘颗粒。

外植体的选择和处理直接关系到组织培养的难易程度，主要从植物的基因型、生理状态、取材季节和取材部位等方面来考虑。一般多选择幼嫩的、生长健壮的茎段、茎尖、叶片或花药等作为组织培养对象。待接种材料先以消毒剂灭菌，再用无菌水冲洗并沥干；接种中需经常灼烧接种器械，防止交叉污染。

组织培养一般分为固体培养和液体培养。前者使用琼脂固化培养基，操作简便，易于观察，是现在最常用的方法；但存在养分分布不均、生长速度不均衡以及褐化中毒现象经常发生等不足。后者具有养分均匀、与组织接触面积大等优点，但为解决供氧不足的问题，通常需要购买昂贵的摇床等设备，且不便于观察。组织培养主要有初代培养、继代培养、壮苗与生根培养、驯化移栽等系列过程。初代培养也称为诱导培养，是最初建立的外植体无菌培养阶段，即接种后，外植体在适宜的光、温、气等条件下被诱导成无菌短枝（或称茎梢）、不定芽（丛生芽）、胚状体或原球茎等中间繁殖体的过程。由于初代培养所获得的中间繁殖体数量有限，因此需要将其分割后转移到新培养基中增殖培养，该过程称为继代培养。继代培养的后代是按几何级数增加的。生根培养是使无根苗生根的过程，可具体采用以下方法：将新梢基部浸入50～100μl/L的吲哚丁酸（IBA）溶液中处理4～8小时；或直接移入含有生长素的生根培养基中。少数植物生根比较困难，需要在培养基中放置滤纸桥，使其略高于液面，靠滤纸的吸水性供应水和营养，从而诱发生根。由于试管苗是在无菌、有营养供给、适宜光照和温度、近100%相对湿度环境条件中生长的，因此需要通过控水、减肥、增光、降温等措施炼苗，使其逐渐适应外界环境，保证试管苗顺利移栽成功。通常采取的措施有：在移栽前2～3天将不开口的试管移到自然光照下使试管苗接受强光的照射；移栽初期适当增加外界环境的湿度、减弱光照；对栽培基质进行灭菌等。此外，根部黏着的培养基要去除干净，以防残留培养基滋生杂菌。

应用　①快速繁殖。受到地理环境和季节等因素限制，一些植物依靠自然条件很难在较短时间内进行繁殖，而组织培养可以快速、高效地解决该问题。目前采用组织培养法进行快速繁殖进而工厂化大规模生产的植物主要为花卉、热带水果、树木和一些珍稀植物如软子石榴、太和樱桃、猬实等。对繁殖系数低、不能用种子繁殖的“名、优、特、新、奇”作物品种，也可通过组织培养来加快其繁殖。②脱毒。病毒感染能严重影响植物的产量和品质，特别是无性繁殖植物马铃薯、草莓、大蒜、康乃馨等，给农业生产带来极大损失。由于感病植株并非每个部位都带有病毒，早在1943年White就发现植物生长点附近的病毒浓度很低甚至无病毒，因此取一定大小的茎尖进行组织培养，获得的再生植株就有可能不再携带病毒。这种利用茎尖组织培养脱毒的技术已成为防止病毒病为害的主要方法之一，在农业生产中产生明显的经济效应。③体细胞无性系变异和新品种培育。在植物组织培养中广泛存在变异现象。组织培养过程中的细胞均处于不断分生状态，易受培养条件和外界压力（如射线、化学物质等）的影响而产生突变。有些变异在常规育种中难以获得，而且这些变异大多是由少数基因突变引起，其变异后代极易纯合。体细胞无性系变异是一种重要的遗传变异来源，既丰富了种质资源库，又拓宽了植物基因库的范围；但往往仅少数变异是有利的，可直接或用作杂交亲本材料以服务于育种。尽管杂交不孕给远缘杂交带来许多困难，但采用胚的早期离体培养可使胚正常发育并成功培养获得杂交后代，进而通过无性系繁殖获得数量较多、性状一致的群体。植物胚的培养已在50多个科属中获得成功。远缘杂交中，把未受精的胚珠分离出来，在试管内用异种花粉在胚珠上萌发受精，产生的杂种胚在试管中发育成完整植株，这称为“试管受精”。用胚乳培养可获得三倍体植株，为诱导形成三倍体开辟新途径；三倍体加倍后可得六倍体，育成多倍体新品种。此外，通过原生质体融合，可部分克服有性杂交不亲和性而获得体细胞杂种，从而创造新种或育成优良品种。④单倍体育种。通过花药和花粉组织培养可以获得单倍体植物，极大缩短育种时间。⑤种质保存。采用组织培养技术保存种质，不仅具有较高的繁殖系数，做到在较小空间内保存大量种质资源，避免外界不利气候及其他栽培因素的影响，实现常年保存，还有利于国际间的种质交换与交流。此外，环境的不断变化使许多植物种类面临灭绝危险。通过组织培养可以使一部分濒危的植物种类得到延续和保存；如果能再结合超低温保存技术，就可以使这些植物得到较为永久性的保存。⑥遗传转化。到目前为止，大多数遗传转化仍需要通过组织培养来进行，这也是组织培养应用的另一个重要领域。⑦植物生物反应器。中草药是人类宝贵的财富，但很多种中草药资源匮乏，产量不足，甚至濒于灭绝。利用组织和细胞培养的方法在实验室内生产中草药的重要组分，不仅可以解决现有困难，而且可以通过筛选高产有效成分的细胞系来提高其药用价值。例如用培养的人参悬浮细胞来生产人参皂苷在日本等国家已形成规模。利用培养的植物组织和细胞作为生物反应器，也可以生产某些蛋白质、氨基酸、抗生素、疫苗等。

动物组织培养 广义的动物组织培养（或称体外培养）包括器官培养、组织培养和细胞培养三方面。器官培养的培养物为器官原基、器官部分或整体。组织培养的对象特指组织块（植块），在体外可发生分化并保持组织的结构和功能，但不具备器官的结构和功能。器官培养与组织培养的根本区别在于培养物的生长方式不同，组织培养的植块在体外生长时一般呈现无组织性的生长，即细胞在植块边缘呈无规律性地向四周迁移和生长；而器官内部的组织或细胞呈有组织性的生长。细胞培养强调培养物是分散的细胞，这些细胞不会再形成组织。除了细胞培养在一定情况下是某种单一细胞的培养，组织培养、器官培养与细胞培养并没有截然的界限。

发展简史 动物组织培养的发展过程经历了近百年时间。1885 年，Roux 用温生理盐水培育鸡的胚胎组织，使其活数天之久，并首次提出组织培养的概念。1887 年，Arnold 把赤杨木髓小片置入青蛙腹腔，一段时间取出后置于温盐水中，发现白细胞从髓片上移出，并能短期存活。1889 年，Ljunggren 将人体皮肤保存在腹水中数天（周）后用于移植手术，获得成功。1902 年，Jolly 改用盖片悬滴法使体外培养的蝾螈白细胞活了近一个月。这些看似粗放的研究工作正是组织培养技术的萌芽。1907 年，Harrison 把分离自青蛙胚胎的髓管部组织放在一滴淋巴液内培养，观察到轴突长出。这被认为是动物组织培养的真正开始。1912 年，外科医生 Carrel 在没有抗生素的情况下使用胚胎抽提液作为刺激生长的营养物，对各种动物组织的组织块进行培养，进一步完善 Harrison 创立的盖玻片悬滴培养法。Harrison 和 Carrel 建立的经典悬滴培养法一直被沿用到细胞培养技术的出现。1923 年，Carrel 设计出卡氏培养瓶，有效扩大组织的生存空间。1925 年，Maximow 把单盖片悬滴培养法改良为双盖片悬滴培养，更易于传代和减少污染。1926 年，Strangeways 设计试管培养法，并与 Fell 改良器官培养的营养供应方式，开始以血浆和胚胎抽提液混合物代替单纯的血浆凝块。1929 年，Fell 和 Robison 利用表玻璃器官培养法研究软骨和骨的发生与形成。1933 年，Gey 创立旋转管培养法。1948 年，Sanford 创建单细胞分离培养法。20 世纪 50 年代，组织培养技术进入迅猛发展期。1950 年，Morgan 等提出 199 培养基配方；1951 年，Shannon 和 Earle 建立 Earle 瓶培养法；1952 年，Gey 等建立 HeLa 细胞系；1954 年，陈瑞铭在表玻璃器官培养法的基础上，改良和建立擦镜纸培养法；同年，Earle 建立悬浮培养法；1955 年，Eagle 建立 Eagle 培养基配方；1957 年，Dulbecco 等开始采用胰蛋白酶消化处理来分离细胞，使得体外培养单层细胞成为可能。随后，组织培养技术的应用进入繁盛期，包括应用杂交瘤技术制备单克隆抗体、动物细胞大规模培养技术、微生物制药技术、基因转染与细胞融合技术等在内的一系列新兴技术开始出现。1967 年，Wezel 创立微载体培养系统；1972 年，Knazek 等创立中空纤维细胞培养技术。

技术要点 防止污染也是动物组织培养成功与否的关键。在动物组织培养过程中，操作空间的消毒主要采用紫外灭菌；对操作人员的要求与人的外科手术相近，肥皂水清洗后再用 75% 酒精擦洗或 0.2% 新洁尔灭浸泡消毒；培养液、平衡盐溶液以及蛋白酶消化液等采用微孔滤膜过滤除菌；无菌操作尽量在酒精灯火焰近处进行，金属器械可用灼烧消毒，但灼烧时间不能过长以防退火，灼烧后待冷却才能使用，以免造成组织损伤。

按照培养过程中培养物是否需要被分割后再培养，可分为原代培养和继代培养。在原代培养（或称初代培养）中，培养物一经接种到培养皿上就不再分割，任其生长繁殖而不更换培养器皿。但这并不意味着细胞在接种后没有分裂增殖。相反，在原代培养过程中，培养物中的细胞也可能经历多次细胞分裂活动而产生多个子代细胞。原代培养的基本过程包括取材、培养材料的制备、接种、加培养液、培养箱中培养等操作步骤。原代培养的材料可取自成年动物的组织、胚胎、胚胎组织或器官原基、卵细胞等。若要进行分离（散）细胞培养，就需要将所取得的组织块通过机械、酶或螯合剂等解离。接种是指将取材并切割好的组织块（植块）或者分离好的细胞悬液加到培养器皿内，也称种植或体外移植。如果用于接种和培养的是切割成一定大小的植块（包括器官型植块）就称为植块培养。植块培养的目的主要有两个，一是观察植块的组织学生长行为，二是通过植块培养，让构成植块的细胞从植块内迁移至植块外进行分裂增殖。由于构成植块的细胞之间保留了在体内细胞之间的相互作用，因而在体外培养时，植块内的细胞容易存活和生长。如果将所制备的细胞悬液进行种植和培养，则称为分离（散）细胞培养。动物组织的大多数细胞都属于贴壁依赖型，必须黏附于一定的生长基质表面才能生长。细胞在培养皿表面长满一层时会因为接触抑制而停止生长，这种培养方式称为单层细胞培养。如果所培养的细胞没有贴壁依赖性，在悬浮状态下即可生长和繁殖，这样的培养方式就称为悬浮细胞培养。分离（散）细胞培养的最大优点是解除了植块内部细胞之间的组织关系，从而可以反映出单个细胞的生物学特征。无论是植块培养、单层细胞培养还是悬浮细胞培养，随着时间的延长、细胞分裂繁殖，培养物会越来越大，可能会因生长空间不足、接触性抑制等导致其生长速度的减慢甚至停止。此时需要将培养物分割成小部分，重新接种到另外的培养器皿内再进行培养，这个过程称为传代或者再培养。根据培养对象、拟放置的培养器皿以及维持生存与生长的方法不同，动物组织培养具有多种不同的培养方法或技术，包括悬滴培养法、培养瓶培养法、盖玻片培养法、旋转管培养法、灌注小室培养法、培养板培养法、二倍体细胞培养法、克隆培养法、中空纤维细胞培养技术、微载体细胞培养法和微囊培养技术等。在体外培养工作中，为了保种和长期保存培养物的活性，常须将培养物进行冷冻保存，在需要时重新复苏和培养。

应用 ①生物学基础研究的应用。组织培养技术被广泛应用于器官与组织发生的研究，包括鸟类胚胎肢芽发育、骨与软骨的发生、胚胎心脏原基发育、牙胚的发育、听觉器官的发育、视网膜的组织发生、皮肤的发生和发育的研究等。在细胞生物学研究中，离体培养的动物细胞可用于研究动物的正常或病理细胞的形态、生长发育、细胞营养、代谢以及病变等微观过程。在遗传学研究中，除可用培养的动物细胞进行染色体分析外，还可结合细胞融合技术进行杂交育种和遗传分析。在胚胎学上，体外培养卵母细胞并进行体外受精、胚胎分割和移植已发展成一种成熟的技术应用于家畜的繁殖。此外，分离和培养具有多潜能的胚胎干细胞可用于动物克隆、细胞诱导分化、动物育种，或作为转基因的表达载体。②临床医学的应用。人工诱发体外培养细胞的转化是研究癌变原理的重要方法。癌基因（oncogene）的定性、克隆、定位和表达等都离不开细胞培养。动物细胞培养技术也被用于遗传疾病和先天畸形的产前诊断。此外，动物细胞培养还可用于疾病治疗。有报道表明可将正常骨髓细胞经大量培养后植入患造血障碍症患者体内进行治疗。③微生物学领域的应用。组织培养在病毒学方面的应用极为广泛。除了作为分离病原体的重要手段之外，还为研究病毒的亲细胞性和亲组织性提供非常方便的方法。在研究病毒侵染时，也可以方便地观测探讨细胞的致病作用及包涵体的行程、细胞的新陈代谢变化、抗病毒抗体与抗病毒物质对病毒的作用方式及机制，以及病毒干扰现象的本质与变异的规律性等。在细菌学方面，常用于研究培养的组织细胞与致病菌之间的作用现象、过程和机制，也可用来分离纯化或在体外大量繁殖细菌。④药物测试。早在20世纪50年代，就有学者用组织培养技术检测多种药物对不同细胞的毒性。随着各种新药的不断开发、与人类生产和生活密切相关的化合物如化妆品、食品添加剂、杀虫剂和工业化合物等大量涌现，体外培养技术已经成为药物筛选、药效测试、细胞毒性和活性检测极为重要的手段。⑤表达生物活性物质。利用动物细胞大规模生产大分子生物制品始于20世纪60年代。经重组DNA技术修饰的动物细胞能够正常地加工、折叠、糖基化、转运、组装和分泌插入的外源基因所编码的蛋白质，比原核细胞表达系统更具优越性。动物细胞被用于生产各类疫苗、干扰素、激素、酶、生长因子、病毒杀虫剂和单克隆抗体等生物制品。用非洲绿猴肾细胞建立的Vero细胞系能支持多种病毒的增殖而被用于生产人用病毒疫苗如乙型脑炎、脊髓灰质炎和狂犬病等；用昆虫细胞 - 杆状病毒表达系统可生产安全可靠的生物杀虫剂；用鸡胚细胞可生产鸡法氏囊、新城疫、马立克等病毒病疫苗；利用二氢叶酸还原酶缺陷型中国仓鼠卵巢细胞（CHO/dhFr）生产的重组人促红细胞生成素被用于治疗肾功能不全引起的贫血。⑥培养转基因动物。

参考文献

陈瑞铭, 1998. 动物组织培养技术及其应用[M]. 北京: 科学出版社.

石晓东, 高润梅, 2009. 植物组织培养[M]. 北京: 中国农业科学技术出版社.

薛庆善, 2001. 体外培养的原理与技术[M]. 北京: 科学出版社.

郑春明, 罗君琴, 吕伟德, 2011. 植物组织培养技术[M]. 杭州: 浙江大学出版社.

（撰稿：汪芳；审稿：叶恭银）

作用位点 binding sites

一个大分子如蛋白质上的一个区域特异性的与另一个分子结合。昆虫中肠上的钙黏蛋白分子量在175～250kDa，由4部分组成：钙黏蛋白重复区域（cadherin repeat，CR），靠近细胞膜的区域（membrane-proximal region，MPR），跨膜区（transmembrane region，TM）和细胞质内（intracellular cytoplasmi，IC）结构域。鳞翅目的钙黏蛋白在中肠柱状真皮细胞膜的顶端，并暴露到膜外与Cry毒素发生互作。已经鉴定的昆虫钙黏蛋白具有类似的蛋白结构域，但是膜外CR区域的钙黏蛋白重复数目存在差异。钙黏蛋白与Cry蛋白结合的靶标位点是该蛋白CR区。不同昆虫钙黏蛋白与Bt杀虫蛋白的结合部位并不完全相同。烟草天蛾（*Manduca sexta*）钙黏蛋白有3个特异性结合的位点（或表位），CR7、CR11和CR12，通过这3个作用位点与Cry1A类蛋白发生特异性结合。家蚕（*Bombyx mori*）钙黏蛋白的CR5和CR9区域是Cry1A蛋白的靶标位点。冈比亚按蚊（*Anopheles gambiae*）、埃及伊蚊（*Aedes aegypti*）和棉铃虫（*Helicoverpa armigera*）钙黏蛋白的最后3个钙黏蛋白重复结构CR9-CR11是Cry蛋白的靶标位点。

氨肽酶（aminopeptidase N，APN）属于锌依赖型多肽酶家族，其结构包括N-端信号肽序列、跨膜区和C-端磷酸酰基醇（GPI）信号序列3个部分组成，具有2个高度保守的区域：HEXXH-（X18）-E锌指结构和N端的GXMEN。APN主要通过C端的糖基磷脂酰肌醇（GPI）锚定到中肠刷状缘毛小泡上，是中肠绒毛膜的标志酶之一。氨肽酶和钙黏蛋白是最早被报道的Cry蛋白的受体。APN作为Bt的受体蛋白，与不同的Bt蛋白作用靶标位点有所差异。Cry1类蛋白与中肠APN的互作通过识别APN一级蛋白结构上的表位，N末端的*N*-乙酰半乳糖胺（*N*-acetylgalactosamine，GalNAc）的结构。Cry1Ac通过与烟草天蛾、烟芽夜蛾（*Heliothis virescens*）、舞毒蛾（*Lymantria dispar*）和棉铃虫的靶标位点GalNAc与APN结合。APN上的另外一个Cry蛋白的作用位点是N端的氨基酸表位，Kauer等（2014）报道斜纹夜蛾（*Spodoptera litura*）氨肽酶N端的7个氨基酸能够识别Cry1C结构域III上的Loops2和loops3，并发生特异性结合。

鳞翅目、鞘翅目和双翅目的碱性磷酸酯酶（alkaline phosphatase，ALP）鉴定为Cry蛋白的结合受体。通过给昆

Z

虫饲喂 ALP 片段，RNAi，细胞内表达 ALP 和抗性机制研究等证实 ALP 为 Cry 毒素的功能性受体。在烟芽夜蛾和棉铃虫中 Cry1Ac 通过 GalNAc 与 ALP 互作。

腺苷三磷酸结合盒转运蛋白（ATP-binding cassette transponer，ABC 转运蛋白）还未见报道其与 Cry 蛋白的结合位点，然而 ABCC2 蛋白在打开状态时，一些通道上的疏水表面暴露在外面，这些暴露的位点可能与 Cry1Ab 和 Cry1Ac 结合，据推测这种结合能帮助毒素聚合物插入膜内。ABCA2 有 2 个膜外的结构域，它们在 TMI 和 TMII 螺旋以及在 TMII 和 TMIII 螺旋中间表现为 2 个长螺旋结构，该螺旋上预测有 6 个糖基化的位点，因此推测该膜外区域可能是 ABCA 上与 Bt 作用的靶标位点。

参考文献

CHEN J, AIMANOVA K G, FERNANDEZ L E, et al, 2009. *Aedes aegypti* cadherin serves as a putative receptor of the Cry11Aa toxin from[J]. Biochemical journal, 424: 191-200.

DORSCH J A, CANDAS M, GRIKO N B, et al, 2002. Cry1A toxins of *Bacillus thuringiensis* bind specifically to a region adjacent to the membrane-proximal extracellular domain of BT-R1 in *Manduca sexta* involvement of a cadherin in the entomopathogenicity of *Bacillus thuringiensis*[J]. Insect biochemistry and molecular biology, 32: 1025-1036.

GAHAN LJ, PAUCHET Y, VOGEL H, et al, 2010. An ABC transporter mutation is correlated with insect resistance to *Bacillus thuringiensis* Cry1Ac toxin[J]. PLoS genetics, 6 (12): e1001248.

GILL S, COWLES E A, FRANCIS V, 1995. Identification, isolation, and cloning of a *Bacillus thuringiensis* Cry1Ac toxin-binding protein from the midgut of the lepidopteran insect *Heliothis virescens*[J]. The journal of biological chemistry, 270: 27277-27282.

GÓMEZ I, DEAN D H, BRAVO A, et al, 2003. Molecular basis for *Bacillus thuringiensis* Cry1Ab toxin specificity: two structural determinants in the *Manduca sexta* Bt-R1 receptor interact with loops alpha-8 and 2 in domain II of Cy1Ab toxin[J]. Biochemistry, 42 (35): 10482-10489.

HUA G, JURAT-FUENTES J L, ADANG M J, 2004. Bt-R1a extracellular cadherin repeat 12 mediates *Bacillus thuringiensis* Cry1Ab binding and cytotoxicity[J]. The journal of biological chemistry, 279: 28051-28056.

IBRAHIM M A, GRIKO N B, BULLA L A, 2013. Cytotoxicity of the *Bacillus thuringiensis* Cry4B toxin is mediated by the cadherin receptor BT-R3 of *Anopheles gambiae*[J]. Experimental biology and medicine, 238: 755-764.

JENKINS J L, LEE M K, VALAITIS A P, et al, 2000. Bivalent sequential binding model of a *Bacillus thuringiensis* toxin to gypsy moth aminopeptidase N receptor[J]. The journal of biological chemistry, 275: 14423-14431.

JURAT-FUENTES J L, ADANG M J, 2004. Characterization of a Cry1Ac-receptor alkaline phosphatase in susceptible and resistant *Heliothis virescens* larvae[J]. European journal of biochemistry, 271 (15): 3127-3135.

KAUER R, SHARMA A, GUPTA D, et al, 2014. *Bacillus thuringiensis* toxin, Cry1C interacts with 128HLHFHLP134 region of aminopeptidase N of agricultural pest, *Spodoptera litura*[J]. Process biochemistry, 49(4): 688-696.

LUO K, SANGADALA S, MASSON L, et al, 1997. The *Heliothis virescens* 170-kDa aminopeptidase functions as 'Receptor A' by mediating specific *Bacillus thuringiensis* Cry1A δ-endotoxin binding and pore formation[J]. Insect biochemistry and molecular biology, 27: 735-743.

MASSON L, LU YJ, MAZZA A, et al, 1995. The CryIA (c) receptor purified from *Manduca sexta* displays multiple specificities[J]. The journal of biological chemistry, 270: 20309-20315.

NAGAMATSU Y, TODA S, KOIKE T, et al, 1998. Cloning, sequencing, and expression of the receptor for insecticidal Cryia (a) toxin[J]. Bioscience, biotechnology & biochemistry, 62: 727-734.

SARKAR A, HESS D, MONDAL H A, et al, 2009. Homodimeric alkaline phosphatase located at *Helicoverpa armigera* midgut, a putative receptor of Cry1Ac contains alpha-GalNAc in terminal glycan structure as interactive epitope[J]. Journal of proteome research, 8 (4): 1838-1848.

SENGUPTA A, SARKAR A, PRIYA P, et al, 2013. New insight to structure-function relationship of GalNAc mediated primary interaction between insecticidal Cry1Ac toxin and HaALP receptor of *Helicoverpa armigera*[J]. PLoS ONE, 8 (10): e78249.

TAY W, MAHON RJ, HECKEL DG, et al, 2015. Insect resistance to *Bacillus thuringiensis* toxin Cry2Ab is conferred by mutations in an ABC transporter subfamily A protein[J]. PLoS genetics, 11 (11): e1005534.

WANG G, WU K, LIANG G, et al, 2005. Gene cloning and expression of cadherin in midgut of *helicoverpa armigera*, and its cry1a binding region[J]. Science in China series C: life sciences, 48 (4): 346-356.

（撰稿：魏纪珍；审稿：梁革梅）

其他

5-烯醇式丙酮酰莽草酸-3-磷酸合成酶基因　5-enolpyruvylshikimate-3-phosphate synthase gene, EPSPS gene

编码5-烯醇式丙酮酰莽草酸-3-磷酸合成酶（5- enolpy ruvylshikimate-3-phosphate synthase，EPSPS）的基因。存在于微生物和高等植物体内。莽草酸途径是植物和微生物芳香族氨基酸合成的重要途径，而EPSPS是莽草酸途径中的关键酶。EPSPS在莽草酸代谢途径中催化磷酸烯醇式丙酮酸（PEP）与莽草酸-3-磷酸（S3P）缩合。1969年Ahmed等在研究真菌体中芳香族氨基酸的生物合成过程时首次发现该酶；1969年、1970年，Berly等又相继从细菌、高等植物中分离出了EPSPS；1984年，Duncan等首次克隆了大肠杆菌中的EPSPS编码基因*aroA*；1991年，Stallings等获得了EPSPS的晶体；1997年，Sehaefer等全面阐述了EPSPS的催化机制；1999年，Shuttleworth等获得了EPSPS与底物S3P、S3P$^+$草甘膦、草甘膦复合物的晶体，对于催化机理和晶体结构的研究推动了EPSPS新抑制剂的产生。

根据EPSPS对草甘膦的不同敏感程度，可将EPSPS分为4个类型：Class I、Class II、Class III和Class IV。一般来说，Class I类的EPSPS对草甘膦敏感，而Class II类的EPSPS对草甘膦具有抗性。Class III和Class IV类的EPSPS对草甘膦也具有抗性，但是在自然界中非常稀少。例如所有的Class IV类EPSPS仅在一个放线菌分支中被发现。由于Class II类EPSPS数量众多且通常具有较高的底物亲和能力和催化效率，更适用于抗草甘膦转基因植物的培育。目前，应用最广泛的*cp4-epsps*基因就是Class II类的。

草甘膦的作用机制　草甘膦是一种茎叶处理除草剂，是PEP的竞争类似物。其作用机理就是通过与EPSPS和S3P形成稳定的复合体EPSPS-S3P-草甘膦，竞争性地抑制EPSPS的活性，阻断了莽草酸-3-磷酸转化为5-烯醇式丙酮酸莽草酸-3-磷酸，使芳香族氨基酸化合物的形成受阻，同时造成莽草酸大量积累，促使类黄酮以及酚类化合物等激素和关键性代谢物失调，打乱了生物正常氮代谢而导致生物体的死亡。

转*epsps*基因耐草甘膦植物的获得方法　转*epsps*基因耐草甘膦植物主要是通过两种途径获得：*epsps*基因发生突变而对草甘膦的亲和力下降；过量表达EPSPS蛋白来补偿草甘膦造成的EPSPS蛋白损失。

①通过转入经修饰的或突变的*epsps*基因使植物获得草甘膦抗性。*epsps*基因发生突变，产生与草甘膦亲和性较低的EPSPS，从而使草甘膦丧失了对EPSPS的竞争性抑制作用。1986年，Comai等将来自鼠伤寒沙门氏菌突变的*aroA*基因导入到烟草中后，获得了耐草甘膦的转基因烟草。此后，将此基因转入番茄中，也获得了耐草甘膦的番茄。美国孟山都公司从根癌农杆菌CP4菌株中克隆了编码EPSPS的*cp4-epsps*基因，其所编码的EPSPS具有很高的草甘膦抗性。将此基因同编码矮牵牛EPSPS叶绿体转运肽的核苷酸序列融合，利用基因枪法将该融合基因导入到大豆中，经过几代筛选，得到了一个抗性能够稳定遗传的品系，此种单显性基因能够有效地用于育种以选育新的抗性品种。该基因已用于玉米、小麦、棉花等多种植物的转化并已商品化。

②过量表达EPSPS蛋白来补偿草甘膦造成的EPSPS蛋白损失，从而使植物获得草甘膦抗性。通过*epsps*基因的过量表达而产生大量具有较高酶活性的EPSPS是获得草甘膦抗性的又一途径。1983年Rogers等人将编码EPSPS的*aroA*基因连接在质粒pBR322上转化到大肠杆菌中，以增加*aroA*基因的表达，使得大肠杆菌对草甘膦的耐受性提高了8倍。1987年，Mollenhauer等用35S启动子驱动MP4-G细胞系中的*epsps*基因，利用农杆菌转化矮牵牛，转化得到的愈伤组织可以在含0.5M的草甘膦培养基上生长，愈伤组织中EPSPS的活性提高了40倍。

参考文献

赫福霞, 2008. 抗虫/耐草甘膦多价转基因玉米的研究[D]. 哈尔滨: 东北农业大学.

金丹, 2007. 新型高抗草甘膦EPSPS基因的克隆及草甘膦N-乙酰转移酶的活性位点鉴定[D]. 成都: 四川大学.

王慧, 闫晓红, 徐杰, 等, 2014. 我国抗草甘膦基因的发掘现状[J]. 农业生物技术学报, 22 (1): 109-118.

（撰稿：李圣彦；审稿：郎志宏）

*bar*基因　*bar* gene

编码膦丝菌素乙酰转移酶（phosphinothricin acetyltransferase，PAT）的基因。来源于土壤吸水链霉菌，基因大小552bp，编码183个氨基酸，PAT蛋白分子量约为23kDa。*bar*基因最早在1987年由Thompson等克隆，随之由于该基因对除草剂双丙氨膦（bialaphos）有耐受性，开始广泛用作标记基因和培育耐除草剂作物。

作用机理 草铵膦除草的作用机理是抑制植物的氨基酸生物合成酶——谷酰胺合成酶（glutamine synthetase，GS），GS 在植物的氨同化及氮代谢调节中起重要作用。双丙氨膦由草铵膦（phosphinothricin，PPT，L- 谷氨酸的类似物）和 2 个 L- 丙氨酸残基组成，完整的三肽不具有离体抑制活性，由细菌或者植物中的肽酶除去两个 L- 丙氨酸残基后，PPT 释出才有活性。草铵膦属广谱触杀型除草剂，内吸作用不强，与草甘膦杀根不同，草铵膦先杀叶，通过植物蒸腾作用可以在植物木质部进行传导，其速效性介于百草枯和草甘膦之间。许多杂草对草铵膦敏感，在对草甘膦产生抗性的地区可以作为草甘膦的替代品使用。*bar* 基因编码的 PAT 的催化底物是 PPT，可以在乙酰辅酶 A 存在下使 PPT 的自由氨基乙酰化，从而对 PPT 解毒。

参考文献

刘洪艳，弭晓菊，崔继哲，2007. *bar*基因、PAT蛋白和草丁膦的特性与安全性[J]. 生态学杂志 (6): 938-942.

THOMPSON C J, MOVVA N R, TIZARD R, et al, 1987. Characterization of the herbicide-resistance gene bar from *Streptomyces hygroscopicus*[J]. The EMBO journal, 6 (9): 2519-2523.

（撰稿：李圣彦；审稿：郎志宏）

Bt 基因 Bt gene

苏云金芽孢杆菌（*Bacillus thuringiensis*，简称 Bt）编码杀虫蛋白的基因。Bt 是一种革兰氏阳性昆虫病原菌，在形成芽孢的同时，可以产生多种形态的伴胞晶体，随着母细胞的裂解，与芽孢一起释放到环境中去。Bt 伴胞晶体主要由杀虫晶体蛋白（Insecticidal crystal proteins，ICPs）组成，由 *cry* 基因和 *cyt* 基因编码，是其主要活性物质，对靶标害虫具有高度特异的杀虫活性。Bt 的另一类重要杀虫蛋白是其在营养生长期分泌的，被命名为营养期杀虫蛋白（Vegetative insecticidal proteins，Vips），Vips 与 ICPs 类似，同样具有高度杀虫特异性。Bt 杀虫蛋白对哺乳动物等非靶标生物安全无害，因此，Bt 基因也被用于构建转基因抗虫植物，用于害虫防治。

Bt 杀虫蛋白的命名：现行的 Bt 杀虫蛋白命名规则是由 Neil Crickmore 博士 1998 提出的，依据以杀虫蛋白编码的氨基酸序列相似性关系进行命名。按照目前的命名规则，所有毒素都可以获得一个包含 4 个等级的命名。每个蛋白命名都有两个部分组成，第一部分是表示蛋白类型的缩写，如 Cry（crystal delta-endotoxin），Cyt（cytolytic delta-endotoxin），Vip（Vegetative insecticidal proteins）等；第二个部分是由数字、大写字母、小写字母、数字组成的代表杀虫蛋白序列相似性关系的 4 个等级的编号，如 Cry 蛋白 Cry1Ac1。第一等级的杀虫蛋白（如 Cry1，Cry2，Cry3 等）之间氨基酸序列相似性都小于 45%，例如，最新命名的第一等级的 Cry 蛋白是 Cry78Aa1，其与之前命名的所有 Cry 杀虫蛋白氨基酸序列相似性都小于 45%。类似的，第二、第三等级的杀虫蛋白氨基酸一致性区分阈值边界分别是 78% 和 95%。按照该规则，如果现在发现一个 Cry 杀虫蛋白，氨基酸序列一致性与目前所有已命名蛋白相比都小于 95%，该蛋白属于一个新的模式蛋白。如果与某一已命名模式蛋白序列一致性大于 95%，则新蛋白属于该模式蛋白家族的一个第四等级的新蛋白。

参考文献

CRICKMORE N, ZEIGLER D R, FEITELSON J, et al, 2020. Revision of the nomenclature for the *Bacillus thuringiensis* pesticidal crystal proteins[J]. Microbiology and molecular biology reviews, 62 (3): 807-813.

CRICKMORE N, BERRY C, PANNEERSELVAM S, et al, 2020. A structure-based nomenclature for *Bacillus thuringiensis* and other bacteria-derived pesticidal proteins[J]. Journal of inverteberate pathology, 9: 107438.

HÖFTE H, WHITELEY H R, 1989. Insecticidal crystal proteins of *Bacillus thuringiensis*[J]. Microbiological reviews, 53 (2): 242-255.

SCHNEPF E, CRICKMORE N, VAN RIE J, et al, 1998. *Bacillus thuringiensis* and its pesticidal crystal proteins[J]. Microbiology and molecular biology reviews, 62 (3): 775-806.

（撰稿：束长龙；审稿：张杰）

Bt 结合位点 binding sites of Bt toxins

Bt 蛋白分子上与昆虫中肠受体的结合部位 Cry 蛋白具有 3 个典型的结构域，结构域 I 与膜插入和穿孔有关；结构域 II 涉及受体结合，寡聚化和膜插入；结构域 III 参与受体结合，也可能涉及膜插入。结构域 I 含有多个疏水和亲水亲脂的 α- 螺旋，其长度足以跨过双层脂膜，穿孔时该结构 α- 螺旋束发生构象变化。结构域 II 是由 3 个 β- 折叠片层组成的，在每个片层上各有 1 个突环，研究者通过对这个区域进行定点突变，发现该区域在与幼虫中肠刷状缘膜囊泡（BBMV）上受体蛋白的结合中起到重要作用。通过定点突变和移除氨基酸等手段对 Cry1A 的结构域进行功能分析，发现 Cry1A 类毒素结构域 II 上的 Loops 2、Loops 3 和 Loops α-8 等与鳞翅目中肠受体结合。Cry1Ab 的 Loops 2 和 Loops α-8 残基是烟草天蛾钙黏蛋白靶标位点，Cry1Aa 的 Loops 2 是家蚕钙黏蛋白靶标位点。Kauer 等报道 Cry1C 与斜纹夜蛾（*Spodoptera litura*）的 APN 互作，通过其结构域 II 上的 Loops2 和 loops3 结合 APN 受体。结构域 III 是由 2 组反平行的 β- 折叠片层组成的三明治结构，但功能尚未定论，一方面，根据其空间结构推测它可能有稳定蛋白结构的作用；另一方面，研究者发现不同 Cry 毒素间结构域 III 相互交换后，其对靶标害虫的毒力也有影响，所以结构域 III 可能在与受体的结合也发挥作用。结构域 II 和结构域 III 是 Bt 蛋白与中肠受体蛋白的结合区域，但是不同的 Bt 蛋白其具体的结合位点也不相同，例如，Cry1Ac 和 Cry1Aa 蛋白都通过结构域 III 与 APN 受体的 *N*- 乙酰氨基半乳糖（GalNAc）基团结合，Cry1Ac 上的靶标位点是 ^{509}QNR^{511}、N^{506} 和 Y^{513} 氨基酸残基；不同的是，对于 Cry1Aa 靶标位点是 ^{508}STRVN^{513} 和 ^{582}VFTLSAHV^{589} 的氨基酸区域。虽然 Cry 蛋白 3 个结构域都起着特定的功能，但是在 Cry 蛋白与细胞膜作用的整个过程中却不是独立作用的，而是相互配合的。

参考文献

ATSUMI S, MIZUNO E, HARA H, et al, 2005. Location of the *Bombyx mori* aminopeptidase N type 1 binding site on *Bacillus thuringiensis* Cry1Aa toxin[J]. Applied & environmental microbiology, 71 (7): 3966.

BURTON S L, ELLAR DJ, LI J, et al, 1999. N-acetylgalactosamine on the putative insect receptor aminopeptidase N is recognised by a site on the domain III lectin-like fold of a *Bacillus thuringiensis* insecticidal toxin[J]. Journal of molecular biology, 287 (5): 1011-1022.

DE MAAGD R A, BAKKER P L, MASSON L, et al, 1999. Domain III of the *Bacillus thuringiensis* delta-endotoxin Cry1Ac is involved in binding to *Manduca sexta* brush border membranes and to its purified aminopeptidase N[J]. Molecular microbiology, 31 (2): 463-471.

GÓMEZ I, DEAN D H, BRAVO A, et al, 2003. Molecular basis for *Bacillus thuringiensis* Cry1Ab toxin specificity: two structural determinants in the *Manduca sexta* Bt-R1 receptor interact with loops alpha-8 and 2 in domain II of Cy1Ab toxin[J]. Biochemistry, 42 (35): 10482-10489.

GÓMEZ I, MIRANDA-RÍOS J, RUDIÑO-PIÑERA E, et al, 2002. Hydropathic complementarity determines interaction of epitope 869HITDTNNK876 in *Manduca sexta* Bt-R1receptor with loop 2 of domain II of *Bacillus thuringiensis* Cry1A toxins[J]. The journal of biological chemistry, 277: 30137-30143.

KAUER R, SHARMA A, GUPTA D, et al, 2014. *Bacillus thuringiensis* toxin, Cry1C interacts with 128HLHFHLP134 region of aminopeptidase N of agricultural pest, *Spodoptera litura*[J]. Process biochemistry, 49: 688-696.

NAKANISHI K, YAOI K, NAGINO Y, et al, 2002. Aminopeptidase N isoforms from the midgut of *Bombyx mori*, and *Plutella xylostella*, - their classification and the factors that determine their binding specificity to *Bacillus thuringiensis*, Cry1A toxin[J]. Febs letters, 519 (1-3): 215-220.

OBATA F, KITAMI M, INOUE Y, et al, 2009. Analysis of the region for receptor binding and triggering of oligomerization on *Bacillus thuringiensis* Cry1Aa toxin[J]. Febs journal, 276 (20): 5949-5959.

（撰稿：魏纪珍；审稿：梁革梅）

CABI 作物保护纲要 CABI Crop Protection Compendium

国际应用生物科学中心（Center for Agriculture and Bioscience International，CABI）的在线数据资源。它汇集了关于作物保护各个方面不同类型科学信息的百科全书式资源，包括关于害虫、病害、杂草、寄主作物和天敌等详细数据表。这些数据表来源于专家，再由独立的科学组织编辑，并由专家组织提供的数据、图像、地图、书目数据库和全文文章加以提高。该数据库将继续增加新的数据表和数据集，不断审查和更新数据表，并建立搜索和分析工具。

该数据库的概念起源于 1989 年 CABI 与联合国粮食及农业组织（FAO）、农业和农村合作技术中心（CTA）共同举办的作物保护信息需求国际研讨会。代表们预计信息技术将能够更有效地提供作物保护信息，特别是在信息最缺乏的发展中国家，将受益匪浅。20 世纪 90 年代早期，CABI 开发了一个原型系统，与世界各地的科学家、决策者和其他专家进行了广泛磋商，并在澳大利亚国际农业研究中心（ACIAR）的支持下进行了可行性研究。1992 年又举办了一次研讨会，建议在核心事实与有害生物信息（文本、参考资料、地图和插图）和解释数据以辅助决策的实用程序之间保持平衡。工作的优先事项是建设核心，再逐步朝着全球覆盖的目标进行。在 1994 年的一次可行性研究期间，向作物保护纲要的潜在用户进行了咨询。研究人员、讲师、植物卫生官员、检疫官员、推广专家、政策制定者和农药行业都明确表示需要发展；马来西亚、印度尼西亚、菲律宾和泰国的 40 多家机构参与了这项活动。成立了一个发展财团为该项目提供资金，将私营和公共部门组织聚集在一起。自成立以来，许多新成员加入了财团。1995 年开始开发第一个模块，目标是东南亚、中国南部和太平洋地区，但具有全球意义。

1997 年出版纲要的第一单元。1999 年完成整体模块。2001 年发布了第一个网络版，补充了与植物检疫及其决策支持工具有关的信息，增加 100 种有害生物的经济影响信息（包括造成的全球作物损失数据）。2004 年全面更新，包括 400 份关于入侵植物和森林害虫的新数据表、新的检索功能、基于 LUCID 软件的新入侵植物检索表和新图书馆文件。2007—2009 年提高园艺作物覆盖率，并在 2009 年推出了新的网络版纲要。2014 年新 web 平台发布。2017 年新增物种分布图。新的引文在文本和表格中链接到数据表末尾的参考文献。2018 年启动地平线扫描工具（测试版），优先考虑入侵物种的威胁。

物种包括以下 3 大类：一是有害生物。涵盖了农业、林业和园艺作物的有害生物。具备完整数据表的物种是对全球或区域经济或植物检疫具有重要意义的物种。除农作物杂草外，还包括草地入侵植物和木本入侵植物。二是天敌。包括有一些详细的数据表和大量的基本数据表，涵盖了完整的害虫天敌数据。三是农作物 / 林木。包括 200 多种世界主要农作物的详细数据表，100 多种重要树木寄主的概要数据表。

纲要收录了 3500 多份由专家编制、独立核实的作物病虫害、杂草、入侵植物、天敌的详细资料表；200 多份作物详细数据表；另外 20 000 种物种的信息；用于识别和教学的 8000 多张图片；每周更新一次 CAB 摘要数据库的 250 000 多份书目记录；23 000 多篇重要期刊和会议文章全文；20 000 多个术语词汇表，包括农药和生物农药信息；一个广泛的文献库，其中一些专门为作物保护各个方面编写的，包括关于入侵植物、园艺、经济影响、收获后问题和种质资源安全转移。

参考文献

黄静，孙双艳，何善勇，等，2014. 主要贸易国家有害生物信息系统概况[J]. 植物检疫，28(1): 98-100.

潘绪斌, 陈克, 黄静, 等, 2019. 有害生物风险分析数据需求及信息系统发展和展望[J]. 植物检疫, 33(6): 6-9.

徐钦望, 任利利, 骆有庆, 2021. 全球外来入侵生物与植物有害生物数据库的比较评价[J]. 生物安全学报, 30(3): 157- 165.

CABI, 2022. Crop Protection Compendium. WALLINGFORD, UK: CAB INTERNATIONAL. WWW.CABI.ORG/CPC.

（撰稿：冼晓青；审稿：赵健）

cry1Ab 基因　*cry1Ab* gene

转基因抗虫作物研究相关文献中所涉及的 *cry1Ab* 主要指的是来自苏云金芽孢杆菌库斯塔克亚种（*Bacillus thuringiensis* subsp. *kurstaki*）菌株 HD1 中的 *cry1Ab* 杀虫基因，目前被广泛应用于转基因抗虫植物培育。按照 3 次不同的命名规则，该基因先后被命名为 *cry1A*（*b*）、*cry1Ab* 和 *cry1Ab*。目前没有解析的 Cry1Ab 蛋白结构报道，结构建模比对分析显示 Cry1Ab 蛋白属于 3 结构域杀虫蛋白，即杀虫活性区域有 3 个结构域（结构域 I 至 III）。结构域 I，N 端的结构域，由 7 个 α 螺旋组成（其中 6 个两性螺旋围绕 1 个中心螺旋）。结构域 II，也称作 β“三棱镜”，由三个 β 折叠片对称折叠形成一个“希腊钥匙”形状的结构。结构域 III，C 端的结构域，是一种两个反平行的 β- 折叠片包裹在一个类似“果冻卷”中的结构。Cry1Ab 蛋白对鳞翅目多个科的昆虫有杀虫活性，例如菜蛾科、螟蛾科、夜蛾科等。国际农业生物技术应用服务组织（International Service for the Acquisition of Agri-biotech Applications，ISAAA）提供的数据显示，含有 *cry1Ac* 杀虫基因的转化事件有 95 个，包含了棉花、玉米、水稻、甘蔗等植物。

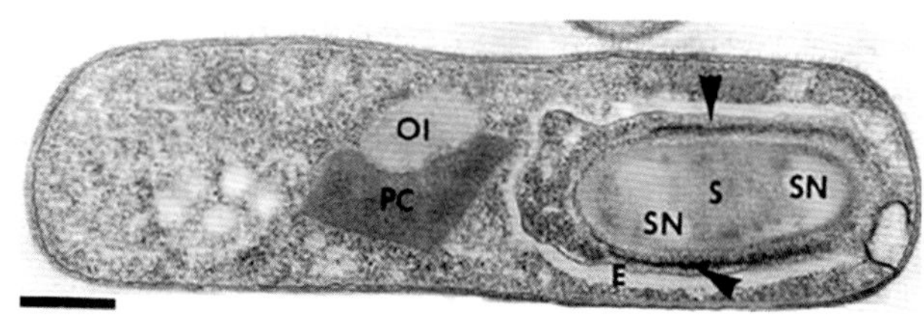

Bt 菌株 HD1 透射电子显微照片

OI：卵形晶体，包含Cry2A杀虫蛋白；PC菱形晶体，包含Cry1Aa，Cry1Ab等蛋白；E：芽孢外壁；S：芽孢；SN：芽孢核；箭头指向的是芽孢衣（图片来源于Bechtel and Bulla，1976）

参考文献

CRICKMORE N, BERRY C, PANNEERSELVAM S, et al, 2020. A structure-based nomenclature for *Bacillus thuringiensis* and other bacteria-derived pesticidal proteins[J]. Journal of inverteberate pathology, 9: 107438.

CRICKMORE N, ZEIGLER D R, FEITELSON J, et al, 1998. Revision of the nomenclature for the *Bacillus thuringiensis* pesticidal crystal proteins[J]. Microbiology and molecular biology reviews, 62 (3): 807-813.

WABIKO H, RAYMOND K C, BULLA L A JR, 1986. *Bacillus thuringiensis* entomocidal protoxin gene sequence and gene product analysis[J]. DNA, 5 (4): 305-314.

（撰稿：束长龙；审稿：张杰）

cry1Ac 基因　*cry1Ac* gene

转基因抗虫作物研究相关文献中所涉及的 *cry1Ac* 主要指的是来自苏云金芽孢杆菌库斯塔克亚种（*Bacillus thuringiensis* subsp. *kurstaki*）菌株 HD73 中的 *cry1Ac* 杀虫基因，目前被广泛应用于转基因抗虫植物培育。按照 3 次不同的命名规则，该基因先后被命名为 *cry1A*（*c*）、*cry1Ac* 和 *cry1Ac*。Cry1Ac 蛋白属于 3 结构域杀虫蛋白，即杀虫活性区域有 3 个结构域（结构域 I 至 III）。结构域 I，N 端的结构域，由 7 个 α 螺旋组成（其中 6 个两性螺旋围绕 1 个中心螺旋）；结构域 II，也称作 β“三棱镜”，由三个 β 折叠片对称折叠形成一个“希腊钥匙”形状的结构。结构域 III，C 端的结构域，是一种两个反平行的 β- 折叠片包裹在一个类似“果冻卷”中的结构。Cry1Ac 蛋白对鳞翅目多个科的昆虫有杀虫活性，例如菜蛾科、螟蛾科、夜蛾科等。夜蛾科昆虫中，Cry1Ac 对棉铃虫、黏虫杀虫效果较好，对小地老虎、甜菜夜蛾、草地贪夜蛾杀虫效果相对较弱。国际农业生物技术应用服务组织（International Service for the Acquisition of Agri-biotech Applications，ISAAA）提供的数据显示，含有 *cry1Ac* 杀虫基因的转化事件有 45 个，包含了棉花、玉米、水稻、茄子、大豆、甘蔗、番茄以及杨树等植物。

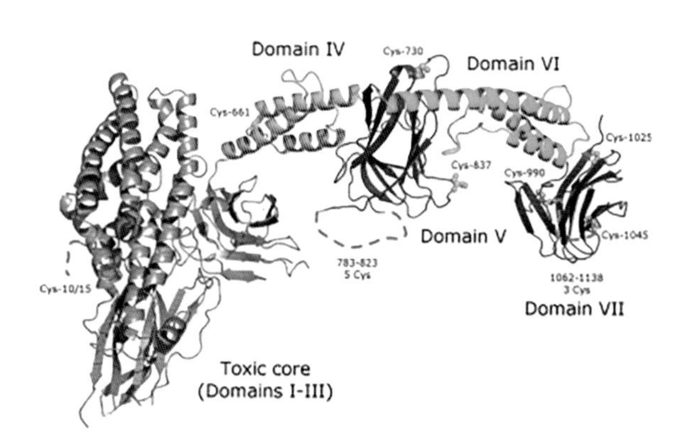

全长 Cry1Ac4 蛋白单体的结构（4W8J：PDBID）

按域着色：浅灰色域是杀虫蛋白核心区，包括结构域I至III，其他在活化过程中被切除的部分包括结构域IV至VII，分别标为深绿色，红色，绿色，紫色。虚线标出的是结构可变区域

参考文献

ADANG M J, STAVER M J, ROCHELEAU T A, et al, 1985. Characterized full-length and truncated plasmid clones of the crystal protein of *Bacillus thuringiensis* subsp. *kurstaki* HD-73 and their toxicity to Manduca sexta[J]. Gene, 36 (3): 289-300.

CRICKMORE N, BERRY C, PANNEERSELVAM S, et al, 2020. A structure-based nomenclature for *Bacillus thuringiensis* and other bacteria-derived pesticidal proteins[J]. Journal of inverteberate pathology, 9: 107438.

CRICKMORE N, ZEIGLER D R, FEITELSON J, et al, 1998. Revision of the nomenclature for the *Bacillus thuringiensis* pesticidal crystal proteins[J]. Microbiology and molecular biology reviews, 62 (3): 807-13.

EVDOKIMOV A G, MOSHIRI F, STURMAN E J, et al, 2014. Structure of the full-length insecticidal protein Cry1Ac reveals intriguing details of toxin packaging into in vivo formed crystals[J]. Protein science, 23 (11): 1491-1497.

（撰稿：束长龙；审稿：张杰）

cry1Ah 基因　*cry1Ah* gene

转基因抗虫植物研究中涉及的 *cry1Ah* 基因主要指的是来自苏云金芽孢杆菌菌株 AB88 中的 *cry1Ah1* 基因，目前被广泛应用于转基因抗虫植物培育。最新两次的命名规则改革中，*cry1Ah* 命名没有变化。目前没有解析的 Cry1Ah 蛋白结构报道，结构建模比对分析显示 Cry1Ah 蛋白属于 3 结构域杀虫蛋白，即杀虫活性区域有 3 个结构域（结构域 I 至 III）。结构域 I，N 端的结构域，由 7 个 α 螺旋组成（其中 6 个两性螺旋围绕 1 个中心螺旋）。结构域 II，也称作 β“三棱镜”，由三个 β 折叠片对称折叠形成一个“希腊钥匙”形状的结构。结构域 III，C 端的结构域，是一种两个反平行的 β- 折叠片包裹在一个类似“果冻卷”中的结构。Cry1Ah 蛋白对几种鳞翅目害虫如亚洲玉米螟、棉铃虫和水稻二化螟具有高杀虫活性，*cry1Ah* 基因已经转化到玉米中，对一些鳞翅目害虫表现出强大的抵抗力。并且，对 Cry1Ah 蛋白和 *cry1Ah* 转基因作物的风险评估研究未发现其对蜜蜂存活、发育、行为或细菌多样性的不良反应。

转 *cry1Ah1* 基因抗虫玉米抗虫效果（人工接虫，80 头玉米螟/植株）

参考文献

CRICKMORE N, BERRY C, PANNEERSELVAM S, et al, 2020. A structure-based nomenclature for *Bacillus thuringiensis* and other bacteria-derived pesticidal proteins[J]. Journal of inverteberate pathology, 9: 107438.

DAI P L, ZHOU W, ZHANG J, 2012. Field assessment of Bt cry1Ah corn pollen on the survival, development and behavior of *Apis mellifera ligustica*[J]. Ecotoxicology and environmental safety, 79: 232-237.

XUE J, LIANG G, CRICKMORE N, et al, 2008. Cloning and characterization of a novel Cry1A toxin from *Bacillus thuringiensis* with high toxicity to the Asian corn borer and other lepidopteran insects[J]. FEMS microbiology letter, 280 (1): 95-101.

（撰稿：束长龙；审稿：张杰）

cry1F 基因　*cry1F* gene

转基因抗虫作物研究相关文献中所涉及的 *cry1F* 主要指的是来自苏云金芽孢杆菌鲇泽亚种（*Bacillus thuringiensis* subsp. *aizawai*）菌株中的 *cry1Fa* 杀虫基因，目前被广泛应用于转基因抗虫植物培育。按照 3 次不同的命名规则，该基因先后被命名为 *cry1F*、*cry1Fa* 和 *cry1Fa*。目前没有解析的 Cry1Fa 蛋白结构报道，结构建模比对分析显示 Cry1Fa 蛋白属于 3 结构域杀虫蛋白，即杀虫活性区域有 3 个结构域（结构域 I 至 III）。结构域 I，N 端的结构域，由 7 个 α 螺旋组成（其中 6 个两性螺旋围绕 1 个中心螺旋）。结构域 II，也称作 β“三棱镜”，由三个 β 折叠片对称折叠形成一个“希腊钥匙”形状的结构。结构域 III，C 端的结构域，是一种两个反平行的 β- 折叠片包裹在一个类似“果冻卷”中的结构。Cry1Fa 对烟芽夜蛾、甜菜夜蛾、黏虫、亚洲玉米螟和欧洲玉米螟杀虫活性较好，对谷实夜蛾杀虫活性相对较低。国际农业生物技术应用服务组织（International Service for the Acquisition of Agri-biotech Applications，ISAAA）提供的数据显示，含有 *cry1F* 杀虫基因的转化事件有 101 个，包含了棉花、玉米、大豆。

参考文献

CRICKMORE N, BERRY C, PANNEERSELVAM S, et al, 2020. A structure-based nomenclature for *Bacillus thuringiensis* and other bacteria-derived pesticidal proteins[J]. Journal of inverteberate pathology, 9: 107438.

CRICKMORE N, ZEIGLER D R, FEITELSON J, 1998. Revision of the nomenclature for the *Bacillus thuringiensis* pesticidal crystal proteins[J]. Microbiology and molecular biology reviews, 62 (3): 807-813.

CHAMBERS J A, JELEN A, GILBERT M P, et al, 1991. Isolation and characterization of a novel insecticidal crystal protein gene from *Bacillus thuringiensis* subsp. *aizawai*[J]. Journal of bacteriology, 173 (13): 3966-3976.

（撰稿：束长龙；审稿：张杰）

cry2Ab 基因与 *cry2Ae* 基因　*cry2Ab* gene and *cry2Ae* gene

转基因抗虫作物研究相关文献中所涉及 *cry2Ab* 主要指的是来自苏云金芽孢杆菌熊本亚种（*Bacillus thuringiensis* subsp. *kumamotoensis*）菌株中的 *cry2Ab* 杀虫基因，*cry2Ae* 主要指的是来自苏云金芽孢杆菌达可他亚种（*Bacillus thuringiensis* subsp. *dakota*）菌株中的 *cry2Ae1* 杀虫基因。按照 3 次不同的命名规则，*cry2Ab* 基因先后被命名为 *cry*II*B*、*cry2Ab* 和 *cry2Ab*。*cry2Ae* 基因克隆较晚，先后被命名为 *cry2Ae* 和 *cry2Ae*。这两个 Cry2A 蛋白都没有解析的结构数据，结构建模比对分析显示这两个 Cry2A 蛋白都属于 3 结构域杀虫蛋白，即杀虫活性区域有 3 个结构域（结构域 I 至 III）。结构域 I，N 端的结构域，由 7 个 α 螺旋组成（其中 6 个两性螺旋围绕 1 个中心螺旋）。结构域 II，也称作 β“三棱镜”，由三个 β 折叠片对称折叠形成一个“希腊钥匙”形状的结构。结构域 III，C 端的结构域，是一种两个反平行的 β- 折叠片包裹在一个类似“果冻卷”中的结构。Cry2A 蛋白与 Cry1A 类蛋白不同，不含有 Cry1A 类蛋白在活化过程中被切除的，即结构域 IV 至 VII 类似的结构域。但是，Bt 菌株中该类基因可通过共表达辅助蛋白形成方形晶体。国际农业生物技术应用服务组织（International Service for the Acquisition of Agri-biotech Applications，ISAAA）提供的数据显示，含有 *cry2Ab* 杀虫基因的转化事件有 60 个，包含了棉花、玉米、大豆；含有 *cry2Ae* 杀虫基因的转化事件有 7 个，包含了棉花、玉米。

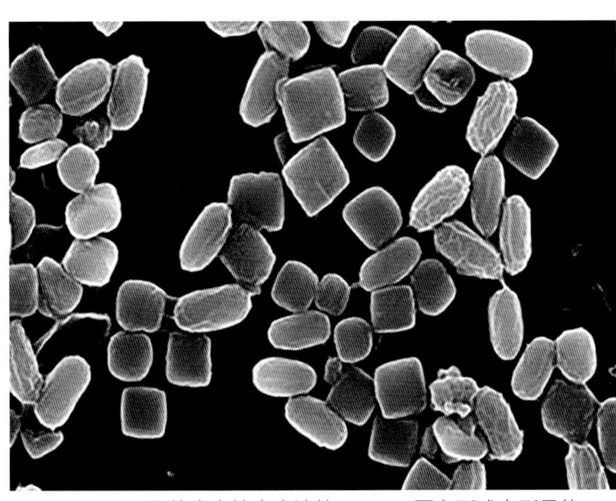

Bt HD73 无晶体突变株中表达的 Cry2Ab 蛋白形成方形晶体

参考文献

CRICKMORE N, BERRY C, PANNEERSELVAM S, et al, 2020. A structure-based nomenclature for *Bacillus thuringiensis* and other bacteria-derived pesticidal proteins[J]. Journal of inverteberate pathology, 9: 107438.

CRICKMORE N, ZEIGLER D R, FEITELSON J, et al, 1998. Revision of the nomenclature for the *Bacillus thuringiensis* pesticidal crystal proteins[J]. Microbiology and molecular biology reviews, 62 (3): 807-813.

WIDNER W R, WHITELEY H R, 1989. Two highly related insecticidal crystal proteins of *Bacillus thuringiensis* subsp. *kurstaki* possess different host range specificities[J]. Journal of bacteriology, 171 (2): 965-974.

（撰稿：束长龙；审稿：张杰）

cry34Ab1 基因和 *cry35Ab1* 基因 *cry34Ab1* gene and *cry35Ab1* gene

转基因抗虫作物研究相关文献中所涉及 *cry34Ab1* 与 *cry35Ab1* 指的是来自苏云金芽孢杆菌菌株 PS149B1 中的双元杀虫蛋白基因，需要 Cry34Ab1 与 Cry35Ab1 两个蛋白一起才能发挥杀虫作用，对玉米根虫等鞘翅目昆虫有杀虫活性。按照最新命名规则，Cry34Ab1 被命名为 Gpp34Ab1，Cry35Ab1 被命名为 Tpp35Ab1。目前 Cry34Ab1 与 Cry35Ab1 两个蛋白的结构已经解析，PDBID 分别为 4JOX 与 4JP0。这两个蛋白结构不属于 3 结构域杀虫蛋白，Cry34Ab1 的结构是一个包含 10 条 β 折叠片组成的三明治结构；Cry35Ab1 包含两个结构域，N- 末端三叶草结构域包含 α 螺旋和三个 β 折叠片，C- 末端结构域结尾处有 3 个杀虫活性不需要的 α 螺旋。*cry34Ab1* 与 *cry35Ab1* 基因主要用于转基因抗玉米根虫玉米培育，国际农业生物技术应用服务组织（International Service for the Acquisition of Agri-biotech Applications，ISAAA）提供的数据显示，有 59 个转化事件表达了这两个基因。

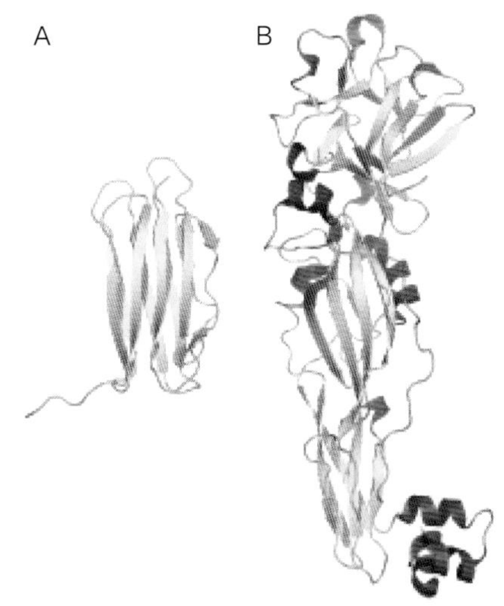

Cry34Ab1（A）与 Cry35Ab1（B）蛋白结构

参考文献

CRICKMORE N, BERRY C, PANNEERSELVAM S, et al, 2020. A structure-based nomenclature for *Bacillus thuringiensis* and other bacteria-derived pesticidal proteins[J]. Journal of inverteberate pathology, 9: 107438.

CRICKMORE N, ZEIGLER D R, FEITELSON J, et al, 1998. Revision of the nomenclature for the *Bacillus thuringiensis* pesticidal crystal proteins[J]. Microbiology and molecular biology reviews, 62 (3): 807-813.

KELKER M S, BERRY C, EVANS S L, et al, 2014. Structural and biophysical characterization of *Bacillus thuringiensis* insecticidal proteins Cry34Ab1 and Cry35Ab1[J]. PLoS ONE, 9 (11): e112555.

MOELLENBECK D J, PETERS M L, BING J W, et al, 2001.

Insecticidal proteins from *Bacillus thuringiensis* protect corn from corn rootworms[J]. Nature biotechnology, 19 (7): 668-672.

（撰稿：束长龙；审稿：张杰）

cry3Aa 基因 *cry3Aa* gene

转基因抗虫作物研究相关文献中所涉及 *cry3Aa* 主要指的是来自苏云金芽孢杆菌拟步行甲亚种（*Bacillus thuringiensis* subsp. *Tenebrionis*）菌株中的 *cry3Aa* 杀虫基因，被广泛应用于转基因抗虫马铃薯培育。按照 3 次不同的命名规则，该基因先后被命名为 *cry*IIIA、*cry3Aa* 和 *cry3Aa*。目前关于 Cry3Aa 蛋白结构与报道较多，分析显示 Cry3Aa 蛋白属于 3 结构域杀虫蛋白，即杀虫活性区域有 3 个结构域（结构域 I 至 III）。结构域 I，N 端的结构域，由 7 个 α 螺旋组成（其中 6 个两性螺旋围绕 1 个中心螺旋）。结构域 II，也称作 β "三棱镜"，由三个 β 折叠片对称折叠形成一个"希腊钥匙"形状的结构。结构域 III，C 端的结构域，是一种两个反平行的 β- 折叠片包裹在一个类似"果冻卷"中的结构。Cry3Aa 蛋白与 Cry1A 类蛋白不同，不含有 Cry1A 类蛋白在活化过程中被切除的，即结构域 IV 至 VII 类似的结构域。但是，Bt 菌株中表达 Cry3Aa 蛋白可形成方形晶体。Cry3Aa 蛋白对叶甲科昆虫马铃薯甲虫、大猿叶甲、榆蓝叶甲、黄曲条跳甲、光肩星天牛等有较好的杀虫效果。国际农业生物技术应用服务组织（International Service for the Acquisition of Agri-biotech Applications，ISAAA）提供的数据显示，*cry3Aa* 抗虫马铃薯转化事件有 30 个。

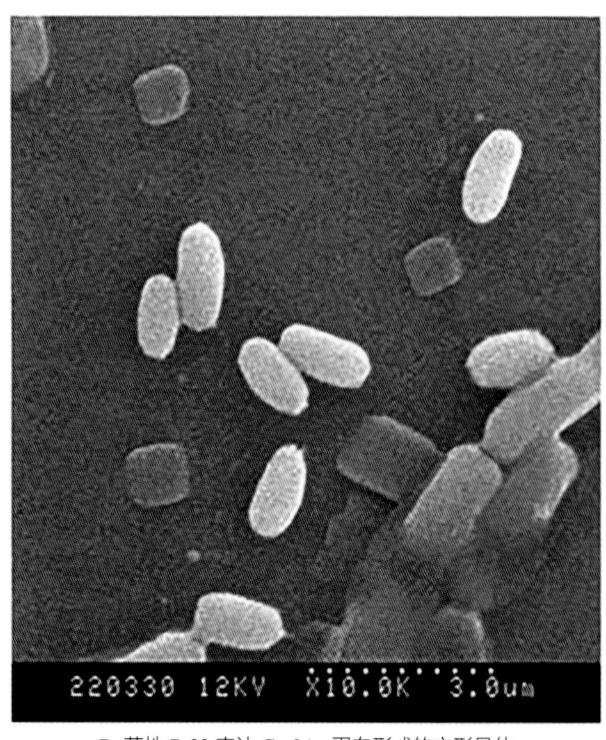

Bt 菌株 Bt22 表达 Cry3Aa 蛋白形成的方形晶体

参考文献

CRICKMORE N, BERRY C, PANNEERSELVAM S, et al, 2020. A structure-based nomenclature for *Bacillus thuringiensis* and other bacteria-derived pesticidal proteins[J]. Journal of inverteberate pathology, 9: 107438.

CRICKMORE N, ZEIGLER D R, FEITELSON J, et al, 1998. Revision of the nomenclature for the *Bacillus thuringiensis* pesticidal crystal proteins[J]. Microbiology and molecular biology reviews, 62 (3): 807-813.

LI J D, CARROLL J, ELLAR D J, 1991. Crystal structure of insecticidal delta-endotoxin from *Bacillus thuringiensis* at 2.5 A resolution[J]. Nature, 353 (6347): 815-821.

（撰稿：束长龙；审稿：张杰）

cry3Bb1 基因 *cry3Bb1* gene

转基因抗虫作物研究相关文献中所涉及 *cry3Bb1* 主要指的是来自苏云金芽孢杆菌熊本亚种（*Bacillus thuringiensis* subsp. *kumamotoensis*）菌株 EG4961 中的 *cry3Bb1* 杀虫基因，目前被用于转基因抗虫玉米培育。按照 3 次不同的命名规则，该基因先后被命名为 *cry*III*B*、*cry3Bb* 和 *cry3Bb*。目前 Cry3Bb 蛋白结构已经解析（PDBID：1JI6），分析显示 Cry3Bb 蛋白属于 3 结构域杀虫蛋白，即杀虫活性区域有 3 个结构域（结构域 I 至 III）。结构域 I，N 端的结构域，由 7 个 α 螺旋组成（其中 6 个两性螺旋围绕 1 个中心螺旋）。结构域 II，也称作 β "三棱镜"，由三个 β 折叠片对称折叠形成一个"希腊钥匙"形状的结构。结构域 III，C 端的结构域，是一种两个反平行的 β- 折叠片包裹在一个类似"果冻卷"中的结构。Cry3Bb 蛋白对叶甲科昆虫马铃薯甲虫、柳蓝叶甲、南方玉米根虫、西方玉米根虫、甘薯象鼻虫等有较好的杀虫效果。国际农业生物技术应用服务组织（International Service for the Acquisition of Agri-biotech Applications，ISAAA）提供的数据显示，目前含有 *cry3Bb1* 杀虫基因的抗虫玉米转化事件有 36 个。

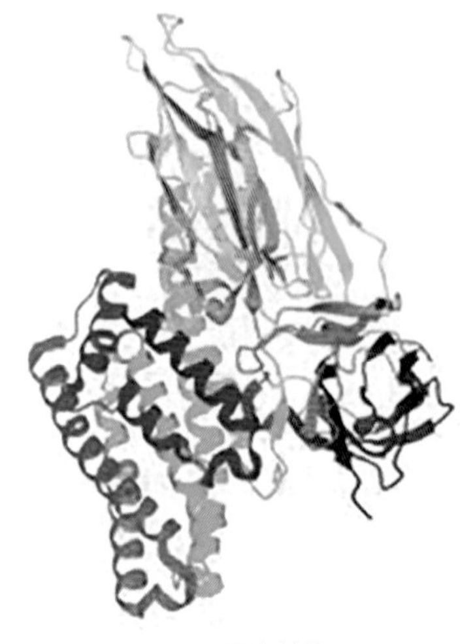

Cry3Bb 蛋白结构

参考文献

CRICKMORE N, BERRY C, PANNEERSELVAM S, et al, 2020. A structure-based nomenclature for *Bacillus thuringiensis* and other bacteria-derived pesticidal proteins[J]. Journal of inverteberate pathology, 9: 107438.

CRICKMORE N, ZEIGLER D R, FEITELSON J, et al, 1998. Revision of the nomenclature for the *Bacillus thuringiensis* pesticidal crystal proteins[J]. Microbiology and molecular biology reviews, 62 (3): 807-813.

Donovan W P, Rupar M J, Slaney A C, et al, 1992. Characterization of two genes encoding *Bacillus thuringiensis* insecticidal crystal proteins toxic to Coleoptcra species[J]. Applied environmental microbiology, 58 (12): 3921-3927.

GALITSKY N, CODY V, WOJTCZAK A, et al, 2001. Structure of the insecticidal bacterial delta-endotoxin Cry3Bb1 of *Bacillus thuringiensis*[J]. Acta crystallographica section D, 57 (8): 1101-1109.

（撰稿：束长龙；审稿：张杰）

cry 基因　*cry* gene

编码苏云金芽孢杆菌（*Bacillus thuringiensis*，简称 Bt）Cry 蛋白的基因。Bt 是一种革兰氏阳性昆虫病原菌，在形成芽孢的同时，可以产生多种形态的伴胞晶体，随着母细胞的裂解，与芽孢一起释放到环境中去。Bt 伴胞晶体主要由杀虫晶体蛋白（Insecticidal crystal proteins，ICPs）组成，由 *cry* 基因和 *cyt* 基因编码，是其主要活性物质，对靶标害虫具有高度特异的杀虫活性。Cry 蛋白对哺乳动物等非靶标生物安全无害，因此，Bt 基因也被用于构建转基因抗虫植物，用于害虫防治。*cry* 基因及 Bt 其他主要杀虫蛋白都按照统一的命名规则进行命名。现行的 Bt 杀虫蛋白命名规则是由 Neil Crickmore 博士 1998 提出的，依据以杀虫蛋白编码的氨基酸序列相似性关系进行命名。按照目前的命名规则，所有毒素都可以获得一个包含 4 个等级的命名。每个蛋白命名都有两个部分组成，第一部分是表示蛋白类型的缩写，如 Cry（crystal delta-endotoxin）、Cyt（cytolytic delta-endotoxin），Vip（Vegetative insecticidal proteins）等；第二个部分是由数字、大写字母、小写字母、数字组成的代表杀虫蛋白序列相似性关系的 4 个等级的编号，如 Cry 蛋白 Cry1Ac1。第一等级的杀虫蛋白（如 Cry1、Cry2、Cry3 等）之间氨基酸序列相似性都小于 45%，例如，最新命名的第一等级的 Cry 蛋白是 Cry78Aa1，其与之前命名的所有 Cry 杀虫蛋白氨基酸序列相似性都小于 45%。类似的，第二、第三等级的杀虫蛋白氨基酸一致性区分阈值边界分别是 78% 和 95%。按照该规则，如果现在发现一个 Cry 杀虫蛋白，氨基酸序列一致性与目前所有已命名蛋白相比都小于 95%，该蛋白属于一个新的模式蛋白。如果与某一已命名模式蛋白序列一致性大于 95%, 则新蛋白属于该模式蛋白家族的一个第四等级的新蛋白。

参考文献

CRICKMORE N, ZEIGLER D R, FEITELSON J, et al, 2020. Revision of the nomenclature for the *Bacillus thuringiensis* pesticidal crystal proteins[J]. Microbiology and molecular biology reviews, 62 (3): 807-813.

CRICKMORE N, BERRY C, PANNEERSELVAM S, et al, 2020. A structure-based nomenclature for *Bacillus thuringiensis* and other bacteria-derived pesticidal proteins[J]. Journal of inverteberate pathology, 9: 107438.

HÖFTE H, WHITELEY H R, 1989. Insecticidal crystal proteins of *Bacillus thuringiensis*[J]. Microbiological reviews, 53 (2): 242-255.

SCHNEPF E, CRICKMORE N, VAN RIE J, et al, 1998. *Bacillus thuringiensis* and its pesticidal crystal proteins[J]. Microbiology and molecular biology reviews, 62(3): 775-806.

（撰稿：束长龙；审稿：张杰）

Environmental Biosafety Research《环境生物安全研究》

国际生物安全研究协会（International Society for Biosafety Research，ISBR）的官方期刊，是关于基因改造生物和环境研究的跨学科杂志。创刊于 2002 年，由 EDP Sciences 出版社出版，被 BIOSIS Previews、Scopus 和 PubMed 等收录。2011 年因缺乏高质量论文而暂停发行至今。

为季刊，国际标准刊号印刷版为 ISSN 1635-7922，电子版为 ISSN 1635-7930。电子邮箱 : agnes.henri@edpsciences.org。

办刊宗旨　基因改造生物科学风险评估的研究结果在很多领域和期刊得到传播，这种跨学科的特性促使转基因生物安全研究成为一个非常有趣而睿智的话题，然而，人们很难在这个广泛和积极增长的领域中紧跟新形势的发展。该期刊目的在于填补科学交流之间的空缺。

刊载内容　主要刊登关于有意或无意把转基因改造生物引入环境等方面的研究，主要包括新生物影响的生态学研究；与害虫、病原物和非靶标生物的互作，对农艺学和农业实践的影响；对微生物群落的影响；水平基因交流的评估；降低或管理风险的手段；风险 / 成本 / 收益分析；风险治理；社会经济影响；社会经济行为对风险和风险管理的影响；生物伦理等。该期刊发表所有类型转基因生物的文章，包括植物、动物和微生物。也发表阐明或平行于转基因生物问题的非转基因生物研究。

参考文献

International Society for Biosafety Research. Environmental Biosafety Research[DB]. EDP Sciences,[2021-05-29] http: //www. ebr-journal. org/.

（撰稿：卢增斌；审稿：叶恭银）

F_2 筛查法　F_2 screen

1996 年，单雌系 F_2 代筛查法首次用于估计自然种群中的稀有抗性等位基因频率。

其他

它的具体方法为：①从田间采集大量已交配过的雌成虫，建立单雌系，隔离饲养每个单雌系的 F_1 后代。②进行同胞交配，估计每个单雌系的 F_1 后代的雌雄个数，让它们进行同胞自交。③产生的 F_2 代幼虫用合适的筛选程序进行抗性个体的筛选。④检测验证 F_2 代筛选得到抗性单雌系的抗性。

根据孟德尔遗传规律，单雌系的后代自交后产生的 F_2 后代有 1/16 个体被认为是抗性纯合子，携带母本的所有的抗性等位基因。因为每个交配过的雌虫携带至少 4 个配子体（一半来自自身，一半来自配偶），每个单雌系也就包含有 4 种等位基因型。因此该方法能够检测隐性抗性的杂合子，因为它能够代表田间采集个体的基因型。此法克服了 F_1 代法需要室内抗性品系的特点；在抗性为稀少、隐性时，F_2 代法比区分剂量法和剂量反应法的灵敏度更高，是监测害虫对 Bt 作物抗性的一个核心方法。

该方法同样存在明显的缺点：为了克服假阴性的出现，需要从田间采集大量的成虫来建立大量的单雌系，并保证 F_2 代成虫同胞交配的数量（≥ 50 头）和 F_2 代足够多的幼虫用于筛选。对于 F_2 代法来说，成本是一个大问题，因此如何提高采虫、室内饲养和抗性筛选的效率已成为 F_2 代法的重要研究内容。

参考文献

ANDOW D A, ALSTAD D N, 1998. F_2 screen for rare resistance alleles[J]. Journal of economic entomology, 91: 572-578.

STODOLA T J, ANDOW D A, 2004. F_2 screen variations and associated statistics[J]. Journal of economic entomology, 97: 1756-1764.

（撰稿：安静杰；审稿：高玉林）

GM Crops & Food: Biotechnology in Agriculture and the Food Chain《转基因作物和食物：农业和食品链中的生物技术》

由泰勒弗朗西斯集团（Taylor & Francis Group）出版的期刊，创刊于 1900 年。原名 *GM Crops*（1900—2011），2012 年改为现名沿用至今。被 CABI、PubMed Central（PMC）和 MEDLINE 收录。读者对象为对农业、医学、生物技术、投资和技术转让感兴趣的科学家、育种者、政策制定者、教育家、学者、科普作家和学生。

为季刊，国际标准刊号印刷版为 ISSN 2164-5698，电子版为 ISSN 2164-5701。

编辑部通讯地址 美国宾夕法尼亚州费城 Walnut 街 530 号泰勒弗朗西斯集团，邮编：19106。

编委会 主编：Naglaa A. Abdallah，埃及开罗大学；Channapatna S. Prakash，美国塔斯基吉大学。

办刊宗旨 旨在为所有与转基因作物有关的问题提供国际化的平台，特别是促进科学家和政策制定者之间的有效交流。

刊载内容 主要发表涉及农业中转基因作物和转基因食品主题的高质量研究文章、综述和评述，为阐明转基因作物培育、检测和应用中基本科学问题的研究论文提供平台，同时涵盖社会经济、商业化、贸易和社会等话题。内容包括但不限于：转基因作物的产量和分析；基因插入研究；基因沉默；影响基因表达的因子；转录后分析；分子农业；田间试验分析；转基因作物的商业化；安全性和法律法规。

生物科学和技术方面：生物柴油；气候变化和环境压力；田间试验数据；转化技术发展；污染物清除（生物降解）；基因沉默机制；基因组编辑；除草剂抗性；宏基因组学和基因功能；分子农业；新育种技术；害虫抗性；植物繁殖（如雄性不育、杂交育种、孤雌生殖）；成分改变的植物；对非生物逆境的耐性；农业中的转基因技术；生物强化和营养提高；用于发展转基因作物的基因组学、蛋白质组学和生物信息学等方法。

经济、政治和社会方面：商业化；消费者态度；国际团体；国际和地方政府政策；公众认知、知识产权、教育、（生物）伦理问题；法规、环境影响和控制；社会经济影响；食品安全及保障；风险评估；贸易、法律和生物伦理问题。

参考文献

Taylor & Francis Group. GM Crops & Food: Biotechnology in Agriculture and the Food Chain[DB].[2021-05-29] https: //www.tandfonline. com/toc/kgmc20/current.

（撰稿：卢增斌；审稿：叶恭银）

International Service for the Acquisition of Agri-Biotech Applications (ISAAA) 国际农业生物技术应用服务组织

非营利性的国际组织，旨在通过知识共享倡议及专有生物技术的转让和交付，将作物生物技术的好处分享给各利益相关方，特别是发展中国家中资源贫乏的农民，从而帮助全球农业可持续性发展。该组织在全球设有 3 个研发中心：北美中心位于美国纽约州伊萨卡的康奈尔大学，非洲中心位于肯尼亚首都内罗毕，东南亚中心位于菲律宾拉古纳的洛斯巴诺斯。理事会成员来自发展中国家和工业化国家、公共和私营部门及各专业利益集团，特别是一些与环境保护有关的集团。现任理事会的名誉主席为 Clive James（加拿大），主席为 Paul S. Teng（新加坡），副主席为 Jennifer Thomson（南非）。

ISAAA 网站（http://www. isaaa.org/）包括简介、项目、知识中心、资源、图库和转基因生物批准数据库等板块，提供全球转基因生物的最新新闻报道和详细统计信息。

ISAAA 在生物技术研究和发展中形成完整的知识网络体系，包括决策者和科学家能力建设、生物安全和食品安全监管以及安全评价和科学传播等，为亟须发展和利用生物技术的地区提供信息交流平台。该组织通过网站每年发布一份关于全球生物技术状况的报告，其中文版会刊登在《中国生物工程杂志》上。2016 年，该网站发布转基因作物商业化 20 周年纪念特辑。

参考文献

ISAAA, 2021. ISAAA in Brief[EB/OL].[2021-05-29] http: //www.

isaaa. org / inbrief / default. asp.

（撰稿：卢增斌、党聪；审稿：叶恭银）

PCR-免疫层析 PCR immune-chromatography

免疫层析法（immunochromatography）是国外兴起的一种快速诊断技术，以条状纤维层析材料为固相，将特异的抗体先固定于层析材料的某一区带，通过毛细作用使样品溶液在层析条上泳动，并同时使样品中的待测物与层析材料上针对待测物的受体（如抗体或抗原）发生特异性结合反应。当样品溶液移动至固定有抗体的区域时，样品中相应的抗原即与该抗体发生特异性结合，若用免疫胶体金或免疫酶染色可使该区域显示一定的颜色，从而实现特异性的鉴定。

PCR-免疫层析是一种将PCR和免疫层析结合的分析方法，将抗原抗体反应与聚合酶链反应特异扩增DNA分子的技术结合起来，快速检测鉴定特异性PCR产物的技术。在目的基因片段PCR扩增上游引物的5′端标记生物素，设计具有特异性DNA序列的捕获探针，通过DNA杂交和金标显色检测鉴定PCR产物，避免了琼脂糖凝胶电泳分析和后继鉴定程序。

PCR-免疫层析在转基因检测中的应用：利用转基因植物通常含有的CaMV 35S启动子作为转基因成分的筛查标记。根据其序列设计特异性引物和探针，分别用生物素和地高辛标记，使PCR扩增产物带有相应检测标记。用胶体金标记抗体检测特异性PCR产物。胶体金标记链霉亲和素可与PCR产物中的生物素结合。免疫层析条上标记的地高辛抗体捕获PCR产物中的地高辛，检测鉴定PCR产物，敏感性高于核酸电泳，有较好的特异性。

（撰稿：郑秋月；审稿：曹际娟）

Southern 印迹杂交 Southern blot

1975年由英国爱丁堡大学埃德温·迈勒·萨瑟恩（Edwin Mellor Southern）创建的检测DNA样品中特定DNA序列的通用分子生物学技术。

Southern印迹杂交的基本原理是具有一定同源性的2条DNA单链在一定的条件下，可按碱基互补的原则特异性地杂交形成双链。Southern印迹杂交具有高度特异性及灵敏性。Southern印迹杂交技术包括两个主要过程：一是将待测定核酸分子通过凝胶电泳分离并经毛细管的虹吸作用转移到一种固相支持物膜（硝酸纤维素膜或尼龙膜）上，这个过程称为印迹（blotting）。常见的印迹方法有电转法和真空转移法。二是将固定于膜上的核酸与同位素或非同位素（如地高辛等）标记的探针在一定的温度和离子强度下退火杂交，这个过程称为分子杂交。整个Southern印迹杂交所需时间较长。如果探针能与膜上的样品DNA结合形成条带，那么样品中就含有和该探针互补的DNA片段。用限制性内切酶消化基因组DNA后进行的Southern印迹杂交可以用来确定目标DNA序列的在基因组中的数目，即拷贝数。Southern印迹杂交法的应用比较广泛，包括克隆基因的酶切、图谱分析、基因组中某一基因的定性及定量分析、基因突变分析及限制性片段长度多态性分析（RFlP）等。

在转基因生物安全领域，Southern印迹杂交技术多用来检测外源基因的存在和完整性、确定受体基因组中外源基因的拷贝数以及后代中外源插入基因的稳定性。成功的Southern印迹杂交分析取决于正确的探针设计和限制性内切酶的选择，因为两者都依赖于对外源插入片段及其旁侧受体基因组的序列信息，因此，随意设计探针或随意选择限制性内切酶进行的Southern印迹杂交结果，可能不能准确地反映外源插入片段的分子特征，需要与PCR、数字PCR或其他分子鉴定的结果相结合。

参考文献

LI R, QUAN S, YAN X, et al, 2017. Molecular characterization of genetically-modified crops: Challenges and strategies[J]. Biotechnology advances, 35 (2): 302-309.

SOUTHERN E M, 1975. Detection of specific sequences among DNA fragments separated by gel electrophoresis[J]. Jounal of molecular biology, 98 (3): 503-517.

（撰稿：石建新、谢家建；审稿：张大兵）

T-DNA 右边界 right boarder of T-DNA, RB

界定T-DNA右边界的DNA序列，是T-DNA转化发生的重要顺式序列，决定着T-DNA转化的起始位点。RB全长25bp，其序列为TGACAGGATATATTGGCGGGTAAAC。

在T-DNA转化过程中，25bp的左右边界序列在VirD1拓扑异构酶和VirD2核酸内切酶复合体的作用下，在T-DNA边界序列上产生单链缺失和双链断裂。缺失多发生于DNA双链的下链。VirD2与右边界5′缺失共价结合，随后的DNA合成替代并释放出下链DNA。

RB通常会完整地插入到受体植物基因组中。T-DNA转化过程中发生的RB边界序列缺失很少，即使有，也是少数几个碱基。

参考文献

JASPER F, KONCZ C, SCHELL J, et al, 1994. *Agrobacterium* T-strand production *in vitro*: sequence-specific cleavage and 5′ protection of single-stranded DNA templates by purified VirD2 protein[J]. Proceedings of the National Academy of Sciences of the United States of America, 91 (2): 694-698.

PODEVIN N, BUCK S D, WILDE C D, et al, 2006. Insights into recognition of the T-DNA border repeats as termination sites for T-strand synthesis by *Agrobacterium tumefaciens*[J]. Transgenic research, 15(5): 557-571.

TZFIRA T, LI J X, LACROIX B, et al, 2004. *Agrobacterium* T-DNA integration: molecules and models[J]. Trends in genetics, 20(8): 375-383.

（撰稿：石建新、谢家建；审稿：张大兵）

T-DNA 左边界 left boarder of T-DNA, LB

界定 T-DNA 左边界的 DNA 序列，是 T-DNA 转化终止的重要序列，决定着 T-DNA 转化的终止。LB 全长 25bp，其序列为 TGGCAGGATATATTGTGGTGTAAAC，与 RB 相似但不完全相同。

T-DNA 转化是由 Ti 上的 *vir* 基因和细菌染色体上的致病基因编码蛋白的共同作用完成的。T-DNA 的 LB 和 RB 序列是一种顺式调控信号，可被 VirD1/VirD2 的产物，一种核酸内切酶识别。VirD2 在 T-DNA RB 序列底链的第三和第四碱基间切断 T-DNA，释放单链 T-DNA，VirD2 与 T-DNA 的 5′ 相结合，在 VirB 和 VirD4 及其他 Vir 蛋白的帮助下，将 T-DNA 运输到寄主植物细胞，并在 VirE2 协同作用下，将 T-DNA 运输到细胞核。T-DNA 的转化多从 RB 端开始。但实际上，因为 VirD2 也可以和 LB 结合，这样的话，LB 就被错误地作为 T-DNA 转化的起点，从而将骨架序列首先整合到受体植物。

vir 基因对 T-DNA 中 LB 的识别受到其旁邻序列和内侧序列的影响。多数的 T-DNA 转化体中常伴有骨架序列，这是因为目前的 25bp 的 LB 序列本身无法有效终止 T-DNA 单链的合成，且 LB 内侧序列影响终止效率。延长 LB 重复序列的内侧和外侧序列，均可以提高 *vir* 基因对 LB 重复序列的正确识别，减少转化体中出现骨架序列的情况。

LB 及邻近的片段在转化过程中通常会丢失。T-DNA 转化过程中发生的 LB 边界序列丢失，对目的基因的表达并无影响。

在 T-DNA 左右边界酶切点外侧引入其他的限制性内切酶位点，可以轻松地识别哪个转基因植物株系失去了这些限制性酶位点，并被整合到植物基因组，从而可快速筛选阳性转化体。

参考文献

PODEVIN N, BUCK S D, WILDE C D, et al, 2006. Insights into recognition of the T-DNA border repeats as termination sites for T-strand synthesis by *Agrobacterium tumefaciens*[J]. Transgenic research, 15(5): 557-571.

TZFIRA T, LI J X, LACROIX B, et al, 2004. *Agrobacterium* T-DNA integration: molecules and models[J]. Trends in genetics, 20(8): 375-383.

（撰稿：石建新、谢家建；审稿：张大兵）

Transgenic Research《转基因研究》

由国际转基因技术协会（International Society for Transgenic Technologies，ISTT）主办，施普林格国际出版社（Springer International Publishing）出版的期刊。创刊于 1991 年，被 SCI、SCIE、PubMed、SCOPUS 和 EMBASE 等数据库收录。2018 年期刊的影响因子为 1.817。

为双月刊，国际标准刊号印刷版为 ISSN 0962-8819，电子版为 ISSN 1573-9368。客户服务中心：德国海德堡市，邮编：69126；电话：0049-6221-345-4303；传真：0049-6221-345-4229；电子邮件：subscriptions@springer.com。

编委会 主编：Paul Christou，西班牙莱里达大学；Simon G. Lilico，英国爱丁堡大学罗斯林研究所。

刊载内容 主要集中在转基因和基因组编辑的高等生物研究，强力鼓励生物技术应用方面的研究。知识产权、道德问题、社会影响和监管方面也属于该杂志的刊载范围。目的是在分子生物学和生物技术的基础科学和应用科学之间架起一座桥梁，为动植物研究人员和相关产业服务。

参考文献

International Society for Transgenic Technologies. Transgenic Research[DB]. Springer International Publishing.[2021-05-29] http: // link. springer. com/journal/11248.

（撰稿：卢增斌；审稿：叶恭银）

vip 基因 *vip* gene

编码 Bt 营养杀虫蛋白（vegetative insecticidal protein，VIP）的基因。Bt 是一种革兰氏阳性细菌，可产生多种杀虫蛋白，包括营养生长期表达的营养期杀虫蛋白和芽孢形成期产生的杀虫晶体蛋白（insecticidal crystal proteins，ICPs）等。

全世界已鉴定出 147 个不同的 *vip* 基因（https://www.bpprc-db.org/database/）。根据其序列同源性，将其分为 4 个家族 *vip1*、*vip2*、*vip3* 和 *vip4*。*vip1* 和 *vip2* 基因编码的蛋白为 A-B 型二元毒素，它们的组合对鞘翅目和半翅目害虫具有毒杀作用。*vip3* 基因编码的蛋白是 Vip 蛋白家族中数量最多，目前已经发现了 124 个，占整个 Vip 蛋白家族的 84%，且研究最为深入，对多种鳞翅目昆虫具有良好的杀虫活性。

参考文献

HÖFTE H, WHITELEY H R, 1989. Insecticidal crystal proteins of *Bacillus thuringiensis*[J]. Microbiological reviews, 53 (2): 242-255.

CRICKMORE N, ZEIGLER D R, FEITELSON J, et al, 2020. Revision of the nomenclature for the *Bacillus thuringiensis* pesticidal crystal proteins[J]. Microbiology and molecular biology reviews, 62 (3): 807-813.

CRICKMORE N, BERRY C, PANNEERSELVAM S, et al, 2020. A structure-based nomenclature for *Bacillus thuringiensis* and other bacteria-derived pesticidal proteins[J]. Journal of inverteberate pathology, 9: 107438.

SCHNEPF E, CRICKMORE N, VAN RIE J, et al, 1998. *Bacillus thuringiensis* and its pesticidal crystal proteins[J]. Microbiology and molecular biology reviews, 62 (3): 775-806.

（撰稿：束长龙；审稿：张杰）

条目标题汉字笔画索引

说 明

1. 本索引供读者按条目标题的汉字笔画查检条目。
2. 条目标题按第一字的笔画由少到多的顺序排列。笔画数相同的，按起笔笔形横（一）、竖（丨）、撇（丿）、点（、）、折（乛，包括亅、乚、く等）的顺序排列。第一字相同的，依次按后面各字的笔画数和起笔笔形顺序排列。
3. 以外文字母、罗马数字和阿拉伯数字开头的条目标题，依次排在汉字条目标题的后面。

一画

二画

三画

四画

五画

六画

七画

八画

九画

十画

十一画

十二画

十三画

十四画

十五画

十六画

十七画及以上

字母 数字

条目标题外文索引

说 明

1. 本索引按照条目标题外文的逐词排列法顺序排列。无论是单词条目，还是多词条目，均以单词为单位，按字母顺序、按单词在条目标题外文中所处的先后位置，顺序排列。如果第一个单词相同，再依次按第二个、第三个，余类推。
2. 条目标题外文中英文以外的字母，按与其对应形式的英文字母顺序排列。
3. 条目标题外文中如有括号，括号内部分一般不纳入字母排列顺序；条目标题外文相同时，没有括号的排在前；括号外的条目标题外文相同时，括号内的部分按字母顺序排列。
4. 条目标题外文中有罗马数字和阿拉伯数字的，排列时分为两种情况：
 ①数字前有拉丁字母，先按字母顺序再按数字顺序排列；英文字母相同时，含有罗马数字的排在阿拉伯数字前。
 ②以数字开头的条目标题外文，排在条目标题外文索引的最后。

A

B

C

D

E

F

G

H

I

J

K

L

M

N

O

P

Q

R

S

T

U

V

W

X

数字

内容索引

说明

1. 本索引是全书条目内重要关键名词的索引。索引主题按汉语拼音字母的顺序并辅以汉字笔画、起笔笔形顺序排列。同音同调时按汉字笔画由少到多的顺序排列；笔画数相同时按起笔笔形横（一）、竖（丨）、撇（丿）、点（丶）、折（乛，包括㇆、乚、く等）的顺序排列。第一字相同时按第二字，余类推。条目标题中夹有外文字母或阿拉伯数字的，依次排在相应的汉字条目标题之后。以拉丁字母、希腊字母和阿拉伯数字开头的条目标题，依次排在全部汉字条目标题之后。
2. 设有条目的主题用黑体字，未设条目的主题用宋体字。
3. 索引主题之后的阿拉伯数字是主题内容所在的页码，数字之后的小写拉丁字母表示索引内容所在的版面区域。本书正文的版面区域划分 4 区，如右图。

a	c
b	d

A

B

C

D

E

F

G

H

J

K

L

M

N

O

P

Q

R

S

T

W

X

Y

Z

数字 字母

后　记

《中国植物保护百科全书》（以下称《全书》）是国家重点图书出版规划项目、国家辞书编纂出版规划项目，并获得了国家出版基金的重点资助。《全书》共分为《综合卷》《植物病理卷》《昆虫卷》《农药卷》《杂草卷》《鼠害卷》《生物防治卷》《生物安全卷》8卷，是一部全面梳理我国农林植物保护领域知识的重要工具书。《全书》的出版填补了我国植物保护领域百科全书的空白，事关国家粮食安全、生态安全、生物安全战略的工作成果，对促进我国农业、林业生产具有重要意义。

《全书》由时任农业部副部长、中国农业科学院院长李家洋和中国林业科学研究院院长张守攻担任总主编，副总主编为吴孔明、方精云、方荣祥、朱有勇、康乐、钱旭红、陈剑平、张知彬等8位知名专家。8个分卷设分卷编委会，作者队伍由中国科学院、中国农业科学院、中国林业科学研究院等科研院所及相关高校、政府、企事业单位的专家组成。

《全书》历时近10年，篇幅宏大，作者众多，审改稿件标准要求高。3000余名相关领域专家撰稿、审稿，保证了本领域知识的专业性、权威性。中国林业出版社编辑团队怀着对出版事业的责任心和职业情怀，坚守精品出版追求，攻坚克难，力求铸就高质量的传世精品。

在《中国植物保护百科全书》面世之际，要感谢所有为《全书》出版做出贡献的人。

感谢李家洋、张守攻两位总主编，他们总揽全面，确定了《全书》的大厦根基和分卷谋划。8位副总主编对《全书》内容精心设计以及对分卷各分支卓有成效的组织，特别是吴孔明副总主编为推动编纂工作顺利进展付出的智慧和汗水令人钦佩。感谢各分卷主编对编纂工作的责任担当，感谢各分卷副主编、分支负责人、编委会秘书的辛勤努力。感谢所有撰稿人、审稿人克服各种困难，保证了各自承担任务高质量完成。

最后，感谢国家出版基金对此书出版的资助。

《中国植物保护百科全书》项目工作组

2022年5月

《中国植物保护百科全书》
项目工作组

项目总负责人、组长：邵权熙

副 组 长：何增明　贾麦娥

成　　员：（按姓氏拼音排序）

李美芬　李　娜　邵晓娟　盛春玲　孙　瑶
王　全　王思明　王　远　印　芳　于界芬
袁　理　张　东　张　华　郑　蓉　邹　爱

项目组秘书：

袁　理　孙　瑶　王　远　张　华　盛春玲
苏亚辉

审稿人员：（按姓氏拼音排序）

杜建玲　杜　娟　高红岩　何增明　贾麦娥
康红梅　李　敏　李　伟　刘家玲　刘香瑞
沈登峰　盛春玲　孙　瑶　田　苗　王　全
温　晋　肖　静　杨长峰　印　芳　于界芬
袁　理　张　华　张　锴　邹　爱

责任校对：许艳艳　梁翔云　曹　慧

策划编辑：何增明

特约编审：陈英君

书名篆刻：王利明

装帧设计：北京王红卫设计有限公司

设计排版：北京美光设计制版有限公司
中林科印文化发展（北京）有限公司
北京八度印象图文设计有限公司